주 기 율 표

6개의 다량 무기질과 최소한 8개의 미량 무기질이 건강에 꼭 필요하다.

다량 무기질은 칼슘(Ca), 인(P), 마그네슘(Mg)
나트륨(Na) 염소(Cl), 칼륨(K)이다.

미량 무기질은 철(Fe), 구리(Cu), 요오드(I), 셀
크롬(Cr), 망간(Mn), 몰리브덴(Mo), 아연(Zn)이

1 **H** Hydrogen								
3 Lithium **Li**	4 Beryllium **Be**							
11 Sodium **Na**	12 Magnesium **Mg**							
19 Potassium **K**	20 Calcium **Ca**	21 Scandium **Sc**	22 Titanium **Ti**	23 Vanadium **V**	24 Chromium **Cr**	25 Manganese **Mn**	26 Iron **Fe**	27 Cobal **Co**
37 Rubidium **Rb**	38 Strontium **Sr**	39 Yttrium **Y**	40 Zirconium **Zr**	41 Niobium **Nb**	42 Molybdenum **Mo**	43 Technetium **Tc**	44 Ruthenium **Ru**	45 Rhodiu **Rh**
55 Cesium **Cs**	56 Barium **Ba**	71 Lutetium **Lu**	72 Hafnium **Hf**	73 Tantalum **Ta**	74 Tungsten **W**	75 Rhenium **Re**	76 Osmium **Os**	77 Iridium **Ir**
87 Francium **Fr**	88 Radium **Ra**	103 Lawrencium **Lr**	104 Rutherfordium **Rf**	105 Dubnium **Db**	106 Seaborgium **Sg**	107 Bohrium **Bh**	108 Hassium **Hs**	109 Meitneri **Mt**

57 Lanthanum **La**	58 Cerium **Ce**	59 Praseodymium **Pr**	60 Neodymium **Nd**	61 Promethium **Pm**	62 Samarium **Sm**	E
89 Actinium **Ac**	90 Thorium **Th**	91 Protactinium **Pa**	92 Uranium **U**	93 Neptunium **Np**	94 Plutonium **Pu**	Ar

e),

								2 Helium **He**
			5 Boron **B**	6 Carbon **C**	7 Nitrogen **N**	8 Oxygen **O**	9 Fluorine **F**	10 Neon **Ne**
			13 Aluminum **Al**	14 Silicon **Si**	15 Phosphorus **P**	16 Sulfur **S**	17 Chlorine **Cl**	18 Argon **Ar**
8 ckel **Ni**	29 Copper **Cu**	30 Zinc **Zn**	31 Gallium **Ga**	32 Germanium **Ge**	33 Arsenic **As**	34 Selenium **Se**	35 Bromine **Br**	36 Krypton **Kr**
6 dium **d**	47 Silver **Ag**	48 Cadmium **Cd**	49 Indium **In**	50 Tin **Sn**	51 Antimony **Sb**	52 Tellurium **Te**	53 Iodine **I**	54 Xenon **Xe**
8 num **t**	79 Gold **Au**	80 Mercury **Hg**	81 Thallium **Tl**	82 Lead **Pb**	83 Bismuth **Bi**	84 Polonium **Po**	85 Astatine **At**	86 Radon **Rn**

64 Gadolinium **Gd**	65 Terbium **Tb**	66 Dysprosium **Dy**	67 Holmium **Ho**	68 Erbium **Er**	69 Thulium **Tm**	70 Ytterbium **Yb**
96 Curium **Cm**	97 Berkelium **Bk**	98 Californium **Cf**	99 Einsteinium **Es**	100 Fermium **Fm**	101 Mendelevium **Md**	102 Nobelium **No**

CENGAGE Learning™

Australia, Brazil, Japan, Korea, Mexico, Singapore
Spain, United Kingdom, United States

Nutritional Sciences

From Fundamentals to food

NEW 영양과학

MICHELLE McGUIRE / KATHY A. BEERMAN

이상선 / 정진은 / 강명희 / 신동순 / 정혜경

장문정 / 김양하 / 김혜영 / 김우경

메디시언
MeDi CEAN

CENGAGE
Learning

Nutritional Sciences: From Fundamentals to Food, 1st Edition
Michelle "Shelley" McGuire, Kathy A. Beerman

This edition first published in 2008 jointly by
Cengage Learning Korea Limited and Jigu Publishing Co.

ISBN-13: 978-89-7006-438-3

Cengage Learning Korea Ltd.
Suite 1801 Seokyo Tower Building
353-1 Seokyo-Dong Mapo-Ku
Seoul 121-837 Korea
Tel: (82) 2 322 4926
Fax: (82) 2 322 4927

Cengage Learning products are represented in Canada by Nelson Education, Ltd.

For product information, visit cengageasia.com

Printed in Korea
1 2 3 4 11 10 09 08

이책을 내면서

최근 영양학 분야의 교과서가 국내 · 외에서 수없이 많이 출간되고 있다. 그 중에서 이 책은(Nutritional Sciences : From Fundamentals to Food) 영양학의 개념을 기초부터 실생활에 적용하는 부분까지 이해하기 쉽게 다루고 있어 역자들은 학생들의 영양학 지식습득에 도움이 되고자 이 책을 번역하였다.

이 책의 구성을 간단히 살펴보면

제1장에서는 영양학의 기본개념과 연구방법론에 대하여 설명하였고,
제2장에서는 영양상태 판정법과 식사지침에 대하여 서술하였다.
제3장에서는 영양학을 공부하는 데 필요한 화학적 지식을 다루었고
제4장에서는 소화기계, 순환기계 등 영양생리에 대하여 상세하게 설명하였다.
제5장부터 제9장까지는 탄수화물, 단백질, 지방의 체내대사와 관련된 질병과의 관계를 설명하였으며, 특히 에너지대사와 체중조절관계를 심도 있게 다루었다.
제10장부터 제13장까지는 비타민과 무기질에 관한 최신정보를 수록하였다.
제14장에서는 영양의 중요성을 태아기부터 노년기까지 생애주기별로 살펴보았다.

이 책을 번역하면서 본문에 충실하도록 노력하였으나 영양섭취기준은 한국인의 자료를 사용하였다. 번역에 사용한 학술용어는 한국영양학회에서 발간한 '영양학 용어집' 에 있는 용어를 따르는 것을 원칙으로 하였으며, 없는 용어는 역자들의 의견을 종합하여 결정하였다. 미국의 도량형 단위 표기는 미터법(metric system)으로 환산하여 괄호 안에 병기하였다.

끝으로 이 책을 출판 할 수 있도록 번역을 허락해 준 미국 Thomson Wadsworth 출판사에 감사드리며, 출판을 맡아 주신 지구문화사 임직원에게도 감사의 뜻을 전합니다.

2008년 2월
역자 일동

머리말 PREFACE

저자들은 영양학의 개념을 명확하고 완전하게 설명하여 배경과 수준이 다른 모든 학생들도 쉽게 이해할 수 있도록 이 교재를 집필하였습니다. 기초과학의 개념들을 신중하게 기술하였고, 이를 단계별로 나누어 학생들이 친숙하게 받아들일 수 있도록 영양학에 적용시켰습니다. 본문의 삽화는 이해가 쉽도록 표현되어 영양학을 이해하는데 도움을 줄 것입니다. 이 책을 사용하는 모든 독자들, 설사 과학의 배경이 없는 학생들에게도 영양학이란 쉽게 다가갈 수 있고, 이해할 만하고, 아주 유용한 학문이라는 것을 보여주는 것이 본 교재를 집필한 목적입니다.

기초의 중요성

이 책에는 영양학교재로서는 최초로 자연과학 전공자와 비전공자를 위해 생물학과 화학에 관한 기초내용이 서술되어 있으며(제3장) 영양학의 개념을 이해하는 데 필요한 배경이 기술되었습니다. 영양학개론을 듣는 우수한 학생들이 자연과학원리에 대한 기본적 지식이 없을 경우 강의를 효과적으로 이해하지 못할 것입니다. 영양학 강의에서 포화지방산과 불포화지방산을 구별해 주는 화학적인 결합에 대해 언급하고, ATP의 중요성을 설명할 때 인산결합이 깨지는 것에 대해 다루지만 화학적인 결합이 무엇인지 모른다면 이 개념들을 이해하기 힘들 것입니다. 학생들의 성공적인 학습을 돕기 위해서는 기본적인 자연과학 개념과 함께 화학적 결합에 대한 기초가 필요합니다. 따라서 화학, 생리학, 해부학 등 영양학을 배우는 데 필요한 용어들을 의도적으로 다루었습니다.

통합적인 접근방법

영양학이 발전함에 따라 우리가 배우고 가르쳐야 할 정보의 양도 증가하고 있습니다. 따라서 이 내용들을 효율적으로 제시하고 중요한 개념들을 강화하기 위해 저자들은 이 책을 통합적인 방법으로 꾸몄습니다.

첫째로, 많은 중요한 개념들을 통합하였습니다. 능동적 · 수동적 운반 기전에 대한 개념은 제4장에 주로 기술되어 있지만 제5장과 13장에서도 여러 번 언급되고 있습니다.

두 번째로, 정보를 더 효율적으로 표현하기 위해서 "Focus"란 코너를 만들고 과학적인 혁신, 식사와 건강, 식품, 임상적용, 생애주기 영양, 그리고 스포츠영양학과 관련된 이슈들을 통합적으로 다루었습니다. 각 장에는 그 장에서 다루는 정보에 대해 상세히 설명하는 특색 있는 토픽들이 포함되어 있습니다.

또한 건강 유지나 만성질환의 위험과 관련된 중요한 영양소들을 가능한한 통합하려는 노력을 기울여 각 영양소를 다루는 장마다 "Nutrition matters(영양과 건강)"이라는 작은 제목을 따로 두어 영양소 통합문제들을 좀 더 포괄적으로 다루고자 하였습니다. 여기에서는 중요한 영양 관련 이슈들을 다루었으며 내용은 모두 최신 정보로 포괄적이면서도 학생들에게 친숙한 내용으로 꾸몄습니다.

세번째로, 기초적인 지식과 응용을 통합하여 다루었습니다. 많은 장들에서 그 장에서 언급된 영양 개념들은 실제 생활 시나리오를 통하여 "개념에서 실행까지"라는 단락으로 결론 내리도록 구성하였습니다. 이 단락에서는 가상의 인물을 세워 그의 영양관련 문제를 풀기위하여 혹은 건강에 관한 이해를 돕기 위하여 각 장의 개념을 응용하고 통합할 수 있으며, 과학적인 개념들을 학생들에게 친숙한 생활 시나리오로 연결시키고 통합하도록 하였습니다.

삽화

이 책은 과학의 개념을 분명하고 잘 정리된 삽화로 명확하게 표현하고 있으므로 학생들의 이해를 도울 것입니다. 그림들은 고유한 만화 형식을 사용하여 디자인하고 푸른색의 박스와 줄로 각 그림의 핵심을 쉽게 알아볼 수 있도록 구분하였으므로 우리 몸 전체의 큰 그림에서부터 작고 미세한 부분까지 복잡한 과정들을 단계적으로 요약할 수 있을 것입니다. 여러 그림에서 동일하게 표시되는 구성요소들은 같은 방식으로 표현되도록 하였습니다.

이 책의 분량

영양학 개론 교재들이 한 학기에 가르치기에는 다소 벅찬 많은 정보를 싣고 있으나 이 책은 한 학기에 마칠 수 있도록 개념을 간결하게 표현하여 좀 더 가볍고 얇게 꾸몄습니다. 더 필요한 정보들은 코너나 책 뒤의 부록, website 등을 참조하면 좋을 것입니다.

건강과 건강한 식생활에 대한 영양학의 응용

이 책은 영양학이란 학문에 대한 진지한 개관을 다루었을 뿐 아니라 건강과 바람직한 식품선택에 대한 응용부분까지 포함하고 있습니다. 필자들은 독자들 자신이 먹을 바람직한 식품에 관한 결정을 내릴 수 있는, 그리고 분석적으로 생각할 수 있는 지식과 기술을 갖추기를 희망합니다.

제1장에서 다루고 있는 과학적인 방법, 연구디자인, 상호작용, 혼란 요인(confounding factors), 그리고 영양학에 대한 허구와 진실을 구별해 내는 일 등 영양학 연구의 과학적인 노력들에 대해 공정하고 빈틈없이 볼 수 있도록 저술하였습니다. 이러한 정보들은 다른 장에서도 통합되어 학생들로 하여금 이 개념들을 일상 생활에서 제기되는 영양적 요구(nutrition claims)에 응용할 수 있도록 해 줄 것입니다.

교수법적 도구

각 장에는 학생들이 그 장의 내용을 이해하는데 도움이 되는 많은 도구들이 마련되어 있습니다. "Essential concepts(필수개념)"은 각 장의 소제목들을 요약해 놓은 것으로, 여기에서 제시된 개념을 복습하거나 각 장의 내용을 미리 보는 데 사용할 수 있으며, 배운 개념들을 잊지 않도록 요약하여 시험 보는데 도움이 될 것입니다. 또한 각 장에는 쪽마다 양 옆의 여백에 핵심용어에 대한 정의를 설명해주는 '용어풀이' 란을 두었으며, 각 장 끝에는 시험을 대비하도록 "Review Questions"가 마련되어 있습니다. 그리고 "Practice Calculations(연습 계산문제)"에는 비판적인 사고와 계산하는 능력을 키워주기 위한 연습문제들을 다루었습니다.

교수용 강의보조물

영양학개론을 가르치려면 많은 강의 자료가 필요하므로 가르치고 배우는 경험을 잘 할 수 있도록 도구 패키지를 개발하였습니다.

"A Multimedia Manager"에는 이 책의 각 그림에 대한 전자 버전이 들어있으며 편집이 가능하도록 되어 있습니다. 뿐 아니라 여기에는 수백 개의 애니메이션과 비디오 클립이 들어 있습니다. 또 다른 보충물로는 시험문제은행, 강의 매뉴얼, OHP용 투명필름, Web tutor, Web CT access, 그리고 대중적인 식사분석 도구인 Diet Analysis+도 있습니다. 이 강의보조 패키지는 이 책의 교수용으로 만들었으며, 이 책의 web site는 www.thomsonedu.com/nutrition/mcguire입니다.

차례

차례

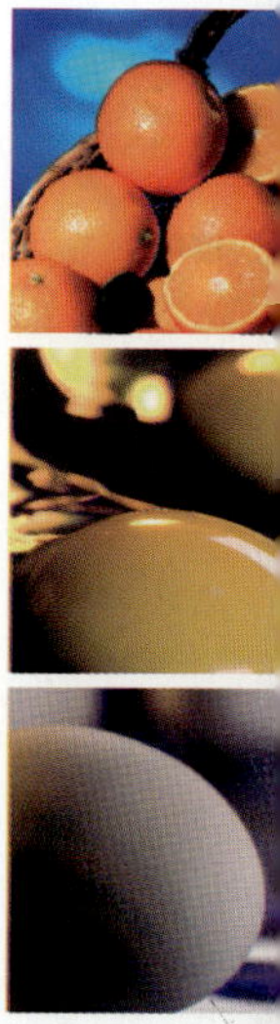

차례

차례

차례

Chapter 1

The Science of Nutrition

영양학

음식은 약이 되며 약은 음식이 된다.

– 히포크라테스(460–364 B.C)

과학은 힘이다. 과학은 우리가 사는 세상을 설명해 주었고 더 살기 좋은 곳으로 만들어 주었으며, 우리 건강을 지키도록 도와주었으나 그 진보 과정에서 언제나 많은 논쟁이 야기되곤 하였다. 수세기 동안 질병의 예방과 치료에 도움을 주었던 영양학 지식들이 늘 흥분과 실망을 동시에 주었다는 사실이 놀랍지 않다.

"비타민 A가 심장 질환의 위험을 감소시킨다"라는 신문기사가 보도된 지 1년 쯤 지나서 "비타민 A는 암 발생 위험을 증가시킨다"라는 다른 기사가 실린다. 또한 "생선을 많이 섭취해야 한다"라는 보도 후에 "생선에는 유해한 중금속이 함유되어 있다"라는 기사가 뒤를 따른다.

이와 같이 영양 지식은 인류의 건강을 증진시켜 주는 희망인 동시에 심각한 논쟁의 시발점이 되곤 하였다.

영양이 인간의 건강에 미치는 효과는 매우 지대하다. 영양 결핍이 전 세계적으로 주요 건강 문제인 때가 있었으나, 오늘날 많은 건강 문제의 원인은 영양 과잉이다.

그 예로 비만, 암, 심장질환, 골다공증, 제 2형 당뇨병 소인을 가진 사람 등에서 식사 습관은 중요한 요인이 된다.

이 장에서는 좋은 영양이 건강의 기초가 됨을 이해하는 데 필요한 기본 개념을 다루었다. 이러한 지식이 없다면 건강에 도움이 되는 식사 — 낭설이 아닌 과학적 근거에 입각한 — 를 준비하는 과정에서 합리적 의사결정을 하기란 쉽지 않다.

Chapter 1

- 영양과 영양소
- 유기농 식품
- 영양소의 일반 기능 : 구조, 기능조절 및 열량공급
- 영양학 연구의 과학적 방법론
- 열량 계산하기
- Framingham의 심장질환 역학연구
- 합리적인 영양강조표시
- 영양과 건강
- 국민건강과 영양조사

Nutritional Sciences

영양과 영양소
Introduction to Nutrition and the Nutrients

영양학은 생명체가 생존하기 위해 모든 과정에 필요한 먹이를 획득하고 사용하는 방법에 대해 연구하는 학문이다. 이러한 영양학은 매우 다양한 학문적 원리를 내포하고 있다. 어떤 영양학자는 식품 생산과 이용에 대해 관심을 갖는 반면, 어떤 학자는 사람들이 식품을 선택하여 먹는 이유에 대해 관심을 갖는다.

어떤 학자들은 문화가 식품섭취와 영양 상태에 미치는 영향에 관해 연구한다. 또 다른 학자들은 신체에서 식품이 어떻게 분해되는지, 그 분해산물이 건강을 유지하는 화학적 · 기계적 과정에서 어떻게 사용되는지를 연구한다.

영양학을 연구하는 과학자를 영양학자라 하는데, 면역학 · 의학 · 유전학 · 생물학 · 생리학 · 생화학 · 교육학 · 심리학 · 사회학을 포함한 많은 학문 분야에서 이들을 찾을 수 있다. 또한 영양사는 사람들이 건강한 생활을 하기 위한 식품을 선택하고 식생활을 변화시켜 주는 영양전문가이다.

따라서 영양에 연관된 학문 분야를 총체적으로 영양과학(nutritional sciences)이라고 할 수 있으며, 이론적인 면에서 실용적인 면까지를 광범위하게 포함한다.

영양(영양학) nutrition
살아있는 유기체가 생명을 유지하기 위해 식품을 획득하고 이용하는 방법에 관한 학문 분야

영양사 dietitian
사람들로 하여금 건강에 유익한 식사를 할 수 있도록 도와주는 임상전문가

영양과학 nutritional sciences
영양에 관련된 광범위한 이론적 · 실천적 원리

영양소 nutrient
신체에 열량을 제공하고 신체구조를 유지하며 화학반응을 조절하기 위해 이용되는 식품 내의 물질

영양소의 개념 및 분류
Nutrients and Their Classifications

영양에는 몇 가지 중요한 기본 개념이 존재한다. 그 첫째는 영양소이며, 신체에서 에너지 공급, 구조형성, 화학반응 조절을 위해 이용되는 식품 내의 물질들을 의미한다. 그러나 식품에 존재하는 모든 화합물이 영양소는 아니다.

그림 1.1 식품에 함유된 모든 물질이 영양소는 아니다.

고도로 가공된 식품은 대부분 영양 성분과 비영양 성분을 모두 가지고 있다. 비영양 성분 중에는 색감, 향, 질감, 신선감 등을 제공하기 위해 첨가되는 것들이 있다.

그림 1.2 다량영양소 대 미량영양소

비타민과 무기질은 미량영양소로, 물 · 탄수화물 · 단백질과 지질은 다량영양소로 분류한다.

많은 화합물 중 신체기능에 이용되지 않는 것들은 영양소라고 하지 않는다.

식품 내에 함유된 영양소는 식품 표시에서 찾을 수 있다(**그림 1.1**). 상대적으로 영양소를 많이 함유한 식품이 적게 함유한 식품보다 영양적 가치가 더 높다고 할 수 있다.

필수, 불필수 및 조건부 필수영양소
Essential, Nonessential, and Conditionally Essential Nutrients

식품 내의 모든 영양소는 신체에서 이용될 수 있지만, 사람들은 그중 일부만 섭취해도 된다. **필수영양소**란 신체에서 전혀 합성하지 못하거나, 충분량을 합성하지 못하므로 식사로 섭취해야 하는 영양소를 의미한다.

반면에 **불필수영양소**란 인체가 필요로 할 때 충분량 합성할 수 있는 영양소를 말하며, 식품으로 반드시 섭취해야 할 필요는 없다. 식품에는 대부분의 필수영양소와 불필수영양소가 혼합되어 존재한다.

예를 들면 우유에는 다양한 필수 비타민과 무기질뿐만 아니라 여러 가지 불필수영양소가 함께 함유되어 있다. 또한 정상상태에서는 불필수영양소가 때에 따라 필수영양소로 취급되는 경우가 있는데, 이런 경우를 **조건부 필수영양소**라고 한다. 예컨대, 아동 후반기와 성인기에는 식사로 섭취해야 하는 필수 지방이 2 종류에 불과하지만 유아기에는 최소한 4종류인 것으로 알려져 있다.

이렇게 더 부가되는 지방은 생의 초기에만 "조건부 필수" 영양소인 셈이다. 정상적으로는 불필수영양소이지만 특정 질병을 앓고 있을 때 조건부 필수영양소가 되는 경우도 있다.

다량영양소 대 미량영양소
Macronutrients versus Micronutrients

영양소는 화학 구조와 조성에 따라 여섯 범주로 분류한다(**그림 1.2**). 이러한 분류에는 탄수화물, 단백질, 지질, 수분, 무기질, 비타민이 포함된다.

수분, 탄수화물, 단백질 및 지질은 신체에서 많이 이용되므로 **다량영양소**라고 하며, 비타민과 무기질은 매우 적게 이용되므로 **미량영양소**라고 한다.

예컨대, 정상 성인의 경우에 일생 동안 필요한 단백질(다량영양소)량은 1,239 kg 정도인 반면, 철분(미량영양소) 요구량은 0.14 kg에 불과하다.

필수영양소 essential nutrient
신체가 필요로 하지만 충분량을 합성할 수 없어서 음식으로 반드시 섭취해야 하는 물질

불필수영양소 nonessential nutrient
신체의 건강을 증진시키기 위해 필요하지만 음식으로 반드시 섭취해야 할 필요는 없는 물질

조건부 필수영양소 conditionally essential nutrient
정상적으로 불필수영양소이지만 조건에 따라 필수적인 영양소

다량영양소 macronutrients
상대적으로 인체가 다량 요구하는 영양소

미량영양소 micronutrients
상대적으로 인체가 소량 요구하는 영양소

유기화합물 oganic compound
탄소–탄소 결합, 혹은 탄소–수소 결합을 지닌 화합물

무기화합물 inorganic compound
탄소–탄소 결합, 혹은 탄소–수소 결합을 지니지 않은 화합물

유기농 식품 organic foods
전형적인 제초제, 농약, 성장촉진제, 유전자조작 농법, 방사선조사 등의 방법을 사용하지 않고 생장 · 수확 · 가공한 식물성 및 동물성 식품

그림 1.3 미국 농무성 인증 한국 농림부 인증 "유기농 제품" 표시

유기영양소 대 무기영양소 Organic versus Inorganic Nutrients

영양소는 organic(유기)과 inorganic(무기)으로 구분할 수 있다. 탄소 원자에 수소나 또 다른 탄소가 결합된 물질을 유기 화합물이라고 하는데 탄수화물, 단백질, 지질, 비타민은 화학적으로 유기물질이다. 그리고 탄소-수소 결합이 없는 물과 무기질은 무기 물질이다. 이러한 분류방식에 따르면 모든 식품은 화학적 의미의 용어로 유기물질인 셈이다.

"Organic"은 식품을 재배하고 수확하는 농사 방법을 표현할 때도 사용되는데 살충제, 제초제, 인공 성장촉진제를 이용하지 않고 재배한 식품을 유기농 식품(organic food)이라고 한다. 미국과 한국에서 "유기농 인증" 표시가 된 식품은 유기농 제품 국가기준(**그림 1.3**)에 따라 재배되고 처리된 것을 의미한다.

식물생리활성영양소, 동물성 영양물질 및 기능성 식품
Phytochemicals, Zoonutrients and Functional Foods

과학자들이 식사와 건강의 관계에 대해 더 연구할수록 식품에는 영양소 외에도 건강에 영향을 주는 물질이 많다는 것을 알게 된다. 이러한 물질이 식물에서 발견되면 식물생리활성영양소(피토케미컬, phytochemicals)라고 하며, 동물에서 발견되면 동물성 영양물질(zoonutrients)이라고 부른다. 피토케미컬과 동물성 영양물질은 필수영양소는 아니지만 대부분 건강에 유익한 것으로 알려져 있다.

식물생리활성영양소 Phytochemicals

식물생리활성영양소(피토케미컬)란 식물에서 발견되는 다양한 물질을 포괄적으로 일컫는 용어이다. 피토케미컬이 필수영양소는 아니지만 특정 질환의 발병 위험을 감소시키는 데 도움을 준다는 증거들은 많다. 식품표시에 제시된 많은 "건강강조표시"들은 피토케미컬에 관한 것들이다. 예를 들면 아침식사용 시리얼에 들어 있는 피토케미컬을 섭취하면 심장질환의 위험을 감소시킬 수 있다. 포도와 포도주에도 심장질환의 위험을 감소시켜 주는 피토케미컬이 있으며, 마늘에는 암을 억제하는 것으로 보이는 피토케미컬이 함유되어 있다.

과학자들은 왜 여기 스파게티와 포도주를 기능성 식품이라고 여기는가?

동물성 영양물질 Zoonutrients

동물성 영양물질이란 필수영양소와 열량 외, 건강에 도움을 주는 물질로 동물성 식품에만 존재하는 성분을 의미한다. 어류나 유제품에 존재하는 지질성분은 심장질환의 위험을 감소시키며, 꿀벌이 만드는 유충 젤리(larval jelly) 같은 성분은 항균 작용이 있다고 알려져 있다.

기능성 식품 Functional Foods

기능성 식품이란 피토케미컬과 동물성 영양물질처럼 건강에 유익한 물질을 한 가지 이상 함유한 식품을 의미한다. 따라서 이런 식품을 섭취하면 필수영양소의 효과 외에 또 다른 건강 효과를 얻을 수 있다.

두유는 암과 골다공증 위험을 감소시킬 수 있는 다양한 피토케미컬을 함유하고 있어서 기능성 식품으로 인정되었다. 우유는 암과 고혈압의 위험을 낮추는 동물성 영양물질을 함유하고 있으며, 토마토는 심장의 건강을 증진시켜 주는 물질을 지니고 있다고 여겨진다. 그러나 식품들이 지닌 기능성의 명확한 기전은 밝혀지지 않은 경우가 더 많다.

Focus On 식품 FOOD

유기농 식품

인간 산업성장률의 20% 가량을 차지할 정도로 "유기농 식품"이 대중적 인기를 끌고 있으며, 그로 인해 생산량이 증가하여 거의 모든 슈퍼마켓에서 유기농 식품을 구입할 수 있게 되었다.

유기농 식품은 어떻게 생산되는가? 유기농 식품의 식품표시 기준이 무엇인가? 법적 규제는 어떻게 시행되는가? 유기농식품 섭취 시에 유익한 점은 무엇인가?

과학자들은 대체로 탄소화합물을 유기(organic)물질로 여긴다. 그렇다면 이러한 측면에서는 모든 식품이 화학적으로 유기물질이다. 그러나 식품산업에서의 '유기'는 조금 다른 의미로 사용되고 있다.

미국의 국립 유기농기준규격위원회는 "유기농법이란 생물의 다양성을 비롯하여 생물 순환과 토양의 생물활성을 증진시키는 생태학적 생산관리 시스템으로 생태적 조화를 회복, 유지, 증진시키는 관리방식에 기초한다."라고 정의하였다.

식품이 인위적, 생물공학적 혹은 이온조사법으로 합성된 전형적인 농약이나 비료를 사용하지 않고 생장수확 되었을 때 유기농 식품이라고 부른다. 고기, 계란, 유제품은 성장호르몬이나 항생제를 사용하지 않고 사육한 가축에서 생산되어야 한다. 2000년 미국 농림성은 유기농법으로 성장한 농작물을 가공처리하는 새로운 국가기준을 발표하였다.

미 농무성이 인증한 '유기농' 표시가 붙은 식품은 유기농법으로 생산된 성분을 최소한 70% 함유해야 한다. 한국 농수산부는 농산 식품을, 유기농산물, 무농약농산물 및 저농약농산물로 분류 · 인증하고 있다(**그림 1.4**). 유기농 식품이 영양적인 측면에서나 안전성 측면에서 다른 식품보다 더 우수한지는 아직 확실치 않다. 오히려 유기농 식품과 전통적으로 생산된 식품 사이에 생산 및 가공 과정의 차이가 있는데, 이러한 대체 농법이 환경의 조화와 균형을 증진시키는지에 대한 논쟁이 진행되고 있다.

그림 1.4 한국과 미국의 유기농 식품표시

- 유기농산물, 유기축산물 또는 유기식품
- 유기재배농산물, 유기재배식품 또는 유기축산물

- 무농약농산물 또는 무농약식품
- 무농약재배농산물 또는 무농약재배식품

- 저농약농산물 또는 저농약식품
- 저농약재배농산물 또는 저농약재배식품

- 유기농법으로 생산된 성분을 최소한 70% 함유하여야 한다.

필수개념 Essential Concepts

영양학 연구는 다양한 학문적 원리를 포괄한다. 우리가 먹은 것이 곧 신체 생리체계에 영향을 미치기 때문이다. 영양이란 신체가 식품 성분을 이용하여 생명을 유지하고 건강을 증진시키는 방법을 의미한다. 그리고 영양소 중 일부는 반드시 식품으로 섭취해야 하며, 이들을 필수영양소라고 한다.

불필수영양소는 신체가 필요할 때 직접 만들어서 사용할 수 있는 영양소를 말한다. 신체가 불필수영양소를 필요한 만큼 합성할 수 없을 때, 그 영양소를 조건부 필수영양소라고 한다.

영양소는 신체 요구량에 따라 다량영양소와 미량영양소로 구분할 수 있다. 수분 · 탄수화물 · 지질은 다량영양소이며, 비타민 · 무기질은 미량영양소에 해당한다. 화학자들은 탄소를 함유한 물질을 지칭할 때 '유기물질'이라는 용어를 사용하지만 '유기농식품'으로 인공합성 비료나 성장호르몬을 사용하지 않고 생산한 식품을 의미하기도 한다.

피토케미컬 또는 동물성 영양물질은 각기 식물성 식품과 동물성 식품에서 얻을 수 있는 화합물로 신체에 필수 영양성분은 아니나 건강을 증진시킬 수 있는 성분을 의미한다. 그리고 필수영양소 외에 피토케미컬과 동물성 영양물질을 함유하는 식품을 기능성 식품이라고 한다.

피토케미컬 phytochemical
인체 건강에 유익한 식물성 유래 물질 (열량과 필수영양소 제외한)

동물성 영양물질 zoonutrient
인체 건강에 유익한 동물성 유래 물질 (열량과 필수영양소 제외한)

기능성 식품 functional food
인체 건강에 유익하다고 여겨지는 필수영양소, 피토케미컬 및 동물성 영양물질을 함유한 식품

영양소의 일반적 기능 : 구조, 기능조절 및 열량공급
General Functions of the Nutrients : Structure, Regulation, and Energy

영양소는 신체구조의 형성과 기능조절 및 열량공급 등 많은 기능을 수행한다. 각 영양소는 다양한 물질로 구성되어 있으며 서로 다른 역할을 지니고 있다. **표 1.1**에 영양소들의 기능을 제시하였다.

표 1.1 주요 영양소의 기능

영양소	기능[a] 구조 형성	기능 조절	열량 공급
탄수화물	x	x	X
단백질	X	X	x
지질	X	x	X
비타민		X	x[b]
무기질	X	X	x[b]

[a] "X"는 1차 기능을, "x"는 2차 기능을 의미한다.
[b] 직접 열량을 합성하는 기능은 없으나 탄수화물, 단백질, 지질의 열량(ATP) 합성과정에 관여한다.

탄수화물
Carbohydrates

탄수화물은 탄소(C), 수소(H), 산소(O)로 구성되어 있으며, 신체에서 다양한 목적으로 사용된다. 그러나 탄수화물의 일차적인 기능은 포도당을 제공하는 것이다. 포도당은 모든 세포의 가장 주요한 에너지원이며 어떤 조직은 포도당에 완전히 의존되어 있다.

그 밖에도 탄수화물은 모든 세포의 유전물질(DNA)을 만드는 데 필요하며, 심장질환이나 당뇨병 위험을 감소시키고 소화관 기능을 유지하는 데 도움을 준다. 또한 세포막을 구성하는 주요 인자가 되기도 한다.

곡물과 시리얼은 식사에서 탄수화물을 제공한다.

단백질
Protein

단백질은 주로 탄소, 산소, 수소를 비롯하여 질소(N)나 황(S)으로 구성되어 있다. 신체에는 수천 가지 단백질이 존재하는데, 이들은 열량 급원인 동시에 다양한 기능을 수행한다. 단백질은 근육, 뼈, 피부 등 신체 구조를 형성하는 주요 물질로 이용되거나 물질운반, 정보교환, 면역기능, 대사촉진 등의 다양한 기능을 수행한다.

육류, 유제품, 공류, 계란, 견과류는 단백질을 제공하는 우수한 급원이다.

지질
Lipids

지질은 식품 및 신체에서 발견되는 기름(oils)과 지방(fats)을 모두 일컫는 물질로, 탄소 · 산소 · 수소로 구성되어 있다. 지질은 다량의 에너지를 공급하고, 세포막을 구성하는 주요 성분이며, 신경계와 생식계의 구조 형성과 발달에 필수적인 영양소이다. 또한 지질은 다양한 세포 대사를 조절하는 기능도 수행한다.

올리브에 함유된 지질 성분은 건강에 유익한 영향을 미친다.

물
Water

산소와 수소로 이루어진 물은 체중의 약 60%를 차지하며, 생명유지에 필수적이다. 물은 영양소, 기체, 노폐물을 운반하는 용매로도 작용한다. 또한 신체의 화학반응이 일어나는 환경이며, 동시에 직접 화학반응에 참여하기도 한다. 물은 체온을 유지하고 내장 조직을 보호하며, 절연체 역할을 하기도 한다.

비타민
Vitamins

비타민은 다양한 구조를 지니고 있다. 비타민은 모두 탄소 · 산소 · 수소를 가지고 있지만 인(P)이나 황을 지닌 것도 있다. 비타민은 대사과정을 조절할 뿐만 아니라 성장 · 발달을 촉진한다.

균형잡힌 식사를 통해 미량영양소를 충분히 섭취하는 것이 중요하다.

비타민 중에는 독성 물질에 의한 조직 손상을 방지하는 역할을 수행하는 것도 있다. 비타민은 탄수화물 · 지질 · 단백질처럼 신체 구조를 형성하거나 열량을 제공하지는 않지만 그 과정을 도와준다.

비타민은 물과의 친화력에 따라 수용성 비타민(C나 B군)과 지용성 비타민(A, D, E 및 K)으로 분류하며, 최근에는 비타민이 지닌 기능 중 심장질환이나 암을 예방하고 치료하는 기능에 대해 주로 연구되고 있다.

무기질 Minerals

무기질이란 말 그대로 토양에 자연적으로 존재하는 물질 — 철분, 셀레늄, 나트륨 — 을 의미한다. 즉 인체에서 물을 제외한 모든 무기물질을 무기질이라고 부르며, 최소한 16가지 무기질이 필수영양소로서 각기 고유 기능을 갖는다.

칼슘처럼 신체의 주요 구조물(뼈)을 형성하는 기질을 제공하는 기능을 지닌 무기질이 있는 반면, 나트륨처럼 신체대사를 조절(수분균형)해 주는 기능을 지닌 무기질도 있다. 또한 셀레늄처럼 화학반응을 촉진시켜 주는 무기질도 있다. 무기질은 열량 생산에 관여하지만 직접 열량을 공급하지는 않는다.

열량 Energy

모든 영양소는 다양한 방법으로 "열량" 생산에 관여하고 있다. 열량은 신체가 일을 수행할 수 있는 능력을 말하며 영양적인 면에서의 탄수화물, 단백질, 지질은 모두 화학적 열량을 함유하고 있다.

세포는 이 영양소들이 가진 열량을 ATP라고 하는 특별한 형태로 전환할 수 있으며, ATP는 신체가 필요로 하는 모든 대사과정을 움직이는 데 사용된다. 따라서 탄수화물, 단백질, 지질을 열량 영양소라고 부른다.

신체가 영양소 내 함유된 열량을 이용하는 것은 마치 우리가 풍력 발전을 이용하는 것에 비유할 수 있다. 폭풍이 심하게 불 때에 물체가 파괴되는 것을 보면 바람이 에너지를 가지고 있다는 알 수 있다. 그러나 바람으로 전등을 켤 수는 없으며 바람을 전기 에너지로 변환시키켜야만 방에 전등을 켤 수 있다.

이와 같이 세포는 식품 속 열량 영양소를 사용할 수 있는 에너지인 ATP로 전환하여 성장 발달과 이동 및 생명유지에 필요한 여러 화학반응의 연료로서 이용한다.

열량 energy
작업수행능력

ATP adenosine triphosphate
신체가 일을 할 때 사용하는 화합물

열량영양소 energy-yielding nutrient
ATP를 생산하는 영양소

열량가 calorie
식품 내의 열량가를 표현하는 척도

폭발열량계 bomb calorimeter
식품 내의 열량을 측정하기 위해 사용하는 장치

열량가
What Is a Calorie?

식품의 열량가는 **칼로리**라고 하는 단위로 측정할 수 있는데, 식품 열량가가 높을수록 세포는 더 많은 ATP를 얻을 수 있다. 1 cal는 매우 적은 양을 의미하기 때문에 일반적으로 1,000 cal 또는 1 kcal 로 표현한다. 1 kcal는 1 Calorie(C)로 표시하기도 하는데, 1 C는 1,000 cal 혹은 1 kcal와 동등한 값이다.

그림 1.5 폭발열량계

식품 내의 열량가를 분석하는 데 폭발열량계를 사용한다.

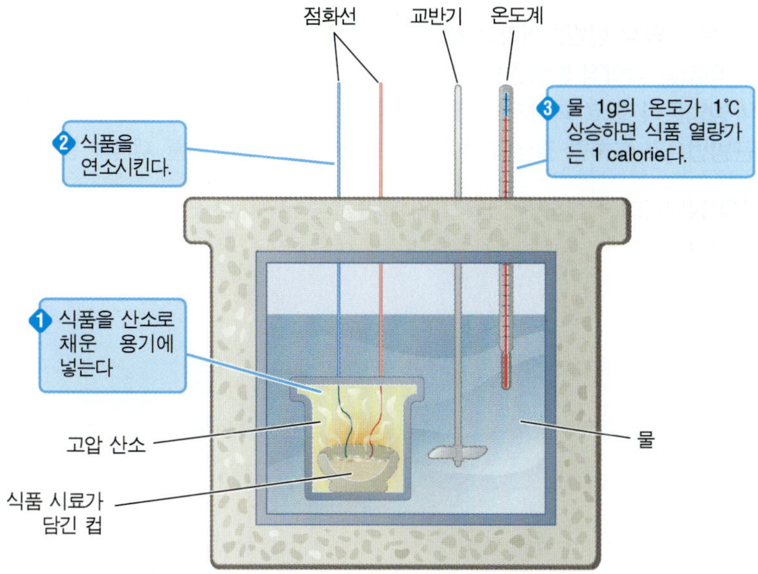

식품의 열량가 The Caloric Content of Macronutrients and Foods

탄수화물과 단백질은 1 g 당 4 kcal를 제공하는 반면, 지질은 1 g 당 9 kcal를 제공한다. 영양소는 아니지만 알코올도 1 g 당 7 kcal를 제공한다. 식품의 열량가는 폭발열량계를 사용하여 쉽게 측정할 수 있다.

그림 1.5에서와 같이 폭발열량계는 밀폐된 공간에 식품을 넣고 주변을 물로 채운 장치로, 산소를 유입시킨 뒤에 식품을 발화시키면 식품의 화학결합에 존재하는 열량이 방출되기 시작하여 연소되는 동안 열을 발생하면서 주변의 물 온도를 상승시킨다. 이 때 물의 온도 변화는 원래 식품 속의 열량을 의미한다. 즉, 물 1 g(1 kg)의 온도를 1°C 상승시키는 데 필요한 열량이 1 cal(1 kcal) 이다.

일반적으로 식품의 열량가는 폭발열량계 대신 계산식을 이용하여 추정한다.

필수개념 *Essential Concepts*

탄수화물, 단백질, 지질은 모두 열량을 제공하므로 열량 영양소라 부른다. 열량이란 일을 수행할 수 있는 능력으로 정의하며, 식품 중 열량은 신체에서 이용 가능한 에너지 ATP로 전환된다. 탄수화물, 단백질, 지질은 각기 1 g 당 4 kcal, 4 kcal, 9 kcal를 제공한다. 다량영양소는 신체의 여러 기능 — 구조형성, 이동, 성장, 발달 — 을 담당한다.

수분은 총 체중의 60%를 구성하며, 모든 화학반응이 일어나는 매질이 되는 동시에 노폐물 제거, 체온 조절, 신체의 절연 작용 및 보호 기능을 담당한다. 비타민은 수용성 또는 지용성으로 구분되며, 다양한 조절 기능을 제공한다. 또한 수많은 필수 무기질들은 신체 구조와 조절 및 열량 사용에 관련된 특수 기능을 수행한다.

영양학 연구의 과학적 방법론
Scientific Method in Nutrition Research

학자들은 과학적 방법론이라고 하는 일련의 단계를 거쳐서 영양학 이론들을 시험한다. 이러한 과학적 방법론은 관찰, 가설설정, 자료수집의 세 단계로 구성된다. 과학적 방법론이 결코 과학자가 내린 결론을 사실로 보장해 주지는 않지만 신중한 접근방법으로 도출한 결론의 가치를 인증해 주는 안전장치를 제공해 준다.

과학적 방법 scientific method
과학자들이 관찰 결과를 설명하기 위해 사용하는 과정

과학적 방법론이 적절히 수행되기 위해서는 각 단계마다 반드시 고려되어야 할 조건이 있다.

Focus On 식품 FOOD

열량 계산하기

거의 모든 식품은 신체가 성장·발달·이동 및 기능할 수 있도록 힘을 주는 열량을 함유하고 있다. 식품이나 식사에 포함된 열량은 식품에 열량을 생산하는 영양소가 얼마나 함유되어 있는지를 알면 탄수화물, 단백질, 지질에 각기 4, 4, 9를 곱하여 계산할 수 있다.

예를 들어 오트밀, 저지방 우유(1%), 황설탕, 건포도, 오렌지 주스로 준비된 아침식사에 함유된 열량을 계산해 보자.

각 식품에 함유된 열량을 식품성분표에서 찾아서 계산한 결과, 496 kcal 또는 496 cal가 된다. 어림잡아 계산하기 때문에 식품성분표에 제시된 열량값과 계산값은 약간 다를 수 있으나 근소한 차이다.

각 영양소에서 얻은 열량의 백분율을 계산할 수 있다.

- 탄수화물에서 얻은 열량의 백분율 : (396 ÷ 496) × 100 = 80%
- 단백질에서 얻은 열량의 백분율 : (64 ÷ 496) × 100 = 13%
- 지질에서 얻은 열량의 백분율 : (36 ÷ 496) × 100 = 7%

	열량가(kcal)			
식품	탄수화물	단백질	지질	총 (kcal)
오트밀 1컵 탄수화물 : 25 g 단백질 : 6 g 지질 : 2 g	25×4=100	6×4=24	2×9=18	142
저지방 우유 1컵 탄수화물 : 12 g 단백질 : 8 g 지질 : 2 g	12×4=48	8×4=32	2×9=18	98
황설탕 2큰술 탄수화물 : 24 g 단백질 : 0 g 지질 : 0 g	24×4=96	0×4=0	0×9=0	96
건포도 1/2온스 탄수화물 : 11 g 단백질 : 0 g 지질 : 0 g	11×4=44	0×4=0	0×9=9	44
오렌지 주스 1컵 탄수화물 : 27 g 단백질 : 2 g 지질 : 0 g	27×4=108	2×4=8	0×9=0	116
총	396	64	36	496

따라서 이 식사는 탄수화물, 단백질, 지질에서 각기 80%, 13%, 7%의 열량을 제공한다. 최근 우리나라에는 하루 총 열량의 55~70%를 탄수화물로, 7~20%를 단백질로, 15~30%를 지질로 구성하도록 권장하고 있다.

1 단계 : 관찰 Step 1 : The Observation

사례에 대한 적절하고 정확한 관찰은 과학적 방법론의 전반적인 틀을 제시해 준다. 만약 관찰에 문제가 있으면 결론에 결함이 생기기 마련이다. 지난 수세기 동안 아동들에서 비만 발생이 놀랄 만큼 급증하고 있음이 관찰되었다.

이 정보의 출처가 어디인지, 자료가 적절히 수집되었는지, 발생률은 사회경제 여건에 무관하게 모두 동일한지, 또는 남아보다 여아에서 더 높았는지, 특히 어느 연령층에서 더 높았는지 등의 질문에 답변하기 위해서는 관찰이 완벽하고 정확하게 이루어져야 한다.

아동 비만에 관심을 두고 있는 세심한 연구자라면 과학적 연구방법을 사용할 때는 이런 모든 질문을 고려하면서 가설설정 단계를 진행해야 한다. 가설 설정이란 이러한 질문에 답을 하는 것이기 때문이다. "관찰은 말 그대로 관찰된 것을 단순히 진술하는 것이다."라는 의견도 있지만, 과학자들은 관찰이 완벽하고 정확하다는 것을 입증할 자료와 유용한 사실을 모두 고려해야 한다.

2 단계 : 가설 설정 Step 2 : The Hypothesis

일단 관찰이 이루어졌으면 그 다음 단계로 사례의 발생 이유를 설명해야 한다. 과학자들은 그들의 관찰을 설명할 가설을 세운다. 예를 들면, 어린이 비만은 운동 부족으로 발생한다는 가설을 세울 수 있다. 또는 지질 섭취가 지나치면 어린이 비만이 발생한다는 가설을 세울 수도 있다.

또 다른 학자는 운동 부족과 지방의 과잉섭취가 어린이 비만의 원인이 된다는 가설을 세울 수도 있을 것이다. 어느 가설이 옳든지 간에 모두 어린이 비만이 증가하는 이유를 설명할 수 있어야 한다.

가설 : 인과관계 대 상관관계의 예측
Hypotheses : Predicting Causal Relationships versus Correlations

과학자는 인과관계를 예측하거나 상관관계를 예측하는 두 가지 서로 다른 가설을 세울 수 있다. 그리고 검증하려는 연구의 종류에 따라 서로 다른 가설을 세워야 한다. 인과관계란 A 요인(열량의 과잉섭취)이 B 요인(체중 증가)의 원인이라는 사실을 우리가 알고 있을 때의 상황을 설명하는 가설로, A의 변화로 B의 변화가 야기되었다고 말할 수 있다. 반면에 두 요인이 서로 상관관계가 있을 때 A(TV 시청)의 변화와 B(체중 증가)의 변화는 연관성이 있다고 할 수 있다.

TV 시청, 그 자체가 아니라 그와 연관된 간식 섭취나 운동부족 같은 다른 요인이 실제 체중 증가의 원인이 될 수 있다. 따라서 TV 시청이라는 행동의 변화가 비만 발생에 필연적이지는 않다.

인과관계와 상관관계의 차이를 이해하는 것은 영양학뿐만 아니라 모든 과학 원리에서 매우 중요하다. 많은 연구들이 상관관계를 검증하기 위해 계획하였음에도 불구하고 그 결과를 인과관계로 해석하거나 과대 진술하곤 한다.

가설 hypothesis
변수 간의 관계를 예측하는 것

인과관계 cause-and-effect relationship
한 변수의 변화가 다른 변수의 변화를 야기시킬 때

상관성 correlation
한 변수가 변화할 때, 다른 변수의 변화와 연관성이 있을 때

단순관계 simple ralationship
다른 변수에 의해 영향을 받지 않는 두 변수의 관계

상호작용 interaction
다른 변수에 의해 영향을 받는 두 변수의 관계

가설 : 단순관계 대 상호작용의 예측
Hypotheses : Predicting Simple Relationships versus Interactions

단순관계와 상호작용의 차이를 구별하는 것도 필요하다. 두 변인 사이의 관계가 다른 요인에 의해 변화되지 않는다면 단순관계로 여긴다. 예를 들어 철분을 적절히 섭취하지 못하여 철분결핍 빈혈이 발생한다는 것을 우리는 알고 있다. 이러한 사실은 연령, 신체활동, 성별, 다른 식이요인에 의해 변하지 않는다. 그런데 일반적으로 식사와 건강의 관계는 그렇게 단순하지만은 않다. 어떤 사람은 특정 지방을 많이 섭취하였을 때에 심장질환의 위험이 커지지만, 모든 사람이 다 그렇지는 않다.

이러한 관계는 가족 중에 심장질환 병력이 있는 사람에게서 더 현저하게 나타난다. 지방섭취와 심장질환의 관계에는 유전적 요인이 연계된다. 마찬가지로, 어린이 비만은 열량섭취 외에도 활동량의 상호작용으로 인하여 그 위험률이 높아진다. 즉, 고열량 섭취는 활동량이 적을 때는 비만을 유도하지만, 활동량이 많을 때는 비만을 유도하지 않는다. 따라서 연구자가 비만 위험을 줄이기 위해서 모든 아이들에게 적게 먹도록 권하는 것은 적절하지 못하다. 단순관계와 상호작용에 차이점을 **그림 1.6**에 제시하였다.

생활습관 요인(식사, 운동), 환경 요인(오염물 노출) 및 유전 요인들은 복합적으로 건강에 영향을 미친다. 과학적 연구는 주로 단순 관계에 관심을 두지만 상호작용에 보다 많은 관심을 돌려서 요인 간의 관련성을 탐구해야 한다.

그 예로, 오랫동안 모든 사람들에게 고혈압을 예방하고자 소금 섭취를 제한하였다. 그러나 과학자들은 고염분 섭취는 모든 사람에게 모두 위험한 것이 아니라 고혈압 소인을 지닌 사람에서만 그 위험률을 증가시킨다는 것을 알게 되었다. 이러한 정보는 식사권장 사항에 반영된다.

그림 1.6 단순 상관성 및 상호작용

영향과 건강의 관계는 대체로 단순하지 않으며, 여러 요인이 상호작용에 관여한다.

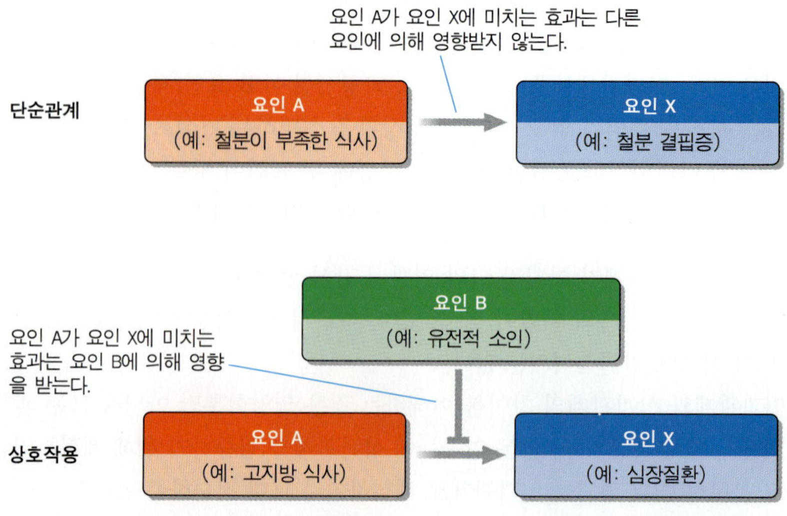

생활습관 요인 lifestyle factor
조절되거나 혹은 조절되지 않는 생활습관의 행동적 요소(식사, 흡연)

환경 요인 environmental factor
조절되거나 혹은 조절되지 않는 주변 환경적 요소(환경오염, 온도)

유전 요인 genetic factor
개인의 삶에서 변화될 수 없는 선천적 요인

3 단계 : 자료 수집 Step 3: Data Collection

정확한 관찰(1 단계)과 적절한 가설설정(2 단계)은 과학적 방법에서 결정적인 역할을 하지만 마지막 단계 — 자료수집 — 만큼 복잡하지는 않다.

과학적 연구는 적절한 연구계획을 세우고 세심하게 연구를 수행하며, 자료를 정확하게 해석해야 한다. 이때 가설에 적합한 연구계획을 해야만 검증이 가능하다.

더욱이 자료를 수집하고 다시 분석 · 해석하는 방법은 연구자가 유도하는 결론의 정확성에 영향을 미친다. 연구계획에 결점이 있으면 훌륭한 관찰과 가설이 완전히 폐기되는 수도 있다. 과학자들이 다양한 연구를 수행하는데, 가설을 어떻게 설정하는가에 따라 연구계획은 달라진다. 더욱이 윤리문제로 인체 실험을 할 수 없는 경우에는 동물실험이나 세포배양 실험으로 대신한다.

이와 같은 연구는 각기 강점과 약점이 있다. 여기서 실험계획에 대한 심도 높은 논의를 하기에는 한계가 있지만, 적절한 연구계획에 대하여 전반적으로 이해하게 되면 영양적 사실과 허구를 구별하는 데 도움이 될 것이다.

그림 1.7 역학연구 대 중재연구

역학연구들은 상관성을 탐구하는 방법인 반면에 중재연구는 인과관계를 탐구하는 방법이다.

역학연구는 인구집단의 성향을 조사하고 교정가능성을 검증하기 위해 사용한다.

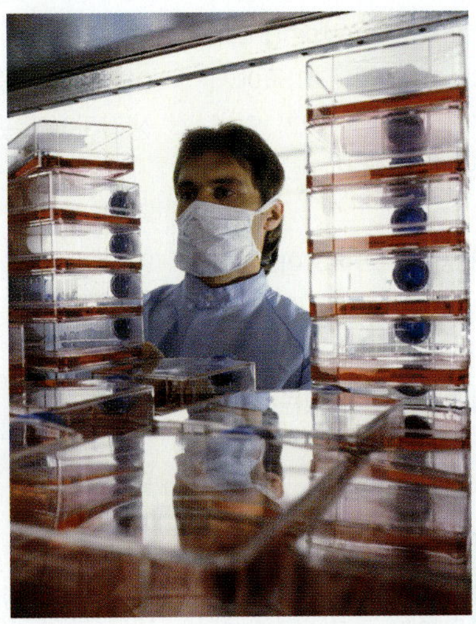

중재연구는 인과관계를 조사하기 위해 인체시험과 동물실험 및 세포배양 연구 등을 수행한다.

역학연구 epidemiologic study
어떤 방법으로든지 행동 변화를 요구받지 않는 개인이나 집단에서 수집한 자료에 대한 연구

역학연구 : 상관성 검증
Epidemiologic Studies : Testing for Correlations

역학연구의 경우, 한 요인과 다른 요인 사이에 연관성이 있다는 가설을 설정할 때가 많다(**그림 1.7**). 이러한 연구에서 과학자들은 관찰 자료로부터 정보를 얻는다: 역학연구는 대단위 인구집단 내에서 여러 요인 간의 상관성을 알고자 할 때에 수행되는데, 사람들에게 행동을 변화하거나 식사패턴을 바꾸라고 요구하지는 않는다.

또한 역학연구는 인과관계를 예측하는 가설을 검증하는 데 사용되지 않는다. 예를 들면 "식이지방 섭취가 한국 어린이의 비만과 관계가 있다."는 가설이 설정되면 역학연구를 통해 지방 섭취량과 한국 어린이의 체중을 추정한다. 이 자료는 두 요인(지방 섭취와 비만) 간의 상관성을 알아보기 위한 분석을 하게 된다.

역학연구의 장점과 제한점 모든 역학연구에는 장점과 제한점이 있다. 역학연구는 유전적 요인, 환경적 요인, 생활습관 요인 사이에 존재하는 복합적 상호작용을 탐구하는 데 적용되며, 이러한 상호작용은 다른 실험에서는 적절하게 연구되기 어렵다.

대표적인 역학연구로는 영양과 심장 건강의 관계를 탐구하기 위해 1940년에 시작된 "Framingham 심장질환 역학연구"를 들 수 있다. 이 연구를 통해 백여 개의 학술논문이 발표되었으며 유전, 생활습관, 환경적 요인이 장기간 건강에 미치는 효과에 대한 중요한 정보를 지속적으로 제공해 주었다.

Focus On 식사와 건강 DIET AND HEALTH

Framingham 심장질환 역학연구

생활습관과 심장질환의 상관성에 대한 시각을 변화시킨 중요한 대단위 역학연구의 한 예로, Framingham 심장질환 역학연구를 들 수 있다. 1940년대 미국에서 심장질환이 주요 공중보건 문제가 된다는 증거가 많아짐에 따라 미 정부는 그 위험 요인을 밝히기 위해 대단위 역학조사를 시작하였다.

1948년 미국 공중보건성은 Boston 의학대학과 함께 Massachusetts 주 Framingham의 건강한 주민 5,209명을 대상으로 생활 태도, 환경요인, 유전적 요인을 조사하여 심장질환을 예방 및 치료할 수 있는 가장 좋은 방법을 찾고자 하였다.

Framingham 심장질환 역학연구에서 얻은 정보의 중요성은 엄청난 것이었다. Framingham 연구 이전에 과학자들은 혈액 콜레스테롤과 심장질환의 상관성을 인식하지 못하였으나 현재 심장질환을 예방하고 치료하기 위해 계획되는 모든 프로그램은 혈청 콜레스테롤을 감소시키는 데 중점을 둔다. 더욱이 Framingham 연구 이전에 사람들은 심장질환의 발병위험 인자로 흡연을 생각하지 못했다.

그러나 이 연구는 흡연자들이 매일 피우는 담배 개피 수와 관련이 있다는 것을 주장하였다. 따라서 이 역학연구의 결과는 생활습관 요인(영양, 흡연 등)들과 심장질환 위험의 상관성에 대한 견해를 바꾸어 주었다.

Framingham 심장질환 역학연구로부터 발표된 논문이 1,000개를 상회하였으며, 이 연구는 연장되어 1971년에는 초기 참여자의 어린이를 연구대상으로 선정하기에 이르렀다. 의료계는 수년 동안 지속된 이 역학연구로부터 많은 질환을 예방하고 치료하는 결정적인 단서를 얻을 수 있었다.

역학연구의 한계는 그 결과를 인과관계로 해석할 수 없다는 것이다. 더불어 특정 역학연구의 대상자들이 인구 전체를 대표할 수 없다는 점도 인식해야 한다. 따라서 연구 결과를 전체 인구에 적용하려고 할 때는, 특정 성(姓)이나 소수 집단만 연구에 포함된 것은 아닌지를 확인해야 한다.

중재연구 : 인과관계 검증
Intervention Studies : Testing for Causal Relationships

인과관계를 설명하는 가설을 설정하였을 때는 중재연구를 수행한다. 중재연구는 사람, 실험 동물, 세포 배양을 통해 수행될 수 있다(**그림 1.7**). 사람을 대상으로 하는 경우에는 임상중재연구라 한다.

대조군 사용 역학연구와는 달리, 중재연구에는 일종의 처치나 중재에 대상이 될 참여자가 필요하다. 일반적으로 참여자는 처치를 받는 실험군과 처치를 받지 않는 대조군으로 나뉜다. 대조군은 처치를 받은 참여자에서 나타나는 효과가 실제로 처치에 의한 것인지 다른 요인에 의한 것인지 판단하기 위해 필요하다.

예를 들어 영양교육을 실시하면 아동 비만을 감소시킬 수 있다는 가설을 검증한다고 가정하자. 아동 중 일부는 영양교육을 받는 학급에(실험군) 등록시키고 다른 아동은 등록시키지 않는다(대조군). 그리고 영양교육을 받은 실험군 아동이 대조군 아동보다 체중이 적은지를 측정한다. 실험군과 대조군을 비교하는 중재연구의 결과는 두 요인 간에 본질적인 인과관계가 성립하는지를 제공해 주기 때문에 과학적으로 적절한 방법에 해당한다.

임상중재연구의 장점은 그 결과를 사람에게 직접 적용할 수 있다는 점이다. 만약 앞서 기술하였듯이 영양교육을 받은 아동에게서 체중 감소 결과를 얻었을 때, 다른 아동에게 적용해도 같은 결과를 얻을 수 있을 것으로 예측할 수 있다.

그러나 이 아동들이 사설 운동학원에 다니는 아동들이었다면 다른 아동에서도 유사한 효과가 있을지를 확신할 수 없으며, 동일한 처치를 받은 성인에서는 유사한 효과가 나타나지 않을 수도 있다. 따라서 역학연구에서와 마찬가지로 연구 결과를 일반 집단에 적용하기 전에 연구 대상자의 대표성을 고려해야 한다.

Hawthorne 효과, 위약 효과, 그리고 연구자 편견 임상중재연구가 많은 장점을 갖고 있으나 연구를 수행하기 전에 반드시 염두에 두어야 할 사항이 몇 가지 있다. 연구에 참여한다는 자체가 인간 행동에 영향을 줄 수 있기 때문이며, 이런 현상을 Hawthorne 효과라고 한다.

또한 위약 효과란 처치를 기대하거나 신뢰하는 개인에게서 처치한 것과 같은 효과가 실제로 관찰되는 현상을 말한다. 만일 연구 수행 중에 Hawthorne 효과나 위약 효과가 나타나면 도출된 결론은 정확하지 않을 것이다.

더욱이 연구자의 부주의로 처치군과 대조군의 대상자가 알려지게 되면 결과에 영향을 미치게 되는데, 이를 연구자의 편견효과(researcher bias)라고 한다. 과학자들은 이러한 효과를 줄이기 위한 기술적 방법을 모색해야 한다.

중재연구 intervention study
기대 효과를 위해 특정 처치를 개입시키는 실험

대조군 control group
중재연구에서 실험처치를 받지 않는 사람, 동물이나 세포의 집단

Hawthorne 효과
Hawthorne effect
실제중재와 연관성이 없는 요인에 의해 연구결과가 영향을 받는 현상

위약 효과 placebo effect
개인의 믿음이나 예측으로 인해 처치의 효과가 분명히 나타나는 현상

연구자 편견 researcher bias
연구자가 연구 결과에 영향을 줄 때

무작위 추출 및 혼동변수 연구의 타당성을 위해 연구자는 Hawthorne 효과, 위약 효과나 연구자 편견효과를 최소화한다. 따라서 실험군과 대조군을 무작위로 추출하여 연구 집단 간의 혼동변수를 분산시킨다.

혼동변수란 연구 결과에 영향을 줄 것으로 예측되는 주 요인 외의 기타 요인을 의미한다. 즉, 영양교육이 아동 비만에 영향을 주는지에 관한 연구를 계획한다면 실험군과 대조군에 아동을 무작위로 추출해야 혼동변수(예 : 활동량)를 양 집단에 동등하게 분산시킬 수 있다. 모든 연구 보고서에는 필수적으로 참여자를 무작위 추출하였는지를 기술한다.

특정 참여자를 연구에서 제외시킴으로써 혼동변수의 비의도적인 영향을 최소화할 수 있다. 예를 들면, 흡연은 신생아 체중에 영향을 줄 수 있다.

따라서 연구자는 임신 중 카페인 섭취와 신생아 체중의 상관성에 대한 연구를 하려고 할 때에 흡연자를 연구에서 제외할 것이다. 이러한 측면은 유전, 생활습관, 환경 요인의 상호작용이 많은 영양학 연구에서 특히 중요하다.

맹검위약 대조연구 Hawthorne 효과, 위약 효과, 연구자의 편견을 최소화하기 위한 또 다른 방법으로 "맹검"을 들 수 있다. 즉, 연구자와 참여자 모두 참여자가 어느 집단에 배정되었는지 모르도록 연구를 계획하는 것이다. 맹검 연구에서는 대조군에 배정된 참여자에게 실험군과 동일한 냄새나 맛이 나는 허위 처치를 하는데, 이를 '위약'이라고 한다.

예를 들면 비타민 보충제 대신에 당위정을 주는 것을 말한다. 위약 사용법은 실험군에서 나타나는 변화가 위약 효과 때문이 아니라 실제 처치로 인한 것이라는 확신을 주는 데 도움이 된다. 실험군과 위약군이 누구인지 연구자는 알고 있으나 참여자는 모를 때에 단일-맹검 연구라고 부른다.

최선의 방법은 참여자가 어느 집단에 배정되었는지를 연구자와 참여자 모두 알지 못하는 경우이며, 이를 이중-맹검 연구라고 한다. 무작위, 이중-맹검, 위약-대조 중재 방법으로 연구가 수행되었을 때 인과관계를 설명할 가설을 검증하는 이상적인 실험 계획을 세운 것으로 인정한다(**그림 1.8**).

무작위 추출 random assignment
연구 참여자가 각 실험집단에 동일하게 배정될 때

혼동변수 confounding variable
실험결과에 영향을 줄 것으로 예측되는 주 관심 요인외 요소

위약 placebo
실제 처치와 구별되지 않는 대조군에 주여진 "조작" 처치

단일-맹검 연구
single-blind study
참여자가 자신이 해당되는 집단에 대해 모르는 임상연구

이중-맹검 연구
double-blind study
참여자와 연구자가 모두 참여자가 해당되는 집단에 대해 모르는 임상연구

무작위 이중맹검 위약-대조연구
randomized, double-blind, placebo-controlled study
인과관계 가설을 검증하려는 연구에서 이상적인 연구 계획이라 여겨지는 실험 형태

그림 1.8 이상적인 영양 중재연구

무작위, 이중맹검, 위약대조 중재연구는 영양학 연구법의 "gold standard"로 여겨진다.

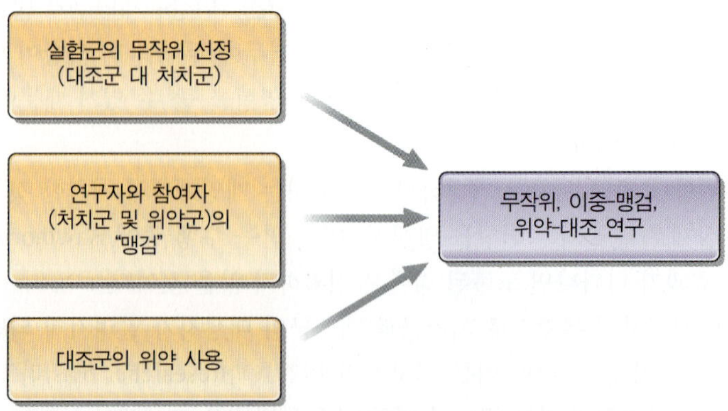

동물 및 세포배양 연구 동물연구는 사람으로부터 수집하기 어려운 중요한 자료를 제공해 주는 장점이 있다. 예를 들면, 사람에 비해 실험동물은 유전적 다양성이 적고 환경 통제가 가능하기 때문에 상호작용에 관한 연구를 쉽게 수행할 수 있다. 그러나 동물연구의 결과는 언제나 인간에게 바로 적용할 수 없다는 한계를 지니고 있다. 다만 일련의 신뢰성 있는 결과들은 더 나아가 인체 중재연구를 수행할 수 있는 기초를 만들어 줄 수는 있다.

종종 과학자들은 세포 수준에서 인과관계를 연구하고자 하는데 이러한 경우에는 실험실 상태에서 자랄 수 있는 특정 세포주를 사용하여 세포배양을 한다. 특정 질환에 대한 연구를 하기 위해, 특정 유방암 · 지방(조직) · 피부 · 근육 세포를 실험실에서 배양하는데, 이런 방법으로 전 세계 과학자들이 세포배양을 하고 있다.

세포 배양방법은 과학자로 하여금 특정 영양소나 처치에 대해 일어나는 세포 반응을 연구하는 강력한 도구를 제공해 준다. 과학자들은 이러한 세포배양법을 'in vitro' 법이라고 부르는데, 생체 외 환경에서 자연현상을 연구한다는 의미를 지닌다. 이와 반대로, 사람과 동물 연구를 'in vivo' 법이라고 하며, 생체 내의 환경에서 자연현상을 연구함을 의미한다.

그러나 세포배양을 통해 얻은 자료는 인체에 적용하는 데 역시 한계를 지닌다. 첫째, 실험실에서 쉽게 성장하는 세포는 항상 정상적인 건강한 세포를 대표하지 못한다. 또한 신체 내의 세포는 다른 세포들과 반응하는 데 반해, 단일 세포로 구성된 세포배양에서는 이러한 상호작용이 연구될 수 없다.

필수개념 *Essential Concepts*

많은 연구는 과학적 연구방법이라고 평가되는 다음 세 단계를 거쳐서 수행된다. 즉, 관찰 · 가설 설정 · 검증의 세 단계로서 각 단계마다 몇 가지 고려사항이 있다. 예를 들면, 타당성이 있는 관찰자료와 과학적 근거에 기초한 가설을 설정하도록 해야 하며, 가설에 적합한 연구를 수행하여야 한다.

역학연구는 상관성을 탐구하는 방법인 반면에 중재연구는 인과관계를 검증하기 위한 연구방법이다. 과학자들은 연구의 편중 현상을 감소시키기 위해 무작위 추출, 대조군, 위약, 맹검 등의 방법을 사용한다. 연구자가 가설 검증을 하는 데에 임상시험이 불가능하거나 현실적으로 어려운 경우에는 종종 동물 모델이나 세포배양 연구를 수행한다.

합리적인 영양강조표시
Making Sound Decisions About Nutrition Claims

영양과 건강의 관계를 이해하는 방식이 점차 변화하고 있다. 과학 지식의 발견 과정이 지루하며 본질적으로 학자 간의 의견 일치가 쉽지 않기 때문에 시대에 따라 식사지침이 변화하는 것은 당연하다. 그러나 중요한 것은 영양강조표시(nutrition claims)의 합리성을 평가할 수 있어야 한다. 영양강조표시의 당위성을 판단할 때 필수적으로 참고해야 할 사항은 **그림 1.9**에 제시된 바와 같다.

동물연구 animal study
생쥐, 흰쥐, 원숭이 등을 사용하여 실험하는 연구

세포배양체계 cell culture system
실험실에서 배양할 수 있으며 연구 목적에 따라 이용할 수 있는 세포 유형

시험관 내 in vitro
유기체가 아닌 환경이나 세포를 사용하여 연구하는 것

생체 내 in vivo
유기체에서 자연 현상을 연구하는 것

그림 1.9 영양강조표시 평가하기

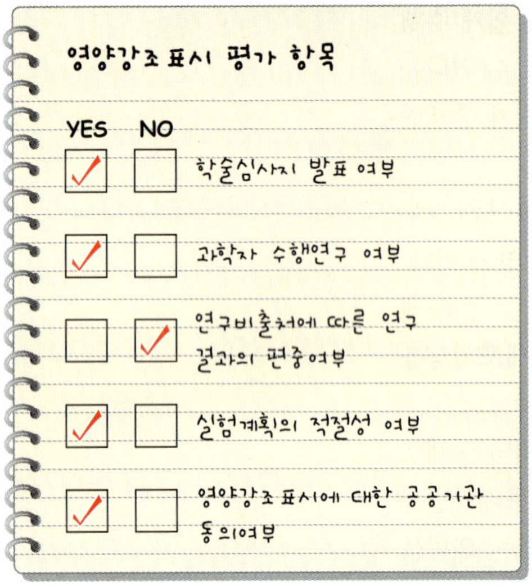

정보의 출처
Where Did the Information Come From?

영양강조표시의 신뢰성을 결정할 때 고려하는 것 중 하나는 그 정보를 제공한 근거이다. 모든 정보가 동일한 신뢰성을 지니지 않으며 종종 그 가치를 판단하기 어려운 때가 있다. 따라서 정보의 첫 출처, 다시 말해서 일차 정보지를 찾을 필요가 있다.

일반적으로 신뢰할 만한 출처는 신망 있는 기관에서 심사·발간하는 학술심사지들이다. 이러한 학술심사지에 발표된 논문들은 그 연구 분야의 전문가 집단에 의해 검토된 후 승인을 받은 것임을 의미한다. 많은 학술 단체와 국가 기관에서 식사와 건강에 관련된 믿을 만한 정보를 발표하고 있는데 이러한 기관들이 공익과 학문 분야에 유용하고 신뢰할 수 있는 정보를 제공해 준다고 여겨진다.

표 1.2에 영양학에 관련된 논문을 발표하는 국내외 학술 잡지의 목록을 발췌하여 제시하였다.

연구자 Who Conducted the Research?

영양정보를 평가하는 다음 단계는 연구자가 누구인지를 파악하는 것이다. 일반적으로 신뢰할 만한 연구는 종합 대학이나 의과대학에서 수행한 것이며, 다양한 사립 및 국립 연구소의 연구자들도 신뢰할 만한 연구를 수행한다. 연구자의 자격, 학식, 근무지 등도 판단에 도움이 된다.

연구비 출처 Who Paid for the Research?

과학자는 연구비를 여러 방법으로 얻지만, 대체로 개인회사, 시·도, 정부에서 받기도 한다. 또한 연구 결과에 따라 연구지원 기관에 득실이 있기는 하지만, 대개는 연구비의 출처가 연구 결과에 영향을 미치지 않는다.

예를 들면, 우유 섭취가 아동의 체중 증가에 미치는 영향에 대한 연구를 계획한다면 우유 회사가 연구비 지원에 관심을 가질 것이다. 그러나 연구자가 우유 회사에서 좋아할 만한 결론을 내리지 않는다면 윤리적으로 아무런 문제가 되지 않는다. 또한 어떤 상황에서는 연구비 지원 기관이 결과에 영향을 줄 수도 있다. 특정 연구에 이런 문제가 있는지를 판단하기는 매우 어려우나, 영양 정보의 타당성을 평가할 때는 염두에 두어야 한다.

실험계획의 적절성 Was the Experimental Design Appropriate?

일단 영양 정보가 명성 있는 저널이나 리포트에 발표되었고 우수한 연구진에 의해 수행되었다. 연구비의 출처에 따른 편파성이 없다고 판단되면, 연구가 가설을 검증하기에 적절한 방법으로 수행되었는지, 결론이 연구계획에 부합되는지 등을 살펴본다.

가장 좋은 방법으로 미 의학도서관 연구 자료인 PubMed 라는 데이터베이스에 인용된 논문을 찾아봄으로써 간단히 해결할 수 있다(http://www.ncbi.nlm.nih.gov/PubMed). 연구가 역학조사인지 또는 임상중재연구인지, 상관관계인지 또는 인과관계인지, 대조군 또는 위약군을 사용하였는지 이중-맹검 연구 등 연구 계획에 관한 지식을 토대로 연구를 평가하여 그 가치를 판단할 수 있다.

일차 정보지
primary(information) source
과학적 결과를 처음으로 발표하는 출간물

학술심사지 peer-reviewed journal
출판 전의 연구 자료를 검토하고 승인해 줄 과학자 집단을 필요로 하는 간행물

PubMed
의학 잡지에 실린 약 천 백만 이상의 내용을 컴퓨터로 정리한 자료

표 1.2 신뢰성 있는 영양정보 출처

국내	국외
학술심사지	Peer-reviewed-Journals
대한당뇨병학회지	American Journal of Clinical Nutrition
대한비만학회지	Annals of Nutrition and Metabolism
대한영양사협회지	Annual Review of Nutrition
대한지역사회영양학회지	Appetite
한국노화학회지	British Journal of Nutrition
한국식생활문화학회지	Clinical Nutrition
한국식품과학회지	European Journal of Nutrition
한국식품영양과학회지	Journal of American College of Nutrition
한국식품여양학회지	Journal of American Dietetic Association
한국영양학회지	Journal of Human Nutrition and Dietetics
한국운동영양학회지	Journal of Nutrition
한국지질 · 동맥경화학회지	Journal of the American Medical Association(JAMA)
	Journal of Pediatric Gastroenterology and Nutrition
	Lancet
	Nature
관련기관	Nutrition Research Reviews
농촌진흥청 (http://www.rda.go.kr)	Public Health Nutrition
대한영양사협회 (http://www.dietitian.or.kr)	Science
보건복지부 (http://www.mohw.go.kr)	Scientific American
식품의약품안전청 (http://www.kfda.go.kr)	
한국식품영양재단 (http://www.nutritionkorea.com)	Government and Private Agencies
한국영양학회 (http://www.kns.or.kr)	American Cancer Society (http://www.cancer.org)
	American Diabetes Association (http://www.diabetes.org)
	American Detetic Association (http://www.eatright.org)
	American Heart Association (http://www.americanheart.org)
	American Medical Association (http://www.ama-assn.org)
	Center of Disease Control and Prevention (CDC, http://www.cdc.gov)
	Mayo Clinic (http://www.mayoclinic.org).
	National Academy of Sciences (http://www.nas.edu)
	National Institute of Health (NIH, http://www.nih.gov)
	NIH Office of Dietary Supplements (http://www.ods.od.nih.gov)
	U.S. Department of Agriculture (USDA, http://www.usda.gov)
	U.S. Food and Drug Administration (FDA, http://www.fda.gov)

공중보건기관의 동의 여부
Do Major Public Health Organizations Agree with the Conclusions?

아무리 훌륭한 실험이라도 특정 영양소가 건강에 영향을 미치는 방법에 관한 결정적인 증거를 항상 제시하는 것은 아니므로 공중보건 전문가들은 그와 관련된 연구결과를 충분히 얻은 후에 일반적인 영양정보를 만든다. 따라서 주요 공중보건기관이 지지하는 영양정보인지를 고려하는 것이 바람직하다. 또한 심장협회나 암협회에서 영양과 질병에 관한 정보를 지지하는지를 확인해 본다.

필수개념 Essential Concepts

영양강조표시에 관하여 사실과 허위를 구별하기는 쉽지 않다. 그러나 신뢰성 있는 연구 결과를 통해 그 타당성을 인정할 수 있다. 전문가 집단에 의해 심사되어 발간되는 학술심사지에 실린 정보는 신뢰할 수 있으며, 가장 신뢰할 만한 연구는 대학이나 건강기관에 종사하는 사람들에 의해 수행된다.

대부분의 연구는 연구비 출처에 의해 영향을 받지 않지만, 연구비 지원기관에 의해 연구자가 결론을 도출하는 데 편파적이지는 않았는지를 고려해야 한다. 또한 연구 계획은 적절한지, 주요 공공기관들이 연구 결론에 대한 지지하는지 등에 대해서도 고려해야 한다.

영양과 건강
Nutrition and Health: An Overview

영양은 건강과 질병에 지대한 영향을 준다. 영양소를 지나치게 적게 섭취하거나 많이 섭취하면 질병이 발생한다. 개발도상국에서는 영양소 결핍이 주요 공중보건 문제이지만, 세계 선진국에서는 이미 결핍 문제에서 과잉섭취와 식품선택 불량의 문제로 이행되었으며, 이와 동시에 감염성 질환과 영양결핍성 질환에서 영양 과잉이나 노인성 질환으로 변화하였다. 대체로 영양 전문가들은 국민 건강에 영향을 주는 가장 유력한 생활습관 요인으로 영양 섭취를 들고 있다.

인구집단의 일반적 건강평가
Assessing Overall Health of a Population

영양과 건강의 연관성을 연구하는 데 있어서 중요한 점은 사람의 건강을 평가하는 기본 방법을 이해하는 것이다. 과학자나 건강 전문가들은 사람들의 건강이 변화하는지를 어떻게 측정하고 있을까? 가장 많이 사용되는 측정방법은 이환율과 사망률이다. 여기서 비율이란, 일정 기간동안 특정 집단에서 발생하는 사건 · 질병 · 상태를 측정하는 척도를 말한다.

비율 rate
특정 시기에 존재하는 것에 대한 척도

이환율 morbidity rate
일정 시기에 질병을 앓고 있는 환자 수

사망률 mortality rate
일정 시기에 사망자 수

영유아 사망률 infant mortality rate
일정 시기에 출생 1,000명당 영유아(1세 미만) 사망자 수

사망률 Mortality Rate

영유아 사망률이란 특정 해의 출생 수 1,000명당 영유아(1세 미만) 사망수를

의미한다. 영유아 사망률은 사회의 건강과 복지를 평가하는 데 종종 사용되며, 환경 · 사회 · 경제 · 의학 · 과학 기술 등 건강에 영향을 미치는 수많은 요인들 간의 총체적 연계성을 반영한다.

선진국의 영유아 사망률은 지난 세기 동안 현저히 감소하였다(**그림 1.10**). 사망률은 유전적 요인을 포함하여 의료, 약물남용, 모성 영양, 임신 중 체중증가 등에 의해 영향을 받는다.

사망률은 심장질환 · 암 · 뇌졸중 · 당뇨병 같은 질환에서도 평가될 수 있으며, 일년 동안 인구 1만 명당 특정 질환으로 인한 사망자 수로 나타낸다. 지난 세기 동안 여러 요인이 복합적으로 작용함으로써 선진국의 사망률은 현저하게 낮아졌다.

그림 1.10 1900년부터 2000년까지 기대 여명과 영유아 사망률 변화

1900년 이후 영유아 사망률이 감소하면서 기대 여명은 증가하였다, 이러한 변화는 사회가 매우 건강하다는 것을 의미한다.

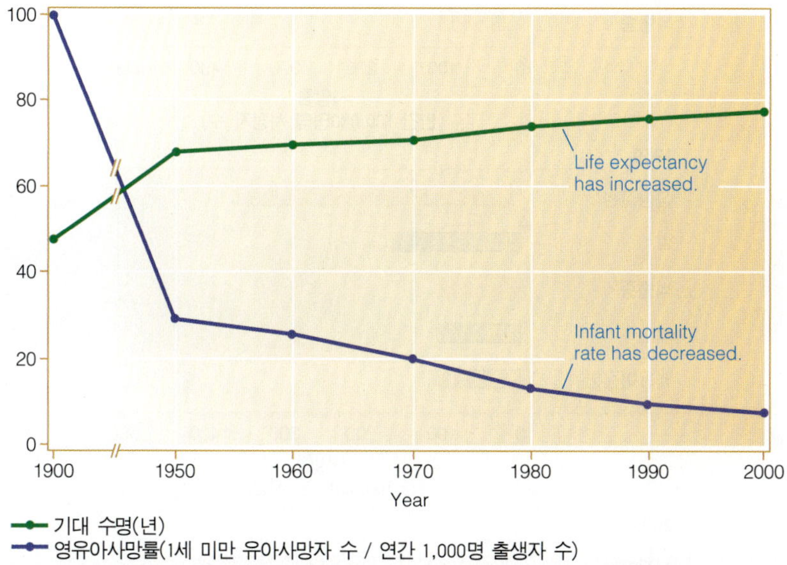

출처: Adapted from Centers for Disease Control and Prevention, Health, United States, 2004. Available from: http://cdc.gov/nchs/data/hus/hus04trend.pdf. And from Centers for Disease Control and Prevention. Achievements in Public Health 1990-1999: Healthier Mothers and Babies. Morbidity and Mortality Weekly Report. 1999;48:849-58.

이환율(발병 또는 유병) Morbidity Rates: Incidence and Prevalence

이환율이란 특정 질환의 발병이나 유병 정도를 나타내는 수치이다. 발병률이 주어진 기간에 새로이 진단받은 환자 수를 말하는 반면, 유병률은 그 기간 동안 특정 질환에 걸린 환자 수를 의미한다. 선진국의 이환율은 사망률과 마찬가지로 지난 20여 년 동안 현저히 감소하여서 2002년 결핵 발병률이 연속적으로 10년 동안 감소하였다. 그러나 당뇨병 발병률은 그와 반대로 증가하였다.

발병률 incidence
일정기간에 새로 증세를 진단받은 환자의 인원 수

유병률 prevalence
일정기간에 증세를 지닌 환자의 총 인원 수

기대 여명 life expectancy
특정 연령에서 앞으로 더 생존할 수 있는 평균 수명의 통계적 기대치

수명 longevity
출생 시 기대 여명

기대 여명 Life Expectancy

사회적 건강의 지표로서 특정 연령층의 인구집단이 앞으로 더 살 수 있는 평균 수명을 의미하는 기대 여명을 들 수 있다. 출생 시에 사람의 기대 여명을 수명이라고 하는데, 선진국의 평균 기대여명은 지난 세기 동안 현저히 증가하였다.

그림 1.11 1902년, 1950년, 2002년의 5대 사망 원인

주요 사망원인이 결핵 · 폐염 · 설사 등 감염성 질환에서 심장질환 · 암 · 뇌졸중 같은 만성 질환으로 변화하였다.

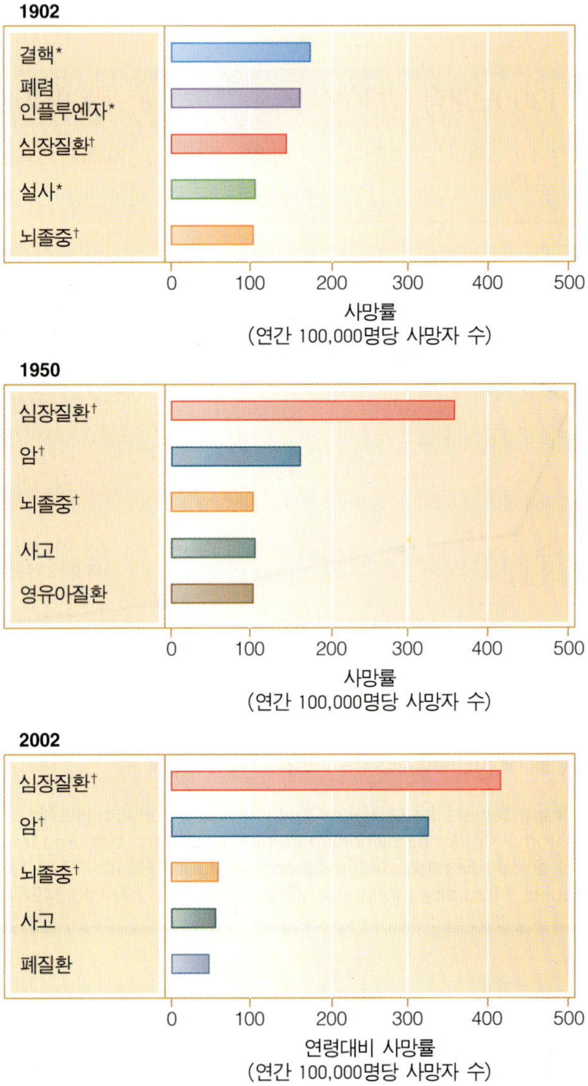

*감염성 질환
†만성 질환

출처: Data for 1902 and 1950: Centers for Disease Control and Prevention. Leading Causes of Death, 1900-1998. Available from: http://www.cdc.gov.data/dus/lead1900_98.pdf. Data for 2002: Centers for Disease Control and Prevention. Health, United States, 2004. Available from: http://cdc.gov/nchs/data/hus/hus04trend.pdf.

오늘날의 출생 직후 영유아들은 평균 77세까지 살 수 있을 것으로 기대되는 반면, 75세 되는 노인의 경우 12년 정도 더 살 수 있을 것으로 예측된다(약 87세 까지). 여기에는 여러 요인이 작용하였으며, 그 중 하나가 개선된 영양 상태이다. 이러한 노령화 추세는 우리가 당면한 영양문제와도 연관성이 있으며, 현재 주요 공중보건 문제는 만성적으로 발생하는 질환들이다.

요즈음 사람들은 과거보다 더 오래 살 수 있다.

감염성 질환에서 만성 질환으로의 이행
The Shift from Infectious Disease to Chronic Disease

1990년 초기 선진국의 주요 사망 원인은 감염성 질환이었다(**그림 1.11**). 감염성 질환은 병원균(박테리아, 비루스, 곰팡이, 기생충, 미생물 등)에 의해 야기되는 접촉성 질환들로 폐렴, 결핵, 인플루엔자 같은 감염성 질환은 20세기 초에 대유행하여 세계 인구의 1/3이 사망하였다. 1990년 초기까지 높은 사망률과 이환율의 원인은 주로 영양결핍이었다.

맑은 물, 하수 처리, 항체 발견, 아동면역 프로그램 등 공중보건 분야의 노력은 감염성 질환을 감소시켰다. **그림 1.12**에서는 건강 증진의 이러한 성과가 나타난 시기에 감염성 질환으로 인한 사망률이 감소함을 볼 수 있다. 과거 수세기 동안 영양상태가 개선됨으로써 건강이 더 좋아졌다고 할 수 있다.

감염성 질환의 감소 · 영양개선 · 향상된 건강관리 등으로 인해 영유아 사망률이 점진적으로 감소하였으며, 역사상 유래없이 기대 여명이 증가하였다. 그러나 장수하는 노인들이 국민 건강에 가장 지대한 영향을 미치게 되어 만성 질환 발병률이 급증하는 국면을 맞이하게 되었다.

그림 1.12 1900년부터 2000년까지 감염성 질환과 공중보건지수

지난 세기 많은 공중보건 사업들은 감염성 질환으로 인한 사망률을 감소시켰다.

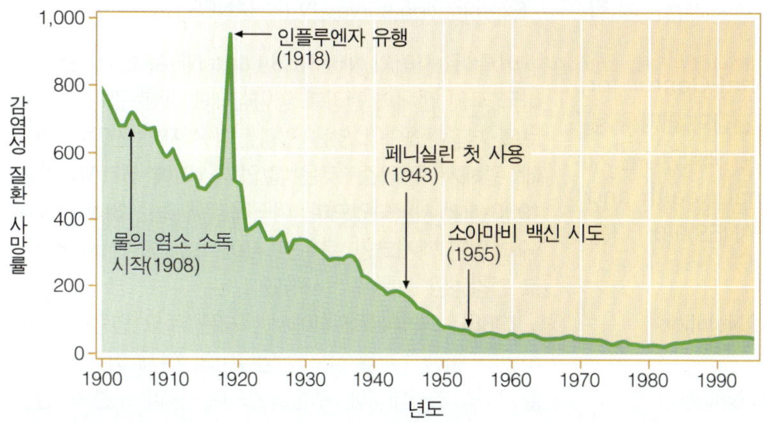

출처: Adapted from Armstrong BL, Conn LA, Pinner RW. Trends in Infectious Disease Mortality in the United States During the 20th Century. JAMA (Journal of the American Medical Association). 1999;281:61-6. And from Centers for Disease Control and Prevention. Achievements in Public Health, 1900-1999: Control of Infectious Diseases. Morbidity and Mortality Weekly Report. 1999;48:621-9.

감염성 질환 infectious disease
박테리아, 바이러스, 기생충 등 병원균에 의해 유발되는 접촉성 질환

만성 질환 chronic disease
서서히 발병하여 장기간 지속되는 비전염성 질환

심장질환, 암, 골다공증, 당뇨병, 뇌졸중 등의 만성 질환은 비감염성 질환으로 장기간에 걸쳐 서서히 발병하는 특성을 지니고 있으며, 이러한 질환들은 현대 국가에서 장애와 사망의 주 원인이 되고 있다.

건강과 질병의 위험 요인
Risk Factors Related to Health and Disease

감염성 질환과는 달리, 만성 질환은 백신에 의해 예방되거나 의료처치에 의해 치료되지 않는다. 많은 만성 질환들은 대체로 사람들의 생활 요인에 의해 발생되는 경우가 흔하다. 개인의 유전적 요인과 생활습관 및 환경요인 뿐만 아니라 만성 질환의 유발 위험, 이 모두를 위험 요인이라고 한다.

심장질환, 암, 뇌졸중 — 3 대 주요 사망원인 — 의 생활습관 위험 요인은 흡연, 운동부족, 불량한 식습관 등이다. 유전적 · 환경적 위험 요인에는 성, 연령, 환경오염, 기온, 일조량 등도 포함된다.

비만은 만성 질환의 주요 위험 요인 중 하나로, 유행성 질환 수준으로 발병하여 전 세계적인 건강 문제가 되고 있다. 사회가 산업화되면서 영양불량에서 영양과잉 또는 영양불균형으로의 이행 — 영양전이 현상이라고 함 — 되는 현상은 오늘날 우리가 당면한 과제인 만성 질환과 밀접한 관계가 있다.

위험 요인 risk factor
질병이 발생할 위험과 연관된 생활습관, 환경, 유전적 요인

영양 전이 nutrition transition
사회의 산업화와 동시에 일어난 영양결핍에서 영양과잉 또는 영양불균형으로의 옮겨짐

NHANES
(National Health and Nutrition Examination Survey)
미국 연방정부의 지원으로 1970년대 시작된 미국 국민 건강 및 영양 섭취의 경향을 평가하기 위한 조사

Focus On 식사와 건강 DIET AND HEALTH

국민건강과 영양조사

1960년대부터 공중보건 전문가들은 암, 심장질환, 골다공증 등 만성 질환으로부터 고통받는 사람들이 증가한다는 사실에 관심을 갖기 시작하고 식사습관과 질병 간의 관계를 밝히기 시작하였다.

미국의 국립보건통계센터(National Center for Health Statistics; NCHS) 는 국민의 건강과 영양을 동시에 조사 · 관찰하는 대단위의 지속적인 역학연구를 시작하게 되었다. 이 연구가 National Health and Nutrition Examination Survey (NHANES)이며 다음과 같이 5차례에 걸쳐서 실시되었다.

- 1971~1975 : National Health and Nutrition Examination Survey I (NHANES I)
- 1976~1980 : National Health and Nutrition Examination Survey II (NHANES II)
- 1982~1984 : Hispanic Health and Nutrition Examination survey (HHANES)
- 1988~1994 : National Health and Nutrition Examination survey III (NHANES III)
- 1999~현재 : National Health and Nutrition Examination survey IV (NHANES IV)

비록 두 차례의 NHANES I and NHANES II 연구가 미국 국민 전체의 건강과 영양상태에 관한 광범위한 정보를 제공하였으나 많은 인종들의 식사와 건강의 관계에 관해서 알려준 것은 없었다. 이에 HHANES가 1980년대 시행되었으며, 미국에 거주하는 3대 히스패닉 계열인 멕시코인, 쿠바인, 푸에르토리카 인을 대상으로 건강영양 상태를 조사하였다.

1988년 NHANES III에서는 모든 주요 인종을 포함하였다. 출생 1개월 정도의 영유아와 74세 이상의 노인을 처음 조사대상에 포함하였으며, 농약 노출과 혈중 특정 무기질 농도 및 CO 함량이 조사되었다.

NHANES는 미국 국민의 건강 증진과 수명 연장을 추구하는 데 필수적인 요소 — 특히 영양 — 을 지속적으로 관찰해 나가고 있다.

영양불량(예 : 과식)이 만성 질환의 주요 위험 요인이라는 신뢰성 있는 연구 결과에 의해 정부는 식사와 건강의 상관성을 관찰하고 평가하는 데 상당한 연구비를 투자하고 있다. 국민건강영양조사는 지난 30여 년 간에 걸쳐 영양과 건강에 관한 수많은 정보를 제공해 주고 있다.

영양학 연구의 중요성
Why Studying Nutrition Is More Important Than Ever

불량한 식사로 야기되는 만성 질환이나 건강문제는 최근 선진국가에서 공중 보건상 가장 심각하게 논의되는 이슈 중 하나다. 미국에서는 20세 이상의 성인 중 65% 가 과체중이거나 비만이며, 매년 28만 명 이상이 비만으로 사망한다.

6천4백만 명 이상의 인구가 현재 사망 원인 1순위인 심혈관계 질환을 앓고 있고, 5천만 명이 고혈압으로 고생하며, 1백만 명 인구가 제 2형 당뇨병으로 고통받고 있다. 더욱이 암은 연간 총 사망원인의 25%를 차지하고 있다.

이러한 증세들을 예방하는 방법은 영양소를 적절한 비율로 섭취하는 것이다. 이것이 우리가 일생동안 먹는 것, 다시 말해 영양에 대해 관심을 갖는 이유인데, 즉 티끌 같은 예방으로 태산 같은 치료 효과를 얻고자 함이다.

필수개념 Essential Concepts

영양은 적절한 건강을 확보하는 중요한 요인이다. 지난 세기 동안 주요 공중 보건 분야의 관심사는 감염성 질환과 영양결핍에서 벗어나서 만성 질환과 영양 과잉으로 전이한 현상이 되었다. 이러한 전이는 여러 질환의 이환율이나 사망률을 비롯하여 기대 수명이 반영된 것이다. 감염성 질환으로 인한 영유아 사망률은 감소하는 반면, 기대 여명은 증가하는 소위 '노령화' 현상은 영양전이 현상과 함께 나타났다.

영양전이란 사회가 산업화되면서 영양결핍에서 영양과잉이나 영양 불균형으로 이행된 현상을 의미한다. 국민건강영양조사는 국가가 지원하는 역학연구의 일환으로 사실상 미국에서 1970년부터 시작되었으며, 영양과 건강에 관련된 정보를 수집하도록 계획되었다. 그 결과, 불량한 식습관이 만성 질환 증가의 원인으로 밝혀졌다. 따라서 식사와 건강의 관계를 이해하는 것이 그 어느 때보다 중요하다.

연습 문제 Review Questions

1. 다음 중 필수영양소가 아닌 것은?
   a. 지질
   b. 수용성 비타민
   c. 피토케미컬
   d. 무기질

2. 다음 열량 영양소 중 체중의 대부분을 차지하는 것은?
   a. 탄수화물
   b. 단백질
   c. 지질
   d. 물

3. 다음 중 과학적 방법의 진행 순서로 알맞은 것은?
   a. 가설 설정 – 현상 관찰 – 결과 수집
   b. 현상 관찰 – 결과 수집 – 가설 설정
   c. 결과 수집 – 현상 관찰 – 가설 설정
   d. 현상 관찰 – 가설 설정 – 결과 수집

4. 역학연구는 ___________에 관한 가설을 검증하는 최선의 방법이다. 옳은 것은?
   a. 상관관계
   b. 동물연구
   c. 인과관계
   d. 화학기전

5. 연구 결과에 영향을 미칠 것으로 예측되는 변인 이외의 요소를 ___________이라고 한다. 다음 중 옳은 것은?
   a. 위약(placebo) 효과
   b. 연구자의 편견(bias)
   c. 혼동 변인
   d. 생체 외 요인

6. 영아 사망률은 ___________동안 사망한 영아의 수를 의미한다. 다음 중 옳은 것은?
   a. 생후 2년
   b. 생후 1년
   c. 출생아 100,000명당 생후 1년
   d. 출생아 1,000명당 생후 1년

7. 질병의 ___________이란 특정 연도에 새로 발생한 환자건수를 의미한다.
   a. 사망률
   b. 유행률
   c. 발현율
   d. 수명

8. 지난 세기 현대인의 기대 여명(life expectancy)은 ___________. 옳은 것은?
   a. 증가했다.
   b. 감소했다.
   c. 변함이 없었다.

9. 영양불량은 만성 질환을 초래하는 ___________적 위험 요인으로 밝혀졌다.
   a. 생활습관
   b. 환경
   c. 유전
   d. 위 모두

10. 다음 중 만성 질환에 해당하는 것은?
   a. 폐염
   b. 골다공증
   c. 폐결핵
   d. 인플루엔자

11. 필수영양소, 불필수영양소, 조건부 필수영양소의 의미를 기술하라.

12. 영양학 연구에서 무작위 이중맹검 위약-대조 연구란 무엇인가? 또 이러한 방법론을 사용한 연구를 'gold standard' 라고 부르는 이유를 기술하라.

13. '영양(상태)의 전이' 란 무엇인지 기술하라. (어떤 영양학적 의미가 함축되어 있는가? 이러한 전이 현상을 거치지 않았을 때, 어떤 결과가 예상되는가?)

실천 문제 Practice Calculations

1. 탄수화물 50g, 단백질 25g, 지질 5g을 함유한 식품의 총 열량을 계산하라. 그리고 각 영양소의 열량이 차지하는 비율을 계산하라.

2. 자신이 가장 먹고 싶은 식단을 작성한 뒤, 영양가표를 이용하여 식단에 포함된 열량을 계산하라. (식단에는 음료, 과일, 야채, 육류, 유제품, 콩 등을 포함시킴)

Chapter 2

Assessing Nutritional Status and Guidelines for Dietary Planning

영양상태 평가 및 식사계획 지침

Chapter 2

- 영양상태와 영양불량
- 영양상태 평가의 기본 개념
- 정확하고 올바른 식사기록 자료를 수집하는 요령
- 영양 섭취기준
- 식사계획
- 영양밀도
- 건강한 식사계획을 위한 식품표시 이용
- 개인의 1일 기준치(DVs) 계산방법
- 식사계획과 계획의 평가 : 계획에서 실천까지

식생활은 인간의 생활과 문화의 많은 부분을 차지하고 있다. 식사는 가족이나 친지들이 함께 모일 수 있는 사회적인 장이 되기도 하고 또한 특별한 행사를 치르는 모임의 중요한 부분을 차지하기도 한다. 식생활과 식사를 통한 여러 가지 행사들은 인간의 문화를 형성하는 가장 중요한 기본이 되고 있다.

식품은 신체의 구성 요소인 영양소를 함유하고 있으며, 또 에너지를 제공하고 있다. 만약에 영양소를 너무 적게 먹거나 너무 많이 먹는다면 건강이 나빠질 수 있으므로 모든 영양소를 적절하게 먹는 것이 건강을 유지하고 웰빙의 삶을 유지하는 가장 좋은 방법이다.

매일 먹는 식품은 우리 몸에 중요한 영향을 미치므로 항상 무엇을 먹을까 심사숙고한 뒤에 음식을 선택해서 먹어야 한다. 필수영양소를 적당히 먹고 있는가? 또는 너무 많이 먹고 있지는 않는가? 몸에 필요한 영양소를 섭취하기 위해 어떤 식품을 얼마큼 먹어야 할까?

이런 질문의 답을 얻기 위해서는 신체의 영양상태, 영양의 적절성, 식사 평가, 식사 계획 등에 대한 이해가 필요하다. 제 2장에서는 이러한 개념의 기본 지식을 습득하고, 식품을 잘 선택하여 건강을 유지할 수 있는 식사에 대한 지침 또는 규정 등에 대하여 알아본다.

영양상태와 영양불량
Nutritional Status and Malnutrition

영양소를 너무 적게 섭취하는 것을 영양부족이라고 하며, 이러한 영양부족은 우리 몸의 생리적인 기능을 저하시켜서 건강 문제를 초래하게 한다. 또한 심하면 치명적인 영양결핍상태를 초래할 수 있다. 그 반대로 영양소를 너무 많이 섭취하는 것을 영양과잉이라고 하며, 이것도 건강에 좋지 않은 영향을 미친다.

즉, 에너지 섭취의 과잉은 비만을 초래하며 더 나아가서 이와 관련된 건강의 문제를 야기시킬 수 있고, 일부 비타민이나 무기질의 과잉섭취는 영양적인 독성을 나타냄으로써 치명적일 수 있다. 영양부족이나 영양과잉이 극단적으로 심하게 되면 영양불량이 될 수 있는데, 영양소의 섭취와 생리적인 기능 또는 건강과의 관계는 그림 **2.1**에 제시되어 있다.

1차적인 또는 2차적인 영양불량
Primary versus Secondary Malnutrition

영양불량은 원인에 따라서 1차적인 영양불량과 2차적인 영양불량의 2종류로 나눈다. 1차적인 영양불량은 부적절한 식사에 의한 것이며, 2차적인 영양불량은 다른 원인에 의한 것이다.

과일이나 채소를 너무 적게 먹어서 비타민 B군 중의 하나가 결핍이 되면 이것은 1차적인 영양불량이며, 소화 흡수의 장애로 인하여 비타민 B군 중의 하나가 결핍이 되면 이것은 2차적인 영양불량이다.

영양부족 (영양결핍)
undernutrition (nutritional deficiency)
한 가지 이상의 영양소 또는 에너지 섭취가 부족한 상태

영양과잉 overnutrition
한 가지 이상의 영양소 또는 에너지 섭취가 과잉된 상태

영양독성 nutritional toxicity
영양소 과다섭취로 인한 위해 또는 독성 증상

영양상태 nutritional status
개인의 식사가 영양소필요량에 어느 정도 충족되는지에 따른 건강상태

영양불량 malnutrition
영양부족 또는 영양과다로 인한 영양상태의 불균형

1차적인 영양불량
primary malnutrition
부적절한 식사로 인한 영양상태의 불균형

2차적인 영양불량
secondary malnutrition
질병 같은 요인으로 인한 영양상태의 불균형

적절한 영양상태
nutritional adequacy
개인의 생리적인 필요량만큼 영양소를 섭취한 상태

그림 2.1 영양소 섭취와 신체기능에 관련된 영양상태

영양소 섭취에 따라 영양상태가 결정되며 영양부족이나 영양과잉은 모두 신체의 생리적인 기능을 약화시킨다.

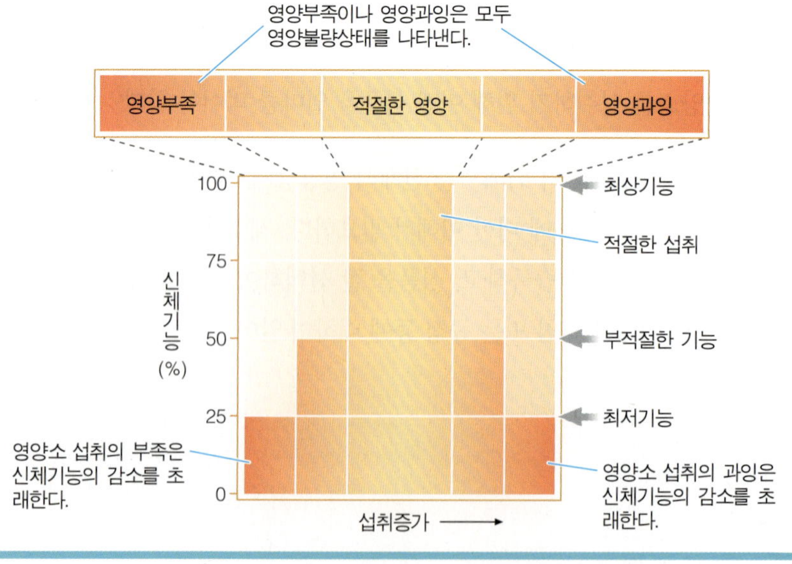

적절한 영양
Nutritional Adequacy

적절한 영양이란 개인의 생리적인 필요량을 충족시킬 만큼 영양소를 섭취하였을 때를 의미한다. 그러나 한 개인에게 적절한 영양소의 양이 다른 사람에게는 부적절할 수도 있다. 그러므로 개개인의 영양상태와 식사의 적절성을 비롯하여 현명하게 식품을 선택할 수 있는 여러 가지 방법과 지침이 제시되고 있다.

필수개념 Essential Concepts

개인의 영양상태는 신체의 생리적인 기능을 적절하게 할 수 있을 만큼 영양소의 양이 충분히 존재하는지에 따라 달라진다. 적절한 영양상태는 체내에서 필요한 양만큼 영양소의 섭취량이 너무 적거나 많지 않고 적절할 때를 말한다.

영양소를 적절하게 섭취하면 체내의 생리적인 기능이 최적의 상태가 되는 반면, 영양부족 또는 영양과잉 상태에서는 그렇지 못하고 영양불량이 될 수 있다. 1차적인 영양불량은 부적절한 식사에 의해서 생기며, 2차적인 영양불량은 질병과 같은 다른 요인에 의해 생길 수 있다.

영양상태 평가의 기본 개념(ABCD)
The ABCDs of Nutritional Status Assessment

영양의 적절성을 평가하는 데는 식사평가(dietary assessment), 신체계측(anthropometric measurement), 생화학적 측정(biochemical measurements), 임상적 평가(clinical assessment) 등이 있다. 이러한 4가지 방법을 영양상태 평가의 "ABCD"라고 한다.

신체계측 Anthropometric Measurement

신체계측이란 신장, 체중, 골질양, 머리둘레 등의 측정을 말한다. 이는 연령 · 성별 · 인종 · 영양상태에 따라 매우 달라진다. 신체계측은 특히 만성적인 영양불량과 같은 경우에 전반적인 영양상태를 측정하는 데 사용된다.

신장과 체중 Height and Weight

신장과 체중은 신체계측에 가장 많이 사용된다. 나이가 증가할수록 과잉체중이나 비만에 의해 많은 건강문제가 야기되므로 체중은 심장병이나 제2형 당뇨병과 같은 만성 질환의 위험을 측정하는 데 이용되며, 임신 중 또는 질병이 진행되고 있는 동안 영양상태를 평가할 수 있다. 신장은 노인의 키 감소로 인한 칼슘의 영양상태, 특히 골밀도의 감소를 평가할 수 있다.

영아나 유아, 특히 출생 직후부터 어린이의 신장과 체중으로 영양상태를 평가할 수 있다. 즉, 어린이의 신체를 측정하여 정상수치인 표준치(reference standards)와 비교한다.

4가지 영양상태 평가
"ABCD" of nutritional status assessment
신체계측, 생화학적 측정, 임상적 측정, 식사평가

신체계측
anthrompmetric measurements
신장, 체중, 허리둘레, 체구성성분 등 신체를 측정하는 것

표준치 reference standard
연령별 · 성별로 신체계측을 대표하는 표준치

체구성 body composition
체내의 지방, 제지방(근육), 무기질 등의 분포상태

신체의 구성요소 Body Composition

체중은 제지방(단백질), 체지방, 수분, 골질 등을 더한 값이다. 이러한 물질들의 분포를 체구성이라고 하며, 이것은 한 개인의 영양상태의 지표가 될 수 있다. 신체의 비만을 측정하는 데는 여러 가지 방법이 있으나, 가장 많이 쓰이는 것이 체질량지수(body mass index ; BMI)이다. BMI는 체중(kg)을 신장의 제곱(m^2)으로 나눈 값이다. BMI는 체지방과의 상관관계가 높으며, BMI가 매우 낮거나 높으면 영양불량이 될 가능성과 질병에 걸릴 위험이 높다.

또 다른 방법으로 피부두께 측정법(skinfold thickness)이 있다. 신체의 지방은 대부분 피하지방에 존재하기 때문에 피부의 두께가 두꺼워질수록 신체 내의 지방이 많게 된다. 피부두께 측정법은 제지방 측정에도 사용된다.

신체의 구성요소를 측정하는 다른 지표로 허리둘레, 엉덩이 둘레, 허리 엉덩이 둘레 등의 비(허리둘레를 엉덩이 둘레로 나눈 값) 등이 있다. 이들 수치가 커질수록 체지방 양이 많은 것을 의미하며, 이들은 측정하기가 쉽기 때문에 임상실험 시에 항상 측정하도록 한다.

골밀도는 무기질, 특히 칼슘의 영양상태를 알아보기 위하여 측정한다. 골밀도 측정은 '이중 에너지 방사선 골밀도 측정기(dual-energy x-ray absorptiometer(DEXA or DXA))' 를 이용하여 신체 내, 특히 뼈를 구성하는 물질에 대한 자세한 사진을 찍는다. 이것으로 체지방 또는 제지방의 양을 측정할 수도 있다.

신체계측의 장점과 단점
Advantages and Disadvantages of Anthropometry

대부분의 신체계측은 측정하기가 용이하고 비용이 저렴하며, 영양상태에 대하여 중요한 정보를 얻을 수 있으므로 질병치료나 영양실태조사 시에 항상 실시하고 있다.

그러나 신체계측으로만 영양상태를 평가하는 데는 많은 제한점이 있다. 영양이 아닌 여러 가지 요인들, 즉 질병, 유전적인 요인, 운동에 의해서도 신체계측은 달라질 수 있기 때문이다. 운동선수들은 신체훈련으로 인해 보통 사람들보다 근육의 양이 많고 체중과 BMI가 높은데, 이것은 영양과잉에 의한 것이 아니다.

그 반면, 신체계측의 결과로 영양결핍이 의심이 되는 경우에도 무슨 영양소 때문인지를 알기란 매우 힘들다. 그러므로 신체계측의 결과만으로 영양상태를 진단할 수 없기 때문에 다른 방법을 사용해야 한다.

생화학적 측정
Biochemical Measurements

건강상태나 영양상태를 평가하기 위하여 생화학적 측정은 자주 이용된다. 혈액이나 요 같은 생체 내의 표본을 실험실에서 분석하여 특정한 영양소에 대한

체질량지수
body mass index (BMI)
체중(kg)을 신장의 제곱(m^2)으로 나눈 값으로 비만도를 나타내는 지수

피부두께 측정법 skinfold thickness
피부두께를 측정하여 비만도를 나타내는 신체계측

이중 에너지 방사선 골밀도 측정기
dual-energy x-ray absorptiometry (DEXA of DXA)
체구성이나 골밀도를 측정하기 위한 기구

생화학적 측정
biochemical measurement
영양상태를 평가하기 위하여 혈액, 요 등 생체표본을 실험실에서 분석하는 법

생체지표
biological marker (biomarker)
영양소의 기능을 반영하는 혈액, 요 등의 생체표본의 측정치

실험을 하거나, 영양적인 기능을 반영하는 지표, 즉 biological marker(또는 biomaker)를 분석한다.

생화학적 측정도 장점과 단점이 있다. 생화학적인 측정으로 영양결핍이나 영양과잉에 대한 진단을 하기 위해서는 신체 표본을 채취하거나 분석을 해야 하는데, 매우 전문적인 지식이 필요하며, 비용도 많이 든다.

날짜, 나이, 성별, 활동 정도, 약물복용과 같은 여러 요인들은 혈액이나 요의 영양소 양에 영향을 미칠 수 있다. 그러므로 이러한 생화학적 측정 결과를 해석할 때는 다른 요인들을 고려하여 신중하게 하여야 한다.

임상적 평가 Clinical Assessment

임상적 평가를 통해 영양상태를 평가할 수 있다. 평가자는 조사대상자의 과거 질병, 체중 증가 혹은 감소, 수술 여부, 약물복용, 가족력 등에 관한 병원기록을 갖고 대상자에게 특이 증상, 즉 기운이 없는지, 시력이 어떠한지, 식욕이 없는지 등에 대한 신체 증상을 물어 본다.

또한 병원기록을 근거로 건강의 어떤 징후가 있는지, 영양상태는 어떤지, 피부의 반점 · 부종 · 잇몸 출혈 등이 있는지 등을 검사를 한다.

임상적 평가는 영양불량의 증상을 찾아내고 영양소의 영양결핍과 영양과잉을 명확히 구분할 수 있는 장점이 있다. 그러나 영양결핍의 증상이나 징후는 심해지기 전까지는 알기 어려우므로 영양불량이 아주 심하지 않을 경우에는 임상적인 평가는 적절하지 않다.

식사평가 Dietary Assessment

신체계측, 생화학적 측정, 임상적 평가 외에 사람들이 먹는 것을 조사하는 식사평가는 영양상태의 평가에 매우 중요하다. 식사평가법에는 과거에 먹은 것을 물어 보는 회상법과 현재 먹는 것을 기록하는 기록법이 있다.

회상법 Retrospective Methods: Recalls and Questionnaires

회상법에는 24시간회상법과 식품섭취빈도법이 있다. 24시간회상법은 면담을 통하여 면담자가 대상자에게 지난 24시간 동안 먹은 모든 식품과 마신 음료에 대해 자세히 질문하여 먹은 종류와 양을 기록하는 것이다. 식품모형이나 가정에서 쓰는 계량 스푼 등을 이용하여 정확하게 먹은 양에 대해 답변을 하도록 한다. 그러나 하루 24시간 동안 먹은 것을 모두 기억해야 하므로 일상적으로 먹는 식품에 대해서는 잊어버리고 답변을 하지 않는 경우가 많다.

식품섭취빈도법은 오랜 기간 동안의 식사 패턴에 대한 정확한 정보를 알 수 있는 좋은 방법이다. 이 방법은 식품 목록, 섭취빈도, 섭취량이 미리 적혀 있는 질문지에 각각의 식품을 얼마나 자주 먹는지, 한 번 먹을 때에는 얼마큼씩 먹는지를 본인이 표시하는 방법이다.

의료기록 medical history
전체적인 건강상태를 알아보기 위해 질문에 의해 기록해 놓은 것

징후 signs
창백한 피부나 피부발진 등과 같이 다른 사람이 알아볼 수 있는 병의 표시

증상 symptoms
위장장애나 식욕부진 등과 같이 다른 사람이 알아볼 수 없는 병의 징후

식사평가 dietary assessment
개인의 식이섭취를 분석하여 평가하는 것

회상적 식사평가 retrospective dietary assessment
과거에 먹은 식품이나 음료를 기록하여 분석하는 식사평가 방법

전향적 식사평가 prospective dietary assessment
현재 먹는 식품이나 음료를 먹을 때마다 기록하여 분석하는 식사평가 방법

24시간회상법 24-hour recall
지난 24시간 동안에 먹은 식품이나 음료를 회상하여 기록하여 분석하는 식사평가 방법

그림 2.2에 예가 제시되어 있다. 질문지에 모든 식품을 나열하는 것은 불가능한 일이다. 또한 특정 인종을 위한 또는 문화적으로 적절한 식품섭취빈도지를 개발하는 것은 매우 힘든 일이다. 식품섭취빈도지를 이용하여 1일 영양소 섭취량과 에너지 섭취량을 계산해 내는 일도 어려운 일이며 또한 식품섭취빈도지에 의한 영양섭취조사는 정확하지 않다.

기록법
Prospective Methods : Diet Records

회상법은 비교적 간단하지만 개인의 기억에만 의존하는 방법이다. 그 반면에 식사기록법은 음식을 먹거나 음료를 마실 때마다 기록하는 방법으로 매우 정확한 영양평가 방법이다. 계량 컵이나 계량 스푼의 단위를 이용하여 1회 분량을 기록하거나 또는 직접 저울로 측정하여 먹은 양을 기록한다. 식사기록법의 과정은 'Focus on'에 자세히 설명되어 있다.

식품성분표와 식이분석용 컴퓨터 소프트웨어
Food Composition Tables and Computerized Dietary Analysis software

식사평가의 다음 단계는 식품 내의 영양소와 에너지 함량을 계산하는 것이다. 식품 내의 영양소의 함량은 식품성분표 또는 영양소의 데이터베이스를 통하여 알 수 있다. 한국의 식품성분표는 농촌자원개발연구소의 홈페이지를 통하여 찾을 수 있다(http://www.rrdi.go.kr).

그림 2.2 식품섭취빈도 설문지의 예

식품섭취빈도 설문지는 영양상태를 평가하기 위해서 사용된다. 여기에 제시된 것은 유제품의 섭취를 평가하기 위한 식품섭취빈도 설문지의 일부이다.

저지방 우유로 만든 초콜릿 음료	무가당 연유	우유와 크림을 반씩 섞은 음료
1일 섭취횟수	**1일 섭취횟수**	**1일 섭취횟수**
☐ 거의 안 먹는다	☐ 거의 안 먹는다	☐ 거의 안 먹는다
☑ 1번 이하	☐ 1번 이하	☐ 1번 이하
☐ 1	☑ 1	☐ 1
☐ 2~3	☐ 2~3	☑ 2~3
☐ 4~5	☐ 4~5	☐ 4~5
☐ 5번 이상	☐ 5번 이상	☐ 5번 이상
1회 섭취량	**1회 섭취량**	**1회 섭취량**
☐ 1/2 컵	☑ 1~2 컵	☑ 1~2 컵
☑ 1 컵	☐ 3~4컵	☐ 3~4컵
☐ 1 1/2 컵	☐ 1/2 컵 이상	☐ 1/2 컵 이상
☐ 2 컵		
☐ 2 1/2 컵 이상		

식품섭취빈도법 food frequency questionnaire
과거 일정기간 동안에 식품섭취 패턴을 조사하는 식사평가 방법

식사기록법 diet record
개인이 일정기간 동안 섭취한 식품이나 음료를 먹을 때마다 자세히 기록하여 분석하는 식사평가 방법

Focus On 임상 적용 CLINICAL APPLICATIONS

정확하고 올바른 식사기록 자료를 수집하는 요령

개인의 식사 적절성을 평가하기 위한 가장 정확한 방법은 식사기록법이다. 그러나 식사기록이 정확하게 기록되지 않았다면 올바른 결과를 기대할 수 없으므로 가능한 정확하게 할 수 있는 요령을 설명하고자 한다.

- **자세하게 쓰는 것이 중요하다.**
  먹은 식품이나 음료의 상표 · 제조방법 등을 아주 자세하게 기록하고 음식 재료의 양을 정확하게 기록해야 한다. 예들 들면, 샐러드의 경우에는 양상추, 토마도, 계란 등의 재료를 자세히 기록한다. 음식의 재료를 정확하게 기록할수록 식사평가를 정확하게 할 수 있다.
- **1인 1회 분량을 정확하게 기록한다.**
  계량 컵이나 계량 스푼의 단위로 먹은 양을 정확하게 기록한다. 또는 1인 1회 분량을 사용한다. 어떤 음식점에서는 판매하는 음식의 양을 자세히 제시하는 곳이 있는데, 이것을 이용해도 된다.
- **며칠 동안의 식사기록을 하는 것이 좋다.**
  사람들이 먹는 식사의 종류와 양은 매일 다르다. 어떤 날은 많이 먹고 어떤 날은 적게 먹기 때문에 식사기록은 며칠 동안 하는 것이 좋다. 일반적으로 주말을 하루 포함하여 3일 정도 식사기록을 하는 것이 좋다.
- **평소의 일상적인 날을 기록하라.**
  휴일이나 생일 및 잔칫날은 피하고 일상적인 식사 패턴인 날의 식사를 기록하는 것이 좋다.
- **일상적인 식사 패턴을 변경하지 말라.**
  식사기록을 하는 동안 일상적인 식사 패턴을 좀더 편리하게 또는 건강식으로 변화시키는 경우가 있다. 그러나 식사기록은 평소의 일상적인 섭취실태를 그대로 기록하는 것이 중요하다.
- **몸이 아프거나 스트레스를 받는 날은 피하라**
  몸이 아프거나 스트레스를 받으면 음식의 기호도와 섭취량이 달라질 수 있으므로 이런 날은 식사기록을 하지 않는 것이 좋다.
- **항상 준비하여라**
  식사기록지를 항상 갖고 다니면서 음식이나 음료를 먹을 때마다 기록하라. 친구와 커피 한 잔 또는 과자 한 개를 먹을 경우에도 잊지 말고 꼭 기록해야 한다.

식품성분표를 이용하여 영양소 섭취량을 계산하는 것은 지루하고 시간이 많이 소비되는 일이다. 미국 농무성에서는 인터넷을 이용하여 쉽게 사용할 수 있는 영양소의 데이터베이스를 제공하고 있으며, 식사평가도구와 피라미드 식사지침을 제시하고 있다.

이것은 'MyPyramid Tracker' 라고 하며, 인터넷 (http://mypyramid.gov)을 통하여 사용가능하다. 식사평가용 소프트웨어는 판매하는 것도 있으므로 누구나 쉽게 영양소 데이터베이스를 이용하여 자신의 식사평가를 할 수 있다.

필수개념 Essential Concepts

영양상태의 평가는 신체계측 · 생화학적 측정 · 임상적 평가 · 식사평가 등 여러 가지 방법으로 할 수 있다. 신체계측은 체구성 성분분석을 하며, 생화학적 측정은 혈액이나 요 등을 분석하여 영양상태에 관한 좀더 자세한 정보를 얻을 수 있다. 임상적 평가는 병원기록이나 영양불량의 증상 또는 징후를 알아내기 위해 신체검사(physical examination)를 하는 것이다.

식품성분표 food composition table
식품의 영양소와 에너지 함량을 적어 놓은 표

컴퓨터 영양소 데이터베이스
computerized nutrient database
식품의 영양소와 에너지 함량이 수록된 데이터베이스로서 특정식품의 특정 영양소 함량을 찾아볼 수 있는 컴퓨터 소프트웨어 식사평가는 영양소나 에너지 섭취량을 측정하는 것이며, 24시간회상법 · 식품섭취빈도법 · 식사기록법 등이 있다. 식이 자료를 수집한 후에는 식품성분표를 이용하거나 식사평가를 위한 컴퓨터 소프트웨어를 이용하여 영양소나 에너지 섭취량을 계산할 수 있다.

영양섭취기준
Dietary Reference Standards : Dietary Reference Intakes (DRIs)

영양평가를 하기 위해서는 개인의 영양소나 에너지 섭취량을 계산한 후에 한 단계 더 나아가서 영양소섭취량이 적절한지, 적절하지 않은지 등을 판단해야 한다. 미국 의학연구소(Institute of Medicine)에서는 개인의 식사평가를 위한 영양섭취기준을 제정하였다.

영양섭취기준에는 4가지 기준치가 있는데, 평균필요량(Estimated Average Requirements ; EARs), 권장섭취량 (Recommended Intakes ; RIs), 충분섭취량(Adequate Intake Levels ; AIs), 상한섭취량(Tolerable Upper Intake Levels ; ULs)이 그것이다(그림 2.3).

또한 에너지 섭취량의 평가를 위한 에너지 필요추정량(Estimated Energy Requirements ; EERs)의 산출 공식, 에너지 섭취비율의 권장수치인 에너지 적정비율(Acceptable Macronutrient Distribution Ranges ; AMDRs)도 포함되어 있다.

영양섭취기준
Dietary Reference Intakes (DRIs)
건강을 최적상태로 유지할 수 있는 영양소 섭취기준으로, 식사의 평가와 계획에 사용된다. 평균필요량, 권장섭취량, 충분섭취량, 상한섭취량 4가지가 있다.

그림 2.3 영양섭취기준(Dietary Reference Intake ; DRIs)

DRIs: EARs, RIs, AIs, ULs, 4가지의 DRI기준치는 각각의 다른 목적으로 사용된다.

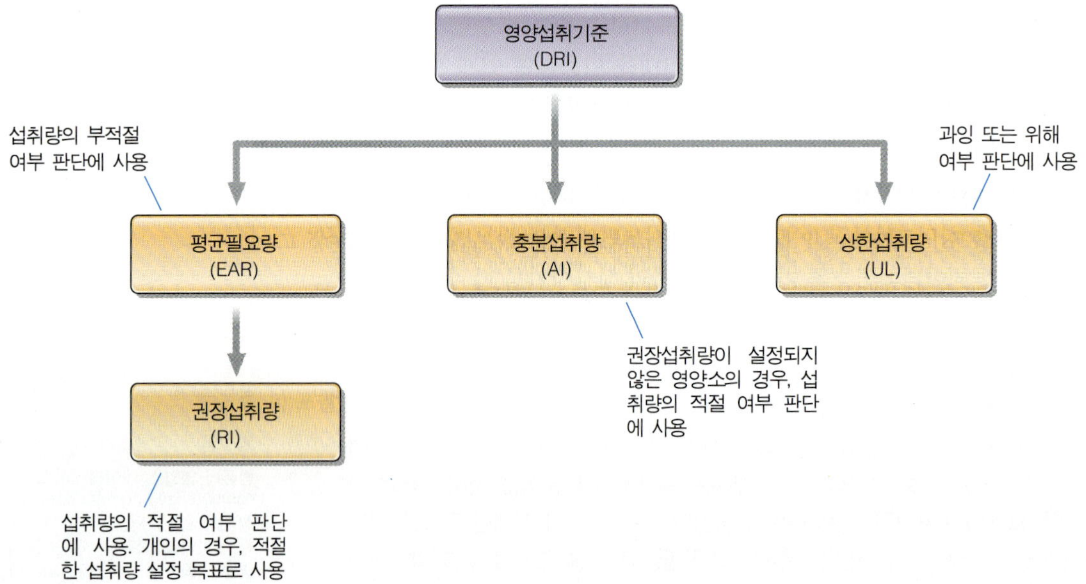

영양권장량의 역사
A Brief History of Nutrient Recommendations

1943년 미국 국립과학원(National Academy of Sciences)에서 영양기준으로 영양권장량(RDA)을 설정하였고, 이것은 그 동안 영양섭취의 목표로 사용되어 왔다. 그 당시에는 미국도 영양부족과 영양결핍에 의한 영양불량이 많았던 시절이었으므로 영양권장량은 영양결핍을 방지하기 위하여 제정되었다.

그 후 미국의 영양권장량은 약 5년마다 개정되어 왔으며, 1989년에 마지막으로 10차 개정편이 발표되었다. 그러나 영양에 대한 지식이 많이 발달되어 기존의 영양권장량으로는 제한점이 많다는 것을 인식하고 1994년에 영양학자들은 영양권장량(RDAs)을 영양섭취기준(DRIs)으로 개정할 것을 주장하였다.

최근에 발표된 영양섭취기준은 영양학자들이 최신의 영양지식을 동원하여 모든 필수영양소에 대한 권장기준을 설정한 것이다. 영양소의 필요량은 성별과 연령 및 생애주기(임신, 수유 등) 등에 따라 다르기 때문에 영양섭취기준은 이러한 군에 따라 다르게 설정되었고, 미국과 캐나다는 DRIs를 그들의 공식적인 영양섭취기준으로 공표하였다.

우리나라에서도 우리나라 사람들의 식사 패턴과 일상 영양소 섭취량 및 체위 등을 고려하고, 최근의 국내의 학술연구결과들을 검토하여 2005년에 한국인 영양섭취기준을 제정하였다.

영양섭취기준의 설정배경을 이해하려면 영양소 필요량에 대한 것을 이해하여야 한다. 영양소의 필요량이란 신체의 영양결핍을 방지하기 위하여 필요한 영양소의 양을 의미하며, 이 양을 섭취하면 영양적으로 적절하게 섭취하는 결과가 된다. 개인의 영양소 섭취량에 영향을 미치는 요인으로는 연령, 성별, 유전, 약물복용, 그 외 다른 환경적인 요인 등이 있다.

영양섭취기준은 건강한 인구집단의 영양소 기준치를 추정한 수치이다. 한 개인의 필요량은 이 평균값보다 적을 수도 있고 또는 훨씬 높을 수도 있다. 그러므로 이러한 영양섭취기준에 대하여 좀더 자세하게 설명하고 또 식사평가에 어떻게 이용되는지를 설명하고자 한다.

평균필요량 Estimated Average Requirement : EAR

영양소의 평균필요량(EAR)이란 성별 · 연령별 인구집단에서 건강한 사람들의 50%에 해당하는 사람의 영양소 필요량의 수치를 의미한다.

즉, 어떤 여자가 영양소의 평균필요량만큼 섭취했다면 그 연령의 모든 여자들 중 절반(50%)에 해당하는 사람의 필요량만큼 섭취했다는 것을 의미하며, 이것은 **그림 2.4**에 제시되어 있다.

평균필요량의 설정 Establishing an EAR

평균필요량의 설정배경을 살펴보기 위하여 철분의 예를 들어 보자.

영양소 필요량 nutrient requirement
개인의 적절한 영양상태를 유지하기 위하여 필요한 영양소의 1일 최소 섭취수준

평균필요량
Estimated Average Requirement (EAR)
건강한 사람들의 1일 영양소 필요량의 중앙값

철분의 평균필요량은 영양섭취기준의 미량영양소 분과위원회에서 제정하였다. 철분의 체내 기능과 생애주기별로 영양상태가 좋지 않을 경우에 나타나는 증상에 대해 먼저 살펴본 후에 철분의 영양상태를 평가할 수 있는 가장 적절한 수치를 선택한다.

예를 들면, 영아의 경우 철분의 필요량은 혈액의 양이 증가하고 철분보유량이 증가하는 것을 고려하여 평균값을 설정하였고, 성인 여자의 경우는 월경에 의한 철분 손실량을 고려하여 설정하였다. 그리고 나서 가능한 요인들을 모두 고려하여 수학적인 공식으로 성별 · 연령별 인구집단의 절반에 해당하는 사람들의 필요량을 충족시키는 값을 산출하였다.

평균필요량은 인구집단 사람들의 영양소 섭취에 대한 적절성을 평가하는 데 유용하게 이용된다. 그러나 개인의 식사계획에서 평균필요량을 영양소 섭취의 목표량으로 설정하는 것은 적절하지 않다.

권장섭취량 Recommended Intake: RI

권장섭취량(Recommended Intake: RI)은 개인의 식사계획의 목표로 사용한다. 권장섭취량은 평균필요량으로부터 수학적인 공식에 의해 산출할 수 있으며, 평균필요량과 권장섭취량의 관계는 **그림 2.4**에서 볼 수 있다.

그림 2.4 평균필요량(EARs)과 권장섭취량(RIs)

평균필요량은 건강한 인구집단의 절반(50%)에 해당하는 사람들의 영양소 필요량을 의미하며, 권장섭취량은 97%에 해당하는 사람들의 영양소 필요량을 의미한다.

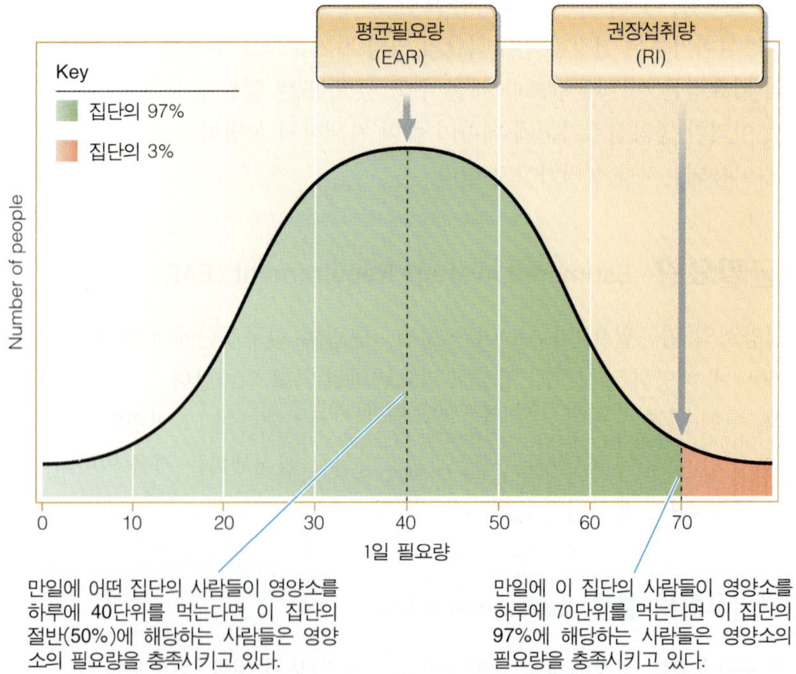

권장섭취량
Recommended Intake(RI)
대다수(97%) 건강한 사람들의 1일 영양소 필요량

권장섭취량은 건강한 대다수 국민(약 97%)에 해당하는 영양필요량을 충족시키는 영양소 권장섭취수준이다. 다시 말하면, 어떤 집단의 사람들이 영양소의 권장섭취량만큼 먹는다면 이 집단의 97%의 사람들은 영양소를 충분히 섭취하고 있다는 의미이다.

그러므로 권장섭취량은 인구집단 사람들이 적절하게 먹을 수 있도록 미리 정해 놓은 영양소 섭취량의 안전한 기준치가 될 수 있다. 권장섭취량은 식품으로부터 섭취한 영양소나 식품가공 시 첨가된 영양소 또는 영양보충제 등 모든 형태로 섭취한 영양소 총량에 대한 기준치이다.

충분섭취량 Adequate Intake Level: AI

충분섭취량은 영양소 필요량을 산정할 자료가 부족하여 필요량의 중앙값을 구하기 어려워서 권장섭취량도 산출할 수 없는 경우에 제시한다. 즉, 권장섭취량 대신에 충분섭취량을 설정하기 위해서는 더 많은 연구가 필요하다.

권장섭취량과 마찬가지로 충분섭취량도 개인의 영양섭취의 목표 수준으로 사용할 수 있다. 충분섭취량은 건강한 사람의 영양상태를 적절하게 유지하기 위한 영양소 섭취수준을 실험적으로 추정하거나 또는 역학조사에서 관찰된 섭취수준을 기준으로 정한다.

미국의 경우, 권장섭취량 대신에 충분섭취량을 설정한 영양소 중 하나가 칼슘이다. 칼슘의 권장섭취량을 설정하려면 좀더 많은 자료를 수집하고 연구를 해야 할 것이다.

그리고 0~6개월의 영아의 경우는 모든 영양소의 필요량에 대한 자료가 부족하므로 권장섭취량 대신으로 충분섭취량이 설정되어 있다. 영아의 충분섭취량은 모유로부터 섭취하는 영양소의 평균값을 근거로 설정한 것이다. 권장섭취량 대신에 충분섭취량이 설정된 영양소는 영양섭취기준표에서 볼 수 있다.

상한섭취량 Tolerable Upper Intake Level: UL

권장섭취량이나 충분섭취량은 영양결핍과 만성 퇴행성 질병의 위험을 예방하기 위하여 설정된 것인 반면, 영양소의 과잉섭취 또는 독성을 방지하는 것 또한 중요한 문제로 대두되고 있다. 그로 인해 건강에 유해영향이 나타나지 않는 최대 영양소 섭취수준으로 상한섭취량이 설정되었다.

상한섭취량은 영양소 섭취의 목표로 사용되지 않으며, 그 대신에 영양보충제나 강화식품을 많이 먹는 사람들에게는 상한치가 된다. 어떤 영양소는 많이 먹으면 위험하고 독성을 일으키기도 한다. 자료가 많지 않아서 모든 영양소에 대해 상한섭취량이 설정되어 있지 않지만 상한섭취량이 설정되어 있는 영양소도 너무 많이 먹지 않도록 주의해야 한다.

충분섭취량
Adequate Intake level(AI)
RI가 설정되지 않은 영양소의 경우, 적절한 영양상태를 유지하는 건강한 사람들의 영양소 섭취수준

상한섭취량
Tolerable Upper Intake level(UL)
인체 건강에 유해영향이 나타나지 않는 최대 영양소 섭취수준

식사평가 시의 영양섭취기준의 활용
Using DRIs in Dietary Assessment

적절한 영양섭취기준을 사용하여 식사평가를 하였다고 하더라도 사람의 영양소 필요량을 정확하게 측정한다는 것은 불가능하다. 평균필요량은 영양소 필요량의 추정치이다.

그러므로 개개인의 실제 영양소 필요량은 평균필요량보다 적을 수도 있고 많을 수도 있다. 이러한 어려운 점이 있으므로 식사평가 후에 식사평가의 결과와 영양섭취기준을 비교해 보는 것이 좋다.

평균필요량과 권장섭취량이 설정된 경우 :

- 영양소 섭취량이 평균필요량보다 훨씬 적을 경우, 식사가 부적절하므로 영양결핍의 위험이 커지게 된다.
- 영양소 섭취량이 평균필요량보다 많고 권장섭취량보다 적을 경우, 영양소 섭취량을 증가시켜야 한다.
- 영양소 섭취량이 권장섭취량보다 많고 상한섭취량보다 적을 경우, 식사가 적절하다고 할 수 있다.

충분섭취량만 설정된 경우 :

- 영양소 섭취량이 충분섭취량 이상인 경우, 식사가 적절하다고 할 수 있다.
- 영양소 섭취량이 충분섭취량 미만인 경우, 식사가 적절한지를 평가할 수 없다.

그림 2.5 영양섭취기준(DRI)의 활용

영양섭취기준의 수치는 식사를 통해 섭취하는 영양소의 목표치로 사용할 수 있다. 영양소 섭취량이 권장섭취량과 상한섭취량 사이이면 식사가 적절하다고 할 수 있다.

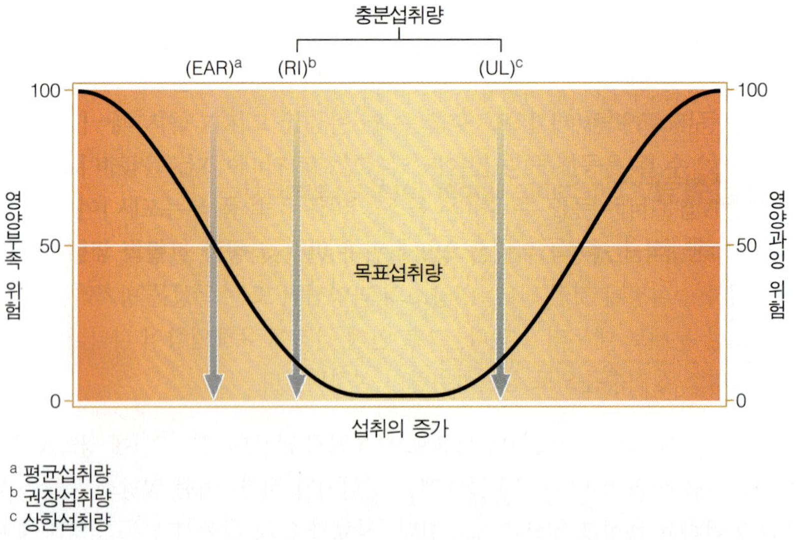

출처 : 미국 의학연구소, 에너지, 탄수화물, 식이섬유, 지방산, 콜레스테롤, 단백질, 아미노산의 식이섭취기준, 워싱턴 : 네셔널 아카데미 출판사, 2005

영양섭취기준을 활용하여 식사의 평가를 하는 것은 바람직한 일이지만, 개인의 영양상태를 좀더 정확하게 평가하기 위해서는 신체계측 · 생화학적 측정 · 임상적 측정 · 식사평가의 결과를 모두 고려하여 평가하는 것이 좋다.

에너지 필요추정량과 신체활동 양상
Estimated Energy Requirements(EERs) and Physical Activity Patterns

에너지 필요량은 성별이나 연령뿐만 아니라 체중, 신장, 신체활동 등 여러 가지 요인에 의해 영향을 받는다. 에너지 섭취량에 대한 권장수치로 에너지 필요추정량이 설정되었다. 체중이 같은 23세의 두 여자의 경우도 마라톤 선수보다 사무직의 여자는 에너지 필요량이 적다는 것은 쉽게 생각할 수 있다.

그러므로 건강한 사람의 성별, 연령, 체중, 신장, 활동정도를 고려하여 정상 체중을 유지하기 위한 에너지 필요추정량을 산출하는 공식을 제시하였다. 건강한 성인의 에너지 필요추정량의 공식은 다음과 같다.

$$\text{성인 남자: EER} = 662 - 9.53 \times \text{연령(세)} + \text{PA} \times [15.91 \times \text{체중(kg)} + 539.6 \times \text{신장(m)}]$$

$$\text{성인 여자: EER} = 354 - 6.91 \times \text{연령(세)} + \text{PA} \times [9.36 \times \text{체중(kg)} + 726 \times \text{신장(m)}]$$

PA는 신체활동 정도를 의미하며 비활동적 · 저활동적 · 활동적 · 매우활동적으로 구분한다. 각 활동별로 신체활동값과 신체활동에 대한 설명을 표 2.1에 제시하였으며, 에너지 필요추정량을 계산하는 예제는 다음과 같다.

에너지 필요추정량 계산 김경순은 38세, 체중 115파운드, 신장은 5피트 4인치, 저활동을 하는 여성이다.

신체활동계수 = 1.12

체중 = 115 파운드 ÷ 2.2 = 52.3kg

신장 = 5.3 피트 ÷ 3.3 = 1.6m = 160cm

에너지 필요추정량(EER)

$= 354 - 6.91 \times 38(\text{세}) + 1.12[9.36 \times 52.3(\text{kg}) + 726 \times 1.6(\text{m})]$

$= 1{,}941\text{kcal}$

에너지 필요추정량
Estimated Energy Requirement (EER)
성별, 연령, 신체활동, 체중, 신장을 고려한 건강한 사람들의 에너지 균형을 유지하기 위해 필요한 에너지 섭취의 추정값

표 2.1 신체활동의 종류

활동 정도	신체활동(PA) 계수		종류
	남	여	
비활동적	1.00	1.00	개인의 일상생활 외에는 전혀 활동 안 함.
저활동적	1.11	1.12	개인의 일상생활에 2~4 mile/hour 속도로 1.5~3 mile/day 운동추가
활동적	1.25	1.27	개인의 일상생활에 2~4 mile/hour 속도로 3~10 mile/day 운동추가
매우 활동적	1.48	1.45	개인의 일상생활에 2~4 mile/hour 속도로 10 mile 이상/day 운동추가

출처 : 미국 의학연구소. 에너지, 탄수화물, 식이섬유, 지방산, 콜레스테롤, 단백질, 아미노산의 식이섭취기준 워싱턴 : 내셔널 아카데미 출판사, 2005. 위의 수치는 건강한 사람에게만 적용되는 값이다. 어린이, 임산부, 수유부, 과체중, 비만인 경우 등에 적용되는 값은 다르다.

에너지 적정비율
Acceptable Macronutrient Distribution Ranges: AMDRs

식사를 통한 에너지 섭취의 비율로 에너지 적정비율을 설정한다. 만성 질병의 위험을 줄이고 필수영양소는 적절히 섭취하도록 하며, 에너지 영양소로부터 에너지를 섭취하는 비율의 범위를 설정한다. 그리고 각 열량영양소의 에너지 적정비율은 전체 섭취하는 총 에너지에 대한 섭취비율로 나타낸다.

한국 성인의 에너지 적정비율 (AMDRs)
Acceptable Macronutrient Distribution Ranges: AMDRs

탄수화물 : 총 에너지의 55~70%
단백질 : 총 에너지의 7~20%
지질 : 총 에너지의 15~25%
n-6 불포화지방산 : 총 에너지의 4~8%
n-3 불포화지방산 : 총 에너지의 0.5~1.0%

에너지 적정비율
Acceptable Macronutrient Distribution Ranges(AMDRs)
다량영양소로부터 섭취하는 에너지의 적정 퍼센트

필수개념 *Essential Concepts*

영양섭취기준은 최적의 건강상태를 유지하기 위해 생리적으로 요구되는 영양소 필요량의 추정치이다. 미국 의학연구소에서는 이러한 기준치로 영양섭취기준(Dietary Reference Intakes: DRIs)을 제정하여 발표하였다.

영양섭취기준에는 평균필요량(Estimated Average Requirements: EARs), 권장섭취량(Recommended Intakes: RIs), 충분섭취량(Adequate Intake Levels: AIs), 상한섭취량(Tolerable Upper Intake Levels: ULs) 등이 있다.

평균필요량은 영양소 필요량의 추정치이고 권장섭취량은 평균필요량과 관계된 수치로 개인에게 권장되는 영양소 섭취량이다. 평균필요량과 권장섭취량을 설정하지 못한 영양소의 경우는 충분섭취량이 설정되었다. 상한섭취량은 권장하는 양이 아니고 더 이상 먹지 말라는 최대기준치이다.

일반적으로 영양소 섭취량이 권장섭취량보다 많고 상한섭취량보다 적으면 적절하다고 간주한다. 그 외에도 에너지 필요추정량(Estimated Energy Requirement: EER)을 계산하는 공식과 다량영양소의 에너지 적정비율을 제시하였다.

식사계획
Planning a Nutritious Diet

식사를 통하여 필수영양소를 모두 적절하게 섭취하는 것은 건강을 유지하고 만성 질환을 예방할 수 있는 중요한 첫 단계이다. 그러므로 적절한 양의 영양적인 식품을 먹는 것은 매우 중요한 과정이다. 영양과 건강은 매우 밀접한 관계가 있으므로 미국 정부는 국민들에게 건강한 식사를 계획할 수 있도록 교육시키고 있으며, 식품을 현명하게 선택하는 방법을 제시하고 있다.

식사지침의 역사
A Brief History of the Federal Food Guidance Systems

국민의 건강과 관련된 일을 하는 정부기관은 여러 곳이 있다. 미국 농무성(U.S. Department of Agriculture: USDA)은 농산물의 생산성을 높이고 국민의 영양적인 식사를 돕는 일을 하고 있으며, 1894년에 미국인의 영양권장량을 처음으로 제정·발표하였다.

이 권장량은 주로 총 에너지 섭취와 단백질섭취량에 중점을 두었으며, 전체적으로 미비하긴 했으나 이것을 기초로 식사지침이 개발되었다.

그후 영양소의 권장섭취량만큼 섭취하려면 실제로 어떤 식품을 어떻게 먹어야 하는가에 대한 식사계획지침이 계속해서 발표되었다. 즉, 미국 농무성의 식사지침에는 모든 식품을 식품군으로 분류하여 각 식품군의 섭취량에 대한 권장 수준이 제정되었다.

미국 농무성의 식사지침
USDA Food Guides
분류된 '식품군'을 기초로 미국 농무성에서 개발한 권장 식사 안내

미국인의 식사지침
Dietary Guidelines for Americans
미국 농림부와 보건복지부에서 개발된 영양소 섭취, 신체활동, 체중조절, 알코올 섭취, 식품 섭취, 식품안전 등과 관련된 식사지침

MyPyramid
미국인의 식사지침을 실행하기 위하여 미국 농무성에서 개발한 그래픽과 인테넷 사이트를 이용한 개개인을 위한 맞춤형 식사지침

그림 2.6 한국과 미국 농무성의 식사지침 개발

한국인의 건강을 위한 식품구성탑과 미국 농무성에서 발표한 식사지침의 예

한국인의 건강을 위한 식품구성탑

Depression era

Basic 4

출처: 미국 농무성 홈페이지 http://www.usda.gov

1980년에는 미국 보건복지부와 미국 농림부에서 공동으로 좋은 식습관이 건강을 증진시키고 만성 질병의 위험을 감소시킬 수 있다는 교육을 위한 미국인의 식사지침을 제정하여 발표하였다.

이러한 식사지침들은 약 5년마다 개정되어 왔으며, 현재는 미국 연방정부에서 2005년에 제정한 'MyPyramid'라는 식사지침을 사용하고 있다. MyPyramid는 미국 농무성의 '2005 미국인을 위한 식사지침(The 2005 USDA Dietary Guidelines)'의 원리를 실천에 옮기기 위하여 개발된 것이다.

한국인과 미국인의 식사지침 Dietary Guidelines

'2005 미국인을 위한 식사지침'은 과거에 발표되었던 식사지침과 다른 점이 많다. 과거의 식사지침에는 과잉체중과 비만, 고혈압, 제 2형 당뇨병, 심장병, 암, 골다공증과 같은 만성 질환의 위험을 감소시키기 위한 식사를 개발하기 위하여 수학적인 공식이 많이 사용되었다. 그러나 2005년의 식사지침은 미국인의 식사에서 부족되기 쉬운 영양소, 즉 비타민 E, 비타민 A, 칼슘, 마그네슘, 포타슘, 식이섬유 등의 영양소 섭취를 증가시키기 위한 내용을 수록하였고, 알코올 섭취나 식사와 골건강에 대한 내용을 포함하고 있다.

한국영양학회의 식사지침은 건강을 증진시키기 위한 10가지의 중요한 지침 사항을 제시하고 있다. 한국인을 위한 식사지침은 한국인의 건강 유지를 위해서 어느 계층이나, 어느 연령도 평소의 식사에서 지킬 수 있도록 만든 것이다.

Food Matters 미국 농무성의 식사지침

미국 농무성의 식사지침은 채소와 과일을 매일 다양하게 먹고 칼로리를 너무 많이 섭취하지 말라고 권장하고 있다. 이러한 목표를 달성하기 위해서는 다음과 같은 사항을 참고하라.

- 먹기 쉽게 썰어놓은 과일과 채소를 구입하라. 예를 들면, 건강을 위해 많이 먹도록 껍질을 미리 깎아서 썰어놓은 과일(파인애플이나 참외 등 썰어놓은 것)을 사도록 하라.
- 고지방 간식 대신에 100% 주스로 만든 얼음 과자를 사도록 하라.
- 사과, 셀러리, 호두 등으로 샐러드를 만들어 먹어라.
- 고기를 구워 먹을 때는 파인애플이나 복숭아 등 과일과 함께 만든 산적요리를 먹어라.
- 책상이나 가방 속에 마른 과일을 항상 넣어 두어라.
- 간식으로 땅콩버터를 바른 사과 또는 딸기나 키위를 얹은 요구르트 등을 먹어라.
- 고기요리, 찌개, 빵, 머핀 등에 당근이나 호박을 넣어라.
- 파스타 소스나 리자냐에 다진 채소를 넣어라.
- 투명한 유리그릇에 채소를 잘라서 넣고, 냉장고에 보관하고 먹어라.

2005년 미국 농무성의 미국인을 위한 식사지침
The 2005 USDA Dietary Guidelines for Americans

- 에너지 섭취가 과잉되지 않는 범위 내에서 기초식품군의 식품들을 다양하게 섭취하라.
- 체중관리를 하면서 에너지 섭취를 조절하라.
- 매일 신체활동을 하라.
- 과일 · 채소 · 전곡 · 무지방 또는 저지방 우유와 유제품을 많이 섭취하라.
- 건강을 위하여 지질 식품을 현명하게 선택하여 먹어라.
- 건강을 위하여 탄수화물 식품을 현명하게 선택하여 먹어라.
- 음식을 선택하고 조리할 때는 소금의 양을 줄여라.
- 알코올 음료를 적당히 먹어라.
- 음식을 안전하게 보관하라.

중요한 개념 : 다양성, 균형성, 적절성, 영양밀도
Key Concepts: Variety, Balance, Moderation, and Nutrient Density

미국인의 식사지침에는 4가지 중요한 개념, 즉 식사의 다양성, 균형성, 적절성, 영양밀도에 대한 것을 강조하고 있다. 각 식품군 내의 식품을 골고루 다양하게 먹으면 모든 필수 영양소를 적절하게 섭취할 수 있는 지름길이 된다.

각각의 식품군으로부터 칼로리 섭취를 적절하게 하면 균형성을 유지할 수 있다. 다량영양소를 균형되게 먹으면 미량영양소의 섭취도 균형을 이룰 수 있으며, 또한 과도한 체중증가도 방지할 수 있게 된다.

적절성 또는 특정음식을 과식하지 않는 것은 매우 중요하며, 식품을 적절하게 먹음으로써 칼로리 섭취를 조절하여 적당한 체중을 유지하게 된다. 식사지침에는 칼로리 섭취를 제한한다. 특히 칼로리 함량이 많고 필수영양소가 적은 첨가당, 지방음식, 알코올 음료는 제한하라고 권장하고 있다.

식사지침에서는 영양밀도에 대해 강조하고 있는데, 영양밀도란 식품의 에너지 함량에 대한 영양소의 양, 즉 식품의 1000kcal당 특정 영양소 함량을 말한다. 그러므로 영양밀도가 높은 식품을 먹으면 칼로리에 비해 필수영양소를 많이 섭취할 수 있다. 영양밀도가 낮은 식품은 칼로리에 비해 미량영양소의 양이 매우 적다.

알코올 음료
Alcoholic Beverages

알코올은 필수영양소의 함량이 매우 낮으므로 영양밀도도 매우 낮다. 과음하면 판단력을 잃게 되어 중독상태로 됨으로써 심각한 건강문제와 사회적인 문제가 될 수도 있다. 그러나 적절한 양의 알코올(하루에 1~2잔)은 중년이나 노인의 경우에는 건강에 좋은 영향을 미칠 수도 있다. 하지만 지나친 것은 건강에 나쁜 영향을 미치므로 과음하지 말아야 한다.

다양성 variety
다양한 식품을 골고루 먹을 것을 강조한 식습관의 개념

균형성 balance
각 식품군을 적절한 비율로 섭취할 것을 강조한 식습관의 개념

적절성 moderation
음식의 양을 너무 많이 먹지 않을 것을 강조한 식습관의 개념

영양밀도 nutrient density
식품의 총 칼로리에 대한 영양소 함량의 비율

Focus On 식품 FOOD

영양밀도

최근의 영양 지침은 영양밀도에 대해 강조하고 있다. 영양밀도가 높은 식품을 먹으면 체중 증가와 비만을 방지하고 영양소의 필요량을 충족시킬 수 있다.

그러나 영양밀도에 대해서 정확히 알기는 힘들다. 식품표시에는 영양밀도에 대한 것은 제시하지 않으므로 영양밀도가 높은 식품을 구분하기는 쉽지 않다.

영양밀도는 다음과 같이 계산하여 비교해 볼 수 있다.

• 영양밀도 = (영양소 함량/1회 분량) ÷ (kcal/1회 분량) x 1000

예컨데 아이스크림, 셔벗, 요구르트, 슬러시의 비타민 A 와 칼슘의 영양밀도에 대해 비교해 보면 아이스크림은 비타민 A의 영양밀도(589RAE/1000kcal)가 가장 높고, 요구르트는 칼슘의 영양밀도(1955mg/1000kcal)가 가장 높으며, 슬러시는 비타민 A와 칼슘의 영양밀도가 모두 가장 낮았다. 물론, 대부분의 식품은 여러 가지 영양소를 다양하게 함유하고 있으나 어떤 영양소의 함량은 높지만 다른 영양소는 없는 식품도 많다.

즉, 완전한 식품이란 없으므로 식사지침에서는 다양하게, 특히 영양밀도가 높은 식품을 먹으라고 권장하고 있다. 그러므로 다양하게 먹으면 칼로리 섭취는 많지 않고 모든 필수영양소를 섭취할 수 있게 된다.

영양밀도와 관련하여 칼로리 허용량(discretionary calorie allo-wance)을 살펴보자.

칼로리 허용량이란 필수영양소의 필요량을 섭취한 후에 체중 증가를 걱정하지 않고 추가로 더 섭취해도 되는 칼로리 양을 말한다.

예를 들면, 에너지 필요량이 2000kcal인 사람이 영양밀도가 높은 식품을 먹어서 1740kcal를 섭취했다면 이 사람의 칼로리 허용량은 260(2000 – 1740)kcal이다.

이 사람은 치즈 케이크 한 조각(약 250kcal)을 더 먹어도 체중이 증가되지 않는다. 만일 영양밀도가 낮은 식품을 먹어서 칼로리 허용량이 남아 있지 않은데 치즈 케이크를 먹는다면 체중이 증가할 것이다. 그러므로 영양밀도가 높은 식품을 먹으면 칼로리 허용량이 커지고 따라서 정상 체중 유지가 쉬워진다.

식품	비타민 A (RAE/serving)	칼슘 (mg/seving)	에너지 (kcal/serving)	영양밀도 비타민 A (RAE/1000kcal)	영양밀도 칼슘 (mg/1000kcal)
아이스크림	156	169	265	589	638
셔벗	85	206	235	362	877
요구르트	4	436	223	18	1955
슬러시	0	0	220	0	0

RAE, retinol activity equivalent

미국 농무성 식사지침의 설정
Eastablishment of the Current USDA Food Guide

칼로리 허용량
discretionary calorie allowance
모든 필수영양소 섭취시 체중이 증가하지 않는 범위에서 섭취해도 되는 칼로리의 양

미국 농무성에서는 건강 유지를 위한 식사에 대한 전반적인 권장사항 외에 식사지침을 설정하였다. 여기에는 7가지 식품군 : 과일, 채소, 곡류, 고기 및 콩류, 유제품, 유지류, 칼로리 허용량에 대한 내용을 포함하고 있다.

각 식품군으로부터 섭취하는 권장섭취 횟수는 각 개인의 칼로리 섭취량에 따라 달라지는데, 칼로리 필요량이 많을수록 섭취할 수 있는 식품의 양이 많아진다. 이 식사지침을 기초로 MyPyramid를 제정하였다.

식사지침과 MyPyramid는 식사에 대한 정부의 공식적인 권장사항이며, 그 외 '고혈압 방지를 위한 식사계획(Dietary Approaches to Stop Hypertension: DASH)' 다이어트도 추천하고 있다.

권장사항의 실천 : MyPyramid

MyPyramid : Putting Recommendations into Practice

미국 농무성에서는 식사지침 권장사항의 실천을 위하여 1992년에 제정한 식사지침 피라미드를 수정하여 식사지도 체계인 MyPyramid를 최근 설정하였다. **그림 2.7**에서 보는 바와 같이 MyPyramid는 한 사람이 피라미드를 올라가고 있는 그림이다. 피라미드는 각각 다른 식품군을 나타내는 여러 가지 색으로 되어 있다. 2005년도 MyPyramid에는 섭취횟수는 표시되어 있지 않다. 식품에 대한 권장섭취량은 연령, 성별, 신체활동 정도에 따라 개인마다 매우 다르기 때문이다. MyPyramid에 의한 권장섭취량의 내용은 표 2.2에 제시되었다.

MyPyramid 웹사이트(http://www.mypyrramid.gov)의 'MyPyramid 계획' 에서 나이, 성별, 신체활동 정도 등을 입력하면 개인에 대한 각 식품군의 권장섭취량에 대한 정보를 알 수 있다.

그림 2.7 미국 농무성의 MyPyramid 아이콘

MyPyramid는 '미국 농무성 2005년도 미국인을 위한 식사지침' 을 기본으로 하여 식사의 권장사항을 그림으로 잘 제시하고 있다

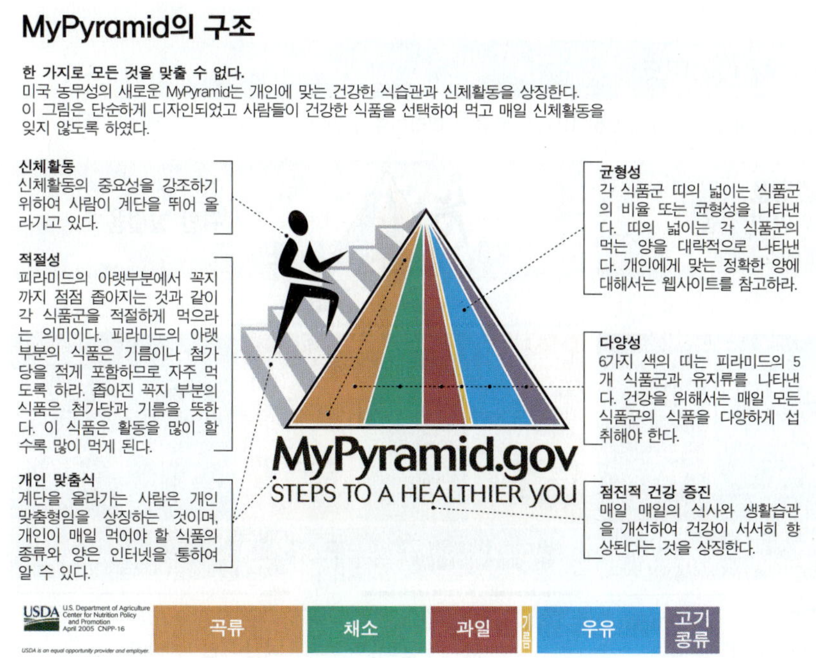

표 2.2 미국 농무성 MyPyramid에 의한 각 식품군의 권장섭취횟수와 권장분량

식품군	1일 권장 분량[a,b]	함유된 영양소
곡류	3~10 oz(85~283 g)	비타민 B군, 철분, 마그네슘, 셀레늄, 에너지, 식이섬유
채소류	1~4 cups	포타슘, 비타민 A, E, C, 엽산, 식이섬유, 영양밀도가 높은 식품
과일류	1~2$^1/_2$ cups	엽산, 비타민 A, C, 포타슘, 식이섬유
유제품	2~3 cups	칼슘, 포타슘, 비타민 D, 단백질
고기, 가금류, 계란, 생선, 종실류, 견과류	2~7 oz(56~198 g)	단백질, 마그네슘, 철, 아연, 비타민 B군, 비타민 D, 에너지, 포타슘
유지류	3~11 tsp	필수지방산, 비타민 E

[a] 연령, 성별, 신체활동 정도에 따른 양. 개인에 대한 권장수준은 MyPyramid 웹사이트(http://www.mypramid.gov)에서 산출할 수 있다.
[b] 섭취분량에 대한 예. MyPramid 웹사이트에서 찾아볼 수 있다.

즉, 식품섭취 패턴, 1회 분량, 메뉴 등을 추천해 주는 '개인 피라미드'를 제시해 준다. 전체적으로 12가지의 식사 패턴을 추천해 주고 있는데, 이 중 2가지 개인 피라미드의 예를 **그림 2.8**에 제시하였다.

개인 피라미드에는 개인의 에너지 필요추정량에 따라 식품군의 권장량이나 칼로리 허용량('extras'라고도 함) 등이 제시되어 있다. 이 웹사이트에는 각 식품군에 해당하는 식품의 종류와 양, 식사계획, 채식주의자들과 같은 특수집단을 위한 설명이 나와 있다. 그리고 영양소 데이터베이스를 이용하여 개인의 식사가 농림부 식사지침이나 의학협회의 권장수준에 맞는지를 평가할 수 있다.

Healthy People 2010
미국인의 건강 증진을 위한 국가의 장기적인 목표에 대한 간행물

그림 2.8 미국 국무성의 개인 식사 피라미드

미국 국무성의 MyPyramid 식사지침에는 에너지 필요량을 기초로 한 12가지 종류의 피라미드가 있다.

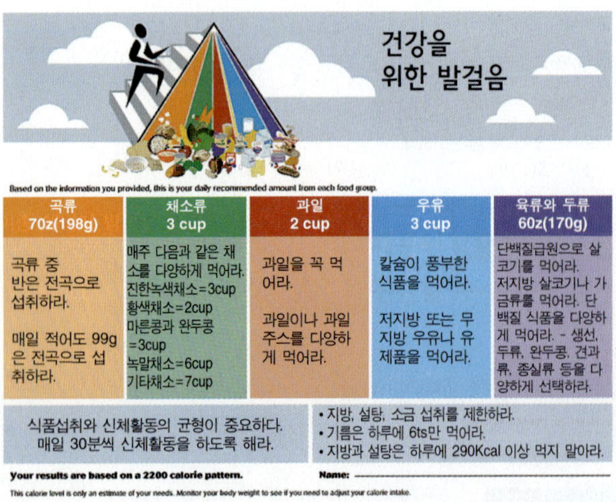

에너지 필요량이 2200kcal인 개인 피라미드

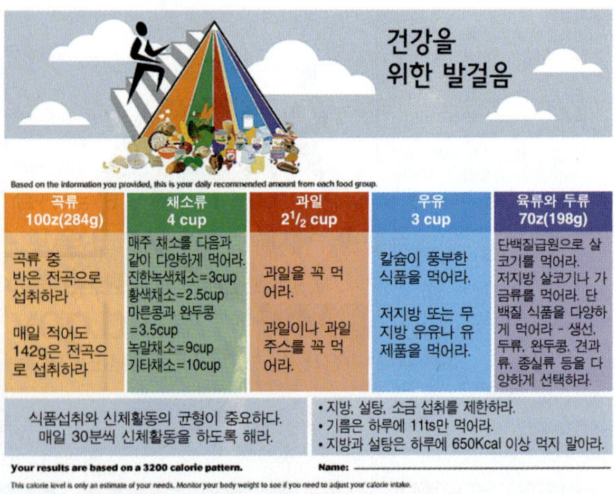

에너지 필요량이 3200kcal인 개인 피라미드

MyPyramid 식사지침의 주제는 '건강한 당신을 위한 발걸음'으로 피라미드 정상으로 올라가는 사람의 모습을 나타내고 있다. 이번 식사지침에는 처음으로 신체활동을 포함하고 있으며, 신체활동과 균형되게 알맞은 식품을 선택하여 적절한 양을 먹도록 권장한다.

MyPyramid의 중요한 상징과 메시지
Key Elements of the MyPyramid Symbol and Message

MyPyramid는 여러 가지 의미가 있으므로 잘 살펴보아야 한다. 신체활동을 강조하고 있고 에너지 섭취와 소비의 균형을 이루어야 한다는 것이 MyPyramid의 주요 메시지이다. 6개의 식품군(곡류, 채소류, 과일류, 유제품, 유지류, 고기 및 콩류)은 각각 다른 색으로 표현하였으며 피라미드의 넓이를 다르게 하였다. 피라미드의 색은 각 식품군과 관련된 색이며, 넓이는 식품군의 섭취비율 또는 균형을 나타낸다. 즉, 유제품(청색)의 넓이가 고기 및 콩류(보라색)보다 넓은 것은 유제품을 고기 및 콩류보다 많이 섭취하라는 뜻이다.

고체 유지나 첨가당은 피라미드의 아래부분에서부터 꼭지까지 좁은 줄로 표시되어 있는데, 이것은 적절한 양을 섭취하라는 뜻이다. 고체 유지란 고기나 쇼트닝 같은 곳에 포함된 포화지방산과 트랜스지방산을 의미한다.

피라미드의 아랫부분이 넓은 것은 영양밀도가 높은 식품을 섭취하라는 뜻이다. 예를 들면, 곡류군 피라미드의 아랫부분이 넓은데, 이는 도넛과 같이 지방과 당이 많은 곡류식품의 섭취를 어느 정도는 허용하지만 대부분의 식품을 저지방·무첨가당의 영양밀도가 높은 식품으로 섭취하라는 의미이다.

표 2.3 'Healthy People 2010'의 영양과 관련된 목표

Healthy People 2010 중점분야	일반적인 목표	영양과 관련된 예
관절염, 골다공증, 만성 허리병	관절염, 류마티스, 골다공증, 만성 허리병과 관련된 질병과 장애 예방	칼슘을 권장섭취량 이상 섭취하는 사람들의 비율을 46%에서 75%로 증가시킴.
암	암에 의한 질병, 장애, 사망 방지와 새로운 암 발생의 예방	과일을 2회 분량 이상 섭취하는 사람들의 비율을 28%에서 75%로 증가시킴.
당뇨병	당뇨병 유병률 감소, 당뇨병으로 인한 경제적 부담 감소, 당뇨병 환자의 삶의 질 개선	비만 성인의 비율을 23%에서 15%로 감소시킴.
식품안전	식품에 의한 질병 방지	박테리아에 의한 식중독 발생을 50% 감소시킴.
심장병 뇌졸중	심장병 위험요인의 예방, 발견, 치료를 통해 심장병 예방과 삶의 질 개선; 심장마비, 뇌졸중의 조기발견과 치료; 순환기 질환의 예방.	포화지방산으로부터 칼로리를 10% 이하 섭취하는 사람들의 비율을 36%에서 75%로 증가시킴.
영유아, 모자 보건	영유아, 산모, 어린이, 가족의 건강과 삶의 질 향상	유아와 임신연령층 여성들의 철분 결핍을 감소시킴.
영양과 체중과다	식사, 체중과 관련된 만성 질병의 예방과 건강 증진	체중과잉 또는 비만 어린이와 청소년층의 비율을 11%에서 5%로 감소시킴.

출처: 미국 보건복지부, Health People 2010: 건강의 이해와 증진, 제 2판: 워싱턴, 미국 정부인쇄소; 2000.

2010년의 건강한 미국인 : 건강한 삶을 위한 미국 국민의 목표 평가
Healthy People 2010 : Assessing our National Goals for Healthy Living

미국 보건복지부에서는 2010년까지 달성하기 위한 국민 건강의 목표를 설정하고 '2010년의 건강한 미국인(Healthy People 2010)'이라는 보고서를 발표하였다. 개인 건강에 대한 식사지침이나 MyPyramid와는 달리, Healthy People 2010은 정부기관, 지역사회, 전문협회들이 지역사회 주민의 건강 증진을 위하여 이용하도록 만들어졌다.

Healthy People 2010의 가장 중요한 두 가지 목표는 다음과 같다. ① 삶의 질을 높이고 건강하게 오래 살자. ② 인구집단 간의 건강의 차이를 없애자. 이러한 목표 아래 암, 당뇨, 식품위생, 모자보건, 어린이 건강, 영양, 비만 등의 중점분야 28개를 설정하였다. 이들 목표를 달성하기 위하여 건강과 관련된 건강지표들에 대해 관심 있게 살펴본 후 평가하고 추적 · 조사해야 한다. 몇 가지 중점분야, 일반적인 목표, 영양과 관련된 건강지표들에 대해 표 2.3에 제시하였다.

식사와 관련된 목표는 2005년도 식사지침에서 권장하는 내용과 같으며, Health People 2010은 영양권장량에 좀더 자세한 지침을 추가하고 있다. 식사지침은 개인의 영양목표를 달성하기 위한 것인 반면, Health People 2010은 국민건강의 목표 달성을 위한 것이다.

필수개념 Essential Concepts

미국 농무성은 지난 1세기 동안 국민들의 건강을 위한 식사계획에 중점을 두었다. 또한 최근의 MyPyramid는 식사의 다양성, 적절성, 균형성, 신체활동을 강조하고 있다. MyPyramid는 식사계획을 위한 그림을 제시하고 있으며, 웹사이트에는 개인에 맞는 식사지침을 제시하고 식사평가를 하는 프로그램을 두고 있다.

MyPyramid는 '2005년도 미국인을 위한 식사지침'을 기본으로 하고 있다. 이러한 식사지침은 미국인의 건강상태를 증진시키고 만성 질환을 감소시키기 위하여 과학적인 근거로 설정된 영양권장량을 기초로 한다.

필수영양소의 섭취를 증가시키면서 섭취량의 적절성에 대해 초점을 두며, 건강한 체중 유지를 위해 신체활동의 중요성을 강조하고 있다. 영양밀도를 증가시키는 것과 칼로리 허용량에 대한 것이 식사지침과 MyPyramid의 주요 메시지이다. 또한 국민건강을 위한 식사목표는 Healthy People 2010 보고서의 주요 메시지이기도 하다.

건강한 식사계획을 위한 식품표시 이용
Using Food Labels to Plan a Healthy Diet

영양적인 식품을 적절하게 선택하기 위하여 식사지침이나 MyPyramid를 어떻게 이용해야 하는가? 식품표시를 어떻게 이해하고 건강식품 선택에 어떻게 적용해야 하는가? 등에 대하여 학습하도록 한다.

식품표시와 영양표시면
Food Labels and Nutrition Facts Panels

미국 식품의약품안전청(U.S. Food and Drug Administration ; FDA)에서는 소비자들이 식품에 함유된 영양소 함량을 알 수 있도록 식품표시법을 1973년에 제정하였다. 대부분의 포장식품에는 식품 재료에 관한 정보를 표시하도록 되어 있으며, 식품표시에 표기해야 하는 내용은 다음과 같다.

- 제품명과 제조 장소
- 제품의 실제 무게
- 제품 재료의 양(가장 많은 것부터 가장 적은 것까지)
- 제조회사명과 주소
- 제품 번호(UPS 바코드)
- 제조 날자
- 종교적인 상징
- 식품의 안전한 취급법(생고기 등에 관한)
- 경고문(아스파탐 등에 관한)
- 특정 영양소에 대한 영양표시

소비자들은 식품포장에 반드시 표기되는 영양표시면(Nutrition Facts panel)에 관심이 많은데, 이것에 관한 것은 **그림 2.9**에 있다.

영양표시면에 표기해야 하는 몇 가지 중요한 내용은 다음과 같다. 1회 분량을 표기해야 하는데, 다른 식품과 영양소 함량을 비교할 수 있도록 표준화된 1회 분량이어야 한다. 예를 들면 2종류의 시리얼 1회 분량에 포함된 철분의 양을 비교하기 위해서는 영양표시면을 보면 쉽게 알 수 있다. 그 밖에 총 에너지와 총 탄수화물(식이섬유 포함) 및 당과 단백질에 대한 내용을 표시해야 하며, 식사지침에서 권장하는 영양소에 대한 내용을 표기해야 한다. 식사지침에서는 총 지방, 포화지방산, 트랜스지방산, 콜레스테롤, 나트륨 등의 섭취를 제한하고, 식이섬유, 비타민 A와 C, 칼슘, 철의 섭취를 증가시키라고 하였다.

미국 식품의약안전청은 소비자들이 식사지침에 따라 식품을 선택할 수 있도록 영양소에 관한 내용을 영양표시면에 표기하도록 하였다. 식품표시에 대한 좀더 자세한 내용은 미국 식품의약안전청 웹사이트에 설명되어 있다.

1일 기준치 Daily Values: DVs

영양표시면에 영양에 관한 좋은 내용을 제시하여도 이것을 식사계획에 적용하는 것은 쉬운 일이 아니다. 칼슘이 20 mg 함유되었다고 쓰여 있어도 사람들은 칼슘 20 mg이 많은 양인지 또는 적은 양인지 잘 모른다. 그러므로 소비자들을 위하여 '1일 기준치'를 설정하였다. 비타민과 무기질의 1일 기준치는 2000 kcal 또는 2500 kcal를 섭취할 경우의 권장치이다.

그 반면, 총 지방이나 콜레스테롤은 하루에 그 이상 먹지 말라는 상한치이다. 만일에 식품 포장 상자에 여유공간이 있으면 총 지방, 포화지방, 콜레스테롤, 소디움, 총 탄수화물, 식이섬유에 관한 내용을 각주에 쓰도록 한다.

영양표시면 Nutrition Facts panel
식품표시에 반드시 표기해야 하는 영양소 함량에 대한 내용을 표기하는 면

그림 2.9 식품표시와 영양표시

미국 식품의약품안전청에서는 식품포장에 제조회사명, 식품중량, 영양정보 등의 표기를 의무화하고 있다. 영양표시면에는 식사계획에 필요한 정보를 제공한다.

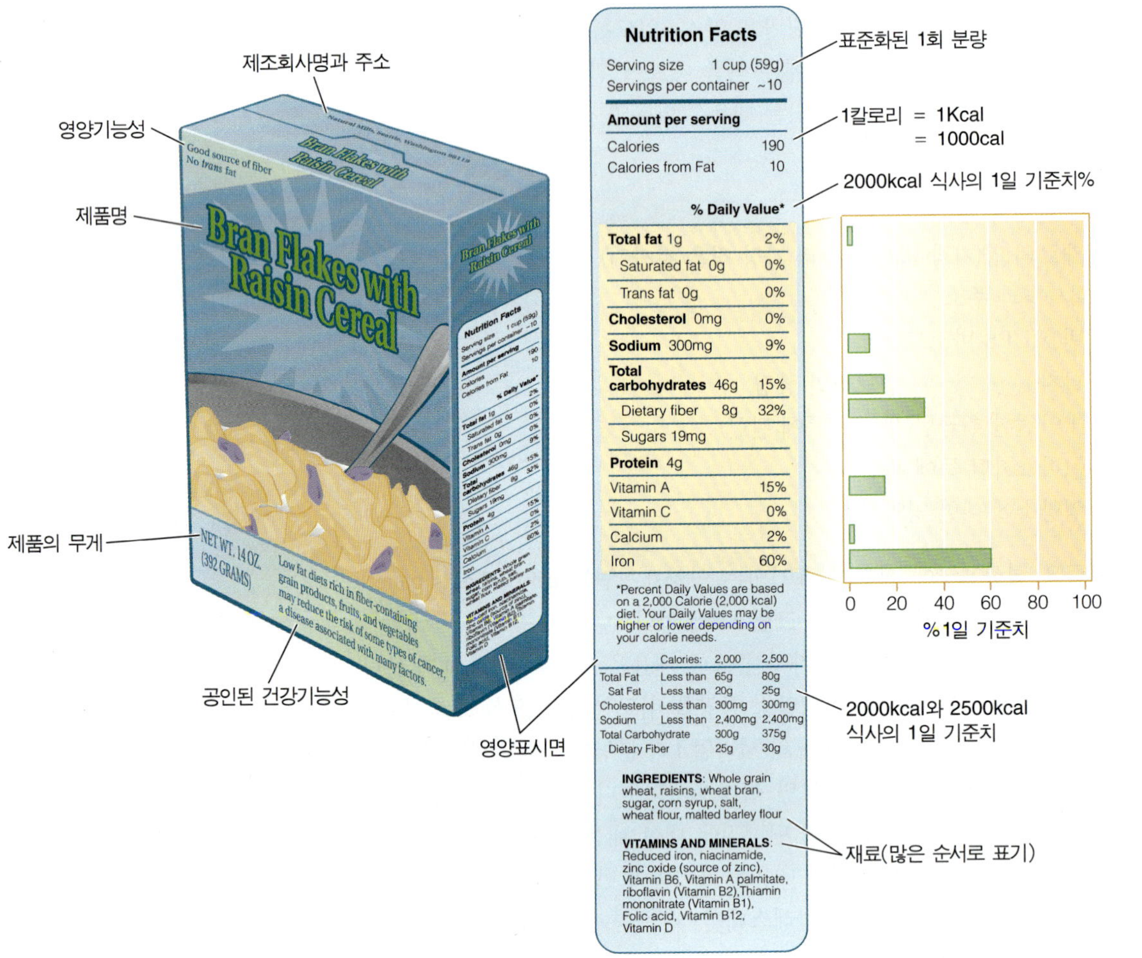

그림 2.9를 보면, 포화지방의 1일 기준치는 2000 kcal을 섭취하는 사람은 20 g이지만 2500 kcal를 섭취하는 사람은 25 g이다. 시리얼에는 포화지방의 함량이 0 g 이므로 포화지방 상한섭취량에 영향을 미치지 않는다.

현재 미국에서 사용되는 1일 기준치(DV)는 과거에 설정된 영양권장량(RDA)과 다량영양소 섭취지침을 기본으로 하여 설정된 것이다. 새로운 영양섭취기준(DRI)과 에너지 적정비율(AMDR)이 설정되었으므로 앞으로는 1일 기준치(DV)도 개정되어야 할 것이다.

퍼센트 1일 기준치(% DVs) Percent Daily Values(% DVs)

영양표시면에 1일 기준치 외에 '퍼센트 1일 기준치(% DV)' 를 표시한다. '퍼센트 1일 기준치' 는 식품 1회 분량 속에 포함된 영양소의 1일 기준치의 퍼센트이며, 하루 2000kcal(2500kcal이 아님) 섭취에 대한 기준이므로 다른 식품과 비교하기 쉽다. **그림 2.9**에서 보면 시리얼 상자에 표시된 영양 표시면에 식이섬유의 '퍼센트 1일 기준치'가 32%인데, 이것은 2000kcal를 필요로 하는 사람이 시리얼 1회 분량을 먹으면 식이섬유 하루권장량의 32%을 섭취할 수 있다는 뜻이다. 모든 사람이 하루에 2000kcal를 필요로 하는 것은 아니므로 '퍼센트 1일 기준치' 는 단지 참고 수치로 이용된다.

일반적으로 '퍼센트 1일 기준치'가 5% 이하면 영양소 함량이 낮은 것을 뜻하며, 20% 이상이면 영양소 함량이 높은 것을 뜻한다.

Focus On 식품 FOOD

개인의 1일 기준치(DVs) 계산방법

1일 기준치(DVs)와 퍼센트 1일 기준치(% DVs)는 사람들이 식품을 선택하고 비교하기 쉽도록 설정된 것이다. 1일 기준치는 에너지 필요량이 2000kcal 또는 2500kcal인 경우를 기준으로 설정된 것이다.

그러나 콜레스테롤의 경우, 성인의 상한 섭취량이 모두 같기 때문에 콜레스테롤의 1일 기준치는 칼로리필요량에 따라 조정할 필요가 없다.

그 반면, 다량영양소의 1일 기준치는 에너지 필요량에 따라 달라진다. 칼로리 섭취량에 따른 영양소의 1일 기준치를 계산하는 방법은 다음과 같고, 이것은 미국 식품의약품안전청의 식품표시규정에서 현재 사용하고 있는 방법이다.

그러나 이것은 과거의 권장량과 식사지침에 의해 설정된 값이므로 앞으로 영양섭취기준(DRI)이나 에너지적정비율(AMDR)에 의해 개정되어야 할 것이다.

- 미국인은 칼로리의 60%를 탄수화물로부터 섭취해야 한다.
- 미국인은 칼로리의 10%를 단백질로부터 섭취해야 한다.
- 미국인은 칼로리의 30%를 지질로부터 섭취해야 한다.
- 미국인은 칼로리의 10%를 포화지방산으로부터 섭취해야 한다.
- 1000kcal당 적어도 11.5g의 식이섬유를 섭취해야 한다.

탄수화물과 단백질은 1g당 4kcal이고, 지질은 9kcal을 함유하므로 1일 기준치를 계산하는 방법은 다음과 같다.

예제 : 만약 어떤 사람의 에너지 필요량(EER)이 2200kcal라면, 탄수화물, 단백질, 지질의 1일 기준치는 얼마인가?

만일에 어떤 식품이 탄수화물 200g, 단백질 18g, 지질 5g을 함유하고 있다면, 이 식품의 1회 분량에 포함된 퍼센트 1일 기준치는 얼마인가?

탄수화물

- 2200kcal의 60% = 0.6 × 2200 = 1320kcal
- 1320kcal에 해당하는 탄수화물의 양
  = 1320 ÷ 4 = 330g 탄수화물
- 탄수화물의 DV = 330g
- 이 식품으로 부터의 탄수화물의 % DV
  = 200 × 100 ÷ 330 = 61%

단백질

- 2200kcal의 10% = 0.1 × 2200 = 220kcal
- 220kcal에 해당하는 단백질의 양
  = 220 ÷ 4 = 55g 단백질
- 단백질의 DV = 55g
- 이 식품으로 부터의 단백질의 %DV
  = 18 x 100 ÷ 55 = 33%

지질

- 2200kcal의 30% = 0.3 × 2200 = 660kcal
- 660kcal에 해당하는 지질의 양
  = 660 ÷ 9 = 73g 지질
- 지질의 DV = 73g
- 이 식품으로 부터의 지질의 %DV
  = 5 × 100 ÷ 73 = 7%

만약, 칼슘 섭취를 증가시키기 위해 시리얼을 먹어야 한다면 칼슘의 '퍼센트 1일 기준치'가 20% 이상인 것을 선택해야 한다. 다량영양소의 개인적인 '1일 기준치'와 '퍼센트 1일 기준치' 계산방법은 Focus에서 자세히 설명하고 있다.

영양소 함량 강조표시와 건강기능성 표시
Nutrient Content Claims and Health Claims

식품포장에는 영양에 관한 내용이 씌어 있다. 영양소 함량표시는 식품 또는 내용물 속에 함유되어 있는 영양소 함량을 표시하는데, 예를 들면 '무설탕', '저소디움', '좋은 급원' 등이 있다. 이런 용어들을 사용할 때에는 미국 식품의약품안전청에 의해 규제를 받는다. 그 중 일부 공인된 용어의 정의를 표 2.4에 제시하였다.

표 2.4 미국 식품의약품안전청에 의해 공인된 영양소 함량표시 용어

용 어	설 명
"Light" or "Lite"	만약, 지질로부터 칼로리 함량이 50% 이상이면 보통제품보다 최소 50% 탈지해야 한다. 만약, 지질로부터 칼로리 함량이 50% 이하라면 보통제품보다 최소 50% 탈지하거나 칼로리를 최소 $^1/_3$ 감소시켜야 한다.
"Reduced Calories"	보통 제품에 비해 칼로리가 1회 분량당 25% 정도 적을 경우
"Calorie Free"	칼로리 함량이 1회 분량당 5kcal 이하인 경우
"Fat Free"	지방 함량이 1회 분량당 0.5g 이하인 경우
"Low Fat"	지방 함량이 1회 분량당 3g 이하인 경우
"Saturated Fat Free"	포화지방산 함량이 1회 분량당 0.5g 이하이거나 트랜스지방산 함량이 0.5g 이하인 경우
"Low in Saturated Fat"	포화지방산 함량이 1회 분량당 1g이거나 포화지방산으로부터의 칼로리 함량이 15% 이하인 경우
"Cholesterol Free"	콜레스테롤 함량이 1회 분량당 2mg 이하인 경우. 포화지방산 함량이 1회 분량당 2g 이하인 경우에 콜레스테롤 함량을 표시한다
"Low in Cholesterol"	콜레스테롤 함량이 1회 분량당 20mg 이하인 경우
"Sodium Free"	소디움 함량이 1회 분량당 5mg 이하인 경우
"Low in Sodium"	소디움 함량이 1회 분량당 140mg 이하인 경우
"Sugar Free"	설탕 함량이 1회 분량당 0.5g 이하인 경우. 당 알코올은 포함하지 않는다.
"High," "Rich in," or "Excellent Source of"	단백질, 비타민, 무기질, 식이섬유, 포타슘 함량이 1회 분량당 1일 기준치(DV)의 20% 이상인 경우
"Good Source of," "Contains," or "Provides"	1회 분량당 1일 기준치(DV)의 10~19%인 경우
"More," "Added," "Extra," or "Plus"	1회 분량당 1일 기준치(DV)의 10% 이상인 경우. 단백질, 비타민, 무기질, 식이섬유, 포타슘의 경우에만 사용
"Fresh"	냉동, 가열, 가공되지 않은 원식품
"Fresh Frozen"	싱싱할 때에 급냉한 식품

출처 : 미국 보건복지부, 미국 식품의약청. 식품표시제도 지침, http://www.cfsan.fda.gov

또한 식품 포장에는 건강 기능성에 대한 설명도 제시되어 있다. 예를 들면, '이 제품을 먹으면 심장병의 위험을 줄일 수 있다.' 등이다. 이때 건강에 대한 용어도 식품의약품안전청의 공인을 받아야 한다.

건강에 대한 것은 "인증(qualified)" 또는 "비인증(unqualified)"으로 표시된다. 이것은 식품의 특수한 성분이 질병 또는 건강에 어떤 영향을 미치는지에 대한 내용들이며, '인증' 이란 어느 정도 불충분하다는 것을 암시한다.

'비인증' 이라고 쓰여 있는 표시는 많은 연구 결과에 의해 입증된 것인 반면, '인증' 이라고 쓰여진 표시는 과학적인 근거가 적기 때문에 인증자(qualifier) 또는 부인자(disclaimer)의 설명이 첨부되어 있다. "증거가 불충분하고 확증된 것이 아니라고 미국 식품의약품안전청이 결정하였다."라고 쓰여 있으면 건강기능성이 인증되었는지 아닌지를 항상 판단해야 한다.

필수개념 Essential Concepts

식품표시는 사람들이 식품을 선택할 수 있는 정보를 준다. 대부분의 식품 포장에는 식품의 내용물에 대한 것과 식품제조회사에 대한 정보가 표기되어 있다. 영양표시면에는 건강식품을 선택할 수 있는 정보를 준다.

1일 기준치와 퍼센트 1일 기준치를 이용하면 영양적으로 균형되게 식품을 선택할 수 있고, 또한 만성 질환을 예방할 수도 있다. 페센트 1일 기준치를 보면 식품을 쉽게 비교할 수 있다. 영양소 함량표시나 건강표시는 건강한 식사를 계획할 때에 매우 유용하게 이용될 것이다.

식사계획과 계획의 평가 : 계획에서 실천까지
Planning Your Diet and Assessing Your Plan : Putting Concepts into Action

영양학 공부의 이점은, 공부한 이론을 실생활에 적용시킬 수 있다는 것이다. 식사평가를 비롯하여 건강을 위한 식품 선택에 대한 내용과 그 예를 제시하겠다. 그러나 식사평가는 전체적인 영양평가의 일부라는 것을 기억해야 한다.

1 단계: 목표 설정
Step 1: Setting the Stage and Setting the Goals

쥬디라는 21세 여학생은 본인의 식사가 적절하다고 생각하고 있다. 쥬디는 체중이 135pound(61.4kg)이고 학교에서 일주일에 2번 에어로빅을 하고 있다. 최근에 그녀는 피곤함이 자주 느껴지기 때문에 혹시 영양부족이 아닌가 하는 걱정하였다. 철분이나 비타민이 부족하면 피곤을 느낀다는 것을 배우고 난 후, 영양부족이 건강에 영향을 미치는지를 자신의 영양상태에 대해 검사하고 싶어 했다.

1일 기준치 Daily Value(DV)
2000 kcal 또는 2500 kcal를 기준으로 한 1일 영양소 권장섭취기준

페센트 1일 기준치 Percent Daily Value(% DV)
식품 1회 분량의 영양소 1일 기준치에 대한 백분율

영양소 함량 강조표시 nutrient content claims
미국 식품의약품안전청에 의해 공인된 식품포장에 표기할 수 있는 영양소 함량에 관한 용어 및 문구

기능성 표시 health claims
미국 식품의약품안전청에서 공인된 식품이나 식품재료의 건강기능성에 대한 설명 문구

비인증 건강기능성 표시 unqualified health claims
식품포장에 표기할 수 있는 과학적으로 증명된 건강에 좋다는 기능성 표시

인증 건강기능성 표시 qualified health claims
과학적으로 잘 증명되지 않은 식품이나 식품재료의 건강 기능성에 관한 설명문구

2 단계: 영양상태 평가
Step 2: Assessing Nutritional Status

우선 쥬디는 자신의 신체계측을 통하여 혹시 전체적인 영양불량이 아닌지를 알아보고자 신체검사를 하였다. 그의 신장은 5feet 3inch(1.6m), 체질량지수(BMI)는 23.9kg/m^2 이다.

BMI가 18.5~24.9kg/m^2이면 체중이 정상범위에 속하는 것을 뜻한다. 그러나 BMI는 전반적인 식사의 적절성을 평가하지는 못하기 때문에 3일 동안 식사기록법으로 식사평가를 하기로 하였다.

그는 3일 동안 먹거나 마신 음식을 모두 기록하였다. 특히 한 번에 얼마나 먹었는지에 대한 1회 분량을 정확하게, 그리고 식당에서 먹은 라자니아 같은 음식에 대해서는 포함된 재료들을 빠뜨리지 않고 모두 기록하였다.

다음으로 쥬디는 MyPyramid 웹사이트에 접속하여 자신의 인적사항을 모두 입력하였다. 이 소프트웨어를 이용하여 영양소 섭취량을 계산하였고, 섭취량을 비타민 · 무기질 · 다량영양소 · 에너지 섭취의 영양기준치(DRI)와 비교할 수 있었다. 또한 식품섭취량을 MyPyramid와 미국 농림부 식사지침과 비교할 수 있었다.

식사평가 결과 거의 모든 필수영양소의 섭취량이 권장섭취량과 상한섭취량 사이였으며 총 에너지 섭취량도 권장수준이었다. 그러나 지질로부터의 에너지 섭취비율이 40%로 권장수준보다 높았고, 식이섬유의 섭취량이 권장수준인 20~25g 보다 적었다. 철분의 섭취량은 13mg/day로서 권장섭취량의 72%로 나타났다. 그는 식이섬유와 철분의 섭취가 부족하였고, 비타민 B_{12} 섭취량이 1.9μg/day로서 권장섭취량의 79%이었다.

쥬디는 우리 몸에 있어서 철분과 비타민 B_{12}는 모두 에너지 생성에 필요한 영양소라는 것을 알게 되었다. 쥬디는 철분과 비타민 B_{12}의 섭취를 늘리고, 지방 섭취를 줄이며, 식이섬유의 섭취를 늘려야겠다고 생각하였다.

3 단계: 목표를 향한 식사계획
Step 3: Setting the Table to Meet the Goals

쥬디는 미국 농무성 웹사이트의 영양소 데이터베이스를 이용하여 살코기와 강화된 시리얼에 철분이 많이 함유되어 있고 지질은 많지 않다는 것을 알았다. 비타민 B_{12}는 고기와 유제품에 많이 함유되어 있으며, 식이섬유는 전곡류, 완두콩 · 렌즈콩 · 과일 · 채소에 많다는 것을 알았다.

그 후부터 쥬디는 철분과 비타민 B_{12}의 함량이 많은 식품이나 지질섭취를 줄일 수 있는 식품을 선택하여 먹기 시작하였다.

그녀는 지방섭취량이 적은 식품을 찾으려고 식품 포장에서 영양표시면을 관심있게 살펴보기 시작하였고, 시리얼 상자의 영양표시를 보고 영양소가 강화된 시리얼을 찾아서 먹기 시작하였다.

또한 식품표시를 보고 철분의 1일 기준치가 1회 분량당 20% 이상되는 식품을 선택하기 시작하였으며, 비교적 전곡류를 많이 포함한 음식을 먹고 살코기와 저지방 우유를 충분히 먹으려고 노력하였다.

계획과 결과 평가의 비교: 성공하였나?
Comparing the Plan to the Assessment: Did It Succeed?

쥬디는 본인의 식습관의 변화와 식사계획이 영양상태를 증진시켰는지를 알고 싶었다. 그는 전에 했던 것과 같이 3일 동안 식사평가를 다시 하였다. 그 결과에 의하면 철분 · 비타민 B_{12} · 식이섬유의 섭취량이 적절해졌고 총 지질의 섭취는 감소하였다. 쥬디는 성공하였다!!

쥬디의 예로부터 식사와 건강을 변화시키는 이론적인 방법과 실행 과정에 대한 것을 알게 되었으므로, 이러한 식사평가와 식사계획은 누구든지 할 수 있을 것이다. 이렇게 영양과 건강에 대한 지식을 실생활에 적용하는 영양학의 의미는 앞으로 더욱 커질 것이다.

필수개념 Essential Concepts

체중과 신장을 측정하고 BMI를 계산하여 영양상태를 평가하는 방법은 비교적 쉽다. 누구든지 컴퓨터 식사평가 프로그램을 이용하여 식이기록법으로 자신의 영양섭취 상태를 평가할 수 있다. 자신의 영양소 섭취량을 "영양섭취기준"과 비교하고, 식사지침 또는 MyPyramid의 평가와 지침을 주의 깊게 따른다.

식품성분표나 식품표시를 이용하여 식품 내의 영양소 함량을 알고 식품을 골라 먹으면 식사의 질이 훨씬 좋아질 수 있다.

연습 문제 Review Questions

1. 영양불량에 대한 설명으로 맞는 것은?
   a. 어떤 영양소를 너무 많이 먹을 때
   b. 상한 음식을 먹고 병에 걸렸을 때
   c. 1개 이상 필수영양소나 에너지를 충분히 섭취하지 않았을 때
   d. a 와 c

2. 체질량지수(BMI)는 영양상태를 평가할 때에 사용한다. BMI에 대한 설명과 계산방법이 맞는 것은?
   a. 임상적인 증상 신장을 체중으로 나눈 것
   b. 신체계측 신장을 체중의 제곱으로 나눈 것
   c. 임상적인 징후 체중을 신장으로 나눈 것
   d. 신체계측 체중을 신장의 제곱으로 나눈 것

3. 24시간 회상법으로 영양평가하는 상황을 설명한 것은?
   a. 음식을 먹을 때 모든 것을 기록한다.
   b. 혈액 같은 생체표본을 채취한다.
   c. 먹은 식품의 1회 분량을 기억한다.
   d. 24시간 동안 먹은 식품을 모두 수집한다.

4. 영양섭취기준 중 권장섭취량에 대한 설명으로 맞는 것은?
   a. 건강한 사람들의 50%에 해당하는 사람들의 영양소 필요량을 충족시키는 영양소 섭취수준
   b. 건강한 사람들 대부분의 영양소 필요량을 충족시키는 1일 영양소 섭취량
   c. 건강한 사람의 적절한 영양상태를 유지시킬 정도의 영양소 섭취수준
   d. 인체 건강에 유해영향을 미치지 않을 정도의 영양소 섭취수준

5. 한국인의 지질 에너지 적정비율은?
   a. 칼로리의 15~25%
   b. 칼로리의 20~35%
   c. 칼로리의 45~50%
   d. 칼로리의 45~65%

6. 탄수화물, 단백질, 지방으로부터 알맞은 양의 칼로리를 섭취했을 때 표현하는 말은?
   a. 다양성
   b. 균형성
   c. 적절정
   d. a 와 c를 모두 말함

7. 영양이 매우 높고 지방함량이 낮은 음식을 먹은 사람의 식사를 설명한 것은?
   a. 영양밀도는 높고 칼로리 허용량은 낮음
   b. 영양밀도는 낮고 칼로리 허용량도 낮음
   c. 영양밀도는 높고 칼로리 허용량도 높음
   d. 영양밀도는 낮고 칼로리 허용량은 높음

8. 영양평가 방법에는 여러 가지가 있다. 4가지 기본적인 방법에 대하여 설명하고 각각의 방법을 언제 사용하며, 또한 장점과 단점을 설명하라.

9. 영양섭취기준의 4가지 형태를 설명하라. 식이섭취의 목표로 사용하는 것은? 이 기준치들이 서로 어떻게 관련이 있는지를 설명하라.

10. 식사계획 시에 영양섭취기준을 어떻게 사용하는지를 설명하라. 또한 식품표시의 영양정보 패널에 사용되는 1일 기준치(DV) 설정에는 어떻게 사용되는지를 설명하라.

실천 문제 Practice Calculations

1. 한국인의 탄수화물의 에너지 적정비율은 총 칼로리섭취의 55~70%이다. 만일에 칼로리 필요추정량이 2000kcal이라면 탄수화물로부터 몇 kcal을 섭취해야 하는가?

만일 탄수화물 섭취가 너무 많다면 식사를 어떻게 변화시켜야 하는가? 탄수화물 섭취를 감소시키면 어떤 부작용이 있는가?

2. 다음 공식을 이용하여 신장 175.4cm, 체중 67.5kg, 신체활동 정도 1.25, 연령이 21세인 사람의 에너지 필요추정량을 계산하라.

에너지 필요추정량 = 662 − 9.53 × 연령(세) + PA 〔15.91 × 체중(kg) + 539.6 × 신장(m)〕

3. 비교적 건강한 여성이 매일 비타민 E를 50mg씩 먹고 있다. 비타민 E의 평균필요량은 12mg/day이고 권장섭취량은 15mg/day이며, 상한섭취량은 1000mg/day이다.

이 여성은 비타민 E를 권장섭취량의 몇 %를 섭취하고 있는가? 이 여성은 비타민 E 섭취에 대해 조심을 해야 한다고 생각하는가? 설명하라.

4. 다음과 같은 점심식사를 하였을 때 식품성분표를 이용하여 비타민 B_{12}의 섭취량을 계산하라.

햄버거(흰빵, 케첩, 마요네즈), 프렌치프라이 작은것, 콜라 큰것 비타민 B_{12}의 권장섭취량에 대한 섭취비율을 계산하라.

비타민 B_{12}의 섭취량을 증가시키려면 이 점심식사 외에 어떤 식품을 더 먹어야 하는가?

5. 어떤 사람의 에너지 필요추정량이 2500kcal이다. 모든 필수영양소를 권장섭취량만큼 섭취하려면 칼로리는 2400kcal을 먹어야 한다.

이 사람의 에너지 허용량(energy discretionary)은 얼마인가?

한국인 영양섭취기준
Dietary Reference Intakes for Koreans

1. 한국인 영양섭취기준의 정의 및 설정 배경

한국인 영양섭취기준이란 한국인의 건강을 최적상태로 유지할 수 있는 영양소 섭취수준이다. 과거에 사용하던 한국인 영양권장량은 1962년에 최초로 책정된 이래 몇 차의 개정을 거쳐서 2000년에 제 7차로 개정되었다.

영양권장량은 영양결핍 예방을 목표로, 대다수 건강한 사람들의 필요량을 충족시키는 양을 단일 값으로 제시하였다. 그러나 현대 사회에서는 식생활의 변화로 영양부족의 비중은 줄어든 반면, 비만과 만성 질환의 위험률이 증가하고 있다. 또한 영양보충제 및 건강보조식품의 사용증가로 영양소의 과잉섭취에 의한 건강의 우려도 높아지고 있다.

따라서 최적 건강유지를 목표로 영양섭취기준을 제시하려면 영양 필요량 충족에만 초점을 맞추기보다는 만성 질환이나 영양소 과다섭취의 예방까지도 함께 고려하는 것이 바람직하다.

한국영양학회의 한국인 영양섭취기준위원회에서는 우리나라 사람들의 체위, 식사 패턴, 일상적 영양소 섭취량, 만성 질환과 영양소 과다섭취예방 등까지 고려한 여러 수준으로의 영양섭취기준을 새로 설정하여 2005년에 발표하였다.

2. 영양섭취기준의 구성과 정의

한국인 영양섭취기준(Dietary Reference Intakes)은 미국의 Dietary Reference Intakes(DRI)와 마찬가지로 평균필요량(Estimated Average Requirement: EAR), 권장섭취량(Recommended Intake: RI), 충분섭취량(Adequate Intake: AI), 상한섭취량(Tolerable Upper Intake Level: UL)의 4가지로 구성되어 있다.

(1) **평균필요량** : 건강한 사람들의 절반(50%)에 해당하는 사람들의 1일 영양소 필요량을 충족시키는 값이며, 영양소 필요량 분포의 중앙값이다.

(2) **권장섭취량** : 평균필요량에 표준편차의 2배를 더하여 산출한 값으로 건강한 대다수 사람들(97%)의 영양소 필요량을 충족시키는 값이다.

(3) **충분섭취량** : 평균필요량에 대한 정보가 부족한 영양소의 경우에는 충분섭취량을 설정한다. 충분섭취량은 영양상태를 적절하게 유지하기 위한 영양소 섭취수준을 실험적으로 추정하거나 또는 역학조사에서 관찰된 건강한 사람들의 영양소 섭취량을 기준으로 설정한 값이다.

(4) **상한섭취량** : 인체 건강에 유해영향이 나타나지 않는 최대 영양소 섭취수준이다.

3. 에너지 필요추정량과 에너지 적정비율

에너지의 영양섭취기준은 에너지 필요추정량(Estimated Energy Requirements: EER)을 제시하였고 권장섭취량과 상한섭취량은 설정하지 않았다. 에너지 필요량은 성별 · 연령뿐만 아니라 체중 · 신장 · 신체활동 등 여러 가지 요인에 의해 영향을 받는다.

그러므로 건강한 사람의 성별 · 연령 · 체중 · 신장 · 활동정도를 고려하여 정상체중을 유지하기 위한 에너지 필요추정량을 산출하는 공식을 제시하였다. 성인의 에너지 필요추정량의 공식은 다음과 같다.

성인 남자 :

EER = 662 − 9.53 × 연령(세) + PA[15.91 × 체중(kg) + 539.6 × 신장(m)]

PA = 1.0(비활동적), 1.11(저활동적), 1.25(활동적), 1.48(매우 활동적)

성인 여자 :

EER = 354 − 6.91 × 연령(세) + PA[9.36 × 체중(kg) + 726 × 신장(m)]

PA = 1.0(비활동적), 1.12(저활동적), 1.27(활동적), 1.45(매우 활동적)

그 밖에 연령별 성별 에너지 필요추정량 산출 공식은 **표 2.9**에 제시하였다.

탄수화물, 지질, 단백질에 대해서는 에너지 적정비율(Acceptable Macronutrient Distribution Range: AMDR)을 제시하였다(**표 2.5**).

표 2.5 한국인의 에너지 적정비율

	1~2세	3~19세	20세 이상
탄수화물	50~70%	55~70%	55~70%
단백질	7~20%	7~20%	7~20%
지질	20~35%	15~30%	15~25%
n-6 불포화지방산	4~8%	4~8%	4~8%
n-3 불포화지방산	0.5~1.0%	0.5~1.0%	0.5~1.0%

4. 영양섭취기준의 활용

영양섭취기준을 적용하는 대상은 건강한 개인이나 건강한 사람으로 구성된 집단이다. 영양섭취기준은 여러 용도로 쓰이지만, 대표적인 활용방안은 개인 및 집단의 식사섭취상태 평가와 식사계획으로 나뉜다.

(1) 식사평가

표 2.6은 개인과 집단의 식사평가에 영양섭취기준을 활용하는 방안을 요약한 것이다. 식사섭취상태 평가와 관련하여 평균필요량은 개인의 일상섭취량이 부적절할 확률을 조사하는 데 사용할 수 있으며, 그리고 집단 내에서 부적절한 섭취의 정도를 파악하는 데 사용할 수 있다.

개인의 일상섭취량이 평균필요량 이하이면 섭취량이 부족할 확률이 50% 이상이며, 평균필요량보다 낮아질수록 부족할 확률이 높아진다. 집단의 경우, 일상섭취량이 평균필요량 이하인 사람의 비율에서 섭취량이 부족한 사람의 비율을 추정한다.

그 반면에 상한섭취량은 과잉섭취 가능성 조사에 사용될 수 있다. 개인의 섭취량이 상한섭취량보다 높을수록 건강위해의 위험도는 높아지며, 상한섭취량 이상 섭취자의 비율은 과잉섭취에 따른 건강위해의 위험을 가진 사람의 비율을 의미한다.

(2) 식사계획

식사계획을 위한 영양섭취기준 사용방안은 **표 2.7**와 같다. 평균필요량은 개인의 영양섭취목표로 사용하지 않는다. 개인의 영양섭취목표는 상한섭취량 미만으로, 그리고 권장섭취량 또는 충분섭취량에 가깝게 하는 것이다.

표 2.6 영양섭취기준의 활용 : 개인과 집단의 영양섭취상태 평가

	개 인	집 단
평균필요량	평소섭취량이 부적절할 확률을 조사하는 데 사용함. 평소섭취량이 평균필요량 이하이면 섭취량이 부족할 확률이 50% 이상이며, 평균필요량보다 낮아질수록 부족할 확률이 높아짐.	집단 내에서 부적절한 섭취자의 비율을 추정하는 데 사용함. 평소섭취량이 평균필요량 이하인 사람들의 비율은 섭취량이 부족한 사람들의 비율을 의미함.
권장섭취량	평소섭취량이 권장섭취량 이상이면 부족하게 섭취할 확률이 낮음.	집단의 영양섭취상태를 평가하는 데 사용하지 않음.
충분섭취량	평소섭취량이 충분섭취량 이상이면 섭취량이 부족할 확률이 낮음.	집단의 평소섭취량의 평균값이 충분섭취량 이상이면 섭취량이 부족한 사람의 비율이 낮은 것을 의미함.
상한섭취량	과잉섭취 가능성 조사에 사용함. 평소섭취량이 상한섭취량보다 높으면 과잉섭취로 인한 건강위해 증상이 일어날 수 있음. 섭취량이 상한섭취량보다 높을수록 건강위해의 위험도는 높아짐.	집단의 과잉섭취로 인한 건강위해 위험도를 추정하는 데 사용함. 집단 내에서 상한섭취량 이상을 섭취하는 사람의 비율은 과잉섭취에 따른 건강위해의 위험을 가진 사림의 비율을 의미함.

표 2.7 식사계획을 위한 영양섭취기준 활용

	개 인	집 단
평균필요량	개인의 영양섭취목표로 사용하지 않음.	평소섭취량이 평균필요량 미만인 사람의 비율을 최소화하는 것을 목표로 함.
권장섭취량	평소섭취량이 평균필요량 이하인 사람은 권장섭취량을 목표로 함.	집단의 식사계획 목표로 사용하지 않음.
충분섭취량	평소섭취량을 충분섭취량에 가깝게 하는 것을 목표로 함.	집단에서 섭취량의 중앙값이 충분섭취량이 되도록 하는 것을 목표로 함.
상한섭취량	평소섭취량을 상한섭취량 미만으로 함.	평소섭취량이 상한섭취량 이상인 사람의 비율을 최소화하도록 함.

집단의 영양섭취목표는 섭취량이 평균필요량 미만인 사람의 비율과 상한섭취량 이상인 사람의 비율을 최소화하는 것이다. 권장섭취량은 집단의 식사목표로 사용하지 않으며, 집단에 있어서 섭취량의 중앙값이 충분섭취량이 되도록 하는 것을 목표로 한다.

6. 식사구성안과 식품구성탑

영양섭취기준은 건강한 사람이 건강을 유지하고 생활하기에 적절한 영양소의 양을 정한 것이다. 그러나 사람들은 식품 또는 음식을 통하여 영양소를 섭취하게 되므로 정해놓은 영양섭취기준에 맞게 식품을 섭취하는 것이 쉬운 일은 아니다.

그러므로 일반인이 여러 가지 식품을 적절하게 선택하여 영양적으로 균형된 식사를 하도록 도움을 주기 위하여 식사구성안이 고안되었다. 식사구성안은 건강한 일반인들이 영양섭취기준을 충족시킬 수 있도록 식품의 양과 종류를 선택하는 식사구성의 방법을 제안한 것이다. 즉, 어떤 식품을, 얼마만큼, 어떻게 구성해서 먹는가에 대한 개념을 제공해 준다.

한국인의 건강을 위한 식품구성탑

식사구성안에서 제시한 대로 각 식품군의 권장 횟수만큼 섭취하고 각 식품군 내에서 다양한 식품을 선택하여 먹으면 개인은 대부분의 영양소를 권장수준 정도로 섭취할 수 있게 된다. 식사구성안을 구성하는 데 있어서 양적인 목표는 영양섭취기준(2005년)을, 질적인 목표는 한국인의 식생활지침(보건복지부, 2003년)에 부합하도록 하였다.

식품구성탑은 식품군을 곡류 및 전분류, 채소류, 과일류, 고기 · 생선 · 계란 · 콩류, 우유 및 유제품류, 유지 · 견과 및 당류 등 6가지로 분류한 후에 식생활에서 차지하는 중요성을 각 층의 위치와 크기로 표현하는 한국고유의 탑 모양이다.

각 식품군별 대표식품과 대표식품의 1인 1회 분량이 설정되었다. 식품군 중 곡류 및 전분류의 1인 1회 분량은 주로 주식으로 이용되는 식품들은 I 군으로, 부식으로 이용되는 식품들은 II 군으로 분류되었다. 식품군별 대표식품의 1인 1회 분량을 이용하여 개인별 식사계획이나 식사평가를 할 수 있다.

7. 한국인의 식사지침

2003년 한국보건복지부는 만성 질환의 주요 원인이 되는 부적절한 식생활 습관을 개선하기 위해 우리국민의 질병양상과 식생활 특성에 맞는 '한국인을 위한 식생활 목표' 와 '한국인을 위한 식생활 지침' 및 '성인 및 노인을 위한 식생활 실천지침' 을 설정하였다.

한국인을 위한 식생활 목표(보건복지부, 2005년)

우리 국민의 바람직한 식생활 습관을 구축하고 당면한 건강과 영양문제를 최소화하며, 궁극적으로 건강증진과 개인의 삶의 질 향상에 기여하게 하기 위한 정량화 · 계량화된 목표로서 우리 국민의 영양소 섭취수준, 신체수준, 영양관련 행동수준, 위생, 환경수준 등을 종합적으로 고려하여 설정되었다.

1. 에너지와 단백질은 권장량에 알맞게 섭취한다.
2. 칼슘, 철, 비타민 A, 리보플라빈의 섭취를 늘린다.
3. 지방의 섭취는 총 에너지의 20%를 넘지 않도록 한다.
4. 소금은 1일 10g 이하로 섭취한다.
5. 알코올의 섭취를 줄인다.
6. 건강 체중(18.5≤BMI<25)을 유지한다.
7. 바른 식사 습관을 유지한다.
8. 전통 식생활을 발전시킨다.
9. 식품을 위생적으로 관리한다.
10. 음식의 낭비를 줄인다.

한국인을 위한 식생활지침(보건복지부, 2005년)

"식생활목표"의 달성을 위해 각 개인의 실천을 유도하기 위한 구체적인 행동 실천내용으로서 이를 위해 식생활지침을 가능한 한 영양소가 아닌 식품을 기본으로 한 내용으로 정하였다.

1. 곡류, 채소, 과일류, 어육류, 유제품 등의 다양한 식품을 섭취하자.
2. 짠 음식을 피하고 싱겁게 먹자.
3. 건강 체중을 위해 활동량을 늘리고, 알맞게 섭취하자.
4. 식사는 즐겁게 하고, 아침을 꼭 먹자.
5. 술을 마실 때는 그 양을 제한하자.
6. 음식은 위생적으로, 필요한 만큼 준비하자.
7. 밥을 주식으로 하는 우리 식생활을 즐기자.

8. 권장식사 패턴을 활용한 식단작성의 예

권장식사는 한국인의 영양섭취기준을 만족시킬 수 있는 1일 식사구성의 예이다. 개인에 따라 에너지 필요량이 다르고 다양한 칼로리의 식사 패턴을 제시하는 것이 필요하므로 칼로리별 기준 대상 연령(**표 2.10**)과 1000 ~2800 Kcal의 권장식사 패턴의 식품군별 1일 권장섭취 횟수의 예를 제시하였다(**표 2.11**).

권장식사는 2가지 패턴으로 제시한다. 〈패턴 A〉는 우유 2컵을 기본으로 한 소아와 청소년의 식사 패턴이다. 〈패턴 B〉는 우유 1컵을 기본으로 한 성인의 식사 패턴을 반영한 것이다. 각 열량에 대한 식품구성의 예는 기준 대상 연령의 영양섭취기준을 만족시키도록 구성하였다. 개인의 기호도 등을 고려하여 식품군별 권장섭취 횟수를 조정하여 사용할 수 있다.

권장식사 패턴을 활용하여 식단을 작성하려면 개인의 에너지 필요추정량을 계산한 후 열량에 맞는 식사 패턴을 보고 식품군별 섭취 횟수를 확인한다. 1일 섭취 횟수를 3끼 식사와 간식으로 배분하고 식품군 섭취 횟수 및 1회 섭취분량을 이용하여 식단을 작성한다.

〈권장식사 패턴 예〉

성인의 식품군별 권장섭취 횟수와 이에 근거한 1일 식단 구성의 예 (2,000kcal)

*** 식품군별 권장섭취 횟수**

곡류 및 전분류 I : 3회,
곡류 및 전분류 II : 1회,
고기 · 생선 · 계란 · 콩류 : 5회,
채소류 : 7회, 과일류 : 2회,

우유 및 유제품 : 1회,
유지 · 견과 및 당류 : 4회

표 2.8 권장식사 패턴을 활용한 1일 식단 작성의 예 (2000 kcal, 패턴 B)

식 단	식품군 및 권장 섭취 횟수	곡류 및 전분류 I	고기 · 생선 · 계란 · 콩류	채소류
		3회	5회	7회
아침	수수밥 미역국 갈치조림 콩나물무침 도라지생채	수수밥 210g ❶	갈치(小) 1토막 50g ❶	미역국 ❶ 콩나물무침 0.5 도라지생채 ❶
점심	흰밥 북어국 두부구이 시금치나물 배추김치	흰밥 210g ❶	북어 15g ❶ 두부 2쪽 80g ❶	북어국 무 0.5 시금치나물 ❶ 배추김치 ❶
저녁	보리밥 얼갈이국 제육볶음 야채쌈 오이생	보리밥 210g ❶	채제육볶음 120g ❶	얼갈이국 0.5 모듬야채쌈 ❶ 오이생채 0.5
		곡류 및 전분류 II	우유 및 유제품	과일류
		1회	1회	2회
간식	식인절미 50 g 우유 1컵 귤 1개 사과 $^1/_2$개	절미 50g ❶	우유 1컵 (200ml) ❶	귤 1개(100g) ❶ 사과 $^1/_2$(100g) ❶

* 유지, 견과 및 당류(섭취 횟수 4회)는 조리시에 소량씩 사용됨

표 2.9

에너지 필요추정량 산출공식

• 일반공식

에너지 소비량(TEE) = $\alpha - \beta \times$ 연령(세)+PA[δ × 체중(kg) + δ × 신장(m)]

PA = 4단계 신체활동 수준별 계수(비활동적, 저활동적, 활동적, 매우 활동적)

• 유아(1~2세)

89 × 체중(kg) − 100 + 20(성장 에너지)kcal/일

• 아동(3~8세)

남아 : 88.5 − 61.9 × 연령(세) + PA〔26.7 × 체중(kg) + 903 × 신장(m)〕 + 20(성장 에너지)kcal/일

PA = 1.0(비활동적), 1.13(저활동적), 1.26(활동적), 1.42(매우 활동적)

여아 : 135.3 − 30.8 × 연령(세) + PA〔10 × 체중(kg) + 934 × 신장(m)〕 + 20(성장 에너지)kcal/일

PA = 1.0(비활동적), 1.16(저활동적), 1.31(활동적), 1.56(매우 활동적)

• 아동(9~11세)

남아 : 88.5 − 61.9 × 연령(세) + PA〔26.7 × 체중(kg) + 903 × 신장(m)〕 + 25(성장 에너지)kcal/일

PA = 1.0(비활동적), 1.13(저활동적), 1.26(활동적), 1.42(매우 활동적)

여아 : 135.3 − 30.8 × 연령(세) + PA〔10 × 체중(kg) + 934 × 신장(m)〕 + 25(성장 에너지)kcal/일

PA = 1.0(비활동적), 1.16(저활동적), 1.31(활동적), 1.56(매우 활동적)

• 청소년(12~19세)

남자 : 88.5 − 61.9 × 연령(세) + PA〔26.7 × 체중(kg) + 903 × 신장(m)〕 + 25(성장 에너지)kcal/일

PA = 1.0(비활동적), 1.13(저활동적), 1.26(활동적), 1.42(매우 활동적)

여자 : 135.3 − 30.8 × 연령(세) + PA〔10×체중(kg) + 934 × 신장(m)〕 + 25(성장 에너지)kcal/일

PA = 1.0(비활동적), 1.16(저활동적), 1.31(활동적), 1.56(매우 활동적)

• 성인 남자

662 − 9.53 × 연령(세) + PA〔15.91 × 체중(kg) + 539.6 × 신장(m)〕

PA = 1.0(비활동적), 1.11(저활동적), 1.25(활동적), 1.48(매우 활동적)

• 성인 여자

354 − 6.91 × 연령(세) + PA〔9.36 × 체중(kg) + 726 × 신장(m)〕

PA = 1.0(비활동적), 1.12(저활동적), 1.27(활동적), 1.45(매우 활동적)

20세 이상의 성인은 모두 동일한 공식을 적용하며, 단지 이들 연령군 사람들의 체격, 즉 신장과 체중의 차이에 따라 다른 에너지 필요추정량을 갖게 된다.

표 2.10

칼로리별 기준 대상 연령

패턴 A (kcal)	적용 연령	적용 연령의 에너지 필요추정량	패턴 B (kcal)	적용 연령	적용 연령의 에너지 필요추정량
1000	1~2세 소아	1000	1000		
1200	3~5세 소아	1400	1200		
1400	3~5세 소아	1400	1400		
1600	6~8세 소아	여 : 1500 남 : 1600	1600	65세 이상, 여자	1600
1800	9~11세, 여자	1700	1800	50~64세, 여자	1800
2000	9~11세, 남자	1900	2000	30~49세, 여자	1900
	12~19세, 여자	2000		65세 이상, 남자	2000
2200	12~14세, 남자	2400	2200	20~29세, 여자 50~64세, 남자	2100 2200
2400	12~14세, 남자		2400	30~49세 남자	2400
2600			2600	20~29세 남자	
2800	15~19세, 남자	2700	2800	20~29세 남자	2600

표 2.11

권장식사 패턴의 식품군별 1일 권장섭취 횟수

식사 패턴(kcal)		1000	1200	1400	1600	1800	2000	2200	2400	2600	2800
패턴 A (우유 2컵) (소아 · 청소년)	곡류 및 전분류 I	1	1.5	2	2.5	3	3	3.5	4	4.5	4.5
	곡류 및 전분류 II	1	1				1				1
	고기, 생선, 계란, 콩류	2	2	3	3	3	4	5	5	6	6
	채소류	2	3	4	4	5	5	6	6	6	7
	과일류	1	1	1	2	2	2	2	2	2	3
	우유 및 유제품	2	2	2	2	2	2	2	2	2	2
	유지, 견과 및 당류	2	2	3	3	3	4	5	5	5	6
패턴 B (우유 1컵) (성인)	곡류 및 전분류 I	1.5	2	2	2.5	3	3	3.5	4	4.5	5
	곡류 및 전분류 II			1			1	1	1		
	고기, 생선, 계란, 콩류	2	2	3	4	4	5	5	5	6	6
	채소류	4	5	6	6	7	7	7	7	7	8
	과일류	1	1	1	2	2	2	2	3	3	3
	우유 및 유제품	1	1	1	1	1	1	1	1	1	1
	유지, 견과 및 당류	2	3	3	3	4	4	5	5	6	6

표 2.12 한국인 영양섭취기준(KDRIs, Dietary Recommended Intakes for Koreans, 2005) – 다량영양소

한국영양학회, 한국인영양섭취기준위원회, 2005

성별	연령	에너지(kcal/일)				탄수화물(g/일)				지질(g/일)				*n*-6 지방산(g/일)			
		필요추정량	권장섭취량	충분섭취량	상한섭취량	필요추정량	권장섭취량	충분섭취량	상한섭취량	필요추정량	권장섭취량	충분섭취량	상한섭취량	필요추정량	권장섭취량	충분섭취량	상한섭취량
영아	0~5(개월)	600						55				25				2.0	
	6~11	730						90				25				4.5	
유아	1~2(세)	1000															
	3~5	1400															
남자	6~8(세)	1600															
	9~11	1900															
	12~14	2400															
	15~19	2700															
	20~29	2600															
	30~49	2400															
	50~64	2200															
	65~74	2000															
	75 이상	2000															
여자	6~8(세)	1500															
	9~11	1700															
	12~14	2000															
	15~19	2000															
	20~29	2100															
	30~49	1900															
	50~64	1800															
	65~74	1600															
	75 이상	1600															
임신부		+0/340/450*														9	
수유부		+320														10	

성별	연령	*n*-3 지방산(g/일)				단백질(g/일)				식이섬유(g/일)				수분(ml/일)			
		필요추정량	권장섭취량	충분섭취량	상한섭취량	필요추정량	권장섭취량	충분섭취량	상한섭취량	필요추정량	권장섭취량	충분섭취량	상한섭취량	필요추정량	권장섭취량	충분섭취량	상한섭취량
영아	0~5(개월)			0.3				9.5								700	
	6~11			0.8		10	13.5									800	
유아	1~2(세)					12	15					12				1100	
	3~5					15	20					17				1400	
남자	6~8(세)					20	25					19				1700	
	9~11					30	35					23				2000	
	12~14					40	50					29				2400	
	15~19					45	60					32				2700	
	20~29					45	55					31				2700	
	30~49					45	55					29				2500	
	50~64					40	50					26				2300	
	65~74					40	50					26				2100	
	75 이상					40	50					26				2100	
여자	6~8(세)					20	25					18				1600	
	9~11					25	35					20				1800	
	12~14					35	45					24				2000	
	15~19					35	45					24				2100	
	20~29					35	45					25				2100	
	30~49					35	45					23				2000	
	50~64					35	45					22				1800	
	65~74					35	45					22				1700	
	75 이상					35	45					22				1700	
임신부				2.1		+19	+25					+5				+200	
수유부				2.4		+20	+25					+4				+700	

* 임신 3분기별 영양섭취기준

표 2.13 한국인 영양섭취기준(KDRIs, Dietary Recommended Intakes for Koreans, 2005) – 지용성 비타민

한국영양학회, 한국인영양섭취기준위원회, 2005

성별	연령	비타민 A(μg RE/일)				비타민 D(μg/일)				비타민 E(mg -α-TE/일)				비타민 K(μg/일)			
		평균 필요량	권장 섭취량	충분 섭취량	상한 섭취량	평균 필요량	권장 섭취량	충분 섭취량	상한 섭취량	평균 필요량	권장 섭취량	충분 섭취량	상한 섭취량	평균 필요량	권장 섭취량	충분 섭취량	상한 섭취량
영아	0~5(개월)			350	600			5	25			3				4	
	6~11			400	600			5	25			4				7	
유아	1~2(세)	200	300		600			10	60			5	100			25	
	3~5	210	300		700			10	60			6	130			30	
남자	6~8(세)	290	400		1000			10	60			7	180			45	
	9~11	380	550		1400			10	60			9	260			55	
	12~14	500	700		2100			10	60			10	380			70	
	15~19	600	850		2400			10	60			10	430			80	
	20~29	540	750		3000			5	60			10	540			75	
	30~49	520	750		3000			5	60			10	540			75	
	50~64	500	700		3000			10	60			10	540			75	
	65~74	500	700		3000			10	60			10	540			75	
	75 이상	500	700		3000			10	60			10	540			75	
여자	6~8(세)	270	400		1000			10	60			7	180			45	
	9~11	350	500		1400			10	60			9	260			55	
	12~14	460	650		2100			10	60			10	380			65	
	15~19	500	700		2400			10	60			10	430			65	
	20~29	460	650		3000			5	60			10	540			65	
	30~49	450	650		3000			5	60			10	540			65	
	50~64	430	600		3000			10	60			10	540			65	
	65~74	430	600		3000			10	60			10	540			65	
	75 이상	430	600		3000			10	60			10	540			65	
임신부		+50	+70		3000			+5	60			+0	540			+0	
수유부		+350	+500		3000			+5	60			+3	540			+0	

* RRR-α-tocopherol)

표 2.14 한국인 영양섭취기준(KDRIs, Dietary Recommended Intakes for Koreans, 2005) –수용성 비타민

한국영양학회, 한국인영양섭취기준위원회, 2005

성별	연령	비타민 C(mg/일)				티아민(mg/일)				리보플라빈(mg/일)				니아신(mg NE/일)				
		평균 필요량	권장 섭취량	충분 섭취량	상한 섭취량	평균 필요량	권장 섭취량	충분 섭취량	상한 섭취량	평균 필요량	권장 섭취량	충분 섭취량	상한 섭취량	평균 필요량	권장 섭취량	충분 섭취량	상한 섭취량[1]	상한 섭취량[2]
영아	0~5(개월)			35				0.2				0.3				2		
	6~11			45				0.3				0.4				3		
유아	1~2(세)	30	40		350	0.4	0.5			0.5	0.6			5	6		10	180
	3~5	30	40		500	0.4	0.5			0.6	0.7			5	7		10	250
남자	6~8(세)	40	60		700	0.6	0.7			0.7	0.9			7	9		15	350
	9~11	55	70		1000	0.8	0.9			0.9	1.1			9	12		20	500
	12~14	75	100		1400	1.0	1.2			1.3	1.5			12	15		25	700
	15~19	85	110		1600	1.1	1.4			1.5	1.8			13	18		30	800
	20~29	75	100		2000	1.0	1.2			1.3	1.5			12	16		35	1000
	30~49	75	100		2000	1.0	1.2			1.3	1.5			12	16		35	1000
	50~64	75	100		2000	1.0	1.2			1.3	1.5			12	16		35	1000
	65~74	75	100		2000	1.0	1.2			1.3	1.5			12	16		35	1000
	75 이상	75	100		2000	1.0	1.2			1.3	1.5			12	16		35	1000
여자	6~8(세)	40	60		700	0.5	0.6			0.6	0.7			6	9		15	350
	9~11	55	70		1000	0.7	0.8			0.8	0.9			8	10		20	500
	12~14	70	90		1400	0.8	1.0			1.0	1.2			10	13		25	700
	15~19	75	100		1600	0.8	1.0			1.0	1.2			10	13		30	800
	20~29	75	100		2000	0.9	1.1			1.0	1.2			11	14		35	1000
	30~49	75	100		2000	0.9	1.1			1.0	1.2			11	14		35	1000
	50~64	75	100		2000	0.9	1.1			1.0	1.2			11	14		35	1000
	65~74	75	100		2000	0.9	1.1			1.0	1.2			11	14		35	1000
	75 이상	75	100		2000	0.9	1.1			1.0	1.2			11	14		35	1000
임신부		+10	+10		2000	+0.4	+0.5			+0.3	+0.4			+3	+4		35	1000
수유부		+35	+35		2000	+0.3	+0.4			+0.4	+0.5			+3	+4		35	1000

성별	연령	비타민 B_6(mg/일)				엽산(μg DFE/일)				비타민 B_{12}(μg/일)				판토텐산(mg/일)				비오틴(μg/일)			
		평균 필요량	권장 섭취량	충분 섭취량	상한 섭취량	평균 필요량	권장 섭취량	충분 섭취량	상한 섭취량	평균 필요량	권장 섭취량	충분 섭취량	상한 섭취량	평균 필요량	권장 섭취량	충분 섭취량	상한 섭취량	평균 필요량	권장 섭취량	충분 섭취량	상한 섭취량
영아	0~5(개월)			0.1				65				0.2				1.7				5	
	6~11			0.3				80				0.5				1.8				6	
유아	1~2(세)	0.5	0.6		25	120	150		300	0.75	0.9					2				8	
	3~5	0.6	0.7		35	150	180		300	0.9	1.1					2				10	
남자	6~8(세)	0.7	0.9		45	180	220		400	1.1	1.3					3				15	
	9~11	0.9	1.1		60	250	300		600	1.5	1.8					4				20	
	12~14	1.3	1.5		80	300	360		800	1.8	2.2					5				25	
	15~19	1.5	1.8		100	320	400		1000	2.0	2.4					6				25	
	20~29	1.3	1.5		100	320	400		1000	2.0	2.4					5				30	
	30~49	1.3	1.5		100	320	400		1000	2.0	2.4					5				30	
	50~64	1.3	1.5		100	320	400		1000	2.0	2.4					5				30	
	65~74	1.3	1.5		100	320	400		1000	2.0	2.4					5				30	
	75 이상	1.3	1.5		100	320	400		1000	2.0	2.4					5				30	
여자	6~8(세)	0.7	0.8		45	180	220		1000	1.1	1.3					3				15	
	9~11	0.9	1.0		60	250	300		400	1.5	1.8					4				20	
	12~14	1.2	1.4		80	300	360		600	1.8	2.2					5				25	
	15~19	1.2	1.4		100	320	400		800	2.0	2.4					6				25	
	20~29	1.2	1.4		100	320	400		1000	2.0	2.4					5				30	
	30~49	1.2	1.4		100	320	400		1000	2.0	2.4					5				30	
	50~64	1.2	1.4		100	320	400		1000	2.0	2.4					5				30	
	65~74	1.2	1.4		100	320	400		1000	2.0	2.4					5				30	
	75 이상	1.2	1.4		100	320	400		1000	2.0	2.4					5				30	
임신부		+0.7	+0.8		100	+200	+200		1000	+0.2	+0.2					+1				+0	
수유부		+0.6	+0.7		100	+130	+100		1000	+0.2	+0.2					+2				+5	

상한섭취량 1(니코틴산), 상한섭취량 2 (니코틴아마이드)

표 2.15 한국인 영양섭취기준(KDRIs, Dietary Recommended Intakes for Koreans, 2005) –다량무기질

한국영양학회, 한국인영양섭취기준위원회,

성별	연령	칼슘(mg/일)				인(mg/일)				나트륨(g/일)				
		평균 필요량	권장 섭취량	충분 섭취량	상한 섭취량	평균 필요량	권장 섭취량	충분 섭취량	상한 섭취량	평균 필요량	권장 섭취량	충분 섭취량	상한 섭취량	목표량
영아	0~5(개월)			200				100				0.12		
	6~11			300				300				0.37		
유아	1~2(세)	300	500		2500	350	500		3000			0.8		
	3~5	400	600		2500	390	500		3000			1.0		
남자	6~8(세)	550	700		2500	550	700		3000			1.2		
	9~11	550	800		2500	810	1000		3500			1.5		2.0
	12~14	800	1000		2500	870	1000		3500			1.5		2.0
	15~19	800	1000		2500	790	1000		3500			1.5		2.0
	20~29	580	700		2500	580	700		3500			1.5		2.0
	30~49	580	700		2500	580	700		3500			1.5		2.0
	50~64	580	700		2500	580	700		3500			1.3		2.0
	65~74	580	700		2500	580	700		3500			1.2		2.0
	75 이상	580	700		2500	580	700		3000			1.1		2.0
여자	6~8(세)	550	700		2500	450	600		3000			1.2		
	9~11	550	800		2500	700	900		3500			1.5		2.0
	12~14	750	900		2500	690	900		3500			1.5		2.0
	15~19	750	900		2500	590	800		3500			1.5		2.0
	20~29	580	700		2500	580	700		3500			1.5		2.0
	30~49	580	700		2500	580	700		3500			1.5		2.0
	50~64	580	800		2500	580	700		3500			1.3		2.0
	65~74	580	800		2500	580	700		3500			1.2		2.0
	75 이상	580	800		2500	580	700		3000			1.1		2.0
임신부		+220	+300		2500	+0	+0		3000			+0		2.0
수유부		+300	+400		2500	+0	+0		3500			+0		2.0

성별	연령	염소(g/일)				칼륨(g/일)				마그네슘(mg/일)			
		평균 필요량	권장 섭취량	충분 섭취량	상한 섭취량	평균 필요량	권장 섭취량	충분 섭취량	상한 섭취량	평균 필요량	권장 섭취량	충분 섭취량	상한* 섭취량
영아	0~5(개월)			0.18				0.4				30	
	6~11			0.56				0.7				55	
유아	1~2(세)			1.2				2.5		60	75		(65)
	3~5			1.5				3.0		80	100		(85)
남자	6~8(세)			1.9				3.8		120	140		(120)
	9~11			2.3				4.7		170	200		(170)
	12~14			2.3				4.7		250	300		(250)
	15~19			2.3				4.7		340	400		(350)
	20~29			2.3				4.7		285	340		(350)
	30~49			2.3				4.7		295	350		(350)
	50~64			2.0				4.7		295	350		(350)
	65~74			1.8				4.7		295	350		(350)
	75 이상			1.6				4.7		295	350		(350)
여자	6~8(세)			1.9				3.8		115	140		(120)
	9~11			2.3				4.7		165	200		(170)
	12~14			2.3				4.7		230	280		(250)
	15~19			2.3				4.7		280	340		(350)
	20~29			2.3				4.7		235	280		(350)
	30~49			2.3				4.7		235	280		(350)
	50~64			2.0				4.7		235	280		(350)
	65~74			1.8				4.7		235	280		(350)
	75 이상			1.6				4.7		235	280		(350)
임신부				+0				+0		+33	+40		350
수유부				+0				+0.4		+0	+0		350

* 식품외 급원의 마그네슘에만 해당

표 2.16 한국인 영양섭취기준(KDRIs, Dietary Recommended Intakes for Koreans, 2005) –미량무기질

한국영양학회, 한국인영양섭취기준위원회, 2005

성별	연령	철(mg/일)				아연(mg/일)				구리(μg/일)				불소(mg/일)			
		평균필요량	권장섭취량	충분섭취량	상한섭취량	평균필요량	권장섭취량	충분섭취량	상한섭취량	평균필요량	권장섭취량	충분섭취량	상한섭취량	평균필요량	권장섭취량	충분섭취량	상한섭취량
영아	0~5(개월)			0.26	40			1.73				225				0.01	0.6
	6~11	5	7		40	2.2	2.5					290				0.5	0.9
유아	1~2(세)	5	7		40	2.4	3		6	230	300		2000			0.6	1.2
	3~5	5	7		40	3.1	4		8	290	380		2000			0.8	1.6
남자	6~8(세)	7	9		40	4.3	5		13	340	440		3000			1.0	2.2
	9~11	9	12		40	6.2	7		18	440	570		5000			2.0	10
	12~14	9	12		40	6.5	8		26	580	750		7000			2.5	10
	15~19	12	16		45	8.4	10		34	670	870		10000			3.0	10
	20~29	8	10		45	8.1	10		35	600	800		10000			3.5	10
	30~49	8	10		45	7.9	9		35	600	800		10000			3.5	10
	50~64	8	10		45	7.5	9		35	600	800		10000			3.0	10
	65~74	8	10		45	7.1	9		35	600	800		10000			3.0	10
	75 이상	8	10		45	6.9	8		35	600	800		10000			3.0	10
여자	6~8(세)	7	9		40	4.1	5		13	340	440		3000			1.0	2.2
	9~11	9	12		40	5.9	7		18	440	570		5000			2.0	10
	12~14	9	12		40	6.1	7		26	580	750		7000			2.5	10
	15~19	12	16		45	7.2	9		34	670	870		10000			2.5	10
	20~29	11	14		45	7.0	8		35	600	800		10000			3.0	10
	30~49	11	14		45	6.8	8		35	600	800		10000			2.5	10
	50~64	7	9		45	6.3	8		35	600	800		10000			2.5	10
	65~74	7	9		45	6.0	7		35	600	800		10000			2.5	10
	75 이상	7	9		45	5.8	7		35	600	800		10000			2.5	10
임신부	+7.5	+10		45	+2.0	+2.5		35	+100	+130		10000	+0			10	
수유부	+0	+0		45	+4.3	+5.0		35	+350	+450		10000	+0			10	

성별	연령	망간(mg/일)				요오드(μg/일)				셀레늄(μg/일)				몰리브덴(μg/일)			
		평균필요량	권장섭취량	충분섭취량	상한섭취량	평균필요량	권장섭취량	충분섭취량	상한섭취량	평균필요량	권장섭취량	충분섭취량	상한섭취량	평균필요량	권장섭취량	충분섭취량	상한섭취량
영아	0~5(개월)			0.008				130				8.5	45				
	6~11			0.8				170				11	60				
유아	1~2(세)			1.2	2	55	80			16	20		85				100
	3~5			2.0	3	65	90			18	25		100				150
남자	6~8(세)			2.5	4	75	100			24	30		150				200
	9~11			3.0	5	85	120			32	40		200				300
	12~14			3.3	7	90	130			41	50		250				400
	15~19			3.5	9	95	140			47	60		300				500
	20~29			3.5	11	95	150		3000	42	50		400				600
	30~49			3.5	11	95	150		3000	42	50		400				600
	50~64			3.5	11	95	150		3000	42	50		400				600
	65~74			3.5	11	95	150		3000	42	50		400				600
	75 이상			3.5	11	95	150		3000	42	50		400				600
여자	6~8(세)			2.3	4	75	100			24	30		150				200
	9~11			2.5	5	85	120			32	40		200				300
	12~14			2.8	7	90	130			41	50		250				400
	15~19			3.0	9	95	140			47	60		300				500
	20~29			3.0	11	95	150		3000	42	50		400				600
	30~49			3.0	11	95	150		3000	42	50		400				600
	50~64			3.0	11	95	150		3000	42	50		400				600
	65~74			3.0	11	95	150		3000	42	50		400				600
	75 이상			3.0	11	95	150		3000	42	50		400				600
임신부	+7.5			+0	11	+65	+90			+3	+4		400				600
수유부	+0				+0	11+130	+180			+9	+11		400				600

표 2.17 한국인 영양섭취기준 설정을 위한 체위기준

연령군		신장(cm)	체중(kg)
영아	0~5(개월)	61.9	6.5
	6~11(개월)	72.3	9.1
유아	1~2(세)	85.9	12.2
	3~5(세)	102	16.3
남자	6~8(세)	122	23.8
	9~11	138	34.5
	12~14	159	49.6
	15~19	172	63.8
	20~29	173	65.8
	30~49	170	63.6
	50~64	166	60.6
	65~74	164	59.2
	75 이상	164	59.2
여자	6~8(세)	120	22.9
	9~11	138	32.6
	12~14	155	46.5
	15~19	160	53
	20~29	160	56.3
	30~49	157	54.2
	50~64	154	52.2
	65~74	151	50.2
	75 이상	151	50.2

표 2.18 한국인 영양섭취기준(KDRIs, Dietary Recommended Intakes for Koreans, 2005)

30세 성인의 에너지 필요추정량(Estimated Energy Requirement)

한국영양학회, 한국인영양섭취기준위원회, 2005

성별	신장(cm)	신체활동 수준	체중(kg)		에너지 필요추정량	
			기준BMI 18.5	기준BMI 24.9	기준BMI 18.5	기준BMI 24.9
남	160	비활동적	47.4	64.0	1,993	2,257
		저활동적			2,171	2,464
		활동적			2,397	2,727
		매우 활동적			2,769	3,160
	170	비활동적	53.5	72.2	2,114	2,442
		저활동적			2,338	2,670
		활동적			2,586	2,959
		매우 활동적			2,992	3,434
	180	비활동적	59.9	81.0	2,301	2,635
		저활동적			2,513	2,884
		활동적			2,782	3,200
		매우 활동적			3,225	3,720
여	150	비활동적	41.6	56.2	1,625	1,762
		저활동적			1,803	1,956
		활동적			2,025	2,198
		매우 활동적			2,291	2,489
	160	비활동적	47.4	64.0	1,752	1,907
		저활동적			1,944	2,118
		활동적			2,185	2,385
		매우 활동적			2,474	2,699
	170	비활동적	53.5	72.2	1,881	2,057
		저활동적			2,090	2,286
		활동적			2,350	2,573
		매우 활동적			2,662	2,917

표 2.19 한국인의 에너지 적정비율 (Acceptable Macronutrient Distribution Range)

영양소	1~2세	3~19세	20세 이상
탄수화물	50~70%	55~70%	55~70%
단백질	7~20%	7~20%	7~20%
지질	20~35%	15~30%	15~25%
n-6 불포화지방산	4~8%	4~8%	4~8%
n-3 불포화지방산	0.5~1.0%	0.5~1.0%	0.5~1.0%

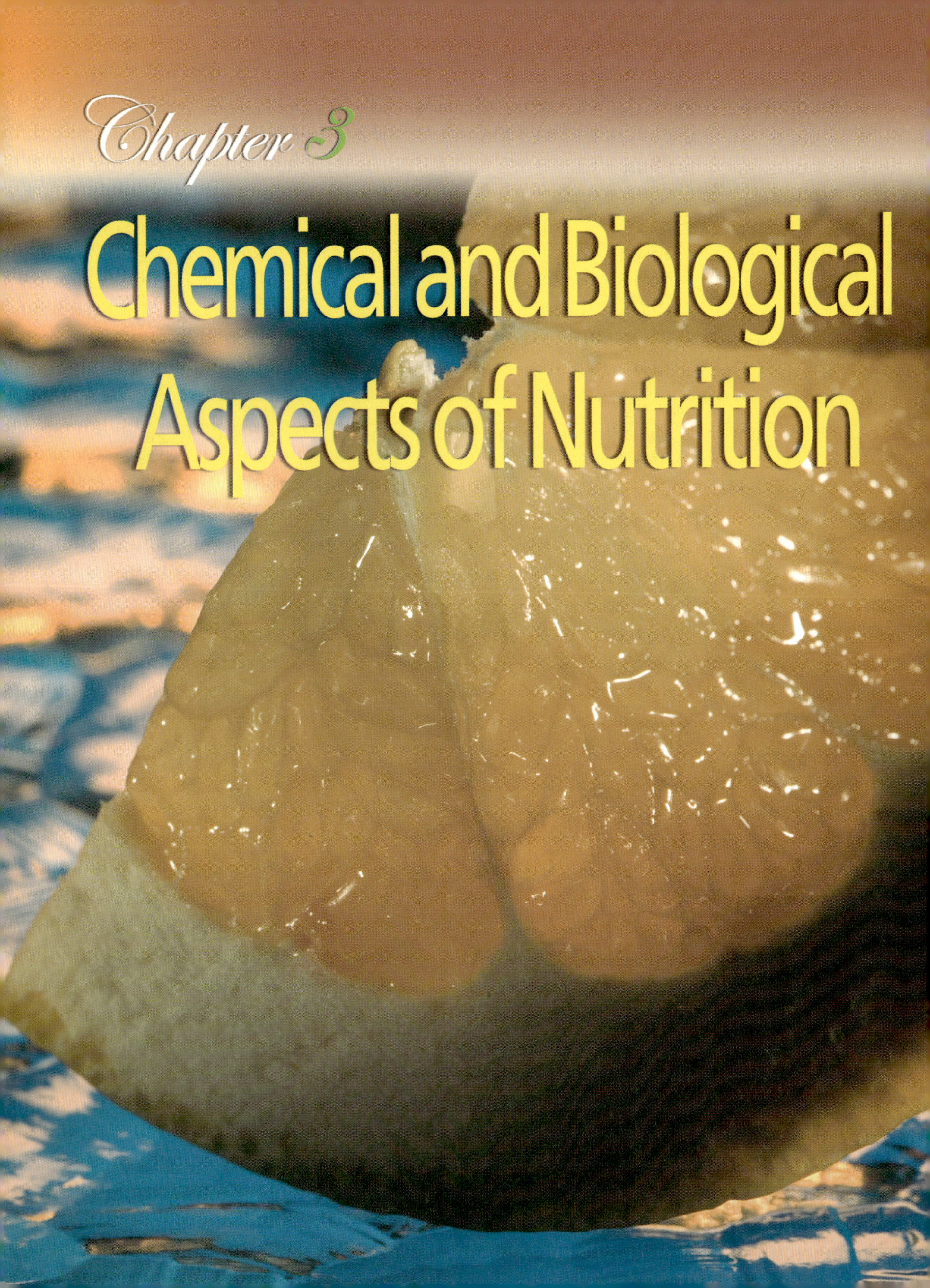

Chapter 3

Chemical and Biological Aspects of Nutrition

화학적 · 생물학적 측면에서 본 영양

Chapter 3

인체는 탄소, 수소, 산소, 질소와 미량의 원소들로 구성되어 있다. 이 원소들이 결합하여 단백질, 탄수화물, 지방과 핵산과 같이 생명을 유지하는 데 필요한 분자물이나 거대화합물을 형성한다.

세포는 생명유지에 필요한 중요한 기능을 하는 최소단위이다. 유사한 구조와 고유의 기능을 갖는 세포가 모여서 조직을 구성하고, 4종류의 조직이 40여 개의 기관을 형성하며, 이러한 기관들이 11개의 기관계를 형성한다.

이 장에서는 식품에 존재하는 화합물이 생명 현상에서의 역할을 다루게 된다. 인체가 최적의 건강을 유지하기 위해 식품을 사용하는 방법을 이해하기 위한 과학이 생물화학 또는 생화학이다.

그림 3.1 신체가 조직화되는 과정

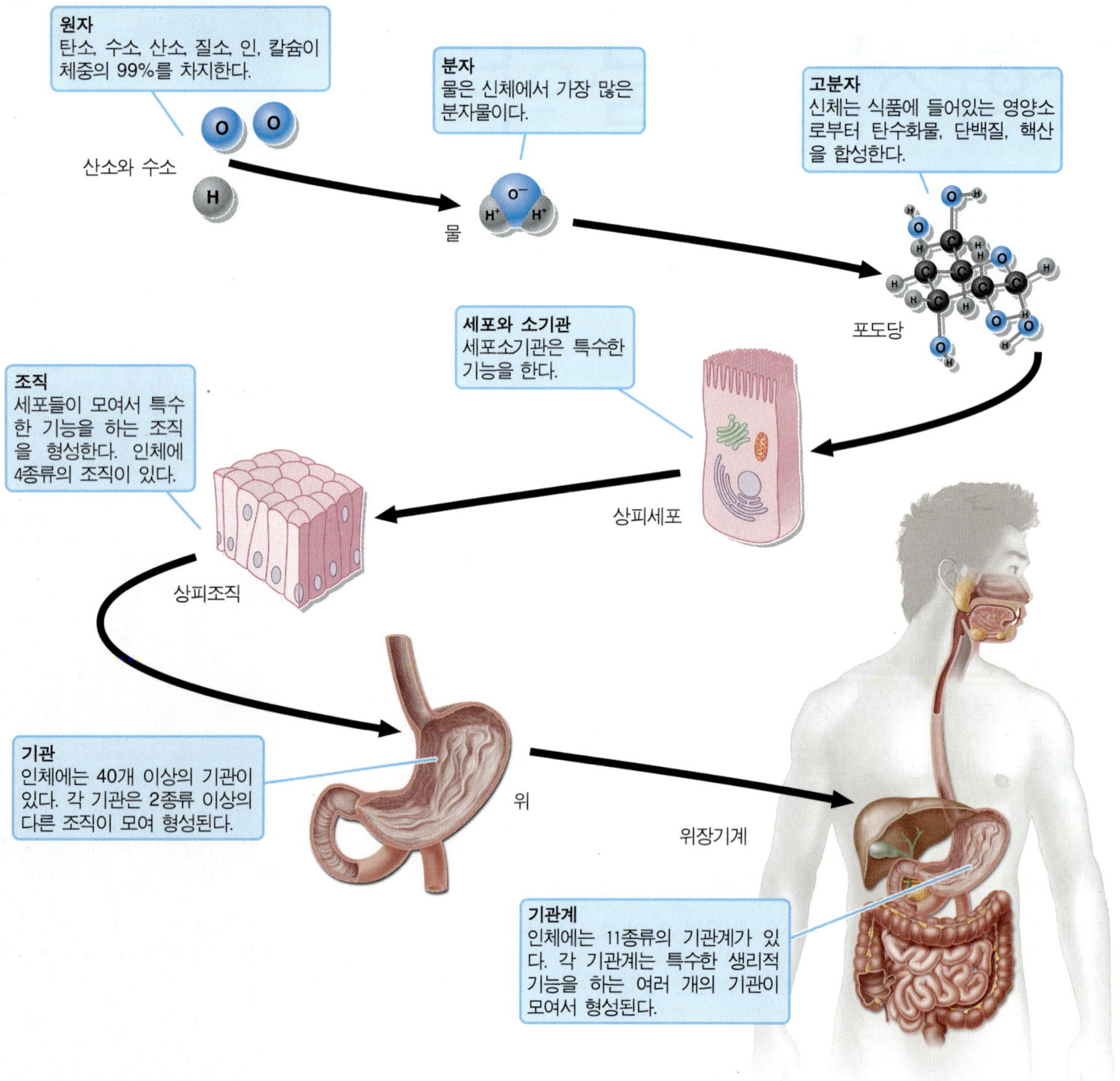

생명에서 일어나는 화학현상
The Chemistry of Life

원소는 분자로, 분자는 거대분자물로, 거대분자물은 세포로, 세포는 조직으로, 조직은 기관으로, 그리고 기관은 기관계로 조직화된다(그림 **3.1**). 생명을 유지현상을 이해하기 위해 화학, 즉 **물질**을 다루는 과학에 대한 기본지식을 이해하는 것이 중요하다.

물질 matter
질량과 부피를 갖는 물질

그림 3.2 원자의 모델

원자는 더 작은 입자인 양성자, 중성자, 전자로 구성된다. 전자는 전자껍질이라는 공간에서 원자핵 주변의 궤도를 돈다. 또한 원자핵에 가장 가까운 껍질은 2개의 전자를 수용하고 다른 껍질들은 8개까지 전자를 수용한다. 원자의 가장 바깥 전자껍질을 원자가껍질각이라고 한다.

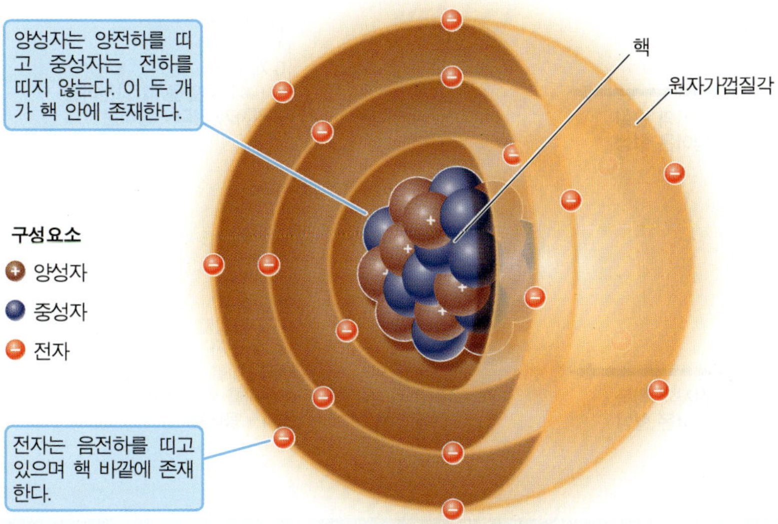

원자, 원소, 분자 Atoms, Elements, and Molecules

원자는 물질을 구성하는 기본 단위이다. 원자의 중심(원자핵)에는 전기적으로 중성인 **중성자**와 양전하를 띤 **양성자**가 들어 있다. 음전하를 띤 **전자**는 전자껍질이라고 하는 핵 주위의 궤도를 돌고 있다(**그림 3.2**).

대부분의 경우, 양성자의 전하는 동일한 개수의 전자와 균형을 이룬다. 원자핵에 가장 가까운 전자껍질은 2개의 전자를 수용하며, 그 밖의 전자껍질은 8개의 전자를 수용한다.

원자의 가장 바깥에 있는 전자껍질을 **원자가껍질**이라고 하는데, 원자가껍질각을 돌고 있는 전자가 화학결합에 중요한 역할을 한다.

이온 Ions

대부분의 원자는 양성자수와 전자수가 같기 때문에 전기적으로 중성이다. 그러나 전자를 얻거나 잃게 되면 전자수가 달라짐으로써 양성자와 전자수의 균형이 깨져서 원자는 양전하 또는 음전하를 띠게 된다(**그림 3.3**).

양성자수와 전자수가 다른 원자가 이온(ion)이다. 그러나 분자들도 이온이 될 수 있으므로 수소원자와 산소원자로 구성된 수산이온(OH^-)은 음전하를 띤다. 양전하를 띠는 이온이 양이온이고, 음전하를 띠는 이온은 음이온이다. 예를 들어, 1개의 전자와 1개의 중성자를 갖는 수소원자는 전자 1개를 잃게 되면 양전하를 띠는 수소 이온, 즉 양이온이 된다. 간단한 공식으로 표시하면 다음과 같다.

원소 atom
특성을 갖는 최소단위

중성자 neutron
원자핵을 구성하며 전기적으로 중성인 입자

양성자 proton
원자핵을 구성하며 양전하를 띤 입자

전자 electron
원자핵 주변의 궤도를 돌며, 음전하를 띤 입자

원자가껍질각 valence shell
원자의 가장 바깥 궤도

이온 ion
전자를 1개 이상 얻거나 잃음으로써 전하를 갖게 되는 원자

양이온 cation
양전하를 갖는 이온

음이온 anion
음전하를 갖는 이온

그림 3.3 이온

양성자와 전자의 수가 같지 않은 원자가 이온이다. 이온은 양전하(양이온)를 띠거나 음전하(음이온)을 띤다.

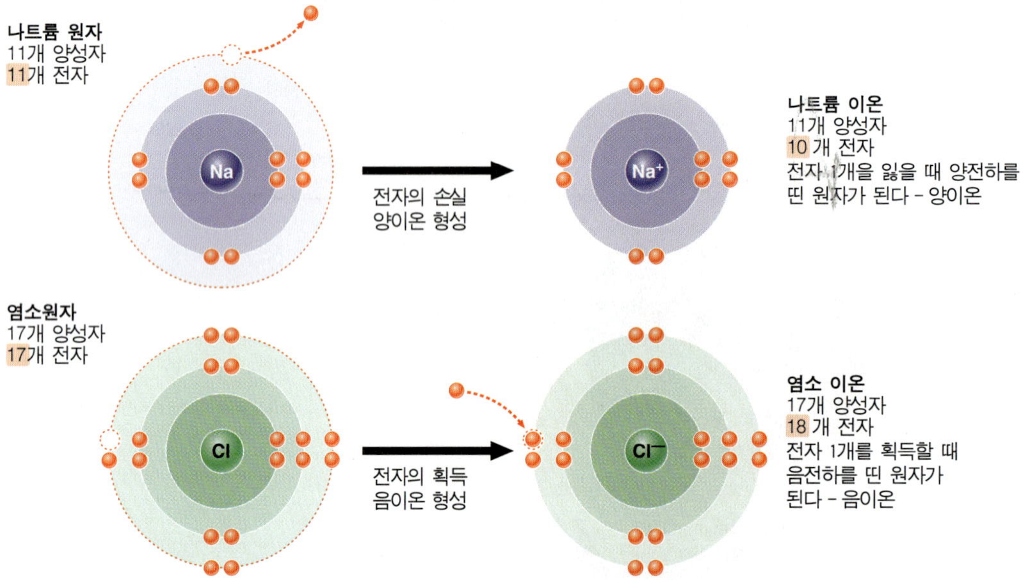

: H $\longleftrightarrow$ + e^-, 여기에서 H^+는 양전하를 띤 수소 이온을 뜻하고, e^-는 음전하를 띤 전자를 뜻한다. 반대로 H^+이온과 1개의 전자가 결합하면 전하를 띠지 않은 수소원자가 된다. $\longleftrightarrow$는 가역적인 반응임을 나타낸다.

인체에 존재하는 중요한 이온은 나트륨(Na^+), 칼륨(K^+), 칼슘(Ca^{2+}), 염소(Cl^-), 요오드 (I^-), 불소 (F^-) 등이다.

원소 Elements

원소는 1가지 종류의 원자로 구성된 순수물질이다. 원소와 그 특성이 주기율표에 제시되었다**(그림 3.4)**. 자연계에는 약 92개의 원소가 발견되었는데 그 중 20개가 건강 유지에 필요하며, 6개의 원소(탄소, 산소, 수소, 질소, 칼슘, 인)가 체중의 99%를 구성한다.

원소가 생명체를 구성하는 단백질, 탄수화물, 지방, 핵산과 같은 큰 분자 또는 거대분자물을 만들어 가는 데 필요한 원료물질이다.

분자 Molecules

2개 이상의 원자가 화학결합을 하여 만들어지는 물질을 **분자**라고 한다. H_2O와 같이 표시되는 **분자식**의 숫자와 알파벳 글자는 분자를 구성하는 원자의 수와 종류를 뜻한다.

포도당의 분자식은 $C_6H_{12}O_6$로, 6개의 탄소와 12개의 수소 및 6개의 산소로 구성되어 있음을 의미한다. 한 개 이상의 동일한 분자가 같이 있을 때는 분자식

원자 element
1종류의 원자로 이루어진 물질

분자 molecule
화학결합에 의해 이루어진 물질

분자식 molecular formula
분자를 구성하는 원자의 종류와 갯수

앞에 숫자를 쓰며, 세 개의 물분자는 $3H_2O$로 표시한다. H_2O나 $C_6H_{12}O_6$처럼 두 종류 이상의 원자로 구성된 분자물을 화합물이라고 한다(**그림 3.5**).

그림 3.4 원소 주기율표

1	2	3	4	5	6	7	8	9	10	11	12	13	14	15	16	17	18
1 H Hydrogen																	2 He Helium
3 Li Lithium	4 Be Beryllium											5 B Boron	6 C Carbon	7 N Nitrogen	8 O Oxygen	9 F Fluorine	10 Ne Neon
11 Na Sodium	12 Mg Magnesium											13 Al Aluminum	14 Si Silicon	15 P Phosphorus	16 S Sulfur	17 Cl Chlorine	18 Ar Argon
19 K Potassium	20 Ca Calcium	21 Sc Scandium	22 Ti Titanium	23 V Vanadium	24 Cr Chromium	25 Mn Manganese	26 Fe Iron	27 Co Cobalt	28 Ni Nickel	29 Cu Copper	30 Zn Zinc	31 Ga Gallium	32 Ge Germanium	33 As Arsenic	34 Se Selenium	35 Br Bromine	36 Kr Krypton
37 Rb Rubidium	38 Sr Strontium	39 Y Yttrium	40 Zr Zirconium	41 Nb Niobium	42 Mo Molybdenum	43 Tc Technetium	44 Ru Ruthenium	45 Rh Rhodium	46 Pd Palladium	47 Ag Silver	48 Cd Cadmium	49 In Indium	50 Sn Tin	51 Sb Antimony	52 Te Tellurium	53 I Iodine	54 Xe Xenon
55 Cs Cesium	56 Ba Barium	71 Lu Lutetium	72 Hf Hafnium	73 Ta Tantalum	74 W Tungsten	75 Re Rhenium	76 Os Osmium	77 Ir Iridium	78 Pt Platinum	79 Au Gold	80 Hg Mercury	81 Tl Thallium	82 Pb Lead	83 Bi Bismuth	84 Po Polonium	85 At Astatine	86 Rn Radon
87 Fr Francium	88 Ra Radium	103 Lr Lawrencium	104 Rf Rutherfordium	105 Db Dubnium	106 Sg Seaborgium	107 Bh Bohrium	108 Hs Hassium	109 Mt Meitnerium									

57 La Lanthanum	58 Ce Cerium	59 Pr Praseodymium	60 Nd Neodymium	61 Pm Promethium	62 Sm Samarium	63 Eu Europium	64 Gd Gadolinium	65 Tb Terbium	66 Dy Dysprosium	67 Ho Holmium	68 Er Erbium	69 Tm Thulium	70 Yb Ytterbium
89 Ac Actinium	90 Th Thorium	91 Pa Protactinium	92 U Uranium	93 Np Neptunium	94 Pu Plutonium	95 Am Americium	96 Cm Curium	97 Bk Berkelium	98 Cf Californium	99 Es Einsteinium	100 Fm Fermium	101 Md Mendelevium	102 No Nobelium

6개의 원소가 인체 체중의 99%를 차지한다.

원소	원자기호	인체체중비(%)	기능
산소	O	65	물과 다른 유기분자물에 존재
탄소	C	18	모든 유기분자물에 존재
수소	H	10	유기분자물과 물에 존재
질소	N	3	단백질의 구성요소
칼슘	Ca	2	뼈, 치아, 체액의 구성성분
인	P	1	세포막과 뼈 바탕질에 존재

필수개념 *Essential Concepts*

물질은 원자로 구성되며, 원자는 더 작은 단위의 중성자 · 양성자 · 전자로 구성된다. 중성자와 양성자는 원지핵에 존재하고, 전자는 전자껍질이라고 하는 원자핵 외각 궤도를 돈다. 그리고 각 전자껍질은 일정한 수의 전자를 수용한다. 핵의 제일 바깥쪽 전자껍질을 원자가껍질각이라고 하며, 화학결합을 하는 데 중요한 역할을 한다. 양성자와 전자수가 같으면 원자는 전기적으로 중성이다.

양성자와 전자수가 다르면 이온이 된다. 양전하를 띤 이온을 양이온이라고 하며, 음전하를 띤 이온을 음이온이라 한다. 동일한 원자가 함께 모이면 원소가 되고, 두 개 이상의 원자가 화학결합을하면 분자가 된다.

화합물 compound
2종류 이상의 원자로 구성된 분자

그림 3.5 분자식의 이해

분자식은 분자를 구성하는 원자의 종류와 개수를 나타내는 데 사용된다.

수소와 같은 일부 분자는 1종류의 원자로 구성되기도 한다.

H_2 – 아래첨자는 이 분자를 구성하는 데 수소원자가 2개 있음을 나타낸다.

화합물은 2종류 이상의 원자로 구성된 분자이다.

$C_6H_{12}O_6$ – 포도당은 6개의 탄소, 12개의 수소, 6개의 산소원자로 이루어진다.

분자 앞에 있는 숫자는 분자물의 개수를 나타낸다.

$3H_2O$ – 3개의 물분자가 있다. 각 물 분자는 2개의 수소와 1개의 산소로 이루어진다.

두 종류 이상의 원자로 구성된 분자를 화합물이라고 하며, 분자식은 분자를 구성하는 원자의 종류와 수를 말해 준다. 분자식 앞에 표시되는 숫자는 분자의 개수이다.

화학결합 만들기
Making Chemical Bonds

원자들은 **화학결합**(chemical bond)을 하여 분자를 구성한다. 화학결합을 하기 위해서는 원자가껍질각에 있는 전자가 중요하다. 원자가껍질각 전자를 분자 내에서 원자를 서로 연결시켜 주는 '접착제'로 보면 된다.

팔전자계의 규칙을 따른다 Satisfying the Octet Rule

대부분의 원자의 원자가껍질각은 8개의 전자를 수용할 수 있다. 원자가 껍질각에 8개의 전자를 완전히 채우면 안정되기 때문에 이 껍질에 8개의 전자를 채우려고 하려는 경향이 크다. 이를 팔전자계 규칙이라고 한다.

원자들은 다른 원자와 전자를 주거나 받는 **전자 전달** 과정을 통해 원자가껍질각에 8개의 전자를 채울 수 있으며, 또는 원자들이 전자를 공유함으로써 팔전자계 규칙을 만족시킬 수 있다. **전자 공유**는 원자가껍질각을 완전히 채우기 위해 원자들이 홀전자(unpaired electron)를 함께 공유하는 것이다. 원자가 전자를 얻거나 잃거나 또는 공유하려는 경향이 화학결합의 기초된다.

원자가껍질각에 있는 전자의 배열을 통해 원자의 특성이 예측 가능하다(**그림 3.6**). 8개의 전자를 거의 다 채우고 있는 원자는 다른 원자로부터 전자를 받아 8개를 채운다. 예를 들면 염소원자(Cl)는 원자가껍질각 전자가 7개여서 1개의 전자만 필요하기 때문에 전자를 얻으면 염소이온(Cl^-)이 된다.

원자가껍질각에 1~2개의 전자만 있는 원자는 이 전자들을 다른 원자에 주면 8전자계의 규칙을 만족시킬 수 있다. 나트륨(Na)의 원자가 껍질 전자는 1개여서, 다른 원자에 이 전자를 주면 나트륨이온(Na^+)이 된다.

화학결합 chemical bond
한 분자 내에서 원자들을 서로 붙들게 하는 전기적인 힘

전자 전달 electron transfer
원자들이 서로 1개 이상의 전자를 주거나 받는 것

팔전자계 규칙 octet rule
원자가 껍질각에 8개의 전자를 채우려는 경향

전자공유 elelcton sharing
원자들이 1개 이상의 전자를 원자가 껍질에서 공유하는 것

그림 3.6 전자 전달과 팔전자계 규칙

염소는 원자가껍질각이 거의 채워져 있기 때문에 원자가껍질각에 1개의 전자를 갖고 있는 나트륨으로부터 그 1개의 전자를 받아서 팔전자계의 규칙을 만족시킨다. 염소는 전자를 얻기 때문에 염소이온이 된다.

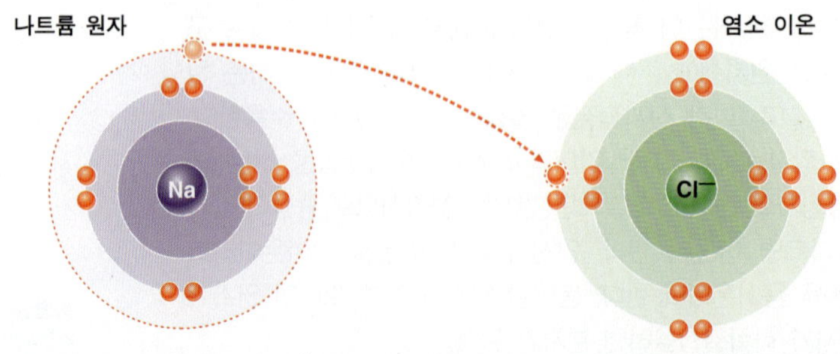

원자 간의 전자 전달은 화학적 현상에서 매우 중요하다. 1개 이상의 전자를 잃어버리는 것을 **산화**라고 하며, 반대로 원자가 1개 이상의 전자를 얻는 것이 **환원**이라고 한다. **산화환원**은 주로 동시에 일어나는데 이 경우를 **짝지어진 반응**(coupled reaction)이라고 한다(**그림 3.7**). 즉, 원자가 전자를 잃으면(산화), 동시에 이 전자를 다른 원자가 얻게 된다(환원).

산화환원 반응을 통해 일부 분자의 에너지가 다른 분자에 전달되므로, 원자 간의 전자 전달은 인체가 에너지(ATP) 생산을 위해 영양소를 사용하는 과정에서 중요하다.

그림 3.7 산화-환원(Redox) 반응에서의 전자 전달

산화환원반응은 분자 간에 1개 이상의 전자를 주고받는 짝지어진 반응이다.

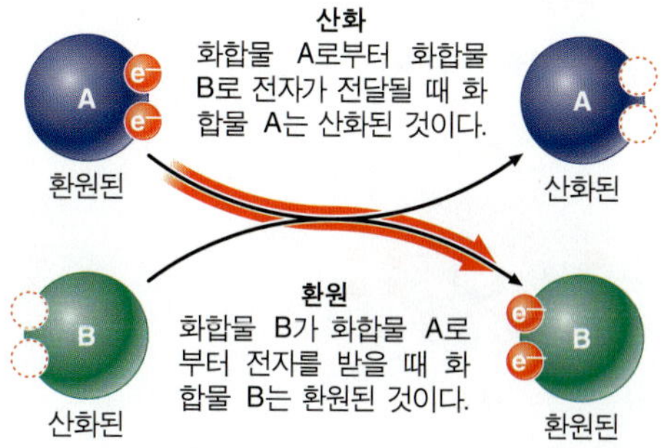

화학결합 Chemical Bonds

원자들이 전자를 전달하거나 공유하면 화학결합을 하게 된다.

이온결합 : 강력한 인력
Ionic Bonds: A Forceful Attraction

반대전하를 갖는 이온끼리의 인력이 **이온결합**을 형성한다. 나트륨이온과 염소이온으로 이루어진 소금이 이온결합의 좋은 예이다. 이온결합에 의해 만들어진 화합물들은 결정체 구조(crystalline)를 형성하는데, 이 배열이 이온 간의 상호 인력을 더 증가시킨다.

물과 접하게 되면, 일부 이온결합력은 약해진다. 이온화합물은 물과 접하면 용해되며, 이는 양이온과 음이온이 분리되었음을 의미한다. 물과 같은 매개체에 용해되었을 때 이온을 생성하는 물질을 **전해질**이라고 한다. 그러나 전해질과 이온이라는 용어는 흔히 서로 바꾸어서 사용된다.

공유결합
Covalent Bonds: An Electron Tug-of-War

공유결합은 원자들이 전자를 공유함으로써 만들어진다. 2개의 원자가 전자를 갖고 줄다리기하는 것을 상상해 볼 수 있다. 만일 각 원자가 같은 힘으로 전자를 서로 끌어당긴다면 어느 원자도 이길 수 없다. 그러므로 타협하여 전자를 서로 공유하는 것이 공유결합의 기본이다.

원자의 원자가껍질각의 전자 수는 공유할 수 있는 전자의 수를 결정한다(**그림 3.9**). 탄소는 원자가껍질각에 4개의 전자가 들어 있어서 팔전자계 규칙을 따르기 위해 4개의 전자를 갖고 있는 다른 원자를 찾으므로, 4개의 공유결합을 할 수 있다. 이러한 탄소는 다양한 공간 배열로 전자를 공유할 수 있어서 다양한 용도로 쓰인다.

탄소를 함유하고 있는 유기분자물들, 즉 단백질 · 지방 · 단백질 · 비타민이 인체와 식품에 존재한다. 그러나 탄소를 함유한 분자 모두가 유기화합물은 아니다. 이산화탄소, 일산화탄소, 칼슘, 탄산칼슘은 무기분자물이다.

산화 oxidation
1개 이상의 전자를 잃는 것

환원 reduction
1개 이상의 전자를 얻는 것

산화환원
reduction-oxidation(redox) reaction
1분자가 1개 이상의 전자를 잃으면(산화됨) 동시에 다른 분자는 이 1개 이상의 전자를 얻게 되는(환원됨) 화학반응

이온결합 ionic bond
반대전하를 갖는 이온들 간에 상호 끌어당기는 힘

공유결합 coavalent bond
1개 이상의 전자를 공유함으로써 만들어지는 화학결합

이온화합물 ionic compound
이온들로 만들어진 물질. 예 : 식용소금

전해질 electrolyte
용액에서 이온으로 분리되는 화합물

그림 3.8 이온결합과 공유결합의 형성

이온결합은 전자를 공유하지 않으나 공유결합은 전자를 공유한다.

A. 이온결합의 형성
이온결합은 상반된 전하를 띤 이온 간의 인력에 의해 형성된다.

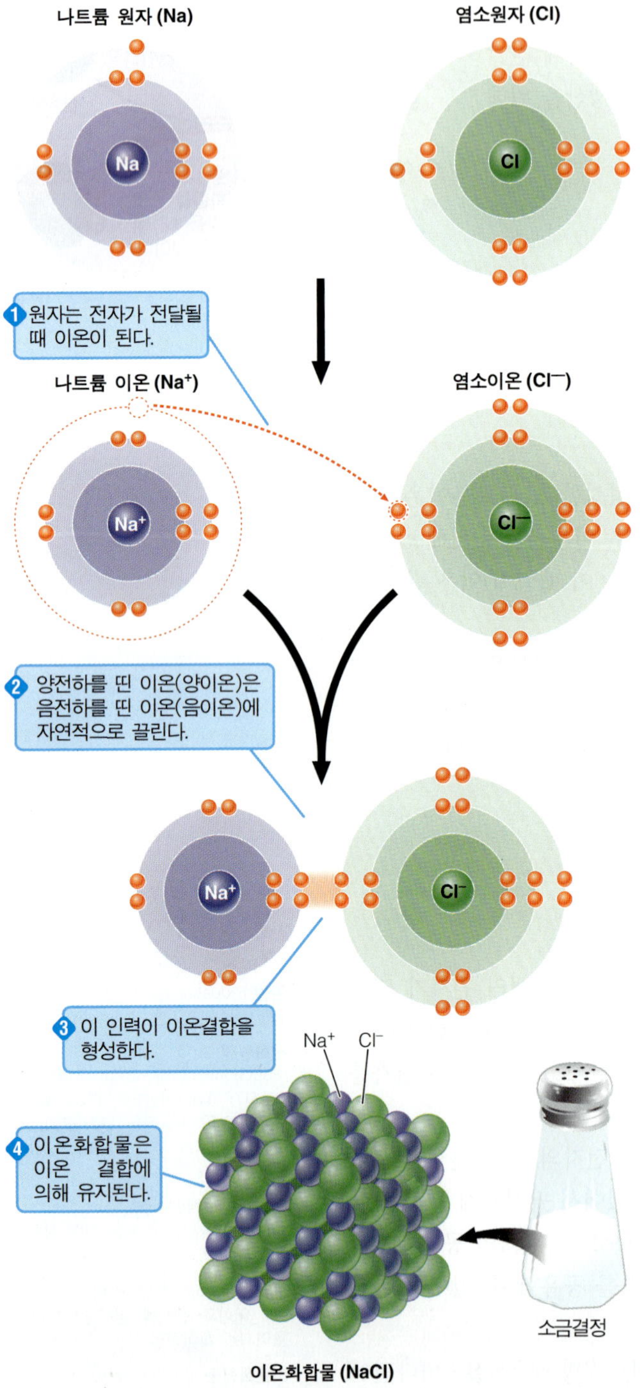

B. 공유결합의 형성
공유결합은 원자끼리 전자를 공유할 때 형성된다.

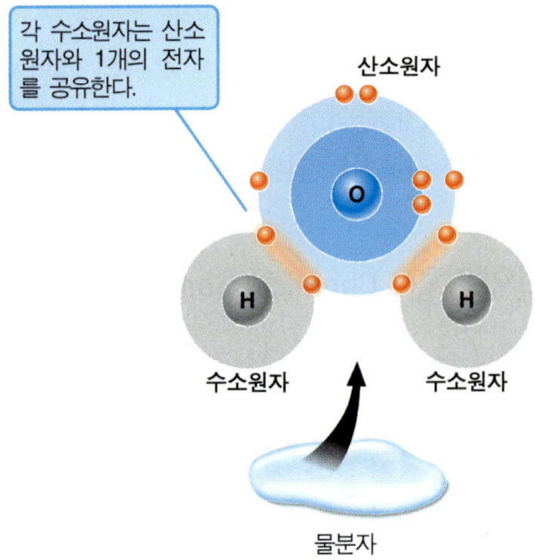

극성·무극성 공유결합 두 종류의 공유결합이 있는데, 공유결합의 종류는 원자 간에 전자를 공유하는 힘에 의해 결정된다. **무극성** 공유결합은 원자들이 서로 전자를 동등하게 공유할 때에 형성된다. 그 예로 수소분자(H_2)가 있다.

극성 공유결합에서는 전자가 동등하게 공유되지 않는다. 극성 공유결합을 할 때 한쪽 원자는 자신의 전자를 지키면서, 다른 쪽 원자의 전자를 잡아당기려는 경향이 크다. 극성 공유결합에 의해 만들어진 분자 내의 한 원자는 공유된 전자를 더 강하게 끌어당기지만 완전히 전자를 뺏어오지는 못하기 때문에 약하게 음전하를 띠게 된다.

그 결과로 분자 내의 다른 쪽 원자는 순간적으로 전자를 통제할 능력을 잃게 되면서 약하게 양전하를 띤다. 공유된 전자의 불공평한 분포가 한쪽 끝은 더 양전하를 띠고 반대쪽은 더 음전하를 갖는 극성 공유결합을 만든다. 불공평한 전하의 분포를 갖는 분자가 **극성분자**이다. 극성과 무극성 공유결합이 만들어지는 실례와 중요한 차이점을 **그림 3.10**에 제시하였다.

극성분자는 다른 극성분자나 이온을 끌어당긴다. 이 특성 때문에 자연계에 존재하는 가장 극성화합물 중 하나인 물이 인체에서 중요하다.

그림 3.11에 나타난 것처럼 물분자는 나트륨 이온과 염소 이온을 강하게 끌어당김으로써 나트륨 이온과 염소 이온을 둘러싸서 이들 이온이 분산된 상태로 유지되도록 한다.

액체에 용해된 소금과 같은 물질을 **용질**이라고 하며, 그 액체는 **용매**라고 한다. 그리고 용질이 용매에 녹아 있는 상태의 액체가 **용액**이다. 물은 용매로서 다목적으로 쓰일 수 있다.

일반적으로 극성분자는 물에 녹고 **친수성**, 즉 물과 친화력이 있는 물질이고, 반대로 대부분의 무극성 화합물은 물에 녹지 않고, **소수성**, 즉 물을 피하는 물질이다.

그림 3.10 무극성과 극성 공유결합

무극성 고유결합을 갖는 분자는 전하가 없고 극성 공유결합을 하는 분자는 부분적인 전하를 띤다.

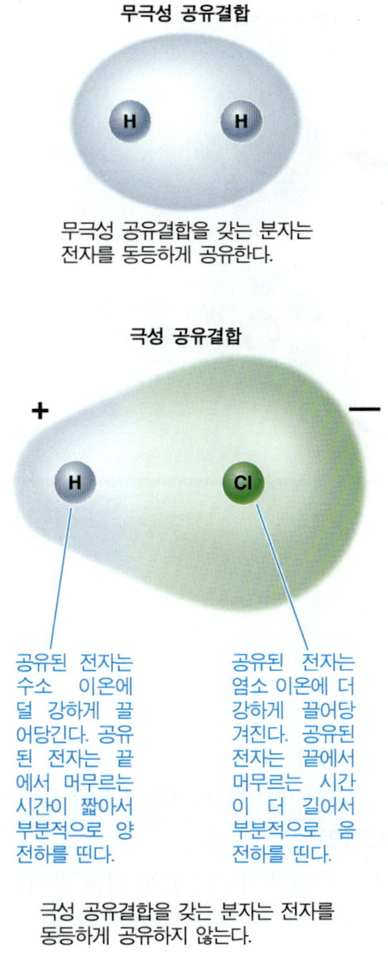

그림 3.9 팔전자계의 규칙과 탄소원자

팔전자계의 규칙을 만족시키기 위해 탄소는 다른 원자나 원자들과 4개의 다른 전자를 공유할 수 있다.

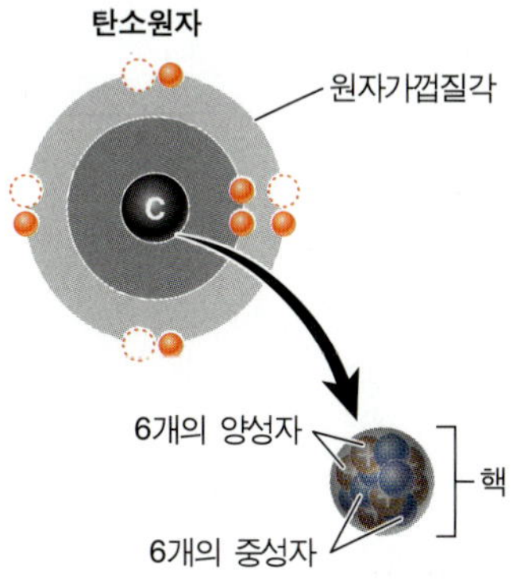

무극성 non polar
전자를 동등하게 공유하는 결합에 의해 형성된 분자

극성분자 polar molecule

용질 solute
액체에 용해된 물질

용매 solvent
물질을 용해시키는 액체

용액 solution
2개 이상의 물질이 균일하게 분산된 혼합물.

친수성 hydrophilic
물에 녹거나 섞이는 물질

소수성 hydrophobic
물에 안 녹거나 섞이지 않는 물질

수소결합 hydrogen bond
수소원자와 산소 또는 질소 같은 원자 간의 인력

그림 3.11 용매로서의 물

물은 극성이어서 소금(NaCl)을 물에 넣으면 녹는다. 용매에 녹은 용질이 합하여 용액이 된다.

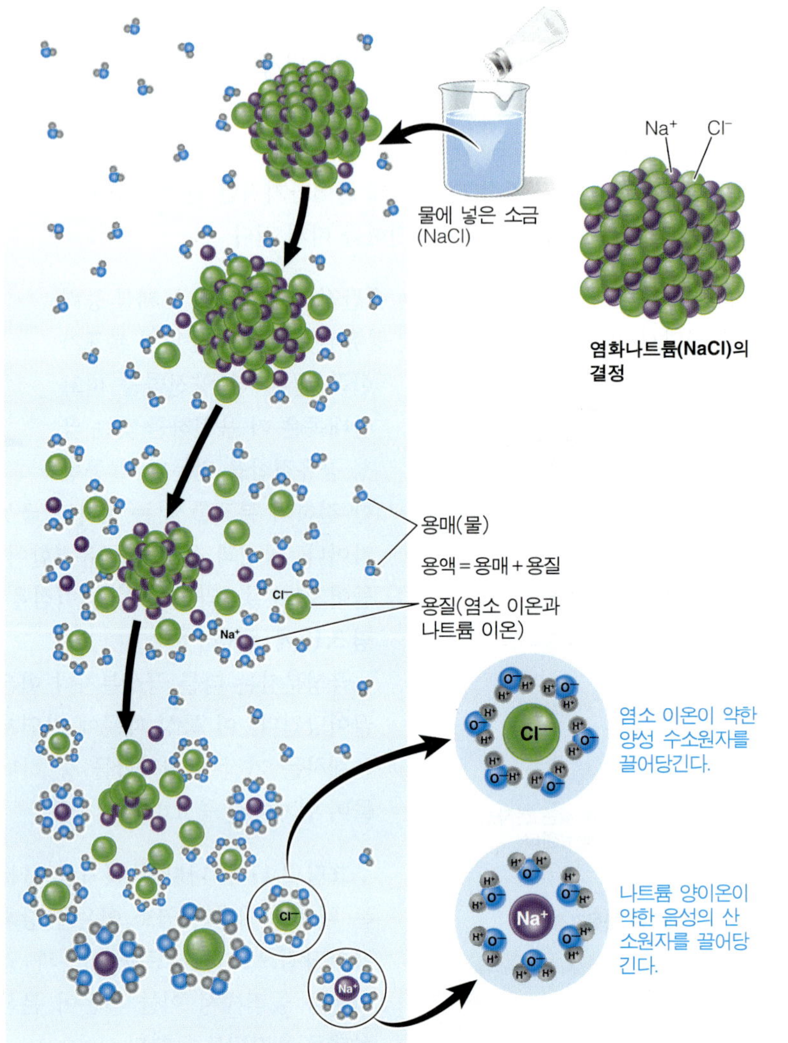

수소결합 : 약하지만 안정된 결합

Hydrogen Bonds : A Weak But Stabilizing Force

이온결합과 공유결합은 분자 내에서 원자들을 서로 붙들고 있지만, **수소결합**은 수소원자와 산소 또는 질소와 같이 음전하를 갖는 원자 간의 약한 전기적 인력이다. 수소결합은 한 분자 내에서 원자간 결합을 하기도 하고, 다른 분자에 있는 원자들과 결합한다. 수소결합은 인력이 약하지만 큰 분자들의 형태 및 구조를 유지하는 데 중요한 역할을 한다(**그림 3.12**).

예를 들면 단백질과 DNA의 복잡한 형태는 수많은 수소결합에 의해 유지된다. 물분자들도 수소결합 때문에 고유의 화학적 · 물리적 특성을 갖게 된다.

그림 3.12 수소결합

수소결합은 분자의 구조와 안정성에 영향을 준다. 수소결합은 물분자에서, 그리고 단백질과 DNA와 같은 큰 분자물에서 존재한다.

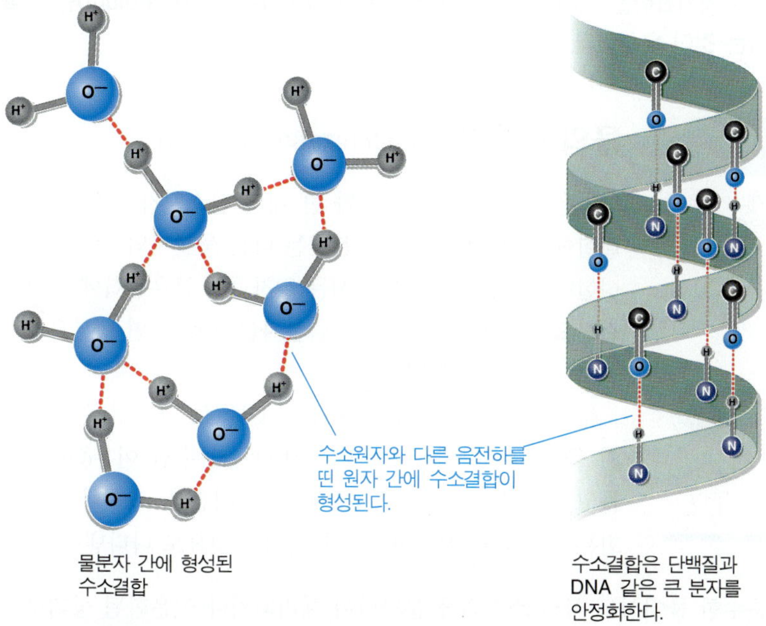

필수개념 *Essential Concepts*

대부분 원자의 원자가껍질각은 최대 8개의 전자(octet)를 수용할 수 있다. 원자는 전자전달 또는 공유를 통해 원자가껍질각을 채우려고 한다. 원자가껍질각에 8개에 가까운 전자를 채우고 있는 원자는 다른 원자로부터 전자를 받아서 8개를 채우고, 원자가 껍질에 1~2개의 전자를 갖고 있는 원자는 다른 원자에 전자를 주려는 경향이 크다. 전자를 얻은 원자는 환원상태가 되고, 전자를 잃은 원자는 산화상태가 된다.

전자전달 또는 공유는 화학결합의 기본이다. 화학결합은 원자가 서로 붙들고 있는 힘인데, 이온결합과 공유결합은 화학결합에서 주요한 결합이다. 이온결합은 서로 다른 전하를 갖는 이온 간의 인력에 의해 생기고, 공유결합은 원자들이 전자를 공유할 때에 생긴다. 원자들이 전자를 동등하게 공유하는 결합은 무극성 공유결합이고, 동등하지 않게 공유하면 극성 공유결합이다.

물과 같은 극성분자는 소금과 같은 이온화합물을 녹인다. 액체에 녹는 물질이 용질이고, 용질을 녹이는 액체는 용매이다. 또한 용질이 용매에 녹아 있는 액체를 용액이라고 한다.

물에 녹는 극성분자는 친수성을 갖고, 물에 안 녹는 무극성 분자는 소수성을 띤다. 수소결합은 수소원자와 음전하를 갖는 원자 간의 전기적 인력이다. 수소결합은 큰 분자들이 형태를 유지하는 데 도움이 된다.

산과 염기의 이해
Understanding Acids and Bases

산 – 염기화학을 이해하기 위해 화학반응이 일어나는 매질(medium)인 물을 이해하는 것이 우선이다.

그림 3.13 물분자의 이온화

물분자는 전하를 띤 성분(이온)으로 분리되거나 해리된다. 이 과정을 물의 이온화라고 하며, 이 반응은 가역적인 반응이다.

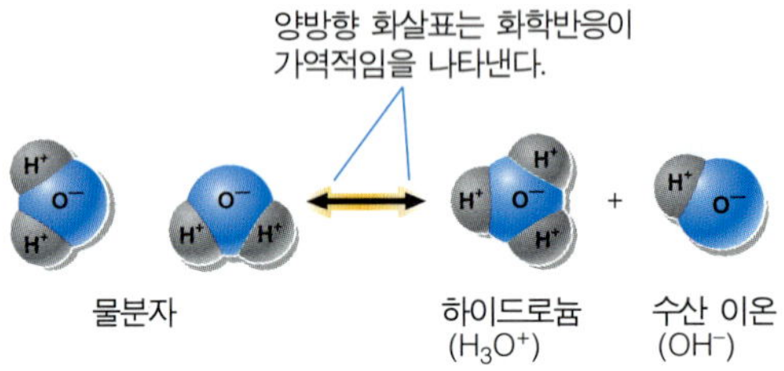

물의 이온화 The Ionization of Water

물은 두 개의 수소원자와 한 개의 산소원자 간의 극성 공유결합에 의해 형성된다. 물분자는 다른 물분자와 수소결합을 형성한다. 비록 물분자 내에서는 원자들이 공유결합에 의한 강한 결합으로 유지되고 있지만, 물분자는 전하를 띤 성분으로 해리될 수 있다(**그림 3.13**).

물의 이온화는 $H_2O \longleftrightarrow H^+ + OH^-$로 나타낼 수 있다. 2개의 물분자는 하이드로늄 이온(H_3O^+)과 수산 이온(OH^-)을 만들고, $2H_2O \longleftrightarrow H_3O^+ + OH^-$로 표시한다. 그러나 물의 이온화는 간단히 H^+와 OH^-로 분리되는 것으로 나타낸다.

순수한 물에서는 극히 소수의 물분자만이 해리되거나 이온화된 상태로 존재하며, 이때 수소 이온의 농도는 수산 이온의 농도와 같아 pH는 중성이다. 수소 이온과 수산 이온의 농도가 용액이 산성인지 염기성인지 등을 결정한다.

이온화 ionization(i-on-i-za-tion)
중성의 분자 또는 원자에서 전자 이동이 일어나 전하를 띠게 되는 반응

pH 척도 pH scale
pH 척도는 염기성 쪽으로 높아지고 산성 쪽으로 낮아진다.

산성 acidic
pH가 7보다 작을 때

염기성 또는 알칼리성 basic or alkaline
pH가 7보다 클 때

pH 척도
The pH Scale

물의 이온화는 pH 척도의 근거이며, 0에서 14이다. 물의 pH는 7이다. 수소 이온 농도가 수산 이온 농도보다 높은 액체는 pH가 7보다 작고, 산성이다. 수소 이온 농도보다 수산 이온 농도가 높은 액체는 pH가 7보다 크며, 염기성(basic) 또는 알칼리성(alkaline)이다.

그림 3.14 아미노산의 주요 구성 요소

pH 척도의 범위는 0~14이다. pH가 낮은 물질은 산성이고 pH 7은 중성, 높은 pH는 염기성이다.

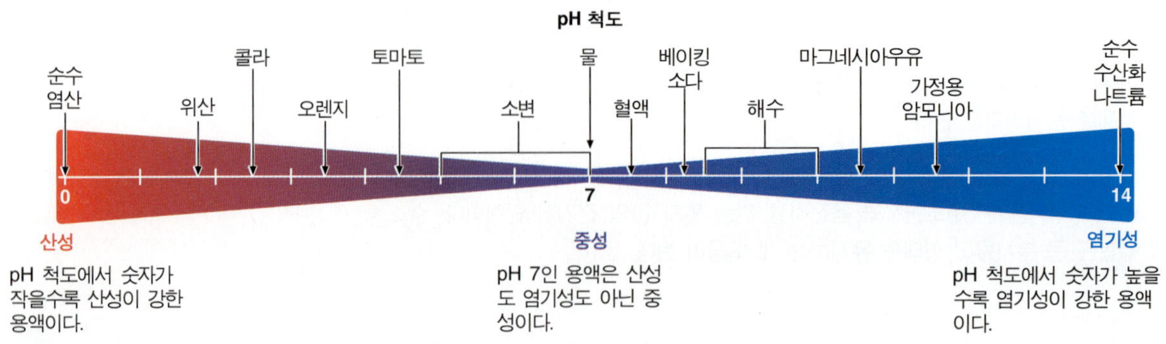

pH척도에서 연속된 숫자는 수소 이온 농도가 10배씩 증가하거나 감소하는 것을 나타내므로 pH 3인 액체는 pH 4인 액체보다 산성이 10배 강하다. 체액은 특정한 범위 내에서 유지된다.

소변의 pH는 5.5~7.5이고, 혈액의 pH는 7.3~7.5이다. 다양한 물질의 pH를 **그림 3.14**에 제시하였다. 체액과 조직에서 pH를 유지하는 것이 최적의 기능과 건강을 유지하는 데 중요하다.

산과 염기 Acids and Bases

산은 물에 용해될 때에 수소 이온(H^+)을 방출하고, 염기는 수산 이온(OH^-)을 방출한다. 염산(HCl)은 물에 녹으면 수소 이온(H^+)과 염소 이온(Cl^-)을 방출한다(**그림 3.15**). 수소 이온 농도가 증가하면 용액의 pH가 내려가고 산성이 된다.

반대로 수산화나트륨(NaOH)과 같은 염기성 물질은 물에 쉽게 녹아서 나트륨이온(Na^+)과 수산 이온(OH^-)을 방출한다. 수산화나트륨이 산성용액에 녹을 때에 수산 이온(OH^-)은 용액에 들어 있는 수소 이온(H^+)과 결합하여 물이 되며, 용액의 수소 이온(H^+) 농도는 감소하고, pH가 증가한다.

염산이나 황산과 같은 강산은 물에 녹을 때에 쉽게 수소 이온을 방출하고, 초산(식초)와 같은 약산은 물에서 적게 해리되어 수소 이온 또한 적게 방출한다. 약산은 혈액의 pH를 조절하는 중요한 역할을 한다.

완충계 Buffering Systems

혈액의 정상 pH는 7.3~7.5이며, 이 pH에서 효과적으로 산소와 이산화탄소 운반이 가능하다. 혈액의 pH가 7.0보다 내려가거나(산성혈증, acidosis), 7.8 이상(알칼리성혈증, alkalosis)이 되면 가스운반능력이 감소되어 의식을 잃고 심할 경우에는 사망할 수 있다.

그림 3.15 산과 염기위산

산은 용액에서 수소 이온(H^+)을 방출하고 염기는 수산 이온(OH^-)을 방출한다.

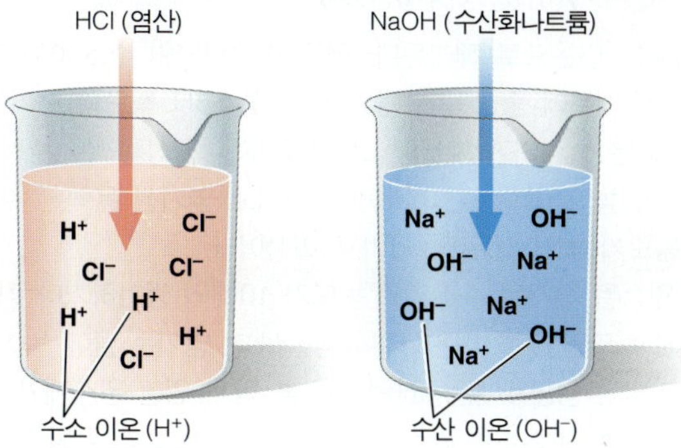

산 acid
수용액 중에서 해리하여 수소 이온을 생성하고 염기와 중화하여 염을 만드는 물질

염기 base
수용액 상태에서 해리하여 수산화 이온을 내놓는 물질

그림 3.16 완충제

완충제는 산 또는 염기처럼 작용할 수 있다.

세포에서 생성되는 대사노폐물은 쉽게 체내의 pH를 바꾸기 때문에 체내에는 pH의 증가 또는 감소를 막기 위한 **완충계(buffer system)**가 있다. 완충제는 일정한 pH를 유지하기 위해 수소 이온과 결합하거나 수소 이온을 방출할 수 있는 물질이다.

그림 3.16에 나타난 것처럼 완충제는 수소 이온을 방출하거나 결합하므로서 pH의 변화를 매우 엄격하게 억제하여 산성혈증과 알칼리증을 효과적으로 예방할 수 있다.

산성혈증 acidocis(a-ci-DO-sis)
체액에 산의 축적된 상태

알칼리성혈증 alkalosis(al-ka-LO-sis)
체액에 과잉의 염기가 축적된 상태

완충제 buffer
pH 변화를 막기 위해 수소 이온과 결합하거나 방출하는 물질

필수개념 *Essential Concepts*

물분자의 일부는 이온으로 해리된다. 물은 이온화되면 수소 이온과 수산 이온의 농도가 같기 때문에 중성이다. 물의 이온화는 pH 척도의 근거이며 그 값은 0~14이다. 물은 중성이기 때문에 pH가 7이다. 산성용액은 수산 이온보다 수소 이온 농도가 높고 pH는 7 이하이다. 그리고 염기성 용액은 수소 이온보다 수산 이온 농도가 높기 때문에 pH가 7 이상이다.

pH 척도의 연속된 숫자는 수소 이온농도가 10배씩 증가하거나 감소함을 뜻한다. 산은 물에 녹으면 수소 이온(H^+)을 방출하고, 염기는 물에 녹아서 수산이온(OH^-)을 방출한다. 생명체에는 pH의 변화를 막기 위한 완충계가 있다. 완충제는 일정한 pH를 유지하기 위해 수소 이온(H^+)과 결합하거나 방출한다.

Focus On 임상 적용 CLINICAL APPLICATIONS

산성혈증과 알칼리성혈증

산성혈증과 알칼리성혈증은 체액의 pH의 변화로 인해 생기는 위험한 상태이다. 산성혈증은 산의 축적에 의해 일어나며, 알칼리성혈증은 과잉의 염기에 의해 일어난다.

가벼운 산성혈증은 신경계의 위축을 유발하여 두통, 무기력, 식욕감퇴, 호흡곤란을 일으키며, 심하면 혼수상태나 사망을 초래할 수 있다.

알칼리성혈증은 신경계를 자극한다. 가벼운 알칼리성혈증은 현기증이나 어지러움증을 생기게 하고, 심하면 근육경련과 경기 등을 초래할 수도 있다.

산성혈증의 원인은 호흡에 영향을 주는 폐기종이나 천식 또는 울혈성 심부전 등이다. 호흡산증은 폐가 혈액에서 이산화탄소를 제거하지 못하여 혈액의 pH가 감소하는 것이다. 숨을 멈추고 있을 때는 가벼운 산증이 일어날 수 있다.

대사산증이라고 하는 다른 종류의 산성혈증은 오랜 기아와 만성 알코올 중독 및 당뇨와 관련이 있다. 이 경우에 신체는 전적으로 저장된 지방을 에너지원으로 사용하는데 지방이 완전히 분해되지 않고 혈액으로 산성화합물을 방출한다. 신장이 소변으로 산을 충분히 배설할 수 없을 때, 산은 혈액에 축적되어 pH를 교란시킨다.

대사알칼리증은 지나친 구토, 제산제, 이뇨제, 또는 설사약을 과용하였을 때에 일어날 수 있다. 이 상태는 체액, 나트륨, 칼륨의 과잉 손실을 초래한다.

결과적으로 신장이 체액의 pH를 유지할 능력이 손상되면 대사알칼리증을 유발하므로, 식사섭취를 제한하거나 이뇨제 및 설사약을 남용하는 섭식장애증이 있는 사람은 심각한 건강문제를 갖게 된다.

호흡알칼리증은 빠르고 깊은 호흡, 즉 과다호흡으로 인해 일어날 수 있는데 혈액에서 이산화탄소 농도를 감소시켜서 체액이 더 알칼리성이 되게 한다. 이때 종이봉투를 이용하여 숨을 들이쉬고 내쉬면, 이산화탄소 흡입량이 증가하여 pH를 회복할 수 있다.

거대분자 : 생명의 분자
Macromolecules : The Molecules of Life

수천 개의 원자들이 결합하면 매우 큰 분자가 될 수 있다. 탄수화물, 단백질, 핵산(DNA, RNA)은 거대분자(macromolecule) 또는 고분자 물질로 세포의 생명유지에 매우 중요한 기능을 한다. 거대분자는 구조나 기능에 있어서 서로 다르지만 모두 수소와 산소 그리고 질소 같은 원자와 결합된 탄소원자를 갖고 있다.

거대분자는 다양한 기능을 갖는다.
Macromolecules Have Diverse Functions

탄수화물은 체내에서 필요한 주요 에너지(ATP) 공급원이며, 세포구조에서 없어서는 안 되는 성분이다. 단백질은 매우 다양하고 구조와 기능 면에서 중요한 역할을 한다. 핵산은 유전정보와 단백질 합성에 필요한 분자이다.

디옥시리보핵산(deoxyribonucleic acid, DNA)과 리보핵산(ribonucleic acid, RNA)은 단백질 합성을 지시하고 만들어 낸다. DNA는 단백질 합성에 필요한 정보를 저장하는 유전물질이고, RNA는 이 정보를 해석하여 세포 내에서 단백질을 만드는 장소로 전달한다.

거대분자 macromolecules
단백질과 같이 세포 내에서 더 작은 소단위로부터 만들어지는 큰 분자

그림 3.17 중합체

중합체는 구슬목걸이와 같이 각 구슬이 단위체를 나타낸다.

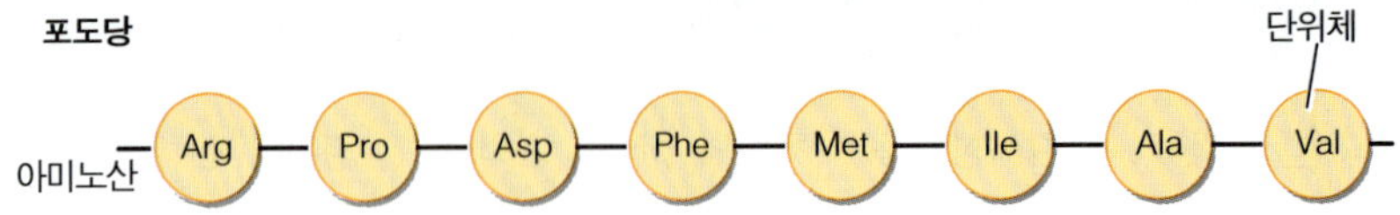

단백질은 아미노산의 중합체이다

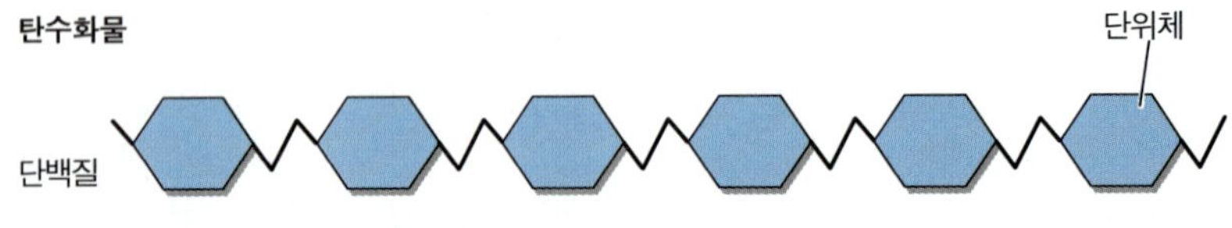

일부 탄수화물은 포도당의 중합체이다.

거대분자는 소단위체로부터 만들어 진다.

Macromolecules Are Made Up of Subunits

거대분자는 **단위체**라고 불리우는 소단위체(subunit)가 반복되는 큰 분자물로 이루어진 **중합체**이다. 단위체는 공유결합에 의해 연결되는데 낱개의 구슬을 단위체로 보고, 낱개의 구슬들이 연결된 구슬목걸이를 중합체로 보면 된다.

그림 3.17에 나타난 것처럼 단백질은 아미노산으로 이루어진 중합체이고, 일부 복합탄수화물은 포도당의 중합체이다. 그리고 핵산은 뉴클레오티드(nucleotide)의 중합체이다. 뉴클레오티드는 세 부분, 즉 질소를 함유한 염기, 인산분자, 당분자(DNA에는 디옥시리보오스, RNA에는 리보오스)로 구성되어 있다.

단위체 monomer(MON-o-mer)
중합체를 만들기 위해 서로 연결되는 작은 분자

중합체 polymer(POL-y-mer)
반복되는 소단위체로부터 만들어 지는 큰 분자

축합과 가수분해 : 만들고 부수는 반응

Condensation and Hydrolysis : Make-and-Break Reactions

중합체는 세포 내에서 조립되고 해체된다. 단위체를 서로 연결하는 화학반응

그림 3.18 축합과 가수분해

축합과 가수분해는 "만들고 파괴하는" 반응이다.

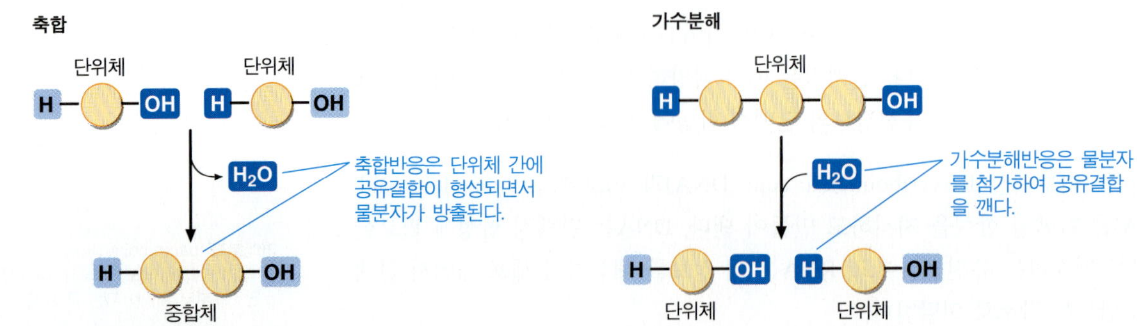

이 **축합**이고, 중합체를 해체하는 것이 가수분해이다(**그림 3.18**). 축합과정은 공유결합이 형성되면서 단위체가 연결되는 것인데, 이때 물분자가 만들어져서 방출된다. 반대로 가수분해 반응에서는 물분자를 사용하여 공유결합을 분해한다. 이 반응들이 소화와 대사에서 중요한 역할을 한다.

필수개념 *Essential Concepts*

탄수화물, 단백질, 핵산(DNA와 RNA)은 우리 세포에서 만들어지는 거대분자들이다. 탄수화물은 체내의 중요한 에너지원이고, 세포구조에 없어서는 안 되는 중요한 성분이다. 단백질은 다양한 분자들이며 기능과 조절의 역할을 한다. 디옥시리보핵산(DNA)과 리보핵산(RNA)은 단백질 합성을 지시하고 만들어 낸다.

거대분자는 소단위체 또는 단위체가 공유결합에 의해 연결되어 만들어지는 중합체이다. 단위체를 서로 연결하는 화학반응이 축합이고, 중합체를 해체하는 반응이 가수분해이다.

세포와 구성요소
Cells and Their Components

모든 살아있는 생명체는 세포로 이루어져 있다. 세포는 형태적인 역할과 기능적인 역할을 동시에 갖고 있는데, 세포는 세포막으로 둘러싸여 보호되고 있다.

세포 내에는 소기관(organelles)이라고 하는 막으로 둘러싸인 작은 구조물이 있는데, 이 소기관들이 생명을 유지하는 데 있어서 아주 중요한 특별한 기능을 한다(**그림 3.19**).

세포막(원형질막)
Cell (Plasma) Membranes

세포막(원형질막이라고도 함)은 세포바깥과 세포 안의 환경을 구분하는 경계 역할을 한다. 또한 물질이 세포 내외로 들어오고 나감을 조절한다. 세포막은 인지질 이중층으로 구성되어 있으며, 단백질 · 탄수화물 · 콜레스테롤이 박혀 있다.

인지질은 지질에 인산기가 결합되어 있는 것이며, 친수성과 소수성을 동시에 갖고 있다. 친수성머리(인산기)는 세포 안과 바깥의 물과 접하는 쪽을 향하여 정렬되어 있고, 소수성꼬리(지질)는 물을 피해서 안쪽을 향해 정렬되어 있다.

세포막과 관련된 단백질은 구조적 역할과 기능적 역할을 둘 다 갖고 있다. 세포 내외로 물질을 이동시키는 운반체 역할을 하며, 다른 분자의 수용기로 다른 분자가 수용기에 결합함으로써 세포와 세포 간의 정보교환을 하는 역할을 한다. 콜레스테롤은 세포막의 안정성과 유동성을 유지하는 데 중요하다. 탄수화물은 모발과 같은 돌기 모양을 하고 있어서 안테나와 같은 역할을 하여 세포들이 서로 알아보고 상호작용을 할 수 있게 한다.

축합 condensation
물이 만들어지는 화학반응

가수분해
hydrolysis(hy-DRO-ly-sis)
화합물이 물과 반응하는 화학반응

extracellular(ex-tra-CEL-lu-lar)
세포 외의

intracellular(in-tra-CEL-lu-lar)
세포 내의

그림 3.19 세포

세포막 또는 원형질막
세포는 지방, 탄수화물, 단백질로 구성된 인지질 이중층에 의해 둘러싸여 있다. 세포막 단백질은 외부로부터의 자극에 반응하는 수용체 역할을 하고, 세포 내외로 물질의 이동을 조절한다.

평활 내형질세망
지방합성과 관련된 내형질세망 지역. 평활 내형질세망은 리보솜이 없으며 단백질 합성에는 관여하지 않는다

거친면 내형질세망
단백질을 합성하는 리보솜을 갖고 있는 주머니 같은 일련의 막

골지체
골지체는 거친면 내형질세망에서 나온 단백질이 처리되고 포장되는 주머니 모양의 일련의 막이다.

라이소솜
단백질, 지방, 핵산을 분해하는 효소가 들어 있다. 이 효소들은 낡은 폐기물을 제거하고 재생한다.

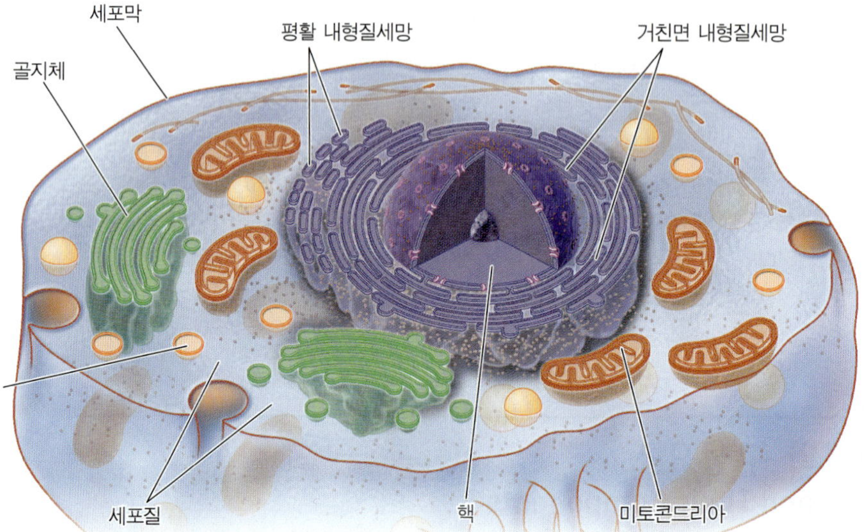

세포질
세포질은 세포 내의 젤과 같은 물질이다. 세포질에 세포 소기관, 단백질, 전해질, 기타 다른 분자들이 들어 있다.

핵
세포핵에는 DNA가 들어 있다. DNA 분자는 단백질 합성을 위해 부호화된 정보를 제공한다.

미토콘드리아
세포에서 사용되는 에너지(ATP)의 대부분을 생산하는 소기관

또 탄수화물은 세포 밖의 정보가 세포막을 거쳐서 세포 내의 구획으로 전달되는 것을 돕는다.

세포막을 통한 물질의 운반
Transport Across Cell Membranes

세포막은 많은 기능을 하는데, 하나는 세포 내외로 물질의 이동을 조절하는 것이다. 세포막은 선택적으로 투과할 수 있으며, 영양소와 그 외 물질들이 다양한 방법에 의해 세포막을 거쳐서 운반된다.

수동수송 기전
Passive Transport Mechanisms

에너지를 필요로 하지 않은 물질수송이 **수동수송 기전**이다(**그림 3.20**). 수동수송기전의 3가지 종류가 **확산(diffusion)**, **촉진확산(facilitated diffusion)**, **삼투(osmosis)**이다.

단순확산 **단순확산**은 에너지 소비 없이 세포막을 중심으로 높은 농도에서 낮은 농도 쪽으로 물질이 이동하는 것이다. 세포막을 중심으로 양쪽의 물질농도가 같을 때 물질의 이동은 어느 방향으로도 일어나지 않는다. 이 상태를 **평형**이라고 한다.

산소, 이산화탄소와 같은 기체 · 지방 · 이온 및 전하를 띤 물질이 크기가 작으면 단순확산에 의해 세포막을 쉽게 통과한다. 인체에서 단순확산에 의해 세포 바깥쪽의 농도가 높은 산소는 세포 안으로, 세포 안의 농도가 높은 이산화탄소는 바깥쪽으로 이동하여 기체교환이 일어난다.

촉진확산 **촉진확산**도 농도차기울기가 아래쪽(고농도에서 저농도 쪽으로)으로 물질의 이동이 일어나지만 세포막과 결합된 **수송단백질**(transport protein)의 도움이 필요하다는 점에서 단순확산과 다르다. 운반단백질의 도움으로 물질이 세포막을 통과한다.

모든 수송단백질이 점유되고 있을 때를 제외하고는 단순확산보다 운반속도가 빠르고, 수송단백질의 **이용가능성**(availabilty)이 증가하면 촉진확산의 속도가 증가한다.

삼투 용해된 물질(용질)과는 달리, 물은 세포막을 자유롭게 통과할 수 있다. 그러나 세포 내에 물이 너무 많으면 파열되고, 너무 적으면 붕괴된다. 그러므로 세포막을 중심으로 한 물의 이동은 조절이 잘 되어야 한다. 이 조절은 세포 안과 주변에 다양한 용질을 농축시킴으로써 가능해진다. 용질의 농도가 낮은 용액은 용질농도가 높은 용액에 비해 상당히 많은 양의 물을 갖고 있다.

수동수송 passive transport
물질이 고농도 지역에서 저농도 지역으로 운반하되, 에너지를 필요로 하지 않는 기전

단순확산 simple diffusion
수송단백질의 도움없이 물질이 세포막을 통과하는 수동수송기전.

평형 equilibrium
세포막을 중심으로 양쪽의 물질 농도가 같은 상태

촉진확산 facilitated diffusion
수송단백질의 도움으로 물질에 세포막을 통과하는 수동수송기전

그림 3.20 수동수송기전

단순확산, 촉진확산, 삼투와 같은 수동수송기전은 에너지(ATP)를 필요로 하지 않는다.

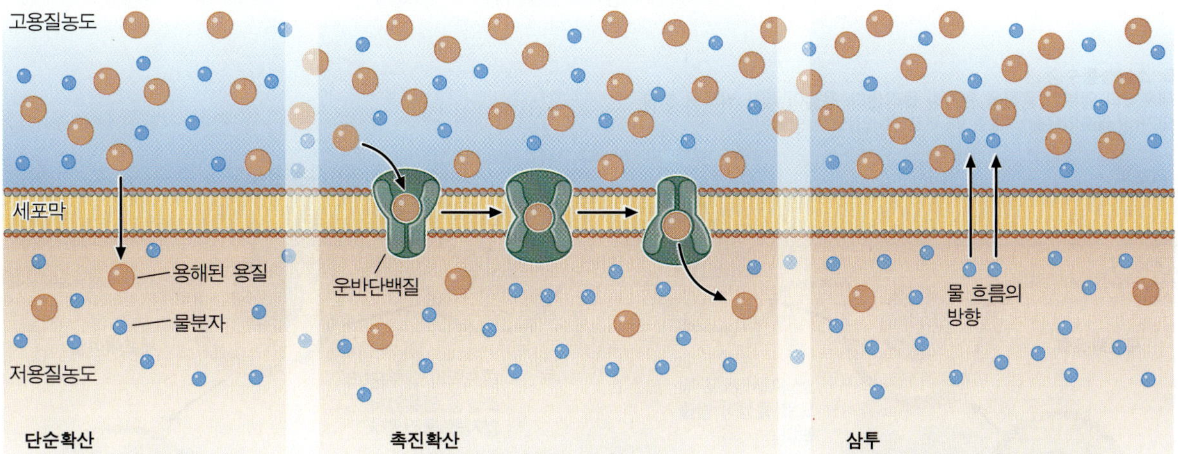

단순확산
고농도 쪽의 물질이서 저농도 쪽으로 세포막을 통과한다. 에너지가 필요없다.

촉진확산
수송단백질의 도움으로 물질이 세포막을 통과한다. 높은 농도 쪽의 물질이 낮은 쪽으로 이동하기 때문에 에너지가 필요없다.

삼투
물은 세포막을 자유롭게 통과한다. 물의 이동은 용질의 농도에 의해 결정된다. 용질의 농도가 낮은 쪽에서 용질의 농도가 높은 쪽으로 막을 중심으로 양쪽의 용질의 농도가 같아질 때 까지 삼투에 의해 물이 이동한다. 에너지가 필요없다.

그러므로 용질의 농도가 낮은 쪽에서 용질의 높은 농도쪽으로 평형에 도달할 때까지 물이 이동한다. 이 과정이 삼투이며, 세포막을 중심으로 물의 이동방향을 결정한다.

능동수송 기전 Active Transport Mechanisms

세포막을 통과하여 물질을 운반할 때 에너지(ATP)가 필요한 물질운반 과정이 능동수송 기전이다. 능동수송 기전의 예가 운반체매개 능동수송과 소낭(vesicular)능동수송이다(**그림 3.21**).

삼투 osmosis
용질의 농도가 낮은 쪽에서 농도가 높은 쪽으로 물이 이동하는 수동수송기전

운반체매개 능동수송
carrier-mediated active transport
물질이 저농도에서 고농도 쪽으로 물질이 운반되며, 에너지를 필요로 하는 기전

운반체매개 능동수송 일부 분자는 농도가 낮은 쪽에서 높은 쪽으로 세포막을 통과한다. 세포에서 역행하는 물질의 이동은 **운반체매개 능동수송**에 의해 이루어지며, 에너지(ATP)와 수송단백질의 도움이 필요하다. 능동수송 기전은 세포가 필요로 하는 최적 농도기울기를 회복 · 유지하게 한다.

그림 3.21 능동수송 기전

운반체매개능동수송과 소낭능동수송과 같은 능동수송기전은 에너지(ATP)를 필요로 한다.

A. 운반체매개능동수송
용질이 수송단백질의 도움을 받아서 세포막을 통과한다. 용질이 농도차 기울기에 역행하여 농도가 낮은 쪽에서 높은 쪽으로 이동하기 때문에 에너지가 필요하다.

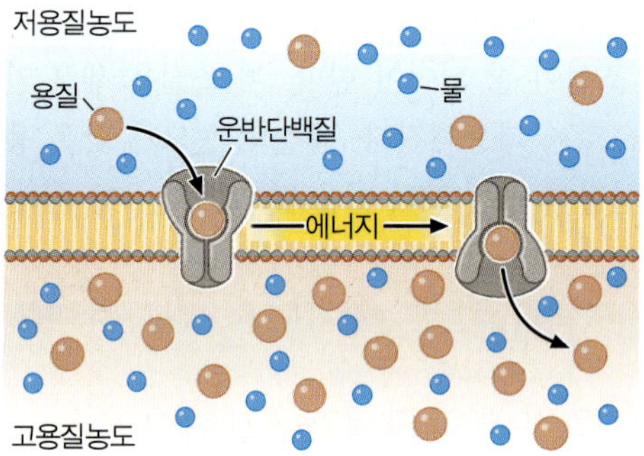

B. 소낭능동수송
세포막의 일부가 용질을 완전히 둘러싼다. 용질이 세포 밖으로 방출되거나(세포외유출), 세포 안(세포내이입)으로 방출된다.

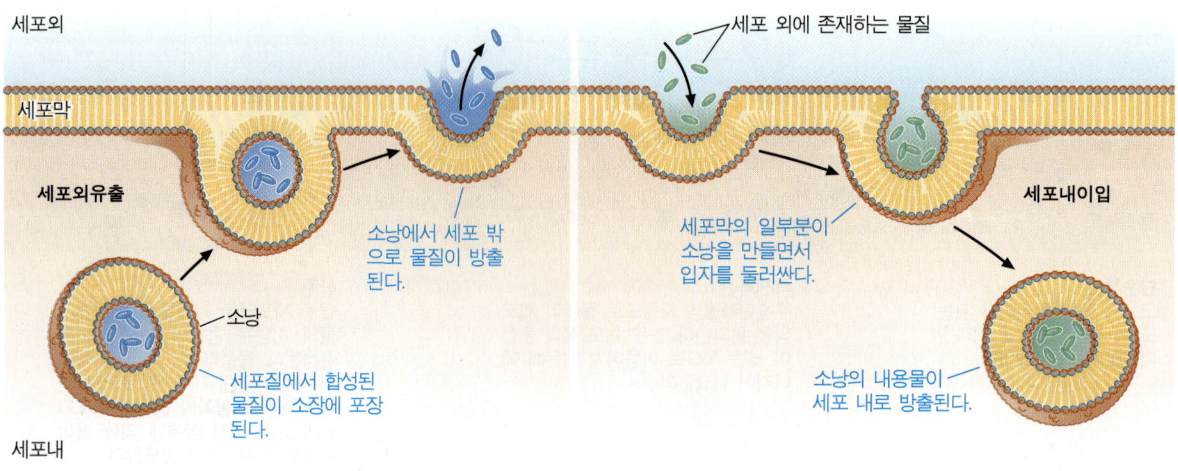

소낭능동수송 : 세포내이입(endocytosis)와 세포외유출(exocytosis) 수동 또는 운반체매개기전에 의해 세포막을 통과할 수 없는 분자는 **소낭능동수송**에 의해 세포 내외로 운반된다. **세포내이입**은 세포막의 일부분이 세포 바깥에 있는 입자를 둘러싸서 소낭이라고 하는 주머니를 만들어 그 물질을 둘러싼 다음에 소낭의 내용물이 세포 안으로 방출되도록 한다. 세포내이입을 이용하여 백혈구는 박테리아를 세포 내로 이동시켜서 파괴한다.

세포외 유출을 통해서 세포 내에서 만들어지는 많은 생성물(예 : 호르몬)은 소낭에 담겨 세포외액으로 방출된다. 소낭수송은 에너지(ATP)를 필요로 하며 따라서 능동수송 기전으로 분류된다.

세포 소기관
A Tour of Cell Organelles

세포의 활동은 **세포질**이라고 하는 젤과 같은 세포 내 바탕질(matrix)에 분포되어 있는 **소기관**이라는 세포내 구조물에 의해 생성물을 만들고, 물질을 운반하며, 노폐물을 처리한다. 모든 소기관은 각각의 특수한 기능을 맡고 있다.

생산, 수집, 분배 담당 소기관
Production, Receiving, and Distribution Organelles

미토콘드리아는 에너지를 내는 영양소(포도당, 지방산, 아미노산)를 세포가 사용할 수 있는 에너지 형태로 바꾸는 발전소와 같은 역할을 한다. 미토콘드리아는 내막과 외막을 갖고 있으며, 세포활동의 연료로 사용되는 고에너지 분자인 아데노신 삼인산(ATP)을 생산하는 역할을 한다.

핵은 유전물질인 DNA를 수용하고 있으며, 단백질 합성과 관련된 계획을 제공한다. DNA에 암호화된 정보는 핵에서 **리보솜**으로 전달되는데, 일부 리보솜은 **내형질세망**에 붙어 있어 단백질 합성을 위한 작업대 역할을 한다. 리보솜으로 인해 울퉁불퉁한 모양을 갖게되는 **내형질세망**은 **거친면 내형질세망**이다.

다른 내형질세망은 지질합성에 관여한다. 리보솜이 없는 내형질세망은 매끄러운 모양을 갖기 때문에 **평활 내형질세망**이라고 한다.

두 가지 종류의 내형질세망에 의해 만들어진 물질은 **골지체**로 보내져서 더 변화된다. 골지체는 단백질과 지질을 수정하여 완제품으로 만드는데, 일단 완성되면 이 물질들은 세포에서 사용되거나 소낭에 넣어져서 세포외유출에 의해 세포 밖으로 보내진다.

청소담당 소기관 Cleanup Organelle

리소솜은 세포 내의 낡은 구성요소를 분해하고 재생하는 데 필요한 물질을 갖고 있어서 세포 내에서 폐기물을 처리하는 기능을 한다. **페록시좀**은 아미노산, 지방산, 세포에 독이 되거나 해로운 물질을 분해하는 물질을 갖고 있다.

소낭능동수송
vesicular active transport
큰분자물이 소낭에 담아 세포 내외로 운반되며, 에너지를 필요로 하는 기전

세포내 이입 endocytosis
물질을 세포막이 둘러싸고 소낭을 형성한 다음, 세포질쪽으로 방출하는 소낭능동수송

세포외 유출 exocytosis
세포가 만든 생성물을 소낭에 담아서 그 내용물을 세포 바깥쪽으로 방출하는 소낭능동수송

소기관 organelle
세포 내에서 특수한 기능을 하는 구조

세포질 cytoplasm, cytosol
세포 내의 젤과 같은 바탕질. 그러나 세포 소기관의 바깥이다.

미토콘드리아 mitochondria
ATP를 생산하는 세포소기관

핵 nucleus
유전물질인 DNA를 수용하고 있는, 막으로 둘러싸인 소기관

리보솜 ribosome
단백질 합성과 관련된 세포소기관.

내형질세망(ER)
endoplasmic reticulum
세포 내에서 필요한 물질의 합성과 세포 밖으로 수송을 담당하는 소기관

거친면 내형질세망(RER)
rough endoplasmic reticulum
단백질을 합성하는 리보솜이 박혀 있는 소기관

평활 내형질세망(SER)
smooth endoplasmic reticulum
지질합성에 관여하는 소기관

골지체 Golgi apparatus
거대분자 및 여러 물질을 소낭에 담아두는 소기관

리소솜 lysosome
분자를 분해하는 효소를 갖고 있는 소기관

페록시좀 peroxisome
아미노산, 지방산, 독성물질을 분해하는 효소를 갖고 있는 소기관

필수개념 Essential Concepts

세포는 단백질 · 탄수화물 · 콜레스테롤이 박혀 있는 인지질 이중층으로 구성된 세포막으로 둘러싸여 있다. 세포막에 있는 단백질은 세포 내외로 물질을 수송하고, 다른 분자와 결합하는 수용기 역할을 하며, 세포와 세포 간의 의사소통을 가능하게 한다. 그리고 콜레스테롤은 세포막의 구조와 기능을 유지하도록 하며, 탄수화물은 세포가 상호작용이 가능하도록 안테나로서 기능을 한다.

세포막은 세포의 내외로 물질운반을 조절한다. 에너지를 필요로 하지 않는 수송기전은 수동수송체계이고, 에너지를 필요로 하는 수송기전은 능동수송체계이다. 수동수송체계에는 단순확산 · 촉진확산 · 삼투가 있다.

능동수송체계는 운반체매개 능동수송과 소낭능동수송이 있다. 소기관이라고 하는 구조는 세포 내 활동을 수행한다. 미토콘드리아는 에너지를 내는 영양소가 ATP로 전환되도록 하는 발전기 역할을 한다.

세포핵은 유전물질 DNA를 담고 있다. DNA에 암호화된 정보는 단백질 합성에 사용된다. 골지체는 세포가 만든 물질을 수정하여 최종 생성물을 만들어서 분배하며, 리소솜과 페록시좀은 세포로부터 낡거나 독성이 있는 물질을 제거한다.

조직, 기관, 기관계
Tissues, Organs, and Organ Systems

특수한 기능을 갖는 세포들끼리 모인 집단이 조직(tissue)이다. 인체에는 4종류의 조직이 40개의 기관을 구성하며, 나아가서 11개의 기관계를 구성한다.

조직 Tissues

인체에는 4종류의 조직이 있다. 즉, **그림 3.22**에 나타난 것처럼 ① 상피조직 ② 결합조직 ③ 근육조직 ④ 신경조직이 있다. **상피조직**은 체표면(피부)과 체강(body cavity)을 보호하는 보호대를 이루는 층이다. **결합조직**은 신체를 서로 연결시키는 접착제로 힘줄, 연골, 뼈의 일부분, 혈액이 결합조직에 속한다. **근육조직**의 전문적 역할은 운동이다.

골격근육조직의 운동은 수의조절(내 뜻대로 움직임이 가능한)을 받고, 민무늬근과 심장근육조직은 불수의조절(내뜻대로 움직임이 불가능)을 받는다. 민무늬근육 조직은 식도 · 위 · 소장과 같은 기관을 구성하며, 심장조직은 심장에서만 발견된다. 뇌, 척수, 신경은 **신경조직**을 구성하여 체내에서 정보전달의 중요한 역할을 한다.

조직 tissue
유사한 모양을 띠고 유사한 기능을 하는 특정한 종류의 세포들의 집합

상피조직 epithelia tissue
체표면, 기관, 관, 내부기관, 관, 강(cavities)의 표면층을 보호하는 조직

결합조직 connective tissue
신체구성물의 지지, 연결, 위치고정에 필요한 조직

근육조직 muscle tissue
운동을 담당하는 조직

신경조직 neural tissue
뉴런을 통해 정보전달을 담당하는 조직

그림 3.22 4가지 종류의 기본 조직

상피조직, 결합조직, 신경조직, 근육조직이 신체의 모든 기관을 구성한다.

상피조직

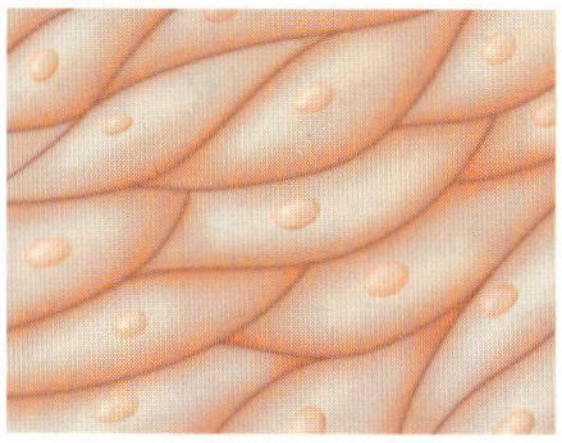

상피조직은 신체의 표면, 기관, 강(cavities)을 덮는다.

결합조직

결합조직은 신체의 각 부분을 제 위치에 고정시킴으로써 신체의 형태를 만든다.

신경조직

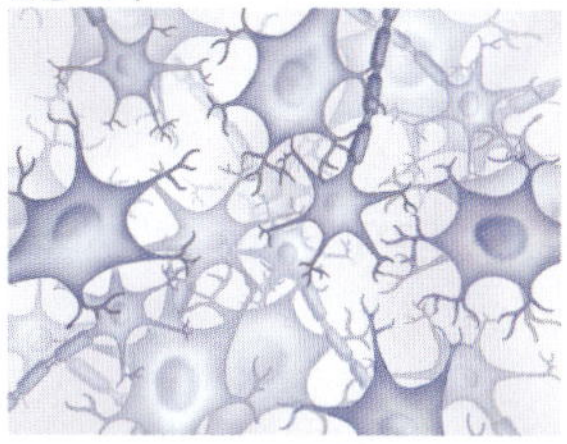

신경조직은 자극을 전달하고 반응하는 정보전달의 역할을 한다.

근육조직

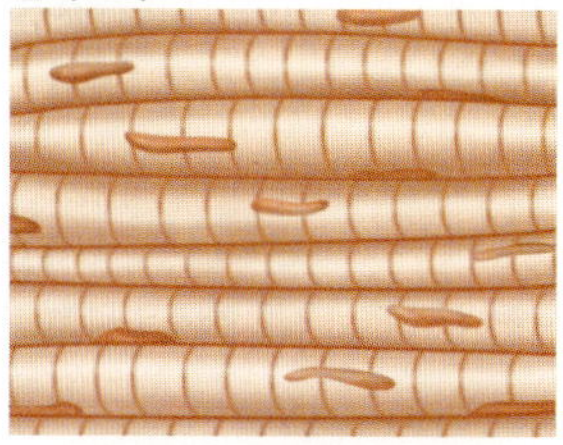

근육조직은 자극을 받았을 때 수축하고 짧아짐으로써 움직이는 데 중요한 역할을 한다.

기관과 기관계 Organs and Organ Systems

기관은 2종류 이상의 조직으로 구성되며, 여러 가지 관련된 일을 하기 위해 집단적으로 기능한다. 소장은 4종류의 조직으로 구성되어 있으며, 여러 가지 소화기능을 담당한다.

이들과 다른 조직들이 협동하여 소장이 운동하고(근육조직), 정보를 교환하며(신경조직), 영양소를 혈액으로 운반하기 위한 표피층(상피조직과 결합조직)을 구성하도록 한다. 결합조직의 제일 바깥층은 복강 내에서 소장을 고정시키는 역할을 한다.

여러 개의 기관은 **기관계**를 구성한다. 기관계에서 각 기관은 중요한 생리적 기능을 담당하는데, 인체에는 11개의 기관계가 있다. 주요 기관계와 기능을 표 3.1에 제시하였다. 기관계는 항상 변화하는 외부환경에도 불구하고 정보교환과 피드백 체계(feedback system)을 통해 안정된 내부환경을 유지한다. 신체가 안정된 내부환경을 유지하는 기전은 다양하고 복잡하다.

필수개념 Essential Concepts

인체에는 상피조직, 결합조직, 근육조직, 신경조직의 4종류의 조직이 있다. 상피조직은 체표면과 체강의 표면상피를 구성하는 보호층이다. 힘줄, 연골, 뼈의 일부분에 존재하는 결합조직은 신체를 서로 연결하는 역할을 한다.

뇌 · 척수 · 신경은 신경조직을 구성하고, 신체 내에서 일어나는 상호 정보전달 기능을 한다.

근육조직은 운동에서 중요한 역할을 담당한다. 기관은 2종류 이상의 조직으로 구성되며, 40여 개의 기관들이 11개의 기관계를 구성한다. 기관계는 정보교환과 피드백(feedback) 체계를 통해 안정된 내부환경을 유지한다.

기관 organ
통합된 기능을 하기 위한 조직의 집합체

기관계 organ system
관련된 기능을 하기 위한 기관의 집합체

표 3.1 기관계와 주요기능

기관계	주요기관과 구조	주요기능
피부계	피부, 모발, 손톱, 땀샘	병원체로부터 보호, 체온조절
골격계	뼈, 연골, 관절	신체를 지지하고 구성, 일부 뼈의 골수 혈액세포 생산, 일부 무기질의 저장고
근육계	평활근육, 심장근육, 골격근육	수의적 · 불수의적 신체운동, 신체의 자세와 형태유지
신경계	뇌, 척수, 신경, 감각수용기	정보의 해석 및 이에 따른 반응, 감각, 운동, 지적능력의 조절
내분비계	내분비샘	생식, 배고픔, 포만감, 혈당조절, 대사, 스트레스 반응과 같은 생리적 기능을 조절하는 호르몬 생산과 분비
호흡기계	폐, 코, 입, 목, 기관지	혈액과 대기의 기체교환, 혈액 산 – 염기평형(pH) 조절
순환기계	심장, 혈관, 혈액, 림프관, 림프절, 림프기관	영양소, 노폐물, 기체, 호르몬의 운반, 체온조절, 이물질의 제거, 면역기능
소화기계	입, 식도, 위, 소장, 대장	식품의 물리적 · 화학적 분해를 통해 혈액으로 흡수되거나흡수되지 않은 고형물의 제거
생식기계	생식샘, 생식기	생식기능, 성적 특성, 성기능, 성행동과 관련된 기능
비뇨기계	신장, 방광, 요관	혈액의 대사산물의 제거, 영양소 재흡수, 산 – 염기평형, 수분평형 조절
면역체계	백혈구, 림프관, 림프조직	박테리아, 바이러스 같은 이물질에 대한 방어

항상성 : 평형의 유지
Homeostasis : A Matter of Balance

피드백 체계(feedback system)를 통해 신체는 비교적 안정된 내부환경을 유지할 수 있다. 항상성으로 알려진 이 과정은 생리와 영양에서 중요한 개념이다. 항상성(homeostasis)을 깨뜨리는 질병은 건강에 치명적인 위험을 준다.

항상성 유지를 위한 신경계와 내분비계의 역할
The Role of Nervous and Endocrine Systems in Homeostasis

신체의 항상성은 신경계와 내분비계에 의해 조절된다. 신경계는 신경세포 간에 전기충격(electrical impulse)을 통해 정보를 주고받으며, 내분비계는 **호르몬**이라는 화학 전령(chemical messenger)을 통해 정보를 주고받는다. 뇌, 척수, 감각수용기, 신경으로 구성된 신경계는 변화를 감지하는 여러 종류의 감각기(sensor)를 통해 정보를 받는다. 감각수용기들은 온도변화를 감지하거나 확장 또는 긴장을 감지하면 통합하는 통제센터로 신호를 전달하고 근육이나 분비기관(효과기, effector)으로 신호를 보내 반응이 일어나도록 한다.

내분비계에서는 화학적 변화, 다른 호르몬, 신경계로부터의 신호와 같은 다양한 자극이 오면 분비기관 또는 세포에서 호르몬이 혈액으로 분비된다. 호르몬은 특정한 조직의 수용기와 결합함으로써 효과를 발휘하여 초기 자극에 대한 적절한 반응을 시작하도록 한다. 내분비계는 신경계보다 자극에 대한 반응이 느리다.

항상성 homeostasis
평형상태

호르몬 hormone
내분비샘에서 생산, 혈액으로 분비되어 신체의 다른 곳에서 반응을 자극하는 화학물질 내분비계는 자극에 대한 반응이 일어나는 데에 몇 초에서 몇 시간 정도 걸리나, 신경계는 즉각적으로 반응한다. 일반적으로 내분비계는 대사, 성장, 생식을 조절한다. 신경계와 내분비계는 변화에 대하여 반응하고 평형을 회복시키는 작용을 통해 내부환경을 지속적으로 관리한다.

음성 피드백과 양성 피드백 체계
Negative and Positive Feedback Systems

신체는 2종류의 피드백 체계, 즉 음성 피드백과 양성 피드백 체계가 있다. **음성 피드백 체계**는 내부환경변화에 대하여 평형을 회복하기 위한 상반된 반응으로 항상성을 유지하는 중요한 역할을 한다(**그림 3.23**).

음성 피드백의 예가 혈당조절이다. 탄수화물을 섭취하면 혈당이 상승(내부환경의 변화)한다. 그리고 췌장은 이 정보(자극)를 받아서 인슐린이라는 호르몬을 분비한다. 인슐린은 혈액 중의 포도당이 세포 내로 들어가는 것을 촉진하여 혈당이 감소하게 한다.

혈당의 감소(회복된 내부환경)는 췌장에 인슐린 분비를 중지하라는 신호를 보냄으로써 음성 피드백 회로가 완료된다. 만일 혈당이 너무 많이 감소하면 췌장은 혈당 수준을 증가시키는 작용을 하는 글루카곤을 분비하여 평형을 회복한다.

그림 3.23 음성 피드백 체계와 항상성

항상성이 교란되면 인체는 항상성을 회복하기 위한 반응을 보인다. 항상성이 회복되면 음성 피드백 체계는 신체가 초기 자극에 지속적으로 반응하는 것을 중단시킨다.

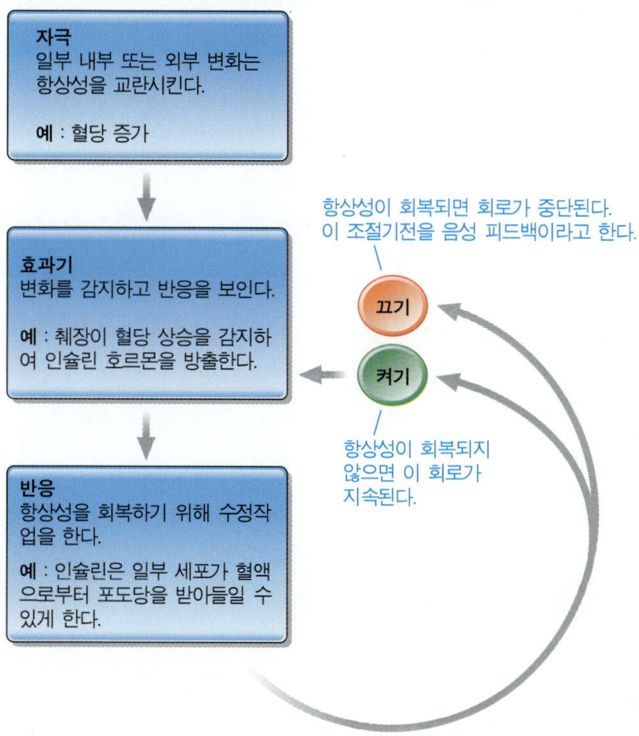

음성 피드백 체계
negative feedback system
체계를 정상으로 회복하게 하는 생리적 반응

양성 피드백 체계
positive feedback system
비정상적인 자극을 강화시켜서 체계를 더 불안정하게 하는 생리적 반응

음성 피드백 체계는 평형을 회복하지만 **양성 피드백 체계**는 변화된 환경을 더 강화한다. 양성 피드백 회로의 한 예로 체내에서는 드물지만 분만과정을 들 수 있다. 진통하는 동안 자궁이 수축되면 자궁경부가 늘어나고(자극), 옥시토신이라는 호르몬이 분비된다(반응). 옥시토신은 자궁(효과기)을 더 강하게 수축시켜서 자궁경부가 더 늘어나도록 한다.

이 양성 피드백 체계는 아기가 출산될 때까지 지속된다. 늘어난 자궁경부가 원래대로 돌아가면 옥시토신 방출이 감소되고, 이어서 자궁 수축을 중지시키면 피드백 회로가 완료된다.

필수개념 Essential Concepts

항상성의 개념은 중요한 적응기전이다. 항상성은 신체가 변화를 감지하고 효과기를 활성화시켜서 대응반응을 함으로써 유지된다. 항상성 조절 체계로는 신경계와 내분비계가 있다. 신경계는 신경세포 간의 전기적 충격을 통해 정보를 수용하고 전달하며, 내분비계는 호르몬이라는 혈액내 화학 전령을 통해 의사소통을 한다.

신경계와 내분비계는 변화에 반응하여 평형을 회복하도록 내적 환경을 지속적으로 감시한다. 신체에는 음성 피드백과 양성 피드백 체계의 2종류가 있다. 음성 피드백 체계는 변화에 대하여 반대쪽으로 반응을 보여서 내부환경을 회복하도록 하는 교정반응이고, 양성 피드백 체계는 변화된 환경을 더 강화한다.

연습 문제 Review Questions

1. 다음 원자를 구성하는 입자 중 원자핵에는 없는 것은?
a. 양성자 b. 전자 c. 중성자

2. 원자의 원자가껍질각은 ________을(를) 포함할 때 완전하다.
a. 팔전자계
b. 팔양성자계
c. 4개의 중성자와 4개의 양성자
d. 4개의 양이온과 4개의 음이온

3. 포도당의 분자식은 $C_6H_{12}O_6$이다. 이는 포도당이 ________을 의미한다.
a. 3종류의 원자로 구성되어 있음.
b. 6개의 탄소, 12개의 수소, 6개의 산소로 구성되어 있음.
c. 분자의 정의에 적합함.
d. 위 모두 정답임.

4. 화합물이 완전산화되었을 때, ________.
a. 전자수가 증가한다.
b. 전자의 손실이 있다.
c. 양성자와 중성자의 수가 증가한다.
d. 산소원자의 수가 감소한다.

5. 이온결합은 ________간의 결합이다.
a. 반대전하를 갖는 원자들
b. 같은전하를 갖는 원자들
c. 용질과 용매
d. 2개의 수소원자

6. 다음 설명 중 옳은 것은?
a. 수소결합은 원자 간에 양성자가 동등하게 공유될 때에 형성된다.
b. 공유결합은 원자가 원자가 껍질을 완전하게 하기 위해 전자를 공유할 때에 형성된다.
c. 극성공유결합에서는 원자핵을 중심으로 같은 방향으로 전자가 회전한다.
d. 위의 설명은 모두 정답이다.

7. pH 2 용액은?
a. 알칼리이다. b. 중성이다.
c. 산성이다. d. 이온이다.

8. pH의 변화를 억제하는 화합물은?
a. 용질 b. 용매
c. 완충제 d. 이온

9. 축합반응은?
a. 산을 중화시킨다.
b. 단위체 간의 공유결합 형성을 필요로 한다.
c. 중합체에서 공유결합의 분해를 필요로 한다.
d. 이온화합물을 용해한다.

10. 세포막은 ________의 이중층으로 구성된다.
a. 단백질 b. 탄수화물
c. 인지질 d. 핵산

11. 산화와 환원을 정의하라. 왜 환원될 때에 원자가 더 음전하를 띠게 되는가?

12. 이온결합과 공유결합은 어떻게 다른가? 이 화학결합들이 어떻게 형성되는가?

13. 무극성과 극성 공유결합의 차이는?

14. 이온화합물이 물에 녹을 때에 용액이 된다. 이 때 어느 것이 용질이고 어느 것이 용매인가?

15. 산과 염기의 정의를 내리라. 산과 염기는 물에서 어떻게 반응하는가?

16. 다음 수송기전이 어떻게 물질이 세포막을 통과하도록 하는지를 설명하라.
a. 단순확산
b. 촉진확산
c. 삼투
d. 운반체매개 능동수송
e. 소낭능동수송

17. 음성 피드백 체계가 어떻게 항상성을 유지하도록 하는가를 설명하라.

Chapter 4

Nutritional Physiology: Digestion, Absorption, Circulation, and Excretion

영양생리학 : 소화, 흡수, 순환, 배설

Chapter 4

- 소화기관의 개요
- 소화
- 위 식도 역류와 소화성 궤양
- 영양소 흡수와 순환
- 대장의 기능
- Probiotic과 Prebiotic 식품
- 신체에서의 영양소와 체액의 순환
- 대사 노폐물의 배설

음식물은 생명을 유지하는 데 필요한 본질적인 구성요소이다. 영양분이 없으면 세포(cells)–모든 살아 있는 기관의 기본 단위체–는 죽게 된다. 인체는 세포의 영양적 요구량을 충족시키기 위해 다양한 음식에서 영양소를 얻는다.

이러한 과정의 첫 번째 단계에서 위장관을 따라 이동되는 음식물은 흡수에 알맞도록 물리 · 화학적 변화를 겪는다. 일단 흡수되면, 이 영양소는 혈관계를 구성하는 동맥과 정맥 조직을 통해서 순환한다. 세포로 흡수된 영양소는 일련의 화학작용을 일으킨 후에 대사과정을 거치게 되고, 이때 생산된 대사산물들은 주로 신장 · 폐 · 피부 등으로 배설된다. 이러한 활동들을 최적의 상태에서 일어나도록 하기 위해서는 내분비계와 신경계가 지속적인 소통을 유지해야 한다.

이 장에서는 우리가 음식을 먹을 때마다 발생하는 생리적인 현상과 우리 신체를 유지하기 위하여 요구되는 복잡하고 다양한 현상의 응용에 대하여 서술하고자 한다.

소화기관의 개요
Overview of the Digestive System

위장관 gastrointestinal(GI) tract
또한 소화관이라고도 하는데, 입에서 항문까지 이어진 관으로 소화과정에 관여하는 기관들을 포함한다.

소화기관은 소화관과 부속조직으로 구성된다. 소화관은 흔히 위장관(gastrointestinal(GI) tract) 또는 소화관(alimentary tract)으로 알려져 있는데, 입에서 항문에 이르는 속이 빈 관으로 생각할 수 있다(그림 **4.1**). 위장관을 구성하는 조직은 구강(입과 인두), 식도, 위, 소장, 대장 등이 있다.

그림 4.1 소화기관의 조직

소화기계는 위장관과 부속기관으로 구성된다.

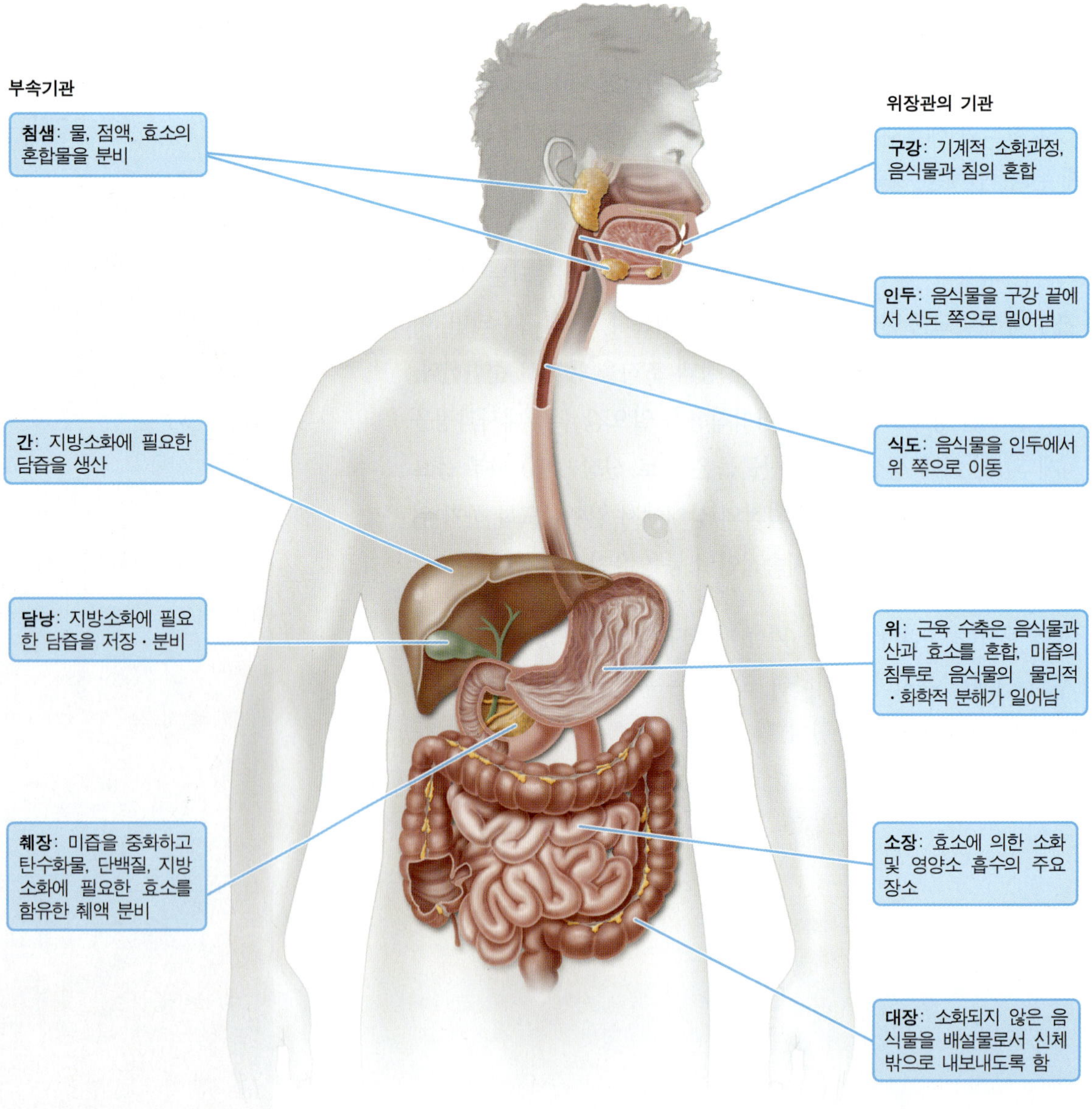

부속조직은 소화에 관여하지만 위장관의 일부는 아니며 타액선 · 췌장 · 담도계(biliary system, 간과 담낭) 등을 포함하는데, 소화과정에 필요한 분비물을 관강(lumen)으로 분비시킨다. 위장관과 부속조직은 함께 다음과 같은 중요한 기능을 수행한다.

(1) 소화 (digestion) : 음식물의 물리 · 화학적 분해
(2) 흡수 (absorption) : 소화관에서 혈액 또는 림프순환계로의 영양소 이동
(3) 배설 (elimination) : 고체폐기물(대변)이 형성되고, 몸에서 배출되는 과정

음식물의 소비(섭취)와 고체폐기물의 배설 사이에 걸리는 시간을 통과시간(transit time)이라고 하는데, 음식물이 입에서 항문까지 통과하는 데 대략 24시간에서 72시간이 걸린다. 식이 구성성분, 병, 약물, 신체활동, 감정과 같은 요소들이 통과시간에 영향을 미친다.

괄약근(sphincters)이라고 불리는 평활근(smooth muscle)은 한 조직에서 다음 조직으로 관강 내용물의 흐름을 조절하는 판(valves)과 같은 역할을 한다(**그림 4.2**). 위장관에는 해부학상의 위치에 따라 이름 지어진 괄약근들이 있다.

위장관의 구성 Organization of the GI Tract

위장관은 네 개의 주요 조직층으로 구성되어 있다.—점막층, 점막하층, 근층, 장막층—각각의 조직층은 분비물의 생성 · 운동 · 소화 · 보호에 관여함으로써 위장관의 전반적인 기능에 도움을 준다.

그림 4.2 괄약근

괄약근은 위장관을 따라 물질이 흐르는 것을 조절하는 기관들 사이에 위치한 근육이다.

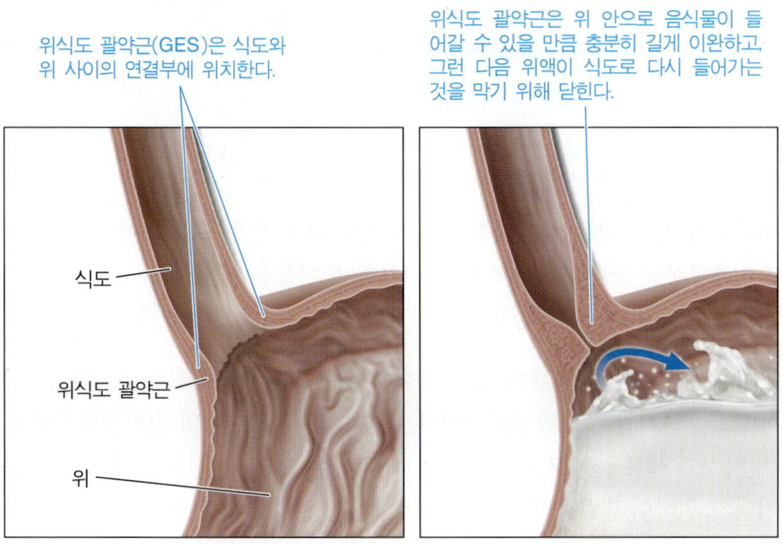

관강 lumen
체내 텅 빈 관구조물

소화 digestion
소화기계에서 음식물을 물리적 · 화학적으로 분해하여 영양분이 흡수될 수 있는 형태로 변환한다.

흡수 absorption
위장관의 내층에서 혈액과 림프 순환을 통한 영양소의 이동

배설 elimination
고체 폐기물이 형성되고 몸 밖으로 내보내는 과정

괄약근 sphincters
위장관에 있는 조직 사이사이에 있으면서 내용물의 흐름을 조절하는 근육

점막층 mucosa
소화관의 최저 내층으로 상피세포로 이루어지며, 효소 · 호르몬 · 점액과 같이 소화에 필요한 분비물을 생성 및 분비

그림 4.3 위장관에 있는 네 가지 조직층

위장관은 4개의 층으로 이루어진다 : 점막층, 점막하층, 근층, 장막층.

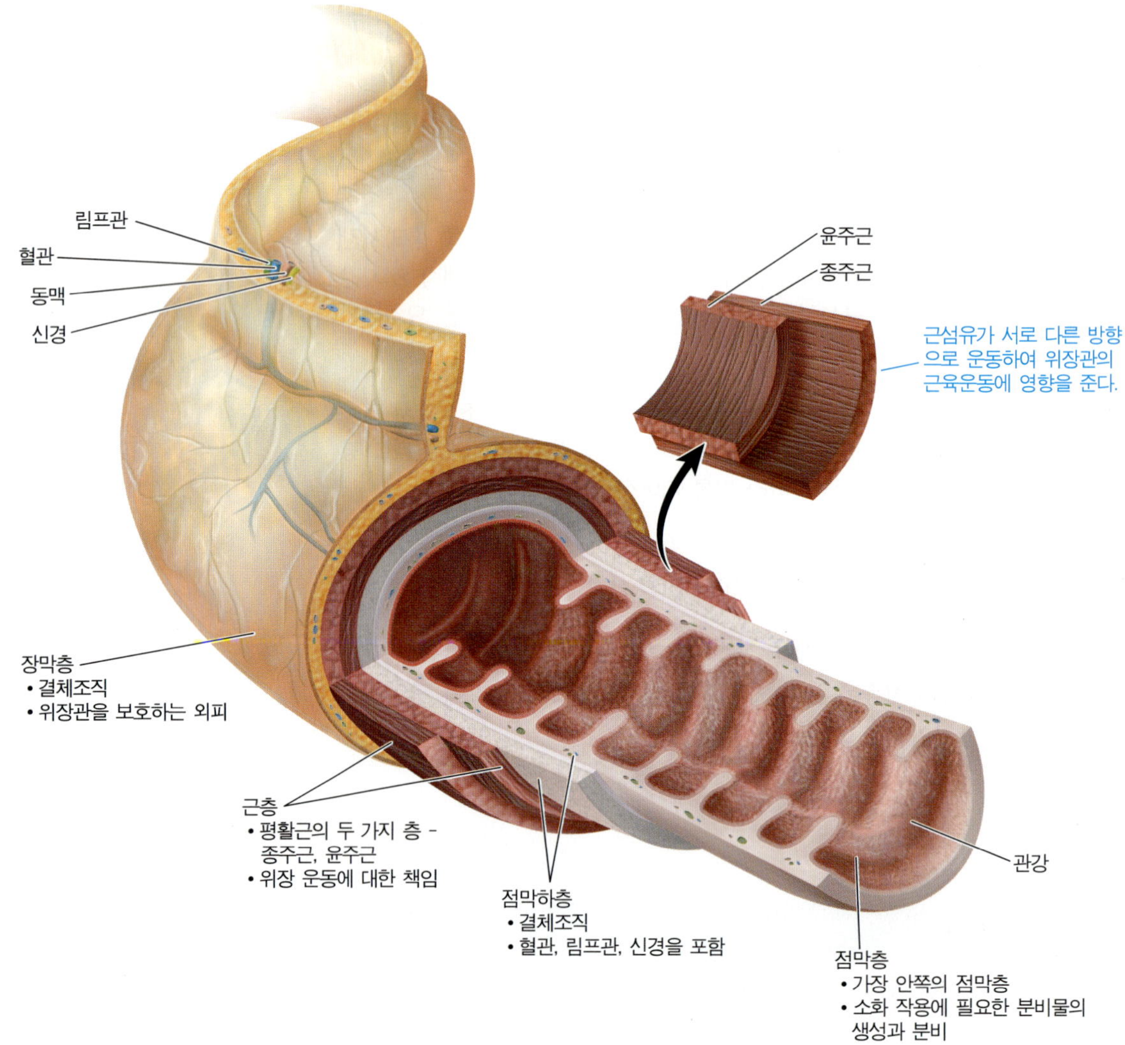

점막층 The Mucosa

위장관의 가장 내층인 **점막층**은 주로 상피세포(점막세포)로 이루어져 있고, 효소 · 호르몬 · 점액과 같이 소화에 필요한 분비물을 생성한다. 소화기관은 총괄적으로 위액 또는 소화액과 같은 다양한 소화분비물을 생산하고 분비한다.

상피세포는 위장관 내부의 강한 소화분비물에 계속적으로 노출되어 있기 때문에, 그 수명기간은 대략 2~5일이다. 점막상피세포가 마멸되면 점막상피세포가 벗겨지고 새로운 세포로 교체된다. 점막층은 이와 같은 높은 세포 교체율을 유지하기 위하여 많은 영양소를 필요로 한다. 영양소의 결핍은 점막층을 유지하는 능력이나 소화와 영양소 흡수율 등에 큰 영향을 미칠 수 있다.

위액, 소화액
GI secretions, digestive juices
소화과정을 순조롭게 하며, 소화기관을 구성하는 조직에서 분비되는 물질

점막하층 The Submucosa

점막층을 둘러싸고 있는 결체조직층을 **점막하층**이라고 한다. 점막하층에는 혈관과 림프관이 분포되어 있는데, 이는 점막층과 **근층**이라고 불리는 다음 외층에 영양분을 공급한다.

또한 점막하신경총(submucosal plexus)이라고 하는 신경망이 분포되어 있는데, 이는 점막내층을 구성하는 세포로부터 위장액의 분비를 조절한다.

근층 The Muscularis

위장관의 점막하층 다음에 있는 층이 **근층**이다. 근층은 일반적으로 두 가지 평활근(smooth muscle)으로 이루어져 있는데, 외층의 종주근(longitudinal muscle)과 내층의 윤주근(circular muscle)이 그것이다.

이들 두 근층 사이에는 근육의 수축 · 이완을 조절하는 신경망인 근층간 신경총(myenteric plexus)이 존재한다. 근층의 수축 · 이완은 음식물과 소화분비물의 혼합을 촉진하며, 음식물이 위장관을 따라 이동하게 한다.

장막층 The serosa

위장관을 둘러싼 결체조직층의 가장 바깥은 **장막층**이다. 장막층의 분비물은 소화기관이 또 다른 기관과 접착되지 않도록 소화기관을 매끄럽게 한다. 또한 대부분의 위장관은 장막과 연결된 장간막(mesentery)에 의해 복강 안에 고정되어 있다.

위장운동과 위액 분비
Gastrointestinal Motility and Secretions

위장운동은 위장관 근층의 수축에 의한 물질의 혼합과 추진이다. 이러한 강한 운동은 근층에 있는 윤주근과 종주근의 수축 · 이완에서 일어난다.

위장관 운동은 두 가지 종류가 있다. **분절운동**은 혼합 운동으로 소장의 윤주근이 음식물을 앞뒤로 움직이게 할 때에 발생한다. 이러한 혼합 운동은 음식물과 소화분비물의 접촉을 용의하게 한다. 그 반면, **연동운동**은 추진 운동에 속하는데, 음식물을 위장관의 전체를 따라 밀어내어 음식물은 앞으로 밀려난다.

위액(또는 소화액)은 소화와 위장관의 보호에 중요하며, 물 · 산 · 전해질 · 점액 · 염분 · 효소 · 중탄산염과 그 밖의 다른 물질들을 포함한다. 예를 들어, **점액**은 점막내층을 매끄럽게 하는 보호막을 형성한다. **소화 효소**는 음식물에 물을 가하여 음식물의 화학적 결합을 끊어지게 하는 화학적 반응을 용이하게 하는 생물학적 촉매이다.

결과적으로 전분과 단백질 같은 고분자는 소분자로 분해된다. 소화 분비물을 분비하는 기관에는 침샘 · 위 · 췌장 · 담낭 · 소장 · 대장이 속하는데, 대부분이 수분인 약 7리터의 소화 분비물이 매일 위장관의 내강으로 분비된다.

점막하층 submucosa
점막층과 근층 사이에 위치한 조직층

근층 muscularis
적어도 두 층의 평활근으로 구성된 위장관 안에 위치한 조직층

림프 lymph
조직액에서 나온 체액으로 채워져 있는데, 체액을 체조직과 떨어져서 운송하고 지방의 순환을 돕는다.

장막층 serosa
위장관을 둘러싼 결체조직

위장운동 GI motility
위장관의 혼합 · 추진운동은 근층의 수축 · 이완을 발생시킨다.

분절운동 segmentation
위장관 물질을 앞뒤로 이동하는 위장관의 근육운동

연동운동 peristalsis
위장관에서 물질이 앞쪽으로 이동하게 하는 근육운동

점액 mucus
점막을 덮어서 보호하는 물질

소화 효소 Digestive enzymes
물을 가하여 음식물의 화학적 결합을 끊는(가수분해) 화학반응을 용의하게 하는 생물학적 촉매이며, 그 결과로써 고분자를 저분자로 분해한다.

그림 4.4 분절운동과 연동운동

분절운동은 음식물이 혼합되도록 하고 연동운동은 음식물이 위장관을 통해서 이동되도록 한다.

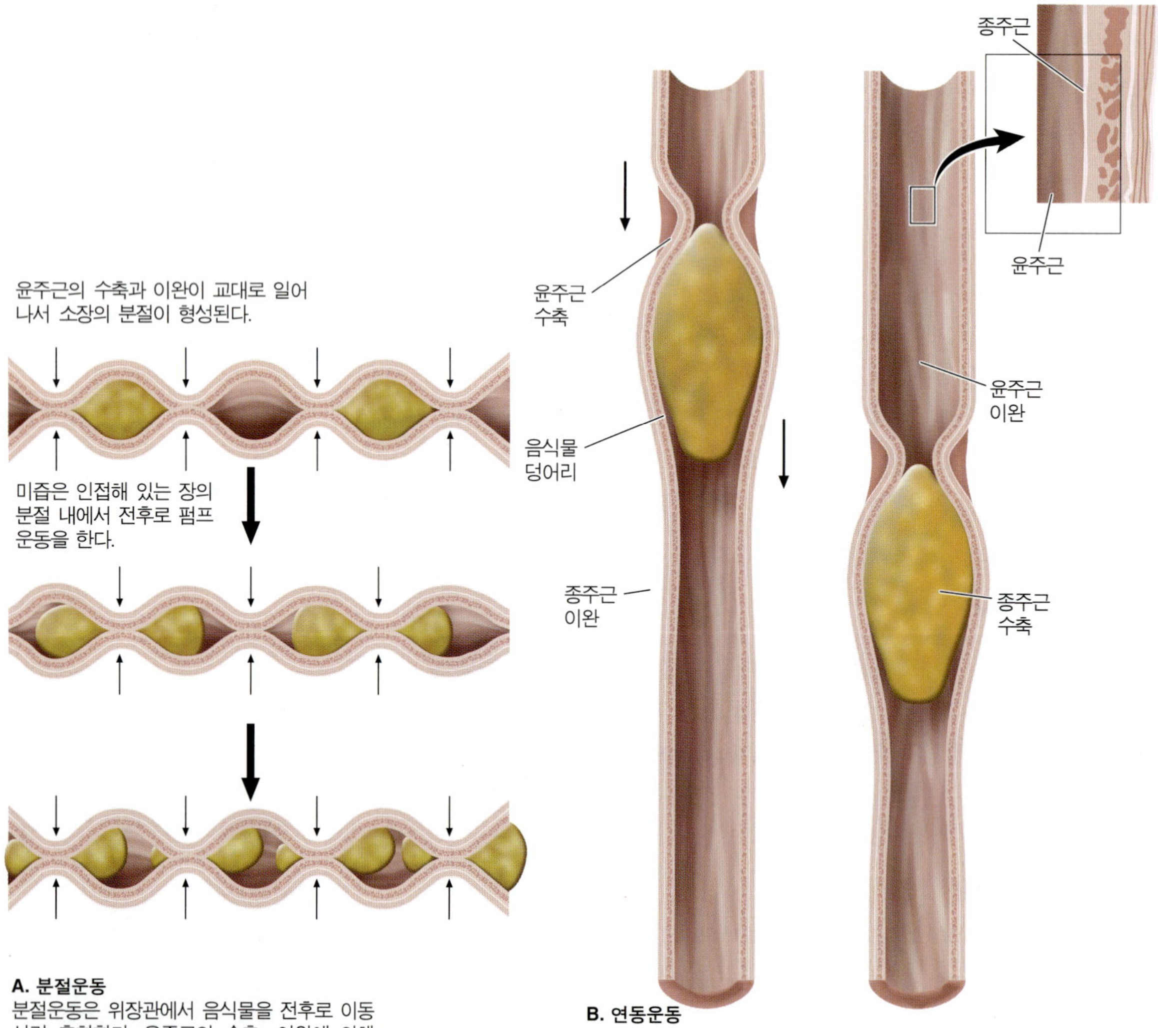

A. 분절운동
분절운동은 위장관에서 음식물을 전후로 이동시켜 혼합한다. 윤주근의 수축 · 이완에 의해 '저작' 운동이 일어난다.

B. 연동운동
연동운동은 일련의 율동적인 파도의 움직임과 같은 윤주근과 종주근을 포함한 근육의 수축 · 이완이다.

위장 운동과 위액 분비의 조절
Regulation of Gastrointestinal Motility and Secretions

위장 운동과 위액의 분비는 신경신호와 호르몬 신호에 의해 세밀하게 조절되는데, 세 개의 조절관리 시스템이 있다.

장 신경계 enteric nervous system
소화관의 점막하층과 근층에 위치한 신경

화학수용기 Chemoreceptors
화학적 자극에 반응하는 감각 수용기.

기계적 수용기 mechanoreceptors
압력, 확장 또는 기계적 자극에 반응하는 감각 수용기

장 신경계 The Enteric Nervous System

위장관에는 국부신경계인 **장 신경계**가 있다. 장 신경계는 위장관 안에 위치한 두 개의 감각수용기로부터 각각 소화 작용과 관련된 변화를 감지한다. **화학수용기**는 관강 내의 화학적 성질의 변화를 감지한다. 그 반면, **기계적 수용기**는

표 4.1 위장관과 부속기관에서 생성 · 분비되는 주요 분비물과 그 기능

분비물	분비조직	기능
점액	위장관의 점막세포	• 위장관 보호 • 음식물을 촉촉하게 적심. • 식괴 형성을 도움.
침	침샘	• 맛을 음미하는 것을 용의하게 함. • 연하작용을 도움. • 효소를 통한 영양소의 화학적 분해
효소	침샘, 위, 소장, 췌장	• 영양소의 화학적 분해
호르몬	위의 G세포와 소장의 내분비세포	• 위장 운동의 조절, 위액 분비 조절
담즙	간에서 생성되어 담낭에서 저장 · 분비	• 지방구를 물에서 분산시킴.
췌장액 (중탄산염과 효소 포함)	췌장	• 미즙을 중화 • 영양소를 화학적으로 분해할 때 필요한 효소 제공
위액 (염산,효소, 물, 내인인자 포함)	위의 외분비세포 (점액분비세포, 벽세포, 주세포)	• 음식물을 화학적으로 분해할 때 필요한 효소 제공 • 염산은 미즙을 형성하고, 효소를 활성화시키는 데 필요 • 내인 인자는 비타민 B_{12} 흡수에 필요

위장관 벽이 확장되거나 팽창됨을 감지한다. 위장관에 음식물이 있으면 화학수용기와 기계적 수용기 모두 자극될 수 있다. 감각수용기에서 받은 정보는 다양한 종류의 근육과 내분비선(glands)에 전달되는데, 연동운동의 증가와 소화액 분비와 같이 음식물의 소화를 도와주는 적절한 반응이 나타난다.

중추신경계 The Central Nervous System

장 신경계는 국부적인 수준에서 소화기능을 제어한다. 그러나 위장관은 **중추신경계**와 연결된다. 중추신경계는 위장관에서 온 감각기관의 자극을 수용하고, 반응하는 뇌와 척수로 이루어져 있다.

중추신경계를 비롯하여 장 신경계에 연결된 신경망은 위장관과 뇌 사이의 밀접한 소통을 유지시킨다. 예를 들어, 음식물에 대한 시각 · 후각 · 생각은 위장 운동과 위액 분비를 자극할 수 있고, 공포 · 슬픔 · 분노 · 불안 · 우울과 같은 감정적 요인은 속이 불편함과 같은 위장 장애를 일으킬 수 있다.

장 내분비계 The Enteric Endocrine System

위장관에는 소화과정의 정보전달에 중요한 역할을 하는 호르몬을 생산하는 **장 내분비계**가 있다. 장 호르몬은 위장관 내의 물리 · 화학적 변화에 반응하여 혈액으로 분비되고, 이 호르몬은 조직에 전달되어 음식물이 장에 도착하였음을 알려 준다.

중추신경계 central nervous system
신경계의 일부로 뇌와 척수로 구성된다.

장 내분비계
enteric endocrine system
위장 운동과 위액 분비를 조절하는 호르몬을 분비한다.

신경신호와 같은 호르몬은 음식물의 위장관을 통한 이동률(위장 운동)과 위액의 분비에 영향을 미친다. 중요한 장 호르몬으로는 가스트린, 세크레틴, 콜레시스토키닌, 위 억제 단백질(gastric inhibitory protein) 등이 있다.

필수개념 *Essential Concepts*

위장관과 부속기관을 구성하는 소화기계는 소화에 필요한 다양한 분비물을 분비한다. 소화기관의 세 가지 기능은 음식물의 물리 · 화학적 분해(소화), 영양소의 소화관에서 혈액 또는 림프 순환계로의 이동, 그리고 소화되지 않은 음식물 찌꺼기의 배설 등이다.

위장관은 네 개의 층으로 되어 있는데, 위장 운동과 위액 분비를 수행한다. 소화에 필요한 중요한 분비물은 물, 산, 전해질, 점액, 염분, 중탄산염, 효소가 포함되어 있다. 분절운동 또는 연동운동이라 불리는 근육 수축은 소화관에서 음식물을 혼합하고 이동시킨다. 그 반면, 괄약근은 음식물의 이동을 조절한다. 위장 운동과 위액 분비는 장 신경계, 중추신경계, 장 내분비계에 의해 조절된다.

소화
Digestion

음식물의 섭취는 긴 소화과정의 시작이다. 음식물은 위장관에서 24~72시간 내내 상당한 물리 · 화학적 변환을 겪는다. 소화와 영양소 흡수가 가장 효율적으로 일어나려면, 강렬한 위장 운동과 소화액의 분비가 동시에 일어나야 한다. 소화는 뇌상, 위상, 장상으로 구분된다.

뇌상의 소화는 음식물이 입으로 들어오기 전에 시작된다. 이 단계 동안, 음식물에 대한 생각 · 후각 · 시각은 중추신경계를 자극하여 위장 운동과 소화액의 분비를 자극한다. 이 반응은 'wake-up' 신호로서 위장관이 음식물을 받고 소화시킬 준비를 시키는 것이다. 위상(gastric phase)의 소화는 음식물이 위에 도달하면 시작된다. 이 단계 동안, 소화액의 분비와 위장 운동은 더욱 활발해진다.

음식물이 소장에 도달할 때, 상당한 물리 · 화학적 변화가 일어난다. 동시에 소장의 호르몬 신호에 의하여 위의 소화액 분비와 소화운동은 저하되어 소장 안으로 음식물을 방출하는 속도가 느려지게 된다. 이는 소화의 마지막 단계인 장상(intestinal phase)이 진행 중임을 의미한다.

뇌상 cephalic phase
음식물이 위장관으로 들어오기 전에 발생하는 후각, 시각, 미각과 같은 감각을 자극하는 중추신경계의 반응으로 위장 운동과 위액 분비를 증가시키는 특징을 가진다.

위상 gastric phase
음식물이 위에 도달하면 자극되고, 위장 운동과 위액의 분비는 증가되는 소화 단계이다.

장상 intestinal phase
미즙이 소장으로 들어오면 위장 운동과 위액의 분비가 감소되는 특징을 보이는 소화 단계이다.

저작 mastication
음식물을 삼키기 위한 준비로 치아로 으깨거나 씹는 행위

침 saliva
침샘에서 분비되는 분비물; 음식물을 촉촉하게 적시고 소화작용을 시작하는 역할을 한다.

구강과 식도 The Oral Cavity and the Esophagus

뇌상은 위장관이 음식물을 받아들이고 소화하기 위해 준비되어 있지만, 사실상의 소화는 **저작**운동에서 시작된다. 치아로 강하게 씹어 으깨는 저작은 음식물을 작은 조각으로 분해한다.

입 안에 음식물이 있으면 침샘이 자극되어 하루에 1.1리터의 **침**이 분비되는데, 레몬과 같은 신맛의 음식물은 침의 분비를 좀 더 자극한다. 음식물이 분해되면서 침과 섞이게 되고, 축축해지면서 삼키기 좋게 된다.

침은 물 · 점액 · 소화 효소 · 항균 물질로 이루어져 있으며, 맛을 느끼는 데에도 중요한 요소이다. 이는 음식물이 미뢰(味蕾)에 감지되려면 먼저 용해되어야 하기 때문이다. 미뢰는 혀에 위치해 짠맛, 신맛, 단맛, 쓴맛의 네 가지 맛을 볼 수 있다.

음식물이 섭취되면 미각 세포와 후각 세포가 신경신호를 뇌로 보낸다. 이들 신호는 우리가 음식물에서 즐기는 수천 가지의 다양한 맛을 뇌에서 구별할 수 있게 한다. 특히 후각 세포는 우리가 음식물을 맛보는 능력에 상당한 영향을 미치는데, 약 80% 정도의 맛을 느끼게 한다. 이것이 우리가 감기에 걸려서 냄새를 맡는 데 이상이 생기면 음식물이 무미하게 느껴지는 중요한 이유이다.

대부분 근육으로 이루어진 혀는 씹고 삼키는 일을 돕는다. 우리가 음식물을 삼키려고 준비하면 혀는 **식괴**라고 부르는 부드럽고 축축한 음식 덩어리를 인두라고 부르는 입의 뒷부분으로 넘긴다**(그림 4.5)**. 이 삼키는 단계는 수의적인 통제에 따르지만, 식괴가 인두에 닿게 되면 불수의적 연하 단계가 시작된다. 이 불수의적 단계에서 연구개가 떠올라 비강으로 들어가는 입구를 막게 되는데 이는, 식괴가 정확한 경로인 식도로 들어가도록 돕는다.

연구개가 후두(성대)를 위로 밀어 올림으로써 공기가 폐로 통하게 해주는 기관(氣管)을 **후두개(epiglottis)**가 덮는다. 일단 식괴가 이 위험한 교차로를 지나면 근육이 이완되고, 다음의 연하작용을 준비한다.

골격근이나 신경계에 영향을 미치는 장애, 즉 파킨슨병이나 뇌졸증은 이 삼키는 능력에 영향을 미칠 수 있다. 삼키는 일이 곤란해지는 것을 연하곤란이라고 한다. 이런 종류의 장애 이외에도 입천장이 찢어지거나 입술이 찢어지는 것과 같은 해부학적 비정상은 구강과 비강에 연하곤란을 일으킬 수 있다.

식괴는 후두개를 지나 근육으로 이루어진 좁은 관인 **식도**로 들어가서 위까지 이르게 된다. 식도는 매끄럽고 얇은 점액층으로 보호되어 있어서 음식물이 지나가는 통로로 작용한다. 연동 작용은 음식물이 위로 들어가도록 하고, 그 곳에서는 위장관에 있는 몇몇 괄약근 중에서 첫 번째 괄약근인 **위식도 괄약근**을 만난다. 위의 내용물이 다시 식도로 돌아가는 것을 막기 위해 위식도 괄약근(GES)은 수축된 상태를 유지한다. 그러나 식괴가 위에 가까워지면 신경 신호가 위식도 괄약근을 길게 이완시켜서 식괴가 위로 들어갈 수 있도록 해준다. 인두에서 위까지 이르는 식괴의 전체적인 이동은 약 6~10초가 걸린다.

위 The Stomach

위는 위저부(fundus), 위체부(body), 전정부(antrum)의 세 가지 영역으로 구분한다**(그림 4.6)**. 위저부는 위의 상부로 식도까지를 말한다. 위의 가운데를 위체부라고 하며, 위의 하부는 유문 또는 전정부라고 한다. 전정부의 끝에 위치한 **유문괄약근**은 위에서 **십이지장**으로 음식물의 이동을 조절한다.

특히 위는 다음과 같은 세 가지 중요한 기능을 수행한다 : ① 음식물의 일시적인 저장 ② 소화에 필요한 위액의 생산 ③ 위액과 음식물의 혼합.

음식물이 위를 떠날 때에 식괴는 **미즙**이라고 하는 반 액체 형태로 변환된다.

식괴 bolus
씹은 음식물의 부드럽고 둥근 덩어리

식도 esophagus
인두에서 시작해 위에서 끝나는 통로

위식도 괄약근(GES)
gastroesophageal sphincter
식도와 위 사이를 통과하는 음식의 흐름을 조정하는 근육 ; 하부식도 괄약근이나 분문(噴門)괄약근이라고도 한다.

유문괄약근 pyloric sphincter
위와 십이지장 사이에서 음식물의 흐름을 조절하는 근육

십이지장 duodenum
소장의 첫 부분

그림 4.5 연동 단계

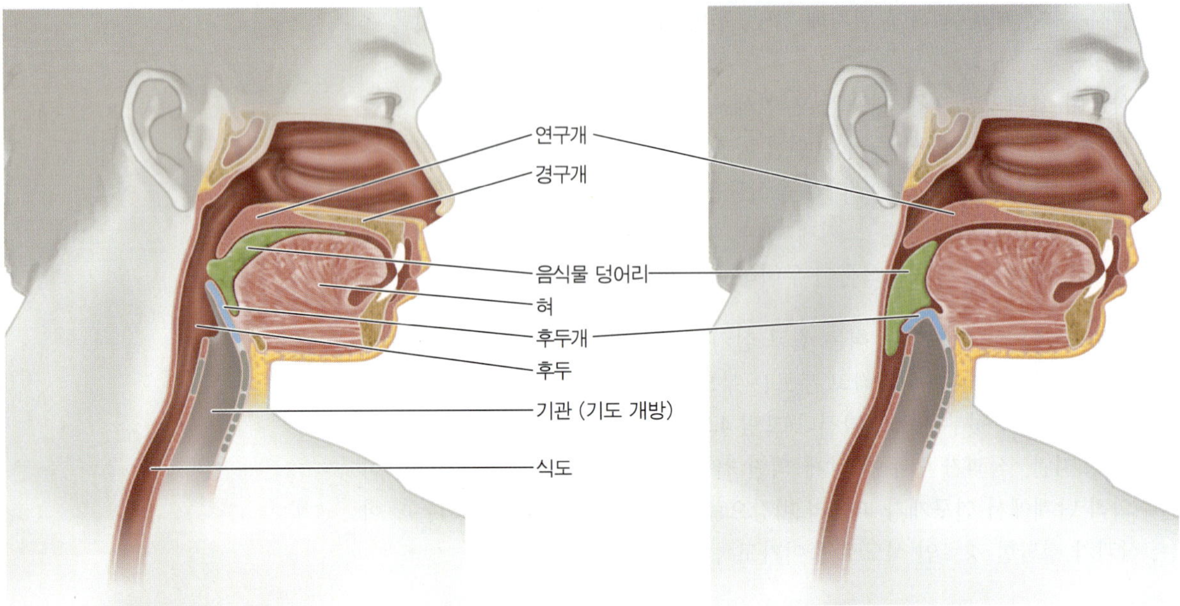

A. 수의적 단계
혀가 음식물 덩어리를 경구개에 반대로 밀어내면 연하작용이 유발된다.

B. 불수의적 단계
연구개가 위로 올라가는 것은 음식물 덩어리가 비강으로 들어오는 것을 막기 위해서이다.

음식물의 일시적인 저장 Temporary Storage for Food

위는 많은 양의 음식물을 수용할 수 있다. 비어 있을 때의 위 용량은 약 1/4컵으로 아주 작다. 음식물이 위로 들어오면, 위벽은 위 용량을 1~2리터만큼 늘리기 위해 확장된다. 이 크기를 확장하는 능력은 **위추벽**이라고 하는 회선상의 주름으로 덮여 있는 위의 내층 때문이다.

마치 아코디언처럼 그 주름이 펼쳐지면 음식물이 채워질 만큼 위가 확장된다. 위벽의 확장은 '위가 채워지고 있다.'는 신호를 뇌에 보내는 기계적 수용기를 자극한다. 그 결과로 뇌는 배고픔을 덜 인식하게 되고 사람들이 먹는 것을 중단하게 된다. 이러한 내부의 생리적인 신호를 인지하고 반응하는 능력은 체중조절의 중요한 구성요소가 된다.

위액의 생산 Production of Gastric Secretions

겉으로 보기에는 위 내층의 표면은 수많은 작은 구멍으로 덮여 있다. 확대하면, 이들 구멍이 점막층에 형성된 **위점막오목**이라는 것을 알 수 있다(**그림 4.7**).

위점막오목은 소화액과 호르몬을 생산 · 분비하는 외분비세포(exocrine cells)와 내분비세포(endocrine cells)로 되어 있는데, 내분비세포인 G세포는 가스트린(gastrin) 호르몬을 분비하고, 벽세포 · 주세포 · 점액세포와 같은 외분비세포는 음식물의 화학적 분해에 필요한 위액을 매일 2리터 이상 분비한다.

미즙 chyme
위에서 음식물과 위액이 혼합되어 생성된 걸쭉한 반 액체

위추벽 rugae
위벽을 가득 채우고 있는 주름

위점막오목 gastfic pit
내분비세포와 외분비세포를 포함하는 위의 점막 내층의 함입부

그림 4.6 위의 해부학적 구조와 소화기능

위는 세 영역으로 구분된다 : 위저부, 위체부, 전정부.

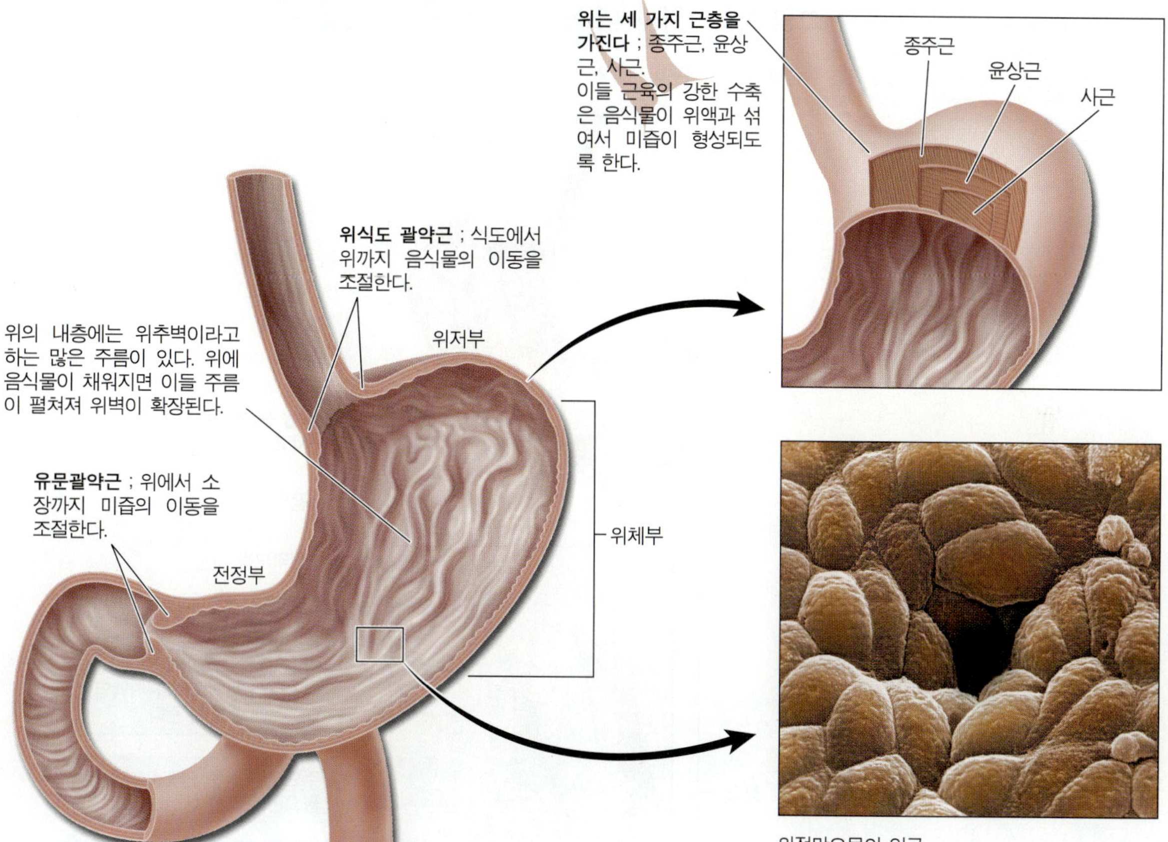

위점막오목의 입구

위액의 분비는 **가스트린** 호르몬에 의하여 조절된다. 위 안에 음식물이 있을 때 가스트린(gastrin)이 분비되는데, 위 안에 음식물이 없을 때에도 음식에 대한 생각 · 후각 · 시각과 같은 감각적 자극을 받으면 가스트린이 분비된다.

가스트린은 분외분비세포를 자극하여 염산(HCl)을 분비시키고, **벽세포**에서 내인 인자, **주세포**로부터 펩시노겐 등의 분비를 자극한다. 염산은 음식물을 작은 조각으로 분해하고, pH 2의 산성 환경을 제공하여 음식물에 있을지도 모르는 박테리아를 소멸시킨다. 활성화하지 않은 펩시노겐은 산성을 띠는 위액에 노출되었을 때, 펩시노겐의 활성 형태인 펩신으로 변환되어 단백질의 분해를 시작한다.

수많은 점액분비 세포는 위점막오목의 입구 가까이에 위치하고 있다. 이들 외분비세포는 보호층을 형성하는 위점막방벽(gastic mucosal barrier)이라고 부르는 묽은 점액을 분비한다. 위점막방벽은 산성의 위액으로부터 위내층(stomach lining)이 손상되는 것을 막는다. 이 층이 없으면 점막 내층은 강한 산성을 띠는 환경에 견딜 수 없고, 그 결과로 염증과 위궤양이 형성된다.

위액 gastric juice
위점막오목을 이루는 외분비세포에서 생성된 소화 분비물

가스트린 gastrin
위액의 생성과 분비를 자극하는 내분비세포에서 분비된 호르몬

벽세포 parietal cells
염산과 내인 인자를 분비하는 위점막 안의 외분비세포

주세포 chief cells
소화 효소 단백질을 생성하는 위점막 안의 외분비세포

역류성 식도염(GERD)
Gastroesophageal Reflux Disease
위식도 괄약근의 약화로 나타나는 증상으로, 미즙이 식도로 역류해 점막 연결부에 염증을 일으킨다.

소화궤양 Peptic Ulcers
위, 십이지장, 식도의 점막 연결부에 염증이 생김.

이와 유사하게, 역류성 식도염(GERD)은 식도의 내층이 반복적으로 위액에 노출되어 보호받지 못했을 때에 유발된다.

그림 4.7 위점막오목

위점막내층은 외분비세포와 내분비세포로 구성된다.

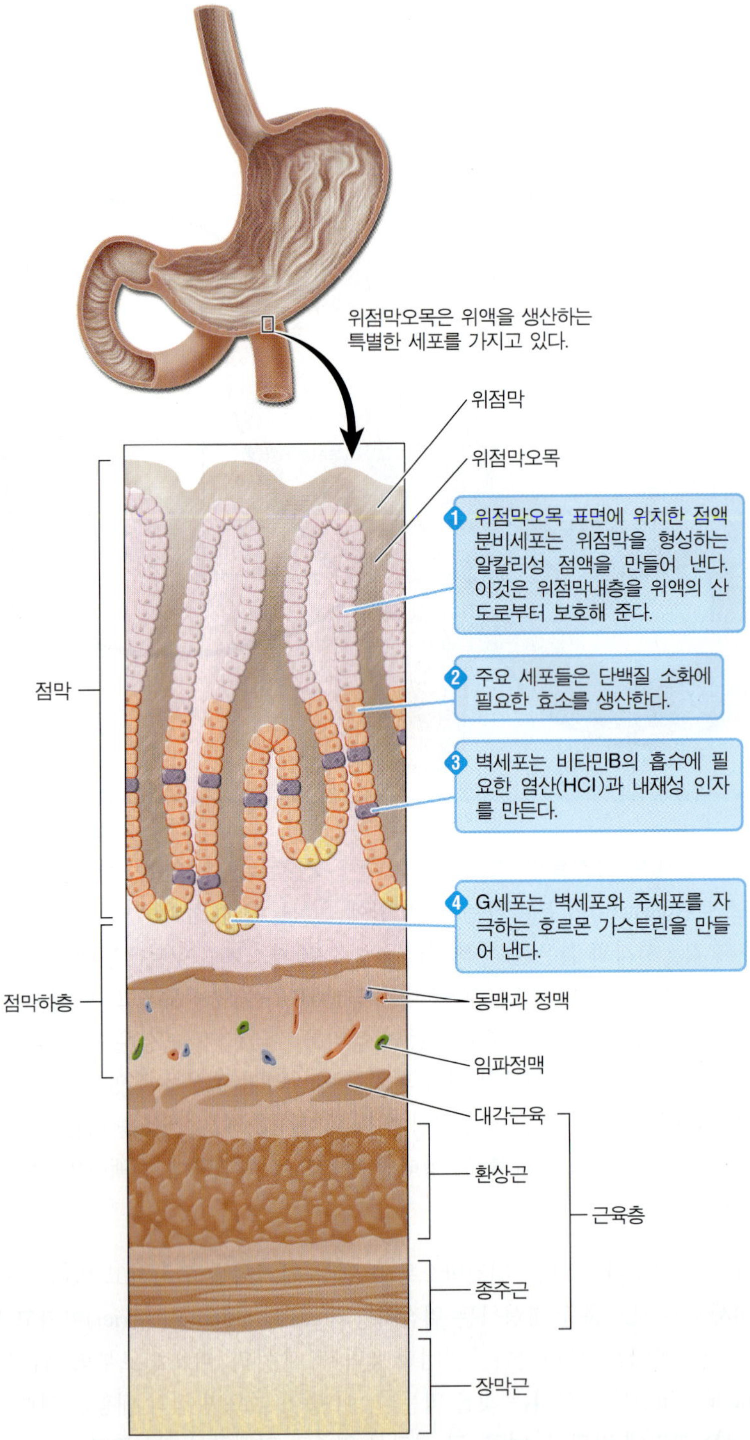

Focus On 임상 적용 CLINICAL APPLICATIONS 위식도 역류와 소화성 궤양

역류성 식도염(GERD)은 위의 내용물(미즙)이 다시 식도로 거슬러 올라가는 역류 때문에 나타나는 현상이다(**그림 4.8**). 식도는 두꺼운 점액층으로 만들어진 보호막이 없기 때문에, 위산이 첨가된 미즙에 반복적으로 노출되면 그 부위가 자극될 수 있다.

가슴 중간이 타는 듯한 느낌은 역류성 식도염의 가장 흔한 증상이다. 고통스런 부위가 가슴이기 때문에 역류성 식도염이 있는 사람들은 대개 이를 '가슴앓이'라고 부른다. 역류성 식도염은 식도에 만성 염증을 유발하는데, 이를 치료받지 않고 놔둘 경우에는 식도암의 원인이 되기도 한다.

역류성 식도염의 주요 원인은 위식도 괄약근(GES)의 이완에 있다. 이에 영향을 미치는 식사 습관은 많은 양의 음식을 먹거나 먹은 후에 곧바로 눕는 것이다.

양파나 초콜릿, 민트, 고지방 음식, 매운 음식, 감귤류 주스, 알코올, 카페인이 첨가된 음료, 탄산음료와 같은 특정한 음식물은 특정 사람들에게 위식도 괄약근의 이완을 일으키게 할 수 있다.

역류성 식도염과 관련된 다른 원인은 비만, 흡연과 신축성 없는 옷을 입는 것에 있다. 임신으로 인한 괄약근 위로의 자궁 증대로 인한 압박도 역류성 식도염을 유발할 수 있다. 적절한 생활습관의 변화는 역류성 식도염을 예방하거나 관리하는 중요한 '첫 걸음'이 될 것이다. 그러나 생활습관의 변화가 이루어지지 않을 경우, 의약품을 이용해 이러한 역류성 식도염을 치료할 필요가 있다.

소화성 궤양(Peptic ulcer)은 위액이 식도(식도궤양), 위(위 궤양), 십이지장(십이지장 궤양)의 점막 내층을 손상시켜서 발생한다. 만약에 이를 치료하지 않고 내버려두면, 궤양은 여러 가지 세포 조직을 손상시켜 때때로 출혈과 복부관의 감염과 같은 심각한 합병증을 유발하기도 한다.

과거에는 순한 음식, 우유, 휴식 등이 궤양을 치료하는 일반적인 치료법이었다. 그러나 이는 1982년 배리 마셜(Barry Marshall)과 로빈 워런(Robin Warren)이 대부분 궤양의 원인은 나선형 박테리아인 헬리코박터 파일로리균(H.pylori)이라는 것을 발견하면서 바뀌게 되었다.

박테리아가 산성을 띠는 위의 환경에서 살아갈 수 있다는 것이 매우 의심스럽기는 했으나, 마셜 박사는 헬리코박터파일로리균의 배양균을 삼켜서 그것이 산성 환경에서도 살아갈 수 있다는 것을 증명하고자 했다. 10일 후, 마셜박사는 정확히 위 내층에 염증을 가지게 되었다. 헬리코박터파일로리균의 존재는 이후, 그의 위 점막 내층의 샘플을 확인한 결과로 발견되었다.

현재 헬리코박터파일로리균은 궤양의 주 원인으로 널리 받아들여지고 있다(**그림 4.9b**). 2005년 노벨 의학상은 소화궤양과 위염이 박테리아에 의한 것임을 밝혀낸 업적으로 마셜과 워런 박사에게 돌아갔다.

헬리코박터파일로리균은 몇몇 편모(채찍같은 꼬리)를 가지고 있는데, 이는 두꺼운 보호 점막층에 숨어 들어가서 민감한 위의 하층부가 산성을 띠는 위액에 노출되도록 만든다. 헬리코박터파일로리균은 심지어 숨겨진 독으로 위 내층을 자극함으로써 더 많은 손상을 입히기도 한다.

대부분의 궤양이 헬리코박터파일로리균에 의해 발생하기는 하지만, 비스테로이드소염제 약품(아스피린과 이부프로펜) 또는 알코올과 같은 자극제 역시 원인이 되기도 한다. 궤양과 관련 있는 가장 흔한 증상은 음식물의 섭취로 위가 이완되었을 때에 느낄 수 있는 둔하고 갉아먹는 듯한 통증이다. 다른 증상은 간헐적인 고통, 체중 저하, 식욕 감퇴, 구토 등이다.

현재 궤양으로 진단받은 대부분의 사람들은 여러 방법으로 치료받고 있는데, 잠복 중인 박테리아의 감염에 대비한 항생 치료와 산성 방지 약품으로 치유를 돕는다.

위 혼합과 미즙의 형성
Gastric Mixing and the Formation of Chyme

위의 또 다른 중요한 기능은 음식물과 위액을 혼합하여 미즙을 생성하는 것이다. 위장관과는 달리, 위는 윤주근 · 종주근 · 사근층의 세 개의 평활근층으로 구성되어 있다. 이런 강한 근육들은 빵을 반죽하듯이 젓는 운동을 하는데 이들 근육 수축의 강도는 가스트린 호르몬의 영향에 의하여 증가한다.

섭취한 지 3~5시간 내에 음식물은 위액과 완전히 혼합되어 수프 정도의 농도를 띠는 미즙이 되고, 이 미즙은 연동운동에 의하여 유문괄약근의 좁은 입구 쪽으로 밀리게 된다. 연동파를 가하면 몇 밀리리터(티스푼보다 적음)의 미즙이 유문괄약근을 겨우 통과하게 된다.

위 배출의 조절
Regulation of Gastric Emptying

위 배출(gastric emptying)률은 미즙의 양, 농도, 구성물 등의 요소들에 의해 영향을 받는다. 예를 들어, 많은 양의 미즙은 연동 수축(peristaltic contraction)의 강도와 빈도를 증가시키고, 그 결과로 위 배출속도는 증가한다. 따라서 많은 양의 음식은 적은 양의 음식물과 비교하면 위 배출이 빠르다.

유문괄약근의 입구는 액체와 작은 입자(지름 2<mm)만이 통과할 수 있을 만큼 좁기 때문에 액체는 고체보다 위 배출이 빠르게 일어난다. 즉, 고형 음식물은 유형 음식물보다 액화하는 데 시간이 더 걸리므로 위에 더 오래 남는다.

미즙의 영양소의 구성물 역시 영향을 준다. 예를 들어, 미즙 안에 지방이 포함되어 있으면 소장이 **위억제단백질(GIP)** 호르몬을 방출시키는데, 이 호르몬

그림 4.8 역류성 식도염(GERD)

역류성 식도염은 위식도 괄약근(GES)의 장애로 발생된다.

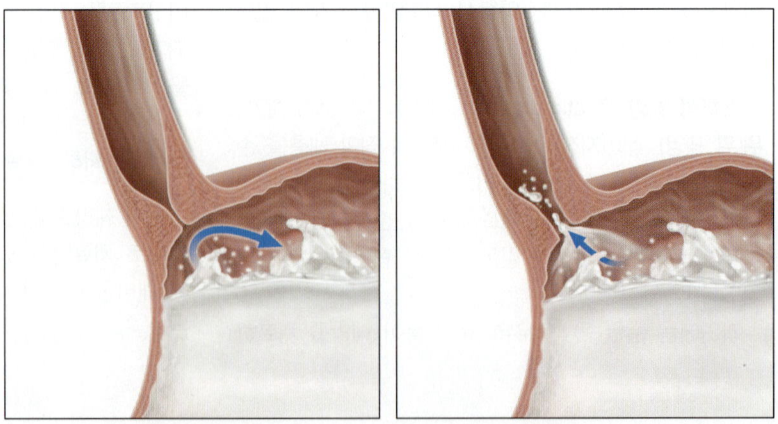

A. 식도 쪽으로 역류하는 것을 막기 위해 식도괄약근은 수축되어 있다.

B. 식도괄약근이 약하면, 위의 내용물은 식도 안으로 역류한다. 위산이 식도로 역류 되는 것을 역류성 식도염이라고 한다.

위 배출 gastric emptying
음식물이 위에서 비워지고, 소장 안으로 들어가는 과정.

위억제단백질(GIP)
gastric inhibitory protein(GIP)
위장 운동을 조절하는 소장 내층의 내분비세포에서 생성된 호르몬

은 위 배출률을 낮추면서, 소장이 지방소화에 대한 준비를 하도록 한다. 매일 십이지장은 섭취한 음식물, 음료, 타액, 위액 등으로 약 10리터(약 40컵)의 미즙을 위로부터 받는다.

소장
The Small Intestine

소장은 화학적 소화운동과 영양분의 흡수가 이루어지는 중요한 부분이다. 7m에 이르는 이 좁은 관은 지름이 2.5cm 정도이며, 십이지장 · **공장** · **회장**의 세 부분으로 구분된다(**그림 4.10a**). 먼저 십이지장으로 미즙이 들어가고, 담낭에서 나오는 분비물이 **담관**을 통해 흘러들어간다. 그리고 췌장도 십이지장으로 분비물을 분비한다.

소장으로 들어가는 췌장액과 담즙은 담관과 십이지장의 연결 부분에 있는 **오디괄약근**에 의해 조절된다(**그림 4.10b**).

소장의 내층은 면적이 넓어서 소화운동과 영양분의 흡수 과정을 처리하는 데 매우 적합하다. **그림 4.11**에서 보듯이, 소장의 내층(점막)은 소장의 관강 방향으로 향하는 안쪽으로 접힌 큰 주름으로 배열되어 있다.

공장 jejunum
소장의 중간부로서, 십이지장과 회장 사이에 위치하고 있다.

회장 ileum
소장의 미지막 부분으로서, 공장 다음에 있다.

담관 common bile duct
간과 췌장, 담낭에서 나오는 분비물을 십이지장으로 보내는 도관

오디괄약근 sphincter of Oddi
담관에서 십이지장으로 가는 분비물의 통로를 통제하는 괄약근이다.

융모 villi
소장 내부의 표면을 뒤덮고 있는 작은 손가락 모양의 돌기들

그림 4.9 소화성 궤양

소화성 궤양은 식도, 위, 십이지장의 점막내층에서 나타나는 염증 현상이다.

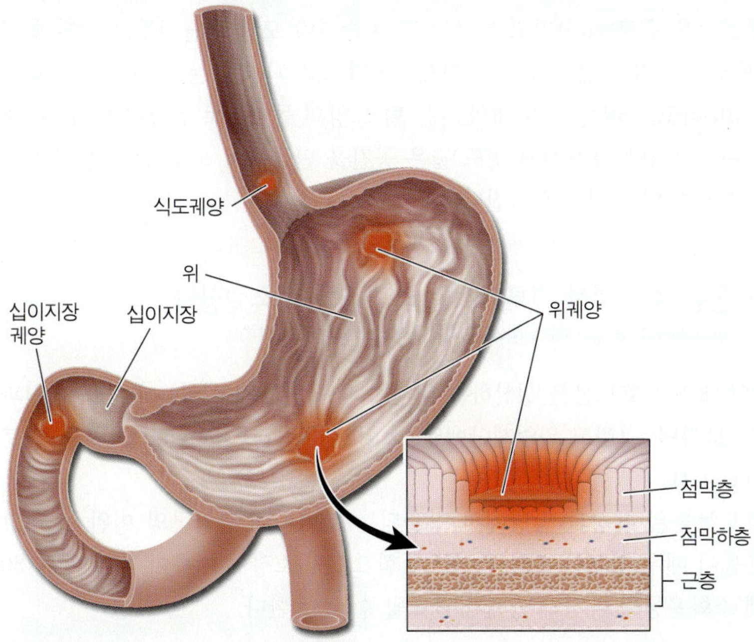

A. 소화성 궤양은 식도, 위, 십이지장이 손상되었을 때 상처가 치유되지 않으면 궤양은 위장관 벽의 층들 곳곳에 침투될 수 있다.

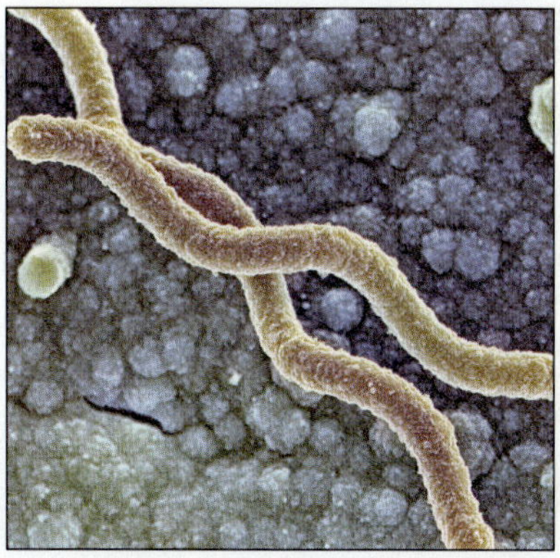

B. 대부분의 소화성 궤양은 헬리코박터파일로리 박테리아에 의해 발병한다.

그림 4.10 소장과 부속기관의 개관

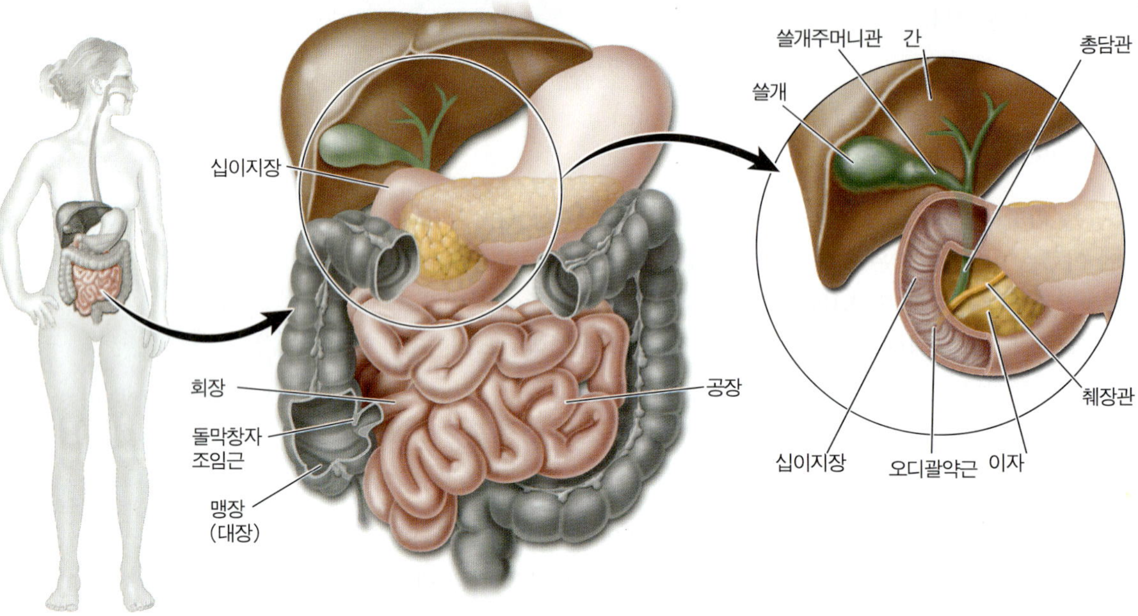

A. 소장은 십이지장, 빈창자, 회장의 세 부분으로 나누어진다. 돌막창자조임근은 회장으로부터 나오는 물질의 흐름을 조절하고, 소장의 끝부분이며 대장의 처음 부분인 맹장으로 보낸다.

B. 십이지장은 쓸개에서 배출되어 총담관을 경유하는 분비물을 받는다. 이자는 이 분비물들을 총담관과 합쳐지는 이자관으로 방출한다. 오디괄약근은 십이지장으로 흘러가는 이 분비물들을 조절해 준다.

장세포 enterocytes
소장 표면을 구성하고 있는 상피 세포이다.

미세융모막 brush border
소장의 흡수 표면으로, 장세포를 가득 채우는 수천 개의 미세 융모들로 만들어졌다.

미세융모 microvilli
장 세포 표면에 있는 머리카락 모양의 돌기들

유미림프관
장 융모에서 발견되는 모세 혈관

세크레틴 secretin
십이지장에서 분비되는 호르몬으로, 췌장에서 탄산나트륨과 효소를 분비하도록 한다.

콜레시스토키닌 cholecystokinin(CCK)
십이지장에서 분비되는 호르몬으로, 췌장에서 효소가 분출되도록 자극하고, 담낭이 수축하고 담즙이 분비되도록 자극한다.

이 주름들은 **융모(villi)**라고 부르는 작은 손가락 모양의 돌기들로 뒤덮여 있다. **장세포**의 소장강 흡수 표면은 **미세융모막**으로 되어 있는데, 이는 **미세융모**(microvilli)라고 불리는 수천 개의 가는 털 모양의 돌기들로 뒤덮여 있다. 이 조직들은 단순한 관보다 600배 정도 넓은 공간을 만들어서 모두 펼치면 대략 표준 테니스 코트의 크기와 같아진다.

장 호르몬은 소장에서 이루어지는 소화운동을 조절한다.
Enteric Hormones Regulate Digestion in the Small Intestine

소장의 내층은 호르몬을 생산하는 내분비 세포를 가지고 있는데, **세크레틴**과 **콜레시스토키닌**, 그리고 위억제단백질(gastric inhibitory protein ; GIP) 등을 분비한다(**표 4.2**).

이 호르몬들은 췌장과 담낭에서 방출되는 분비물과 괄약근의 이완, 그리고 위장 운동이 매우 정교한 조화를 이루게 함으로써 소장에 미즙이 들어 온 후 30분 안에 소화운동의 마지막 단계가 완료될 수 있게 한다.

그림 4.11 소장의 흡수면

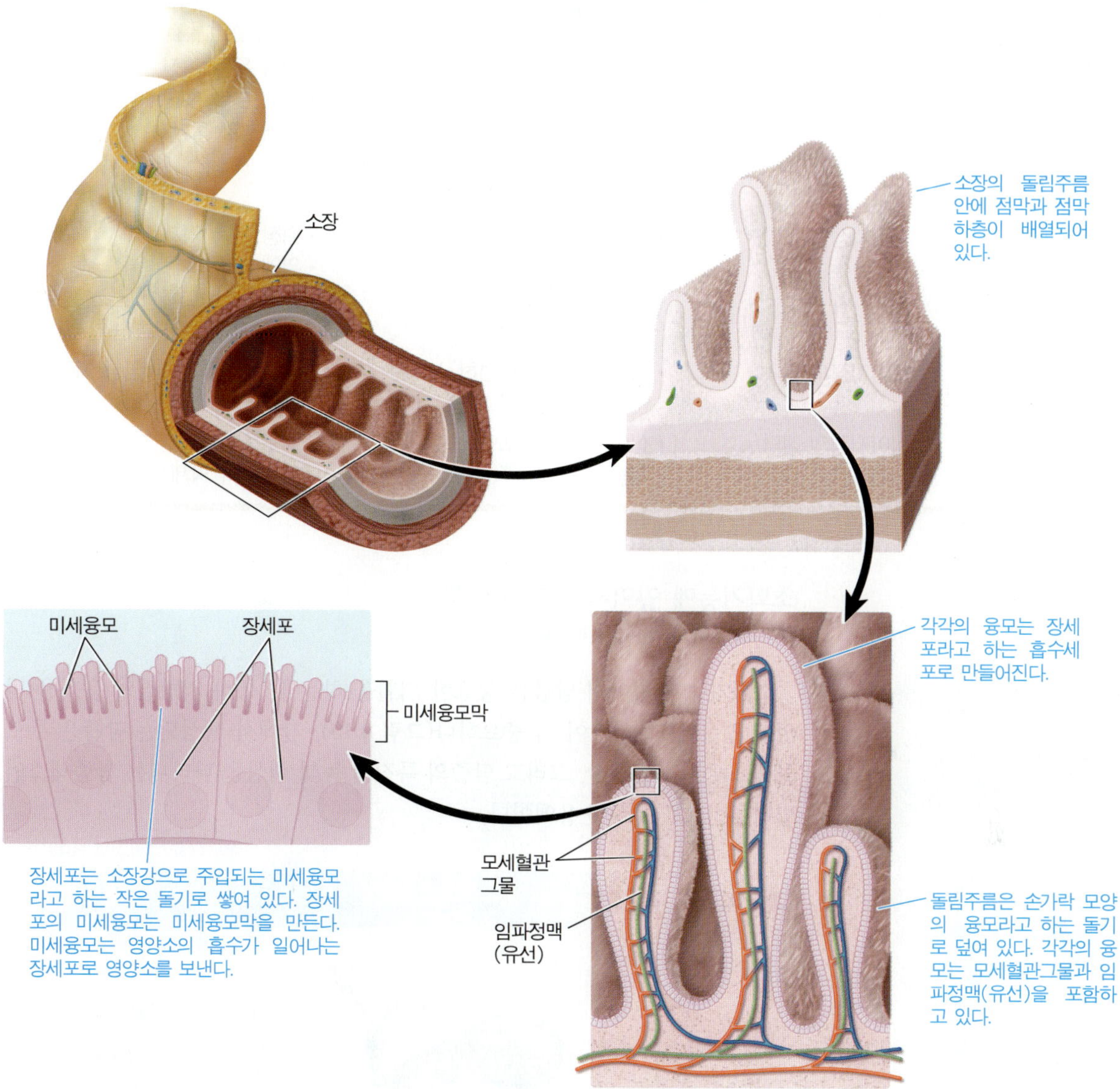

췌장액은 소장을 보호한다.
Pancreatic Juice Protects the Small Intestine

췌장은 미즙의 산도로부터 소장을 보호하는 데 중요한 역할을 한다(**그림 4.12**). 미즙은 pH 2에 가깝기 때문에 소장 내층에 해로울 수 있다. 소장에 미즙이 도달하면, 장 호르몬인 세크레틴이 방출되고, 세크레틴은 췌장에서 **췌장액(pancreatic juice)**이 분비되도록 한다.

췌장액은 물, 탄산나트륨과 소화에 필요한 다양한 효소들로 이루어져 있는 알칼리성 용액이다. 췌장액에 있는 탄산나트륨은 십이지장에 도달하여 미즙을 빠르게 중화시킨다.

췌장액 pancreatic juice
소화에 필요한 중탄산염과 효소를 가지고 있는 췌장 분비물

표 4.2 주요 장(위장) 호르몬과 그 기능

호르몬	분비기관	분비조절자극	주요기능
가스트린	위점막의 G-세포	• 위 안의 음식물 • 위벽의 확장 • 알코올 • 카페인 • 뇌의 자극(냄새, 맛)	• 위장 운동 촉진 • 위액 분비 촉진 • 위배출률 증가
세크리틴	십이지장의 점막	• 십이지장으로의 미즙 도달	• 위장 운동 억제 • 위액분비 억제 • 탄화수소나트륨과 효소를 포함한 췌장액 분비 촉진
콜레시스토키닌 (CCK)	십이지장의 점막	• 십이지장으로 완전히 소화된 단백질과 지방의 도달	• 담즙분비를 위해 담낭 자극 • 췌장에서 효소 분비
위억제단백질 (GIP)	십이지장의 점막	• 십이지장으로 포도당과 지방의 도달	• 위운동 억제 • 위액분비 억제

소화기능에 있어서 담즙의 역할
The Role of Bile in Digestion

소화기능에 있어서 **담즙**은 중요한 역할을 하는데, 특히 지방질의 음식을 먹었을 경우에 그 역할이 더 중요하다(**그림 4.13**). 간에서 생성되는 담즙은 주로 콜레스테롤과 담즙산, 그리고 담즙의 특징인 녹색 색상을 나타내는 담즙색소인 빌리루빈으로 구성된 용액이다.

그림 4.12 췌장

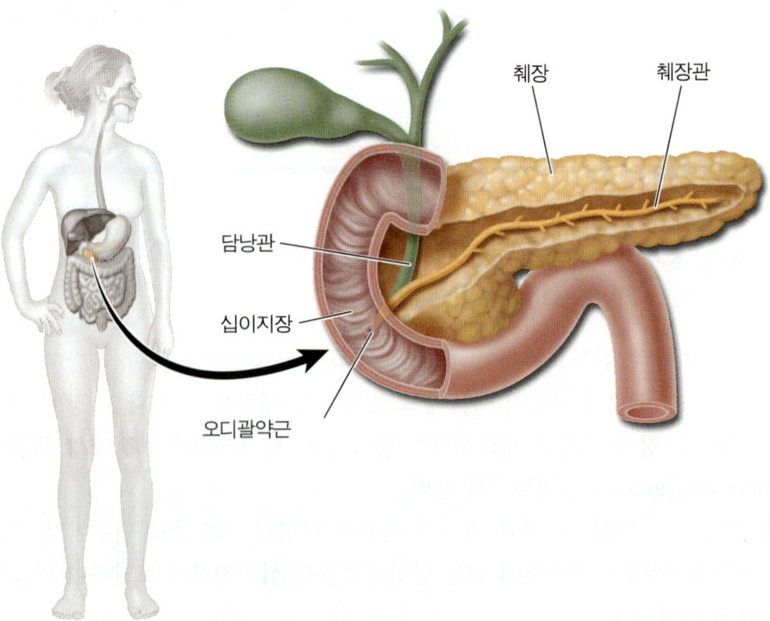

담즙 bile
간에서 생성되어, 담낭에서 보관되고 분비되는 용액으로, 담즙염과 콜레스테롤 · 물 · 담즙 색소를 함유하고 있다.

담즙이 생성되면, 담낭으로 옮겨져서 농축 저장된다. 지방과 그 밖의 지질은 소장 안의 수용성 환경에서 녹지 않기 때문에, 소화되어 흡수되기가 어렵다.

이 현상을 완화시키기 위해 소장에 있는 지방질의 미즙이 십이지장에서 콜레시스토키닌(CCK)을 분비하도록 신호를 보낸다. CCK는 담낭을 수축시키며, 그 안에 있는 내용물을 담관으로 보낸다. 담즙은 큰 지방 혈구를 작은 물방울 크기로 분산시키는 세정제 역할을 하는데, 담즙 없이는 지질 소화에 필요한 효소가 화학결합과 직접적인 접촉을 하는 데 어려움이 있다.

지질이 흡수된 후, 담즙은 회장으로 다시 흡수되고, **간문맥**을 통해 간으로 되돌아간다. 이 과정은 간이 담즙을 구성하는 많은 성분들을 재활용할 수 있도록 해주는데, 실제로 담즙의 5%만이 대장을 통해 배설된다.

소장에서 효소에 의한 소화
Enzymatic Digestion in the Small Intestine

소장과 췌장은 모두 소화의 마지막 단계에 필요한 효소를 제공한다. 췌장 효소는 호르몬 CCK에 반응하여 십이지장으로 방출된다. 장 효소는 미소융모의 상피 세포에서 생성된다. 장과 췌장 효소는 모두 가수 분해를 통해 영양소가 작은 단위로 화학적 분해되는 것을 촉진시킨다.

간문맥 hepatic potal vein
위장관에서 간으로 혈액을 순환시키는 문맥 혈관이다.

그림 4.13 소화에 있어서 쓸개의 역할

쓸개는 소장으로 가는 총담관으로 쓸개즙을 방출한다.

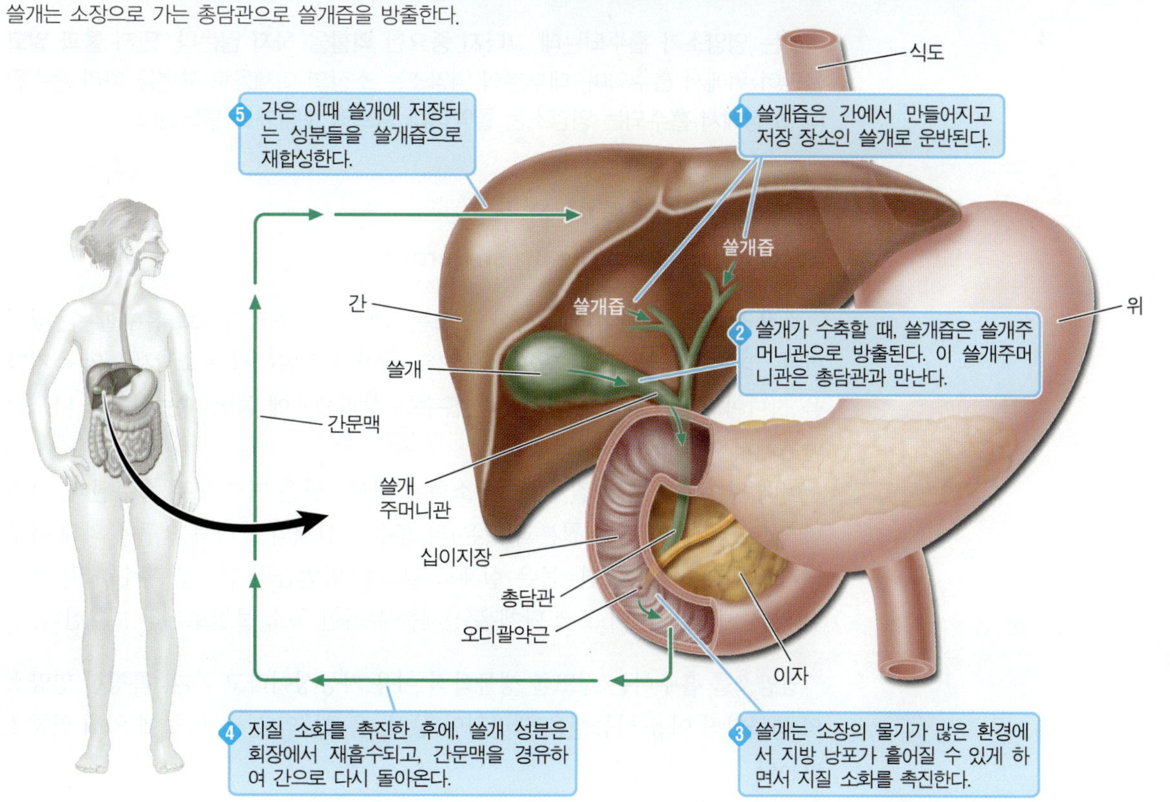

필수개념 Essential Concepts

위장 운동과 위장액의 분비는 음식물이 위장관에 도달하는 즉시 이루어진다. 중추신경계가 음식물을 받아들일 것이라는 것을 예상하는 것이 뇌상의 시작이고, 위상은 음식이 위에 도달하면서 시작된다. 이 두 단계에서 위장 운동과 위액의 분비가 늘어난다.

장상은 음식이 소장으로 이동하면 시작된다. 이 소화단계에서는 위장 운동과 위액의 분비율이 감소한다. 소화는 음식물이 물리 · 화학적으로 분해가 되는 입에서 시작한다. 삼키고 난 후에는 음식물이 식도로 이동하고, 위식도 괄약근을 통과해 위로 들어간다. 위에서 가스트린 호르몬이 위액의 분비를 촉진시킨다.

위액에는 점액, 염산, 효소, 내적 인자, 그리고 물이 함유되어 있다. 위액과 섞인 음식물은 반유동체의 소화물(미즙)로 바뀌게 된다. 미즙은 위로부터 소장으로 유문괄약근을 지나서 들어간다. 소화의 대부분은 소장에서 이루어지고 췌장과 담낭 분비물의 도움을 받는다. 소화의 마지막 단계는 췌장과 소장에서 만들어진 효소에 의해 완료된다.

영양소 흡수와 영양소 순환
Nutrient Absorption and Circulation of Nutrients

영양소를 장세포로 옮기는 과정을 영양소 흡수라고 한다. 단순 확산이나 촉진 확산 등과 같은 수동적 수송 방법, 매개성 운반체에 의한 능동적 수송, 세포 내 이입 등과 같은 방법에 의하여 영양소가 장세포로 흡수된다.

위는 영양소가 흡수되는데 그다지 중요한 역할을 하지 않는다. 단지 물과 알코올만이 위에서 흡수되며, 대부분의 영양소는 소장의 미세융모 표면을 따라 흡수된다. 소장에서 흡수되는 영양소는 혈액이나 림프액 순환계로 들어간다.

미세융모막을 통한 흡수
Absorption Across the Brush Border

소장의 넓은 표면적과 독특한 구조는 영양소를 효과적으로 흡수할 수 있게 한다. 영양소가 혈액이나 임파액 안으로 들어가기 위해서는 소장세포의 **측저막**을 지나야 한다. 이렇게 영양소의 흡수는 상피세포에 들어가는 입구와 나오는 출구에서 이루어진다(**그림 4.14**).

이때 탄수화물, 단백질, 지질이 소화된 생산물들은 거의 모두 흡수된다. 그러나 몇몇 영양소(칼슘과 철분과 같은)의 흡수는 신체의 생리적 요구에 의해 좌우되기도 한다. 예를 들면, 몸은 실제로 필요한 양만큼의 철분을 흡수하고, 초과된 양은 배설한다. 이 조절 단계은 신체를 유독한 독소 물질로부터 보호한다.

영양소를 흡수하는 정도를 **생물학적 이용 가능성**이라고 한다. 특정한 영양소의 생물학적 이용 가능성은 생리적인 상태, 음식물의 성분, 약물에 의해 영향을 받는다.

그림 4.14 **영양소의 흡수**

영양분의 흡수는 상피세포의 들어가는 입구와 나오는 출구에서 이루어진다.

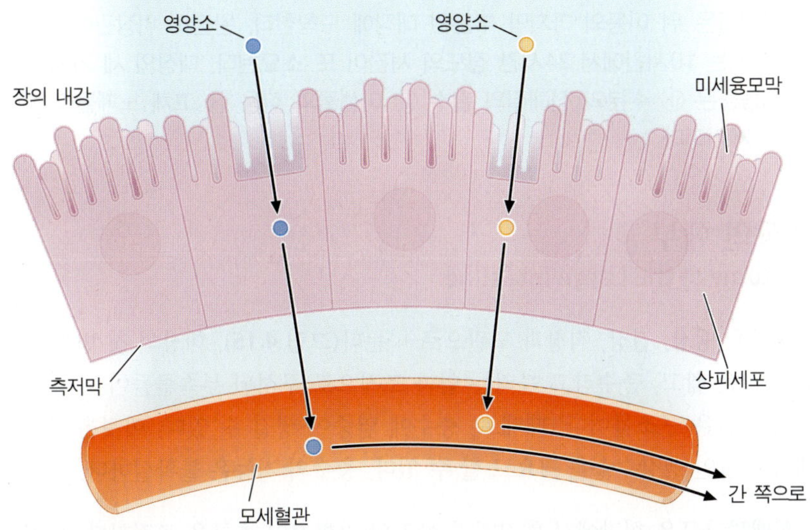

영양소의 순환
Circulation of Nutrients Away from the Gastrointestinal Tract

소장으로부터 흡수된 수용성 영양소들은 장과 간 사이의 혈관인 **간문맥**을 경유하여 직접 간으로 순환한다. 간은 영양소들을 저장하거나 대사하고 또한 동시에 혈액으로 내보내 준다.

수용성 영양소와는 달리, 대부분의 지질은 물에서는 용해되지 않으며 그 크기가 너무 크기 때문에 모세혈관에 쉽게 들어갈 수가 없다. 흡수된 지질은 림프관을 통해 목 부분의 **흉관(thoracic duct)**에서 혈관을 만나서 혈액으로 흘러 들어간다.

필수개념 *Essential Concepts*

소장은 영양소 흡수의 중요한 장소이다. 미세융모는 상피세포 쪽으로 영양소를 끌어당기며, 영양소의 흡수는 상피세포의 입구와 출구 두 곳에서 이루어진다. 영양소는 다양한 종류의 수동적이고 능동적인 전송 메커니즘에 의해 세포막을 지나간다.

장과 간은 간문맥 순환이라고 불리는 독특한 순환 시스템을 가지고 있다. 소화관에서 흡수되는 수용성 영양소는 간문맥을 경유하여 바로 간으로 순환한다. 지질과 같이 너무 크거나 물에서 용해되지 않는 영양소들은 임파계를 통해 순환된다.

측저막 basolateral membrane
위장관에서 떨어져 접해 있는 세포막

생물학적 이용 가능성 bioavailability
혈액이나 임파계로 흡수되는 영양소의 정도

대장의 기능
Functions of the Large Intestine

일반적으로 식사를 한 후 9시간에서 12시간 정도 후에, 소화되지 않고 남아 있는 음식들은 위 이동의 마지막 부분인 대장에 도착한다. 완전히 위장관에서 없어지기까지는 10시간에서 24시간 정도의 시간이 또 소요된다. 대장의 세 가지 주요한 기능들은 ① 수분과 전해질의 흡수 ② 미생물의 작용 ③ 고체 노폐물(대변)의 저장 · 제거이다.

대장의 해부
Anatomy of the Large Intestine

맹장 cecum
대장의 첫 번째 부분을 구분하는 작은 주머니

충수 appendix
작고, 맹장에 붙어 있는 손가락 같이 생긴 부속물

회맹괄약근 ileocecal sphincter
맹장으로부터 회장을 나누고, 소장과 대장사이의 물질 흐름을 조절하는 괄약근

결장 colon
맹장에서 직장으로 물질을 운반하는 대장의 부분

대장은 맹장, 결장, 직장과 도관으로 나눈다(**그림 4.15**). 대장의 첫 번째 부분인 **맹장**은 짧고, **충수**라고 불리는 임파 조직으로 구성된 부속물들이 달려 있는 주머니 같은 구조물이다. 때때로, 충수에 염증이 생길 수 있다. 이것은 충수의 제거 수술인 맹장수술을 필요로 할 수 있다. 충수의 기능은 불확실하다.

회맹괄약근은 회장에서 맹장까지 물질의 간헐적인 흐름을 조절한다. 대장의 대부분을 차지하고 있는 결장은 알파벳 U자를 뒤집어 놓은 모양(∩)을 하고 있다. 결장의 오른쪽 부분은 상행 결장(ascending colon)이라고 부르며, 또한 복부의 오른쪽에서 왼쪽으로 걸쳐 있기 때문에 횡행결장(transverse colon)이라고도 한다. 그곳으로부터, 하행결장은 계속 몸의 왼쪽 부분 아래쪽으로 하향한다.

그림 4.15 대장

대장은 세 부분으로 나누어진다. : 맹장, 결장, 직장

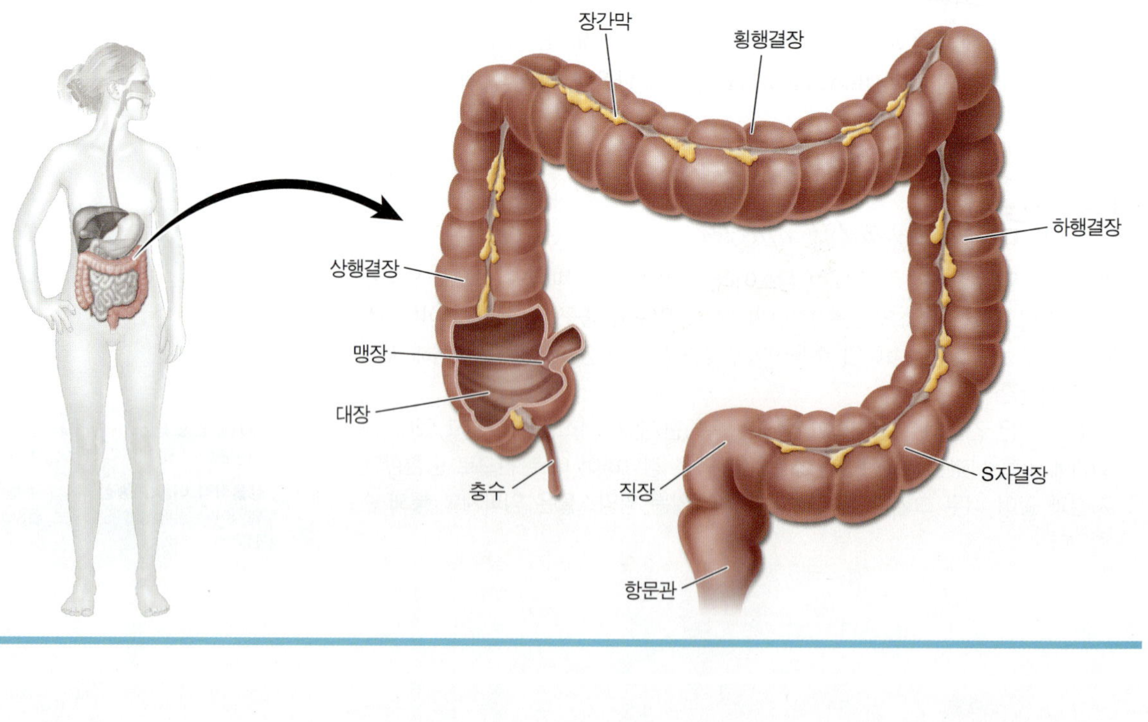

하행결장의 끝부분에 있는 S자 형태의 부분은 'S자결장'이라고 한다. S자결장의 뒷부분은 항문관의 끝부분이며, 몸의 바깥쪽에는 대장의 한 부분인 직장이 있다.

항문관 주위에 있는 평활근의 두꺼운 부분은 자발적인 조절이 가능한 항문괄약근의 내부와 외부를 형성한다.

대장 내에서의 체액과 전해질의 흡수
Absorption of Fluids and Electrolytes in the Large Intestine

대장으로 들어가는 물질들의 대부분은 잔여 음식(식물로부터 추출된 섬유질), 물, 답즙, 세포 잔해와 전해질 등으로 구성된다. 대장의 연동운동은 위상관의 다른 부분과 비교해 볼 때에 느린 편이다. 대신에, **팽기수축**이라고 불리는 비진행성의 운동은 결장 내용물들을 결장 내층에 접하게 하는 혼합운동을 한다.

배설물이라고 불리는 남아 있는 물질들의 농도는 수분 흡수의 정도를 반영한다. 예를 들어, 물과 같은 배설을 하는 상태인 설사는 물질이 너무 빨리 결장을 통과할 때에 발생한다. 이것은 몸이 해롭고 자극적인 물질들을 빠르게 제거할 때에 유용하다. 그러나 지속적인 설사는 신체로부터 과도한 체액과 전해질의 손실을 일으킬 수 있고, 탈수증과 같은 심각한 합병증도 유발한다.

그 반대로 너무 많은 수분이 제거되었을 때 배설물은 아주 단단하고 건조한 상태가 된다. 이것은 변비의 원인 중 하나이며, 배설물의 제거를 어렵게 하고, 결장 근육에 과도한 긴장을 유도한다. 장을 불편하게 하는 두 가지의 비정상적인 상태는 과민성 대장증후군(irritable bowel syndrome)과 염증성 장질환(inflammatory bowel disease)이다.

대장에서의 미생물 활동
Microbial Action in the Large Intestine

소장에는 적은 수의 박테리아가 살고 있지만, 팽기수축을 활발하게 하지 못하는 결장의 pH와 항균성 분비물의 부족은 박테리아가 자라고 번식하는 데 이상적인 환경을 제공한다. 대장에 있는 박테리아의 수와 다양성은 천문학적인 숫자이다. 실제로, 400종 이상의 박테리아를 대장에서 발견할 수 있고, 거의 건조한 배설물 무게의 3분의 1에 해당한다.

미소식물 혹은 **미생물총**이라고 언급되는 이런 자연적인 미생물 개체수는 건강한 결장의 생태계에 있어서 중요한 역할을 한다. 이런 박테리아들의 대부분이 섬유질의 식물 물질들로 구성된 소화되지 않은 잔재 음식들을 분해한다. 또한 장내 세균은 일정한 비타민 B의 양을 제한하면서 비타민 K와 몇몇 지질을 생산한다. 장내 세균에 의해 생산된 영양소는 혈액으로 흡수된다.

직장
S자 결장과 항문관 사이에 있는 대장의 아랫부분

항문괄약근
항문관을 통한 배설물의 배설을 조절하는 체내와 체외의 괄약근

팽기수축 haustral contractions
결장의 내용물들을 앞뒤로 움직이게 하여 배설물을 최소화하여 주는 느린 근육 운동

미소식물, 미생물총
microflora, microbiota
대장 안에 존재하는 박테리아

대장에서 나온 고형 폐기물의 저장과 제거
Storage and Elimination of Solid Waste from the Large Intestine

직장은 배설물들을 저장하는 방의 역할을 한다. 많은 양의 배설물이 축적되면 직장벽이 팽창하고, 팽창한 장의 감각기관들이 자극되어 근육 수축이 일어나 신체에서 배설물을 내보내게 된다.

신체에서 배설물을 내보내는 것을 **배설**이라고 한다. 항문 안쪽 괄약근의 이완은 항문관으로 배설물을 보낸다. 그러나 의식적인 조절이 가능한 외부 항문괄약근은 신체가 노폐물을 내보낼 수 있는 시간인지 아닌지를 결정할 수 있게 해준다. 외부 항문괄약근을 수축시키면 배설을 지연할 수 있으며, 이러한 능력은 보통 2~3세 사이의 어린 아이일 때에 배우게 된다. 외부 항문괄약근의 이완은 신체로부터 배설물들을 방출하도록 한다.

필수개념 Essential Concepts

대장은 소화되지 않고 남아 있는 음식물들의 수분을 제거하며 배설물 상태로 나갈 수 있게 만든다. 대장 안의 세균은 소화되지 않고 남아 있는 음식물들을 분해하여 배설물의 형태로 만드는 것을 도와준다. prebiotic과 probiotic 식품을 섭취하는 것은 이런 세균들의 성장을 촉진하는 데 도움을 준다. 직장은 신체가 배설물을 배출할 때까지 배설물의 방과 같은 역할을 한다.

배설 defecation
직장과 항문관을 통해 인체에서 배설물을 내보내는 것

probiotic 식품
살아 있는 세균을 가지고 있는 식품이나 음식 보충물

prebiotic 식품
자연적으로 대장 안에 있는 세균들의 성장에 자극을 주는 소화되지 않는 물질을 함유하고 있는 식품들

인체에서의 영양소와 체액의 순환
Circulation of Nutrients and Fluids Throughout the Body

세포들은 끊임없이 영양소와 산소의 공급을 필요로 한다. 심장과 정교한 혈관 시스템을 구성하는 심장혈관계는 이러한 필요사항들을 충족시켜 준다. 심장혈관계는 ① 체순환 ② 폐순환의 두 종류가 있는데, 각각의 순환경로는 혈액을 신체의 특정 부분으로 운반한다(**그림 4.16**). 다른 주요한 순환계인 림프계는 지질 순환과 혈액량 및 질병에 대항하는 면역물질의 공급에 있어서 중요한 역할을 한다.

Focus On 식품 FOOD — Probiotic과 Prebiotic 식품

위장관의 기능과 질병 예방을 강화하는 관점에서 장내 세균의 기능은 최근에 높이 평가되고 있다. Probiotic 식품(Probiotic foods)은 결장 안에 있는 비병원성 세균의 특정 세포 집단을 증가시키는 살아 있는 세균들이 함유된 식품을 말한다. 예컨대 요구르트, 버터밀크, 산폐유와 코티지 치즈와 같은 "배양된" 유제품들이 있다. 미국에서 생산된 대부분의 요구르트는 우유에 probiotic 세균인 락토바실러스 아시도필루스균을 첨가하여 만든다.

prebiotic 식품(Prebiotic foods) 역시 이로운 세균의 형성을 증가시키는 식품인데, 식이섬유소와 같이 비병원성 박테리아의 성장을 증진시켜 주는 물질을 함유하고 있는 식품이다.

그림 4.16 체순환과 폐순환

혈액은 체순환을 통해 심장에서 신체와 심장으로 순환한다.
혈액은 폐순환을 통해 심장에서 폐와 심장으로 순환한다.

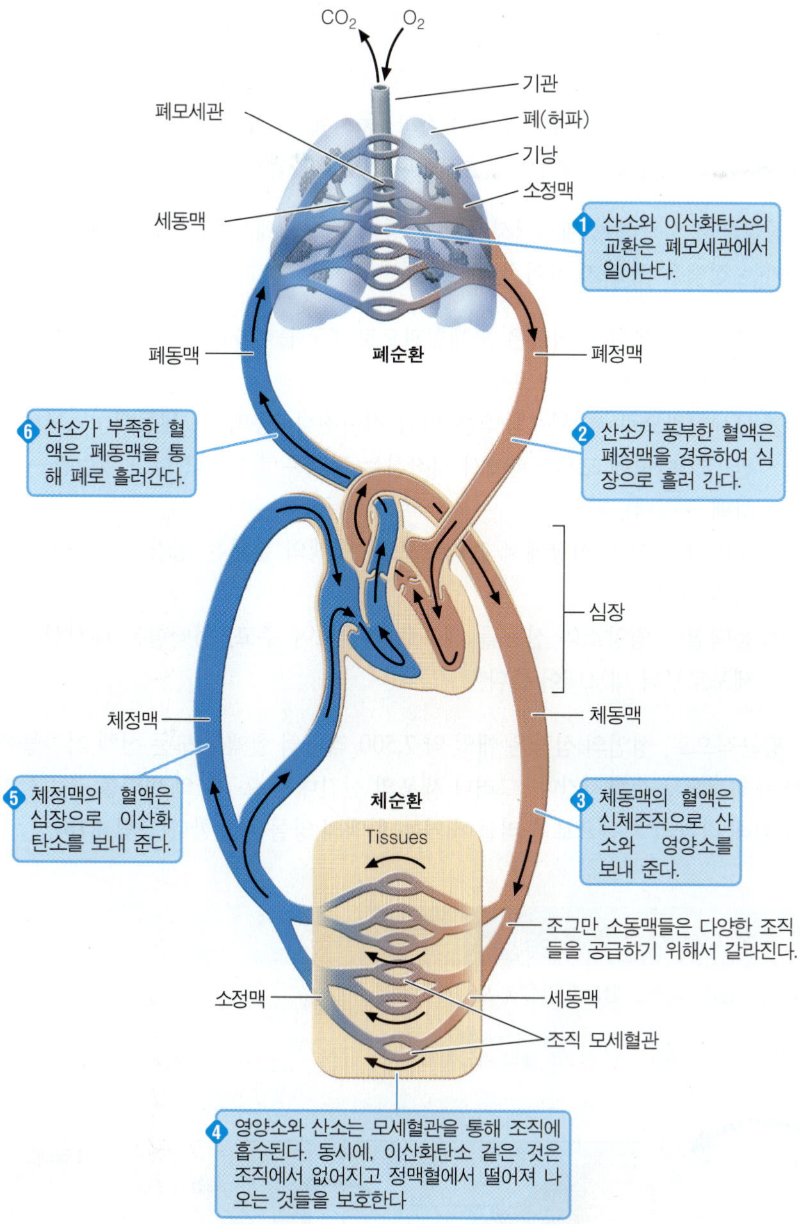

심장혈관계 : 체순환
The Cardiovascular System: Systemic Circulation

혈액은 세포와 **혈장**이라고 하는 체액으로 구성된 연결 조직으로 **동맥**과 **정맥**을 통해 흐른다. 심장혈관계의 **체순환**은 심장에서 시작하여 폐를 제외한 신체의 모든 기관까지 혈액을 보내는 혈관 시스템을 말한다.

혈장 plasma
혈액의 유체 부분

동맥 artery
심장 밖으로 혈액을 보내는 혈관

정맥 veins
심장 쪽으로 혈액을 운반하는 혈관

체순환 systemic circulation
심장에서 시작하여 심장에서 끝나는, 폐를 제외한 모든 기관에 혈액을 제공하는 심장혈관계의 부분

영양소와 산소는 복잡한 혈관인 동맥을 통해 세포로 보내진다. 산화된 혈액은 심장에서 시작하는 **대동맥**을 통해 심장을 떠난다. 대동맥은 나누어지고 분할되어 결국에는 기관과 조직 주위에서 현미경으로 볼 수 있는 미세 혈관인 **모세혈관**의 바탕을 형성한다.

모세혈관은 벽이 얇고, 지름이 좁으며, 혈액과 세포 사이에서 영양소와 가스의 교환 기능을 한다. 모세혈관벽의 작은 구멍을 통해 혈액 속의 물질들이 세포를 둘러싸고 있는 **간질액**으로 흘러 가고, 동시에 이산화탄소와 같은 세포의 노폐물들은 간질액에서 혈액으로 옮겨진다(**그림 4.17**).

심장에서 시작하여 세포에서 끝나는 동맥과 세포에서 시작해서 심장으로 돌아가는 정맥은 몇 가지 차이점이 있다.

① 산소가 풍부한 동맥혈은 모세혈관으로 흘러들어 가고, 그 반면에 산소가 부족한 정맥혈은 세포로부터 흘러 나간다.

② 모세혈관으로 흐르는 동맥은 점점 작아진다(동맥 → **세동맥** → 모세혈관). 그 반면에 모세혈관에서 시작하는 정맥은 점차 커진다(모세혈관→ **세정맥**→ 정맥).

③ 동맥의 순환은 심장에서 흘러나오고, 정맥의 순환은 심장으로 흘러들어 가게 된다.

④ 동맥혈은 영양소와 산소를 세포로 운반하여 주고, 정맥혈은 대사산물을 세포로부터 내보내어 준다.

평균적으로, 성인의 심장은 매일 약 7,500 리터의 혈액을 모든 신체 기관들에서 규칙적으로 순환시킨다. 그러나 세포의 신진대사 요구량의 변화를 충족시키기 위해 각각의 기관으로 흘러들어 가는 혈액의 양들은 변한다(**그림 4.18**).

대동맥 aorta
심장에서 폐를 제외한 신체의 모든 곳에 혈액을 처음으로 운반하는 중요한 동맥

모세혈관 capillaries
혈액과 조직 사이에 물질 교환을 가능하게 하는 얇은 벽을 가진 혈관

간질액 interstitial fluid
세포를 둘러싼 전해질

세동맥 arterioles
동맥으로부터 떨어져 나온 작은 혈관

세정맥 venules
정맥으로부터 떨어져 나온 작은 혈관

그림 4.17 모세혈관벽을 통한 영양소와 가스의 교환

영양소와 가스(산소와 이산화탄소), 다른 대사 노폐물의 교환은 혈장과 간질액 사이에서 일어난다.

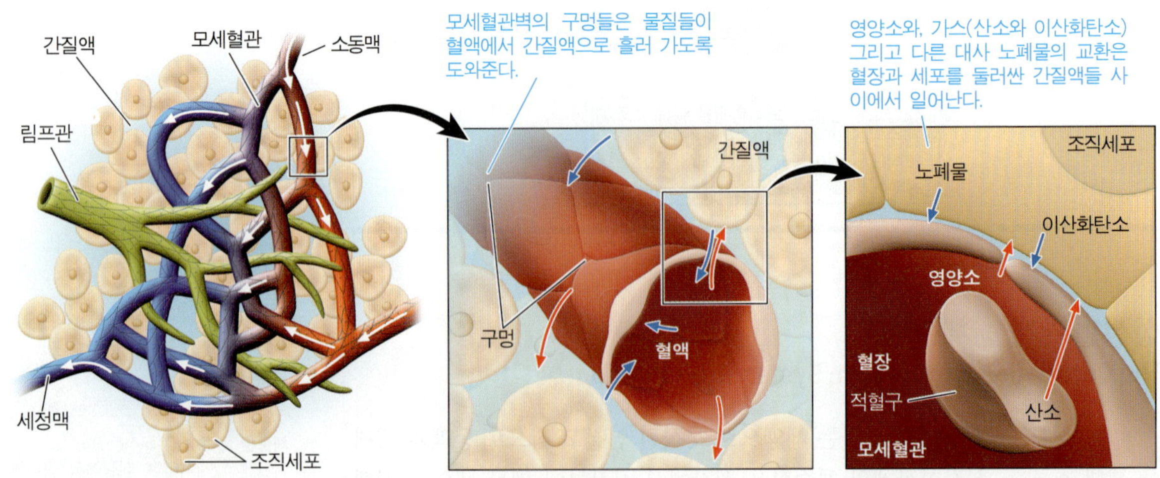

A. 모세혈관망 **B.** 모세혈관 확대도 **C.** 교환

그림 4.18 휴식과 운동 중의 혈류량

심장 혈관계는 조직의 신체적 요구에 맞추어서 혈류량을 조절한다.

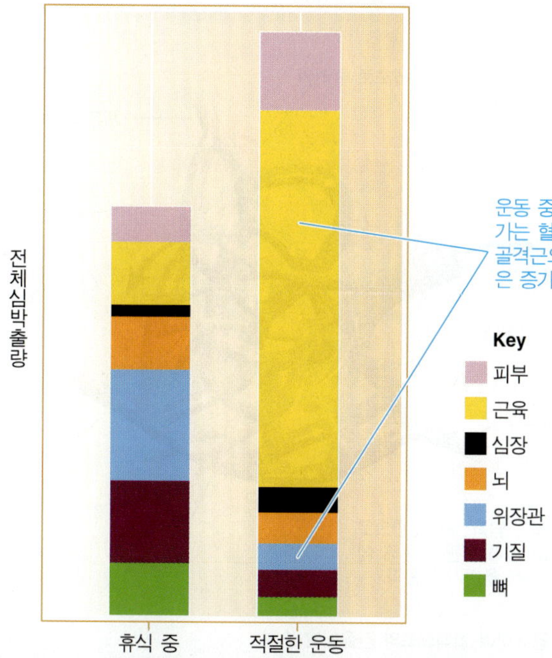

예를 들면, 골격근은 휴식 중엔 15%의 혈액을 받고, 격렬한 운동 중에는 85%까지 그 양을 증가시킨다. 많은 양의 식사 후에는 소화관으로 흘러 가는 혈액의 양이 증가하여 소화와 영양분 흡수를 돕는다.

심장 혈관계 : 폐순환
The Cardiovascular System : Pulmonary Circulation

심장과 폐 사이의 혈액 순환을 **폐순환**이라고 한다. **폐동맥**은 심장에서 산소가 감소되고 이산화탄소가 증가된 혈액을 폐로 보내어 주고, 폐의 모세혈관을 통해 이산화탄소와 산소의 교환이 이루어진다. 입과 코를 통해 공기를 내쉬면 이산화탄소는 신체로부터 제거된다. 이때 산소는 폐로 들어가고, 모세혈관을 거쳐서 혈액으로 간다.

산소가 풍부한 혈액은 **폐정맥**을 통해 심장으로 돌아가고, 심장에서 대동맥을 거쳐서 뿜어져 나온 혈액은 체순환을 통하여 산소를 체내 각 기관의 세포에 전달해 준다.

림프계 lymphatic system

림프계는 림프라고 부르는 깨끗한 체액을 순환시키는 중요한 순환계통 중 하나이다. 이 체계는 림프혈관망, 림프절(혈액으로부터 다른 물질들을 걸러주는 작은 소기관들), 지라(**비장, 그림 4.19**)와 같은 림프기관으로 이루어진다. 커다란 지질분자들이 흡수될 때에 림프계를 통하여 지질분자들이 운송된다.

폐순환 pulmonary circulation
산소가 제거된 혈액을 심장에서 폐로 보내고, 산소가 있는 혈액을 폐에서 심장으로 보내는 순환을 하는 심장혈관계의 한 부분

폐동맥 pulmonary arteries
산소가 부족한 혈액을 심장의 오른쪽 부분에서 폐로 보내는 혈관

폐정맥 pulmonary veins
산소가 풍부한 혈액을 폐에서 심장으로 보내는 혈관

림프계 lymphatic system
여분의 체액을 세포로 둘러싼 공간에서 순환시키고, 섬유지방을 소화관에서 골라내며, 면역 기능에 중요한 역할을 하는 신체기관과 조직에서 나온 혈관과 림프로 구성된 순환계

림프관
림프가 순환되는 관

그림 4.19 림프관의 개관

림프계는 림프관, 림프절, 림프기관들로 구성된다. 림프라고 부르는 깨끗한 액체는 림프 혈관을 통해 순환한다.

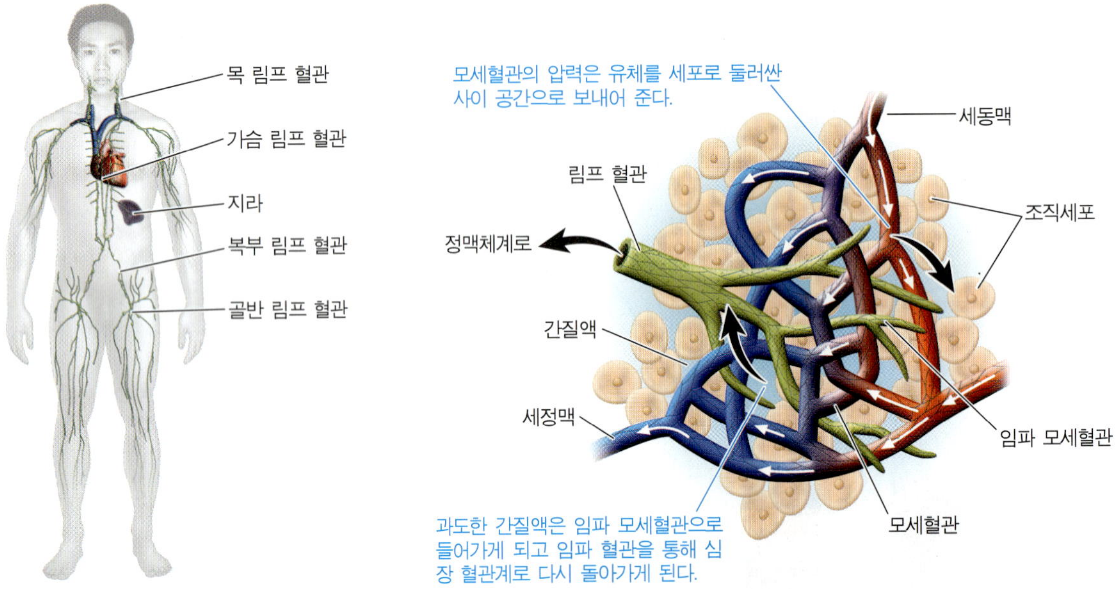

A. 림프계

B. 림프계를 경유하여 혈액으로의 간질액의 순환

필수개념 *Essential Concepts*

세포는 폭넓고 다양한 영양소와 산소를 필요로 한다. 이러한 물질의 운반은 심장혈관계와 림프계를 통해 이루어진다. 심장혈관계는 체순환과 폐순환으로 구성되어 있다. 이런 순환로를 통해 혈액이 몸 안의 특정 부분으로 운반된다. 체순환은 혈액이 심장과 신체 기관 사이를 순환하여 다시 심장으로 돌아간다. 폐순환은 혈액이 심장과 폐 사이를 순환한다. 그리고 지용성 영양소가 순환하는 림프계는 혈액량을 조절하고 질병으로부터 보호하는 중요한 역할을 한다.

대사 노폐물의 배설
Excretion of Metabolic Waste Products

세포에 흡수된 영양소는 대사 또는 분해되거나 다른 물질을 합성하는 데 이용된다. 이와 같은 대사작용의 결과로 이산화탄소, 물, 요소 등의 다양한 대사 노폐물이 생성된다. 요소는 질소가 함유된 화합물로 아미노산이 분해된 결과로 생성되 소변에 포함된다. 노폐물이 축적되면 독성이 생길 수 있기 때문에, 노폐물을 우리 몸에서 제거하는 일은 중요하다.

호흡기관(respiratory system)에서는 이산화탄소를 제거한다. 고체 노폐물은 대장에서 대변으로 제거된다. 피부와 그 구성 요소로 이루어진 피부기관(integumentary system) 또한 대사 노폐물을 제거하는 일을 돕는데, 예를 들어 땀은 과도한 수분과 소금 및 소량의 요소 제거를 돕는다.

신장 kidney
혈액 속의 대사 노폐물을 여과하고 혈액량을 유지하는 역할을 하는 기관

수뇨관 ureter
소변을 신장에서 방광까지 운반하는 관

방광 urinary bladder
소변을 저장하는 기관

요도 urethra
소변을 방광에서 체외로 운반하는 관

네프론 nephron
혈액에서 노폐물을 여과해서 소변으로 배출하는 신장에 있는 관

그림 4.20 **비뇨기계의 개관**

비뇨기계는 신장(kidney), 수뇨관(ureters), 방광(urinary bladder), 요도(urethra)로 구성되어 있다.

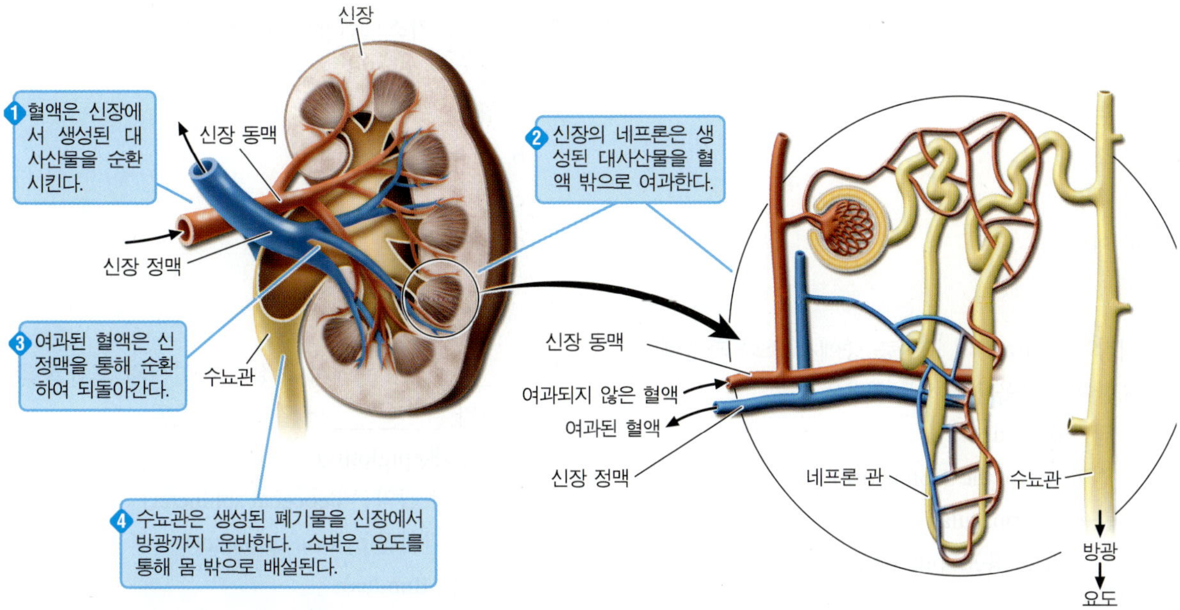

대사 노폐물의 비뇨 배설
Urinary Excretion of Metabolic Waste Products

신장, 수뇨관, 방광, 요도로 이루어진 비뇨기관은 혈장으로부터 대사 노폐물을 제거하고 소변으로 노폐물을 제거하는 데 중요한 역할을 한다. 혈액은 신장에 분당 1,200ml의 속도로 흘러 들어온다.

신장의 단위인 네프론은 ① 여과 ② 재흡수 ③ 분비의 세 가지 기능을 한다.

여과는 요소나 과도한 물, 전해질, 소금, 무기질과 같은 노폐물이 혈액을 흘러서 네프론을 통해 제거되는 작용이다.

재흡수는 물과 아미노산, 포도당, 그 밖의 필수 물질들이 혈액을 통해 되돌아가는 작용이다. 이런 재순환은 신체에서 중요한 물질이 손실되는 것을 예방한다.

비뇨기계의 또 다른 기능은 분비작용을 통해 노폐물을 제거하는 것이다. 소변은 관을 통해 아래로 내려가서 방광과 만나는 수뇨관을 통해 신장을 떠난다. 방광이 소변으로 가득 차게 되면, 확장된 수용체가 활성화되고 소변을 보고자 하는 느낌이 뚜렷해지게 된다. 소변은 요도라고 불리는 관을 통해 몸 밖으로 배출된다(**그림 4.20**).

여과 filtration
혈액에서 나온 대사 노폐물에 대한 선택적 제거 과정

재흡수 resorption
이전에 제거되었던 물질이 다시 혈액으로 돌아가는 것

연습 문제 Review Questions

1. 다음 기관(organs)들 중에서 소화관(digestive tract)의 부분이 아닌 것은?
a. 위
b. 소장
c. 췌장
d. 식도

2. 위장관(GI tract)의 조직층 중에서 소화 과정에 필요한 분비물을 공급하는 곳은?
a. 점막(the mucosa)
b. 점막하조직(the submucosa)
c. 근육(the muscularis)
d. 장막 또는 융모막(the serosa)

3. 분절화(segmentation)는 무엇을 위해 필요한가?
a. 위장관을 통해 음식을 밀어낸다.
b. 위장관에서 음식을 섞는다.
c. 음식물이 위장관에서 잘못된 방향으로 가지 않도록 막는다.
d. 음식물이 기관(trachea)으로 들어가는 것을 막는다.

4. 다음 소화를 돕는 분비물 중 음식물을 화학적으로 분해하여 잘게 부수는 것은?
a. 점액
b. 효소
c. 호르몬
d. 담즙

5. 다음 중 위장(GI)의 운동성을 조절하거나 소화 분비물을 방출하는 것이 <u>아닌</u> 것은?
a. 장의 호르몬
b. 장의 신경계
c. 담즙
d. 중추신경계

6. 다음 중 가스트린(gastrin) 호르몬을 방출하는 기관은 어느 것인가?
a. 췌장
b. 소장
c. 위
d. 담낭

7. ________은 위에서 소장으로 물질의 흐름을 조절한다. ________에 알맞은 것은?
a. 후두개(epiglottis)
b. 회맹부 괄약근(ileocecal sphincter)
c. 유문 괄약근(pyloric sphincter)
d. 기저부(fundus)

8. 다음 중 유미즙이 생성되는 곳은?
a. 위
b. 소장
c. 대장
d. 인두

9. 위가 비어 있는 비율이 주는 영향은 무엇인가?
a. 섭취한 음식의 양
b. 섭취한 음식의 영양 성분
c. 섭취한 음식의 일관성(농도, 밀도, 경도)
d. 모두 다

10. 융모(villi)라고 불리는 구조는 ________에서 발견된다. ________에 알맞은 것은?
a. 입
b. 위
c. 소장
d. 대장
e. 모두 다

11. 유미즙은 ________으로부터 분비된 분비물에 의해 중화된다. ________에 알맞은 것은?

a. 소장
b. 담낭
c. 위
d. 췌장

12. 팽기수축(haustral contractions)은 ________에서 일어난다. ________에 알맞은 것은?

a. 입
b. 담낭
c. 소장
d. 대장

13. 대장에 기생하고 있는 박테리아를 설명(묘사)하기 위해 사용되는 용어는 _______이다. _______에 알맞은 것은?

a. 미생물총(microflora)
b. 유미즙(chyme)
c. 식괴 or 음식물 덩어리(bolus)
d. 대식세포(macrophages)

14. 다음 중 기관계의 대사산물을 제거하기 위해 혈액을 여과하는 것은?

a. 소화계
b. 비뇨기계
c. 내분비계
d. 신경계

15. 다음 혈관 구조(조직) 중 혈장과 조직 간액(interstitial fluids) 사이의 영양소와 가스 교환이 일어나는 장소인 것은?

a. 동맥(arteries)
b. 정맥(veins)
c. 림프관(lymph vessels)
d. 모세혈관(capillaries)

16. 위장관을 구성하는 4가지 조직 층을 열거하고 설명하라.

17. 소화과정에 필요한 분비물을 생산하고 방출하는 기관을 열거하여라. 그리고 각각의 분비물이 소화과정에서 어떤 역할을 하는지를 설명하라.

18. 입, 위, 소장에서 일어나는 소화의 결과를 설명하라.

19. 소장의 안쪽 표면을 설명하고, 이 표면이 영양소의 흡수 과정을 어떻게 용이하게 하는지(촉진하는지)를 설명하라.

20. 장의 신경계, 장의 내분비계, 장의 중추신경계 등이 소화에서 어떤 역할을 하는지를 설명하라.

Chapter 5
Carbohydrates

탄수화물

탄수화물은 주로 식물에서 합성되는 다양한 화합물이다. 단순 탄수화물들이 서로 결합하여 복합 탄수화물을 형성한다.

탄수화물은 신체에 필수적인 에너지를 공급하는 주요 기능을 담당하며, RNA나 DNA의 구성 성분이 되기도 한다. 또한 탄수화물은 다양한 식품에 다량 함유되어 있으며, 건강을 위한 균형 잡힌 식사의 가장 중요한 성분 중 하나다.

본 장에서는 탄수화물의 구조 · 식품급원 · 체내 기능 · 식사지침 등에 대해 알아보기로 하자.

Chapter 5

- 탄수화물 분류 : 단순탄수화물 복합탄수화물
- 탄수화물 부하와 운동수행능력
- 게실성 질환
- 탄수화물 소화와 흡수 및 이동
- 유당불내증
- 호르몬의 혈당 및 열량저장 조절
- 저혈당증의 진단과 치료
- 탄수화물과 건강
- 탄수화물 필요량 및 섭취권장 수준
- 설탕 섭취 줄이기
- 인공감미료
- 탄수화물 영양 : 계획에서 실천까지
- 영양과 포도당 조절기능 손상 및 당뇨병

탄수화물의 분류 : 단순탄수화물
Classifying Carbohydrates : Simple Carbohydrates

탄수화물은 여러 단위의 당으로 구성되어 있으며 1 g당 4 kcal의 열량을 공급한다. 한 단위로 구성된 탄수화물을 단당류라고 하며, 두 단위로 구성된 탄소화물은 이당류라고 한다. 그리고 분자가 작은 단당류와 이당류를 단순 탄수화물, 또는 단순당이라고 한다.

단당류
Monosaccharides

단당류는 탄소(C), 수소(H), 산소(O)가 1:2:1의 비율로 구성된 단일 단위의 당이다. 그 예로서, 신체에 가장 많이 존재하는 포도당은 탄소, 수소, 산소 원소의 비율이 6 : 12 : 6이므로 $C_6H_{12}O_6$ 로 표기한다. 단당류는 탄소 수에 따라 삼탄당, 사탄당, 오탄당, 육탄당으로 분류한다.

자연계에 가장 많이 존재하는 단당류는 육탄당이며, 포도당 · 과당 · 갈락토오스가 대표적이다. 단당류는 기본적으로 고리 구조를 지니며, 고리를 이루는 탄소마다 각기 번호를 부여할 수 있다(**그림 5.1**).

포도당, 과당, 갈락토오스는 동일한 분자식($C_6H_{12}O_6$)을 갖지만 원자 배열은 서로 다르다. 과당은 오각형 구조를 지니지만, 탄소가 6개이므로 육탄당으로 분류한다. 포도당과 갈락토오스의 C4 탄소에 결합된 수산기(−OH)는 서로 반대 방향으로 위치하고 있는데, 이러한 차이는 소화와 흡수 및 생리적 기능에 영향을 미친다.

그림 5.1 단당류 구조

포도당 · 갈락토오스 및 과당은 탄소 6개로 구성된 단당류이다. 이러한 단당류를 육탄당이라고 하며 육탄당은 탄소 6, 수소 12, 산소 6으로, 즉 1 : 2 : 1 비율로 구성되어 있다.

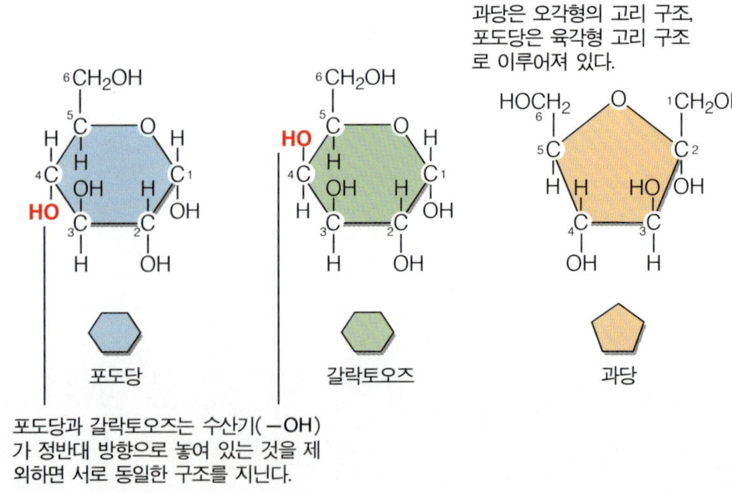

탄수화물 carbohydrate
다양한 단당류로 구성된 유기화합물

단당류 monosaccharide
단순 탄수화물의 종류

이당류 disaccharide
두 가지 단당류가 결합된 단순 탄수화물

단순 탄수화물, 단순당
simple carbohydrate, simple sugar
단당류와 이당류를 포함하는 탄수화물

포도당
Glucose

클로로필을 함유하는 식물은 광합성을 통해 이산화탄소와 물을 결합하여 포도당을 합성한 뒤에 고분자 탄수화물을 생산하는 데 사용한다(**그림 5.2**).

동물은 식물의 탄수화물을 분해하여 포도당을 획득함으로써, 자연계의 균형을 이룬다. 혈액 포도당은 인체에서 가장 풍부한 단당류이다.

포도당의 주요 기능은 세포에 ATP를 제공하는 것인데, 특히 뇌와 적혈구가 포도당을 주요 에너지원으로 사용한다. 포도당은 신체에서 일부 아미노산으로 전환되어 단백질 합성에 사용되기도 한다. 또한 포도당은 지방으로 전환되어 열량을 장기간 저장하는 데 쓰이며, 소량은 글리코겐으로 전환되어 저장된다.

과당
Fructose

레불로오스(levulose)라고도 부르는 과당은 벌꿀 · 과일 · 야채에서 발견되는 천연 당으로, 단당류 중 당도가 가장 높다. 옥수수에서 추출한 고과당 시럽은 탄산음료, 과일 주스에 주요 감미료로 쓰인다.

과당과 포도당이 동일한 비율로 구성된 고과당 시럽의 지나친 섭취는 비만을 초래한다고 알려졌다. 미국의 경우는 음료수를 통해 섭취되는 고과당 시럽이 총 열량 섭취의 약 5%에 해당하는 열량을 제공한다 .

광합성 photosynthesis
식물이 빛 에너지를 이용하여 이산화탄소와 물을 결합하여 포도당을 생산하는 과정

포도당 glucose
광합성에 의해 생산된 육탄당

과당 fructose
과일과 야채에 존재하는 육탄당, 레불로오스

그림 5.2 아미노산의 주요 구성 요소

식물은 광합성 과정을 통해 햇빛으로부터 에너지를 포획하여 포도당의 화학결합으로 전환하며, 사람들이 이 식물을 섭취하였을 때에 포도당 형태로 에너지를 제공한다.

$$\text{이산화 탄소 } 6(CO_2) + \text{물 } 6(H_2O) \xrightarrow{\text{빛 에너지}} \text{포도당 } 1(C_6H_{12}O_6) + \text{산소 } 6(O_2)$$

갈락토오스
Galactose

갈락토오스가 유리 형태로 존재하는 천연 식품은 거의 없으며, 단지 우유에 존재하는 유당을 구성하는 단당류 성분으로 존재한다. 갈락토오스는 당지질과 당단백질의 성분으로 세포막을 구성한다.

당지질은 탄수화물을 함유한 지질을 의미하며, 당단백질은 탄수화물과 결합한 단백질을 일컫는다. 갈락토오스는 신체에서 포도당으로 전환되어 에너지를 공급한다.

이당류
Disaccharides

이당류는 두 분자의 단당류로 구성되며, 유당 · 서당 · 맥아당이 이에 해당된다. 이당류의 구조적인 공통점은 적어도 포도당 한 분자를 가지고 있다는 것이다**(그림 5.3)**. 한 단당류의 수산기(−OH)와 다른 단당류의 수소기(−H)가 서로 축합반응을 하여 물분자 한 개가 제거되면서 단당류 사이에 당 결합(glycosidic bond)이 형성된다. 물분자가 제거되었으므로 이당류의 분자식은 $C_{12}H_{22}O_{11}$로 표기된다**(그림 5.4)**. 포도당 분자의 C1과 다른 당분자의 C4 사이의 당 결합을 1,4-결합이라고 한다.

한편, 알파(α)와 베타(β)는 당 결합의 방향성을 의미한다**(그림 5.5)**. 이와 같은 탄수화물의 구조는 결합방식에 따른 소화 가능성을 이해하는 데 도움이 된다.

그림 5.3 이당류 : 서당, 맥아당, 유당

이당류는 단당류 두 분자가 서로 결합한 형태를 지닌다.

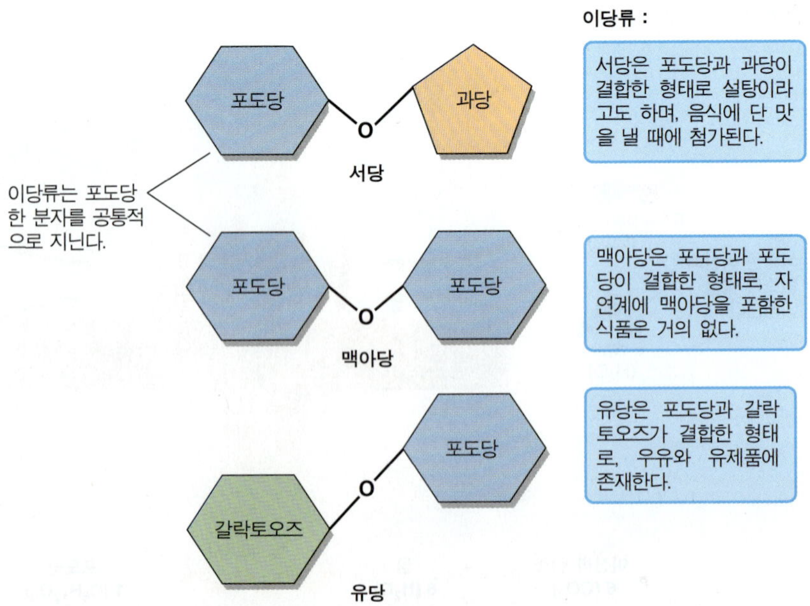

갈락토오스 galactose
주로 포도당과 함께 유당을 구성하는 육탄당

유당 lactose
포도당과 갈락토오스로 구성된 이당류 : 유선에서 생성

서당 sucrose
포도당과 과당으로 구성된 이당류 : 주로 과일과 야채에 존재

맥아당 maltose
포도당 두 분자로 구성된 이당류 : 전분을 분해할 때에 생성

배당체 결합, 당 결합
glycosidic bond
단당류 두 분자가 축합되어 구성된 화학결합

그림 5.4 당 결합의 형성

당 결합은 두 분자의 단당류가 축합되어 형성된다. 두 분자의 포도당 분자가 결합하여 물과 맥아당(maltose)을 생성한다.

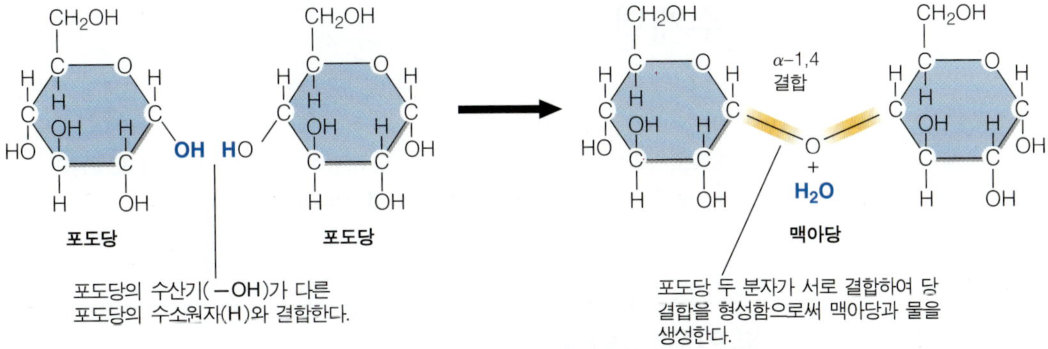

유당 Lactose

우유와 유제품(치즈, 요구르트, 아이스크림)에 풍부한 유당은 포도당과 갈락토오스로 구성된 이당류이다. 수유기 동안 유선조직에 존재하는 효소의 작용으로 포도당이 갈락토오스로 전환하여 유당을 합성한다.

서당과 맥아당 Sucrose and Maltose

서당은 주로 사탕수수나 사탕무 같은 식물에 풍부한 이당류로, 포도당과 과당으로 구성되어 있다. 이 식물의 즙에서 추출한 황갈색의 당밀(molasses)을 정제하여 만든 결정체를 서당이라고 한다. 일반적으로 사람들이 서당의 강한 단맛을 선호하기 때문에 가공식품에 많이 사용한다.

그림 5.5 당 결합

단당류 두 분자가 결합하여 당 결합을 형성하는데, 당 결합에 표시된 숫자는 결합을 형성하는 탄소 위치를 가리킨다. 당 결합이 아래쪽 방향을 향하고 있을 때를 알파(α) 당 결합이라고 하며, 위쪽을 향하고 있을 때를 베타(β) 당 결합이라고 한다.

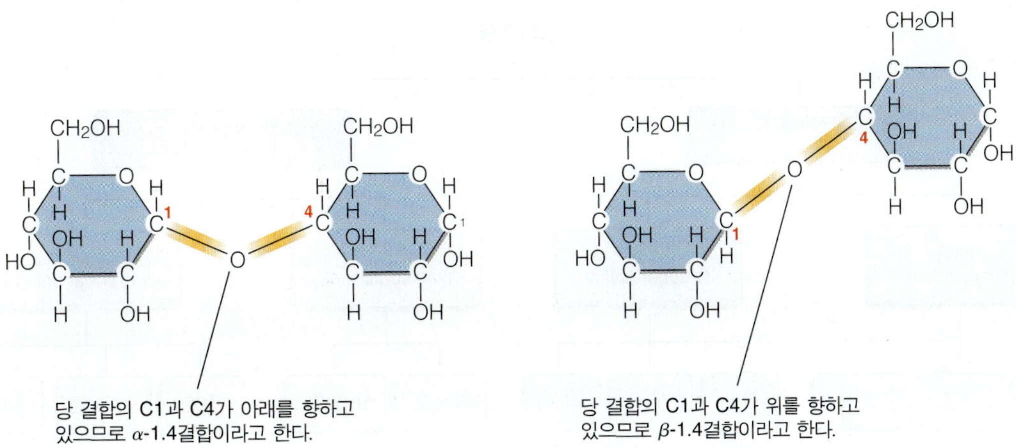

맥아당은 전분이 소화되는 과정에서 형성되므로 천연 식품에서는 거의 발견되지 않는다. 맥아당은 맥주나 유아식을 생산하는 식품업계에서 이용한다.

필수개념 *Essential Concepts*

단당류와 이당류는 단순 탄수화물에 해당된다. 단당류에는 포도당 · 과당 · 갈락토오스가 포함되며, 이당류에는 유당 · 맥아당 · 서당이 포함된다. 유당은 갈락토오스와 포도당, 서당은 과당과 포도당, 맥아당은 포도당과 포도당이 결합하여, 모두 공통적으로 포도당 한 분자를 지니고 있다.

복합탄수화물
Complex Carbohydrates

복합 탄수화물에는 올리고당과 다당류가 해당된다. 올리고당(oligosaccha-reide)은 3~10개의 단당류로 구성되는 반면, 다당류(polysaccharide)는 열 개 ~ 수백 개의 단당류로 구성된다(**그림 5.6**).

올리고당
oligosaccharides

올리고당으로는 라피노오스(raffinose)와 스타키오스(stachyose)가 대표적이며, 주로 콩류, 즉 대두콩 · 완두콩 · 렌즈콩 등에 존재한다. 그러나 인체에는 라피노오스와 스타키오스를 소화하는 효소가 없기 때문에 위장관에서 소화되지 않으나 대장에서 박테리아에 의해 발효된다. 이러한 현상 때문에 가끔 복부 팽만감과 경련 및 가스 발생 등의 증세가 유발되며, 올리고당을 소화시키는 제품(Beano®)이 판매되고 있다. 올리고당은 세포막을 구성하는 요소로 활용되어 세

올리고당 oligosaccharide
3~10개의 단당류로 구성된 탄수화물

다당류 polysaccharide
10분자 이상의 단당류로 구성된 복합 탄수화물

복합 탄수화물 complex carbohydrates
올리고당과 다당류를 포함하는 탄수화물

그림 5.6 탄수화물 분류

탄수화물은 단순 탄수화물과 복합 탄수화물로 나누어지며, 포함하는 단당류의 수에 따라 단당류 · 이당류 · 올리고당류 · 다당류로 세분화된다.

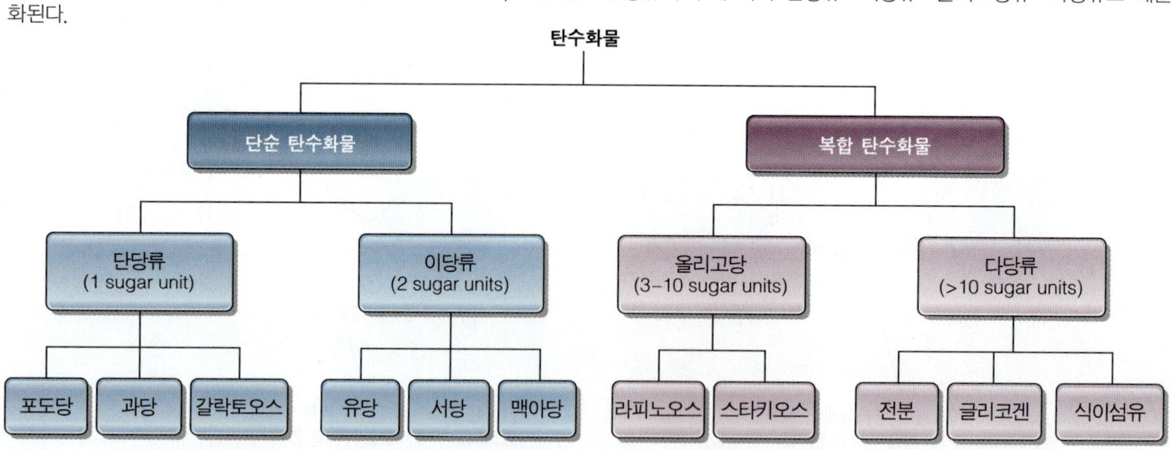

포의 인지작용을 가능하게 한다. 유선에서 합성된 올리고당은 인유성분으로 분비되어 병원균으로부터 유아를 보호하는 면역 체계의 일부로 작용한다.

다당류 Polysaccharides

전분과 글리코겐 및 식이섬유는 다당류에 해당한다. 식물은 포도당을 전분으로 저장하는 반면, 동물은 글리코겐으로 저장한다. 전분이나 글리코겐은 주로 열량으로 이용되고, 식이섬유는 식물 벽을 단단하게 해주는 구조적 기능을 담당한다.

단당류 분자의 배열에 따라 다당류의 모양과 형태가 매우 다양해진다. 즉, 단당류가 규칙적인 직쇄형태로 배열된 다당류가 있는 반면에, 나무 가지처럼 분지형태로 배열된 다당류도 있다.

전분 : 식물성 다당류
Starch : The Plant Polysaccharide for Glucose Storage

전분에는 **아밀로오스**와 **아밀로펙틴**의 두 종류가 있다. 모두 포도당으로 구성되어 있으나, 배열은 서로 다르다(**그림 5.7**). 아밀로오스는 포도당이 직쇄형을 이루며 α-1,4 결합으로 배열되어 있는 반면, 아밀로펙틴은 포도당이 직쇄형의 α-1,4결합과 분지형 α-1,6결합으로 배열되어 있다.

식물은 전분의 두 형태를 모두 지니고 있지만, 아밀로펙틴이 아밀로오스보다 더 풍부하다. 전분식품에는 곡류(옥수수, 쌀, 밀 등) 및 곡류 제품(파스타, 빵 등), 콩류, 감자, 호박 등이 있다. 전분은 가열하면 끈끈한 겔을 형성하기 때문에 요리할 때 음식의 질감과 안정성을 위해 첨가한다.

글리코겐 : 동물성 다당류
Glycogen : The Animal Polysaccharide for Glucose Storage

신체는 포도당을 글리코겐으로 전환하여 주로 간과 근육에 소량 저장한다. 글리코겐은 포도당이 고도의 분지형태로 배열되어 있는 것이다(**그림 5.8**).

글리코겐 분지의 생리적 이점은 효소들이 동시에 당 결합을 가수분해할 수 있다는 점이다. 따라서 글리코겐은 필요할 때에 신속히 분해되어 포도당을 제공할 수 있다.

대부분의 세포가 포도당을 에너지로 사용하기 때문에 굶거나 강도 높은 운동을 할 때처럼 포도당 유용성이 제한되는 경우에는 글리코겐이 분해된다. 간 글리코겐은 포도당으로 분해되어 혈액으로 직접 방출되기 때문에 혈당을 조절할 수 있다.

간과 달리, 근육에는 포도당을 혈액으로 방출하는 데 필요한 효소가 부족하다. 따라서 근육 글리코겐으로 생성된 포도당은 근육 활동의 연료로만 사용되는데, 운동선수들 중에는 '글리코겐 부하' 법으로 신체에 글리코겐 저장량을 늘리려는 시도를 하는 경우가 있다.

아밀로오스 amylose
포도당 분자가 직쇄 형태로 배열된 전분의 일종

아밀로펙틴 amylopectin
포도당 분자가 고도의 분지 형태로 배열된 전분의 일종

글리코겐 glycogen
포도당이 고도의 분지 형태로 배열된 다당류로서 주로 간과 골격근에 존재

그림 5.7 전분 구조

식물은 포도당을 전분 형태로 저장하며, 포도당 결합 형태에 따라 아밀로오스와 아밀로펙틴으로 분류한다.

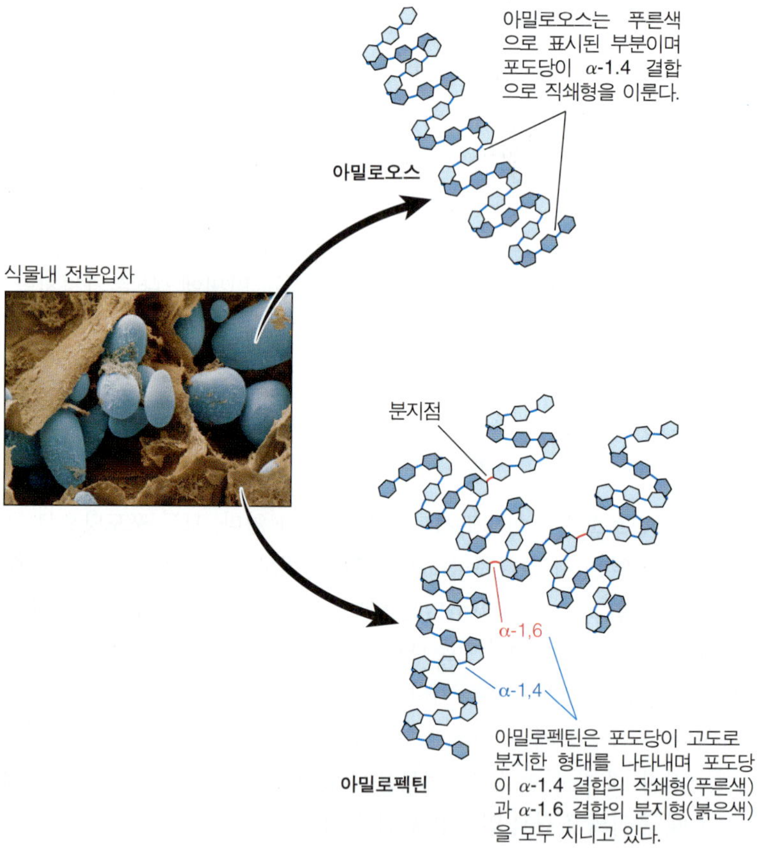

식이섬유
Dietary Fiber

식이섬유란 인체의 소장에서 소화 흡수되지 않는 화합물로 식물에 존재하는 다양한 다당류를 일컫는 용어다. 식이섬유의 β-결합은 사람의 소화효소로 분해할 수 없기 때문에**(그림 5.9)** 필수영양소는 아니지만 건강을 위해 매우 중요한 식사의 구성요소이다.

식이섬유 dietary fiber
인체의 소장에서는 소화되거나 흡수되지 않는 식물성 다당류

식이섬유가 많이 함유된 식사는 비만, 심혈관계 질환, 제 2형 당뇨병을 예방하는 데 유익할 뿐만 아니라 대장 기능을 증진시키고 변비증세를 완화한다. 따라서 건강 전문가들은 이러한 식품을 매일 먹도록 권장하고 있다.

식이섬유는 전곡, 콩, 채소 및 과일 등 다양한 식물성 식품에 풍부하게 함유되어 있다. 식이섬유는 화학 구성, 용해성 외 다른 물리적 성질—함수성 · 점성 · 발효성 · 결합력—에 따라 분류할 수 있다.

그림 5.8 글리코겐 구조

동물은 포도당을 글리코겐 형태로 저장하는데, 글리코겐은 포도당으로 구성된 다당류의 일종이다.

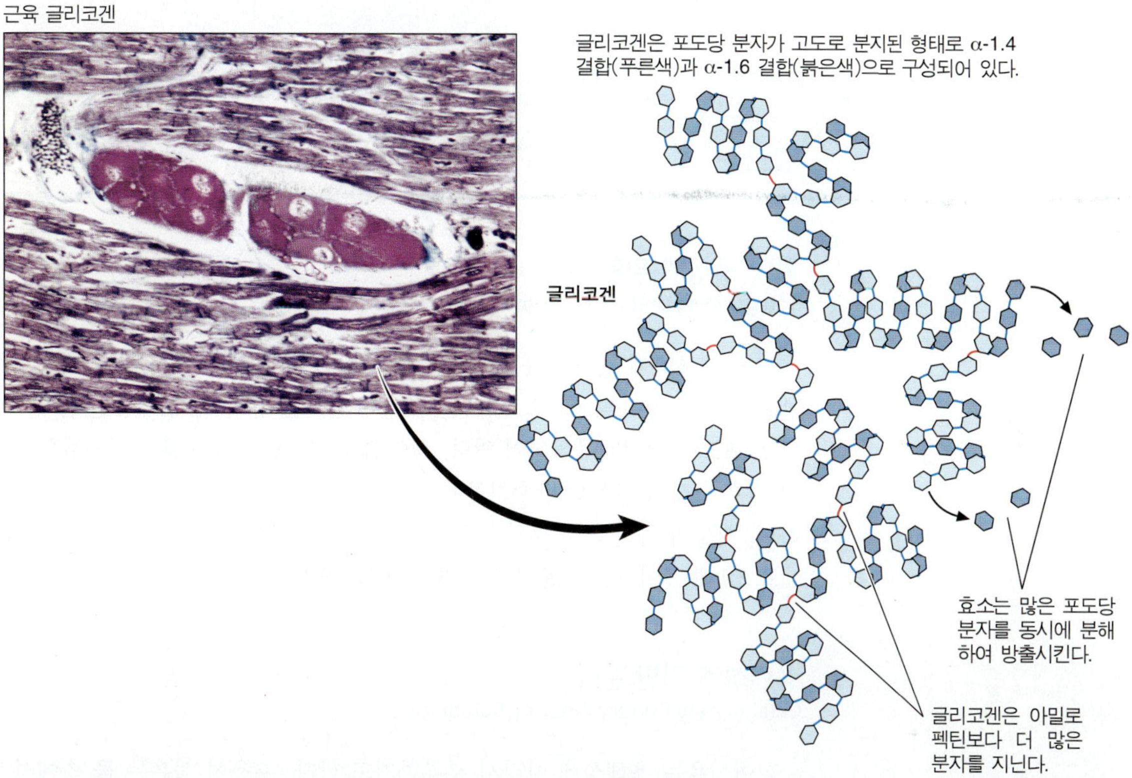

Focus On 스포츠 영양학 SPORTS NUTRITION 탄수화물 부하와 운동수행능력

탄수화물 부하란 운동선수들이 간과 근육에 글리코겐 저장량을 증가시키기 위해 사용하는 식사요법을 말하는데, 글리코겐 저장량을 증가시킴으로써 긴장성 운동이나 60분 이상 지속되는 활동을 할 때 피로감을 지연시킬 수 있다. 일반적으로 탄수화물 부하는 경기 7~8일 전부터 시작하여 단계별로 진행한다.

예컨대, 체중 90kg인 사람의 경우에 탄수화물 부하의 첫 단계(1~2일)에는 저탄수화물 식사—탄수화물 5g/kg 체중, 총 450g 섭취—와 함께 고강도의 훈련으로 저장 글리코겐을 고갈시킨 다음, 점진적으로 운동량을 줄이고 탄수화물 섭취를 더 증가—탄수화물 7g/kg 체중, 총 630g 섭취—시킨다.

마지막 단계인 6~7일에는 신체활동을 더 줄이고 체중 1kg당 탄수화물 10g, 총 900g의 고탄수화물 식사를 제공하게 되는데, 이 양은 식빵 40쪽에 해당된다.

모든 운동선수에게 탄수화물 부하법이 필요한 것은 아니며, 특히 경기 시간이 짧을 때(60분 이하)는 이 방법이 큰 도움을 주지 못한다. 오히려 영양소와 열량을 충분히 제공해 주는 식사가 더 적합하다.

그러나 고강도의 지구력 경기를 하는 선수들에게 탄수화물 부하는 경쟁력을 길러줄 수도 있다. 그러나 진정한 경기력은 탄수화물 부하로 형성되는 것이 아니라, 개인적 소질과 장기간의 훈련 및 균형 식사가 복합적으로 조성되었을 때에 기대할 수 있다.

그림 5.9 인체는 식이섬유를 소화할 수 없다.

사람은 β-1,4 결합을 분해하는 효소가 없기 때문에 식이섬유를 섭취하면 소화기관에 그대로 남는다.

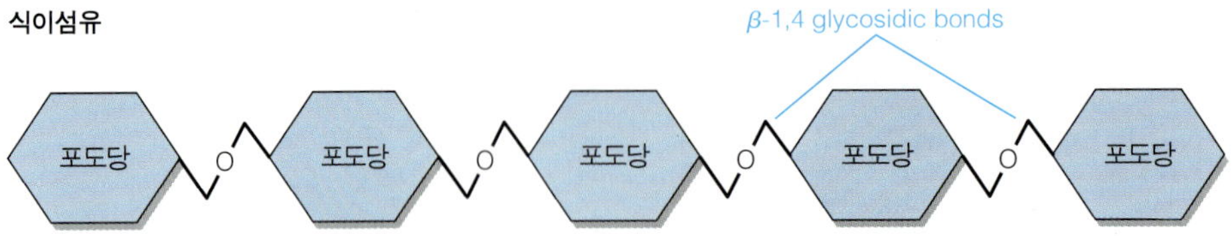

화학 구성에 의한 분류
Categorizing Dietary Fiber by Chemical Composition

식물 세포벽에 존재하는 다당류는 β-결합을 하고 있는 비전분성 다당류로, 셀룰로오스, 헤미셀룰로오스, 펙틴, β-글루칸 · 검 등이 이에 해당된다. 이들은 모두 포도당으로만 구성되어 있다. 식이섬유 리그닌은 비전분성 다당류와 구조가 매우 달라서 사실상 탄수화물이라고 하기 어려우나 비당류 식이섬유로 분류하며, 식물의 거친 목질 부위를 구성하기 때문에 많이 섭취할 수 없다.

표 5.1에 식이섬유의 종류를 간략히 제시하였다.

용해성에 의한 분류
Categorizing Dietary Fiber by Solubility

식이섬유는 용해성에 따라서 분류하기도 한다. 수용성 섬유는 물 속에서 용해되어 팽창하는 반면, 불용성 섬유는 팽창하지 않는다. 불용성 식이섬유가 많은 당근을 밤새 물에 담가 두면 변하지 않으나, 수용성 식이섬유가 많은 귀리를 물에 담가 두면 부드러운 풀처럼 변하게 된다.

일반적으로 식품에는 수용성 식이섬유와 불용성 식이섬유가 모두 포함되어 있으나, 귀리 · 쌀 · 차전자씨(psyllium seeds) · 콩 · 과일에는 수용성 섬유가 풍부한 반면에, 밀 · 전곡류 · 브로콜리 · 채소는 주로 불용성 식이섬유가 풍부하다.

이러한 이유로 식사지침에서는 수용성 섬유는 혈중 콜레스테롤의 저하를 유도하여 심혈관 질환의 위험을 감소시키고 불용성 섬유는 변비를 완화시키므로 섭취를 권장하고 있다. 최근 연구에서는 두 식이섬유 모두 변비증세를 완화시킬 수 있으며, 모든 수용성 식이섬유가 콜레스테롤을 저하시키지는 않는다고 보고된 바 있다.

기타 물리적 특성에 의한 분류
Categorizing Dietary Fiber by Other Physical Properties

수용성 식이섬유 soluble fiber
물에 용해될 수 있는 식이섬유

불용성 식이섬유 insoluble fiber
물에 용해될 수 없는 식이섬유

식이섬유는 수분 보유력이라는 물리적 특성으로 분류할 수 있다. 귀리, 보리, 콩 등에 많이 함유되어 있는 식이섬유는 물에서 겔을 형성하는 점성을 지니고 있다. 이러한 식이섬유는 변의 양과 무게를 증가시킴으로써 변이 부드러워지고, 결장의 연동수축이 촉진된다. 그로 인해 변이 쉽게 배출되어 변비를 예방하

표 5.1 일반적 식이섬유의 종류와 식품급원

식이섬유	특성	식품급원
셀룰로오스	포도당이 β-배당체 결합을 한 불용성 섬유: 식물 세포벽을 구성하는 주 요소	전밀가루 쌀겨 브로콜리 양배추 말린콩 사과 채소뿌리
헤미셀룰로오스	다양한 단당류 분자로 구성된 불용성 섬유(예, 포도당, 아라비노오스, 만노오스, 자일로오스	쌀겨 시리얼 모든 곡물
펙틴	숙성 과일의 표피에서 주로 발견되는 수용성 섬유 :잼, 젤리 제품 생산에 상업적으로 이용	사과 감귤 딸기 나무딸기
β-글루칸	포도당 분자의 분지형 사슬로 이루어진 비전분 다당류	버섯 보리 귀리
검	식품의 성형물질로 사용되는 수용성 · 점액성의 비전분 다당류	오트밀 말린 콩 기타 두류
리그닌	식물의 목질 부위에 존재하는 식이섬유로서, 알코올 기능기를 다량 함유한 비다당류의 일종	딸기류 밀

자료 : Institute of Medicine, Dietary Reference Intakes for energy, carbohydrates, Fiber, Fat, Fatty acids. cholesterol, protein and amino acids. Washington, DC: National Academies Press: 2005.

거나 완화하는 데 도움을 준다. 또한 수분 보유력이 높은 식이섬유는 혈액 포도당과 콜레스테롤 수준을 저하시켜서 당뇨병과 심혈관계 질환의 위험이 있는 사람들에게 특히 필요하다.

식이섬유 중에는 장 박테리아에 의해 발효되어 가스와 지질 부산물을 생성하는 것이 있다. 이것을 발효성 섬유라고 하는데, 펙틴 · 옥수수 · 귀리 · 기울 · 불가사리 · 한천 · 차전자 · 알팔파 · 구아검 등이 해당된다. 장 박테리아에 의해 생성된 가스는 인체에 불편함을 주지만, 발효로 생성된 지질 부산물은 결장벽 세포에 유익한 영양분을 제공할 뿐만 아니라, 특정 장 박테리아의 성장을 촉진하여 병원성 박테리아의 성장을 억제하는 중요한 역할을 한다.

전곡, 밀기울, 브로콜리, 현미 등에 있는 셀룰로오스처럼 박테리아의 분해에 대한 저항성이 높아서 장 내에 그대로 남는 식이섬유도 인체 건강에 유익할 수 있다. 발효되지 않는 식이섬유는 수분 보유력이 높은 식이섬유처럼 변량을 증가시킨다.

만성 변비를 방치하면 심각한 게실성 질환(diverticular disease)의 원인이 되기 때문에 충분한 물의 섭취와 고섬유 식사로 변비를 예방하는 것이 중요하다.

발효성 식이섬유 fermentable fiber
대장에서 박테리아에 의해 발효될 수 있는 식이섬유

Focus On 식사와 건강 DIET AND HEALTH

게실성 질환

저 식이섬유 식사는 굳고 마른 변을 형성하여 배변이 힘들어질 뿐만 아니라 게실성 질환(diverticular disease)의 원인이 된다**(그림 5.10)**. 장기간 변비가 진행되면 변 오물이 대장의 벽 주변을 약화시켜서 게실이라고 부르는 돌출낭(주머니)이 형성된다.

이 질환은 고섬유질 식사를 하는 사람들에서는 잘 나타나지 않는데, 그것은 변량이 증가하여 배변이 용이하기 때문이다. 따라서 노인기의 게실염을 예방하기 위해서는 고섬유질 식사와 물을 충분히 섭취하는 것이 필요하다.

게실은 특히 노화와 함께 진행되어 70세 연령층을 포함한 사람의 절반이 게실증세를 보이며, 이 중에서 10~20%는 합병증인 게실염(diverticulitis)으로 악화된다.

게실염은 게실에 염증이 생긴 증세를 말하며 일반적으로 변이 게실주머니에 고여서 경련, 설사, 발열 및 일시적인 직장 출혈 증세를 동반한다.

그림 5.10 게실성 질환

게실성 질환은 섬유성 식품을 적게 섭취하는 노인에게 흔하게 나타난다. 모든 성인의 절반이 70세가 되기까지 게실염을 앓게 된다. 게실염이란 게실의 염증 증세를 말한다.

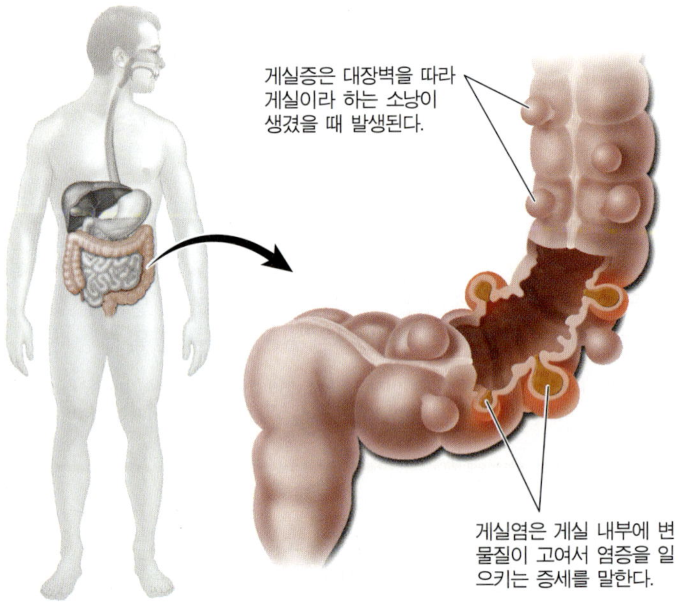

식이섬유의 또 다른 물리적 특성으로는 담즙이나 콜레스테롤과 결합하는 능력을 들 수 있으며, 이 특성은 건강에 도움을 준다. 담즙은 지질소화에 이용된 후, 간으로 흡수되어 재활용되지만, 간으로 흡수되지 않은 담즙은 그대로 변으로 배설된다. 식이섬유가 담즙과 결합함으로써 담즙의 재활용이 감소하므로 식이섬유를 충분히 섭취하면 혈중 콜레스테롤 수준이 저하되고 심혈관계 질환의 위험도 감소한다.

일부 식이섬유는 칼슘, 아연, 철, 마그네슘 등의 무기질과 결합한다. 그러나 권장수준만큼 섭취한 식이섬유가 건강한 사람의 무기질 상태에 어떤 영향을 미치는지는 분명치 않다.

게실성 질환
diverticular disease, diverticulosis
대장의 벽을 따라 주머니 형태의 주름낭이 형성되는 증세

게실염 diverticulitis
대장 벽의 주름낭에 생기는 염증

필수개념 Essential Concepts

올리고당과 다당류는 복합 탄수화물로 분류된다. 올리고당은 단당류 3~10개로 이루어져 있으며, 다당류는 수백 개의 단당류로 이루어져 있다. 전분, 글리코겐, 식이섬유는 대표적인 복합 탄수화물이다. 아밀로오스와 아밀로펙틴은 식물성 전분의 주요 형태로, 아밀로오스는 포도당이 직쇄상 배열을 이룬 반면, 아밀로펙틴은 포도당이 고도의 분지 형태의 배열을 이루고 있다.

글리코겐은 포도당 분자가 분지 형태로 구성되어 있으며, 주로 간과 골격근에 존재한다. 식이섬유는 사람의 소장에서 소화·흡수되지 않는 다양한 식물성 물질로, 대장에서 박테리아에 의해 분해될 수 있다. 이러한 특성은 물에 대한 용해도, 수분 보유력, 발효성, 담즙 및 무기질과 결합력 등 다양한 생리적 효과를 결정한다.

탄수화물 소화와 흡수 및 이동
Carbonhydrate Digestion, Absorption, and Circulation

탄수화물은 소화관을 이동하면서 많은 화학적 변화를 거친다. 소화효소의 작용으로 이당류와 전분의 당 결합이 분해된다. 탄수화물 소화의 최종 목표는 거대한 다당류를 흡수할 수 있는 작은 단당류로 분해하는 것이다. 이러한 과정은 입에서 시작되며, 침샘·췌장·소장 등에서 합성되는 효소 작용을 차례로 요구한다.

전분의 소화
Digestion of Starch

전분의 두 형태—아밀로오스와 아밀로펙틴—는 모두 포도당으로 구성되어 있다. 그러나 아밀로스는 α-1,4 결합으로만 이루어진 반면, 아밀로펙틴은 α-1,4 결합과 α-1,6결합으로 이루어져 있다. 전분의 두 형태는 구조적인 차이는 있지만 동일 효소에 의해 소화된다(**그림 5.11**).

침샘에서 α-아밀라아제(α-amylase)가 분비되면 입에서 전분 소화가 시작되는데, 침샘의 α-아밀라아제는 전분의 α-1.4 결합을 가수분해한다. 음식이 입에 머무르는 시간은 매우 짧아서 사실상 전분이 모두 소화되기는 힘들다. 침샘의 α-아밀라아제는 부분적으로 전분을 분해하여 덱스트린이라는 길이가 짧은 여러 다당류로 만든다. 그리고 이 덱스트린이 위에 도달하면, 산성 환경으로 인해 침샘 효소의 작용이 중지된다.

소화되지 않고 위를 통과한 덱스트린은 소장에서 췌장액과 함께 분비된 췌장 α-아밀라아제를 만나게 된다. 침샘의 α-아밀라아제처럼 췌장 α-아밀라아제는 α-1.4 당결합을 가수분해하여 덱스트린을 이당류인 말토오스로 변화시킨다. 마지막으로 미세융모막 세포에서 합성된 말타아제는 흡수세포 표면에서 맥아당을 포도당 분자로 가수분해한다.

침샘 α-아밀라아제
salivary α-amylase
침샘에서 분비되며 α-1.4 배당체 결합을 가수분해하여 전분을 소화시키는 효소

덱스트린 dextrin
전분이 부분적으로 분해되어 형성되는 다양한 크기의 포도당 복합체

췌장 α-아밀라아제
pancreatic α-amylase
췌장에서 분비되며 α-1.4 배당체 결합을 가수분해하여 전분을 소화시키는 효소

그림 5.11 이당류의 소화

아밀로오스와 아밀로펙틴은 많은 효소에 의해 소화되어 포도당 분자로 전환된다. 전분은 주로 소장에서 소화된다.

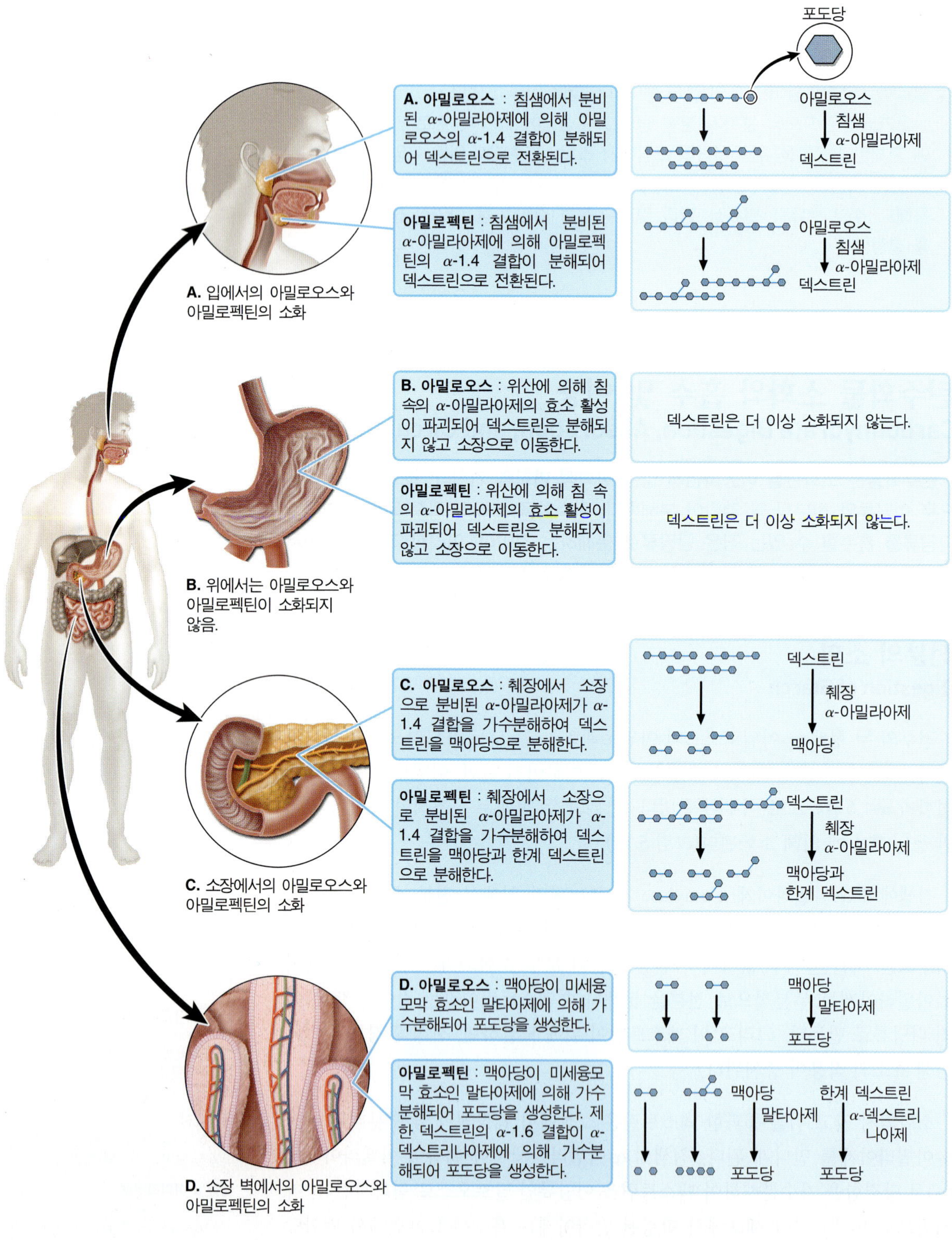

아밀로오스는 침샘과 췌장의 α-아밀라아제와 말타아제의 혼합 효과로 수많은 포도당 분자로 전환된다. 그러나 α-1.6 결합이 가수분해되어야 아밀로펙틴의 소화가 종료된다. α-아밀라아제는 오로지 α-1.4 결합만을 가수분해하기 때문에 아밀로펙틴이 가수분해될 때 '한계 덱스트린(limit dextrin)'이 생성된다.

한계 덱스트린이란 3 ~ 4분자의 포도당이 아밀로펙틴처럼 α-1.6 결합을 지니고 있는 형태를 가리키는 용어다. 미세융모막 흡수세포 표면에서 합성되어 같은 장소에 존재하는 α-덱스트리나아제(α-dextrinase)에 의해 한계 덱스트린의 α-1.6 결합이 분해된다. 아밀로오스와 아밀로펙틴의 소화과정을 통해 생성된 수많은 포도당 분자는 소장 세포로 흡수된다.

이당류의 소화 Digestion of Disaccharides

이당류의 소화는 전적으로 소장에서 일어난다(**그림 5.12**). 이당분해효소들은 소장세포에서 합성되어 그 세포의 흡수 표면에 존재한다.

수크라아제는 서당을 포도당과 과당으로, 말타아제는 맥아당을 포도당과 포도당으로, 락타아제는 유당을 포도당과 갈락토오스로 각기 가수분해한다. 그리고 일단 이당류가 단당류로 분해된 후에는 소장세포로 흡수된다.

일반적으로 유아는 우유 속의 유당을 충분히 소화시킬 만큼 락타아제를 합성할 수 있는 반면, 이 효소를 전혀 혹은 조금밖에 합성하지 못하는 성인은 유당을 잘 소화시키지 못한다. 이러한 증세를 유당불내증이라고 한다.

말타아제 maltase
맥아당을 가수분해하여 포도당 두 분자를 생산하는 효소

한계 덱스트린 limit dextrin
아밀로펙틴이 부분적으로 분해되어 생성되는 3~4 분자의 포도당과 α-1.6 배당체 결합을 포함하는 포도당 복합체

α-덱스트리나아제 α-dextrinase
α-1.6 배당체 결합을 가수분해하는 소장 효소

이당분해효소 disaccharidase
이당류의 배당체 결합을 가수분해하는 소장 효소

수크라아제 sucrase
서당을 포도당과 과당으로 가수분해하는 소장 효소

락타아제 lactase
유당을 포도당과 갈락토오스로 가수분해하는 소장 효소

그림 5.12 이당류의 소화과정

이당류는 이당소화효소로 알려진 소장 효소군에 의해 미세융모막에서 소화된다.

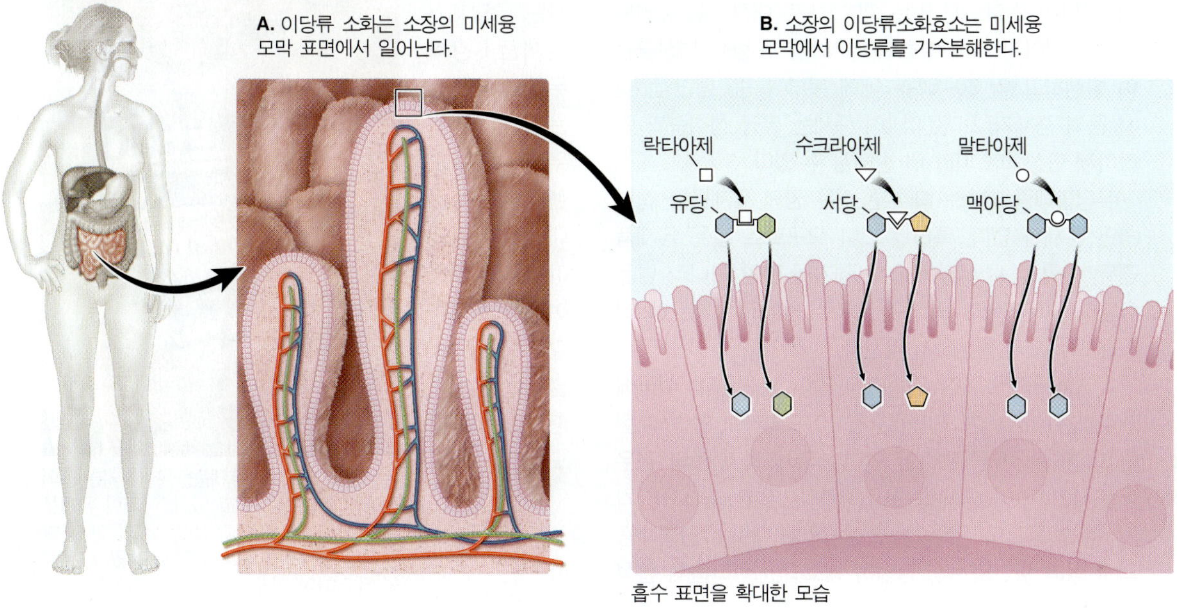

탄수화물 흡수와 이동
Carbohydrate Absorption and Circulation

이당류가 완전히 분해된 후, 분해 산물인 단당류(포도당, 과당, 갈락토오스)는 소장의 흡수 세포로 쉽게 유입된다. 일부는 ATP를 사용하는 능동이동 기전으로 흡수되며, 일부는 촉진확산에 의해 흡수된다.

단당류의 능동이동기전은 나트륨을 필요로 하므로 'Na-의존성' 기전이라고 한다(**그림 5.13**). 흡수된 단당류는 소장에서 혈액으로 이동하여 간문맥을 따라 간으로 유입된다.

혈당반응
The Glycemic Response

혈당 상승은 탄수화물 함유량이 높은 식품을 섭취한 직후에 유발된다. 그러나 모든 탄수화물이 혈당에 동일한 효과를 미치는 것은 아니다. 어떤 식품은 혈당을 급격히 상승시키는 반면, 어떤 식품은 그렇지 않다. 섭취한 식품이 혈당을 상승시키는 형태나 기간에 미치는 효과를 혈당 반응(glycemic response)이라고 한다.

유당불내증 Lactose Intolerance
락타아제가 결핍되어 유당을 가수분해하지 못하는 증세

Focus On 식사와 건강 DIET AND HEALTH — 유당불내증

소장에서 유당 소화효소(lactase)를 충분히 합성하지 못하여 많은 양의 유당을 소화시키지 못하는 증세를 유당불내증이라고 한다. 유당 함유식품을 섭취하였을 때, 유당이 소화되지 않은 채 그대로 대장으로 유입된 후 박테리아에 의해 발효되어 가스를 포함한 부산물들이 발생하고 약 30~60분 내에 복부 통증, 팽만감, 설사 등의 증세가 초래된다. 이 증세는 유당 섭취량과 락타아제 합성량에 따라 더 심해질 수 있다.

유당불내증 환자는 대부분 적은 양의 유제품을 섭취하면 문제가 없다. 특히 치즈나 요구르트 같은 유제품 경우, 가공 당시 유당이 일부 제거될 뿐만 아니라 남은 유당이 박테리아에 의해 젖산으로 전환되기 때문에 섭취해도 문제가 발생하지 않는다.

유당불내증은 특정 인종에서 많이 발생한다. 미국에 거주하는 아시아계 · 미 원주민 · 아프리카계 인종의 절반 이상이 증세를 호소한 반면, 북유럽계 인종의 경우에는 12%만이 증세를 호소하였다. 질환 · 의료적 처치 · 수술 등으로 장점막이 손상되었을 때도 유당불내증의 위험이 증가되는데, 원인이 해소되면 락타아제 합성 능력은 원래 상태로 회복된다. 유당불내증 환자는 유당제거 유제품 · 강화두부 · 뼈째 먹는 생선 · 강화두유 · 강화오렌지 주스 · 근대 · 대황 등의 야채를 섭취하여 칼슘을 보충할 수 있으며, 별도로 칼슘 보충제를 복용해도 좋다.

유당감소 우유와 유제품들은 대부분 편의점에서 많이 판매되고 있다. 이러한 유제품들은 유당을 제외하고 일반 유제품에서 발견되는 영양소를 모두 함유하고 있다. 유당을 제거하기 위해 락타아제를 첨가한다.

그림 5.13 단당류의 흡수

포도당과 갈락토오스는 운반체와 에너지를 사용하는 능동이동 기전에 의해 소장세포로 흡수된다. 또 과당은 촉진확산 기전으로 흡수된다. 단당류는 일단 흡수된 후에 간 문맥을 따라 간으로 이동된다.

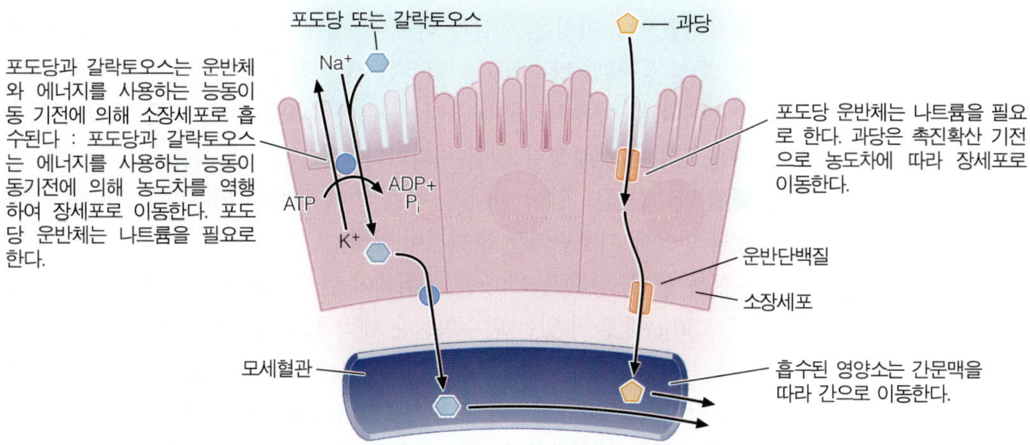

혈당지수(glycemic index ; GI)로 알려진 측정 지표는 그 상대적인 혈당 반응에 따라 식품을 분류하는 데 사용한다**(그림 5.14)**. 식품의 혈당지수란 순수 포도당이나 흰 빵 등 기준식품(reference food)의 혈당반응과 비교하여 변화된 정도를 수치로 나타낸 값이다. 기준식품 섭취 후 혈당 상승의 빠르기와 크기를 혈당지수 100으로 정하였다. 그 값이 70 이상인 식품(베이글, 감자 등)은 섭취 시에 혈당 상승 폭이 크고 지연성이 있기 때문에 혈당지수가 높은 식품이다. 혈당지수가 55 이하인 식품(탈지유, 강낭콩 등)은 혈당 상승이 급격하지 않고 짧기 때문에 혈당지수가 낮은 식품이다.

그림 5.14 식품의 혈당지수(Glycemic Index ; GI)

천천히 소화되는 식품은 혈당지수가 낮다. 이러한 식품은 혈당지수가 높은 식품에 비해 혈당 반응이 완만하다.

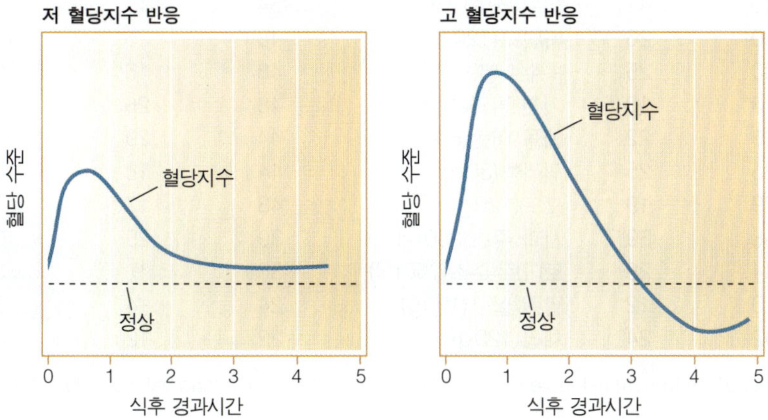

혈당반응 glycemic response
식품이 혈당을 상승시키는 정도와 기간에 미치는 효과

혈당지수 glycemic index(GI)
탄수화물 50 g을 함유한 식품의 혈당 상승 정도를 나타내는 척도

흥미로운 것은 혈당지수가 낮은 식품을 섭취하면 제2형 당뇨병이나 심혈관계 질환 등 만성 질환의 위험이 감소한다는 점이다. 혈당 반응에 대한 식품 요인으로는 탄수화물의 종류, 단백질과 지질성분, 점도, 가공, 숙성, 식품첨가물 등을 들 수 있다.

학자들은 오랫동안 단순 탄수화물의 혈당지수가 복합 탄수화물보다 높다고 생각하였으나 이것은 사실과 다르다. 실제로 감자, 곡류 정제품, 흰 빵, 전곡빵, 흰쌀 등 복합 탄수화물을 함유한 전분 식품의 혈당지수가 탄산음료 등의 단순 탄수화물 함유식품보다 높다. 단순 탄수화물은 쉽게 흡수되지만, 혈당에 미치는 영향은 전분보다 훨씬 미약하다. 혈당지수는 식품의 1회 섭취 분량에 포함된 탄수화물의 양이 아니라, 식품 속에 함유된 탄수화물 50g을 섭취할 때의 혈당 반응에 기초한다는 문제점이 있다.

예를 들어, 당근은 450g을 섭취해야 탄수화물 50g을 얻을 수 있는 반면, 쌀 1컵(230g)에 들어 있는 탄수화물은 대략 42g 정도이다. 따라서 식품의 혈당 반응을 측정하는 다른 척도로서 혈당부하(glycemic load ; GL)를 사용한다.

혈당부하는 혈당지수와 식품의 1회 섭취분량에 함유된 탄수화물의 양을 동시에 고려한다는 점에서 매우 유용한 지표이다. 상용식품의 혈당지수와 혈당부하를 표 5.2에 제시하였다. 혈당부하를 계산하기 위해서 특정 식품의 혈당지수를 100으로 나누고, 그 식품의 1회 섭취분량 내의 탄수화물 g 수를 곱한다.

혈당부하 glycemic load (GL)
혈당지수와 탄수화물 함유량을 함께 고려한 식품의 혈당상승 정도를 나타내는 척도

예를 들어, 당근은 1회 섭취분량(1/2컵)에 해당하는 혈당지수가 16이고 8g의 탄수화물을 함유하고 있으므로 혈당부하는 대략 1이다(16 ÷ 100 × 8g = 1).

표 5.2 특정 식품의 혈당지수(GI) 및 혈당부하(GL)

수준	혈당지수(GI)	혈당부하(GL)
고	≥70	≥20
중	56–69	11–19
저	≤55	≤10

식품	GI	탄수화물 1회 섭취분량(g)	GL	식품	GI	탄수화물 1회 섭취분량(g)	GL
대추(60g)	103	40	41	팝콘(20g)	54	11	6
군감자(150g)	85	30	26	바나나(120g)	48	25	12
옥수수칩(30g)	83	30	25	옥수수(80g)	48	16	8
와플(35g)	76	13	10	거친 밀과자(150g)	48	26	12
프랜치프라이(150g)	75	29	22	애플 머핀(60g)	44	29	13
베이글(70g)	72	35	25	귀리빵(30g)	44	18	8
엔젤케이크(50g)	67	29	19	포도(120g)	43	17	7
팬케이크(80g)	67	58	39	사과 주스(250ml)	39	25	10
건포도(60g)	64	44	28	토마토 주스(250ml)	38	9	3
Raisin Bran(30g)	61	19	12	말린 살구(120g)	24	14	3
흰쌀(150g)	56	42	24	체리(120g)	22	12	3

출처 : Foster-Powell K, Holt SH, Brand-Miller JC. International table of glycemic index and glycemic load values: 2002. AJCN,, 76:5~56.

또한, 탄산음료 약 350 g의 혈당지수는 63이며 탄수화물이 39 g 정도 함유되어 있으므로 혈당부하는 대략 25 정도이다(63 ÷ 100 × 39 g = 25).

신체내 단당류의 이용
Uses of Monosaccharides in the Body

흡수된 단당류는 간문맥을 따라 간으로 직접 유입되며, 간에서 갈락토오스와 과당은 대부분 포도당으로 전환된다. 신체가 단당류를 사용하는 방법은 매우 다양하다. 예를 들어, 단당류 중 일부는 오탄당으로 전환되어 ATP와 RNA 및 DNA를 포함한 생명에 필수적인 물질들을 형성한다.

포도당은 모든 세포의 주요 에너지원(ATP)으로 제공된다. 간에서는 포도당을 글리코겐으로 얼마나 저장할 것인지, 지방으로 얼마나 전환할 것인지, 혈액으로 얼마나 방출할 것인지 등을 결정한다.

필수개념 *Essential Concepts*

탄수화물의 소화는 침샘, 췌장, 소장에서 합성된 여러 효소에 의해 이루어진다. 전분은 부분적으로 입에서 소화되기 시작하지만, 대부분 소장에서 α-아밀라제와 말타아제에 의해 포도당으로 분해된다. 그리고 아밀로펙틴의 α-1,6 결합은 α-덱스트리나제의 작용에 의해 분해된다.

이당류는 소장의 미세 융모막에서 합성된 이당분해효소에 의해 쉽게 분해된다. 단당류는 소장벽 세포로 흡수된 후 혈류를 따라 간으로 운반된다. 탄수화물 종류에 따라 섭취 후에 혈당이 상승하는 정도와 시간은 서로 다르다. 특정 식품의 혈당 반응을 평가하기 위한 계량적 지표로 혈당지수(glycemic index)와 혈당부하(glycemic load)를 사용하고 있다.

호르몬의 혈당 및 열량저장 조절
Hormonal Regulation of Blood Glucose and Energy Storage

혈액 포도당 농도는 하루에도 여러 번 변한다. 새벽 공복 시에 가장 낮았다가 식사 후에 곧바로 정상 농도를 회복한다. 일반적으로 혈당은 식사 직후에 상승하고, 식간에 저하된다. 세포는 24시간 동안 포도당을 요구하기 때문에 췌장 호르몬인 인슐린과 글루카곤은 지속적으로 혈당을 정상범위 내에서 유지시킨다.

췌장의 기능 The Role of the Pancreas

췌장에는 호르몬을 분비하는 세포가 있어서 포도당 항상성 유지에 중요한 역할을 한다. 랑게르한스(Langerhans) 섬이라 부르는 세포들은 인슐린을 합성하는 β-세포와 글루카곤을 합성하는 α-세포로 구성되어 있다(**그림 5.15**).

췌장은 혈관이 매우 발달된 기관이기 때문에 호르몬을 혈액으로 방출한다.

인슐린과 글루카곤은 혈당을 조절하고 열량을 저장하는 데 중요한 기능을 한다. 혈당이 높아지면 췌장에서 인슐린이 분비된다.

인슐린 insulin
혈당 상승 시에 췌장 β-세포에서 분비되는 호르몬

글루카곤 glucagon
혈당 강하 시에 췌장 α-세포에서 분비되는 호르몬

그림 5.15 췌장에서 인슐린 및 글루카곤 분비

인슐린은 췌장 β-세포에서 합성되어 분비되며 글루카곤은 α-세포에서 분비된다. 그리고 두 세포는 모두 랑게르한스 섬에 존재한다. 혈당수준에 따라 췌장은 인슐린과 글루카곤을 혈액으로 직접 분비한다.

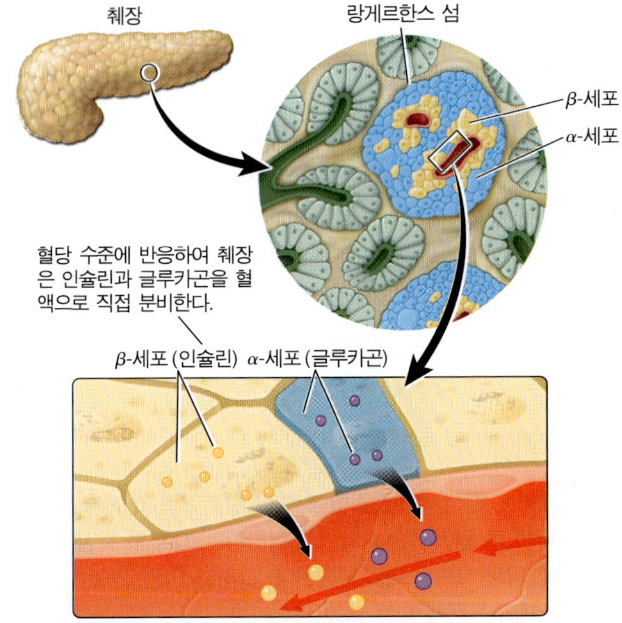

그 결과 포도당이 여러 세포로 이동됨으로써 혈당이 낮아진다. 또한 인슐린은 과잉 섭취된 포도당을 글리코겐이나 체지방으로 저장하도록 촉진한다.

반대로 혈당이 낮아지면 호르몬 균형은 글루카곤을 분비하는 방향으로 기울어진다. 즉, 글루카곤이 간을 자극하여 저장된 글리코겐을 분해시켜서 포도당 유용성을 증대시킨다. 혈액 내 두 호르몬의 상대적인 농도 균형에 의해 열량 저장과 이용의 향방이 결정된다(**그림 5.16**).

고혈당에 대한 반응
Response to High Blood Glucose

세포질에 포도당 운반체라는 단백질이 존재할 때 포도당은 촉진확산에 의해 세포로 유입된다(**그림 5.17**). 어떤 포도당 운반체는 인슐린이 있을 때 포도당을 세포막으로 통과시키지만 어떤 포도당 운반체는 그렇지 않다.

인슐린을 요구하는 포도당 운반체를 가지고 있는 대부분의 조직은 인슐린 분비에 예민하게 반응한다. 그러나 뇌와 간 조직은 인슐린이 없어도 포도당을 유입시킬 수 있기 때문에 인슐린에 예민하게 반응하지 않는다.

탄수화물을 함유한 음식을 먹은 후에 혈당이 신속히 상승하면 췌장에서는 인슐린을 분비한다. 그리고 인슐린은 인슐린에 민감한 세포의 막 표면에 존재하는 수용체와 결합한다. 인슐린과 수용체의 결합은 세포질 내의 포도당 운반체

포도당 운반체 glucose transporter
세포막으로 포도당을 유입시키는 세포 내 운반단백질

인슐린 수용체 insulin receptor
인슐린과 결합하는 세포막 표면의 단백질

그림 5.16 호르몬에 의한 혈당 조절

인슐린은 혈당이 증가할 때 분비되어 혈당을 낮추어 준다. 그 반면에 글루카곤은 혈당이 낮을 때에 분비되어 혈당을 높인다.

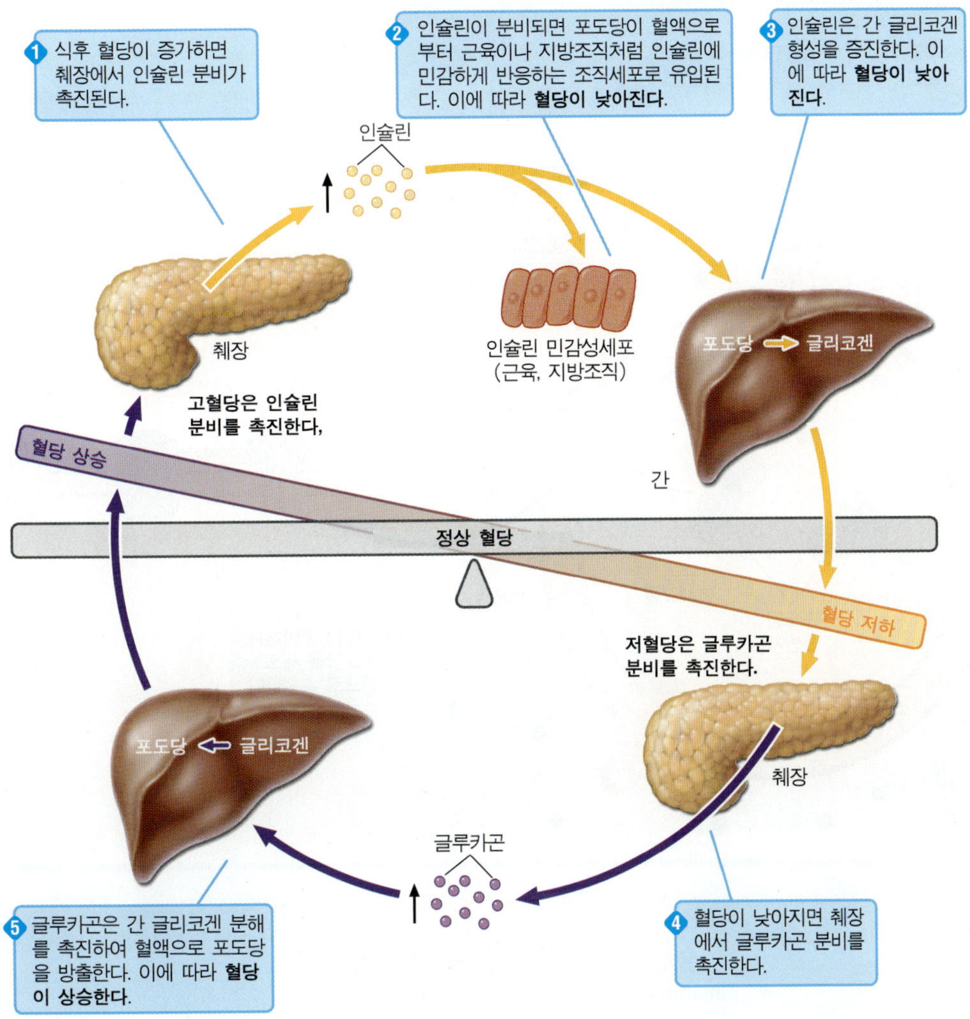

를 세포막으로 이동시켜서 포도당을 세포로 흡수한다.

항상 인슐린에 예민하게 반응하는 골격근 세포도 운동 중에는 인슐린 없이 포도당을 세포 내로 통과시킨다. 근육수축 현상도 인슐린처럼 포도당 운반체의 이동을 활성화하여 포도당을 흡수시키기 때문이다. 근육은 운동 후 3시간 이내에 인슐린 민감성을 다시 회복한다.

포도당이 세포막을 통과하지 못하고 혈액에 축적되는 상태를 고혈당 증세(hyperglycemia)라고 부른다. 이러한 증세를 보이는 사람은 혈당 조절능력이 손상되며, 심해지면 당뇨병(diabetes)으로 진행된다. 당뇨병의 원인과 증세는 매우 다양하다.

고혈당 증세 hyperglycemia
혈당이 비정상적으로 높은 증세

포도당 조절기능 손상 impaired glucose regulation
높은 혈당으로 인해서 나타나는 증세

그림 5.17 세포내 포도당 유입에 대한 인슐린의 기능

포도당 운반체라고 부르는 단백질은 세포막을 통과하는 포도당 분자의 이동을 촉진한다. 인슐린과 수용체가 결합하면 세포질 내에 존재하던 포도당 운반체가 세포막으로 그 위치를 이동한다.

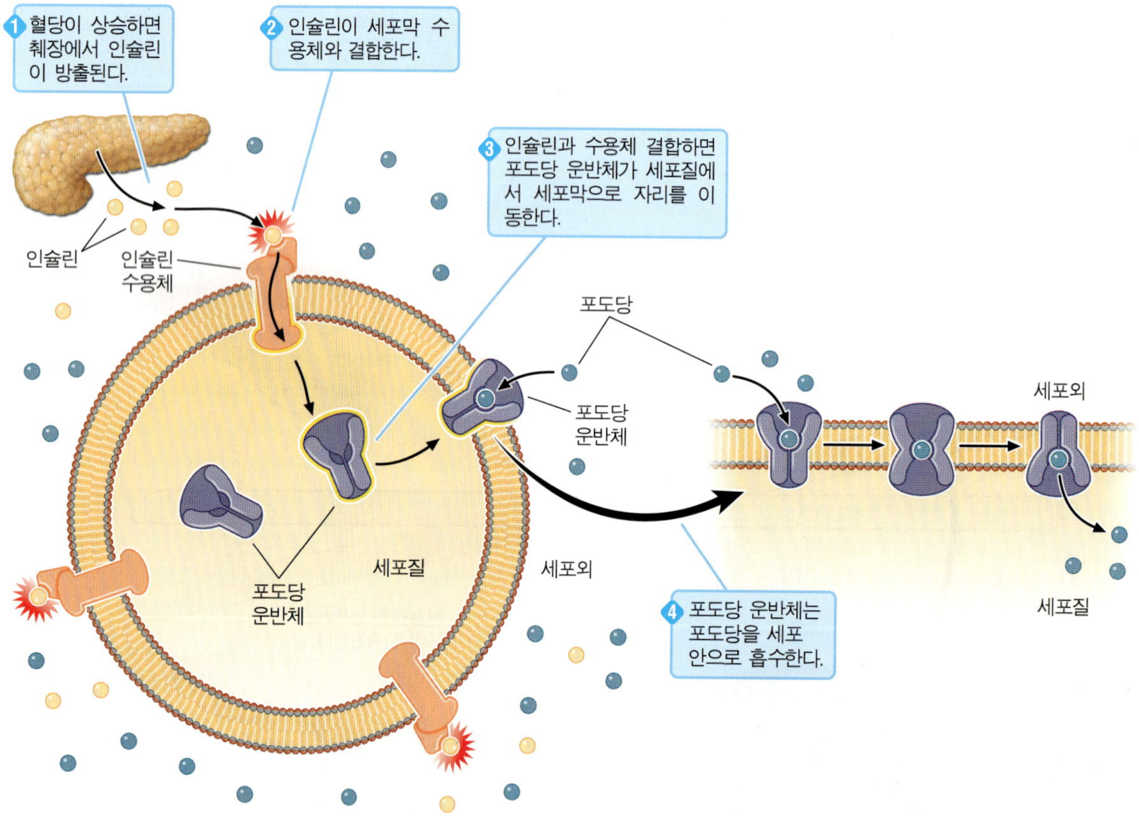

인슐린은 열량 저장을 촉진한다.
Insulin Promotes Energy Storage

세포는 항상 포도당을 쉽게 제공해 줄 수 있는 급원이 필요하다. 그렇지만 식사 후에 포도당 여분이 생기면 저장해 둔다. 인슐린은 여분의 포도당을 글리코겐과 체지방으로 전환하며(**그림 5.18**), 단백질 합성을 촉진하고 근육 분해를 억제한다.

인슐린은 주로 간과 골격근육에서 글리코겐 합성대사를 유도하는데, 글리코겐은 일정량 저장되기 때문에 인슐린은 포도당을 지방조직으로 이동시켜서 지방산으로 전환한다. 신체 내 글리코겐 저장량이 제한적인 것과는 달리 지방 저장량에는 한계가 없다.

글리코겐 합성 glycogenesis
글리코겐을 합성하는 대사과정

분명한 것은 포도당이 지방산으로 전환되는 과정은 비가역적이어서 지방산은 포도당으로 재전환될 수 없다는 점이다.

그림 5.18 인슐린이 열량 저장을 촉진한다.

인슐린은 혈당이 상승할 때 췌장에서 분비되어 포도당이 세포 내로 유입되도록 촉진한다. 또한 인슐린은 에너지 저장, 글리코겐 합성, 단백질 합성(근육), 지방 합성(지방 조직) 등을 촉진한다.

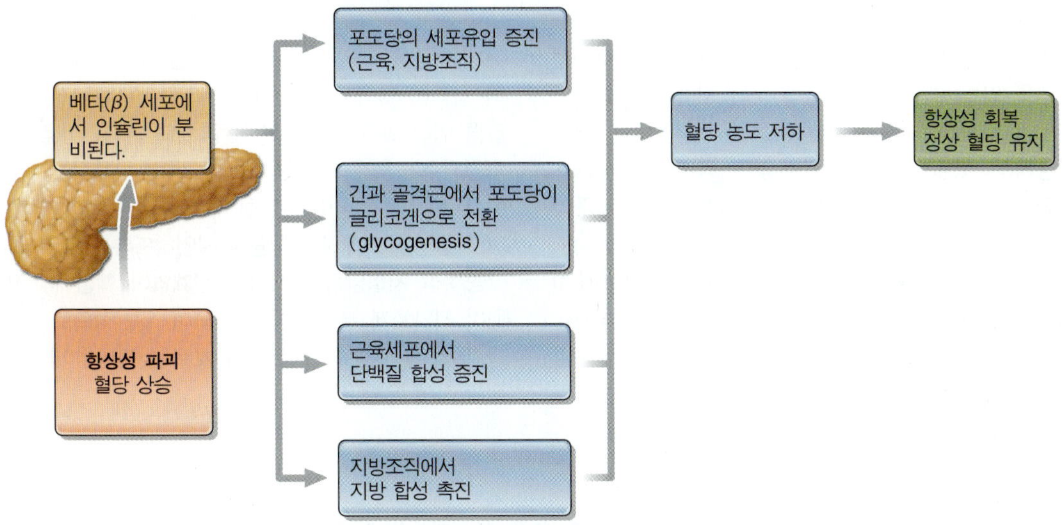

저혈당에 대한 반응
Response to Low Blood Glucose

인슐린은 식사 후의 포도당 체내 이용을 도와 주고 과잉 열량을 글리코겐과 지방산으로 저장하는 데 중요한 역할을 한다. 그러나 항상성 유지를 위해서는 혈당이 낮아졌을 때에 반응하는 호르몬이 필요하다. 식사 후에 몇 시간 지나서 혈당이 떨어지기 시작하면 신체는 간 글리코겐을 사용하기 시작한다. 이때 글루카곤은 간 글리코겐의 분해를 유도하는 호르몬이다.

혈당 유지는 뇌처럼 포도당을 주요 열량원으로 사용하는 조직을 위해 특히 중요하다. 포도당을 저장하지 않는 뇌와 신경계는 열량 급원으로 혈액 포도당에 의존한다. 뇌는 혈당의 매우 적은 변화에 민감하게 반응하여 저혈당에서 오심, 어지럼, 불안, 혼수, 신경과민 증세를 보인다. 이는 사람이 오래 굶었을 때 집중력이 떨어지는 이유이다.

글리코겐 분해 The Breakdown of Glycogen

글루카곤은 간 글리코겐 분해를 촉진하여 혈액으로 포도당을 방출시킨다. 이 과정을 글리코겐 분해대사라고 한다. 간 글리코겐은 약 24시간 정도 포도당을 공급하고 나면 고갈된다.

글리코겐 분해는 주로 간과 골격근육에서 일어나는데, 이 두 조직 간에는 중요한 차이점이 있다. 바로 근육의 글리코겐 분해는 글루카곤에 반응하지 않고 부신에서 생산된 에피네프린에 반응한다는 점이다.

저혈당증 hypoglycemia
혈당이 비정상적으로 낮은 증세

글리코겐 분해 glycogenolysis
간과 골격근의 글리코겐이 포도당으로 분해되는 대사과정

에피네프린 epinephrine
스트레스에 반응하여 부신에서 분비되는 호르몬: 글리코겐 분해를 촉진하여 혈당을 상승시킴.

Focus On 식사와 건강 DIET AND HEALTH — 저혈당증 진단과 치료

저혈당증은 혈액 내의 포도당 수준이 매우 낮아진 상태를 말하는데, 이때 신체 기능이 저하된다. 과량의 인슐린 주사, 장시간의 격한 운동 등 그 원인은 매우 다양하다. 특별히 당뇨증세가 없는 경우에 발생하는 주요 유형으로 반응성 저혈당증과 공복성 저혈당증이 있다.

반응성 저혈당증을 식후 저혈당증(postprandial hypo-glycemia)이라고도 하는데, 고탄수화물 식사를 한 후 1~4시간 이내에 나타나며, 정확한 원인이 규명되지는 않았으나 식후 높아진 혈당에 예민하게 반응하여 인슐린을 과잉 분비하는 사람들에게 나타나는 혈당이 급격히 낮아지는 증세이다. 이런 증세를 겪는 사람들을 위해, 소량의 식사를 자주 하고 카페인이나 술 및 혈당지수가 높은 식품을 피하는 등의 식사지침이 권장된다. 동시에 혈당이 안정될 때까지 식사일지를 작성하여 저혈당을 초래하는 식품을 확인하도록 한다.

공복성 저혈당증은 식사와 관계없이 췌장에서 인슐린이 지나치게 분비될 때 야기되며, 일반적으로 췌장암과 투약 및 처치를 비롯하여 호르몬 불균형이나 특정 질환 시에 유발된다.

또 다른 차이점은 근육에는 포도당을 혈액으로 방출하는 효소가 없으므로 생성된 포도당은 근육에 직접 사용될 뿐이고 다른 조직에서는 사용될 수 없다는 것이다. 결국 근육 글리코겐은 혈당 조절에 관여할 수 없다. 글루카곤의 혈당조절과 저장 열량의 분해에 관해 **그림 5.19**에 요약하였다.

반응성 저혈당증
reactive hypoglycemia
탄수화물이 풍부한 식품을 섭취한 후에 과잉분비된 인슐린으로 인해 혈당이 낮아진 증상

공복성 저혈당증
fasting hypoglycemia
음식 섭취와 무관하게 췌장에서 인슐린을 과잉 분비하여 혈당이 낮아진 증상

공격-도피 반응 Fight-or-Flight Response

글루카곤 외에도 부신에서 생산되는 호르몬인 에피네프린과 코르티졸은 혈당을 증가시켜 세포가 에너지를 급히 요구하는 상황에 대처할 수 있도록 한다.

그림 5.19 글루카곤이 저장 열량의 이용을 촉진시킨다.

혈당이 감소하면 췌장에서 글루카곤이 분비된다. 글루카곤은 간 글리코겐 · 지방(지방조직) · 단백질(근육) 분해를 촉진하고 비탄수화물 급원으로부터 케톤과 포도당의 합성을 촉진한다.

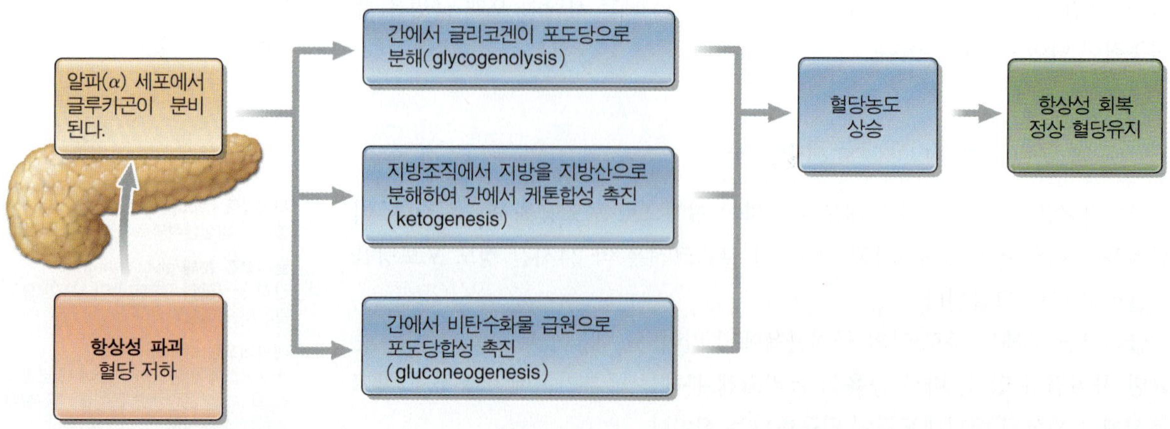

그러나 이 호르몬들은 혈당의 항상성 유지에 관여하는 것이 아니라 위험이나 스트레스 상황에 대처해야 하는 상황에서 간과 근육의 글리코겐 분해를 촉진한다. 이런 반응을 종종 공격-도피 반응(Fight-or-Flight Response)이라고 하는데, 극단적 상황에서 포도당 유용성을 확보하려는 생리적 기전이다.

당신생합성과 케톤체 합성
Gluconeogenesis and Ketogenesis

간 글리코겐 분해는 단시간 내에 세포에 포도당을 공급하는 효과적인 대사과정이다. 그러나 간 글리코겐은 쉽게 고갈되기 때문에 다른 열량원이 제공되어야 한다.

지방산은 포도당으로 전환될 수 없기 때문에 신체는 근육 단백질로부터 생성된 아미노산을 사용한다. 이 대사는 탄수화물이 아닌 급원에서 포도당을 합성하므로 **당신생합성**이라고 한다. 당신생합성은 글루카곤과 에피네프린에 의해 촉진되는 반면, 인슐린에 의해 억제된다.

케톤체의 포도당 절약 작용
Ketones Spare Glucose

당신생합성은 포도당의 유용성을 증가시키지만 결과적으로 신체는 손실을 입는다. 당신생합성에 이용되는 아미노산은 근육 단백질의 분해를 통해 얻어야 하기 때문이다. 근육 단백질의 손실을 줄이기 위해 신체는 케톤체를 대체 에너지원으로 사용한다. **케톤체**는 포도당이 부족할 때 지방산으로부터 합성되며, 케톤체 합성은 글루카곤 분비에 의해 간에서 촉진된다.

합성된 케톤체는 혈류를 따라 뇌, 심장, 골격근육, 신장 등으로 이동하여 에너지로 사용된다. 따라서 케톤체는 신체 포도당을 절약하고 근육 손실을 방지한다. 케톤증은 에너지와 탄수화물 섭취가 부족하여 케톤체 생성량이 사용량보다 초과될 때에 유발되며 식욕상실을 비롯한 다양한 합병증세를 동반한다.

필수개념 *Essential Concepts*

포도당은 모든 세포에서 끊임없이 필요하므로 신체는 혈당을 유지하는 항상성 기전을 정교하게 조절한다. 이 과정에서 췌장의 인슐린과 글루카곤은 주요한 역할을 수행한다.

인슐린은 ① 포도당의 세포막 통과를 도와 주며 ② 포도당의 글리코겐 및 지방산으로의 전환을 촉진하며 ③ 아미노산이 포도당으로 전환되는 당신생합성(gluconeogenesis)을 억제함으로써 혈당을 낮춘다.

혈당이 낮아지면, 글루카곤이 간 글리코겐 분해와 포도당 분비를 촉진한다. 스트레스 시기에는 에피네프린과 코르티졸의 작용으로 혈당이 상승한다.

글리코겐이 고갈되면 신체는 당신생합성을 통해 포도당을 공급하게 되므로, 신체는 포도당 공급을 위한 과도한 근육 손실을 방지하기 위해 케톤체를 에너지원으로 사용한다.

코르티졸 cortisol
스트레스에 반응하여 부신에서 분비되는 호르몬으로 당신생합성과 글리코겐 분해를 촉진하여 혈당을 증가시킴.

당신생합성 gluconeogenesis
비탄수화물 급원으로부터 포도당을 합성하는 대사과정

케톤체 ketone
기아, 공복, 저탄수화물 식사나 당뇨병을 방치할 때 열량 급원으로 사용되는 유기물질

케톤체합성 ketogenesis
케톤체를 합성하는 대사경로

케톤증 ketosis
케톤체의 과잉생산으로 초래된 증상

표 5.3 식이섬유와 관련된 FDA인증 건강 강조 표시

- "저지방 – 고섬유 식사는 특정 암 발생의 위험을 감소시킬 수 있다."
- "저지방 – 고수용성 섬유 식사는 심장질환의 위험을 감소시킬 수 있다."
- "저지방 식사와 과일과 야채의 풍부한 섭취는 암 발생의 위험을 감소시킨다."
- "저지방 식사와 호밀과 차전자씨의 풍부한 섭취는 심장질환 발생의 위험을 감소시킨다."
- "전곡, 식물성 식품을 풍부하게 섭취하고 총 지방, 포화지방, 콜레스테롤을 적게 섭취하면 심장질환과 암 발생의 위험을 감소시키는 데 도움이 된다."

탄수화물과 건강
Carbohydrates and Health

탄수화물 섭취는 인체의 건강에 영향을 미칠 수 있다. 식이섬유는 당뇨병과 심장질환 예방 및 치료에 효과가 있으며 고탄수화물 혹은 저탄수화물 식사는 경우에 따라 각기 체중감소에 효과적일 수 있다. 또한 특정 탄수화물은 치아 건강에 유해하다.

식이섬유와 건강
Dietary Fiber and Health

식이섬유가 질병을 예방하고 건강을 유지시키는 데 중요하다는 연구결과가 꾸준히 발표되고 있다. 식이섬유가 만병통치약은 아니지만 실제로 놀랄 만한 효과를 지니고 있다. 이것은 혈당 조절과 콜레스테롤 저하 및 포만감 유도 등에 효과가 있으며, 장 기능을 원활하게 해준다.

고섬유 식사가 건강에 유익하다는 사실은 분명하기 때문에 식품의약품안전청에서는 식이섬유와 관련된 몇 가지 건강강조표시를 승인하였다(**표 5.3**). 더욱이 식이섬유가 풍부한 식물성 식품에는 900여 개 이상의 피토케미컬이 존재한다고 알려져 있다.

탄수화물과 체중 감소
Carbohydrates and Weight Loss

탄수화물이 풍부하고 지방과 단백질이 적은 식사가 체중 감량 및 유지 측면에서 효과적이라고 알려진 지는 오래되었다. 그러나 체중감량을 시도하는 사람들은 대개 탄수화물을 살찌는 영양소로 여기는데, 6개월 정도의 저탄수화물 식사는 안전하지만 장기간의 효과에 대해서는 알려진 바 없다.

고탄수화물 식사와 저탄수화물 식사의 체중감량 효과를 비교한 결과, 6개월이 되었을 때 저탄수화물 식사가 체중 감량에 더 효과적이었는데, 이것은 저탄수화물(고단백) 식사의 열량 영양소의 조성 변화보다는 총 열량 섭취가 감소하였기 때문이다. 즉, 고단백과 고지방 식품의 선택이 제한되고 포만감이 증가함으로써 식사 섭취량이 감소하여 체중이 감소한 것이다. 탄수화물 섭취를 제한할 때에 체지방 연소가 더 효율적이라는 증거는 없다.

탄수화물과 치아 건강
Carbohydrates and Dental Health

대부분의 탄수화물은 충치를 유발한다. 특히 설탕이 많이 함유된 식품과 치아에 들러붙는 식품은 입속에서 박테리아가 탄수화물을 산으로 전환시키는 효소를 많이 생산하도록 하기 때문에 충치가 더 많이 발생한다. 음식 찌꺼기, 침, 박테리아, 산 등은 입속에서 '프라그'라고 하는 끈적한 물질을 형성하고, 프라그는 치아 표면에 부착된다. 프라그의 산성은 단단한 에나멜층을 부식시켜서 구멍이나 우식을 형성한다. 그리고 구멍이 커지면서 치아의 내부구조를 손상시킨다.

치아 부식은 다양한 요인에 의해서 발생하지만, 치아 위생과 좋은 영양이 충치예방에 특히 중요하다. 규칙적인 양치질과 치실 사용은 음식 찌꺼기를 제거하여 프라그 형성을 줄인다. 단 음식과 음료를 적게 섭취하는 식사습관은 특히 어린이의 충치 발생을 줄일 수 있다. 유아의 경우, 젖병이나 주스 병을 물고 잠들면 충치발생의 위험 요인이 된다.

유아가 자주 우유나 주스 및 단 음료가 담긴 젖병을 물고 잠들면 충치가 유발된다.

필수개념 Essential Concepts

사람들이 섭취한 탄수화물은 여러 방식으로 각자의 건강에 영향을 미친다. 예를 들면, 식이섬유가 풍부한 식사는 당뇨병, 심혈관계 질환, 비만 등 만성 질환의 위험을 예방한다. 한편, 체중감량에 몰두하는 사람들이 저탄수화물 식사를 추천하지만 증거가 충분치 않다.

그러나 설탕과 치아 건강의 관계는 명백하기 때문에 영양 전문가들은 설탕이 많이 함유된 식품을 제한하고 이를 자주 닦도록 권유하고 있으며, 특히 유아들이 탄수화물 음료의 병을 입에 물고 잠들지 않도록 주의할 것을 당부한다.

탄수화물 필요량 및 섭취권장 수준
Carbohydrate Requirements and Dietary Recommendations

탄수화물은 세포에 열량을 제공하기 위해 필요한 영양소이다. 뇌조직은 열량원으로 포도당을 이용한다. 탄수화물 중 일부는 만성 질환을 예방하는 데 도움이 된다. 우리나라 식사지침은 만성 질환의 위험을 최소화하고 적절한 건강을 유지하기 위해 모든 곡물, 콩, 과일, 채소 등 탄수화물 급원식품을 다양하게 섭취할 것을 권장하고 있다.

탄수화물의 영양섭취기준
Dietary Reference Intakes for Carbohydrates

미국은 탄수화물 영양섭취기준(DRIs)을 주로 성인의 뇌가 요구하는 포도당 양에 기초하여 하루 130g으로 정하고 있으나 우리나라에서는 아직 정하지 않고 있다. 그 대신에 인체의 열량 요구를 맞추기 위해서 총열량의 55~70%를 탄수화물로 충당하는 에너지 적정비율(Acceptable Macronutrient Distribution Range ; AMDR)을 제시하였다.

탄수화물 1g당 4kcal를 고려할 때, 2000kcal를 필요로 하는 사람의 경우는 하루에 탄수화물 275~350g(1100~1400kcal)을 섭취해야 한다(**표 5.4**).

임신기와 수유기를 비롯하여 육체적 운동이나 노동을 규칙적으로 하는 경우에는 피로를 예방하고 글리코겐 저장량을 복구하기 위해 탄수화물을 더 섭취해야 한다.

표 5.4 총 탄수화물 필요량 계산법

섭취 목표는 에너지 적정비율(the Acceptable Macronutrient Distribution Ranges, AMDR.)에 기초하였다.

총 열량 필요량 (kcal/day)	탄수화물 권장섭취비율 (%kcal)(AMDR)	계산	총 탄수화물 필요량 (g/day)
1,500	55~70	1,500×0.55/4 1,500×0.7/4	206~263
2,000	55~70	2,000×0.55/4 2,000×0.7/4	275~350
2,500	55~70	2,500×0.55/4 2,500×0.7/4	344~438

식이섬유 섭취량은 연령과 성별에 따라 다르지만, 성인의 하루 충분섭취량(Adequate Intake ; AI)은 22~32 g 정도이다.

식이섬유의 상한섭취량은 결정되어 있지 않지만, 다량 섭취하면 소화불량이나 위장관 장애 등을 겪게 된다. 첨가당의 과잉섭취가 충치나 비만 등 건강에 부작용을 일으킨다는 많은 증거를 고려하여 첨가당이 총 열량 섭취의 25% 이상이 되지 않도록 권장하고 있다.

식사지침과 식사구성탑
Dietary Guidelines and MyPyramid

현대인을 위한 식사지침은 식이섬유가 풍부하고 첨가당이 적은 식사를 하는 것이다. 이러한 지침을 반영하여 식사 구성탑에는 여러 종류의 탄수화물 식품이 제시되어 있는데, 특히 전곡이 건강을 위한 식사의 바탕을 이루고 있다.

성인의 일일 권장량은 곡류 식품 기준으로 200~350 g인데, 이중 절반을 전곡(현미, 전밀 파스타, 통밀빵)으로 섭취해야 한다. 곡류 30 g은 대략 식빵 1쪽, 시리얼 1컵, 밥 1/2 공기에 해당하는 양이다.

과일과 채소도 주요 탄수화물 식품이며, 성인의 경우에 하루 과일 1컵 반 ~ 2컵 반과 채소 2~4컵을 섭취하는 것이 건강에 도움이 된다.

식이섬유의 섭취량 늘이기
Increasing Dietary Fiber Intake

일반적으로 우리나라 성인의 식이섬유 권장수준은 1,000 kcal당 12 g인데, 현대인들은 이의 절반 정도를 섭취한다. '고식이섬유' 라고 표시된 식품의 1회 분량은 식이섬유 1일 기준치의 20% 이상이 함유되어 있다. 식품에 함유된 식이섬유의 양을 **표 5.5**에 제시하였다.

식이섬유를 적절히 섭취하는 방법은 모든 곡류 제품, 콩류, 과일, 채소 등을 섭취하는 것이며, 이 중에서도 영양가가 높은 전곡을 섭취하는 것이 가장 바람

표 5.5 특정 식품 내 식이섬유 함량

식품	1회 섭취분량	불용성 식이섬유(g)	수용성 식이섬유(g)	총 식이섬유(g)
과일	1 중			
사과	1 중	2.0	0.9	2.9
오렌지	1 중	0.7	1.3	2.0
바나나		1.4	0.6	2.0
야채				
브로콜리	1 대	1.4	1.3	2.7
당근	1 대	1.6	1.3	2.9
토마토	1 소	0.7	0.1	0.8
감자	1 중	0.8	1.0	1.8
옥수수	2/3 컵	1.4	0.2	1.6
곡물				
All-Bran® 시리얼	7.6	7.6	1.4	9.0
귀리 bran	2.2	2.2	2.2	4.4
콘플레이크® 시리얼	0.5	0.5	0	0.5
납작 귀리	1.7	1.7	1.3	3.0
전밀빵	1.1	1.1	0.3	1.4
흰 빵	0.1	0.1	0.3	0.4
마카로니	0.3	0.3	0.5	0.8
콩류				
완두콩	3.3	3.3	0.6	3.9
강낭콩	4.9	4.9	1.6	6.5
무늬강낭콩	4.7	4.7	1.2	5.9
렌즈콩	3.9	3.9	0.6	4.5

출처 : American Joural of Clinical Nutrition. 1988.

직하다. 특히 알곡의 세 층인 겨, 배, 배유가 그대로 있을 때에 영양적 가치가 가장 높다(**그림 5.20**). 곡류를 도정하면 겨층과 배층이 제거되고 가루로 정제되는 과정에서 영양성분이 소실되므로 식품업자들은 다양한 방법으로 비타민과 무기질을 강화시킨다. 그러나 정제 과정에서 손실된 모든 영양소들을 다 첨가시킬 수는 없다.

식품표시에서는 "전곡 시리얼"과 "전밀 가루"라는 단어를 확인할 필요가 있다. 아침식사용 빵으로 1회 분량당 식이섬유 3~5g을 함유한 것을 선택하도록 한다. "고 섬유"로 표시된 식품에는 1회 분량당 5g이상의 식이섬유가 포함되어 있으며, "식이섬유 급원"이라는 강조표시가 된 식품에는 1회 분량당 2.5~4.9g이 포함되어 있다.

그림 5.20 밀(알곡) 구조

전밀 알곡에는 세 층이-겨, 배, 배젖-그대로 남아 있기 때문에 전밀 가루로 만든 식품은 도정한 밀가루로 만든 식품보다 영양가가 높다. 각 층은 건강에 이로운 주요 영양소를 함유하고 있다.
곡류의 가공과정은 비타민, 무기질, 식이섬유의 대부분을 함유한 배와 겨 부분을 제거시키곤 한다.

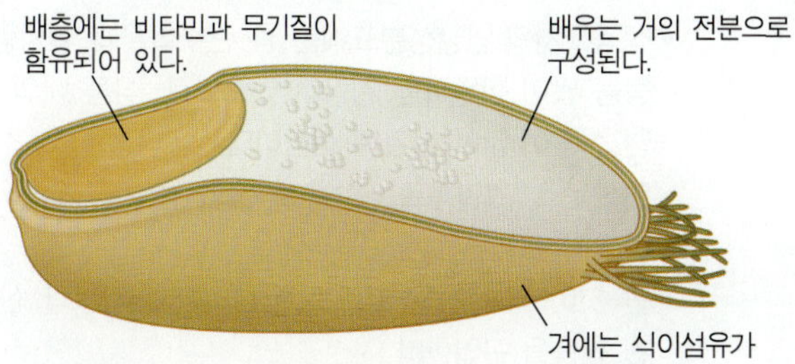

밀 알곡

곡류를 도정하면 비타민, 무기질, 식이섬유가 함유된 배와 겨층이 제거된다.

표 5.6 첨가당 식품표시 용어

첨가당 식품표시 용어
현미 시럽
흑설탕
농축 과일 주스용 감미료
제과용 설탕
옥수수 시럽
덱스트로오스
과당
포도당
과립 설탕
고과당 옥수수 시럽
꿀
전화당
유당
레불로오스
맥아당
단풍당
당밀
천연 감미료
원당
서당
백설탕

첨가당 줄이기
Decreasing Added Sugars

식품 표시에서의 당이란 첨가당과 천연당을 모두 일컫는 용어이다. 첨가당과 천연당은 화학적으로 동일하다. 그러나 우유와 과일 및 채소처럼 천연당을 많이 함유한 식품은 열량 외에도 식이섬유, 비타민, 무기질을 포함하고 있다.

이와 반대로 청량음료, 과자, 케이크, 사탕처럼 첨가당이 많이 함유된 식품은 열량 외 영양적 가치는 거의 없다. 식품에 첨가되는 당에는 백설탕, 흑설탕, 콘시럽, 단풍당밀, 꿀, 당밀 등이 있다(**표 5.6**).

일반적으로 사람들은 백설탕 같은 정제당보다 꿀을 섭취하는 것이 건강에 좋다고 여기지만 꿀도 영양적 가치는 별로 없다.

최근 현대인의 첨가당 섭취는 날로 증가하고 있는데, 청량음료로만 총 섭취량의 33%를 섭취하며, 하루 섭취량은 320kcal로 약 80g(20tsp) 정도이다. 비록 그 양이 적어 보이나, 사실상 열량 섭취는 급증한다. 따라서 식품의 열량을 낮추기 위하여 인공감미료를 사용한다.

미국 농림성에서 제시하는 식이지침에는 첨가당 섭취가 하루 32g을 초과하지 못한다. 이것은 캔디 바 1개 혹은 청량음료 450ml와 비슷한 양이며, 하루 2000kcal를 섭취할 경우는 이의 약 8%에 해당한다. 상용 식품 속의 첨가당 함유량을 **표 5.7**에서 확인해 보자.

Food Matters 설탕 섭취 줄이기

미국 농무성 식사지침에 따르면, 설탕이나 감미료가 없는 식음료를 섭취하는 것이 바람직하다. 식사에서 설탕 섭취를 줄이는 방법은 다음과 같다.

- 식품표시의 영양성분표에는 총 탄수화물과 설탕량이 모두 제시되어 있다. 고도로 가공한 식품일수록 설탕을 많이 함유하는 경향이 있으므로, 식품 내의 탄수화물량과 설탕량을 비교하였을 때에 그 차가 적으면 설탕이 많이 첨가된 식품이다.
- 탄산음료, 과일음료, 단 음료 등의 섭취를 가급적 절제한다. 갈증을 느낄 때는 그냥 물을 마시는 것이 바람직하다.
- 단 것이 먹고 싶을 때에는 사탕이나 과자보다 신선한 과일을 선택한다. 과일 통조림은 천연 주스에 담긴 상품을 구입한다.
- 아침식사용 시리얼은 가급적 감미료를 첨가하지 않거나 아주 적은 양이 첨가된 것을 선택한다.
- 과일 위에 감미료 대신으로 요구르트를 얹어서 먹는다.

표 5.7 첨가당 함량

나열된 식품별로 평균 일일섭취량을 기록해서 식사로 섭취하는 첨가당의 총 그램 수를 계산해 보자.

식품	1회 분량	첨가당(g) (5g = 1 작은술)
청량음료	350g	36
밀크셰이크	300g	36
과일펀치	250g	25
초콜릿	40g	21
조식용 가미시리얼	1컵	12
과일 요구르트	1컵	28
아이스크림/셔벗	1컵	40
도넛	1 쪽	24
과자	3개(33g)	24
잼/젤리	1 큰술	4

Focus On 식품 FOOD

인공감미료

천연감미료는 설탕처럼 천연에 존재하는 소화 가능한 탄수화물이다. 그러나 식품 제조업자들은 주로 인공감미료–사카린, 아스파탐, 아세설팜 K, 당알코올–를 식품에 사용한다.

인공감미료는 천연감미료보다 더 달기 때문에 소량으로 최대 효과를 얻을 수 있으나 열에 불안정하여 조리 시에 분해되기 쉽고, 반복 사용하면 쓴맛이 나기 때문에 제품 특성을 잘 모르면 가정에서 사용하기 어렵다.

미국에서 처음 널리 사용된 인공감미료 중 하나가 사카린이다. 1차 세계대전 중 사카린이 군대에 일회용 설탕으로 배급되면서 그 사용량이 증가하였다. 사카린이 암을 발생시키는 원인이 된다는 과거 견해와는 달리, 최근에는 사람이 먹어도 안전하다는 연구결과가 나오고 있다. 사카린은 매우 달고 안정성이 있으며 생산비가 적게 드는 장점이 있다.

또 다른 인공감미료인 아스파탐은 페닐알라닌과 아스팔트산이 결합되어 있는 화합물이다. 아스파탐은 설탕과 동일한 열량(4 kcal/g)을 지닌 반면, 거의 200배나 당도가 더 높기 때문에 식품업계에서는 무당 음료에 첨가하여 사용한다. 그러나 가열시 단맛은 소멸된다. 페닐케톤뇨증 환자는 선천적으로 아스파탐의 성분인 페닐알라닌을 대사시킬 수 없어서 위험하기 때문에 아스파탐이 함유된 상품은 반드시 식품표시를 해야 한다. 비록 식품의약품안전청(FDA)에서 아스파탐이 안전하다고 평가했지만 두통, 어지럼증, 오심, 발작 등의 부작용을 호소하는 사람이 있다.

아세설팜 K는 포타슘(K)을 함유한 일종의 염(salt)으로 유럽에서 널리 사용되다가 1998년에 미국에서 판매가 허가된 감미료이다. 열에 안정적이어서 냉동용 디저트, 요구르트, 캔디, 시럽, 알코올 음료 등 상업용으로 널리 사용된다.

수크랄로스(Sucralose)는 저열량 감미료로서 1990년 FDA의 승인을 얻었으며 당도가 설탕의 600배에 달한다. 수크랄로스는 서당에서 유래되었으나 소화 흡수되기 힘드므로 신체에서 열량을 거의 내지 못하지만 물에 잘 녹고 열에 안정하여 다양한 식품과 음료에 감미료로 많이 사용된다.

당알코올이란 여러 개의 수산(–OH)기가 당(sugar)에 결합된 "polyols"며 천연 감미료로 분류된다. 당알코올은 자연계에서 주로 과일 등 식물에 존재하며, 그 당도와 열량이 설탕의 절반 정도(2~3kcal/g)이다. 솔비톨, 만니톨, 자이리톨 등 당알코올은 껌, 호흡보조 민트, 캔디, 치약, 구강 청결제, 기침약 등 무당(sugarfree) 제품에 흔히 사용된다. 특히 이들은 충치 예방에 효력이 있는 반면, 과량을 복용하면 복통 등 부작용이 나타나므로 적절히 사용해야 한다.

필수개념 *Essential Concepts*

일반적으로 성인은 총 열량의 55~70%를 탄수화물로 섭취하는 한편, 만성 질병의 위험을 감소시키기 위해 매일 22~32g의 식이섬유를 섭취해야 한다. 식이섬유 권장량은 성인의 평균섭취량을 훨씬 웃도는 수준이어서 전곡, 과일, 야채 등 고섬유질 식품을 선택하여 섭취해야만 한다.

당은 꿀, 시럽, 흑설탕 등을 포함한 단 물질을 일컫는데, 최근에는 첨가당의 섭취를 하루 32g 이하로 제한할 것을 권장하고 있다.

탄수화물 영양 : 계획에서 실천까지
Carbohydrate Nutrition : Putting Concepts into Action

일반적으로 탄수화물 섭취량이 적절하더라도 고려해야 할 사항이 있다. 탄수화물 급원식품 중에는 식이섬유를 비롯하여 다양한 필수 영양소를 함유한 식품도 있지만, 열량 외에는 어떤 영양소도 함유하지 않은 식품이 있기 때문이다.

따라서 탄수화물 식품을 선택할 때에는 모든 곡식, 과일, 채소가 모두 포함되도록 하는 것이 중요하다. 다음과 같은 방법으로 식사를 계획하고 평가해 보자.

목표 설정
Setting the Stage and Setting Goals

체중이 85kg인 50대의 건강한 여성 A는 의사로부터 23kg 정도의 체중감량을 처방받았다. A는 다양한 식사요법을 시도하여 체중을 감량하였으나, 다시 원 상태로 되돌아가곤 하였다.

체중조절 시도가 거듭 실패하자, A는 체중을 감량하면서 필수 영양소를 적절히 섭취할 수 있는 식사요법을 병행하였다. 밀가루, 파스타, 정제당 첨가식품 같은 가공 탄수화물의 섭취를 제한하는 반면, 과일과 채소를 많이 섭취하도록 식단을 구성하였다.

영양상태 판정
Assessing Nutritional Status

새로운 식사요법을 시도한 지 4주 후 A의 체중은 총 4kg 감소하였다. 그러나 적절한 영양 섭취를 고려하는 식사요법을 계속 유지하였다. A는 3일 기록법으로 주중 이틀과 주말 하루에 먹은 음식과 음료수를 상세히 기록하였다.

웹사이트 상에 제시된 소프트웨어(http://www.kns.or.kr)를 활용하여 그가 먹은 식사 내용을 영양섭취기준(DRIs) 및 식사지침에 제시된 권장섭취 횟수와 비교하였다.

A는 매일 평균 10g 정도의 식이섬유를 섭취하였는데 권장수준인 22g에는 미치지 못하는 양이었다. 그러나 A는 1회 섭취분량 기준으로 곡류(300g), 과일(2컵), 채소(3컵)의 권장섭취 횟수를 모두 맞추어서 섭취하였다. 또한, A는 총 열량의 60%를 탄수화물에서 섭취하였으며, 필수비타민과 무기질 섭취량도 적절하였다.

결과적으로 A는 총 열량의 55~70%를 탄수화물로 충당하는 에너지 적정비율(AMDR) 범위 내에서 탄수화물을 섭취하고 있었으므로, 이 식이요법을 계속 유지하되, 식이섬유 섭취량만 더 늘리기로 하였다.

식단 작성
Setting the Table to Meet the Goals

식이섬유 섭취를 증가시키기 위한 목표를 달성하기 위해, A는 식품표시에 제시된 영양정보를 관찰하기 시작하였다. 놀랍게도 밀가루 식품에는 식이섬유가 거의 없었다. 그가 먹고 있는 검은 빵 한쪽에는 1g 정도 들어 있었으며 "밀가루"로 만든 빵보다 "전밀가루"로 만든 빵에 식이섬유가 훨씬 더 많이 함유되어 있었다.

아침 식사용 시리얼도 전곡으로 만든 제품에만 식이섬유가 함유되어 있었다. 따라서 A는 식이섬유를 늘이는 최선의 방법으로 정제 탄수화물의 섭취는 줄이고 전곡제품을 식단에 포함시켰다.

우수한 식이섬유 급원으로 콩(마른 콩)을 선택하는 한편, 과일과 채소 외에도 식이섬유를 2배 이상 제공하는 딸기류를 식단에 첨가하였다.

실천 가능성 여부
Comparing the Plan to the Assessment : Did It Succeed?

여러 주가 지난 다음, A는 역시 3일 기록법으로 식단을 다시 평가하였다. 그는 자신의 하루 열량섭취량이 변함없으며 이전과 같은 양의 탄수화물을 섭취하고 있는 반면, 식이섬유 섭취량은 10g정도 늘어났음을 알게 되었다. A는 필수비타민과 무기질 섭취가 증가하고 포화지방 섭취량이 감소한 것도 확인하였다.

더 중요한 것은 이러한 식사의 변화와 함께 육체적 활동이 증가하면 체중 감량에 더 도움이 된다는 사실도 알게 되었다. 일상 생활에서 더 많은 활력을 느끼게 됨에 따라 그는 이러한 식생활을 계속 유지해야 하겠다고 생각하였다.

연습 문제 Review Questions

1. 단당류, 이당류, 다당류 순으로 나열된 것은?
   a. 서당 – 전분 – 포도당
   b. 포도당 – 유당 – 과당
   c. 포도당 – 맥아당 – 아밀로오스
   d. 아밀로오스 – 서당 – 맥아당

2. 단당류는 6 탄소원자, ______ 수소원자, ______ 산소원자로 구성되어 있다.
   a. 12 – 12　　b. 6 – 6
   c. 12 – 6　　d. 6 – 12

3. 다음 탄수화물 중 우유에서 발견되는 것은?
   a. 글리코겐　　b. 펙틴
   c. 아밀로오스　　d. 유당

4. 식물은 포도당을 ________로 저장하는 반면, 동물은 포도당을 ________로 저장한다.
   a. 식이섬유 – 아밀로오스
   b. 전분 – 맥아당
   c. 글리코겐 – 아밀로펙틴
   d. 전분 – 글리코겐

5. 다음 탄수화물 중 포도당 분자가 많은 분지형태의 배열을 하고 있는 것은?
   a. 유당　　b. 서당
   c. 아밀로오스　　d. 글리코겐

6. 식이섬유와 아밀로오스의 차이점은?
   a. 아밀로오스는 단당류이고 식이섬유는 다당류이다.
   b. 아밀로오스는 α-배당체 결합을 하며 식이섬유는 β-배당체 결합을 하고 있다.
   c. 아밀로오스는 식물에 들어있지 않으나 식이섬유는 식물에 풍부하게 들어 있다.
   d. 아밀로오스는 이당류인 반면, 식이섬유는 단당류이다.

7. 덱스트린은 ___________이 소화되는 과정에서 생성된다.
   a. 유당
   b. 식이섬유
   c. 아밀로오스와 아밀로펙틴
   d. 서당

8. 혈당지수가 높은 식품은 ___________.
   a. 혈당 강하에 도움이 된다.
   b. 혈당을 급상승시킨다.
   c. 포도당을 함유하고 있지 않다.
   d. 쉽게 소화되지 않는다.

9. 혈당을 낮추기 위해 췌장에서 방출되는 호르몬은 ________이다.
   a. 글루카곤
   b. 에피네프린
   c. 인슐린
   d. 위 호르몬은 모두 혈당을 상승시킨다.

10. 다음 중 식이섬유의 좋은 급원식품은?
    a. 요쿠르트　　b. 우유
    c. 치즈　　d. 마른 콩

11. 서당, 유당, 맥아당을 구성하는 단당류의 종류를 쓰시오. 두 단당류가 이당류를 형성할 때 일어나는 화학반응을 써라.

12. 아밀로오스와 아밀로펙틴이 소화되어 포도당을 생성하는 과정을 써라.

13. 인슐린의 혈당 강하기전과 글루카곤의 혈당 상승기전을 써라.

14. 포도당이 부족할 때 케톤이 생성되는 이유를 써라.

실천 문제 Practice Calculations

1. 영양섭취기준(KDRIs)에서 건강한 사람은 총 열량 섭취의 55~70%를 탄수화물로 섭취할 것을 권장한다. 영양섭취기준의 범위를 벗어나지 않으면서 하루에 섭취할 수 있는 탄수화물의 최소량을 계산하라(하루 1800 kcal를 섭취하는 사람을 기준으로).

2. 최근 첨가당(added sugar)의 섭취를 하루 총 섭취 열량의 10% 이내로 하도록 제한하고 있다. 만약 하루에 1500 kcal를 섭취하는 사람이 설탕을 25g 섭취하였을 때 권장 수준에 얼마나 근접하였는지 계산하라.

3. 우리나라는 열량 1000 kcal를 섭취할 때 12 g의 식이섬유를 섭취하도록 권장하고 있다. 하루 2500 kcal를 섭취하는 사람이 필요로 하는 식이섬유 양을 계산하라.

영양과 포도당 조절기능 손상 및 당뇨병
Nutrition, Impaired Glucose Regulation, and Diabetes

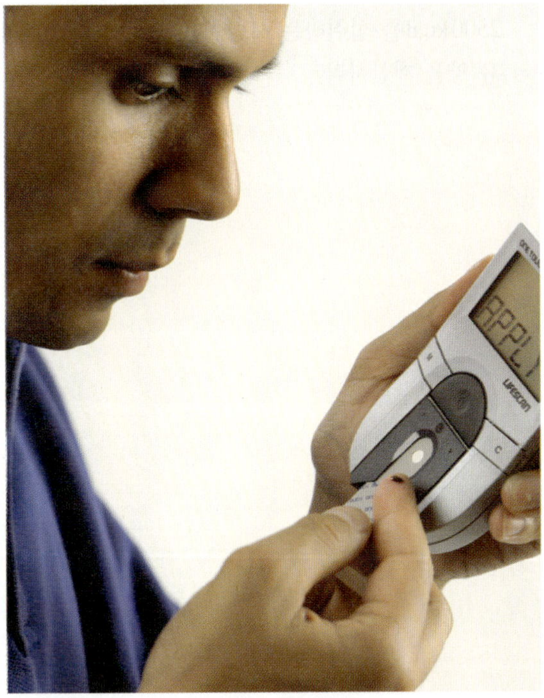

건강에 좋은 식사 · 운동 · 체중유지 등의 충고를 흘려듣지 말아야 하는 이유는 지속적으로 급증하는 당뇨병 때문이다. 지난 40년 동안, 전 세계적으로 당뇨병 유병률은 급격히 상승했다.

미국 질병관리본부에 따르면 대략 성인의 7%가 당뇨병을 앓고 있으며, 이중 $^{1}/_{3}$은 아직 진단받지 않은 사람들이다. 한편 혈당이 높은 편이지만 당뇨병으로 진단될 만큼은 높지 않은 당뇨 전 단계(pre-diabetic)의 사람들도 성인의 14% 정도에 이른다.

당뇨병는 예방이 불가능한 경우도 있지만, 제 2형 당뇨병은 주로 생활 습관으로 인해 발병된다고 알려져 있다. 현대판 유행성 질환인 당뇨병은 유전적인 요인 외에 신체활동 부족, 비만, 나쁜 식습관이 발병 원인으로 지적되었다. 다행히 식사와 생활습관은 제 2형 당뇨병을 관리하고 예방하는 데 매우 중요한 역할을 한다. 당뇨병은 완치될 수 없으므로 그 예방 · 치료 · 관리가 필수적이다.

당뇨병이란? What Is Diabetes?

2,000년 전부터 당뇨(Diabetes mellitus) 증세는 다갈과 다뇨 및 체중 손실로 알려졌으나, 16세기에 이르러서야 의사들은 당뇨식을 처방하기 시작하였다.

초기에는 당이 소변으로 배설되는 것을 방지하기 위해 우유 · 보리 · 물 · 빵으로 구성된 식사를 권유하였으며, 그 후에는 고기와 지방을 섭취하도록 하였다.

그러나 환자들은 당뇨 진단을 받은 지 2~3개월 후에는 사망하였으므로, 인슐린이 발견되기 전까지 생명연장을 위해 단순히 식이제한을 처방받는 것 외에 아무런 희망을 갖지 못하였다.

인슐린의 발견 Discovery of Insulin

약 100여 년 전 독일의 생리학자인 Oskar Minkowski와 Joseph von Mering은 우연히 췌장절제술을 받은 개에게 당뇨병이 유발된 것을 보고 인슐린을 발견하였다. 인슐린의 발견은 Frederick Banting과 그의 조수인 Best로 하여금 당뇨병 치료방법에 대한 확신을 갖게 하는 계기가 되었다.

그 당시에 여러 학자들은 췌장 분비물을 성공적으로 추출하였으나 당뇨병을 치료하지는 못했다. Frederick은 췌장에서 합성된 효소가 스스로 분비한 다른 물질을 파괴한다는 생각을 하였다.

췌장 세포에서 기능성 추출물을 분리하여 당뇨 개에게 주사하였을 때 당뇨 증세가 사라지는 것을 관찰하였다. 또한, 당뇨 증세로 생명이 위태로운 14살 소년에게 추출물을 주사함으로써 체중 증가와 함께 당뇨 증세의 호전을 확인하였다. 이 추출물이 인슐린이다.

인슐린은 처음에는 소와 돼지의 췌장에서 추출하였으나 요즘은 유전공학 방법으로 사람의 인슐린을 복제하여 대량 생산하며, 동물에서 추출한 인슐린보다 순도와 효능이 더 크고 알레르기 반응도 적게 나타난다.

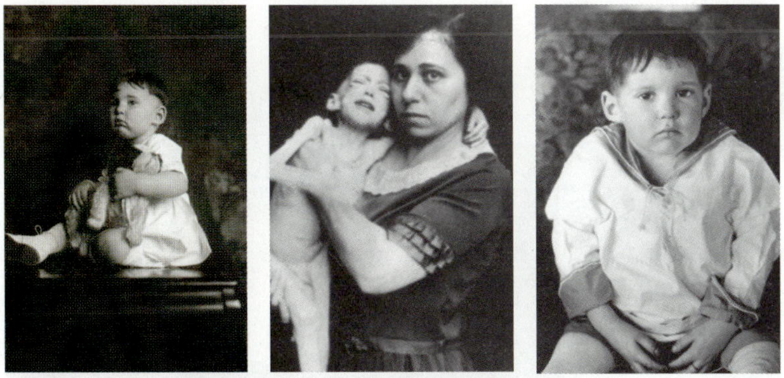

인슐린 투여를 처음으로 받은 환자 Billy Leroy. 당뇨증세가 나타나기 전(왼쪽), 당뇨 발병(중간), 인슐린 투여한 지 두세 달 후(오른쪽) 사진.

당뇨병 분류
Classification of Diabetes

당뇨병은 혈당 수준이 높아지는 일종의 대사성 질환이다. 당뇨병은 다양한 방식으로 분류되었으나 1997년에 미국 당뇨협회가 제시한 분류 체계에 따라 발병 원인을 기준으로 제 1형 · 제 2형 · 임신성 및 속발성 당뇨병으로 구분한다(**표 5.8**).

제 1 형 당뇨병 Type 1 Diabetes

총 당뇨병 환자 중 약 5~10%는 제 1 형 당뇨병에 해당된다. 제 1 형 당뇨병은 어느 연령에서나 발생하지만 주로 아동기 및 청소년 초기(12~14세)에 많이 발생한다. 따라서 제 1 형 당뇨병을 소아 당뇨(juvenileonset diabetes)라고도 한다. 이 유형은 췌장에서 인슐린을 합성하지 못하기 때문에 인슐린을 투여해야 하는 인슐린 의존성 당뇨병(insulin-dependent diabetes mellitus ; IDDM)이다. 인슐린이 부족하면 모든 세포는 에너지원인 포도당을 흡수할 수 없다(**그림 5.21**). 포도당이 부족한 세포는 체지방과 근육 단백질을 분해하기 때문에 갑자기 체중이 줄어든다.

당뇨병 diabetes mellitus
인슐린이 부족하거나 인슐린 이용능력이 손상되었을 때에 혈당이 상승하여 유발되는 임상 증상

표 5.8 당뇨병 분류

분류	발병시기	원인증세	증세
제 1 형 당뇨병 ; 인슐린 의존성 당뇨병 혹은 소아 당뇨병	아동기와 청소년기 ; 성인기에도 발병	췌장 β-세포의 인슐린 생산부족	자가면역 질환의 일종으로, 췌장 β-세포가 파괴되어 인슐린을 생산하지 못하는 증세, 매일 펌프나 주사로 인슐린 공급을 요구
제 2 형 당뇨병 ; 인슐린 비의존성 당뇨병 혹은 성인 당뇨병	중년 및 노인기 ; 아동 및 청소년기 발병 증가추세	인슐린 저항성	유전적 소인, 비만, 신체 활동저하 등의 원인으로 인하여 골격근과 지방조직에서 인슐린 저항성이 발생하여 혈당수준이 정상보다 높아진 증세 : 식사요법과 체중감량 및 운동으로 조절가능 : 혈당강하제나 인슐린 주입이 필요
임신성 당뇨병	임신기(여성)	인슐린 저항성	임신여성의 4~7%에서 발생하는 일시적인 증세 : 임신 중 호르몬 변화로 야기된 인슐린 저항성 증세 : 제 2형 당뇨병 위험률 증가
속발성 당뇨병	연령층 다양	원인 다양	다른 질병, 의료 처치, 약물 치료 등으로 야기

또한 체지방 사용이 증가함에 따라 생성된 케톤체가 혈액에 축적되어 복통, 오심, 구토 등의 독감과 유사한 증세를 보인다. 치료하지 않으면 혈액이 산성화되는 치명적인 케토산증(ketoacidosis)이 유발된다.

제 1 형 당뇨병은 급격한 체중저하와 함께 심한 갈증, 공복감, 다뇨, 피로 등의 증세들이 동반되는데 이러한 증세는 높아진 혈당으로 인한 것이다.

예를 들어, 신장은 과도한 혈당을 혈액 밖으로 여과하여 소변으로 배출해야 하는데, 소변의 포도당 농도를 희석하기 위해 수분을 함께 배출한다. 그 결과, 당뇨환자들은 소변을 자주 보게 되어 탈수 증세와 갈증을 호소한다.

제 1 형 당뇨병 환자들은 세포의 에너지가 고갈됨에 따라 공복감과 피로감을 느끼게 되므로 당뇨병을 "풍요 속의 빈곤"으로 표현하곤 한다.

그림 5.21 제 1 형 당뇨병

혈당 조절은 혈당 상승에 대한 췌장의 인슐린 분비에 따라 좌우된다. 제 1형 당뇨병의 경우, 췌장은 인슐린을 합성하지 못한다.

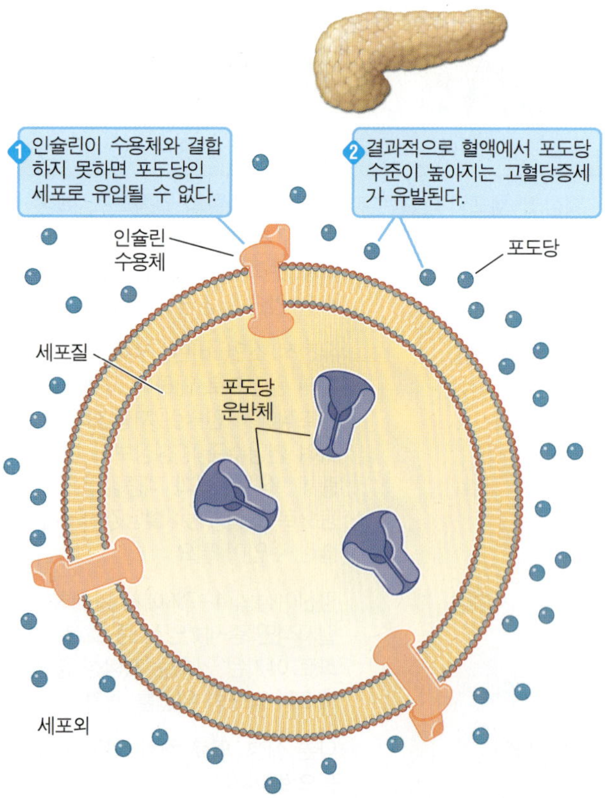

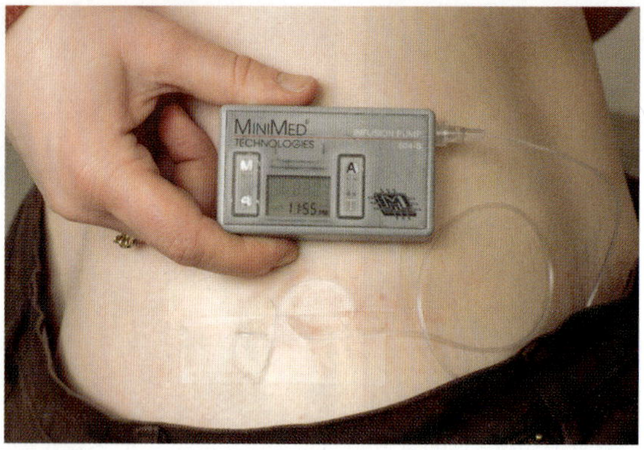

제 1 형 당뇨환자가 착용하고 있는 인슐린 펌프

제 1 형 당뇨환자들은 췌장에서 인슐린을 생산하지 못하기 때문에 매일 여러 차례 인슐린을 주사하여 혈당을 조절한다. 인슐린은 단백질로 소화관에서 분비되는 효소에 의해 분해되기 때문에 먹을 수 없다. 일부 환자들은 작은 호출기처럼 생긴 인슐린 펌프를 허리 벨트나 옷가슴에 착용하기도 한다.

제 1 형 당뇨병의 원인 제 1 형 당뇨병은 일종의 자가면역 질환으로, 면역계에서 췌장의 β-세포를 공격하는 항체를 생산하는 질환이다. 발병 원인은 잘 알려지지 않았지만 유전과 면역 및 환경 요인의 복합적인 상호작용으로 야기된다.

면역계가 특정 환경물질에 의해 항체를 합성하면 인슐린을 생산하는 β-세포가 파괴되기 시작한다. 항체는 본래 외부 침입물질을 공격하며, 제거할 세포와 그렇지 않은 세포를 인지할 수 있어서 자기 세포를 보호하는 기능을 지닌다. 자가면역 질환의 경우, 항체는 자기 세포를 공격하여 파괴한다. 이러한 항체를 '자가 항체'라고 부르며 자가면역질환자에서 볼 수 있다.

케토산증 ketoacidosis
케톤체가 축적되는 심각한 대사성 질환

자가면역질환 autommune disorder
면역계에서 생산한 항체가 자신의 조직을 공격함으로써 유발되는 증세

항체 antibody
면역계에서 생산하는 단백질: 신체에서 자신과 다른 단백질을 인식함.

제 1 형 당뇨병의 경우, 자가 항체는 인슐린을 생산하는 췌장 세포를 오히려 공격 대상으로 인식하여 파괴한다. 많은 연구자들은 제 1 형 당뇨병이 바이러스 감염으로 인해 초래된다고 여기고 있다.

췌장 β-세포는 서서히 파괴되며, 거의 대부분의 세포가 파괴된 후에야 제 1 형 당뇨증세가 나타난다 **(그림 5.22)**. 인슐린 생산 능력이 거의 또는 완전히 사라졌을 때, 신체가 요구하는 인슐린을 공급하지 못하므로 제 1 형 당뇨병이 유발된다.

그림 5.22 제 1 형 당뇨병의 원인

제 1 형 당뇨병은 항체가 인슐린을 합성하는 세포를 파괴하는 자가면역 질환에 의해 유발된다.

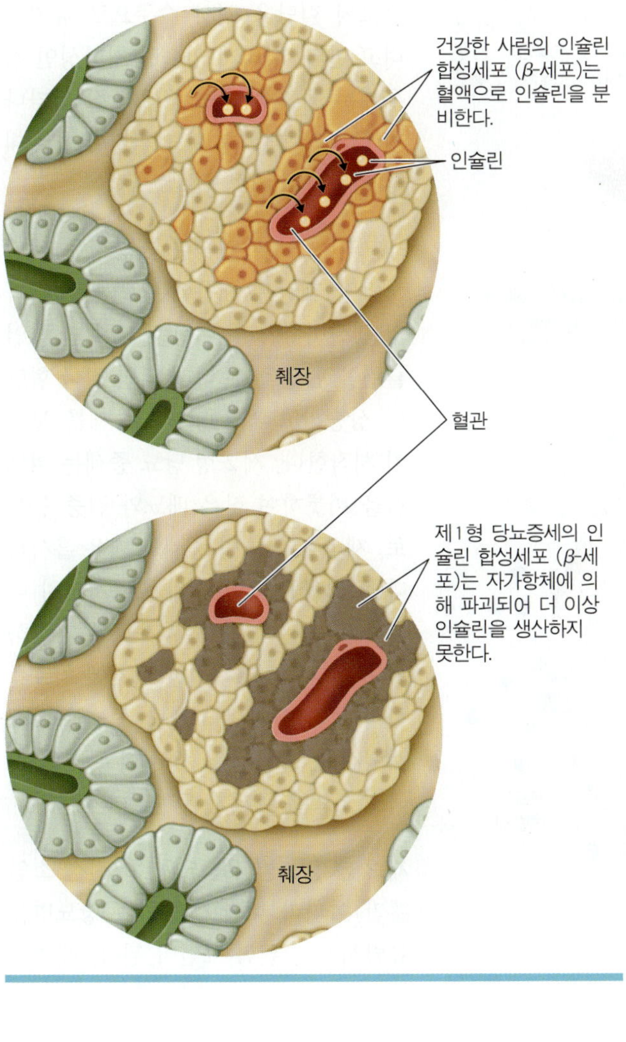

제 2 형 당뇨병
Type 2 Diabetes

제 2 형 당뇨병은 매우 일반적인 형태로서 당뇨 환자의 90~95%가 이에 해당된다. 선진국에서 4명 중 1명이 제 2 형 당뇨병을 앓는 환자이거나 그 가족일 정도로 발병률이 높다. 인슐린 치료를 받지 않는 사람들에서 흔히 나타나므로 제 2 형 당뇨병을 인슐린비의존성 당뇨병(non-insulin-dependent diabetes mellitus ; NIDDM)이라고 한다.

제 2 형 당뇨병은 주로 중년기와 노년기에 발병하지만 최근에는 10대 연령층에서도 그 발병률이 증가하고 있으며, 매년 제 2형 당뇨병으로 진단을 받는 사람 중 16%가 19세 미만에 해당하므로 더 이상 성인질환은 아닌 셈이다.

제 2 형 당뇨병의 발병 위험은 유전, 비만, 신체활동 부족, 민족성 등과 관련이 있다**(표 5.9)**.

제 1 형 당뇨와는 달리, 제 2 형 당뇨병 환자의 혈액 인슐린 농도는 일반적으로 정상이거나 다소 높은 편이다.

표 5.9 제 2 형 당뇨병의 위험요인

- 가족력 : 부모, 형제, 자매가 당뇨병 환자인 경우
- 임신성 당뇨로 진단받거나 4.0kg 이상의 신생아를 출산한 경우
- 좌식 생활을 주로 하는 경우 (1주 3회 이하의 운동을 하는 경우)
- 비만, 특히 내장비만
- 45세 이상인 경우
- 고혈압 증세 (≥ 140/90mm Hg)
- 혈액내 HDL 콜레스테롤이 낮은 경우 (< 35mg/dL)
- 혈액내 중성지방이 높은 경우(>250mg/dL)

출처: National Institute of Diabetes and Digestive and Kidney Disease of the National Institute of Health. Available from: http://diabetes.niddk.nih.gov/dm/pubs/riskfortype2/.

자가항체 autoantibodies
면역계에서 생산되는 항체로 자기 세포를 공격함.

인슐린 저항성 insulin resistance
인슐린 호르몬에 반응하는 수용체의 기능이 손상되어 나타남.

제 2 형 당뇨병은 인슐린 민감성 세포가 인슐린에 대해 정상적으로 반응하지 않는 인슐린 저항성으로 인해 발생된다. 인슐린이 분비되어도 세포들이 포도당을 쉽게 흡수하지 못하여 혈액에 포도당이 축적된다. 제 2 형 당뇨병 환자들은 대부분 식사조절과 운동을 통해 효율적으로 혈당을 조절하지만, 일부 환자들은 혈당강하제를 사용하여 인슐린에 대한 세포 반응을 조절한다. 이 환자들의 췌장에서는 인슐린이 합성되지만 혈당을 낮추기 위해 인슐린 주사를 맞아야 한다.

인슐린 저항성 인슐린은 세포막 표면의 수용체와 결합하여 일종의 열쇠에 해당한다. 인슐린과 수용체가 결합할 때 포도당이 세포로 유입된다. 인슐린 저항성의 발생 원인은 확실하지 않지만 인슐린 수용체가 인슐린을 인식하지 못하여 결합하지 못할 때에 발생한다(**그림 5.23**). 이때 췌장은 인슐린을 더 많이 생산함으로써 혈당을 정상 수준으로 유지하려고 한다. 따라서 인슐린 저항성인 경우에는 제 2 형 당뇨 증세가 잘 나타나지 않지만, 제 2 형 당뇨 환자에서는 대부분 인슐린 저항성을 보인다.

표 5.10 제 1 형 당뇨병과 제 2 형 당뇨병 증세

제 1 형 당뇨병	제 2 형 당뇨병
잦은 배뇨증세	잦은 배뇨증세
심한 갈증	심한 갈증
피로 증세	피로 증세
급격한 체중 감소	빈번한 감염증세
심한 공복감	시력저하
케톤 증세	질염
	상처회복 지연
	손발 저림이나 무감각
	잦은 요도감염

그림 5.23 제 2 형 당뇨병

혈당 조절은 혈당 상승에 대한 췌장의 인슐린 분비에 따라 좌우된다. 인슐린이 인슐린 수용체와 결합함으로써 포도당이 세포 내로 유입된다. 제 2 형 당뇨병의 경우, 인슐린 수용체가 인슐린에 대해 반응하지 못하여 발생된다. 이러한 증세를 "인슐린 저항성"이라고 한다.

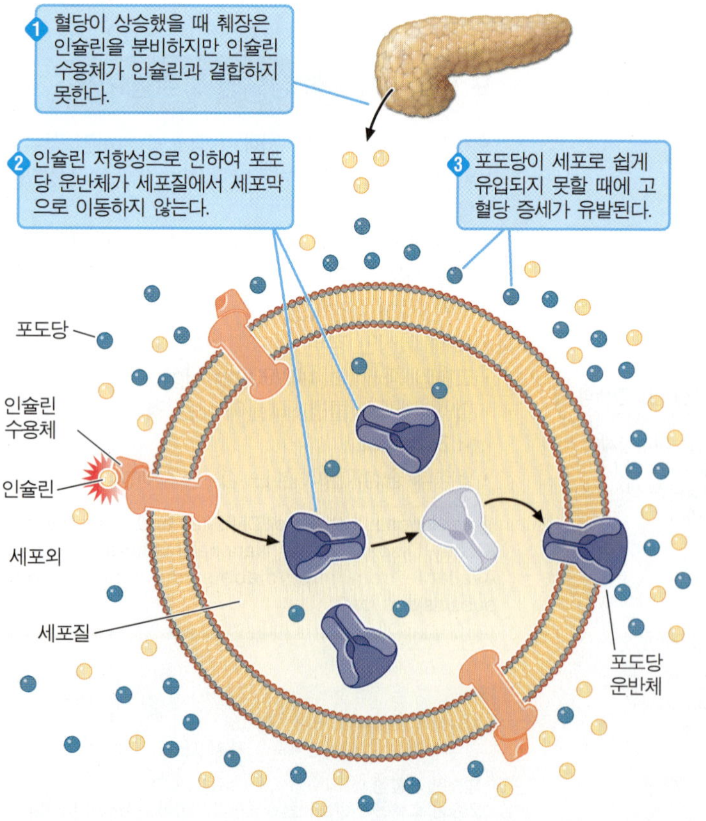

그러나 일부 인슐린 저항성을 지닌 사람의 췌장은 처음에는 인슐린을 과잉 생산하다가 더 이상 필요한 만큼 인슐린을 합성할 수 없게 되면 결국 혈당이 상승하고 제 2 형 당뇨증세를 보이기 시작한다. 제 2 형 당뇨 증세는 피로감을 비롯하여 잦은 배뇨와 갈증 등으로, 제 1 형 당뇨병 증세와 매우 흡사하다(**표 5.10**). 이런 증세들은 서서히 나타나기 때문에 종종 환자들이 자각하지 못한다. 또한 적절한 시기에 치료를 하지 못하면 만성 고혈당 증세와 함께 시력감퇴, 요도감염, 상처회복 지연 및 국소 가려움 증세가 동반된다.

제 2 형 당뇨병 위험요인 유전적 소인뿐만 아니라 비만도 제 2 형 당뇨병을 유발시키는 위험 요인이 된다. 제 2 형

당뇨병 환자의 대략 80% 정도가 과체중이며, 과체중인 사람이 마른 사람에 비해 현저한 제 2 형 당뇨병 증세를 보인다. 그 유발 위험은 상체 비만인 경우가 하체 비만인 경우보다 더 높다. 미국의 경우에 비만과 제 2 형 당뇨병 유발률은 동반상승하는 추세를 보이고 있어서, 2020년까지 1800만 명의 당뇨환자가 발생할 것으로 예측된다.

비만이 인슐린 저항성을 유발하는 기전은 명료하게 밝혀지지 않았으나 최근 연구들은 지방조직이 호르몬 합성과 분비 기능을 지닌 "선(gland)" 조직으로 기능하여 다른 조직에 영향을 준다는 가능성을 제시하고 있다.

호르몬 합성은 주로 신체 지방량에 의해 결정되며, 이것이 인슐린 저항성에도 영향을 미친다. 체중이 감소하면 인슐린 예민성이 회복되기 때문에 비만과 인슐린 저항성의 관계는 의심할 여지가 없다.

다행스럽게 제 2 형 당뇨병은 예방이 가능하며 체중조절, 규칙적인 운동, 건강한 식사 등을 통해 그 위험을 60% 정도 줄일 수 있다.

단지 5~6kg 정도의 체중 감량이나 매일 30분 정도 걷는 것만으로도 혈당을 낮출 수 있다. 그리고 적정 체중을 유지하는 방법처럼 바람직한 생활습관을 통해 유전적인 소인에 의한 제 2 형 당뇨병 위험을 어느 정도 예방할 수 있다. 다시 말해서 생활습관의 작은 변화로 건강의 큰 효과를 유도할 수 있다.

임신성 당뇨병과 속발성 당뇨병
Gestational Diabetes and Secondary Diabetes

당뇨병은 대체로 제 1 형과 제 2 형 당뇨로 분류된다. 그러나 다른 질환이나 의료 조치 및 약물 등으로 인해 2차적으로 고혈당증을 보이는 속발성 당뇨증세가 간혹 나타난다. 예컨대, 어떤 약물은 인슐린을 이용하거나 합성하는 대사에 영향을 줄 수 있다. 그리고 2차 당뇨증세의 원인을 치료하면 혈당 조절능력은 정상으로 회복된다.

임신성 당뇨 증세는 당뇨병의 일종이다. 일반적으로 임신부들은 미약한 인슐린 저항성을 나타내는데, 이는 태아의 포도당 유용성을 증가시키기 위한 건강한 생리 현상이다.

이러한 증세는 임신 24주 후부터 시작되어 출산 6주 내에 사라지지만 심한 경우에는 임신성 당뇨가 유발되며, 임신부의 4~7%가 이에 해당된다. 임신성 당뇨 증세는 비만 여성과 제 2 형 당뇨증세의 가족력이 있는 여성에서 더 많이 나타난다(**표 5.11**).

표 5.11 임신성 당뇨병의 위험 요소

- 비만
- 내장 비만
- 임신 후 체중 증가
- 35세 이상
- 가족력
- 조산아 혹은 과체중아 출산(> 4.0kg)
- 저체중아 출산
- 임신성 당뇨 병력
- 임신 전 고혈압증세

출처: U.S. Department of Health and Human Services, National Institute of Health, and National Institute of Child Health and Human Developement, NIH Pub No.00-4818. 2005

높은 농도의 혈당과 인슐린에 노출된 태아는 포도당 흡수가 촉진되어 잉여 지방을 축적하면서 성장한다. 따라서 임신성 당뇨증세를 보인 산모는 5~6kg(10~ 12Lb) 정도의 거대아를 출산하게 되어 산고를 겪게 되므로 이런 여성은 식이 및 체중 조절에 대한 정보를 알고 있어야 한다. 임신성 당뇨증세가 보인 여성은 15년 이내에 제 2형 당뇨병에 걸릴 위험이 증가하며, 특히 가족력이 있는 경우에 출생한 영아도 발병 위험이 더 높아진다.

속발성 당뇨병 secondary diabetes
다른 질환, 의료조치, 약물 등에 의해 나타나는 당뇨병

임신성 당뇨병 gestational diabetes
당뇨병의 일종으로 임신 여성에서 나타나는 인슐린저항성 증세

필수개념 *Essential Concepts*

당뇨병은 그 발병 원인에 따라 네 가지로 분류한다. 제 1 형 당뇨병은 항체가 인슐린을 합성하는 췌장세포를 공격함으로 인해 인슐린 합성이 부족하여 유발된다.

제 2 형 당뇨병은 인슐린 수용체가 인슐린에 적절하게 반응하지 못하는, 인슐린 저항성으로 인해 유발된다. 당뇨병의 대부분은 제 2 형에 속하며, 비만과 직접적인 연관이 있다.

인슐린 저항성은 임신기에 발병하는 임신성 당뇨의 원인이 되기도 하는데, 그 증세는 일시적인 것으로 출산하고 6주쯤 지나면 사라진다. 속발성 당뇨병은 다른 질환이나 의료 처치에 의해 유발된다.

제 1 형 당뇨병의 경우, 혈당조절을 위해 인슐린을 매일 투여해야 한다. 제 2 형 당뇨병은 식사와 운동 및 체중 관리에 의해 조절되기도 한다. 제 1 형과 2 형 당뇨병은 모두 부분적으로 유전적 소인과 관련이 있다.

대사성 질환 Metabolic Syndrome

공복 시에 고혈당증, 비정상적인 혈중 지질, 복부 비만 및 고혈압 등 복합적인 증세를 보임으로 인해 Syndrome X로 불리는 대사성 질환은 1998년에 처음 알려졌으며 인슐린 저항성과 연관된 3~4가지 증세를 보인다(**표 5.12**).

미국 질병관리본부(Centers for Disease Control and Prevention)에 의하면 인구의 약 20% 정도가 대사성 질환을 갖고 있으며, 이들의 경우에 제 2 형 당뇨 증세나 심혈관계 질환의 위험이 높다. 발병 원인은 비만, 잘못된 식습관, 운동부족 등으로 제 2 형 당뇨병과 매우 흡사하다.

표 5.12 대사성 증후군

(다음 변수 중 3가지 이상 해당할 때)

변수	수준
복부 비만	허리둘레 남성 > 94 cm 여성 > 80 cm
공복시 혈액 중성지방	≥1500 mg/dL
HDL 콜레스테롤	남성 < 40 mg/dL 여성 < 50 mg/dL
혈압	≥130/85 mmHg
공복시 혈당	≥100 mg/dL

출처: International Diabetes Federation(IDF): Available from http://www.idf.org/webdata/docs/Metsyndrome_Final.pdf.

Focus On 과학적인 혁신 THE PROCESS OF SCIENCE

Pima 원주민의 생활사

"본성과 양육"은 끊임없는 논쟁거리다. 만성 질환의 발병 원인이 유전자 때문일까 아니면 생활습관 때문일까? 두 요인이 복합적으로 영향을 미칠까? 아니면 한 요인이 다른 요인보다 더 영향을 미칠까?

이러한 중요한 의문에 해답을 주는 절호의 기회를 Pima 원주민들이 제공해 주었다. 수천 년 동안 덥고 건조한 멕시코의 Sierra Madre 지역에서 농사, 사냥, 낚시 등의 생활을 유지해 오면서 이들은 독특한 농사법과 관개시설을 개발하였다. 약 100여 년 전 점령군에 의해 더 이상 농사를 지을 수 없게 된 Pima 사람들은 북으로 이주하여 Arizona 주에 정착하게 되었다. 그들의 전통 음식 대신 설탕, 흰 밀가루, 라드 등의 새로운 음식을 섭취하게 된 것이다.

지난 30여 년 간 미국 국립보건원(NIH)의 연구결과, 이들 젊은 층에서 비만과 제 2 형 당뇨병 발병률이 매우 높았다. 그런데 놀랍게도 제 2 형 당뇨병 발병률은 50%나 되었으며 이 중 95%가 비만이었다. 그러나 아직도 멕시코 근처에 살면서 100년 전의 전통 식사와 생활습관을 유지하고 있는 원주민들은 유전적으로 아리조나에 이주한 Pima 사람들과 비슷하였지만 비만이나 제 2 형 당뇨 발병률이 훨씬 낮았다. 결과적으로 미국과 멕시코 Pima 사람들의 서로 다른 생활양식이 비만과 제 2 형 당뇨병 발병에 영향을 준 것을 알 수 있었다.

유전적 소인이 서로 비슷해도 식량이 충분하고 신체활동량이 감소하는 환경에서는 비만과 제 2 형 당뇨 증세가 유발되었으며, 이들이 운동과 식사를 개선하였을 때에 그 발병률이 현저히 낮아졌다.

다행스러운 것은 유전적 소인이 비만과 제 2 형 당뇨병의 발병에 영향을 미치는 것은 사실이지만 건강한 생활습관에 의해 극복할 수 있다는 점이다.

전술하였듯이 인슐린 저항성은 근육이나 지방조직 등 인슐린 민감성 세포가 인슐린에 적절히 반응하지 못할 때에 유발되는데, 이때 혈당이 상승한다. 췌장은 인슐린을 다량 분비하여 혈당을 낮추려고 하므로, 고인슐린혈증(hyperinsulinemia)이 초래되는데, 일반적으로 과잉 분비된 인슐린은 혈당을 정상 범위 내에서 조절하는 데 도움이 된다.

인슐린 저항성을 보이는 사람 중 일부는 장기간 인슐린을 다량 합성하지는 못하므로 제 2 형 당뇨증세가 유발된다.

그러나 대부분의 경우에 혈당이 대체로 높긴 하지만 제 2 형 당뇨증세를 보일 만큼 높지는 않다. 그러나 안심할 정도는 아니며 혈액의 포도당과 인슐린의 농도가 높은 것으로 인한 문제 외에도 여러 조직에서 부작용을 보인다. 즉, 신장에서 Na의 뇨배설보다 혈액으로 재흡수를 촉진하여 고혈압을 초래할 수 있으며, 고농도 인슐린으로 인한 난소의 테스토스테론 합성 증가로 불임을 초래할 수 있다.

더 큰 문제는 고인슐린 혈증이 간 지방대사에 영향을 줌으로써 혈액 지방을 상승시켜서 심장질환을 야기할 수 있다.

대사성 질환 metabolic syndrome
비정상적인 대사, 복부비만, 인슐린 저항성 등의 특징을 보이는 증세

고인슐린혈증 hyperinsulinemia
혈중 인슐린 농도가 높은 증세

필수개념 *Essential Concepts*

인슐린 저항성을 지닌 사람은 인슐린 분비가 충분하기 때문에 제 2형 당뇨증세가 나타나지 않는다. 그러나 임상적으로 높은 인슐린 수준은 대사증후군이라는 특수 증세를 야기할 수 있다.

이 증세는 복부비만, 혈중 지질의 이상, 고혈압, 공복 시의 혈당 상승 중 최소한 세 가지 증세를 보인다. 대사증후군은 제 2형 당뇨병, 심혈관 질환의 위험을 증가시키며, 고혈압 · 불임 · 혈중 지질의 이상증세를 초래하기도 한다.

합병증
Long-Term Complications Associated with Diabetes and Insulin Resistance

장기간의 고혈당 증세는 심각한 만성 합병증을 초래한다. 고혈당으로 인한 합병증은 주로 혈관과 신경섬유에서 발생한다(그림 **5.24**). 과잉 혈당과 단백질과 결합하여 혈관벽이 두꺼워지고, 탄력성이 소실되는 혈관벽 손상은 당뇨환자에게서 심근경색 위험을 증가시킨다.

만성 고혈당증세는 모세혈관과 신경을 손상하여 시력소실, 사지절단, 신장기능 손상, 사지감각 마비 등을 초래하기도 한다. 그러므로 정상 혈당을 유지하는 것이 만성 당뇨합병증을 예방하는 최선의 방법이다.

조기진단
The Importance of Screening and Early Diagnosis

제 1 형 당뇨병은 증세가 급속히 진전되고 심각하게 드러나기 때문에 일반적으로 빨리 발견된다. 그러나 제 2 형 당뇨병은 수년 동안 서서히 진행되므로 심각해지기 전에는 쉽게 발견되지 않는다. 성인들의 당뇨병 조기 발견을 위한 진단기준은 **표 5.13**에 제시된 바와 같다.

그림 5.24 **고혈당증은 혈관과 신경을 손상시킨다.**

당뇨병 합병증은 혈관과 신경에 관련된 증세로 인해 나타난다. 주요 혈관의 손상은 심장발작과 뇌졸중 위험을 증가시킨다.

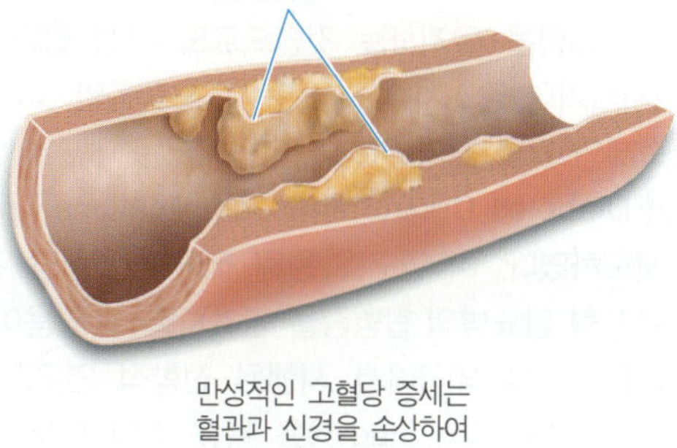

표 5.13 당뇨 진단기준

분류	공복시 혈당[a]	경구 내당능 검사 (2시간)[b]
정상	<100 mg/dL	<140 mg/dL
당뇨병	≥126 mg/dL	≥200 mg/dL

[a] 검사 전 10~12시간 공복상태이어야 함.
[b] 검사 전 10~12시간 공복상태이어야 함.

공복시 혈액을 채취한 후 50g 포도당 음료를 섭취한다. 2시간 후에 혈액을 채취함.

출처 : American Diabetes Association, Standards of medical care in diabetes, *Diabetes Care* 2004:27: s15~s35.

필수개념 *Essential Concepts*

높은 농도의 혈액 포도당은 단백질에 부착되어 혈관을 단단하게 하고 탄력성을 소실시킨다. 이는 당뇨병 소인이 있는 사람에게서 심장발작의 위험이 증가하는 원인이 된다.

만성적인 고혈당은 모세혈관과 신경계의 손상을 일으켜서 시력손상, 사지절단, 신장기능 손상, 사지무감각증 등의 증세를 유발한다.

제 1 형 당뇨병은 발병 직후에 발견되는 반면, 제 2 형 당뇨병은 그렇지 않다. 당뇨증세나 당뇨 전의 증세가 조기에 발견되면 적절한 시기에 의료적 처치가 가능하므로 심각한 만성 합병증을 예방하고 당뇨 발병을 지연시키는 데 매우 중요하다.

혈당조절
Controlling Blood Glucose

정상 혈당을 유지하는 것만으로도 만성 합병증을 지연시키거나 감소시킬 수 있는지, 오랫동안 풀지 못한 숙제의 답을 찾기 위하여 미국에서는 대단위 임상연구("Diabetes Control and Complications Trial")를 시도하였다. 이 연구를 통해 적극적인 혈당 관리로 제 1 형 당뇨병의 합병증을 감소시킬 수 있음이 밝혀졌다. 그 후 영국에서 시행된 전향적 연구("Prospective Diabetes Study")를 통해 거의 정상 수준의 혈당 유지로 제 2 형 당뇨병의 합병증을 예방하는 효과를 얻을 수 있음이 확인되었다.

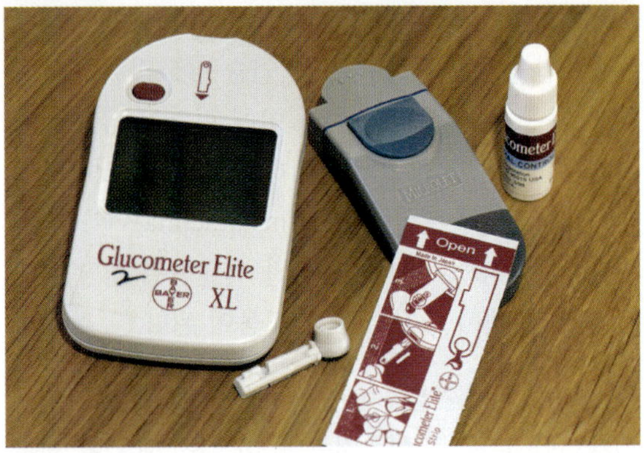

당뇨 환자들은 혈당계를 사용하여 매일 혈당을 확인하여야 한다.

당뇨병 관리
Components of a Diabetes Care Plan

혈당을 조절하는 것은 당뇨 합병증 예방의 최선책으로, 개인적 요구 · 기호 · 문화적 취향을 고려하여 맞춤형 관리체계를 계획하는 데 초점을 두어야 한다. 당뇨병을 치료 · 관리 · 예방하기 위해 모든 환자에게 적용되는 단일의 방법은 없다.

제 1 형 당뇨병 관리의 핵심은 인슐린 투여와 함께 건강에 좋은 식사와 신체 활동 간의 균형을 유지하는 것이며, 제 2 형 당뇨병의 경우에는 건강에 좋은 식사 · 체중 조절 · 신체 활동에 역점을 두어야 한다.

이와 더불어서 매일 혈당 체크가 중요하므로 혈당계를 사용하여 식사나 인슐린 투여로 혈당이 제대로 유지되는지를 관찰해야 한다.

식사
Diet and Diabetes

미국 당뇨협회(American Diabetes Association)에서는 건강에 좋은 식사를 원하는 사람에게 모두 적용할 수 있는 당뇨병 식사지침(Nutrition guidelines)을 개발하였다(**표 5.14**).

이 식사지침은 탄수화물과 단일불포화지방산으로 총 열량의 60~70%를 공급하도록 권유하고 있으나 개인에 따라 탄수화물, 단백질, 지질의 총 열량에 대한 섭취비율은 조정될 수 있다.

표 5.14 미국 당뇨협회 식사지침

- 탄수화물과 단일불포화지방산으로 총 열량의 60~70%를 제공할 것. 단일불포화지방산은 주로 카놀라유, 올리브유, 땅콩 기름으로 섭취
- 수용성 식이섬유질은 혈액 포도당과 콜레스테롤을 저하시킴. 귀리, 쌀, 쌀겨, 차전자 씨, 콩, 과일 섭취권장
- 식사에서 설탕을 완전히 제거할 필요는 없음. 전곡, 과일, 야채 등은 당 함유량이 높아도 오히려 섭취를 권장함.
- 신장 손상이 없는 한, 단백질로 총 열량의 15~20%를 제공할 것
- 당뇨를 예방하거나 치료하기 위해 비타민, 무기질 보충제의 복용이 필요다는 증거는 충분치 않음.
  그러나 Cr(크롬), K(포타슘), Mg(마그네슘), 그리고 Zn(아연) 등은 혈당조절 개선효과가 보고됨.
- 적당한 알코올 섭취(성인 여성 1잔, 성인 남성 2잔)는 당뇨병을 환자의 건강에 별다른 문제를 일으키지 않음.

출처: American Diabetes Association, Nutrition principles and recommendations in diabetes, *Diabetes Care* 2004:27:s36~s46.

특히 수용성 식이섬유질이 혈당과 콜레스테롤을 낮추는 데 도움이 되므로 귀리, 쌀겨, 차전자씨(psyllium seeds), 콩, 과일 등의 수용성 식이섬유질을 제공하는 급원식품을 자주 섭취하도록 권장한다.

설탕 섭취를 제한하지만 식사에서 완전히 제거할 필요는 없다. 전곡, 과일, 채소 등은 서당이 많이 함유된 식품이지만 미량 무기질, 식물성 천연물질, 식이섬유 등의 좋은 급원이기 때문에 권장한다.

당뇨병을 예방하고 치료하기 위해 비타민과 무기질 보충제를 권장하기 위한 충분한 근거 자료는 현재 부족한 실정이다.

따라서 영양 전문가들은 이러한 영양소의 섭취를 위해 균형 식사를 하는 것이 좋다고 제안한다.

신체활동

Physical Activity and Diabetes

매일 30분 정도의 운동을 하면 당뇨 환자의 심혈관계 기능이 개선되고 체중 감량 및 유지가 수월하며 혈당이 감소한다. 또한, 스트레스가 줄며, 혈중 지질이 정상 수준으로 회복된다.

규칙적인 생활 관리

Diabetes Can Be Demanding

식사와 일상생활 습관을 바꾸는 것은 쉬운 일이 아니므로 종종 당뇨관리 전문가의 도움이 필요하다. 당뇨 관리란 혈당 조절을 위해 일상생활을 모두 규칙적으로 지켜 나가는 것인데, 만일 혈당 조절에 실패를 하게 되면 자괴감에 빠지게 됨으로써 정서적인 측면이 매우 황폐해진다.

따라서 당뇨협회의 일원으로 적극적으로 활동하면서 꾸준한 상담과 학습을 통해 합병증을 예방하고 건강을 유지하는 긍정적인 태도가 필요하다.

필수개념 *Essential Concepts*

혈당 조절은 당뇨병과 연관된 합병증을 감소시킬 수 있다. 제1형 당뇨병의 경우에는 건강에 좋은 식사를 비롯하여 신체활동과 함께 인슐린 투여를 적절히 유지하는 것이 매우 중요하다.

제2형 당뇨병 치료의 핵심은 식사와 체중 조절 및 신체활동을 통해 정상 혈당을 유지하는 것이다.

건강한 식사를 하기 원하는 당뇨병 환자들을 위해 수많은 영양지침이 개발되어 있다. 매일 적당한 운동을 30분 정도만 해도 건강을 유지할 수 있고 혈당을 낮출 수 있다.

이러한 일상생활의 변화는 당뇨병을 관리하는 건강전문가의 도움을 받아 가며 실행하는 것이 현명하다.

Chapter 6 Protein

단백질

단백질은 신체 내에서 수분을 제외한 체중의 약 50%를 차지하는 가장 풍부한 유기물이다. 조직을 지탱하고 대사를 지배 및 통제하며, 정보교환의 수단을 제공하고 감염으로부터 보호하는 데 필요한 수천 가지의 단백질을 만들기 위해 몸은 식품 속에 들어있는 단백질을 이용한다.

단백질은 여러 가지 식품에 들어 있지만, 육류 · 생선 · 계란 · 유제품 · 대두 · 땅콩 · 강낭콩 등의 콩류가 특히 좋은 급원식품이다. 단백질은 우리 자신을 유일무이한 사람이 되도록 우리 신체를 특징짓는다. 그뿐만 아니라 오늘날은 인간 유전체(human genome)로 알려져 있으며, 각 개인이 만드는 단백질에 영향을 줄 수 있는 유전적 구성에 있어서 획기적인 진보가 있었다.

이 장에서 단백질의 정의를 비롯하여 신체가 건강을 유지하기 위해 어떻게 단백질을 이용하는가를 배우고, 유전체에 관련된 새로운 지식을 학습하며, 이것이 어떻게 단백질 영양과 관련이 되는가를 배우게 된다.

Chapter 6

단백질 개요
Introduction to Proteins

단백질은 아미노산으로 만드는 고분자이다. 아미노산들은 **펩티드 결합**에 의해 연결되어 수백이나 수천 가지의 단백질을 만든다. 인간은 20여 종의 아미노산을 필요로 한다. 일부 단백질은 몇 개 또는 수천 개의 아미노산으로 구성되기도 하나, 대부분의 단백질은 250~300개의 아미노산으로 구성된 중간 정도의 크기를 갖는다.

단백질 중 디펩티드는 2개의 아미노산으로 이루어져 있고, 트리펩티드는 3개의 아미노산으로 이루어져 있다. 12~20개의 아미노산으로 구성된 단백질은 올리고펩티드라고 하며, 20개 이상의 아미노산으로 구성된 단백질을 폴리펩티드라고 한다.

단백질 protein
아미노산으로부터 만들어지는 질소 함유 고분자 영양소

아미노산 amino acid
중심탄소에 아미노기, 카르복실기, 곁사슬기(R기)가 결합된 구성을 갖는 영양소

펩티드 결합 peptide bond
아미노산을 연결하는 화학결합

아미노기 amino group
($-NH_2$)아미노산에서 질소를 함유한 구성요소

R기 R-group
아미노산 구조에서 아미노산의 종류를 구분할 수 있게 하는 부분

아미노산 : 단백질의 기본 구성
Introduction to Proteins

체내 단백질은 아미노산이 결합되는 방법이 다양하기 때문에 화학적으로도 매우 다양하다. 신체는 단백질을 만드는 데에 약 20여 개의 아미노산을 사용한다. 프롤린을 제외한 모든 아미노산은 다음과 같은 공통의 구성요소, 즉 1개의 탄소가 ① 수소 ② 질소를 함유한 **아미노기($-NH_2$)** ③ **카르복실기($-COOH$)**와 결합되어 있다. 또한 각 아미노산은 **'R기'**라고 하는 고유의 곁사슬기(side chain)를 갖고 있다(**그림 6.1**). 체내에서 아미노기와 카르복실기는 거의 항상 전하를 띤 상태로 존재한다.

그림 6.1 아미노산의 주요 구성 요소

아미노산은 4개의 주요 구성요소를 갖고 있다 : 중심 탄소, 아미노기, 카르복실기, R기

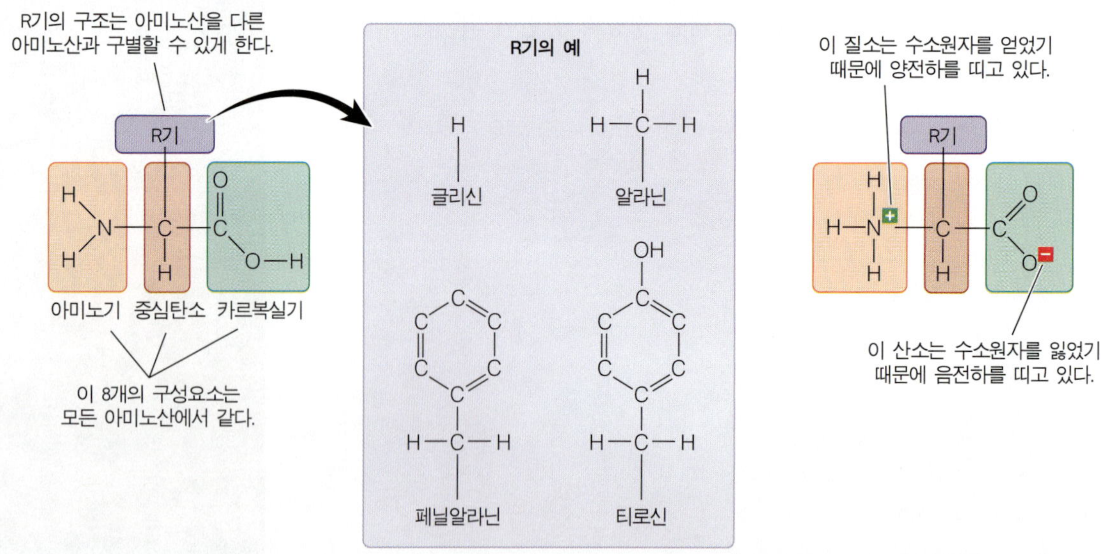

표 6.1 필수 아미노산과 불필수 아미노산

필수	불필수
	알라닌
히스티딘	아르기닌
이소류신	아스파라긴[a]
류신	아스파르트산
리신	시스테인[a]
메티오닌	글루탐산
페닐알라닌	글루타민[a]
트레오닌	글리신[a]
트립토판	프롤린[a]
발린	세린
	티로신[a]

[a]이들 아미노산은 조건부 필수 아미노산으로 분류된다.

각 아미노산은 R기에 의해 구분된다. R기의 차이에 따라 각 아미노산의 화학적 · 물리적 성질이 달라진다. 예를 들면, 일부 R기는 음전하를 띠고 일부는 양전하를 띠며, 다른 일부는 전하를 띠지 않는다. R기로 인해 갖게 되는 전하는 단백질의 모양과 기능을 결정하는 데 영향을 준다.

아미노산의 분류
Classification of Amino Acids

신체 기능유지에 필요한 단백질을 만들기 위해 20종류의 아미노산이 필요하다. 사람은 약 10종류의 아미노산을 만들 수 있다. 아미노산은 필수와 비필수 또는 조건부 필수 아미노산으로 분류할 수 있다(**표 6.1**)* 9종류의 필수 아미노산은 체내에서 합성이 안 되거나 필요량만큼 만들 수 없어서 식사를 통해 먹어야 한다.

필요할 때 인체는 필수 아미노산과 포도당으로부터 11종의 비필수 아미노산을 만든다. 비필수 아미노산을 합성하기 위해 한 아미노산으로부터 아미노기를 다른 유기화합물에 전달하는 **아미노기 전이반응**이 공통적으로 일어난다.

많은 요인들이 아미노산의 필수불가결성에 영향을 줄 수 있다. 미숙아 같은 일부 영아는 일부 비필수 아미노산을 만들 수 없다. 이러한 아미노산은 일정기간 동안은 식사로부터 섭취해야 하기 때문에 조건부 필수 아미노산이다.

또한 **페닐케톤뇨증**과 같은 질병은 비필수 아미노산이 필수 아미노산이 될 수 있다. 위 표에 제시한 6종류의 아미노산은 특수한 환경에서의 조건부 필수 아미노산이다.

아미노기 전이반응 transamination
다른 새로운 아미노산을 만들기 위해 한 아미노산으로부터 아미노기를 다른 유기화합물로 전달

페닐케톤뇨증 phenylketonuria (PKU)
페닐알라닌을 티로신으로 전환시킬 수 없는 선천성 대사이상

* 필수 아미노산은 불가결(indispensable) 아미노산이라고 부르며, 비필수 아미노산은 가결 아미노산으로 불리워진다. 조건부 필수 아미노산은 조건부 불가결 아미노산이라고도 한다.

Focus On 생애주기영양 LIFE CYCLE NUTRITION

페닐케톤뇨증

대부분의 건강한 성인은 9종류의 필수 아미노산을 식사를 통해 섭취해야 한다. 다른 아미노산은 필요할 때 체내에서 합성될 수 있다. 그러나 신체가 한 개 이상의 비필수 아미노산을 합성할 수 없는 경우에는 식사를 통해 섭취해야 하므로 이때는 조건부 필수 아미노산으로 간주한다.

예를 들면, 페닐케톤뇨증(PKU)은 페닐알라닌 수산화효소가 결핍되어 페닐알라닌으로부터 티로신을 합성할 수 없기 때문에 티로신이 조건부 필수 아미노산이 된다.

PKU는 유전물질(DNA)의 변화로 인한 선천성 대사이상의 하나이다. 선천성 대사이상은 대사과정에 필요한 효소가 부족하거나 없어서 발생하는 유전질환이다. 만일에 치료되지 않는다면 PKU는 혈액 내 페닐알라닌 대사체의 농도가 높고 티로신이 부족하여 뇌손상과 같은 치명적인 결과를 초래하기 때문에 대부분의 신생아는 태어나자마자 PKU를 검사해야 한다.

PKU를 갖는 신생아는 페닐알라닌 함량이 최저수준이고 티로신 함량이 적절히 들어 있는 특수조제분유를 먹여야 한다. 비록 모유가 모든 신생아에게 최적의 영양이지만 PKU의 경우에 모유수유는 선택사항이 될 수 없다.

아기가 성장하여 일반음식을 먹기 시작하면 페닐알라닌 제한식사를 먹어야 한다. 모든 단백질에 페닐알라닌이 들어 있기 때문에 적절한 식사를 하기 어렵다. 그러나 PKU의 합병증은 완전히 예방이 가능하기 때문에 조기진단과 식사중재는 시도할 가치가 있다.

아스파탐과 같은 인공감미료는 페닐알라닌과 아스파르트산으로부터 만들어지므로, PKU를 갖고 있는 사람은 섭취하지 않아야 한다.

미국 식품의약품안전청(Food and Drug Administration, FDA)에서는 아스파탐이 들어간 모든 제품에 의무적으로 경고표시를 하도록 요구한다.

아미노산과 단백질 급원 및 질
Sources and Quality of Amino Acids and Proteins

육류, 우유, 생선, 계란과 같은 동물성 식품은 완전단백질의 급원이다. 대두제품 역시 완전단백질을 공급할 수 있다.

일반적으로 육류 · 가금류 · 어류 · 계란 · 유제품 · 콩류 · 견과류 등은 곡류 · 과일 · 채소보다 g당 단백질을 더 많이 제공한다. 그러나 총 단백질 함량이 같은 식품이라도 아미노산의 종류와 양이 다를 수 있다. 동물성 식품은 식물성 식품보다 일부 필수 아미노산을 더 많이 함유하고 있다. 그러나 콩 제품에는 필수 아미노산이 모두 들어 있다. 따라서 콩류는 단백질의 좋은 급원이다.

완전단백질과 불완전단백질 Complete and Incomplete Proteins

선천성 대사이상
inborn error of metabolism
대사에 필요한 효소가 없어서 발생하는 질병

완전단백질 complete protein source
신체에 필요한 필수 아미노산을 비교적 많은 양을 함유하고 있는 식품

불완전단백질
incomplete protein source
1개 이상의 필수 아미노산이 매우 적게 들어 있거나 없는 식품

제한 아미노산 limiting amino acid
불완전단백질 급원에서 가장 적게 들어 있는 필수 아미노산

식품은 필수 아미노산 함량에 따라 분류될 수 있다. 모든 필수 아미노산이 적절하게 들어 있는 식품이 **완전단백질** 급원이고, 한 개 이상의 필수 아미노산이 적게 들어 있는 식품은 **불완전단백질** 급원이다.

식품 속에 거의 없거나 적은 양이 들어 있는 특정 아미노산을 **제한 아미노산**이라고 한다. 옥수수 단백질은 함량이 적은 리신과 트립토판이 제한 아미노산이고, 밀 단백질의 제한 아미노산은 리신이다.

단백질 상호보완 Protein Complementation

불완전단백질을 함께 섭취하면 모든 필수 아미노산을 적절하게 공급할 수 있

Focus On 식품 FOOD

유전자조작을 통한 식품 중 단백질의 변화

식물과 동물이 생산하는 단백질은 유전자 구성에 의해 결정된다. 유기체의 유전물질을 변화시켜서 단백질 합성에 영향을 줄 수 있다. 예를 들면, 단백질의 질은 **유전자조작식품 또는 동물**(유전자조작유기체, genetically modified organism ; GMO)에 의해 향상될 수 있다. 유전자조작은 단백질생산을 변화시키기 위해 유기체의 유전물질을 조작하는 것이다. 유전자조작을 한 GMO의 예로 Opaque 2 옥수수가 있다. 이 옥수수를 만들기 위해 리신과 트립토판이 많은 단백질을 생산하도록 옥수수의 유전자 부호를 변경하여 완전단백질을 생산하도록 하였다.

유전자조작식품의 개발과 사용은 많은 논란거리가 된다. 일부 사람들은 GMO가 알레르기 위험도를 높이고, 항생제 내성을 증가시키며, 유전물질이 다른 유기체로 전달될지도 모른다고 걱정한다. 또 다른 사람들은 종간의 유전자 혼합이 자연을 거스르는 비윤리적인 것이라고 걱정한다. FDA는 GMO를 이용하여 새로운 식품을 개발할 때에 지켜야 할 정책과 지침을 만들었다. 예를 들면, 유전공학은 식품의 영양의 질을 부정적으로 변화시키지 말아야 한다. 현재 미국 FDA는 GMO를 함유하고 있지 않은 식품은 표시를 할 수 있으나, GMO로 만들어진 식품에는 GMO 성분표시를 요구하지 않는다.

다. 이것을 '단백질 상호보완'이라고 한다. 단백질 상호보완을 위한 대표적인 식사가 쌀과 콩 또는 옥수수와 콩을 같이 섭취하는 것이다. 쌀과 옥수수는 리신이 제한 아미노산이고 메티오닌은 다량으로 들어 있다. 콩류는 메티오닌이 제한 아미노산이고 리신이 적절하게 들어 있다.

일반적으로 단백질 상호보완은 다양한 식물성 급원의 단백질을 여러 가지 섭취하여 모든 필수 아미노산을 인체에 공급하는 것이다. 오늘날 유전학의 발전은 식품의 아미노산 조성 변경을 가능하게 하였다.

단백질 상호보완은 모든 필수 아미노산을 섭취할 수 있게 불완전단백질 식품을 다양하게 먹는 것이다.

단백질의 질 Protein Quality

신체에 필요한 아미노산을 공급하기 위한 단백질 식품의 적절한 섭취는 여러 가지 요인에 따라 달라진다. 완전 또는 불완전단백질 급원, 식품 내 총 아미노산 함량과 신체의 단백질 소화흡수력 등이 그 요인들이다. 쉽게 소화되고 흡수되는 아미노산이 들어 있는 단백질은 생체이용도가 높다. 식품이 완전단백질 급원이고 생체이용이 가능한 단백질은 **양질의 단백질 급원**이다.

일반적으로 동물성 식품은 양질의 단백질 급원이다. 반대로 불완전단백질이 들어 있거나 생체이용도가 낮은 단백질은 **질이 낮은 단백질**이다. 예를 들면, 가공 쌀의 단백질은 필수 아미노산인 리신이 적게 들어 있고 생체이용도가 낮기 때문에 질이 낮다. 따라서 아미노산 필요량을 전적으로 쌀에만 의존하는 사람은 쌀을 대량으로 먹지 않는 한 리신이 결핍된다.

단백질 상호보완
protein complementation
모든 필수 아미노산을 적절한 양으로 공급하기 위해 불완전단백질급원을 함께 섭취하는 것

양질의 단백질 급원
high-quality protein source
아미노산의 생체이용성이 적절한 완전단백질급원

유전자조작 유기체
genetically modified organism, GMO
유전공학에 의해 만들어진 유기체(식물, 동물)

질이 낮은 단백질
low-quality protein source
불완전단백질급원이거나 아미노산의 생체이용성이 낮은 식품

필수개념 Essential Concepts

단백질은 아미노산들이 펩티드 결합에 의해 연결되어서 만들어진다. 2개의 아미노산으로 이루어진 분자는 디펩티드, 3개의 아미노산으로 된 것은 트리펩

티드, 20개 이상의 아미노산으로 된 분자는 폴리펩티드이다. 아미노산은 카르복실기, 아미노기, R기(곁사슬)가 결합된 1개의 중심탄소를 갖고 있다. R기는 각 아미노산의 화학적 특성을 결정한다. 신체는 20종류의 아미노산을 필요로 하는데, 9종류는 필수 아미노산이다. 그러나 페닐케톤뇨증처럼 비필수 아미노산이 필수 아미노산으로 되는 경우가 있는데, 이때 티로신이 조건부 필수 아미노산이 된다. 비교적 모든 필수 아미노산이 적절한 비율로 들어 있는 식품을 완전단백질 급원이라고 한다. 적어도 1종류의 필수 아미노산이 적게 들어 있거나 결핍된 식품을 불완전단백질이라고 한다.

일반적으로 동물성 급원식품은 완전단백질이 들어 있고, 식물성 급원식품은 불완전단백질이 들어 있다. 불완전단백질 급원을 섞어서 섭취하면 모든 필수 아미노산의 섭취가 가능하다. 이것이 단백질 상호보완이다.

단백질 합성
Protein Synthesis

단백질 식품을 섭취하면 체내에서는 단백질을 아미노산으로 분해하여 필요한 단백질을 합성하는 데 사용한다. 체내에서 합성되는 단백질은 독특한 구조와 형태

그림 6.2 단백질 합성의 단계

단백질 세포 신호전달 · 전사 · 번역의 3단계를 거쳐서 합성된다.

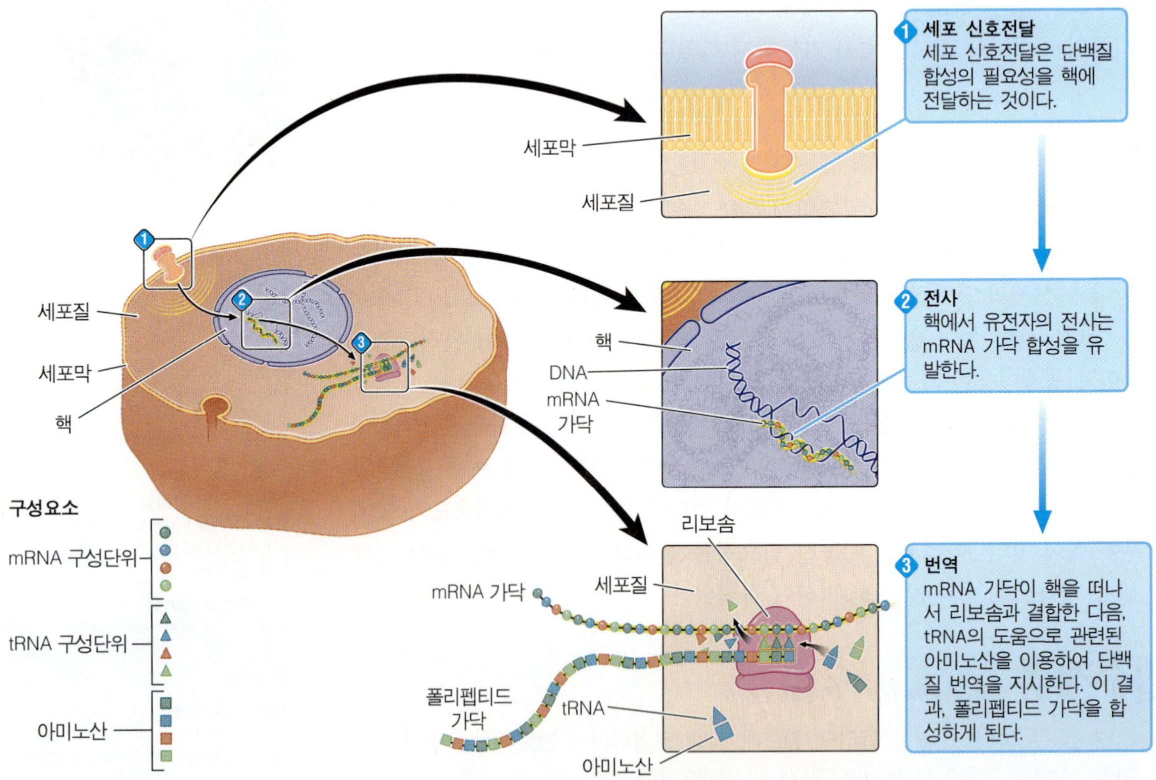

를 갖고 있다. 단백질의 형태가 기능을 결정하기 때문에 단백질이 어떻게 입체형상을 갖게 되는지 또한 그 이유를 이해하는 것이 중요하므로 단백질 합성과정을 먼저 이해해야 한다.

단백질성은 3가지 기본 단계를 거쳐서 합성된다. 즉, ① 세포에 전달되는 신호 ② 전사(transcription) ③ 번역(tanslation)의 3단계이다(그림 **6.2**).

1단계 : 세포의 신호전달
Step 1 : Cell Signaling

단백질 합성의 첫 단계는 세포가 단백질을 만들라는 신호를 받는 것이다. 이 과정을 세포의 신호전달이라고 하며, 세포막에 단백질이나 다른 화합물이 결합함으로써 시작된다. **세포 신호전달**은 세포 바깥의 상태에 관한 정보를 세포 내로 전달하는 것이다. 세포 신호전달에 따른 단백질 합성의 시작을 **상향조절**이라고 한다.

비타민은 종종 세포의 성장과 분화와 관련된 유전자를 상향 조절하는 데 필요하다. 역으로 단백질 합성을 중단하라는 신호전달은 **하향조절**이라고 한다. 단백질 합성은 세포신호전달에 의해 지속적으로 조절된다. 신체가 세포 신호전달을 통해 최대한의 효과를 나타낼 수 있도록 유전자를 상향이나 하향으로 조절할 수 있는 능력은 필요한 단백질을 합성하고 필요하지 않은 단백질 합성을 중단시킴으로써 가능하다.

2단계 : 전사 Step 2 : Transcription

유전자의 상향조절은 단백질 합성의 제2단계인 **전사**를 유도한다. 단백질 합성을 지시하는 명령은 세포핵 속의 디옥시리보핵산(DNA)에 들어 있다. DNA의 가닥을 염색체라고 하며, 각 염색체는 **유전자**라는 수천 개의 단위로 세분화되어 있다. 유전자는 원하는 단백질을 만들기 위해 필요한 아미노산과 이 아미노산들이 어떤 순서로 결합되어야 하는가를 지시한다.

전사가 일어날 때 DNA 부호는 **전령RNA**로 전달되며, 전사에 참여하기 위해 mRNA는 세포질로부터 핵으로 재배치된다. mRNA 소 단위체는 상향 조절되는 유전자에 결합하여 mRNA 가닥을 만들어 낸다. 새로 만들어진 mRNA 가닥은 DNA로부터 분리되어 핵을 떠나 세포질로 다시 들어가서 번역이라고 하는 단백질 합성의 3번째 단계에 참여한다.

3단계 : 번역 Step 3 : Transcription

세포질에서 mRNA가 단백질 합성이 일어나는 리보솜에 결합하면 **번역**이라는 과정이 시작된다. 번역은 **전달RNA(tRNA)**라는 또 다른 RNA가 필요하다.

tRNA는 단백질 합성에 필요한 아미노산을 리보솜으로 운반한다. 번역이 진행되면 리보솜은 mRNA 가닥을 따라 움직이며 부호 서열을 읽는다. mRNA의 서열은 tRNA가 리보솜으로 원하는 아미노산을 운반하도록 지시한다.

세포 신호전달 cell signaling
세포가 신호를 받아들여서 단백질 합성을 시작하는 첫 단계

상향조절 up-regulation
단백질 합성의 시작

하향조절 down-regulation
단백질 합성의 정지

전사 transcription
DNA를 틀로 하여 mRNA가 만들어지는 과정

염색체 chromosome
세포핵의 DNA 가닥

유전자 gene
폴리펩티드의 1차 구조를 결정하는 부호를 갖고 있는 염색체의 한 부분

전령RNA
messenger ribonucleic acid(mRNA)
유전자 전사에 관련된 RNA의 한 종류

리보솜 ribosome
세포질 내의 내형질세망에 붙어 있는 입자로, 유전자 번역과 관련이 있다.

번역 translation
리보솜에서 mRNA와 tRNA를 이용하여 아미노산들이 펩티드 결합을 통해 서로 연결되는 과정

전달RNA
transfer ribonucleic acid (tRNA)
세포질에서 유전자 번역에 참여하는 RNA의 한 종류

아미노산이 차례로 펩티드 결합에 의해 연결되면 폴리펩티드 사슬이 점차 길어지게 된다.

번역이 완료되어 새로 합성된 단백질은 리보솜 표면으로부터 떨어져 나온다. 그러나 이것이 기능을 갖춘 새로운 단백질 합성의 종료가 아니다. 단백질의 최종 형태는 이 단계에서 아직 결정되지 않는다.

필수개념 *Essential Concepts*

체내에서 세포의 신호전달 · 전사 · 번역을 포함하는 일련의 과정은 수천이나 수만 개의 각기 다른 단백질을 합성한다. 이 단계에서 유전물질 DNA, mRNA, 리보솜, tRNA, 아미노산이 참여한다. DNA 가닥에서 각 유전자는 단백질의 구성을 결정하는 정보를 갖고 있다. 핵에서 이 정보는 mRNA로 전달되고, 세포질에서 이 정보가 번역되어 rRNAs와 아미노산을 통해 폴리펩티드를 만든다.

단백질 구조
Protein Structure

폴리펩티드 사슬들이 복잡한 구조와 기능을 갖는 단백질로 되는 마지막 단계는, 단백질들이 접히고 서로 결합하는 것이다. 단백질이 일을 정확히 하려면 최종 형태와 구성요소가 정확해야 하기 때문에, 단백질 구조에 대하여 잘 이해하는 것이 중요하다.

단백질의 1차 구조
Primary Structure of Proteins

한 개의 폴리펩티드 사슬에서 아미노산의 개수와 서열을 단백질의 1차 구조(primary structure)라고 한다(**그림 6.3**).

그림 6.3 단백질의 1차 구조

단백질의 1차 구조는 폴리펩티드 사슬의 아미노산 배열 순서와 개수를 뜻한다.

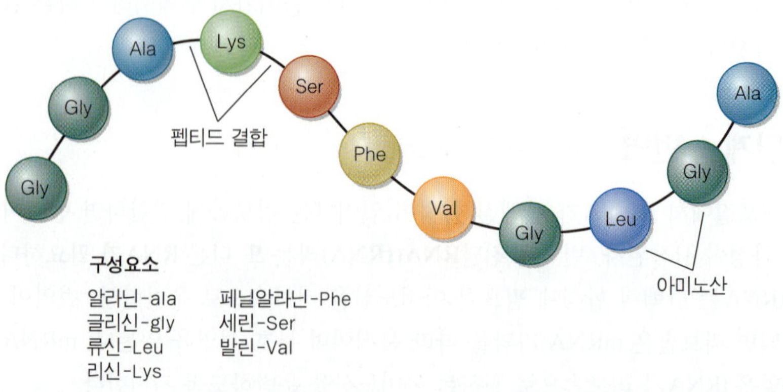

단백질 1차 구조 primary structure
1개의 폴리펩티드 사슬을 구성하는 아미노산의 서열

단백질의 1차 구조는 DNA에 의해 결정된다. 그리고 각 단백질은 고유의 서로 다른 1차 구조를 갖는다.

20종류의 아미노산으로부터 만들어질 수 있는 단백질은 무수히 많다. 26개의 알파벳으로 만든 영어 단어가 무수히 많듯이, 20종의 아미노산으로 만든 단백질도 무수히 많다.

1차 구조의 중요성
The Importance of Primary Structure

아미노산의 서열순서 또는 1차 구조는 단백질의 물리적 · 화학적 특성을 결정하기 때문에 단백질 기능의 핵심요소이다. 1차 구조가 같으면 동일한 단백질이다. 단백질의 1차 구조에 일부 변화가 오면 기능에 영향을 주지 않을 수 있으나, 단백질이 기능을 하는 데 있어서 심각한 영향을 주기도 한다. 1차 구조의 변화는 선천적인 유전자 변화에 의해 발생한다.

낫세포빈혈은 선천적인 유전자 변화에 의해 발생하는 질병이며, DNA의 조그만 오류로 인해 손상된 단백질을 만든 결과이다.

낫세포빈혈 sickle cell anemia
헤모글로빈의 아미노산 서열 순서 중 1개 아미노산의 변화로 인해 적혈구 세포가 기형이 되고 산소와 이산화탄소 운반능력이 감소하는 질병

유전자 치료 gene therapy
건강증진을 위해 변화된 유전자를 이용하는 치료

Focus On 임상 적용 CLINICAL APPLICATIONS

낫세포빈혈

낫세포빈혈은 헤모글로빈의 아미노산 서열에서 1개의 오류로 인해 발생한다. 낫세포빈혈 환자는 헤모글로빈 내의 단백질을 만드는 DNA 부호에서 1개의 돌연변이 또는 변화가 있다.

낫세포 돌연변이는 전사과정에서 잘못된 mRNA가 만들어져서 이 결과로 번역 시에 글루탐산 대신 발린이 결합된다.

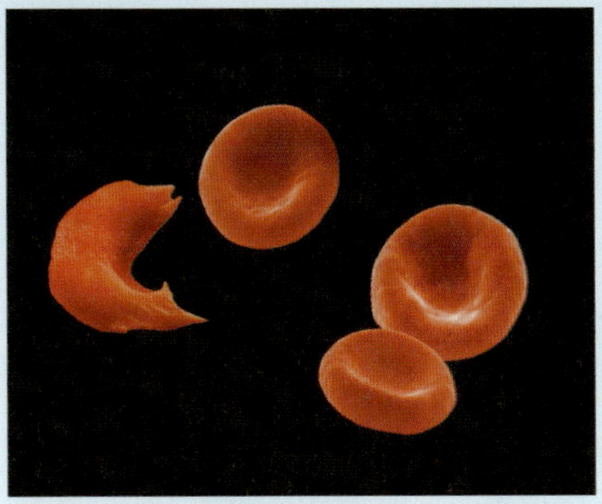

Normal red blood cells are disc-shaped, whereas those of people with sickle cell anemia are crescent-shaped.

헤모글로빈의 아미노산 서열의 작은 오류가 형태를 완전히 바꾸어서 중요한 건강문제를 일으킨다. 정상적인 헤모글로빈을 갖고 있는 적혈구는 혈관을 미끄러지듯이 부드럽게 움직이나, 비정상적인 헤모글로빈을 갖고 있는 적혈구는 단단하고 끈적거리며, 낫과 같은 모양을 하고 있다.

이 초승달 모양의 적혈구세포가 작은 혈관에 박히면 혈류를 차단하고 통증을 유발하며, 빈혈(혈액의 산소운반 불능)과 가슴 · 복부 · 관절의 통증 및 손과 발의 부종 · 잦은 감염 · 성장부진 · 시력저하 등을 초래한다.

과학자들은 수백년 전에 낫세포빈혈을 유발하도록 하는 유전자 변화가 말라리아에 걸려서 사망하는 사람들을 보호하였다는 가설을 세웠다.

낫세포빈혈을 앓은 사람은 말라리아로부터 살아남았고 그 유전자 부호를 후손에게 전달했을 것이며, 이 변화가 오늘날 세계, 특히 아프리카 · 지중해 · 중동아시아 또는 인도에서 수많은 사람들이 낫세포빈혈을 앓게 만들었다고 하였다.

비록 낫세포빈혈을 치료할 수 있는 해결책은 없으나, 미래에는 손상된 DNA를 교정할 수 있는 과학기술이 진보할 것으로 보고 있다. 유전자 치료라고 하는 기술은 이 병과 또 다른 유전질환을 치료할 수 있을 것이다. 이 질병은 통증을 줄이는 약이나 감염에 대한 항생제 및 수혈 · 산소보충 · 골수이식으로 치료하고 있다.

단백질의 2차 구조
Secondary Structure of Proteins

각 단백질은 고유의 1차 구조를 갖는다. 그러나 대부분의 단백질은 1차 구조인 아미노산의 직선 모양 사슬보다 더 복잡한 3차원적인 구조를 갖고 있다.

아미노기와 카르복실기로 이루어진 펩티드 사슬의 뼈대는 양전하와 음전하를 갖고 있기 때문에 각 기능기는 자석처럼 끌어당기거나 반발하여 단백질이 조직화되고 예측 가능한 패턴으로 접히게 된다. 이 상호작용이 수소결합이라는 약한 화학결합을 형성하면서 1차 구조를 비틀리고 접히도록 하여 3차원적인 구조로 형태를 변화시킨다. 단백질의 접힘을 **2차 구조**라고 한다. 가장 일반적인 접힘 양식이 ***α*-나선**과 ***β*-주름판**이다(**그림 6.4**).

단백질의 3차 구조
Tertiary Structure of Proteins

단백질의 다음 단계의 복잡한 구조는 3차 구조이며, 단백질은 R기의 상호작용에 의해 더 접히게 된다. 2차 구조는 아미노기와 카르복실기 간의 상호작용이라는 점에서 3차 구조와는 다르다.

그림 6.4 단백질의 2차 구조

수소결합이 단백질을 *α*-나선과 *β*-주름판 패턴으로 접혀서 2차 구조를 형성한다.

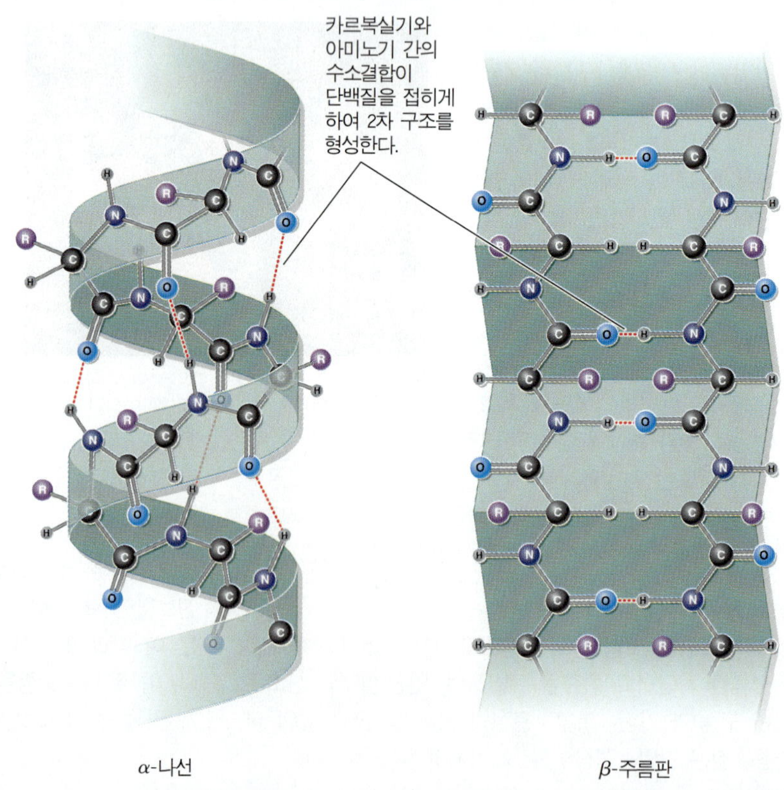

2차 구조 secondary structure
아미노산 뼈대의 기본요소로부터 형성되는 수소결합으로 인해 단백질의 접힘이 일어난 구조

***α*-나선** *α*-helix
단백질의 2차 구조를 구성하는 배열 형태의 한 종류

***β*-주름판** *β*-folded sheet
단백질의 2차 구조를 구성하는 배열 형태의 한 종류

3차 구조 tertiary structure
아미노기의 R기끼리의 상호작용으로 인한 폴리펩티드사슬의 접힘.

황 원자를 함유한 아미노산(시스테인)의 R기와 다른 황 함유 아미노산의 R기의 가장 강한 상호작용이 이황화 결합(disulfide bond)이다. 이 결합과 다른 결합들은 매우 안정하며, 이 결합들을 방해하면 단백질의 3차 구조가 깨진다.

단백질의 4차 구조
Quaternary Structure of Proteins

단백질 구조의 최종 단계는 4차 구조이다. **4차 구조**는 여러 개의 폴리펩티드 사슬이 서로 연결되어 최종 단백질을 형성한다**(그림 6.5)**. 단백질이 정상적인 기능을 하기 위해 **보결분자단**이라는 비 단백질성 구성성분이 폴리펩티드 사슬 사이에 정확히 자리 잡고 있어야 하는 경우도 있다.

헤모글로빈은 4개의 폴리펩티드사슬과 각 사슬에는 헴(heme)이라는 철 함유 보결분자단이 결합된 4차 구조를 갖고 있다. 헴은 실질적으로 헤모글로빈에서 혈액에서 운반되는 산소와 이산화 탄소 기체와 결합하는 부분이다.

단백질 구조의 붕괴 : 변성과 수은독성
Disruption of Protein Structure : Denaturation and Mercury Poisoning

단백질의 최종 형태는 기능을 수행하는 능력을 결정한다. 그러나 단백질의 형태를 파괴하는 요인들이 있는데, 그 중 하나가 **변성**이다. 변성은 단백질이 비정상적으로 풀리는 것이다. 변성을 일으키는 화합물과 조건은 변성제와 물리적 교란, 가열, 세제, 산, 염기, 염, 알코올, 중금속 등이다.

그림 6.5 헤모글로빈의 4차 구조

헤모글로빈은 4개의 폴리펩티드 사슬과 4개의 헴이라는 철-함유 보결분자단으로부터 만들어진다.

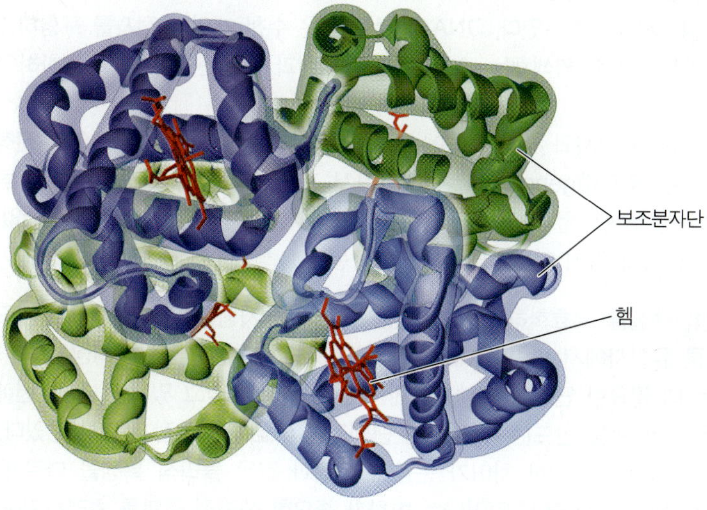

4차 구조 quaternary structure
폴리펩티드 사슬과 또 다른 폴리펩티드 사슬, 보결분자단과의 결합으로 형성된 단백질 구조

보결분자단 prosthetic group
4차 구조 단백질을 구성하는 비단백질성 구성성분

변성 denaturation
열, 산, 효소, 교란 등에 의해 일어난 단백질 3차 구조의 변화

일단 변성이 일어나면 단백질은 3차 구조를 유지할 수 없다.

단백질 변성의 예 중 하나가, 계란 흰자를 가열하였을 때에 계란 흰자의 진하고 투명한 액체가 불투명한 고체로 변화하는 모습이다.

수은과 같은 중금속은 변성제로 이황화 결합을 파괴하여 3차 구조를 붕괴시킨다. 고농도의 수은에 노출되면 단백질이 변성되어 마비, 청력손실, 시력저하, 보행곤란, 심각한 감정적 인지능력 손상이 일어난다.

오염된 물로 인해 일부 생선은 위험할 정도로 많은 양의 수은을 축적하고 있다. 대부분의 생선이 안전하지만, FDA와 환경보호단체는 임신부와 임신 가능성이 있는 여성 및 수유부나 어린이 등에게 다음과 같은 지침을 주고 있다.

- 상어, 황새치, 북 대서양산 고등어, 옥돔 등을 먹지 말 것
- 새우, 참치통조림, 연어, 북 대서양산 대구, 메기, 수은 축적량이 낮은 갑각류와 다양한 생선을 1주일에 12 Oz (약 330 g, 2끼 정도)까지만 먹을 것
- 근처 호수, 강, 해안가에서 잡히는 생선의 안전에 관한 지역정보를 참고하고 만일에 정보가 없다면 1주일에 6 Oz(약 70 g) 이하로 섭취하라.

필수개념 Essential Concepts

단백질을 구성하는 아미노산 서열은 1차 구조이다. 펩티드 사슬은 구성하고 있는 아미노산의 화학적 성질에 따라 접혀서 2차와 3차 구조로 된다.

마지막으로 펩티드 사슬들은 무기질과 같은 다른 물질과 결합하여 4차 구조를 이룬다. DNA 돌연변이 또는 열이나 중금속 같은 변성제에 의해 단백질 형태의 파괴가 일어날 수 있다.

유전학, 영양, 영양유전체학
Genetics, Nutrition, and Nutrigenomics

세포핵의 DNA는 체내에서 합성되는 단백질과 관련된 종합계획을 갖고 있다. 사람의 난자와 정자는 23가닥의 염색체가 있으며, 그 외 모든 세포핵에 46가닥의 DNA(염색체)를 갖고 있다. DNA의 각 가닥은 수천 개의 유전자를 포함하고 있는 단일 염색체이며, 염색체는 수천 개의 단백질과 관련된 정보를 부호화하여 갖고 있다.

정자세포가 난자와 수정될 때에 23개의 염색체는 결합하여 부모의 유전적 구성요소 또는 유전체(genome)를 물려받아서 자손의 유전자 구성요소를 이루게 된다. 일란성 쌍둥이를 제외하고 각 개인이 동일한 유전체를 갖는 사람은 없고, 따라서 사람마다 각기 다른 다양성을 갖게 된다.

특정단백질을 부호화하고 있는 많은 유전자는 사람들 간에는 동일하기도 하지만 다른 유전자에서 변형 형태를 갖기도 한다. 예를 들면, 일부 사람은 녹색 눈을 만드는 데 필요한 단백질을 생산하게 하는 유전자를 갖고 있지만, 그 반면에 다른 사람은 갈색 눈을 만드는 데 필요한 단백질을 부호화한 유전자를 갖고 있다.

유전자 구성요소
genetic makeup (genome)
개인의 세포에 들어 있는 특정 DNA

유전자에서의 이러한 차이가 눈동자 색깔과 같은 물리적 특성을 다르게 한다. 그러나 다른 유전자에서 일어나는 변화가 중요한 생리적 결과를 초래하기도 한다.

돌연변이와 변형된 단백질 합성
Mutations and Altered Protein Synthesis

때때로 유전자의 변화는 기능이 달라진 단백질을 합성한다. 이러한 유전자 변화를 **돌연변이**라고 한다. 일부 돌연변이는 대사에 영향을 주고, 다른 경우에는 세포성장이 통제되지 않아서 암을 유발한다. 대부분의 돌연변이는 유전되지 않으나 일부는 유전된다.

즉, 난자와 정자 DNA의 돌연변이는 자손에게 전달된다. 그 예로 PKU나 낫세포빈혈을 유발하는 유전자 돌연변이가 유전질환이 되는 경우가 있다.

인간 유전체 연구과제와 영양유전체학
The Human Genome Project and Nutrigenomics

최근까지는 인간 유전체를 구성하는 유전자에 대해 밝혀진 사실이 거의 없었다. 그러나 인간의 염색체 내에 있는 유전자를 밝히기 위해 인간 유전체 연구과제가 1990년대에 수행되었다. 이 연구에서는 인간 유전체 연구과제는 어떻게 다양한 유전자 돌연변이가 단백질 합성에 영향을 주고 나아가서 전반적인 건강이나 질병발생 위험도에 영향을 주는가를 더 잘 이해가 가능하도록 하였다.

그뿐만 아니라, 인간 유전체 연구과제는 **영양유전체학**이라는 영양학 연구의 새로운 장을 열었다. 영양유전체학은 어떻게 영양과 유전체가 상호작용하여 건강에 영향을 주는가를 연구하는 분야이다. 영양학자는 개인의 영양필요량, 영양상태, 유전체를 이해함으로써 개인 고유의 유전자 구성에 따른 권장 식사지침을 정확히 맞추어서 최적의 건강과 복지를 유지할 수 있기를 기대한다.

필수개념 *Essential Concepts*

대부분의 체세포는 핵에 유전물질, 즉 DNA를 갖고 있다. 난자와 정자세포를 제외하고 인간의 세포는 46가닥의 DNA를 갖는데, 각 가닥이 염색체이다. 수정될 때 부모의 염색체는 배아에게로 전달되며, 이 염색체가 자손의 유전자 구성하거나 유전체를 구성한다.

돌연변이는 세포가 기능이 있는 단백질을 생산하는 능력에 영향을 줄 수 있다. 일부 돌연변이는 물리적 특성에 영향을 주긴 하되, 해롭지 않을 수 있다. 그러나 암을 유발하는 위험한 돌연변이도 있다. 어떻게 영양이 인간의 유전체와 상호작용을 하는가를 연구하는 학문이 영양유전체학이다.

단백질 소화, 흡수, 체내 순환
Protein Digestion, Absorption, and Circulation in the Body

소화과정은 식품 속의 단백질을 아미노산으로 분해하여 흡수하고 체내 세포로 분포하여 필요한 단백질로 재조립하는 과정이다. 소장 내 효소나 소화액, 떨어져 나온 세포(모두 단백질로 구성되어 있다)도 분해되고 재생되어 또 다른 아미노산의 급원이 되고 있다. 단백질 소화과정이 **그림 6.6**에 제시되었다.

돌연변이 mutation
유전자 변형

영양유전체학 nutrigenomics
유전자와 영양이 함께 어떻게 건강에 영향을 주는가를 연구하는 학문

Focus On 과학적인 혁신 THE PROCESS OF SCIENCE

인간 유전체 연구과제

과학자 · 철학자 · 심리학자들은 인간을 모두 다르게 만드는 생리적 · 화학적 근거를 이해하려는 노력을 지속해 왔다. 1800년대, 체코슬로바키아의 수도자였던 그레고르 멘델은 자손에게 전달되는 물리적 특성을 발견하여 현대 유전학 분야의 장을 열었다.

그 후 유전학은 진보하여 제임스 왓슨 · 프란시스 크릭 · 모리스 윌킨스가 DNA의 화학구조를 밝힘으로써 1962년에 노벨상을 수상하였으며, 지금까지도 인간 유전학의 진보는 눈부시게 발전해 왔다.

1990년에 미국정부는 국제과학자 팀과 관련 산업체 협동으로 인간 염색체를 구성하는 모든 유전자를 밝히고 이해하기 위한 인간 유전체 연구과제에 착수하였다.

인간 유전체와 단백질 합성의 조절을 연구하는 능력은 영양과 건강과의 관련성에까지 미치고 있다. 2000년 인간 유전체 연구과제의 종료 시에 과학자들은 인간 유전체가 30,000개 정도의 유전자로 구성되어 있다는 사실에 놀랐다. 그 전의 연구에서는 50,000~140,000개의 유전자가 있을 것으로 예측하였기 때문이다.

현재는 대부분의 인간 유전체가 공개되어 영양과학자들은 오랫동안 진실이라고 생각해 온 것을 직접 검증할 수 있다. 즉, 영양이 건강에 영향을 주기 위해 유전자와 상호작용을 하는가에 대한 검증을 할 수 있는 것이다.

유전자가 단백질 합성을 개시하거나 종료시키도록 영향을 줄 수 있는 식사요인도 오늘날에는 우리가 알 수 있다. 인간 유전체와 단백질 합성이 영양에 의해 어떻게 영향을 받을 수 있는가를 밝힐 수 있는 새로운 과학 학문분야가 바로 영양유전체학이다.

가까운 미래에는 건강관리제공자에게 가서 유전자를 근거로 한 권장식사지침을 받을 수 있다. 예를 들면, 유전자가 기능이 부실한 아미노산 운반 단백질을 만든다면, 아미노산 필요량이 대부분의 다른 사람보다 더 많을 것이다.

즉, 개별화된 식사 처방을 받게 되는 것이다. 이 놀라운 개념은 더 이상 허구가 아니고 현재 영양과학이 나아가는 방향이다.

위에서 단백질의 소화
Protein Digestion in the Stomach

단백질의 화학적 소화는 위에서 시작된다. 음식이 위에 들어오면 위벽세포는 가스트린(gastrin)이라는 호르몬을 혈액으로 분비한다. 가스트린은 위가 위산(염산, HCl), 펩시노겐, 점액과 기타 화학물질을 분비하게 한다.

단백질 소화에서 위산의 주요 기능은 첫째, 단백질의 2, 3, 4차 구조를 구성하는 화학결합을 분해하여 접혔던 단백질을 펴고 변성시켜서 복잡한 구조를 가졌던 단백질을 직선구조로 만들어 펩티드 결합이 소화효소에 노출될 수 있도록 한다.

둘째, 위산이 비활성형 **전효소**인 **펩시노겐**을 활성형인 **펩신**으로 전환시킨다. 펩신은, **단백질분해효소** 중 하나로, 펩티드 결합을 가수분해한다.

위액의 작용으로 식품 속의 단백질은 부분적으로 소화되어 짧은 폴리펩티드와 일부 아미노산이 된다. 부분적으로 소화된 단백질 가수분해물은 소장으로 이동되어 계속 소화가 진행된다.

전효소 proenzyme
효소의 비활성형 전구체

펩시노겐 pepsinogen
펩신의 비활성형

펩신 pepsin
단백질 소화에 필요한 효소

분해효소 protease
펩티드 결합을 분해하는 효소

그림 6.6 단백질 소화의 개요

단백질 소화는 펩신, 췌장 단백질 분해효소, 소장 단백질 분해효소를 이용하여 위와 소장에서 일어난다.

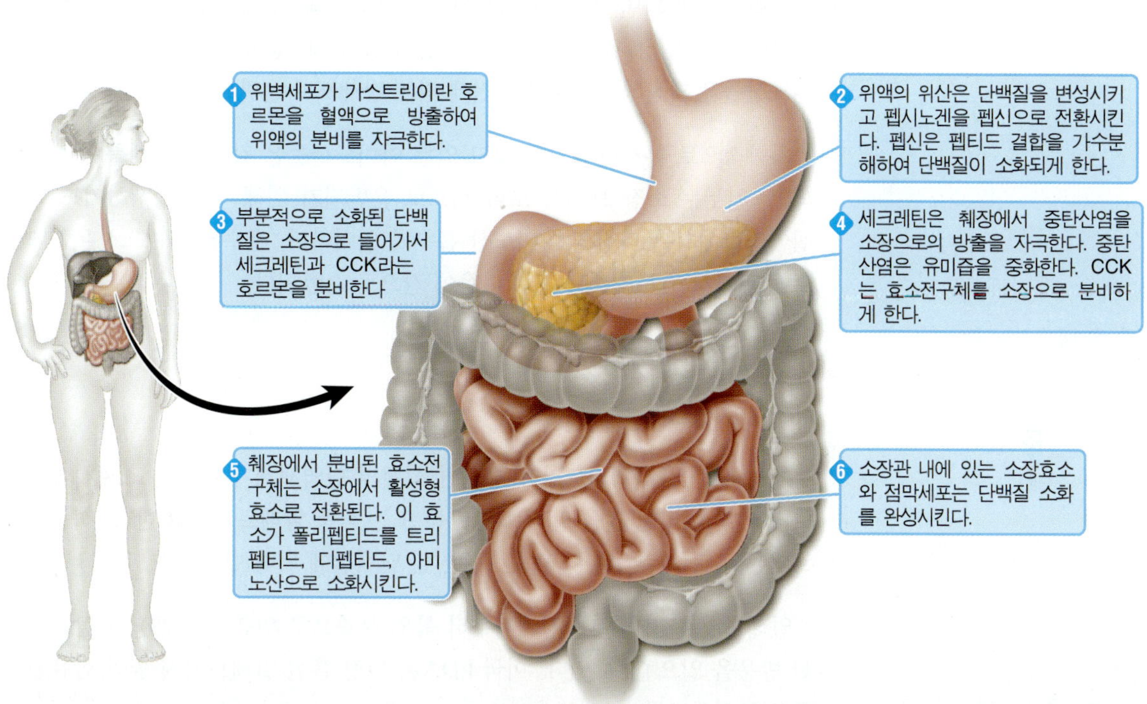

소장에서의 단백질 소화
Protein Digestion in the Small Intestine

아미노산과 작은 폴리펩티드가 소장으로 들어오면 세크레틴(secretin)이라는 호르몬 분비를 자극한다. 세크레틴은 췌장이 십이지장으로 중탄산염을 분비하도록 신호를 보내고, 중탄산염은 위에서 내려온 산성을 띤 가수분해물을 중화시키며 펩신을 비활성화한다.

아미노산은 소장에서 **콜레시스토키닌**이라는 호르몬 분비를 자극하고, CCK는 **트립시노겐 · 키모트립시노겐 · 프로엘라스타아제 · 프로카르복시펩티다아제**의 분비를 자극한다. 이들 효소는 췌장에서 합성되는 비활성형 전효소이며, 소장에서 **트립신 · 키모트립신 · 엘라스타아제 · 카르복시펩티다아제**로 활성화된다. 이 활성형 효소들은 특정 펩티드 결합을 가수분해하여 단백질이 디펩티드, 트리펩티드, 아미노산으로 분해되도록 한다. 위와 장은 비활성형 효소를 만들어서 저장하기 때문에 위와 췌장 조직이 자신들이 만든 단백질 분해효소로 인해 분해되는 것을 막을 수 있다.

소장의 미세융모막을 구성하는 점막세포에서 만들어져서 소화관내강으로 분비된 다양한 효소에 의해 디펩티드와 트리펩티드의 일부가 아미노산으로 분해된다. 그러나 대부분의 디펩티드와 트리펩티드는 소장의 세포 내로 운반되어 소장의 세포 내에서 아미노산으로 분해된다.

트립시노겐, 키모트립시노겐, 프로엘라스타아제, 프로카르복시펩티다아제
trypsinogen, chymotrypsinogen, proelastase, procarboxypeptidase
췌장에서 합성되는 비활성형 전효소들로 CCK에 반응하여 소장으로 분비되는 효소들

트립신, 키모트립신, 엘라스타아제, 카르복시펩티다아제
trypsin, chymotrypsin, elastase, carboxypeptidase
소장에서 분비되는 단백질 소화에 필요한 활성형 효소들

아미노산, 펩티드의 흡수와 순환
Amino Acid and Peptide Absorption and Circulation

소화가 완료되면 이미 장 세포에서 디펩티드와 트리펩티드로부터 분해된 일부 아미노산이 장 세포 내에 들어오나, 소장관 내강(intestinal lumen)에 있는 아미노산들은 확산과 능동수송기전에 의해 장세포로 운반된다.

화학적으로 유사한 R기를 갖고 있는 아미노산들은 같은 운반체를 통해 운반되고, 일부는 소장 브러시 보더 세포로 운반되기 위해 서로 경쟁하기도 한다. 십이지장에서는 다량의 아미노산 흡수가 일어나며, 흡수된 아미노산은 혈액으로 들어가서 간문맥계를 거친 다음에 간으로 순환된다.

식품 알레르기
Food Allergies

때때로 큰 폴리펩티드가 흡수되면 신체의 면역체계가 위험을 느껴서 반응을 나타낸다. 이러한 것을 알레르기 반응 또는 **식품 알레르기**라고 한다. 식품 알레르기는 주로 계란, 우유, 땅콩, 대두, 밀 단백질에 의해 발생한다.

알레르기는 가벼운 발진에서부터 목의 부종으로 인한 호흡곤란과 같은 심각한 반응을 일으킬 수 있다. 미국 FDA는 가장 흔한 알레르기 항원이 함유된 식품을 표시하도록 하고 있다.

필수개념 *Essential Concepts*

단백질 소화는 위에서 위산에 의해 단백질을 변성시키는 작용부터 시작된다. 다음 단계는 펩신에 의해 펩티드 결합을 선택적으로 가수분해하는 과정이다. 췌장과 소장에서 생산되는 다른 효소인 단백질 분해효소들은 단백질 소화를 완료시킨다.

아미노산과 아주 작은 펩티드는 확산과 능동 수송에 의해 소장세포로 흡수되어 혈액을 거친 후에 간으로 순환된다. 때때로 큰 폴리펩티드가 흡수되어 식품 알레르기를 일으키기도 한다.

아미노산과 단백질의 체내기능
Functions of Amino Acids and Proteins in the Body

아미노산으로부터 필요한 수백이나 수천 가지의 단백질이 체내에서 합성된다. 이 단백질은 기능에 따라 분류된다(**표 6.2**). 이 기능들은 가장 중요한 기능 중 일부이며, 나아가서 아미노산 자체도 포도당 합성이나 에너지(ATP) 생성과 같은 중요한 기능을 한다.

식품 알레르기 food allergy
신체의 면역체계가 식품단백질에 대항하여 반응을 보이는 상태

표 6.2 단백질의 주요 체내 기능

기능	예
구조	콜라겐
촉매	효소(예 : 리파아제)
운동	근육단백질(예 : 액틴, 미오신)
수송	막결합수송단백질, 알부민
정보전달	호르몬(예 : 인슐린), 세포신호전달단백질
보호	피부단백질, 피브리노겐, 항체
체액평형조절	알부민
pH조절	전하를 띈 단백질(예 : 헤모글로빈)

구조
Structure

단백질은 신체를 구성하는 물질을 제공한다. 즉, 근육 · 피부 · 뼈 · 모발 · 손톱 등의 중요 구성성분이다. 구조단백질인 콜라겐은 뼈 · 치아 · 인대 · 힘줄에서 지지대 역할을 하는 바탕질을 형성한다.

또한 세포막과 세포소기관의 구성성분이며, 골격근육단백질은 영아기와 사춘기처럼 성장발달이 활발한 시기에 특히 중요하다.

촉매 : 효소
Catalysis : Enzymes

체내에서 일어나는 화학반응은 효소에 의해 촉매되는데, 효소 모두 단백질이다. 효소 없이 체내에서 소화 또는 대사 반응은 일어나지 않는다.

운동 : 근육단백질
Movement : Muscle Proteins

골격근육과 내장기관과 혈관의 구성조직인 민무늬근은 수축 · 이완을 통해서 근육 운동을 한다. 근육조직은 액틴과 미오신이라는 단백질이 운동을 지배하며, 체단백질의 거의 1/2이 골격근육에 존재한다.

수송 : 막결합단백질과 수송단백질
Transport : Membrane-Bound Proteins and Transport Proteins

수송단백질은 체내에서 물질을 운반한다. 많은 영양소는 막을 통과하기 위해 수송단백질을 필요로 하고 물에 안 녹는 영양소는 단백질과 결합하여 혈액으로 운반될 수 있다. 수송단백질의 예가 헤모글로빈(산소와 이산화탄소 운반)과 알부민(지질 운반)이다.

의사소통 : 호르몬과 세포신호전달 단백질
Communication : Hormones and Cell-Signaling Proteins

조직과 기관은 서로 다양한 방법으로 의사소통을 하는데 이때 주로 단백질이 관여한다. 대부분의 호르몬(예 : 세크레틴, 가스트린, 인슐린, 글루카곤 등)은 단백질이나 일부 호르몬은 단백질이 아닌 스테로이드 호르몬(예 : 에스트로겐, 테스토스테론)이다.

세포막에 박혀 있는 특수한 단백질 역시 세포 바깥의 정보를 세포질과 핵으로 전달하는 세포신호단백질의 역할을 한다. 이들 중 일부는 단백질 합성의 개시를 지시하고 세포대사를 조절한다.

보호 : 피부, 혈액응고, 항체
Protection : Skin, Blood Clotting, and Antibodies

많은 단백질이 물리적 위험과 감염으로부터 신체를 보호하는 기능을 한다. 피부는 주로 단백질로 구성되어 있으며, 신체 내외 환경 간의 장벽을 형성한다. 피부는 구조와 보호의 기능을 한다. 그뿐만 아니라 상처를 입었을 때 혈액을 응고시켜서 감염균이 들어오는 것을 막는다.

혈액응고는 피브리노겐이라는 단백질에 의해 일어난다. 그러나 박테리아나 다른 이물질이 체내로 들어오면 면역체계가 **항체**를 만들고, 이 항체는 이물질과 결합하여 이물질을 파괴한다. 따라서 단백질이 결핍되면 질병을 예방하거나 대항하기 어려워진다.

체액평형조절 Regulation of Fluid Blance

신체의 대부분을 구성하는 것은 물이며, 세포 내외에 존재한다. 세포 외액에는 혈액과 림프관(관내액)에 존재하는 액체와, 세포와 세포 사이에 존재하는 세포간질액(interstitial fluid)이 있다. 체액의 양은 다양한 수단에 의해 조절되는데, 그 중 일부가 단백질에 의한 조절이다.

혈액 속의 액체와 영양소는 혈압의 힘으로 모세혈관에서 세포간질로 보내진다. 그러나 알부민은 혈액에 남아 있으므로 체액이 많이 손실되면 점차 혈액 내 알부민 농도가 증가하게 되고, 일정한 수준까지 증가하면 알부민은 삼투에 의해 세포간질액으로부터 물의 일부를 혈관 내로 끌어온다(**그림 6.7**).

심한 단백질 결핍은 체내에서 적절한 양의 알부민을 합성할 수 없으므로 체액이 세포간질에 남아서 축적되는 **부종**을 초래한다.

항체 antibody
면역체계에서 생성되어 감염에 대항하는 단백질

알부민 albumin
혈관 내와 세포간질액 간의 체액평형을 조절하는 데 중요한 단백질

부종 edema
세포간질액의 축적현상

pH 조절 Regulation of pH

신체는 최적의 기능을 위해 특정 pH 또는 산도를 유지해야 한다. 액체의 pH는 수소 이온(H^+) 농도에 의해 결정되며, 체액의 pH는 특정 범위 내에서 유지된다. 위액의 pH는 1.5～3.5이며 혈액의 pH는 7.3～7.5이다.

그림 6.7 알부민에 의한 체액평형조절

알부민은 혈액 내에 존재하면서 혈관내액과 세포간질 간의 체액평형을 조절하는 단백질이다.

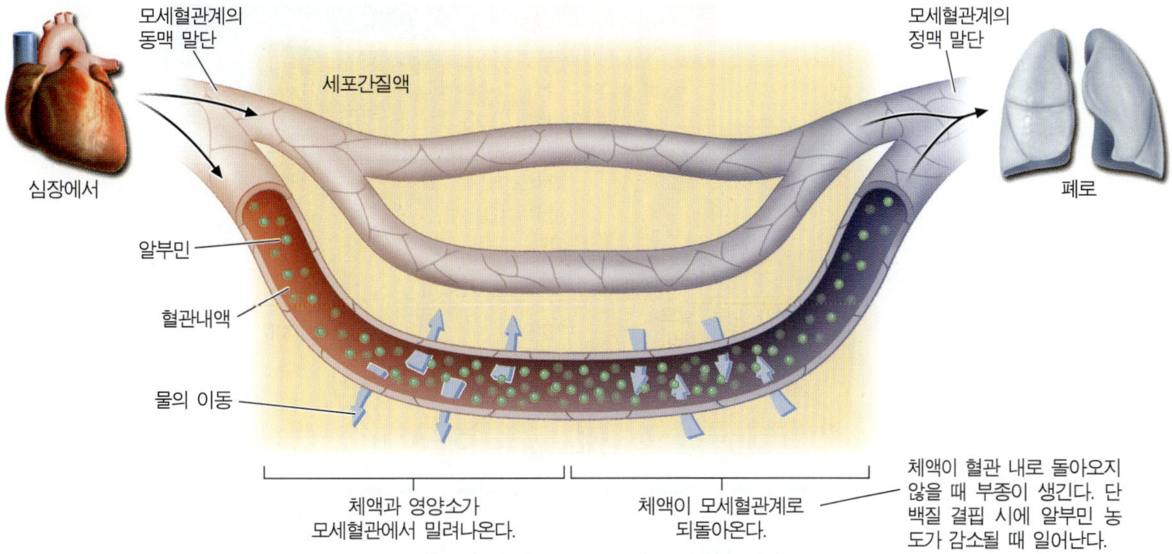

혈액의 pH는 헤모글로빈과 같은 단백질의 완충작용에 의해 유지된다. 즉, R기를 포함하고 있는 아미노산이 전하를 띠고 있으며, 수소이온을 쉽게 주고받기 때문이다.

혈액 내의 수소이온농도가 높아지면(산성), 단백질이 과잉의 수소 이온과 결합하여 적절한 pH를 회복하게 하고, 수소 이온 농도가 낮아지면(염기성), 수소 이온을 혈액으로 방출한다(**그림 6.8**). 따라서 심한 단백질 결핍 시 신체는 pH 평형을 유지하기 어렵다.

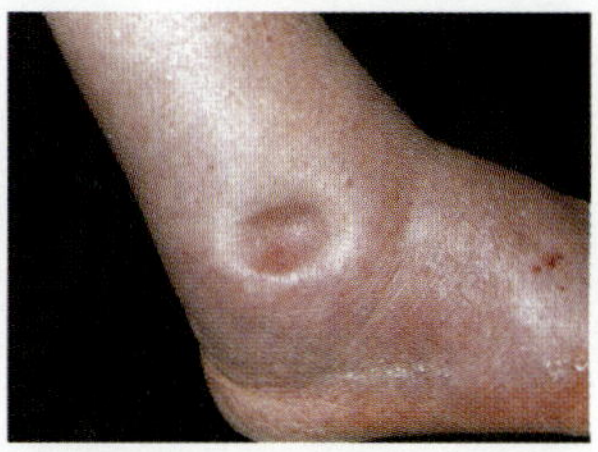

체액평형을 위해 단백질이 필요하기 때문에 심한 단백질 결핍은 부종을 일으킨다.

아미노산의 다른 기능
Additional Roles for Amino Acids

류신과 글루타민은 단백질 분해를 조절하고 아르기닌은 세포신호전달로 전환되며, 트립토판과 글루탐산은 신경전달물질로 전환된다. 일부 아미노산은 대사에 관련된 효소활성을 조절할 수 있으며, DNA와 RNA 같은 비단백성 질소화합물 합성을 위해 질소를 공급하는 역할을 한다.

포도당과 에너지(ATP)의 급원
Amino Acids as a Source of Glucose and Energy(ATP)

일부 아미노산은 포도당과 에너지(ATP)로 전환되거나 지방으로 저장하는 데 사용될 수 있다. 이 과정을 통해 적절한 혈당수준을 유지하고 필요량보다 에너지 섭취량이 많았을 때 과잉의 에너지를 저장한다(**그림 6.9**).

그림 6.8 단백질의 완충제 역할

단백질이 수소이온(H^+)를 주고 받으면서 pH를 유지하는 데 도움을 준다.

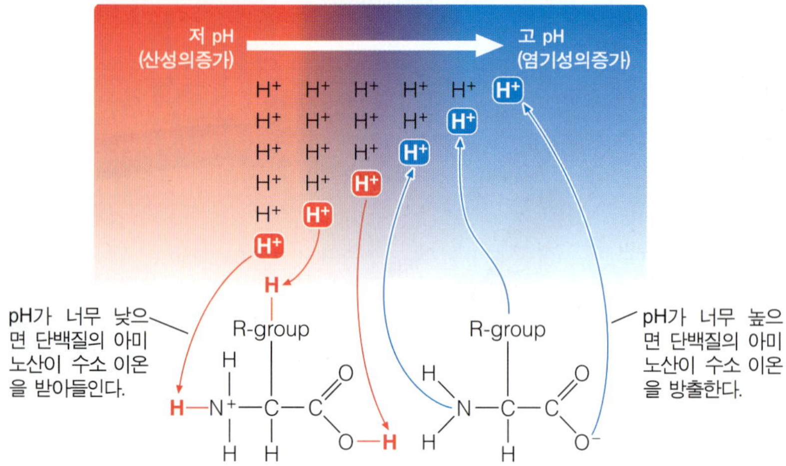

에너지 섭취부족 시에 아미노산 이용

Use of Amino Acids During Times of Need

체내에 사용가능한 에너지(ATP)가 부족해지면 인체는 글리코겐과 지방산을 사용한다. 글리코겐이 고갈되고 지방저장고가 감소되면 신체는 단백질을 사용한다.

그림 6.9 단백질과 에너지 대사

식사내 단백질의 이용경로는 포도당과 에너지(ATP)의 필요성에 따라 결정된다.

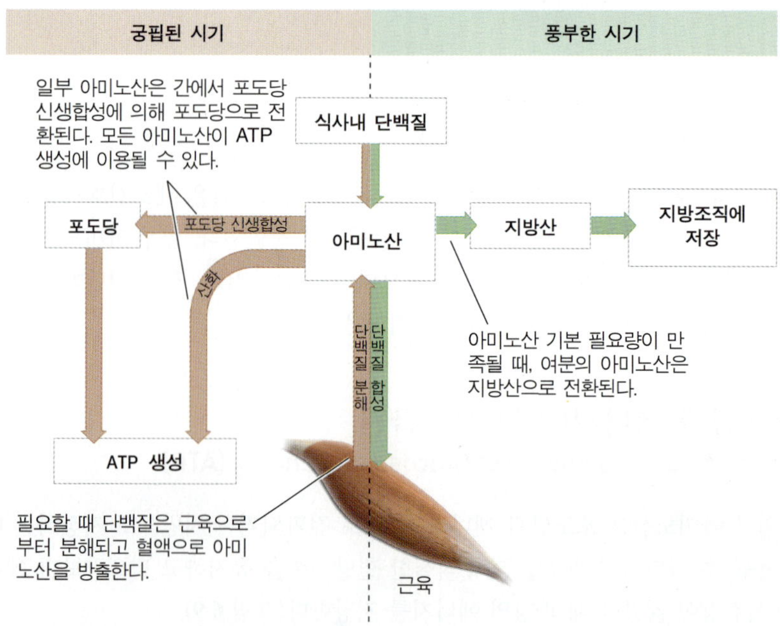

세포에 포도당과 ATP를 공급하기 위해 체내에서 단백질을 분해하여, 일부 아미노산(당원성 아미노산, glucogenic amino acids)이 포도당 신생작용을 통해 포도당으로 전환된다. 또한 많은 세포들은 아미노산을 직접 산화시켜서 에너지로 쓰기도 한다. 1 g 단백질은 산화 시에 4 kcal의 에너지를 생성한다.

에너지 과잉섭취 시에 아미노산 이용
Use of Amino Acids in Times of Abundance

포도당과 에너지 섭취가 과잉이면 신체는 아미노산을 포도당 신생합성과 ATP 생성에 이용하지 않고 지방으로 전환시킨다. 간에서 아미노산의 아미노기를 제거하는 **탈아미노반응**이 일어나고, 남은 탄소 골격은 지방으로 전환되어 지방세포에 저장된다. 포도당과 에너지가 충분할 때에 여분의 단백질은 근육성장이 아닌 저장지방으로 이용된다.

필수개념 *Essential Concepts*

아미노산은 구조 · 촉매 · 운동 · 수송 · 의사소통, 보호에 필요한 단백질 합성에 이용된다. 모든 효소는 단백질이고, 근육은 주로 액틴과 미오신이란 단백질로 구성된다. 많은 호르몬과 수송 분자 및 면역에 중요한 항체 역시 단백질이다.

알부민은 혈관내액과 세포간질 간의 체액평형을 조절하고 다른 단백질들은 적절한 pH를 유지하도록 한다. 아미노산 역시 대사조절, 신경전달물질, DNA, RNA와 같은 비단백질성 질소화합물을 만드는 데 쓰인다. 에너지 섭취가 부족한 시기에 아미노산은 포도당과 에너지(ATP)로 전환되며, 에너지 섭취가 풍부하면 지방으로 전환되어 지방조직에 저장된다.

단백질 대사회전, 요소배설, 질소평형
Protein Turnover, Urea Excretion and Nitrogen Balance

체내 단백질은 많은 기능을 하지만 결국에는 마모된다. 다행히 신체는 마모된 단백질로부터 아미노산을 재활용하여 새로운 단백질을 합성할 수 있다. 사실 단백질 합성에 사용된 대부분의 아미노산은 체내 단백질이 분해된 것들이다. 체내 단백질이 끊임없이 분해되고 재합성되는 과정을 단백질 대사회전(turnover)이라고 한다. 단백질 대사회전의 조절은, 신체가 성장 발달기 때에 잘 적응하고, 성인기에는 비교적 일정한 양의 체단백질을 유지할 수 있게 한다.

단백질 대사회전
Protein Turnover

식사를 통해 섭취해야 하는 단백질 필요량이 있지만, 체내 단백질 합성에 사용되는 대부분의 아미노산은 재활용된 단백질에서 얻는다. 대사 작용이 매우 활발한 간과 소장에서는 아미노산의 약 1/2을 단백질 대사회전에서 얻는다.

당원성 아미노산
glucogenic amino acid
포도당 신생합성을 통해 포도당으로 전환될 수 있는 아미노산

탈아미노반응 deamination
아미노산으로부터 아미노기의 제거

단백질 대사회전 protein turnover
체내에서 단백질 분해와 합성 간의 평형

단백질 분해는 특별한 단백질 분해효소에 의해 촉매되어 아미노산을 체내 **유동적 아미노산 풀**로 방출한다. 물론 식사를 통해 들어온 아미노산도 체내의 유동적 아미노산 풀로 들어간다.

단백질 대사회전의 조절은 호르몬과 식사요인에 의해 조절되는 복잡한 과정이다. 인슐린 농도가 높으면 단백질 분해는 감소하고 합성은 증가한다. 갑상선 호르몬과 코르티솔은 단백질 분해를 자극하고 합성을 억제하여 대사회전을 증가시킨다.

요소를 통한 질소배설 Nitrogen Excretion as Urea

단백질 대사회전을 통해 단백질이 지속적으로 분해되고 재합성된다. 에너지가 필요하면 아미노산은 유동적 아미노산 풀에서 제거되어 포도당으로 전환되거나 에너지원으로 사용된다.

그림 6.10 요소합성과 배설

요소는 간에서 합성되어 신장을 통해 소변으로 배설된다.

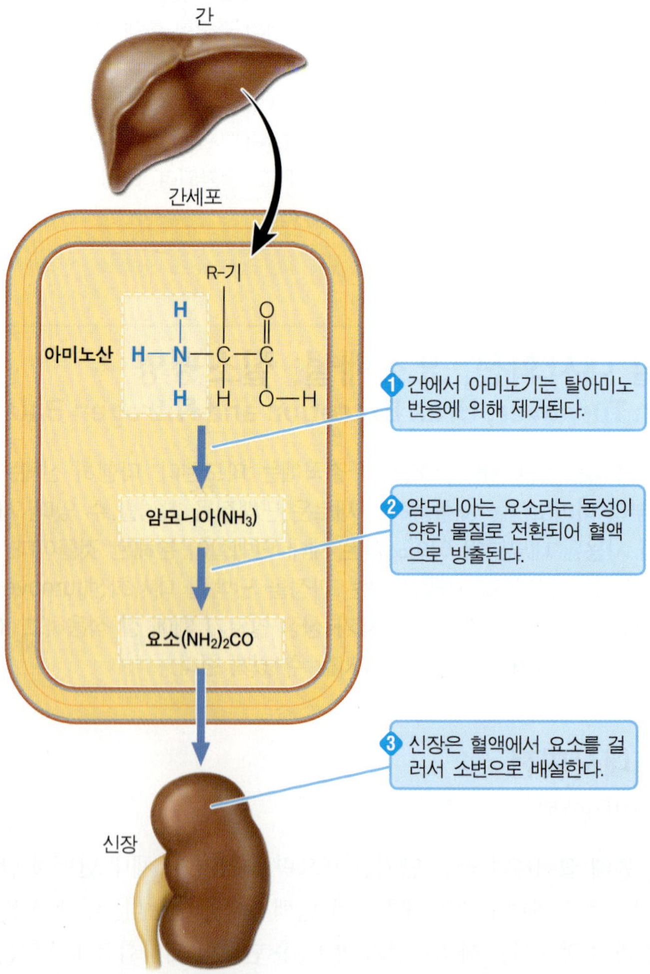

유동적 아미노산 풀
labile amino acid pool
체내에서 단백질 합성과 다른 목적을 위해 세포가 즉각적으로 사용가능한 아미노산

이때 아미노산으로부터 아미노기가 제거되면서 암모니아(NH_3)를 방출한다. 암모니아는 세포독성이 있으므로 간에서 독성이 약한 **요소**로 전환되어 혈액으로 방출된다. 요소는 혈액에서 방출되고 신장에 의해 여과되며 소변으로 배설된다(**그림 6.10**).

성장기 어린이는 양의 질소균형상태에 있다.

질소균형 Nitrogen Balance

단백질 대사회전을 연구하기 위해 과학자들은 주로 개개인이 단백질(또는 질소)을 잃거나 얻거나 또는 유지하는 상태인지를 파악한다. 이를 위해 단백질 섭취량과 소변, 땀, 대변을 통한 질소 배설량을 측정한다.

단백질(또는 질소) 배설량이 단백질 섭취량과 같으면 질소균형 상태이다. 그리고 질소 배설량이 섭취량보다 많으면 **음의 질소균형** 상태이며, 이는 장기간 굶었거나 아플 때에 일어난다. 성장기 또는 질병 회복기처럼 질소 섭취량이 배설량보다 많으면 **양의 질소균형** 상태이다.

필수개념 Essential Concepts

단백질 대사회전은 단백질 합성과 분해 사이의 균형을 나타낸다. 단백질(또는 질소) 섭취가 배설량보다 많으면 신체는 양의 질소균형 상태이며, 주로 성장기에 일어난다.

질소 배설량이 섭취량보다 많으면 음의 질소균형 상태이며, 주로 아프거나 장기간 굶었을 때에 일어난다. 아미노산이 분해될 때 탈아미노반응이 일어나며 결과물인 암모니아는 간에서 요소로 전환되어 소변으로 배설된다.

아미노산과 단백질 필요량과 권장섭취량
Amino Acid and Protein Requirements and Dietary Recommendations

단백질은 필수 아미노산을 적절히 공급하기 위해, 그리고 비필수 아미노산과 DNA와 같은 비단백질성 질소화합물 합성에 필요한 질소를 공급하기 위해 필요하다. 아미노산과 단백질 권장섭취량이 설정되어 있다.

아미노산과 단백질 영양섭취기준
Dietary Reference Intakes(DRIs) for Amino Acids and Proteins

필수 아미노산을 위한 영양권장량(recommended dietary allowance ; RDAs)이 **그림 6.11**에 제시되었다. 이 값은 신체 크기에 따른 필수 아미노산의 상대적 필요량을 나타낸다. 필수 아미노산의 과다섭취가 건강위험도를 높인다는 증거가 확실하지 않기 때문에 미국 의학연구소(Institute of Medicine)는 상한섭취량을 설정하지 않았다.

요소 urea
탈아미노반응 후에 암모니아로부터 합성된 비교적 독성이 없는 질소함유 화합물

질소균형 nitrogen balance
단백질(질소) 섭취량이 단백질 손실량과 같은 상태

음의 질소균형 상태 negative nitrogen balance
단백질(질소) 섭취량이 단백질 손실량보다 적은 상태

양의 질소균형 상태 positive nitrogen balance
단백질(질소) 섭취량이 단백질 손실량보다 많은 상태

그림 6.11 성인의 필수 아미노산 영양권장량

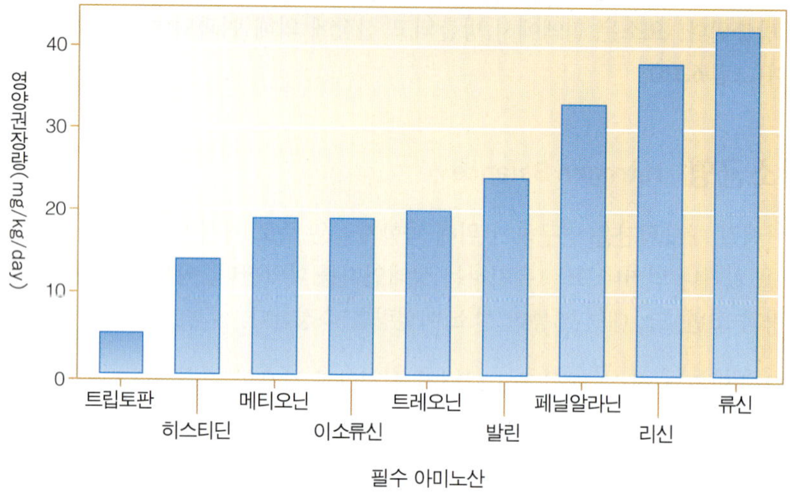

모든 단백질 급원이 질적으로 동일하지 않으나 풍요로운 사회에서는 일상적인 식사가 균형 있는 아미노산 섭취를 제공한다고 보고 있다. 따라서 단백질 권장섭취량은 양질의 단백질을 섭취하는 사람과 그렇지 못한 사람 사이의 차이를 두지 않고 있다.

미국 의학연구소에서 권장하는 단백질 섭취량은 특정 인구집단에서 대표적인 사람을 위한 1일 섭취량(g/일)과 체중에 맞추어서 조정한 섭취량(g/kg 체중)으로 제안하고 있다.

Focus On 스포츠 영양학 SPORTS NUTRITION

단백질과 아미노산 보충제

대부분 운동선수의 궁극적인 목표는 운동능력을 최대한 발휘하는 것이다. 운동능력을 증가시키는 방법 중 운동능력향상 보조제(ergogenic aids)의 사용이 있다. 가장 널리 사용되었던 운동능력향상 보조제는 단백질과 아미노산 보충제이다.

단백질은 근육의 주성분이기 때문에 단백질 또는 아미노산 섭취량의 증가는 근육량을 증가시키고 나아가서 강도 및 운동수행 능력을 증가시킬 것이라고 주장하였다. 상대적으로 매우 단순한 이 아이디어는 산업체로 하여금 다양한 단백질과 아미노산 가루와 음료를 생산하고 판매하는 것을 자극하였다. 단백질 또는 아미노산 보충제가 근육성장을 증가시킨다는 것을 믿고 싶지만, 실질적인 증거는 매우 약하다. 근육이 실제적으로 성장하기 전에 단백질 합성속도가 증가해야 한다.

특정 단백질 합성은 세포신호전달로 인해 시작되고 조절된다. 단백질 또는 아미노산 섭취증가 자체가 DNA 전사와 번역 시작을 위한 신호전달 자체는 아니다. 즉, 혈중 아미노산을 근육 세포가 취하여 단백질 합성을 개시하는 것은 아니다.

최근의 연구는 육체적 활동, 특히 저항운동은 실제적으로 단백질 필요량을 감소시킬 가능성이 있다. 이는 육체적 활동 자체가 아미노산과 단백질의 효율적 사용을 촉진하기 때문에 단백질 대사회전 감소, 나아가서 식이 단백질 필요량을 감소시킨다.

근육의 성장과 유지는 복잡한 과정이고, 과학자들은 운동이 운동선수의 단백질 필요량에 어떻게 영향을 주는가에 대한 연구를 계속해야 한다.

단백질 · 아미노산 보충제의 효력에 관한 증거가 거의 없기 때문에 (1) 적절한 탄수화물, 지질, 단백질이 혼합된 균형 잡힌 식사를 하고 (2) 보충제 구입에 들어가는 비용을 절약하기 위해 장기간 열심히 운동하는 것이 더 바람직하다.

건강한 성인은 1일 체중 1kg당 0.8g을 섭취하도록 권장한다. 영아기에는 체중을 기본으로 할 때, 비교적 단백질 필요량이 높다. 임신기와 수유기에도 성장을 유지하고 유즙생산을 위해 부가적으로 단백질 필요량이 증가한다.

일반적으로 남자가 여자보다 근육량이 많기 때문에 단백질 권장섭취량도 남자가 여자보다 많다. 화상과 같은 외상이나 질병으로부터 회복되는 사람은 더 많은 단백질이 필요하다. 건강한 사람은 고단백섭취의 해로운 효과와 관련된 증거가 거의 없으므로 단백질 상한섭취량은 설정되지 않았다.

미식축구선수나 보디빌더와 같이 근육량이 많은 운동선수는 운동선수가 아닌 사람의 같은 공식을 사용하여 단백질 필요량을 추정할 수 있다. 임신 또는 수유를 안 하는 성인 여성도 체중 1kg당 0.8g의 단백질을 필요로 한다.

운동선수는 더 많은 단백질을 필요로 하는가?
Do Athletes Need More Protein?

많은 사람들이 강도 높은 운동을 하는 개인은 단백질 필요량이 높을 것이라고 믿기는 하나 이것을 입증할 증거가 없어서 영양섭취기준위원회는 성인 운동선수의 아미노산과 단백질 권장섭취량을 체중 1kg 당 0.8g으로 설정하였다.

기타 단백질 섭취권장 지침들 : AMDRs, 미국 식사지침, 식사구성 피라미드
Additional Recommendations for Protein Intake : AMDRs, USDA Dietary Guidelines, and MyPyramid

미국 의학연구소의 대량영양소 적정범위(acceptable macronutrients distribution ranges ; AMDRs)는 에너지 섭취가 충분할 때에 성인의 단백질 에너지 적정비율을 10～35%로 권장한다.

Food Matters 식사지침을 긴 안목에서 보기

미국 농무성 식사지침은 살코기, 가금류, 콩류, 견과류, 씨앗, 저지방 또는 무지방 우유나 유제품들을 이용하여 단백질 필요량에 맞추기를 권장한다. 이는 에너지 · 총 지방 · 포화지방 · 콜레스테롤 섭취는 최소화하고, 적절한 아미노산 섭취를 가능하게 한다. 다음과 같은 선택기준을 따르는 것이 비법이다.

- 저지방 아이스크림이나 냉동 요구르트를 섭취하라
- "저지방" 또는 "무지방"으로 표시된 고단백 식품을 선택하라.
- 간식으로 튀긴 스낵과 같은 영양밀도가 낮은 식품 대신에 적당량의 견과류나 씨앗을 섭취하라.
- 비슷한 식품 중 1일 섭취영양 적정량(daily value)을 비교하여 고단백 · 저지방을 선택하라.
- 찐 야채에 채 썬 아몬드나 다른 견과류를 넣어라
- 조리 전에 육류와 가금류에서 눈에 보이는 지방을 제거하라.
- 튀기는 대신에 오븐에서 굽거나 끓는 물에 삶고, 육류 · 가금류 또는 생선을 조리하는 동안 눈으로 확인 가능한 지방을 제거하라.

예를 들면, 에너지 필요량이 2,00 kcal/day인 성인의 단백질 필요량은 200~700 kcal(50~175 g)이다. 그러나 이 사람이 500 kcal를 섭취한다면 단백질 필요량은 50~175 kcal(13~44 g)이 아니다.

미국 농무성(USDA)의 식사지침과 이에 따른 식사구성 피라미드는 유제품, 육류, 콩류와 같은 고단백 식품섭취에 관한 권장지침을 제공한다. 단백질의 AMDRs을 지지하는 것과 별개로 식사지침은 특히 무지방 또는 저지방 우유, 살코기, 콩류의 섭취를 권장한다.

이 식품군은 영양밀도가 높은 고단백 식품이다. 특히 미국 식사지침과 식사구성 피라미드는 에너지 필요량에 맞추어서 매일 2 ~7 Oz(55 g~200 g)의 살코기나 콩류의 섭취를 권장하고, 2~3 컵의 무지방 또는 저지방 유제품 섭취를 권장한다.

필수개념 *Essential Concepts*

필수 아미노산과 총 단백질을 위한 영양섭취기준(DRIs)이 설정되었다. 일반적으로 여자보다 남자의 필요량이 많고, 영아기 · 임신 · 수유기에 더 많이 필요하다. 건강한 성인은 체중 1 kg당 0.8 g의 섭취를 권장한다. 이 값은 사람의 육체적 운동 실시 여부에 상관없이 같다.

아미노산이나 단백질의 상한섭취량(ULs)은 설정되지 않았다. AMDRs는 성인이 에너지 섭취량의 10~35%를 단백질로 섭취할 것을 권장한다. 미국 농무성 식사지침과 식사구성 피라미드는 저지방 유제품, 살코기, 콩류와 같은 다양한 단백질 급원식품을 섭취함으로써 이 목표를 달성할 수 있다고 제시한다.

채식 Vegetarian Diets

사람들은 여러 가지 이유로 특정 식품의 섭취 여부를 결정한다. 일부는 종교적인 이유로 육류와 동물성 식품의 섭취를 금한다. 또는 경제적인 문제와 개인의 기호에 따라 육류의 섭취 여부를 결정하고, 또 어떤 육류를 섭취할 것인가를 결정한다. 동물성 식품은 고단백 식사를 제공할 수 있기 때문에 동물성 식품 소비(또는 섭취 부족)로 인한 영양 상태를 고려하는 것이 중요하다.

채식가의 형태 Forms of Vegetarianism

유제품과 계란을 섭취하는 채식가를 **유란채식가**라고 한다. **채식가**는 계란을 먹지 않고 유제품을 섭취한다. 모든 동물성 식품을 피하는 채식가는 **완전채식가**이다.

채식 vegetarian
동물성 급원의 식품과 음료를 섭취하지 않는 것

유란채식가 lacto-ovo-vegetarian
야채와 유제품과 계란은 섭취하는 채식주의자

채식가 lactovegetarian
야채와 유제품만 섭취하는 채식주의자

완전채식가 vegan
동물성 식품은 전혀 섭취하지 않는 채식주의자

채식의 의미 Dietary Implications of Vegetarian Diets

일반적으로 균형이 잡힌 유란 채식 또는 야채와 유제품만 섭취하는 채식은 단백질, 에너지, 미량영양소를 체내에 적절히 공급할 수 있다. 이는, 유제품과 계란이 양질의 단백질 급원이고 많은 비타민과 무기질을 함유하고 있기 때문이다. 그러나 육류는 생체이용성이 높은 철의 1차적 급원이기 때문에 육류 섭취를 금하면 철 결핍을 초래할 수 있다.

다양한 단백질을 포함한 균형 잡힌 채식은 필수 아미노산을 충분히 공급할 수 있으나, 완전채식은 칼슘 · 아연 · 철 · 비타민 B_{12}와 같은 미량영양소 결핍 위험도가 높아진다. 특히 임신 · 수유 · 영아기나 사춘기와 같은 성장 시기에 위험도가 높다.

농무성 마이피라미드 체계의 채식가를 위한 식사권장
Dietary Recommendations for Vegetarians from the USDA MyPyramid System

마이피라미드 식사 안내체계는 채식가가 특히 단백질 · 철 · 칼슘 · 아연 · 비타민 B_{12}에 초점을 맞추어서 적절한 양을 확보할 수 있는 방법에 대하여 특히 권장하고 있다. 그뿐만 아니라 일부 치즈와 같은 육류 대체식품은 에너지, 포화지방, 콜레스테롤이 매우 높을 수 있음을 인식하고 있다.

다음과 같은 사항이 채식가의 최적건강을 확보하기 위해 제안되었다.

- 콩류와 같은 천연의 저지방 단백질 급원을 중심으로 식사하라.
- 육류 대신으로 먹는 고지방 치즈의 섭취량을 최소화하라.
- 칼슘이 강화된 콩 음료를 먹어라. 이 식품들은 우유와 비슷한 양의 칼슘을 공급할 수 있으며 저지방이면서 콜레스테롤이 들어 있지 않다.
- 포화지방과 콜레스테롤 섭취 없이 단백질 섭취를 증가시키기 위해 채식용 육류 대체품(예 : 두부)을 수프나 스튜에 첨가하라.
- 대부분의 식당은 채식가를 위해 고기를 넣지 않은 소스로 대체하고, 육류대신에 야채나 파스타를 넣어서 만든 볶음요리 음식을 메뉴에 넣고 있다.
- 고단백의 채식요리를 다양하게 제공하는 아시안 또는 인도 식당에서 외식을 하라.

따라서 신체가 필요로 하는 모든 영양소를 공급할 수 있는 단일식품은 없으므로, 다양한 식품의 섭취는 채식주의자들이 필요한 영양소를 얻고 건강을 증진시킬 수 있는 물질을 확보하는 방법이다.

필수개념 Essential Concepts

적절한 양의 단백질 섭취가 엄격한 채식가에게 어렵지는 않다. 그러나 채식은 칼슘 · 아연 · 철 · 비타민 B_{12}와 같은 미량영양소 결핍 위험도가 높다. 채식가는 영양밀도가 높은 다양한 식품을 섭취하여 이들 영양소를 충분히 섭취해야 한다.

단백질 결핍
Protein Deficiency

산업화된 사회와 달리, 다양하고 충분한 양의 식품공급이 부족한 지역에서는 단백질 결핍이 공통적으로 존재한다. 특히 어린이와 쇠약한 어른에게 단백질 결핍이 잘 나타난다. 단백질과 아미노산은 최적의 건강을 위해 중요하므로 단백질 결핍은 심각한 건강문제가 될 수 있다.

생애 초기의 단백질 결핍
Protein Deficiency in Early Life

모유나 조제분유를 통해 에너지를 섭취하는 신생아 시기 대부분의 영아는 단백질 결핍이 드물다. 그러나 이유 후에 고단백질이 결핍된 식품을 먹게 되면 단백질 결핍 위험이 증가한다. 단백질 결핍식사에는 대부분 에너지도 적게 들어 있기 때문에 이러한 경우를 **단백질-에너지 영양불량(PEM)**이라고 한다. PEM 어린이는 일반적으로 1개 이상의 미량영양소도 결핍되어 있다. 따라서 PEM은 전반적인 영양불량 상태를 의미한다.

심각한 PEM은 2종류의 극단적인 영양불량증세를 나타낸다. 하나는 **마라스무스**로 장기적으로 심한 식품섭취부족에서 온다. 마라스무스는 지방과 근육 조직이 소모되어 피부에 주름이 접히면서 피부 아래로 뼈가 드러날 정도로 심각한 증세를 보인다. 마라스무스에 걸린 어린이는 처음에는 예민하고 게걸스럽게 음식을 찾지만 심해지면 무감각해지고 식욕이 없어진다.

다른 종류로는 **콰시오커**로, 마라스무스와는 달리 부종이 있다. 부종은 다리에서 시작되어 몸 전체로 퍼져 가는데, 때때로 체액이 복강 내에 축적되어 복수(ascites)를 초래하기도 한다. 복수는 마라스무스 어린이에게도 나타날 수 있다.
회충과 같은 장 내 기생충은 복부 팽창을 유발하기도 한다. 콰시오커에 걸린 어린이의 대부분은 무감각하고 피부가 갈라지고 트며, 지방간이 있고 천연이 아닌 금발이나 적색 머리카락이 듬성듬성 나 있다. PEM 어린이는 감염 위험도 도 높다.

콰시오커를 단백질 결핍으로 단순하게 설명하였지만 그것이 전부는 아니다. 콰시오커의 증세들은 미량영양소 결핍과 감염 또는 다른 환경적 스트레스 요인과 공동으로 인해서 일어난다고 본다.

단백질-에너지 영양불량 protein-energy malnutrition (PEM)
에너지를 비롯하여 필수 영양소 섭취 부족으로 인한 단백질 결핍증

마라스무스 marasmus
근육과 지방조직의 소모가 나타나는 단백질 에너지 영양결핍

콰시오커 kwashiorkor
손이나 발등 신체 말단 부위에 부종을 동반하는 단백질 에너지 영양결핍

성인의 단백질 결핍
Protein Deficiency in Adults

PEM은 어른에게서도 나타나는데, 어린이와는 달리 대부분 마라스무스 형태의 증세를 보인다. 만성 알코올 중독, 거식증 환자같이 비적절한 식사섭취, 위장질환으로 인한 단백질 흡수불량, 과다 출혈이나 만성적인 출혈, 그리고 암이나 감염 및 화상 등의 조건에서 성인의 PEM이 발생한다.

PEM을 갖고 있는 성인은 근육이 분해되어 포도당과 에너지를 공급하기 때문에 근육 손실이 크고, 지방간이나 부종이 심하며, 심혈관계 · 신장 · 소화기계 · 내분비계 · 면역체계의 중요한 생리적 기능들이 감퇴한다.

PEM을 유발하는 요인이 다양하기 때문에 치료가 어렵고 오래 걸린다. 감염으로 인한 PEM은 식사중재와 항생제를 투여한다. 거식증으로 인한 단백질 결핍은 심리 상담이 건강관리 계획의 핵심이다.

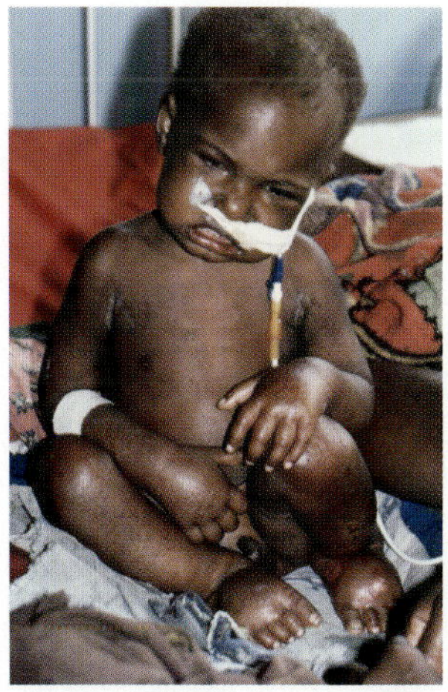

콰시오커 어린이는 복수, 손발부종, 트고 벗겨지는 피부, 무감각 상태 등을 보인다. 이러한 어린이는 감염의 위험이 높다

필수개념 *Essential Concepts*

대부분의 사람이 적절한 양의 단백질을 섭취하나, 단백질 결핍은 아직도 심각한 건강위협요소이다. 단백질 결핍은 거의 대부분 에너지 결핍을 동반한다. 따라서 이러한 영양불량을 단백질 에너지 영양불량, 즉 PEM이라고 한다.

어린이에게 PEM은 콰시오커와 마라스무스 2종류가 나타나지만, 성인의 경우는 마라스무스와 같은 증세를 동반한다. PEM을 갖는 어린이와 성인의 치료는 적절한 영양공급과 함께 다방면으로 치료해야 한다.

단백질 과잉 : 고려의 대상인가?
Protein Excess: Is There Cause for Concern?

고단백 식사는 골다공증, 신장부담, 심장병, 비만, 암 유발과 관련이 있으므로 건강에 좋지 않다고 생각해 왔다. 그러나 최근 임상연구들은 이 주장을 뒷받침하지 않는다. 전문가들은 역학 연구들이 고단백 식사가 건강 위해요인과 관련되어 있다는 증거가 일부 있기는 하나, 실험연구는 이 주장에 동의하지 않는다.

단백질의 추가섭취가 건강 위험을 유발할 가능성이 있기 때문이 아니라, 탄수화물 · 지방 권장섭취량과 보조를 맞추기 위해 단백질의 에너지 섭취비율의 상한선이 제시되었다.

그럼에도 불구하고, 고단백 식사는 고지방 · 포화지방 · 콜레스테롤 섭취를 동반하는 경우가 많다. 이러한 식사는 심장질환의 위험요소이기 때문에 마이피라미드 안내체계에서 권장하는 바와 같이 지방이 없거나 적은 단백질 식품의 다양한 섭취가 중요하다.

한편, 붉은 살코기(쇠고기, 양고기, 돼지고기)나 가공육(베이컨, 소시지, 핫도그, 햄, 조미한 냉육)의 장기간 과량섭취는 직장암 발병위험도를 증가시킨다는 증거들이 제시되고 있다. 그러나 암발생 위험도를 높이는 섭취량은 매우 과량이어야 한다. 또 이 인과관계의 특성이 밝혀지지는 않았다.

필수개념 *Essential Concepts*

단백질 과잉섭취가 대부분의 사람에게서 건강문제를 유발하는 것은 아니다. 그러나 고단백 식사 때에 지방, 포화지방, 콜레스테롤 과잉섭취가 일어나기 쉬우므로 이들의 섭취를 제한해야 한다.

복수 ascite
복강에 체액이 축적됨으로써 생기는 부종

단백질 영양 : 계획에서 실천까지
Protein Nutrition: Putting Concepts into Action

대부분의 경우에 단백질 섭취량이 적절하기는 하나, 단백질 섭취가 부족한 상황이 아직 존재한다. 다른 영양소처럼 다양한 식사평가 및 계획을 이용하면 단백질 섭취량을 평가하고 식품선택 범위를 변화시킬 수 있다.

현상파악 및 목표 세우기
Setting the Stage and Setting the Goals

예컨대 채식가이면서 대학교 국토횡단 팀의 일원이고 체중이 59kg인 여학생의 경우를 설명하고자 한다. 이 여학생은 경쟁력이 있는 운동선수이고 전반적인 건강을 위해 단백질 영양이 중요하다고 이해하고 있기 때문에 자신의 식사가 적절한지에 대하여 평가받기를 원하였다.

영양상태 평가하기
Assessing Nutritional Status

이 여학생은 3일 식사 기록법을 사용하여 식사를 분석하기 위해 3일 동안(목, 금, 토요일) 먹은 음식과 음료를 모두 기록하고, 이 정보를 소프트웨어를 이용하여 식사섭취량을 계산한 후에 DRIs 값과 비교하였다. 또한, 특정 식품군의 식사섭취량과 미국 농무성 식사지침과 마이피라미드에서 권장하는 섭취량을 비교하였다.

이 여학생은 단백질 섭취량을 자신과 체격이나 운동량이 비슷한 사람을 위한 권장량인 47g(0.8g/kg 체중)과 비교하여 자신의 단백질 섭취량 40g이 낮은 수치임을 알았다. 또한, 에너지 섭취량의 6%만이 단백질에서 공급되었다. 단백질의 에너지 적정비율(ADMRs)은 10∼35%이므로 자신의 단백질 섭취가 부족할 가능성이 있음을 의미하였다.

비록 자신의 미량영양소 섭취가 적당하다고 할지라도 칼슘 섭취량은 적정섭취량(AI)의 71%에 불과하였다. 따라서 더 많은 단백질과 칼슘이 풍부한 식품을 섭취하기로 결론을 내렸다.

목표에 도달하기 위한 식탁을 차리기
Setting the Table to Meet the Goals

목표를 달성하기 위해 칼슘과 양질의 단백질을 더 섭취할 수 있는 방법은 육류 및 콩류와 저지방 우유를 섭취하는 것이 가장 쉬운 방법이라고 결정하였다.

채식가였기 때문에 육류 대신으로 아침식사에 저지방 요구르트, 점심에는 탈지우유를 먹었다. 그리고 학교식당에는 채식가를 위해 육류가 아닌 단백질 식품, 예를 들면, 칼슘 강화 두부를 야채 볶음요리에, 콩을 야채 수프에 넣은 음식과 같은 메뉴를 첨가해 달라고 요청하였다.

또한, 저녁 식사용 샐러드에 강낭콩 등을 넣고, 모든 필수 아미노산을 적절히 섭취하기 위해 다양한 단백질 급원을 먹으려고 노력하였다.

계획과 평가를 비교하기 : 성공하였는가?
Comparing the Plan to the Assessment : Did It Succeed?

몇 주 후 다시 실시한 이 여학생의 영양섭취평가 결과 중 단백질 섭취량은 권장량보다 약간 높은 55g이었다. 이 여학생은 훈련과 경기로 매우 마른 체격을 갖고 있었기 때문에 단백질 섭취가 너무 많지 않은가에 대한 걱정은 하지 않았고, 또한 칼슘 섭취량도 적당해졌다. 따라서 건강과 운동에 전력을 다하기 위해 식사를 바람직한 방향으로 변화시키는 데 성공하였다.

필수개념 Essential Concepts

양질의 단백질 급원이 풍부하여 충분한 섭취는 쉽지만, 단백질 섭취량이 아직 비적절한 경우가 많다. 그러나 3일 식사기록법으로 식사내 단백질 섭취량을 평가하고 식사평가 프로그램으로 분석 비교하는 것은 매우 간단하다.

만일 단백질 섭취량이 부족하다면 저지방 유제품이나 살코기 같은 음식을 이용하여 지방 섭취증가 없이 단백질을 더 섭취할 수 있다.

연습 문제 Review Questions

1. 다음 중 단백질의 기본 구성 물질은?
a. 아미노산
b. 포도당
c. 인지질
d. DNA

2. 다음 아미노산 구성요소 중 아미노산마다 다른 것은?
a. 중심 탄소
b. R기
c. 아미노기
d. 카르복실기

3. 다음 중 페닐케톤뇨증과 같은 사람에게 조건부 필수 아미노산인 것은?
a. 페닐알라닌
b. 알라닌
c. 티로신
d. 글루타민

4. 다음 중 유전자조작 유기체(GMO)는 어느 것인가?
a. 식물의 유전물질 변경한 것
b. 동물의 유전물질을 변경한 것
c. 식품에 아미노산 또는 단백질 함량을 변화시킨 것
d. 모두 정답

5. 단백질 구조에서 아미노산 곁사슬 간의 수소결합에 의해 형성되는 구조는?
a. 1차 구조
b. 2차 구조
c. 3차 구조
d. 4차 구조

6. 단백질의 화학적 소화는 어디에서 일어나는가?
a. 입
b. 위
c. 췌장
d. 대장

7. 콜레시스토키닌(CCK)은 ________에서 생성되는 ________이다.
a. 간-호르몬
b. 소장-효소
c. 소장-호르몬
d. 췌장-효소

8. 당신생합성은 어느 때에 촉진되는가?
a. 고탄수화물 식사
b. 저단백 식사
c. 고지방 식사
d. 저탄수화물 식사

9. 의학회가 권장하는 건강한 성인의 단백질 에너지 적정비율은?
a. 10～15%
b. 15～25%
c. 10～35%
d. 20～45%

10. 단백질 결핍 때에 ________의 기능저하가 일어날 가능성이 있다.
a. 면역체계
b. 생식계
c. 순환기계
d. 모두 정답

11. 낫세포빈혈의 원인과 증세를 설명하라. 단, 유전자부호, 번역, 말라리아, 철, DNA, 증세, 단백질의 용어를 사용하여 설명하라.

12. 단백질의 모양은 구조를 위해 매우 중요하다. 단백질 구조의 4가지 수준과 수은이 단백질 모양에 어떻게 영향을 주는가를 설명하라.

13. 단백질 상호보완을 정의하고 동물성 단백질 섭취가 부족한 지역에서 성장과 발달이 빠른 시기에 특히 상호보완이 중요한 이유를 설명하라.

14. 단백질의 4가지 중요한 기능을 각 예를 들어서 설명하라.

식품안전성과 식품매개 질환
Food Safety and Foodborne Illness

농업생산성 증가, 국제 무역 증가, 방부제 및 부패를 방지할 수 있는 가공방법 때문에 식품을 대량으로 확보할 수 있게 되었다.

그러나 때때로 질병을 유발하는 유기체를 갖고 있을 수 있고, 중금속과 같은 유해한 오염원에 오염되어 안전하지 않을 수 있다.

식품매개 질환은 식품 섭취로 인해 발생하는 질병이며 '식중독'으로 불리기도 한다. 식품을 안전하게 먹을 수 있는 것은 매우 중요하다.

대부분의 사람들에게 부패되거나 깨끗하지 않고 잘못 저장된 식품은 일반적으로 질병 유발원을 갖고 있기 때문에 위험하다.

식품매개 질환을 유발하는 전염성 **감염원**은 세균, 바이러스, 곰팡이, 균류, 기생충, 프리온과 같은 생물학적 유해요소들이다. 비전염성 오염원은 비세균성 독소, 살충제, 항생제와 같은 화학물질, 유리, 플라스틱과 같은 물리적 유해 요소 등이다.

식품매개 질병을 예방하기 위해 식품이 오염되는 경로를 파악하고 신체가 어떻게 반응하는가를 이해해야 한다. 또한, 구매한 식품의 안전한 보관과 조리를 이해하는 것도 중요한다.

식품매개 질환의 감염원
Infectious Agents of Foodborne Illness

수많은 미생물은 위장관에 존재하면서 소화를 돕고 일부 특정 질병을 예방하나, 때로는 병을 유발하여 감염성 또는 **병원성**(pathogenic)으로 불리기도 한다. 병원성 세균에 오염된 식품 및 음료수의 식음이 식품매개 질병을 유발하는 주요 원인이다.

특정 유기체는 다양한 변종, 즉 종 또는 **항원형**(serotype)을 갖는다. 위장관에 존재하는 일부 항원형은 유해하지 않으나 다른 유기체는 병원성이다.

일부 *Escherichia coli*(*E. coli*) 같은 항원형은 사람에 유해하지 않으나, *E. coli* O157:H7 같은 경우는 식품매개 질병을 유발한다.

일부 병원균은 독소를 생성하고 또 다른 병원균은 장세포에 침범하여 장세포를 파괴한다. 일부는 혈액으로 흡수되어 다른 합병증의 원인이 되기도 한다. 가장 흔한 감염원이 **표 1**에 요약되어 있다.

식품매개 질환 Foodborne illness
식품섭취로 인해 발생하는 질병

식품매개 질환의 감염원 infectious agent of foodborne illness
질병원인이 되거나 감염된 동물 또는 사람으로부터 다른 생물체에 전염되는 식품내 병원체나 화합물

식품매개 질환의 비감염원
noninfectious agent of foodborne illness
질병원인이 되는 식품내 무생물체

병원성 pathogenic
질병을 유발하는 것

항원형 serotype
미생물의 항원성(抗原性)에 의한 항원형

표 6.3 식품매개 질환의 감염원, 식품급원, 감염증세

유기체	식품급원	증세
Bacteria		
캄필로박테르 예유니 (*Camplybacter jejuni*)	날고기 또는 덜 조리된 가금류, 정수되지 않은 물, 미살균 우유	설사(혈변일 수도 있음), 복부 경련, 구토, 열, 피곤함; 증세가 없을 수 있음
클로스트리디움 보툴리눔 (*Clostridium botulinum*)	산의 함량이 낮은 자가제조 통조림, 아스파라거스, 완두콩, 비트, 옥수수, 덜 익힌 구운 감자	복시(double vision), 늘어진 눈꺼풀, 어눌한 말투, 구강건조, 연하곤란, 근육약화
클로스트리디움 페르프링겐스 (*Clostridium perfringes*)	날고기와 덜 익힌 육류	복통, 설사, 구토
에스케리키아 콜리 O157:H7(*Escherichia coli* O 157:H7)	날 햄버거 또는 덜 익힌 햄버거, 살라미, 알팔파순, 상추, 미살균 우유, 사과 주스, 사과 사이다, 오염된 우물물, 때로는 수영장 물	메스꺼움, 심각한 복부경련, 묽은 설사 또는 혈변, 피로
리스테리아 모노키토게네스 (*Listeria monocytogenes*)	생우유, 치즈, 채소, 런천미트, 프랑크소시지	심각한 두통, 사산
살모넬라 (*Salmonella*)	날 가금류, 계란, 날 쇠고기, 씻지 않은 과일과 알팔파순, 미살균 우유 : 감염은 주로 애완동물 특히 파충류를 만진 후 잘 발생함.	설사, 열, 복부경련, 두통
시겔라 (*Shigella*)	날고기, 덜 익힌 식품 : 병원균이 파리에 의해 운반될 수 있음.	열, 피곤함, 묽은 설사 또는 혈변, 메스꺼움, 구토, 복통
스타필로콕쿠스 아우레우스 (*Staphylococcus aureus*)	날고기 또는 덜 익힌 고기, 크림을 채운 과자류, 미살균 유제품	메스꺼움, 구토, 설사 복부경련
비브리오 콜레라이 (*Vibrio cholerae*)	오염된 물 : 생식품, 또는 덜 조리된 식품, 덜 조리된 갑각류	묽은 설사, 구토
바이러스		
간염 A형 바이러스 Hepatitis A virus	연체동물(굴, 조개, 홍합, 패주, 새조개)	황달, 피로, 복통, 식욕감퇴, 메스꺼움, 설사, 열
노워크와 노로바이러스 (Nowalk and Nowalk-like virus)	생것 또는 덜 익힌 조개류, 위생불량 식품, 오염된 물	메스꺼움, 구토, 설사, 복통, 두통, 열
기생충		
선모충 (*Trichinella*(worm))	생것 또는 덜 익힌 돼지고기, 육식동물의 살코기(예 : 곰)	근육통, 눈꺼풀이 부풀어 오름, 열
조충 (*Taenia*(worm))	생것 또는 덜익힌 돼지고기 또는 위생불량 식품	변에 기생충 조각이 섞임; 근육통, 근육, 기관, 심장, 또는 뇌가 부풀어 오름,
지아르디아 인테스티날리스 (*Giardia intestinalis*(원생동물))	오염된물, 오염된 물로 키운 덜 조리된 식품 또는 식품취급자에 의한 오염	설사, 헛배 부름, 지방변, 탈수, 식욕감퇴, 구토, 황달
곰팡이류		
아스페르길루스 플라뷔스 (*Aspergillus flavus*, 아플라톡신 생성)	밀, 밀가루, 땅콩, 대두	간독성, 간암 유발 가능성

식품에서 독소를 생성하는 유기체
Some Organisms Make Toxins While in Foods

일부 유기체는 식품 속에 증식하면서 독성물질을 생산한다. 이 독소들은 오염된 식품에 이미 존재하기 때문에 **미리 형성된 독소**라고 한다. 이러한 식품을 섭취하면 독소는 메스꺼움이나 구토와 같은 심각한 반응이 빠르게 나타나고(1~6시간 이내), 때로는 신경손상을 유발한다.

스타필로콕쿠스 아우레우스(*Stapholoccucus aureus*(*S. aureus*))가 생성하는 독소는 미국에서 연간 185,000건의 식품매개 질환을 유발한다. 날고기, 덜 익힌 육류, 크림을 채운 과자류, 미살균 유제품 등에 *S.aureus*가 흔히 감염된다.

클로스트리디움 보툴리늄(*Clostridium botulinum*)도 미리 형성된 독소를 생성하는 데 주로 완두콩이나 옥수수와 같이 잘못 제조하여 산의 함량이 낮은 자가제조 통조림에서 발견된다.

곰팡이류도 위험한 독소를 생성할 수 있다. 아스페르길루스(*Aspergillus*)곰팡이는 잘 건조되지 않은 땅콩과 같은 작물류에 번식하면서 **아플라톡신**을 생성한다.

장독소를 생성하는 유기체들
Some Organisms Make Enteric (Intestinal) Toxins

일부 유기체는 장으로 들어가서 해로운 독소를 생성하는데, 이러한 독소를 **장독소**라고 한다. 장독소는 식품을 섭취한 후에 생성되므로 "미리 형성된" 독소를 만드는 유기체와는 다르다. 장독소는 소장관 내에서 물의 흡수를 방해하여 설사를 유발한다. 사람들은 식품 섭취 후 1~5일 이내에 다양한 증세를 보인다. 장독소를 생성하는 대표적인 병원체가 노로 바이러스(Norwalk virus)이다.

Foodborne illnesses are of special concern to the travel and hospitality industries.

1999년 노로 바이러스(Nowalk-like virus)로 인한 오염이 발생하였는데, 특정 상점에서 판매한 오염된 물이 그 원인이었다. 그리고 2000년에는 감염된 식품취급자가 만든 샐러드의 오염이 발생 원인이었다. 일부 *E.coli*도 역시 장독소를 생성하는데, 이 세균에 오염된 물과 식품이 "여행지에서 발생하는 설사"의 원인이다. 주로 샐러드, 껍질을 벗기지 않은 과일이나 날고기 또는 덜 익힌 고기, 생선, 살균되지 않은 유제품, 수돗물 등에서 이 세균의 오염이 잘 발생한다.

장세포를 침해하는 유기체들
Some Organisms Invade Intestinal Cells

일부 병원체는 장세포를 침해하여 장점막 세포에 손상을 주고, 심각한 복부 불쾌감이나 설사 및 발열을 유발한다.

살모넬라(*Salmonella*)는 미국에서 가장 흔히 발생하는 대표적인 식품매개질환 중 하나이다**(그림 1)**. 살모넬라는 날가금류, 계란, 날고기, 씻지 않은 과일, 알팔파순, 살균하지 않은 우유에 잘 번식한다.

1984년 유제품을 사용한 디저트에서, 2004년에는 생 로마 토마토(Roma tomato)에서 발생되었고, 1999년에는 오렌지 주스가 살모넬라균에 오염되었으며, 생알팔파와 숙주에서도 오염이 많이 발생하였다.

미리 형성된 독소 preformed toxin
섭취하기 전에 식품에 이미 존재하는 미생물에 의해 생성된 독성물질

아플라톡신 aflatoxin
땅콩, 일부 곡류, 대두에 잘 자라는 곰팡이에 의해 생성되는 독성화합물

장독소 enteric(intestinal) toxin
위장관에 들어간 유기체에 의해 생성되는 독소

그림 6.12 살모넬라(Salmonella)

살모넬라는 다른 어떤 병원체보다 더 흔한 식품매개 질환의 원인이다.

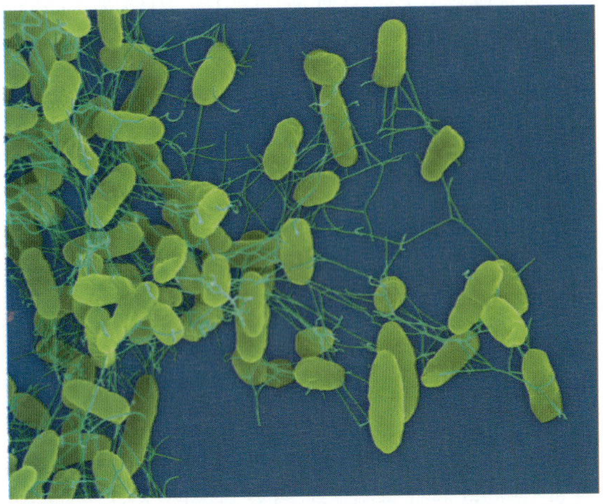

그 반면에 일부 유기체는 장점막 세포에 손상만 주지만, 다른 유기체들은 장점막세포를 사멸시켜서 혈액이 섞인 설사를 유발한다.

장점막 세포를 침해하는 병원체가 *E.coli* O157:H7인데, 이 병원체는 1982년 사람에게 질병을 유발하는 병원체임이 처음 밝혀졌다. 1993년 미국 워싱턴주에서 비적절하게 조리한 햄버거에서 오염이 발생하였고, 1998년 캘리포니아와 아리조나주에서 오염된 알팔파와 클로버순을 먹은 사람에서도 발생하였다.

살균되지 않은 우유, 사과 주스, 사과 사이더, 비적절하게 조리한 칠면조 등에서도 이 병원체에 의한 감염이 잘 일어난다.

기생충 : 원생동물과 회충류
Parasites : Protozoa and Worms

기생충은 생존하기 위해 다른 유기체에 의존한다는 점에서 다른 병원체와는 다르다. 기생충은 숙주에 이롭지 않으며 종종 위험하다. 일부 기생충 중 **원생동물**과 회충류(worm)는 가장 흔한 식품매개 질환의 원인이다.

원생동물은 단세포 생물이며, 일부는 동물과 사람의 소장에 기생할 수 있다. 원생동물은 사람에게 기생하는 동안 포낭을 형성하여 장 운동을 할 때에 분변으로 배설된다. 포낭이 섞인 분변이 식물이나 동물에 오염되면 이 것들로 만든 식품이 원생동물에 오염될 수 있다. 지아르디아 인테스티날리스(*Giardia intestinalis*)는 오염이 된 분변을 통해 잘 관리되지 않는 수영장 · 목욕탕 · 강 · 연못 · 시냇가를 오염시키며, 사람에게 감염되면 1~2주 이내에 설사와 복부불쾌감 및 경련을 유발한다.

수영장과 대중 목욕탕에서는 이 유기체를 사멸시키기 위해 염소소독을 한다.

회충류도 포낭을 형성하며, 포낭이 성숙하면 장점막세포를 통과하여 혈액을 통해 근육 · 눈 · 뇌 등 다양한 조직에 정착한다. 기생충 감염으로 인한 증세는 발열, 근육 부종, 빈혈, 설사 등이다. 감염된 육류를 먹고 기생충에 감염될 뿐만 아니라 감염된 분변과 접촉을 통해 감염될 수도 있다.

선모충(*Trichinella*)은 돼지나 일부 어류 등의 다양한 동물을 감염시킬 수 있는 선형동물이다, 선모충에 감염된 돼지고기나 덜 익은 생선을 먹으면 체내에 들어와서 근육통증, 눈꺼풀이 부어오르는 증세, 발열 등을 일으킬 수 있다.

프라이온
Prions

프라이온은 살아 있는 생명체는 아니지만 식품안전에 문제가 될 수 있다. 프라이온은 원인을 알 수 없지만, 정상단백질의 α-헬릭스 코일(α-helix coil)이 β-주름판(β-folded sheets)으로 변형되면서 2차 구조가 파괴된 단백질이다. 프라이온은 다른 정상단백질을 풀어지게 하면서 수많은 정상단백질을 비

기생충 parasite
다른 유기체에 도움을 주지 않으면서 기생하는 유기체

원생동물 protozoa
일부 기생충중 가장 작은 단세포 유기체

포낭 cyst
일부 기생충의 생애주기 중 한 단계

프라이온 prion
("protein"과 "infectious"로부터 어원이 유래) 다른 단백질의 구조를 파괴하고 신경조직에 손상을 주는 비정상 단백질

정상 프라이온으로 만들어 버리는 연쇄반응을 일으킨다. 프라이온이 축적되면 세포가 파괴되고 프라이온을 세포 주변으로 방출하고, 새로운 세포를 파괴하기 시작한다. 그 결과로 감염된 조직은 세포전체가 사멸하고 스펀지와 같은 형태를 보이게 된다. 프라이온은 가열이나 산에 노출되어도 파괴되지 않고 계속 다른 세포를 감염시킨다.

광우병
Mad Cow Disease

소에 발병하는 스펀지 형성 뇌염(BSE) 또는 **광우병**은 프라이온에 의해 발병하는 질환으로 알려져 있다.

광우병은 운동조절능력 손실 · 혼란 · 마비 · 쇠약을 초래하고 결국에 사망에 이르게 한다. 1980년대 영국에서 광우병 발병이 감염된 양의 조직을 소의 사료로 먹인 것이 광우병 발병 원인으로 파악되고 있다.

프라이온에 의해 사람에게서 발병하는 **크로이츠펠트 야코프병**은 매우 드물어 매년 100만 명당 1명이 걸린다. 이 질병은 유전자 손상 또는 수술하는 과정에서 오염된 의료기기로부터 프라이온이 직접 감염됨으로써 발병할 수 있다.

프라이온의 섭취가 크로이츠펠트 야코프병의 원인이라는 증거는 없으나 영국에서 BSE 발병과 관련된 연구를 하는 연구자들은 **변종 크로이츠펠트 야코프병**이라 불리우는 새로운 형태의 크로이츠펠트 야코프병과 BSE에 오염된 식품의 섭취와 상당한 연관이 있음을 발견하였다.

프라이온이 주로 신경과 뇌조직에서 발견되기 때문에 세계보건기구(WHO)는 도축된 가축의 신경조직을 다른 가축에게 먹이는 것을 금하고 있다.

전문가들은 우유와 근육은 인체에 안전하지만, 뇌와 같은 신경조직 섭취를 금하라고 제안한다. 2004년 미국 식품의약품안전청(FDA)은 보충제를 포함한 식품이나 화장품에 이러한 신경조직의 사용을 금지시켰다.

필수개념 *Essential Concepts*

감염성 식품매개 질환은 세균, 바이러스, 기생충, 곰팡이류와 진균류와 같은 병원체에 의해 발병할 수 있다. 일부 병원체는 식품에서 번식하면서 독소를 생성하고 이 독소를 섭취할 경우에 메스꺼움과 구토를 유발한다.

다른 병원체는 장관 내에 들어와서 독소를 생성하고 설사를 유발한다. 어떤 병원체는 장세포로 들어와서 심각한 설사와 때로는 혈변을 유발하기도 한다. 일부 기생충은 장점막세포를 통과하여 혈액을 통해 체내 여러 조직에 기생한다.

이러한 식품매개 질환은 사람과 사람 사이에서 전파되어 다른 사람을 전염시킬 수 있다. 프라이온에 감염된 식품이 변종 크로이츠펠트 야코프병과 관련되어 있지만, 프라이온 섭취가 사람에게 식품매개 질환을 유발하는지가 명확하지는 않다.

식품매개 질환의 비전염성 병인
Noninfectious Agents of Foodborne Illness

유리, 플라스틱, 중금속, 살충제, 제초제, 항생제, 호르몬, 식품첨가물과 같은 화합물과 같은 비전염성 물질에 오염된 식품 섭취도 질병을 일으킨다.

해양생물 독소 Marine Toxins

생선을 비롯하여 조개나 굴과 같은 패류는 **해양생물 독소**라고 불리는 독성 화합물을 생성하는 해조류(algae)를 다량으로 섭취하기 때문에 종종 식품매개 질환을 유발한다.

광우병 bovine spongiform encephalopathy(BSE; mad cow disease)
소가 프라이온감염으로 인해 걸리는 치명적인 질병

크로이츠펠트 야코프병 Creutzfeldt-Jakob disease
유전자 돌연변이 프라이온에 오염된 의료기구 등에 의해 발병하는 치명적인 인체 질병

변종 크로이츠펠트 야코프병
variant Creutzfeldt-Jakob disease
BSE에 오염된 식품섭취로 인해 발병하는 크로이츠펠트 야코프병의 일종

해양생물 독소 marine toxins
해조류가 생성하는 독소

어패류 중독 shellfish poisoning
해양생물독소에 오염된 패류 섭취로 인해 발병하는 식품매개 질환

일부 해산물은 해조류가 분비하는 독소에 오염이 될 수 있다

해양생물 독소의 섭취는 **어패류 중독**의 원인이 됨으로써 몸이 쑤시고 불붙는 것 같으며, 마비 · 졸음 · 호흡곤란 · 냉온역전(hot-cold inve-rsion) 등의 증세를 유발한다.

기타 병인들 : 살충제, 제초제, 항생제, 호르몬 등
Other Agents : Pesticides, Herbicides, Antibiotics, and Hormones

살충제, 제초제, 항생제, 호르몬 등도 비전염성 식품매개 질환의 병인이 될 수 있다. 이러한 물질들에 노출로 인해 질병이 발생할 수 있기 때문에 미국의 식량농업기구(FAO), 환경보호국(EPA), 식품의약품안전청(FDA), 농무성(USDA) 등은 이러한 물질들의 식품 잔류가 소비자와 환경에 위험이 되지 않도록 노력을 기울이고 있다.

1972년, 모기 살충과 작물생산을 증가시키기 위해 사용되었던 디클로로디페닐트리클로로에탄(dichloro-diphenyl-trichloroethane ; DDT)의 사용이 생태계를 교란시킨다는 이유로 금지되었다.

그리고 1979년, 가축의 근육 성장을 촉진시키는 데 사용되었던 디에틸스틸베스트롤(diethystilbe-strol ; DES)이 기형아 출산의 원인이 될 수 있어서 환경보호국이 사용을 금지시켰다. 최근에는 소의 유즙생산을 증가시키기 위해 사용되고 있는 성장호르몬인 소마토트로핀(bovine somatotropin ; bST)이 관심의 대상이다.

일부에서는 bST의 안전성에 대하여 우려하고 있으나 많은 연구에서 소와 소비자에게 안전하다고 제시하고 있기 때문에 FDA에서는 사용을 허용하고 있다. 그러나 bST와 같은 물질의 안전성을 계속 평가하고 있다.

식품 알레르기와 과민반응
Food Allergies and Sensitivities

식품내 일부 화합물은 사람에게 질병을 유발할 수 있다. 일부 사람들은 특히 이 성분에 예민하고 심지어는 알레르기를 보인다. 이 화합물로 인해 부작용이 나타나는 사람의 비율은 작기 때문에 식품 속에 존재하는 것을 금지하지 않았다.

글루타민산 나트륨은 향의 증진제로 사용되는데, 일부 사람들에서 심한 두통이나 안면홍조 및 화끈거림 등을 유발한다. 아시아 식당에서 MSG을 많이 사용하기 때문에, 이러한 증상을 중식당 증후군이라고 한다. MSG 성분은 식품별 영양성분 표시에 잘 명시되어야 한다.

아황산염은 와인과 같은 일부 식품에 색을 개선하고 부패를 방지하기 위해 첨가된다. 아황산염은 예민한 사람에게서 호흡곤란을 유발한다.

인공감미료인 아스파탐은 페닐케톤뇨증(PKU)을 앓는 사람에서 대사될 수 없기 때문에 이 환자들은 섭취하면 안 된다. 일부 사람은 땅콩과 같이 식품에 자연적으로 존재하는 성분에 의해 알레르기를 갖기도 한다.

기타 식품에 존재하는 독소들
Other Potential Foodborne Toxins

아크릴아미드는 감자튀김이나 고구마튀김과 같은 전분식품이 고온에 노출될 때에 형성된다.

소의 소마토트로핀 bovine somatotropin(bST ; 소 성장호르몬)
소에서 생성되며, 우유 생산을 증가시키기 위해 사용되는 단백질성 호르몬

중식당 증후군 chinese restaurant syndrome
글루타민산 나트륨에 예민한 사람이 다량 섭취하였을 때에 나타나는 심한 두통과 메스꺼움 증세

아황산염 sulfite
변색을 방지하고 세균 성장을 억제하기 위해 식품첨가물로 사용될 수 있으며, 일부 식품에 존재하는 천연성분이기도 함.

아크릴아미드 acrylamide
감자와 같은 전분성 식품이 고온에서 가열될 때에 형성되는 화합물

실험동물에게 아크릴아미드를 다량 섭취시키면 암을 유발하기 때문에 사람에게도 유해할 가능성이 있다. 사람이 암을 유발할 만큼의 아크릴아미드를 섭취하려면 아주 대량 섭취해야 한다.

필수개념 Essential Concepts

해양생물독소, 살충제, 제초제, 항생제와 호르몬과 같이 식품속의 비전염성 화합물도 인체에 해로울 수 있다. 일부 사람들은 특히 식품첨가물과 같은 특정성분에 예민하거나 알레르기 반응을 보인다. 따라서 이러한 화합물이 함유된 식품은 식품 영양성분표시가 되어야 한다.

식품오염원과 오염을 감소시키는 방법 Sources of Foodborne Contaminants and Ways to Decrease Contamination

많은 병원체와 화합물은 식품매개 질환의 원인이다. 가장 흔한 오염원과 이 오염원들이 식품에서 다른 식품으로 전염되는 **교차오염**(cross-contamination)과 사람에서 다른 사람으로 전파되는 과정에 대한 기본지식을 알면 매우 유용하다. 그뿐만 아니라 식품제조업자와 소비자들이 함께 식품의 안전을 유지하는 방법을 이해하는 것도 중요하다.

식품에 존재하는 병원체와 독소의 급원 Sources of Foodborne Pathogens and Toxins

질병의 원인이 되는 병원체는 이론적으로 모든 식품에서 발견되며 멸균이 안 된 환경에서 자란다. 그러나 대부분의 병원체는 오염된 흙과 물 또는 감염된 동물을 통해 식품에 들어온다.

다양한 병원체는 특정 숙주 또는 식품을 선호하는 경향이 있어서 일부 식품은 특정 병원체의 주요 서식처가 된다. 관련된 내용이 **표 6.3**에 제시되었다.

병원체나 독소가 잘 발견되는 식품이 날고기, 생선, 유제품 등이다. 과일과 채소도 오염된 흙에서 재배되거나 감염된 사람에 의해 다루어질 때에 식품매개 질환의 원인이 될 수 있다.

식품을 안전하게 다루는 기술 Safe Food-Handling Techniques

병원체에 감염된 사람은 식품을 다루는 과정에서 "완전히 청결한" 식품을 안전하지 않게 만들 수 있다. 따라서 식품을 수확하고 가공하고 준비하는 식품관련 종사자들은 재채기에 의한 침이나 콧물이 식품에 닿지 않도록 해야 한다.

그뿐만 아니라 많은 병원체들은 위장관을 통해 분변으로 배설되고, 오염된 배설물을 통해 식품매개 질환을 유발시킬 수 있다. 식품을 가공하고 준비하는 사람은 일반적으로 식품을 다루는 동안 장갑을 끼어야 하며, 화장실 사용 후에는 손을 철저히 씻어야 한다.

식품 생산, 보존, 포장기술 Food Production, Preservation, and Packaging Techniques

식품을 안전하게 다루는 기술뿐만 아니라 식품가공산업에서는 다양한 방법으로 식품이 병원체에 오염되지 않고 병원체의 증식을 허용하지 않도록 저장하는 방법을 모색하고 있다. 이 목표를 달성하기 위해 미국 농무성과 식품의약품안전청은 식품 가공업자와 다루는 사람을 위한 지침을 마련하였다.

그 예로, 식품제조회사에서 식품 가공 중 오염이 일어날 가능성이 있는 위험요소를 인식하는 것을 돕기 위해 **식품위해요소중점관리기준** 체계가 개발되었다. 미국 농무성은 육류와 가금류를 판매하기 전에 점검을 요구하고 있고, 위생적으로 다루는 데 필요한 지침을 진열대에 놓을 것을 요구하고 있다.

교차오염 cross-contamination
오염된 식품이나 도구를 통해 다른 식품으로 미생물이 전파되는 것

식품위해요소중점관리기준 체계
hazard analysis criticla cotrol points(HACCP) system 식품 가공 중에 일어날 수 있는 식품오염을 감소시키기 위해 사용되는 식품위생안전계획안

> **식품안전 취급지침**
>
> 이 제품은 위생검사를 통과한 육류나 가금류로부터 제조된 제품이다. 일부 제품은 잘못 다루어지거나 비적절하게 조리된다면 질병을 일으킬 수 있는 세균을 포함할 가능성이 있다. 안전을 위해 식품안전 취급지침을 따르도록 한다.
>
> 
> 냉장 또는 냉동 보관할 것
> 냉장고나 전자레인지에서 해동할 것
>
> 
> 날고기나 가금류를 다른 식품과 격리하여 보관할 것
> 날고기나 가금류를 취급하는 데 사용한 도마, 작업대, 도구, 손을 씻을 것
>
> 
> 철저히 익힐 것
>
> 
> 뜨거운 음식은 온도를 뜨겁게 유지할 것. 남은 음식은 즉시 냉장보관하거나 버릴 것

식품에 위험한 병원체에 오염되는 것을 방지할 수 있는 확실한 방법은 없지만, 식품을 안전하게 보관하는 데 도움이 되는 다양한 방법들이 있다.

건조, 염장, 훈연과 발효
Drying, Salting, Smoking, and Fermentation

육류는 염장 · 훈연 · 건조과정을 거쳐서 햄, 소시지, 육포로 가공하면 오랫동안 보존할 수 있다. 이 방법들은 미생물 성장에 필요한 수분을 제거하여 미생물 증식을 억제한다. 또 다른 방법은 선택된 미생물을 식품에 첨가하는 **발효**로, 사우어크라프트 · 요구르트 · 포도주 등을 만들 때에 사용한다. 발효

> **발효** fermentation
> 비교적 혐기적 조건에서 미생물에 의해 일어나는 대사.

표 6.4 식품매개 질환을 예방하기 위한 식품의 가열, 급식, 재가열 지침

식품내부온도는 온도계로 측정되어야 한다.

가열 쇠고기와 돼지고기
- 미디엄 레어(설익힌) **로스트 비프**와 **스테이크**는 145℉(63℃)에서, 미디 엄은 170℉(77℃)에서 가열한다.
- 갈은 **쇠고기**는 적어도 160℉(71℃)에서 가열한다.
- **날 소시지**는 160℉(71℃)에서 가열한다.
- **바로먹을 수 있는 소시지**(ready-to-eat sausages)는 165℉(74℃)에서 가열한다.
- **로스트 돼지고기, 두툼한 고기조각**(chops), 또는 **갈은 햄버거용 고기**는 미디엄으로 굽기 위해서는 160℉(71℃)에서, 잘 익히려면 170℉(74℃)로 굽는다.

가금류
- 통채로 구울 때는 180℉(82℃)로 가열하라.
- **닭가슴살**은 170℉(77℃)에서 가열하라.
- **속을 채운 가금류**는 165℉(74℃)에서 가열한다.

계란
- 노른자와 흰자가 단단해질 때 까지 가열한다.
- 계란이 생 것 상태로 남아있거나 부분적으로 익힌 상태가 조는 조리법은 사용하지 않는다.

생선류
- **생선**을 살이 불투명해지고, 포크로 조각으로 떼어내기 쉬워질 때까지 가열한다.
- 안 익힌 굴, 조개류를 먹지 않을 것. 간 질환이 있는 사람 또는 면역기능이 약화된 사람은 특히 질병 발생의 위험이 크다.

급식 음식을 제공하기 전까지는 140℉(60℃)이상으로 유지한다.
음식을 풍로달린 음식냄비, 도자기 냄비, 가온접시응으로 뜨겁게 유지한다.

재가열 남은 음식은 적어도 165℉(74℃)로 재가열한다.
전자레인지를 사용할 때는 음식이 골고루 가열되었는지를 확인한다.

자료 : Adapted from the Partnership for Food Safety Education and FightBAC!® (http://www.fightbac.org).

되는 동안 비병원성 유기체는 증식을 하고 병원성 유기체의 증식이 억제된다.

열전달: 가열, 통조림, 저온 살균
Heat Treatment: Cooking, Canning, and Pasteurization

대부분의 식품을 통해 전염되는 병원체는 40~140°F (4~60℃)에서 잘 자라기 때문에 이 온도범위보다 냉각시키거나 가열하면 번식을 억제할 수 있다. 이 온도범위(**위험대**)는 식품을 저장하거나 급식할 때도 피해야 한다.

가열은 대부분의 세균, 바이러스, 기생충의 증식을 느리게 하거나 사멸시킨다. **표 6.4**에 식품의 가열, 급식, 재가열과 관련된 지침을 제시하였다.

식품을 가열하여 보관하면 식품이 보존되어 나중에 섭취할 수 있다. 그 예로, 통조림은 병이나 깡통에 식품을 담고 고온으로 가열한다. 통조림법은 병원체를 사멸시키고 진공상태를 유지한다. 병조림 제조 시에 끓는 물에서 병을 꺼낸 후 "펑" 소리가 나면 이 병이 진공 상태가 되었고 혐기적으로 밀봉되었음을 뜻한다.

대부분의 식품매개 질환을 유발하는 유기체는 산소가 있어야 번식한다. 또한 완성된 제품을 안전하게 저장하는 기본 지침을 따르는 것도 중요하다. 클로스티리디움 보툴리눔과 같은 유기체는 산의 함량이 낮거나 혐기적인 조건에서 생존할 수 있다.

자가제조하는 통조림은 적정 산도를 유지하고 충분히 가열하여야 한다.

식품보존을 위해 가장 널리 사용되는 식품가열처리방법은 **살균**이다. 이 방법은 프랑스 과학자 Louis Pasteur가 1860년 대에 단시간 집중가열로 포도주와 맥주의 부패를 방지하면서 발견하였다.

우유 · 주스 · 향신료 · 아이스크림 · 치즈를 이 방법으로 살균하는데, 특히 일부 *E.coli* · 살모넬라 · 캄필로박테르 예유니 · 리스테리아 모노키토게네스 등의 살균에 효과적이다. 상업적으로 제조된 사과사이다는 살균되었거나 비살균되었음을 표시해야 하며, 식품의약품안전청에서는 자가 제조 사이다는 적어도 155°F(68℃)에서 30분 또는 180°F(82℃)에서 15초 동안 살균하기를 권장한다.

그림 6.13 Radura 표시

냉온처리 : 냉장 또는 냉동
Cold Treatment : Cooling and Freezing

식품을 저온에서 보관하면 부패가 늦어진다. 미생물의 성장을 느리게 하거나 정지시키기 위해 식품을 40°F(4℃)에서 냉장보관하거나 먹기 전 까지 냉동보관하는 것이 좋다.

방사선 조사 Irradiation

방사선 조사는 일부에서는 냉온살균이라고도 하는데, 육류 · 가금류 · 조개류 · 계란 · 생과일 · 채소 · 양념류에서 그 사용이 허용되고 있다. 방사선 조사시에 식품은 세균에 손상을 주거나 사멸시킬 수 있는 방사능 에너지에 노출된다.

방사선 조사는 영양소에 손상을 주지 않고 식품이 방사능을 띠지도 않으며, 보존기간을 크게 연장시킨다. 방사선 조사된 식품은 radura 표시(**그림 6.13**)를 해야 한다.

위험대 danger zone
병원성 유기체가 잘 자랄 수 있는 40~140℉(4~60℃)의 온도범위

살균 pasteurization
세균, 효모, 곰팡이를 살균하기 위해 가열하는 식품 보존방법

방사선 조사 irradiation
식품을 일정 시간 동안 방사선에 노출시켜 보존기간을 늘리는 것

필수개념 *Essential Concepts*

대부분의 식품에는 식품매개 질환을 유발할 수 있는 병원체나 다른 화합물이 들어 있을 가능성이 높다. 날것 또는 덜 조리된 육류, 생선, 살균되지 않은 유제품, 생과일, 생채소 등은 그 위험도가 높다. 식품가공산업에서는 식품을 위생적으로 다루는 기술, 포장, 보존방법을 이용하여 식품오염을 방지하기 위해 많은 노력을 한다. 염장, 건조, 훈연은 식품의 수분함량을 낮추어 병원균의 번식을 억제한다. 발효는 위험한 병원체의 성장을 억제할 수 있는 비병원성 유기체를 첨가한다. 가열 · 저온처리를 통해 병원체의 성장을 느리게 하거나 살균할 수 있으며, 방사선 조사는 세균에 손상을 주거나 살균하기 위해 사용될 수 있다.

소비자의 식품안전을 위한 실천
Food Safety Practices for Consumers

소비자는 식품매개 질환의 위험도를 낮추기 위해 관련기관에서 제공하는 권장사항을 지키도록 해야 한다. 2001년 식품의약품안전청은 납오염 때문에 롤리팝을 먹지 말라고 경고하였다.

또한 2004년에는 환경보호국과 함께 상어 · 황새치 · 대왕고등어 · 옥돔의 수은 함량에 관한 문제점을 발표하였다. 그리고 임신부, 수유부, 어린이에게 이들 생선류의 소비를 줄이라고 권고하였다.

손과 조리도구 세척하기
Clean Hands and Cooking Utensils

손과 조리도구에 있는 병원균을 살균하거나 제거하기 위해 비누와 뜨거운 물로 자주 세척하도록 한다. 도마는 사용 후 세척하고, 행주와 수건은 자주 빤다. 식품이 분변에 존재하는 병원균에 오염되는 것을 방지하기 위해 화장실 사용후, 기저귀 교환 후 또는 애완동물을 만진 후 손을 씻는다.

적어도 20초 동안 비누로 세척하고, 흐르는 물에서 철저히 헹군다. 깨끗한 종이수건이나 손수건으로 손을 건조시킨다. 항균젤을 사용하는 것도 도움이 되나 손씻는 것이 제일 좋은 방법이다.

신선한 채소와 과일 세척하기
Wash Fresh Fruits and Vegetables, But Not Meat

신선한 채소와 과일을 잘 씻는 것은 식품매개성 병원체와 기생충과 같은 비전염성 물질로부터 보호할 수 있는 중요한 방법이다.

흐르는 물에 깨끗하게 씻고, 가능하면 솔을 이용하여 문지른다. 씻은 후 깨끗한 종이수건이나 행주로 잘 말려야 한다. 날고기, 가금류나 생선교차 오염이 일어날 위험이 있으므로 함께 씻지 않는다.

교차오염을 방지하기 위해 식품을 분리한다.
Separate Foods : Avoid Cross-Contamination

식품 간에 교차오염이 일어나는 것을 방지하기 위해 날고기, 생선류는 시장바구니나 냉장고에서, 그리고 조리하는 과정에서도 따로 분리시켜야 한다. 예를 들면 날고기는 밀봉이 가능한 비닐 봉지에 넣은 후 시장바구니에 담고, 조리할 때도 다른 도마를 사용한다.

또한 익힌 육류를 날고기를 다룰 때 사용했던 접시에 담지 않는다. 날고기를 다룰 때 사용했던 도구들은 비누칠을 해서 뜨거운 물로 헹군다.

적절한 온도에서 조리한다
Cook Foods to the Proper Temperature

가열을 하면 가장 위험한 병원체를 살균할 수 있으며, 일부 이미 생성된 독소의 화학적 조성을 변화시킬 수 있어 덜 위험한 상태로 만들 수 있다.

표 2에 제시된 바와 같이 병원체를 살균하기 위해 필요한 조리시간과 온도는 식품, 유기체, 독소의 종류에 따라 다르다.

조리된 식품의 내부온도를 측정하고 사용할 때마다 육류용 온도계는 깨끗이 씻는다. 전에 익힌 음식이 병원체가 없음을 의미하는 것이 아니기 때문에 먹기 전에 다시 가열한다.

음식을 차가운 상태로 보관하고, 빨리 냉각시킨다.
Keep Foods cold, and Chill Food Quickly

냉온은 미생물의 성장을 늦출 수 있기 때문에 상하기 쉬운 음식은 2시간 이내에 40°F(4℃)에 냉장보관하거나 냉동시킨다.

실온에서 해동하거나 절이지 않는다. 대신 냉장고에서 절이고, 해동은 냉장 또는 흐르는 물에서 하도록 한다. 큰 덩어리는 작은 양으로 나누어서 냉장시키고, 식품이 더 빨리 냉각되도록 작게 만들어 저장한다.

잘 냉장저장된 식품도 식품매개 질환의 원인이 될 수 있다. 저장되었던 식품을 먹는 것은 안전한지 결정하기 어렵다.

따라서 냉장고에 남은 음식은 3~4일 이내에 사용하도록 하고 의심스러우면 버리는 것이 좋다. 보관용기에 최초로 냉장저장한 날짜를 붙여 놓으면 식품을 버릴 것인지 결정하는 데 도움이 된다.

외식, 소풍, 여행을 위한 정보
Consumer Tips for Eating Out, Picnics, and Traveling

식당, 소풍, 뷔페식당, 여행에서 먹을 때 안전한지를 확신하는 것은 특히 어렵다. 그러나 다음사항을 알고 있으면 도움이 된다.

- 음식을 취급하고 준비하는 사람이 위생적으로 하고 있는가?
- 날음식이 조리된 음식과 분리되어 보관되어 있는가? 교차 오염을 피하도록 하고 있는가?
- 음식이 적절하게 조리되고, 위험온도대를 피해서 보관되고 있는가?
- 차가운 음식은 차갑게 보관되고 있는가?

소풍이나 사회모임에서 식품안전과 관련된 이 기본 원칙이 무시되는 일이 흔하다. 따라서 안전하다고 판단되는 것만 먹는다.

여행하거나 야영하거나 소풍을 갈 때 안전하다고 알려진 음료수만 마시도록 한다. 물은 위험한 유기체가 들어있을 수 있으므로 산업화가 덜 된 지역을 여행할 때는 병에 들은 생수를 사먹고 얼음은 피하도록 한다.

야외에서 야영할 때는 물을 끓여서 먹거나 여과해서 먹도록 한다. 해당 지역 주민들에게는 세균에 오염된 물을 먹어도 병이 나지 않을 수도 있으나 방문자들에게는 치명적인 질병을 일으킬 수 있다. 따라서 외국으로 여행할 때 생채소나 껍질을 벗기지 않은 과일은 먹지 않거나 잘 씻어서 먹어야 한다.

취약집단을 위한 고려
Special Considerations for At-Risk Populations

영아, 임신부, 노인, 에이즈환자나 장기이식수술을 받은 사람처럼 면역기능이 약화된 사람들 또는 항암치료를 받는 환자, 스테로이드와 같은 면역 억제제를 먹는 사람들은 특히 식품매개질환에 노출되면 더 위험하다.

미국 농무성 식사지침은 취약집단을 위해 특별히 권고하고 있다. 임산부, 노인, 면역기능이 약화된 사람은 재가열되지 않은 점심이나 프랑크푸르트 소시지를 먹지 않도록 권한다. 또한 생우유(살균처리되지 않은 우유)나 생우유로 만든 유제품, 날계란, 덜 익힌 계란, 날고기, 덜 익힌 고기나 생선, 살균되지 않은 주스와 생 알팔파순을 먹거나 마시지 않도록 주의해야 한다.

필수개념 *Essential Concepts*

안전한 식품을 확보하는 것은 중요하다. 적절한 세척, 취급, 가열, 냉각, 저장기술을 통해 예방조치를 해야 한다. 식사지침은 안전한 식품확보를 위한 권장사항이며 다음과 같이 요약할 수 있다: 세척하고, 분리하여, 조리하고 냉각시켜라. 이것은 외식을 자주하는 사람, 자주 야외소풍을 나가는 사람, 여행객, 특히 외국여행 때나 미개지를 여행하는 경우에 더 중요하다.

Chapter 7 Lipids

지질

지질(Lipids)은 체내 모든 생리적 기관에서 필요로 하는 필수영양소이다. 많은 사람들은 지방이 들어 있는 음식은 건강에 좋지 않다는 생각을 가지고 있다.

지방이 많이 함유된 식사는 비만이나 심장병과 같은 질병을 일으킬 수 있으나, 적절한 지방 섭취는 건강을 위해서 필요하다.

이 장에서는 식품에 있는 다양한 지방(fats)과 기름(oils)의 종류를 비롯하여 건강을 위해 체내에서 지질이 어떻게 사용되는지와 지질의 섭취기준을 논의한다.

Chapter 7

지질, 지방, 기름 : 이들의 차이는 무엇인가?
Lipids, Fats, and Oils : What's the Difference?

지질, 지방, 기름은 서로 혼용되거나 잘못 사용될 수 있기 때문에 용어를 정의하는 것은 중요하다. 지방과 기름은 **지질**에 속하는 화학물질의 예로 물에 녹지 않고, 상대적으로 유기용매에 더 잘 녹는다.

지질은 소수성(hydrophobic, water fearing)으로 물에 잘 섞이지 않으며 주로 탄소(carbon)와 수소(hydrogen)와 산소(oxygen)로 구성되어 있고, 종류에 따라 인(phosphorus)과 질소(nitrogen)를 포함한다. 상온에서 액체인 지질은 **기름**이라고 하며, 상온에서 고체인 지질은 **지방**이라고 한다. 지질은 지방산, 중성지방, 인지질, 스테롤, 지용성 비타민 등으로 구분할 수 있다.

지방산의 구조과 분류
Structure and Classification of Fatty Acids

가장 풍부한 지질은 **지방산**으로, 탄소 · 수소 · 산소로 구성되어 있다(**그림 7.1**). 지방산은 탄소원자의 사슬로 되어 있고, 이것을 지방산의 탄소골격(backbone)이라고 한다. 지방산의 탄소 사슬 한쪽에는 카르복실산기(carboxylic acid group, −COOH)를 가지며 이를 **알파(α) 말단**이라고 한다. 다른 한쪽에는 메틸기(methyl group, $-CH_3$)를 가지며, 이를 **오메가(ω) 말단**이라고 한다.

탄소 수(사슬 길이)
Number of Carbons(Chain Length)

지방산은 여러 가지 방법으로 분류할 수 있다. 첫째로 탄소골격에 있는 탄소원자 수로 분류하며(**그림 7.2**), 탄소원자 수를 지방산의 **사슬 길이**라고 한다. 자연적으로 존재하는 대부분의 지방산은 짝수의 탄소수를 가지며 일반적으로 12~22개 정도이다.

지질 lipids
물에 녹지 않고, 유기용매에 상대적으로 더 잘 녹는 유기물

기름 oils
상온에서 액체인 지질

지방 fats
상온에서 고체인 지질

지방산 fatty acid
한쪽에는 메틸(CH_3)기를, 한쪽에는 카르복실산기(−COOH)를 가진 탄소 사슬로 구성된 지질

알파(α) 말단 alpha (α) end
카르복실산기(−COOH)를 가진 지방산의 말단

오메가(ω) 말단 omega (ω) end
메틸(CH_3)기를 가진 지방산의 말단

사슬 길이 chain length
지방산의 탄소골격에 포함된 탄소원자의 수

그림 7.1 지방산 구조

모든 지방산은 세 가지 구성요소를 가진다: 카르복실산 또는 알파 말단(−COOH), 메틸 또는 오메가 말단(CH_3), 그리고 탄소골격

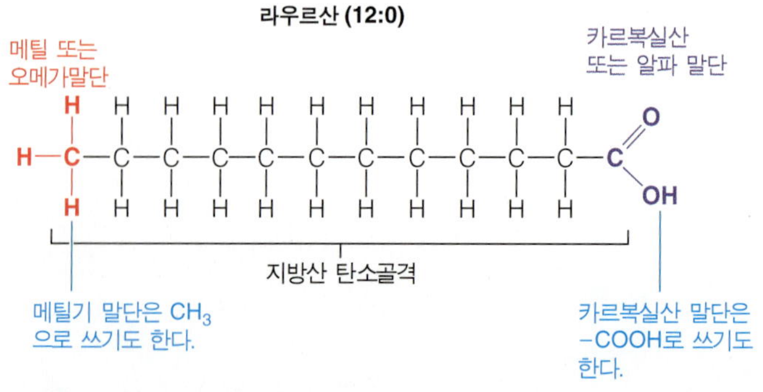

그림 7.2 지방산의 탄소 사슬 길이

지방산은 탄소골격을 구성하는 탄소수로 분류할 수 있다.

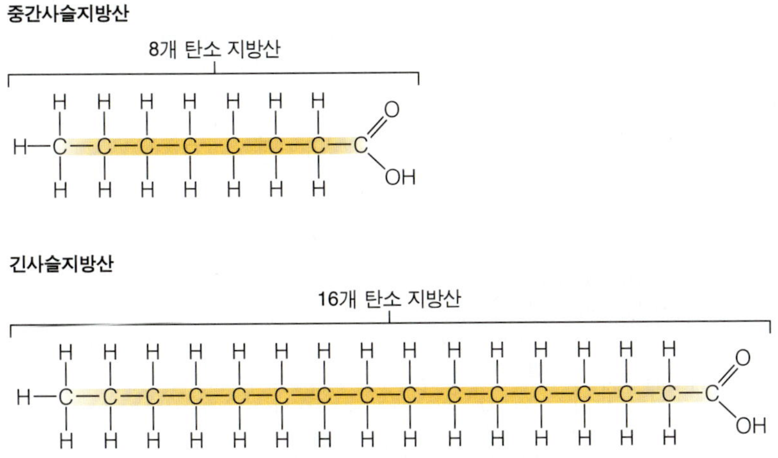

그러나 탄소수가 4개 이하이거나 26개 이상인 지방산도 있다. 탄소수가 8개 미만인 지방산을 짧은 사슬 지방산(short-chain fatty acids), 탄소수가 8개에서 12개인 것을 중간 사슬 지방산(medium-chain fatty acids), 탄소수가 12개 보다 많은 것을 긴 사슬 지방산(long-chain fatty acids)이라고 한다.

지방산의 사슬 길이는 지방산의 화학적 성질과 생리적 기능에 영향을 준다. 예를 들어, 사슬의 길이는 지방산의 안정성(stability)에 영향을 준다. 높은 안정성을 가진 물질들은 녹는점(melting point)과 끓는점(boiling point)이 높은 경향이 있다. 낮은 안정성을 가진 물질들은 쉽게 구조가 파괴되며 낮은 녹는점과 끓는점을 가진다.

긴 사슬 지방산은 짧은 사슬 지방산에 비해 안정하기 때문에 짧은 사슬 지방산에 비해 녹는점과 끓는점이 높다. 다른 조건이 같다면, 긴 사슬 지방산은 상온에서 고체(지방)이며, 그 반면에 짧은 사슬 지방산은 액체(기름)이다.

또한 사슬 길이는 물에 대한 용해도(solubility)에도 영향을 주어서 짧은 사슬 지방산은 긴 사슬 지방산에 비해 물에 더 잘 용해된다. 반대로 긴 사슬 지방산과 같이 물에 용해되는 성질이 낮은 식이 지질들은 흡수 · 운반 · 대사 과정이 더욱 복잡하다.

이중결합의 수와 위치 Number and Positions of Double Bonds

지방산은 탄소원자 사이의 화학적 결합 형태에 따라 분류될 수 있다(**그림 7.3**). 탄소와 탄소 사이의 결합은 단일결합(single bond)이거나 이중결합(double bond)이다. 탄소와 탄소 사이의 모든 결합이 단일결합인 지방산을 **포화지방산(SFA)**라고 하며, 하나 이상의 이중결합을 가지고 있는 지방산을 **불포화지방산**이라고 한다.

포화지방산 saturated fatty acid(SFA)
탄소골격에 탄소–탄소 단일결합만을 가지고 있는 지방산

불포화지방산 unsaturated fatty acid
탄소골격에 적어도 하나 이상의 탄소–탄소 이중결합을 가지고 있는 지방산

그림 7.3 포화지방산과 불포화지방산

지방산은 탄소–탄소의 이중결합으로 분류할 수 있다.

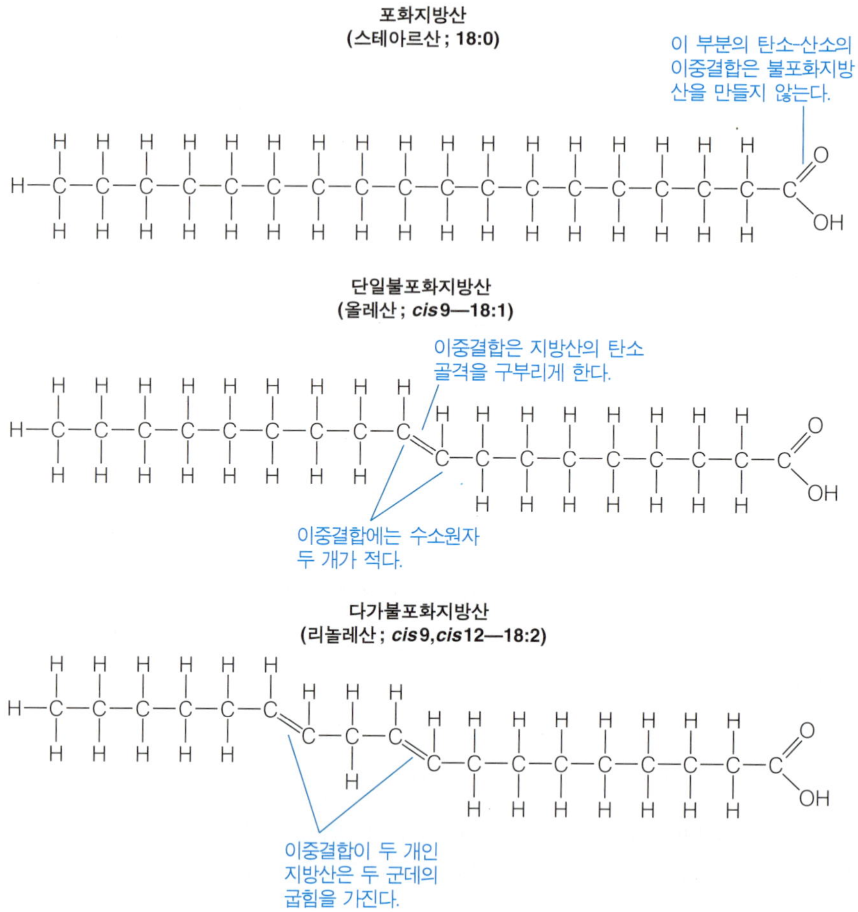

더 구분하면, 이중결합이 하나인 지방산은 **단일불포화지방산(MUFAs)**, 두 개 이상의 이중결합을 가지고 있는 지방산은 **다가불포화지방산(PUFAs)**이라고 한다. 이중결합이 생기면 지방산의 탄소골격에서 두 개의 수소가 없어진다.

사슬 수와 마찬가지로 이중결합의 수도 지방산의 물리적 성질에 영향을 준다. 예를 들어, 포화지방산은 구부러지지 않은 곧은 모양을 가지고 있어서 서로 잘 결합할 수 있으나 불포화지방산은 구부러져서 구조가 가지런하지 않다.

그림 7.3과 같이 포화지방산은 탄소가 수소원자에 싸여 있어서 지방산이 구부러지지 못하며, 구조가 가지런하게 정리되어 있는 견직성 때문에 포화지방산은 상온에서 고체를 유지하게 된다. 버터와 같이 포화지방산을 많이 가지고 있는 지질은 지방 경향이 고체이다.

이중결합을 가지는 지방산은 수소 이온이 적기 때문에 구부러질 수 있다. 이러한 특징으로 인해 불포화지방산은 굽힘을 가짐으로써 구조가 흐트러지게 된다. 즉, 이중결합은 지방산들이 서로 단단하게 결합하는 것을 방해한다.

일반적으로 포화지방산과 같이 잘 정리된 구조를 가지는 물질들은 상온에서

단일불포화지방산
monounsaturated fatty acid(MUFA)
하나의 탄소–탄소 이중결합을 가지고 있는 지방산

다가불포화지방산
polyunsaturated fatty acid(PUFA)
한개 보다 많은 탄소–탄소 이중결합을 가지고 있는 지방산

고체(지방)이고, 다가불포화지방산과 같이 정리되지 않은 구조를 가지는 물질들은 상온에서 액체(기름)이다.

단일불포화지방산은 화학적 특징이 포화지방산과 불포화지방산의 중간 정도로 상온에서 걸쭉한 액체이거나 부드러운 고체 형태이다. 올리브유는 단일불포화지방산을 많이 함유한 것으로 걸쭉한 액체 형태이다.

시스와 트랜스 지방산 *Cis* versus *Trans* Fatty Acids

불포화지방산은 이중결합 주위의 수소원자 배열 방식에 따라 분류될 수 있다. 자연적으로 존재하는 대부분의 지방산은 이중결합의 수소원자들이 같은 쪽에 배열되어 있는 **시스 이중결합**을 한다(**그림 7.4**).

수소 이온이 이중결합의 반대방향으로 배열되어 있으면 트랜스 이중결합이라고 하며, 적어도 하나 이상의 **트랜스 이중결합**을 가지고 있는 지방산을 **트랜스 지방산**이라고 한다.

트랜스 이중결합은 시스에 비해 덜 구부러지는 성질을 가지고 있으므로 트랜스 지방산은 상온에서 좀 더 고체(지방)의 형태를 가질 수 있다.

그림 7.4 시스와 트랜스 지방산

불포화지방산은 탄소와 탄소의 이중결합이 시스 또는 트랜스 형태인지에 따라 구분될 수 있다. 시스 결합은 구부러지지만, 트랜스 결합은 구부러지지 않는다.

시스 지방산

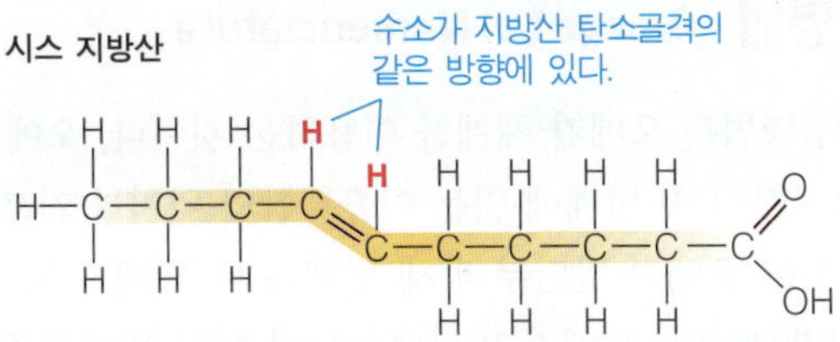

트랜스 지방산

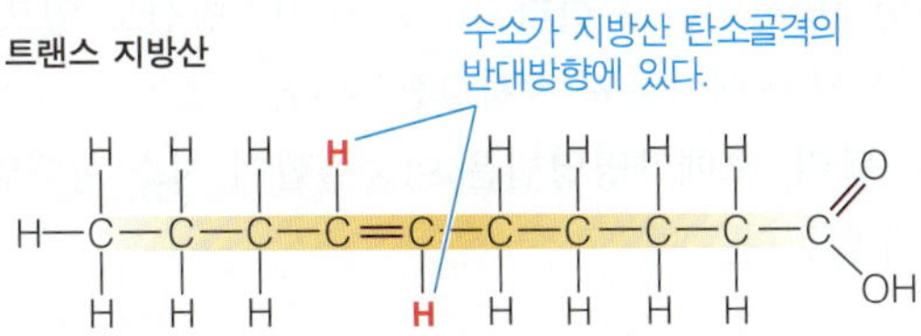

필수개념 *Essential Concepts*

지질에는 여러 종류가 있다. 그 중의 하나가 지방산으로 탄소 · 수소 · 산소 원자로 구성되어 있다. 지방산은 지방산의 사슬 길이, 탄소–탄소 이중결합 수, 이중결합의 형태에 따라 분류될 수 있다. 포화지방산은 탄소–탄소의 단일결합만을 가지고 있고 다가불포화지방은 두 개 이상의 탄소–탄소 이중결합을 가지고 있다. 이중결합은 시스와 트랜스의 형태를 가진다.

이러한 차이는 지방산의 물에 대한 용해도를 비롯하여 상온에서의 액체(기름)인지 고체(지방)인지를 결정하는 물리적 · 화학적 특징에 영향을 준다.

시스 이중결합 *cis* double bond
이중결합의 수소원자가 같은 방향에 배열된 탄소–탄소 이중결합

트랜스 이중결합 *trans* double bond
이중결합의 수소원자가 반대 방향에 배열된 탄소–탄소 이중결합

트랜스 지방산 *trans* fatty acid
트랜스 이중결합을 적어도 한 개 이상 가지고 있는 지방산

지방산의 명명법
Fatty Acid Nomenclature

지방산을 규정하고 표시하는 방법에는 여러 가지가 있다. 일반적으로 탄소 수와 이중결합 수와 형태, 그리고 이중결합 위치를 기본으로 한다.

일반명(commom name)을 가지고 있는 지방산들도 있다. 여기서는 지방산을 명명하는 세 가지 방법을 기술하였다.

알파(α)명명법 Alpha (α) Nomenclature

알파명명법 체계는 지방산의 카르복실산(알파) 말단과 관련 있는 이중결합의 위치와 형태를 기본으로 한다. 예를 들어, 탄소 수가 18개이고, 카르복실산 말단부터 9번째와 10번째, 12번째와 13번째 탄소 사이에 하나씩 두 개의 시스 이중결합을 가지고 있는 지방산이 있다고 하자. 이 지방산은 탄소를 18개 가지고 있으므로 "18"이라고 표시하며, 이중결합을 2개 가지고 있으므로 2를 첨가하며 "18 : 2"로 표시할 수 있다.

다음에 카르복실산(알파) 말단부터의 이중결합의 위치를 나타내는 '9, 12' '−18 : 2' 로 표시할 수 있다. 마지막으로 이중결합이 모두 시스 형태를 가지므로 *cis*9, *cis*12 − 18 : 2라고 표시하면 된다.

오메가(ω)명명법 Omega (ω) Nomenclature

지방산의 다른 명명법은 오메가 체계를 이용하는 것이다. 오메가명명법은 메틸(오메가) 말단으로부터 첫 번째에 있는 이중결합의 위치를 기본으로 한다.

첫 번째 이중결합이 오메가 말단부터 세 번째와 네 번째 탄소 사이에 있으면 **오메가-3(ω-3)지방산**이며, 오메가 말단으로부터 여섯 번째와 일곱 번째 있으면 **오메가-6(ω-6)지방산**이라고 한다. *ω*−7, *ω*−9지방산도 있으며, 올리브 유나 우유에 많이 함유된 올레산은 *ω*−9지방산*이다.

알파명명법과는 달리, 오메가명명법은 이중결합이 시스 형태인지 트랜스 형태인지를 구별하지 않는다.

일반명
Common Names

일반명은 지방산이 많이 함유된 식품 급원을 반영하는 경우가 많다. 예를 들어, 팔미트산(palmitic acid, 16 : 0)은 팜(palm)에서, 아라키돈산(arachidonic acid, *cis*5, *cis*8, *cis*11, *cis*14 − 20 : 4, arachis; 땅콩을 의미함)은 땅콩에서 유래하였다. 지방산의 일반명은 **표 7.1**과 같다.

오메가-3(ω-3)지방산
omega-3(ω-3)fatty acid
첫 번째 이중결합이 메틸기 또는 오메가 말단으로부터 세 번째와 네 번째 탄소사이에 있는 지방산

오메가-6(ω-6)지방산
omega-6(ω-6)fatty acid
첫 번째 이중결합이 메틸기 또는 오메가 말단으로부터 여섯 번째와 일곱 번째 탄소사이에 있는 지방산

* 오메가명명법은 'n' 체계와 유사하여, *n*체계에서는 오메가 대신에 *n*으로 대체한다. 그러므로 오메가-3지방산은 *n*-3지방산으로 부른다.

필수개념 Essential Concepts

지방산의 명명법에는 여러 방법이 있다. 알파명명법은 탄소 수, 이중결합 수, 카르복실산 말단과 근접한 이중결합 형태 등에 따라 명명한다. 오메가명명법은 알파명명법과 유사하지만, 이중결합의 위치를 메틸기로부터 결정한다. 첫 번째 이중결합이 오메가 말단부터 세 번째와 네 번째 탄소 사이에 있으면 오메가-3(ω-3)지방산이라고 하며, 오메가 말단부터 여섯 번째와 일곱 번째 있으면 오메가-6(ω-6)지방산이라고 한다. 또한 많은 지방산들은 일반명을 가진다.

표 7.1 주요 지방산의 이름과 식품급원

알파명명법	오메가 계열*	일반명	식품 급원
포화지방산			
12:0	–	라우르산(Lauric acid)	코코넛, 팜유
14:0	–	미리스트산(Myristic acid)	코코넛, 팜유 : 대부분의 동물성 · 식물성 지방
16:0	–	팔미트산(Palmitic acid)	동물성 · 식물성 지방
18:0	–	스테아르산(Stearic acid)	동물성 지방, 일부 식물성 지방
20:0	–	아라키드산(Arachidic acid)	땅콩유
불포화지방산			
*cis*9-16:1	ω-7	팔미톨레산(Palmitoleic acid)	해양동물기름
*cis*9-18:1	ω-9	올레산(Oleic acid)	식물성, 동물성 지방, 올리브유
*cis*9, *cis*12-18:2	ω-6	리놀레산(Linoleic acid)	너트 기름, 옥수수유, 잇꽃유(safflower), 대두유, 면실류, 해바라기씨유, 땅콩유
*cis*9, *cis*12, *cis*15-18:3	ω-3	리놀렌산(α-Linolenic acid)	카놀라유, 대두유, 아마씨유, 기타 종자유
*cis*5, *cis*8, *cis*11, *cis*14-20:4	ω-6	아라키돈산(Arachidonic acid)	동물성, 식물성 기름에 소량함유
*cis*5, *cis*8, *cis*11, *cis*14, *cis*17-20:5	ω-3	에이코사펜타엔산 (Eicosapentaenoic acid, EPA)	해양조류, 생선유
*cis*4, *cis*7, *cis*10, *cis*13, *cis*16, *cis*19-20:6	ω-3	도코사헥사엔산 (Docosahexaenoic acid, DHA)	동물성 지방의 인지질 구성성분, 생선유

*오메가명명법은 지방산의 오메가 말단에 가까운 첫 번째 이중결합의 위치로 명명하는 방법으로 불포화지방산에만 해당된다.

자료 : Adapted from Gropper SS, Groff JL. Advanced Nutrition and Human Metabolism, 4th edition. Thomson/Wadworth, Belmont, CA, 2005.

지방산 : 급원, 기능, 영양섭취기준
Fatty Acids : Sources, Functions, and Dietary Recommendations

지방산은 식품으로 섭취되거나 몸에서 생성된다. 여기서는 필수지방산을 포함하여 지방산의 식품급원과 기능과 영양섭취기준에 대해서 논의할 것이다.

필수지방산 : 리놀레산과 리놀렌산
The Essential Fatty Acids : Linoleic and Linolenic Acids

식품에는 다양한 지방산이 함유되어 있으나 필수지방산은 두 종류뿐이다.

리놀레산 linoleic acid
오메가-6 필수지방산

리놀렌산 linolenic acid
오메가-3 필수지방산

아라키돈산 arachidonic acid
리놀레산으로부터 합성되는 긴 사슬의 오메가-6 불포화지방산

도코사헥사엔산
docosahexaenoic acid(DHA)
리놀렌산으로부터 합성되는 긴 사슬의 오메가-3 불포화지방산

필수지방산은 **리놀레산**과 **리놀렌산**(**α-리놀렌산이라고도 함**)이다. 리놀레산은 탄소수가 18개이고, 2개의 시스 이중결합을 가지며 오메가-6지방산이다. 리놀렌산은 탄소수가 18개이고, 3개의 시스 이중결합을 가지며 오메가-3지방산이다.

리놀레산과 리놀렌산은 필수영양소인데, 신체 내에서는 지방산의 메틸말단으로부터 9번째의 탄소 앞에는 이중결합을 만들 수 없기 때문에 오메가-3과 오메가-6 위치에 이중결합을 만들 수 없다. 그러므로 다른 오메가-3과 오메가-6 지방산을 만들기 위해서는 반드시 식이로 리놀레산과 리놀렌산을 섭취해야 한다.

그러면 탄소수가 증가되거나(elongation) 이중결합이 증가하여(desaturation) 다른 지방산으로 전환된다. 예를 들어, 리놀레산은 탄소 2개와 이중결합 2개를 첨가하여 **아라키돈산**(탄소수 20개의 오메가-6지방산)을 만들 수 있다.

리놀레산과 리놀렌산 이외에도 유아기에는 다른 지방산들도 필수적일 수 있다. 아라키돈산과 **도코사헥사엔산**(**DHA, 오메가-3 지방산**)이 이에 해당한다. 성인은 아라키돈산과 DHA를 각기 리놀레산과 리놀렌산으로부터 합성할 수 있으나 영아들은 충분한 양을 만들 수 없다.

필수지방산의 기능 Functions of the Essential Fatty

필수지방산은 체내의 모든 생리적 시스템에서 적절한 기능을 수행한다. 그리고 지방산은 체내의 필요에 따라 다른 지방산으로 전환되기도 한다. 예를 들어,

Focus On 생애주기영양 LIFE CYCLE NUTRITION

영아기의 적절한 지질영양

영아 초기에는 필요한 모든 영양소를 모유나 조제유에 의존한다. 조제유 제조회사들은 조제유를 모유에 가깝게 만들려고 노력하지만 조제유마다 함유되어 있는 지질은 같지 않다. 예를 들어, 모유는 적어도 47개의 다른 종류의 지방산을 함유하고 있지만, 조제유에는 이것들이 대부분 함유되어 있지 않다.

학자들은 이러한 모유에 함유되어 있는 모든 종류의 지방산이 영아기의 적절한 성장과 발달에 필요한 것인지에 대해서 정확하게 알지 못하지만, 모유에 함유되어 있는 일부 긴 사슬 불포화지방산들은 영아기에 조건적으로 필수영양소가 작용할 수 있다고 한다.

아라키돈산과 DHA는 아동기와 성인기에는 각기 리놀레산과 리놀렌산으로부터 충분한 양이 합성되기 때문에 필수영양소가 아니다. 그러나 영아기(특히 미숙아)에는 아라키돈산과 DHA의 축적량이 매우 적고 체내에서 요구하는 충분한 양이 합성되지 않는다. 이러한 지방산들은 성장, 눈과 신경계 발달, 두뇌기능에서 중요한 역할을 한다. 그러므로 많은 학자들은 영아초기의 적절한 성장과 발달을 위해서 영아는 적당량의 아라키돈산과 DHA를 섭취해야 한다고 생각한다. 최근까지 이러한 긴 사슬 불포화지방산들은 조제유에 강화되어 있지 않았기 때문에 모유영양아만이 이러한 지방산을 섭취하였다. 여러 연구들이 조제유에 긴 사슬 불포화지방산을 강화하는 것이 많은 이점이 있다고 보고하면서 현재 많은 회사에서 이러한 지방산을 조제유에 강화하고 있다.

또한, 영아기에는 콜레스테롤 섭취도 중요하게 생각되어야 한다. 학자들은, 모유는 콜레스테롤 함량이 높으며, 조제유는 부족하다는 것을 오래전부터 알고 있었다. 영아 초기에 콜레스테롤에 노출되는 것이 적절한 성장과 발달에 필요한 것인지에 대해서는 아직 잘 알려져 있지 않으므로 이에 대한 의학적이고 과학적인 연구가 필요하다.

리놀레산은 아라키돈산으로, 리놀렌산은 **에이코사펜타엔산(EPA)**과 DHA로 전환될 수 있다.

필수지방산은 또한 지방산은 아니지만 체내에서 중요한 기능을 하는 물질들로도 전환된다. 하나의 예로, **에이코사노이드**는 아라키돈산과 EPA로부터 만들어진다. 리놀레산(오메가-6지방산)은 오메가-6 에이코사노이드로 대사되며 리놀렌산(오메가-3 지방산)은 오메가-3 에이코사노이드로 대사된다.

에이코사노이드에는 트롬복산(thromboxanes), 프로스타글란딘(prostaglandins), 류코트리엔(leucotrienes) 등이 있다. 에이코사노이드는 호르몬과 같은 작용을 하며, 면역능력과 심혈관계를 조절하고 다양한 기능에서 화학적 메신저로 작용한다.

오메가-6 에이코사노이드와 오메가-3 에이코사노이드는 반대작용을 한다. 예를 들어, 오메가-6 에이코사노이드는 염증을 일으키고 혈관은 수축시키는 반면, 오메가-3 에이코사노이드는 염증반응을 덜 자극하고 혈관을 확장하는 작용을 하며 혈액응고를 억제한다.

두 종류의 에이코사노이드는 모두 건강을 위해서 중요하며, 신체는 요구에 따라 두 가지 에이코사노이드 사이의 균형을 변화시킨다.

식사는 체내에서 합성되는 에이코사노이드의 양과 형태에 영향을 줄 수 있다. 알라스카 원주민들은 많은 양의 오메가-3지방산을 생선과 포유동물로부터 섭취하므로 오메가-3 에이코사노이드가 관여하는 생리적인 대사가 자극받는다. 실제로 상처가 생겼을 때, 지혈시간이 오래 걸리는 것을 볼 수 있다. 이런 이유에서 오메가-3, 오메가-6 에이코사노이드들 간의 균형은 심장병이나 암과 같은 질병의 위험에 영향을 줄 수 있다.

많은 종류의 생선은 오메가-3지방산의 좋은 급원이다.

필수지방산과 그 대사물들의 식품급원
Food Sources of the Essential Fatty Acids and Their Metabolites

일반적으로 리놀레산은 호두 같은 너트, 종자와 대두유, 잇꽃유, 옥수수유에 많이 함유되어 있다. 리놀렌산은 카놀라(유채씨)유나 아마씨유에 풍부하다. 이러한 식품들은 일상생활에서 섭취할 수 있는 것이므로 리놀레산과 리놀렌산은 쉽게 충분히 섭취할 수 있다. EPA나 DHA와 같이 긴 사슬의 오메가-3 지방산은 기름이 많은 생선이나 해산물에 많이 함유되어 있고, 육류나 계란에는 적은 양이 들어 있다. 아라키돈산은 다양한 식물성 · 동물성 식품에 함유되어 있다.

필수지방산과 그 대사물들의 영양섭취기준
Dietary Recommendations for the Essential Fatty Acids and Their Metabolites

우리나라는 불포화지방산의 충분섭취량(adequate intake levels ; AIs)을 영아기에만 설정하고 있다. 오메가-6 불포화 지방산의 영아기 AI는 0~5개월 영아 2.0 g/일, 6~11개월 영아 4.5 g/일이며, 오메가-3 불포화지방산은 0~5개월 영아 0.3 g/일, 6~11개월 영아 0.8 g/일이다. 성인의 경우, 오메가-6 불포화지방산을 총 열량의 4~8%, 오메가-3 불포화지방산은 총 열량의 0.5~1.0%를 섭취

에이코사펜타엔산 eicosapentaenoic acid(EPA) 리놀렌산으로부터 합성되는 긴 사슬의 오메가-3 불포화지방산

에이코사노이드 eicosanoids 아리키돈산과 EPA로부터 합성되는 생리적 기능을 가진 화합물

할 것을 권장하고 있다. 또한, 오메가-6지방산/오메가-3지방산의 섭취비율은 4~10/1이 적당하다고 권장하고 있다.

필수지방산의 부족
Essential Fatty Acid Deficiency

필수지방산을 충분하게 섭취하지 못하면, 피부에 염증이 생기고 벗겨지며, 위장에 문제가 생기고 면역기능이 손상될 수 있다. 그 결과로 쉽게 감염되며 상처가 생기면 치료가 지연되기도 한다.

필수지방산의 섭취가 부족한 아동들에게는 성장지연이 나타난다. 성인에게 필수지방산 부족은 잘 나타나지 않지만 지질 흡수와 지질 사용을 방해하는 질병을 가지고 있을 때에 2차적으로 필수지방산 부족이 생길 수 있다.

포화지방산과 불포화지방산
Saturated and Unsaturated Fatty Acids

대부분의 포화지방산과 불포화지방산은 필수적이지 않지만 에너지를 공급하고, 절연체(insulation)로 작용하며 신체를 보호하는 기능을 한다.

포화지방산과 불포화지방산의 식품급원
Food Sources of Saturated and Unsaturated Fatty Acids

일반적으로 동물성 식품은 식이 SFA의 주요 급원이며, 식물성 식품은 식이

그림 7.5 일상적으로 섭취하는 지방의 지방산 구성

식이 지질들은 종류에 따라 다른 양의 포화지방산(SFAs), 단일불포화지방산(MUFAs), 다가불포화지방산(PUFAs)를 함유한다.

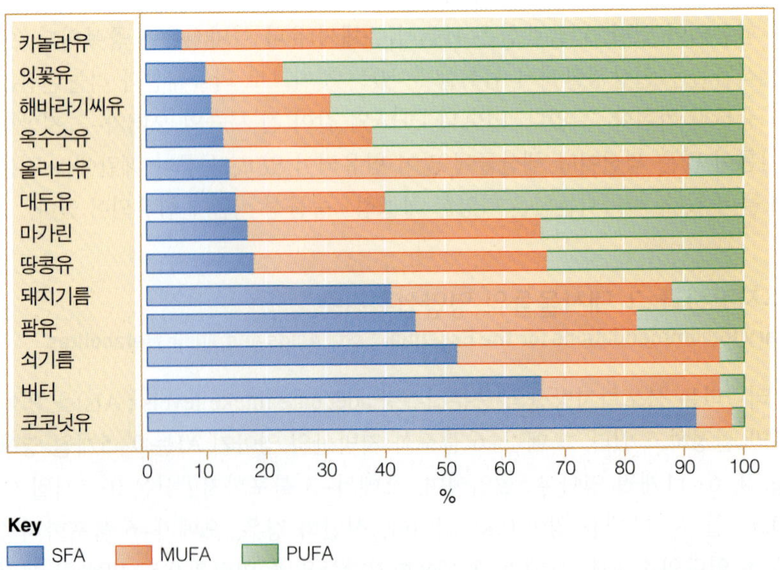

PUFA의 주요 급원이다. MUFA는 동물성과 식물성 식품에서 공급된다. 그러나 코코넛유과 팜유와 같은 열대에서 생산되는 기름에는 많은 양의 SFA가 함유되어 있다. 일상적으로 섭취하는 지방과 기름에 함유되어 있는 SFA, MUFA와 PUFA의 상대적인 함량이 **그림 7.5**에 제시되어 있다.

포화지방산(SFA) 섭취지침
Guidelines for Saturated Fatty Acid (SFA) Consumption

학자들은 SFA 섭취가 심혈관질환과 양의 상관관계가 있다고 하며, 여러 식이지침에서 SFA의 섭취는 총 열량의 10% 이상을 섭취하지 않을 것을 제안하고 있다.

트랜스 지방산 *Trans* Fatty Acids

트랜스 지방산은 유제품과 쇠고기 가공품들에 함유되어 있다. 그러나 대부분의 식이 트랜스 지방산은 옥수수유와 같은 액체유를 마가린과 같은 고체지방으로 화학적으로 전환시키는 **부분 경화** 과정을 통하여 상업적으로 생산된 것이다.

Food Matters 트랜스 지방산과 콜레스테롤의 섭취제한

미국 농무성은 포화지방산과 트랜스 지방산 및 콜레스테롤의 섭취 제한을 권고하고 있다.

포화지방산과 트랜스 지방산과 콜레스테롤 섭취를 감소시키는 식이지침

포화지방산	트랜스 지방산	콜레스테롤
• 지질에서 총 열량의 35% 이하를 공급하는 식사를 섭취하자. 동물성 지방(예 : 쇠고기, 버터)의 섭취를 제한하자. • 코코넛유와 팜유와 같은 열대에서 생산되는 기름의 섭취를 제한하자. • 상업적으로 생산된 케이크, 패스트리, 도넛, 감자튀김 등의 섭취를 제한하자. • 쇼트닝이나 라드 같은 동물성 지방 대신에 기름(oils)을 사용하자.	• 단단한 마가린 대신에 "무(free) 트랜스 지방" 마가린을 사용하거나 버터를 사용하자. • 부분 경화된 기름 대신에 식물성 기름을 사용한 쿠키나 크래커를 선택하자. • 가능하면 "무트랜스 지방 크래커나 빵 및 과자를 선택하자.	• 간, 계란, 치즈케이크, 커스터드와 같이 콜레스테롤 함량이 높은 식품의 섭취를 제한하자. • 지방이 많이 함유된 동물성 식품 대신에 붉은 살코기, 2% 우유 같은 저지방 식품을 사용하자.

자료: Adapted from the Institute of Medicine. *Dietary Reference Intakes for Energy, Carbohydrate, Fiber, Fat Fatty Acids,* Cholesterol, Protein and Amino Acids. Washington, DC: National Academies Press; 2005.

부분 경화과정에서는 이중결합이 없어지는 것뿐만 아니라 시스 이중결합이 트랜스 이중결합으로 전환될 수 있으므로 결과적으로 많은 양의 트랜스 지방산이 함유된다. 부분 경화유는 식품의 좋은 식감을 주고 변질을 막기 때문에 식품 제조에 사용된다.

크래커, 패스트리, 빵류, 쇼트닝, 마가린이 주요 트랜스 지방산의 급원이다. 그러나 최근에 트랜스 지방산 섭취를 감소시키는 데 많은 관심을 가지게 되면서 식품에서 트랜스 지방산을 감소시키거나 없애는 새로운 식품가공 방법들이 개발되고 있다.

트랜스 지방산 섭취 지침 Guidelines for Trans Fatty Acid Consumption

트랜스 지방산의 섭취가 심혈관질환의 위험을 증가시킨다는 연구보고들이 있어서 트랜스 지방산의 섭취를 줄일 것이 제안되고 있다. 트랜스 지방산을 얼마나 먹어도 되는지에 대한 정확한 식이지침은 없으며, 미국 의학연구소에서는 "영양적으로 적절한 식사를 하는 동안에 트랜스 지방산의 섭취를 최소한으로 줄여야 한다"고 권고하고 있다. 또한 트랜스 지방산의 섭취가 총 열량섭취의 1% 이하여야 한다는 지침도 있다.

이러한 트랜스 지방에 대한 식이지침은 자연적으로 식품에 존재하는 트랜스 지방에는 적용되지 않으며, 상업적으로 생산된 트랜스 지방산에만 해당한다.

필수개념 *Essential Concepts*

두 개의 필수지방산—리놀레산, 리놀렌산—은 체내에서 합성되지 못하며, 긴 사슬 지방산이나 에이코사노이드와 같은 다양한 다른 물질들을 합성하는 데 필요하다. 다른 지방산들은 체내 필요에 따라 신체에서 모두 만들어 사용할 수 있지만 영아기에는 아라키돈산과 DHA의 생산이 충분하지 못하여 이 지방산들은 조건적으로 필수적이다.

리놀레산과 리놀렌산은 일반 식사에 풍부하게 함유되어 있다. 불필수지방산들도 건강에 많은 영향을 줄 수 있는데, 예컨대 포화지방산과 트랜스 지방산의 많은 섭취는 심혈관질환의 위험을 증가시킬 수 있다.

포화지방산은 주로 열대 유지와 동물성 지방에 함유되어 있으며, 트랜스 지방산은 주로 가공식품에 함유되어 있다. 전문가들은 포화지방산과 트랜스 지방산의 섭취를 제한할 것을 권고하고 있다. 그 반면에 오메가-3지방산은 심혈관질환의 위험을 감소시킬 수 있으며, 주로 해산물에 함유되어 있다.

모노글리세리드, 디글리세리드, 트라이글리세리드(중성지방) monoglyceride, diglyceride, triglyceride

대부분의 지방산은 식품이나 체내에서 유리형태(free form)로 존재하지 않고 모노글리세리드, 디글리세리드, 중성지방의 구성성분으로 존재한다. 모노글리세리드, 디글리세리드, 중성지방은 에너지(ATP) 공급과 절연체 및 체내 보호 등 여러 기능을 담당한다.

부분 경화 partial hydrogenation
불포화지방산에 함유된 탄소-탄소 이중결합을 단일결합으로 전환시키는 과정으로 결과적으로 트랜스 지방산의 생산을 가져온다.

중성지방 triglyceride
하나의 글리세롤에 세 개의 지방산이 결합된 지질

모노글리세리드, 디글리세리드, 트라이글리세리드의 구조
Structure of Monoglycerides, Diglycerides, and Triglycerides

중성지방(트라이글리세리드)은 하나의 글리세롤 분자에 세 개의 지방산이 **에스터 결합**에 의해 화학적으로 결합한 것이다(**그림 7.6**). 결합되는 지방산은 포화지방산, 단일불포화지방산, 다가불포화지방산 또는 여러 종류의 혼합형태가 될 수 있다.

글리세롤 분자에 어떤 지방산이 결합하더라도 중성지방은 소수성을 띤다. 중성지방은 하나의 글리세롤 분자에 세 개의 지방산이 결합한 것이며, **모노글리세리드**는 글리세롤에 한 개의 지방산이 결합한 것이고, **디글리세리드**는 글리세롤에 두 개의 지방산이 결합한 것이다.

중성지방의 기능
Functions of Triglycerides

중성지방은 체내에서 많은 기능을 한다. 이 중 가장 중요한 기능은 필수지방산을 공급하는 것이다. 중성지방은 또한 에너지 생산과 저장에 사용되는 지방산을 공급한다. 체내 대부분의 세포는 지방산을 에너지원으로 사용하며, 장기간의 에너지 요구를 위해 여분의 지방산을 저장한다. 중성지방으로 저장된 지질은 절연체와 체내 보호 역할을 한다.

에스터 결합 ester bond
중성지방, 인지질, 콜레스테롤 에스터에서 지방산이 가지고 있는 화학적 결합

모노글리세리드 monoglyceride
하나의 글리세롤에 한 개의 지방산이 결합된 지질

디글리세리드 diglyceride
하나의 글리세롤에 두 개의 지방산이 결합된 지질

그림 7.6 중성지방 구조

중성지방은 하나의 글리세롤과 세 개의 지방산으로 구성되어 있다.

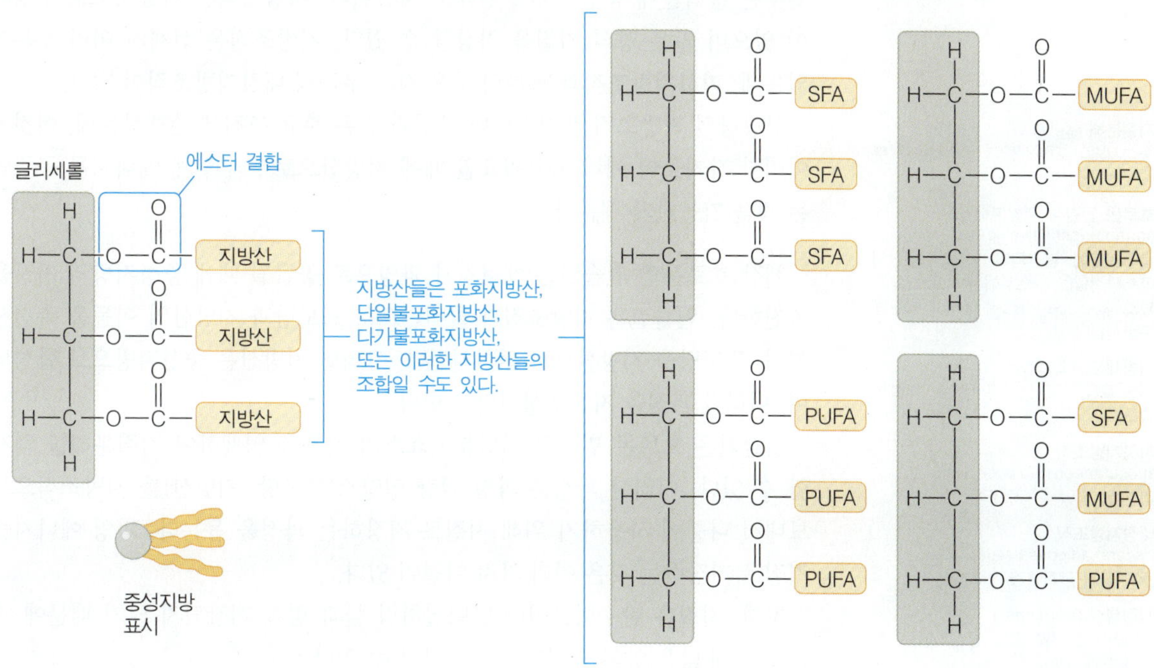

에너지원으로 사용 Use as an Energy Source

중성지방은 중요한 에너지원이다. 중성지방은 에너지를 공급하기 위해 먼저 글리세롤과 지방산으로 분해되어야 한다. 이 과정을 **지질분해**라고 하고 **호르몬 민감성 지방분해효소**에 의해 촉매되며, 이 효소는 췌장에서 분비되는 호르몬인 인슐린(insulin)의 분비가 낮을 때에 활성화된다.

지질분해는 또한 운동이나 생리적 스트레스에 의해 촉진된다. 에너지를 공급하는 다른 영양소들과 비교하여 지방산은 체내에 가장 많이 존재하는 에너지원이다. 1g의 지방산이 완전 분해되면 약 9kcal의 에너지가 생산되며, 1g에 4 kcal을 생산하는 탄수화물이나 단백질의 2배 이상의 에너지를 낸다. 그러므로 같은 무게일 때, 고지방 식품은 다른 식품에 비해 더 많은 열량을 낸다.

지방산은 직접적인 에너지원으로 사용되지만, 케톤과 같이 에너지를 생산하는 다른 물질로도 전환될 수 있다. 지방산으로부터의 케톤체 생산 과정은 체내에 포도당 공급이 부족할 때에 일어난다. 두뇌, 심장, 골격근, 신장과 같은 조직은 포도당 이외에 에너지(ATP)를 위해 케톤을 사용할 수 있으므로 케톤체 생산은 중요한 과정이다.

지방산으로 만든 케톤은 기근(starvation)과 같은 포도당 부족이 심각한 경우에 주요 에너지 공급원이 되며, 당신생합성(gluconeogenesis)을 통해 포도당을 생산하여 체내 아미노산의 사용을 절약시켜 줄 수 있다.

에너지 저장고로 사용 Use as an Energy Reserve

에너지 생산이나 다른 기능에 사용되지 않는 지방산은 대부분 지방조직에, 일부는 골격근에 중성지방의 형태로 저장된다. 지방조직은 **지방세포**로 구성되어 있으며 많은 양의 지질을 저장할 수 있다. 지방조직은 신체의 여러 부분에 있는데, **피하지방조직**과 복부의 주요 장기 부근의 **내장지방조직**이 있다.

상당량의 지방조직은 신장이나 유방과 같은 주요 조직에 존재하는데, 이것은 이러한 장기들이 에너지가 필요할 때에 지방산으로부터 쉽게 에너지를 공급받는 것을 가능하게 해준다.

췌장 호르몬인 인슐린은 에너지가 과잉으로 공급될 때에 중성지방의 저장을 촉진한다. 인슐린은 지방조직과 골격근으로 포도당과 지방산의 이동을 촉진시키며, 포도당을 지방산으로 전환시킨다. 그러면 지방산은 중성지방으로 합성되며, 이러한 과정을 **지질생성**이라고 한다.

인슐린은 호르몬 민감성 지방분해효소의 작용을 억제하여 지질분해를 억제할 수 있다. 이러한 과정은 과잉 열량 영양소(포도당, 지방산)를 지방조직으로 보내서 나중에 사용하기 위해 지질로 저장하는 과정을 돕는다. 과잉 에너지를 지질로 저장하는 것은 여러 가지 이점이 있다.

첫째, 지질은 탄수화물이나 단백질처럼 물과 함께 저장되지 않기 때문에 적은 공간에 많은 양의 중성지방을 저장할 수 있다.

지질분해 lipolysis
중성지방이 지방산들과 글리세롤로 분해되는 것

호르몬 민감성 지방분해효소 hormone-sensitive lipase
글리세롤에 결합되어 있는 지방산의 에스터결합을 가수분해하는 효소로 지방조직(adipose tissue)에서 지방산을 분비시킨다.

지방세포 adipocyte
지방조직을 구성하고 있는 특별한 세포

피하지방조직 subcutaneous adipose tissue
피부 밑에 있는 지방조직

내장지방조직 visceral adipose tissue
주요 장기 근처에 있는 지방조직

지질생성 lipogenesis
지방산, 궁극적으로는 중성지방을 합성하는 대사적 과정

둘째, 무게당 지질은 상대적으로 많은 양의 에너지(ATP)를 생산한다. 이와 같은 두 가지 이점으로 인해 1kg의 지방조직은 같은 무게의 간 글리코겐(glycogen)이나 근육단백질에 비해 6배 이상의 에너지를 저장할 수 있다.

인체 지방조직은 무제한적으로 과잉의 에너지를 저장할 수 있는 것으로 보이며, 반대로 글리코겐은 매우 제한된 양만 저장할 수 있다.

절연체와 보호 Insulation and Protection

지방조직에 저장된 중성지방은 절연체로 작용하고 내부 장기를 손상으로부터 보호한다. 인체가 체온조절을 지방조직에 의존하지는 않지만, 체내 지방이 매우 적은 사람들은 체온을 조절하는 데 어려움을 가지고 있다.

매우 마르면 일반적인 생리 반응의 하나로 매우 가는 솜털(lanugo)들이 신체를 덮게 된다. 이러한 솜털들은 부분적으로 신체 외부에 절연막을 형성하여 피하지방 부족을 보충하는 작용을 한다. 솜털은 일반적으로 신경성식욕부진(anorexia nervosa)과 같은 섭식장애(eating disorder)를 가진 매우 마른 사람에게서 나타난다.

필수개념 Essential Concepts

지방산은 한 분자의 글리세롤에 세 개의 지방산이 붙어 있는 형태이다. 모노글리세리드는 한 분자의 글리세롤과 한 개의 지방산으로 만들어져 있으며, 디글리세리드는 한 분자의 글리세롤과 두 개의 지방산으로 되어 있다.

중성지방에 함유되어 있는 지방산들은 신체의 중요한 에너지 공급원이다. 에너지가 필요할 때 호르몬 민감성 지방분해효소의 작용으로 지방산이 지방조직에서 분리되어 나온다. 포도당의 공급이 부족하면, 지방산은 케톤으로 전환되어 에너지가 필요한 조직에서 사용된다.

에너지가 풍부한 경우에는 지방산은 중성지방의 형태로 지방조직에 축적된다. 체내에는 피하지방(피부 밑), 내장지방조직 등 여러 종류의 지방조직이 있다. 지방조직은 또한 체온조절과 보호 등의 중요한 역할을 한다.

인지질
Phospholipids

인지질은 신체의 많은 구조와 기능에서 중요하다. 신체는 체내에 필요한 모든 양의 인지질을 합성할 수 있으므로 인지질에 대한 영양섭취기준은 없다.

인지질의 구조
Structure of Phospholipids

인지질은 중성지방과 같이 한 분자의 글리세롤에 지방산들이 결합되어 있다 **(그림 7.7)**. 그러나 세 개의 지방산을 가지고 있는 중성지방과는 달리, 인지질은 두 개의 지방산을 가지고 있다.

인지질 phospholipid
하나의 글리세롤에 두 개의 지방산과 하나의 극성 머리 부분으로 구성된 지질

그림 7.7 인지질 구조

인지질은 하나의 글리세롤, 하나의 극성 머리 부분, 두 개의 지방산을 포함하고 있다.

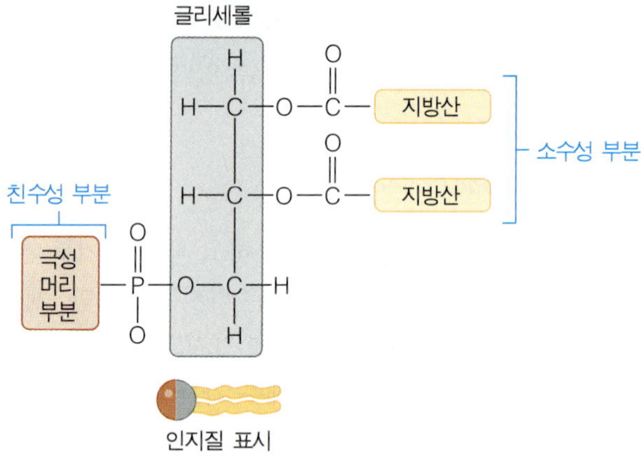

그리고 세 번째 지방산 대신에 인(phosphorus)을 포함한 **극성 머리 부분**을 가지고 있다. 콜린(choline) · 에탄올아민(ethanolamine) · 이노시톨(inositol) · 세린(serin)과 같은 여러 종류의 극성 머리 부분이 있다.

인지질은 **양성물질**로 극성(hydrophilic, 친수성)과 비극성(hydrophobic, 소수성) 부분을 모두 포함한다. 소수성 부분은 두 개의 지방산으로 구성되어 있고, 극성 머리 부분은 친수성이다. 이러한 구조를 가진 인지질은 세포막의 주요 구성성분이며, 지질의 소화 · 흡수 · 운반에서 중요한 역할을 한다.

인지질은 세포막의 구성성분이다.
Phospholipids Are Components of Cell Membranes

인지질은 모든 세포막의 주요 구조적 구성성분이다**(그림 7.8)**. 세포막은 인지질의 이중층(bilayer)으로 구성되어 있고, 인지질의 친수성 극성 머리 부분은 세포 외강(extracellular space)과 세포 내강(intracellular space)을 향하고 있다.

세포는 효과적으로 기능하기 위하여 세포 내강과 세포 외강 사이에 완전한 장벽(barrier)을 가져야 한다. 세포막이 완전하게 친수성이면 세포막은 용해되어 장벽을 형성할 수 없다.

그 반면에 세포막이 완전하게 소수성이면 세포외 공간과 세포내 공간 사이에 의사소통을 할 수 없을 것이다. 그러나 세포막은 소수성 부분과 친수성 부분을 모두 가지고 있는 양성물질인 인지질을 포함하고 있으므로 세포막이 그 기능을 원활이 수행할 수 있다.

인지질이 세포막의 전체적 구조에서 중요한 역할을 하는 것 외에, 인지질은 세포 대사에 필요한 지방산을 공급하며, 생리적 활성 물질로 작용할 수 있다. 예를 들어, 인지질은 에너지 대사와 혈액응고 및 세포 전환(turnover)에 필요한 효소를 활성화한다.

극성 머리 부분 polar head group
인지질의 구성성분으로 인을 포함하는 전하를 띠는 화학적 구조

양성물질 amphipathic
비극성과 극성 부분을 함께 가지고 있는 것

그림 7.8 세포막은 인지질의 이중층으로 되어 있다.

인지질의 양성 성질은 세포막의 기능을 수행하도록 한다.

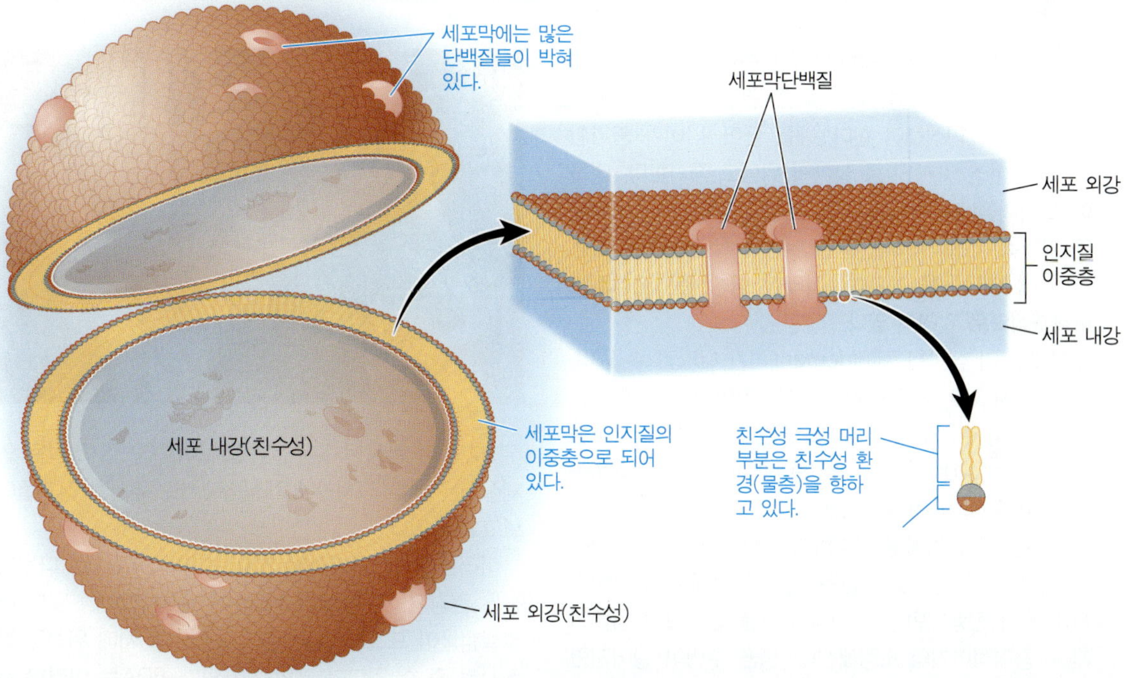

인지질은 소수성 물질의 운반체이다.
Phospholipids Are Carriers of Hydrophobic Compounds

인지질은 체내에서 소수성 물질의 운반체로 작용한다. 예로, 지단백질(lipoprotein)의 외부에 인지질이 함유되어 있는데, 지단백질은 혈액에서 지질을 운반하는 데 작용한다.

인지질의 급원
Sources of Phospholipids

인지질은 대부분의 식품에 함유되어 있으며 식품첨가제(food additives)로도 사용된다. 예를 들어, **포스파티딜콜린**(콜린이라는 극성 머리 부분을 가지고 있는 인지질)은 마요네즈나 아이스크림과 같은 식품의 안정제(stabilizer)로 첨가된다. 포스파티딜콜린의 일반명은 레시틴(lecithin)이며 가공식품의 첨가원료가 수록된 상표에서 찾아볼 수 있다.

인지질에 대한 영양섭취기준은 없지만 포스파티딜세린(phophatidylserine, 세린이라는 극성 머리 부분을 가지고 있는 인지질)의 섭취가 노인의 두뇌기능을 향상시킬 수 있다는 보고들이 있다.

포스파티딜콜린
phosphatidylcholine (lecithin)
콜린을 극성 머리 부분으로 함유하고 있는 인지질로 유화제(emulsifying agent)로써 식품에 첨가된다.

Focus On 생애주기영양 LIFE CYCLE NUTRITION

노인기의 인지질과 두뇌건강

평균 수명(life expectancy)이 증가하고 있는 현대에는 노인이 젊은 성인과는 다른 건강 문제를 가지고 있다는 것을 인식해야 한다. 예를 들어, 나이가 증가함에 따라 여러 가지 만성 질환의 위험도 증가한다. 더욱이 노화과정에서 두뇌능력의 손실도 나타난다. 노인들은 기억력 감소나 의사전달을 위한 정확한 단어를 사용하는 데 어려움을 느끼며, 이러한 증상들은 정상적인 노화과정으로 알려져 있다.

때때로 더 심각한 치매(dementia)가 나타날 수 있다. 치매는 사고력 · 언어구사 · 이성 · 기억력과 움직임에 영향을 줄 수 있다. 치매의 원인에는 알츠하이머병(Alzheimer's disease), 파키슨병(Parkinson's disease), 뇌졸중(stroke) 등이 있다.

치매는 사람 이름을 기억하지 못하거나, 가계부 정리에 어려움을 겪는 것과 같은 경미한 상태로 시작한다. 치매가 더 진행되면, 가족이나 친구를 알아보기 힘들어지며, 공격적이거나 소심해진다. 평균 수명이 길어지면서 치매를 예방하거나 치료하는 일은 매우 중요한 문제가 되고 있다. 한 가지 가능한 방법은 인지질–특히 포스파티딜세린–을 섭취하는 것이다. 포스파티딜세린은 두뇌에 비교적 많은 양이 있으며, 신경 발달과 기능에서 중요한 역할을 한다. 대부분의 식품은 포스파티딜세린 함량이 낮으며, 상업적으로 대두해서 생산될 수 있다. 동물실험에서 포스파티딜세린을 식사에 공급하면 두뇌기능이 향상된다는 결과를 보여준다. 잘 조절된 인체실험은 매우 적지만 인체실험에서도 유사한 결과들이 보고되고 있다.

이러한 것에 근거하여 2003년 미국 FDA는 다음과 같은 건강기능성(health claim)을 승인하였다. "일부 예비실험들이 포스파티딜세린이 노인기의 치매 위험을 감소시켜 줄 수 있다고 제안하고 있다. FDA는 이러한 주장을 지지할 만한 과학적 증거가 거의 없다고 결론을 내린다." 이러한 건강기능성을 승인하는 데 있어서 포스파티딜세린이 치매에 대한 효과를 지지할 결정적인 자료를 가지고 있지는 않지만 포스파티딜세린의 보충과 두뇌건강 향상 간의 관계는 매우 가능성이 있는 분야라는 것을 인정한 것이다.

필수개념 Essential Concepts

인지질은 하나의 글리세롤과 두 개의 지방산, 그리고 인을 함유하고 있는 극성 머리 부분으로 구성되어 있는 지질이다. 인지질은 양성물질로 한 부분은 소수성이며 다른 부분은 친수성이다.

인지질에 결합되어 있는 지방산은 에너지원으로 사용될 수 있다. 인지질은 세포막을 구성하고, 체내에 지질을 순환시키는 데 필요하다. 인지질은 필수영양소가 아니므로, 인지질에 대한 영양섭취기준은 마련되어 있지 않다.

스테롤과 스테롤 에스터 Sterol and Sterol Ester

스테롤은 지질의 주요 부분을 차지한다. 스테롤은 다른 지방과 다르게 구조적으로 여러 개의 고리 구조를 가지고 있다(그림 7.9) **스테롤**은 에스터 결합으로 지방산과 결합하여 **스테롤 에스터**를 형성한다.

그림 7.9 스테롤, 콜레스테롤, 콜레스테롤 에스터의 구조

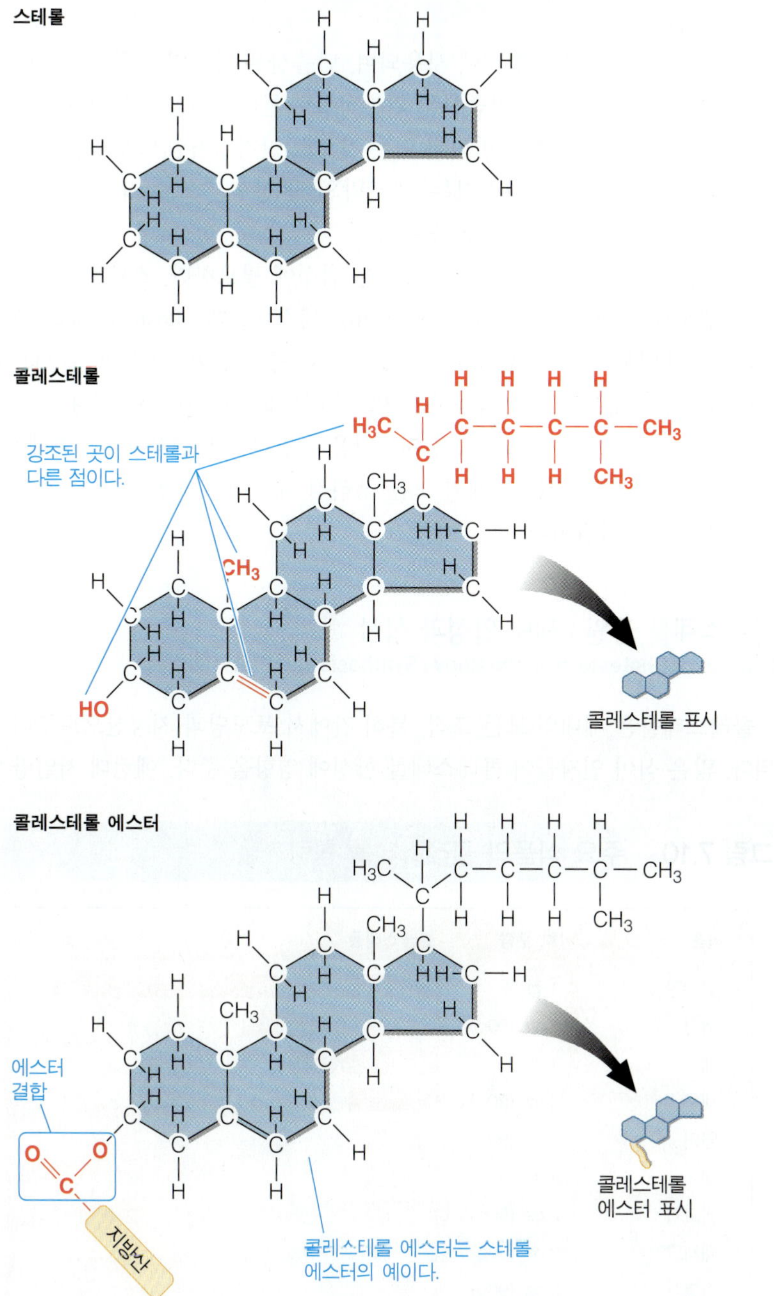

콜레스테롤과 콜레스테롤 에스터
Cholesterol and Cholesterol Ester

모든 스테롤 중에서 가장 풍부하며, 잘 알려져 있는 것은 **콜레스테롤**이다. 콜레스테롤은 약한 극성화합물이다. 체내에서 유리 콜레스테롤(free cholesterol)이 발견되기도 하지만 대부분은 지방산과 결합되어 있다.

스테롤 sterol
여러 개의 고리 구조를 가지고 있는 지질의 형태로 일반적인 예는 콜레스테롤이다.

스테롤 에스터 sterol ester
스테롤 분자에 하나의 지방산이 에스터 결합을 한 화학적 화합물

콜레스테롤 cholesterol
동물성 식품과 신체에서 발견되는 스테롤로 담즙산(bile acid)과 스테로이드(steroid) 호르몬 합성에 필요하다.

콜레스테롤과 지방산의 복합체를 콜레스테롤 에스터라고 하며, 이는 스테롤 에스터의 한 예이다. **콜레스테롤 에스터**는 유리 콜레스테롤에 비해 소수성 성질이 강하다.

콜레스테롤은 담즙산 합성에 사용되며, 담즙산은 지질의 소화와 흡수에서 결정적인 역할을 수행한다. **담즙산**은 기본적으로 콜레스테롤의 여러 고리 구조에 다양한 친수성 분자들이 결합되어 있는 것으로 인지질처럼 양성물질이다. 콜레스테롤과 콜레스테롤 에스터는 세포막의 구성성분으로 세포막의 유동성(fluidity)을 유지시키는 데 도움을 준다.

또한 콜레스테롤은 스테로이드 호르몬 합성에 필요하다. **스테로이드 호르몬**에는 생식과 관련된 에스트로겐(estrogen), 테스토스테론(testosterone), 에너지 대사와 관련된 코르티솔(cortisol), 칼슘 항상성과 관련된 칼시트리올(calcitriol), 전해질 균형에 작용하는 알도스테론(aldosterone)이 있다.

콜레스테롤 에스터는 혈액에서 지방산을 운반하는 역할을 한다. 콜레스테롤과 콜레스테롤 에스터는 신체의 모든 생리적 체계에서 작용하며, 건강한 삶을 위해 필수적인 물질이다.

콜레스테롤 급원 : 체내 합성과 식사
Sources of Cholesterol in the Body : Synthesis and Diet

콜레스테롤은 체내의 모든 조직, 특히 간에서 포도당과 지방산으로부터 합성된다. 많은 식이 인자들이 콜레스테롤 합성에 영향을 준다. 예컨대 저열량 또는

그림 7.10 주요 식품의 콜레스테롤 함량

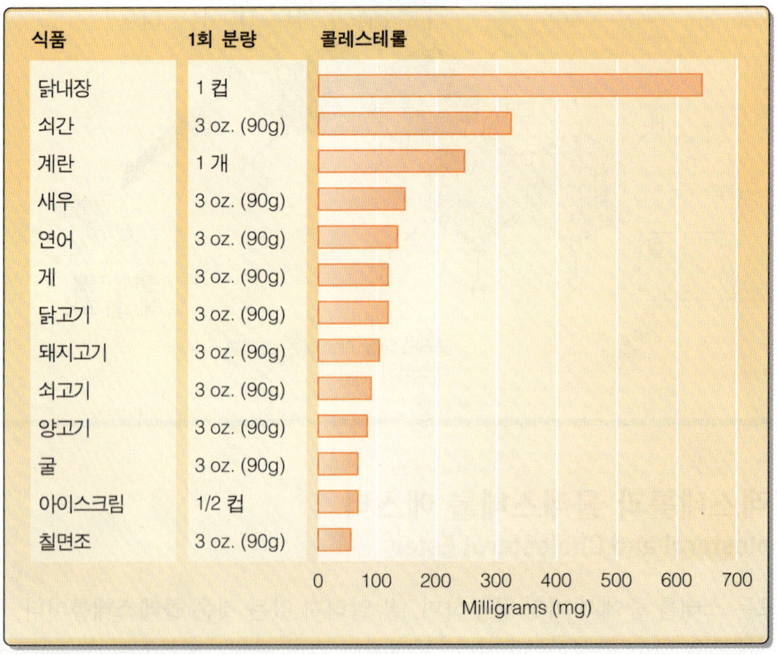

* 1oz는 약 30g

콜레스테롤 에스터 cholesteryl ester
콜레스테롤 분자에 하나의 지방산이 에스터 결합을 한 화학적 화합물

담즙산 bile acid
간에서 콜레스테롤로부터 합성되는 양성 물질로 지질의 소화와 흡수에서 중요한 역할을 한다.

스테로이드 호르몬 steroid hormone
콜레스테롤로부터 합성되는 호르몬

저탄수화물 식이는 콜레스테롤 합성을 감소시킬 수 있다. 이러한 효과는 모든 사람에게서와 같은 정도의 효과가 나타나는 것이 아니라 사람에 따라 다른데, 식이는 콜레스테롤 합성에 영향을 주는 유전자(genetics)와 관련 있는 것이 분명하다.

심장병의 위험이 높은 사람에게는 의학적인 처치로 콜레스테롤 합성을 감소시킬 수 있다. Lipitor®(atrovastatin calcium)과 Zocor®(simistatin)과 같은 스테틴(statin)계 약물은 간에서 콜레스테롤 합성에 필요한 효소를 억제하여 콜레스테롤 합성을 감소시킨다.

콜레스테롤은 동물성 식품–조개, 육류, 버터, 계란, 간 등–에만 함유되어 있다(**그림 7.10**). 간은 체내 콜레스테롤 합성과 저장의 주요 장기이므로 콜레스테롤 함량이 매우 높다. 콜레스테롤은 비필수영양소로, 채식주의자들도 콜레스테롤 부족의 위험이 없다.

콜레스테롤은 동물성 식품에만 함유되어 있다.

콜레스테롤 식이지침 Guidelines for Cholesterol Intake

콜레스테롤에 대한 영양섭취기준(DRIs)은 없지만 하루에 300 mg 이하를 섭취할 것을 권장한다. 이는 한두 개의 계란이나 약 180 g의 쇠고기에 함유되어 있는 양이다. 미국 의학연구소에서는 영양적으로 적절한 식사를 섭취하는 동안 콜레스테롤은 최소한으로 섭취해야 한다고 권고하고 있다.

식물성 스테롤/스타놀 Plant Sterols/Stanols

식물은 **피토스테롤**이라는 스테롤과 유사한 식물성 스테롤을 함유하고 있다. 식물성 스테롤은 식품 내에서 수소화되어(hydrogenated) 스타놀로 변화할 수 있다. 식물성 스테롤은 옥수수, 밀, 귀리와 다른 식물성 식품에 함유되어 있다.

상업적으로 생산된 스테롤과 스타놀들은 Benecol® 등 다양한 제품으로 판매된다. 이 제품들은 버터 대체제, 요구르트 음료, 샐러드 드레싱, 식이보충제에 함유되어 있다.

이러한 식물 스테롤과 스타놀을 섭취하는 것이 혈액 내의 콜레스테롤 농도를 낮출 수 있다는 보고들이 있다. 미국 FDA에서는 다음과 같은 건강기능성을 승인하였다. "포화지방산과 콜레스테롤 함량이 낮으며, 1일 두 끼의 식사에서 3.4 g의 식물성 스테롤이나 스타놀을 함유하고 있는 식사를 섭취하면, 심장병의 위험을 감소시킬 수 있다." 일반적인 형태의 식물 스테롤이 강화된 버터의 1회 분량에는 약 1.1 g의 식물 스테롤이 함유되어 있으므로 3회 분량으로 3.3g을 섭취할 수 있다.

필수개념 Essential Concepts

스테롤은 신체에서 다양한 기능을 수행하는 여러 개의 고리를 가진 화합물이다. 콜레스테롤은 지질의 소화와 흡수, 세포막 구조, 스테로이드 호르몬 합성, 혈액에서의 지질 운반 등에서 중요한 역할을 한다.

피토스테롤 phytosterol
식물에서 합성되는 스테롤

콜레스테롤은 신체에서 합성되며, 많은 동물성 식품에 함유되어 있다.

일반적으로 콜레스테롤의 섭취 감소는 심혈관질환의 위험을 감소시킨다고 하여 섭취를 줄이는 것을 권장한다. 그러나 이것은 유전적인 요인에 많이 의존한다. 콜레스테롤이 아닌 스테롤은 식물성 식품에도 함유되어 있다. 일부 스테롤과 스타놀은 심장병의 위험을 감소시킬 수 있다는 보고들이 있다.

식이지방의 소화
Digestion of Dietary Lipids

일단 섭취된 지질은 위장관으로 이동하여 소화 · 흡수된다. 지질 소화는 입 · 위 · 소장에서 일어나며, 여러 종류의 효소와 담즙을 필요로 한다.

중성지방의 소화는 글리세롤에서 지방산들이 분리되는 것이다.

신체에는 지방분해효소(lipase) 라는 여러 효소가 있어서 지질을 소화하며, 중성지방의 소화는 그림 **7.11**과 같다.

그림 7.11 중성지방 소화의 개요

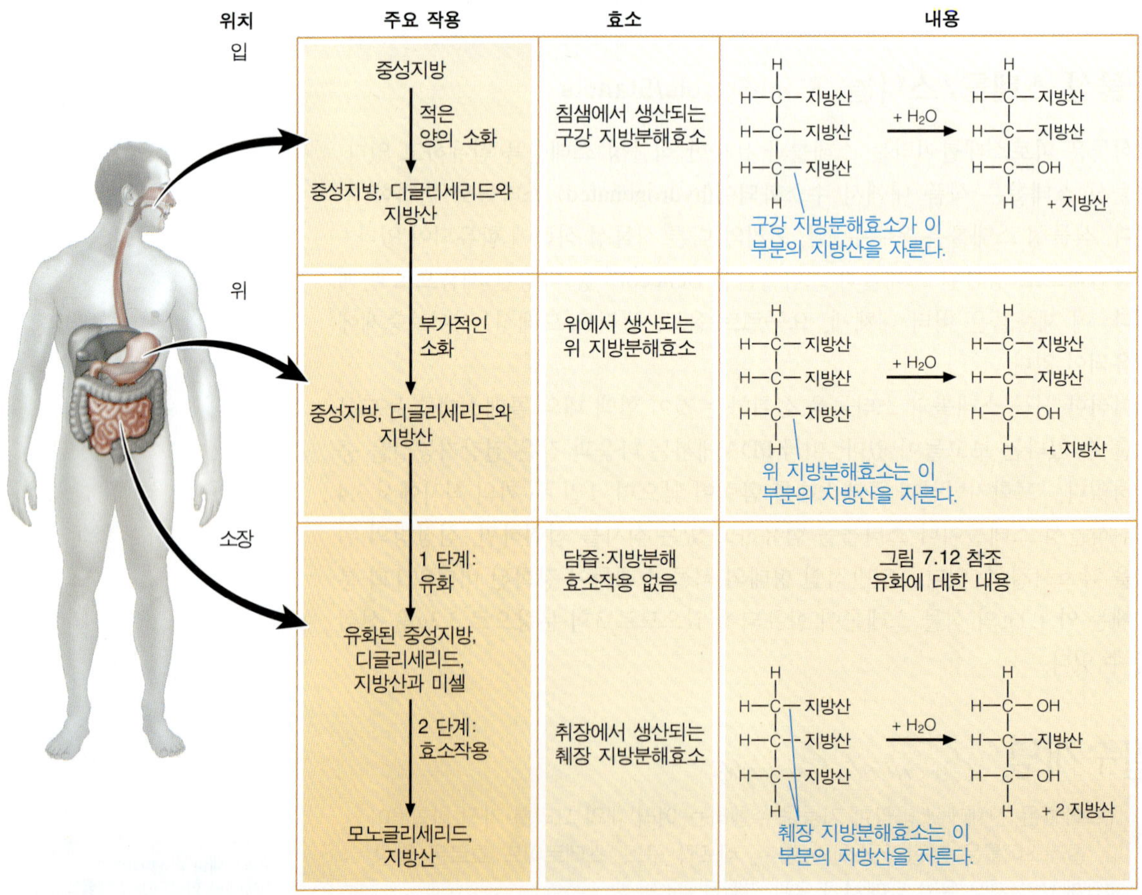

중성지방 소화
Digestion of Triglycerides

구강 지방분해효소 lingual lipase
침샘에서 생산되며, 지방산과 글리세롤 사이의 에스테 결합을 가수분해하는 효소

중성지방의 소화는 입에서 시작한다. 음식을 씹으면 침샘에서 **구강 지방분해효소**가 생산되어 글리세롤로부터 지방산을 가수분해하기 시작한다.

그림 7.12 소장에서의 지질 유화과정

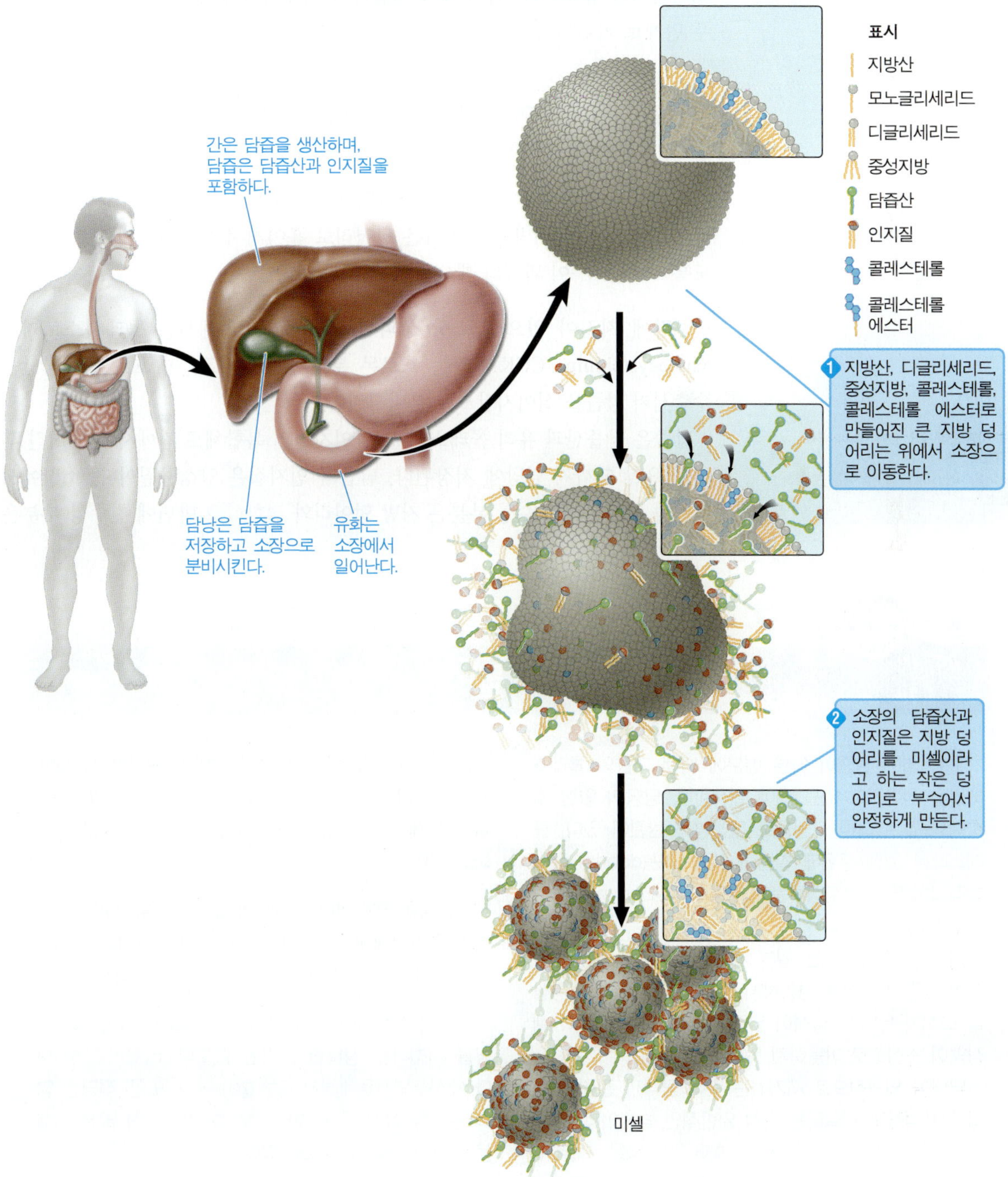

음식을 삼키면, 구강 지방분해효소는 음식과 함께 위로 이동하여 위에서도 계속적 · 부가적으로 지방산을 분해한다.

음식이 위에 도착하면, 위에 있는 특별한 세포로부터 가스트린(gastrin)이라는 호르몬의 분비가 촉진된다. 가스트린은 혈액 내를 순환하면서 위에 있는 세포에서 생산되는 **위 지방분해효소**의 분비를 촉진시킨다. 지방분해효소는 "위액(gastric juice)"의 구성성분이며, 글리세롤로부터 지방산을 분리한다.

위와 소장의 수용성 환경에서 지질은 서로 뭉쳐서 큰 덩어리를 만들게 되어, 소화과정을 방해한다. 이 문제를 해결하기 위해서 소장에서의 중성지방 소화는 두 단계로 이루어진다.

1단계 : 담즙에 의한 지질의 유화 – 미셀 형성
Phase 1: Emulsification of Lipids by Bile-Micelle Formation

소장에서 일어나는 중성지방 소화의 1단계에는 소화효소가 관여하지 않는다. 그 대신에 큰 지방구들이 작은 덩어리로 흩어져서 소화과정이 계속 진행되도록 도와준다. 이 과정의 개요는 표 7.12와 같다.

소장에 지질이 있으면 소장 **상피세포(enterocyte)**에서는 콜레시스토키닌(cholecystokinin ; CCK)이라는 호르몬 분비가 촉진되고, 이 호르몬은 담낭을 수축시켜 담즙을 십이지장으로 분비시킨다.

위 지방분해효소 gastric lipase
위에서 생산되는 지방산과 글리세롤 사이의 에스테 결합을 가수분해하는 효소

담즙은 담즙산과 유리 콜레스테롤 및 인지질의 복합체로 간에서 만들어진 후에 필요할 때까지 담낭에 저장된다. 담즙과 인지질은 양성물질이다. 소장에서 담즙과 인지질의 소수성 부분은 지방 덩어리와 결합하고 반면에 친수성 부분은

Focus On 임상 적용 CLINICAL APPLICATIONS

담낭병과 담석

담낭병은 담즙이 다른 성분에 비해 과량의 콜레스테롤을 함유하고 있을 때에 발생한다. 담낭의 약한 수축력과 같은 다른 요인들도 담낭병과 관련이 있다. 콜레스테롤 결정 주위에 칼슘과 세포 파편(debris) 등이 축적되어 담석을 형성하는데 직경이 5~25mm 이상인 경우가 있다.

담석을 가지고 있는 일부 사람들은 경미한 통증부터 심한 통증의 증상을 경험하지만, 대부분 사람들은 증상을 느끼지 못한다. 담석이 담관을 막게 되면 담즙과 췌장액이 소장으로 이동하지 못한다.

담낭을 외과적으로 제거하는 것이 담석과 관련된 여러 문제점들을 해결하는 가장 일반적인 방법이다. 담낭을 제거한 후, 사람들은 지방소화에 어려움을 가질 수 있다. 그러나 담관은 작은 낭을 형성하여 필요할 때까지 적은 양의 담즙을 저장할 수 있게 된다. 의사들은 담낭을 제거한 사람들에게 고지방 식사의 금지를 권장하고 있다.

담낭병은 남성보다 여성에게서 더욱 일반적이며, 나이가 증가함에 따라 발병 위험도 증가한다. 비만, 갑작스러운 체중감소, 임신 등도 발병에 영향을 미친다.

특별한 식품이나 식사 형태가 담석을 형성하는 데 영향을 미친다는 정확한 보고는 없으나, 비채식주의자보다 채식주의자들에게서 발병률이 낮다. 또한, 적당한 양의 알코올 섭취, 운동, 아스피린 복용이 담석 발생 위험을 낮추어 준다는 보고도 있다.

주위의 물과 결합한다. 이런 힘에 의해 지방 덩어리는 작은 덩어리들로 부서지게 된다. 담즙산과 인지질은 새롭게 만들어진 작은 덩어리와 결합하고 있어 다시 지방이 큰 덩어리로 합해지는 것을 방해한다.

큰 지방 덩어리를 작은 덩어리로 부수는 과정을 **유화**라고 하며, 떨어져 나온 작은 지방 덩어리를 **미셀**이라고 한다. 유화와 미셀 형성은 지방의 표면적을 넓혀서 더 많은 지방산의 에스터 결합이 소화효소와 결합할 수 있게 해준다.

많은 사람들이 지질 소화에서 담즙의 중요성을 알지 못하지만, 담낭병을 가지고 있는 사람들은 지질 소화에서의 담즙의 중요성을 매우 잘 이해한다. 담낭병은 지질의 유화과정이 일어나지 않는다.

2단계 : 췌장 지방분해효소에 의한 중성지방 소화
Phase 2 : Digestion of Triglycerides by Pancreatic Lipase

지질을 함유하고 있는 미즙(chyme)이 십이지장으로 들어오면, 상피세포들은 세크레틴(secretin)과 CCK 같은 호르몬 분비를 자극하고, 이 호르몬들은 **췌장 지방분해효소**의 분비를 자극한다.

췌장 지방분해효소는 글리세롤에 결합되어 있는 지방산들을 가수분해하여 중성지방을 완전히 소화한다. 일반적으로 중성지방에 함유되어 있는 세 개의 지방산 중에서 두 개의 지방산이 가수분해되어 중성지방 소화의 마지막에는 하나의 모노글리세리드와 두 개의 유리지방산이 된다.

인지질, 콜레스테롤, 콜레스테롤 에스터 소화
Digestion of Phospholipids, Cholesterol, and Cholesteryl Esters

인지질, 콜레스테롤, 콜레스테롤 에스터도 소장에서 담즙에 의해 유화되어야 한다. 인지질은 **포스포리파아제 A2**에 의해 소화된다. 췌장 지방분해효소와 마찬가지로 포스포리파아제 A2도 췌장에서 생산되며, 췌장 호르몬인 세크레틴에 반응하여 췌장액의 일부로 분비된다.

인지질의 분해 산물은 한 개의 지방산과 **리소인지질**이며, 리소인지질은 글리세롤 분자에 하나의 지방산과 극성 머리 부분이 결합되어 있는 물질이다.

유리 콜레스테롤(지방산이 결합되어 있지 않은 형태)은 소화과정이 필요 없이 흡수되지만, 콜레스테롤 에스터는 콜레스테롤과 지방산으로 분해되어야 한다. 이 과정은 **담즙산염 의존적 콜레스테롤 에스터 가수분해효소**에 의해 일어난다.

필수개념 *Essential Concepts*

지질의 소화는 입에서 구강 지방분해효소에 의해 글리세롤에서 지방산이 분리되는 것으로 시작된다. 지질 분해는 위 가수분해효소에 의해서 위에서도 계속된다. 소장에서 지질은 췌장 호르몬인 콜레시스토키닌(CCK)의 분비를 자극하고, 이 호르몬은 담낭에서 담즙의 분비를 자극한다.

유화 emulsification
큰 지방 덩어리가 작은 덩어리로 분해되고 안정화되는 과정

미셀 micell
유화과정을 통하여 소장에서 만들어지는 수용성의 구형 구조

췌장지방분해효소 pancreatic lipase
췌장에서 생산되는 효소로 지방산과 글리세롤 사이의 에스테 결합을 가수분해한다.

포스포리파아제 A2
phospholipase A2
췌장에서 생산되는 인지질로부터 지방산을 가수분해하는 효소

리소인지질 lysophospholipid
글리세롤에 한분자의 극성 머리 부분과 하나의 지방산이 결합되어 있는 지질로 인지질 소화의 최종산물

담즙산염 의존적 콜레스테롤 에스터 가수분해효소
bile salt-dependent cholesteryl ester hydrolase
췌장에서 생산되는 효소로 콜레스테롤 에스터로부터 지방산을 분해한다.

담즙은 큰 지방 덩어리를 작은 덩어리로 분해하여 미셀을 형성하게 한다. 중성지방은 췌장 지방분해효소에 의해 글리세롤에 결합된 지방산을 분해하여 모노글리세리드와 지방산으로 분해되면 완전하게 소화된 것이다.

인지질은 췌장효소인 포스포리파아제 A2에 의해 한 개의 지방산과 리소인지질(lysophospholipid)로 소화된다. 유리 콜레스테롤은 소화과정이 필요 없으며, 콜레스테롤 에스터는 췌장 효소인 담즙산염 의존적 콜레스테롤 에스터 가수분해효소에 의해 지방산과 콜레스테롤로 분해된다.

지질의 흡수와 순환
Absorption and Circulation of Lipids

지질의 소화 산물들은 소장에서 상피세포로 이동 · 흡수된다. 상피세포와 순환계의 환경이 친수성이므로 특별한 주의가 필요하다. 담즙산과 인지질의 양성적인 특징이 지질의 흡수와 순환에서 중요한 역할을 한다.

지질 흡수 Lipid Absorption

지질 흡수는 지질이 얼마나 물에 용해될 수 있는가(친수성)에 따라 두 가지 방법으로 일어난다. 짧은 사슬 지방산과 중간 사슬 지방산은 상대적으로 물에 용해될 수 있으므로 다른 도움 없이 상피세포로 흡수된다. 그러나 긴 사슬 지방산, 모노글리세리드, 리소인지질, 콜레스테롤과 같은 소수성 물질들은 소장 관에서 미셀이라는 2차적인 형태로 재포장되어야 한다.

이러한 미셀의 형성에 담즙의 도움이 필요하다. 일단 미셀이 소장 표면의 미세 융모막과 결합하면 미셀 내의 내용물들이 분비되어 상피세포로 이동된다.

대부분의 식물성 스테롤이나 스타놀은 쉽게 흡수되지 않는다. 그러나 흡수되지 않는다고 해서 건강에 영향을 주지 않는 것은 아니다. 일부는 소장에서 콜레스테롤과 결합할 수 있는데, 스테롤/스타놀-콜레스테롤 복합체는 실제적으로 흡수가 일어나지 않아서 변으로의 콜레스테롤 배설을 증가시킨다.

소장으로부터 지질의 순환
Circulation of Lipids Away from the Small Intestine

지질의 소수성 성질 때문에 체내에서 지질이 순환되기 위해서는 다른 다량영양소보다 복잡한 과정이 필요하다. 짧은 사슬 지방산과 중간 사슬 지방산은 다소 친수성을 가지기 때문에 소장에서 혈액으로 순환되어 이동될 수 있다.

그러나 먼저 단백질인 알부민(albumin)과 결합되어야 하고, 지방산-알부민 복합체는 소장에서 간으로 가는 혈액으로 이동하며, 간에서 지방산들은 대사되거나 체내 다른 세포로 이동하기 위한 형태로 만들어진다.

긴 사슬 지방산과 모노글리세리드와 리소인지질들은 상피세포에서 먼저 중성지방과 인지질로 재합성되어야 한다. 이러한 지질들은 콜레스테롤이나 콜레스테롤 에스터와 결합하여 **킬로미크론**이라는 분자를 형성하여 림프(lymph)로 분비되어 순환을 시작한다. 림프는 목 부근에 있는 흉관(thoracic duct)을 경유하여 혈액과 섞이게 된다. 이러한 방법에 의해 킬로미크론은 혈액으로 점차적으로 유입되고, 킬로미크론에 함유된 지질은 원하는 세포로 이동된다.

킬로미크론은 **지단백질** 중에서 가장 크기가 크지만 밀도는 가장 낮은 지단백질이다. 지단백질은 중성지방, 인지질, 콜레스테롤 에스터, 유리 콜레스테롤, 단백질을 포함하고 있는 복합적인 구형의 구조를 가지고 있다. 지단백질의 친수성 성분(인지질의 극성 머리 부분과 인지질 등)이 외부에 자리 잡고 있고, 소수성 성분(중성지방 등)은 안쪽에 위치하고 있다(**그림 7.13**).

지질은 단백질보다 밀도가 낮기 때문에 지단백질의 밀도는 지질과 단백질의 상대적인 양(또는 백분율)과 관련이 있다. 단백질에 비해 상대적으로 지질이 많은 지단백질은 지질이 적고 단백질이 많은 지단백질에 비해 밀도가 낮다.

그림 7.13 지단백질

단백질에 대한 지질의 비율이 지단백질의 밀도와 이름을 결정한다.

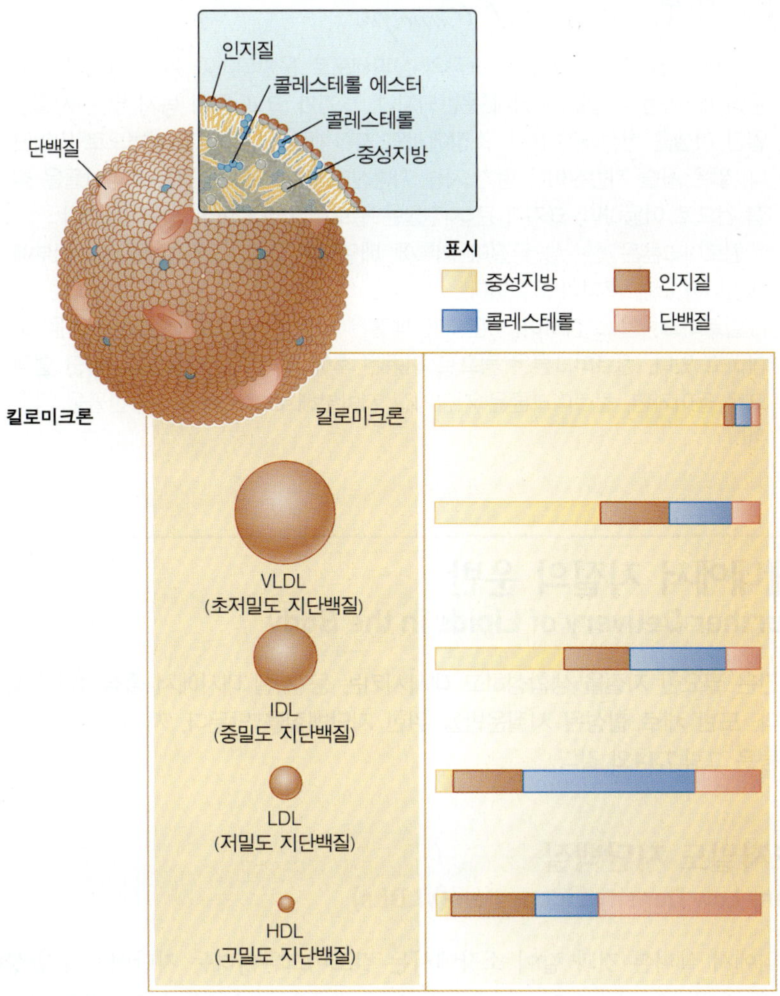

킬로미크론 chylomicron
소장 상피세포에서 만들어지며, 소장에서 림프로 지방을 운반하는 지단백질

지단백질 lipoprotein
다양한 양의 중성지방, 콜레스테롤, 콜레스테롤 에스터, 인지질, 단백질로 만들어진 구형의 물질

지단백질은 밀도에 따라 이름이 붙여졌다. 지단백질의 기본적인 기능은 체내의 친수성 환경에서 지질을 운반하는 것이다. 즉, 지단백질의 외부는 친수성으로 되어 있기 때문에 혈액을 자유롭게 이동하면서 내부에 있는 소수성 지질을 필요한 곳으로 운반한다.

체내에서 킬로미크론의 기능
Functions of Chylomicrons in the Body

킬로미크론은 지방조직이나 근육 등에서 합성되는 **지단백질 지방분해효소**에 의해 체내에 지방산을 공급한다. 이 효소는 조직에서 생산된 후 근처 모세혈관의 내강(lumen) 쪽에 위치한다.

또한 혈액에서 지나가는 킬로미크론과 결합하여 가수분해작용을 함으로써 중성지방으로부터 지방산을 분해시키고, 분해된 지방산들은 주위의 세포로 흡수된다. 세포에 지방산을 전달한 후에 킬로미크론은 밀도가 높아지며, **킬로미크론 잔여물**로 변하여 간으로 이동되고, 분해된 후에 다시 사용된다.

필수개념 *Essential Concepts*

소화가 일어난 후, 지질은 소장의 상피세포로 운반되어야 한다. 크기가 적고 물에 잘 녹는 지질들은 쉽게 운반되지만, 크기가 크고 물에 녹지 않는 지질은 일단 미셀을 형성해야 한다. 소장에서의 지질 이동은 두 가지 방법으로 일어난다. 짧은 사슬 지방산이나 중간 사슬 지방산과 같은 크기가 적은 지방산들은 직접 간으로 이동하며, 크기가 큰 지질들은 킬로미크론을 형성하여 이동한다.

킬로미크론은 친수성 물질이 외부에 배열되어 있고, 소수성 물질이 내부에 배열되어 있는 구형의 물질이다.

킬로미크론을 포함하여 모든 지단백질은 다양한 양의 단백질과 지질을 포함하고 있다. 킬로미크론은 림프로 이동된 후에 혈액으로 이동된다. 일단 혈액으로 들어가면, 킬로미크론은 지단백질 지방분해효소에 의해 지방산들을 공급한다.

체내에서 지질의 운반
Further Delivery of Lipids in the Body

간은 필요한 지질을 생합성하고 대사시키는 등 지질 대사에서 중심적인 역할을 한다. 또한 새로 합성된 지질운반을 위한 지단백질을 만든다. 지단백질의 기원과 기능은 그림 **7.14**와 같다.

지단백질 지방분해효소
lipoprotein lipase
중성지방 분자에 있는 글리세롤과 지방산 사이의 에스터 결합을 가수분해하는 효소

킬로미크론 잔여물
chylomicron remnant
킬로미크론에서 대부분의 지방산이 분비되고 남은 지단백질

초저밀도 지단백질
Very Low Density Lipoprotein(VLDLs)

위에서 살펴본 것과 같이 소장에서는 킬로미크론이라는 지단백질을 합성하지만, 간에서는 혈액으로 지질을 운반하는 새로운 지단백질인 **초저밀도 지단백**

그림 7.14 지단백질의 기원과 기능

간과 소장은 체내에서 지질을 순환시키는 지단백질을 합성한다.

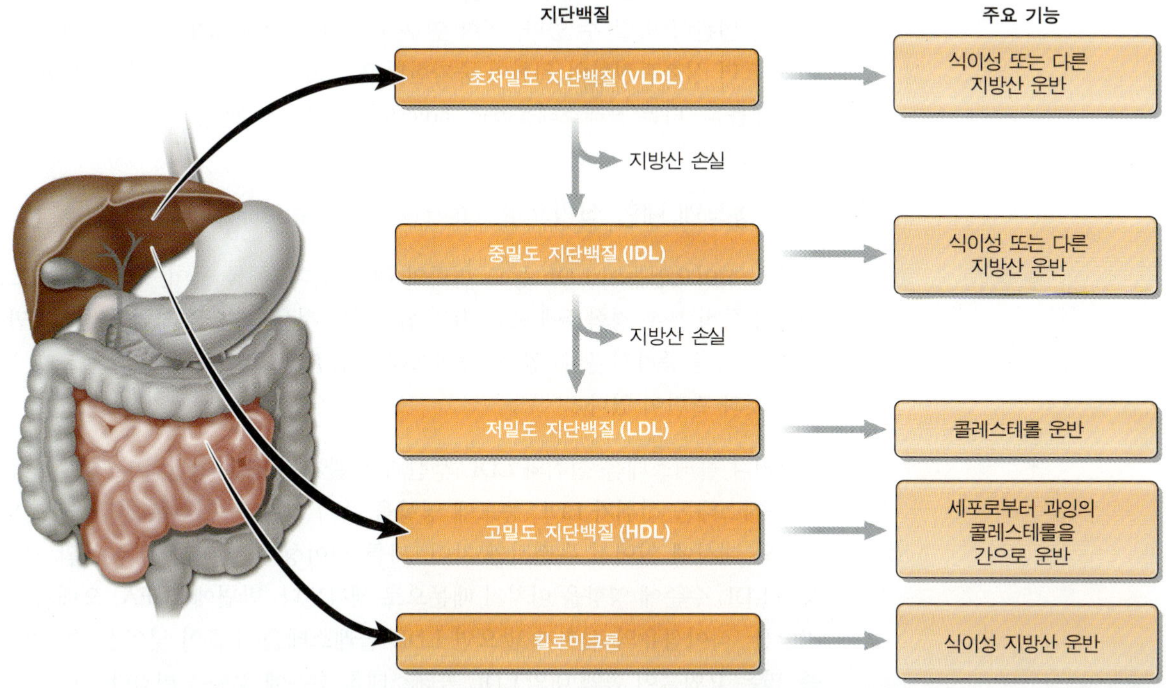

질(VLDL)을 합성한다. VLDL에는 킬로미크론과 마찬가지로 내부에 중성지방과 콜레스테롤이 위치하며, 인지질을 비롯하여 유리 콜레스테롤과 특별한 단백질들이 이들을 외부에서 감싸고 있다. 그러나 VLDL은 킬로미크론보다 단백질에 대한 지질의 비율이 낮아서 밀도가 더 높다.

VLDL의 주요 기능은 지단백질 지방분해효소 작용을 통하여 지방산을 세포에 운반하는 것이다. VLDL은 식이에서 공급된 지방산뿐만 아니라 간이나 지방조직에서 공급된 지방산을 운반한다.

중밀도 지단백질과 저밀도 지단백질
Intermediated-Density Lipoproteins (IDLs) and Low-Density Lipoprptein (LDLs)

VLDL에서 지방산이 분비되면, 좀 더 밀도가 높은 **중밀도 지단백질(IDL)**이 된다. 일부 IDL은 간으로 흡수되고, 나머지는 순환되면서 지방산을 더 분비한다. 결국 IDL은 콜레스테롤을 많이 함유하게 되는 **저밀도 지단백질(LDL)**로 변한다.

세포막(특히, 간, 지방조직, 근육 등)에 있는 **LDL 수용체**라는 단백질은 LDL과 결합하여 LDL을 세포 안으로 운반 · 분해시킨다. 이러한 과정을 통하여 체내에서 필요한 콜레스테롤이 조직으로 이동하게 된다.

LDL은 심장 근처의 주요 혈관에 있는 면역세포에 의해 흡수되고 분해된다.

초저밀도 지단백질
very low density lipoprtein(VLDL)
간에서 합성되며, 많은 양의 중성지방을 함유하고 있는 지단백질로, 주요 기능은 세포에 지방산을 운반하는 것이다.

중밀도 지단백질
intermediate-density lipoprotein(IDL)
VLDL에서 지방산이 분비되어 만들어진 지단백질로, 결국 LDL로 전환된다.

저밀도 지단백질
low-density lipoprtoein(LDL)
세포에 콜레스테롤을 운반하는 지단백질

LDL 수용체 LDL receptor
LDL과 결합할 수 있는 세포의 세포막에 결합되어 있는 단백질로 LDL을 세포 안으로 흡수시키고 분해시킨다.

면역세포로 흡수된 LDL의 구성성분들은 에이코사노이드나 면역인자(immune factor)와 같은 중요한 물질들을 합성한다. 그러나 과잉의 LDL이 흡수되면, **플라크**라는 지방물질이 만들어져 혈관을 좁힘으로써 혈액이동이 줄어들거나 심지어는 혈관이 막힐 수 있다. 역학 연구들은 혈액 내의 LDL 콜레스테롤 수준이 높으면 심혈관질환의 위험이 증가한다고 보고하고 있다. 그러므로 LDL 콜레스테롤을 "나쁜 콜레스테롤(bad cholesterol)"이라고 한다.

LDL 농도에 대한 식이효과 Effect of Diet on LDL Concentrations

많은 식이요인들이 LDL 농도 변화와 관련 있다. 예를 들어, SFA와 트랜스지방산(특히 부분 경화유에 포함된)을 섭취하는 것은, 기전은 확실하지 않지만, LDL 농도를 증가시킬 수 있다. 콜레스테롤 섭취가 많은 것도 LDL 농도를 높이는 것과 관련이 있다.

그러나 콜레스테롤 섭취와 LDL 생산과의 관계는 매우 복잡하며, 일부 사람은 콜레스테롤 섭취가 LDL 농도에 영향을 주지 않는다. 이것은 콜레스테롤의 흡수와 대사에 있어서 유전적인 차이, 다른 식이성분, 흡연과 같은 생활 습관 등이 LDL 수준에 영향을 미치기 때문으로 생각된다. 반면에 PUFA, 오메가-3 지방산, 식이섬유의 섭취가 많으면 LDL 콜레스테롤 수준이 낮아질 수 있다. 즉, 많은 요인들이 혈액 내의 LDL 콜레스테롤 수준에 영향을 미친다.

고밀도 지단백질 High-Density Lipoprotiens(HDLs)

간은 **고밀도 지단백질(HDL)**도 합성한다. 다른 지단백질과 비교하여 HDL은 단백질에 대한 지질의 비율이 가장 낮아서 밀도도 가장 높다. HDL은 세포로부터 과잉의 콜레스테롤을 회수(salvage)하여 간으로 운반하는 작용을 한다. 간 이외의 조직에서 간으로 콜레스테롤을 운반하는 과정을 **콜레스테롤 역운반**이라고 하며, 이것이 HDL의 주요 기능이다.

혈액 내의 HDL 콜레스테롤 농도가 높으면 심혈관질환의 위험이 낮은 것과 관련하여 HDL 콜레스테롤을 "좋은 콜레스테롤 (good cholesterol)"이라고 한다.

HDL에는 여러 형태가 있지만, 모든 형태가 과잉의 콜레스테롤을 제거하는 데 효과가 있지는 않다. 자세히 살펴보면, 여러 종류의 HDL은 각기 다른 단백질들을 포함하고 있어서 서로 다른 기능을 한다. 예를 들어, 특정 단백질을 가지고 있는 HDL은 콜레스테롤을 효과적으로 운반하지 못한다.

탕헤르병이 이것의 좋은 예이다. 선천적으로 이 질병을 가지고 있는 사람들은 손상된 HDL을 가지고 있는데, HDL 분자 외부에 변형되고, 기능을 하지 못하는 단백질들이 포함되어 있다. 탕헤르병을 가진 사람들처럼 콜레스테롤의 역운반이 손상된 사람들은 심혈관질환의 발생 위험이 높다.

HDL의 다양한 단백질들과 종류에 대해 더 자세하게 알게 되면, 심혈관질환의 위험을 낮추는 방법에 대해서 더 많이 이해할 수 있을 것이다.

플라크 plaque
콜레스테롤, 지방산, 세포, 세포파편, 칼슘들의 복합체로 혈관 안쪽이나 혈관벽 안에 형성될 수 있다.

고밀도 지단백질
high density lipoprtoein(HDL)
간에서 합성되며, 세포로부터 과잉의 콜레스테롤을 수집하기 위해 혈액 내를 순환한다.

콜레스테롤 역운반
reverse cholesterol transport
HDL이 간 이외의 조직으로부터 콜레스테롤을 제거하여 간으로 운반하는 과정

탕헤르병 Tangier disease
손상된 HDL을 생산하여 세포로부터 콜레스테롤을 수집하지 못하는 유전적인 질환

HDL 농도에 대한 식이효과
Effect of Diet on HDL Concentrations

탄수화물이 많은 식사가 심혈관질환에 좋다고 생각되어 왔으나, 요즘 많은 연구에서 고탄수화물 식사가 HDL 수준을 낮출 수 있다는 결과가 보고되고 있다. 달리 생각해 보면, 저탄수화물 식사가 심장병에 실제적으로 도움을 줄 수 있다는 것이다. 더욱이 MUFA 섭취가 높거나 적당량의 알코올을 섭취하는 것은 HDL 수준을 높일 수 있다고 한다.

LDL과 마찬가지로 HDL 농도에도 유전적 · 환경적인 요인이 많은 영향을 주기 때문에 이러한 요인들 간의 상호작용에 대해 더 많은 연구가 필요하다.

필수개념 Essential Concepts

혈액을 순환하는 킬로미크론은 킬로미크론 잔여물로 간으로 돌아온다. 간은 초저밀도 지단백질(VLDL)을 포함한 다른 종류의 지단백질을 생산하며, VLDL은 지단백질 지방분해효소의 도움으로 지방산을 세포로 운반한다. 지방산을 잃은 VLDL은 중밀도 지단백질로, 궁극적으로는 저밀도 지단백질(LDL)로 전환된다. LDL의 기능은 세포로 콜레스테롤을 운반하는 것이다.

간은 고밀도 지단백질(HDL)도 생산하는데, HDL은 콜레스테롤을 간으로 돌려보내는 역할을 하며, 이 과정을 콜레스테롤 역운반이라고 한다. 혈액에 있는 LDL과 HDL의 농도는 심혈관질환의 위험과 관련이 있어서 LDL 농도가 높고 HDL 농도가 낮으면 심혈관질환의 위험이 증가한다. 이는 많은 식이와 생물학적 요인들이 순환하고 있는 LDL과 HDL의 농도와 기능에 영향을 미친다.

지질과 관련된 건강과 질병
Lipids in Health and Disease

지질은 소화, 흡수, 운반된 후에 체내에서 많은 목적으로 사용된다. 지방산과 그 대사물들은 세포 안에서 대사 과정을 조절하고, 체내에서 일어나는 다양한 생리적 반응들을 조율한다. 인지질은 세포막의 구성성분이며, 지질의 소화와 흡수를 돕고, 세포에서 사용될 지방산을 공급한다.

콜레스테롤은 세포막에 내재되어 있으며, 여러 호르몬의 전구체로 사용되고, 담즙에서 지질의 소화 · 흡수에 관여한다. 그러므로 지질은 건강을 유지하기 위해 필수적인 물질이다. 그러나 많은 양의 지질 섭취는 비만, 심혈관질환, 암의 높은 위험 등과 관련이 있다.

지질과 비만 Lipids and Obesity

비만(obesity)은 체지방 과잉으로 정의할 수 있다. 비만을 이해하기는 복잡하지만, 영양소 섭취가 가장 중요한 인자이다. 지방산은 같은 양의 탄수화물이나 단백질에 비해 두 배 이상의 에너지를 공급하기 때문에 지방의 섭취는 비만에 있어서 가장 중요한 인자이다.

비만은 세계적인 주요 건강 문제이며, 심혈관질환, 제 2 형 당뇨병, 암과 같은 여러 질환의 높은 발병 위험성과 관련이 있다. 전문가들은 비만의 위험을 낮추기 위해 적은 지질섭취를 권고한다.

지질과 심혈관질환
Lipids and Cardiovascular Disease

비만과 마찬가지로 심혈관질환은 유전적 요인과 식이요인을 포함한 여러 가지 복잡한 요인들에 의해 발생한다. 총 지방량, 지방의 종류, 특히 지방산의 종류, 콜레스테롤과 같은 식이성 지질이 심혈관질환의 위험에 영향을 준다. 많은 양의 SFA와 트랜스 지방산, 콜레스테롤의 섭취는 심혈관질환의 위험을 증가시킬 수 있으며, 반면에 MUFA는 이와 반대효과를 가지고 있다.

많은 연구에서는 콜레스테롤을 필요 이상 섭취하면 심혈관질환의 위험이 증가한다고 보고하고 있다. 그러나 일부 사람들은 상당히 많은 양의 콜레스테롤을 섭취하고 있지만, 이러한 증상이 나타나지 않고 있다. 이것은 어떤 사람들은 다른 사람에 비해 더 많은 양의 콜레스테롤을 흡수할 수 있으며, 그 반면에 어떤 사람들은 변을 통해 많은 양의 콜레스테롤을 배설할 수 있기 때문이다.

또한 유전적인 요인은 혈액 내의 HDL와 LDL의 수준과 기능에도 영향을 준다. 예를 들어, 유전적인 요인이 세포가 LDL 분자를 흡수하는 데 영향을 줄 수 있는데, 이것은 LDL 수용체 단백질을 암호화하고 있는 유전자의 돌연변이에 기인한다. 과학자들이 유전적인 요인과 식이의 상호관계가 어떻게 건강에 영향을 미치는지(뉴트리지노믹스, nutrigenomics)를 더 많이 알아내어 앞으로는 건

Focus On 식품 FOOD 지방대체제

많은 사람들이 "저지방" 식사를 하기 원하기 때문에 식품제조업자들은 지질의 특징을 가지고 있지만 열량이 적은 지방대체제를 개발하였다. 이러한 "지방대체제"는 구조가 다양하며, 탄수화물로 만든 것과 단백질로 만든 것, 탄수화물과 지방산의 혼합물로 만든 것 등이 있다.

한 예로, 올레스트라(olestra)는 지방산이 6~8개가 결합된 설탕으로 만들어진 것이다. 올레스트라는 인체의 지방분해 효소나 대장내의 박테리아에 의해 소화될 수 없기 때문에 체내에 에너지를 공급하지 못한다. 실제로 이것은 소장을 그대로 통과한다. 1996년 미국 FDA는 올레스트라를 감자칩, 팽화시킨 치즈, 크래커 등과 같은 스낵에 사용할 것을 승인하였다. 이 승인에는 제조업자들이 올레스트라를 포함하는 식품에 비타민 A, D, E와 K를 함께 첨가해야 한다는 내용을 담고 있다. 이유는 올레스트라가 소장에서 지용성 비타민의 흡수를 방해 할 수 있기 때문이다.

초기에는 과량의 올레스트라를 섭취하면 가스가 차거나 설사를 하는 등의 장내 부작용이 있을 수 있다는 염려가 있었다. 그러나 많은 인체 실험 결과를 토대로 하여 미국 FDA는 적당량으로 올레스트라를 포함한 식품을 섭취하면 단지 경미한 위장 장애만이 일어날 수 있다고 결론을 내렸다. 그러므로 대부분의 경우에는 큰 염려가 없지만 올레스트라나 다른 지방대체제를 포함하고 있는 식품의 섭취는 적당해야 한다.

강전문가들이 개인의 개별적인 유전자에 따라 심장 건강에 가장 좋은 식사를 '처방'할 수 있는 날이 올 것이다.

지질과 암
Lipids and Cancer

고지방 식사와 암의 관련성은 아직도 논의 중이다. 그러나 비만은 유방암(breast cancer)과 대장직장암(colorectal cancer)의 위험인자이다. 비만은 고지방 식사와 관련이 있으므로 식이 지방이 암에서 간접적인 역할을 할 것으로 생각된다.

필수개념 *Essential Concepts*

지질이 건강에 미치는 기전은 복잡하지만, 식이 지방이 여러 만성 질환의 위험과 관련이 있다는 증거들은 많다. 비만과 심혈관질환, 제2형 당뇨병 등과 같은 질병과 식이 지방은 많은 관련성이 있다.

총 지방량을 비롯하여 식사에 포함된 지방산의 종류 및 콜레스테롤과 같은 식이성 지질이 복합적으로 영향을 준다. 그러나 다른 환경적 요인과 생활 습관뿐만 아니라 유전적인 요인도 지질 섭취와 상호관련성을 가지고 건강과 질병에 영향을 줄 수 있다.

지질의 영양섭취기준
Dietary Recommendations for Lipids

인체는 필수지방산을 식이로 섭취해야 하는데, 에너지 급원으로는 더 많은 지방산을 필요로 한다. 그러나 너무 많은 양의 지질 — 또는 나쁜 종류의 지질 — 을 섭취하는 것은 건강 문제와 관련이 있다. 그러므로 건강한 지질 섭취를 일생 동안 유지하는 것은 매우 중요하다.

영양섭취기준과 에너지 적정비율
Dietary Reference Intake (DRIs) and Acceptable Micronutrient Distribution Ranges (AMDRs)

한국영양학회에서 발간한 영양섭취기준에는 20세 이상의 성인을 기준으로 지질은 총에너지 섭취의 15~25%를 섭취하고, 오메가-6 지방산은 총 에너지 섭취의 4~8%를 섭취하며, 오메가-3지방산은 총 에너지 섭취의 0.5~1.0%를 섭취할 것을 권장하고 있다. SFA : MUFA : PUFA의 비율을 1 : 1 : 1로 권장하고 있다.

여러 가공식품에는 지질에 대한 영양표시가 되어 있다(**그림 7.15**).

그림 7.15 지방섭취에서 영양표시의 사용

가공식품의 영양표시를 이용하면 총 지방, 포화지방, 트랜스 지방의 섭취량을 알 수 있다.

Nutrition Facts

Serving Size: 1 cup (244g)

Amount per serving	
Calories 122	Calories from fat 43
	% Daily Value*
Total fat 5g	7%
Saturated fat 3g	15%
Trans fat 0g	0%
Cholesterol 20mg	7%
Sodium 100mg	4%
Total carbohydrates 11g	4%
Dietary fiber 0g	0%
Sugars 12g	
Protein 8g	
Vitamin A 9%	Vitamin C 1%
Calcium 29%	Iron 0%

*Percent Daily Values are based on a 2,000 calorie diet.

Nutrition Facts

Serving Size: 1 cup (244g)

Amount per serving	
Calories 120	Calories from fat 9
	% Daily Value*
Total fat 1g	2%
Saturated fat 0g	0%
Trans fat 0g	0%
Cholesterol 0mg	0%
Sodium 250mg	10%
Total carbohydrates 23g	8%
Dietary fiber 1.5g	6%
Sugars 10g	
Protein 3g	
Vitamin A 25%	Vitamin C 25%
Calcium 2%	Iron 25%

*Percent Daily Values are based on a 2,000 calorie diet.

Nutrition Facts

Serving Size: 131g

Amount per serving	
Calories 360	Calories from fat 18
	% Daily Value*
Total fat 2g	3%
Saturated fat 0g	1%
Trans fat 0g	1%
Cholesterol 0mg	0%
Sodium 700mg	29%
Total carbohydrates 70g	23%
Dietary fiber 3g	12%
Sugars 0g	
Protein 14g	
Vitamin A 0%	Vitamin C 0%
Calcium 2%	Iron 10%

*Percent Daily Values are based on a 2,000 calorie diet.

Nutrition Facts

Serving Size: 1 tbsp (15g)

Amount per serving	
Calories 35	Calories from fat 24
	% Daily Value*
Total fat 3g	4%
Saturated fat 2g	8%
Trans fat 2g	0%
Cholesterol 8mg	3%
Sodium 44mg	2%
Total carbohydrates 1g	0%
Dietary fiber 0g	0%
Sugars 0g	
Protein 2g	
Vitamin A 2%	Vitamin C 0%
Calcium 2%	Iron 1%

*Percent Daily Values are based on a 2,000 calorie diet.

식품구성탑

식품구성탑에서 맨 위층에는 유지와 견과류가 당류와 함께 위치하고 있으며, 이들은 농축 열량원으로 조리 시에 조금씩만 이용하도록 권장하고 있다. 1인 1회 분량은 유지의 경우에 5g으로 45kcal를 공급한다. 성인의 2,000kcal 식단에서 유지와 견과 및 당류는 4회 정도 섭취할 것을 권장하고 있다.

필수개념 *Essential Concepts*

식이 지질은 필수지방산뿐만 아니라 체내에서 요구하는 에너지를 공급해야 한다. 그러나 만성 질환을 예방하기 위해서는 적당량의 지질을 섭취해야 한다. 지질은 총 에너지 섭취의 15~25%를 섭취할 것이 권장되고 있으며, PUFA나 MUFA의 섭취를 강조하고 있다.

이를 위해 지방과 기름의 섭취를 제한하고, 살코기나 가금류를 섭취하며, 저지방 혹은 무지방 유제품을 섭취할 것을 권장한다.

지질 영양 : 계획에서 실천까지
Lipid Nutrition : Putting Concepts into Action

영양 밀도가 높은 식사(nutrient-dense diet)는, 모든 필수영양소를 충분하게 포함하지만, 체중 증가를 가져올 수 있는 과잉의 에너지는 함유되어 있지 않는 것을 말한다.

다른 영양소에 비해 지질의 섭취량과 종류를 조절하는 것은 매우 어렵다. 그러나 건강을 증진시키기 위해 식사를 평가하고 섭취 계획을 수립하여 지질섭취를 결정하는 것은 중요하다.

목표 세우기
Setting the Stage and Setting the Goals

43살의 김영양 씨는 신체검사를 하였다. 의사는 김영양 씨가 과체중이며, 혈액 내의 콜레스테롤 수준이 높은 것과 같은 심장병의 여러 요인을 가지고 있다고 하였다.

김영양 씨는 심혈관질환의 가족력을 가지고 있으며, 심장병 위험을 줄일 수 있는 방법을 찾는 데 많은 관심을 가지고 있다. 김영양 씨는 체중과 혈액 내의 콜레스레롤 수치를 낮추기 위해서 식이 지방 섭취에 많은 관심을 가지기로 하였다.

영양상태 평가
Assessing Nutritional Status

식사를 평가하기 위해 김영양 씨는 3일 동안-이틀은 주중, 하루는 주말-먹고 마시는 모든 것을 기록하였고, 이것을 가지고 영양소 분석을 실시하였다.

분석 결과, 김영양 씨는 하루에 3,400 kcal를 섭취하였으며 이것은 에너지 필요량 2,400 kcal보다 많은 양이었다. 에너지 섭취량 중 50%(1,450 kcal)를 식이 지질로부터 섭취하고 있었으나 SFA · MUFA · PUFA의 섭취비율은 적당하였고, 콜레스테롤 섭취도 권장수준이었다. 지질 섭취를 줄여서 하루에 500 kcal의 열량 섭취를 감소하기로 결정하였다.

목표에 맞는 계획하기
Setting the Table to Meet th Goals

이 목표를 달성하는 것은 비교적 간단하였다. 그는 먼저 현재 섭취하고 있는 식품들에 대해 관심을 가지고 변화를 시도하였다. 현재 먹고 있는 3.3% 유지방 함유 우유를, 1% 유지방 함유 저지방 우유로 바꾸었다. 김영양 씨는 매일 하루에 3컵의 우유를 마셨으므로 이러한 변화로 지방에서 150 kcal의 열량섭취가 감소하였다.

저지방 식품을 사용하면 일반 식품에 비해 지방 함유량이 낮으므로 열량섭취를 감소시킬 수 있다. 또한 에너지와 지방이 낮으면서 만족할 수 있는 식품과 스낵을 선택하였다.

평가와 계획의 비교 : 성공?
Comparing the Plan to the Assessment : Did It Succeed?

몇 달 후, 김영양 씨는 3일 간의 식사일지를 다시 작성하여 평가를 받았다. 그 동안 약 4kg의 체중이 감소하여 목표 체중에 근접하였다. 김영양 씨는 식사에서의 간단한 변화로 인해 체중이 감소하였다고 생각하고 있으며, 2차로 실시된 3일 간의 식사일지 분석은 이러한 생각을 확신하게 해주었다. 혈액 내의 콜레스테롤 수치도 정상 범위로 감소하였다. 이와 같이 김영양 씨는 심혈관질환의 위험요소를 감소시키는 데 성공하였다.

필수개념 *Essential Concepts*

식사평가 프로그램을 통하여 지질 섭취를 평가할 수 있다. 이러한 분석을 통하여 총 지질 섭취가 너무 많은지, 지방산의 종류와 콜레스테롤의 섭취가 적당한지 등을 알 수 있다. 영양표시를 잘 살펴봄으로써 식이 지질 섭취를 쉽게 줄일 수 있다.

연습 문제 Review Questions

1. 포화지방산의 물리적 · 화학적 특징에 대한 설명으로 맞는 것은?
a. 포화지방산은 실온에서 고체인 경향을 가진다.
b. 포화지방산은 실온에서 액체인 경향을 가진다.
c. 포화지방산은 일반적으로 낮은 녹는점을 가진다.
d. 포화지방산은 다른 지방산에 비해 열량이 낮다.

2. "*cis*9, *cis*12, *cis*15 – 18 : 3" 이라고 표시된 지방산의 특징으로 알맞은 것은?
a. 9개의 탄소를 가진다.
b. 18개의 탄소를 가진다.
c. 9개의 이중결합을 가진다.
d. 15개의 탄소를 가진다.

3. 아라키돈산과 도코사헥사엔산(DHA)이 영아에게 조건적 필수지방산으로 생각되고 있는 이유는?
a. 이들 지방산은 영아의 건강에는 중요하지만 성인의 건강에는 중요하지 않기 때문이다.
b. 모유에 이들 지방산이 매우 적게 함유되어 있기 때문이다.
c. 영아들은 다른 지방산으로부터 이들 지방산의 충분한 양을 합성할 수 있기 때문이다.
d. 영아들은 다른 지방산으로부터 이들 지방산의 충분한 양을 합성할 수 없기 때문이다.

4. 인지질이 양성물질인 이유는?
a. 극성을 띠며 물에 쉽게 용해되기 때문이다.
b. 비극성으로 소수성이기 때문이다.
c. 극성과 비극성 부분을 함께 함유하고 있기 때문이다.
d. 소수성을 친수성으로 변화시킬 수 있기 때문이다.

5. 중성지방의 소화가 일어나는 장소는?
a. 입 b. 위
c. 소장 d. 위 항목의 모든 장소

6. 콜레시스토키닌(CCK)는 ①에서 합성되며 ②에 반응하는 ③이다. ①, ②, ③이 순서적으로 옳게 연결되어 있는 것은?
a. 소장 – 지질 – 호르몬
b. 간 – 지질 – 호르몬
c. 소장 – 배고픔– 효소
d. 담낭 – 지질 – 효소

7. 다음의 지단백질 중에서 "좋은 콜레스테롤"로 불리는 것은?
a. 킬로미크론 b. VLDL
c. LDL d. HDL

8. 짧은 사슬 지방산은 어떤 물질과 결합하여 소장으로부터 이동 · 순환되는가?
a. 콜레스테롤 b. 알부민
c. 킬로미크론 d. 췌장 지방분해효소

9. 지단백질 지방분해효소는 세포로 무엇을 운반하기 위해 필요한가?
a. 인지질 b. 콜레스테롤
c. 킬로미크론 d. 지방산

10. 췌장 호르몬인 인슐린이 지방세포에서 하는 작용은?
a. 포도당을 혈액으로 분비시킨다.
b. 포도당을 지방산으로 전환시킨다(지방합성).
c. 중성지방을 지방산으로 분해시킨다.
d. 글리세롤을 포도당으로 분해시킨다.

11. 인지질의 기본 구조를 그리고, 친수성 부분과 소수성 부분을 표시하라. 또 인지질이 양성물질인 이유와 체내에서의 기능에 대해 설명하라.

12. 모노글리세리드, 디글리세리드, 중성지방을 설명하라. 그리고 이들 중 체내에 가장 많이 함유되어 있는 것은 무엇인가?

13. 성인에 있어서의 지질의 식이지침은 무엇인가? 영양섭취기준과 식품구성탑을 중심으로 설명하라.

실천 문제 Practice calculations

1. 한국인 영양섭취기준에서 성인은 리놀레산을 포함한 오메가-6지방산을 총 열량의 4~8% 섭취할 것을 권장하고 있다. 만약 하루에 2,000 kcal의 열량이 필요한 성인의 경우, 오메가-6지방산을 얼마나 섭취해야 하는가? 그리고 오메가-6지방산의 섭취가 부족하면 어떤 음식을 섭취해야 하는가?

2. 한국인 영양섭취기준에서 성인은 리놀렌산을 포함한 오메가-3지방산을 총 열량의 0.5~1% 섭취할 것을 권장하고 있다. 만약 하루에 2,000 kcal의 열량이 필요한 성인의 경우, 오메가-3지방산을 얼마나 섭취해야 하는가? 그리고 오메가-3지방산의 섭취가 부족하면 어떤 음식을 섭취해야 하는가?

3. 한국인 영양섭취기준에서 성인은 지질을 총 열량의 15~25% 섭취할 것을 권장하고 있다. 만약 하루에 2,750 kcal의 열량이 필요한 성인의 경우, 지질을 몇 kcal 섭취해야 하는가? 그리고 이것은 몇 g에 해당하는가?

영양과 심혈관 건강
Nutrition and Cardiovascular Health

평균 수명이 연장되면서 만성 질환들이 더 보편화되고 있다. 이러한 만성 질환 중의 하나가 심장질환과 뇌졸중이다. 심장질환과 뇌졸중을 합하여 심혈관질환이라고 하며, 심장과 혈관의 다양한 질병이 포함된다. 여기서는 심혈관질환의 생리에 대한 기본적인 지식과 이를 예방하기 위한 영양의 중요성에 대해 다루었다.

심혈관질환
Cardiovascular Disease

심혈관질환은 혈액이 심장이나 뇌와 같은 신체 조직으로 천천히 흘러가거나 흐름이 완전히 멈추기 때문에 일어난다. 신체 기관들은 혈관에 의존하여 세포에 산소와 양양소를 공급한다.

혈액이 흐름은 일반적으로 **죽상동맥경화증**에 의해 감소될 수 있으며, 이 상태는 심장근육으로 혈액을 공급하는 혈관(관상동맥, coronary artery)이나 뇌로 혈액을 공급하는 혈관(뇌동맥, cerebral artery) 등을 좁히고 단단하게 만든다.

관상동맥에 있는 죽상동맥경화증은 **심장병**이나 관상동맥질병을 일으키고, 뇌동맥에 있는 죽상동맥경화증은 **뇌졸중**을 일으킬 수 있다.

또한 죽상동맥경화증은 혈관을 약화시키고, 팽창시켜서 **동맥류**를 일으킬 수 있다. 동맥류는 내부 관이 지나치게 팽창하여 터지게 되면 매우 위험하다.

주요 혈관에서 동맥류가 파열되면 혈액은 인체로 흘러 들어가고, 혈압이 빠르게 낮아지며, 조직으로 산소와 영양소 공급을 좋지 않게 만든다. 동맥류는 어디에서 일어나는지에 따라 심장병이나 뇌졸중을 일으킬 수 있다.

더욱이 **혈병** 또는 **혈전**이라고 불리는 응고된 혈액 조각이 동맥에 걸려서 조직으로의 혈액 흐름을 감소시키거나 막을 수 있다. 혈병의 위험은 죽상동맥경화증이 있을 때에 더 높다.

심혈관질환은 죽상동맥경화증, 동맥류, 혈병 또는 이들의 복합적인 원인에 의해 일어나는 생명을 위협하는 질병이다. 이는 **그림 7.16**에 나타나 있다.

심혈관질환 cardiovascular disease
심장과 혈관계의 질환

죽상동맥경화증 atherosclerosis
지방의 축적이나 혈관벽의 염증으로 야기된 혈관벽의 경화와 좁아짐.

심장병 heart disease
심장근육이 충분한 양의 혈액을 공급받지 못할 때에 일어나는 상태

뇌졸중 stroke
뇌가 충분한 양의 혈액을 공급받지 못할 때에 일어나는 상태

동맥류 aneurysm
혈관이 외부로 부풀어 오름.

혈병 blood clot
응고된 혈액과 혈액응고인자로 만들어진 작고 불용성의 물질

그림 7.16 심혈관질환의 원인

죽상동맥경화증, 혈병, 정맥류는 혈액의 흐름을 감소시키거나 정지시켜서 심혈관질환을 일으킬 수 있다.

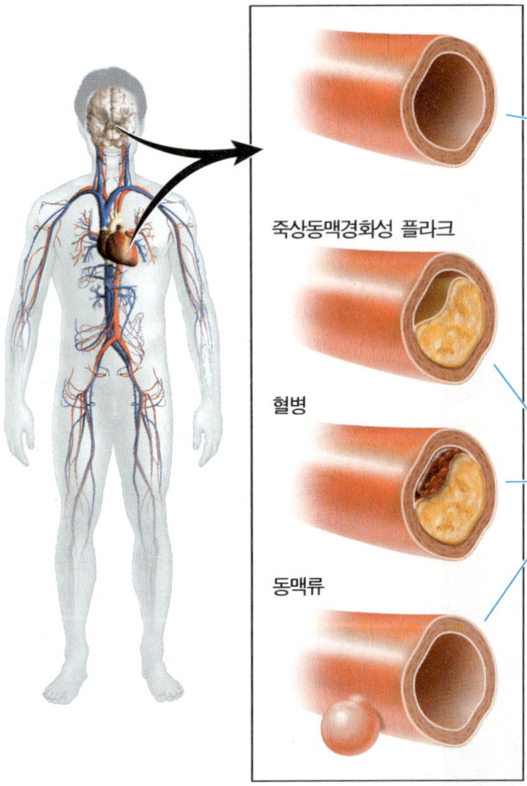

죽상동맥경화증 Atherosclerosis

죽상동맥경화증은 만성 질환으로 서서히 진전되며, 플라크라는 지방 축적물이 동맥벽이나 내강에 형성될 때에 발생한다. 플라크는 지방산, 콜레스테롤, 죽은 세포, 세포 노폐물, 칼슘과 그 밖의 다양한 성분들로 구성되어 있는데, 이것이 동맥 안에 축적되면, 혈액 흐름이 감소된다. 플라크는 때때로 떨어져 나오기도 하며, 그로 인해 백혈구들이 손상된 조직으로 이동하여 면역반응을 나타냄으로써 동맥벽에 염증을 일으킨다. 동맥벽이 단단해지고 좁아지면서, 죽상동맥경화증은 혈병 형성을 증가시키기도 한다. 죽상동맥경화증은 심장병과 뇌졸중을 일으킬 수 있는 가장 중요한 위험인자이다.

과학자들은 죽상동맥경화증의 원인에 대해 잘 알지 못하지만, 많은 연구에서 **만성 염증**이 가장 중요한 역할을 한다고 보고하고 있다. 염증이라는 용어는 유해한 자극 · 손상 · 감염에 대한 신체의 반응을 말한다. 염증은 혈관확장, 손상된 조직으로의 백혈구 이동, 홍반(redness), 통증 등을 일으킨다.

염증의 유용한 생리적 지표는 **C-반응성 단백질**로, 간과 평활근(smooth muscle)에서 염증반응에 의해 분비된다. 혈액 내의 순환하는 CRP 농도가 높은 것은 심혈관질환의 위험을 증가시킨다. 염증, 순환하는 CRP 양, 죽상동맥경화증의 관계는 많이 연구되어야 할 분야이다.

만성 염증 inflammation
세포손상에 대한 반응으로, 모세혈관 확장과 백혈구 유입 및 면역인자의 분비, 그리고 홍반 · 열 · 통증등의 특징이 나타난다.

C-반응성 단백질 C-reactive protein(CRP)
간과 평활근에서 생산되는 단백질로, 유해한 자극 또는 손상이나 감염에 대해 면역체계가 참여한다. 체내 순환하는 양이 증가하는 것은 심혈관질환의 위험이 증가하는 것과 관련이 있다.

심장병
Heart Disease

가슴에서 통증과 불편함이 느껴지는 **협심증**이라는 심장병이 있다. 협심증은 심장근육이 필요한 양은 아니지만 어느 정도의 혈액을 공급받고 있는 상태이다. 협심증이 일반적으로 생명을 위협할 정도는 아니지만 좀 더 심각한 합병증에 대한 위험의 증거가 될 수 있다.

또한, 심장근육으로의 혈액공급이 매우 감소하거나 멈추었을 때에 일어나는 **심장마비**를 초래할 수도 있다. 심장마비에 대한 의학적 용어는 "심근경색증(myocardial infarction)"이다.

심장조직은 산소 없이 몇 분밖에 생존할 수 없으므로 심장마비는 심장근육에 영구적인 손상을 주고, 손상이 심각하면 그 결과는 치명적이 될 수 있다.

심장마비의 경고 신호는 가슴 통증, 한쪽 혹은 두 팔 · 등어리 · 목 · 턱 또는 위의 통증, 가쁜 숨, 식은 땀, 메스꺼움, 몽롱함 등이 있다. 이러한 증상 중 하나라도 경험했다면 빨리 병원에 가 보는 것이 중요하다.

뇌졸중
Stroke

뇌졸중이 일어나면 뇌의 일부분에는 산소와 영양소가 공급되지 않는다. 뇌손상의 정도는 위치 · 크기 · 기간 · 손상 받은 뇌의 부위에 달려 있다. 뇌졸중으로 인해 언어소통에 손상이 나타나거나 신체 일부분에 마비가 나타나기도 한다. 또한 뇌졸중이 뇌의 넓은 부분이나 중요한 부분에 영향을 주면 생명을 위협할 수도 있다.

뇌졸중의 가장 중요한 경고 신호는 **일과성 허혈 발작**이다. TIA는 뇌쪽으로의 혈액 흐름이 일시적으로 중단되었을 때에 발생할 수 있다. TIA와 뇌졸중의 경고 신호는 신체 일부분의 갑작스런 마비나 나약(weakness), 혼동(confusion), 어눌한 말투, 어지러움, 균형감 상실, 심한 두통 등이 있다. TIA나 뇌졸중이 의심되면 즉각 병원에 가야 한다.

필수개념 *Essential Concepts*

신체조직에 계속적으로 산소와 영양소를 운반하는 것은 생명 유지에 결정적인 역할을 한다. 특히 심장이나 뇌처럼 중요한 기관일 때는 더욱 중요하다.

이러한 기관으로의 혈액 흐름이 손상되면 심장마비나 뇌졸중과 같은 상태가 일어날 수 있다. 죽상동맥경화증, 동맥류, 혈병 등은 심장병과 뇌졸중을 모두 일으킬 수 있다. 이러한 상태에 영향을 줄 수 있는 인자들을 이해하는 것은 중요하다.

심혈관질환의 위험인자와 치료
Risk Factors and Treatment for Cardiovascular Disease

생리적인 요인이나 생활 습관과 같은 환경적 요인들은 모두 심혈관질환의 위험과 관련이 있다. 일반적으로, 죽상동맥경화증을 일으킬 수 있는 가능성을 증가시키는 인자는 모두 심장병과 뇌졸중을 일으킬 수 있는 위험을 증가시킨다.

이러한 위험인자들은 변화될 수 없는 것(생리적 인자)과 생활 습관 변화나 의료적 처치로 변화될 수 있는 것으로 나눌 수 있다.

생리적 인자와 변화 가능한 인자
Biological and Modifiable Risk Factors

심혈관질환에 있어서 변화될 수 없는 위험인자들에는 나이 · 성별 · 유전 · 인종 · 뇌졸중이나 심장마비 경험 등이 있다. 만일 이러한 위험요인들 중에 하나라도 가지고 있다면 다른 위험요인들도 가질 수 있다는 것에 항상 유념해야 한다.

협심증 angina pectoris
심장 부위의 통증으로, 심장이 불충분한 양의 혈액을 공급받을 때 일어난다.

심장마비 heart attack
심장으로의 혈액흐름이 부분적으로 또는 완전히 막힌 상태로 생명을 위협한다.

일과성 허혈 발작 transient ischemic attack (TIA)
일시적으로 뇌로 가는 혈액이 감소하여 발생하며, "ministroke"이라고도 한다.

표 7.2 심혈관질환의 주요 위험인자

인 자	내 용
주요 생리적 위험인자	
나이	심장병과 뇌졸중으로 사망한 사람들은 대부분 65세 이상이다.
성별	남성이 여성에 비해 심장병과 뇌졸중에 걸릴 가능성이 높다. 그러나 심혈관질환은 남녀 모두에서 주요한 사망원인이다.
유전	심장병과 뇌졸중을 가지고 있는 부모의 자식들은 이러한 질병에 걸릴 가능성이 높다.
인종	미국 원주민, 아프리칸, 멕시칸이나 태평양 섬주민들이 본토 백인에 비해 더 위험하다.
뇌졸중과 심장마비 경험	심장병이나 뇌졸중을 가지고 있는 사람이 다른 질병에 걸릴 위험이 크다.
주요 변화 가능 한 위험인자	
흡연	심장병에 있어서 가장 중요한 변화 가능한 위험인자이다.
고지혈증	혈액내의 콜레스테롤과 높은 중성지방 함량은 뇌졸중과 심장병의 가능성을 증가시킨다.
고혈압	고혈압은 심장병의 위험을 증가시키며, 뇌졸중에 있어서는 가장 중요한 위험인자이다.
비활동성과 비만	비활동성이나 비만, 또는 두 가지 모두는 심장병의 위험을 증가시킨다. 적어도 매일 하루에 30분의 운동이 권장된다.
당뇨병	혈당조절이 안 되는 당뇨병은 심장병과 뇌졸중의 위험을 증가시킨다.
가능한 위험 인자	
과량의 알코올 섭취	하루에 1~2회(양주 45ml, 와인 120ml, 맥주 360ml) 이상의 알코올 섭취는 뇌졸중의 위험을 증가시킨다. 그러나 더 적은 양의 알코올 섭취는 심장병의 위험을 낮출 수 있다.
스트레스	스트레스에 어떻게 반응하느냐가 심장병 위험에 영향을 줄 수 있다.

자료: Adapted from the American Heart Association. See Note 5, page 266.

변화 가능한 생활 습관에 관련된 인자는 흡연 · 높은 혈압 · 혈액 내 지질 수준 증가 · 비활동성 · 비만 · 당뇨병 · 스트레스 · 알코올 섭취 등이다. 이러한 요인들은 생리적 요인의 영향을 받을 수는 있지만 바람직한 방향으로 변화시킬 수 있다. 심혈관질환에 관련된 위험인자들은 **표 7.2**에 제시되어 있다.

고혈압 Hypertension

혈압이 정상 상태보다 높은 것을 고혈압이라고 하는데, 부분적으로 심장근육에 부가적인 부담을 줌으로써 혈관에 손상을 줄 수 있기 때문에 심장질환의 위험을 증가시킨다. 또한 동맥벽에서 플라그를 파괴할 수 있다. 파괴된 플라크는 혈병처럼 작용하여 혈액 흐름을 막을 수 있다.

생리적 요인 · 생활 습관 · 환경적 요인들은 모두 고혈압에 영향을 줄 수 있다. 예를 들어, 흡연과 비만은 고혈압의 주요 원인이다.

흡연을 하지 않고 건강한 체중을 유지하는 것은, 고혈압을 예방하고 결국은 심혈관질환을 예방하는 방법이 될 수 있다.

과량의 알코올 섭취는 혈압을 높일 수 있다. 더욱이 어떤 사람들은 소디움(소금)에 매우 민감한 경우가 있다. 다시 말해, 많은 양의 소디움 섭취는 소금에 예민한 사람들(salt-sensitive individual)의 혈압을 높일 수 있다. 고혈압으로 진단받은 대부분의 사람들은 알코올을 금하고 저소디움 식사(low sodium

표 7.3 소금섭취를 감소하는 방법

- 조리나 식사할 때, 음식에 소금을 첨가하지 않는다.
- 소금이 함유되지 않은 신선식품, 냉동식품, 캔류를 사용한다.
- 외식 시에는 소금을 사용하지 않거나 적게 사용한 식품을 선택한다.
- 감자칩과 같은, 소금이 많이 함유된 스낵을 줄인다.
- 가능하면 소금이 적게 사용된 식품을 선택한다.
- 특별한 경우를 제외하고 "스포츠 음료"를 마시지 않는다.

diet)를 권장 받는다. 저염 식사의 경우, 소디움이 첨가되지 않거나 소디움이 적게 함유되어 있는 가공식품을 사용하면 도움이 된다. 소디움 섭취를 감소하는 방법이 **표 7.3**에 나타나 있다.

혈압을 적절히 유지하기 위해 포타슘, 칼슘, 마그네슘과 같은 무기질도 중요한 역할을 한다. 이러한 무기질을 많이 섭취하면 혈압을 감소시키는 데 도움이 된다. 혈압을 위한 **DASH** 식사요법이 있는데, 이것은 과일과 채소 및 저지방 유제품의 섭취를 강조하는 방법이다. 이 식사요법은 특히 소금에 민감한 사람에게 혈압을 낮추도록 계획된 것이다.

DASH 식사에서 칼슘과 포타슘과 같은 개별 영양소가 생리적 효과를 줄 수 있는지에 대해 확실하지는 않지만, 이 식사는 요를 통해 소디움의 배설을 증가시키는 것으로 나타났다.

미국 심장학회나 미국 농무성에서는 특히 고혈압의 위험을 가지고 있는 사람들에게 DASH 식사를 권장하고 있다. DASH 식사는 **표 7.4**에 요약되어 있다.

혈액 지질 수준
Blood Lipid Levels

혈액 내의 지질이 높은 상태인 **고지혈증**은 심혈관질환의 위험인자이다. 특별히, 과잉의 중성지방을 가지는 **고중성지방혈증**과 과잉의 콜레스테롤을 가지는 **고콜레스테롤혈증**이 문제이다.

두 형태 모두 유전적인 면과 생활 습관적인 면을 가지고 있으며, 의학적인 치료와 생활 습관의 변화를 함께 하는 경우가 많다. 이 중에서 가장 중요한 것은 영양적인 변화이다.

영양이 혈액 내의 지질에 미치는 영향을 이해하기 위해 지질(콜레스테롤)이 어떻게 혈액을 순환하는지를 살펴보는 것이 중요하다. 혈액 지질은 일반적으로 지단백질의 구성성분으로 순환되며, 콜레스테롤은 저밀도 지단백질(LDL)과 고밀도 지단백질(HDL)에 의해 운반된다. LDL은 세포로 콜레스테롤을 운반하며, 그 반면에 HDL은 과잉의 콜레스테롤을 받아서 간으로 되돌려 주는 역할을 한다.

많은 연구들은 LDL 콜레스테롤 수준이 높으면 플라크 형성과 심혈관질환의 위험이 증가된다는 내용을 보고하고 있으므로, LDL 콜레스테롤은 "나쁜 콜레스테롤"이라고 한다.

반대로 HDL 콜레스테롤 수준이 높은 것은 심혈관질환으로부터 보호하는 역할을 하므로, HDL 콜레스테롤을 "좋은 콜레스테롤"이라고 한다.

의학전문가들은 심혈관질환의 위험을 평가하는 데 **콜레스테롤 비율**을 사용한다. 콜레스테롤 비율은 총 콜레스테롤을 HDL 콜레스테롤로 나누어서 계산한다. 예를 들어, 총 콜레스테롤이 200 mg/dL이고 HDL 콜레스테롤이 50 mg/dL인 경우에 콜레스테롤 비율은 4 : 1이다.

표 7.4 기본적인 DASH 식사(2,000 kcal)

식품	섭취 분량 (1회 분량)
곡류(전곡 선호)	7~8/일
채소류	4~5/일
과일류	4~5/일
유제품(저지방/무지방)	2~3/일
육류(살코기)	2 이하/일
너트류, 종자류, 콩과식물(legumse)	4~5/주
지방, 기름, 당질류	소량 사용

자료: Department of Health and Human Services. U.S. Department of Agriculture. *Facts About the DASH Eating Plan.* Washington, DC: U.S. Government Printing Office, 2003.

DASH Dietary Approaches to Stop Hypertension diet 과일과 채소, 저지방 유제품을 강조하는 식사로 혈압을 낮추기 위해 고안되었다.

고지혈증 hyperlipidemia
혈액 내에 지질이 증가된 상태

고중성지방혈증 hypertriglyceridemia
혈액 내에 중성지방이 증가된 상태

고콜레스테롤혈증 hypercholesterolemia
혈액 내에 콜레스테롤이 증가된 상태

콜레스테롤 비율 cholesterol ratio
고밀도 지단백질(HDL) 콜레스테롤에 대한 총 콜레스테롤의 수학적 비율의사들은 이 비율을 5 : 1 이하로 유지하도록 권장하며, 가장 적당한 비율은 $3^{1}/_{2}$: 1이라고 한다. **표 7.5**에는 혈액 내의 지질의 정상 범위가 수록되어 있다.

혈액 지질수준에 영향을 주는 식이인자 모든 사람들이 같은 정도로 영향을 받는 것은 아니지만, 여러 식이인자들이 순환하는 콜레스테롤과 중성지방 수준에 영향을 줄 수 있다. 그러므로 심혈관질환의 위험인자를 가지고 있는 사람들은 식단을 계획할 때에 이러한 식이인자들을 고려해야 한다.

예를 들어, 식이 콜레스테롤의 섭취가 많은 사람들은 혈액 내의 콜레스테롤과 중성지방량이 증가할 수 있다. 또한 많은 양의 포화지방산과 트랜스 지방산을 섭취하는 경우에도 이러한 혈액 내의 지방 성분이 증가할 수 있다. 올리브유에 들어 있는 단일불포화지방산, 식물성유지에 들어 있는 다가불포화지방산, 생선유에 들어 있는 오메가-3지방산 등은 혈액 내의 지질 수준을 낮추어 줄 수 있다. 귀리, 쌀겨, 오트밀, 콩과식물, 보리, 감귤류와 딸기 등에 들어 있는 수용성 식이섬유는 LDL 콜레스테롤을 낮추어 줄 수 있다.

고탄수화물 식사가 심장 건강에 도움을 줄 수 있다고 생각되어 왔으나 초저탄수화물식사가 더 이롭다는 결과들이 발표되고 있다. 심혈관계, 특히 심장을 건강하게 유지시키기 위한 다량 영양소들의 섭취 비율에 대한 연구가 더 많이 이루어져야 할 것이다.

표 7.5 혈액 지질의 기준치

혈액 지질 분류와 범위	설명
총 콜레스테롤	
200mg/dL 이하	정상
200~239mg/dL	경계 수준
240mg/dL 이상	높음
저밀도 지단백질 (LDL)	
100mg/dL 이하	정상
100~129mg/dL	정상 근접/정상 이상
130~159mg/dL	경계 수준
160~189mg/dL	높음
190mg/dL 이상	매우 높음
고밀도 지단백질 (HDL)	
40mg/dL 이하	낮음
60mg/dL 이상	높음
중성지방	
150mg/dL 이하	정상
150~199mg/dL	경계 수준
200~499mg/dL	높음
500mg/dL 이상	매우 높음

자료: U.S. Department of Health and Human Services. National Cholesterol Education Program. ATPIII Guidelines At-A-Glance Quick Desk Reference, 2001. NIH Publication No. 01-3305. Available from: http://www.nhibi.nih.gov/guidelines/cholesterol/atglance.pdf.

식이 탄수화물과 지질 이외에 다른 여러 인자들도 혈액 내의 지질 농도에 영향을 줄 수 있다. 가장 중요한 것은 과체중과 운동을 하지 않는 것(inactive)이다. 약 5kg의 체중을 감소하면 혈액 내의 지질 수준을 낮출 수 있다. 운동을 하지 않으면 고지혈증을 일으킬 수 있으며, 운동을 하면 HDL 수준이 높아진다.

고중성지방혈증이나 고콜레스테롤혈증을 가진 사람들은 섭취하는 열량에 주의하고, 정상체중을 유지하며, 규칙적으로 운동하는 것이 중요하다.

알코올 섭취는 혈액 지질농도에 해를 줄 수도 있고, 이득을 줄 수도 있다. 중성지방 수준을 증가시킬 정도의 알코올 섭취는 해로운 효과를 주며, 적절한 알코올 섭취(하루에 1~2회 섭취)는 HDL 콜레스테롤을 높이는 이득을 줄 수 있다.

알코올을 계속해서 섭취해 왔던 사람인 경우에 의사들은 적당한 양의 알코올 섭취를 권장하지만, 알코올을 섭취하지 않던 사람에게 심장 건강을 위해 알코올 섭취를 권장하지는 않는다.

비만 Obesity

과체중과 비만은 심혈관질환의 위험증가와 관련있다. 체중을 쉽게 감소시킬 수 있는 방법은 없다. 무엇보다 육체적 활동을 늘이고, 지방이 적은 식사를 하며, 영양밀도가 높은 식사를 하는 것이 건강한 체중을 유지하는 데 중요하다.

당뇨병 Diabetes

당뇨병을 가지고 있는 것도 심혈관질환의 주요 위험인자이다. 당뇨병에 걸리는 것은 유전적인 요인이 많이 작용하지만, 다른 인자들도 관여한다.

예를 들어, 과체중이나 고혈압을 비롯하여 혈액지질 농도가 높아지는 것도 2형 당뇨병의 위험인자들이다. 2형 당뇨병을 예방하기 위한 노력들은 또한 심혈관질환을 예방할 수 있다. 당뇨병 치료를 하지 않으면 혈액 내의 포도당수준이 증가하고 이는 혈관을 손상시키며 심혈관질환을 일으킬 수 있다.

식사와 운동, 그리고 약물로 혈당을 조절하는 것은 심장병과 뇌졸중을 예방하는 데 중요하다.

관련된 식사 인자와 식사 패턴
Related Dietary Factors and Patterns

엽산(folic acid), 비타민 B_6, 비타민 B_{12}와 같은 비타민들도 심혈관계를 건강하게 유지하는 데 도움을 준다. 이러한 비타민들 중의 하나라도 부족하면 호모시스테인(homocystein)이라는 물질이 혈액에 축적된다. 호모시스테인이 증가하는 것은 심혈관질환의 위험이 증가하는 것과 매우 밀접한 관련이 있다.

또한, 항산화제(antioxidants)라고 불리는 물질들은 신체에 손상을 일으키는 유리기(free radical)를 제거하는 역할을 한다. 많은 연구들은 항산화제들이 체내에서 유리기에 의한 LDL 손상을 방어한다고 보고되고 있다. 비타민 C, 비타민 E, 베타-카로틴(β-carotene, 비타민 A의 전구체), 셀레늄 등이 항산화제이다. 그러나 잘 조절된 연구들에서 항산화제의 높은 섭취가 이러한 질병의 위험을 낮추어 준다고 결론을 내리지 못하고 있다.

그 반면에 많은 양의 비타민 E의 섭취는 낮은 혈액 내의 CRP 농도와 관련이 있다는 보고가 있다. 그러므로 더 다양한 연구들이 요구되고 있다.

식물성 스테롤와 스타놀, 대두에 함유된 이소플라본, 적포도주나 포도에 함유된 물질들, 마늘·양파·부추 등에 함유된 황을 함유하고 있는 물질과 같은 피토케미컬(phytochemicals)들도 심장건강에 영향을 줄 수 있다. 그러나 항산화제와 마찬가지로 피토케미컬의 많은 섭취가 심장병과 뇌졸중의 위험을 감소시킨다는 것을 확실하게 증명한 연구들이 부족하다. 그러므로 과일과 채소가 풍부한 여러 식품을 섭취하는 것이 피토케미컬을 적절하게 섭취하는 방법이라고 알려져 있다.

DASH 식사, 채식주의식사, 지중해식 식사
DASH, Vegetarian, and Mediterranean Diets

특정 영양소가 심장 건강에 중요함을 아는 것과 함께 심혈관질환의 위험을 감소시키는 전체적인 식사 패턴을 아는 것도 매우 유용하다. 여러 식사 요법들이 심혈관질환의 위험을 감소시키는 것과 관련이 있다. DASH 식사, 채식주의 식사(vegetarian diet), **지중해식 식사** 등이 이에 해당한다. 전에 기술한 것과 같이 DASH 식사는 과일과 채소 및 저지방 유제품을 강조한 식사이다.

채식주의 식사는 전통적으로 우유·생선·계란을 제외한 육류를 섭취하지 않는 식사와 락토-오보-채식주의 식사(lacto-ovo-vegetarian diets)를 말한다.

지중해식 식사는 전통적으로 스페인, 이태리, 그리스와 같이 지중해를 둘러싸고 있는 나라들에서 섭취하는 음식들이다. 이 식사는 과일·채소·빵·너트·종자유와 올리브유·와인을 강조하며, 육류는 적당량 섭취하는 것이다. 이 식사들은 겹치는 부분이 많다.

식사 중재 연구들은 DASH 식사를 섭취하면 심혈관질환의 위험을 감소시킨다고 보고하며, 역학조사들은 채식주의 식사나 지중해식 식사가 심장병 발생률을 낮춘다고 보고되어 있다.

그러나 어떤 식사 인자가 보호적인 역할을 하며 이 식사가 독립적으로 심혈관질환의 위험을 감소시키는지에 대해서는 결론내리기가 힘들다. 낮은 비만율이나 높은 육체적 활동과 같은 다른 다양한 요인들이 관여하였을 것이다.

지중해식 식사 Mediterranean diet
지중해 지역에서 유래한 식사 패턴으로 상대적으로 높은 과일·채소·너트·종자류·올리브유의 섭취와 낮은 육류 섭취로 구성되어 있다.

필수개념 *Essential Concepts*

많은 요인들이 심혈관질환의 위험을 증가시키는 것과 관련이 있다. 나이 · 성별 · 유전과 같은 것은 변화시킬 수 없는 인자들이며, 변화시킬 수 있는 인자 중에서는 흡연이 가장 중요하다.

고혈압이나 혈액 내의 높은 지질 수준 및 당뇨병과 같은 위험인자를 가지고 있다면, 체중 감소를 비롯하여 포화지방산과 트랜스 지방산의 적절한 섭취 및 소디움 섭취 감소와 같은 식이를 변화시켜야 한다. 이 밖에 비타민 B 복합체, 항산화제, 다양한 피토케미컬의 섭취도 중요하다.

DASH 식사, 채식주의 식사, 지중해식 식사와 같은 다양한 식사 패턴도 심혈관질환의 위험을 감소시키는 것과 관련이 있으나 특정 영양소나 생활 습관 인자가 관련하는지는 아직 알려져 있지 않다.

심장 건강을 위한 일반적인 영양 지침
General Nutrition Guidelines for Healthy Hearts

많은 식사 성분들이 심혈관질환의 위험과 관련이 있다. 미국 심장학회를 비롯하여 미국 농무성이나 미국 국립보건원과 같은 기관에서 심혈관질환의 위험을 낮추는 데 도움을 주는 식이지침을 결정하였다. 다음은 이에 대한 내용을 수록하였다.

에너지 섭취
Energy Intake

에너지 섭취의 가장 기본적인 목표는 건강한 체중을 유지하는 데 필요한 양만큼만 섭취하는 것이다. 체중을 줄이고 싶은 사람은 목표 체중에 맞도록 에너지 섭취를 줄이며 에너지 소비를 증가시켜야 한다.

지질과 탄수화물
Lipids and Carbohydrates

식이 지질 섭취 지침에는 총 지방량, 포화지방산, 트랜스 지방산, 오메가-3지방산 등에 대한 여러 권고들이 있다. 또한 콜레스테롤과 탄수화물 섭취에 대한 권고들이 있다.

- 총 지방량 섭취는 총 열량의 20~35% 정도로 제한한다.
- 포화지방산 섭취는 총 열량의 10%를 넘지 않는다. 이미 심장병을 가지고 있는 사람들은 포화지방산을 총 열량의 7% 이하로 섭취해야 한다. 포화지방산은 주로 동물성 식품에 함유되어 있다.
- 트랜스 지방산은 총 열량의 1% 이하로 섭취해야 한다. 트랜스 지방산은 주로 부분 경화유를 포함하고 있는 식품에 함유되어 있다.
- 오메가-3(ω-3)지방산은 일주일에 두 번 정도 생선을 포함하거나, 특히 리놀렌산을 많이 함유하고 있는 아마유, 카놀라유, 대두유와 같은 유지를 사용해야 한다. 심장병을 가지고 있거나 혈액 내에 중성지방 수준이 높은 사람들은 생선을 더 자주 섭취해야 한다.
- 콜레스테롤은 하루에 300 mg 이하로 섭취해야 한다. 이 양은 계란 1~2개에 함유된 양과 같다. 심장병을 가지고 있는 사람은 하루에 콜레스테롤을 200 mg 이하로 섭취하며, 혈액 내에 콜레스테롤 수준이 매우 높은 사람은 콜레스테롤 섭취를 더 감소해야 한다.
- 설탕과 같은 정제된 탄수화물보다는 채소, 과일과 전곡에 함유된 복합탄수화물을 포함한 식품들을 선택해야 한다. 전문가들은 하루에 전곡 제품을 3회 이상 섭취할 것을 권장하고 있다.
- 귀리, 콩과식물, 감귤류에 있는 수용성 식이섬유를 규칙적으로 섭취해야 한다.

미량영양소
Micronutrients

미량영양소와 심혈관질환과의 관계는 잘 알려져 있지 않지만 심장 건강을 위해 중요한 역할을 할 것으로 생각된다.

- 소디움의 섭취는 하루에 2,300 mg — 소금 1스푼 — 을 넘지 않는다.

- 칼슘은 성인의 경우 하루에 1,000 mg을 섭취해야 한다. 저지방 유제품의 섭취가 강조되어야 한다.
- 포타슘 함량이 많은 식품—콩과 식물, 감자, 해산물, 바나나와 같은 과일과 채소—들을 규칙적으로 섭취해야 한다.
- 적당한 양의 엽산, 비타민 B_6, 비타민 B_{12}를 섭취해야 한다. 다양한 식물성 · 동물성 식품을 규칙적으로 섭취하는 것이 이러한 비타민 섭취에 중요하다.

필수개념 Essential Concepts

심장에 건강한 식사는 적절함과 다양성을 강조하는 식사이다. 일반적으로 전문가는 총 지방(열량의 35% 이하), 포화지방산(열량의 10% 이하), 트랜스 지방산(열량의 1% 이하), 콜레스테롤(300 mg/일), 소금(1스푼 이하/일) 등의 섭취를 낮추라고 권장한다.

오메가-3(ω-3)지방산이 많은 생선과 기름, 전곡과 수용성 식이섬유를 포함한 식품의 규칙적인 섭취를 권장하고 있다.

칼슘, 포타슘, 비타민 B와 같은 비타민과 무기질의 섭취에도 신경을 써야 한다.

이러한 식이지침들은 심장병이나 뇌졸중을 가진 사람들이나 이런 질병의 위험인자들을 가지고 있는 사람들에게는 더욱 중요하다.

Chapter 8

Energy Metabolism

에너지 대사

Chapter 8

- 에너지 대사의 이해
- 의학진단에서의 효소 사용
- 세포 에너지와 ATP 역할
- 이화작용 : 에너지를 위한 다량영양소의 분해
- 카르니틴 보충제
- 동화작용 : 에너지 저장과 생합성
- 식사와 금식에 대한 에너지 대사 변환
- 만성 칼로리 제한과 장수
- Keys 박사의 기아 실험

- 영양과 신체활동, 그리고 운동수행

우리 몸속에서는 매 순간마다 수천 가지의 화학반응들이 일어나며 이 반응들은 모두 생명유지라는 하나의 공통된 목적을 가지고 있다. 생존을 위해 모든 생물들은 주위에서 에너지를 얻어야 하는데, 사람은 이러한 에너지를 식품으로부터 얻는다.

대사(metabolism)란 신체 내에서 일어나는 화학반응을 의미하며, 에너지 대사(energy metabolism)는 세포가 영양소로부터 에너지를 얻어서 활용할 수 있도록 만드는 화학반응으로, 다시 말해서 에너지(ATP)를 안정적으로 공급받기 위해 세포 내에서 분자의 형태를 전환시키는 화학반응을 의미한다.

에너지를 공급하기 위해 포도당, 아미노산, 지방산 등이 어떻게 쓰이는가에 대한 기초 원리를 이해하는 것은 매우 중요하다.

Nutritional Sciences

에너지 대사의 이해
Understanding Eneray Metabolism

에너지 대사란 우리 몸에 필요한 에너지(ATP)를 공급하기 위해 열량 영양소인 포도당, 아미노산, 지방산을 분해 · 합성 · 전환하는 과정에서 일어나는 수백 가지 화학반응을 의미한다. 이들은 에너지(ATP)를 안정적으로 공급하기 위해 복잡하게 상호작용한다. 또 이 반응들은 신체의 생리적인 상태에 따라 영양소들을 조합하여 사용할 수 있도록 매우 잘 조절되어 동시에 일어난다.

대사경로의 개론 Overview of Metabolic Pathways

대사경로는 상호 관련되면서 효소에 의해 촉매되는 일련의 화학반응으로 구성되어 있다. 어떤 대사경로는 간단하게 3~4개의 화학반응으로 되어 있는가 하면, 어떤 경로는 10~15개의 화학반응들로 복잡하게 구성되어 있다. 화학반응은 분자를 분해하기도 하고 합성하기도 한다.

화학반응으로 들어가는 분자를 **기질** 또는 **반응물질(reactant)**이라고 하며, 반응결과로 생긴 분자를 **생성물**이라고 한다. 화학 반응은 방정식으로 표현할 수 있으며, 다음과 같이 화살표의 왼쪽에 있는 것들이 기질(A와 B)이고, 화살표가 가리키는 쪽에 있는 것들이 생성물(C와 D)이다 : $A+B \longrightarrow C+D$. 여기서 화살표는 "**산출한다(yields)**"는 것을 의미한다. 한 화학반응의 결과물은 그 다음 반응의 기질이 된다(**그림 8.1**).

한 대사경로가 완성되기 전에 만들어진 생성물을 **중간산물**이라고 하며, 경로의 마지막에 만들어지는 생성물을 **최종산물**이라고 한다. 한 대사경로의 중간산물이나 최종산물이 다른 대사경로로 들어가기도 한다.

대사 metabolism
신체에서 일어나는 화학 반응들

에너지 대사 energy metabolism
세포에서 영양소로부터 에너지를 저장하고 사용하는 화학반응들

대사경로 metabolic pathway
세포에서 일어나는 상호 관련된 일련의 효소에 의해 촉매되는 화학 반응들

기질 substrate
화학반응으로 들어가는 분자

생성물 product
화학반응에서 생성되는 분자

중간산물 intermediate product
대사경로가 완성되기 전에 형성되는 산물. 다음 화학반응에서 기질로 사용됨.

최종산물 end product
대사경로의 최종 산물

그림 8.1 대사경로

대사경로는 일련의 서로 관련된 효소가 촉매하는 화학반응들로 구성되어 있다

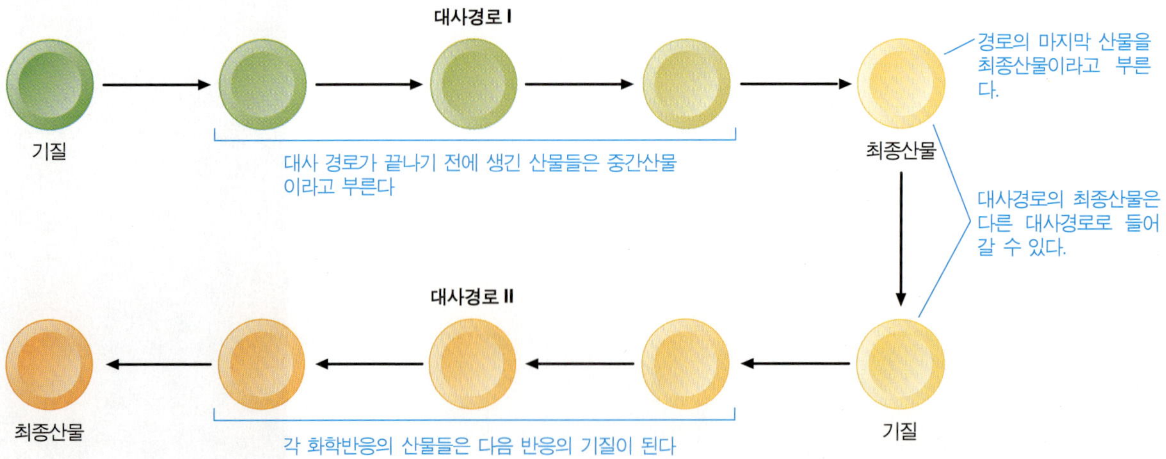

대사 : 이화작용과 동화작용
Metabolism : Can Be Catabolic or Anabolic

대사경로에는 **이화작용**과 **동화작용**의 두 가지가 있다. 이화작용은 복잡한 분자를 간단한 형태로 분해해서 에너지를 내는 반응경로인 반면, 동화작용은 간단한 것으로 복잡한 분자를 만드는 반응경로로서 에너지(ATP)가 필요하다.

이화작용에 의해 생긴 에너지는 동화작용에 사용되며, 이화작용의 생성물은 동화작용에 필요한 구성성분(building block)들을 마련하는 데 사용된다**(그림 8.2)**. 글리코겐(glycogen)이 포도당으로 분해되는 것은 이화작용이고, 포도당으로부터 글리코겐이 합성되는 것은 동화작용이다.

하루 전체로 볼 때, 대사연료(포도당, 지방산, 아미노산)의 공급은 차이를 보인다. 식후에는 에너지의 공급이 신체의 요구보다 많아지므로 신체는 남는 포도당, 아미노산, 지방산을 각각 글리코겐, 단백질, 중성지방으로 저장하려는 동화작용이 활성화된다.

반대로 이화작용은 우리 몸에 저장되어 있는 에너지 저장분인 글리코겐, 단백질, 중성지방을 각각 포도당, 아미노산, 지방산으로 분해함으로써 에너지 공급을 증가시킨다.

이화작용 catabolic pathway
복잡한 화합물을 간단한 물질로 분해시키는 대사반응. 이 과정에서 에너지가 나옴.

동화작용 anabolic pathway
간단한 물질로부터 복잡한 화합물을 만드는 대사반응. 에너지가 필요함.

그림 8.2 이화작용과 동화작용

이화작용에서 생긴 에너지는 동화작용의 연료로 사용된다.

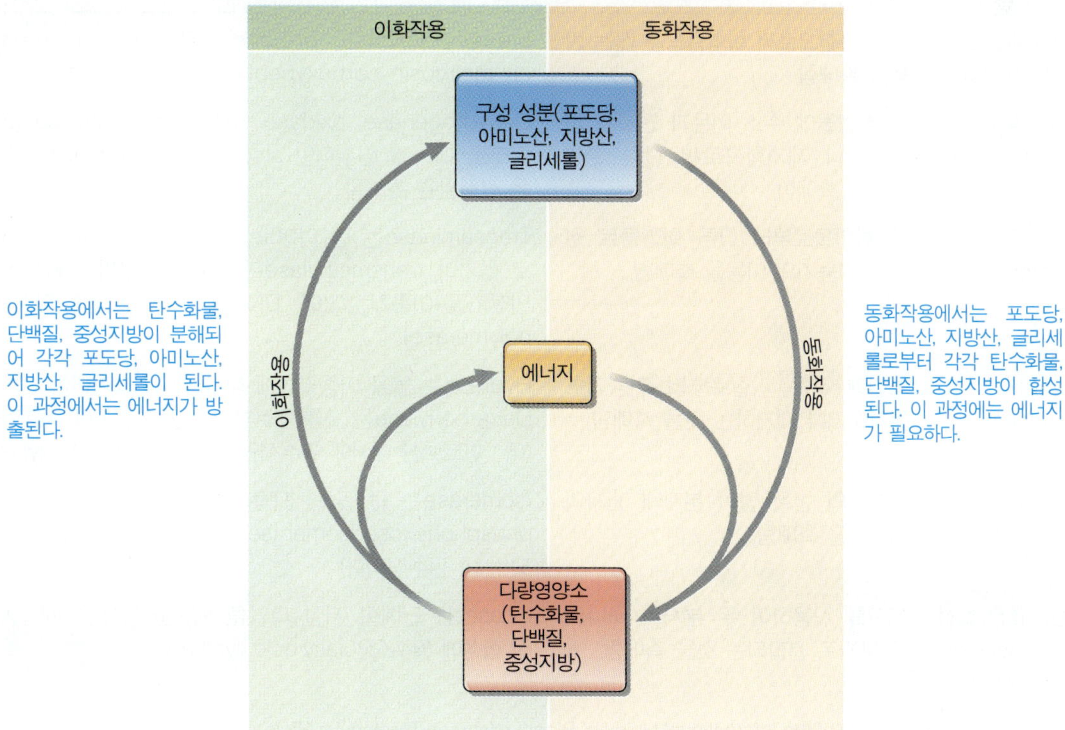

화학반응은 효소를 필요로 한다
Chemical Reactions Require Enzymes

화학반응이 일어나기 위해서는 반응하려는 분자(기질)들끼리 반응하여 생성물을 만들어야 하는데, 이 반응은 쉽게 일어나지 않으므로 이를 촉진하기 위해 촉매가 사용되며, 이를 효소(enzymes)라고 부른다. 만약에 효소가 없으면 대사 반응들은 매우 천천히 일어나거나 혹은 전혀 일어나지 않을 수도 있다. 효소는 화학반응의 속도를 증가시키기만 할 뿐, 그 자신은 변화되지 않는다.

효소의 이름은 소화효소인 sucrase, maltase, lactase처럼 대부분 '-ase'로 끝나지만 예외도 있다. 과학자들이 효소를 처음 발견하였을 때에 효소가 단백질이었으므로 pepsin, trypsin, chymotrypsin과 같이 끝에 '-in'을 붙였다. 효소들은 촉매하려는 화학반응의 형태에 따라 분류한다.

가수분해 반응을 촉매하는 효소는 가수분해효소(hydrolase)라고 하며, 분자로부터 원자 하나를 떼어 다른 곳으로 이동시키는 효소는 전이효소(transferase)라고 한다. 효소에 의해 촉매되는 반응은 6개의 화학작용 범주로 나뉜다(**표 8.1**).

활성부위 active site
화학 반응에서 효소가 기질과 결합하는 부위

효소-기질 복합체
enzyme-substrate complex
효소의 활성 부위와 결합한 기질

기질은 효소의 표면 중 **활성 부위**라는 특정부위와 결합하여 **효소-기질 복합체**를 형성한다. 초기엔 마치 퍼즐처럼 활성 부위의 모양과 기질의 모양이 딱 맞

표 8.1 효소의 분류

효소	가능	예
가수분해효소 (Hydrolases)	물을 가함으로써 화학결합을 끊는 반응을 촉매함.	Lipase, amylase, protease (예 : pepsin, trypsin, chymotrypsin, carboxypeptidase) 등의 소화효소
산화환원효소 (Oxaloreductases)	한 화합물에 수소 이온과 전자를 첨가하거나 제거함으로써 산화-환원 반응을 촉매함.	Dehydrogenase, oxidase, reductase, catalase (예 : 알코올 대사에 필수적인 alcohol dehydregenase)와 같은 산화환원 효소들
전이효소 (Transferases)	한 화합물로부터 다른 화합물로 원자나 기능기의 이동을 촉매함.	Transaminase는 한 아미노산의 아미노기를 α-케토산으로 옮기며, transmethylase는 메틸기를 옮기고, kinase는 인산기를 이동시킨다(예 : DNA와 RNA 합성에 필수적인 polymerase)
리아제 (Lyases)	기질에 혹은 기질로부터 기능기를 첨가하거나 제거하는 것을 촉매함.	Hydrase는 물을 이중결합에 첨가하거나 제거한다. Decarboxylase는 화합물로부터 카르복실기를 제거한다 (예 : 피르브산 대사에 필수적인 pyruvate decarboxylase)
이성화효소 (Isomerases)	분자식의 변화 없이 분자내 원자의 재배열을 촉매함.	Isomerase는 단순당과 지방산의 원자를 재배치한다(예 : phosphohexose isomerase는 포도당이 과당으로 전환되는 데 필수적이다)
연결효소 혹은 합성효소 (Ligases or synthetases)	ATP를 사용하여 두 분자가 하나의 큰 분자로 결합되는 것을 촉매함.	Ligases는 단백질, 지질, 다당류, 핵산을 합성한다(예 : 지방산 합성에 필수적인 fatty acid synthase)

출처 : Nomenclature Committee of the International Union of Biochemistry and Molecular Biology.

그림 8.3 생물학적 촉매인 효소

효소는 화학반응 속도를 증가시킨다.

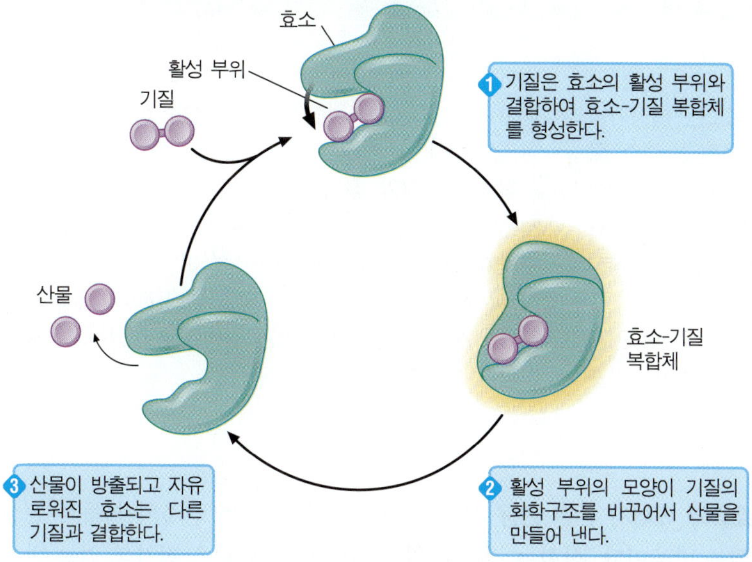

는다고 생각하였으나, 현재는 효소 활성 부위의 모양이 기질의 모양에 맞추어 변화하는 것으로 생각되고 있다. 활성 부위로부터 생성물이 떨어져 나오면 효소는 자유로운 형태가 되어 다시 다른 기질과 결합할 수 있다**(그림 8.3)**.

각 효소는 어떤 특정 기질에게만 반응하는 특이성을 보인다. 이 때문에 우리 몸은 수천 가지의 서로 다른 반응을 촉매하기 위해 수천 가지의 효소를 만들어야 한다. 특정 효소를 측정하여 심장마비와 같은 건강상태 진단자료로 활용하기도 한다.

보조인자와 보조효소는 효소를 돕는다
Cofactors and Coensymes Assist Enzymes

효소는 촉매반응을 수행하기 위하여 보조인자와 보조효소가 필요하다. **보조인자**는 아연 · 칼륨 · 철 · 마그네슘과 같은 무기질로서 효소의 구성성분이며, 효소의 활성 부위에 부착되어 효소가 활동하도록 돕는다.

보조효소란 니아신(niacin) · 리보플라빈(riboflavin) 등의 비타민으로부터 유래한 것으로서 **니코틴아미드 아데닌 디뉴클레오티드, 플라빈 아데닌 디뉴클레오티드, 니코틴아미드 아데닌 디뉴클레오티드 인산** 등이 있다.

보조인자와는 달리, 보조효소들은 효소 구조의 구성성분은 아니며, 이들은 화학반응이 일어나는 동안에 수소 이온(H^+)과 전자(e^-) 및 다른 분자들을 받아들이거나 제공함으로써 효소를 돕는다. 이 때문에 우리는 식사를 통해 보조인자나 보조효소로 사용될 비타민과 무기질을 반드시 섭취해야 한다.

보조인자 cofactor
효소의 활성화에 필요한 물질로서 효소의 비단백질 구성성분을 말하며, 주로 무기질임.

보조효소 coenzyme
효소가 기능하기 위해 필요한 물질로서 주로 비타민으로부터 유래된 유기분자

니코틴아미드 아데닌 디뉴클레오티드 nicotinamide adenine dinucleotide (NAD^+)
전자 2개와 수소 이온 2개를 받아서 $NADH + H^+$를 형성하는 보조효소의 산화 형태

플라빈 아데닌 디뉴클레오티드 flavin adenine dinucleotide (FAD)
전자 2개와 수소 이온 2개를 받아서 $FADH_2$를 형성하는 보조효소의 산화 형태

니코틴아미드 아데닌 디뉴클레오티드 인산 nicotinamide adenine dinucleotide phosphate ($NADP^+$)
전자 2개와 수소 이온 2개를 받아서 $NADPH + H^+$를 형성하는 보조효소의 산화 형태

임상 적용 CLINICAL APPLICATIONS

의학진단에서의 효소 사용

인체는 수천 가지의 화학반응을 촉진하는 수천 개의 효소를 가지고 있다. 체액의 효소 농도는 측정가능하며 질병이나 증상을 진단하는 데 사용된다. 혈중 특정한 심장효소 농도는 심장마비 진단에 사용된다. 심장마비나 심근경색이 오면 심근세포가 죽고 혈액으로 효소를 방출하므로 혈중 심장효소 농도를 측정하면 심장 손상의 정도를 알 수 있다.

Alanine aminotransferase(ALT)는 간 기능의 민감한 지표인데, 간세포가 손상되면 ALT가 혈액으로 방출되어 농도가 높아지며 알코올 중독자나 간염 환자에서 흔히 나타난다. 췌장질환이 있으면 혈중 amylase 농도가 낮아진다.

혈당-모니터링 장치도 효소 반응에 기초하여 만든 것인데, 검사용 띠에 혈액을 떨어뜨리면 혈중 포도당 분자가 glucose oxidase와 반응하여 색깔을 변화시키고 이 변화의 정도가 혈당의 양을 나타낸다. 이런 식으로 효소를 측정함으로써 많은 질병들을 진단하고 모니터링할 수 있다.

보조효소와 에너지 전환 반응 산화 – 환원 반응은 모두 전자의 획득과 손실에 관련되는 반응이다. 산화는 전자를 잃는 반응이고, 환원은 전자를 얻는 반응이다. 이 반응들은 흔히 동시에 일어나며, 이를 **짝지음 반응**이라고 한다. 즉, 한 분자가 산화(전자, 수소 이온의 손실)되면 다른 쪽은 환원(전자, 수소 이온의 획득)된다. 산화와 환원의 짝지음 반응에 의해 에너지가 한 분자에서 다른 분자로 전환되며, 이때 **탈수소효소**라는 효소가 필요하다.

많은 보조효소들은 산화 형태(NAD^+, FAD, $NADP^+$)와 환원 형태($NADH + H^+$, $FADH_2$, $NADPH + H^+$)의 두 가지로 존재한다. 에너지가 풍부한 분자가 산화되면 그 분자의 전자와 수소가 NAD^+와 FAD로 이동한다. NAD^+는 전자($2e^-$)와 수소 이온($2H^+$)을 받아들여 $NADH + H^+$를 형성한다.

수소 이온은 2개가 NAD^+로 이동하나 실제로는 1개만 부착되며, 두 번째 수소는 용액 내에 남게 되므로 NAD^+의 환원 형태를 $NADH + H^+$로 쓴다. 이에 비해 FAD로 전자($2e^-$)와 수소 이온($2H^+$)이 이동할 때는 수소 2개가 모두 FAD에 부착되므로 $FADH_2$가 형성된다. 환원된 보조효소($NADH + H^+$, $FADH_2$)에 의해 생긴 에너지는 ATP의 합성에 사용된다**(그림 8.4)**.

역시 환원형 보조효소인 $NADPH + H^+$는 에너지가 요구되는 동화작용 경로에서 중요한 역할을 하며, 특히 지방산과 콜레스테롤, 그리고 DNA와 RNA 합성에 필요한 5탄당 등의 새로운 화합물 합성에 필요하다. $NADPH + H^+$는 전자 2개($2e^-$)와 수소 이온 2개($2H^+$)를 방출한 후에 $NADP^+$로 전환된다.

짝지음 반응 coupled reactions
한 분자의 산화와 다른 한 분자의 환원반응이 동시에 일어나는 화학반응

탈수소효소 dehydrogenase
유기화합물 사이에서 전자와 수소원자의 제거와 운반을 촉매하는 효소

에너지 대사의 조절 Regulation of Energy Metabolism

에너지 대사는 동화작용과 이화작용으로 구성되어 있으며, 이 경로들이 얼마나 잘 수행되는가는 에너지(ATP)가 얼마나 충분히 공급되는가에 달려 있다. 충

그림 8.4 에너지 대사에서 보조효소의 역할

에너지는 보조효소의 도움으로 에너지를 내는 영양소 간에 서로 이동된다.

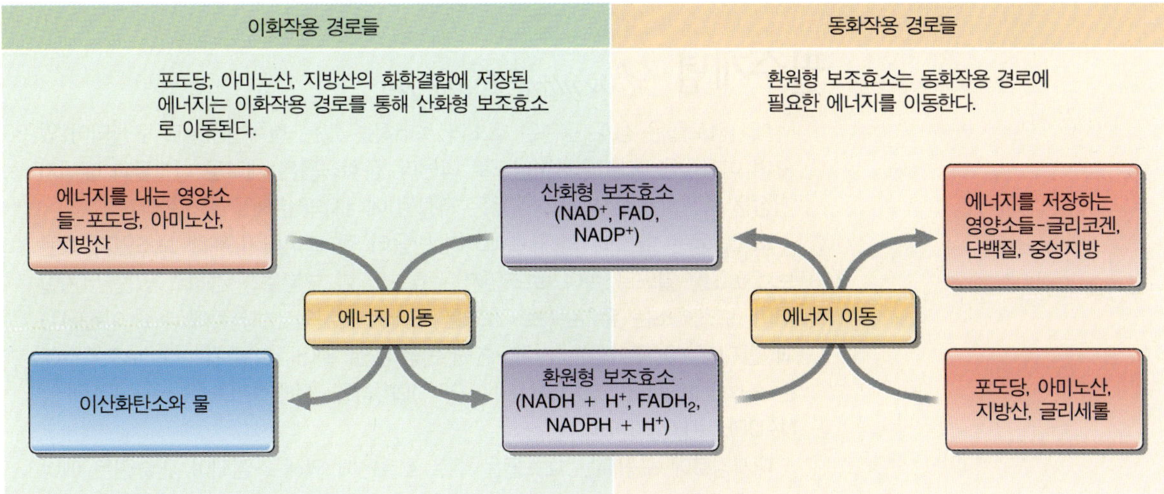

분한 양의 ATP가 있으면 에너지를 내는 이화작용 활성이 감소하고 에너지를 저장하는 동화작용 활성이 증가한다. 그 반대로 ATP가 부족하면 이화작용이 증가하고 동화작용이 감소한다.

호르몬은 에너지 대사를 조절하는 중요한 조절물질이며, 이들에 의해 효소가 억제되거나 활성화됨으로써 대사경로 스위치가 켜지거나 꺼지게 된다. 이화작용과 동화작용 경로를 조절하는 주요 호르몬은 인슐린(insulin), 글루카곤(glucagon), 코르티솔(cortisol), 에피네프린(epinephrine) 등이다.

인슐린은 에너지를 글리코겐 · 중성지방 · 단백질의 형태로 저장하도록 촉진하는 동화작용 호르몬이며, 이화작용을 불활성화한다. 에너지가 부족하게 되면 췌장 호르몬인 글루카곤이 이화작용을 증가시킴으로써 저장되어 있던 에너지 분자들을 분해하여 에너지 공급을 증가시키며 동화작용은 억제된다(**그림 8.5**).

그림 8.5 동화작용과 이화작용 경로들은 호르몬에 의해 조절된다

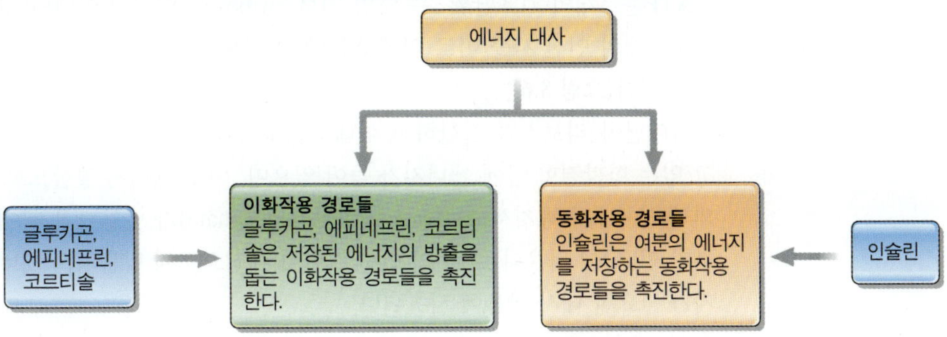

스트레스와 기아 중에는 부신(adrenal gland) 호르몬인 코르티솔과 에피네프린이 에너지 대사를 지휘하는 중요한 역할을 수행하며 근육 글리코겐을 분해하여 포도당의 공급을 증가시킨다.

필수개념 Essential Concepts

대사경로들은 상호 관련된 효소가 촉매하는 많은 화학반응들로 구성되어 있으며 이화작용 혹은 동화작용으로 나뉜다. 동화작용은 새로운 화합물과 에너지 저장을 촉진하는 반면, 이화작용은 저장된 에너지의 분해를 촉진한다.

화학반응은 효소에 의해 촉매되며 반응이 잘 일어나기 위해 보조인자 혹은 보조효소를 필요로 한다. 보조인자는 효소의 한 부분을 구성하고 있는 무기질이며, 보조효소는 유기분자로 효소를 도와서 분자와 분자 간에 수소 이온(H^+)과 전자(e^-)를 주고받는 산화-환원 반응이 잘 일어나도록 돕는다. 보조효소에는 산화 형태(NAD^+, FAD, $NADP^+$)와 환원 형태($NADH + H^+$, $FADH_2$, $NADPH + H^+$)가 있다.

대사경로에 포함되는 효소들은 주로 호르몬에 의해 조절되며, 인슐린은 에너지 저장을 촉진하는 반면에 글루카곤은 에너지 방출을 촉진한다. 스트레스 시에 분비되는 코르티솔과 에피네프린도 이화작용 경로를 촉진하는 호르몬이다.

세포 에너지와 ATP 역할
Cellular Energy and the Role of ATP

세포는 에너지를 내기 위해 영양소를 직접 사용할 수 없다. 영양소의 화학결합 안에 저장되어 있는 에너지는 반드시 세포가 이용할 수 있는 형태인 아데노신 삼인산(ATP)으로 전환되어야만 하며, 이 과정에서 보조효소인 $NAD^+/NADH + H^+$와 $FAD/FADH_2$가 필요한 단계를 거친다.

ATP는 화학결합 속의 에너지를 에너지가 필요한 화학반응으로 이동시키기에 적합한 분자이며, 우리 몸에서 일어나는 단백질 합성, 근육수축, 능동적 운반, 신경 전달, 그 밖의 에너지가 필요한 반응들을 수행하는 데 필요하다.

에너지 급원으로서의 ATP
ATP as an Energy Source

ATP는 3개의 기초단위, 즉 당인 리보스(ribose), 염기인 아데닌(adenine), 그리고 3개의 인산 사슬(이로 인해 ATP의 이름이 아데노신 삼인산이 됨)로 구성되어 있다(**그림 8.6**).

아데닌이 리보스와 결합하면 아데노신(adenosine)이 된다. 인산들을 결합하고 있는 화학결합 안에 에너지가 들어 있으며, 이 고에너지 결합으로 인해 ATP의 인산 1개가 깨져서 ADP(adenosine diphosphate)가 만들어질 때에 에너지와 무기 인(Pi)이 나온다. ATP의 인산 결합이 깨짐으로써 방출되는 에너지는 에너지가 필요한 대사 반응에 사용된다.

그림 8.6 Adenosine Triphosphate(ATP)

ATP는 자신의 에너지를 화학반응에 전달하는 고에너지 분자이다.

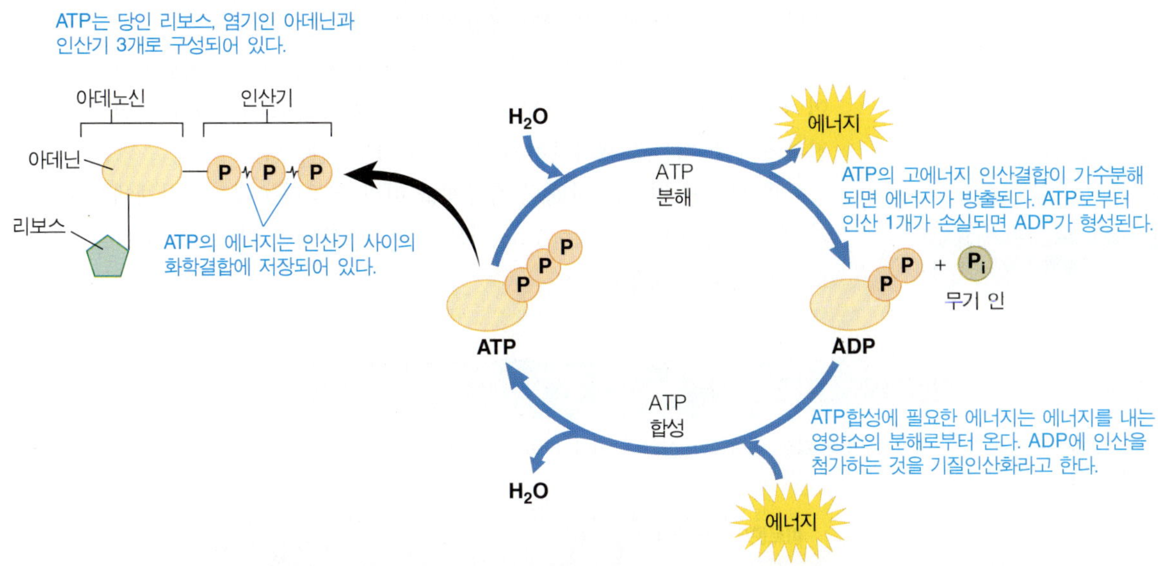

ATP 합성 ATP Synthesis

ATP는 빨리 만들어지고 빨리 사용된다. ATP는 신체에 저장되지 않으며 세포는 필요할 때마다 ATP를 합성할 수 있다. 또한 기질 인산화와 산화적 인산화의 두 가지 방법으로 합성된다.

기질 인산화는 인산 1개가 ADP에 첨가되어 ATP가 만들어지는 것을 말하며, 이 과정에서는 산소가 필요 없으므로 조직에 산소가 적을 때에 유용한 방법이다. 이 반응은 모든 세포에서 일어나나, 이 방법으로 합성되는 ATP 양은 비교적 적으며, ATP는 대부분 산화적 인산화를 통해 합성된다.

열량 영양소가 분해되면 전자와 수소 이온이 산화형 보조효소인 NAD^+와 FAD로 이동되어 환원형 보조효소인 NADH + H^+와 $FADH_2$를 만든다. 이들은 다시 NAD^+와 FAD로 산화되어야 하는데, 이 과정에서 에너지가 방출된다.

NADH + H^+와 $FADH_2$가 산화되고 ADP가 인산화되어 ATP를 합성하는 이 과정을 **산화적 인산화**라고 부른다. ADP를 인산화하기 위해 필요한 에너지는 NADH + H^+와 $FADH_2$의 산화로부터 마련해야 하므로 이 반응들은 짝으로 일어난다. 즉, 처음에 환원형 보조효소 안에 있던 에너지는 ATP로 이동되어 에너지가 필요한 반응에 연료로 사용된다.

전자전달 사슬 The Electron Transport Chain

산화적 인산화는 ATP 생산의 90%를 차지하는 반응으로서 **전자전달 사슬**을 구성하는 일련의 화학반응들이 포함된다.

기질 인산화
substrate phosphorylation
무기 인산기를 ADP에 이동하여 ATP를 생성하는 반응

산화적 인산화
oxidative phosphorylation
NADH + H^+와 $FADH_2$의 산화와 ADP의 인산화가 연결된 화학반응으로서 ATP와 물이 생기는 반응

전자전달 사슬
electron transport chain
미토콘드리아 내막에서 ATP 생산을 위해 NADH + H^+와 $FADH_2$로부터 전자와 수소 이온을 단백질 복합체를 따라서 전달하는 화학 반응들

전자전달계(electron transport system)라고도 부르는 전자전달 사슬은 미토콘드리아의 내막에 위치한다. 이 회선형의 막은 미토콘드리아의 내막과 외막으로 나뉘는데 안쪽 부분을 **미토콘드리아 기질**이라고 부르며, 미토콘드리아 내막과 외막 사이에 있는 공간을 **막간 공간**이라고 부른다.

전자전달 사슬은 미토콘드리아 내막에 묻혀 있는 단백질 복합체들로 구성되어 있다. NADH + H^+와 $FADH_2$가 전자전달 사슬로 들어가게 되면 효소들이 전자와 수소 이온을 제거하여 NAD^+와 FAD로 만든다.

이때 제거된 전자는 단백질 복합체를 따라 이동하는데, 이 단계에서 에너지가 발생되며, 이 에너지는 수소 이온을 미토콘드리아 기질로부터 막간 공간으로 퍼내는 데 사용된다.

미토콘드리아 기질
mitochondrial matrix
미토콘드리아의 내막 안쪽 구획

막간 공간 intermembrane space
미토콘드리아 내막과 외막 사이의 공간

그림 8.7 산화적 인산화와 전자전달 사슬

산화적 인산화에는 미토콘드리아 내막에 있는 전자전달 사슬의 여러 화학반응들이 포함된다. ADP 인산화를 위해 필요한 에너지는 NADH + H^+와 $FADH_2$로부터 온다.

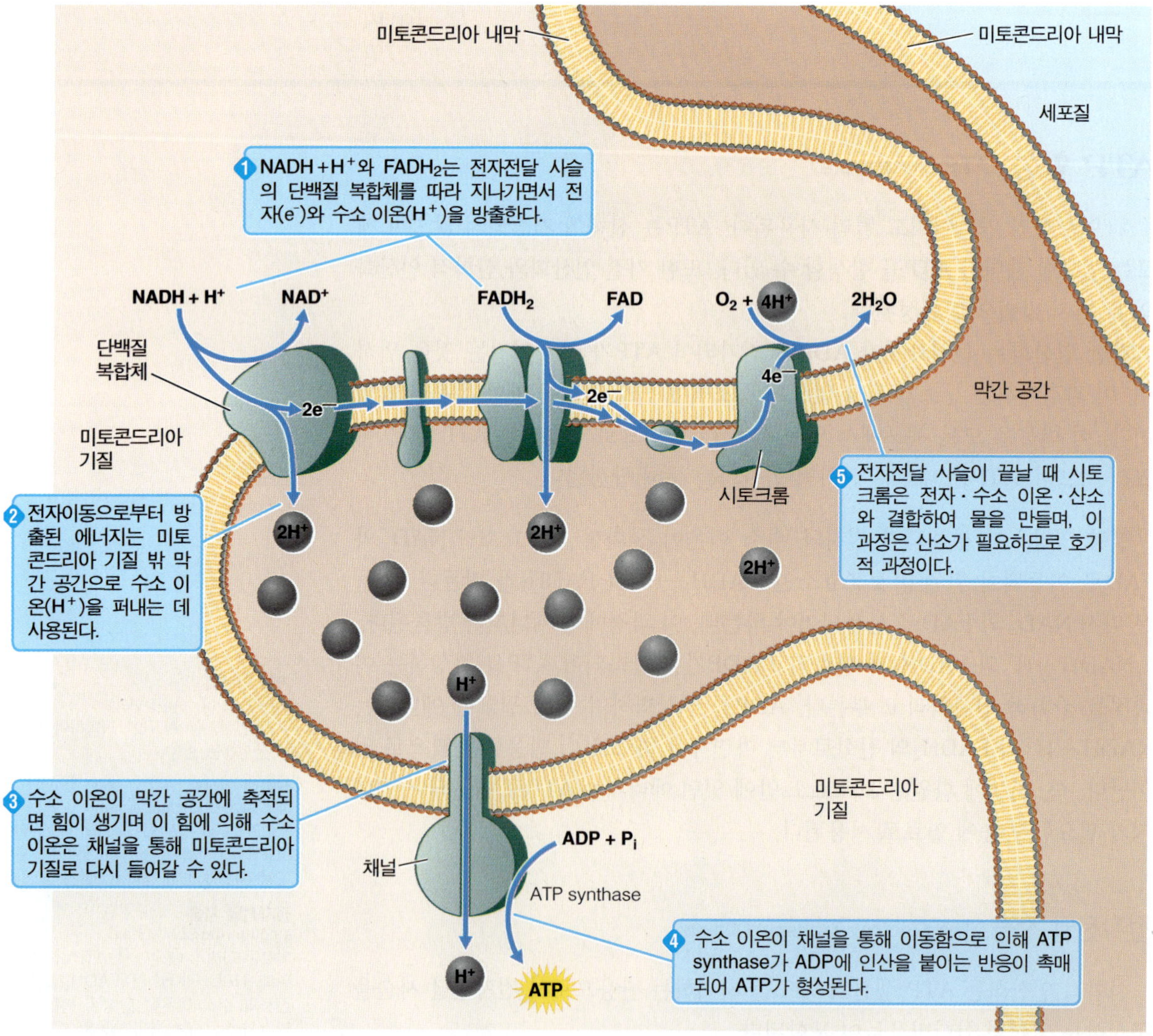

수소 이온이 막간 공간에 축적되면 강력한 힘을 만들어 낸다. 이 힘이 충분히 강도를 갖게 되면 수소 이온은 좁은 채널을 통과하여 미토콘드리아 기질로 다시 들어간다. 이 단계에서 에너지가 방출되며, 이 에너지는 **ATP 합성효소**가 인산을 ADP에 붙여서 ATP를 생산하는 데 사용된다.

NADH + H^+와 $FADH_2$는 단백질 복합체를 따라 각각 다른 장소에서 전자전달 사슬로 들어가므로 생성되는 ATP의 양은 각각 다르다. NADH + H^+는 사슬의 높은 쪽으로 들어가므로 ATP 3개를 생성하며 FADH는 ATP 2개를 생성한다. 정확히 말하면 NADH + H^+는 ATP 2.5개를 생성하고 $FADH_2$는 1.5개를 생성하나 편의상 NADH + H^+는 3 ATP로 설정하고 $FADH_2$는 2 ATP로 산정한다.

전자전달 사슬이 완성되면 철 함유 단백질 복합체인 **시토크롬**은 전자(e^-)와 수소 이온(H^+)을 합하여 수소를 만든다. 이 수소분자는 산소(O_2)와 결합하여 물(H_2O)이 되는데, 산소는 이 반응에서 필수적이므로 전자전달 사슬은 호기성 대사과정(aerobic metabolic process)으로 생각된다(**그림 8.7**).

필수개념 *Essential Concepts*

세포는 ATP의 화학결합에 들어 있는 에너지를 사용한다. 일부 ATP는 기질 인산화에 의해 생성되는데, 이는 무기인(Pi)을 직접 ADP에 첨가하는 과정이다. 그러나 ATP는 대부분 전자전달 사슬의 화학반응들이 중심이 된 산화적 인산화를 통해 합성된다.

NADH + H^+와 $FADH_2$가 전자전달 사슬에 들어갈 때에 전자와 수소 이온이 제거되며, 제거된 전자는 단백질 복합체를 따라 지나가면서 에너지를 방출하고 이 에너지는 수소 이온(H^+)을 미토콘드리아 기질 밖으로 내보내는 데 사용된다.

수소 이온은 미토콘드리아 기질로 다시 들어와서 에너지를 내게 되며, 이때 생긴 에너지는 ATP 생성을 위해 ATP synthase가 ADP에 인을 붙이는 과정에 사용된다. 마지막으로 시토크롬이라는 철 함유 단백질 복합체는 전자(e^-)와 수소 이온(H^+)을 합하여 산소와 결합시켜서 물을 만든다.

이화작용 : 에너지를 위한 다량영양소의 분해
Catabolism : The Breakdown of Macronutrients for Energy

열량 영양소인 포도당 · 지방산 · 아미노산은 그 화학결합 안에 에너지를 저장하고 있으며, 에너지가 필요할 때 이화작용이 일어난다. 이화작용 반응들은 한 반응의 중간산물이나 최종산물이 다른 반응의 기질이 되는 방식으로 서로 연결되어 있어서, 매우 복잡해 보이나 다음 4 단계로 정리된다(**그림 8.8**).

- **1단계** : 복합분자를 기초단위로 분해하는 단계. 글리코겐은 포도당으로(글리코겐분해, glycogenolysis) 분해되고, 단백질은 아미노산으로(단백질분해, proteolysis) 분해되며, 중성지방은 지방산과 글리세롤로(지방분해, lipolysis) 분해된다.

ATP 합성효소 ATP synthase
ADP에 인산을 첨가하여 ATP를 생성하는 미토콘드리아 효소

시토크롬 cytochromes
철 함유 단백질 복합체로써 전자, 수소 이온, 산소와 결합하여 물을 형성

그림 8.8 에너지 이화작용의 단계

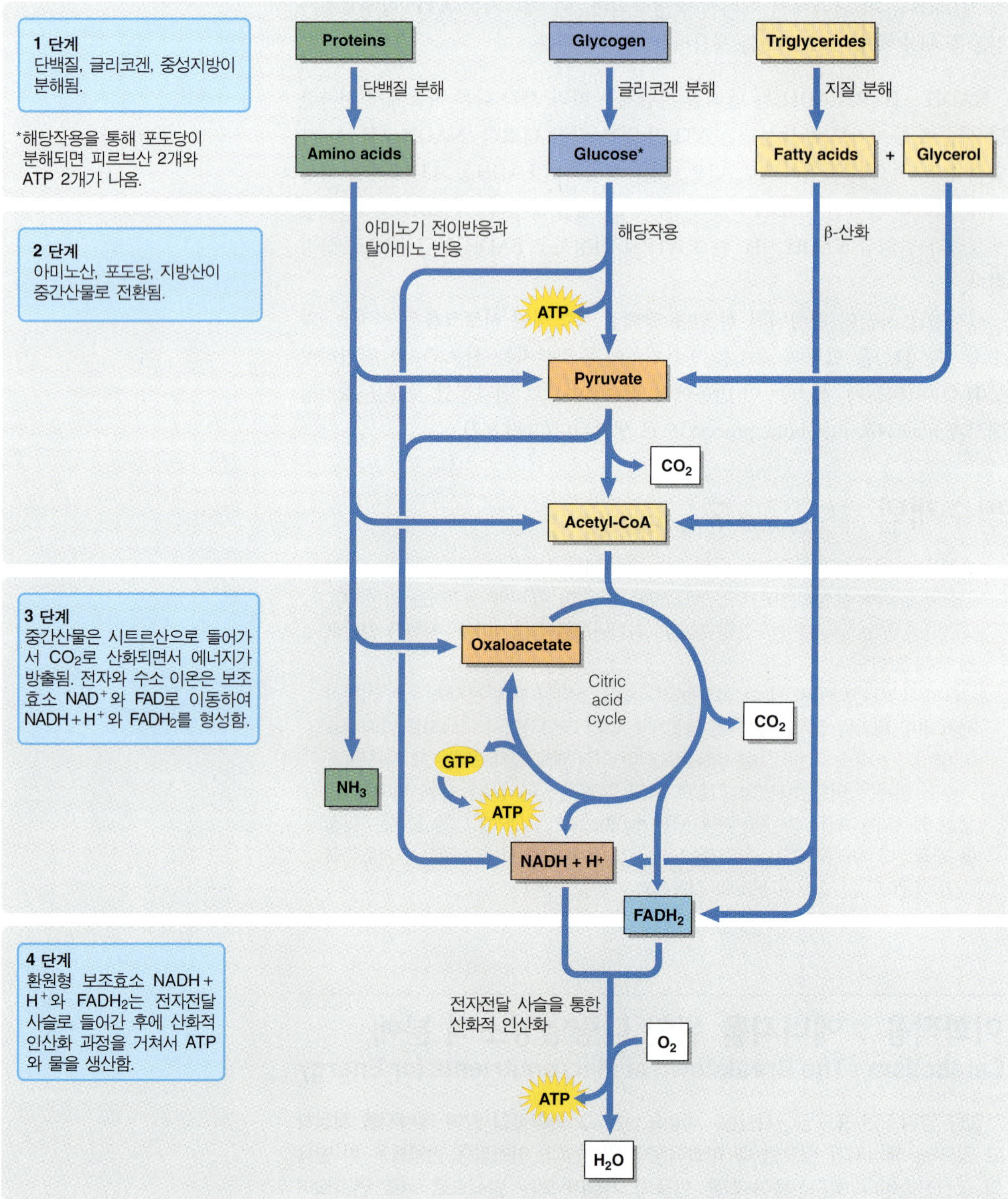

- 2단계 : 각 기초단위들이 공통의 회로인 시트르산 회로로 들어갈 중간산물로 전환되는 단계
- 3단계 : 중간산물이 시트르산 회로로 들어간 후에 더 분해되어 이산화탄소와

에너지를 생성하는 단계. 이 때 생성된 에너지는 보조효소인 NAD^+와 FAD로 이동되어 NADH + H^+와 $FADH_2$를 형성한다.

- 4단계 : 환원형 보조효소인 NADH + H^+와 $FADH_2$가 전자전달 사슬로 들어간 후에 산화적 인산화를 거쳐서 ATP와 물을 생산하는 단계

탄수화물 Carbohydrates

포도당은 좋은 에너지 급원이며 세포 내에서 ATP를 생산하는 데 사용된다. 포도당은 대부분 탄수화물이 풍부한 식품을 먹은 후에 소화 흡수를 거쳐서 우리 몸에 들어온다.

그러나 포도당이 더 필요할 때는 글루카곤이 간의 글리코겐 분해를 자극해서 포도당을 혈액으로 방출하며(글리코겐 분해, glycogenolysis), 이 과정이 탄수화물 이화작용의 1단계이다. 에피네프린과 코르티솔도 골격근육에서 글리코겐 분해 과정을 촉진시킨다.

해당작용 Glycolysis

해당작용이란 문자적으로 "당을 쪼갠다"는 것을 의미하며, 이 과정은 포도당이 탄수화물 대사의 2단계로 들어갈 때에 나타난다. 해당작용은 궁극적으로 탄소 6개의 포도당이 탄소 3개의 **피르브산**으로 쪼개지는 일련의 화학반응들이다. 해당작용은 세포의 세포질(cytoplasm)에서 일어나며, 산소가 필요하지 않으므로 혐기성 대사경로(anaerobic metabolic pathway)이다.

해당작용 결과, 포도당 1 분자당 ATP 2개와 NADH + H^+ 2개가 생긴다(**그림 8.9**). 이 과정에서 생기는 에너지의 양은 적은데, 이는 해당작용에서 생긴 피르브산의 화학결합이 아직 분해되지 않았기 때문이다.

탄수화물 대사의 3단계에서 피르브산의 대사 방향은 산소의 공급 정도, 즉 피르브산이 세포 내에서 혐기성(산소부족) 조건을 만나는지 또는 호기성(산소 충분) 조건을 만나는지에 따라 결정된다.

혐기성 조건 : 코리 회로 Anaerobic Conditions : The Cori Cycle

강도가 높은 운동을 하는 동안 근육의 에너지(ATP) 요구량은 증가한다. 전자전달 사슬을 통해 ATP 생산효율을 증가시키기 위해서는 다량의 산소가 필요하다. 그러나 운동 강도가 높아지면 폐와 심혈관계가 활동 근육에 충분한 양의 산소를 공급하기가 어려워져서 근육세포에서 쓸 수 있는 산소의 양이 제한되며, 이에 따라 피르브산의 대사적 운명이 결정된다.

혐기성 조건에서 해당작용의 최종 산물인 피르브산은 세포질에 남아서 젖산(lactate, lactic acid)으로 전환된다. 젖산은 혈액으로 방출되어 간으로 들어가며, 당신생합성(gluconeogenesis)을 통해 포도당으로 전환되어 해당작용을 수행한다(**그림 8.10**).

해당작용 glycolysis
포도당이 탄소 3개의 피르브산 2 분자로 분해되는 대사경로

피르브산 pyruvate
탄수화물과 몇몇 아미노산 대사 도중에 형성되는 중간 산물

그림 8.9 해당작용 요약

해당작용은 혐기성 대사경로이며, 탄소 6개의 포도당분자를 탄소 3개의 피르브산 2개로 분해하는 과정이다. 세포 내의 산소 공급이 충분한가에 따라 피르브산의 경로가 결정된다.

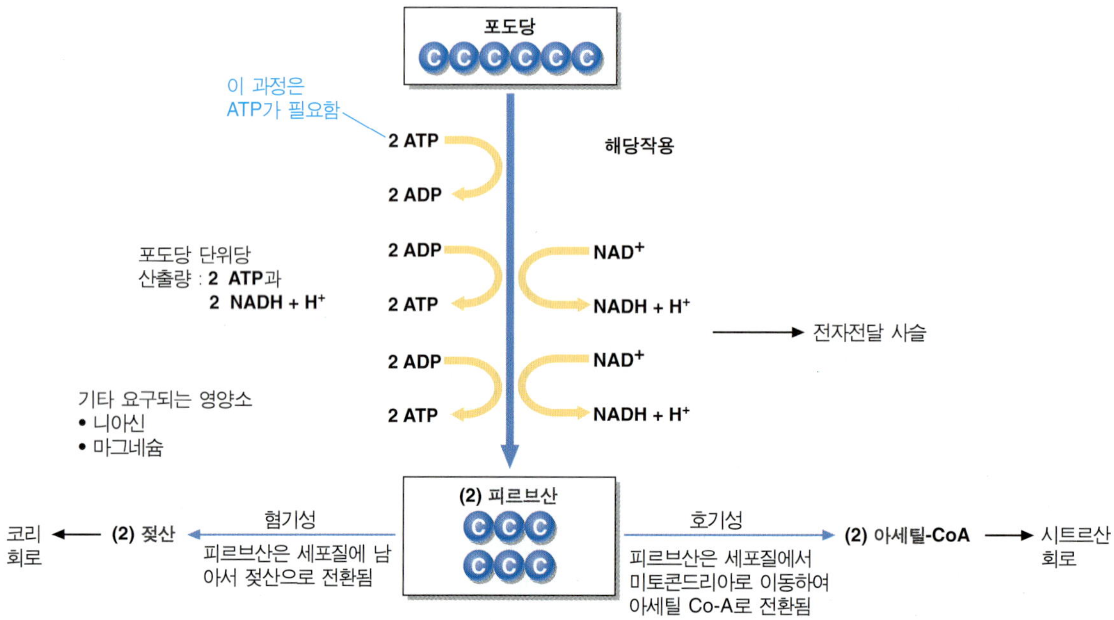

이 반응들을 **코리 회로**라고 하며 산소가 없어도 소량의 ATP가 생산된다. 코리 회로에서는 실제로 매우 적은 양의 ATP가 생산되므로 이에 의존하여 힘든 운동을 오랫동안 지속할 수는 없으며 극심한 신체활동을 하면 근육의 피로가 빨리 나타난다.

호기성 조건 : 시트르산 회로와 산화적 인산화 반응
Aerobic Conditions : The Citric Acid Cycle and Oxidative Phosphorylation

호기성 조건에서 해당작용의 최종산물인 피르브산 두 분자는 세포질에서 미토콘드리아로 이동한다. 여기서 피르브산은 화학적으로 탄소 2개 단위가 코엔자임 A(Coenzyme A ; CoA)라고 부르는 화합물과 결합하여 중간산물인 아세틸 CoA(acetyl–CoA)로 전환된다. 이 반응은 비가역적이며 몇몇 효소와 비타민 B 보조효소들, 즉 티아민 · 니아신 · 판토텐산 · 비오틴 등이 요구된다.

피르브산으로부터 아세틸 CoA가 형성되는 과정에서 이산화탄소와 NADH + H^+가 생기며(**그림 8.11**), 호기성 조건에서 아세틸 CoA는 탄수화물 대사의 3단계인 **시트르산 회로**로 들어간다.

시트르산 회로는 TCA 회로 또는 크렙스 회로(Krebs cycle)라고도 하며, 호기성 조건에서 일어나는 경로로써 미토콘드리아에서 일어나는 화학반응들로 구성되어 있다. 이 효소–촉매 반응들은 반응경로의 마지막 반응 산물인 **옥살초산**이 처음 반응 물질인 **시트르산**의 기질이 되기 때문에 순환하는 원 모양으로 묘사된다.

코리 회로 Cori cycle
젖산을 근육에서 간으로 보내어서 당신생합성을 통해 포도당을 생산하는 대사경로

시트르산 회로 citric acid cycle
기질 인산화를 통해 아세틸 CoA를 산화시켜서 이산화탄소, NADH + H^+, $FADH_2$, ATP를 산출하는 이중 대사경로

옥살초산 oxaloacetate
시트르산의 최종산물인 동시에 시트르산 경로의 첫 번째 반응의 기질

시트르산 citric acid
시트르산 회로에서 첫 번째 중간 산물로써 아세틸 CoA가 옥살초산과 결합할 때에 생성됨

그림 8.10 코리 회로

코리 회로는 해당작용과 당신생합성을 포함하는 대사경로이며, 산소가 부족할 경우에 근육에서 지속적으로 소량의 ATP를 만들어 내는 수단이 된다.

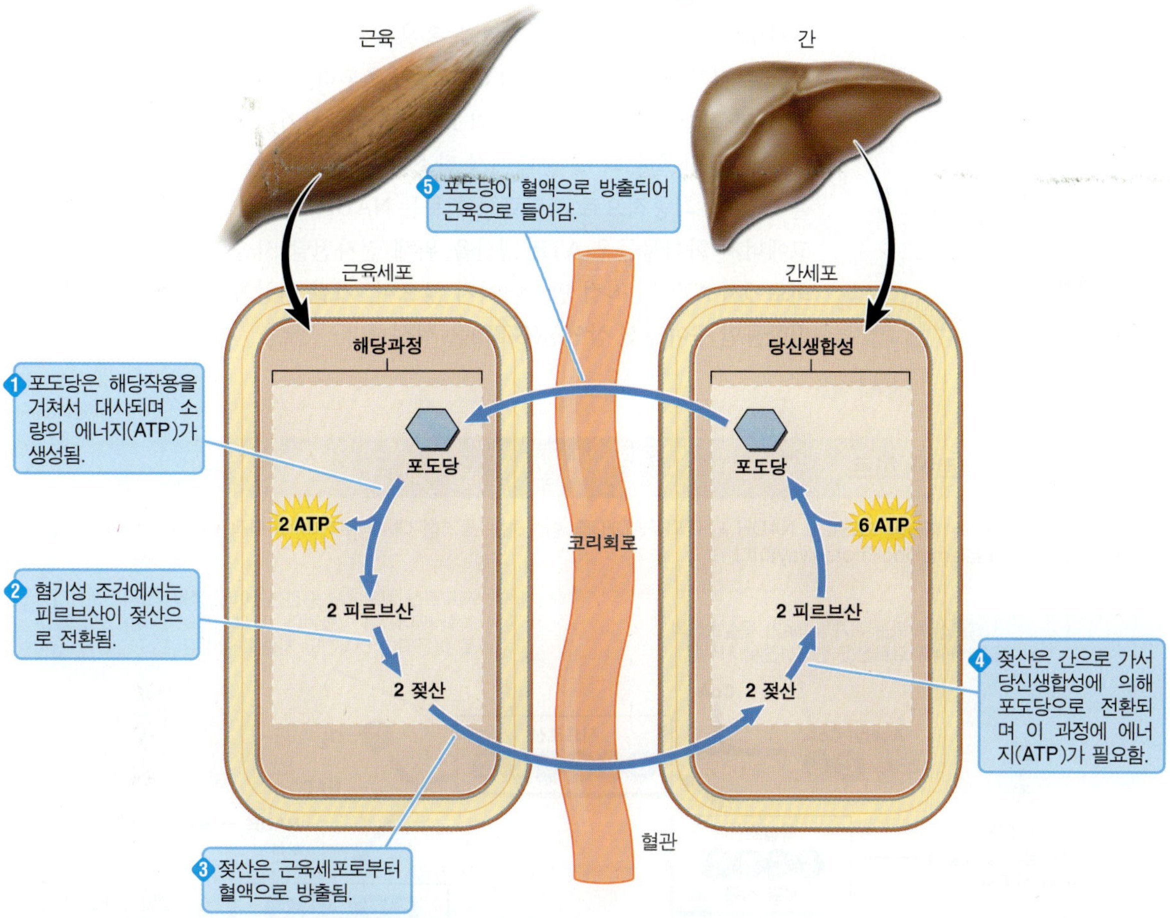

그림 8.11 피르브산으로부터 아세틸 CoA로의 전환

호기성 조건에서는 피르브산이 CoA와 결합하여 아세틸 CoA가 된다.

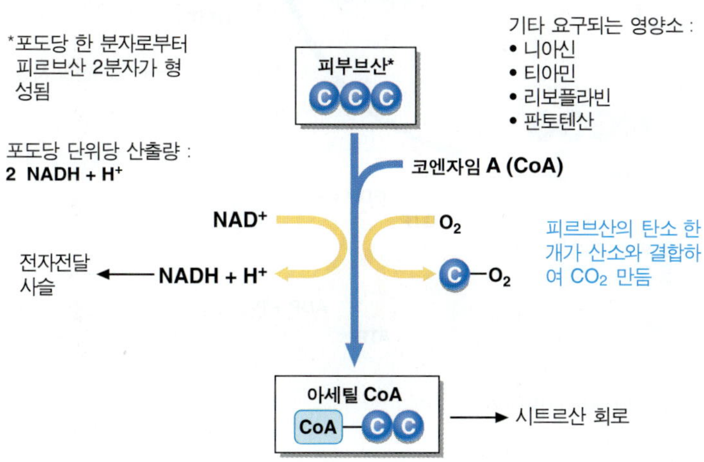

시트르산 회로는 궁극적으로 ATP를 생성하는 이화작용 경로지만 이것의 중간산물은 이 회로를 떠나서 동화작용 경로로 들어가기도 한다. 이렇게 시트르산 회로는 이화작용 경로와 동화작용 경로 모두에 해당하므로 **이중 경로**라고 할 수 있다(**그림 8.12**).

시트르산 회로는 아세틸 CoA가 옥살초산과 결합하여 시트르산을 형성하는 것으로 시작하며, 이 과정에서 CoA가 방출된다. 시트르산은 아세틸 CoA에 들어 있던 화학 에너지를 NAD^+와 FAD로 이동시키는 화학반응들의 첫 단계이다. 시트르산 회로의 몇 군데에서 탄소가 방출되며, 이는 산소와 결합하여 CO_2를 만든다. 최종적으로 시트르산 회로는 $NADH+H^+$와 $FADH_2$를 생성하며 이 고에너지 화합물들은 ATP 생산을 위해 전자전달 사슬로 들어간다. 시트르산 회로에서 ATP는 직접 만들어지지 않으며, 기질 인산화를 통해 다른 고에너지 화합물인 **구아노신 삼인산(GTP)**을 형성한다.

이중 경로 amphibolic pathway
이화작용과 동화작용 모두를 위해 사용될 수 있는 중간산물을 생산하는 대사경로

구아노신 삼인산 guanosine triphosphate(GTP)
ATP와 유사한 고 에너지 화합물

그림 8.12 시트르산 회로

시트르산 회로는 GTP와 환원형 보조효소 $NADH + H^+$와 $FADH_2$를 형성하는 호기성 대사경로이며, 이화작용과 동화작용의 성질을 모두 가지므로 이중 경로(amphibolic pathway)이다.

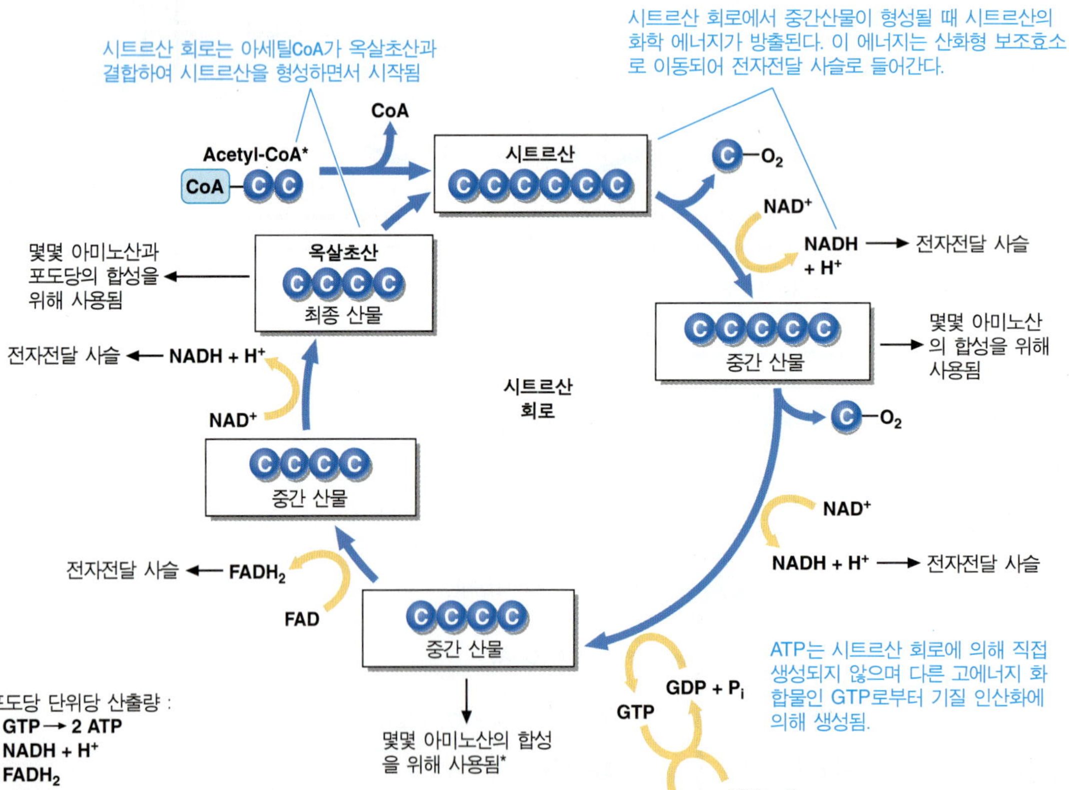

포도당 단위당 산출량 :
2 GTP → 2 ATP
6 NADH + H+
2 FADH2

기타 요구되는 영양소 :
- 니아신
- 티아민
- 리보플라빈
- 판토텐산
- 마그네슘

*포도당 한 분자에서 아세틸CoA 두 분자가 생성됨

전체적으로 아세틸 CoA 2 분자는 NADH+H^+ 6 분자, $FADH_2$ 2 분자 그리고 ATP 2개를 생성한다.

기질 인산화 반응을 통해서는 소량의 ATP만 형성되며, 대부분(90%)의 ATP는 전자전달 사슬(4단계)을 통한 산화적 인산화 과정을 거쳐서 포도당으로부터 생성된다. 전체적으로 포도당 1 분자가 해당작용, 시트르산 회로, 산화적 인산화 과정 등을 거쳐서 ATP 38개를 생산한다(이 과정은 포도당의 급원에 달려 있다). 즉, 산화적 인산화 반응을 통해 각각 NADH + H^+ 10개로부터 ATP 30개, $FADH_2$ 2개로부터 ATP 4개, 그리고 기질 인산화 과정을 통해 ATP 4개를 생성한다(**그림 8.13**).

그림 8.13 포도당 이화작용으로부터의 ATP 생성

몇 개의 APT는 직접 기질 인산화로부터 생성되나 대부분의 ATP는 산화적 인산화로부터 생성된다.

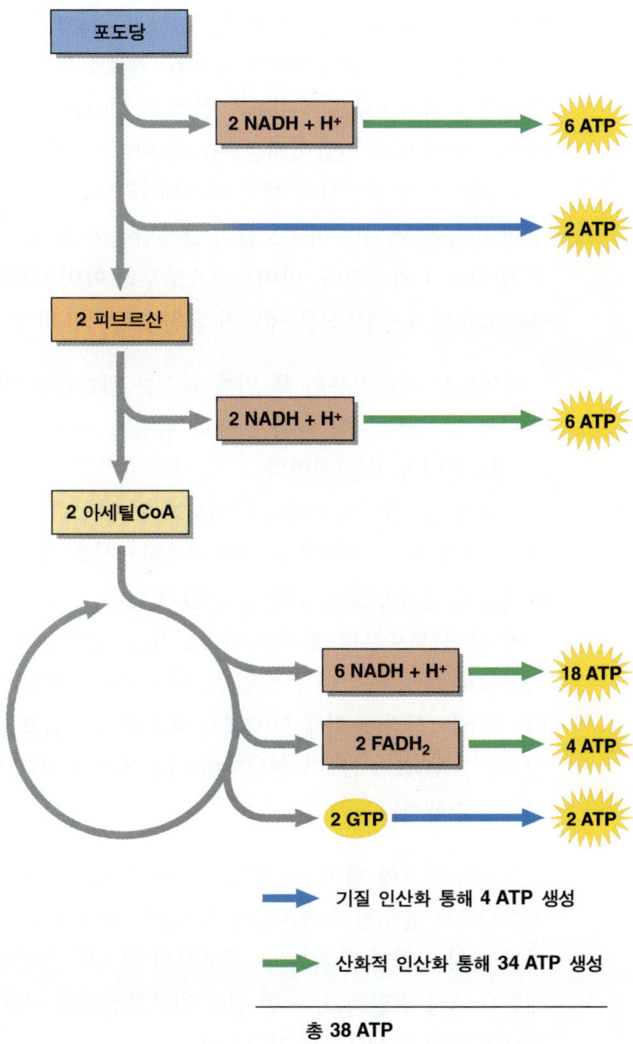

Note: Using nonintegral values of 2.5 ATP per NADH + H^+ and 1.5 ATP per $FADH_2$, the yield per glucose molecule is estimated to be 30-32 ATP.

단백질 Protein

아미노산은 단백질과 질소함유 화합물의 기본 구성단위가 되기 때문에 에너지의 주요 급원은 아니며, 신체에서 필요한 ATP의 10% 이하를 공급한다. 그러나 특히 기아와 같은 위급 시에는 에너지를 내기 위해 아미노산이 사용된다.

식사로부터의 아미노산뿐만 아니라 저장된 단백질(주로 골격근육)도 분해되어 아미노산 급원으로 사용된다. 단백질 이화작용의 제1단계는 단백질이 아미노산으로 분해되는 **단백질 분해** 과정이다. 분해된 아미노산은 간으로 가서 단백질 이화작용의 다음 단계로 들어간다.

아미노기 전이 반응과 탈아미노 반응
Transamination and Deamination

단백질 이화작용의 제2단계는 아미노산의 탄소골격으로부터 질소를 함유한 아미노기가 제거되는 과정이며, 두 가지 과정으로 일어난다(**그림 8.14**). 첫 번째 과정은 아미노산의 아미노기가 **α-케토산**으로 이동되어 새로운 아미노산을 형성하는 과정으로써 아미노기 전이 반응(transamination)이라고 하며, α-케토산의 구조에 따라 만들어지는 새로운 아미노산이 결정된다.

α-케토산의 전형적인 예인 α-케토글루타르산(α-ketoglutarate)이 아미노기 전이 반응을 거치면 아미노산인 글루탐산이 되며, 다른 α-케토산들도 마찬가지 방법으로 반응한다. 아미노산으로부터 아미노기가 제거된 탄소 골격(carbon skeleton)인 α-케토산은 에너지 급원으로 사용된다.

아미노산 이화작용의 두 번째 과정은 탈아미노 반응(deamination)이며 주로 간에서 일어난다. 이 과정은 새로 형성된 아미노산에서 아미노기를 제거하여 α-케토산만 남기는 것이다.

예를 들면, 글루탐산에서 아미노기가 제거되면 α-케토글루타르산이 형성된다. 이렇게 다시 형성된 α-케토글루타르산은 아미노산 이화작용의 첫 과정인 아미노기 전이 반응을 수행할 수 있게 된다.

아미노산으로부터 제거된 아미노기는 암모니아로 전환된다. 암모니아는 유독하므로 독성이 덜한 물질인 요소(urea)로 재빨리 전환되어 혈액으로 방출된다. 요소는 신장에 의해 혈액에서 제거되며 오줌으로 배설된다. 탈아미노 반응 결과로 NADH + H^+가 형성되며 이것은 전자전달 사슬을 통해 산화적 인산화 반응을 수행한다.

세포의 필요에 따라 α-케토산은 에너지를 위해 더 대사되거나 포도당 혹은 지방산으로 합성될 수 있다. 아미노산은 20여 종류가 있으며, 각각 서로 다른 R기를 가지고 있다. R기는 α-케토산의 구조를 결정하므로 어떤 α-케토산은 아세틸 CoA로 전환되고, 어떤 것은 피르브산으로 전환되며, 다른 어떤 것은 시트르산 회로의 중간산물로 전환된다.

아미노기 전이 반응과 탈아미노 반응이 끝난 후, α-케토산은 단백질 이화작용의 3단계인 시트르산 회로로 들어가서 α-케토산은 산화되어 환원형 보조효

단백질 분해 proteolysis
단백질을 펩타이드 혹은 아미노산으로 분해하는 것

α-케토산 α-keto acid
아미노산에서 아미노기를 제거한 후에 남아 있는 구조

그림 8.14 아미노기 전이 반응과 탈아미노 반응

아미노산이 에너지 급원으로 사용되기 위해 아미노기는 아미노기 전이 반응과 탈아미노 반응의 두 단계를 거쳐서 제거된다.

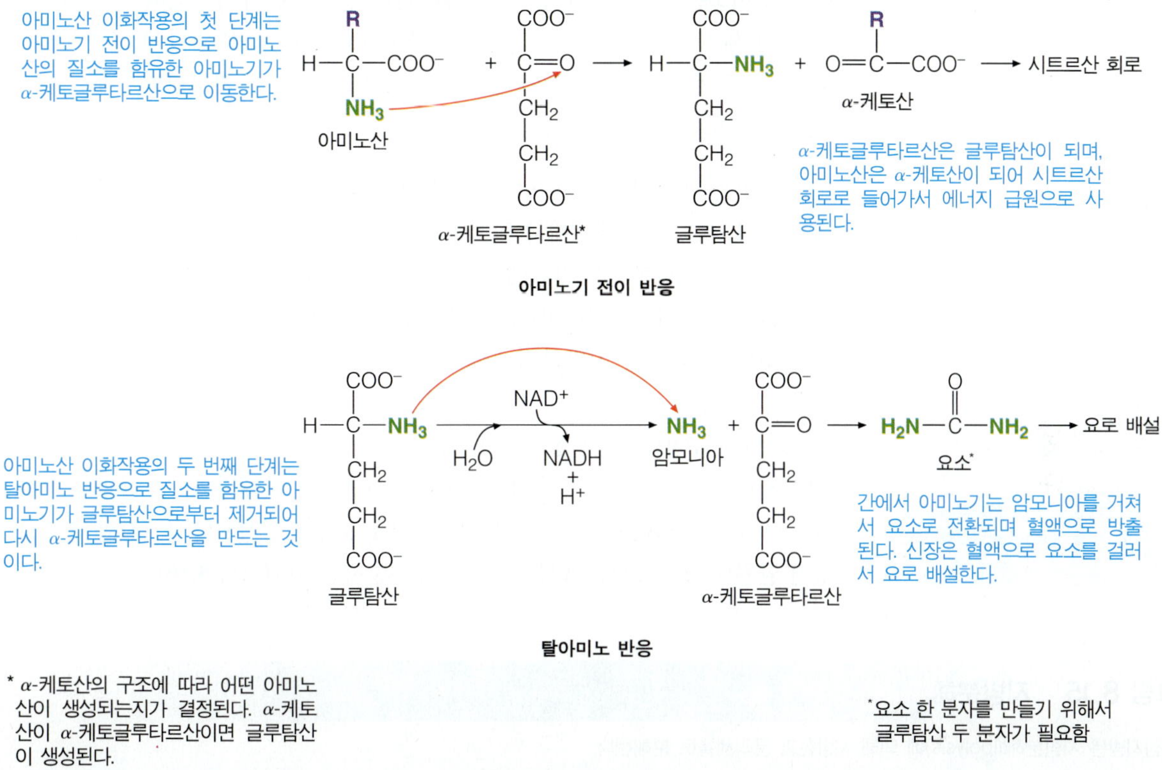

소인 NADH + H^+와 $FADH_2$를 생산한다. 다음엔 단백질 이화작용의 마지막 단계인 전자전달 사슬로 들어간다. 서로 다른 아미노산으로부터 생산된 NADH + H^+와 $FADH_2$ 등은 시트르산 회로로 들어가는 경로가 다르기 때문에 생산된 ATP의 총 개수도 다르다.

중성지방 Triglycerides

지방산도 중요한 에너지 급원이다. 신체의 에너지 공급이 적을 때에 중성지방은 글리세롤과 지방산으로 분해(**그림 8.15**)되며, 이것을 **지방분해(lypolysis)** 라고 부른다.

지방분해의 첫 단계는 호르몬 민감성 **리파아제(lipase)**에 의해 촉매되며, 리파아제는 포도당이 낮을 때에 분비가 증가되는 글루카곤(췌장 호르몬)에 의해 활성화된다. 또 리파아제는 인슐린 분비가 적을 때, 운동할 때, 스트레스 때 등에 자극받는다.

지방분해 시 생성되는 글리세롤은 피르브산이나 포도당으로 전환되어 에너지로 사용된다. 중성지방에서 분해된 지방산은 혈액을 타고 세포로 가서 분해가 더 진행된다.

β-산화 Beta(β)-Oxidation

지질 이화작용의 두 번째 단계는 지방산이 탄소 2개짜리 소단위로 분해되는 단계로 미토콘드리아에서 일어나며 **β-산화**라고 부른다. β-산화가 일어나려면 먼저 세포질에서 지방산의 카르복실산(carboxylic acid) 말단에 코엔자임-A (CoA)가 붙어서 활성화되어야 한다. 활성화된 지방산은 **카르니틴**이라는 분자에 의해 미토콘드리아 외막을 건너서 이동된다.

β-산화는 대사과정에 필요한 세포소기관(organelles)이 부족한 뇌와 적혈구 세포를 제외한 모든 세포에서 일어난다. β-산화는 일련의 효소들이 조직적으로 지방산의 카르복실산 말단에서 2개의 탄소 소단위를 떼어 내어 아세틸 CoA를 만들고 나머지 짧아진 지방산에 다른 CoA가 첨가되면 재활성화되어서 다시 분해되며, 이 과정은 지방산이 2개의 탄소 소단위로 모두 분해될 때까지 계속 반복된다. 각 분해과정에서 전자(e^-)와 수소 이온(H^+)이 방출되어 NADH + H^+ 1개와 $FADH_2$ 1개를 형성한다.

β-산화 β-oxidation
지방산을 아세틸 CoA로 분해하는 일련의 화학반응

카르니틴 carnitine
근육과 간세포에 있는 분자로써 미토콘드리아 막을 넘어서 지방산을 운반해 줌.

탄소 18개의 지방산 1개가 β-산화를 거치면 8번 분해되고, 그 결과로 아세틸 CoA 9개와 NADH + H^+ 8개 및 $FADH_2$ 8개가 생성된다. β-산화 결과로 생긴 환원형 보조효소는 ATP를 생산하는 데 사용된다(**그림 8.16**).

그림 8.15 지방분해

중성지방은 지방분해(lipolysis)에 의해 지방산과 글리세롤로 분해된다.

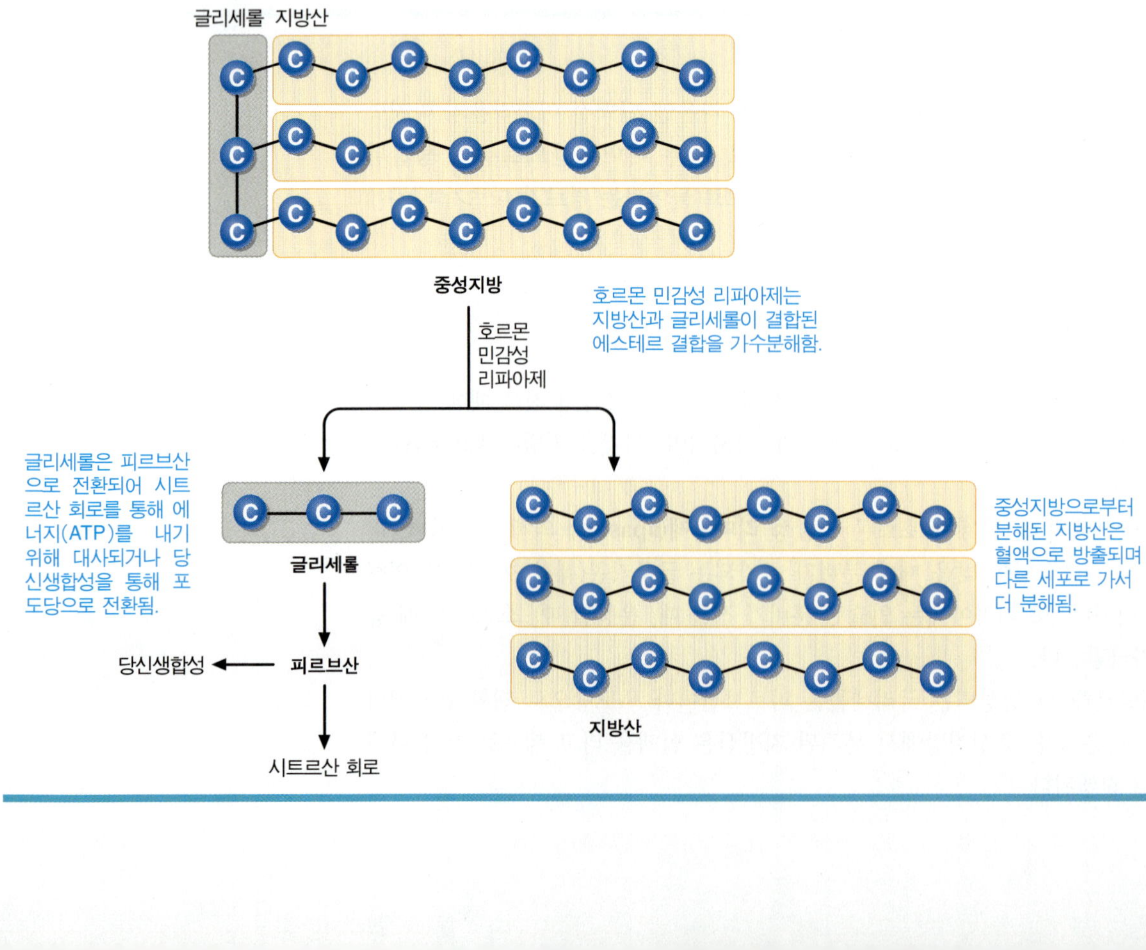

Focus On 스포츠 영양학 SPORTS NUTRITION 카르니틴 보충제

운동선수들은 운동 수행능력을 향상시키기 위해 항상 더 강하고 빠르고 경쟁력 있는 방법을 찾는다. 이때 사용되는 특수 훈련장치나 식사보충제 등을 ergogenic aids라고 부른다. 그 중 하나가 카르니틴 보충제이다. 카르니틴은 간과 신장에서 합성되어 주로 골격과 심장 근육에서 사용된다. 카르니틴은 지방산을 미토콘드리아(β-산화와 시트르산 회로를 거쳐서 ATP가 생산되는 장소)로 운반해 주는 물질이다.

운동 경기와 훈련을 하는 동안 신체는 에너지를 위해 저장해 놓은 포도당을 먼저 사용한 다음에 운동이 오래 계속되면 지방산을 사용한다. 특히 지구력운동을 하는 선수의 경우, 카르니틴 보충제가 지방산 산화를 증가시킴으로써 운동 수행 능력을 향상시킬 수 있다는 논리가 가능하며, 카르니틴 보충제가 운동의 속도와 지구력을 향상시킨다는 연구도 있다.

그러나 많은 연구들이 카르니틴 보충제가 운동선수의 운동수행에 유리함을 보여주지 못하고 있으며, 부정적인 효과도 보고되지 않고 있다.

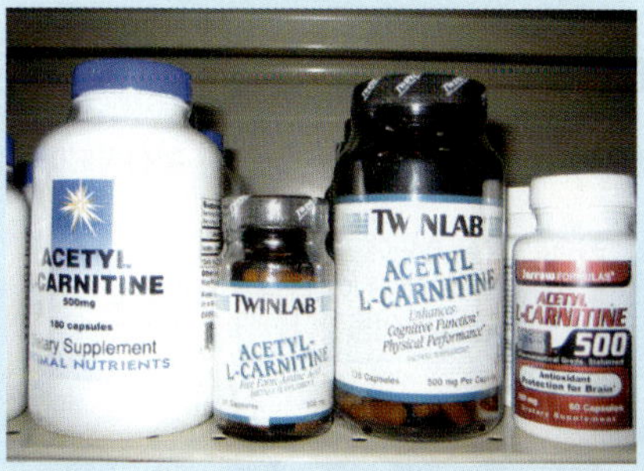

카르티닌은 일반 판매대에서 살 수 있으며 운동 수행을 향상시키는 보조제로 선전되고 있다.

카르니틴에 대하여 더 많은 내용이 밝혀지기까지는 운동선수의 수행능력향상을 위해서 적절한 훈련과 잘 균형잡힌 식사, 그리고 정신력에 초점을 맞출 필요가 있다.

지방 이화작용의 세 번째 단계는 β-산화 결과로 생긴 아세틸 CoA가 시트르산 회로에 들어가는 것이며, 탄소 18개의 지방산은 아세틸 CoA 9개로 분해되고, 아세틸 CoA 1개는 NADH + H^+3개, $FADH_2$ 1개, ATP 1개(기질인산화에 의해 GTP로부터 생성)를 생성한다.

지방 이화작용의 네 번째 단계는 β-산화를 통해 생성된 환원형 보조효소가 전자전달 사슬로 들어가서 ATP를 다량 생산하는 단계이다. 탄소 18개의 지방산 1 분자는 포도당 1 분자보다 훨씬 많은 ATP를 생성한다. **표 8.2**에는 탄소 18개의 지방산으로부터 생산되는 ATP 개수가 나와 있다.

필수개념 Essential Concepts

간과 근육세포는 글리코겐 분해(glycogenolysis) 과정을 거쳐서 글리코겐을 포도당으로 분해하고, 포도당 이화작용은 포도당을 피르브산으로 분해하는 혐기성 경로인 해당작용에서 시작된다. 피르브산이 아세틸 CoA로 전환되는가 젖산으로 전환되는가 하는 것은 산소가 얼마나 있는가에 달려 있다. 산소가 충분히 있으면 아세틸 CoA가 생성되고 시트르산 회로로 들어가서 NADH + H^+와 $FADH_2$를 생성한다. 이들은 전자전달 사슬로 들어가서 산화적 인산화를 통해 ATP를 생산한다.

단백질은 단백질 분해(proteolysis)를 거쳐서 아미노산으로 분해된다. 아미노산이 에너지 급원으로 사용되려면 아미노산에 있는 질소는 아미노기 전이 반응(transamination)과 탈아미노 반응(deamination)을 거쳐서 제거되어야 한다. 질소가 제거된 후에 α-케토산은 시트르산 회로로 들어갈 수 있으며 궁극적으로 전자전달 사슬을 통해 ATP를 생산한다.

지방의 이화작용은 지방분해(lipolysis)에 의해 시작되며 지방산과 글리세롤이 생긴다. 지방산은 β-산화를 통해 산화·분해된 후 시트르산 회로로 가서 NADH + H^+와 $FADH_2$를 생성하며 이들은 다시 전자전달 사슬로 들어가서 ATP를 생산한다.

그림 8.16 β-산화와 시트르산 회로를 통한 지방산의 산화

지방산의 카르복실산 말단에 CoA가 첨가되면 활성화되어 카르니틴에 의해 미토콘드리아 막을 건너서 이동된다.

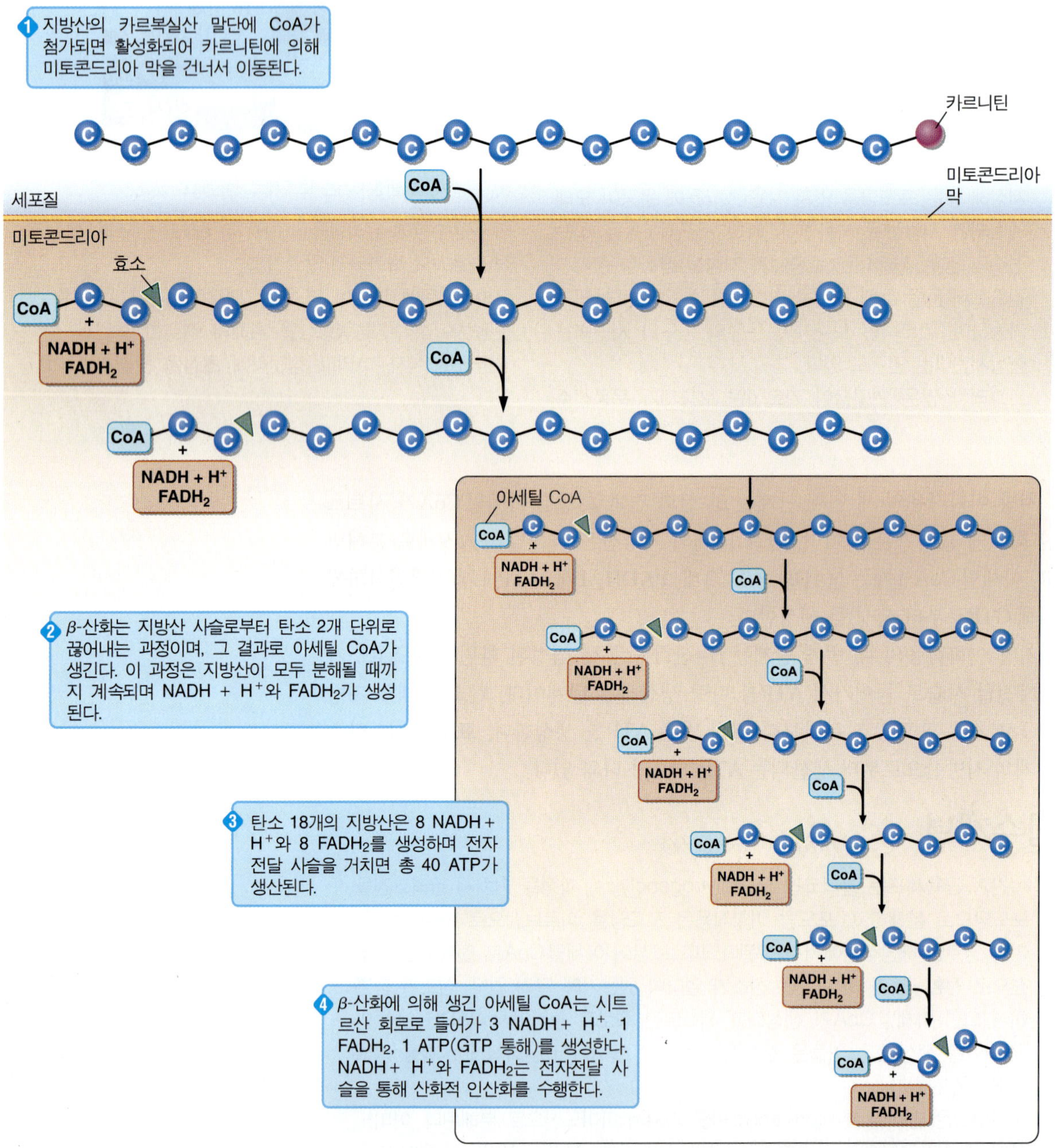

Note: The ATP yield for Fatty acid oxidation is based on integral values of 3 ATP per NADH + H^+ and 2 ATP per $FADH_2$. Based on nonintegral values, the ATP yield is 2.5 ATP per NADH + H^+ and 1.5 ATP per $FADH_2$.

표 8.2 지방산 분해를 통한 ATP 생산량

탄소 18개짜리 지방산 한 개가 8번 분해하게 되면 NADH + H^+ 8개, $FADH_2$ 8개[a], 아세틸 CoA 9개가 생긴다.

경로	ATP 생성량
β-산화	
NADH + H^+ 8개(산화적 인산화로부터)	24
$FADH_2$ 8개(산화적 인산화로부터)	16
	40
시트르산 회로(9 아세틸 CoA)	
GTP 9개(기질 인산화로부터)	9
$FADH_2$ 9개(산화적 인산화로부터)	18
NADH + H^+ 27개(산화적 인산화로부터)	81
	108

탄소 18개짜리 지방산 한 개가 완전히 분해되었을 때에 생성되는
ATP 수 = 148(40 + 108)

[a]지방산 산화에서 생기는 ATP수는 NADH + H^+ 1개당 3 ATP, $FADH_2$ 1개당 2 ATP로 계산함.

동화작용 : 에너지 저장과 생합성
Anabolism : Energy Storage and Biosynthesis

동화작용은 단지 이화작용을 거꾸로 돌리는 것이 아니며, 화합물을 분해하는 이화작용은 화합물을 합성하는 동화작용과 뚜렷이 다르다. 동화작용은 주로 세포질에서 일어나는 데 비해, 이화작용은 주로 미토콘드리아에서 일어난다.

반응 장소가 다른 것은 동화작용과 이화작용 경로가 동시에 일어날 수 있다는 면에서 매우 중요하다. 에너지 대사에 있어서 주요 동화작용과 이화작용 경로들이 **표 8.3**에 나와 있다.

신체에 에너지가 필요할 때, 세포는 다량영양소들을 분해하여 ATP를 생성한다. 그러나 에너지를 필요량보다 많이 섭취하였을 경우, 이화작용보다 동화작용이 활성화되어 영양소들이 저장 형태인 글리코겐과 중성지방으로 전환된다.

동화작용은 또 영양소의 섭취가 불균형할 때에 부족한 영양소의 합성경로가 되며, 특히 포도당이 필요할 경우에 당신생합성(gluconeogenesis)을 통해 비탄수화물 급원으로 포도당을 합성한다.

글리코겐 생성 Glycogenesis

간과 근육 조직에서 글리코겐이 합성되는 과정을 글리코겐 생성이라고 부르며, 이 과정은 인슐린에 의해 자극된다. 보통 사람은 간 글리코겐의 양이 70 g 정도 되고 근육 글리코겐의 양은 200 g 정도 된다. 이 양이면 8~12시간 동안의 에너지를 위한 포도당을 충분히 공급한다.

간과 근육의 저장 글리코겐이 서로 다른 역할을 하기는 하나, 신체에서 포도당이 요구될 때는 두 조직의 글리코겐이 모두 분해된다.

표 8.3 주요 에너지 대사경로 요약

경로	설명	조직	동화작용, 이화작용, 이중경로
해당작용	포도당이 분해되면 피르브산 두 개가 형성됨: 혐기성 에너지 대사	모든 조직	이중경로
당신생합성	굶거나 스트레스 조건에서 비탄수화물 급원으로부터의 포도당 합성	간, 신장	동화작용
글리코겐 분해	포도당 생산 위한 글리코겐의 분해	간, 근육	이화작용
글리코겐 생성	글리코겐의 생성	간, 근육	동화작용
지방생성	지방산과 중성지방의 합성	간, 지방조직	동화작용
지방분해	중성지방이 지방산과 글리세롤로 분해되는 것	지방조직, 근육	이화작용
β-산화	지방산이 아세틸 CoA로 분해되는 것	간, 근육	아화작용
케톤체 생성	또 다른 에너지 급원인 케톤체가 아세틸 CoA로부터 생성되는 것	간	동화작용
단백질 분해	단백질이 아미노산으로 분해되는 것	근육	이화작용
시트르산 회로	아세틸 CoA가 산화되어 CO_2, NADH + H^+, $FADH_2$, GTP를 생산하는 중심 대사 경로	적혈구를 제외한 모든 조직	이중경로
산화적 인산화	환원형 NADH + H^+와 $FADH_2$가 NAD^+와 FAD로 산화되고 ADP가 ATP로 인산화되는 짝지음 반응	적혈구를 제외한 모든 조직	–

지방생성 Lipogenesis

글리코겐 저장량은 한계가 있으므로 여분의 포도당은 지방산을 거친 후에 중성지방으로 바뀌어서 지방조직에 저장되는데, 이 과정을 지방생성(lipogenesis)이라고 한다. 이때 인슐린이 이 과정을 돕는다.

포도당이 글리코겐으로 전환되는 과정은 가역적 인 데 비해, 포도당이 지방산으로 전환되는 것은 비가역적이다. 즉, 포도당이 한 번 지방산으로 전환되면 그 지방산은 다시 포도당으로 전환될 수 없다.

지방생성은 주로 간과 지방조직에서 일어난다(**그림 8.17**). 먼저 포도당이 해당작용을 거쳐서 피르브산 2분자로 분해되며, 피르브산은 아세틸 CoA 2분자로 전환된다. 다음에 아세틸 CoA 분자들이 모여서 지방산을 만들고 지방산 3개가 글리세롤 한 분자와 결합하여 중성지방을 만드는데, 이 과정을 지방생성이라고 부른다. 포도당으로부터의 지방생성 과정에는 포도당이 가지고 있는 에너지의 20~25% 정도가 소요된다.

이에 비해 섭취된 지방산이 중성지방으로 전환될 때 필요한 에너지는 지방산이 가지고 있는 에너지의 약 5% 정도밖에 되지 않으므로 탄수화물 식품보다 지방 식품에서 얻은 여분의 칼로리가 더 효율적으로 지방조직에 저장된다는 것을 알 수 있다. 단백질 합성에 사용되지 않은 아미노산도 간에서 지방산으로 전환되어 중성지방을 형성한다. 이 과정에도 에너지가 필요하며, 이 양은 포도당이 중성지방으로 전환될 때보다 많다. 왜냐하면, 아미노기 전이 반응과 탈아미노

그림 8.17 **지방생성**

여분의 포도당과 아미노산은 지방산을 합성하는 데 사용되며 지방산은 글리세롤 한 분자와 합하여 중성지방을 만든다.

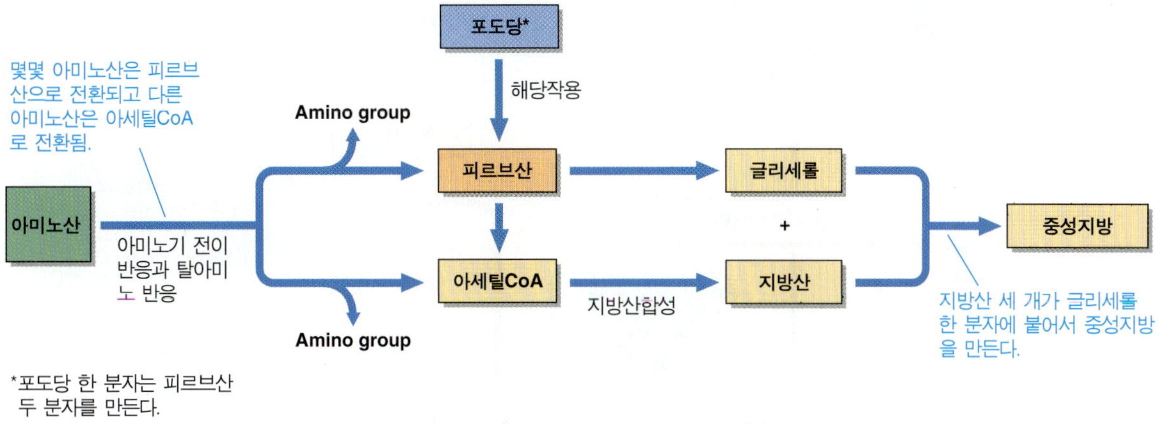

반응을 통해 질소를 가진 아미노기를 떼어 내는 일이 먼저 일어나야 하고 그 다음에 남은 탄소 골격이 아세틸 CoA로 전환되기 때문이다.

당신생합성 Gluconeogenesis

대부분의 세포들은 에너지 급원으로 포도당과 지방산을 사용하나 뇌와 중추신경계는 포도당을 우선으로 사용하고 적혈구는 포도당만을 사용한다. 이런 조직에 포도당을 계속적으로 공급하기 위해 포도당은 간과 골격근육에 글리코겐 형태로 소량 저장된다.

그러나 글리코겐 저장분이 고갈되면 동화작용 경로에 의해 비탄수화물 분자들이 포도당으로 전환되며, 이를 당신생합성(gluconeogenesis)이라고 부른다. 당신생합성은 간에서 주로 일어나며 일부는 신장에서도 일어난다. 당신생합성은 기아 시에 포도당을 주된 혹은 유일한 에너지 급원으로 사용하는 세포에서 중요한 포도당 공급원이 된다.

당신생합성에 사용되는 비탄수화물 급원은 주로 아미노산, 젖산, 글리세롤 등이다(**그림 8.18**). 이 들은 먼저 옥살초산(oxaloacetate)으로 전환되고 그 후에 포도당으로 전환된다. 이 과정에서 필요한 에너지는 ATP, 그리고 NADH + H^+가 NAD^+로 산화되는 과정으로부터 얻는다. 당신생합성은 에너지 집약적인 과정으로써 글루카곤과 코르티솔에 의해 촉진되며 인슐린에 의해 억제된다.

아미노산으로부터의 당신생합성
Gluconeogenesis from Amino Acids

당신생합성을 통해 포도당을 생성하는 데 사용되는 아미노산을 당생성 아미노산(glucogenic amino acids)이라고 하며, 류신(leucine)과 리신(lysine)이 이에 속한다.

그림 8.18 당신생합성

당신생합성에 사용되는 비탄수화물 급원에는 아미노산, 젖산, 글리세롤이 있다.

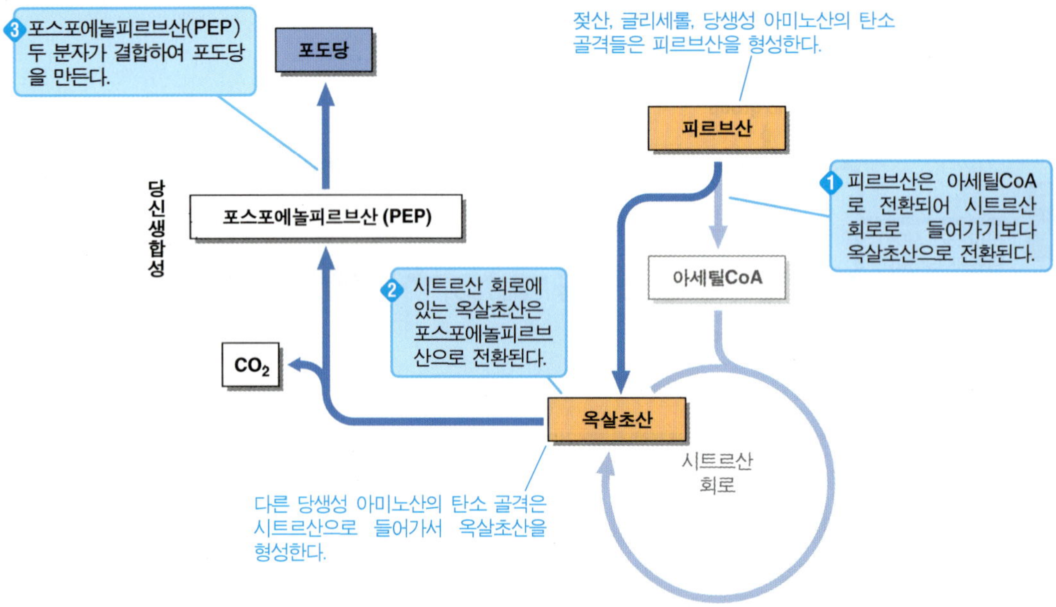

당생성 아미노산이 포도당으로 전환되는 길은 여러 개가 있으며, 모두 아미노기 전이 반응과 탈아미노 반응을 통해 아미노기를 제거한 후에 남은 탄소 골격이 옥살초산으로 전환되는 과정을 거친다.

탄소 4개인 옥살초산의 탄소 1개가 떨어져 나가서 산소와 결합하여 CO_2를 만들며, 남은 탄소 3개는 포스포에놀피르브산(phosphoenolpyruvate, PEP)이 되어 해당작용의 여러 단계를 거꾸로 거쳐서 PEP 2분자로 포도당 1분자를 합성한다. 이 과정에 비오틴(biotin), 리보플라빈(riboflavin), 니아신(niacin), 비타민 B_6 등의 보조효소들이 필요하다.

케톤체 생성 Ketogenesis

기아 시나 탄수화물을 매우 적게 섭취했을 경우, 옥살초산이 ATP 생산에 필요한 포도당을 만들기 위해 당신생합성 경로로 들어가기 때문에 옥살초산 공급이 고갈된다. 이렇게 되면 시트르산 회로는 잘 돌아가지 못하게 되고, β-산화로부터 생산된 아세틸 CoA가 시트르산 회로로 쉽게 들어갈 수 없게 되며, 아세틸 CoA는 다른 대체 에너지 형태인 케톤(ketones)을 생산하는 데 사용된다.

이 동화작용 과정을 케톤체 생성(ketogenesis)이라고 하며, 오랫동안 사용할 수 있는 포도당량이 적을 때에 신체는 이 과정을 통해 에너지의 중요한 급원을 마련한다.

케톤은 아미노산과 지방산으로 합성한다. 아미노산의 아미노기 전이 반응 결과로 생긴 탄소 골격(α-케토산)은 아세틸 CoA로 전환될 수 있으며, 이런 아미노산을 **케톤 생성 아미노산**이라고 한다. 당신생합성이 너무 높으면 세포 안에서 옥살초산의 양이 제한되므로 β-산화로 생성된 아세틸 CoA가 시트르산 회로로 들어가지 못하게 된다. 그 대신에 서로 결합하여 아세토아세트산(acetoacetate)과 β-하이드록시부티르산(β-hydroxybutyrate) 및 아세톤(acetone) 등과 같은 케톤체를 형성한다(**그림 8.19**). 아세틸 CoA로부터 케톤을 생성하는 작용은 주로 간에서 일어나며 글루카곤에 의해 촉진된다. 당신생합성과 케톤체 생성은 보통 동시에 일어난다.

근육, 뇌, 신장 조직에는 ATP 생성을 위해 케톤을 사용할 수 있는 효소가 있다. 지방산과 케톤생성 아미노산으로부터 생성되는 케톤은 기아나 당뇨 등으로 포도당이 불충분할 때에 주요 에너지 급원이 될 수 있다. 따라서 케톤은 아미노산이 당신생합성을 통해 다량의 포도당을 합성하지 않아도 되도록 아미노산의 사용을 절약해 줄 수 있다.

신체가 케톤을 사용하는 것이 생존과 관련하여 중요하기는 하지만 케톤 생산이 케톤의 사용보다 많아지면 혈액에 케톤 농도가 높아지는 **케토시스**가 나타난다. 케토시스가 되면 케톤체 일종인 아세톤이 숨쉴 때에 밖으로 나오게 되어 입에서 특이한 냄새가 난다. 케토시스는 굶었을 때, 심한 저탄수화물 식사를 하였을 때, 운동을 많이 하였을 때, 제 1형 당뇨병이 있을 때 등에 나타난다. 심각한 케토시스인 **케토산증**은 혈액 산도 저하, 메스꺼움, 혼수, 심하면 사망 등의 여러 가지 합병증을 나타낸다.

케톤 생성 아미노산
ketogenic amino acids
케톤체를 생성하기 위해 사용되는 아미노산들

케토시스 ketosis
신체 조직과 체액에 케톤이 축적되는 것

케토산증 ketoacidosis
혈중 케톤 수준이 증가하여 혈액의 pH가 낮아지는 현상

그림 8.19 케톤체 생성

지방산과 케톤 생성 아미노산으로부터 합성된 케톤은 포도당이 부족할 때에 주요 에너지 급원으로 사용된다.

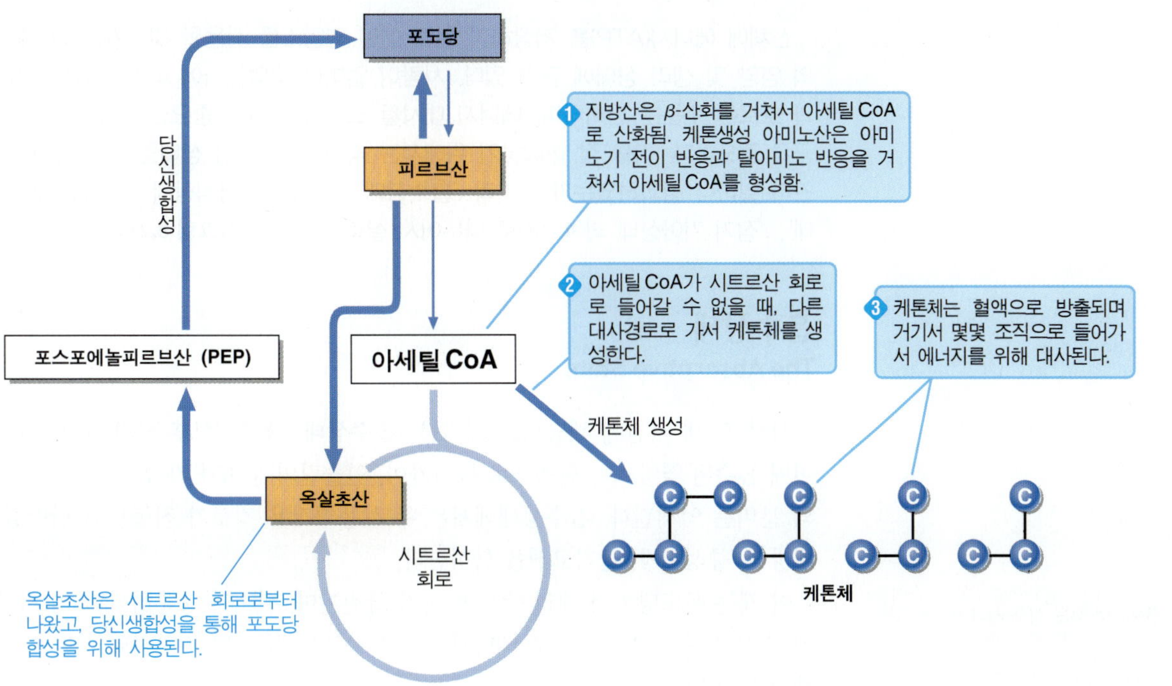

필수개념 Essential Concepts

동화작용은 여분의 에너지를 저장하고, 포도당의 공급이 제한될 때에 에너지를 내는 물질을 합성하는 중요한 역할을 담당한다. 인슐린은 간과 근육조직을 자극하여 여분의 포도당을 글리코겐으로 저장하도록 촉진한다(글리코겐 생성). 또한 포도당과 아미노산을 지방산으로 전환시켜서 지방조직과 간의 조직에서 중성지방으로 합성하는 것을 촉진한다(지방생성).

에너지 공급이 과잉일 때는 동화작용 경로가 중요하며, 이 경로는 기아 시에 비탄수화물 급원으로부터 포도당을 합성하는 일에도 사용된다(당신생합성). 당신생합성에 사용되는 물질들은 당생성 아미노산, 젖산, 글리세롤 등이다.

그러나 당신생합성이 너무 과다하게 일어나면 아세틸 CoA를 받아 줄 옥살초산의 양이 고갈되어 아세틸 CoA는 시트르산 회로로 들어가지 못하고 케톤체를 생성하게 된다. 몇몇 아미노산들도 케톤체로 전환된다. 근육, 뇌, 신장 조직들은 케톤체를 ATP 생산을 위해 사용할 수 있는 효소를 가지고 있다.

식사와 금식에 대한 에너지대사 변환
Shifts in Energy Metabolism in Response to Feeding and Fasting

대사를 위한 연료의 공급은 하루에도 여러 번 변화를 보인다. 식사 후에는 에너지가 쉽게 공급되어 세포의 즉각적 요구를 채워 주고도 남으므로 글리코겐, 단백질, 중성지방의 합성을 위한 동화작용 경로가 촉진된다.

그러나 굶을 때는 연료의 공급이 감소하므로 이화작용 경로가 촉진되어 신체의 저장 에너지가 ATP로 분해된다. 따라서 에너지가 충분히 공급되는가의 여부에 따라 동화작용과 이화작용의 방향이 결정된다(**그림 8.20**). 오랫동안 굶거나 기아와 같은 극심한 상태에서의 신체는 생리 기능을 유지하기 위해 대사적으로 적응한다.

신체에 에너지(ATP)를 저장하기 위해 어떤 영양소를 사용할 것인가는 그 개인의 영양 및 생리 상태에 달려 있다. 사람이 얼마나 굶었는가에 따라 연료의 공급과 호르몬 수준은 변화하며, 에너지 대사를 조정하는 가장 중요한 요인은 에너지 공급 정도이다. 이를 잘 이해하기 위해서는 각 개인의 영양 상태를 식사 후에 시간이 얼마나 경과하였는가에 따라 '흡수상태', '흡수 후 금식상태', '급성 기아상태', '장기 기아상태'의 4가지로 나누어서 살펴 볼 수 있다(**그림 8.21**).

흡수상태
The Absorptive State

식사 후 네 시간에 해당되는 시기를 **'흡수상태'** 혹은 **'식후 시기'**라고 한다. 이때 흡수된 영양소는 혈액으로 들어가며, 인슐린의 분비가 자극되고 글루카곤의 분비는 억제된다. 흡수상태에서는 주로 동화작용 경로가 작동되어 단백질, 지방산, 중성지방, 글리코겐을 합성한다.

이 때는 포도당이 신체의 주요 에너지 급원이며, 산소가 충분하다면 이 시기에 생성되는 ATP는 대부분 해당작용과 시트르산 회로 및 전자전달 사슬을 통해 만들어진다.

흡수상태 혹은 식후 시기
absorptive state(postprandial period)
식사 후의 첫 네 시간

그림 8.20 에너지대사의 개관

동화작용과 이화작용의 경로는 기질과 중간산물의 공급, 그리고 에너지 필요에 의해 결정된다.

아미노산, 포도당, 지방산, 글리세롤은 피르브산이나 아세틸 CoA로 전환된다. 에너지 필요에 따라 이들은 동화작용 혹은 이화작용 경로로 들어간다.

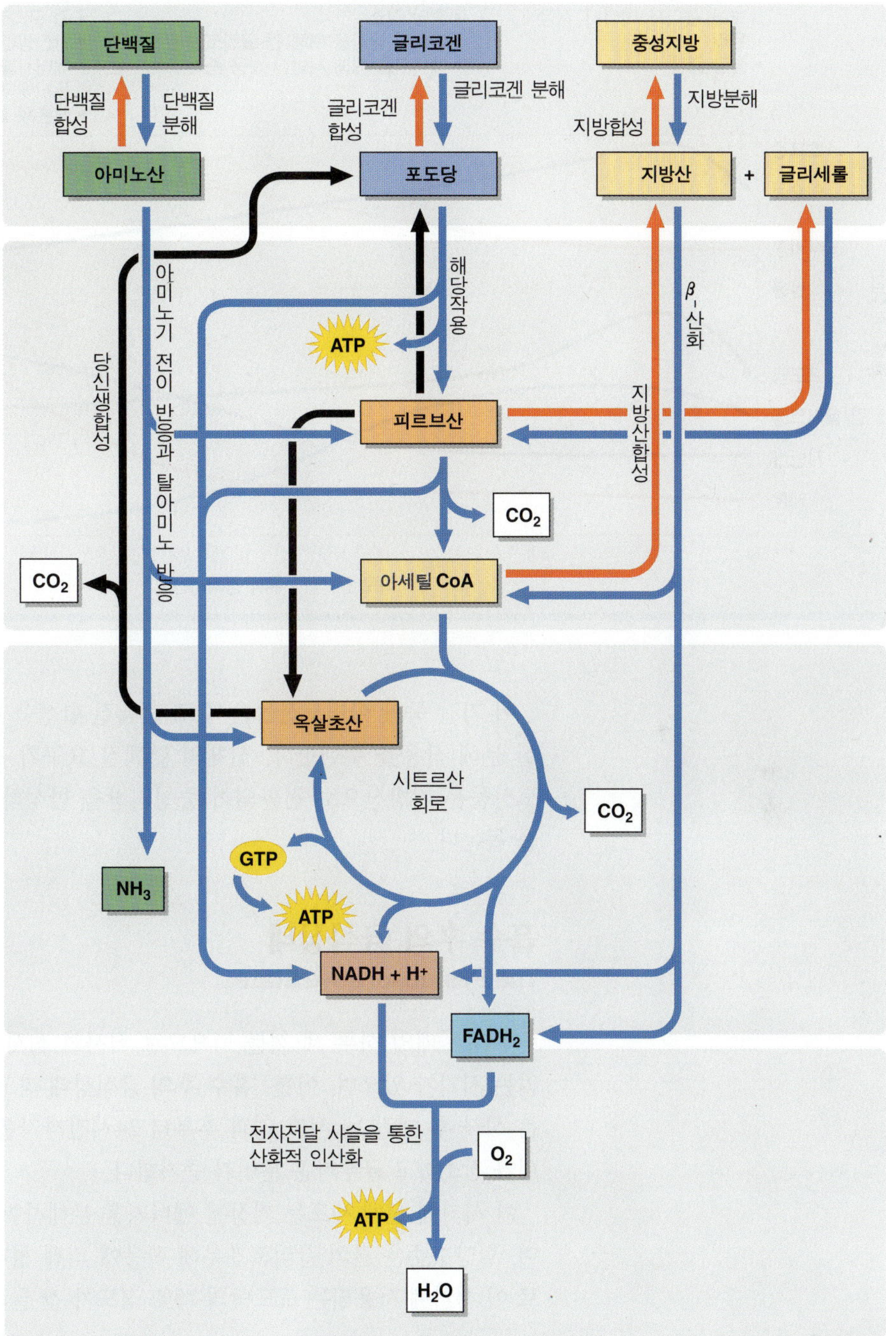

에너지가 과잉일 때 아세틸 CoA는 지방산으로 전환되어 중성지방을 형성한다.

에너지가 필요할 때 아세틸 CoA는 시트르산 회로로 들어간 후에 CO_2로 산화되면서 에너지를 낸다. 전자와 수소 이온은 FAD와 NAD^+로 이동되어 $FADH_2$와 $NADH + H^+$를 형성한다.

이 경로는 에너지가 과잉일 때에 일어난다. 아미노산, 포도당, 지방산이 각각 단백질, 글리코겐, 중성지방으로 전환된다.

이 경로는 에너지가 필요할 때 일어난다. 단백질, 글리코겐, 중성지방이 각각 아미노산, 포도당, 지방산으로 분해된다.

이 경로는 포도당이 부족할 때 일어나며, 옥살초산이 시트르산회로를 떠나서 당신생합성에 의해 포도당을 합성하는 데 사용된다.

그림 8.21 식사, 금식, 급성 기아상태에 에너지 공급과 호르몬 변화

흡수상태 :
- 인슐린 상대농도가 글루카곤보다 높아서 에너지 저장에 유리
- 혈당 증가

흡수 후의 상태 :
- 인슐린 농도 감소, 글루카곤 농도증가
- 혈당 감소
- 에너지 공급을 위해 간 글리코겐 분해
- 에너지를 위해 지방산 사용 증가

급성 기아상태 :
- 글루카곤 상대 농도가 인슐린보다 높음
- 간 글리코겐 저장량 감소
- 당신생합성에 의해 주로 포도당이 공급됨
- 에너지를 위해 지방산의 사용이 증가함과 동시에 저장 중성지방이 분해됨.
- 케톤체 형성(ketogenesis) 증가

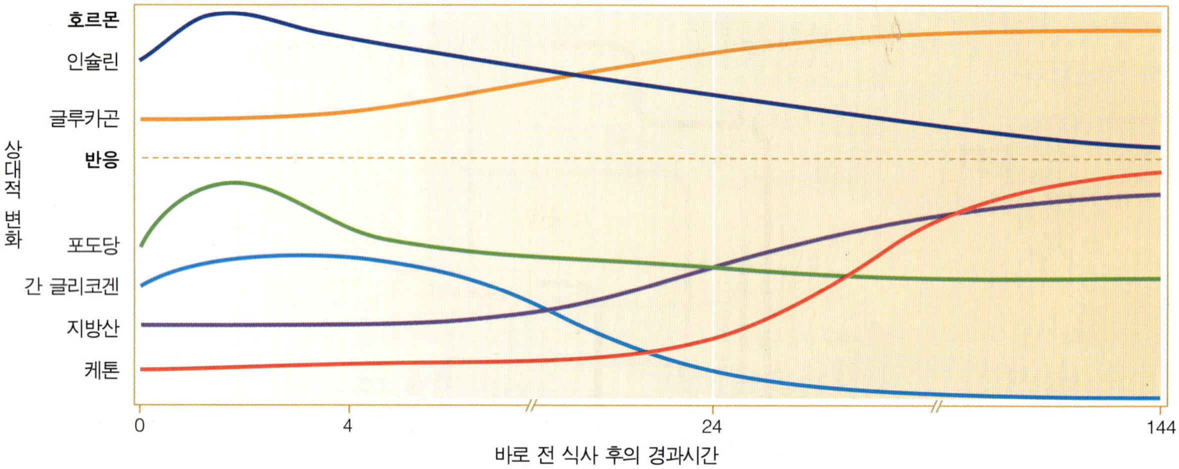

이 기간 동안 아미노산들은 주로 단백질 합성을 위해 사용되고 소량만 단백질 분해 작용을 수행한다. 신체의 단백질 요구가 충족되고 나면 여분의 아미노산들은 지방산으로 전환되어 중성지방을 합성하며, 이때 인슐린이 이 과정을 돕는다.

흡수 후의 금식상태
The Postabsorptive State

우리는 매일 하루 세 끼를 먹으므로 식사와 식사 사이에 음식물이 들어오지 않는 시기가 있으며, 이를 '**흡수 후의 금식상태**'라고 한다. 흡수 후의 금식상태는 식사 후 대략 네 시간 경과 후부터 24시간까지를 말하며, 이때는 인슐린 분비가 감소하고 글루카곤 분비가 증가한다.

이 시기에 신체 세포는 저장된 에너지를 분해하여 필요한 에너지를 공급받으며, 혈당수준은 간의 글리코겐분해 작용에 의해 생긴 에너지로 유지된다. 실제로 이 시기에 사용되는 포도당의 75% 정도가 간 글리코겐으로부터 온다.

이 시기에는 대부분의 세포에서 해당 작용과 시트르산 회로 및 전자전달 사슬로부터 ATP를 생성하나, 몇몇 세포에서는 적혈구와 중추신경계의 에너지 급원인 포도당을 충분히 마련해 주기 위해 에너지 급원으로 지방산을 사용한다.

인슐린 분비가 감소함에 따라 지방분해가 촉진되며 지방산이 혈액으로 많이 방출된다. 신체가 이러한 흡수 후 금식상태를 유지하고 있는 것이 건강에 유익

흡수 후의 금식상태
postabsorptive state
식사로부터 영양소가 흡수되지 않는 시간(식사 후 4~24시간)

하다는 주장도 있다. 동물실험에서 에너지는 제한하고 영양소는 충분한 식사를 한 동물이, 에너지를 제한하지 않고 많이 섭취한 동물보다 더 오래 사는 것으로 나타났기 때문이다.

급성 기아상태 Acute Starvation

'급성 기아상태'는 식사한 지 24시간이 지난 후부터 닷새까지의 시기를 말한다. 금식한 지 24~36시간까지는 저장된 글리코겐이 분해되며 글루카곤에 대한 인슐린 비율이 더 감소한다.

제한된 글리코겐 저장분을 다 사용하고 나면, 신체는 신경조직과 적혈구에 포도당을 우선적으로 공급하기 위해 비탄수화물 급원으로부터 '당신생합성' 과정을 거쳐서 포도당을 합성한다.

급성 기아상태 acute starvation
금식 첫 5일, 혹은 마지막 식사 후 24시간이 지났을 때

Focus On 식사와 건강 DIET AND HEALTH — 만성 칼로리 제한과 장수

적은 양의 음식섭취는 인간의 수명을 연장시킬까? 동물실험 결과를 근거로 그렇게 믿는 연구자도 있다. 노화의 원인에 대해 많은 이론이 있으며, 과학자들은 수명 연장 요인에 대해 많은 관심을 가져 왔다. 일생동안 필수영양소는 충분히, 에너지는 적게 섭취하는 식생활이 건강과 장수에 도움이 된다는 연구 증거들이 많이 제시되었으며, 이를 "적절한 영양과 칼로리 제한(caloric restriction with optimal nutrition ; CRON)"이라고 부른다.

원숭이와 쥐를 대상으로 한 CRON 연구 결과는 고영양밀도, 저에너지 식이를 섭취한 동물이 정상식이를 섭취한 동물에 비해 더 오래 살고 외관이 젊어 보이며 노화관련 건강문제도 적었다고 한다.

장수에 대한 CRON의 이점은 신체대사활성도를 감소시켜서 세포와 조직에 대한 산화적 손상을 적게 받도록 하는 데 있다. 특히 산화적 대사는 유리기(free radical)라는 매우 불안정하고 파괴적인 분자를 형성시켜서 세포막·DNA·미토콘드리아 등에 손상을 주며, 유리기에 의한 손상은 세포 노화와 암의 주요 원인 중 하나로 생각되고 있다.

CRON은 유리기를 감소시키며 인슐린 저항성에 의한 손상도 예방한다. 유리기처럼 과잉의 포도당은 DNA와 단백질에 손상을 줌으로써 세포 기능을 해칠 수 있는데, CRON은 인슐린 민감도를 향상시킴으로써 고혈당으로 인한 세포 손상을 감소시킨다.

40달된 생쥐. 청장년기 12달 동안 저칼로리식이를 먹은 왼쪽 두 마리 쥐가 정상식이를 먹은 오른쪽 두 마리보다 더 젊고 건강해 보인다.

CRON이 인간 장수에 미치는 영향을 평가하기는 쉽지 않다. 실험동물보다 인간은 훨씬 더 오래 살며 또 조절되지 않은 환경에서 살기 때문이다.

또 CRON이 인간 장수에 미치는 영향을 연구하기 위해서는 생의 초기부터 식사조절을 해야 하고 수년 동안 칼로리 제한식사를 해야 하는데, 인체를 대상으로 이런 임상연구를 하기는 불가능하다.

칼로리 제한을 통한 수명연장이 꼭 유리한 것은 아니나, 암, 제2형 당뇨, 심혈관계 질환 등 만성 퇴행성 질환의 발병위험을 감소시킬 수 있다. 따라서 저칼로리, 고영양밀도 식사를 하는 것은 건강과 장수의 측면에서 유리할 것이다.

근육조직은 포도당 생성에 필요한 물질인 아미노산, 젖산, 글리세롤 등을 공급함으로써 간에서 당신생합성이 잘 일어나도록 한다.

급성 기아상태 초기 단계에는 근육조직이 손실되므로 신체의 총 에너지 필요량이 감소한다. 즉, 신체의 대사가 활발한 근육조직을 줄임으로써 "생존 모드"로 바꾼다. 이렇게 되면 기아상태가 계속되어도 생존할 수 있으며, 근육조직 유지를 위한 에너지가 적게 들어 신체의 전반적 에너지 필요량을 줄일 수 있다.

섭식 장애(eating disorder)나 초저열량 식사 등 일부러 에너지를 적게 취하는 경우에도 당신생합성을 지원하기 위해 근육조직이 손실된다. 따라서 성공적인 체중감량 식사요법에서는 근육조직의 손실을 줄이기 위해 체중 조절을 서서히 하도록 권장한다.

초기의 기아상태에서 신체는 에너지 급원을 지방산에 의존한다. 그러나 포도당이 심각하게 제한되고 옥살초산이 당신생합성을 수행하느라고 시트르산 회로를 돌지 못하게 되면 세포는 아세틸 CoA를 산화시킬 수 없게 됨으로써 간에서 케톤 생성 경로(ketogenic pathways)가 촉진된다.

특히 뇌 조직에서는 ATP 생성을 위해 케톤을 사용하는 것은 생존을 위해 매우 중요하다. 뇌가 케톤을 에너지로 사용하면 포도당이 다른 조직에서 사용될 수 있도록 포도당을 절약해 주게 되고, 신체는 에너지를 위해 당신생합성에 심하게 의존할 필요가 없게 되므로 근육조직을 보호하게 된다.

케톤체 생성(ketogenesis) 결과로 나타나는 케토시스로 인해 종종 식욕이 없어지지만 기아상태에서는 이런 식욕감퇴가 유리할 수도 있다. 식품이 다시 공급되어 식사를 하게 되면 케토시스는 감소하고 식욕은 다시 돌아온다.

장기 기아상태
Prolonged Starvation

만약에 식품이 일주일 이상 공급되지 않으면, 신체는 **'장기 기아상태'**에 돌입한다. 이때에는 세포에 충분한 포도당을 공급하고 근육을 보호하는 일이 신체의 우선순위가 된다. 이 기간에는 오직 적혈구만 ATP 생성을 위해 포도당을 단독으로 사용하는데, 이는 적혈구에는 지방산과 케톤이 에너지를 위해 대사되는 장소인 미토콘드리아가 없기 때문이다.

장기 기아상태에서는 생명 유지의 적응 반응으로 케톤을 에너지 급원으로 사용하게 되므로 케톤체 생성이 촉진된다. 그러나 극심한 기아상태에서 저장된 지방이 다 사용되면 근육이 분해되어 포도당과 에너지 급원으로 사용되며 신체의 중요 기관인 심장과 신장 근육도 포함된다. 이렇게 되면 궁극적으로 심장과 신장의 기능도 손상을 입게 되며, 신체는 사망에 이를 때까지 근육과 신체의 주요 기관을 분해하여 에너지로 사용한다.

여기에 이르기까지의 기간은 개인의 저장지방량에 따라 다르나 대개 몇 개월이 걸린다. 수분이 충분히 공급된다면 신체는 식사가 공급될 때까지 최소한의 기능을 하며 버틸 수 있다.

장기 기아상태 prolonged starvation
일주일 이상 식품이 공급되지 않을 때

에너지 요구를 충족시키는 신체의 다양한 방법들
The Body's Versatile Solution to Meeting Energy Needs

신체의 여러 에너지 대사경로는 어떤 식품을 얼마나 많이, 얼마나 자주 섭취하는가에 따라 영향 받는다. 이렇게 다양한 경로가 있는 것은 세포가 서로 다른 환경에서도 에너지(ATP) 요구가 충족되도록 하기 위해서이다.

에너지 대사의 통합과 조정의 특성에 대해 잘 이해하면 어떻게 식품으로부터 온 영양소들이 기초적인 세포 수준에서 생명에 영향을 주는지에 대해 통찰하게 된다. 그러나 이러한 수없이 많은 대사경로와 반응들은 영양소와 칼로리 섭취 불균형에 의해 쉽게 방해될 수 있다.

장기 기아상태처럼 생명을 위협하는 상황에서는 에너지 대사경로가 근육조직의 손실을 최소화하면서도 충분한 포도당을 확보할 수 있는 방향으로 진행되어야 한다.

필수개념 *Essential Concepts*

식사와 금식의 간헐적 상태에 응하는 에너지 대사 상태에는 흡수상태, 흡수 후의 금식상태, 급성 기아상태, 장기 기아상태가 있다. 주요 동화작용인 단백질, 중성지방, 글리코겐 합성 경로들은 대부분 흡수상태(absorptive state)에서 작동한다. 이때는 모든 조직에서 포도당이 주요 에너지 급원이다.

마지막 식사 후 4~24 시간이 지난 다음 흡수 후의 금식상태(postabsorptive state)에서는 저장 에너지인 글리코겐이 분해되어 생성된 에너지를 주로 사용한다. 마지막 식사한 후 24시간~5일까지인 급성 기아상태(acute starvation)에서는 ATP 생산을 위해 지방 저장고를 동원하며 당신생합성을 통해 포도당을 합성하여 사용한다.

일주일 이상 식품이 공급되지 않는 장기 기아상태(prolonged starvation)에서는 에너지 급원으로 케톤의 사용을 늘림으로써 근육조직을 당신생합성으로부터 보호한다. 그러나 결국에 포도당과 ATP 생성을 위해 근육을 사용하게 되며 식사가 공급되지 않으면 심각한 결과를 초래하게 된다.

연습 문제 Review Questions

1. 다음 영양소 중 세포에서 ATP를 생산하는 데 사용되는 것은?

a. 포도당　　b. 지방산

c. 아미노산　　d. 위의 영양소 모두

2. 다음 중 세포에서 포도당의 급원이 될 수 없는 것은?

a. 지방산　　b. 글리코겐

c. 몇 개의 아미노산

d. 중성지방으로부터의 글리세롤

3. 다음 대사경로 중 산화적 인산반응(oxidative phosphorylation)에 의해 ATP를 생산하는 것은?

a. 시트르산 회로

b. 지방생성(lipogenesis)

c. 전자전달 사슬(The electron transport chain)

d. 해당작용

4. 다음 중 당신생합성(gluconeogenesis)은?

a. 결과로 중성지방이 형성된다.

b. 간과 근육에 글리코겐이 가득 저장되었을 때에 일어난다.

c. 아미노산으로부터 아민기가 제거되는 과정이다.

d. 포도당이 제한될 때에 일어난다.

5. 시트르산 회로는 ________(와)과 옥살초산과 결합하여 시트르산을 형성하는 것이다.

a. 케톤　　b. 피르브산

c. 아세틸 CoA　　d. 물

6. 포도당이 두 분자의 피르브산으로 분해되는 것을 ________(이)라고 부른다.

a. 당신생합성(gluconeogenesis)

b. 글리코겐 분해(glycogenolysis)

c. 해당작용

d. 시트르산 회로

7. 혐기성 회로는 ________ 동안 가장 활발하게 작용한다.

a. 흡수상태(absorptive state)

b. 흡수 후의 상태(postabsorptive state)

c. 급성 기아상태(acute starvation)

d. 운동

8. 다음 중 흡수 후의 상태 동안 활발하지 않은 대사 경로는?

a. 글리코겐 분해(glycogenolysis)

b. 지방분해(lipolysis)

c. 지방생성(lipogenesis)

9. 다음 설명 중 옳은 것은?

a. 이화작용의 활성(catabolic activity)은 에너지(ATP)가 많을 때에 증가한다.

b. 세포에 산소가 많으면 피르브산은 아세틸 CoA로 전환된다.

c. 글리코겐 분해(glycogenolysis)는 지방산이 포도당으로 전환되는 대사과정이다.

d. 위의 모든 말이 다 옳다.

10. 케톤 생성은 어느 경우에 증가하는가?

a. 식사 후에

b. 포도당이 많이 있을 때

c. 오랫동안 금식한 후에

d. 글리코겐 저장이 많을 때

11. 식사 후에 따라오는 대사 반응과 식사 후 24시간 동안 굶었을 때의 대사 반응을 설명하라.

12. 굶는 동안, 케톤 생성이 어떻게 제지방 체중(lean body mass)을 절약하는지를 설명하라.

13. 다음 각 영양소의 이화작용(catabolism) 단계를 간단하게 설명하라.

a. 탄수화물

b. 단백질

c. 중성지방

14. 다음 각 대사 경로에 대해 간단하게 설명하라.

a. 해당작용

b. 시트르산 회로

c. β-산화

15. 세포에서 ATP를 생성하는 데 사용되는 두 가지 방법을 설명하라.

영양과 신체 활동, 그리고 운동 수행
Nutrition, Physical Activity, and Athletic Performance

사람들은 좋은 몸매를 유지하기 위해, 혹은 훈련과 경쟁의 도전을 즐기기 위해 운동을 한다. 이유가 어떻든 운동은 건강에 매우 유익하다. 레크리에이션으로 하는 운동의 영양섭취기준은 건강한 일반인의 섭취기준과 크게 다르지 않으나, 심한 훈련을 하는 운동선수는 식사 요구량이 커진다.

운동 전과 도중 또는 운동 후에 먹고 마시는 것은 운동 수행능력에 크게 영향을 준다. 훈련과 경기에서의 심한 스트레스는 세포에 필요한 영양소와 에너지를 고갈시킬 수 있다.

운동선수들이 에너지 대사를 이해하고 이를 영양학적인 훈련 전략에 적용할 때 운동수행 능력은 향상된다.

신체활동 중의 에너지대사
Energy Metabolism During Physical Activity

하루 종일 우리는 끊임없이 움직인다. 일어서고 앉고 걷고 달리는 모든 신체 활동에 에너지가 필요하며, 신체의 활동 정도는 에너지 대사에 크게 영향을 미친다. 우리는 총 에너지 섭취량의 대략 15~30%를 신체 활동에 사용하나, 운동하는 사람은 이 비율이 더 올라간다. 쉬는 동안에도 에너지는 대략 1~1.5 kcal/분 정도 소비되며, 운동을 하면 15~36 kcal/분까지 증가한다.

신체가 움직이려면 뇌의 신경 신호에 따라 골격근육 내의 운동근육 단위가 수축·이완해야 한다. 그리고 이 복잡한 활동을 수행하기 위해 근육섬유는 ATP라는 화학적 에너지를 기계적인 에너지로 전환시켜야 한다. 이 전환 속도는 에너지를 위한 연료의 공급과 ATP를 생산하기 위해 근육이 사용하는 대사경로에 의해 결정된다.

호기성 및 혐기성 대사
Aerobic and Anaerobic Metabolism

운동하는 동안, 포도당과 지방산 및 소량의 아미노산이 대사·분해되어 ATP가 생성된다. 이 영양소들의 사용 정도는 우리가 먹는 식품들과 영양소들의 신체 내 저장량에 따라 달라진다. 근육 섬유에는 ATP를 생산하는 여러 대사 경로들이 있고, 이들이 함께 협동하여 작용함으로써 신체 활동에 필요한 에너지를 만들어 낸다. 이 경로들은 호기성(산소 풍부) 조건에서 작용하기도 하고 혐기성(산소 부족) 조건에서 작용하기도 한다. 운동선수가 경기하는 수많은 상황에서 호기성과 혐기성 에너지 경로들은 둘 다 상당히 유익하다.

1~2시간 정도 걷는 것과 1~2분 정도 전속력으로 단거리 질주를 하는 것 중 어느 것이 근육을 더 피

로하게 할까? 근육은 고강도의 격한 운동 시에 더 피로해지며, 이때 산소의 공급이 중요한 역할을 한다. 근육은 신체 활동에 필요한 에너지를 내기 위해 호기성과 혐기성 대사 경로를 모두 사용하나, 운동 강도와 지속시간에 따라 어떤 경로를 사용할 것인지 결정된다. 100 미터 달리기 같이 짧고 강도가 높은 운동은 마라톤과 같이 지속적이면서 계속 ATP를 공급해야 하는 운동에 비해 많은 양의 에너지가 급하게 필요하다.

호기성 대사 경로에는 시트르산 회로, β-산화, 전자전달 사슬이 있다. 이 경로들은 복합적인 여러 대사 단계들로 구성되어 있기 때문에 ATP를 비교적 천천히 생성하나, 일정 시간 후엔 엄청난 양의 ATP가 생성된다. 저강도 활동을 하는 동안에는 산소가 충분히 공급되므로 주로 이 경로가 사용된다.

그림 8.22 운동하는 동안의 에너지 체계와 총에너지 지출에 대한 상대적 공헌도

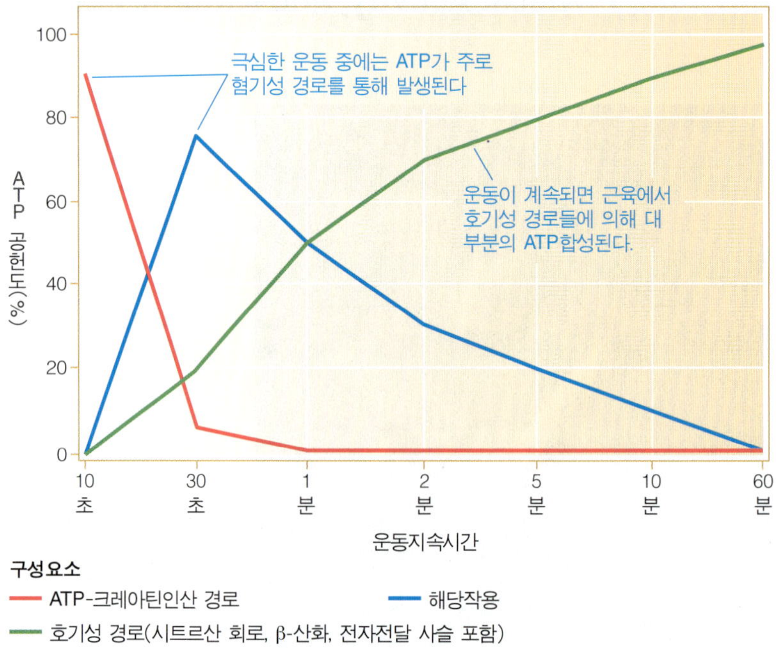

산소 없이도 ATP를 생성하는 혐기성 경로에는 **ATP-크레아틴 인산 경로(ATP-CP 경로)**와 해당작용이 있다. 운동 강도가 증가하면서 호기성 경로에 의한 ATP 생성 속도는 근육의 필요량을 맞출 수 없게 되므로 신체는 필요한 ATP 생산을 위해 혐기성 대사에 훨씬 더 많이 의존한다. 혐기성 대사는 호기성 대사에 비해 간단하므로 ATP 생산은 매우 빠르게 진행된다. 그러나 혐기성 경로들은 오랫동안 ATP 생산을 유지할 수 없으므로 신체는 잠시 동안만 혐기성 대사를 사용하게 된다.

달리기나 자전거 등의 운동을 할 때에는 호기성과 혐기성 경로들이 모두 활성화된다**(그림 8.22)**. 심한 운동이 시작되면 근육은 주로 혐기성 ATP-CP 경로를 사용하여 ATP를 생산하지만, 이 에너지로는 신체 활동을 아주 짧은 시간만 유지시킬 수 있으므로 이를 즉석 에너지 방식이라고 한다. 운동이 계속되면 해당 작용을 통해 ATP를 생성하게 되는데, 이 경로도 단기 에너지 방식이다. 그러나 신체 활동이 오래 계속되면 근육은 ATP 생성을 위해 시트르산 회로와 같이 산소가 필요한 호기성 경로를 더욱 많이 사용하여야 하며, 이는 장기 에너지 방식으로 볼 수 있다.

ATP-CP 경로 : 즉석 에너지 방식

The ATP Creatine Phosphate (ATP-CP) Pathway : Immediate Eneray System

휴식 근육에는 ATP가 소량 저장되어 있으나 이 양은 격심한 운동 후의 몇 초 이내에 바로 고갈된다. 따라서 근육은 빨리 에너지를 공급받아야 하는데, ATP-CP 경로는 활동하는 근육에서 ATP를 생성하는 가장 간단하고 빠른 방법이다.

ATP-크레아틴 인산 경로
ATP creatine phosphate(ATP-CP) pathway
ATP 생성을 위해 ADP와 크레아틴 인산을 사용하는 혐기성 대사 경로

크레아틴 인산 creatine phosphate(CP)
크레아틴과 인산으로 구성된 고에너지 화합물로써 ATP 생성에 사용됨

운동 강도에 따라 혐기적 · 호기적 대사 경로에 의한 상대적인 에너지 공급이 결정된다. 단기간의 고강도 운동 시 근육은 혐기적 경로를 사용한다. 장거리 달리기와 같은 운동은 호기적 경로에 더 많이 의존한다.

크레아틴 인산(CP)은 근육조직에 있는 인산 함유 화합물로써 에너지가 많다. 크레아틴은 간 · 신장 · 췌장에서 아미노산으로부터 합성되며, 육류나 어류를 섭취함으로써 얻기도 한다. CP는 크레아틴이 무기 인(Pi)과 결합하여 형성되는 것으로 ATP 공급이 감소하면 **크레아틴 인산효소**가 쉽게 CP를 무기 인(Pi)과 크레아틴으로 분해한다. 여기서 방출된 Pi는 ADP에 붙어서 근육 활동을 위한 연료로 사용될 ATP를 형성한다(**그림 8.23**).

ATP-CP 경로는 역기나 육상 등 단기간에 많은 에너지를 사용하는 격렬한 활동에 대한 즉석 에너지 필요를 충족시키기에 적당하다. 이 즉석 에너지 방식은 고강도 활동을 3~15초 동안 유지시킬 수 있다. 고강도 활동은 쉽게 CP를 고갈시키며, 휴식 근육은 이것을 보충하는 데에 몇 분이 걸린다. 일단 CP가 고갈되면 근육은 ATP 생성을 위해 다른 대사 경로를 사용할 수밖에 없다. 이 때문에 운동선수들이 운동 지구력을 강화시키기 위해 크레아틴 보충제를 섭취하기도 한다.

크레아틴 보충제 크레아틴 보충제는 널리 사용되고 있으며 식료품점이나 약국에서 판매되고 있다. 이 보충제는 운동선수의 근육량과 근육강도 및 회복시간을 향상시키는 안전하고 효율적인 보조제로 선전되고 있다. 1980년 초의 한 연구에서는 크레이틴 보충제 치료를 받은 대상자에서 체중과 강도의 증가가 보고되었다. 그 후 크레아틴 보충제에 대한 연

크레아틴 인산효소 creatine phosphokinase
ATP를 생성하기 위해 크레아틴 인산을 분해하는 효소

그림 8.23 ATP-크레아틴 인산(ATP-CP) 경로

ATP-크레아틴 인산(ATP-CP) 경로는 근육에서 ATP를 빠르게 생성할 수 있다

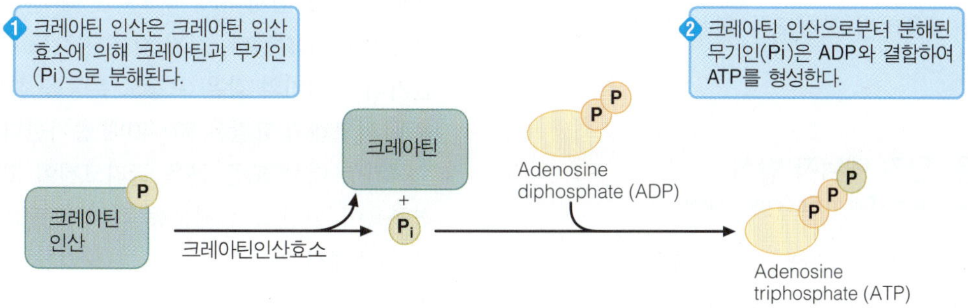

구들이 많이 수행되었으며, 그 중 일치하는 결과는 크레아틴 보충제가 크레아틴 수준이 낮은 사람의 근육조직 크레아틴 수준을 증가시킨다는 것이다. 근육 크레아틴이 높은 것이 운동수행능력을 향상시키는지는 명백하지 않으나, 대략 70%의 연구에서 크레아틴 보충제가 운동수행 능력에 유익한 효과를 보였다.

대규모의 잘 조절된 임상 시험이 부족하긴 하나, 크레아틴 보충제는 단거리 달리기나 역도 같이 고강도 단기간 운동의 수행능력을 촉진시키는 것으로 보인다. 그러나 장거리 달리기와 같은 저강도 지구력 스포츠에도 유익한지에 대해서는 증거가 부족하다. 오히려 크레아틴 보충제는 체내 수분을 보유시킴으로써 체중을 증가시키므로 운동 수행능력을 방해할지도 모른다.

크레아틴 보충제를 단기간 혹은 장기간 사용할 때의 부작용에 대한 자료도 충분하지 않다. 그러나 크레아틴 사용이 건강한 사람의 간과 신장 기능에 해로운 영향을 주지 않는다는 것은 밝혀졌다. 크레아틴 보충제는 18세 이전 나이에 연구된 바 없으므로 이 나이 때는 권장하지 않는다.

육류나 생선 등 전형적인 동물성 식품 식사를 통해 대략 1~2g의 크레아틴을 섭취할 수 있다. 운동선수들은 운동수행능력의 향상을 위해 하루에 크레아틴 보충제를 20~30g 섭취한다. 그러나 하루에 3g 정도의 저용량의 섭취효과는 고용량 섭취와 크게 다르지 않다. 크레아틴 보충제 사용을 스포츠 경기에서 금지해야 한다는 논쟁도 있으나, 이의 복용을 검사할 신뢰성 있는 방법이 아직 없다. 그럼에도 불구하고 미국대학체육연맹(the National Collegiate Athletic Association ; NCAA)은 크레아틴을 운동선수에게 사용하지 못하도록 하는 새로운 규칙을 만들었다.

해당작용: 단기 에너지 방식
Glycolysis: Short-Term Energy System

ATP-CP 경로는 운동에 필요한 에너지를 초단기간만 지원하므로 근육은 다른 에너지 공급원을 찾아야 한다. 운동을 시작할 때는 저강도 운동이라고 해도 근육의 산소량이 제한되는데, 이는 산소의 필요량에 비해 근육이 산소를 배달하여 공급하는 데 시간이 걸리기 때문이다.

ATP를 빠르게 생산하려고 할 때, 근육은 혐기성 대사 경로에 의존한다.

따라서 호기성 대사 경로가 근육의 에너지 요구를 처음부터 충족시키기는 어려우며, ATP를 급하게 생성해야 할 경우에 근육은 혐기성 경로를 사용한다. 100 미터 수영과 같은 고강도 · 단기간 폭발적으로 수행하는 운동을 하는 경우가 이에 해당된다. ATP를 빨리 생산하기 위해 근육은 해당작용을 통해 포도당을 빠르게 분해한다**(그림 8.24)**.

ATP를 생산하기 위해 포도당과 지방산을 주로 사용하는 호기성 대사와는 달리, 해당작용(혐기성 경로)은 포도당에만 의존하며, 식사로 섭취한 탄수화물에서 얻거나 글리코겐을 분해하여(글리코겐 분해) 얻은 포도당을 사용한다. 간과 신장은 비탄수화물 전구체(아미노산, 글리세롤, 젖산 등)로부터 당신생합성을 통해 포도당을 소량 생성할 수 있다.

근육은 혈중 포도당보다 근육 글리코겐에서 얻은 포도당을 더 먼저 사용하므로 근육 글리코겐 저장고는 빨리 고갈된다. 걷기 같은 저강도 운동에 비해 단거리 달리기와 같은 고강도 운동을 하는 동안 근육 글리코겐의 고갈은 30~40배 증가한다.

혐기성 대사 도중 근육 글리코겐이 고갈되면 골격근육이 고강도 신체운동 유지에 필요한 포도당을 혈액에서 가져오는 속도가 느리므로 피로가 유발된다.

그림 8.24 포도당 사용에 대한 운동 지속시간과 강도의 영향

운동 강도가 증가함에 따라 근육은 에너지 급원으로 포도당을 더 많이 사용한다.

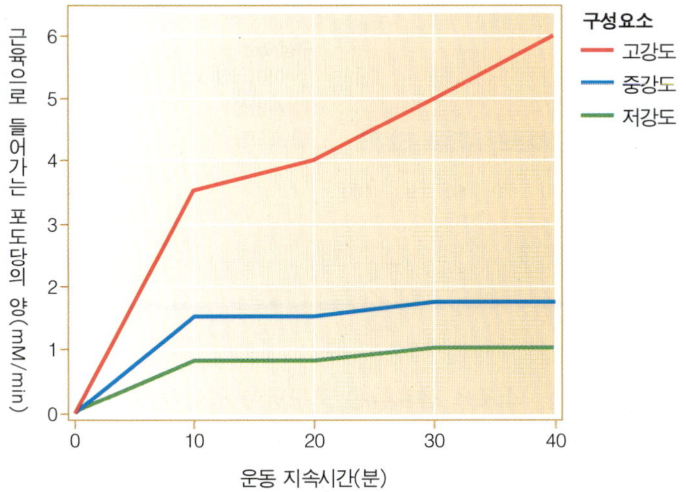

해당작용은 포도당이 ATP 두 분자를 생산하면서 두 개의 피르브산으로 분해되는 혐기성 경로이지만, 이때 산소의 공급량에 따라 피르브산의 운명이 결정된다.

산소가 충분히 공급되면 피르브산은 호기성 대사 경로로 들어가서 더 많은 ATP를 생산한다. 그러나 산소가 부족하면 피르브산은 고강도 운동을 할 경우에서와 같이 젖산으로 전환된다.

그림 8.25 고강도 운동 중의 젖산 생산

고강도 운동을 하는 동안 혈중 젖산 수준은 증가한다.

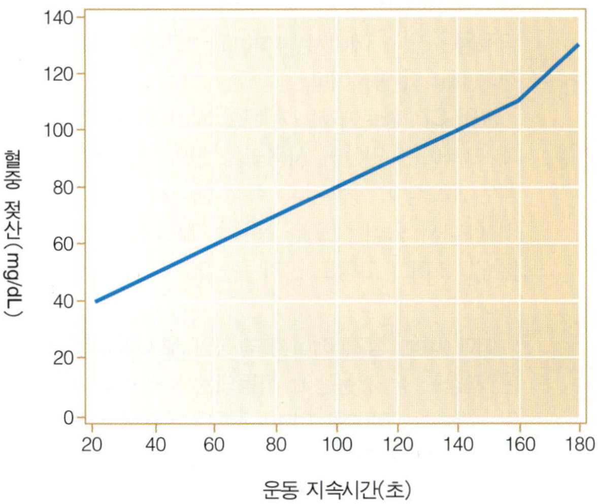

갑자기 1~2분 동안 격심한 고강도 운동을 하면 젖산의 농도는 현저히 올라가며(**그림 8.25**), 운동 강도가 증가할수록 젖산 형성도 증가한다.

포도당이 피르브산으로 전환되는 혐기성 대사에서는 ATP 생성량이 적으므로 고강도 운동 시에 매우 짧은 시간 동안만 에너지를 공급받을 수 있다. 또 이때, 축적되는 젖산과 다른 중간대사물질로 인해 산성 환경(낮은 pH)이 만들어져서 해당작용 진행에 필요한 효소의 활성을 방해한다.

해당작용이 일어나지 않으면 근육은 더 이상 혐기성 조건에서 ATP를 만들 수 없게 되고 근육에 피로가 나타난다. 또 pH가 떨어지면 근육 수축이 약해지고 이 또한 피로의 원인이 된다.

젖산을 대사 폐기물로 보는 시각도 있으나 이것은 포도당으로 재순환되어 에너지 공급원으로 다시 활용될 수 있다. 이 일이 일어나기 위해 근육은 이완되어야 하며 젖산은 혈액을 통해 간으로 가서 당신생합성 과정을 거쳐 포도당으로 전환된다.

포도당은 다시 혈액을 타고 이동하여 근육과 다른 조직에서 사용된다. 근육에서 생성된 젖산이 혈액으로 방출되어 포도당으로 전환되는 반응은 간에서 일어나며, 이를 코리 회로(Cori cycle)라고 부른다. 코리 회로는 강한 운동을 하는 동안 포도당의 공급을 증가시키는 데 도움을 준다.

호기성 경로 : 장기 에너지 방식
Aerobic pathways : Long-Term Energy Systems

빠르게 걷기 · 달리기 · 수영을 하고 몇 분이 지난 후에는 숨이 빨라지며, 심장이 자주 강하게 뛴다. 폐와 심장계의 이런 변화는 근육으로 산소를 더 많이 배달하도록 도와 주기 위함이다.

산소가 충분히 공급되면 근육세포는 ATP 생산을 위해 호기성 대사 경로 쪽으로 대사되는데, 호기성

그림 8.26 저 · 중 · 고강도 운동 중 에너지 급원의 상대적 공헌도

저 · 중 · 고강도 운동 시에 호기성 대사 경로의 에너지 급원은 주로 포도당과 지방산이며 아미노산은 적게 사용된다. 고강도 운동 시에 혐기성 대사 경로에서의 에너지는 오로지 포도당만을 사용한다.

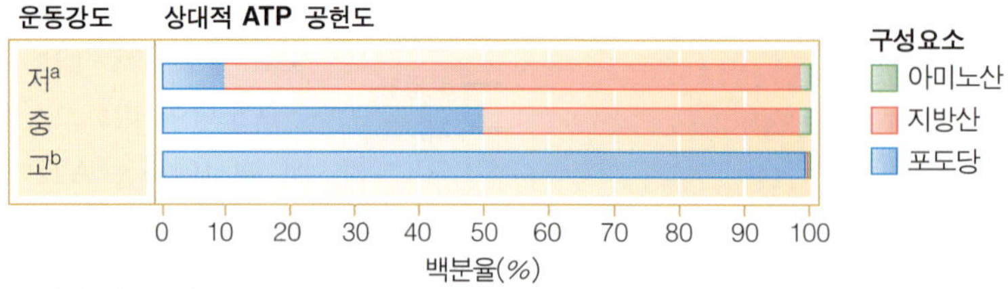

[a]호기성 경로 우세
[b]혐기성 경로 우세

대사에서 장기간 충분한 양의 ATP가 생산될 수 있다는 점은 혐기성 대사경로에 비해 중요한 이점이다.

호기성 경로는 ATP 합성을 위해 포도당, 지방산, 소량의 아미노산을 사용한다(**그림 8.26**). 이 에너지 공급원들은 분해되어 NADH + H^+, $FADH_2$를 생산하며 전자전달 사슬을 통해 ATP를 생산한다.

이 경로들은 ATP 생산 속도로 보면 상대적으로 느리지만 발생하는 에너지는 풍부하다. 신체 활동 에너지를 위해 사용되는 지방산은 주로 지방조직에 저장되어있던 중성지방이지만 근육의 중성지방도 사용된다. 호기성 경로들은 또 근육 글리코겐과 순환하고 있는 혈액의 포도당도 사용한다.

오랫동안 운동이 지속되면 활동하는 근육에 당신생합성과 해당작용이 연합하여 포도당을 공급해 준다. 그러나 한 번 글리코겐 저장분이 고갈되면 글리코겐 분해를 통해서는 더 이상 포도당 풀을 채우지 못한다. 당신생합성만으로는 골격근육에 필요한 포도당을 공급할 수 없으며, 특히 마라톤과 같은 지구력 운동을 지원할 수 없다. 운동 경기 중에 이 시점에서 선수들은 스테미나를 잃게 되며 심한 피로감을 느낀다.

운동하는 동안 스포츠 음료, 에너지 바, 에너지 젤 등을 먹는 것은 포도당을 공급하는 데 도움을 준다. 이 제품들은 소화되고 흡수되기 쉬운 형태의 탄수화물을 마련해 준다.

스포츠 음료들은 포도당을 공급해 줄 뿐만 아니라 운동선수들이 탈수되지 않도록 도와 준다. 그러나 너무 많이 마시면 경련을 일으킬 수 있으므로, 운동선수들은 자신에게 맞는 제품을 골라서 사용하는 것이 가장 좋다.

필수개념 *Essential Concepts*

에너지가 대사되는 동안 ATP는 산소가 있는 호기성 환경과 산소가 부족한 혐기성 환경에서 모두 발생된다. 호기성 경로들은 오랫동안 많은 양의 ATP를 발생시키는 데 비해, 혐기성 경로들은 소량의 ATP를 빨리 발생시킨다.

호기성 대사경로에는 시트르산 회로, β-산화, 전자전달 사슬이 있다. 혐기성 대사 경로에는 ATP-크레아틴 인산(ATP-CP) 경로와 해당작용이 있다. ATP-CP 경로는 즉석 에너지 방식이며, 해당작용은 단기 에너지 방식이고 호기성 경로들은 장기 에너지 방식이다.

ATP-CP 경로에서는 ATP를 빨리 생산하기 위해 크레아틴 인산이 사용되는 반면, 해당작용에서는 포도당이 사용된다. 즉석 에너지 방식과 단기 에너지 방식은 모두 운동을 시작한 초기 몇 분 간, 그리고 고강도 단기 운동에 작동되는 방식이다.

이에 비해 장기 에너지 방식인 호기성 경로들은 저강도 장기 운동에 작동되는 방식으로 포도당 · 지방산 · 미량의 아미노산을 사용한다. 호기성 경로들은 ATP 형성 속도는 비교적 느리지만 발생하는 에너지는 풍부하다.

신체활동과 운동훈련
Physical Activity and Athletic Training

신체 활동과 운동은 사람들에게 많은 생리적 이점을 주어서 건강을 향상시킨다. 운동의 목적이 몸매관리거나 레크리에이션이거나 경기를 위한 것이거나 상관없이 규칙적 운동과 신체훈련은 근육강도와 지구력을 증가시키므로 거의 같은 건강증진 효과가 있다.

신체활동과 건강
Physical Activity and Health

신체적으로 활동적인 사람에게는 고혈압, 뇌졸중, 심장병, 제 2 형 당뇨병, 골다공증, 대장암과 같은 만성 질환들의 위험이 적다(**표 8.4**). 그러나 만약 신체를 덜 움직이면 이런 이점은 곧 사라진다. 따라서 좋은 영양섭취와 함께 생활양식의 한 부분으로써 규칙적 운동이 중요하다.

미국인의 식사지침(The Dietary Guidelines for Americans)에서는 규칙적 신체 활동의 중요성을 강조하고, 어린이 · 청소년 · 성인에게 적어도 거의 매일 하루에 30~60분 동안 운동을 하도록 권장한다.

운동의 형태는 다양하다. 웨이트 트레이닝은 근육을 강하게 하고 달리기는 폐와 심혈관계 건강을 향상시킨다. 요가와 스트레칭은 근육을 보호하고 관절을 유연하게 한다.

건강증진을 위해서는 여러 다양한 형태의 운동을 섞어서 하는 것이 좋다.

운동훈련과 수행능력
Athletic Training and Performance

운동선수의 운동 수행 능력을 최대한으로 높이기 위해 훈련은 매우 중요하다. **강도훈련**은 웨이트 트레이닝과 같은 고강도 단기 운동을 집중적으로 하는 것을 말하며 이것으로 근육의 크기와 강도가 증가한다.

반대로 **지구력 훈련**은, 달리기나 수영 등 저강도 운동을 꾸준하게 오랜 기간 지속하는 훈련으로 폐와 심혈관계 기능에 유익하고 호기성 대사 능력을 향상시키며 미토콘드리아의 수와 크기가 많아져서 ATP가 많이 생산된다.

강도훈련 strength training
근육 성장과 강도를 증가시키는 신체 훈련

지구력 훈련 endurance training
폐와 심혈관계 기능을 향상시키는 신체 훈련

표 8.4 건강과 몸 컨디션에 대한 운동의 이점

운동으로 인한 생리적 변화	건강 이점
혈류량 증가	산소 운반 능력 개선
심장근육 강화	심장 기능이 더 효율적이 됨.
휴식심박동수 감소	휴식 시에 힘이 덜 듬.
일회박출량 증가	덜 노력하고도 심장에서 박출되는 혈류량 증가
최대산소섭취량 증가	운동수행능력과 지구력 개선
순환 개선	조직에서는 더 많은 산소와 영양소를 받게 됨.
에너지 소비 증가	체중 감소에 도움 되고 건강한 체중 유지 가능
스트레스 감소	수면 개선
정신건강 개선	우울증 예방 및 개선
면역체계 강화	몇 가지 형태의 암 위험 감소
심혈관계 건강 개선	혈압 감소
체중 감소	관절 부담 감소, 많은 만성 질환의 위험 감소
골밀도 증가	골다공증 위험 감소
혈중지질 수준 개선	심장 발작과 뇌졸중 위험 감소
혈당 수준 감소	제2형 당뇨 위험 감소, 제2형 당뇨 치료를 위한 투약 필요성 감소

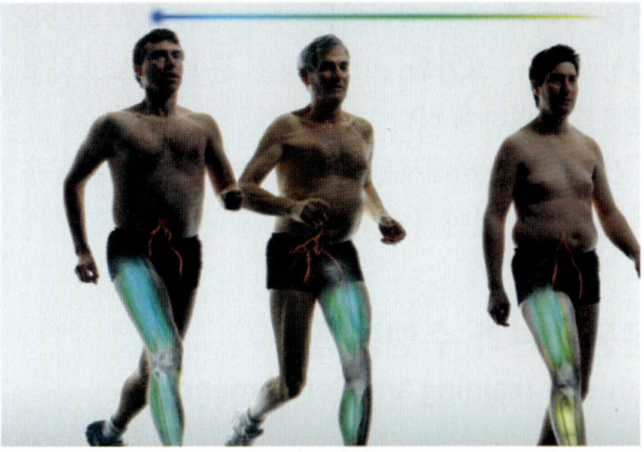

자기공명 이미지(MRI) 스캔은 근육, 뼈, 혈관 단면의 이미지를 제공한다. 앞의 두 사람은 37세와 60세의 운동을 규칙적으로 하여 육체적으로 적절한 사람이다. 세번째 사람은 35세로 비활동적인 사람이다.

또 다른 훈련 형태로 **간격훈련**이 있는데, 짧고 빠른 고강도 운동과 느리고 힘이 덜 드는 저강도 운동을 서로 바꾸어 가며 하는 훈련으로써 호기성 대사와 혐기성 대사 능력을 모두 증진시킨다.

그러나 지나친 훈련은 잠재적인 위험이 있으므로 피하는 것이 좋다. 특히 신체 회복 능력의 한계를 넘는 훈련은 상해, 근육통증, 관절통증 등을 초래할 수 있다.

훈련은 운동선수에게 매우 중요하다. 규칙적 운동을 하였을 때에 신체는 운동에 적응하는데, 이를 **적응 반응**이라고 하며, 이로 인해 운동의 컨디션과 수행능력이 좋아진다. 즉, 운동에 대한 반응으로 혈관이 확장되고 산소운반 능력이 증가한다.

또 근육에서 젖산에 대한 내성이 증가하여 피로를 덜 느끼면서 운동을 지속할 수 있게 된다. 그러나 개인별 차이가 있으므로 훈련의 형태와 강도에 따라 선수의 적응 반응도 달라진다. 따라서 많은 운동 트레이너들은 강도증가 훈련과 체력증진 훈련을 번갈아서 수행하는 등의 다양한 트레이닝 방법을 권장한다.

훈련은 포도당을 절약한다.
Training Spares Glucose

근육은 지방산을 포도당으로 분해시켜서 에너지로 사용할 수 있으므로, 신체 내의 포도당을 절약시켜 준다. 이와 같은 사실은 마라톤 선수, 자전거 선수, 장거리 수영선수 등 저장된 글리코겐을 포도당 공급원으로 사용하는 지구력 운동선수들에게 특히 중요하다.

간과 골격 근육에는 글리코겐이 소량 저장되므로, 공급량이 무제한인 지방산을 사용하는 것이 유리하다. 에너지를 내기 위해 지방산이 사용되려면 β-산화와 시트르산 회로를 거쳐야 되는데, 이 반응은 모두 미토콘드리아에서 일어나며 훈련을 하면 호기성 대사 장소인 미토콘드리아의 수와 크기가 증가한다. 따라서 훈련된 운동선수는 비훈련 운동선수보다 에너지 급원으로 지방산을 더 잘 사용하게 되고 이로써 포도당이 절약되며 이는 피로를 지연시킨다.

훈련은 심혈관계 기능을 증진시킨다
Training Improves Cardiovascular Function

운동강도와 기간이 증가함에 따라 근육에서는 호기성 경로를 통해 ATP를 생산하기 위한 산소가 더 많이 필요하게 된다. 이에 따라 심혈관계는 산소를 근육에 더 많이 운반해 주기 위해 더 열심히 움직여야 한다. 심한 신체운동 시에 분당 심박동수, **호흡률**(분당 호흡수), **일회 박출량**(심장이 한 번 뛸 때에 내뿜는 혈액량)이 증가하므로 근육에 운반해야 할 산소와 영양소량도 증가한다.

신체 훈련은 심장 기능과 근육조직으로 가는 혈액의 운반 능력을 증진시킨다. 근육수축이 강하게 일어나는 고강도 운동 시 산소의 공급이 충분하지 못할 때, 강한 심혈관계 기능을 가지고 있는 훈련된 운동선수는 비훈련 선수에 비해 경쟁적 우세를 보인다.

간격훈련 interval training
빠르고 심한 고강도 운동과 느리고 덜 힘든 운동을 번갈아 하는 훈련

적응 반응 adaptation response
신체 건강 증진 운동을 할 때에 나타나는 생리적인 변화

호흡률 ventilation rate
호흡률

일회 박출량 stroke volume
심장이 한 번 수축할 때의 혈액량

최대 산소섭취량 maximal oxygen comsumption(VO_2 max)
단위 시간당 운반되는 산소의 최대 용량

훈련은 **최대 산소섭취량(VO_2 max)**을 증가시킨다. 훈련받은 운동선수는 비훈련 운동선수에 비해 VO_2 max가 증가하므로 피로 증상이 오는 것을 지연시킬 수 있다. 훈련이 VO_2 max를 증가시키는 이유는 몇 가지가 있다.

VO_2 max는 심장근육을 강화시켜서 심장근육의 크기와 수축 능력을 강력하게 증가시킨다. 훈련된 운동선수의 심장은 더 효율적으로 박동하므로 일회 박출량을 증가시킨다. 이 때문에 운동선수들은 종종 **휴식 심박동수**가 보통사람보다 낮다.

훈련은 모세혈관을 확장하여 혈액을 근육으로 더 잘 공급하는데, 이것은 적응반응의 또 다른 예이다. 훈련은 혈류가 잘 흐르게 하여 영양소와 산소가 근육세포로 잘 가도록 돕는다. 또 적혈구의 생산을 늘려서 혈액의 산소운반 능력을 증가시킨다.

필수개념 *Essential Concepts*

활동의 수준에 관계없이 규칙적 운동은 건강에 이롭다. 훈련의 결과 나타나는 적응 반응으로 인해 운동 수행 능력이 향상된다. 훈련된 운동선수의 근육은 포도당을 알뜰하게 절약하여 이용하고 에너지 급원으로 지방산을 더 잘 사용한다. 훈련은 또 호기성 대사가 일어나는 곳인 미토콘드리아의 수와 크기를 증가시킨다. 훈련을 하면 최대 산소섭취량(VO_2 max)이 증가되어 피로를 덜 느끼게 된다. 또한 훈련으로 인해 심장의 기능이 강력하고 효율적으로 되며 더 많은 영양소와 산소가 근육으로 운반될 뿐만 아니라 근육의 모세혈관이 확장되어 근육세포로 가는 혈류가 증가한다. 훈련을 하면 적혈구의 생산이 많아지며 혈액의 산소운반 능력이 증가한다.

운동선수의 식이 필요량
Dietary Needs of Athletes

운동선수는 훈련 · 경기를 하고, 회복하는 동안 영양소 · 에너지 · 수분을 적절하고 균형 있게 섭취하는 것이 중요하다. 운동선수들은 훈련하고 경기하는 동안 손실된 양을 보충해 주기 위해 충분한 물을 섭취해야 하고 또 신체 활동에 필요한 에너지를 충족시키고 체중 손실을 막기 위해 충분한 에너지를 섭취해야 한다.

운동이 미량영양소 요구량을 증가시키나, 이는 식사를 균형 있게 충분히 섭취하면 쉽게 해결된다.

에너지 필요량
Energy Requirements

운동선수가 강도 높은 훈련을 받을 경우에는 에너지를 충분히 섭취하여야 한다. 신체 활동에 필요한 에너지를 충분히 섭취하지 못하면 운동선수는 근육을 잃게 되고 근육의 강도와 지구력도 감소한다. 에너지를 적게 섭취하면 에너지 대사, 헤모글로빈 합성, 뼈 건강, 산화스트레스로부터의 보호 작용, 면역 작용 등을 수행하는 중요한 영양소인 미량영양소의 섭취도 부족해진다.

또한 운동에 필요한 에너지뿐만 아니라 정상적 일상 활동에 필요한 에너지까지도 충족시킬 수 있도록 에너지를 충분히 섭취해야 한다.

에너지 필요량을 결정할 때에는 운동 빈도와 운동 지속시간 및 운동 강도 등이 고려되어야 한다. 여러 활동별 에너지 추정소비량은 **표 8.5**에 나와 있다.

몸무게가 70kg 정도 나가는 남자가 10분/마일 속도로 1시간 달릴 때는 일상 활동량에 필요한 에너지에 722kcal를 더해야 하므로 이 운동선수의 에너지 필요량은 일상 활동량에 필요한 에너지(2,550kcal)에 신체활동 에너지(722kcal)를 더하여 하루에 총 3,272kcal가 된다.

규칙적으로 훈련을 하고 있는 운동선수, 특히 오랜 시간 훈련하는 선수는 총 에너지 필요량이 매우 높아서 하루에 4,000~5,000kcal 정도가 되기도 한다. 총 에너지 필요량을 추정하기 위해 영양섭취기준(Dietary Reference Intakes ; DRIs)에서는 미국의 의학연구소(Institute of Medicine ; IOM)가 개발한 공식을 사용한다(2장 참조).

휴식 심박동수 resting heart rate
안정 시에 분당 심장 박동수

표 8.5　체중과 관련된 몇 가지 신체활동의 에너지 소비량(kcal/시간)

	체중						
활동	50kg 110lb.	57kg 125lb.	64kg 140lb.	70kg 155lb.	77kg 170lb.	84kg 185lb.	91kg 200lb.
에어로빅 댄스							
남성	480	488	506	530	556	582	607
여성	394	413	433	453	472	492	511
자전거 타기(12mph)							
남성	380	401	422	443	464	486	507
여성	329	345	361	379	394	410	427
정원 가꾸기							
남성	303	320	337	354	371	388	405
여성	263	276	289	302	315	328	341
골프							
남성	425	448	472	496	519	543	567
여성	368	386	404	422	441	459	477
달리기(10분/mi)							
남성	619	653	688	722	757	791	826
여성	536	562	589	615	642	669	695
수영(중간 정도)							
남성	364	384	405	425	445	465	486
여성	315	331	346	362	378	393	409
걷기(15분/mi)							
남성	257	271	285	300	314	328	342
여성	222	233	244	255	266	277	288
역도							
남성	340	359	378	397	415	434	453
여성	294	309	323	338	352	367	382

출처: ESHA Research, Salem, Oregon.

충분한 에너지 섭취를 위해 운동선수들에게 권장하는 식품은 전곡류 · 시리얼 · 두류 · 과일류 · 채소류 · 살코기 · 생선 · 가금류 · 저지방 유제품 등이며, 영양밀도가 높은 식품을 다양하게 먹도록 권장한다.

운동선수와 일반인에게 권장하는 식사는 큰 차이가 없으며, 다만 운동선수는 같은 식품을 좀더 많이 먹는다는 것이 다를 뿐이다. 운동선수에게 알맞은 충분한 에너지와 영양소를 줄 수 있는 식사를 계획하려면 MyPyramid web site를 방문해 보는 것도 좋을 것이다(**그림 8.27**).

다량영양소 권장섭취량
Recommendations for Macronutrient Intake

운동선수의 총 에너지 필요량을 고려하는 것만큼 칼로리의 급원을 고려하는 일도 중요하다. 여러 운동 단계에서 어떤 연료가 사용되는지는 활동의 강도와 기간에 달려 있다. 신체 활동이 짧고 강하면 근육들은 주요 에너지 급원을 포도당에 의존한다.

그러나 활동 기간과 강도에 따라 에너지 급원이 바뀐다. 지방산은 운동하는 동안 중요한 에너지 급원이 될 수 있으나, 그 사용 범위는 운동 강도에 달려 있다.

그림 8.27 MyPyramid에 기초한 남성 달리기 선수의 에너지와 영양소 필요량 분석

식사 기록을 보면 이 운동선수는 영양밀도가 높은 식품을 골고루 섭취하여 에너지와 영양소 필요량을 충족시키고 있다.

식사 기록

섭취한 식품	섭취량
우유(2%)	16 fluid ounces
체다치즈	4 tbsp
저지방 과일 요구르트	8 oz.
생선구이	7 oz.
통밀빵	4 slices
초콜릿 칩 쿠키	1 each
밀크래커	1/4 cup
프릿즐	1/2 cup
버터로 요리한 현미	2 cups
밀로 만든 시리얼	2 cups
오렌지	1 each
건포도	3 tbsp
포도	1 cup
하니듀 멜론	1 cup
브로콜리, 생것	1 cup
당근, 생것	1/2 cup
토마토, 생것	1/2 cup
푸른잎 혼합 샐러드, 생것	2 cups
버터	1 tbsp
샐러드 드레싱	1 tbsp

식사 분석

영양소/에너지	섭취 추정량	권장 범위*
에너지 (kcal)	3,406	3,341
단백질 (g)	189	56
탄수화물 (g)	491	130
섬유소 (g)	45	38
총 지질 (g)	86	76–133
포화지방 (g)	33	<37.8
단일불포화지방 (g)	26	—
다중불포화지방 (g)	19	—
비타민 C (mg)	251	90
엽산 (μg)	615	400
칼슘 (mg)	1,776	1,000
철분 (mg)	11	8
아연 (mg)	55	11

*RDA, AI, AMDR에 근거함

Pyramid results

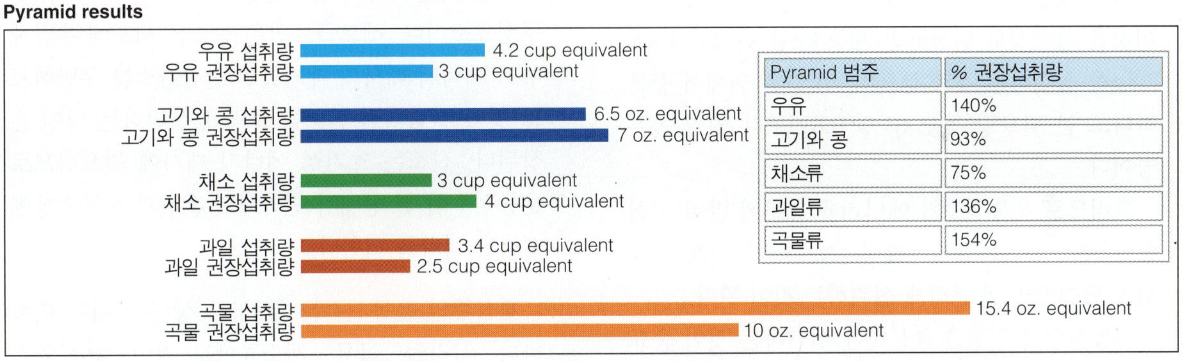

Pyramid 범주	% 권장섭취량
우유	140%
고기와 콩	93%
채소류	75%
과일류	136%
곡물류	154%

운동강도가 높으면 ATP 필요량이 근육에 있는 ATP량을 초과하며, 그 결과로 근육은 ATP를 빨리 생산하기 위해 혐기성 경로 쪽으로 대사의 방향이 흐르게 한다.

즉, 근육은 호기성 경로에 의해 대사되는 지방산보다는 혐기성 경로에 의해 대사되는 포도당에 더 의존하게 된다. 아미노산도 연료로 사용될 수 있으나 포도당과 지방산보다는 덜 사용된다.

최근에 운동선수의 식사에서 총 칼로리의 "이상적인" 분포에 대해 대단한 관심이 모아지고 있다. 미국인의 식사지침에서는 총 칼로리의 45~65%를 탄수화물로, 20~35%를 지방으로, 10~35%를 단백질로 섭취하도록 권장하고 있다.

우리나라 영양섭취기준에서는 총 칼로리의 55~70%를 탄수화물로, 15~25%를 지방으로, 7~20%를 단백질로 섭취하도록 권장한다.

운동선수가 피로를 예방하고 간과 근육 글리코겐 저장량을 유지하기 위해 탄수화물을 충분하게 섭취하는 것은 중요하다. 어떤 운동선수들은 탄수화물 부하(carbohydrate loading) 기법을 사용하여 근육 내의 글리코겐 양을 늘리기 위해 노력한다(제5장 참조). 미국 DRIs를 제정한 의학연구소(IOM)에서는 운동선수들을 위해 탄수화물과 관련한 별도의 권장량을 제정하지는 않았다.

그러나 미국영양사협회(the American Dietetic Association)는 운동선수들에게 체중 kg당 6~10 g

의 탄수화물을 섭취하도록 권장하고 있다. 이에 따르면 200파운드(91 kg) 운동선수의 탄수화물 권장량은 대략 546~910 g이 되며, 이 양은 선수의 총 에너지 소비량 · 성 · 스포츠 형태 등에 따라 달라진다.

또 운동선수는 근육을 유지하고 만들고 보수하기 위해 상당한 양의 단백질이 필요하다. 운동선수가 일반인에 비해 더 많은 단백질이 필요한가에 대해서는 아직도 논쟁이 진행 중이다.

운동선수의 단백질 권장량은 전형적으로 체중 kg 당 하루에 1.2~1.7 g 정도이다. 그러나 최근 미국 의학연구소는 건강한 성인의 단백질 추정 필요량(체중 kg당 0.8 g)은 활동적인 개인의 단백질 필요량 증가분을 충족시키기에 충분하다고 결론을 내렸다.

만약에 155파운드(70 kg)인 운동선수의 에너지 요구량이 하루에 4,000 kcal라고 할 때, 총 에너지 섭취의 10~20%가 단백질로부터 온다면 이 사람은 매일 단백질로부터 400~800 kcal를 섭취할 것이다. 이것을 단백질로 환산하면 체중 kg당 단백질 1.4~2.8 g을 섭취하는 것과 같으며, 이 양은 위에서 충분하다고 본 필요량(체중 kg 당 0.8 g)보다 훨씬 높은 양이다.

그러므로 운동선수가 에너지를 충분히 많이 섭취할 경우, 조직을 유지 · 합성 · 보수하기 위해 필요한 단백질 양도 충분하게 섭취하는 것이 된다.

운동선수가 지방을 충분하게 섭취하는 것이 중요한데, 이는 지방은 에너지의 중요한 급원일 뿐만 아니라 필수지방산을 공급하고 지용성 물질의 흡수에 필수적이기 때문이다. 식사 지방의 양과 형태를 고려한 권장량은 운동선수나 일반인이나 같으며, 단일불포화지방과 다중불포화지방산이 풍부한 식품이 강조되어야 하는 반면에 포화지방이나 트랜스지방산은 제한되어야 한다.

미량영양소 필요량
Micronutrient Requirements

운동선수가 충분한 에너지를 공급해 줄 수 있는 다양한 식사를 하는 한, 비타민과 무기질 필요량은 충족될 수 있다.

미량영양소는 체내 많은 기능들, 즉 에너지 대사와 신체구조의 보수와 유지 및 산화적 손상으로부터의 보호, 그리고 면역 기능 등을 위해 필요하다. 운동 수행능력을 촉진시키기 위해 영양소 보충제를 섭취하는 것은 아직도 논쟁거리이며, 영양소 결핍에 대한 효과를 제외하고 보충제 섭취의 효과에 대한 증거는 미미하다.

영양소 밀도가 낮은 식품을 섭취하거나 에너지를 적게 섭취하는 운동선수들은 육류 · 우유류 · 계란류 등 동물성 식품을 제한하는 채식 운동선수들처럼 여러 미량영양소 – 특히 철, 칼슘, 아연 – 등을 부족하게 섭취하므로 위험이 증가한다. 그러므로 코치와 트레이너들은 엄격한 채식주의 운동선수에게 영양학적인 문제를 깨닫게 해 주어야 한다.

철 Iron

철은 적혈구의 구성물질인 헤모글로빈의 중요한 구성요소이다. 헤모글로빈은 산소를 세포에 운반해 주고 에너지 대사의 폐기물인 탄산가스를 운반하므로 철이 결핍되면 산소를 조직에 운반하는 일이 손상된다. 산소는 호기성 에너지 대사에 필요하므로 운동선수의 철 상태가 빈약하면 훈련과 운동수행에 심각한 영향을 끼친다.

채식주의 운동선수는 철 영양 상태가 매우 위험하다. 시리얼 · 곡류 · 채소류에도 철이 들어 있긴 하지만, 육류의 철에 비해 흡수율이 떨어진다. 그러므로 육류를 섭취하지 않는 운동선수는 철 영양 상태의 평가를 위해 주기적으로 혈액검사를 받아야 한다.

지구력 경기를 하는 운동선수는 일반인에 비해 철 필요량이 더 높은데, 이는 변을 통한 혈액의 손실이 높고, 땀을 많이 흘리므로 이를 통해 철이 손실되며, 딱딱한 표면에 반복적으로 발을 부딪쳐서 적혈구가 파열되기 때문이다. 여성 운동선수는 월경으로 인한 혈액의 손실 때문에 남성선수보다 철의 영양 상태가 더 빈약할 수 있다.

식사에 철이 부족하여 일어나는 철 결핍 외에도 운동선수는 **스포츠 빈혈**이라고 부르는 일시적 빈혈을 경험한다. 스포츠 빈혈은 훈련하는 동안 종종 나타나는데, 적혈구 수에 비해 혈장 용량이 불균형하게 증가하기 때문에 생긴다.

이런 **혈액희석**이 일어나면 빈혈이 아님에도 빈혈인 것처럼 느끼게 된다.

스포츠 빈혈은 빈약한 영양 상태에서 오는 것이 아니라 훈련기간 동안의 생리적인 반응으로부터 오는 것이므로, 식사에서 철의 섭취를 늘릴 필요는 없다.

철 결핍 빈혈과는 달리, 스포츠 빈혈은 운동 수행 능력을 방해하지 않는다.

칼슘 Calcium

운동선수와 일반인의 칼슘 권장섭취량이 같기는 하지만, 적절한 운동수행을 위해서 칼슘은 충분한 양을 섭취하는 것이 중요하다. 칼슘은 뼈 조직의 형성과 보수에 필요하기 때문이다. 칼슘을 적게 섭취하면 골밀도가 낮아지거나 스트레스 골절(stress fracture)이 생길 위험이 증가한다. 스트레스 골절은 뼈에 작은 금이 가는 것으로써 특히 계속되는 진동에 대한 반응으로 발에 잘 나타난다.

월경이 불규칙한 여자 운동선수는 특별히 뼈의 손실 위험이 높다. 칼로리 섭취를 제한하면서 운동을 심하게 하는 여자 운동선수는 "여자 운동선수 3가지 증후군"의 위험을 가지고 있다(제 9장 「영양과 건강」참조). 이 증후군은 골감소증, 식행동 장애, 무월경(3개월 무월경 증상)이다.

우유와 유제품의 섭취가 부족한 운동선수들은 칼슘이나 혹은 칼슘 흡수를 돕는 비타민 D를 강화한 식품인 강화 오렌지 주스, 콩 제품, 시리얼 등을 섭취하는 것이 좋다. 칼슘의 섭취가 부족할 경우, 운동선수에게 칼슘 보충제 섭취를 권장한다.

아연 Zinc

미국인이 식사에서 섭취하는 아연은 대부분(70%) 동물성 식품, 특히 육류로부터 온다. 따라서 동물성 식품 섭취를 제한하는 운동선수들은 아연의 섭취가 부족할 위험이 있다. 아연은 에너지 대사 과정에서 중요한 역할을 하며, 근육의 유지 및 보수와 성장에도 필요한 무기질이므로 특히 운동선수에게 중요한 무기질이다. 채식주의자들이 섭취할 수 있는 아연의 급원은 두류, 경질 치즈, 전곡류, 밀 배아, 강화시리얼, 견과류, 두류 등이다.

액체와 전해질 필요량
Fluid and Electrolyte Requirements

운동을 하면 체온이 올라가는데, 이 때 신체는 땀을 냄으로써 열을 발산한다. 땀의 구성성분은 주로 수분이며, 나트륨 · 염소 · 칼륨 · 미량의 철과 칼슘 등 전해질이 들어 있다. 이 때문에 땀을 많이 흘리면 신체의 액체와 전해질 균형이 깨져서 탈수되기 쉽다. 탈수(dehydration)란 신체에서 액체의 손실에 비해 액체의 섭취가 부족할 때에 나타나는 현상이다. 신체의 수분 필요량을 충족시키려면 성인 남녀는 각각 3.7~2.7 리터의 수분을 매일 마셔야 하며 운동선수들은 이보다 더 많이 마셔야 한다.

탈수가 되면 혈액량이 감소하고 신체의 냉각 체계가 방해받는다. 혈액 용량이 감소하면 피부로 가는 혈류량이 줄고, 이는 신체의 열 발산능력에 영향을 주어서 체온이 올라가고 열탈진과 열사병이 나타날 위험이 있다.

열탈진은 땀으로 체중의 5%를 잃을 때에 나타나고 아픈 느낌과 함께 근육경련 · 급하고 약한 맥박 · 저혈압 · 혼미함을 보이며 많은 땀을 흘린다(**표 8.6**). 체액 손실이 계속되고 체온을 낮추지 못할 경우, 열탈진은 쉽게 열사병으로 이행된다.

열사병은 체중의 7~10%를 땀으로 잃을 때에 나타나는 매우 심각한 증상으로, 피부가 마르고 혼란상태와 의식불명까지 올 수 있다. 열탈진 증상을 보이면 즉각 의료진의 도움을 받아야 한다.

스포츠 빈혈 sports anemia
훈련에 대한 생리 반응으로 적혈구 수에 비해 혈장 용량이 불균형하게 증가하여 생김

혈액희석 hemodilution
혈장 용량 증가로 인해 혈장 용량당 적혈구 수가 감소하는 것

열탈진 heat exhaustion
신체 열 발산이 어려울 때에 나타나는 체온 상승

열사병 heat stroke
땀과 체액의 과다 손실로 인한 체온 상승

표 8.6 탈수의 징후와 증상

초기 탈수, 경도 탈수	중등도 탈수, 심한 탈수
• 얼굴 홍조 • 극심한 갈증 • 피부 건조 • 배뇨 불능 혹은 요 배설량 감소(진한 황색뇨) • 서 있을 때 현기증 나타남. • 허약 • 팔과 다리 저림 • 눈물 없이 우는 것 • 집중이 어려움. • 졸음 • 화를 잘냄 • 두통 • 입술, 혀, 침 마름.	• 저혈압 • 기절 • 방향상실, 혼란, 불명료한 언어 • 팔, 다리, 위, 등에 심한 근육 수축 • 경련 • 복부팽창 • 심장마비 • 안구건조, 움푹 파임. • 피부 견고성 및 탄력성 손실 • 호흡이 빠르고 거침. • 맥박 약하고 빠름.

탈수는 신체의 체온조절 능력을 손상시킬 뿐만 아니라 많은 다른 문제들을 야기시킨다. 혈액 나트륨 농도는 땀을 많이 흘리거나 충분한 나트륨 섭취 없이 액체를 너무 많이 섭취하였을 때에 감소하며 이를 저나트륨혈증(hyponatremia)라고 한다.

이 증상이 생기면 체액은 혈액을 떠나 주위조직에 축적되는데, 체액이 폐 조직에 축적되면 가스 교환을 손상시켜서 혈중 CO_2의 수준을 증가시킨다. 너무 많은 양의 물을 섭취하면 저나트륨혈증의 위험이 증가하기 때문에 많은 전문가들은 지구력 경기 선수들에게 일반 식수 대신에 탄수화물과 전해질이 들어 있는 스포츠 음료와 같은 액체를 섭취하여 체액을 보충하기를 권장한다.

운동선수가 운동 전이나 운동하는 동안이나 운동 후에 충분한 액체를 섭취하는 것은 탈수 예방을 위해 중요하다.

탈수의 예방
Preventing Dehydration

운동선수가 운동 전이나 운동하는 동안이나 운동 후에 충분한 액체를 섭취하는 것은 탈수 예방을 위해 중요하다. 미국체육지도자협회(The National Athletic Trainers' Association ; NATA)에서는 운동선수에게 운동하기 2~3시간 전에 2~3컵의 액체를 마시도록 권장한다. 덥고 습기가 많은 기후에서 훈련을 받으면 탈수의 위험이 커지므로 평소보다 액체를 더 마시도록 한다.

탈수는 운동하는 동안의 운동 수행 능력을 손상시키므로 운동하는 동안에도 액체를 마시는 것이 필요하다. 1시간 이내의 운동을 할 때는 체액을 보충하기 위해 일반 식수를 마셔도 충분하다. 그러나 운동이 1시간 이상 지속되면 소량의 탄수화물과 전해질이 들어 있는 스포츠 음료를 먹는 것이 좋다. 시중에 나와 있는 8 온스(240 ml) 용량의 스포츠 음료에는 탄수화물이 10~20 g (40~80 kcal) 정도 들어 있다.

스포츠 음료에는 간혹 카페인이 들어 있음을 주의해야 한다. 카페인은 자극제로써 적당량 섭취하는 것은 건강에 해가 없다.

그러나 카페인의 영향은 사람에 따라 달라서 어떤 사람은 카페인의 부드러운 자극 효과를 즐기는가 하면, 다른 사람에겐 카페인이 위를 자극하여 배탈 · 신경과민 · 불안감을 일으키는 원인이 되기도 한다. 2004년에 국제올림픽위원회(International Olympic Committee, IOC)는 카페인을 더 이상 금지물질로 취급하지 않았다.

운동선수에게는 운동 후의 액체 보충도 중요하다. 운동하는 동안의 체중 손실 1 파운드당 액체 2~3컵을 보충해 주는 것이 제일 좋다.

땀에는 나트륨이 상당량 들어 있긴 하나 운동 후에 먹는 식품에는 전해질 균형을 회복시키는 데 필요한 나트륨은 충분하게 들어 있으므로 나트륨 보충제를 별도로 먹을 필요는 없다.

필수개념 *Essential Concepts*

운동선수는 신체 활동의 요구를 충족시키기 위해 충분한 액체와 에너지가 필요하다. 에너지 필요가 충족되지 않으면 근육이 손실되며 근육의 강도와 지구력이 낮아진다. 운동선수에게는 영양밀도가 높은 식품을 충분히 섭취하고, 식품 선택을 다양하게 하도록 권장한다.

탄수화물은 글리코겐 저장을 유지시키기 위해, 그리고 단백질은 근육의 유지 · 형성 · 보수를 위해 필요하다. 식이 지방은 에너지의 중요한 급원으로 필수지방산을 공급하고 지용성 물질의 이용을 촉진시킨다.

저에너지 식사를 하면 미량 영양소가 부족하게 되는데, 미량 영양소는 에너지 대사, 헤모글로빈 합성, 뼈 건강, 산화 스트레스로부터의 보호, 면역 기능 등을 수행한다.

저에너지 식사를 하는 운동선수와 동물성 식품을 제한하는 선수는 철, 칼슘, 아연의 섭취가 낮다. 철은 산소를 조직으로 운반하는 데 필요하며, 칼슘은 뼈 조직을 형성하고 보수하는 데 필요하다. 아연은 에너지 대사, 그리고 근육의 유지 · 보수 · 성장에 필요하다.

땀을 많이 흘리면 체액과 전해질의 균형이 깨지며 체온 유지와 체액 조절이 손상된다.

운동선수들이 운동 전과 운동하는 동안, 그리고 운동 후에 액체를 충분하게 마시면 탈수를 예방할 수 있다. 운동선수의 몸에 액체를 충분히 공급하기 위해서는 운동 2~3시간 전에 액체를 2~3컵을 마셔야 하며, 운동 후에는 체중 손실 파운드당 2~3컵의 액체를 마셔야 체액을 보충해 줄 수 있다.

Chapter 9

Energy Balance and Body Weight Regulation

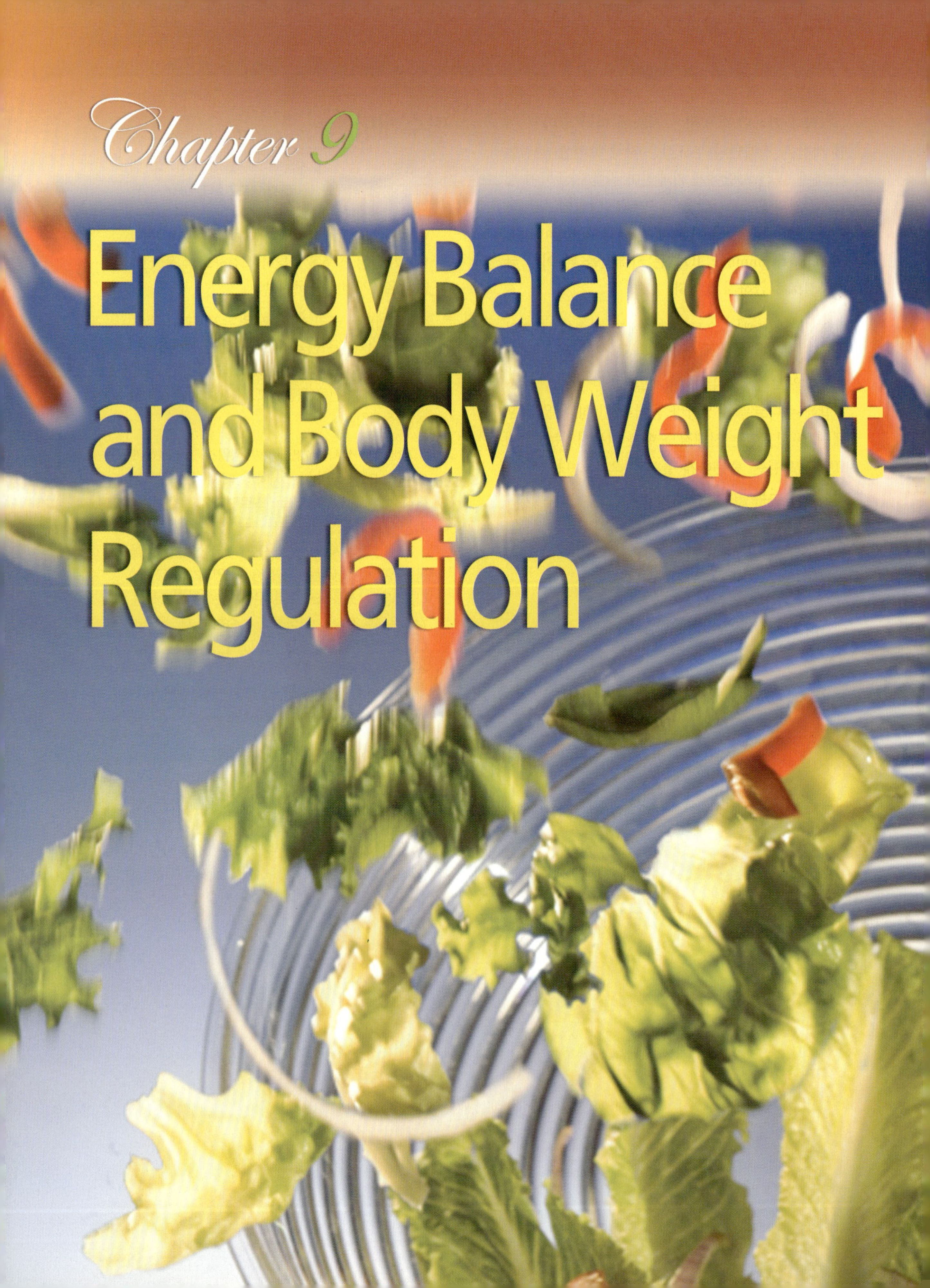

에너지 균형과 체중조절

Chapter 9

- 에너지 균형
- 에너지 섭취 : 공복, 만복, 식욕
- 식탐
- 에너지 소비 : 기초대사량, 활동대사량, 식이성 발열효과
- 체중과 체조성 평가
- 비만 : 생활습관과 유전의 결과
- 값싼 식사의 가격
- 에너지 균형 조절
- 비만시술
- 체중감소 방법
- 많이 먹고 체중을 줄이는 방법
- 다량 영양소의 분포가 문제가 되는가?
- 식행동장애

에너지 섭취와 소비 사이의 관계를 자세히 살펴보고 우리가 먹는 음식과 신체 활동이 체중과 체조성에 미치는 영향을 알아본다. 또한 체중조절기전, 비만율 증가현상, 체중감소방법 등을 살펴본다.

Nutritional Sciences

에너지 균형
Energy Balance

에너지 균형이란 에너지 섭취와 에너지 소비의 관계를 말한다. 에너지 섭취와 에너지 소비가 같은 때를 **에너지 균형상태**라고 하며, 에너지 섭취가 에너지 소비보다 많은 경우는 **양의 에너지 균형상태**라고 한다. 그 반대로 에너지 섭취가 소비보다 적은 경우는 **음의 에너지 균형상태**라고 한다.

에너지 균형과 체중
Energy Balance and Body Weight

에너지 균형이 평형인 상태에서는 체중의 변화가 없다. 그러나 에너지 균형이 양의 상태일 때는 체중이 증가하고 음의 상태일 때는 체중이 감소한다(**그림 9.1**).

그림 9.1 에너지 균형

에너지 균형이란 에너지 섭취와 에너지 소비의 관계를 말한다.

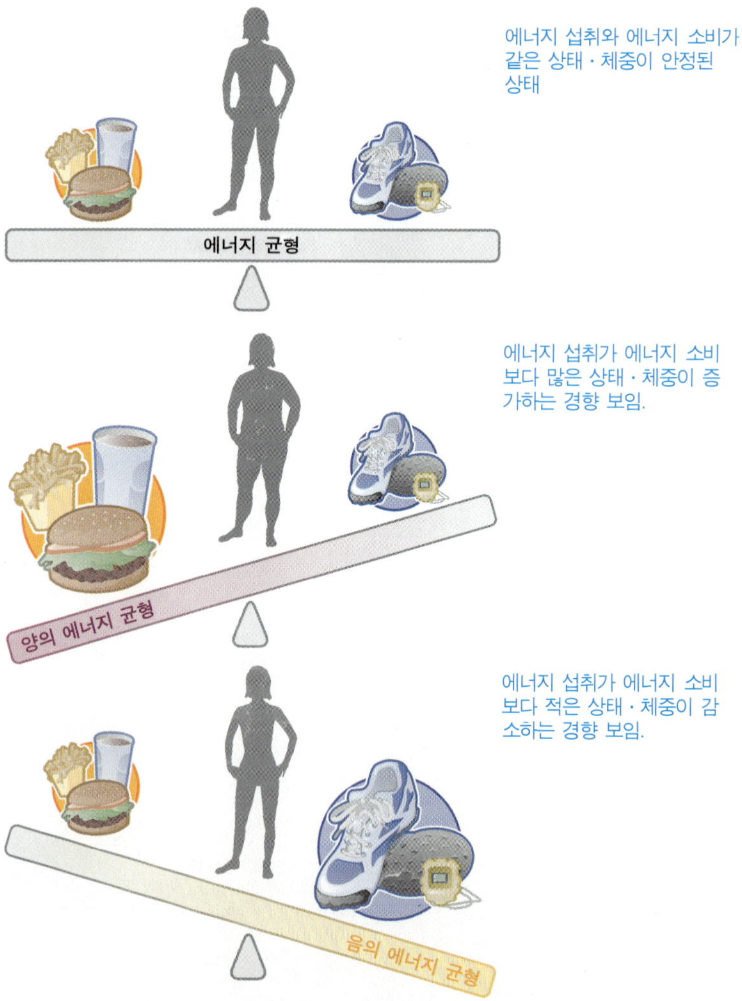

에너지 균형상태 energy balance
에너지 섭취와 에너지 소비가 같은 상태

양의 에너지 균형상태
positive energy balance
에너지 섭취가 에너지 소비보다 많은 상태

음의 에너지 균형상태
negative energy balance
에너지 섭취가 에너지 소비보다 적은 상태

그림 9.2 지방조직

지방조직량은 지방세포의 수와 크기에 따라 달라진다.

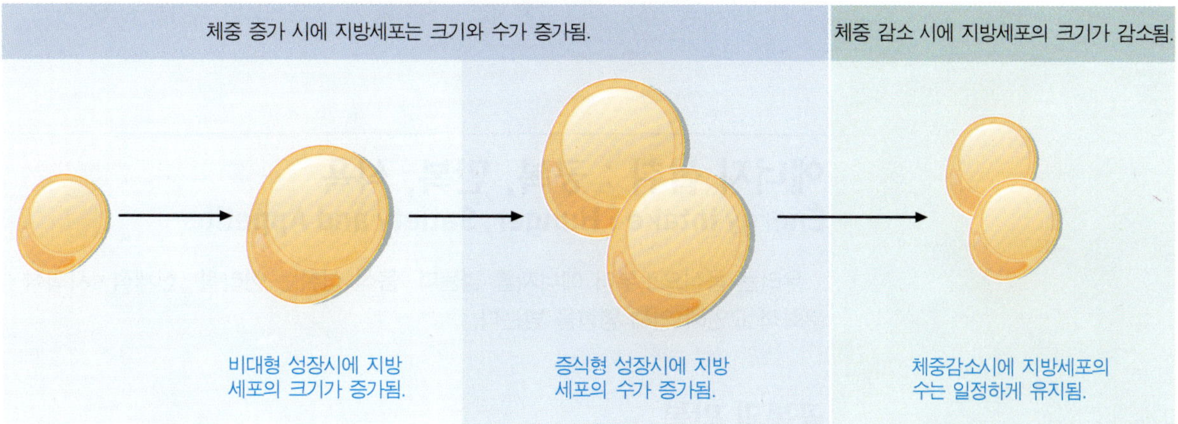

성장기의 어린이나 청소년 · 운동선수 · 임신부 등에서 에너지 균형이 양의 상태가 되어 근육조직이 증가되는 것은 바람직하지만, 그 밖의 경우에 지방조직이 증가되는 것은 바람직하지 않다.

에너지 섭취가 부족하거나 에너지 소비가 증가하여 음의 에너지 균형상태가 되면 체지방으로 저장되어 있던 에너지가 사용되면서 체중이 줄게 된다. 대략 1파운드(450g)의 체지방조직에는 약 3,500 kcal가 저장되어 있다.

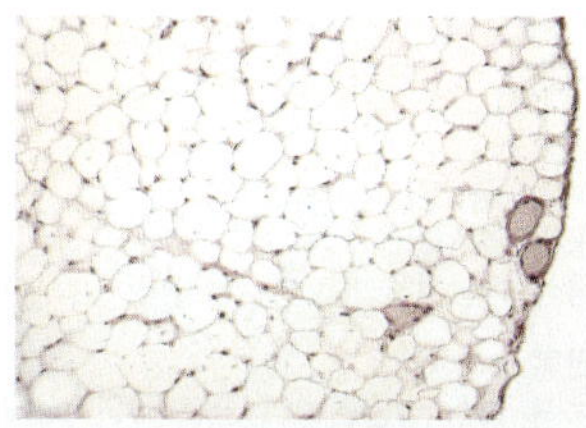

지방조직은 지방세포로 이루어져 있다. 지방세포 내에 지방구가 축적된 특이한 형태를 현미경으로 관찰할 수 있다.

지방조직을 자세히 보기
A Closer Look at Adipose Tissue

지방조직은 수동적인 에너지 저장고라고만 생각되어 왔으나 최근에는 호르몬을 생성하여 에너지 균형을 조절하는 능동적인 내분비기관이라고 주장하는 학자도 있다. 지방조직은 지방으로 채워진 특수세포인 지방세포(adipocytes)로 이루어져 있다.

지방세포가 중성지방으로 채워져서 크기가 커진 상태를 **비대형 성장**이라고 하며 세포 크기는 20배까지 커질 수 있다. 새로운 지방세포의 수가 증가된 상태를 **증식형 성장**이라고 한다. 체중이 감소될 때에 지방세포의 크기는 줄어들지만 수는 그대로 유지된다. 그러므로 지방세포의 수가 많은 사람은 체중을 감소하기가 어렵다(**그림 9.2**).

필수개념 *Essential Concepts*

에너지 균형이라는 용어는 에너지 섭취와 에너지 소비의 관계를 말할 때에 사용된다. 에너지 섭취가 에너지 소비를 초과할 때에는 양의 에너지 균형상태가 되고 체중이 증가된다.

비대형 성장 hypertrophic growth
세포의 크기가 증가하는 성장

증식형 성장 hyperplastic growth
세포의 수가 증가하는 성장

그 반대로 에너지 섭취가 에너지 소비보다 적을 때에는 음의 에너지 균형상태가 되고 체중이 감소된다. 지방조직은 체내의 가장 중요한 에너지 저장고 역할을 한다. 체지방이 증가할 때, 지방세포는 크기가 커지고(세포 비대) 수가 증가한다(세포 증식). 그러나 체지방이 감소할 때, 지방세포의 크기는 감소하지만 수는 감소하지 않는다.

에너지 섭취 : 공복, 만복, 식욕
Energy Intake : Hunger, Satiety and Appetite

우리는 음식으로부터 에너지를 얻는다. 음식 섭취는 심리적 · 신체적 · 사회적 · 문화적 요인에 의해 영향을 받는다.

공복과 만복
Hunger and Satiety

공복이란 생리적으로 음식 섭취가 필요한 상태를 말하며, **만복**이란 생리적으로 음식섭취가 충분한 상태를 말한다. 공복과 만복은 여러 가지 요인에 의해 영향을 받는다. 영향을 주는 요인으로는 뇌에서 생산되는 **신경 펩티드**, 위장관이나 췌장, 지방조직에서 보내주는 신경신호나 호르몬 신호 등이 있다.

공복 hunger
음식을 섭취하려는 생리적 상태

만복 satiety
음식 섭취가 충분하여 공복이 만족된 상태

신경 펩티드 neuropeptide
신경세포에서 분비되는 호르몬 유사 단백질

식욕 Appetite

건강한 식행동은 공복신호에 따라 먹고 만복신호에 따라 멈추는 것이다. 그러나 우리는 생리적 신호가 아닌 심리적 신호에 따라 먹는 경우가 때때로 있다.

Focus On 식품 FOOD

식탐

식탐이란 어떤 특정 식품에 대한 강한 욕구로 공복과는 다른 것이다. 공복은 아무 음식으로도 해결될 수 있지만 식탐은 원하는 특정식품으로만 해결된다. 남자보다는 여자에게서 이런 증세가 흔히 나타난다. 특히 호르몬 변화에 영향을 받는 것으로 생각되며, 월경이나 임신기간에 특정식품에 대한 강한 욕구가 생긴다.

식탐은 특정영양소가 부족하여 생기는 증세는 아니라고 생각되지만, 확실한 원인은 아직 밝혀지지 않은 상태이다.

최근에는 몇 가지 신경화학물질(neurochemicals)이 알려지고 있다. 뇌의 세로토닌 수준이 낮아지면 고탄수화물 식품에 대한 욕구가 생겨서 탄수화물 식품을 먹게 됨으로써 세로토닌 수준이 높아진다. 그러면 기분이 좋아지면서 안정감이 오게 된다. 또한, 뇌의 신경 펩티드 Y(neuro-peptide Y ; NPY) 수준이 높아지면 탄수화물 식품에 대한 욕구가 생기고, 뇌의 갈라닌(galanin) 농도가 높아지면 지방식품에 대한 욕구가 생긴다.

식탐 증세는 너무 심하게 식품 제한을 할 경우에 생기기 쉽다. 특정 식품을 심하게 제한하면 그 식품에 대한 생각에 사로잡혀 식탐 증세가 생기게 되는 것이다. 그러므로 충분한 수면, 규칙적 운동, 스트레스 해소, 건강한 식습관 등을 통하여 식탐 증세를 해결하는 것이 바람직하다.

식욕이란 식품에 대한 갈망이나 욕구를 뜻하며, 무엇을 언제 먹을지를 결정하는 중요한 요인이다. 특정식품에 대한 욕구가 강한 것을 **식탐**이라고 한다.

외관, 맛, 향기, 감정상태 등은 식욕에 큰 영향을 미친다. 맛있는 냄새가 식욕을 자극하기도 하고 불쾌한 냄새가 식욕을 떨어뜨리기도 한다. 불안, 공포, 흥분, 스트레스 등이 먹는 것을 좌우하는 경우도 있다. 이런 현상이 식행동장애를 초래할 수도 있다(영양과 건강 참조).

필수개념 Essential Concepts

에너지 섭취는 생리적 요인과 심리적 요인에 의해 영향을 받는다. 공복이란 생리적으로 음식섭취가 필요한 상태이고, 만복이란 생리적으로 음식섭취가 충분한 상태를 말한다. 이것은 뇌에서 생성되는 신경 펩티드(neuropeptide)와 위장관, 췌장, 지방조직에서 오는 신경신호나 호르몬 신호에 의해 조절된다.

음식의 겉모양, 맛, 향기 등이 생리적 상태와 상관없이 심리적으로 음식을 먹게 자극할 수도 있다. 이와 같은 음식에 대한 욕구를 식욕이라고 하며, 특정 식품에 대한 강한 욕구를 '식탐'이라고 한다.

에너지 소비 : 기초대사량, 활동대사량, 식이성 발열효과
Energy Expenditure : Basal Metabolism, Physical Activity, and the Thermic Effect of Food

에너지 균형 공식의 한쪽은 에너지 섭취이고 다른 한쪽은 에너지 소비이다. 신체는 생리기능 유지, 신체활동, 식품 대사를 하기 위해 에너지를 소비한다. 이것을 **총 에너지 소비량(TEE)**이라고 한다(그림 **9.3**). TEE는 ① 기초대사량 ② 활동대사량 ③ 식이성 발열효과의 세 가지로 이루어진다.

TEE에는 이 세 가지 외에도 **적응성 발열량**과 **비운동성 발열량(NEAT)**이 포함된다. 적응성 발열량이란 신체가 환경변화 또는 외상, 기아, 스트레스 등의 생리적 변화에 적응하기 위해 일시적으로 사용하는 에너지 소비량을 말한다.

그림 9.3 총 에너지 소비량(TEE)의 구성

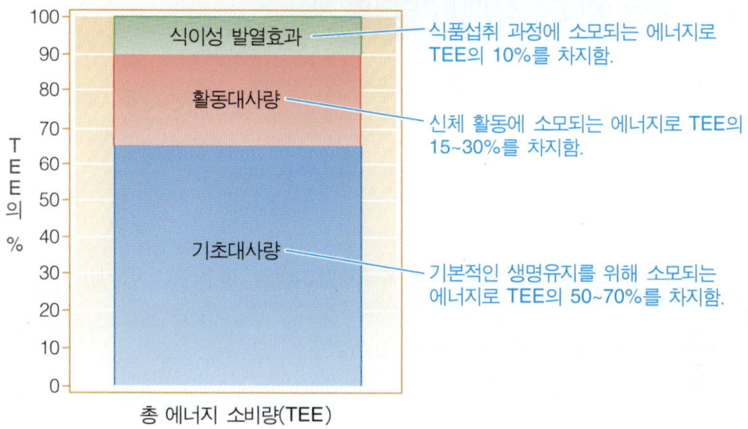

식욕 appetite
식품에 대한 심리적인 욕망

식탐 food craving
특정 식품에 대한 강한 심리적 욕구

총 에너지 소비량
total energy expenditure(TEE)
신체가 사용하는 총 에너지량

예를 들면, 추위에 떨면서 사용하는 에너지가 적응성 발열량이다. 비운동성 발열량은 안절부절 못하거나 자세를 유지하는 등의 무의식적인 움직임에 사용하는 에너지 소비량을 말한다. 적응성 발열량과 비운동성 발열량이 총 에너지 소비량(TEE)에서 차지하는 비율이 얼마나 되는지는 아직 밝혀지지 않았지만 크지 않다고 믿고 있다.

기초대사량과 휴식대사량
Basal and Resting Metabolism

기초대사량이란 호흡, 심장박동, 신경기능, 근육긴장 등의 기본적인 기능을 유지하기 위해 사용하는 에너지 소비량을 말한다. **기초대사율(BMR)**은 시간당 소비하는 에너지(kcal/hour)를 뜻하며, 총 에너지 소비량(TEE)의 약 50~70%를 차지한다.

기초 에너지 소비량(BEE)은 24시간 동안의 기초대사량을 kcal/day로 표시한 것이다. BMR은 8시간 수면 후 아침에 공복상태로 적정한 실내온도에서 측정한다. 이러한 조건을 맞추기가 어렵기 때문에 주로 **휴식대사율(RMR)**을 측정한다. RMR은 약간의 휴식시간을 갖고 공복이 아닌 상태에서 측정하므로 BMR보다 쉽게 측정할 수 있다. RMR은 BMR보다 약 10%정도 높게 나타나는데, 24시간 동안의 휴식대사율을 **휴식 에너지 소비량(REE)**으로 표시한다.

Harris-Benedict 공식은 100년 전에 개발된 것으로, 간편하게 REE를 측정하는 데 사용된다.

남자 : REE = 66.5 + (13.8 × 체중(kg)) + (5 × 신장(cm)) − (6.8 × 나이(세))
여자 : REE = 655.1 + (9.6 × 체중(kg)) + (1.8 × 신장(cm)) − (4.7 × 나이(세))

Harris-Benedict 공식을 이용하여 REE를 계산하는 방법이 **표 9.1**에 있다. 평균체중을 가진 20세 남성이 기본적인 신체 기능을 유지하는 데 2,140 kcal/day가 필요하다. 이 수치는 근육량이나 체지방량 등의 신체조성이 고려되지 않은 추정치이다.

적응성 발열량
adaptive thermogenesis
환경이나 생리적 변화에 적응하기 위해 소비하는 에너지

비운동성 발열량
nonexercise activity thermogenesis(NEAT)
안절부절 못하거나 자세를 유지하는 데 사용하는 에너지

기초대사량 basal metabolism
호흡, 근육긴장, 신경기능 등의 기본적인 신체기능을 유지하기위해 소비하는 에너지

기초대사율
basal metabolic rate(BMR)
시간당 사용하는 기초대사량을 kcal/hour로 표시

기초 에너지 소비량
basal energy expenditure(BEE)
24시간동안 사용하는 기초대사량

휴식대사율
resting metabolic rate(RMR)
BMR보다 휴식이나 공복시간이 완화된 조건에서 측정한 휴식대사량

휴식 에너지 소비량
resting energy expenditure(REE)
24시간동안 사용하는 휴식대사량

표 9.1 휴식 에너지 소비량(REE)의 계산

변수
나이 : 20세
성별 : 남자
체중 : 200파운드(91 kg)
신장 : 75인치(190.5 cm)

공식
REE = 66.5 + (13.8 × 체중(kg)) + (5 × 신장((cm)) − (6.8 × 나이(세))

계산
REE = 66.5 + 13.8(91) + 5(190.5) − 6.8(20)
REE = 66.5 + 1255.8 + 952.5 − 136
REE = 2,138.8 kcal/day

기초대사율(BMR)에 영향을 주는 요인들
Factors Influencing Basal Metabolic Rate (BMR)

BMR은 체격, 체조성, 나이, 성, 영양상태, 유전 등의 다양한 요인들에 의해 영향을 받는다(**표 9.2**). 일반적으로 체중이 같은 경우, 크고 마른 사람이 작고 뚱뚱한 사람보다 BMR이 높다. 이는 크고 마른 사람이 체표면적이 더 넓어서 체열 발산이 많기 때문이다. 그러므로 에너지 소비량을 계산하는 공식에서 체중과 신장을 고려하는 것이다.

또한 체조성도 BMR에 영향을 미친다. 체중과 신장이 같은 경우, 근육량이 많은 사람이 지방량이 많은 사람보다 BMR이 높다. 이는 근육조직이 지방조직보다 대사활성이 높기 때문이다. 성장기가 지난 30세 이후에는 매 10년마다 약 2~5%씩 BMR이 감소된다. 이 감소는 나이에 따른 근육손실에 의한 것이라고 생각된다.

성별에 따른 BMR의 차이는 여성이 남성에 비해 근육량이 적고 지방량이 많은 체조성과 호르몬의 차이 때문이다. BMR은 성장기의 어린이와 임신 수유부에서 높게 나타난다. 체열이 높을 때나 스트레스가 심할 때에는 일시적으로 BMR이 증가되고 수면 중에는 BMR이 낮아진다.

갑상선 호르몬이 BMR을 조절하므로 갑상선기능항진증(hyperthyroidism)일 때는 BMR이 높아지고 갑상선기능부전증(hypothyroidism)일 때는 BMR이 낮아진다. 식품섭취를 심하게 제한하면 BMR이 40%까지 감소된다.

이는 음의 에너지 균형에 대한 우리 몸의 적응 현상으로 기아상태에서 체중감소를 최소화하려는 보호작용이다. 그러나 체중감량을 위해 다이어트를 하는 사람에게는 체중감소를 어렵게 하는 요인이 된다.

표 9.2 기초대사율(BMR)에 영향을 주는 요인들

요인	BMR에 대한 효과
나이	성장기 이후에는 나이에 따라 BMR이 감소됨.
성	체중이 같을 때에 남자가 여자보다 BMR이 높음.
성장	성장기에는 BMR이 높음.
체중	체중이 증가되면 BMR이 증가됨.
체격	체중이 같을 때는 크고 마른 사람이 작고 뚱뚱한 사람보다 BMR이 높음.
체조성	근육이 지방조직보다 대사 에너지가 높기 때문에 체중이 같을 때에 근육량이 많은 사람이 지방조직이 많은 사람보다 BMR이 높음.
체온	체온이 높아질 때에 BMR이 증가됨.
스트레스	스트레스를 받을 때에 BMR이 증가됨.
갑상선 기능	갑상선 호르몬 수준이 높을 때에 BMR이 증가되고 갑상선 호르몬 수준이 낮을 때에 BMR이 감소됨.
에너지 제한	단식이나 기아로 인해 체조직이 손실되면 BMR이 감소됨.

활동대사량
Physical Activity

신체활동에 소비하는 에너지는 사람의 활동량에 따라 차이가 많지만, 일반적으로 TEE의 15~30%를 차지한다. 운동을 많이 하는 사람이 비활동적인 사람에 비해 활동대사량이 높은 것은 당연하다. 체격이 큰 사람이 작은 사람보다 같은 종류의 활동을 할 때에 더 많은 에너지를 소비한다.

식이성 발열효과
Thermic Effect of Food(TEF)

식이성 발열효과는 식후에 음식물을 소화 · 흡수 · 운반 · 대사 · 저장하는 데 사용되는 에너지를 말하며, TEE의 약 10%를 차지한다. TEF는 음식의 양과 조성에 따라 영향을 받는다. 많은 양의 음식을 섭취하면 소량을 섭취할 때보다 TEF가 높아진다.

고단백식이의 TEF가 가장 높고 고지방식이의 TEF가 가장 낮다. 이는 영양소를 대사하는 데 소비되는 에너지가 영양소의 종류에 따라 다르기 때문이다. 일반적으로 혼합된 식사를 하므로 총 에너지 섭취량의 5~10% 정도를 TEF로 간주하여 500kcal의 식사를 할 때에는 25~50kcal를 TEF로 계산한다.

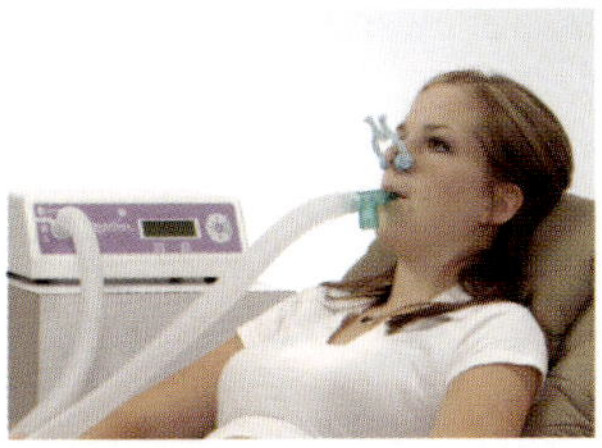

간접 열량측정법은 휴대용(이동식) 장비를 이용하여 호흡가스교환(산소섭취와 탄산가스 배출)을 측정한다. 이 방법은 체내에서 4.8kcal의 에너지를 대사할 때 1리터의 산소가 사용된다는 가정하에 TEE를 계산하는 것이다.

총 에너지 소비량(TEE) 평가
Assessing Total Energy Expenditure(TEE)

TEE(total energy expenditure)를 평가하는 일은 비용이 많이 들고 고도의 전문성이 요구된다. 직접 또는 간접적으로 열량을 측정하는 방법과 안정동위원소를 이용하는 방법이나 계산공식을 이용하는 방법 등의 여러 가지 평가법이 개발되었다.

직접이나 간접 열량측정법
Direct and Indirect Calorimetry

체내에서 에너지를 사용할 때에 열이 방출되므로 열 방출량을 측정함으로써 TEE를 알 수 있다. 이 방법을 **직접 열량측정법**이라 한다. 이 방법은 물이 채워진 튜브로 싸여진 특수한 장치를 갖춘 방안에서 사람이 방출하는 열로 물이 덥혀지는 것을 측정하여 TEE를 계산하는 것이다. 하지만 특수 장비의 비용 때문에 많이 이용되지 않는다.

간접 열량측정법은 열 방출량을 측정하는 대신에 산소 섭취와 탄산가스 배출을 측정하는 것이다. 이때 1리터의 산소가 체내에서 소모될 때에 4.8kcal의 열량이 생성된다는 가정하에 TEE를 계산한다.

식이성 발열효과
thermic effect of food(TEF)
영양소의 소화, 흡수, 대사를 위하여 사용되는 에너지

직접 열량측정법 direct calorimetry
체열 손실을 평가함으로써 에너지 소비량을 측정함.

간접 열량측정법 indirect calorimetry
산소 섭취량과 탄산가스 배출량을 평가함으로써 에너지 소비량을 측정함.

안정동위원소 사용법 : 이중표시수분방법
Use of Stable Isotopes : Doubly Labeled Water

안정동위원소는 방사능은 가지지 않고 원자핵 속에 중성자를 더 가진 형태이므로 수소는 ^2H, 산소는 ^{18}O로서 정상적인 ^1H, ^{16}O와는 구별된다. 사람이 ^2H_2O와 $H_2{}^{18}O$으로 표시된 두 종류의 물, **이중표시수분**을 마신 후에 탄산가스와 물로 이 두 가지 동위원소가 배출되는 것을 측정하여 TEE를 계산한다. 현재 이 방법이 가장 정확한 것으로 알려져 있다.

수학적 공식
Mathematical Formulas

열량측정법이나 안정동위원소법은 비싼 장비와 전문가가 필요하므로 TEE를 계산하는 간편한 수학적 공식이 흔히 사용된다. 미국의 영양섭취기준(Dietary Reference Intakes ; DRIs)을 설정하면서 열량필요량(Estimated Energy Requirements ; EERs) 계산을 위한 공식을 개발하였다. 모든 연령층의 공식이 부록 B에 있다. 성인 남녀의 EER계산 공식은 다음과 같다.

$$\text{남자 : EER} = 662 - [9.53 \times \text{나이(세)}] + \text{PA} \times [15.91 \times \text{체중(kg)}] + [539.6 \times \text{신장(cm)}]$$

$$\text{여자 : EER} = 354 - [6.91 \times \text{나이(세)}] + \text{PA} \times [9.36 \times \text{체중(kg)}] + [726 \times \text{신장(cm)}]$$

필수개념 Essential Concepts

신체는 기초대사 · 신체활동 · 식품대사를 위하여 에너지를 소비한다. 기초대사량은 총 에너지 소비량(TEE)의 대부분을 차지하며, 신체 크기와 체조성에 의해 영향을 받는다. 활동대사량은 활동 수준에 따라 차이가 있지만, 대개 TEE의 15~30%를 차지한다. 식이성 발열효과(TEF)는 식사 후 대사를 위해 소비되는 에너지로 TEE의 10%를 차지한다. 적응성 열생성은 스트레스에 적응하기 위한 에너지 소비량이고, 비운동성 열생성(NEAT)은 조바심을 낼 때에 소비되는 에너지이다. TEE를 측정하는 방법에는 여러 가지가 있다.

직접 열량측정법은 체열 손실을 측정하는 것이고 간접 열량측정법은 호흡가스의 산소와 탄산가스 수준을 측정하는 것이다. 안정동위원소인 수소와 산소로 표시한 이중표시수분방법을 이용하여 체내 대사량을 측정하는 것이 가장 정확하다. EER을 계산하는 공식을 이용하여 TEE를 계산하기도 한다.

체중과 체조성 평가
Assessing Body Weight and Body Composition

에너지 섭취와 에너지 소비의 균형을 맞추는 것이 체중을 유지하는 데 가장 중요하다. 건강한 체중(healthy weight)의 기준을 정하기 위해서는 체중과 체조성을 평가하는 방법을 알아야 한다.

안정동위원소 stable isotope
중성자를 부가적으로 더 가진 형태의 원소

이중표시수분 doubly labeled water
안정동위원소인 ^2H와 ^{18}O를 함유한 물

과체중과 비만의 정의
Defining Overweight and Obesity

과체중이란 신장에 비해 체중이 초과되는 것을 의미하며, **비만**이란 체지방이 많은 상태를 의미한다. 체중만 가지고 체조성을 알 수 없기 때문에 근육조직이 많은 운동선수들이 과체중인 경우에는 비만이라고 할 수 없다. 반대로 비활동적인 사람은 과체중은 아니라도 비만일 수 있다. 그러나 대부분의 경우, 과체중이면 근육조직보다 지방 조직량이 증가되므로 비만이 된다.

체중 평가
Assessing Body Weight

이상체중(ideal body weight)이라는 용어보다는 참고치(reference value)를 제시하는 것이 바람직하다. 참고치는 주로 신장-체중표나 체질량지수를 이용한다.

신장-체중표 Height-Weight Tables

미국의 한 생명보험회사에서는 1935~1954년의 보험 가입자의 생존기간과 체중의 관계를 분석하여 이상체중표를 만들었다. 그 후에 이 표가 개정되었으며 부록 F에 첨부하였다.

그림 9.4 체질량지수(BMI)와 체중관련 사망률

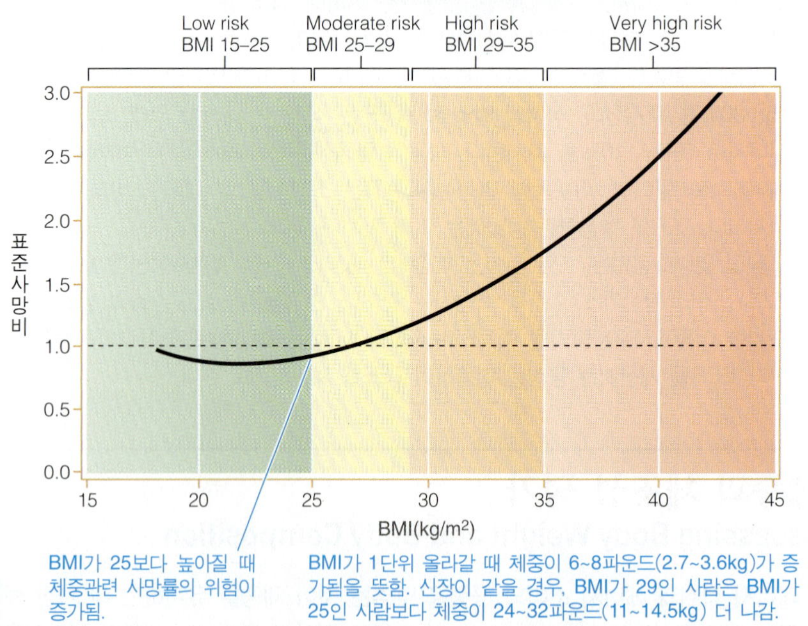

자료: Gray DS. Diagnosis and prevalence of obesity. Medical Clinics of North America. 1989;73:1-13.

과체중 overweight
신장에 비해 체중이 초과된 상태

비만 obesity
체지방이 초과된 상태

체질량지수
Body Mass Index

체질량지수는 체중 평가 시에 가장 많이 이용된다.

$$\text{BMI} = \text{체중(kg)} \div \text{신장(m)}^2$$
$$\text{BMI} = \text{체중(파운드)} \div \text{신장(인치)}^2 \times 703.1$$

예를 들어, 150파운드(68.2kg)이고 65인치(1.65m)인 사람의 BMI는 25kg/m^2이다. BMI는 신장에 대한 체중의 비이기 때문에 체중 자체보다는 비만에 대한 지표로 더 유용하다. 정상과 비만을 구분하는 BMI지수는 질병이환율과 사망률을 고려하여 정한다.

그림 9.4에는 BMI값이 증가할수록 건강문제나 사망률이 증가하는 것을 볼 수 있다. 미국 질병관리본부(Centers for Disease Control and Prevention)에서는 BMI가 $25\sim29.9\text{kg/m}^2$일 때에 과체중으로 분류하고 BMI가 $30\ \text{kg/m}^2$ 이상일 때는 비만으로 분류한다.

그림 9.5 BMI를 이용한 체중분류

체중은 X축에서 신장은 Y축에서 찾아서 만나는 점이 BMI를 뜻함.

신장(feet inches) \ 체중(pound)	120	130	140	150	160	170	180	190	200	210	220	230	240	250
4'6"	29	31	34	36	39	41	43	46	48	51	53	56	58	60
4'8"	27	29	31	34	36	38	40	43	45	47	49	52	54	56
4'10"	25	27	29	31	34	36	38	40	42	44	46	48	50	52
5'0"	23	25	27	29	31	33	35	37	39	41	43	45	47	49
5'2"	22	24	26	27	29	31	33	35	37	38	40	42	44	46
5'4"	21	22	24	26	28	29	31	33	34	36	38	40	41	43
5'6"	19	21	23	24	26	27	29	31	32	34	36	37	39	40
5'8"	18	20	21	23	24	26	27	29	30	32	34	35	37	38
5'10"	17	19	20	22	23	24	26	27	29	30	32	33	35	36
6'0"	16	18	19	20	22	23	24	26	27	28	30	31	33	34
6'2"	15	17	18	19	21	22	23	24	26	27	28	30	31	32
6'4"	15	16	17	18	20	21	22	23	24	26	27	28	29	30
6'6"	14	15	16	17	19	20	21	22	23	24	25	27	28	29
6'8"	13	14	15	17	18	19	20	21	22	23	24	25	26	28

표시

저체중 / 과체중 / 건강체중 / 비만

BMI (kg/m^2)	분류
<18.5	저체중
18.5–24.9	건강체중
25.0–29.9	과체중
≥30	비만

자료: Centers for Disease Control and Prevention. Overweight and obesity: Defining overweight and obesity. Available from: http://www.cdc.gov/nccdphp/dnpa/obesity/defining.htm.

그리고 BMI가 18.5~24.9kg/m^2일 때는 건강, 18.5 이하일 때는 체중미달로 분류한다(**그림 9.5**). BMI가 체중을 평가하는 데 유용하기는 하지만 직접 체지방량을 측정하는 것은 아니므로 체지방을 과소평가 또는 과대평가할 수도 있다.

체조성 평가 Assessing Body Composition

우리 몸은 두 부분으로 나눌 수 있는데, (1)지방 부분과 (2)제지방(근육) 부분이 그것이다. 지방 부분(지방조직)은 주로 중성지방과 지지구조이며, 제지방 부분은 주로 근육 · 체액 · 뼈조직이다. 체지방량은 생애주기에 따라 달라진다.

6개월된 영아의 체중은 30%가 지방이다. 그러나 성인 남자의 체지방량은 12~20%가 바람직하고, 성인 여자의 체지방량은 20~30%가 바람직하다(**표 9.3**).

체지방량이 남자에게서 25% 이상이거나 여자에게서 33% 이상으로 나타날 때에 비만으로 판정한다. 많은 체지방량이 건강 문제를 일으키는 것처럼 체지방량이 너무 적은 것도 건강에 해롭다. 남자에서 체지방량이 5% 이하이거나 여자에서 12% 이하일 때에는 건강문제를 일으킬 수 있다.

비만은 제2형 당뇨병, 골관절염, 뇌졸중, 심장병, 담석증, 대장암 등의 위험을 증가시킨다(**그림 9.6**). 그러므로 비만을 평가하고 질병 발생 위험을 줄이기 위해 체지방량을 측정하는 여러 가지 방법들이 개발되고 있다(**그림 9.7**).

체밀도 측정법 Densitometry

물속에서 체중을 측정하는 **수중체중측정법**은 밀도의 개념에 기초한 것이다. 지방조직은 근육조직보다 밀도가 낮다. 수중체중측정법은 물속과 밖의 체중을 측정하여 비교하는 것으로, 지방 조직이 많은 사람은 밀도가 낮으므로 물속에서 측정한 체중이 적게 나간다.

체밀도를 측정하는 또 다른 방법으로 BOD POD라는 것이 있다. BOD POD는 사람이 방에 앉아서 대체된 공기의 부피를 컴퓨터 센서로 측정하는 방법으로, 간편하기는 하나 아직도 정확도에 대한 검증이 필요하다.

수중체중측정법
hydrostatic weighing (underwater weighing) 물속과 물 밖에서의 체중을 비교하여 체조성을 계산하는 방법

표 9.3 체지방률을 기초로한 비만 분류

분류기준	체지방(% 체중)	
	남자	여자
정상	12~20	20~30
비만경계선	21~25	31~33
비만	>25	>33

자료: Bray G. What is the ideal body weigh? Journal of Nutritional Biochemistry. 1998;9:489–92

그림 9.6 비만과 관련된 건강 문제들

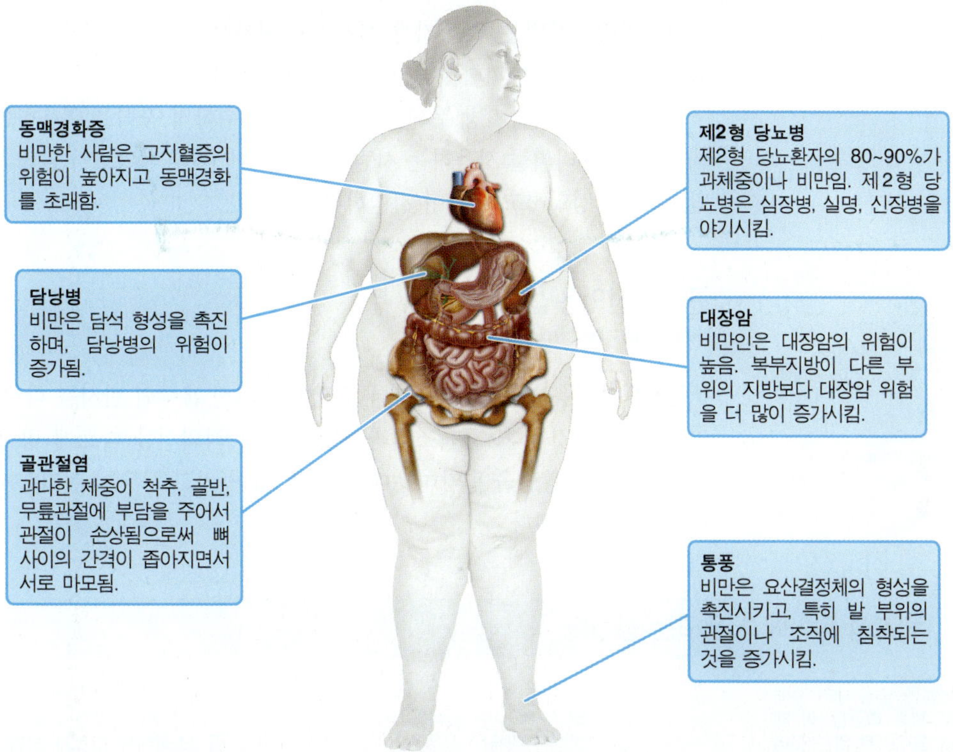

이중 에너지 흡수 계측법
Dual-Energy X-Ray Absorptiometry : DEXA

DEXA는 체지방량과 체지방 분포를 측정하는 데 사용된다. 지방조직과 비지방조직은 X선 방출이 다르기 때문에 체조성을 분석하는 방법 중에 "gold standard"로 여겨진다.

생체전기저항분석법
Bioelectrical Impedance

생체전기저항분석법은 약한 전류를 신체에 보내면서 전기 전도성을 측정하는 방법이다. 전극을 손과 발에 부착한 후, 전류를 방출한다. 근육조직은 수분 함량이 많기 때문에 전류가 잘 전도되지만 지방조직은 수분 함량이 적기 때문에 전류가 잘 전도되지 않는다.

이 방법은 체수분이 적정한 상태에서 측정해야 정확하다. 예를 들면, 탈수상태에서 측정하면 체지방이 과대평가 될 수 있다. 이 방법은 비교적 정확하고 사용이 편리하여 현장에서 체조성을 평가하는 데 많이 사용된다.

생체전기저항분석법
bioelectrical impedance
신체의 전기전도성을 측정하여 체조성을 평가하는 방법

피하지방측정법
Skinfold Thickness

피하지방측정법은 오랜 기간 체지방을 평가하는 데 사용되어 왔다. **피하지방 측정기**를 사용하여 피하지방의 두께를 측정한다.

여러 부위의 피하지방 두께를 측정한 후에 수학적 공식을 이용하여 체지방을 계산한다. 캘리퍼를 사용하는 사람의 숙련도에 따라 정확도가 달라지기는 하지만, 비교적 정확하고 비용이 저렴하다.

근적외선이용법
Near-Infrared Interactance

피하지방측정기 skinfold caliper
피하지방 두께를 측정하는 데 사용하는 기구

근적외선이용법 near-infrared interactance
근적외선의 방출과 흡수에 따라 체조성을 평가하는 방법

근적외선이용법은 밀도가 다른 조직이 적외선 흡수와 반사를 다르게 하는 원리를 이용한 것이다. 근육조직과 지방조직이 적외선을 다르게 방출하는 것을 측정하여 체지방량을 평가하는데, 비교적 값이 싸고 사용이 편리하지만 정확도가 낮다고 평가된다.

그림 9.7 체조성 평가에 사용되는 방법들

수중측정법은 숨을 내쉰 후에 물속에서 체중 측정함. 이 때 물속에서 움직이지 않는 것이 중요함.

수중측정법

BOD POD는 밀폐된 방에서 대체된 공기의 부피를 측정함.

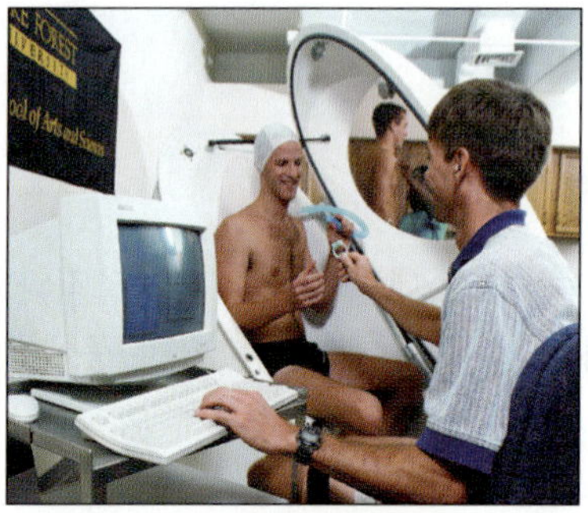

BOD POD

테이블에 누운 상태에서 스캔 장치가 지나감. X선이 지방조직, 무지방조직, 골격조직에서 다르게 방출됨. 2차원 이미지로 컴퓨터에 나타남.

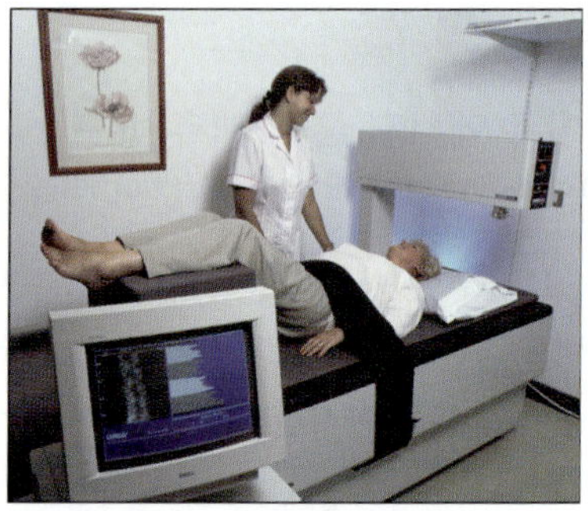

DEXA

생체전기저항분석법

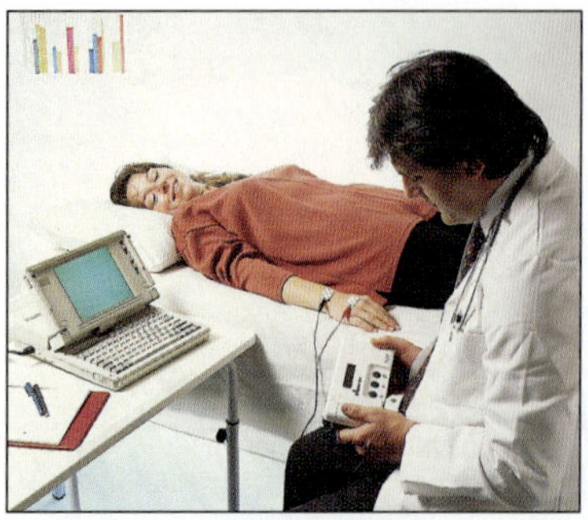

손과 발에 전극을 붙이고 약한 전류를 통과시킴. 전기 전도성이 지방조직과 무지방조직이 다른 것을 이용하여 체조성 평가함.

피하지방측정법

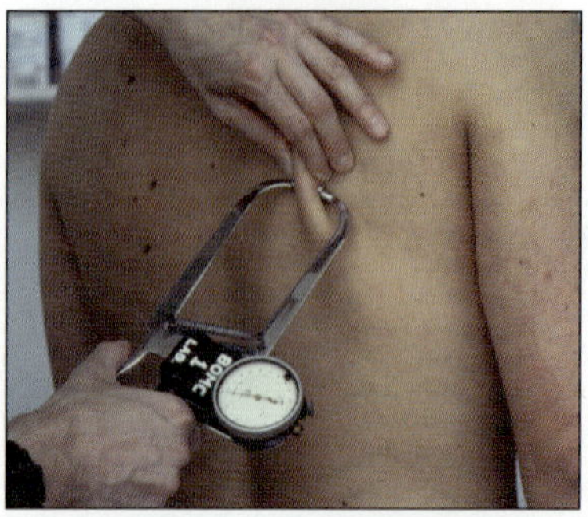

캘리퍼를 이용하여 특정부위의 피하지방 두께를 측정함.

근적외선이용법

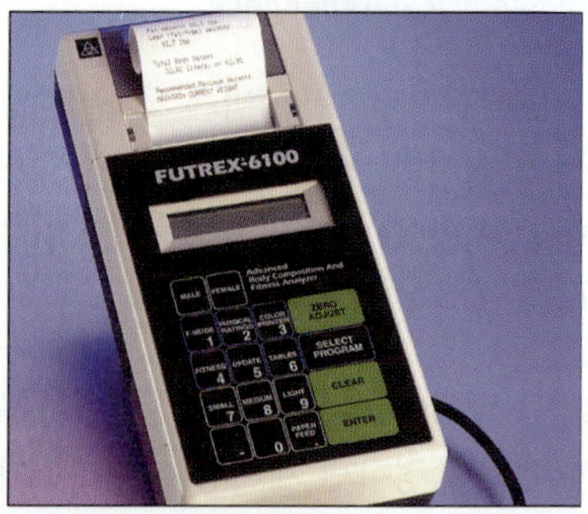

적외선 스펙트럼에서 방출되는 빛을 측정하여 지방조직과 무지방조직의 양을 평가.

그림 9.8 **체지방 분포 패턴**

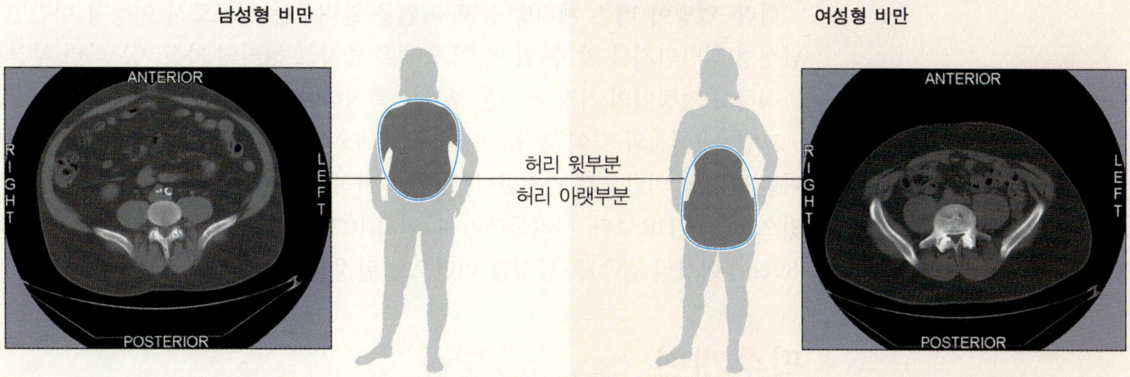

남성형 비만은 복강 내에 지방이 많고 여성보다 남성에서 흔함. 이런 지방 분포 패턴을 가진 사람은 체중관련 건강문제의 위험이 더 높고 "사과형" 비만이라고 함.

여성형 비만은 엉덩이나 대퇴부의 피하지방이 많고 남성보다 여성에 흔함. 여성형 지방 분포는 "배형" 비만이라고 함.

체조성을 평가하는 다른 방법들
Other Methods of Estimating Body Composition

체조성을 평가하는 다른 방법 중에는 컴퓨터 단층촬영(CT), 자기공명법(MRI), 동위원소법(isotope dilution) 등이 있다. 안정동위원소를 사용하는 것은 특수 장비가 필요하며 연구소에서만 사용된다. CT와 MRI는 병원에서 주로 사용하고 일반적으로 현장에서는 사용되지 않는다(**그림 9.8**).

체지방 분포 평가
Assessing Body Fat Distribution

상체부위에 지방이 많은 **남성형 비만**은 **복강내(내장) 지방** 축적이 많다(**그림 9.8**). 남성형 비만은 여자보다 남자에서 흔하다. 하체 부위에 지방이 많은 **여성형 비만**은 엉덩이와 대퇴 부위에 피하지방이 많은 것이 특징이며, 남자보다 여자에게서 흔하다. 남성형 비만은 "사과 모양"이라고 하고 여성형 비만은 "배 모양"이라고 한다. 남성형 비만인 사람은 여성형 비만인 사람보다 심혈관 질환, 제2형 당뇨병, 고혈압 등의 발병위험률이 더 높다.

그 이유는 확실하지는 않지만 복강 내 지방이 다른 부위의 지방보다 지방분해가 쉽게 이루어져서 혈액으로 방출되기 때문으로 보인다.

체지방 분포 패턴은 대개 생물학적 요인에 의해 결정된다. 모녀 간이나 부자 간의 체지방 분포는 비슷하다. 테스토스테론이나 에스트로겐 같은 성호르몬도 체지방 분포에 영향을 미친다. 테스토스테론(남성 호르몬)은 남성형 비만을 초래하고 에스트로겐(여성 호르몬)은 여성형 비만을 초래한다. 폐경 후의 여성에게서는 남성형 비만으로 체지방 분포가 바뀌는 것을 볼 수 있다.

남성형 비만 android adiposity
체지방이 주로 복강 내에 있어서 내장지방이라고도 함.

복강내(내장) 지방
intra-abdominal(visceral) fat
복강 내의 내장과 관련된 지방

여성형 비만 gynoid adiposity
엉덩이와 대퇴부와 같은 하체 부분의 피하지방을 의미함.

허리-엉덩이 비
Waist-to-Hip Ratio

허리-엉덩이 비는 체지방 분포 패턴을 알려주는 지표로서 여성형 비만인지 남성형 비만인지를 알 수 있다. 이 방법은 줄자로 허리의 가장 가느다란 부분을 측정하고 엉덩이의 가장 두꺼운 부분을 측정하여 그 비를 계산한다.

그림 9.9에서와 같이 WHR이 남성은 0.95 이상이고, 여성의 경우 0.85 이상이면 남성형 비만으로 판정한다. 인종에 따라 엉덩이가 큰 경우와 작은 경우가 있으므로 WHR보다 허리둘레가 40인치(102cm) 이상인 남성(여성은 35인치 [89cm] 이상일 경우)을 남성형 비만으로 판정하기도 한다.

필수개념 *Essential Concepts*

과체중은 신장에 비해 체중이 과다한 것을 말하고 비만은 근육조직에 비해 지방조직이 너무 많은 것을 말한다. 신장-체중표나 체질량지수(BMI)는 체중을 평가할 때에 사용된다. 신장-체중표는 성인의 이상체중(ideal weight)을 나타내고 BMI는 체중을 신장의 제곱으로 나눈 값을 체지방의 지표로 쓴다.

체조성을 측정하기 위해 수중측정법, DEXA, 생체전기저항법, 근적외선이용법, 피하지방측정법, CT, MRI, 동위원소법 등이 이용된다. 체지방이 복부에 중심적으로 분포할 때에 남성형 비만이라고 하며, 체지방이 대퇴부나 엉덩이 부분에 분포할 때에 여성형 비만이라고 한다. 체지방 분포는 허리와 엉덩이 둘레를 측정하여 판정한다.

허리-엉덩이 비
waist-to-hip ratio(WHR)
허리 둘레와 엉덩이 둘레의 비로서 체지방 분포 패턴을 측정하는 데 사용됨.

그림 9.9 허리-엉덩이 비(WHR) : 체지방 분포의 지표

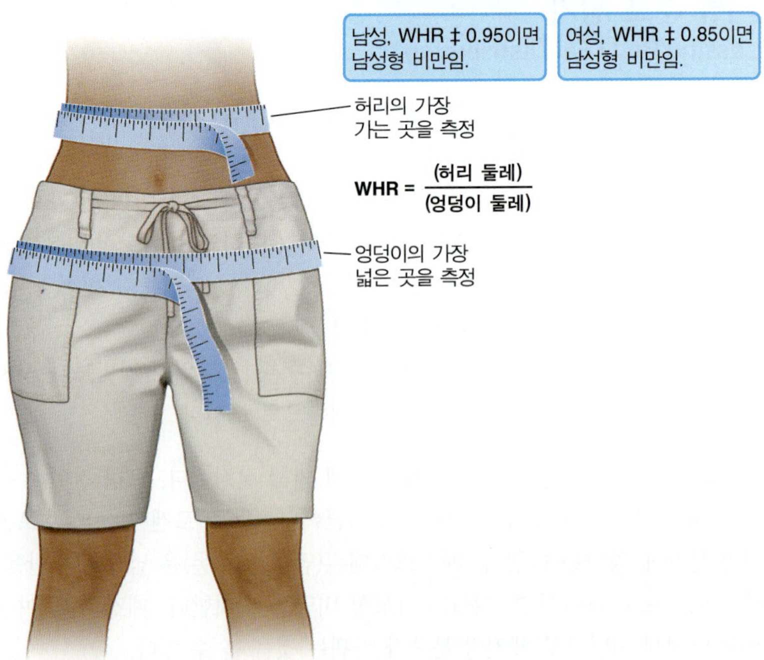

비만 : 생활습관과 유전의 결과
Obesity : An Outcome of Lifestyle and Genetics

19세기 말에는 미국 성인의 3%만이 과체중이었다. 오늘날에는 성인의 65%(1억 2천만 명)가 과체중 또는 비만이다. 지난 20년 동안 과체중 어린이가 2배로 늘어났고, 과체중 청소년은 3배로 늘어났다. 이러한 경향은 전 세계적으로 비슷하다.

우리는 에너지 균형 공식에서 에너지 섭취와 에너지 소비의 양쪽을 다 고려해 보아야 한다. 비만은 생활습관, 사회문화적 요인, 유전적 요인 등 다양한 요인에 의해 영향을 받는다.

생활습관 Lifestyle Choices

비만을 야기시키는 여러 가지 요인 중에서는 생활습관이 가장 중요하다. 에너지 섭취와 에너지 소비에 영향을 미치는 생활습관은 특히 고려해야 한다.

에너지 섭취의 증가
Increase in Energy Intake

지난 30년 동안 미국성인의 평균 1일 에너지 섭취량은 약 300 kcal 증가하였다. 이는 외식증가, 1회 섭취분량(portion size)의 증가, 에너지 밀도가 높은 식품섭취 증가, 간식습관 변화 등에 의한 것으로 생각된다.

미국 성인의 37%, 어린이의 42%가 매일 패스트푸드를 섭취한다. 패스트푸드는 대체적으로 고지방, 고탄수화물, 고열량 식품으로 알려져 있다. 특히 'Supersize' 제품이 판매되면서 문제가 더욱 심각해지고 있다.

에너지 소비의 감소
Decrease in Energy Expenditure

기계문명이 발달되면서 직장에서나 가정에서 신체 활동량이 줄어들고 있다. 작업활동량이 줄어드는 것 외에도 여가시간의 신체 운동량이 줄어들어서 비만 위험도와 신체 활동량과는 역의 상관관계를 보여준다. 하루에 2000~2500보를 걸으면 100 kcal를 소비하여 한 달이면 체중 0.5 kg을 뺄 수 있다.

청소년의 신체활동량도 줄어들고 있어서 미국 고등학생의 33%가 권장활동량에 못 미치고 있고 10%는 전혀 운동을 하지 않는 것으로 나타났다. 미국 질병관리본부 조사에 의하면 청소년의 62%가 학교 밖에서는 아무런 스포츠 활동에 참여하지 않고 있었다.

어린이는 TV 시청이나 컴퓨터게임에 소비하는 시간이 많을수록 비만의 위험도가 높았다. 이는 TV 시청으로 신체활동량이 줄어드는 것과 TV를 통해 식품광고에 더욱 많이 노출되는 것이 원인이라 보고 있다.

Focus On 식품 FOOD 값싼 식사의 가격

요즈음은 음식 크기가 점점 커지는 추세이다. 지난 20년 동안 1회 분량(serving size)이 증가되면서 미국인의 허리둘레도 증가되었다. 전문가들은 "Supersize" 현상이 비만의 주범이라고 주장한다.

예를 들어, 1950년에 맥도날드 식사(햄버거, 감자튀김, 음료수)는 590kcal였다. 오늘에는 큰 치즈버거, 큰 감자튀김, 음료수가 1550kcal이다. 사람들은 많이 주면 많이 먹는다.

대부분의 패스트푸드 식당에서는 "value meals"라고 하면서 일반 메뉴보다 훨씬 많은 양을 약간의 추가비를 받고 판다.

인기있는 "value meal"은 더블 치즈버거(760 kcal), 중간 크기 감자튀김(360 kcal), 중간 크기 청량음료(230 kcal)이며, 1일 에너지 필요량의 반을 초과한다.

이것이 소비자를 현혹시키는 판매 전략이다. 소비자들은 이렇게 많은 양의 음식을 아주 적은 추가비용으로 파는 것을 이해하기 힘들어 한다. 하지만 식당 경영비용 중 가장 적은 부분을 차지하는 것이 식재료비이다.

대부분의 경비는 인건비, 광고비, 포장비, 마케팅비, 집세, 전기 · 수도료 등이다. 그러므로 식당에서는 적은 추가비용으로 많은 양의 음식을 제공할 수 있다.

예를 들어, 24온스(720mL) 컵의 청량음료(250kcal)를 1달러에 파는데 48온스(1440mL) 컵의 청량음료(500kcal)를 1.5달러에 팔아도 이익이 남는다. 그러나 소비자의 건강에 미치는 비용은 상당히 비싸다는 것을 알아야 한다. 소비자들은 외식을 할 때나 가정에서 식사를 할 때에도 식품선택을 지혜롭게 해야 한다. 식품은 많은 것이 항상 좋은 것은 아니다.

햄버거(300kcal), 작은크기 감자튀김(230kcal), 작은크기 청량음료(140kcal)로 이루어진 'regular meal'은 'value meal'에 비해 칼로리가 반 정도이다.

사회문화적 요인
Sociocultural Factors

사회문화적 요인으로 문화적 규범, 사회경제 상태, 결혼상태, 교육 등이 식품기호나 식사 선택에 영향을 준다. 사회문화적 요인이 직접적으로 비만을 야기시키지는 않지만 관련성은 있다(**표 9.4**). 예로서 미국의 남부지방에는 비만율이 높은데, 이는 사회 경제 상태와 교육 및 과체중에 대한 사회적 수용도 등에 차이가 있기 때문이다. 또한, 인종에 따라 비만율이 다르다. 즉, 미국 흑인은 30%, 라틴계는 25%, 백인은 18% 정도이다.

표 9.4 비만위험과 관련된 요인들

세계적
- 비만은 개발도상국보다는 선진국에서 더 많이 발생한다.
- 어떤 문화에서는 체중증가가 부유함과 관련이 있고, 다른 문화에서는 날씬한 것이 부유함과 관련이 있다.

미국내
- 미국의 흑인, 라틴계, 원주민, 태평양군도에서 비만율이 높다.
- 저소득층이나 저임금노동자에서 비만율이 높다.
- 교육수준이 낮은 사람에서 비만율이 높다.
- 결혼한 사람에게서 비만율이 낮다.
- 도시에 사는 사람보다 시골에 사는 사람에게서 비만율이 높다.
- 남부지역에 사는 사람에게서 비만율이 높다.

유전 Genetics

부모가 비만하면 어린이가 비만해질 확률이 높다. 하지만 에너지 밀도가 높은 식품을 섭취하면서 비활동적인 생활을 하면 유전적 요인과 상관없이 비만해진다. 유전적 요인과 환경적 요인의 영향을 구별하는 것은 어렵지만, 입양아 연구를 살펴보면 입양한 아이의 체중은 양부모와 관련성이 낮고 친부모와 관련성이 높다. 비만 위험도의 50%는 유전적 요인의 영향으로 생각된다. 유전적 요인이 체중에 미치는 영향에 관한 여러 가지 학설이 있지만, 일정체중이론(set point theory)이 가장 널리 받아들여지고 있다.

일정체중이론 Set Point Theory

오랜기간 과학자들은 체중은 내적 기전에 의해 조절된다고 생각했다. 1953년에는 복합적인 신호체계가 에너지 섭취와 소비를 조절하여 체중을 조절한다고 가설을 세웠다. 가설을 검증하기 위해 생쥐를 가지고 실험한 결과에 따르면, 생쥐가 식품섭취를 자발적으로 조정하여 일정한 체중을 유지하였다. 이 현상을 **일정체중이론**이라고 하였다. 체중조절의 일정체중이론에서는 혈액 속의 어떤 인자가 뇌와 소통하여 지방조직의 양을 조절한다고 제시하였다.

지방조직량이 "set point" 이상으로 증가되면 식품섭취를 감소시키거나 에너지 소비를 증가시키는 신호를 보내어서 체중을 감소시킨다. 그 반대로 지방조직량이 'set point' 이하로 감소되면 식품섭취를 증가시키고 에너지 소비를 감소시켜서 체중을 증가시킨다. 이런 방법으로 체중은 'set point'를 되찾고 장기적으로 안정 상태를 유지한다.

이 학설에 대한 연구는 ***ob/ob* 생쥐(*ob/ob* mouse)**를 발견하면서 활발히 진행되었다. *ob/ob* 생쥐는 유전적 돌연변이를 가지고 있어서 많은 양의 음식을 먹고(hyperphagic) 비활동적이므로 비만해진다. 과학자들은 또 다른 돌연변이종인 ***db/db* 생쥐(*db/db* mouse)**를 발견하였다.

일정체중이론 set point theory
에너지 섭취와 에너지 소비를 변화시켜서 체중을 일정하게 유지한다는 학설

***ob/ob* 생쥐** *ob/ob* mouse
렙틴이라는 호르몬을 생산하는 유전자에 돌연변이가 생겨서 비만해지는 생쥐

***db/db* 생쥐** *db/db* mouse
렙틴수용체를 만드는 유전자에 돌연변이가 생겨서 비만해지는 생쥐

그림 9.10 *ob/ob*와 *db/db* 생쥐를 이용한 체중감소 실험

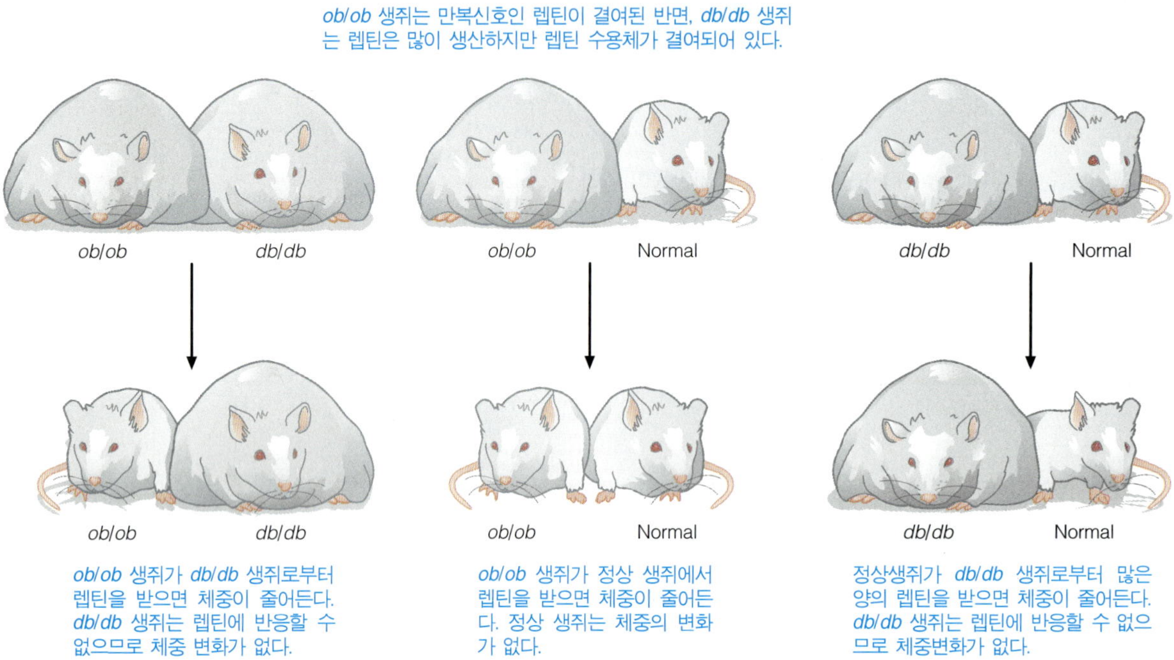

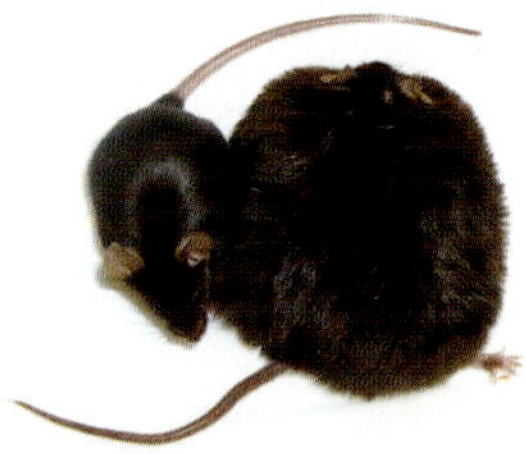

유전자 돌연변이가 생쥐를 비만하게 만듦.

ob 유전자 *ob* gene
렙틴 단백질을 만드는 코드를 가진 유전자

렙틴 leptin
지방조직에서 만들어지는 호르몬으로 체중조절을 도와줌.

db 유전자 *db* gene
렙틴수용체를 만드는 코드를 가진 유전자

시상하부 hypothalamus
호르몬을 방출함으로써 여러 가지 자율적인 기능을 조절하는 뇌 부위

절약유전자가설
thrifty gene hypothesis
절약유전자를 가진 사람은 기아 시에는 살아남을 가능성이 가장 높고 식량이 풍부할 때에는 비만해질 가능성이 가장 높다는 학설

체중조절에 관여하는 순환요인을 찾기 위해 *ob/ob* 생쥐와 *db/db* 생쥐를 수술로 연결하여 두 쥐의 혈액이 서로 순환할 수 있도록 하였다. *ob/ob* 생쥐와 *db/db* 생쥐를 이용한 병체결합(parabiosis) 실험의 결과는 **그림 9.10**에 있다.

체중조절을 하는 순환신호를 1994년에 발견하였다. *ob/ob* 생쥐는 ***ob* 유전자**에 결함이 있었는데, *ob* 유전자는 **렙틴**이라는 호르몬의 유전자 코드였다. 렙틴은 강력한 만복신호로서 렙틴이 없는 *ob/ob* 생쥐는 "set point"를 초과하여 음식을 먹는다. 그 후 ***db* 유전자**는 렙틴 수용체를 위한 코드임이 밝혀졌다.

렙틴 수용체는 주로 **시상하부**에 많이 존재하며 렙틴 수용체가 없으면 렙틴이 효과를 발휘할 수 없다. 렙틴을 *ob/ob* 생쥐에게 주사했을 때 체중감소가 나타났다. 그러나 렙틴을 *db/db* 생쥐에게 주사했을 때는 체중변화가 없었다. 이것은 *db/db* 생쥐가 렙틴 수용체가 없어서 렙틴을 주사해도 반응을 할 수 없기 때문이다.

사람들은 렙틴을 비만 치료의 기적적인 물질로 기대하였으나 대부분의 비만인에서 렙틴 생산이 정상 혹은 그 이상으로 이루어지고 있었다. 렙틴이 사람의 비만을 치료하는 데는 효과가 없었지만, 기아로부터 보호하는 데는 효과적으로 생각된다.

기근으로 식량이 부족할 때 렙틴이 체내 에너지 보존을 도와서 생존할 확률을 높여준다. 그러나 식품이 풍부한 환경에서는 별로 유익하지 않다. 실제로 1962 James Neal이 **"절약유전자가설"**을 발표하여 기근이나 기아에서 가장 효율적으로 에너지를 보존하는 유전자를 제시하였으나, 이것도 음식이 풍부할 때에는 비만이 될 확률을 높여준다.

필수개념 *Essential Concepts*

많은 요인들이 비만의 유병률을 증가시킨다. 즉, 맛있고 값싼 식품을 쉽게 구할 수 있으므로 에너지 섭취가 증가하고 운동량은 줄어들어 체중증가를 초래한다. 생활습관, 사회경제상태, 문화적 요인들이 체중에 영향을 미친다. 하지만 유전적 요인도 중요한 영향을 미친다. 체중조절이 내적 신호에 의해 이루어진다는 'set point' 학설이 제시되었다. 렙틴 호르몬이 체중조절에 관여하는 데 대부분의 비만인은 충분한 양의 렙틴을 생산하고 있다. 그러므로 렙틴은 비만을 방지하는 것보다는 기아에서 보호하는 역할을 하는 것으로 생각된다.

에너지 균형 조절
Regulation of Energy Balance

체중은 에너지 섭취와 소비의 균형에 따라 변한다. 그러나 에너지 섭취 변화에 따라 기대한 것처럼 변하지 않는 경우도 있다. 이것은 신체가 에너지 섭취량의 변화에 따라 에너지 소비량을 조절하는 기전이 있기 때문이다. 뇌에서는 식품섭취량과 체내 에너지 저장량에 대한 정보를 전달받아 단기적·장기적 에너지 균형을 맞추기 위해 에너지 섭취량과 소비량을 조절한다.

체중조절에서 중추신경계의 역할
The Role of the Central Nervous System in Regulating Body Weight

뇌의 시상하부에 공복 중추와 만복 중추가 있는 것을 발견하였다. 그러나 에너지 섭취는 공복이나 만복 중추의 조절만 받는 것이 아니라 특수 신경조직에 의해서도 조절된다. 위장관 · 췌장 · 지방조직에서 보내는 신경, 호르몬, 영양적 신호가 뇌에 에너지 균형에 대한 정보를 전달한다.

예를 들어, 위장관에서 보내는 신호는 최근의 식품섭취에 관한 정보를 뇌에 전달한다. 그 반면에 췌장이나 지방조직에서는 체내의 에너지 저장량에 대한 신호를 보낸다. 이 신호들은 시상하부의 **궁상핵**이라는 곳으로 보내진다. 궁상핵이 자극을 받으면 호르몬 유사물질인 신경 펩티드(neuropeptides)를 방출하고 이 신경 펩티드는 중추신경계의 활동을 조절한다.

어떤 신경은 **이화성 신경 펩티드**를 방출하고, 다른 신경은 **동화성 신경 펩티드**를 방출한다. 이화성 신경 펩티드는 에너지 섭취를 감소시키거나 에너지 소비를 증가시켜서 체중감소를 촉진하고, 동화성 펩티드는 에너지 섭취를 증가시키거나 에너지 소비를 감소시켜서 체중증가를 촉진한다. 이화성 · 동화성 신경 펩티드의 활성에 따라 에너지 균형이 음이나 양으로 변화된다(**표 9.5**).

궁상핵 arcuate nucleus
시상하부에 있는 신경집합체로서 동화성·이화성 신경 펩티드를 방출하여 에너지 섭취와 소비를 조절한다.

이화성 신경 펩티드
catabolic neuropeptide
신경세포에서 분비되는 단백질로 공복감을 줄여주거나 에너지 소비를 자극한다.

동화성 신경 펩티드
anabolic neuropeptide
신경세포에서 분비되는 단백질로 공복감을 자극하거나 에너지 소비를 줄여준다.

식품섭취의 단기적 조절
Short-Term Regulation of Food Intake

위장관에서 오는 신경이나 호르몬 신호는 단기적 식품섭취 조절에 관여한다.

표 9.5 이화성 · 동화성 신경 펩티드가 에너지 균형에 주는 효과

동화성 신경 펩티드	식품섭취효과	에너지 소비효과
Neuropeptide Y(NPY)	↑	↓
Agouti-related peptide(AgRP)	↑	↓
Melanin-concentrating hormon(MCH)	↑	–
Orexin(ORX)	↑	–
이화성 신경 펩티드	**식품섭취효과**	**에너지 소비효과**
α-melanocyte-자극호르몬(α-MSH)	↓	↑
corticotropin -방출호르몬(CRH)	↓	↑
Pro-opiomelanocortin(POMC)	↓	↑
cocain-and amphetamine -regulated transcript(CART)	↓	↑

이 신호는 식품섭취 전후에 발생하여 식사를 시작 또는 종결하도록 한다. 이들 신호에는 위장 팽창, 혈액의 영양소 수준, 위장관 호르몬 등이 있다.

위장 팽창에 의해 식품섭취량을 뇌에 전달하고 혈액 내의 영양소 수준을 뇌

그림 9.11 식품섭취의 단기적 조절

위장관에서 보내는 신호는 뇌에서 신경전달 물질을 방출시켜서 단기적으로 식품섭취의 시작과 종료를 조절한다.

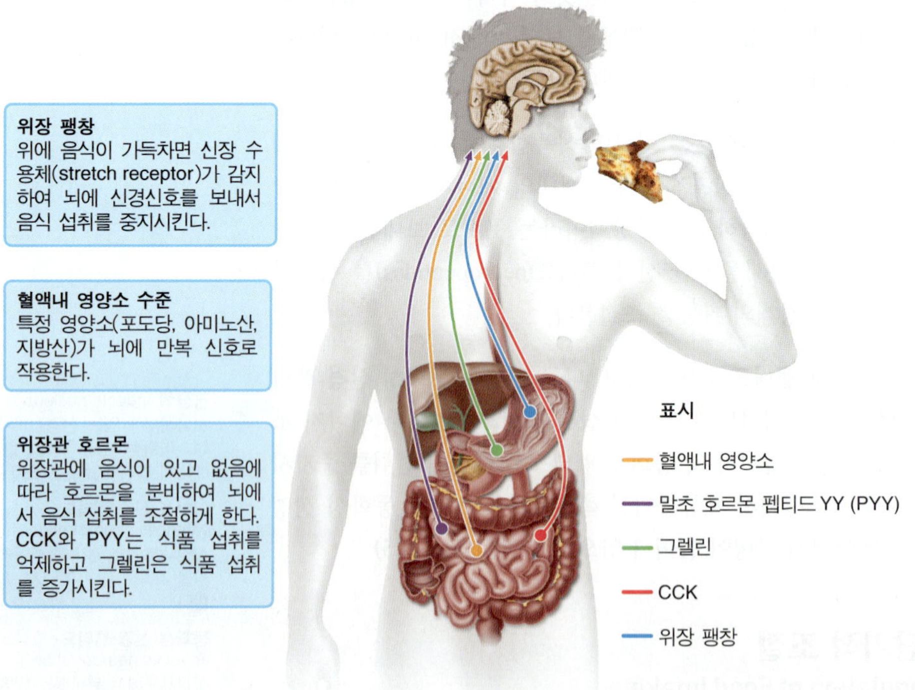

에 전달하면 공복과 만복을 조절하는 신경 펩티드를 뇌에서 분비하여 단기적으로 식품섭취를 조절한다(**그림 9.11**).

위장 팽창이 만복 신호
Gastric Stretching Signals Satiety

음식섭취 후에 위장이 팽창되면 강력한 만복 신호를 보낸다. 소량의 음식을 섭취할 때에는 별로 위장이 팽창되지 않으므로 만복 신호를 느끼지 못한다.

비만한 사람은 마른 사람보다 위장이 커서 많은 양의 음식을 섭취해야만 위장 팽창의 만복 신호를 느낀다. 고도비만환자는 위장 크기를 줄이는 수술을 통해 음식 섭취량을 절제한다(**그림 9.12**).

혈액내 영양소 농도
Circulating Nutrient concentrations

혈액내 영양소 농도가 공복과 만복에 영향을 미친다. 뇌의 특수 뉴론은 혈당 수준 변화를 감지한다. 혈당 수준이 식후에 올라가면 만복 센터를 자극하여 식사를 멈추게 한다. 그 반대로 혈당이 떨어지면 공복감을 느껴서 음식을 먹게 한다. 아미노산 역시 단기적 식품의 섭취 조절에 관여한다.

그림 9.12 비만시술의 종류

비만시술(bariatric surgery)이란 체중감소를 위한 의학적 수술법이다. BMI가 $40 kg/m^2$ 이상인 사람이나 BMI $35 \sim 39.9 kg/m^2$이면서 심각한 건강문제가 있는 사람에게만 비만수술을 고려한다.

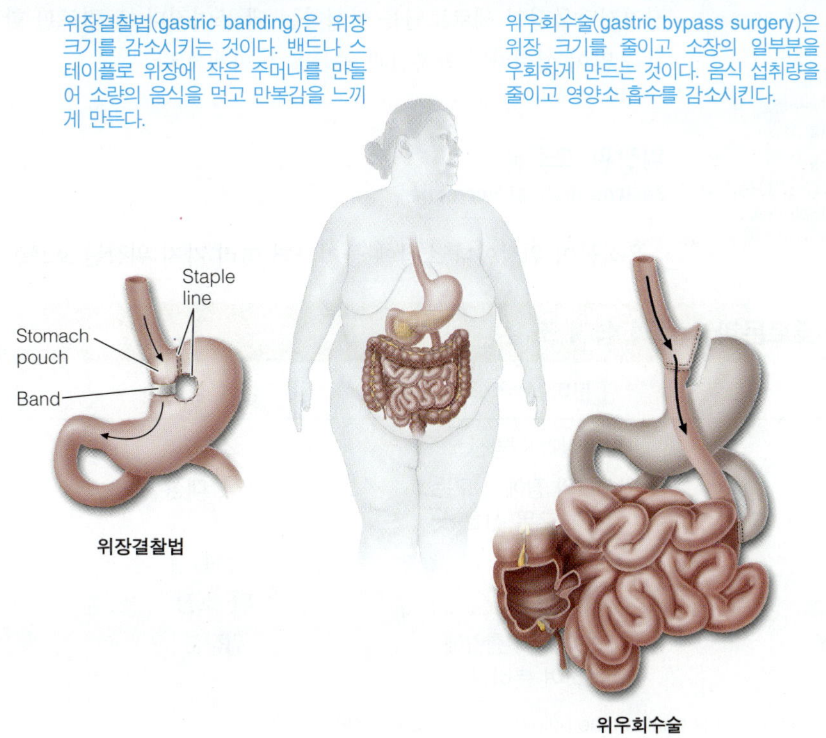

Focus On 임상 적용 CLINICAL APPLICATIONS

비만시술

비만시술은 체중감소를 위한 수술을 말하며, 여러 가지 종류가 있다. 수술에 따른 위험과 부작용이 있을 수 있지만 체중감량으로 인한 건강에 유익한 점이 많다. BMI가 40 kg/m^2 이상이거나 BMI가 35~39.9 kg/m^2 이면서 심각한 건강문제가 있는 사람에게 이 수술을 권한다. 비만시술은 소화관을 변화시켜서 적은 양의 음식만을 섭취하거나 소화시킬 수 있게 한다.

위장결찰법은 위의 크기를 줄여서 2~3 숟갈(계란 크기) 정도의 음식이 들어갈 수 있는 작은 주머니를 만드는 방법이다. 시간이 지나 주머니가 팽창되면 1컵 정도의 음식을 섭취할 수 있다. 즉, 적은 양의 음식 섭취로 만복감을 느끼게 되는 것이다. 이 수술을 받은 사람은 절대 과식을 하면 안 되고 부드러운 음식을 삼키기 전에는 충분히 씹어야 한다.

부작용으로는 속 쓰림, 복통, 구토 등이 나타난다. 음식 섭취가 심하게 제한되므로 영양소 부족을 방지하기 위하여 영양보충제 섭취를 권장한다.

위우회수술은 위장의 크기를 줄이고 소장의 일부를 우회하게 만든다. 위장 크기를 줄여서 음식섭취량이 줄어들고 소장 일부를 우회하므로 영양소의 소화와 흡수도 줄어들게 됨으로써 영양결핍이 될 위험성이 높다. 또한, 멀미와 설사 등의 부작용이 나타난다.

비만시술을 받은 사람의 20% 정도는 합병증을 경험한다. 환자의 나이 · 성 · 건강 상태에 따라 다르기는 하지만, 수술 후 1년 이내의 사망률이 1~5% 정도이다. 위장결찰법이 위우회수술보다 체중감량 속도가 느리기는 하지만 복구 수술이 가능하고 사망률이 낮다.

비만시술을 받은 대부분 환자는 수술 직후에 체중이 많이 감소되고 5년 안에 초과되었던 체중의 60% 정도가 빠진다. 그러나 장기적인 효과는 건강하고 균형잡힌 식습관과 규칙적인 운동을 하려는 본인의 의지에 달려 있다. 고도비만 환자의 경우, 비만시술을 받고 난 후에 신체적 · 정신적 면에서 삶의 질이 개선되는 경우를 볼 수 있다.

비만학 bariatrics
비만이나 비만과 관련한 치료의학의 한 분야

위장결찰법 gastric banding
위장의 윗부분을 작게, 아랫부분을 크게 밴드로 묶어 음식 섭취를 줄임.

위우회수술 gastric bypass
위의 크기를 줄이고 소장의 일부분을 우회하게 하는 수술로, 영양소의 흡수를 줄임.

혈액내 아미노산 농도가 올라가면 만복감을 느낀다. 특히 트립토판은 뇌에서 신경전달물질인 세로토닌을 합성하는 데 쓰여진다. 트립토판 함량이 높은 유제품을 많이 섭취하면 만복감과 졸음을 느끼게 한다.

위장관 호르몬
Gastrointestinal Hormones

음식물이 위장이나 소장에 들어가면 여러 가지 위장관 호르몬의 분비를 촉발

표 9.6 위장관 호르몬과 식품의 섭취 조절

위장관 호르몬	분비 자극	생성 장소	식품섭취 효과
콜레시스토키닌(CCK)	단백질과 지방산	소장	↓
글루카곤 유사 펩티드 1 (GLP-1)	영양신호와 장에서 오는 신경/호르몬 신호	소장, 대장	↓
그렐린	단식	위	↑
엔테로스타틴	지방산	위, 소장	↓
말초호르몬 펩티드YY (PYY)	식사의 에너지 함량에 비례하여 분비됨.	위장관	↓

자료: Marx J. Cellular warriors at the battle of the bulge. Science. 2003;299:846–9.

시킨다. 그 대부분이 만복감을 촉진하는데, 최근에 발견된 호르몬인 그렐린(ghrelin)은 공복감을 촉진한다(**표 9.6**). 그렐린은 뇌에서 동화성 신경 펩티드를 방출하여 식품섭취를 증가시킨다. 그렐린은 위에서 생성되며 식품섭취가 부족할 때에 분비되고 식품섭취 후에는 농도가 줄어든다. 다른 위장관 호르몬으로는 콜레시스토키닌(CCK)과 말초 호르몬 펩티드 YY (PYY)가 있다. CCK는 지방과 단백질 섭취 시에 장세포(enterocytes)에서 분비되어 뇌에다 식품섭취를 줄이도록 신호를 보낸다. PYY도 식후에 장점막에서 분비되어 동화성 신경 펩티드의 방출을 억제하는 신호를 뇌에 보냄으로써 식품섭취를 감소시킨다.

에너지 균형의 장기적 조절
Long-Term Regulators of Energy Balance

식품섭취의 단기적 조절에 더하여 우리 몸은 장기적으로 에너지 섭취를 조절한다. 장기적 조절신호는 우리 몸의 에너지 저장량을 뇌에 전달하여 뇌에서 신경 펩티드를 방출함으로써 에너지 섭취와 소비를 조절한다. 이 장기적 조절계의 기능이 잘 이루어지면 체중은 오랫동안 안정적으로 유지된다.

에너지 균형을 장기적으로 조절하는 기전은 복잡하다. 렙틴과 인슐린이 관여한다고 생각된다(**그림 9.13**). 그러나 렙틴과 인슐린은 단기적인 만복신호로 알려져 있으므로 에너지 균형의 단기적 · 장기적 조절이 서로 연관되어 있다고 생각된다.

그림 9.13 렙틴과 인슐린 : 체중의 장기적 조절자

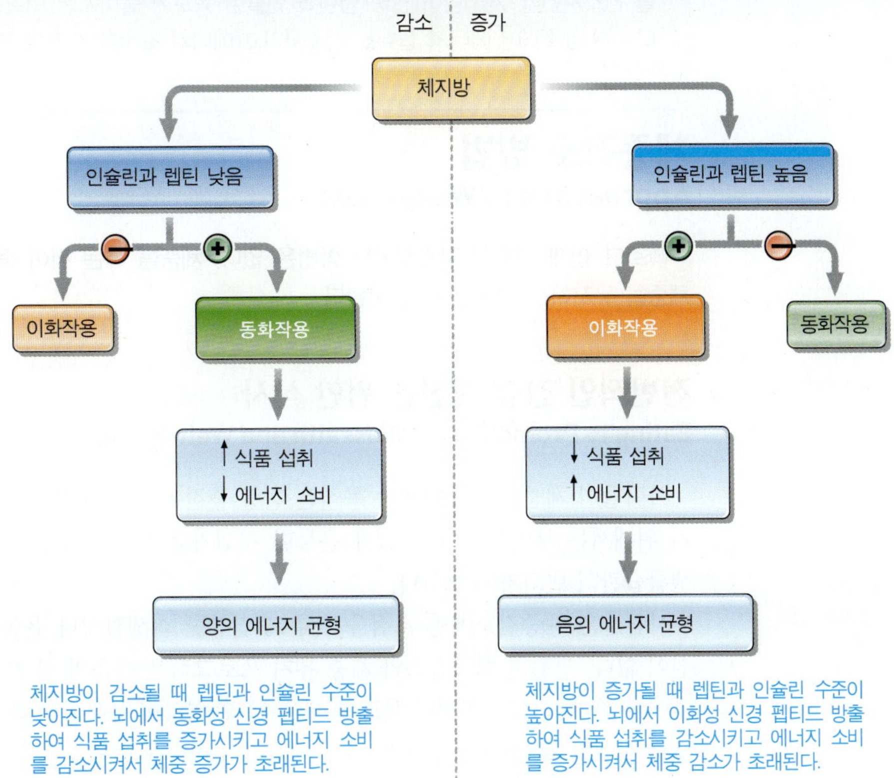

렙틴과 인슐린의 역할
The Roles of Leptin and Insulin

렙틴 호르몬은 지방 조직에서 주로 생성되며, 체지방이 증가할 때에 혈중 렙틴 농도도 함께 증가한다. 반면에 체지방이 감소할 때에는 렙틴 생성도 감소한다. 렙틴과 함께 인슐린도 체지방량을 뇌에 전달하는 중요한 호르몬이다.

체지방이 증가되면 혈액의 렙틴과 인슐린 농도도 증가되고 뇌에서는 이화성 신경 펩티드를 방출한다. 이화성 신경 펩티드는 에너지 섭취를 감소시키고 에너지 소비를 증가시켜서 체중이 더 증가하는 것을 방지한다. 그 반대로 체지방이 감소되면 혈액의 렙틴과 인슐린 농도가 감소되고 뇌에서는 동화성 신경 펩티드를 방출한다. 동화성 신경 펩티드는 에너지 섭취를 자극하고 에너지 소비를 감소시켜서 체중이 더 감소하는 것을 방지한다. 그러므로 렙틴과 인슐린 신호전달 체계에 결함이 생기면 장기적인 체중조절에 문제가 생긴다.

필수개념 *Essential Concepts*

뇌에서는 신경, 혈중 영양소 수준, 호르몬을 통하여 에너지 섭취와 체내 에너지 저장량에 대한 정보를 받는다. 위장관에서 보내는 신호는 단기적인 식품섭취를 조절한다. 혈액의 포도당, 지방산, 아미노산 농도는 만복감과 공복감에 영향을 미친다. 대부분의 위장관 호르몬은 식품섭취를 억제한다. 예외로 그렐린이란 호르몬은 공복감을 자극하여 식품섭취를 촉진한다. 렙틴과 인슐린 호르몬은 장기적인 에너지 균형을 조절한다. 체지방이 적어서 렙틴과 인슐린 농도가 저하되면 동화성 신경 펩티드가 방출되어 에너지 섭취를 증가시키고 에너지 소비를 감소시킨다. 체지방이 많아 렙틴과 인슐린 농도가 높아지면 이화성 신경 펩티드가 방출되어 에너지 섭취를 감소시키고 에너지 소비를 증가시킨다.

체중감소 방법
Approaches to Weight Loss

빠르고 쉽게 체중을 감소시키는 방법은 없다. 체중을 빼는 것이 중요하지만, 뺀 체중을 유지하는 것이 더욱 중요하다.

전반적인 건강 증진을 위한 식사
Eating to Promote Overall Health and Well-Being

사람들이 체중을 감소하려는 목적은 건강 증진이다. 체중을 감소하고 유지하기 위해서는 무엇을 먹고 어떻게 운동할 것인가를 포함하여 일생 동안 살아갈 생활습관의 변화가 필요하다.

사람들은 체중감소에만 초점을 맞추고 건강한 식생활이나 운동습관에는 관심이 없다. 건전한 체중감소와 체중 유지 프로그램은 다음의 세 가지 요소를 갖추어야 한다. : ① 합리적인 목표를 세울 것 ② 영양이 풍부한 식품을 적절한 양으로 섭취할 것 ③ 매일 운동을 하여 에너지 소비량을 늘릴 것

Food Matters 목표달성을 위한 지침

미국 농무성에서 미국인을 위한 식사지침을 발표하였다. 건강한 체중을 유지하고 점진적인 체중증가를 방지하기 위하여 다음의 지침을 제시하였다.

- 영양밀도가 높은 식품을 섭취하고 포화지방, 트랜스지방, 정제된 탄수화물, 첨가당이 많이 함유된 식품 등의 섭취는 제한할 것
- 과일, 채소, 전곡류와 같은 식이 섬유가 많은 식품을 선택할 것
- 다양한 식품을 적당한 양으로 골고루 섭취하는 균형 잡힌 식사계획을 따를 것
- 되도록 저지방 유제품과 기름기 없는 고기를 선택할 것
- 만복감과 공복감을 알려주는 내적 신호에 관심을 가질 것
- 식품섭취 분량(portion size)을 정상보다 적게 할 것
- 먹을 때에는 다른 일은 피할 것, TV를 보면서 먹을 경우에는 과식을 하기 쉬움
- 규칙적으로 식사를 할 것, 끼니를 거르면 심한 공복감을 느끼게 됨.
- 음식을 그릇이나 접시에 담아서 섭취 분량(portion size)을 확인하며 먹을 것
- 식당에서 많은 양의 음식을 제공하면 두 사람이 나누어서 먹을 것, 혼자인 경우에는 반을 포장하여 집으로 가져갈 것
- 신체 활동량을 늘일 것, 엘리베이터 대신에 계단을 이용하고 운전을 하는 대신에 걷고, 멀리 주차하고 걸을 것
- 건강 센터나 건강교실에 참여할 것
- 정원 가꾸기 같은 활동량이 많은 취미를 찾을 것
- 운동을 재미있게 할 것, 생활 습관을 바꾸거나 친구와 같이 할 것

합리적인 목표를 세울 것
Setting Reasonable Goals

합리적이고 실현 가능한 목표를 세우는 것은 체중감소 프로그램 성공에 매우 중요하다. 먼저 현실적인 체중감소 목표를 현재 체중의 5~10%로 잡은 후 일주일에 0.5~1 kg 정도를 감량하도록 계획을 세운다. 그리고 하루에 200 kcal를 줄일 수 있도록 1회 섭취분량을 줄이고, 에너지 밀도가 높은 간식을 줄인다. 일단 체중이 감소되면 그 상태에서 몇 개월 동안 안정적으로 유지한 다음에 추가적으로 체중감소를 할 것인지를 결정해야 한다.

영양이 풍부한 식품을 선택할 것
Choosing Nutritious Foods

칼로리를 급격하게 감소시키기 위해 식품 선택을 심하게 제한하면 공복감과 불만족감 때문에 실패하기 쉽다. 체중감소를 위한 식사에서는 지방 식품을 무조건 제한하지 말고 트랜스지방산이나 포화지방산을 함유한 식품은 제한하고 불포화지방산이 들어 있는 식품을 선택하는 것이 바람직하다.

잘못된 상식 중에 유제품이나 고기는 고지방식이므로 체중감소를 위한 식사를 할 때에는 피해야 한다고 알려져 있다. 그러나 유제품 선택 시에 일반 우유 대신으로 저지방유를 선택하면 우유의 비타민과 무기질을 섭취하면서 칼로리는 줄일 수 있다. 고기의 경우에도 지방이 적은 부위를 선택하여 찜이나 구이 등의 조리법을 사용하면 영양가 있고 칼로리는 줄일 수 있다.

Focus On 식품 FOOD

많이 먹고도 체중을 줄이는 방법

체중을 줄이려는 사람은 영양가 높고 만복감을 주는 식품을 섭취해야만 한다. 대개의 체중감소 식단에서는 식품을 제한하므로 공복감 때문에 실패하여 원래의 식습관으로 돌아간다. 새로운 연구에서는 많이 먹고 체중이 덜 나가게 하기 위하여 부피가 크고 에너지 밀도가 낮은 식품을 먹으면 부피가 적고 에너지 밀도가 높은 식품을 먹을 때보다 만복감을 오랫동안 느낀다고 하였다.

많은 양의 식품을 먹으면서 칼로리는 적게 섭취해야 한다. 과일과 채소는 수분과 식이섬유 함유량이 높으므로 부피는 크고 에너지 밀도는 낮다. 위에 음식이 차면 위벽이 늘어나면서 신경신호를 뇌로 보내므로 이화성 신경 펩티드를 방출하게 한다. 이 신경 펩티드는 만복감을 느끼게 한다.

포도 2컵과 건포도 1/2컵은 똑같이 100kcal의 열량을 가지고 있다. 그러나 부피가 큰 포도를 먹은 사람이 더 오랫동안 만복감을 느끼게 된다. 에너지 밀도는 식품 무게당 에너지 함량을 말한다. 에너지 밀도가 높은 식품은 g당 4~9kcal를 함유하고 에너지 밀도가 낮은 식품은 g당 1.5kcal 이하를 함유하고 있다.

에너지 밀도가 높은 식품은 일반적으로 수분함량이 적거나 지방함량이 높다. 과자, 케이크, 크래커, 치즈 케이크, 버터 등이 여기에 속한다.

중간 정도의 에너지 밀도(1.5~4kcal/g)를 가진 식품으로는 계란, 말린 과일, 빵, 치즈 등이 있다.

에너지 밀도가 낮은 식품은 수분과 식이섬유 함량이 높고 지방 함량이 낮다. 과일, 채소, 맑은 수프, 저지방 치즈, 기름기 없는 고기 등이 여기에 속한다.

에너지 밀도가 높은 주 요리를 먹기 전에 샐러드나 맑은 수프 같은 에너지 밀도가 낮은 식품을 먼저 먹으면 전체적인 에너지 섭취량이 줄어든다.

또한, 밀크셰이크를 만들 때에 칼로리 함량은 같으면서 양을 달리하여 300 · 450 · 600ml로 하였을 때 600ml를 먹는 사람의 칼로리 섭취량이 12% 줄었다. 이것은 식사의 부피나 양이 에너지 함량보다 강력하게 만복감을 조절한다는 것을 의미한다.

포도와 같이 에너지 밀도가 낮은 식품은 수분과 식이섬유 함량이 높고 지방함량이 낮다.

다음으로 에너지 밀도가 낮은 식품의 섭취를 늘리는 요령을 제시하였다.

- 주요리를 먹기 전에 에너지 밀도가 낮은 샐러드를 먼저 먹을 것, 샐러드에는 저지방 샐러드 드레싱을 사용할 것
- 샐러드 대용으로는 맑은 수프를 사용할 것, 맑은 수프에는 채소와 보리와 같은 섬유질 함량이 높은 곡류나 두류를 사용할 것
- 레시피에서 기름기가 많은 고기의 사용을 줄이고 채소를 많이 사용하여 에너지 밀도를 낮출 것
- 당과 지방 함량이 높은 음료를 줄이고 탄산수에 과일 주스를 넣어서 마실 것
- 식품표시에 있는 영양정보를 읽고 g당 칼로리를 비교할 것, 식품의 무게보다 칼로리가 적으면 에너지 밀도가 낮은 식품이고 무게보다 칼로리가 2배 이상이면 에너지 밀도가 높은 식품이다.

에너지를 줄이는 가장 좋은 방법은, 영양밀도는 낮고 에너지 밀도가 높은 청량음료 · 감자칩 · 과자 · 케이크 등을 줄이는 것이다.

전곡류, 두류, 견과류, 과일, 채소 등은 에너지 밀도는 낮으면서 여러 가지 미량 영양소와 식이섬유를 많이 함유하고 있으며, 부피가 커서 섭취 후에 만복감을 준다. 건강한 식습관을 가지려면 공복과 만복 신호에 주의를 기울여야 한다. 일반적으로 내적인 신호보다 시각적인 신호에 영향을 받아서 식품섭취량이 달라지는 경우가 많다.

예를 들어, 1회 분량(serving size)이 커지면 섭취량이 증가되므로 1회 섭취분량(portion size)을 적당하게 하는 것이 중요하다. 1회 섭취분량을 10~15%만 감소시켜도 하루에 300 kcal 정도를 줄일 수 있다고 한다.

모든 비만인이 건강에 문제가 있는 것은 아니다. 과체중이면서 운동부족일 때에 체중과 관련된 건강 문제가 생길 위험성이 높다.

신체 활동량을 늘릴 것
Physical Activity

먹는 양을 줄이고 동시에 신체 활동량을 증가시키는 것이 에너지 균형 공식에서 음의 에너지 균형으로 갈 수 있는 방법이다.

하루에 1마일(약 1.6 km)을 걸으면 대개 15~20분 정도 소요되며 100 kcal를 소모한다. 1주일이면 700 kcal를 소비할 수 있다. 운동을 하는 사람은 운동을 하지 않는 사람보다 혈당, 혈압, 혈청지질 등 건강지표가 훨씬 좋다. 또한, 운동은 긍정적인 자아상(self-image)과 자존감을 증진시킨다.

전문가들은 매일 45~60분씩 운동을 하면 정상인이 과체중이 되는 것과 과체중인이 비만해지는 것이나 비만인이 더욱 나빠지는 것을 방지할 수 있다고 한다. 전에 비만했던 사람은 매일 60~90분씩 운동을 해야만 다시 비만해지는 것을 방지할 수 있다.

왜냐하면, 줄어든 체중 1파운드(약 0.45 kg)당 8 kcal/day가 덜 필요하기 때문이다. 만약에 10파운드(약 4.5 kg)의 체중을 줄였다면 80 kcal/day가 덜 필요하므로 에너지 섭취를 줄이든지 운동량을 늘려서 에너지 소비를 증가시켜야만 감소된 체중을 유지할 수 있다.

필수개념 *Essential Concepts*

심한 다이어트만으로 장기적으로 체중감소를 하기는 어렵고 생활습관을 바꾸어야만 한다. 즉, 건강한 식생활과 규칙적인 운동을 병행해야 한다. 건전한 체중감소 프로그램은 합리적인 목표를 설정하고 에너지 밀도가 낮은 식품을 비롯하여 영양밀도가 높은 식품의 섭취와 규칙적인 운동을 권장해야 한다.

현실적인 체중감소 목표는 체중의 5~10% 정도이며, 감량속도는 1주일에 0.5~1 kg을 넘지 말아야 한다. 체중관리를 위해서는 1회 섭취분량을 적절하게 조절하는 것이 중요하다. 또한, 운동이 체중증가를 방지하고 전체적인 건강을 증진시킨다.

다량 영양소의 분포가 문제가 되는가?
Does Macronutrient Distribution Matter?

체중감소와 체중증가에 탄수화물과 지방의 역할이 가장 논란이 되고 있다. 지금까지 저지방 · 고탄수화물 식단이 체중감소에 가장 효과적이라고 여겨졌다. 미국의 식이지침에서는 저지방식에 전곡류, 과일, 채소를 강조하고 있다. 또한 에너지적정섭취비율(Acceptable Macronutrient Distribution Range ; AMDR)에서는 탄수화물은 45~65%, 단백질은 10~35%, 지방은 20~35%를 권장하고 있다.

그러나 Robert Atkins는 1972년에 고탄수화물 섭취가 체중증가를 초래한다고 주장하며 저탄수화물 식단을 제시하였다. AMDR과 고탄수화물식 및 저탄수화물식을 비교한 것이 **표 9.7**에 있다.

고탄수화물, 저지방 체중감소식이
High-Carbohydrate, Low-Fat Weight Loss Diets

Dean Druish는 최초로 저지방, 고탄수화물식이 체중감소를 촉진하고 건강을 증진하는 효과가 있다고 주장하였다. 지방 섭취를 총 칼로리의 10~15%로 낮추기 위해 고기 · 유제품 · 기름 · 올리브의 섭취를 피하고 적당량의 저지방 고기나 저지방 유제품을 섭취하도록 하였다. 과일 · 채소 · 전곡류 섭취를 강조하여 탄수화물의 칼로리 섭취비율이 65~75%가 되도록 하고 나머지 10~25%를 단백질로 채울 것을 권하였다.

지방은 탄수화물이나 단백질보다 2배 이상의 칼로리를 방출하므로 저지방식을 하면 에너지 섭취가 줄어들고 체중이 감소된다. 그리고 지방은 음식의 맛을 더해 주므로 과식을 하기가 쉽다. 게다가 지방으로부터 온 칼로리는 탄수화물이나 단백질에서 온 칼로리보다 더 쉽게 체지방으로 전환된다. 저지방식을 하면 혈액의 총 콜레스테롤과 LDL 콜레스테롤 치를 낮추고 HDL 콜레스테롤 치는 올리며 혈당조절을 개선한다는 주장이 있지만, 이것은 아마도 저지방식 자체보다는 체중감소에 의한 효과라고 생각된다.

식이지방 섭취의 경향
Trends in Dietary Fat Intake

체중감소를 위해서는 지방섭취량을 줄여야 한다고 오랫동안 알려져 왔다. 미

표 9.7 고탄수화물식과 저탄수화물식의 칼로리 분포

영양소	AMDR		고탄수화물식	저탄수화물식
	미국	한국	총 칼로리의 %	
지방	20~35	15~25	10~15	55~65
탄수화물	45~65	55~70	65~75	5~20
단백질	10~35	7~20	10~25	20~40

국에서는 총 에너지 섭취량에 대한 지방 에너지의 비율이 1960년대 45%에서 현재 33%로 떨어졌다. 그러나 비만율은 떨어지지 않았고 오히려 더 증가되었다. 영양전문가들은 사람들이 지방식품 대신으로 건강에 좋은 과일, 채소, 곡류를 섭취할 것을 원했지만 저지방 스낵류로 대체되었다.

저지방 스낵류는 지방 대신에 정제된 밀가루나 당으로 만들었으며 칼로리 함량은 별 차이가 없다. 저지방식에 정제된 탄수화물을 섭취하면 공복감을 더 빨리 느껴서 더 많이 먹게 된다.

저탄수화물, 고지방 체중감소식이
Low-Carbohydrate, High-Fat Weight Loss Diets

저탄수화물, 고지방식이 공복감 없이 체중을 감소시키고 심혈관계의 건강을 증진시킨다는 주장이 있다. 고탄수화물식은 인슐린 분비를 촉진하고 체중증가를 초래한다. 그러므로 전분이나 정제당을 식이에서 제거하면 체중이 감소한다고 주장하는 것이다. 저탄수화물이나 고지방 체중감소식사에는 여러 가지 종류가 있다. 모든 탄수화물 식품을 제한하는 것과 과일 · 채소 · 전곡류 등은 허용하는 것이 있다. 미국인의 13%가 이런 식단을 이용한 경험이 있다고 보고하였다. 저탄수화물식이가 단기적으로는 안전하다고 하지만, 장기적인 영향에 대해서는 알려진 바가 거의 없다.

저탄수화물식이 효과가 있을까?
Do Low-Carbohydrate Diets Work?

탄수화물 섭취가 부족하면 체내 글리코겐이 분해되어 포도당으로 사용된다. 체내에는 약 500 g 정도의 글리코겐이 간과 근육에 저장되어 있다. 글리코겐은 g당 3 g 정도의 물과 결합하여 저장되므로 글리코겐과 물의 저장량이 약 2 kg 정도 된다. 저탄수화물식사를 할 때, 초기에 체중감소는 글리코겐 분해에 따른 물의 손실이 대부분을 차지한다.

글리코겐 저장량이 고갈되면 지방을 에너지원으로 사용하고, 이 때에 포도당이 부족하여 지방산 분해가 불완전하게 이루어지므로 케톤체가 형성된다.

그러므로 저탄수화물식을 **케톤체 생성식**이라고 한다. 케토시스(ketosis)는 식욕을 떨어뜨림으로써 체중감소를 더욱 촉진한다. 저탄수화물식사와 저지방식사의 체중감소 효과를 비교해 보면, 6개월에는 저탄수화물식사의 체중감소가 더 크지만, 12개월에는 그 차이가 없어진다. 탄수화물 제한이 다른 종류의 식단보다 체중감소에 더 효율적이라고 말할 수는 없다.

저탄수화물식의 영양적 적합성
Nutritional Adequacy of Low-Cabohydrate Diets

저탄수화물식의 탄수화물 섭취수준은 20~60 g이며 총 에너지의 5~20%이다. 참고로 현재 권장수준은 총 에너지의 45~65%이다.

케톤체 생성식 ketogenic diets
케톤체 생성을 촉진하는 식사

2,000kcal를 기준으로 할 때에는 225~325g/day이다. 지방의 권장수준은 총 에너지의 20~35%인데, 저탄수화물식에서는 지방에서 오는 에너지가 총 에너지의 55~65%이다.

저탄수화물식의 가장 큰 문제점은 건강에 이로운 과일·채소·전곡류 등까지도 제한하여 식이섬유나 미량영양소 또는 피토케미컬(phytochemical) 등이 부족해지기 쉽다는 것이다. 식이섬유나 피토케미컬 등은 영양보충제로 섭취하기가 어렵다.

저탄수화물식의 기타 건강문제
Other Health Concerns Regarding Low-Carbohydrate Diets

적혈구와 같은 특수세포는 포도당만을 에너지원으로 사용하므로 저탄수화물 식사를 할 경우, 아미노산으로부터 포도당을 생성하기 위해 근육조직의 손실이 초래된다. 그러나 저탄수화물식사로 체중을 감소할 때에는 단백질 함량이 상당히 높기 때문에 근육조직 손실을 방지할 수 있다고 생각된다.

저탄수화물/고단백식이 뼈 건강에 미치는 영향에 대한 연구는 아직 부족한 상태이다. 또한, 고단백식과 케톤 생성이 신장에 미치는 영향도 연구가 부족한 상태이다. 신장에 문제가 있는 사람은 저탄수화물식사를 하지 말기를 권한다.

저탄수화물식이 지방섭취가 높은 데도 불구하고 혈청지질수준·혈당조절·혈압조절에 좋은 영향을 미친다는 보고가 있다. 그러나 이런 효과는 다량영양소의 조성 때문이 아니고 체중감소 때문이라고 생각된다.

필수개념 Essential Concepts

체중감소를 위해 저탄수화물식사를 권하는 사람도 있고 저지방식사를 권하는 사람도 있다. 저지방식을 하면 칼로리 섭취가 줄고 체중이 감소된다고 생각되나 미국에서는 지방섭취는 줄었는 데에도 비만율이 높아졌다.

단기적으로는 저지방식사보다 저탄수화물식사를 할 때, 체중감소 효과가 더 컸지만 장기적으로는 별차이가 없었다. 고탄수화물식사를 하면 인슐린 분비가 증가되어 체중이 증가된다고 주장한다. 탄수화물 섭취를 제한하면 케톤체가 생성되어 식욕을 떨어뜨린다.

저탄수화물식사에서 과일과 채소 및 전곡류의 섭취 부족이 우려되지만 긍정적인 측면은 충분히 단백질을 섭취하므로 체중이 감소할 때에 근육조직의 손실 없이 지방조직이 감소한다는 것이다.

연습 문제 Review Questions

1. 에너지 균형이 양의 상태일 때 일어나는 현상은?
a. 체중증가 b. 체중감소
c. BMR 감소 d. 기억력 손실

2. 총 에너지 소비량의 대부분을 차지하는 것은?
a. 기초대사량 b. 활동대사량
c. 식이성 발열효과 d. 적응성 발열량

3. 체질량지수는 무엇에 기초하는가?
a. 신장에 대한 체중의 비
b. 엉덩이 둘레에 대한 허리 둘레의 비
c. 피하지방량
d. 생명보험에 들 때에 기록하는 체중과 신장

4. 복부지방 축적과 관련이 높은 비만 패턴은?
a. 여성형 비만 b. 남성형 비만
c. 피하지방형 비만 d. 하체형 비만

5. 엉덩이 둘레와 허리 둘레의 비가 나타내는 지표는?
a. 체지방 분포 b. 근육조직의 양
c. 이상체중 d. 비교체중

6. 동화성 신경 펩티드는?
a. 공복감 자극 b. 만복감 자극
c. 체중감소 초래 d. 지방조직에서 생성

7. 다음 설명 중 옳은 것은?
a. 비만한 사람은 렙틴 호르몬을 생성하지 못한다.
b. 렙틴은 지방조직에서 생성된다.
c. 렙틴 결핍 쥐에게 렙틴을 주사하면 공복감을 자극한다.
d. 위의 모든 문장이 맞다.

8. 배가 고플 때에 분비되는 위장 호르몬은?
a. 콜레시스토키닌(cck)
b. 렙틴
c. 그렐린
d. 인슐린

9. 캘리퍼를 사용하는 체조성 측정법은?
a. 생체전기저항분석법(BEI)
b. 피하지방측정법
c. 이중 에너지 흡수계측법(DEXA)
d. 근적외선 이용법(NIR)

10. 체지방이 줄어들 때에 일어나는 현상은?
a. 지방세포 수가 감소된다.
b. 지방세포가 비대해진다(hypertrophy).
c. 지방세포가 증식된다(hyperplasia).
d. 지방세포 크기가 감소된다.

11. 체조성을 판정하는 데 사용되는 3가지 방법을 기술하라.

12. 체중조절의 Set Point Theory를 설명하라.

13. 장기적인 체중조절에서 렙틴과 인슐린 호르몬의 역할을 설명하라.

14. 체중 감량을 위해 저탄수화물식사를 해야 할 경우에 생리적 논리를 설명하라.

15. 만복감을 느끼게 하는 위장관에서 유래되는 3가지 신호를 설명하라.

16. 총 에너지 소비량(TEE)의 3가지 구성요소를 설명하라.

실천 문제 Practice Calculations

1. 5피트 10인치(175 cm)의 신장과 175(79 kg)파운드의 체중을 가진 남자의 체질량지수(BMI)를 계산하라.
이 사람의 체중이 적당한지를 판정하라.

2. 허리 둘레 36인치(91 cm), 엉덩이의 둘레 34인치(86 cm)인 남자의 허리 둘레와 엉덩이 둘레의 비를 계산하라.
이 사람의 체지방분포와 건강위험도를 판정하라.

식행동장애
Eating Disorders

건강한 식사는 다양한 종류의 음식을 섭취하면서 먹는 것에 대한 공포, 죄의식, 부끄러움이 없는 것이다. 어떤 사람들은 식품, 다이어트, 운동, 체중 감소 등에 대해 강박관념을 가지고 있어서 식행동에 문제가 생기고 식행동장애 증세를 나타낸다. 지난 25년 동안 식행동장애 환자가 계속해서 증가하고 있다. 식행동장애의 종류, 원인, 합병증 등을 알아보자.

식행동장애의 개요
Overview of Eating Disorders

식행동장애는 식행동이 심하게 왜곡된 것으로 신체적·심리적으로 아주 해로울 수 있다. 식행동장애를 가진 사람은 흔히 고립감을 느끼고 가족이나 친구와의 관계에서도 긴장감을 느낀다.

식행동장애의 원인을 알기 위해서는 식품섭취와 관련된 요인 이외에도 신체적·심리적·사회적 요인에 대한 복합적인 이해가 필요하다.

미국 심리학회에서는 식행동장애를 4가지 형태로 분류하였다 : 거식증(anorexia nervosa ; AN), 과식증(bulimia nervosa ; BN), 기타 식행동장애(eating disorders not otherwise specified ; EDNOS), 폭식증(binge-eating disorder ; BED). 이를 구분하는 데에는 어려움이 많아(**표 9.8**) 미국 심리학회에서 진단기준을 제시하였다(**표 9.9**).

식행동장애 eating disorder
식행동이 심하게 잘못되어 심각한 의학적 문제, 심리학적 문제, 위험수준의 체중감소 등을 초래하는 경우를 뜻한다.

표 9.8 식행동장애와 관련된 행동들

식행동장애 분류	식품제한	배출[a]	폭식	심한운동
거식증, 제한형	X			x
거식증, 폭식/배출형	X	x	X	X
과식증, 배출형	x	X	X	x
과식증, 비배출형	x		X	
폭식증			X	
식이제한(Restrained eating)	X		X	

노트 : X는 심한 경우, x,는 약한 경우임.
[a]는 자발적인 구토나 하제·이뇨제·관장 등을 이용해 배출함.

거식증
Anorexia Nervosa

거식증 환자는 체중증가나 비만에 대한 심한 공포를 가진 것이 특징이다.

거식증 anorexia nervosa(AN)
체중증가나 비만에 대한 공포를 느껴서 식사섭취를 거부하는 식행동장애의 일종

표 9.9 식행동장애의 분류와 진단기준

거식증(Anorexia Nervosa)

A. 체중이 해당 나이나 신장에 대하여 최저 정상수준을 유지하는 것을 거부함.
B. 저체중인데도 불구하고 체중이 증가하거나 뚱뚱해지는 것에 대하여 심한 공포심을 느낌.
C. 체중이나 체형의 혼란을 경험하거나 현재 저체중에 대한 심각성을 부인함.
D. 초경이 시작된 여성의 경우에 3개월 이상 월경을 하지 않음.

두 가지 형태

- 제한형 : 비정기적으로 폭식과 배출행동을 하는 사람
- 폭식/배출형 : 정기적으로 폭식과 배출행동을 하는 사람

과식증(Bulimia Nervosa)

A. 폭식증세가 빈발함. ① 특정시간 동안 굉장히 많은 음식을 폭식함. ② 이 기간에는 과식을 조절하는 능력 상실함.
B. 체중증가를 방지하기 위한 보상행위를 빈번히 함 : 스스로 구토를 유도함. 하제, 이뇨제, 관장제 등을 사용. 단식이나 극심한 운동
C. 폭식과 부적절한 보상행위가 적어도 1주일에 2번 이상 3개월 동안 일어남.
D. 자기 평가시 체중이나 체형에 심하게 영향을 받음.
E. 식욕 부진 기간에는 혼란이 일어나지 않음.

두 가지 형태

- 배출형 : 정기적으로 구토유발, 하제, 이뇨제, 관장제 등을 남용함.
- 비배출형 : 보상행위로 단식이나 극심한 운동을 함. 구토유발, 하제, 이뇨제, 관장제 남용을 정기적으로 하지 않음.

기타 식행동장애(EDNOS)

지금까지 규명된 식행동장애의 어느 기준에도 맞지 않는 식행동장애
A. 거식증 기준에 해당되는데, 무월경 상태가 아닌 경우
B. 거식증 기준에 해당되는데, 현재 체중이 정상범위에 속하는 경우
C. 과식증 기준에 해당되는데, 폭식과 배출 행동이 1주일에 2번 이하 또는 지속기간이 3개월 이내인 경우
D. 정상체중인 사람이 소량의 음식을 섭취한 후 부적절한 배출행동을 정기적으로 하는 경우
E. 많은 양의 음식을 씹은 후 삼키지 않고 뱉는 행위를 반복적으로 하는 경우
F. 폭식증이 있으면서 부적절한 배출행동을 정기적으로 하지 않는 경우

폭식증(Binge-Eating Disorder)

다음의 행동을 1주일에 2번씩 6개월 이상하면서 보상행위를 하지 않음.
A. 정상보다 아주 빨리 음식을 섭취함.
B. 너무 배가 불러서 불편한 느낌이 들 때까지 음식을 섭취함.
C. 배가 고프지 않은 때에도 많은 양의 음식을 섭취함.
D. 너무 많이 먹는 것이 창피해서 혼자서 음식을 섭취함.
E. 음식을 먹고 난 후에는 자신에 대해 모멸감, 우울감, 죄의식 등을 느낌.

자료 : *Diagnostic and Statistical Manual of Mental Disorders,* 4th ed. (DSM-IV-TR). Washington, DC: American Psychiatric Association Press; 1994.

심하게 말랐는데도 불구하고, 자신이 뚱뚱하다고 생각하는 잘못된 체형 인식을 하고 있음.

AN 환자들은 자신의 체형에 대한 잘못된 인식을 가지고 있어서 실제로는 위험할 정도로 말랐는데도 불구하고 뚱뚱하다고 생각한다. 스스로 굶는 것이 체중조절을 하는 데 성공적인 방법이라고 믿기 때문에 치료가 어렵다.

AN의 원인은 복합적이다. 주로 심리적인 문제에서 야기되는 경우가 많고, 감정이나 갈등 및 스트레스 등을 먹는 것을 거부하거나 심하게 마른 체형을 추구하는 것으로 해결하려고 한다. 미국 심리학회에서는 AN에 두 가지 형태가 있음을 인식했다 : 제한형과 폭식/배출형(**그림 9.14**)

거식증 제한형인 사람은 식품섭취제한과 극심한 운동을 하면서 낮은 체중을 유지한다. 그 반면에 **거식증 폭식/배출형**인 사람은 폭식과 배출(구토유발, 하제, 이뇨제, 관장제 남용, 운동)을 반복하면서 식품섭취제한을 한다.

AN 환자는 식품을 씹기만 하고 삼키질 않거나 남을 위해 음식을 만들어서 본인이 음식의 절제를 보여준다. AN 환자의 행동들을 **표 9.10**에 제시하였다. AN 환자는 체중증가의 공포 때문에 규칙적으로 심한 운동을 한다. 이들은 하루에 여러 번 체중을 재고, 먹는 식품을 자세히 기록하며 운동량과 운동시간을 기록하고 체중감소량을 기록한다(**그림 9.15**).

거식증 제한형 anorexia nervosa, restricting type
식품섭취를 제한하는 식행동장애

거식증 폭식/배출형
anorexia nervosa, binge-eating/purging type
식품섭취를 제한하면서 폭식과 배출을 같이 하는 식행동장애

그림 9.14 거식증의 형태

거식증은 스스로 단식하고 심하게 체중감소를 추구하는 식행동장애이다.

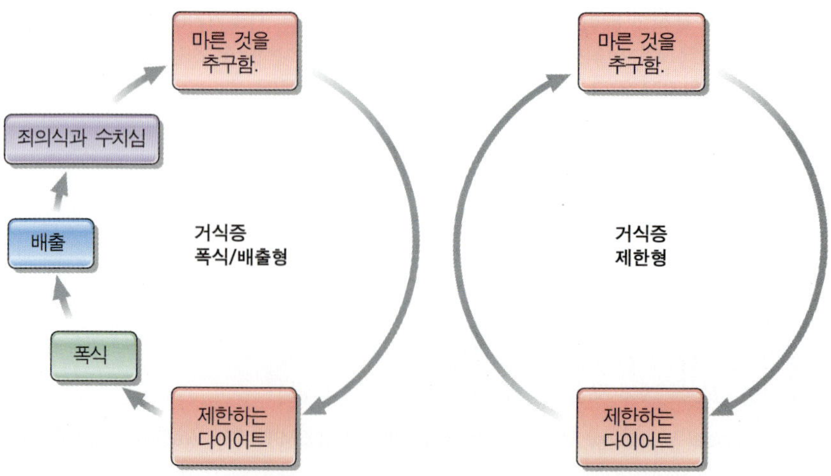

표 9.10 거식증의 증세와 건강문제

증세	건강문제
• 심한 다이어트로 인해 극심한 체중감소	• 피부건조와 머리카락이 건조해지고 가늘어지며 빠짐.
• 이상체중보다 15% 이상 미달됨.	• 졸도, 피로, 쇠약함.
• 과체중이 아닌데도 다이어트를 함.	• 추위를 못 견딤.
• 말랐는데도 뚱뚱하다고 불평함.	• 몸에 솜털이 생김(lanugo).
• 식품, 칼로리, 영양, 조리 등에 몰두하여 편견 가짐.	• 지방조직과 근육조직의 심한 손실
• 배고픈 것을 부인함.	• 재생산 기능에 문제 생김.
• 운동에 사로잡힘.	• 골질량 감소
• 자주 체중을 측정함.	• 전해질 불균형
• 식후에 복부팽만감을 호소함.	• 불규칙적인 심장박동(부정맥)
• 춥다고 불평함.	• 멍이 쉽게 듦.
• 월경주기가 불규칙하거나 없어짐.	• 스트레스 골절 손상
• 지나치게 오래 씹거나 음식을 아주 작게 썰음.	• 철 영양상태 나쁨.
• 식품의 종류나 양을 심하게 제한함.	• 면역기능 손상
• 일상 스케줄을 엄격하게 관리함.	• 심박수 저하
• 완전주의를 추구함.	• 혈압 저하

그림 9.15 거식증 환자의 식품, 체중, 운동기록표

식행동장애 환자는 운동량과 섭취 식품을 기록해야 꼼꼼하게 한다.

월요일

아침
체중-87파운드(39.5kg)
5마일 달리기(42 분)
윗몸 일으키기 100번

아침식사
체중-86파운드(39kg)
떡
포도 10개

오후
점심
체중 86파운드(39kg)
밥 1/2컵
다이어트 음료
자몽 1/2개
떡

저녁
체중 86파운드(39kg)
밥 1/2컵
다이어트 음료
샐러리(무지방 드레싱)

취침전
2마일 달리기(20분)
윗몸 일으키기 100번
체중 85파운드(38.5kg)

화요일

아침
체중-87파운드(39.5kg)
5마일 달리기(45분)
윗몸 일으키기 120번

아침식사
체중 85파운드(38.5kg)
떡
멜론 1조각

오후
점심
체중 85파운드(38.5kg)
다이어트 음료
포도 10개
떡

저녁
체중 85파운드(38.5kg)
토스트 1/2쪽
다이어트 음료
당근(무지방 드레싱)

취침전
2마일 달리기(18분)
윗몸 일으키기 150번
체중 85파운드(38.5kg)

거식증과 관련된 건강문제
Health Concerns Associated with Anorexia Nervosa

거식증 환자는 전해질 불균형, 탈수, 심장이상, 탈모, 솜털(lanugo), 근육소모, 불규칙적인 월경주기, 뼈 손실과 같은 건강문제가 있을 수 있다. 이런 문제들은 식행동이 건강해지고 체중이 정상화되면 모두 해결된다.

여자들은 체지방이 손실되면 에스트로겐 호르몬 분비가 저하되어 월경주기가 깨지고 재생산 기능이 저하된다. 이는 식량이 부족할 때에 여성들이 임신되지 않도록 보호하는 기전으로 생각된다.

에스트로겐은 뼈의 건강에 중요한 역할을 하므로 무월경이 오래 지속되는 경우에 뼈의 손실이 많아진다. 체중이 정상화되어 에스트로겐 수준이 정상 수준으로 회복되어도 뼈의 건강은 완전히 회복되지는 않는다. 그러므로 거식증 환자 중 무월경 증상이 있었던 사람은 골질환의 위험률이 증가한다. 거식증 환자의 사망률이 12% 이상으로 보고되고 있다. 거식증은 환자의 신체적 · 정신적 건강에 커다란 영향을 미치기 때문에 의학적 · 심리적 · 영양적 치료가 즉시 이루어져야만 한다. AN 환자의 문제 행동이 **그림 9.16**에 있다.

과식증 Bulimia Nervosa

거식증과 같이 **과식증** 환자도 식품을 문제 해결의 수단으로 사용한다. BN 환자는 스트레스 받을 때에 음식을 찾는다.

과식증 bulimia nervosa(BN)
폭식과 배출을 반복적으로 하는 식행동장애

그림 9.16 거식증과 관련된 생각과 행동

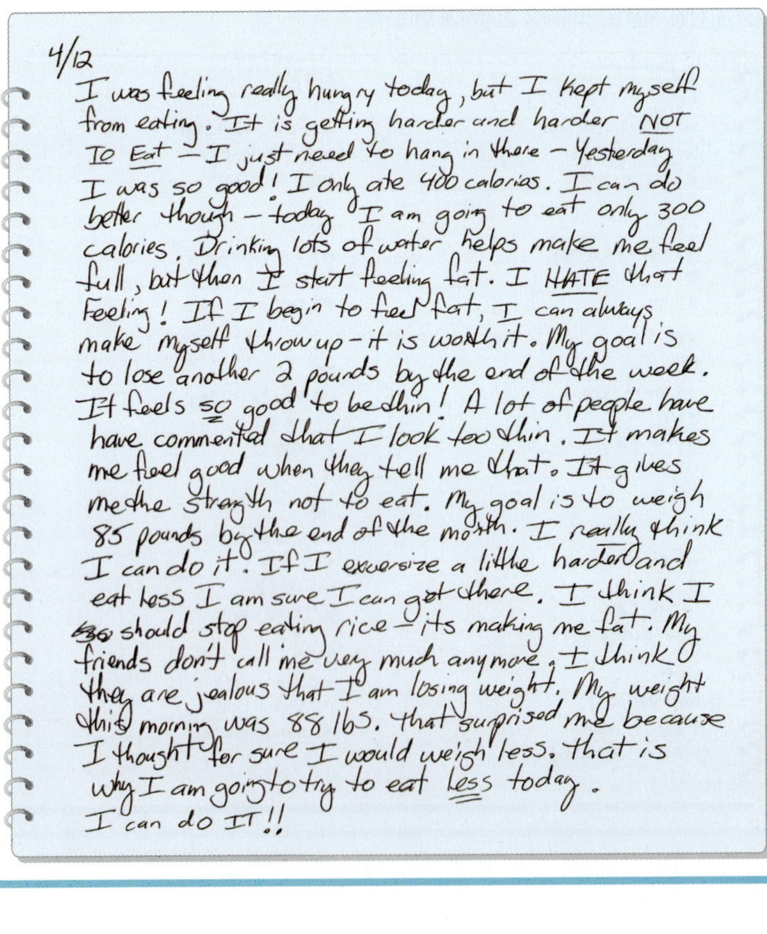
4/12
I was feeling really hungry today, but I kept myself
from eating. It is getting harder and harder NOT
TO Eat — I just need to hang in there — Yesterday
I was so good! I only ate 400 calorias. I can do
better though — today I am going to eat only 300
calories. Drinking lots of water helps make me feel
full, but then I start feeling fat. I HATE that
Feeling! If I begin to feel fat, I can always
make myself throw up - it is worth it. My goal is
to lose another 2 pounds by the end of the week.
It feels so good to be thin! A lot of people have
have commented that I look too thin. It makes
me feel good when they tell me that. It gives
me the strength not to eat. My goal is to weigh
85 pounds by the end of the month. I really think
I can do it. If I exeersize a little harder and
eat less I am sure I can get there. I think I
should stop eating rice — its making me fat. My
friends don't call me very much anymore. I think
they are jealous that I am losing weight. My weight
this morning was 88 lbs. that surprised me because
I thought for sure I would weigh less. that is
why I am going to try to eat less today.
I can do IT!!

표 9.11 과식증(Bulimia Nervosa) 의 증세와 건강문제

증세	건강문제
• 감정적인 스트레스에 과식하는 것으로 대처함. • 먹고 난 후에 죄의식이나 부끄러움 느낌. • 체중에 강박관념 나타냄. 반복적으로 식사제한이나 다이어트 시도함. • 식사 중이나 식후에 화장실 자주 감. • 조절 불능감을 느낌. • 기분의 변화가 심하고 우울증 있음. • 체중의 변동 심함(+/− 10파운드). • 얼굴이 부어 있음. • 치아 부식이 나타남. • 호흡이나 화장실에서 구토냄새 남. • 하제를 자주 구입함. • 식사 섭취를 멈추지 못할 것 같아서 걱정함. • 식품이 없어짐.	• 위산에 노출되어 치아 에나멜층이 부식되고 충치가 생김. • 전해질 불균형으로 부정맥이 생기고 갑자기 심장이 멈춤. • 타액선의 염증 생김. • 식도의 염증이 생겨서 구토 시에 출혈이 있음. • 배변이 불규칙해짐. • 탈수

또한 폭식과 배출 행동을 반복적으로 한다. **폭식**은 많은 양의 음식을 충동적으로 섭취한 후에 **배출** 행동을 한다.

폭식할 때에는 주로 케이크, 과자, 아이스크림 등을 섭취하여 짧은 시간 동안에 몇 천 칼로리를 섭취한다. 폭식 후에 배출 행위를 하는 사람과 하지 않는 사람이 있으므로, 미국심리학회에서는 폭식 후에 배출형과 비배출형으로 구분한다.

비배출형에서는 폭식 후에 구토나 하제, 이뇨제, 관장제 등의 배출행위 대신으로 단식이나 심한 운동을 한다. BN 환자의 특징을 **표 9.11**에 적었다. BN 환자는 AN 환자보다 훨씬 많지만, 폭식과 배출 행위를 비밀리에 하기 때문에 가족이나 친구들이 모르는 경우가 많다.

BN 환자는 수천 칼로리를 폭식한 후에 배출함으로써 에너지 균형을 유지하므로 외모는 정상 체중 범위 안에 있다. AN 환자는 다이어트와 체중감소를 하면 만족감을 느끼지만 BN환자는 폭식과 배출을 하면서 죄의식과 우울증을 느낀다. 또한 BN환자는 충동적이고 약물 남용이나 자살시도 등 건강하지 못한 행동을 한다.

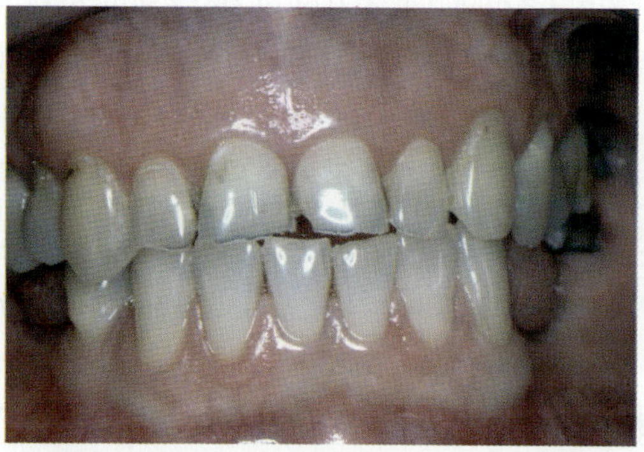

반복적인 구토는 치아 에나멜을 손상시킨다. 그 결과, 치아에는 반점이 생긴다. 이런 현상은 BN이나 EDNOS에서 자주 구토를 하는 사람에게 나타난다.

과식증과 관련된 건강문제
Health Concerns Associated with Bulimia Nervosa

반복적으로 폭식과 구토를 함으로써 식도나 구강 점막이 위산에 노출되어 손상을 받게 된다. 위액의 강한 산성 때문에 치아의 에나멜층이 부식되면서 충치가 생긴다. 그래서 치과의사가 BN환자를 찾아내는 경우가 흔하다. 잦은 구토와 하제 혹은 이뇨제의 사용이 전해질 불균형이나 탈수를 초래한다. 이것은 심장 기능의 불규칙적인 박동을 초래하고 갑작스럽게 심장을 멈추게 한다.

폭식 bingeing
짧은 기간 동안 많은 양의 음식을 조절하지 못하고 섭취함.

배출 purging
구토유발, 하제, 이뇨제, 관장제 등을 남용하는 것

기타 식행동장애
Eating Disorders Not Otherwise Specified, EDNOS

기타 식행동장애는 AN이나 BN의 진단 기준과 맞지 않는 카테고리이다. EDNOS는 AN의 기준에 속하지만 체중이 정상이거나 월경을 하는 경우이다.

BN은 일주일에 2번 이상 폭식과 배출을 하는데, EDNOS는 일주일에 1번 하는 경우이다.

폭식증
Binge Eating Disorder

최근에 미국 심리학회에서 BN과 구별하여 **폭식증**을 인정하였다. BED는 짧은 시간에 많은 양의 음식을 먹는 행동을 반복적으로 한다. BED의 진단 기준은 1주일에 2번 이상의 폭식이 6개월 이상 지속되는 것으로 AN이나 BN을 합친 숫자보다 BED 환자가 더 많다. 일반적으로 사람들이 가끔 과식을 하기는 하지만 BED 환자는 이와는 다르게 스트레스나 감정적인 고통을 해결하기 위해 폭식을 한다.

알코올을 남용하는 부모 밑에서 자란 사람들에게 BED 증상이 많다는 보고가 있다. 분노, 슬픔, 걱정 등 감정적인 문제가 폭식을 유도한다. 우울증이 BED를 야기시키는지, 아니면 BED가 우울증을 야기시키는지는 분명하지 않다.

BN과 마찬가지로 BED에서도 폭식은 아무도 없는 데서 이루어지고 수치심을 느끼게 된다. 하지만 BED 환자는 폭식 후에 배출행위를 하지 않는다. 그러므로 BED 환자는 양의 에너지 균형이 이루어져서 과체중이나 비만이 된다. 따라서 BED 환자는 체중과 관련된 질병, 제2형 당뇨, 담석증, 심혈관계 질환에 걸릴 위험이 높아진다.

식이제한 Restrained Eating

BED 환자 중 폭식 후에 오랫동안 식욕을 억제하고 음식을 피하는 사람을 **식이제한자**라고 한다. 억제식을 하는 사람은 체중이 빠질 때까지 식품섭취를 제한한다.

그러나 식품억제 기간이 길어지면 갑자기 통제불능 상태가 되어서 폭식을 하게 된다. 대부분의 억제식 환자는 자신이 과체중이라고 생각한다. 그리고 과식을 하면 자기 경멸감을 느끼게 되고, 악순환의 고리가 이어져서 감정적 위로를 위해 또다시 먹게 된다.

필수개념 Essential Concepts

식행동장애의 주요 형태로는 거식증(AN), 과식증(BN), 기타 식행동장애(EDNOS), 폭식증(BED)이 있다. AN은 체중증가에 대한 공포와 왜곡된 체형 이미지, 식품제한 등의 특성을 가지고 있다. AN에는 두 형태가 있는데, 하나는 식품섭취를 제한하는 것이고 다른 하나는 식품제한 외에 배출행위를 하는 것이다. 치료를 안 하면 기아로 인한 건강문제가 심각해진다. BN환자는 폭식과 배출을 주기적으로 반복한다. 폭식은 많은 양의 음식을 먹는 것이고, 배출은 구토 · 하제사용 · 심한 운동을 하는 것이다. 폭식과 배출은 비밀리에 일어나며 체중은 정상범위에 약간 웃도는 수준이다. 비배출형 BN 환자도 있다. 폭식증(BED)은 1주일에 2번 이상 폭식하는 일이 6개월 이상 지속된다. 그러나 BED 환자는 배출행위를 하지 않는다. BED 환자 중 폭식기간 사이에 오랫동안 음식 섭취를 피하는 사람을 식이제한자(restrained eater)라고 한다.

식행동장애의 원인
Causes of Eating Disorders

식행동장애는 사춘기 소녀와 젊은 여성에서 흔히 나타난다. 미국에서는 8백만 명의 여성이 식행동장애를 갖고 있다. AN의 발병률은 1년에 인구 10만 명당 8명이고, BN의 발병률은 1년에 인구 10만 명당 12명이다.

기타 식행동장애
eating disorder not otherwise specified(EDNOS)
거식증이나 과식증의 진단기준과 일부분만 일치하는 카테고리

폭식증 binge eating disorder(BED)
단시간에 폭식을 하는 일이 반복되면서 배출행위는 하지 않음.

식이제한자 restrained eater
폭식 후에 단식을 주기적으로 하는 사람

그림 9.17 인형의 잘못된 신체상

여자 인형은 비현실적으로 키가 크고 날씬하며, 남자 인형은 비현실적으로 어깨가 넓고 근육질의 몸매를 가지고 있다.

	바비인형®	실제 여성	켄인형®	실제 남성
키 (ft., in.)	7'2"	5'2"	7'8"	6'0"
가슴 둘레 (in.)	40	35	50	40
허리 둘레 (in.)	22	28	43	33
목 둘레 (in.)	12	12.2	23.4	15.5
목 길이 (in.)	6.2	3	6.4	5.5

자료: Data from Brownell KD, Napolitano MA. Distorting reality for children: body size proportions of Barbie and Ken dolls. *International Journal of Eating Disorders.* 1995;18:295–298.

식행동장애가 주로 여성에서 발병하지만, AN의 10%와 BN의 15% 정도는 남자에서도 나타난다. 가능한 원인으로는 과거의 비만력, 마른체격을 강조하는 스포츠 참여, 외모에 대한 지나친 관심 등이 있다.

식행동장애의 원인에 대한 여러 가지 학설이 있지만 확실하지 않다. 사회문화적 특성, 가족관계, 성격, 유전적 요인 들이 위험요인이라고 생각된다.

사회문화적 요인
Sociocultural Factors

음식이 풍부하고 마른 체형을 선호하는 문화권에서 식행동장애가 많이 나타난다. 광고나 공중매체에서는 비현실적이고 부자연스럽게 마른 체형을 선전하여 젊은 여성들을 자극하고 있으며, 패션모델이나 미인 선발대회 당선자 및 여배우들의 체형이 점점 마르고 키는 커지고 있다. 심지어 아이들이 잘 가지고 노는 인형의 체형도 문제이다**(그림 9.17)**.

근이상형태증은 거식증과는 반대로 근육질 증가에 대하여 병적으로 집착하는 것이다.

남성의 경우에는 강하고 잘 발달된 근육을 가진 체형을 선호하여 **근이상형태증**이라는 증세가 생기고 있다. 근이상형태증은 근육질의 몸매에 대한 병적인 강박관념으로 큰 근육이 더 좋다고 생각하여 하루에 몇 시간씩 근육발달 운동을 하고 근육발달에 도움이 되는 특이한 식사를 강조하는 것이다. 또한, 근육발달을 위한 동화성 스테로이드 호르몬제를 사용한다.

식행동장애는 자기 체형이나 체중에 불만족하여 생기는 경우가 많다. 그러므로 어린이에게 건강한 체형 이미지를 갖도록 해주어야 하고, 특히 사춘기에 나타나는 체형의 변화에 대하여 미리 알려주는 것이 중요하다. 공중매체뿐만 아니라 또래집단도 식행동장애에 큰 영향을 미친다. 사춘기 소녀들은 또래집단 속에서 인정받기 위해서는 말라야 한다고 생각한다. 식행동장애가 체중을 줄이려는 욕망에서 시작이 되기는 하지만, 체중감소식을 하는 사람들에게 모두 나타나는 것은 아니다.

근이상형태증 muscle dysmorphia
근육질 증가에 대한 병적인 집착

가족관계
Family Dynamics

부모는 자식의 생활에 영향을 미친다. 그리고 가족의 특성이 식행동장애 발병에도 영향을 미친다. 심한 간섭, 과보호, 엄격함, 마찰회피, 학대, 엄마의 식행동장애가 문제를 일으킨다.

밀착된 가족이란 가족들이 서로 너무 심하게 관여하여 자율성이 적은 상태를 말한다. 이런 가정에서 자란 아이는 부모를 즐겁게 하고 부모의 기대에 부응하는 삶을 살아야 한다는 심한 압력을 받게 된다. 또한 이런 환경에서 자라면서 의사소통이 부족하고 엄격하며 마찰을 회피하는 것이, 식행동장애를 일으키는 역할을 한다.

이런 상황에서 유일하게 어린이 자신이 조절할 수 있는 것이 음식이다. **혼돈된 가족** 또는 **분리된 가족**은 응집력이 부족하고 부모의 관여가 거의 없는 가족으로, 아이들은 버려진 느낌을 받는다.

부모는 우울하거나 술에 취해 감정적으로 황폐한 상태이다. 이런 환경에서 자란 아이는 공허한 감정을 채우고 관심을 얻으며 감정적 마찰을 억제하기 위해 식행동장애를 일으킨다.

매혹적으로 보이는 모델은 건강체중에 미달되어 있다. 이것은 일반 여자들에게 비현실적으로 마른 체형 기준을 주게 된다.

엄마에게 식행동장애가 있거나 체형에 불만이 있으면 아이들의 식행동에 부정적인 영향을 미친다. 엄마가 건전한 식습관에 대한 모델을 보이지 못하고 딸에게 체중감소를 부추기며 외모를 비난함으로써 아이의 식행동장애를 초래할 위험을 높인다.

개인적 성향과 감정적 요인
Personality Traits and Emotional Triggers

자존감이나 자신감이 부족하고 강박관념 · 무력감 · 걱정 · 우울증 등의 성향을 가진 사람은 식행동장애의 위험도가 높다. 또한 감정적으로 상처받기 쉬운 사람은 외모나 체중에 대한 아주 작은 놀림에 의해서도 식행동장애가 생긴다. 또한 사춘기, 가정파탄, 성폭행 등이 문제를 야기할 수도 있다.

식행동장애를 가진 사람은 **식품에 몰두**하거나 강박관념을 가지고 있어서 하루에 많은 시간을 음식에 대한 생각만을 하는 데 보낸다. 또한 식행동장애를 가진 사람은 완벽주의 성향을 가지고 있어서 본인의 체형이 완벽하지 않은 것을 견디지 못한다.

유전적 요인
Biological (Genetic) Factors

성격이나 식행동이 신경계나 내분비계의 영향을 받으므로 뇌의 화학물질이 식행동장애를 일으키는 데 영향을 미치리라고 생각된다. 또한, 식행동장애가 공복 신호와 만복 신호를 교란시킨다. 식행동장애 환자는 임상적으로 우울증을 가진 경우가 많다. 그러나 우울증이 식행동장애를 초래하는지는 알아내기가 어렵다.

우울증 치료제가 특정한 식행동장애를 치료하는 효과가 있으므로 우울증이 발병요인 중 하나라고 볼 수 있다. 최근에는 식행동장애에 걸릴 소인을 가진 유전자를 찾는 데 관심이 모아지고 있다.

밀착된 가족 Enmeshment
가족 간의 상호관계가 너무 강하게 연결되어 자율성이 거의 없음.

분리된 가족 disengaged families
가족 간의 상호관계가 너무 약해서 거의 응집성이 없고 부모의 관심이 부족함

식품에 몰두 Food preoccupied
음식에 대한 생각으로 지나치게 많은 시간을 소비함.

일란성 쌍둥이와 이란성 쌍둥이를 이용한 연구에서 식행동장애가 선천적 영향을 받는 것으로 생각된다. 그러나 아직 선천적 영향과 후천적 환경의 영향을 구별하는 것은 어려운 상황이다.

필수개념 *Essential Concepts*

식행동장애는 음식이 풍부하고 마른 체형을 선호하는 문화에서 더 많이 발병한다. 또한, 공중매체에서 마른 체형을 이상적이라고 비춤으로써 체중이나 체형에 대한 불만이 커진다. 또래집단의 압력이 식행동장애의 발병에 영향을 미친다.

가족기능장애가 식행동장애와 관련이 있고, 특히 엄마가 식행동장애가 있을 경우에는 아이의 식행동에 부정적인 영향을 준다.

자긍심이 낮고 자신감이 없는 성격이나 강박증, 무력감, 걱정, 우울증 등이 있을 경우에는 식행동장애와 연관성이 있다. 그리고 유전적 요인이 식행동장애에 걸릴 소인을 만들 수도 있다.

식행동장애, 운동선수, 여자 선수의 3가지 증후군
Eating Disorders, Athletics, and thd Female Athlete Triad

많은 여자 운동선수들이 식행동장애를 가지고 있다. 운동수행능력을 증진시키기 위하여 체중을 줄이는 것은 심각한 건강 문제를 초래할 수 있다. 그러므로 코치나 트레이너는 선수의 식행동장애의 초기 증세를 알아차리는 것이 중요하다.

운동선수에게서 식행동장애의 위험이 증가하는가?
Are Athletes at Increased Risk for Eating Disorders?

대학 운동선수 중 식행동장애를 가진 사람의 비율은 15~60%라고 추정된다. 특히 여성 선수들 중에 발병률이 높다. 운동 수행능력이 체중에 의해 영향을 받는 종목이 있다. 스키점프, 자전거, 바위타기, 장거리주자 등은 체중이 적으면 시합에서 유리하다. 그리고 댄싱, 휘겨스케이팅, 수중발레, 체조, 다이빙 등은 체격이나 외모가 심판 판정에 영향을 미친다.

선수들은 체중감소를 하려고 노력하고 코치나 트레이너도 체중증가가 불리하다고 생각한다. 미국대학 선수협회 보고에 따르면 여자는 체조, 스키, 수영선수들에서 남자는 레슬링, 스키선수에서 식행동장애 환자가 가장 많다.

여자 운동선수의 3가지 증후군
The Female Athlete Triad

운동선수는 심한 트레이닝만으로도 신체에 스트레스를 받는다. 충분한 영양공급이 필요한 상황에서 식행동장애가 나타나면 건강에 커다란 위험을 초래할 수 있다. **"여자 선수의 3가지 증후군"**이라고 알려진 증세는 식행동장애, 무월경, 골감소증을 말한다**(그림 9.18)**. 식행동장애는 체지방 저하를 가져와서 무월경을 초래한다. 에스트로겐 수치가 떨어지면 뼈가 약해지고 골감소증이 생기며 심해지면 골다공증이 나타난다.

여자 장거리 스키선수의 10%가 골다공증이고 50%가 골감소증으로 보고되었다. 여자 선수들이 월경이 중단되면 스트레스 골절이 쉽게 일어나므로 부모나 코치 등은 이런 경우에 식행동장애가 있는지를 면밀히 조사해 보아야 한다.

필수개념 *Essential Concepts*

운동선수들, 특히 여자 선수는 식행동장애의 위험이 높다. 경기 종목에 따라 몸매나 외모가 점수에 영향을 미치는 경우에는 더욱 발병률이 높다. 식행동장애가 있는 선수들은 특히 합병증을 주의해야 한다. '여자 운동선수의 3가지 증후군'이라고 불리우는 증세로는 식행동장애, 무월경, 골다공증이 있다. 이 결과로 스트레스 골절이 자주 일어난다.

여자 운동선수의 3가지 증후군 The Female Athlete Triad
식행동장애, 무월경증세, 골감소증이 함께 나타나는 증세

그림 9.18 여자 운동선수의 3가지 증후군

여자 선수의 3가지 증후군(the female athlete triad)은 식행동장애, 무월경, 골감소증을 말한다.

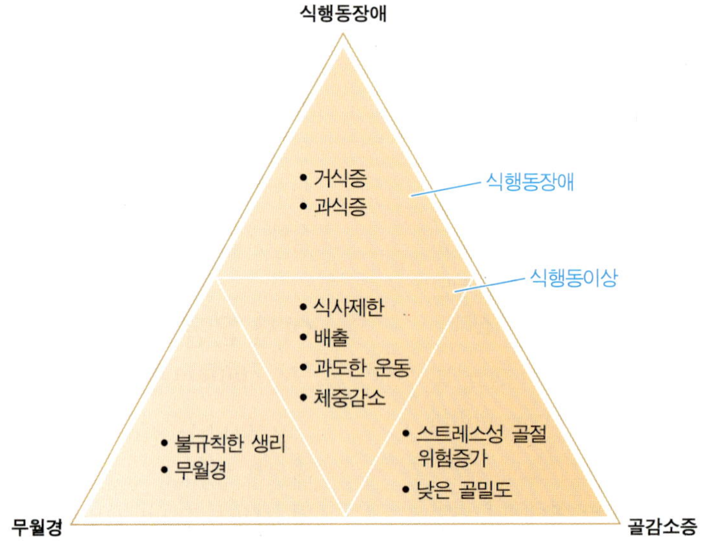

예방과 치료
Prevention and Treatment

치료를 위해서는 정신과 의사의 심리적인 문제 치료가 필요하다. 환자들은 공포나 죄의식 없이 음식을 즐기는 방법을 배워야 하고 공복감이나 만복감 같은 생리적인 신호에 의존해서 식품을 섭취하는 방법을 배워야 한다.

식행동장애의 예방
Prevention of Eating Disorders

식행동장애를 예방하기 위해서는 위험성 하나만을 강조하기보다는 식사 · 다이어트 · 신체 이미지 등에 대한 건전한 태도를 알려주고 자긍심이나 자존감에 대한 교육을 하여 긍정적인 생각을 갖도록 해야 한다(**표 9.12**).

표 9.12 어린이와 청소년의 건강한 신체 이미지 증진

- 부정적인 것보다 긍정적인 몸매에 대하여 강조할 것
- 어린이에게 개인에 따라 신체 크기와 모양이 다름을 가르칠 것
- 어린이에게 건강한 식행동 모델을 보여줄 것
- 어른이 자신의 체중이나 체형에 대하여 부정적인 말을 하지 말 것
- 외모가 아닌 친절, 명랑, 관대함과 같은 성격에 대하여 강조할 것
- 어린이의 외모를 비판하지 말 것
- 자신의 가치를 외모와 연결하지 말 것
- 사춘기 때에 일어나는 체형이나 감정의 변화에 대하여 미리 어린이에게 알려줄 것
- 가족이 함께 식사를 즐길 것
- 대중매체가 신체 이미지에 미치는 부정적인 효과에 대하여 토론할 것
- 식품을 보상이나 처벌의 수단으로 사용하지 말 것

치료전략
Treatment Strategies

식행동장애 환자는 일반적으로 문제가 있음을 인식하지 못하거나 받아들이지 않는다. 가족이나 친구의 충고를 무시하지만, 좌절하지 말고 계속적인 관심과 지원이 중요하다.

치료의 목표는 AN환자의 체중을 회복하는 것과 낮은 자존감과 잘못된 신체 이미지의 교정이다.

AN환자는 심한 경우에 입원 치료가 필요하며, 의학적 문제 · 영양적 문제 · 심리적 문제를 다룰 수 있는 팀을 형성하여 치료해야 한다.

BN환자는 폭식과 배출행위를 줄이는 것이 목표이다. 치료시작이 빠를수록 효과가 좋다. 하지만 치료는 오랜 시간이 걸리고 가족 전체가 상담을 받을 필요가 있을 수도 있다.

필수개념 *Essential Concepts*

식행동장애가 생기는 것을 예방하기 위해서는 이 질병자체의 위험성만 강조하는 것보다 자긍심과 관련하여 건전한 식행동에 대한 교육이 필요하다. 일단 질병이 발병한 후에는 의학적 · 영양적 · 심리적 치료가 함께 이루어져야 한다.

AN환자의 치료 목표는 감소된 체중 회복과 자긍심 회복 및 왜곡된 신체 이미지(body image)를 고치는 것이다.

BN환자의 치료목표는 폭식과 배출 행위를 줄이거나 제거하는 것이다. 또한 치료를 빨리 시작할수록 회복률이 높다.

Chapter 10

Water-Soluble Vitamins

수용성 비타민

비타민은 식품에 함유된 유기물질로서 우리 몸에는 아주 소량 필요하다. 13가지의 필수 비타민은 물이나 지방에 용해되는 성질에 따라 수용성 비타민과 지용성 비타민으로 구분한다. 비타민은 에너지 대사에서 세포의 활성까지 다양한 기능을 가진다.

이 장에서는 수용성 비타민의 구조, 식품 급원, 주요 기능, 영양섭취기준, 결핍증과 독성 등에 대하여 알아본다. 또한, 식품을 조리하고 저장할 때에 비타민의 함량을 최적으로 유지하기 위하여 어떻게 해야 하며, 보충제로 비타민을 섭취하는 것이 필요한지에 대해 살펴본다.

Chapter 10

수용성 비타민의 기본개념
The Basics of Water-Soluble Vitamins

수용성 비타민은 물에 용해되며, 8개의 비타민 B군과 비타민 C가 있다. 콜린, 카르니틴도 수용성 필수영양소이며 비타민이라고 주장하는 사람도 있다. **표 10.1**에 수용성 비타민의 이름 · 구조 · 기능 · 식품 급원 등이 제시되어 있다.

표 10.1 필수 수용성 비타민의 기능, 결핍증, 독성, 식품 급원

비타민 구조	기능	결핍증	독성	식품 급원
티아민(B_1) 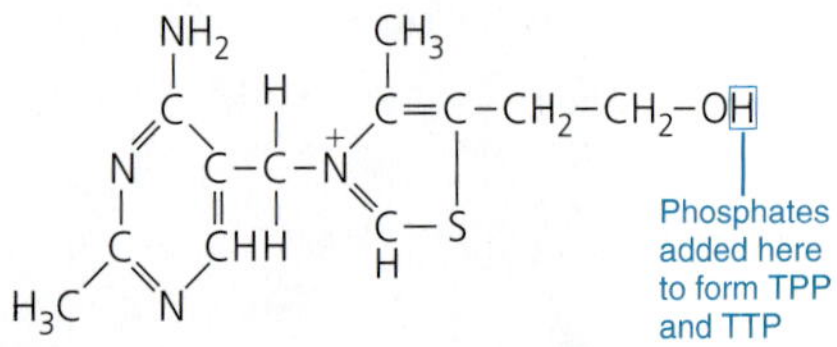 	• 조효소(TPP) • 에너지 대사 • DNA, RNA, NADPH + H^+의 합성 • 신경기능	각기병		돼지고기, 전곡류, 콩과 식물, 강화식품, 참치, 두류
리보플라빈(B_2) 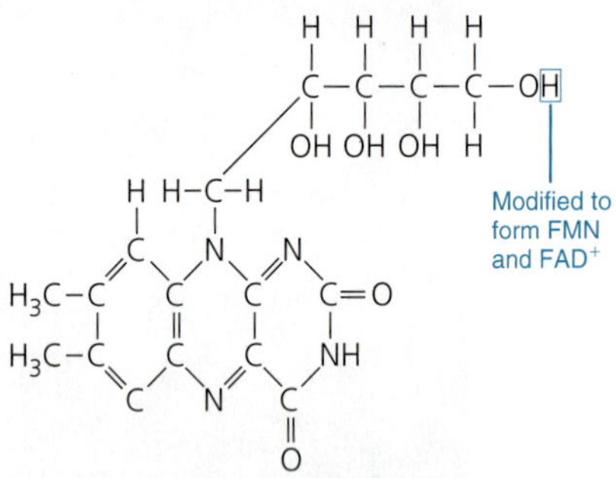 	• 조효소(FAD^+, FMN) • 에너지 대사(산화환원) • 엽산, 비타민 A, 니아신, 비타민 B_5, 비타민 K의 대사 • 신경전달물질의 대사	리보플라빈 결핍증 (Ariboflavinosis)		간, 버섯, 유제품, 강화식품, 토마토, 시금치
니아신(B_3) 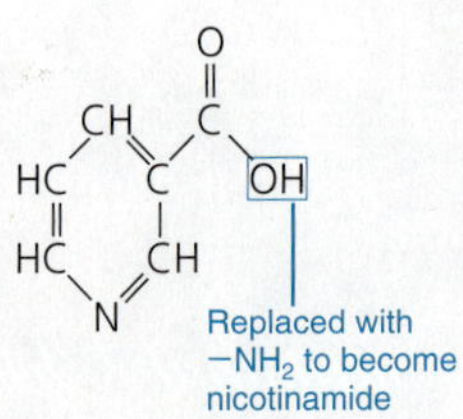 	• 조효소(NAD^+, $NADP^+$) • 에너지 대사(산화환원) • 단백질합성 • 포도당의 항상성 • 콜레스테롤 대사 • DNA 수선(repair)	펠라그라	피부의 염증, 홍조	간, 생선, 고기, 닭고기, 강화식품, 토마토, 버섯

표 10.1 필수 수용성 비타민의 기능, 결핍증, 독성, 식품 급원 *(계속)*

비타민 구조	기능	결핍증	독성	식품 급원
판토텐산(B_5) 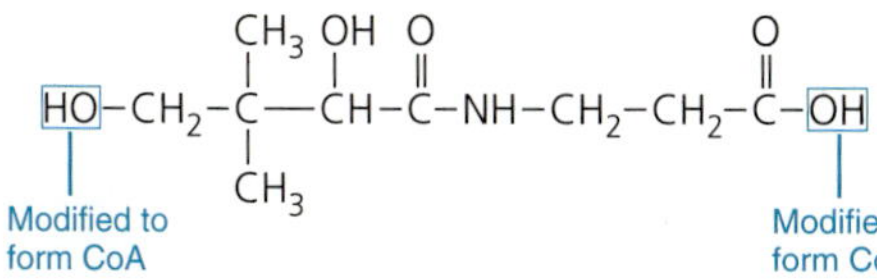 	• 조효소(CoA) • 에너지 대사 • 헴합성 • 콜레스테롤, 지방산, 스테로이드, 인지질 합성	작열각증후군 (Burning feet syndrome)		간, 버섯, 해바라기씨, 강화식품, 요구르트, 칠면조 고기
비타민 B_6 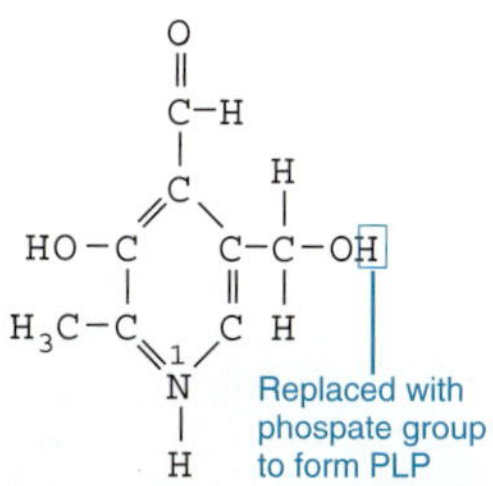 	• 조효소(PLP) • 아미노산 대사(아미노기 전이반응) • 신경전달물질, 헤모글로빈 합성 • 글리코겐 합성과정 • 스테로이드 호르몬 기능 조절	소적혈구 혈색소 감소성 빈혈	신경질환	생선, 병아리콩, 간, 강화식품, 토마토, 바나나
비오틴(B_7) 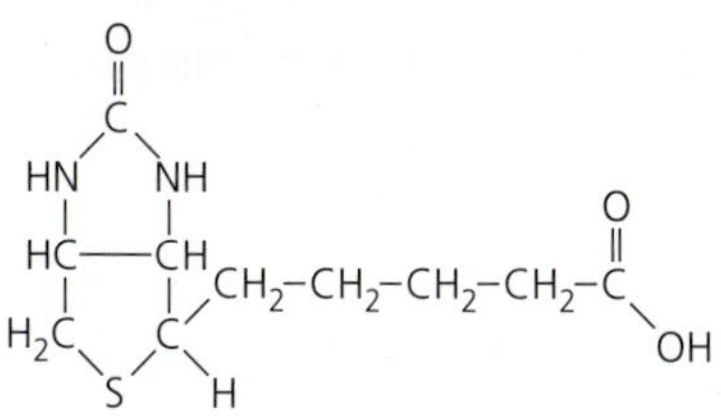	• 조효소 • 에너지 대사(카르복실화 반응) • 유전자발현 조절	우울증, 근육조절 손실, 피부염증		땅콩, 아몬드, 버섯, 계란 노른자, 토마토, 아보카도
엽산 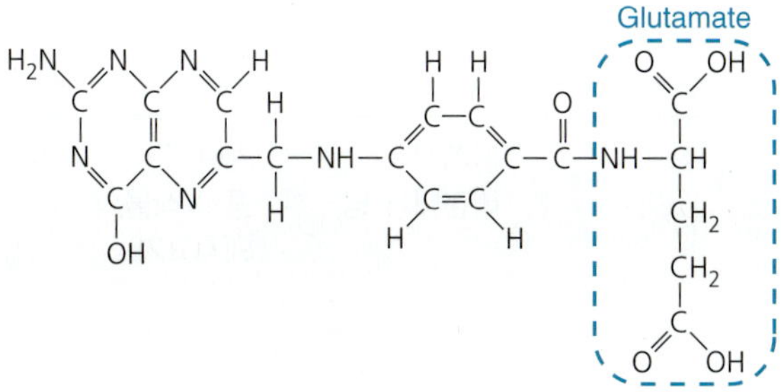 	• 조효소(THF) • 단일탄소체 이동 • 아미노산 대사 • DNA, RNA 합성	대적혈구성 빈혈		내장, 콩과 식물 오크라, 잎채소, 강화식품

(계속)

표 10.1 필수 수용성 비타민의 기능, 결핍증, 독성, 식품 급원 *(계속)*

비타민 구조	기능	결핍증	독성	식품 급원
비타민 B_{12} 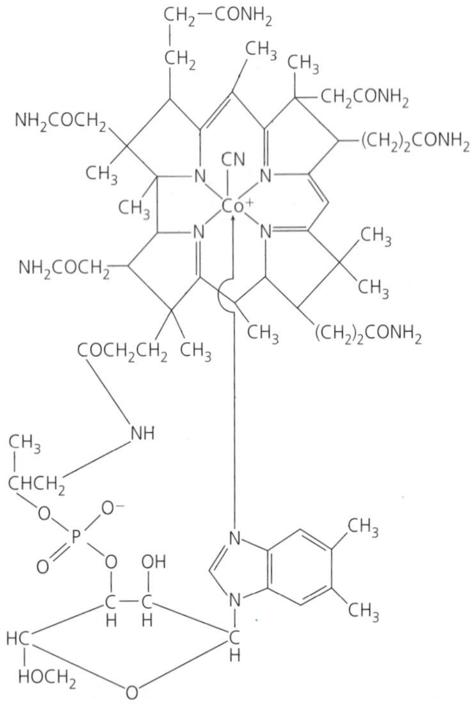	• 조효소 • 호모시스테인 대사 • 에너지 대사	대혈구성 빈혈		패류, 간, 연어, 고기, 강화식품, 코티지 치즈
비타민 C 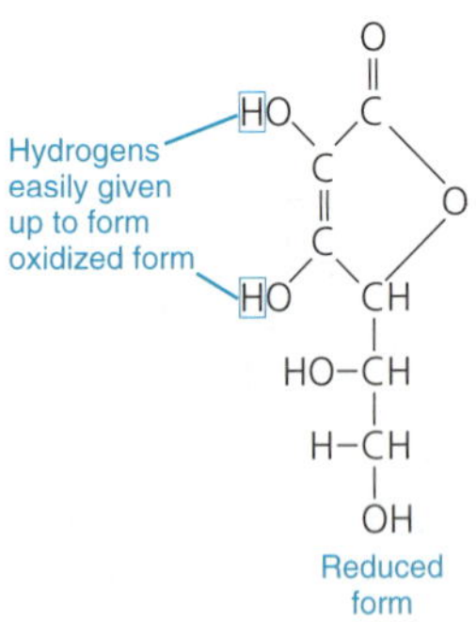 	• 항산화제 • 효소의 "재충전(recharging)" • 콜라겐 합성 • 티로신, 신경전달물질, 호르몬 합성 • 유리기(free radical)의 활성방지	괴혈병	장질환	고추, 파파야, 열대과일, 브로컬리, 딸기, 양배추
콜린 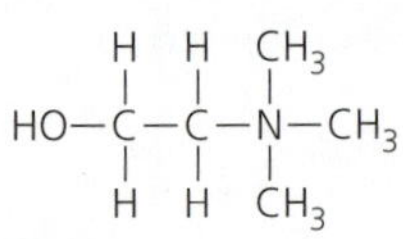	• 인지질 합성 • 신경전달물질 합성	간 손상	몸에서 비린내가 남.	계란, 간, 콩과 식물, 돼지고기

표 10.2 수용성 비타민의 일반적인 성질

대부분의 수용성 비타민들은 비슷한 성질을 갖고 있다.

	일반 특성
식품 내의 비타민	• 단백질과 결합되어 있으며 체내에서 흡수되기 전에 분해된다. • 조리 시에 쉽게 파괴된다.
소화	• 대부분 소장에서 소화된다.
흡수	• 대부분 소장에서 흡수되며 일부는 위에서도 흡수된다. • 섭취량이 많으면 단순 확산에 의해, 적으면 능동이동에 의해 흡수된다.
체내이동	• 혈액을 통해 간으로 이동된다.
기능	• 많은 조효소를 구성하여 에너지 대사에 관여한다.
독성	• 대부분 없으며, 있어도 최소한으로 존재한다.

수용성 비타민은 대체적으로 소화 · 흡수 · 이동이 비슷하게 이루어진다. 대부분의 수용성 비타민은 단백질과 결합되어 있는데, 흡수되기 직전에 분해된다. 또한 대부분 소장에서 흡수되며 아주 소량은 위에서도 흡수된다.

비타민이 체내에서 흡수되고 이용되는 생체이용률은 개인의 영양상태, 식품 내의 다른 영양소 함량, 약물복용, 연령, 질병 등의 여러 요인에 의해 영향 받는다. 림프를 통해 이동되는 콜린을 제외한 대부분 수용성 비타민들은 혈액을 통하여 간으로 간다.

대부분의 수용성 비타민은 체내에 저장되지 않기 때문에 과량을 먹어도 독성이 잘 나타나지 않는다. 수용성 비타민의 일반적인 소화 · 흡수 · 체내이동 · 기능 등에 관한 것은 **표 10.2**에 제시되어 있다.

수용성 비타민의 기능은 다양하다. 대부분의 비타민 B군은 조효소로서 작용하며, 그 밖에 체내에서 다른 여러 가지 중요한 역할을 한다.

비타민의 명명법
Naming the Vitamins

비타민은 지질이나 물에 용해되는 성질에 따라 비타민 A(지용성)와 비타민 B(수용성)로 분류된다. 그후 과학자들은 여러 가지 비타민들을 발견하였고 다른 글자를 써서 비타민 C, 비타민 D, 비타민 E라고 이름 지었다.

그리고 비타민 B는 한 개가 아니고 여러 개가 있는 것을 발견하고, 숫자를 붙여서 비타민 B_1 · 비타민 B_2 · 비타민 B_3라고 이름 지었다. 비타민 B군은 서로 관련이 있기 때문에 **비타민 B 복합체**라고 한다.

많은 비타민들은 티아민이나 리보플라빈과 같은 일반명이 있으며, 또한 대부분의 비타민은 화학명을 갖고 있다. 예를 들면, 비타민 C의 화학명은 아스코르브산이다.

비타민 B 복합체 B-complex vitamin
모든 B 비타민을 지칭함

표 10.3 비타민 B군의 이름

엽산은 비타민 B군을 나타내는 숫자가 없다.

비타민	일 반 명	기억을 돕는 문구
B_1	티아민(Thiamin)	*The*
B_2	리보플라빈(Riboflavin)	*Romans*
B_3	니아신(Niacin)	*never*
B_5	판토텐산(Pantothenic acid)	*painted*
B_6	피리독신(Pyridoxine)	*pyramids*
B_7	비오틴(Biotin)	*before*
B_{12}	코발아민(Cobalamin)	*college*

비타민 B의 이름과 숫자
Memorizing B Vitamin Names and Numbers

비타민 B의 숫자와 일반명을 모두 외우는 것은 어려운 일이다. 단어의 연결을 기억하면서 문장이나 문구를 따라서 외우는 방법이 있다. **표 10.3**에는 비타민 B의 기억을 돕는 문구가 나와 있으므로, 이것을 따라 외우면 재미있고, 쉽게 외울 수 있을 것이다.

강화와 강화식품
Fortification and Enrichment of Foods

수용성 비타민은 식품 속에 자연적으로 존재하지만, 때로는 식품 가공 시에 첨가되기도 한다. 다른 말로 식품들은 영양소가 **강화**될 수 있다. 티아민은 도정된 쌀이나 밀가루 같은 곡류식품의 가공 시에 자주 첨가된다. 티아민은 곡식 낱알의 바깥 부분과 안쪽 부분에 많이 함유되어 있는데, 쌀을 도정하여 흰쌀로 만드는 과정에서 대부분 파괴된다. 그러므로 강화처리를 하여 비타민을 강화시키면 곡류식품의 영양이 더욱 좋아질 수 있다.

식품에 특정 영양소들을 미국식약청에서 권장한 양만큼 첨가하면 식품표시에 "**강화**"라고 표기할 수 있다. 영양소를 강화시키면 식품의 영양소 함량이 가공에 의해 파괴되기 전의 본래 함량과 비슷해지거나 가공 전에 비해 높아질 수 있다.

미국 연방정부에서는 식품에 강화하는 영양소의 종류와 양에 대해서 1938년에 처음으로 기준을 설정하였고 그 후에 많은 개정이 있었다. 최근 규정으로는 식품포장에 "강화"라고 표시하려면 4가지 비타민 B군(티아민, 니아신, 리보플라빈, 엽산)과 무기질인 철분을 첨가하여야 한다는 것이 있다.

영양소의 강화는 몇 개의 특정식품에만 가능하며, 그 종류는 쌀 · 밀가루 · 식빵 · 녹말가루 · 국수 · 옥수수 식품 · 옥수수 가루 등이다. 식품포장이나 영양정보 패널 등을 보면 강화식품인지, 강화된 곡류제품을 포함하고 있는지, 또는 다른 방법으로 강화가 되었는지 등을 쉽게 알 수 있다.

강화식품 fortified food
영양소가 첨가된 식품

강화 enrichment
특정 식품(쌀, 밀가루, 식빵, 녹말가루, 국수, 옥수수 식품, 옥수수 가루 등)에 티아민, 니아신, 리보플라빈, 엽산, 철분을 미국식약청 기준만큼 첨가하였을 때에 강화되었다고 한다.

Focus On 식품 FOOD 식품의 영양소 손실을 방지하는 법

식품과 음료를 균형있고 다양하게 섭취하면 최적의 건강유지에 필요한 모든 영양소를 공급받을 수 있다. 그러나 식품을 준비, 조리, 저장하는 중에는 수용성 비타민이 파괴되기 쉽다. 즉 물·공기·열·빛 또는 산에 의해 많은 비타민들이 파괴되는데, 다음과 같은 방법으로 비타민의 과도한 손실을 방지할 수 있다.

- ***물***: 수용성 비타민은 물에 용해되므로 식품을 과도하게 물에 담가 두거나 채소를 잘게 자르는 것은 피하는 것이 좋다. 또한 강화된 쌀은 조리하기 전에 씻지 않은 것이 좋다. 도정된 흰쌀에 비타민과 무기질을 분무하여 강화시켰으므로 쌀을 씻으면 강화된 영양소가 씻겨 나가기 때문이다.
- ***열***: 가열하면 대부분의 수용성 비타민이 파괴되므로 채소나 과일은 오랫동안 조리하지 말고 부드러워질 때까지만 조리하거나 찌는 것이 좋다.
- ***빛***: 빛에 의해 B 비타민들은 대부분 파괴된다. 예를 들면, 우유를 빛에 쪼이면 리보플라빈은 거의 다 파괴된다. 그러므로 식품을 불투명한 용기에 넣거나 종이나 호일로 싸서 두도록 한다.
- ***pH***: pH가 높으면 티아민이나 비타민 C 등이 파괴된다. 베이킹소다를 푸른잎 채소의 색깔을 보존하기 위해서나, 콩의 조리시간을 단축시키려고 넣지 않아야 한다.
- ***공기***: 비타민 C 또는 여러 비타민들은 공기(산소) 중에서 파괴된다. 그러므로 뚜껑을 닫은 용기나 호일에 싸서 보관하고, 채소는 자른 후에는 곧 조리하도록 한다.

식품 내 수용성 비타민의 손실 방지
Protecting Water-Soluble Vitamins in Foods

수용성 비타민은 조리나 저장 중에 쉽게 파괴된다. 이러한 손실을 방지할 수 있는 방법이 여러 가지 있는데, 예를 들어서 채소의 조리시간을 단축시키면 여러 비타민의 손실을 방지할 수 있다.

필수개념 Essential Concepts

수용성 비타민은 소장에서 흡수되어 혈액을 통하여 간으로 간다. 수용성 비타민의 흡수와 체내 이용은 여러 가지 요인에 의해 영향을 받으며 대부분 체내에 저장되지 않는다. 비타민은 체내에서 조효소 역할을 하며, 그 밖에도 중요한 역할을 한다. 수용성 비타민은 식품에 첨가(강화)되기도 하는데, 기준만큼 첨가되면 식품표시에 "강화식품"이라고 표기할 수 있다.

식품 내 수용성 비타민은 조리나 저장 시에 쉽게 피괴되거나 손실된다. 그러나 조리시간을 단축하고 저장할 때 주의하면 비타민의 손실을 방지할 수 있다.

티아민
Thiamin (Vitamin B_1)

비타민 B_1은 티올(thiol, 황)기와 아민(amine, 질소)기를 가지고 있기 때문에 **티아민**이라고 이름 붙여졌다.

돼지고기는 특히 티아민의 좋은 급원이다.

체내에서 두 개의 인산기가 결합하여 **티아민 피로인산**(TTP)*이라는 조효소(coenzyme)를 형성하는데, 티아민은 세 개의 인산기를 가지고 있는 **티아민 삼인산**(TTP)의 구성성분이다.

티아민의 식품 급원과 조절
Dietary Sources and Regulation of Thiamin

티아민은 다양한 식품에 포함되어 있다**(그림 10.1)**. 식품 급원으로는 돼지고기 · 완두콩 · 생선(예 : 참치) · 콩과 식물(예 : 검은 콩) · 전곡 · 강화된 시리얼 · 두유 등이 있으며, 전곡은 수용성 비타민의 좋은 급원이다.

티아민은 열에 예민하여 조리과정에서 쉽게 파괴되므로 낮은 온도에서 짧은 시간 조리하는 것이 티아민의 파괴를 막을 수 있는 방법이다.

티아민 thiamin(vitamin B_1)
에너지 대사에 관여하는 필수적 수용성 비타민. DNA, RNA와 NADP + H^+ 합성과 신경기능에 관여한다.

티아민 피로인산
thiamin pyrophosphate(TPP)
두 개의 인산기를 가지고 있는 티아민의 조효소형

티아민 삼인산
thiamin triphosphate(TTP)
세 개의 인산기를 가지고 있는 티아민의 형태

신체에서 티아민의 생체이용률과 조절
Bioavailability and Regulation of Thiamin in the Body

티아민의 생체이용률(bioavailability, 흡수율)은 섭취량이 증가하면 낮아지는데, 티아민은 섭취량이 적을 때 소장 내강에서 상피세포 쪽으로 능동수송되기 때문이다. 섭취량이 많아지면 에너지를 필요로 하지 않는 단순 확산에 의해 흡수되며 흡수속도는 더 느려진다.

그림 10.1 티아민의 주요 식품 급원

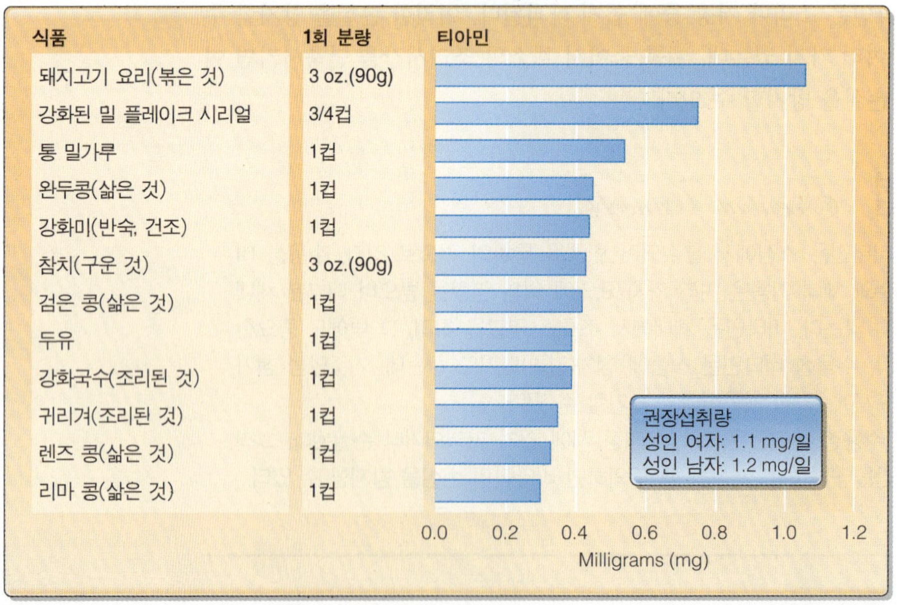

1 oz.는 약 30g임.

출처 : Data from USDA Nutrient Database, Release 16-1.

* 티아민 피로인산(thiamin pyrophosphate, TPP)은 티아민 디인산(thiamin diphosphate, TDP)이라고도 한다.

익히지 않은 생선, 커피, 차, 베리류(berries), 꼬마 양배추(brussel sprout), 양배추 등에 들어 있는 여러 식이인자들은 티아민을 파괴하거나 티아민의 흡수를 방해할 수 있다. 이러한 "항티아민 인자(antithiamin factors)"는 여러 방법으로 작용하는데, 그 중의 하나인 산화과정을 통해 티아민을 불활성화할 수 있다.

비타민 C 함량이 높은 식품을 섭취하면, 비타민 C의 항산화작용으로 인해 티아민이 산화되는 것을 막아줄 수 있다. 알코올 섭취는 티아민의 생체이용률을 감소시킬 수 있다. 일단 흡수된 타아민은 혈액을 통해 간으로 이동한다. 과량으로 섭취된 티아민은 축적되지 않고 대사되어 요로 배설된다.

티아민의 기능 Functions of Thiamin

티아민은 조효소로, 또는 직접적으로 체내에서 많은 기능을 수행한다. 티아민은 에너지를 가지고 있는 영양소는 아니지만, 조효소 형태인 TPP는 ATP를 생산하는 데 필요하다. 이 과정은 **그림 10.2**에 수록되어 있다.

이 과정에서 TPP는 기질에서 이산화탄소(CO_2) 한 분자를 제거한다. 특히 TPP는 아세틸 코엔자임 A(acethyl coenzyme A, acethyl-CoA)를 피르브산염(pyruvate)으로 전환시키는 데 필요하다. 또한 TPP는 구연산회로(citric acid cycle) 중 하나의 반응과 일부 아미노산이 구연산회로로 들어가기 위한 반응에 작용한다.

그림 10.2 비타민 B군과 에너지 대사

비타민 B군은 에너지 대사의 여러 면에서 중요한다.

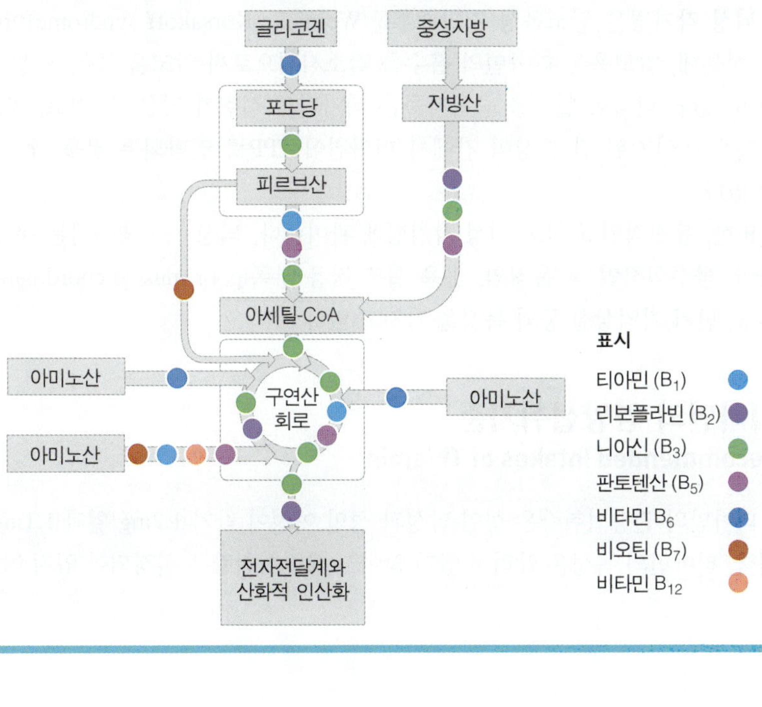

TPP는 또한 디옥시리보 핵산(deoxyribonucleic acid ; DNA)과 리보 핵산(ribonucleic acid ; RNA) 합성에 필요하다. DNA와 RNA는 유전물질로 단백질 합성과 관련 있다. TPP는 중성지방합성에 필요한 니코틴아미드 아데닌 디뉴클레오티드 포스페이트(nicotinamide adenine dinucleotide phosphate ; NADPH $+H^+$) 합성에도 필요하다.

TTP는 조효소는 아니지만 신경기능 등 체내 기능에 작용한다. 작용 기전을 잘 알려져 있지 않지만, TTP는 신경전달물질(neurotransmitter) 합성과 신경 자극(nerve impulse)에 관여한다.

티아민 결핍증 : 각기병
Thiamin Deficiency : Beriberi

기원전 2600년에도 중국 의사들은 각기병이라 불리는 티아민 결핍증이 생명을 위협할 수 있다고 기술하였다. 오늘날에도 이 질병은 강화되지 않은 도정된 쌀을 주로 섭취하는 지역에서 나타난다. 각기병(beriberi)은 인도네시아어로 "할 수 없다"라는 의미를 가지고 있고, 티아민 결핍으로 인한 나약이나 기능 손상을 의미한다.

각기병에는 네 가지 종류가 있다. **건성 각기병**은 주로 성인에게서 나타나며, 심각한 근육 손실 · 다리 경련 · 압통(tenderness) · 발과 발가락의 감각 감소 등의 증상을 가지고 있다.

습성 각기병은 팔과 다리에 심한 부종이 나타나고, 심장비대 · 호흡계에 문제가 생김으로써 결국에는 심부전을 일으킬 수 있다.

유아성 각기병은 티아민이 결핍된 모체로부터 모유 수유를 하는 아이들에서 나타난다. 또한 심박 정지(heart arrest)를 일으킬 수 있으므로 매우 심각하다.

뇌성 각기병은 알코올성 건망증후군(Wernicke-Korsakoff syndrome)이라고도 하는데, 알코올은 티아민의 흡수를 감소시킴으로써 알코올 중독과 많은 관련이 있다. 더욱이 알코올 중독자들은 티아민의 섭취가 낮을 수 있고, 알코올 중독으로 야기된 간 손상이 간에서 티아민이 TPP로 전환되는 것을 감소시킬 수 있다.

또한, 유전적인 요인도 뇌성 각기병에 관여한다. 뇌성 각기병에서는 눈 근육 마비, 불수의적인 눈 움직임, 근육 협조 작용 부족(poor muscle coordination), 혼동, 단기 기억상실 등의 특징을 가지고 있다.

건성 각기병 dry beriberi
근육손실과 다리 경련의 특징을 가지고 있는 티아민 결핍증

습성 각기병 wet beriberi
심각한 부종을 특징으로 하는 티아민 결핍증

유아성 각기병 infantile beriberi
티아민이 결핍된 모체로부터 모유 수유받는 유아에서 발생할 수 있는 티아민 결핍증

뇌성 각기병 cerebral beriberi (Wernicke-Korsakoff syndrome)
근육조절 결핍과 눈 근육 마비의 특징을 가지고 있는 티아민 결핍증

티아민의 영양섭취기준
Recommended Intakes of Thiamin

티아민의 권장섭취량은 성인 남성과 성인 여성이 각기 1.2mg/일과 1.1mg/일이다. 티아민의 독성은 알려져 있지 않아서 상한섭취량은 설정되어 있지 않다.

필수개념 Essential Concepts

신체에는 유리 티아민, 티아민 피로인산(TPP), 티아민 삼인산(TTP)의 세 가지 형태의 티아민이 있다. TPP는 조효소로써 신체가 포도당, 아미노산, 지방산을 에너지로 사용하기 위한 반응을 촉매한다.

티아민은 DNA, RNA, $NADP^+$ 형성에도 사용된다. TTP는 조효소로 작용하지는 않지만 신경기능에 중요하다. 티아민의 좋은 급원은 돼지고기, 완두콩, 전곡, 생선, 강화된 시리얼 제품, 이외 강화식품 등이다. 티아민이 결핍되면 각기병을 일으킬 수 있으며, 각기병에는 네 종류가 있다. 과량의 티아민 섭취에 대한 독성은 알려져 있지 않다.

리보플라빈
Riboflavin (Vitamin B_2)

리보플라빈은 오탄당인 리보오스(ribose)에 여러 개의 고리를 가지고 있는 구조가 결합되어 있다. 리보플라빈은 조효소 형태인 **플라빈 모노뉴클레오티드**와 **플라빈 아데닌 디뉴클레오티드**로 에너지 대사에서 중요한 기능을 한다.

리보플라빈 riboflavin(vitamin B_2) 에너지 대사, 다양한 비타민 합성과 신경기능, 지질보호 등에 관여하는 필수적 수용성 비타민

플라빈 모노뉴클레오티드 flavin mononucleotide(FMN) 리보플라빈의 조효소 형태

플라빈 아데닌 디뉴클레오티드 flavin adenine dinucleotide(FAD) 리보플라빈의 조효소 형태

리보플라빈의 식품 급원과 조절
Dietary Sources and Regulation of Riboflavin

리보플라빈은 간, 육류, 유제품, 강화된 시리얼 제품, 그밖에 강화식품 등의 다양한 식품에 함유되어 있다(**그림 10.3**). 전곡 식품에는 리보플라빈이 어느 정도 함유되어 있으나, 대부분의 과일과 채소에는 적은 양이 함유되어 있다.

Food Matters 목표를 향한 실천

미국 농무성에서는 하루 3회 이상 전곡식품을 섭취하고, 다른 곡류는 강화된 제품으로 섭취할 것을 권장하고 있다. 다음과 같은 점을 유의하면 목표를 달성할 수 있다.

- 현미, 밀을 삶아서 빻은 가루(bulgur), 전맥 밀가루(graham flour), 통 옥수수, 통 귀리, 통 호밀, 통밀, 야생 쌀과 같은 전곡이 들어 있는 식품을 선택하자.
- 색은 전곡이라는 표시가 되지 않는다. 빵은 당밀이나 다른 첨가물에 의해 색이 갈색으로 변화할 수 있으므로 전곡이 들어 있는지, 영양표시를 확인한다.
- 흰 빵은 통밀빵으로, 파스타 대신에 통밀 파스타로, 정제된 식품 대신에 전곡식품으로 대체한다.
- 팬케이크나 와플 및 머핀 등과 같이 밀가루를 기본으로 하는 음식의 경우, 통밀이나 귀리가루로 반 이상 대체한다.
- 감자칩이나 팽화된 치즈 대신에 구운 또띠아나 팝콘 등 전곡 칩이나 스낵으로 대체한다.
- 1회 분량 안에 3~5g의 식이섬유가 함유된 빵류를 산다.
- 전곡제품을 사용할 수 없을 경우에는 일반 밀가루 대신에 강화된 밀가루나 시리얼 제품을 선택한다.

리보플라빈은 육류와 유제품에 많이 함유되어 있다.

리보플라빈은 조리과정에서 상대적으로 안정하지만 빛에 노출되면 쉽게 파괴된다. 그러므로 우유는 종이나 불투명한 플라스틱 용기에 포장되어 판매되고 있으며, 식품은 불투명한 용기에 보관하거나 종이나 포일로 덮어 주어야 한다.

리보플라빈은 유리 형태나 단백질에 결합된 형태 및 조효소(FMN, FAD) 형태로 식품에 함유되어 있다. 하지만 유리 형태만이 흡수될 수 있다. 위산과 소장의 효소들은 소장에서 리보플라빈의 모든 형태를 흡수되기 전에 유리 형태로 전환시킨다.

티아민과 마찬가지로 리보플라빈의 흡수는 섭취량이 많을 때는 단순 확산에 의해서 일어나며, 섭취량이 적을 때는 능동수송에 의해 일어난다. 그러므로 생체이용률은 섭취량이 적을 때에 증가한다.

동물성 식품에 함유된 리보플라빈이 식물성 식품에 함유된 리보플라빈에 비해 흡수가 잘되며, 알코올은 리보플라빈의 흡수를 억제할 수 있다. 리보플라빈은 흡수되면 혈액을 통해 간으로 이동된다. 체내에 쉽게 저장되지 않으며, 과잉으로 섭취하였을 때는 요로 배설된다.

리보플라빈의 기능
Functions of Riboflavin

리보플라빈은 조효소 형태로 에너지 대사 등 여러 화학반응에 관여하며, 이들 반응의 대부분은 산화-환원(redox) 반응이다. 예를 들어, FAD는 구연산 회로에서 $FADH_2$로 환원된다(**그림 10.2**).

그림 10.3 리보플라빈의 주요 식품 급원

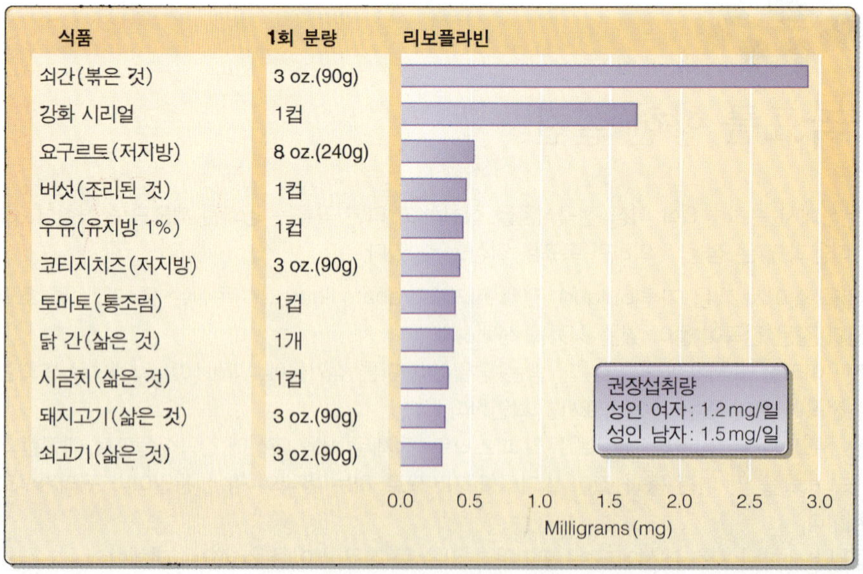

1 oz.는 약 30g임.

출처: Data from USDA Nutrient Database, Release 16-1.

$FADH_2$는 전자 전달 사슬(electron transport chain)에서 재산화되어 ATP · 물 · 이산화탄소를 형성한다. $FADH_2$는 지방산을 아세틸-CoA로 분해하는 베타-산화(β-oxidation) 과정을 거쳐서 지방산으로부터 체내에 필요한 ATP를 생산하는 과정에도 필요하다.

FAD는 비타민 A와 엽산을 활성형으로 전환시키는 과정, 아미노산인 트립토판을 비타민인 니아신으로 전환시키는 과정, 비타민 B_6와 비타민 K를 형성하는 과정 등에 필요하다.

또한 리보플라빈(FAD)은 도파민과 같은 신경전달물질의 대사와 산화적 손상으로부터 세포막을 보호하는 여러 반응에도 필요하다. FMN 형태로 리보플라빈은 비타민 B_6를 활성화시키는 데 필요하다.

종합하여 보면, 리보플라빈은 에너지 대사, 비타민을 포함한 여러 물질의 합성과 활성, 산화적 손상에 대한 세포막 보호 등의 중요한 역할을 한다. 그러므로 리보플라빈이 결핍되면 여러 가지 문제들이 발생한다.

리보플라빈 결핍증
Riboflavin Deficiency

리보플라빈 결핍증은 폭 넓은 영양소 결핍과 관련이 있고, 이 증세들은 매우 다양하다. 증세로는 나약, 입술 주위의 통증(**구순증**), 구강내 염증(**구내염**), 혀의 비대와 염증(**설염**), 빈혈, 혼동 등이 있다. 리보플라빈 결핍증은 부실한 식사를 하는 알코올중독자나 갑상선질환처럼 리보플라빈의 체내 사용을 방해하는 질환에 걸린 사람에게서 나타난다.

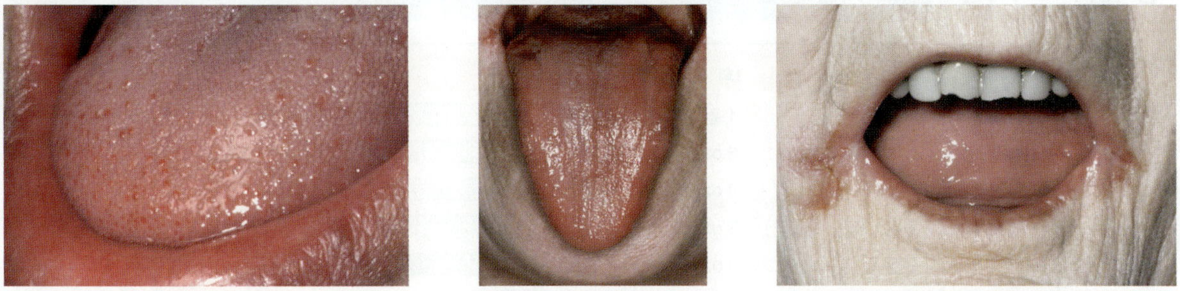

정상 설염 구순증과 구내염

리보플라빈 결핍증의 증세는 설염과 구순증과 구내염 등이다.

리보플라빈의 영양섭취기준
Recommended Intakes of riboflavin

리보플라빈의 RI는 성인 남자와 여자 각기 1.5 mg/일과 1.2 mg/일이다. 과량의 리보플라빈을 섭취하였을 때에 독성이 나타난 보고가 없어서 UL은 설정되어 있지 않다. 그러나 리보플라빈을 보충제로 섭취하면 요색이 노랗게 변하는데, 이것은 건강에 큰 영향을 주지 않는다.

리보플라빈 결핍증 ariboflavinosis
리보플라빈의 결핍으로 인한 질환

구순증 cheilosis
입술 주의에 발생하는 통증(sore)

구내염 stomatitis
부푼 구강

설염 glossitis
염증을 가진 혀

필수개념 *Essential Concepts*

리보플라빈은 유리 리보플라빈, 플라빈 모노뉴클레오티드(FMN)와 플라빈 아데닌 디뉴클레오티드(FAD)의 세 가지 형태가 있다. 리보플라빈은 체내의 다양한 산화–환원반응에서 조효소로 작용하여, 포도당 · 아미노산 · 지방산들이 에너지를 생산하도록 한다. 또한 비타민 A, 엽산, 니아신, 비타민 B_6와 비타민 K, 일부 신경전달물질의 합성에도 필요하다. 리보플라빈의 좋은 급원으로는 간, 육류, 유제품, 전곡식품, 강화 시리얼 등이 있다. 심각한 리보플라빈 결핍은 리보플라빈 결핍증(ariboflavinosis)을 일으킨다.

니아신 Niacin (Vitamin B_3)

니아신은 니코틴산(nicotinic acid)과 니코틴아미드(nicotinamide)의 두 형태로 존재한다. 체내에서 이 두 가지 형태는 모두 조효소 형태인 니코틴아미드 아데닌 디뉴클레오티드(nicotinamide adenine dinucleotide, NAD^+)와 니코틴아미드 아데닌 디뉴클레오티드 인산(nicotinamide adenine dinucleotide phosphate, $NADP^+$)을 만드는 데 사용된다.

니아신 niacin(vitamin B_3)
에너지 대사, 전자 전달사슬, 지방산과 단백질 합성, 비타민과 엽산 대사, 포도당 항상성과 콜레스테롤 대사에 관여하는 필수적인 수용성 비타민

니아신의 식품 급원 Dietary Sources of Niacin

신체는 식품에 들어 있는 니아신과 필수 아미노산인 트립토판으로부터 전환된 니아신으로부터 니아신을 공급받는다.

그림 10.4 니아신의 주요 식품 급원

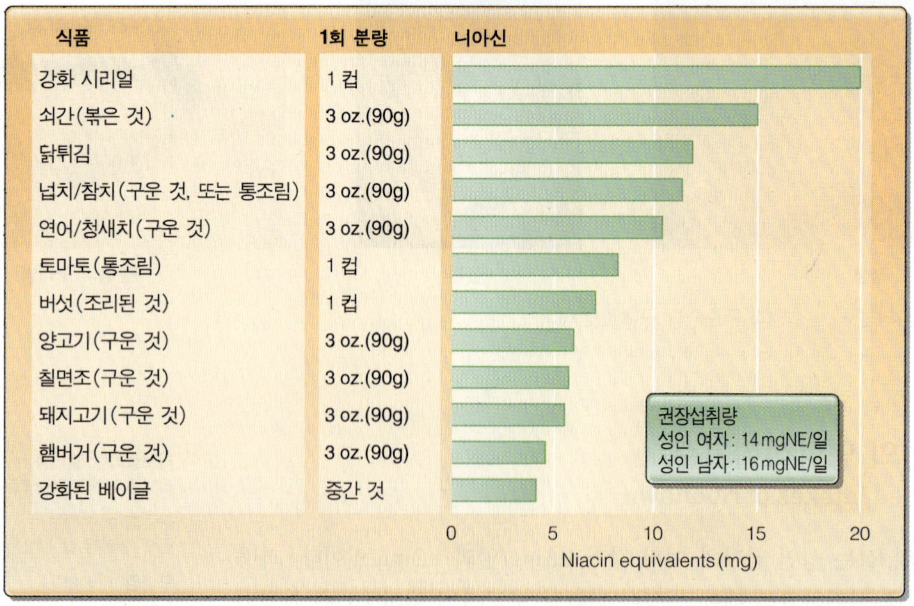

1 oz.는 약 30g임.

자료 : Data from USDA Nutrient Database, Release 16-1.

약 1mg의 니아신은 60mg의 트립토판으로부터 합성된다. 니아신과 트립토판은 모두 니아신의 "식품 급원"으로 생각되기 때문에 식품에 함유된 니아신과 트립토판의 양을 합하여 **니아신 당량**이라는 측정단위를 사용한다.

주요 식품의 니아신 함량(또는 NE)은 **그림 10.4**에 수록하였다. 니아신이나 트립토판은 간, 닭고기, 생선, 토마토, 쇠고기, 버섯 등 다양한 식품에 함유되어 있다. 전곡식품이나 강화 시리얼과 그 외의 강화된 식품들도 니아신의 중요한 급원이다. 니아신은 비교적 안정하여 조리 과정이나 빛에 노출되었을 때에 쉽게 파괴되지 않는다.

육류는 니아신의 가장 좋은 급원이다.

니아신의 생체이용률
Bioavailability of Niacin

동물성 급원의 니아신은 식물성 급원의 니아신에 비해 생체이용률이 높다. 옥수수나 밀 등 곡류에 함유되어 있는 니아신은 단백질과 결합되어 있으며, 니아신-단백질 복합체는 흡수되기 어렵다. 그러나 곡류식품들을 석회수(lime water)나 베이킹소다(baking soda)와 같은 알칼리(염기성) 물질로 처리하면 니아신으로부터 단백질이 분리되어 생체이용률이 증가한다. 멕시코에서 또띠아를 만들 때에 전통적으로 석회수에 옥수수나 옥수수 가루를 담가 두는 것이 그 예이다.

그림 10.5 석회를 이용한 니아신의 생체이용률 증가

옥수수 가루는 생체이용률을 증가시키기 위해 석회 처리를 하기도 한다. 이런 옥수수 가루로 만든 식품들은 니아신의 좋은 급원이 된다.

Tamales

Corn tortillas

Atole

니아신 당량 niacin equivalent(NE)
식품에 함유된 니아신이나 트립토판양을 설명하는 측정단위

그림 10.5에서와 같이 석회는 현재도 옥수수 가루와 옥수수 가루로 만드는 제품에 첨가되며 이것은 니아신의 좋은 급원이다. 그러나 알칼리 상태는 식품에 함유되어 있는 다른 비타민들을 파괴할 수 있기 때문에 일반적으로 니아신의 흡수를 높이기 위해 식품의 pH를 높이는 것은 권장하지 않는다.

신체에서 니아신의 조절
Regulation of Niacin in the Body

니아신은 위에서 적은 양이 흡수되고, 대부분은 소장에서 흡수된다. 니아신은 섭취량이 높으면 단순 확산에 의해 흡수되며, 섭취량이 낮으면 능동수송에 의해 흡수된다. 흡수된 후에 혈액을 타고 간으로 이동하며, 간에서는 운반단백질이 결합되거나 조효소 형태인 NAD^+나 $NADP^+$로 전환된다. 신체가 필요로 하면 간에서 트립토판으로부터 니아신이 합성되는데, 이 반응에는 리보플라빈과 비타민 B_6가 필요하다.

니아신의 기능 Functions of Niacin

니아신은 조효소인 NAD^+와 $NADP^+$의 형태로 에너지 대사에 관여하는 200개 이상의 효소와 작용한다**(그림 10.2)**. 예를 들어, NAD^+는 지방산 산화와 당분해작용(glycolysis)과 구연산 회로에서 $NADH + H^+$로 환원된다.

그러면 $NADH + H^+$는 전자 전달 사슬을 통해 ATP를 생성한다. 또한 $NADP^+$는 지방산, 콜레스테롤, 스테로이드 호르몬과 DNA와 같은 물질 합성에 필요한 $NADPH + H^+$로 환원된다. 또한 $NADHP + H^+$는 비타민 C와 엽산을 대사하는 데도 필요하다.

니아신은 조효소 형태와 관계없이도 작용한다. 예를 들어, 니아신은 DNA의 유지 · 복제 · 수선(repair)에 중요하며, 단백질 합성과 포도당 항상성 및 콜레스테롤 대사에서도 중요한 역할을 한다.

과량의 니아신 섭취(2~4 g/일)는 일부 사람들에서 저밀도지단백질(LDL) 콜레스테롤을 감소시키며, 고밀도지단백질(HDL) 콜레스테롤을 높인다고 보고되었으나, 기전에 대해서는 잘 알려져 있지 않다. 그러므로 의사의 지시 없이 그런 목적으로 과량의 니아신을 섭취하는 것은 바람직하지 않다.

니아신 결핍증 : 펠라그라
Niacin Deficiency : Pellagra

니아신 결핍증은 원래 이태리어로 "태양의 질병(illness of sun)"을 의미하는 mal del sol이라고 명명되었다. 이유는 니아신이 결핍되었을 때 햇빛에 노출되면 심한 피부 민감성을 나타내는 등 피부에 많은 문제를 일으키기 때문이었다. 이후에 니아신 결핍증은 **펠라그라(pellagra)**라고 명명되었으며, 이것은 이태리어로 "거친 피부(rough skin)"라는 의미를 가진다.

펠라그라 pellagra
니아신 또는 트립토판 결핍으로 인해 생긴 질환

펠라그라의 증상은 4D로 알려져 있다 : 피부염(dermatitis), 치매(dementia), 설사(diarrhea), 죽음(death)이다. 펠라그라로 인한 피부염은 피부가 거칠고, 붉어지며, 결국에는 두껍고, 검게 변한다. 펠라그라는 일련의 신경적인 문제를 일으켜서(치매), 우울증 · 불안 · 과민 · 집중력 부족 등이 나타난다. 위장 장애와 관련해서는 식욕상실, 설사, 붉고 부푼 혀 등이 나타나며, 심각한 펠라그라는 치료를 하지 않으면 죽음을 초래할 수 있다.

현재 펠라그라는 빈곤 · 일반적인 영양불량 · 만성 알코올 중독과 관련하여 발생한다. 이때 적은 양의 니아신과 트립토판이 함유된 식사를 섭취하는 사람들은 특히 위험하다. 유전적 특징과 약물도 트립토판으로부터 니아신이 합성되는 것을 억제하여 니아신 결핍증을 일으킬 수 있다.

예를 들어, 하트넙 질환(Hartup disease)을 가진 사람들은 트립토판 흡수에 유전적인 장애를 가지고 있다. 그러므로 이 질환을 가진 사람들은 트립토판으로부터 니아신을 공급받지 못한다.

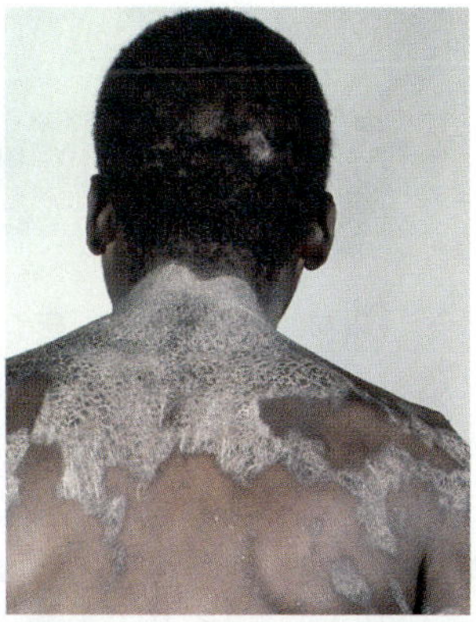
펠라그라는 심각한 피부염을 일으킨다.

니아신의 독성 Niacin Toxicity

다른 수용성 비타민과는 달리, 과량의 니코틴산 섭취(1 g/일)는 피부염증 · 가려움 · 홍조 · 속쓰림 · 메스꺼움 · 혈장 포도당 증가 · 간 손상 등의 부작용이 있다. 그러므로 보충제로 니코틴산의 과량복용은 권장되지 않는다.

니아신의 영양섭취기준
Recommended Intakes of Niacin

니아신의 RI는 성인 남성과 성인 여성이 각기 16 mg NE/일과 14 mg NE/일이다. 니코틴산의 과량 섭취가 독성을 나타내기 때문에 보충제나 강화식품을 통하여 니코틴산을 하루에 35 mg 이상 섭취하지 않도록 UL을 설정하였다.

필수개념 Essential Concepts

니아신은 니코틴산과 니코틴아미드의 두 형태로 존재한다. 두 가지는 모두 조효소인 NAD^+와 $NADP^+$로 전환되며, 에너지 대사와 관련된 다양한 산화–환원반응을 촉매한다. 이 반응들은 신체가 포도당, 아미노산, 지방산을 에너지(ATP)로 사용하는 데 필요한 것들이다.

또한 니아신은 지방산 · 콜레스테롤 · 스테로이드 호르몬 · DNA 합성에도 필요하며, 비타민 C와 엽산을 대사시키는 데도 필요하다. 조효소 작용 이외에 니아신은 DNA의 합성, 유지, 수선, 포도당 항상성, 콜레스테롤 대사에도 작용한다.

니아신이나 트립토판의 좋은 급원으로는 간, 돼지고기, 생선, 버섯, 양고기와 강화된 곡류 식품 등이 있다. 일부 식물성 식품에 함유된 니아신은 알칼리 용액에 노출되면 생체이용률이 증가된다.

니아신 결핍은 펠라그라를 일으키며, 과량의 니코틴산 섭취는 피부 손상 · 위장장애 · 혈장 포도당 증가 · 간 손상 등을 일으킬 수 있다. 그러므로 보충제나 강화식품으로 니아신을 과량 섭취할 경우에는 주의해야 한다.

Focus On 과학적인 혁신 THE PROCESS OF SCIENCE

트립토판, 니아신, 펠라그라

예전에 펠라그라는 옥수수가 단백질의 주급원이였던 지역에서 빈번하게 발생하였다. 옥수수는 니아신과 니아신의 전구체인 트립토판 함량이 낮으므로 옥수수를 주식으로 하는 식사는 펠라그라의 위험을 증가시킨다.

20세기 초 미국 남부에서는 펠라그라가 풍토병처럼 나타났다. 매년 10,000명이 이 질환으로 사망하였다. 펠라그라가 매우 일반적으로 발생하여 공중보건 담당자들은 펠라그라가 박테리아와 같은 감염성 물질 때문에 발생하는 것으로 생각하였다.

1914년, 미국 공중보건국은 의사인 Joseph Goldberger에게 남부 전역을 돌면서 펠라그라 환자들을 관찰하라고 하였다. 흥미롭게도 Godberger는 펠라그라에 빈번하게 노출되었으나 그 질환에 걸리지 않았다. 그래서 Goldberger는 펠라그라는 감염성 질환이 아니며, 식사와 관련이 있다고 결론 내렸다. 그는 이러한 가설을 고아를 대상으로 한 식사연구를 통하여 확인하였다. 그 이후에 그는 미시시피 감옥에서 식사조절로 펠라그라를 유도하는 식사 중재연구를 하였다.

Goldberger는 균형 잡히지 않은 부실한 식사는 펠라그라를 일으키며, 다양한 단백질 급원을 보충시키면 이 질환을 예방하거나 치료할 수 있다는 것을 증명하였다.

시간이 지나면서 과학자들은 펠라그라가 실제로 니아신 결핍 때문에 발생된다는 것을 알아냈다. 그 후 시리얼 제품에 비타민 B(니아신 포함)를 강화하는 정부 정책이 실시되고, 더 다양한 식품을 섭취하게 되면서 현재 미국에서는 펠라그라가 매우 드물게 나타난다.

판토텐산은 버섯을 포함하여 다양한 식품에 함유되어 있다.

판토텐산
Pantothenic acid (Vitamin B_5)

판토텐산은 질소를 포함하고 있는 비타민으로 그리스어로 "모든 곳에(everywhere)"라는 뜻을 가지고 있는 pantos에서 이름이 유래하였다. 이것은 판토텐산은 거의 모든 식물성 · 동물성 식품에 함유되어 있기 때문이다. 판토텐산은 코엔자임 A(CoA)의 구성성분으로 다양한 대사과정에 관여한다.

판토텐산의 식품 급원
Dietary Sources of Pantothenic Acid

판토텐산은 버섯, 간과 같은 내장, 해바라기 씨를 포함하는 많은 식품에 함유되어 있으며(**그림 10.6**), 유제품, 칠면조, 생선, 커피도 주요 식품 급원이다. 식품에 함유되어 있는 판토텐산은 고온에서 파괴될 수 있다.

신체에서 판토텐산의 조절과 기능
Regulation and Functions of Pantothenic Acid in the Body

판토텐산의 생체이용률은 판토텐산의 섭취가 낮을 때에 능동수송을 통해 증가된다. 일단 흡수된 판토텐산은 혈액을 타고 간으로 이동된다. 판토텐산 자체로는 체내에 저장되지 않지만, 조효소 형태(CoA)의 농도는 간 · 신장 · 부신(adrenal gland)과 뇌에서 높다.

판토텐산 pantothenic acid
에너지 대사, 헤모글로빈 합성, 인지질 합성에 관여하는 수용성 비타민

그림 10.6 판토텐산의 주요 식품 급원

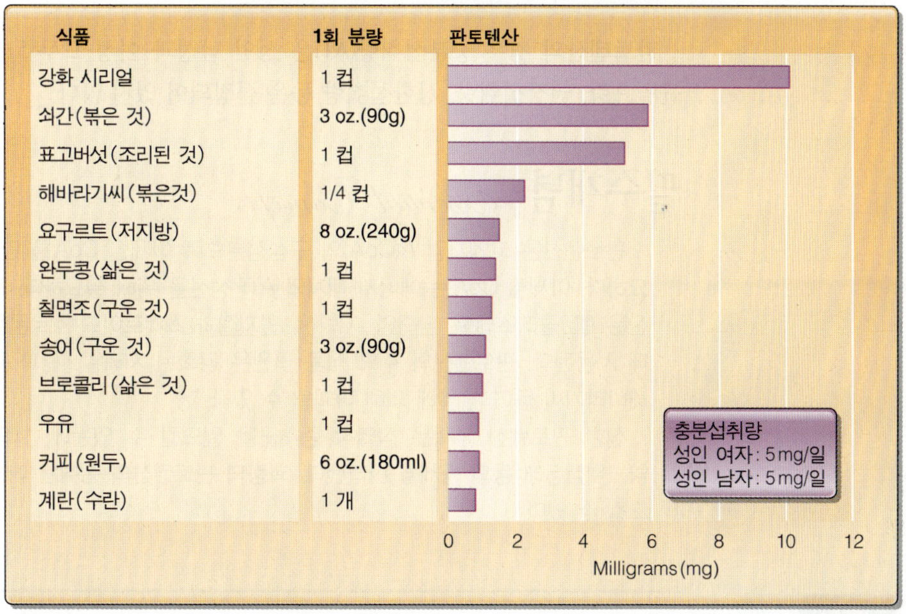

1 oz.는 약 30g임.

자료 : Data from USDA Nutrient Database, Release 16-1.

코엔자임 A로써 판토텐산의 주요 기능은 당분해 작용(glycolysis)과 구연산 회로에서 에너지(ATP)를 생산하기 위해 포도당, 아미노산, 지방산 대사에 관여하는 것이다**(그림 10.2)**.

에너지 대사에서 중요한 단계 중의 하나가 피르브산이 아세틸 CoA로 전환되는 과정이며, 이때 판토텐산이 필요하다. 아세틸 CoA를 생산하는 능력은 신체가 모든 열량 영양소로부터 ATP를 생산하는 데 필수적이다.

또한 판토텐산은 체내에서 헴(heme, 헤모글로빈의 구성성분), 콜레스테롤, 담즙염, 인지질, 지방산, 스테로이드 호르몬 등의 중요한 물질들을 합성하는 데도 필요하다.

판토텐산의 결핍증과 독성
Pantothenic Acid Deficiency and Toxicity

판토텐산은 거의 모든 식품에 함유되어 있기 때문에 결핍증은 흔하지 않다. 그러나 "작열각 증후군(burning feet syndrome)"은 판토텐산의 심한 결핍증으로 알려져 있다.

작열각 증후군의 증세로는 발과 다리의 통증, 피로, 나약, 메스꺼움 등이다. 판토텐산의 독성은 아직 보고된 적이 없으나, 과량 섭취는 메스꺼움과 설사를 일으킨다.

판토텐산의 영양섭취기준
Recommended Intakes of Pantothenic Acid

판토텐산의 경우 충분섭취량(AI)은 성인 남성과 여성 모두 5mg/일이다. 평균필요량, 권장섭취량, 상한섭취량 등은 설정되어 있지 않다.

필수개념 *Essential Concepts*

판토텐산은 코엔자임 A(CoA)의 구성성분으로 아세틸 CoA를 만드는 데 필요하다. 아세틸 CoA는 에너지 대사와 ATP생산을 위해 필요하다. 또한 판토텐산은 헴, 콜레스테롤, 담즙염, 지방산, 인지질과 스테로이드 호르몬을 합성하는 데 사용된다. 판토텐산의 주요 식품 급원은 강화된 시리얼 · 간과 같은 내장 · 해바라기씨 등이며, 열에 의해 파괴될 수 있다.

심한 판토텐산 부족은 작열각 증후군을 일으킬 수 있는데, 발의 통증 · 나약 · 위장장애 등의 증세를 나타낸다. 과량의 판토텐산의 섭취는 메스꺼움을 일으킬 수 있다.

Hummut는 병아리콩으로 만드는 중동의 전통식품으로 비타민 B_6의 좋은 급원이다.

비타민 B_6 Vitamin B_6

비타민 B_6는 피리독신(pyridoxine)과 피리독살(pyridoxal)과 피리독사민(pyridoxamine)의 세 가지 형태로 존재한다. 세 가지 형태는 모두 질소를 포함하고 있는 고리 구조와 신체에서 비슷한 생리 활성을 가지고 있다. 또한 100개 이상의 화학반응에 관여한다.

비타민 B_6의 식품 급원
Dietary Sources of Vitamin B_6

비타민 B_6의 주요 식품 급원은 병아리콩(chickpea, garbanzo beans), 생선, 감자, 닭고기, 강화된 시리얼과 빵류이다. 비타민 B_6가 많이 함유된 식품들이 **그림 10.7**에 수록되어 있다. 비타민 B_6는 다소 불안정하여, 가열과 냉동 등에 의해 파괴될 수 있다.

신체에서 비타민 B_6의 조절과 기능
Regulation and Functions of Vitamin B_6 in the Body

비타민 B_6는 소장에서 쉽게 흡수되며, 혈액을 타고 간으로 이동한다. 간에서 인산이 결합하면 비타민 B_6의 조효소형태인 **인산피리독살**이 된다. PLP는 간보다 많은 양이 근육에 효과적으로 저장되어 있다.

PLP는 아미노기전이반응(transamination)에 관여하면서 단백질과 아미노산 대사에 관련된 100개 이상의 화학반응에 작용한다. 이러한 반응은 필수아미노산으로부터 불필수아미노산을 합성하는 데 필요하다.

비타민 B_6 vitamin B_6
단백질과 아미노산대사, 신경전달물질과 헤모글로빈 합성, 글리코겐 분해(glycogenolysis), 스테로이드 호르몬 기능 조절에 관여하는 수용성 비타민

인산피리독살 pyridoxal phosphate(PLP)
비타민 B_6의 조효소 형태

그림 10.7 비타민 B_6의 주요 식품 급원

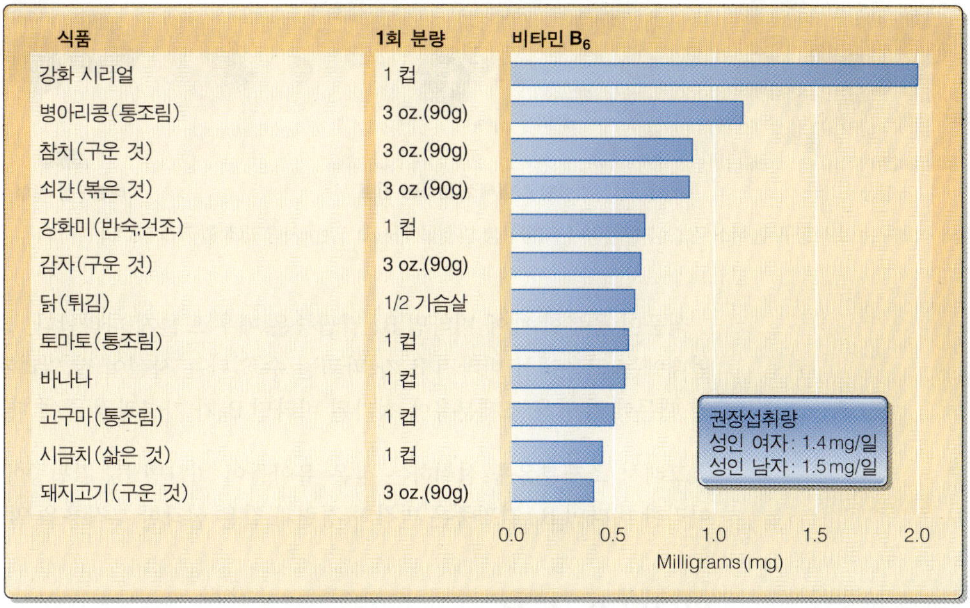

1 oz.는 약 30g임.

자료 : Data from USDA Nutrient Database, Release 16-1.

생명을 유지하기 위해서는 20개의 아미노산이 필요하지만, 9개의 필수아미노산만을 식품으로 섭취하면 된다는 것을 기억하자. 비타민 B_6가 없으면, 20개의 모든 아미노산이 필수아미노산이 될 것이다.

비타민 B_6는 또한 세로토닌(serotonin)과 도파민(dopamine)과 같은 신경전달물질과 헴과 같은 비단백질 물질들을 합성하는 데도 관여한다. 예를 들어, 비타민 B_6는 트립토판을 니아신으로 전환시키고, 글리코겐을 포도당으로 분해시키며, 몇몇의 스테로이드 호르몬을 조절하는 데도 필요하다. 그리고 일부 아미노산이 구연산회로로 들어가는 것을 도와준다.

비타민 B_6 결핍증 : 소적혈구 혈색소 감소성 빈혈
Vitamin B_6 Deficiency : Microcytic Hypochromic Anemia

비타민 B_6 결핍증은 헴 생산이 잘 되지 않는 것이다. 그래서 결국 적혈구 내 헤모글로빈 농도가 낮아진다. 이 상태를 **소적혈구 혈색소 감소성 빈혈**이라고 하며, 조직에서는 산소 사용이 감소하여 호기성 대사를 통한 ATP 생성이 감소된다. 그림에서 보는 것과 같이 적혈구 크기는 작고(microcytic), 색은 엷어(hypochromic)진다.

또한 비타민 B_6 결핍증은 구각염, 설염, 구내염과 피로 등을 발생시킨다. 이러한 증상은 리보플라빈 결핍증과 매우 유사하다.

소적혈구 혈색소 감소성 빈혈
microcytic hypochromic anemia
헤모글로빈 생성에 문제가 있어 적혈구가 작고, 색이 엷은 상태로 비타민 B_6의 결핍으로 발생 할 수 있다.

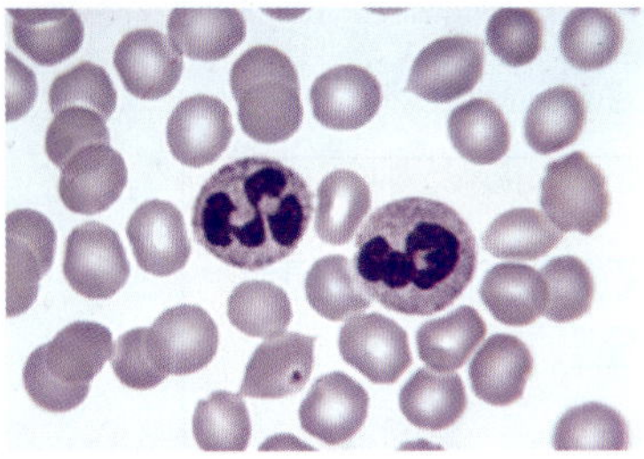

정상

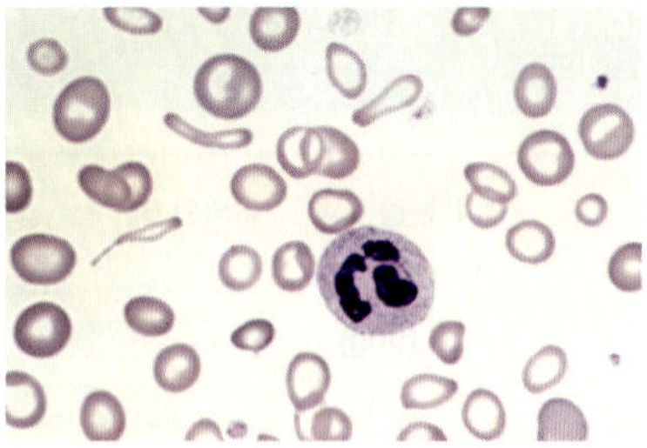

소적혈구 혈색소 감소성 빈혈

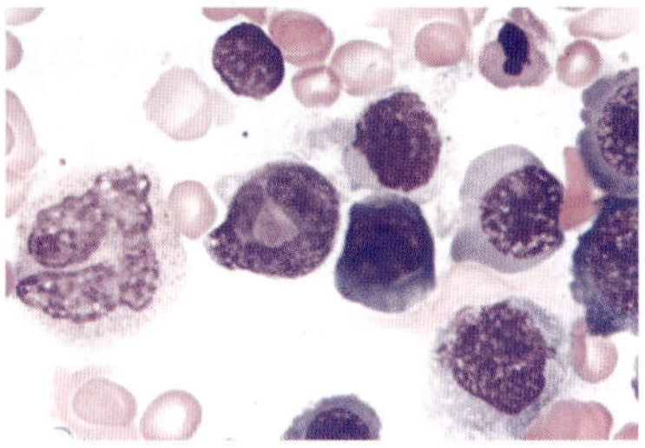

대혈구성 빈혈

건강한 사람의 적혈구는 소적혈구 혈색소 감소성 빈혈이나 대혈구성 빈혈을 가지고 있는 사람의 적혈구와 다르다.

식품이 풍부할 때에 비타민 B_6 결핍증은 매우 드물게 나타난다. 그러나 1950년대에는 고온에서 비타민 B_6가 파괴될 수 있다는 사실이 잘 알려져있지 않았기 때문에 유아용 조제분유에 첨가된 비타민 B_6가 가공과정 중에 파괴되었다.

그래서 조제분유를 섭취하는 많은 유아들이 비타민 B_6 결핍증에 걸렸었다. 이러한 비타민 B_6 결핍증은 발작과 경련과 같은 심각한 부작용을 일으켰다.

비타민 B_6 독성
Vitamin B_6 Toxicity

많은 양의 비타민 B_6는 체내에 저장될 수 있기 때문에 다른 수용성 비타민들에 비해 독성이 자주 나타난다. 그러나 독성은 자연적으로 식품에 함유된 것을 섭취해서 나타나기보다는 보충제로 섭취하였을 때에 자주 나타난다. 비타민 B_6의 독성은 보행의 어려움이나 발과 손의 저림과 같은 심각한 신경장애를 일으킬 수 있다.

몇몇의 연구에서 비타민 B_6를 하루에 1,000 mg 정도 매우 과량으로 섭취하면, 월경 전 증후군(premenstrual syndrome ; PMS)과 손목 관절 증후군(carpal tunnel syndrome)의 증세를 완화시킬 수 있다고 보고되어 있다.

다른 몇몇 연구에서는 비교적 많은 양의 비타민 B_6의 섭취는 심장병의 위험을 감소시킬 수 있다고 보고되어 있다. 그러나 대부분 연구에서는 비타민 B_6 보충이 이러한 상태에 도움을 줄 수 있다는 것을 지지해 주지 못하고 있다.

결과적으로 과량으로 비타민 B_6를 섭취하는 것은 독성을 일으킬 수 있으므로, 과량 섭취는 권장되고 있지 않다.

비타민 B_6의 영양섭취기준
Recommended Intakes of Vitamin B_6

비타민 B_6의 RI는 성인 남성과 성인 여성이 각기 1.5 mg/일과 1.4 mg/일이다. 비타민 B_6의 신경관련 독성과 관련하여 성인의 경우에 UL은 100 mg/일로 설정되어 있다. 비타민 B_6이 500 mg 함유된 보충제들이 많이 있는데, 이러한 보충제의 섭취는 UL을 넘을 수 있으므로 주의해야 한다.

필수개념 *Essential Concepts*

비타민 B_6는 피리독신 · 피리독살 · 피리독사민의 세 가지 형태로 존재하며, 세 가지 형태는 모두 조효소인 인산피리독살(PLP)로 전환될 수 있다. PLP는 아미노산 대사와 관련된 많은 반응에 관여한다. 또한 비타민 B_6는 신경전달물질과 헴을 합성하고, 트립토판을 니아신으로 전환시키며, 글리코겐을 포도당으로 분해하는 데 사용된다. 비타민 B_6의 심각한 결핍증은 소적혈구 혈색소 감소성 빈혈이며, 이것은 신체가 헤모글로빈을 생산하지 못하기 때문에 발생한다. 비타민 B_6의 좋은 급원은 병아리콩, 생선, 간, 감자, 강화된 시리얼과 빵류이다.

비오틴
Biotin (Vitamin B_7)

비오틴은 두 개의 고리와 하나의 곁사슬을 가진 황을 포함하고 있는 비타민이다. 인간은 식사와 대장에 있는 비오틴을 생성하는 박테리아("biota")로부터 비오틴을 얻는다. 비오틴은 당신생합성과 구연산회로에 필요하므로 ATP 생성을 위해 중요하다.

비오틴 biotin
에너지 대사와 유전자 발현에 관련 있는 수용성 비타민

비오틴의 식품 급원과 생체이용률
Dietary Sources and Bioavailability of Biotin

그림과 같이 땅콩, 잣, 버섯, 계란, 토마토 등은 비오틴의 좋은 급원이다.

그림 10.8 비오틴의 주요 식품 급원

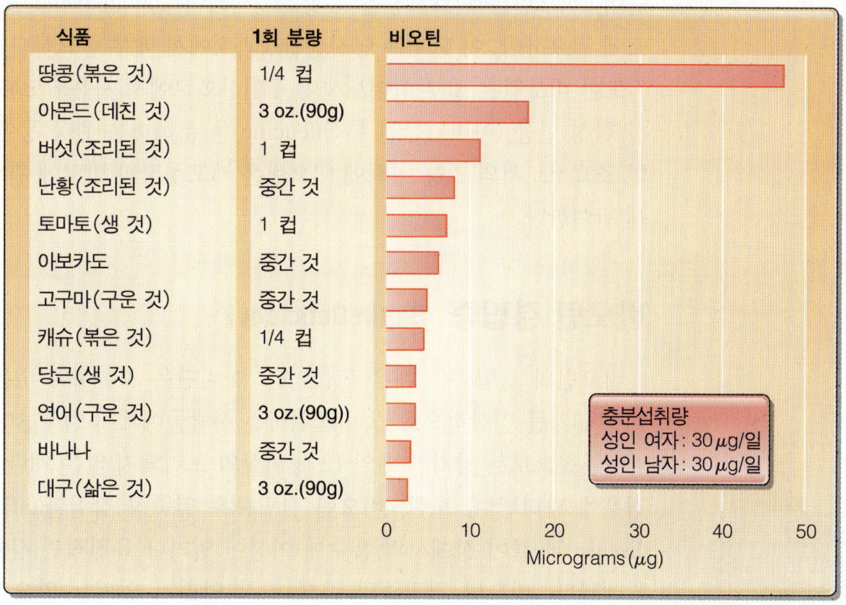

1 oz.는 약 30g임.

자료 : Data from Hands E. Food *Finder Vitamin and Mineral Source Guide,* 3rd ed. Salem, OR: ESHA Research; 1995.

비오틴은 일반적으로 식품 중에 단백질과 결합되어 있으며, 소화과정 중에 단백질과 분리된다. **아비딘**이라는 단백질을 포함하고 있는 식품과 함께 섭취하면 비오틴의 생체이용률이 매우 감소된다.

아비딘은 계란 흰자에 다량 함유되어 있으며, 장 내에서 비오틴과 단단하게 결합하여 비오틴이 흡수되지 못하게 한다. 계란을 날것으로 먹을 때는 비오틴의 생체이용률이 감소하지만, 열은 아비딘을 파괴할 수 있기 때문에 조리된 계란을 섭취하면 그런 효과가 없다. 또한 알코올의 섭취는 비오틴의 흡수를 감소시키며, 매우 높은 온도는 식품에 함유된 비오틴을 파괴시킬 수 있다.

신체에서 비오틴의 조절과 기능
Regulation and Functions of Biotin in the Body

소장에 있는 효소들은 식품에 함유되어 있는 단백질과 결합된 비오틴을 대부분 유리 비오틴으로 분리시키고, 분리된 유리 비오틴은 다시 흡수된다. 비오틴은 또한 대장에 있는 박테리아에 의해 합성될 수 있으며, 이것은 대장에서 흡수된다.

그러나 박테리아에서 합성된 비오틴의 양은 체내 필요량을 충족시키지 못하기 때문에 비오틴은 식품을 통해 섭취해야 하는 필수영양소이다. 비오틴은 혈액을 타고 간으로 이동되고, 적은 양이 근육 · 간 · 두뇌에 저장된다.

비오틴은 여러 효소의 조효소로 작용하여 **카르복실화** 반응을 촉매한다. 즉, 비오틴을 필요로 하는 모든 효소는 중탄산염(HCO_3)을 다른 분자에 결합시키는 작용을 한다.

일반적으로 이러한 효소들은 에너지 대사과정에 관여한다(**그림 10.3**). 예를 들어, 비오틴은 피르브산을 옥살로아세테이트(oxaloaxetate)로 전환시키는 효소에 필요하며, 이 단계는 당신생합성과정에서 매우 중요하다.

또한 비오틴은 일부 아미노산이 구연산회로에서 사용되도록 하는 반응, 지방산 합성 반응, 아미노산인 류신(leucine)을 분해하는 반응 등에 사용된다. 이러한 조효소로서의 기능 이외에 비오틴은 세포성장과 발달에 관련된 유전자 발현에 관여한다.

비오틴 결핍증 Biotin Deficiency

비오틴의 결핍증은 매우 드물지만, 아비딘을 포함하고 있는 조리되지 않은 계란 흰자를 일상적으로 많이 섭취하는 사람들에게서 일어난다.

이론적으로는 장기간 매일 12개 이상의 조리되지 않은 계란 흰자를 섭취하는 경우에 나타난다. 또한, 비오틴 결핍증은 염증성 장질환(inflammatory bowel disease)과 같이 장에서의 흡수에 이상이 있거나 유전적인 장애가 있는 경우에 발생한다. 비오틴 결핍증의 증세는 잘 알려져 있지는 않으나, 우울증 · 환각(hallucination), 피부 과민(skin irritation) · 감염 · 머리카락 빠짐 · 근육조절상실 · 발작 · 유아의 발달지체 등이 있다.

아비딘 avidin
비오틴과 결합하여 비오틴의 흡수를 방해하는 계란에 있는 단백질

카르복실화 carboxylation
중탄산염(HCO_3)이 다른 분자에 결합되는 반응

비오틴의 영양섭취기준
Recommended Intakes of Biotin

비오틴의 AI는 성인 남성과 여성 모두 30 μg일이며, 평균섭취량과 권장섭취량은 설정되어 있지 않다. 과량 섭취 시 독성은 알려져 있지 않으므로 UL은 설정되어 있지 않다.

필수개념 *Essential Concepts*

비오틴은 카르복실화 반응을 촉매하는 효소의 조효소로 작용하는데, 이러한 효소는 신체에서 포도당, 아미노산, 지방산이 ATP를 생산하는 데 관여한다. 비오틴은 또한 지방산 합성, 아미노산인 류신의 분해, 세포성장과 발달에 필요하다.

비오틴의 좋은 급원은 너트와 계란, 버섯, 토마토이다. 조리되지 않은 계란 흰자에 들어 있는 아비딘은 비오틴의 생체이용률을 감소시키며, 식품에 있는 비오틴은 매우 높은 고온에서 파괴될 수 있다.

비오틴 결핍증은 다양한 신경적인 문제를 일으킬 수 있으며, 특히 유아에게 심각할 수 있다. 비오틴의 독성은 알려져 있지 않다.

엽산
Folate (Folic acid)

엽산염(Folate)은 폴라신(folacin)이라고도 불리며, 세 부분으로 되어 있다 : ① 두 개의 고리구조로 된 질소를 포함하고 있는 부분 ② 하나의 고리구조로 된 질소를 포함하고 있는 부분 ③ 글루탐산(glutamic acid, glutamate).

일반적으로 엽산은 부가적인 글루탐산과 결합하고 있다. 이러한 "다글루탐산(polyglutamate)" 형태와의 상호 전환은 엽산의 중요한 기능이다. **엽산**은 산화되고 안정한 형태로, 식품에는 거의 함유되어 있지 않으며, 비타민 보충제나 강화된 식품에 사용된다.*

엽산은 콩과 식물, 오크라, 시금치, 아스파라거스, 간과 오렌지와 같은 다양한 식품에 함유되어 있다.

엽산의 식품 급원
Dietary Sources of Folate

엽산이라는 용어는 잎(folage)을 의미하는 이태리어에서 왔으며, 잎채소에 많이 함유되어 있음을 의미한다. 엽산의 좋은 급원은 내장, 콩과 식물(렌즈콩이나 핀토콩), 오크라, 시금치, 푸른잎 채소이다(**그림 10.9**).

1998년 이후로, 미국에서는 모든 강화 시리얼에 엽산을 첨가하였다. 그로 인해 미국의 경우 시리얼은 엽산의 좋은 급원이 되고 있다. 오렌지 주스와 같은 식품에도 엽산을 첨가하고 있다. 열을 비롯하여 빛과 산소는 엽산을 파괴시키므로 조리된 식품은 조리되지 않은 상태보다 엽산의 함량이 낮을 수 있다.

엽산염 Folate(folacin)
단일 탄소 운반에 관여하는 수용성 비타민. 아미노산 대사와 DNA 합성에 필요하다.

엽산 Folic acid
비타민 보충제와 식품 강화때 일반적으로 사용되는 엽산염의 형태

* "folate"는 특별한 언급이 없을 경우 이하 "엽산"이라고 번역하였다.

그림 10.9 엽산의 주요 식품 급원

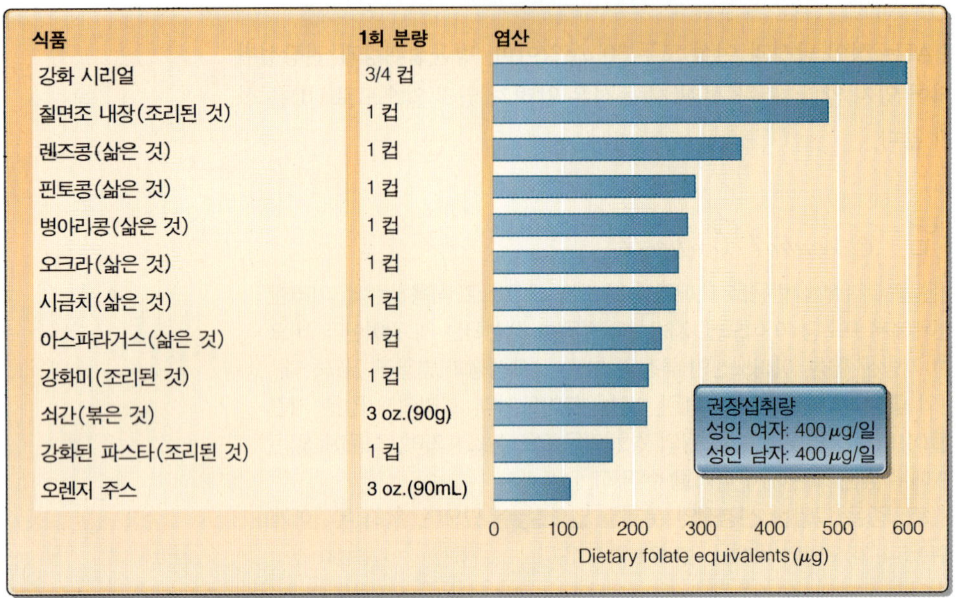

1 oz.는 약 30g임.

자료 : Data from USDA Nutrient Database, Release 16-1.

신체에서 엽산의 생체이용률과 조절
Bioavailability and Regulation of Folate in the Body

엽산의 생체이용률은 엽산이 존재하는 형태에 따라 달라진다. 유전적인 요인과 약물도 엽산의 흡수에 영향을 줄 수 있다. 일반적으로, 보충제와 강화된 식품으로부터의 엽산(folic acid) 흡수는 식품에 존재하는 엽산염(folate)에 비해 높다. 엽산의 흡수는 매우 다양하여 요구량은 **식이엽산당량**으로 표현한다.

식이 엽산은 일반적으로 여러 개의 글루탐산을 함유하고 있는데, 흡수되기 위해 글루탐산이 분리되어야 한다. 양배추와 같은 식품들은 이 과정을 방해하는 성분을 함유하고 있기 때문에 엽산의 생체이용률을 감소시킨다.

일단 흡수되면 엽산은 4개의 수소원자와 결합하여 **테트라하이드로 엽산**으로 전환된다. 최종적으로 하나의 메틸기(CH_3)가 결합되어 **5-메틸테트라하이드로 엽산**으로 전환되고 혈액을 따라 간으로 이동하여 매우 적은 양이 간에 저장된다.

식이엽산당량
dietary folate equivalent(DFE)
식품이나 보충제에 들어 있는 생체 이용이 가능한 엽산의 양을 설명하는 데 사용하는 측정단위

테트라하이드로 엽산
tetrahydrofolate(THF)
엽산의 활성형

5-메틸테트라하이드로 엽산
5-methytetrahydrofolate(5-methy THF)
엽산의 불활성형

엽산의 기능 : 단일 탄소 운반
Function of Folate : Single-Carbon Transfer

엽산은 활성형인 THF 형태로 단일 탄소 기($-CH_3$)를 운반하는 여러 반응의 조효소로 작용한다. 이러한 반응은 탄소를 하나의 분자에서 다른 분자로 옮기면서 생명에 필요한 많은 유기물질들을 만드는 과정과 관련되어 있다.

그림 10.10 엽산과 비타민 B_{12}는 단일 탄소운반에 관여한다.

호모시스테인이 메티오닌으로 전환되는 데는 엽산과 비타민 B_{12}가 필요하다. 이것은 짝지음 반응으로, 하나가 없으면 다른 반응이 일어나지 않는다.

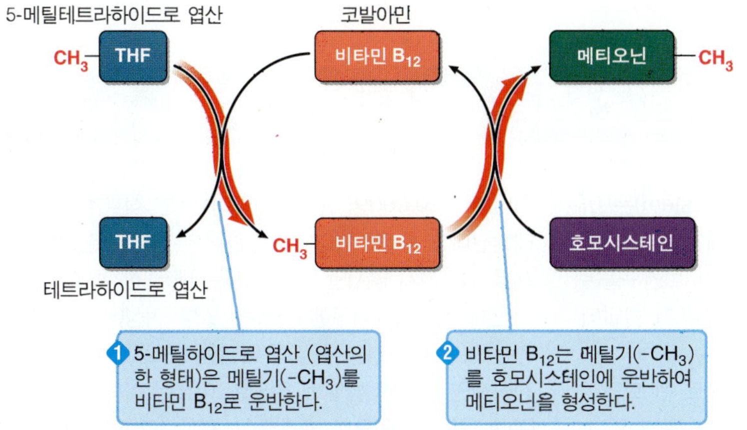

예를 들어, 엽산은 아미노산 대사와 상호 전환에 관여한다. 이 과정에서 탄소는 하나의 물질에서 다른 물질로 움직이며 체내에 필요한 물질을 생성한다. 엽산의 단일 탄소 운반의 한 예는 **호모시스테인**을 메티오닌이라는 아미노산으로 전환시키는 것이다(**그림 10.10**). 이 과정에서 5-메틸 THF는 메틸기($-CH_3$)를 호모시스테인에 주면서 THF와 메티오닌을 만든다.

이 중요한 과정을 통하여 엽산의 활성형인 THF와 아미노산인 메티오닌이 체내에 공급된다. 그러나 이 과정은 비타민 B_{12}를 필요로 하는 효소가 관여하는 다른 반응과 함께 일어나야 한다. 이것은 두 가지 반응이 동시에 일어나는 짝지음 반응(coupled reaction)의 예이다.

즉, 하나의 반응은 다른 하나의 반응 없이는 일어나지 못한다. 자세히 살펴보면 메틸기($-CH_3$)는 먼저 5-메틸 THF에서 비타민 B_{12}로 운반된다. 그런 후 비타민 B_{12}는 메틸기를 호모시스테인에게 전달하고, 결국 메티오닌이 생성된다. 그러므로 호모시스테인으로부터 메티오닌의 생산에는 엽산과 비타민 B_{12} 두 가지가 모두 필요하다.

두 가지 비타민 중에 하나라도 부족하면 체내에 호모시스테인이 축적될 수 있다. 높은 양의 호모시스테인은 심장병 위험 증가와 관련이 있으며, 이것은 심각한 결과를 초래할 수도 있다. 호모시스테인의 농도가 높으면 기억상실이나 집중력 부족과 관련될 수 있으며, 일부 연구자들은 엽산대사 손상이 알츠하이머병(Alzheimer's disease)과 관련이 있을 수 있다고 보고하고 있다.

THF는 DNA와 RNA를 구성하는 **퓨린**과 **피리미딘**을 합성하는 데 필요한 단일 탄소 운반반응에도 관여한다. 새로운 세포가 만들어 질 때마다 DNA가 합성되어야 하므로 엽산은 성장과 유지와 신체내 모든 조직의 수선(repair)에 있어서 필수적이다. 특히 태아성장과 같은 빠른 성장과 발달을 하는 시기나 위 장관을 구성하는 짧은 수명을 가진 세포에서 중요하다.

호모시스테인 homocystein
엽산과 비타민 B_{12}가 관여하는 짝지음 반응에서 메티오닌으로 전환되는 물질

퓨린 purine
DNA와 RNA을 만드는 구성성분

피리미딘 pyrimidine
DNA와 RNA을 만드는 구성성분

신경관 손상 neural tube defects
신경관이 태아발달 동안 적절하게 형성되지 않은 기형

이분 척추 spina bifida
척수가 완전하게 형성되지 않은 신경관 손상의 한 형태

또한 엽산은 태아 신경조직의 정상적인 성장 · 발달에 필요하여 가임기간 동안 엽산의 섭취가 증가되면, 신생아의 **신경관손상** 위험을 감소시킨다.

Focus On 생애주기영양 LIFE CYCLE NUTRITION

엽산, 신경관 손상, 이분 척추

인체에서 가장 중요한 기관계(organ system)는 아마도 신경계일 것이다. 그러므로 태아기에 신경계의 적절한 성장 · 발달은 생명에 결정적이다. 여러 연구들은 엽산이 신경관이라고 불리는 척수와 뇌의 초기 발달에 관여한다고 보고하였다.

초기 태아 발달에 있어서 신경관은 실제로 관 모양이라기보다는 신경조직의 평평한 판의 모양을 하고 있다. 이것은 고무호스를 세로로 잘라서 손으로 평평하게 만든 것과 모양이 비슷하다. 이러한 "펴진(open)" 상태가 신경관의 초기 발달단계에 나타난다. 태아가 성장 하면서 평평한 판은 관을 형성하면서 "닫힌(closed)" 형태로 변한다.

신경관 손상은 신경조직 또는 "관(tube)"이 완전하게 닫히지 않을 때에 발생한다. 신경관 손상의 한 예가 **이분 척추**로 태아기 첫 1개월 동안에 척추가 완전하게 닫히지 못한 것이다**(그림 10.11)**. 미국 국가보건통계센터는 매년 2,000명 중의 1명이 신경관손상을 가지고 태어나며, 100,000명 중의 20명이 이분 척추를 가지고 태어난다고 추정하였다. 어떤 종류의 신경관 손상은 문제를 일으키지 않지만 다른 형태는 매우 심각하다.

인체 식사중재연구에 따르면 일부 여성에서 모체의 엽산 보충은 신경관 손상의 위험을 감소시킨다. 엽산이 정상적인 신경관 발달에 필요한 이유는 아마도 엽산이 DNA 합성에 필요한 효소들에 포함하고 있기 때문일 듯하다. 또한, 모체와 아이들의 특정 유전자가 태아의 신경관 손상에 영향을 준다.

예를 들면, 일부 실험에서, 특정 유전자를 가진 임신부는 모체로부터 태아로의 엽산 이동이 충분치 못하다고 보고하였다. 앞으로 뉴트리지노믹스(nutrigenomics) 기술이 이러한 면에 대한 많은 정보를 줄 것으로 기대한다. 그러나 그때까지는 모든 가임기 여성에게 엽산이 풍부한 식품의 섭취를 권장하는 것은 매우 중요하다. 더욱이, 미국 의학연구소는 다양한 식사이외에 엽산을 보충제나 강화식품을 통해 섭취하도록 권장하고 있다.

그림 10.11 신경관 손상과 이분 척추

이분 척추는 척추에 영향을 받은 신경관 손상의 한 형태이다.

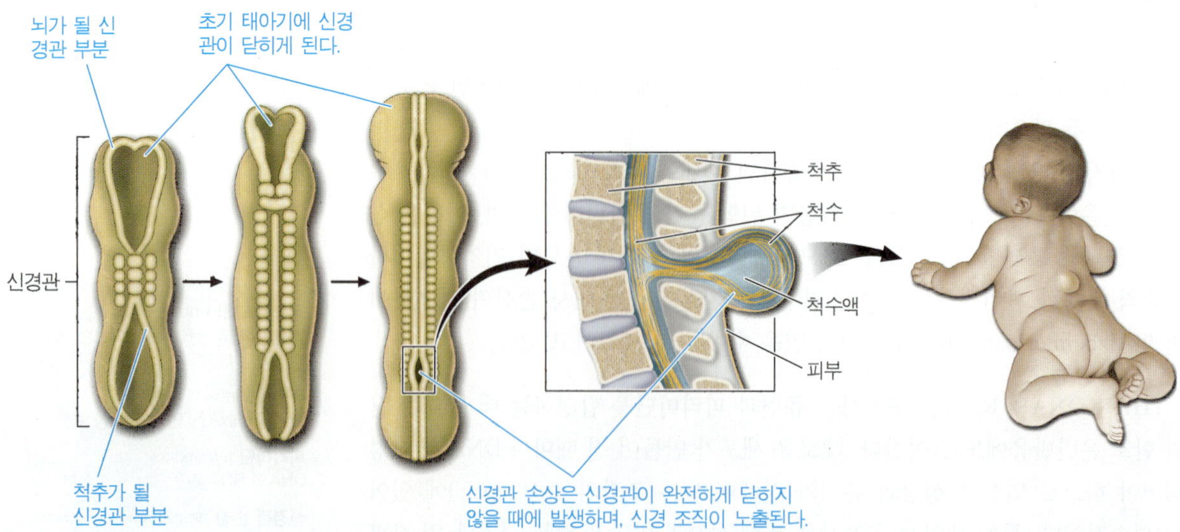

엽산 결핍증 : 대혈구성 빈혈
Folate Deficiency : Macrocytic Anemia

경미한(mild) 엽산 결핍은 피로, 나약, 불규칙한 심장기능, 두통과 같은 다양한 증상을 나타낸다. 심한 엽산 결핍은 **대혈구성 빈혈***을 발생시킨다. 엽산은 DNA 합성과 세포 성숙에서 중요한 역할을 하기 때문에 엽산이 심하게 결핍되면 적혈구를 포함하여 많은 세포가 미성숙 상태로 남아 있게 된다.

미성숙한 적혈구는 크기가 크며(macrocytic), 성숙한 적혈구에는 없는 세포 소기관들을 가지고 있다. 예를 들어, 성숙한 적혈구는 핵이 없으나 미성숙 적혈구에는 핵이 있다. 엽산이 부족한 사람들의 적혈구들은 크고 핵이 있으므로 쉽게 구분될 수 있다. 비타민 B_{12}와 같은 다른 영양소가 부족하여도 빈혈이 발생할 수 있다. 실제로 대혈구성 빈혈이 엽산부족 때문인지 비타민 B_{12} 부족 때문인지를 구별하기가 어렵다. 그러나 소적혈구 혈색소 감소성 빈혈이나 대혈구성 빈혈을 가진 사람들의 적혈구는 매우 다르므로 구분하기 쉽다 (p 413 그림).

엽산 결핍은 과거 미국에서 비교적 일반적이었다. 그러나 엽산을 시리얼에 강화하면서 엽산결핍이 많이 감소하였다. 현재 엽산결핍은 대부분 알코올 중독자, 장에 질병이 있는 사람, 특별한 약물을 복용하는 사람 등에게서 나타난다. 또한 엽산의 흡수와 사용을 방해하는 약물을 섭취하는 노인에서도 잘 나타나며, 유전적인 면이 엽산의 흡수와 대사에 영향을 미친다.

엽산의 영양섭취기준 Recommended Intakes of Folate

1980년대 말, 엽산과 신경관 손상과의 관계가 밝혀진 이후에 엽산의 섭취가 관심을 받았다. 성인에 있어서 권장섭취량은 남자 여자 모두 400 μg DFE/일이다. 임신한 여성은 600 μg DFE/일로 증가한다. 가임기 여성의 경우는 다양한 식품을 섭취하는 것과 함께 보충제나 강화식품을 섭취함으로써 400 μg DFE/을 섭취해야 한다.

엽산의 과량 섭취는 비타민 B_{12} 결핍을 알아내기 어렵게 하므로, 보충제나 강화식품으로부터의 엽산 섭취의 UL을 1,000 μg DFE/일으로 설정하였다. 자연적으로 식품에 존재하는 엽산의 과량섭취에 대한 위험은 보고된 바가 없다.

필수개념 Essential Concepts

신체에서 엽산의 활성형은 테트라하이드로 엽산(THF)이며, 이것은 단일탄소 운반 반응에 관여한다. 또한 이러한 반응은 아미노산 대사에 관여한다. 예를 들어, 5-메틸 THF는 호모시스테인을 메티오닌으로 전환시키면서 THF로 변한다.

이 반응에는 비타민 B_{12}도 관여한다. 엽산은 또한 DNA 합성에 관여하므로 모든 조직의 성장, 유지, 수선에 필요하다. 엽산의 좋은 급원은 간, 콩과 식물, 버섯, 푸른잎 채소 등이다. 강화된 시리얼 제품과 다른 강화식품들도 좋은 급원이다.

퓨린 purine
DNA와 RNA을 만드는 구성성분

피리미딘 pyrimidine
DNA와 RNA을 만드는 구성성분

신경관 손상 neural tube defects
신경관이 태아발달 동안 적절하게 형성되지 않은 기형

대혈구성 빈혈 macrocytic anemia
세포가 적절하게 성숙하고 분열되지 않아 적혈구가 거대해진 상태로 엽산과 또는 비타민 B_{12} 부족으로 발생할 수 있다.

* 거대 적아구성 빈혈(megaloblastic anemia)이라고 부르기도 한다.

엽산 결핍은 대혈구성 빈혈을 발생시키는데, 적혈구가 DNA를 합성하고 적절하게 분열할 수 없기 때문이다. 엽산 결핍은 또한 일부 여성에게 신경관 손상을 가진 아이를 출산할 수 있는 위험을 증가시킨다.

패류는 비타민 B_{12}의 매우 좋은 급원이다.

비타민 B_{12}(코발아민)
Vitamin B_{12} (Cobalamin)

비타민 B_{12}는 코발아민이라고도 불리며, B 비타민 중에서 가장 나중에 발견되었다. 비타민 B_{12}는 복잡한 구조를 가지고 있으며, 미량 원소인 코발트(cobalt, Co)와 여러 개의 질소(N) 원자를 가지고 있어서 코발아민이라고 명명되었다.

비타민 B_{12}의 식품 급원
Dietary Sources of Vitamin B_{12}

비타민 B_{12}는 식물과 고등 동물(포유동물과 조류 등)에서는 합성되지 않으며, 박테리아나 곰팡이와 같은 미생물에서만 합성되는 특징을 가지고 있다. 그러므로 비타민 B_{12}의 식품 급원들은 실제로 스스로 비타민 B_{12}를 합성하는 것이 아니라 환경이나 장 내에 있는 미생물로부터 얻는 것이다.

그림 10.12에는 조개와 게와 같은 패류(shellfish), 가금류 등의 육류, 내장, 생선, 유제품과 같이 비타민 B_{12}이 많이 함유된 식품들이 제시되어 있다.

신체에서 비타민 B_{12}의 조절
Regulation of Vitamin B_{12} in the Body

식품에 있는 비타민 B_{12}는 대부분 단백질에 결합되어 있으며 흡수되기 전에 분해되어야 한다. 이 단백질들은 산과 펩신에 의해 위에서 가수분해 된다. 유리 비타민 B_{12}는 위에서 만들어지는 **R 단백질**과 **내인 인자**라는 두 개의 단백질에 결합한다. R 단백질은 비타민 B_{12}가 파괴되지 않도록 보호하는 역할을 하는 것으로 생각된다. R 단백질은 장에서 비타민 B_{12}와 분리되는 반면, 내인 인자는 비타민 B_{12}에 결합되어 있다.

비타민 B_{12}–내인인자 복합체는 흡수되는 세포까지 전달된다. 그러므로 내인인자를 합성하지 못하면 결국에 심각한 비타민 B_{12}결핍증을 일으킬 수 있다.

일단 흡수되면 비타민 B_{12}는 내인 인자와 분리되어 **트랜스코발아민**이라는 다른 단백질과 결합하여 간으로 이동한다. 대부분의 B 비타민들은 체내에 저장이 되지 않지만 비타민 B_{12}는 간에 많은 양이 저장된다.

비타민 B_{12}(코발아민) vitamin B_{12}(cobalamin)
에너지 대사와 호모시스테인을 메티오닌으로 전환시키는 데 관여하는 수용성 비타민

R 단백질 R protein
비타민 B_{12}와 결합하는 위에서 합성된 단백질

내인 인자 intrinsic factor
위 소와(pit)의 외분비 세포에서 생산되는 비타민 B_{12} 흡수에 필요한 단백질

비타민 B_{12}의 기능 Functions of Vitamin B_{12}

비타민 B_{12}는 조효소로 두 가지 반응에 관여한다. 하나는 구연산회로의 중간물질인 숙신닐 CoA(succinyl CoA)를 생산하는 반응이다.

그림 10.12 비타민 B_{12}의 주요 식품 급원

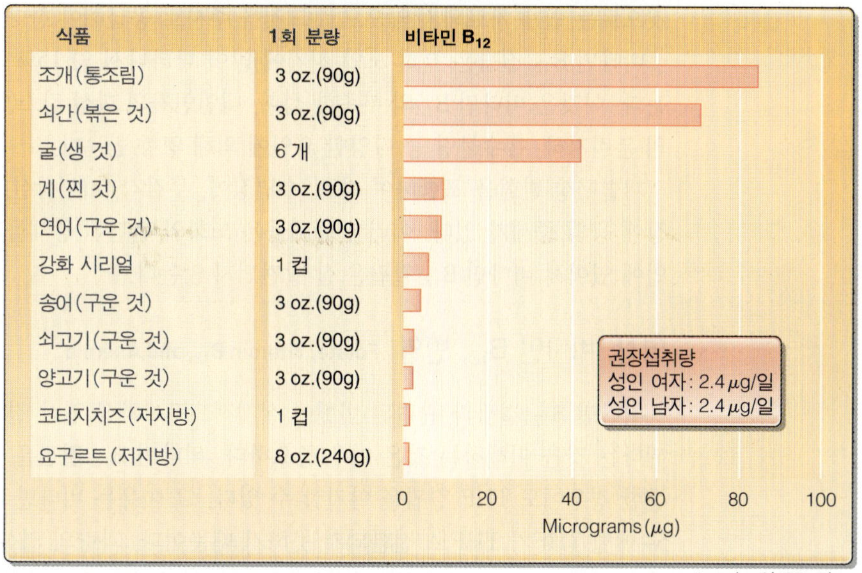

1 oz.는 약 30g임.

자료 : Data from USDA Nutrient Database, Release 16-1.

이 과정을 통해 신체는 일부 아미노산과 지방산으로부터 에너지(ATP)를 사용한다. 다른 하나는 호모시스테인을 아미노산인 메티오닌으로 전환시키는 반응이다. 이것은 엽산부분의 **그림 10.10**에 수록되어 있다.

호모시스테인이 메티오닌으로 전환되는 과정에서 엽산의 비활성형인 5-메틸 THF가 활성형인 THF로 전환된다는 것을 기억하자. 적절한 비타민 B_{12}가 없으면 혈액에 호모시스테인이 쌓이고, 엽산은 비활성형인 5-메틸 THF로 있게 됨으로써 엽산 결핍증이 나타나게 된다. 이러한 방법으로 비타민 B_{12}는 이차적인 엽산 결핍증을 일으킬 수 있다.

비타민 B_{12} 결핍증과 악성빈혈

Vitamin B_{12} Deficiency and Pernicious Anemia

비타민 B_{12} 결핍증은 식사에서의 섭취 부족과 불충분한 비타민 B_{12} 흡수 때문이다. 1차성(primary) 비타민 B_{12} 결핍증은 채식주의자나 비타민 B_{12}가 결핍된 모체로부터 모유 수유를 받는 유아들에서 나타난다.

2차성(secondary) 비타민 B_{12} 결핍증은 위 세포가 내인인자를 생산하지 못할 때에 발생한다. 이것을 **악성빈혈**이라고 한다. 악성빈혈은 일반적으로 신체의 면역체계가 내인인자를 생산하는 위의 세포를 파괴시키는 자가면역질환(autoimmune disease)에 의해 발생한다. 악성빈혈은 또한 노화, 유전적 결함, 위장관의 감염, 외과수술, 일부 약물복용에 의해서도 발생한다.

악성빈혈 pernicious anemia
내인인자 부족 때문에 발생한 비타민 B_{12} 결핍상태

내인인자는 비타민 B_{12} 흡수에 필수적이므로 비타민 B_{12} 섭취가 적당할 때에도 나타날 수 있다. 그러므로 악성빈혈이 있는 사람은 비타민 B_{12}를 섭취하는 것으로는 쉽게 치료되지 않으므로 그것을 주사로 공급해야 한다.

비타민 B_{12} 결핍은 특히 노인 시기에 많이 나타나서 약 15% 정도가 영향 받는다. 이것은 비타민 B_{12}의 부족한 섭취, 내인인자의 합성 감소(악성빈혈), 위산의 분비저하, 흡수불량 등 다양한 요인에 의해 영향 받는다.

대혈구성 빈혈을 포함하여 피로, 수면장애, 무감각, 기억상실, 심각한 신경성 장애 등의 증세가 있다. 이러한 증세들은 노화와 관련된 증세들과 비슷하여 노인에 있어서 비타민 B_{12} 결핍은 잘 발견되지 않는다.

엽산, 비타민 B_{12}, 빈혈 Folate, Vitamin B_{12}, and Anemia

비타민 B_{12} 결핍과 관련된 빈혈이 실제적으로 2차성 엽산 결핍에 의해 야기된다는 것을 이해하는 것은 매우 중요하다. 비타민 B_{12} 결핍은 엽산 섭취가 충분한 경우에도 THF 결핍을 야기할 수 있다. 그 이유는 비타민 B_{12}가 결핍되면 5-메틸 THF가 THF로 전환되지 못하기 때문이다. 과량의 엽산섭취가 빈혈과 같은 비타민 B_{12}의 결핍 증상을 완화시킬 수 있기 때문에 임상의들은 때로 엽산 결핍이 비타민 B_{12} 결핍증을 가릴 수 있다(mask)고 말한다. 그러나 다른 비타민 B_{12} 결핍 증세들은 과량의 엽산을 보충해도 완화되지 않는다.

비타민 B_{12}의 다른 결핍 증상들은 심각한 신경성 손상을 주며, 치명적이므로 비타민 B_{12} 결핍을 엽산결핍으로 잘못 진단하는 경우에는 매우 위험하다.

비타민 B_{12}의 영양섭취기준
Recommended Intakes for Vitamin B_{12}

비타민 B_{12}의 RI는 성인 남성과 여성 모두 2.4㎍/일이다. 노인의 경우에 더 섭취할 것을 권장하지는 않지만 50세 이후에는 필요하면 비타민 B_{12}이 강화된 식품이나 보충제를 섭취하는 것을 고려해 보아야 한다. 동물성 식품을 전혀 섭취하지 않는 채식주의자들은 보충제를 섭취하거나 비타민 B_{12}가 강화된 식품을 섭취해야만 한다. 비타민 B_{12}는 간에 저장되지만 UL은 설정되어 있지 않다.

필수개념 *Essential Concepts*

비타민 B_{12}는 코발아민이라고도 하며, 두 가지 중요한 반응에 조효소로 사용된다. 하나는 일부 아미노산과 지방산을 구연산 회로로 들어가게 하는 반응이고, 다른 하나는 호모시스테인을 메티오닌으로 전환시키며 엽산의 활성형(THF)을 만드는 반응이다.

비타민 B_{12}의 좋은 급원은 패류, 간, 생선, 육류, 강화된 시리얼, 빵류 등이다. 비타민 B_{12} 결핍증은 비타민 B_{12}의 섭취부족이나 내인인자의 부족 때문이며, 악성빈혈이라고도 한다.

비타민 B_{12} 결핍은 2차성 엽산 결핍을 일으킨다. 비타민 B_{12} 결핍증은 대혈구성 빈혈이다. 비타민 B_{12} 결핍은 또한 심각한 신경성 합병증을 초래할 수 있다. 비타민 B_{12}의 과잉 섭취 시의 독성은 알려진 바가 없다.

비타민 C(Ascorbic acid)
Vitamin C(Ascorbic Acid)

비타민 C는 거의 모든 생리적 기관계, 즉 면역계 · 심혈관계 · 신경계 · 내분비계에서 중요한 역할을 한다. 비타민 C는 모든 식물에서 합성되며, 인간을 제외한 대부분의 동물이 합성할 수 있다. 실제로 인간을 포함한 영장류, 큰 박쥐(fruit bat), 기니피그(guinea pig)들은 비타민 C를 합성할 수 없다. 비타민 C는 아스코르브산(ascorbic acid)이라고 한다.

밝은 색의 과일과 채소는 비타민 C의 매우 훌륭한 식품 급원이다.

비타민 C의 식품 급원 Dietary Sources of vitamin C

비타민 C는 **그림 10.13**에서와 같이 감귤류(citrus fruit), 고추, 파파야, 브로콜리, 딸기 등 많은 과일과 채소에 함유되어 있다. 비타민 C의 생체이용률은 일반적으로 높으며, 열 · 산소 · 높은 pH에서 쉽게 파괴된다. 그러므로 조리되거나 가공되고, 저장된 채소와 과일에 비해 신선한 채소와 과일의 비타민 C 함량이 높다.

신체에서 비타민 C의 조절
Regulation of Vitamin C in the Body

비타민 C는 소장에서 주로 포도당 운반 단백질을 사용하여 능동 수송에 의해 흡수된다. 이것은 비타민 C의 구조가 포도당과 비슷하기 때문이다.

비타민 C (Ascorbic acid)
vitamin C (ascorbic acid)
체내에서 항산화기능을 하는 수용성 비타민

그림 10.13 비타민 C의 주요 식품 급원

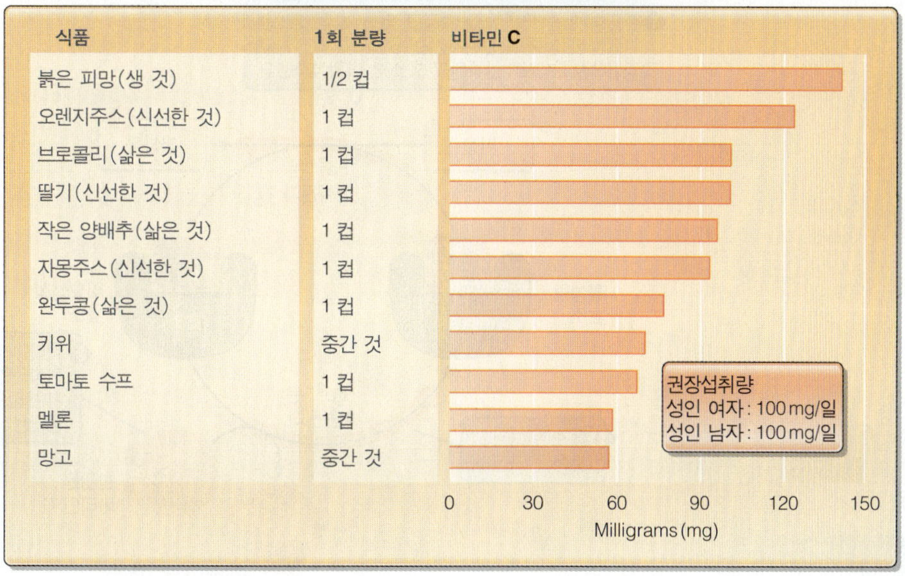

자료: Data from USDA Nutrient Database, Release 16-1.

그러나 비타민 C의 섭취가 매우 높을 때는 위와 소장에서 단순 확산에 의해 흡수된다. 흡수된 후의 비타민 C는 혈액을 타고 간으로 이동한다.

소장에서와 마찬가지로, 체세포로의 비타민 C 이동도 포도당 운반체에 의존한다. 과잉의 비타민 C는 저장될 수 없기 때문에 빠르게 대사되고 요를 통해 배설된다.

비타민 C의 기능
Functions of Vitamin C

B 비타민들과는 달리, 비타민 C는 조효소로 작용하지 않는다. 대신에 비타민 C는 **항산화제**로 작용한다. 전자가 제거되거나, 원자나 분자가 더 많은 양 전하(positive charge)를 가지면 "산화(oxidized)"되었다고 한다. 비타민 C는 전자를 쉽게 주고 받을 수 있기 때문에 다양한 산화–환원반응에 관여한다.

효소의 재충전
The "Recharging" of Enzymes

항산화제로서 비타민 C의 기능 중의 하나는 효소를 재충전하는 것이다. 효소들은 화학반응을 하는 동안 파괴되거나 소모된다. 그러나 때때로 효소들의 일부분은 반응과 반응 사이에 복구 · 재생산되어야 한다. 그리고 구리나 철분과 같은 분자가 반응 동안에 산화되는 경우에는 특히 필요하다.

그림 10.14 비타민 C의 효소 재충전

비타민 C는 철분과 구리를 포함하고 있는 효소를 본래 형태로 환원시켜서 그 효소들이 계속적으로 반응을 촉매하도록 해 준다.

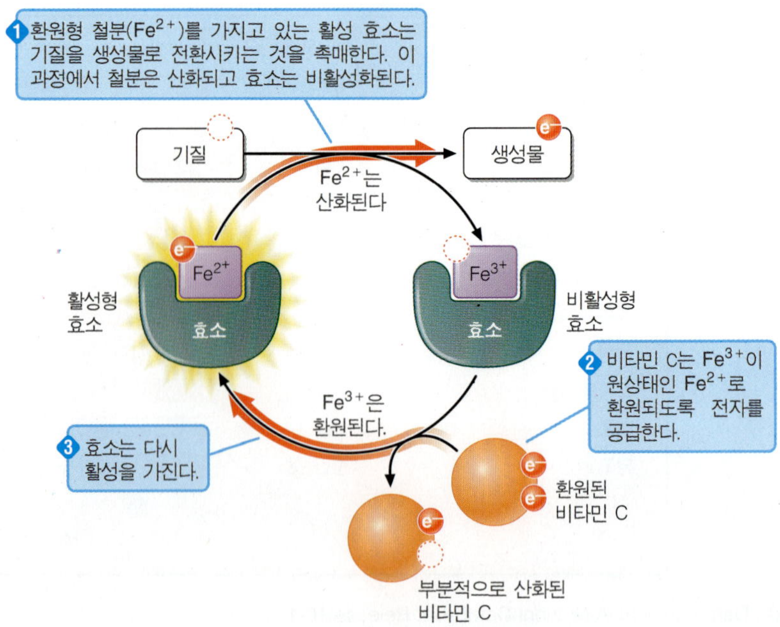

항산화제 antioxidant
전자(수소 이온)를 쉽게 다른 물질에게 줄 수 있는 성분

손전등이 배터리를 필요로 하듯이 효소는 복구되어야 한다. 손전등은 정기적으로 배터리를 갈아주거나 충전을 시켜 주는 동안에는 빛을 낼 수 있는데, 효소는 손전등이고 구리와 철분 원자는 배터리이며, 비타민 C는 충전기라고 생각할 수 있다. 많은 화학반응 동안에 구리와 철분은 더욱 양전하를 띠는 물질로 산화되며, 이것들은 다른 반응을 촉매하는 효소를 위해서 반드시 환원(재충전)되어야 한다. 환원을 통한 재충전은 비타민 C의 기능이며 **그림 10.14**와 같다.

비타민 C가 어떻게 효소를 충전하는지는, 콜라겐을 생산하는 데 비타민 C가 어떤 역할을 하는지를 살펴보면 알 수 있다. **콜라겐**은 피부, 근육, 연골과 같은 결체조직에 있는 중요한 단백질이다. 콜라겐이 적절하게 기능하기 위해서는 3개의 단백질 줄기가 오른 쪽으로 함께 꼬여야 하는데, 이 과정에 구리를 포함하는 효소가 산화를 위해서 필요하다.

비타민 C는 구리를 포함하는 이 효소를 반응 중간 중간에 환원시켜 콜라겐이 계속적으로 합성되도록 하는 기능을 한다. 이러한 이유로 비타민 C는 피부, 힘줄(tendon), 검(gum)을 포함하는 모든 결제조직의 건강에 필요하다.

비타민 C는 철분을 함유하고 있는 두 개의 효소를 재충전하여 카르니틴(carnitine) 합성에도 관여한다. 또한 불필수아미노산인 티로신(tyrosine)은 체내에서 필수아미노산인 페닐알라닌(phenylalanine)으로 만드는 데 비타민 C에 의해 재충전되는 철분을 함유한 효소작용이 필요하며, 신경전달물질인 노르에피네프린(norepinephrine)과 세로토닌(serotonin)도 비타민 C에 의해 재충전되는 효소작용에 의해 합성된다. 콜레시스토키닌(CCK)이나, 가스트린과 같은 여러 호르몬의 합성에도 비타민 C의 환원작용을 필요로 한다.

철분, 구리, 크롬의 생체이용률 향상
Enhancing Iron, Copper, and Chromium Bioavailability

비타민 C의 환원력은 위장에서도 중요한 역할을 한다. 철분, 구리, 크롬과 같은 여러 무기질들은 환원 형태로 더 잘 흡수된다. 이러한 필수 무기질들과 함께 비타민 C를 섭취하면 위장관에서 무기질들이 환원되어 생체이용률이 증가될 수 있다. 예를 들어, 철분을 강화한 시리얼을 오렌지 주스와 함께 섭취하는 것은 흡수되는 철분의 양을 증가시키는 데 도움을 준다.

비타민 C와 유리기 손상으로부터의 보호
Vitamin C and Protection from Free Radical Damage

체내에서는 정상적인 세포대사 동안 전하를 띤 물질들이 많이 생산된다. 또한 스모그(smog) · 흡연 · 오존(ozon) · 약물 · 강한 햇빛과 같은 독성물질에 신체가 노출되었을때도, 전하를 띤 물질들이 생산된다. 이러한 전하를 띤 물질들을 **유리기**라고 하는데, 바깥 전가각에 쌍을 이루지 못한 전자를 가지고 있어서 불안정하고 반응을 빠르게 만든다. 대부분의 물질들은 전자를 짝수로 가지려고 하므로 다른 분자로부터 전자를 빼앗는다.

콜라겐 collagen
피부, 뼈, 치아, 연골, 힘줄을 포함하는 결체조직에서 발견되는 주요 단백질

유리기 free radical
한 개 이상의 쌍을 이루지 못한 전자를 가지고 있는 반응성의 분자. 유리기는 세포막, DNA, 단백질들에게 해를 준다.

즉, 유리기들은 다른 분자들을 쉽게 산화시킨다.

유리기에 의한 산화는 여러 방식으로 신체에 해로운 영향을 준다. 첫째, 유리기는 DNA를 자르거나 손상시켜서 유전자에 돌연변이를 일으키거나 암을 발생시킬 수 있다. 둘째, 유리기는 세포막에 있는 지방산을 산화시켜서 세포막을 약하게 하거나 파괴시킨다. 셋째, 유리기는 단백질들을 손상시킬 수 있다.

다행히도 신체는 유리기를 파괴하거나 유리기가 발생시킨 손상을 수선할 수 있는 장치를 가지고 있다. 비타민 C는 이러한 "항산화 체계(antioxidant system)"의 하나이다.

예를 들어, 비타민 C의 수소 이온이나 전자를 주는 위험한 하이드록시 유리기(hydroxyl free radical, OH^-)를 물(H_2O)로 환원시킨다. 연구자들은 이러한 항산화 체계가 유리기 손상으로부터 체내를 보호한다고 생각한다. **그림 10.15**은 이것을 설명해 주고 있다.

비타민 C, 일반 감기와 다른 질병들
Vitamin C, the common Cold, and Other Diseases

비타민 C가 일반감기, 암, 심장병, 백내장과 같은 많은 질병들을 예방하고 치료할 수 있는지에 대해 관심이 많다. 많은 연구들은 비타민 C 함량이 높은 과일과 채소의 섭취를 증가시키는 것이 이러한 질병 위험을 감소시킬 수 있다고 보고하고 있다. 그러나 때때로 잘 조절된 임상연구들은 비타민 C의 이러한 보호적인 역할을 지지하지 못한다. 그러나 과량의 비타민 C 섭취가 면역체계에 도움을 줄 수 있다는 연구 보고들이 증가하고 있다.

면역체계는 위에 언급한 질병들과 관련 있기 때문에 비타민 C가 면역반응을 조절하여 간접적으로 이러한 질병들에 영향을 줄 수 있을 것이다. 비타민 C는 비타민 E와 같은 항산화 작용을 하는 다른 인자들과 함께 작용한다.

그림 10.15 비타민 C와 유리기

비타민 C는 유리기에 전자를 주어 유리기를 안정화시킨다. 유리기는 DNA, 단백질, 지방과 같은 다른 물질들을 산화시키면서 자신의 전자를 얻으므로 세포에 치명적이다.

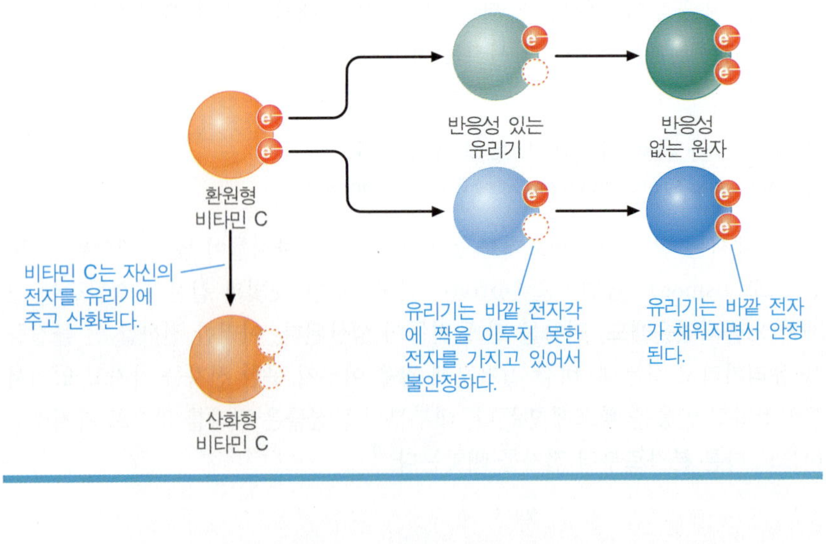

비타민 C 결핍증과 독성
Vitamin C Deficiency and Toxicity

비타민 C 결핍증은 **괴혈병**이라는 치명적인 질병을 일으킨다. 18세기에 영국의 James Lind라는 의사는 감귤류를 섭취하면 이 질병을 예방할 수 있다는 조절된 영양중재실험을 처음으로 행하였다. Lind는 괴혈병을 앓고 있는 12명의 수병(sailor)들을 레몬, 라임, 사과주스, 육두구(nutmeg), 해수(seawater), 식초 등으로 치료를 하면서 연구하였다. 그는 다른 것보다 레몬이나 라임을 섭취하는 것이 다른 치료법보다 효과가 있다는 것을 발견하였다. 이러한 발견 이후로 영국 수병들이 라임을 먹는 모습들이 종종 발견되었으며, 이것이 영국 수병들을 "Limey"라고 부르는 이유이다.

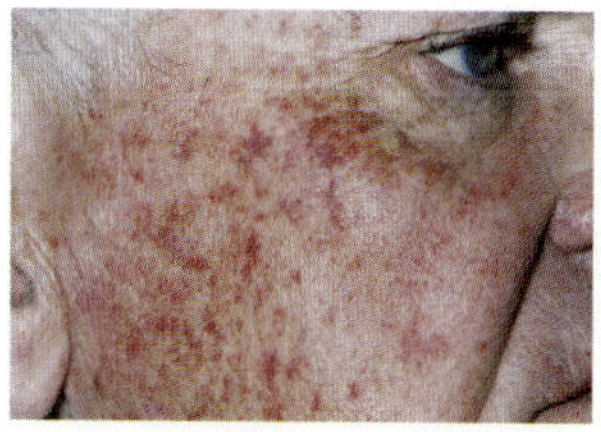

비타민 C 결핍증인 괴혈병 증세중의 하나로 내부적 출혈로 인해 피부에 매우 작고 붉은 반점이 나타나는 것이다.

괴혈병은 잇몸 출혈 · 피부 민감성 · 멍(bruising) · 상처 치료 지연 등의 여러 가지의 복합적인 증세를 일으키는데, 이것의 대부분은 부적절한 콜라겐 합성과 관련이 있다.

괴혈병은 과거에 매우 흔했으나, 과일과 채소의 섭취가 증가하면서 발병이 줄어들었다. 그러나 개발도상국과 알코올 중독자에서 흔하게 나타나며, 당뇨병을 가지고 있는 사람에게서 잘 나타난다.

대부분의 사람들은 해로운 효과 없이 하루에 매우 과량인 2~4 g의 비타민 C를 섭취할 수 있으나, 이러한 섭취는 사람에 따라 메스꺼움 · 설사 · 경련(cramping) · 신석증 등을 일으킬 수 있다.

비타민 C의 영양섭취기준
Recommended Intakes for Vitamin C

비타민 C의 RI는 성인 남성과 여성 모두 100 mg/일이다. 흡연은 유리기에 의한 손상 위험을 증가시키기 때문에 흡연자들은 하루에 부가적으로 35 mg의 비타민 C를 더 섭취하도록 권장하고 있다. 이러한 권장사항이 간접 흡연자에게도 해당하는지에 대해서는 아직 명확하지 않다.

위장 장애 가능성을 피하기 위해 UL은 보충제로부터의 비타민 C 섭취를 하루에 2 g(2,000 mg)으로 설정하였다.

필수개념 *Essential Concepts*

비타민 C는 신체에 중요한 항산화 기능을 부여한다. 다양한 항산화 작용은 효소의 무기질 성분을 환원시켜서 콜라겐을 비롯하여 카르니틴과 신경전달물질 등의 합성을 조절한다. 비타민 C와 관련된 반응들은 유리기를 안정화하고, 유리기 산화에 의해 야기된 손상을 수선하는 것이다. 비타민 C는 다양한 채소와 과일을 포함하는 많은 식품에 함유되어 있으며, 흡수가 잘 된다.

비타민 C 결핍증은 괴혈병으로 잇몸 출혈, 상처치료 지연과 같은 증세를 가지고 있다. 과량의 비타민 C 섭취는 면역체계에 이로운 효과를 주지만, 일부 사람들은 보충제로 과량을 섭취하였을 때에 부작용이 나타나기고 한다.

괴혈병 scurvy
비타민 C 결핍으로 발생한 상태. 잇몸 출혈, 멍, 상처치료 지연, 피부 민감성 등의 증상이 있다.

콜린 : "새로운" 필수 비타민?
Choline : A "New" Essential vitamin?

과학자들은 인체는 충분한 양의 콜린을 합성할 수 있기 때문에 식품으로 콜린을 섭취할 필요가 없다고 오랫동안 생각하였다. 그러나 최근 연구에서 건강한 사람들이 콜린이 없는 식사(choline-free diet)를 하였을 때에는 간 손상이 발생한다는 보고가 있었다. 또 다른 연구에서는 콜린을 포함하지 않은 정맥영양을 받은 사람들에서 지방간과 간 손상이 발생하였다고 보고하였다.

그래서 미국 의학연구소는 **콜린**을 어떤 상황에 따라서는 필수영양소라고 정의하였다. 연구자들은 모든 사람들에 있어서 콜린이 필수영양소인지 아닌지에 대해서는 아직 명확하지 않지만, 일부 사람들은 콜린 결핍의 위험이 증가할 수 있다고 한다. 그러므로 콜린은 필수영양소라기보다는 조건적(conditionally) 필수영양소라고 할 수 있다.

콜린은 때때로 비타민으로 생각되지만, 이러한 분류는 널리 인정되지는 않는다. 분명한 것은 콜린의 기능에 대해서는 더 많이 연구되어야 한다는 것이다.

콜린의 식품 급원
Dietary Sources of Choline

콜린은 많은 식물성 · 동물성 식품에 함유되어 있는데, 특히 계란, 간, 콩과 식물, 돼지고기에 많이 함유되어 있다. 또한 콜린을 함유하고 있는 물질인 레시틴(lecithin, phosphatidylcholine)은 유화제로 식품에 첨가되는데, 마요네즈나 샐러드 드레싱 등 레시틴이 함유되어 있는 제품을 통해 상당량의 콜린을 섭취할 수 있다. 레시틴은 글리세롤 뼈대와 두 개의 지방산과 하나의 콜린을 함유하고 있는 극성기를 가지고 있는 인지질이다.

인체에서 콜린의 조절과 기능
Regulation and Functions of choline in the Body

식품에 함유된 유리(결합되지 않은) 콜린은 소장에서 흡수되며, 혈액을 타고 간으로 이동한다. 그러나 레시틴의 구성성분으로 흡수된 콜린은 흡수되기 전에 췌장 효소에 의해 글리세롤 뼈대가 잘려야 한다. 소장세포에 의해 흡수된 콜린은 레시틴 분자로 재조합되어 림프로 분비된다. 간으로 이동한 상당량의 인지질은 LDL과 같은 지단백질의 구성성분이 된다.

대부분 건강한 사람에서 콜린은 필수 아미노산인 메티오닌으로부터 비타민 B_{12}와 엽산의 도움으로 쉽게 만들어진다.

콜린은 레시틴과 같은 다양한 인지질과 신경전달물질인 아세틸콜린 합성에 필요하며, 세포막과 지단백질의 중요한 구성성분이다. 또한, 콜린은 근육조절에도 필요하다. 콜린을 필요로 하는 물질 중에는 합성 시에 구조적인 역할로 콜린이 필요하거나, 대사과정에서 단일 탄소 공여자로서 필요한 것이 있다. 콜린의 여러 기능은 아직 밝혀지고 있는 중이다.

콜린 choline
인체가 신경전달물질인 아세틸콜린과 세포막에서 필요한 다양한 인지질을 합성하는 데 사용하는 수용성 물질. 조건적 필수영양소로 간주된다.

콜린의 결핍증, 독성, 영양섭취기준
Choline Deficiency, Toxicity and Recommendations

인간에게 나타나는 콜린 결핍증에 대해서는 거의 알려진 바가 없다. 그러나 콜린 결핍이 성인 남성에서 간 손상을 일으킬 수 있다는 매우 제한된 증거가 있다. 콜린이 결핍되면 간에서 중성지방을 운반하는 초저밀도 지단백질(VLDL)의 생산능력이 손상당하기 때문에 간에 지방이 축적된다.

식품으로 과량의 콜린을 섭취하면 생선 냄새, 발한(perspiration), 타액 과다 분비(salivation), 저혈당, 간 손상 등을 일으킬 수 있다. 이러한 증상들은 바람직한 것은 아니지만 일반적으로 치명적이지는 않다.

콜린에 대한 영양섭취기준을 설정할 만한 충분한 자료가 없으므로, 콜린의 영양섭취기준은 설정되어 있지 않다. 미국의 경우에는 성인 남자와 여자 각기 550 mg/일과 425 mg/일을 섭취할 것을 권장하며, UL은 3.5 g/일(3,500 mg/일)로 설정하였다.

필수개념 *Essential Concepts*

콜린은 최근에 적어도 인체에서는 필수영양소로 간주된 수용성 물질이다. 콜린은 레시틴을 포함하는 여러 인지질의 합성과 신경전달물질인 아세틸콜린 합성에 필요하다. 또한 근육조절과 다양한 대사반응에 사용된다.

콜린의 기능은 아직도 연구되고 있다. 콜린은 많은 식품에서 발견되지만, 특히 계란, 간, 콩과 식물, 돼지고기에서 발견된다. 또한, 레시틴으로 식품에 첨가된다. 콜린 결핍은 일부 사람에서 간 손상을 일으킬 수 있다. 매우 과량의 콜린을 섭취하면 불쾌한 생선 냄새가 난다.

카르니틴
Carnitine

카르니틴은 유아기에는 조건적 필수영양소로 간주되지만 성인에게는 필수영양소가 아니다. 모든 포유동물은 카르니틴을 합성할 수 있지만 신생아에서는 충분하지 않으며, 특히 미숙아인 경우에는 충분히 합성하지 못한다.

카르니틴의 가장 좋은 식품급원은 육류와 우유와 같은 동물성 식품이다. 모유는 상당량의 카르니틴을 공급하고 있으며 유아용 조제식에도 상당량 함유되어 있다. 모유에 많은 양의 카르니틴이 자연적으로 존재하는 것은 카르니틴이 유아기 동안에 조건적 필수영양소라는 가설을 지지해 주고 있다.

신체에서 카르니틴의 조절과 기능
Regulation and Functions of Carnitine in the Body

카르니틴은 소장에서 효과적으로 흡수되며, 아미노산인 메티오닌과 리신으로부터 생산된다. 이 과정에서 철분, 니아신, 비타민 B_6, 비타민 C의 도움이 필요하다.

카르니틴은 지방산이 미토콘드리아 막을 통과할 때에 필요하므로 카르니틴은 신체가 에너지(ATP)를 생산하기 위해 지방산을 사용할 때에 필요하다. 카르니틴 보충제들이 근육 증강이나 운동능력 향상 등에 도움이 된다고 판매되고 있지만, 이러한 효과들에 대한 연구결과들은 제한적이다.

카르니틴의 결핍증, 독성, 영양섭취기준
Carnitine Deficiency, Toxicity, and Recommendations

카르니틴 결핍증은 드물지만 특정한 유전적 조건에서 발생할 수 있는데, 근육 나약 · 저혈당증 · 부정맥(heart irregularity) 등이 있다. 카르니틴 결핍은 식사로 매우 적은 카르니틴을 섭취하는 채식주의자들에게서도 드물다는 것이 카르니틴이 성인에서는 필수영양소가 아니라는 것을 지지하고 있다.

과량의 카르니틴 섭취에 대한 독성은 알려져 있지 않다. 연구자들은 필수영양소로 생각하지 않으며, 과량 섭취도 해로운 것 같지 않아서 영양섭취기준을 설정하지 않았다.

필수개념 *Essential Concepts*

카르니틴이 성인에서는 필수영양소가 아니라고 생각되지만 신생아의 경우는 조건적으로 필수적이다. 카르니틴은 생리적 막에서 지방산 이동에 중요하므로 지질로부터 에너지를 얻는 데 필요하다.

카르니틴은 육류와 유제품에 가장 풍부하게 함유되어 있다. 현재 카르니틴에 대한 영양섭취기준은 설정되어 있지 않다.

요약과 보충제의 사용
Summary and Use of Supplements

수용성 비타민은 수백 가지 목적으로 사용된다. 개별 비타민의 모든 기능을 나열하기는 어렵기 때문에, 기능을 분류하였다. 예를 들어, 모든 수용성 비타민들은 에너지 대사과정에 조효소로 작용을 하며, 일부 비타민들은 DNA 합성에 사용되고, 일부는 항산화제 역할을 한다. 수용성 비타민의 주요 역할의 일반적 분류체계는 **표 10.4**와 같다.

비타민들은 수많은 목적으로 사용되기 때문에 비타민 섭취는 건강에 매우 중요하다. 전곡식품, 과일, 채소가 비타민의 훌륭한 식품 급원이지만, 비타민은 모든 종류의 식품에 함유되어 있다(**표 10.5**).

비타민 보충제 : 현명한 선택을 하기
Vitamin Supplements : Making Wise Choices

식품에서 비타민을 섭취하지 못하는 경우에는 비타민 보충제(vitamin supplement)를 섭취하는 것이 도움이 될 수 있다.

표 10.4 수용성 비타민과 콜린의 일반적인 기능

	티아민 (B_1)	리보플라빈 (B_2)	니아신 (B_3)	판토텐산 (B_5)	비타민 B_6	비오틴 (B_7)	엽산	비타민 B_{12}	비타민 C	콜린[b]
기능										
조효소	X	X	X	X	X	X	X	X		
에너지 대사[a]	X	X	X	X	X	X		X		
항산화 기능									X	
영양소의 상호 전환 또는 활성		X	X		X		X	X	X	
혈액 건강		X		X	X		X	X		
DNA, RNA 합성	X		X				X			
신경/근육기능	X	X			X		X		X	X

[a] 비타민들은 스스로 에너지를 제공하는 영양소는 아니지만 조효소 역할을 통하여 에너지 대사에 관여한다.
[b] 신체에서의 콜린의 역할은 아직도 연구 중이다.

식이보충제라는 용어는 넓은 범위의 제품을 말하는 것으로, 이것은 하나나 그 이상의 비타민 · 무기질 · 아미노산 · 허브 · 다른 식물성 유래 물질 · 식품으로부터 유래한 많은 물질을 함유하고 있다.

다음은 비타민 보충제를 선택할 때 유의해야 할 사항이다.

- **안전성이 가장 중요** : 어떤 보충제의 성분은 특히 과량으로 섭취하였을 때에 독성을 나타낼 수도 있다. 식이보충제를 섭취하기 전에 건강전문가에게 상담을 하는 것이 중요하다.
- **강조문에 대해 두 번 생각하기** : 건전한 건강에 대한 정보는 한 번의 실험이 아니라, 오랜 기간의 연구에 기초를 둔 것이다. "빠른 효과"에 대해 주의하자.
- **잘못된 주장(claim)에 대해 알기**
- **많은 것이 좋은 것이 아니다** : 어떤 제품들은 많은 양을 섭취하였을 때에 해로울 수도 있다. 많은 것이 좋을 것이라고 생각하지 않도록 한다. 많은 것이 독이 될 수도 있다.
- **"자연적(natural)"이라는 말이 항상 안전하다는 것을 의미하지는 않는다** : "자연적"이라는 용어는 단순히 합성되거나 인간이 만들지 않았다는 것을 의미한다. 이것이 건강에 좋다거나 안전성을 보장한다는 것은 아니다.

언제 보충제 섭취를 생각해야 하는가?
When Should You Consider Taking a Supplement?

언제 보충제를 섭취해야 하는지에 대한 명확한 규칙은 없다. 그러나 다양하고 균형잡힌 식사를 하지 못하는 경우에는 적절한 양의 필수영양소를 섭취함으로써 식이보충제에 도움이 된다.

식이보충제 dietary supplements
비타민, 무기질, 아미노산, 허브, 다른 식물성 유래 물질, 식품으로부터 유래한 많은 물질을 함유하고 있는 식사를 보충하는 의도를 가지고 있는 제품

표 10.5 수용성 비타민들과 콜린의 주요 식품 급원

식품 종류

	곡류	채소	과일	유제품	육류와 계란	내장 고기	해산물	너트와 종자류	콩과 식물	버섯
수용성 비타민										
티아민 (B_1)[a]	X				X		X		X	
리보플라빈 (B_2)[a]	X	X		X	X	X				X
니아신 (B_3)[a]	X				X	X	X			X
판토텐산 (B_5)	X	X		X	X	X	X	X	X	X
비타민 B_6	X	X	X		X	X	X		X	
비오틴 (B_7)		X			X		X	X	X	X
엽산[a]	X	X	X			X			X	
비타민 B_{12}				X	X	X	X			
비타민 C		X	X						X	
콜린					X	X	X	X		

[a] 강화 시리얼에 첨가된다.

다음은 보충제를 섭취해야 하는 여러 상황이다.

- 시간제한이나 조리를 할 수 없어서 식품의 다양성과 섭취가능성이 제한되었을 경우
- 특정 식품을 섭취하지 않는 경우
- 빠른 성장과 발달을 하는 시기
- 경제적인 상태가 어려울 때
- 체중감소를 위해 저열량식사를 할 때
- 영양소 요구량이 증가된 특별한 경우

위와 같은 상황에서는 적당량의 필수 비타민과 무기질이 함유되어 있는 보충제를 섭취하는 것이 해롭지 않으며, 도움이 될 수 있다. 그러나 이러한 보충제를 섭취하는 것이 처방된 약물이나 건강한 식사를 통한 다양한 식품섭취를 대신할 수는 없다.

또한, 매일 섭취하는 비타민과 무기질의 양이 각각의 UL을 초과해서는 안 된다. 그리고 정기적으로 약물을 섭취하는 노인의 경우에는 어떤 보충제를 얼마나 섭취하는가를 기록하고 건강전문가와의 상담이 중요하다.

필수개념 *Essential Concepts*

수용성 비타민이 풍부하게 포함되어 있는 식품에 대한 정보는 많이 있으며, 얼만큼 섭취해야 하는지는 식품구성탑 등을 이용하여 알 수 있다. 그러나 때때로 수용성 비타민을 적당량 섭취하는 것이 어려울 수 있으며, 이런 경우는 식이 보충제를 사용하기도 한다. 건강전문가들은 섭취량이 UL을 넘지 않아야 하며 무엇을 섭취하는지에 대해서 기록해둘 것을 권장하고 있다.

연습 문제 Review Questions

1. 신체에 쉽게 저장되는 비타민은 무엇인가?
a. 티아민 b. 리보플라빈
c. 비타민 B_{12} d. 비타민 C

2. 각기병은 어떤 비타민의 결핍에 의해 발생하는가?
a. 리보플라빈 b. 티아민
c. 비타민 B_6 d. 엽산

3. ________의 저장을 위해 우유는 불투명한 용기나 종이에 보관한다.
a. 니아신 b. 비오틴
c. 엽산 d. 리보플라빈

4. 신체에서 아미노산인 트립토판으로부터 합성되는 비타민은 무엇인가 ?
a. 비타민 C b. 콜린
c. 니아신 d. 판토텐산

5. 합성과정에서 판토텐산을 필요로 하는 물질은 무엇인가 ?
a. NAD^+ b. 코엔자임 A (CoA)
c. $FADH_2$ d. 콜라겐

6. 소적혈구성 빈혈(Microcytic anemia)는 어떤 비타민의 부족으로 발생하는가?
a. 비타민 B_6 b. 엽산
c. 비타민 B_{12} d. 티아민

7. 엽산은 체내에서 일어나는 여러 반응 중 어떤 반응에 필요한가?
a. 카르복실화 반응 b. 탈카르복실화 반응
c. 산화환원 반응 d. 단일탄소 운반 반응

8. 코발트를 구성성분으로 하는 비타민은 무엇인가?
a. 엽산 b. 비타민 B_{12}
c. 비타민 B_6 d. 비타민 C

9. 다음 중 자기면역질환에 의해 발생하는 비타민과 관련된 상태는 무엇인가?
a. 괴혈병 b. 펠라그라
c. 리보플라빈 결핍증 d. 악성빈혈

10. 신체에서 비타민 C의 주요기능은 무엇인가?
a. 에너지 대사에서의 조효소 작용
b. 항산화 기능
c. 지질 합성
d. 세포성장 조절

11. 각 수용성 비타민의 좋은 식품 급원을 두 가지 이상 말해 보라.

12. 엽산 결핍은 때로 비타민 B_{12} 결핍을 "가리는(masking)" 경우가 있다. 그 이유는 무엇인가?

13. 항산화기능은 무엇이며 비타민 C의 항산화 기능의 두 가지 예를 들어 보라.

실천 문제 Practice Calculations

1. 식품성분표를 이용하여 다음 점심 식사에 함유되어 있는 엽산 양을 계산해 보아라. 그리고 식사로 자신의 엽산 권장섭취량의 몇 %를 섭취할 수 있는지 계산하라.

또한 엽산 섭취 양을 증가시키기 위해서 어떤 식품을 대체하면 좋을지를 생각해 보라.

(점심식사 : 흰 빵으로 만든 햄버거, 작은 크기의 감자튀김, 콜라 1잔)

2. 식사구성안을 이용하여 자신에게 맞는 채소와 과일군의 섭취량을 알아보고, 자신이 좋아하는 채소와 과일을 선택하라.

선택한 채소와 과일에 함유되어 있는 비타민 C의 양을 계산하고 이것이 자신의 권장섭취량의 몇 %에 해당하는지를 계산해 보라.

알코올과 건강
Alcohol and Health

건배를 하는 풍습은 축하하는 가장 오래된 전통이다.

축하주를 마시는 것은 매우 오래된 전통이다. 그러나 이렇게 오래 전부터 마셔온 음료는 많은 고통을 가져오기도 한다. 대부분의 경우에 술을 마시는 것은 자신이나 다른 사람에게 해를 주지 않지만, 오랜 기간 과량으로 마시는 사람에게 알코올이 생리적 · 정신적 중독을 일으킨다는 것은 잘 알려져 있다.

현재 전 세계적으로 수많은 사람들이 술을 끊기 위해 도움을 청하고 있다. 어떤 사람들은 술 섭취를 조절할 수 있지만, 왜 일부 사람들은 그렇게 할 수 없는 지에 대해서는 쉽게 설명할 수 없다. 유전적인 요인이 작용한다고 하지만 그 밖에도 여러 가지 요인들이 영향을 준다.

과학자들은 알코올이 건강에 이로운지 해로운지에 대해 오랫동안 논쟁을 해 오고 있다. 적당량의 알코올을 섭취하면 중년 이상의 성인에게서 심장병의 위험을 낮출 수 있으며, 심지어 제 2 형 당뇨병과 담석증에도 보호적인 역할을 한다는 보고가 있다.

그러나 과잉섭취하면, 판단력을 잃게 되고 중독되며, 간 · 췌장 · 심장 · 뇌에 손상을 일으킬 수 있다. 심한 음주의 경우에는 사고와 암의 위험을 증가시키며, 임신한 아이에게 심각한 해를 입힐 수 있다.

알코올은 섭취하는 양, 빈도, 섭취하는 환경에 의해 이롭거나 해를 줄 수 있다. 책임을 질 수 있을 정도로 적당하게 섭취하면, 알코올은 신체적 · 사회적 · 정신적인 피해를 주지 않으며 오히려 이로울 수도 있다.

그러나 모든 음주자가 적당량 마시는 것은 아니며, 미국에서 알코올 중독자와 관련된 비용이 매년 1,800억 달러 이상이라고 보고되고 있다.

그러므로 미국에서는 식사지침에서 알코올 섭취는 적당하게 하라는 것을 명시하고 있다. 여기서는 알코올이 체내에서 어떻게 대사되며 건강에 어떤 영향을 주는지에 대해서 논의하였다.

알코올과 알코올 흡수
Alcohol and Alcohol Absorption

술을 많이 마시는 사람과 같이 있었던 경험이 있는 사람은 알코올이 사람의 마음을 변화시키는 약물(drug)이라는 것을 알 수 있을 것이다. 실제로 대부분의 사람은 알코올의 영향을 받을 때 다른 행동을 한다. 그러므로 알코올은 단순히 하나의 물질이 아니라 신체에 심각한 영향을 주는 것이다.

알코올이란 무엇인가?
What Is Alcohol?

알코올은 공통적인 화학구조(하나의 −OH기가 하나의 탄소 원자에 결합되어 있다 : C−OH)를 가지고, 휘발성이 강하며, 물에 녹는 특징을 가지고 있다. 많은 종류의 알코올이 있으며, 대부분은 마시기에 안전하지 않다. 예를 들어, 메탄올(methanol)은 부동액(antifreeze)을 만들 때 사용하는데, 마시면 치명적이다. 알코올 음료에 포함되어 있는 알코올은 **에탄올**로 화학구조식은 C_2H_5OH이다. 알코올은 영양소는 아니지만 1 g에 7 kcal를 낸다. 알코올 음료의 열량 함량은 **표 10.6**과 같다.

발효과정은 수천년 전에 발견되었지만 현재에도 알코올 생산을 위해 사용되고 있다. 발효는 단일 세포 미생물인 효모(yeast)가 과일과 곡류에 함유되어 있는 당류(sugar)를 대사하는 것을 말한다.

여기에는 당분해라는 대사과정이 포함된다. 혐기성 상태에서 효모는 포도당을 피르브산으로 전환시키며, 이것이 알코올로 전환된다. 이 과정에서 이산화탄소가 분비된다**(그림 10.16)**.

당분해과정 중에 조효소인 NAD^+는 NADH +

알코올 alcohol
하나 이상의 하이드록시(−OH)기가 탄소원자에 결합되어 있는 유기물질

에탄올 ethanol
효모에 의해 당이 화학적으로 분해되어 생산되는 알코올

발효과정 fermentation
효모가 화학적으로 당을 분해하여 에탄올과 이산화탄소를 생산하는 과정

표 10.6 일부 알코올 음료의 알코올과 에너지 함량

음료	1회 분량(oz.)	에너지(kcal)[a]	알코올(g)
맥주(light beer)	12	103	11
맥주	12	139	13
백포도주	5.0	98	14
적포도주	5.0	98	14
증류주(진, 럼, 보드카, 위스키)			
80 proof	1.5	97	14
86 proof	1.5	105	15
90 proof	1.5	110	16
94 proof	1.5	116	17
100 proof	1.5	124	18
크림 드 민트(Creme de menthe)	1.5	186	15
다이키리(Daiquiri) 칵테일	4	224	14
위스키 사우어 칵테일	4.5	226	19
피나콜라다 칵테일	4.5	245	14

1 oz.는 약 30ml 임.

[a] 맥주와 같은 일부 알코올 음료는 알코올 이외에 에너지를 내는 다른 영양소를 함유하고 있다.
(번역자 주: proof는 알코올 음료의 표준 강도를 말한다.)
자료 : USDA National Nutrients Database for standard Reference. Available from: http://www.nal.usda.gov/fnic/foodcomp/search/.

그림 10.16 발효

발효과정에서 효모는 당을 대사시켜서 알코올을 생산한다.

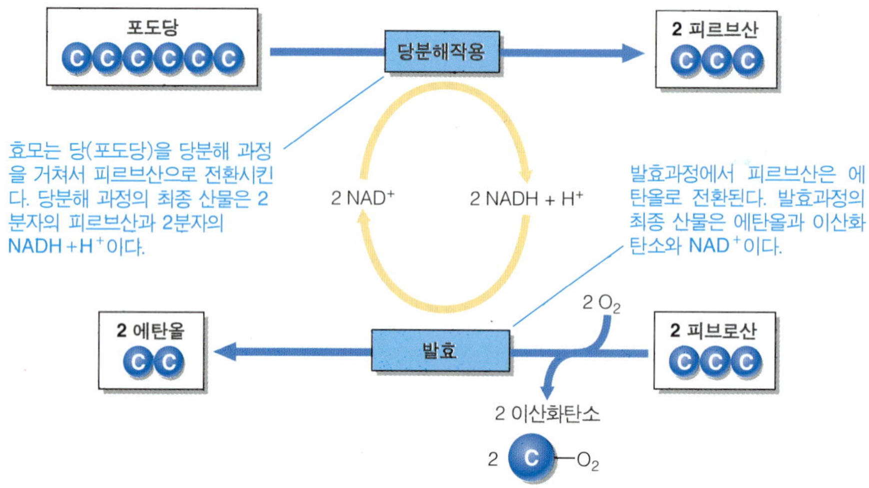

H^+로 전환되는 반면, 발효과정에서는 NADH + H^+가 NAD^+로 전환된다. 알코올 함량이 10~14%가 되면 발효과정은 자연적으로 정지된다.

알코올 음료에 함유되어 있는 알코올의 양은 **증류**과정에 의해 증가될 수 있다. 증류과정동안에 발효된 음료는 가열되고, 알코올은 증기와 같은 기체로 변하게 된다. 알코올 증기는 모아서 다시 냉각하면 액체가 된다.

이러한 순수 알코올 농축액은 진 · 보트카 · 위스키와 같은 증류된 알코올 음료를 생산하는 데 사용된다. 증류된 알코올 음료는 "hard liquor"라고도 하며, 알코올 양을 **프루프**(proof)라고 표시한다. 예를 들어, 80proof로 표시되어 있는 증류주는 40%의 알코올을 함유하고 있다.

알코올 흡수 Alcohol Absorption

알코올을 섭취하면, 알코올은 소화과정 없이 단순 확산에 의해 혈액으로 쉽게 흡수된다. 일부 알코올은 위에서 흡수되지만 대부분의 알코올 흡수(80%)는 소장에서 일어난다.

알코올 흡수속도는 여러 요인에 의해 영향을 받는다. 예를 들어, 알코올은 공복에 마시면 더 빨리 흡수된다. 위에 음식물이 들어 있으면 알코올을 희석하고 위 배출을 지연시킬 수 있기 때문이다. 결과적으로 알코올은 소장에 빨리 도착할 수 없다.

함께 섭취하는 식품의 종류가 알코올 흡수 속도에 미치는 영향은 측정할 수 없지만 음료에 함유된 알코올 농도는 영향을 준다. 알코올 농도가 30%(60 proof) 이하인 경우에는 빠르게 흡수된다. 높은 알코올 농도는 위 배출 시간을 지연시켜서 천천히 흡수된다.

알코올의 순환과 혈중 알코올 농도 Alcohol Circulation and Blood Alcohol Concentration

일단 흡수된 알코올은 혈액으로 들어가서 신체를 순환하게 된다. **혈중 알코올 농도**라는 용어는 혈액내 알코올 양을 말한다. 예를 들어, BAC가 0.10인 사람은 혈액 100ml 안에 0.1g의 알코올이 함유되어 있다는 것이다.

증류 distillation
알코올 증기의 수집과 응축에 의해 농축된 알코올 음료를 만드는 데 사용되는 과정

프루프 proof
증류주에 함유된 알코올 양의 측정단위

혈중 알코올 농도 blood alcohol concentration(BAC)
혈액내 알코올 수준을 설명하는 측정단위

그림 10.17 혈중 알코올 농도(BAC)

혈중 알코올 농도의 추정은 알코올 섭취량, 체중(파운드), 성별을 기초로 한다.

남성

체중 (lbs) \ 시간당 섭취하는 술잔 수	1	2	3	4	5	6	7	8	9
100	.04	.08	.11	.15	.19	.23	.26	.30	.34
120	.03	.06	.09	.12	.16	.19	.22	.25	.28
140	.03	.05	.08	.11	.13	.16	.19	.21	.24
160	.02	.05	.07	.09	.12	.14	.16	.19	.21
180	.02	.04	.06	.08	.11	.13	.15	.17	.19
200	.02	.04	.06	.08	.09	.11	.13	.15	.17
220	.02	.03	.05	.07	.09	.10	.12	.14	.15
240	.02	.03	.05	.06	.08	.09	.11	.13	.14

여성

체중 (lbs) \ 시간당 섭취하는 술잔 수	1	2	3	4	5	6	7	8	9
100	.05	.09	.14	.18	.23	.27	.32	.36	.41
120	.03	.08	.11	.15	.19	.23	.27	.30	.34
140	.03	.07	.10	.13	.16	.19	.23	.26	.29
160	.03	.06	.09	.11	.14	.17	.20	.23	.26
180	.03	.05	.08	.10	.13	.15	.18	.20	.23
200	.02	.05	.07	.09	.11	.14	.16	.18	.20
220	.02	.04	.06	.08	.10	.12	.14	.17	.19
240	.02	.04	.06	.08	.09	.11	.13	.15	.17

표시

운전능력이 손상당한다.　법적인 음주운전기준 (미국)1잔 = 80 proof인 독한 술 1.5 oz.; 와인 5 oz.; 맥주 12 oz.

한 잔의 알코올 음료를(맥주 12 oz., 와인 5 oz., 80 proof 증류주 1.5 oz.) 마시면 20분 내에 BAC가 올라가며 30분에서 45분이 되면 최고점에 이른다. 더 많은 알코올을 섭취하면, 알코올은 혈액에 축적되고, 알코올의 대사속도는 알코올의 흡수속도보다 늦어진다. 알코올이 혈액에 축적되면 독성이 나타난다. BAC 0.05는 우리나라의 음주운전 기준이다 **(그림 10.17)**.

알코올은 물에 녹으면서 지질에도 녹는 특별한 성질을 가지고 있다. 지질에 녹는 물질로서 알코올은 세포막을 쉽게 통과할 수 있다. 물에 녹는 물질로 알코올은 세포의 물로 채워진 환경(세포내 공간)과 바깥 환경(세포외 공간)에 분포할 수 있다.

신체의 조직들에 함유된 수분함량이 서로 다르기 때문에 조직에 따라 알코올을 받아들이는 속도도 다르다. 예를 들어, 근육과 같은 조직들은 지방조직에 비해 수분을 많이 함유하고 있어서 신체 구성성분도 BAC에 영향을 줄 수 있다. 예컨대 체중이 비슷한 두 사람이 같은 양의 알코올을 섭취하였을 때에는 근육을 많이 가지고 있는 사람이 BAC가 낮다. 반대로 지방조직은 작은 양의 알코올을 받아들이기 때문에 더 많은 양의 알코올이 혈액내 남아 있게 된다. 혈액이나 체액을 많이 함유하고 있는 체격이 큰 사람은 알코올 농도를 희석시킬 수 있다. 그러므로 같은 양의 알코올을 섭취하였을 때, 체격이 큰 사람이 적은 사람에 비해 BAC가 낮은 경우가 있다.

중앙신경계에 대한 알코올의 효과
Effects of Alcohol on the Central Nervous System

알코올은 뇌 활동을 안정시키기 때문에 중앙신경계의 안정제로 분류된다. 소량의 알코올 섭취는 사람들을 즐겁게 한다. 이러한 즐거운 기분이 생기는 것은 알코올이 사고와 행동을 감지하는 뇌의 일부분을 억제하기 때문이다.

탈억제 disinhibition
억제 상실

표 10.7 알코올 중독의 단계

BAC(g/dL 혈액)	단계	관찰할 수 있는 효과
0.01~0.03	무증상(subclinical)	• 일상적인 관찰에 의해 행동이 거의 정상적임. • 사회적이 됨 ; 말이 많아지고, 자신감이 증가함. • 억제감소 ; 주의력 감소, 판단력 변화
0.03~0.09	다행증(euphoria)	• 감각-운동 손상 시작 ; 미세수행시험(finer performance test)에서 능률상실 • 감정적 불안정 ; 중요한 판단력 상실 • 지각능력 손상 ; 기억력, 이해력 • 감각반응 감소 ; 반응시간 지연
0.09~0.25	흥분(excitement)	• 예민한 시력 감소 ; 주변시야(peripheral vision)와 부심에서의 회복(glare recovery) • 감각-운동 손상 감소 ; 평형감각 손상 • 졸음 • 방향감각 상실 ; 전신적 혼동, 어지러움. • 감정이 과장된 상태 • 시력장애, 색, 형태, 움직임과 크기 인지 장애
0.25~0.30	의식장애(confusion)	• 통증 역치 증가 • 근육 조화의 감소 ; 비틀거리는 걸음; 분명하지 않은 언어 • 무감정, 기면(lethargy) • 일반적인 무력증 ; 운동 기능상실 • 자극에 대한 반응의 심각한 상실
0.30~0.40	혼미(stupor)	• 근육조화 부족 ; 서 있거나 걷지 못함. • 구토 ; (대소변의) 실금 • 의식손상 ; 수면 또는 혼미 • 완전한 의식불명 • 반사(reflex) 감소 및 손실
0.40~0.45	혼수상태(coma)	• 체온 저하 • 혈액순환과 호흡 손상 • 사망할 수 있음
0.45^{+}	죽음(Death)	• 호흡정지로 인한 죽음.

자료 : Mason MF, Dubowski KM. Alcohol, traffic, and chemical testing in the United States: A résumé and some remaining problems. *Clinical Chemistry*. 197;20:126–40.

알코올이 이러한 뇌의 일부분을 억제하는 효과를 **탈억제**라고 한다. 다른 말로, 알코올은 일시적으로 억제를 상실하여 사람들이 편안함을 느끼고 좀더 외향적이 되게 만든다.

그러나 탈억제는 판단력과 이성을 손상시킬 수도 있다. 또한 BAC가 증가함에 따라 언어, 시력, 수의근 운동을 조절하는 두뇌 부위가 억제되어 치명적인 수준에 이르게 할 수 있다. **표 10.7**은 혈액 알코올 농도에 따른 뇌의 반응을 요약해 놓은 것이다.

필수개념 *Essential Concepts*

맥주, 와인, 증류주에 함유되어 있는 알코올은 에탄올로 발효과정을 통하여 생산된다. 발효과정에서 효모는 당분을 대사시킴으로써 에탄올을 생산한다. 알코올을 농축시키기 위해, 발효주는 증류과정을 거쳐서 진과 보드카와 같은 독한 술(hard liquor)을 생산할 수 있다.

알코올은 소화과정이 필요 없으며, 일부는 위에서 흡수되고 나머지는 소장에서 흡수되어 혈액으로 들어온다.

알코올을 식품과 같이 섭취하지 않으면, 위로부터의 알코올 흡수가 증가한다.

일단 흡수되면 알코올은 혈액 내를 순환하고, 이러한 농도는 혈중 알코올 농도(BAC)로 표현된다. BAC가 높으면, 중독되며 손상을 입는다. 알코올은 수용성이며, 수분함량이 많은 근육과 같은 체조직은 지방조직과 같이 수분함량이 적은 조직에 비해 많은 양의 알코올을 받아들인다. 그러나 알코올은 지용성이므로 세포막을 쉽게 통과한다. 알코올은 중앙신경계의 안정제이며, 뇌의 활동을 안정화시키는 작용을 한다. 알코올이 혈액 내에 낮은 농도로 있으면 탈억제 작용을 하지만, 높은 농도로 있으면 언어, 수의운동, 조정 등이 손상되고 의식 불명이 일어날 수도 있다. 매우 높은 농도는 치명적일 수 있다.

알코올 대사
Alcohol Metabolism

대사되지 않은 적은 양의 알코올은 호흡을 통해 폐로, 땀을 통해 피부로, 신장에서 요를 통해 체외로 배출된다. 그러나 대부분의 알코올은 간에서 대사된다.

그러나 일정 시간 안에 대사될 수 있는 알코올 양에는 제한이 있다. 평균적으로 한 시간당 순수한 알코올 0.5 oz.(약 15 ml)를 대사할 수 있다. 예를 들어, 12 oz.의 맥주에 함유되어 있는 알코올은 약 1시간 안에 대사될 수 있다.

알코올 대사는 두 가지 경로가 있는데, 알코올 탈수소효(alcohol dehydrogenase ; ADH)경로와 미소체의 에탄올 산화 시스템(micro-somal ethanol-oxidizing system ; MEOS)이다.

알코올 탈수소효소 경로
The Alcohol Dehydrogenase (ADH) Pathway

경미하거나 적당한 음주를 하는 경우에는 대부분의 알코올은 두 단계의 효소 체계를 가지고 있는 **알코올 탈수소효소 경로**를 통해 대사된다. 첫 번째 단계는 주로 간의 세포질에서 발견되는 **알코올 탈수소효소**를 필요로 한다. 그러나 ADH는 위 세포에서도 생산되므로 실제적으로 적은 양의 알코올은 혈액에 들어오기 전에 대사된다.

그림 10.18에서 보이는 바와 같이 ADH는 알코올을 아세트알데히드(acetaldehyde)로 전환시키고, NADH + H^+를 생산한다. 아세트알데히드는 독성물질이므로 이것은 빠르게 대사되어야 한다. 아세트알데히드가 축적되면, 일부는 간에서 혈액으로 이동하여 일반적으로 숙취라고 하는 두통 · 메스꺼움 · 구토와 같은 불쾌한 부작용을 야기시킨다.

ADH 경로의 다음 단계는 **아세트알데히드 탈수소효소**가 관여하는 것으로 아세트알데히드를 아세트산으로 전환시킨다. 이 반응에는 수소 이온을 이동시키기 위한 NAD^+가 필요하며, 이것은 NADH + H^+를 형성한다.

아세트산은 코엔자임 A(CoA)와 결합하여 아세틸 CoA를 형성한다. 이 단계에는 아세틸 CoA 합성효소(acethy-CoA synthase)가 필요하다.

아세틸 CoA는 구연산회로로 들어가서 대사된다. 한 분자의 알코올이 아세트산으로 대사되면서 약 6분자의 ATP가 발생한다. 아세틸 CoA는 구연산회로를 경유하여 부가적인 에너지(ATP)를 생산한다.

유전과 알코올 대사
Genetics and Alcohol Metabolism

유전적인 차이가 ADH와 ALDH의 효소 활성에 영향을 준다는 연구가 있는데, 알코올 대사가 매우 어려운 사람이 있다. 예를 들어, 아시아 사람들은 기능이 낮은 ALDH를 가지고 있는 비율이 높다. 이러한 사람들은 알코올을 섭취하였을 때에 아세트알데히드 농도가 빠르게 증가하고 혈관이 확장되며, 두통과 안면홍조가 나타난다.

알코올을 대사하는 효소에서의 차이는 남녀에서도 나타난다. 예를 들어, 여성은 남성에 비해 위에 있는 ADH의 활성이 낮아서 알코올을 대사시키기 어려울 수 있다. 이 점이 여성이 남성에 비해 알코

알코올 탈수소효소 경로 alcohol dehydrogenase pathway
간에서 알코올을 화학적으로 분해하는 주요 대사경로

알코올 탈수소효소 alcohol dehydrogenase (ADH)
알코올을 아세트알데히드로 대사시키는 주로 간에서 발견되는 효소

아세트알데히드 탈수소효소
acetaldehyde dehydrogenase (ALDH)
아세트알데히드를 아세트산으로 전환시키는 효소

그림 10.18 알코올 대사

알코올 탈수소효소(ADH) 경로와 미소체의 에탄올 산화 시스템(MEOS) 경로에 의해 알코올이 대사된다.

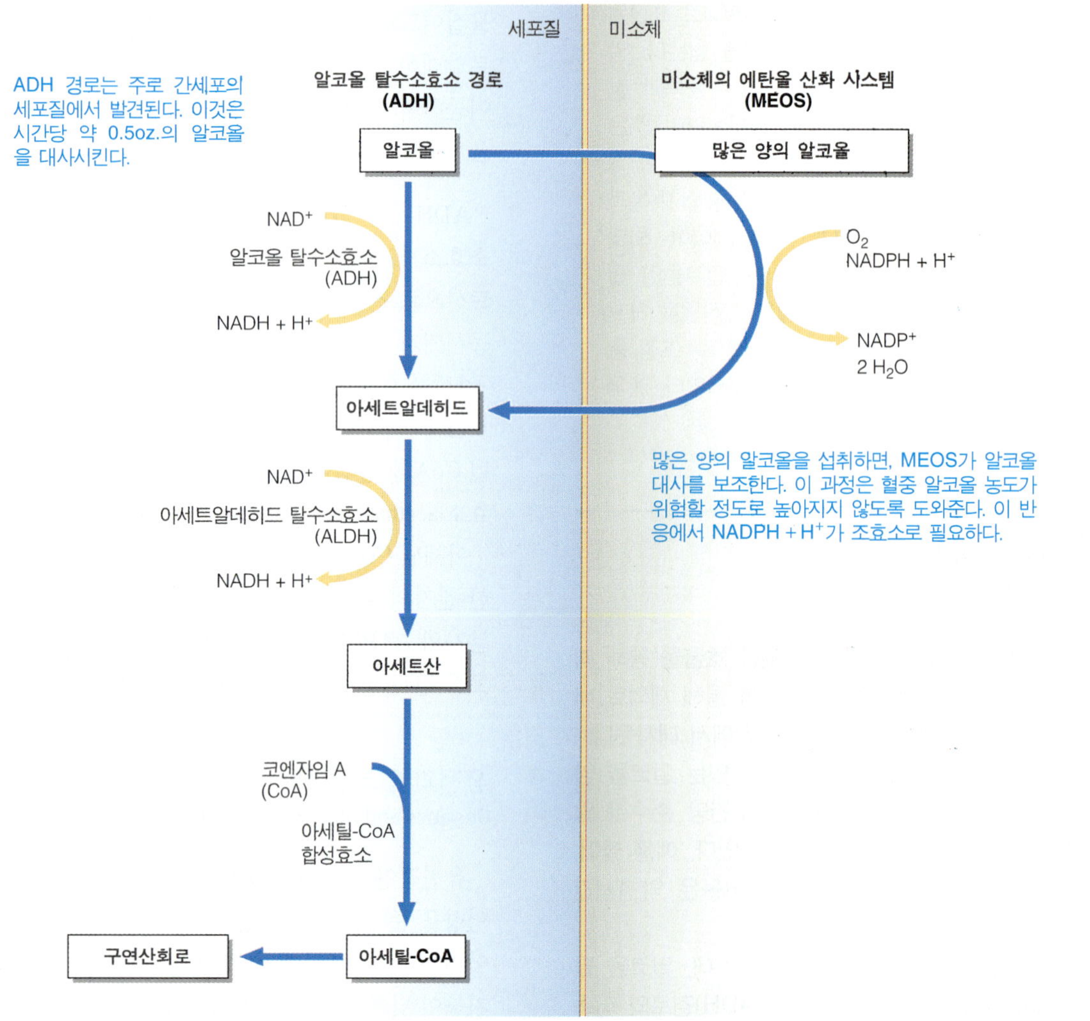

올과 관련된 건강문제가 더 쉽게 발생하는 원인이기도 하다.

미소체의 에탄올 산화 시스템
The Microsomal Ethanol-Oxidizing System (MEOS)

과량의 알코올을 섭취하면, 일부는 **미소체의 에탄올 산화 시스템**이라고 하는 다른 경로에 의해 대사된다. 이것은 혈중 알코올 농도가 위험할 정도로 높게 올라가는 것을 예방하는 데 도움이 된다.

이것은 과량으로 음주하는 일부 사람들의 경우, 알코올에 대한 **내성**이 생기는 것에 대한 이유이다. 높은 알코올 내성을 가지고 있는 사람은 알코올을 빠르게 대사하여 취한다는 느낌이 들기 전에 과량의 알코올을 섭취할 수 있게 된다. 또한 MEOS는 알코올 이외의 다른 약물도 대사시킬 수 있다.

미소체의 에탄올 산화 시스템
microsomal ethanol-oxidizing system (MEOS)
과량으로 섭취하였을 때 알코올대사에 사용되는 경로

내성 tolerance
높고 반복적인 약물 노출에 대한 감소된 효과

그러므로 과음을 하는 음주자의 경우, 때때로 다른 물질에 대한 **교차내성**을 가지고 있을 수 있다.

다시 말해서, 알코올에 내성을 가지고 있는 사람은 다른 약물에도 내성을 가지고 있을 수 있다. 그러나 알코올 대사가 다른 약물을 대사시키는 것보다 더 잘 일어난다. 결과적으로 교차 내성을 가지고 있는 사람이 과량으로 음주를 하면 약물 농도가 혈액에 위험할 정도로 높아질 수 있다. 그러므로 일부 약물은 술과 함께 섭취하면 위험할 수 있다.

ADH 경로가 세포의 체액이 채워져 있는 곳에서 일어난다면, MEOS 경로는 **미소체** 안에서 일어난다. 미소체는 작은 구형의 낭으로 소포체(endoplasmic reticulum) 안에 박혀 있다.

MEOS는 산소를 이용하고, 조효소인 NADPH + H^+가 알코올을 아세트알데히드로 전환시키도록 사용한다. ADH 경로에서는 NADPH + H^+를 생산하는 반면에 MEOS 경로에서는 실제로 에너지를 사용한다.

더욱이 MEOS 경로에 의해 대사될 때, 알코올로부터 분비된 에너지는 체내 에너지를 공급하기보다는 열로 손실된다. 이것이 과음을 하는 사람들이 많은 에너지를 섭취하지만 체중감소가 나타나기도 하는 이유이다.

알코올 대사가 간에 미치는 영향
The Impact of Alcohol Metabolism on the Liver

빈번하고 만성적인 알코올 섭취는 정상적인 간 기능을 방해할 수 있다. 이것은 알코올 대사의 주요 부산물인 아세트알데히드와 NADPH + H^+ 때문이다. 아세트알데히드의 축적은 간에 피해를 주고 간 기능을 손상시킨다. 더욱이 알코올 대사는 간에서 NADPH + H^+수준을 높이고 NAD^+수준을 낮춘다. 결과적으로 NAD^+와 관련된 여러 효소의 활성에 제한을 가져온다. 당분해 작용의 최종 산물인 피브르산은 아세틸CoA로 전환되기 위해서 NAD^+를 필요로 한다.

NAD^+가 적으면 피브르산은 대신에 젖산으로 전환된다(**그림 10.19**). 혈액 내에 젖산 농도가 높으면, 요로 요산을 배설시키는 능력이 감소한다. 요산은 퓨린 대사과정에서 형성되는 질소를 함유하고 있는 노폐물로 혈액 내 요산의 농도가 높아지면, **통풍**

교차내성 cross-tolerance
한 약물에 대한 내성은 다른 유사한 약물에 내성을 야기시킨다.

미소체 microsome
소포체와 관련 있는 세포내 소기관

통풍 gout
관절에 요산의 축적으로 생기는 상태

그림 10.19 만성적인 알코올 섭취는 피르브산이 아세틸-CoA로 전환되는 것을 방해한다.

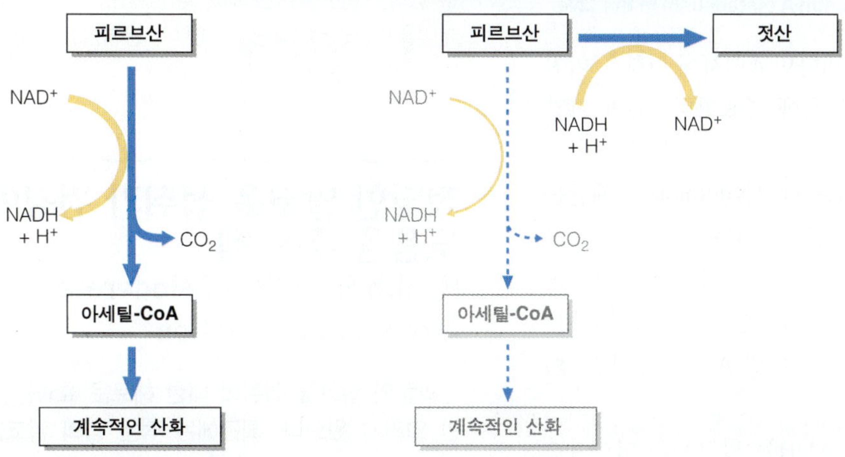

정상적으로 피르브산은 NAD^+의 도움으로 아세틸 CoA로 전환된다.

과량의 알코올 섭취는 NAD^+ 수준을 고갈시키고, 피르브산이 아세틸 CoA로 전환되는 것을 억제한다. 간은 피르브산을 아세틸 CoA로 전환시키는 대신에 젖산으로 전환시키며 NAD^+를 생성한다.

(gout)을 발생시킬 수 있다. 통풍은 요산의 과잉생산으로 인한 요산 결정이 관절에 축적되어 생긴 것으로, 통풍을 가지고 있는 사람들은 술의 섭취를 금하도록 권고받고 있다.

알코올이 간에서 지질대사에 미치는 영향 Effects of Alcohol on Lipid Metabolism in the Liver

알코올 대사는 간에서 지질을 축적시킬 수 있다. 이러한 지질 축적은 다음과 같은 원인에 의해 일어난다.

- 지방산 분해 (β-산화) 감소
- 혈액으로부터 지방산의 유입 증가
- 지방산 합성과 중성지방 형성(지방생성, lipogenesis) 증가
- 간으로부터 혈액으로의 중성지방 운반 감소

고농도의 NADPH + H^+는 간에서의 지방축적의 중요한 요인이다. NADPH + H^+농도가 높으면 구연산 회로로 들어가는 아세틸-CoA 양이 감소한다. 그 대신에 아세틸-CoA는 지방산 합성에 사용되고, 중성지방을 합성하게 된다. 만성적인 과량의 알코올 섭취에 의한 지방생성 효과는 간에 중성지방 축적을 일으켜서 **지방간** 상태를 발생시킨다.

알코올이 간에서 비타민 A 대사에 미치는 영향 Effects of Alcohol on Vitamin A Metabolism in the Liver

과음을 하면 간에서 비타민 A대사에 영향을 미친다. 비타민 A는 시력보호에 중요하며, 특히 야간(night)에 중요하다.

비타민 A의 한 형태는 레티놀(retinol)로 에탄올과 같이 레티놀을 대사하는 데에는 ADH가 필요하다. 특이적으로 ADH는 레티놀(비타민 A의 알코올 형)을 비타민 A의 다른 형태인 야간 시력(night vision)에 중요한 레티날(비타민 A의 알데히드 형)로 전환시킨다.

과음을 하는 경우에 ADH는 알코올을 대사시키는 데에 더 선호적으로 사용된다. 그러므로 알코올을 섭취하면 적은 양의 레티날이 합성되어 특히 야간 시력에 문제를 일으킬 수 있다.

필수개념 Essential Concepts

간은 섭취한 대부분의 알코올을 대사시킨다. 알코올 대사에 사용되는 두 가지 경로는 알코올 탈수소효소(alcohol dehydrogenase ; ADH) 경로와 미소체의 에탄올 산화 시스템(microsomal ethanol-oxidizing system ; MEOS)이다.

알코올을 적당히 섭취하면 ADH 경로가 사용된다. 과잉으로 섭취하는 동안에 MEOS가 과잉섭취에 반응하여 증가하며, 이것이 일부 사람들에서 알코올 내성이 나타나는 이유이다.

MEOS는 다른 약물도 대사시킬 수 있으므로 과음을 하는 사람들은 약물과 알코올에 대한 교차내성을 발생시킬 수 있다.

ADH 경로는 알코올 탈수소효소(ADH)와 알데히드 탈수소효소(ALDH)라는 효소를 사용한다. ADH는 알코올을 아세트알데히드로 전환시키며, NADH + H^+를 생산한다. 다음에 ALDH는 아세트알데히드를 아세트산으로 전환시키며 NADH + H^+를 생성한다. 이 효소들의 유전적인 차이는 알코올을 대사시킬 수 있는 개인의 능력에 영향을 준다.

MEOS도 역시 사용하는 효소는 다르지만 알코올을 아세트알데히드로 전환시킨다. 아세트알데히드와 NADH + H^+의 축적은 건강에 심각한 문제를 일으킬 수 있다.

예를 들어, 아세트알데히드는 간의 구조와 기능에 영향을 주며, NAD^+와 NADH + H^+ 사이의 불균형은 NAD^+와 관련된 효소에 영향을 줄 수 있다. 또한 과음을 하는 사람들은 젖산의 생산이 증가하거나 비타민 A 대사가 방해받고 간에 중성지방이 축적될 수 있다.

적당한 알코올 섭취가 건강에 도움을 주는 점 Health Benefits of Moderate Alcohol Consumption

과량의 알코올 섭취에 대한 해로운 효과는 오랜 동안 알려져 왔으나, 최근에는 적은 양의 알코올 섭취가 건강에 이로울 수 있다는 연구결과가 보고되었다.

지방간 fatty liver
과잉의 알코올 섭취로 간에서 중성지방의 축적에 의해 야기되는 상태

예를 들어, 적당하게 알코올을 섭취하는 성인들이 술을 섭취하지 않거나 많이 섭취하는 사람들보다 오래 사는 경향이 있다. 적당한 알코올 섭취는 심혈관 질환, 담석증, 노화로 인한 기억력 상실, 심지어는 제 2형 당뇨병의 위험감소와 관련 있는 것으로 보인다.

알코올을 과잉 섭취하면 사실상 모든 장기에 해로운 영향을 줄 수 있다. 그러므로 얼만큼의 알코올이 "너무 많은 양이 아닌가"를 아는 것은 매우 중요하다. 미국에서의 기준이 되는 음주량은 맥주 12oz., 와인 5oz., 증류주 1.5oz.로 약 12~14g의 알코올이 들어 있는 양이다.

적당하게 술을 마시는 사람들은 술을 마시지 않거나 과음을 하는 사람들과는 달리, 여러 가지 독립적인 변수들에 의해 영향 받을 수 있다.

예를 들어, 적당한 양의 알코올을 섭취하는 사람이 술을 마시지 않거나 과음을 하는 사람들에 비해 교육을 더 받고, 부자이며, 육체적 활동이 많고, 규칙적인 수면 습관을 가지고 더 건강한 체중을 가질 수 있는 가능성이 크다. 그러나 이러한 변수들을 감안하더라도 적당한 알코올 섭취와 건강과의 관계는 여전히 남아 있다.

임상 중재실험만이 직접적으로 적당한 알코올 섭취와 건강의 위험과 이익 관계를 결정할 수 있다. 그러나 이러한 실험에는 실험군과 대조군으로 나뉘어서 실험을 하는 수백 명의 사람들이 필요하다.

또한 실험군에 해당하는 사람들은 매일 정해진 알코올을 섭취해야 하며, 대조군에 해당하는 사람들은 맛과 냄새가 알코올과 비슷한 위약(placebo)을 섭취해야 한다. 이러한 실험들은 실제로 수행하기가 매우 힘들다.

적당한 양의 알코올 섭취와 심혈관 건강
Moderate Alcohol Consumption and Cardiovascular Health

적당한 양의 알코올 섭취와 심혈관질환 위험의 감소는 수백 편의 역학조사에 의해 확인되었다. 매일 평균 2~4번 정도 알코올을 섭취하는 사람들이 알코올을 섭취하지 않는 사람들에 비해 심혈관 질환(CVD) 위험이 25~40% 정도 낮은 것으로 보고되었다. 이것은 남성과 여성 모두 같은 결과를 보인다.

CVD는 동맥벽에 플라그의 형성과 축적으로 생기며, 고밀도지단백질(HDL)은 심장병에 보호적인 작용을 한다. 적당량의 알코올 섭취는 HDL-콜레스테롤 수준을 증가시키므로 CVD에 보호적인 역할을 할 수 있다. 또한 알코올은 혈병(blood clot) 형성을 촉진하는 피브리노겐이라는 단백질을 감소시키고, 혈병을 녹이는 효소의 수준을 증가시킨다.

혈병은 동맥에서 혈액의 흐름을 막을 수 있으므로 심장병과 뇌졸중의 주요 원인이다. 또한 만성 염증은 CVD와 관련이 있는데, 알코올의 항염증 효과도 적당량 알코올을 섭취하는 사람들의 CVD 억제 효과와 관련이 있다.

적당량의 알코올 섭취는 중년 성인과는 달리 젊은이에서는 이로움을 주지 않는다. 실제로 젊은 성인의 경우에는 알코올의 섭취는 알코올과 관련된 상해와 죽음의 위험을 높인다. 알코올과 관련된 문제를 가지고 있는 많은 성인들은 대부분 젊은 시절에 음주를 시작한 사람들이다.

그밖에 적당한 알코올 섭취가 건강에 도움이 되는 점
Moderate Alcohol Consumption and Other Health Benefits

심혈관질환에 보호적인 것과 함께 적당량의 알코올을 섭취하는 것은 제 2 형 당뇨병, 담석증, 치매와 같은 노화와 관련된 만성 질환들에 보호적인 작용을 할 수 있다. 역학연구 결과에만 제한되어 있으나 적당량 알코올을 섭취는 사람들은 인슐린에 더 민감한 경향이 있다고 한다.

그러나 과잉으로 알코올을 섭취하는 사람들은 제 2 형 당뇨병의 위험이 증가한다. 알코올이 인슐린 민감성을 조절하는 기전에 대해서는 확실하지 않다.

또한 알코올의 섭취는 담석증 형성 위험을 낮출 수 있다. 섭취하는 양과 빈도에 상관없이 비음주자에 비해 음주자가 담석증 질환의 전조발생이 낮다. 적당한 양의 알코올 섭취는 치매라고도 하는 나이와 관련된 기억력 상실을 감소시킬 수 있다.

필수개념 Essential Concepts

알코올을 적당량 섭취하는 것은 심혈관질환, 담석증, 나이과 관련된 기억력 상실, 심지어 제2형 당뇨병의 위험 감소와 관련이 있다. 매일 평균 1~2번의 음주를 하는 성인의 경우, 비음주자에 비해 심혈관질환의 위험이 낮다.

이러한 효과는 HDL-콜레스테롤을 높이고, 혈병 형성을 감소시키기 때문이다. 적당량의 음주는 또한 항염증 효과도 있다. 그러나 적당량의 알코올 섭취의 이점은 젊은 성인에서는 거의 나타나지 않는다.

과량의 알코올 섭취와 관련된 건강 위험
Health Risks Associated with Heavy Alcohol Consumption

많은 연구들이 적당량의 음주 섭취는 중년 성인에 있어서 건강의 이점을 제공한다고 하지만 과잉의 알코올 섭취는 분명히 건강에 해를 준다. 과음을 하면 영양상태 손상, 간 손상, 특정 암, 심장 문제, 췌장염 등을 일으킬 수 있다(그림 **10.20**).

그림 10.20 습관적인 알코올 남용이 신체에 미치는 영향

알코올은 영양소의 소화, 흡수, 사용, 배설을 방해한다. 만성적인 알코올 섭취는 영양불량, 암, 심장질환을 일으킬 수 있다

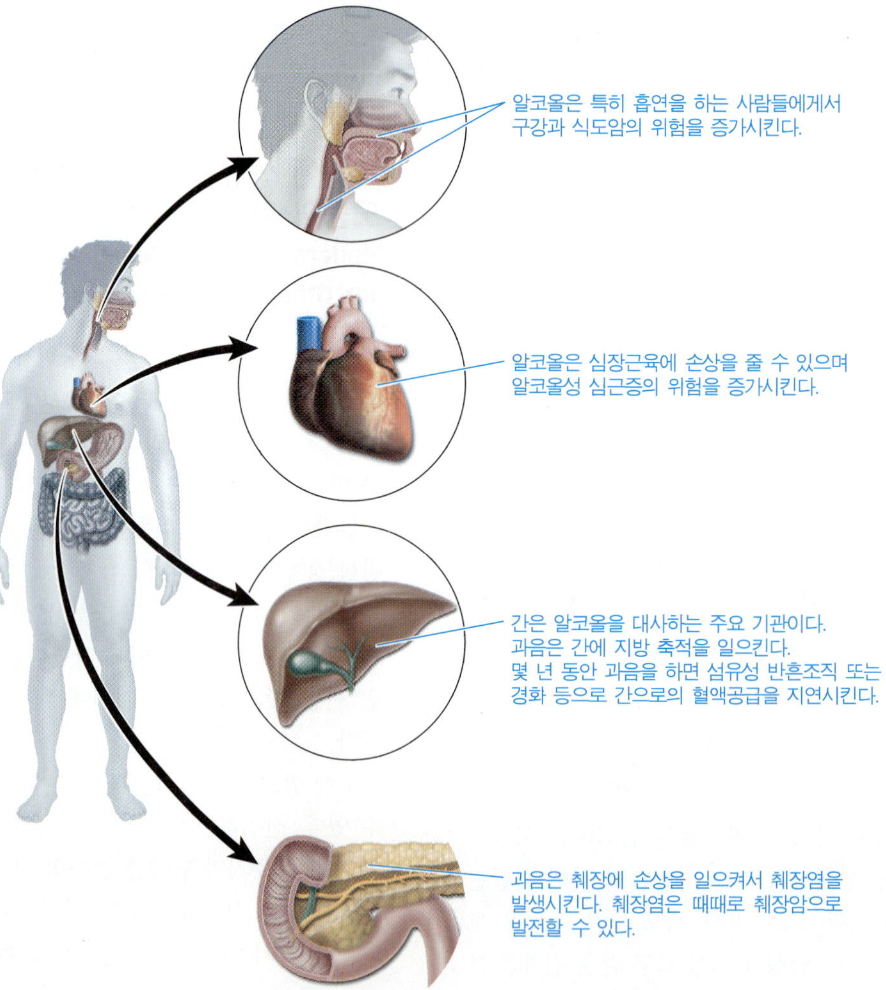

영양상태
Nutritional Status

알코올 음료는 열량은 가지고 있지만 그 외에 필수영양소들은 거의 없다. 그러므로 적은 양이나 적당량의 알코올 섭취는 에너지 섭취를 증가시키며, 결과적으로 체중을 증가시킬 수 있다.

하지만 과음을 하는 사람들은 다른 여러 가지 영양불량 증세들을 나타낸다. 알코올로 전체 에너지의 30% 이상을 섭취하면 미량영양소의 섭취가 부적절할 수 있다.

적절한 식사를 하는 경우에도 과음을 하는 음주자들은 영양상태에 위협을 받을 수 있다. 알코올은 다양한 영양소의 소화 · 흡수 · 이용 · 배설을 방해하여 2차성 영양불량증을 초래할 수 있다. 예를 들어, 과량의 알코올 섭취는 티아민의 흡수와 대사를 방해하여 뇌의 신경들을 손상시킬 수 있다.

결과적으로 장기간 계속된 알코올의 남용은 알코올로 유도된 치매나 알코올성 건망증후군(Wernicke-Korsakoff syndrom Syndrome)을 일으킬 수 있다. 이 증후군에서 단기 기억을 포함하는 뇌 부위가 손상당한다. 이런 경우, 작화증(confabulation)이라고 불리는 행동을 하게 된다.

많은 연구에서 과음자들은 영양소의 체내 사용이 감소하고 1차성, 2차성 영양불량으로 영양상태가 손상당한다고 보고되었다. 그러나 과음이 영양상태에 미치는 부정적인 영향은 사회경제적 상태가 높은 사람보다는 낮은 사람들에게 더 크게 나타난다. 이것은 전체적인 식사의 영양적인 질이 사회경제적 상태가 낮은 사람이 낮기 때문이다. 알코올 섭취가 영양상태에 미치는 영향은 **표 10.8**에 요약되어 있다.

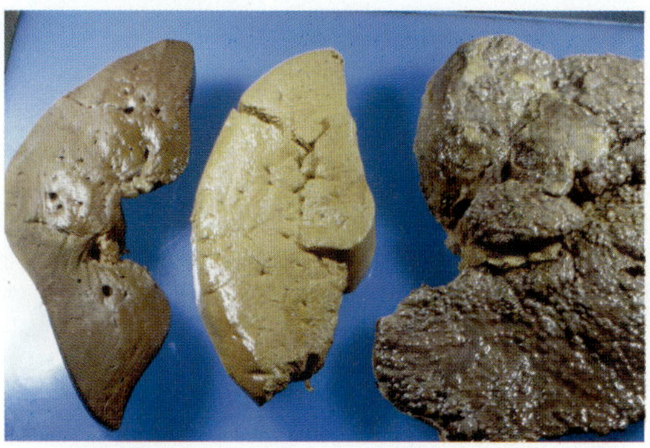

정상 간, 지방간, 간경변

간 질환 Liver Disease

장기간의 알코올 섭취는 간 기능을 변화시켜 간 질환을 일으킬 수 있다. 예를 들어, 과음자의 20% 정도는 지방간을 가지고 있는데, 술을 섭취하지 않으면 지방간은 없어질 수 있다. 대부분의 경우, 지방간에 대한 임상적인 증상이 없기 때문에 만성 지방간은 더욱 심각한 상태인 알코올성 간염이나 간경화증을 일으킬 수 있다.

알코올성 간염은 간이 비대해지고 팽창되도록 한다. 간에 지방이 축적되면, 혈액 흐름이 차단되어 간세포로의 산소와 영양소 공급이 되지 않고 결국에 간세포는 죽게 된다. 과음을 몇 년 동안 계속하면, 섬유성 반흔조직이 간에 생긴다.

이것은 **간경변증**으로 발전한다. 모든 과음자가 알코올성 감염이 간경변증으로 발전하지는 않는데, 그 이유는 아직 분명하지 않다. 연구에 의하면 약 10~15%의 과음자에게서 간경변증이 발생한다.

암발생 위험 Cancer Risk

습관적인 알코올 섭취는 구강암, 식도암, 대장암, 간암, 유방암과 같은 암발생 위험을 증가시킨다. 구강암과 식도암의 약 50%가 과음과 관련이 있다. 그러나 알코올이 암의 위험을 증가시키는 이유에 대해서는 아직 분명하지 않다. 알코올이 발암물질(carcinogen)인지는 확실하지 않지만, 알코올은 다른 화학물질이 암을 유발시키는 작용을 증진시키는 보조 발암물질(co-carcinogen)로 작용하는 것 같다. 예를 들어, 흡연을 하는 과음자는 특히 구강 · 식도 · 기관지의 암 발생위험이 높다.

알코올성 간염 alcoholic hepatitis
만성적 알코올 남용에 의해 야기되는 간의 염증

간경변증 cirrhosis
만성적 알코올 남용에 의해 야기되는 간에서 발생하는 반흔 조직 형성

표 10.8 알코올이 영양상태에 미치는 영향

영양소	알코올의 영향	영양적 문제와 관련성
수용성 비타민		
티아민	• 흡수 손상 • 요로의 손실 증가 • 대사변화 • 저장감소	• 눈 근육 마비 • 하지(lower extremity)의 감각상실을 동반한 신경퇴화 • 균형감각 상실 • 기억력 상실 • 정신병(psychosis)
비타민 B_6	• 활성형으로의 전환 감소 • 요로의 손실 증가 • 결합단백질로부터 분리	• 빈혈 위험 증가 • 아미노산 관련 대사반응의 손실
비타민 B_{12}	• 흡수 손상	• 체내 저장량이 많기 때문에 비타민 B_{12} 결핍은 알코올 중독자에서 흔하지 않음.
엽산	• 흡수 감소 • 요로의 손실 증가	• 대혈구성 빈혈 위험 증가 • 영양소 흡수불량과 설사
리보플라빈	• 흡수 손상	• 결핍상태가 단독으로 발생하지 않으며, 다른 비타민 B군과 관련하여 결핍증이 나타남.
지용성 비타민		
비타민 A	• 알코올성 간질환의 경우, 혈액 내 비타민 A 농도가 낮은 것과 관련 있음. • 비타민 A 순환에 필요한 레티놀 결합 단백질 합성 감소 • 레티놀이 레티날로의 전환 감소 • 췌장 질환이 있을 때, 비타민 A 흡수 감소	• 시력 손상 • 흐린 곳에서 시력상실(야맹증)
비타민 D	• 알코올성 간질환에서 비타민 D의 활성형 전환능력 손상 • 췌장 손상은 흡수불량 초래	• 골 골절과 골다공증의 가능성 증가
비타민 E	• 췌장 손상은 흡수불량 초래	• 신경 손상 • 시야가 좁음(tunnel vision) • 세포막이 깨지기 쉬움(fragility)
비타민 K	• 췌장 손상은 흡수불량 초래 • 알코올성 간질환에서 혈병 형성에 필요한 비타민 K 의존 인자를 생성하는 능력 손상	• 멍이나 출혈시간 지연
무기질		
마그네슘	• 요로의 손실 증가	• 근육 경직, 경련, 연축(twitching) • 불규칙한 심장 리듬 • 환각과의 관련성
철	• 알코올성 간질환에서 철 저장 증가 • 철 흡수 증가 • 위장관 출혈로 인한 철 소실 증가	• 철결핍과 과잉축적 모두 가능
아연	• 흡수 감소 • 요로의 손실 감소 • 아연 사용 변화	• 미각 변화 • 식욕 상실 • 상처 치료 지연 • 야간 시력의 어려움.

과음과 관련되어 영양상태가 나쁘면 특정 암을 일으킬 수 있다. 예를 들어, 알코올은 엽산의 사용을 방해하여 세포 분열이나 DNA 수선을 손상시킬 수 있다. 또한 철, 아연, 비타민 E, 일부 B 비타민, 비타민 A의 수준이 감소하면 실험적으로 암과 관련이 있다. 이러한 여러 영양소의 적절한 섭취는 암에 대해 방어작용을 하기 때문에 만성 알코올 섭취에 의한 전체적인 영양상태 저하는 자연 방어기전을 약화시킬 수 있다.

심혈관계 질환
Cardiovascular Disease

적당량의 알코올 섭취가 심혈관질환에 도움을 준다고 하였으나, 과음은 해로운 영향을 준다. 장기간의 과음은 고혈압, 뇌졸중, 불규칙한 심장 리듬, 심근증과 갑작스런 심장 마비로 인한 사망과 관련이 있다.

기전이 완전히 알려지지는 않았지만, 과음과 고혈압과의 관계는 잘 알려져 있다. 부분적으로 간기능의 변화는 혈압상승과 관련이 있다. 알코올 섭취를 중단한 과음자의 경우에는 혈압이 떨어진다.

또한 알코올은 **심부정맥**이라고 하는 심장 리듬장애를 일으킬 수 있다. 심부정맥은 "휴일 심증후군(holiday heart syndrome)" 이라고도 하는데, 주말과 휴일에 발생하는 **과도한 음주**와 관련이 있다. 과도한 음주는 남자의 경우에 한 번에 5잔 이상, 여자의 경우는 4잔 이상의 섭취를 말한다.

과음과 관련된 가장 심각한 심혈관 관련 상태는 **알코올성 심근증**이다. 이것은 알코올의 심장 근육세포에 대한 직접적인 독성에 의해 나타나는 것으로, 세포사멸(apoptosis)에 의한 것이다. 세포사멸이나 "프로그램된 세포 죽음(programmed cell death)"은 세포가 알코올 또는 아세트알데히드에 의해 손상당하는 것이다.

장기간의 이러한 독성은 심장근육을 약하게 만들고, 심장이 힘 있게 수축하는 것을 어렵게 한다. 그러므로 폐, 간, 신장, 뇌와 같은 주요 장기로의 혈액흐름이 감소된다. 만약 음주를 계속하면, 알코올성 심근증은 결국 심부전을 일으키게 된다. 이것은 분명하지 않지만 여성이 남성에 비해 알코올성 심근증에 더 쉽게 걸리는 이유인 것 같다.

손상된 췌장 기능
Impaired Pancreatic Function

췌장염은 췌장 감염에 의한 심각한 상태이다. 알코올의 만성적인 과잉 섭취(5년 이상 매일 7잔 이상)는 췌장염을 일으킨다. 만성적인 췌장염 환자의 70~90%가 과음과 관련이 있다.

염증으로 인해 췌장은 소화효소를 공급하는 췌장액 분비가 잘 되지 않는다. 즉, 소화가 완전하게 일어나지 않으므로 영양소의 흡수가 영향 받는다. 또한 췌장은 포도당대사와 관련된 호르몬인 인슐린과 글루카곤 분비를 하므로, 췌장염의 경우에는 혈당조절이 잘 안될 수 있다.

필수개념 *Essential Concepts*

알코올을 과잉으로 섭취하면 건강에 해를 줄 수 있다. 체중증가를 일으키는 에너지 섭취 증가 이외에 알코올의 습관적인 섭취는 1차성 또는 2차성 영양불량을 야기하여 영양상태에 악영향을 일으킬 수 있다. 장기간의 알코올 섭취는 간 기능을 변화시켜서 간염을 일으킬 수 있다. 이 상태에서 결과적으로 간에 지방이 축적되어 혈액 흐름이 방해된다.

간세포가 산소와 영양소의 공급을 받지 못하면 반흔 조직이 형성되어 간경변증을 일으킨다. 또한 알코올 섭취는 구강암, 식도암, 대장암, 간암, 유방암 발생을 증가시킬 수 있다. 또한 과량의 알코올 섭취는 심장조직에 손상을 줌으로써 알코올성 심근증을 일으킬 수 있다.

심부정맥 cardiac arrhythmia
과량의 알코올 섭취에 의해 야기되는 불규칙한 심장박동

과도한 음주 binge drinking
남자의 경우 5잔 이상, 여자의 경우 4잔 이상의 알코올 섭취는 중독이 된다.

알코올성 심근증 alcoholic cardiomyopathy
과량의 알코올 섭취에 대한 반응으로 심장근육의 약화에 의한 상태

췌장염 pancreatitis
췌장의 염증

그림 10.21 알코올과 관련된 치명적 음주운전사고 비율

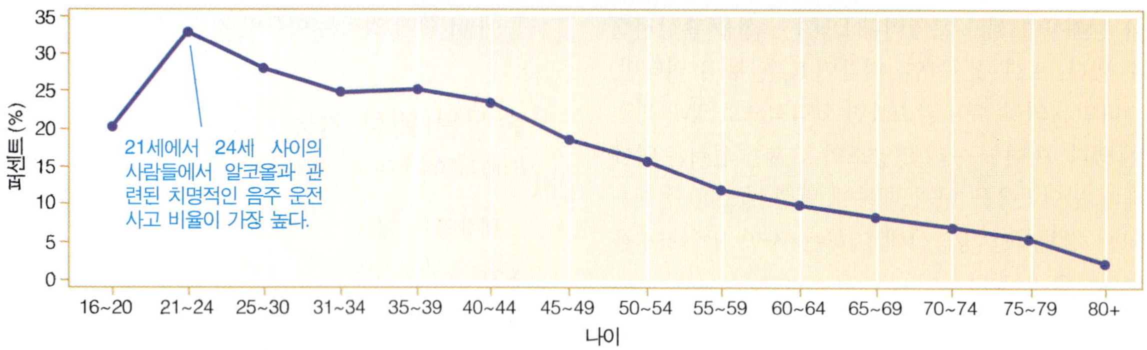

알코올 중독과 관련된 다른 문제들
Other Problems Related to Alcohol Abuse

습관적인 알코올 섭취는 가족관계나 직장, 학교 등 삶의 여러 면에 영향을 줄 수 있다. 또한 알코올 섭취는 법적인 문제도 일으킬 수 있다.

그러나 알코올 섭취에 정신적 · 육체적으로 의존하게 되면 알코올 중독자들은 술을 끊을 수 없게 된다. 많은 건강전문가들은 알코올 중독자들이 많이 질병에 관련이 있다고 한다.

알코올과 대학생
Alcohol and College Students

많은 연구들이 알코올 섭취는 대학생과 학교생활에 영향을 준다고 보고하고 있다. 대학생 사이에서 알코올 남용은 만연하며, 이것은 공공시설의 파괴(vandalism), 폭력, 강간, 죽음과 같은 문제들과 관련이 있다.

미국의 경우, 국가 알코올 남용과 알코올 중독자 연구소는 18세에서 24세 사이의 1,400명의 대학생들이 매년 음주운전 사고와 같은 알코올 관련 손상과 관련이 있다고 보고하고 있다. 21~24세 사이의 사람들이 알코올과 관련된 치명적인 운전사고 비율이 가장 높다(**그림 10.21**).

미국의 경우, 5명 중 1명의 대학생이 술을 마시지 않는다고 보고되어 있으나 4명 중의 1명은 스스로 한 번에 4~5잔의 술을 마시는 과도한 음주자라고 대답하였다. 100개 이상의 학교를 대상으로 한 연구 결과에서는 과도한 음주를 하는 학생들이 그렇지 않은 학생들에 비해 수업 결석이 많고 학점이 낮으며 학교 규칙위반이 많고 음주운전이 많았다고 보고하였다.

학교에서 음주를 감소시키려는 노력으로 과거의 팜플렛이나 알코올의 위험을 알리는 프로그램 등의 전통적인 방법은 충분하지 않다.

대학은 지역사회와 함께 과도한 음주를 막기 위한 새로운 술 문화를 만들기 위해 노력해야 한다. 예를 들어, 술을 제공하지 않는 여가활동을 만들고, 과도한 술을 권하지 않도록 해야 한다.

요약과 권장사항
Summary and Recommendations

성인에 있어 알코올 섭취는 이점과 위험을 모두 가지고 있다. 대부분의 사람들이 술을 안전한 정도로 마시지만 모든 사람이 그런 것은 아니다. 특히 젊은 사람들의 경우, 과잉으로 섭취하는 때가 많다.

과잉섭취로 인한 피해가 많으므로 적당량의 알코올 섭취로 미국의 경우, 남성은 2잔, 여성은 1잔 정도로 권장하고 있다.

아동, 사춘기, 임신을 준비하는 가임기 여성, 임신부, 수유부, 알코올과 상호작용을 하는 약물을 섭취하는 사람, 특정 질환을 가지고 있는 경우에는 알코올의 섭취를 금해야 한다.

또한 운전을 하거나, 기계를 작동하거나, 주의력 · 기술 · 조정(coordination)이 필요한 작업을 하는 경우에도 술을 섭취하지 말아야 한다.

필수개념 *Essential Concepts*

대부분의 사람은 부정적인 영향 없이 적당하게 술을 마시지만 과잉으로 섭취할 때는 심각한 문제를 야기시킬 수 있다.

알코올 남용은 대학생들 사이에 만연하여 부정적인 영향을 많이 주므로 대학당국은 과도한 술을 섭취하지 않도록 하는 방안을 개발하고 있다.

적당량의 술이란 남성의 경우 2잔 여성의 경우 1잔을 권장하고 있으며, 상태에 따라 술을 완전히 금해야 하는 경우도 있다.

Chapter 11

Fat-Soluble Vitamins

지용성 비타민

Chapter 11

면역력을 활성화하고, 암과 심장병을 예방하며, 시력을 개선하고, 뼈를 튼튼하게 하는 것 등에 대한 광고를 본다면 당신은 어떤 생각을 하게 될까?

이것은 지용성 비타민이 하는 역할들이며, 지용성 비타민은 지질에 녹는 유기물질로 건강에 꼭 필요하다. 신체는 지용성 비타민을 아주 조금만 필요로 하기 때문에 이것은 미량영양소로 간주된다.

지용성 비타민에는 비타민 A, D, E, K의 4가지가 있다. 이 장에서는 비타민의 화학 구조, 식품 급원, 체내 기능, 결핍, 독성, 영양섭취기준 등에 대해 살펴보겠다.

수용성 비타민은 주로 에너지 대사의 조효소로 작용하지만, 지용성 비타민은 세포 성장 · 성숙 · 유전자 조절에 중요한 역할을 한다.

지용성 비타민 개론
The Basics of Fat-Soluble Vitamins

지용성 비타민의 일반 특성은 **표 11.1**에 정리되어 있다. 지용성 비타민은 담즙과 다른 지질의 도움을 받아서 주로 소장에서 흡수된다. 지용성 비타민은 먼저 장에서 킬로미크론(chylomicron)에 함유되어 림프 조직으로 가고, 그 후 운반단백질의 도움을 받거나 VLDL 같은 지단백의 구성성분으로 혈액으로 순환된다. 지용성 비타민도 수용성 비타민처럼 형태가 여러 가지이며, 형태에 따라 생물학적 활성에 차이가 있다.

대부분의 지용성 비타민은 체내에 저장되기 때문에 특히 보충제 형태로 지나치게 섭취하면 독성이 초래될 수 있다. 비타민 K는 조효소로 작용하지만, 대부분의 다른 지용성 비타민들은 유전 정보 조절 · 세포 성숙 · 유리기의 안정화 같은 과정에 참여한다. **표 11.2**에는 지용성 비타민들의 기능과 식품 급원을 정리하였다.

지용성 비타민의 명명
Naming of the Fat-Soluble Vitamins

처음 학자들은 비타민은 비타민 A(지용성)와 비타민 B(수용성), 두 종류밖에 없다고 생각했다. 그러나 비타민 B처럼 비타민 A도 여러 종류가 있다는 것이 알려지면서 비타민 C나 비타민 D 등으로 명명하게 되었다.

같은 지용성 비타민의 형태가 여러 가지인 경우에는 구분하기 위해서 비타민 K_1과 K_2처럼 번호를 붙이기도 한다. 다른 방법으로 화학 구조나 기능을 반영하는 이름을 부여하기도 하는데, 예로 비타민 D의 활성 형태는 칼슘 항상성의 역할 때문에 칼시트리올(calcitriol)로 명명한다.

표 11.1 지용성 비타민의 특성

	일반적 특성
식품 급원	• 식품의 지질 부분에서 발견됨. • 비타민 D를 제외하고는 쉽게 열이나 빛에 파괴됨.
소화	• 거의 필요 없음.
흡수	• 대부분 소장에서 흡수됨. • 담즙 작용 하에 미셀로 들어감. • 장벽에서 비타민은 다른 지질과 함께 킬로미크론 형성함.
소화기관에서 순환계로	• 림프를 통해 이동함.
기능	• 유전자 조절과 다른 기능을 함.
독성	• 비타민 K를 제외하고는 위험하고 치명적임.

표 11.2 필수 지용성 비타민의 기능, 식품 급원, 결핍질병, 독성 증상

비타민	주요 기능	결핍	독성	식품급원
비타민 A	• 성장 • 생식 • 시력 • 세포분화 • 면역기능 • 뼈 건강	• 야맹증 • 안구건조증 • 각질화	• 비타민 A 독성 • 고캐로틴혈증 • 시력 약화 • 출산 결함 • 간 손상 • 골다공증	간 호박 고구마 당근
비타민 D	• 칼슘 항상성 • 뼈 건강 • 세포 분화	• 구루병 • 골연화 • 골다공증	• 고칼슘혈증	생선 버섯 강화우유 강화 시리얼
비타민 E	• 항산화제 • 세포막 • 눈 건강 • 심장건강	• 신경근육 문제 • 출혈성 빈혈	• 출혈	토마토 견과류, 씨 시금치 강화 시리얼
비타민 K	• 조효소(카르복실화) • 혈액 응고 • 뼈 건강 • 치아 건강	• 비타민 K 결핍 출혈	• 알려진 바 없음.	케일 시금치 브로콜리 양배추

비타민 A와 캐로티노이드
Vitamin A and the Carotenoids

비타민 A는 동물실험의 건강에 중요한 물질로 1916년에 처음 밝혀졌다. 비타민 A라는 용어는 **레티노이드**라는 일련의 화합물을 말하며, 구조는 그림 **11.1**에 있다. 레티노이드는 종종 미리 **형성된 비타민 A**라고 언급되기도 한다.

레티놀은 가장 효력이 강하며 체내에서 레티날로부터 합성될 수 있다. 레티날은 레티노익산으로 전환될 수 있지만, 레티노익산은 다른 레티노이드로 전환될 수 없다.

어떤 식품은 레티노이드와 비슷한 화합물을 함유하는데, 이를 **캐로티노이드**라고 한다. 비타민 A로 전환될 수 있는 것과 없는 것, 두 가지로 세분된다.

비타민 A로 전환될 수 있는 캐로티노이드는 **비타민 A 전구체 캐로티노이드**라고 한다. **베타 캐로틴**은 식품에 가장 흔한 전구체로 체내에서 두 분자의 레티날로 나누어질 수 있다. 비타민 A로 전환될 수 없는 캐로티노이드는 **비전구체 캐로티노이드**라고 하는데, 리코펜(lycopene) · 아스타잔틴(astaxanthin) · 제아잔틴(zeaxanthin) · 루테인(luteine) 등이 있다.

비전구체 캐로티노이드는 비타민으로 구분되지 않고, 피토케미컬(phytochemical)로 명명되며 이를 함유하는 식품은 기능성 식품으로 불린다.

레티노이드(미리 형성된 비타민 A) retinoid (preformed vitamin A)
모든 종류의 비타민 A를 지칭한다.

캐로티노이드 carotenoids
비타민 A와 구조가 유사한 밝은 색의 화합물

비타민 A 전구체 캐로티노이드 provitamin A carotenoid
비타민 A로 전환될 수 있는 캐로티노이드

베타 캐로틴 β-carotene
프로비타민 A 캐로티노이드

비전구체 캐로티노이드 nonprovitamin A carotenoid
비타민 A로 전환될 수 없는 캐로티노이드

그림 11.1 비타민 A

비타민 A는 레티놀, 레티날, 레티노익산의 세 가지 형태가 있다. 레티놀과 레티날은 다른 형태로 전환될 수 있으나 레티노익산은 다른 형태로 전환되지 못한다.

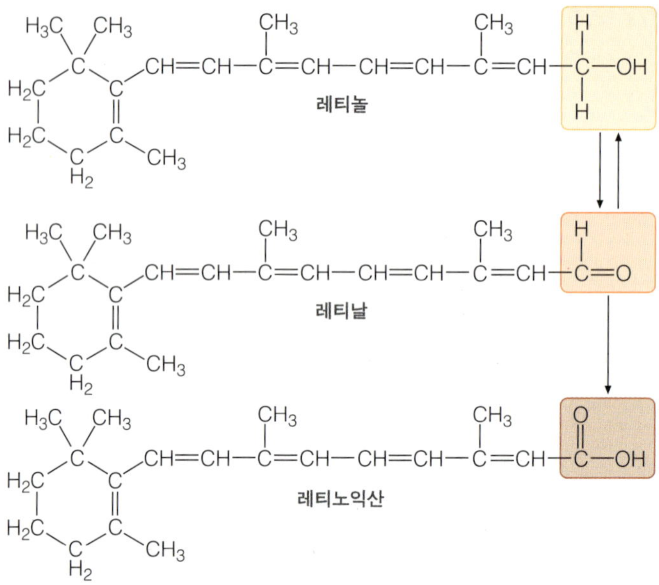

고추는 비타민 A 전구체 캐로티노이드의 좋은 공급원이다.

비타민 A와 프로비타민 캐로티노이드의 식품 급원
Dietary Sources of Vitamin A and the Provitamin A Carotenoids

식품 내에 함유된 비타민 A의 단위는 **레티놀 활성 당량**이다. 약 6μg의 베타 케로틴이나 1μg의 레티놀이 1RAE이다. 비타민 A는 간, 내장, 기름진 생선, 우유 등의 동물성 식품에서 주로 발견된다. 실제로 소간 1인 분량에는 하루 비타민 A 요구량의 7배가 들어 있으며, 유제품 중 저지방제품에는 비타민 A함량이 적게 들어 있다.

식물성 식품에는 프로비타민 A 캐로티노이드가 주로 들어 있다. 머스크멜론, 당근, 고추 같은 황색 · 주황색 · 적색 과일과 채소가 캐로티노이드의 주된 공급원이다. 초록 잎에도 많이 들어 있고, 난황이나 새우 같은 밝은 색을 띤 동물성 식품에도 들어 있다. 캐로티노이드는 식품이 노랗고 빨간 색을 띠게 해서 착색제로 쓰이기도 하는데 멕시코 음식의 색을 내는 데에도 사용된다.

비타민 A와 캐로티노이드는 매우 춥거나 더우면 파괴되고 빛이나 산소에도 약하다. 따라서 가공 · 요리 · 냉동 · 저장 시에 쉽게 파괴된다. 그러나 베타 캐로틴은 예외여서 가열이나 열처리를 하면 생체이용률이 증가한다. 비타민 A 함유 식품은 **그림 11.2**와 같다.

레티놀 활성 당량
retinol activity equivalent(RAE)
식품의 비타민 A와 프로비타민 A 캐로티노이드의 활성을 합친 측정 단위

비타민 A와 캐로티노이드의 조절
Regulation of Vitamin A and the Carotenoids in the Body

비타민 A와 캐로티노이드는 소장에서 흡수되는데 이 과정에서 담즙의 도움

그림 11.2 비타민 A와 프로비타민 캐로티노이드의 식품 급원

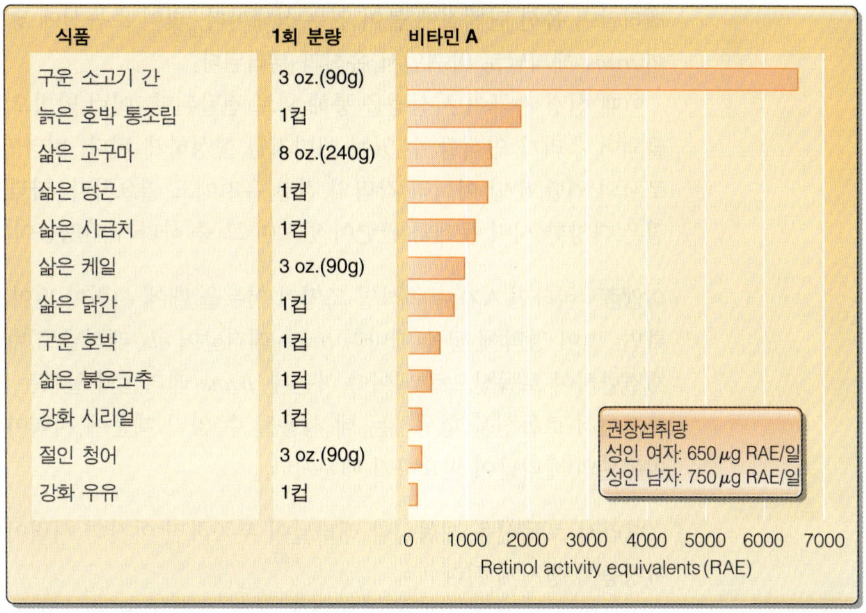

1 oz.는 약 30g임.

자료 : Data from USDA Nutrient Database, Release 16-1.

으로 미셀을 형성하기 위해 식이 지방이 필요하다. 저지방 식사를 하면 미셀(micelle)을 형성할 수 없기 때문에 비타민 A와 캐로티노이드의 흡수가 감소된다.

지질은 장세포에서 킬로미크론을 형성하는데, 이때 지용성 비타민들도 같이 림프로 운반된 후에 흉관을 통해 혈액으로 들어간다. 혈액에서 비타민 A는 지방 조직 · 근육 · 눈 등으로 운반되고 나머지는 킬로미크론 잔여물(chylomicron remnant)로 간으로 운반된다.

간에 들어가면 캐로티노이드는 말초로 운반되기 위해 VLDL의 구성성분이 되지만, 비타민 A는 **레티놀 결합 단백질**과 **트랜스티레틴**이라는 운반단백질과 결합하여 말초로 운반된다. 다른 조직으로 운반되지 않는 비타민 A는 간에 저장된다.

비타민 A의 기능 Functions of Vitamin A

시력 Vision

눈에 들어오는 빛은 **망막(retina)**이라고 부르는 안구 내부 벽면에 부딪힌다. 망막은 신경조직과 **원추세포**와 **간상세포**라고 부르는 수백만 개의 세포로 구성되어 있다.

원추세포는 색을 구별하는 역할을 하고, 간상세포는 흑백의 구별과 야간 시력에 필요하다. 원추세포와 간상세포가 효과적으로 작용하기 위해서는 비타민 A가 필요하다.

레티놀 결합 단백질과 트랜스티레틴
retinol-binding protein and transthyretin
혈액에서 레티놀을 운반하는 단백질

망막 retina
망막, 눈 뒤의 안쪽 벽

원추세포와 간상세포
cones and rods
망막에 들어 있는 시력에 필요한 세포

그림 11.3은 비타민 A가 어떻게 시력에 관여하는지를 보여준다.

간상세포가 작용하기 위해서는 수천 개의 **로돕신**이 필요하다. 로돕신은 *cis*-레티날이 **옵신** 단백질에 붙어 있는 상태이다. 빛이 로돕신에 닿으면 *cis*-레티날이 *trans*-레티날로 바뀌면서 옵신과 분리된다.

이때 신경 자극이 시신경을 통해 뇌로 전달된다. 이런 방법으로 뇌에 빛이 전달되어 우리가 인식할 수 있는 이미지를 형성하게 된다. 비타민 A는 로돕신으로서의 역할 뿐만 아니라 **각막**의 건강 유지에도 필요하다. 따라서 비타민 A 결핍은 다양한 시력 문제와 관련이 있으며 그 중 하나가 야맹증이다.

야맹증 비타민 A가 부족하면 조명이 어두울 때에 시력이 떨어지게 된다. 왜냐하면, 빛이 망막에 닿을 때마다 *trans*-레티날이 *cis*-레티날로 바뀐 후에 옵신과 재결합하여 로돕신으로 되어야 하는데, *trans*-레티날의 일부는 레티노익산으로 바뀌어서 로돕신을 형성하는 데 사용될 수 없기 때문에 시력이 유지되려면 늘 여유분의 레티날이 필요하기 때문이다.

따라서 로돕신을 재형성할 레티날이 부족하면 야간의 시력이 특히 떨어져서 **야맹증**이 생기게 된다.

비타민 A가 부족하면 밝은 빛에 노출된 후에 시력 회복 시간이 지연될 수도 있다. 약간 지연되는 것은 정상이며, 플래시를 이용해서 사진을 찍을 때에 시력 회복이 지연되는 것을 느낄 수 있다. 이는, 밝은 빛에 노출될 때 로돕신의 분리로 인해 망막의 한 지점이 표백되기 때문이다.

비타민 A가 부족하면 표백된 시간이 좀더 지속된다. 비타민 A가 부족한 사람은 밤에 운전하기가 특히 어려운데, 이는 불빛을 밝힌 차 같은 밝은 물체가 지나가면 로돕신 형성이 지연되어 다른 이미지를 몇 초 동안 볼 수 없기 때문이다.

세포 분화, 성장, 생식
Cell Differentiation, Growth, and Reproduction

비타민 A는 성장 · 생식뿐만 아니라 정상적인 세포 분화에도 필요하다. 예로, 레티노익산은 미성숙한 상피세포가 성숙한 기능 세포로 되는 데 필요하다. 이 과정은 **세포 분화**라고 하는데, **그림 11.4**에 설명되어 있다. 신체에는 고유의 구조와 기능을 가진 많은 다양한 종류의 세포가 있다. 비타민 A는 분화되지 않은 특정 세포가 상피세포로 되는 것을 돕는다.

세포 분화가 일어나기 위해 비타민 A가 미성숙 세포로 들어가서 핵으로 운반되고, DNA 사슬의 특별한 유전자에 붙는다. 비타민 A는 유전인자에 붙어서 세포 전달을 통해 단백질 합성을 시작한다. 비타민 A가 유전인자에 붙을 때에 산출되는 단백질은 새로운 세포가 분화해서 제 기능을 하는 상피세포로 성숙하는 것을 돕는다.

비타민 A는 성장과 생식에도 필요한데, 비타민 A가 성장에 영향을 주는 기전은 다양하다. 태아 성장기에 비타민 A는 여러 종류의 세포 분화와 성숙을 가져와서 특별한 조직과 기관이 형성되게 한다.

로돕신 rhodopsin
망막에서 야간 시력을 위해 필요한 화합물로, 옵신 단백질과 비타민 *cis*-레티날로 구성

옵신 opsin
로돕신의 단백질 부분

각막 cornea
각막 눈 앞면의 가장 바깥 막

야맹증 night blindness
밤에 잘 보지 못하는 증상

세포 분화 cell differentiation
미성숙한 세포가 특별한 종류의 성숙 세포가 되는 과정

그림 11.3 비타민 A와 시력

비타민 A(retinal)는 어두워서 간상세포(rod cell)의 기능이 중요해질 때 꼭 필요하다.

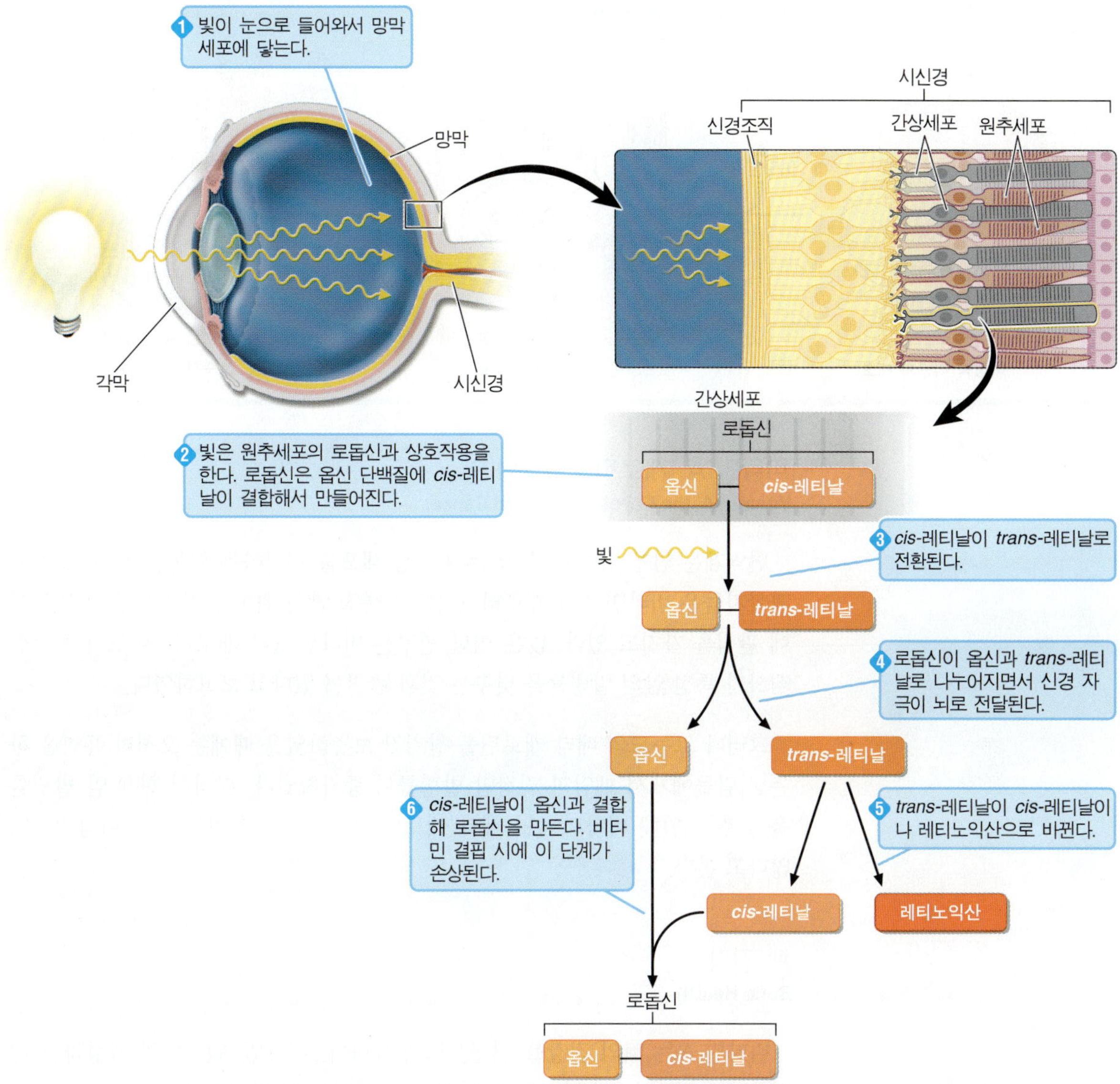

면역 기능
Immune Function

비타민 A는 상피세포인 피부, 장 내막, 호흡기 내막 같은 보호벽을 유지함으로써 신체를 질병으로부터 보호하는 면역계를 돕는다. 비타민 A가 부족하면, 이 조직들이 파괴되어 박테리아와 바이러스가 체내로 들어와서 감염을 일으킨다. 항체와 면역세포를 만드는 데에도 비타민 A가 필요하다. 비타민 A 결핍 어린이에게서 설사나 호흡기 질환 같은 감염 질환이 증가하는 것은 이러한 이유 때문이다.

그림 11.4 비타민 A는 세포 분화와 성숙에 중요하다

비타민 A는 세포 신호전달에 관여하여 세포 분화와 성숙에 필요한 단백질 합성을 자극한다.

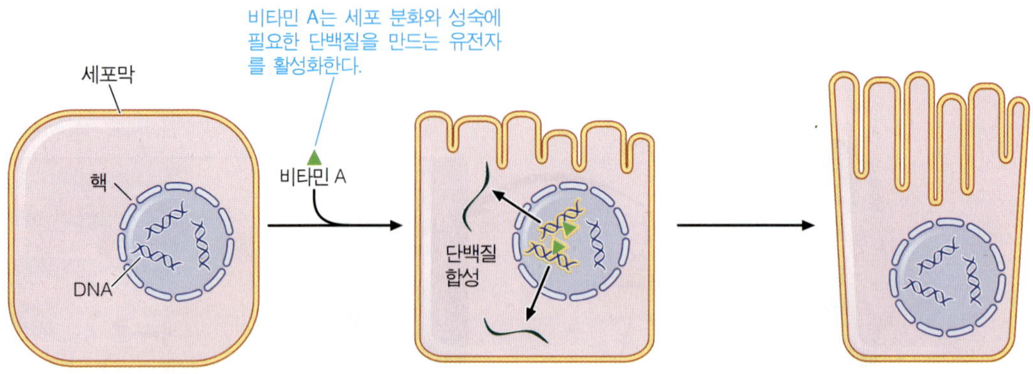

비타민 A, 캐로티노이드와 암
Vitamin A, the Carotenoids, and Cancer

면역계는 암을 유발할 수 있는 비정상 세포를 제거하는 활동을 하기 때문에, 과학자들은 비타민 A나 캐로티노이드가 특정 암의 위험을 감소시킬 수 있는가에 관심을 가지고 있다. 많은 역학 연구는 비타민 A나 캐로티노이드가 풍부한 식사가 특정 암의 발병률을 낮추는 것과 관련이 있다고 보고하였다.

그러나 고농도의 베타 캐로틴을 장기간 보충하였을 때에는 오히려 흡연을 하는 사람들에게서 폐암과 직장암 발병률이 증가하였다. 따라서 현재 암 발병률을 낮추기 위해 비타민 A나 베타 캐로틴 보충제를 섭취하는 것은 바람직하지 않다고 본다.

뼈 건강
Bone Health

비타민 A는 뼈의 건강을 위해서도 필요하다. 비타민 A는 뼈의 생성과 분해의 균형을 맞추는 데 필요한데, 특히 뼈의 형성에 더 관여한다.

그 반면에 지나치게 많은 비타민 A 섭취는 노인의 골절 위험을 증가시킬 수 있다. 그 기전은 불분명하지만, 비타민 A의 과다 섭취가 칼슘 흡수를 방해할지도 모른다고 알려져 있다.

캐로티노이드의 기능
Functions of the Carotenoids

전에는 캐로티노이드의 기능을 비타민 A의 전구체로만 생각하였으나, 현재는 더 이상 그렇게 생각되지 않는다. 리코펜 같은 여러 종류의 캐로티노이드들은 동물실험에서 직접 암 발생률을 낮추는 것으로 나타났다. 또 다른 캐로티노

Focus On 식품 FOOD

과일, 채소, 캐로티노이드와 건강

과일과 채소의 캐로티노이드는 적절한 건강을 유지하는 데 중요하다. 베타 캐로틴 같은 캐로티노이드는 비타민 A로 전환되어 필수영양소를 공급한다. 그러나 캐로티노이드인 리코펜 · 아스타잔틴 · 제아잔틴 · 루테인과 같은 캐로티노이드들은 비타민 A의 역할을 하지 않고, 항산화 활성을 갖는다. 비타민 A 캐로티노이드인 베타 캐로틴은 항산화 기능을 가진다.

캐로티노이드의 항산화 활성은 건강한 심장과 면역계에 필요하고 특정 암과 안질환을 예방할 수 있다. 동물실험에서 루테인은 유방암 성장을 감소시킨다고 하며, 인체 역학 연구에서는 리코펜 섭취의 증가가 전립선암 위험률의 감소와 관련이 있다고 한다.

혈액에 루테인과 제아잔틴 농도가 높으면 **황반 변성**이라는 **망막 황반**의 노화 관련 퇴행 위험률이 감소된다.

많은 연구에서 캐로티노이드를 포함하는 과일과 채소를 많이 섭취하면 만성 질환이 감소하는 것으로 나타났다. 그러나 보충제를 투여하였을 때에는 보호 효과가 나타나지 않았다.

따라서 과학자들은 과일과 채소의 건강 증진 효과는 식품의 다른 영양소들과 같이 작용할 때에만 나타난다고 생각하고 있다.

이드들은 노화와 관련된 안질환 위험률을 낮추는 데 도움이 된다.

과학자들은 이런 효과가 이들의 항산화기능 때문인 것으로 보고하고 있다. 항산화 캐로티노이드를 많이 함유하는 과일과 채소를 섭취하면 유리기에 의한 손상과 관련이 있다고 생각되는 심장병과 암 발생률이 감소한다. 캐로티노이드의 이런 효과는 면역, 항산화 기능, 유전자 표현 조절, 정상적 세포 전환에 미치는 영향 등을 통해 나타난다.

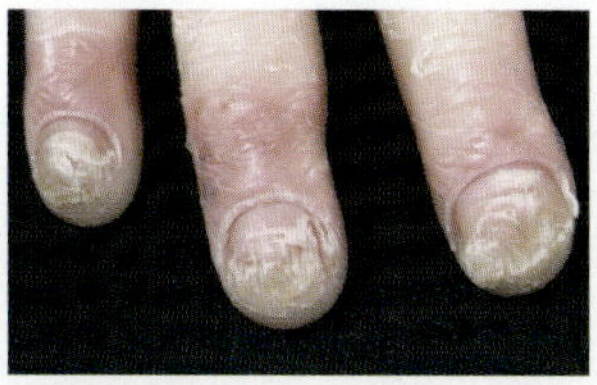
비타민 A 결핍은 피부가 거칠어지고 각화되는 과다각화증을 유발할 수 있다.

비타민 A 결핍
Vitamin A Deficiency

산업사회에서는 1차적인 비타민 A 결핍이 드물지만, 췌장 · 간 · 위장 질환이 있을 경우에는 2차적 결핍이 나타날 수 있다. 그 예로 지방의 소화 · 흡수가 부족한 낭포성 섬유증(cystic fibrosis) 환자나 알코올성 간질환 환자 등을 들 수 있다.

비산업화된 사회에는 직접적인 비타민 A 결핍이 흔하며, 이것을 **비타민 A 결핍 장애**라고 부른다. 경미한 VADD에서는 야맹증이 유발되고, 좀더 심각한 경우에는 각막이 손상되어 눈이 건조해지고 상처가 나기도 한다. **안구건조증**은 종종 **비톳점**을 동반하는데, 이는 눈 표면의 죽은 세포와 분비물이 축적된 것이다.

안구건조증이 심하면 실명할 수도 있다. VADD는 피부세포가 케라틴 단백질을 너무 많이 분비하는 **과다각화증**을 야기할 수도 있다. 케라틴이 지나치게 많으면 피부가 기복이 심하고 거칠며 가렵게 된다.

황반 변성 macular degeneration
망막 손상의 결과로 나타나는 만성 질환

망막 황반 macula
망막 중 시력에 중요한 부분

비타민 A 결핍 장애 vitamin A deficiency disorder(VADD)
비타민 A 결핍으로 인해 발생하는 다양한 증상

안구건조증 xerophthalmia
비타민 A결핍으로 인한 각막의 심각한 손상으로 실명될 수 있음

비톳점 Bitot's spot
비타민 A 결핍 증상으로 죽은 세포와 분비물로 인해 눈에 흰점이 나타나는 것

과다각화증 hyperkeratosis
비타민 A 결핍 증상으로 미성숙한 세포가 케라틴 단백질을 과다분비하여 거칠고 각질화된 피부를 야기하는 것

그림 11.5 비타민 A 결핍

비타민 A 결핍은 세계 많은 지역의 야맹증과 안구건조증의 주된 원인이다.

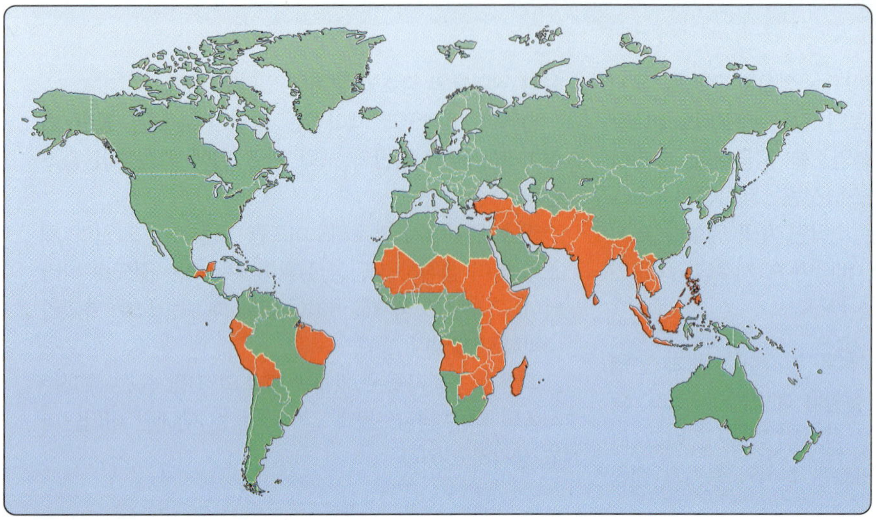

비타민 A 결핍으로 인한 야맹증이 흔한 지역

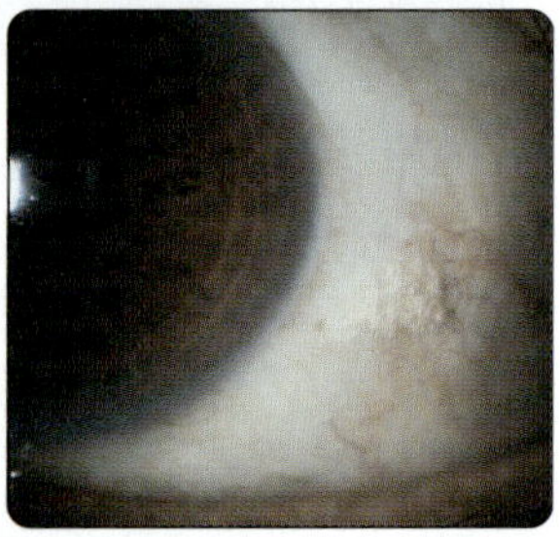

안구건조증

비타민 A와 캐로티노이드 독성
Vitamin A and Carotenoid Toxicity

비타민 A를 과다 섭취하면 **비타민 A 독성**을 야기해서 시력 약화 · 간의 비정상성 · 골격 강도의 감소를 가져올 수 있다. 천연 또는 합성 비타민 A를 지나치게 많이 섭취하면 신경 손상과 기형아 같은 출산 시의 결함이 야기될 수 있고, 캐로티노이드를 과다 보충하면 폐암 발생률이 높아질 수 있다.

식품과 보충제로 캐로티노이드를 과다 섭취할 때에는 피부가 노란 오렌지 색이 되는 **고캐로틴혈증**이 나타나는데, 이는 캐로티노이드가 피부와 피하지방에 침착된 것으로 위험하지는 않다.

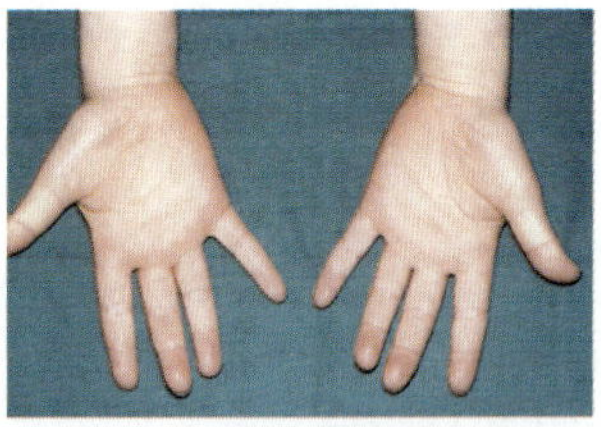

많은 양의 캐로티노이드를 먹으면 피부가 오렌지 색이 되는데, 고캐로틴혈증이라고 한다.

비타민 A와 캐로티노이드 영양섭취기준
Recommended Intakes for Vitamin A and the Carotenoids

남자와 여자 성인의 비타민 A 권장섭취량은 750 μgRAE와 650 μgRAE이다. 과다 섭취로 인한 독성 증상을 예방하기 위해 비타민 A의 상한 섭취량은 성인의 경우에 3,000 μgRAE로 정해져 있다.

캐로티노이드는 비타민 A 전구체로서의 역할 외에 필수적이라는 증거가 불충분하기 때문에 권장섭취량이 정해져 있지 않다. 캐로티노이드 보충제가 어떤 사람들에게는 폐암을 야기할 수도 있기 때문에 따로 보충을 하는 것은 바람직하지 않다. 그러나 캐로티노이드를 함유한 다양한 종류의 과일과 채소의 섭취는 권장된다.

비타민 A 독성 hypervitaminosis A
혈액의 비타민 A 농도가 높아서 독성 증상을 보이는 상태

고캐로틴혈증 hypercarotenemia
캐로티노이드가 피부에 축적되어 노란 오렌지색이 되는 상태

Focus On 식사와 건강 DIET AND HEALTH — 비타민 A와 세계 어린이 건강

세계보건기구는 약 100~400만 명의 어린이가 비타민 A 결핍 장애(vitamin A deficiency disorder ; VADD)을 가지고 있는 것으로 추정하고 있다. VADD는 특히 말라리아가 발생하는 지역에서 흔한데, 비타민 A를 보충하면 이 병으로 인한 질환율과 사망률이 모두 감소한다.

비타민 A를 보충하면 어린이에서 발생하는 말라리아의 약 20%를 막을 수 있다는데, 비타민 A가 면역계에 영향을 미치기 때문으로 보고 있다.

비타민 A 결핍을 줄이려는 국제적인 노력은 세계 어린이의 건강을 향상시켰다.

VADD를 막기 위해 보충제, 식품 강화, 영양 교육 등이 행해진다. 세계 보건기구는 생후 6개월 이후에 가능한 한 빨리 비타민 A의 보충을 권장하고 있다. 비타민 A를 많이 함유한 식품을 만드는 생물공학의 사용도 행해지고 있다.

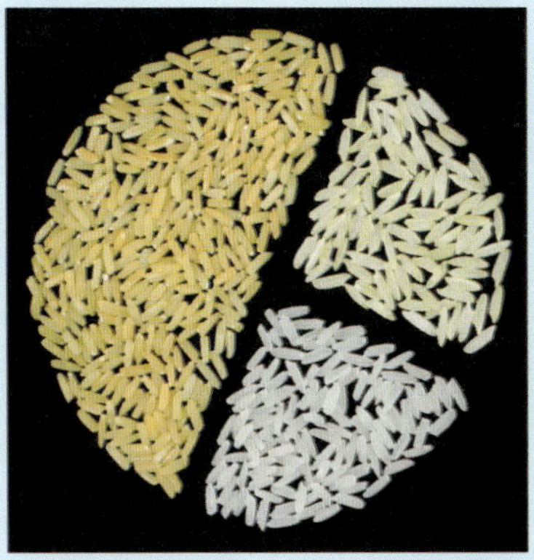

황금 벼(위쪽 오른 쪽)와 황금벼 2호(왼쪽)는 베타 캐로틴을 함유하고, 일반 도정쌀은 베타 캐로틴을 함유하지 않는다. 황금벼와 황금벼 2호는 유전자변형물질(GMO)의 한 예이다.

1990년대 말에 유전자 변형에 의해 베타 캐로틴을 많이 함유하는 벼가 개발되었다. 이 쌀은 황금벼(Golden Rice)라고 명명되었는데, 식사에 베타 캐로틴을 공급할 수 있다.

최근 황금벼 2호가 개발되었고 이것은 이전 것보다 20배의 베타 캐로틴을 함유하고 있지만, 윤리적인 관점에서 유전자 변형 물질의 사용에 대한 우려를 나타내는 사람들도 있다.

필수개념 Essential Concepts

비타민 A라는 용어는 레티노이드라 불리는 여러 화합물을 명명하는 말이다. 식품에서 자연적으로 발견되는 레티노이드는 비타민 A라고 하며, 레티놀 · 레티노익산 · 레티날을 포함한다.

식물과 다른 동물에서 발견되는 비타민 A 유사물질은 캐로티노이드라고 한다. 체내에서 비타민 A로 바뀔 수 있는 캐로티노이드는 비타민 A 전구체 캐로티노이드라고 한다.

비타민 A와 캐로티노이드는 성장 · 생식 · 시력 · 면역 · 유전자 발현 · 골격 형성에 관여한다. 또한 캐로티노이드는 강력한 항산화제로 유리기 손상으로부터 단백질과 DNA 및 세포막을 보호한다. 비타민 A 결핍은 실명, 감염률 증가, 사망을 초래할 수 있다. 비타민 A 과다 섭취는 태아의 기형을 유발할 수 있다.

천연 식품으로 캐로티노이드를 많이 섭취하면 피부가 노랗게 되지만 해롭지는 않다. 캐로티노이드 보충제는 해로울 수도 있기 때문에 권장되지 않는다.

비타민 D Vitamin D

비타민 D는 식품에서도 발견되지만, 체내에서도 많은 양이 만들어지기 때문에 어떤 영양학자들은 조건부 필수영양소라고 하기도 한다. 비타민 D는 1918년 대구 간유 중 지방에 녹는 물질이 뼈를 튼튼하게 한다는 것이 발견되면서 필수영양소로 알려지게 되었다.

식품 중에는 두 종류의 비타민 D가 있다(그림 **11.6**). **에르고칼시페롤**은 식물성 식품과 보충제에 들어 있는 형태이고, **콜레칼시페롤**은 동물성 식품에 들어 있는 형태로 인체에서 합성되는 비타민 D의 형태이다.

비타민 D의 식품 급원 Dietary Sources of Vitamin D

난황, 버터, 전유, 기름이 많은 생선, 생선유와 버섯 등에는 비타민 D가 들어 있다. 대부분의 유제품과 시리얼에는 비타민 D가 강화되어 있으므로 식이 비타민 D의 주된 급원이 된다. 비타민 D의 식품 급원은 **그림 11.7**에 수록되어 있다. 비타민 D는 매우 안정적이어서 전처리 · 가공 · 저장 중에 파괴되지 않는다.

에르고칼시페롤
ergocalciferol(vitamin D_2)
식물성 식품과 비타민 D 강화식품에서 발견되는 비타민 D 형태

콜레칼시페롤
cholecalciferol(vitamin D_3)
동물성 식품과 인체의 비타민 D 형태

비타민 D의 조절, 대사, 합성
Regulation, Metabolism, and Synthesis of Vitamin D

비타민 D는 소장에서 담즙의 도움으로 미셀로 들어간 후 장세포로 흡수된다.

그림 11.6 비타민 D

비타민 D는 식품에서 두 가지 형태로 발견된다 : 에르고칼시페롤(비타민 D_2)과 콜레칼시페롤(비타민 D_3)

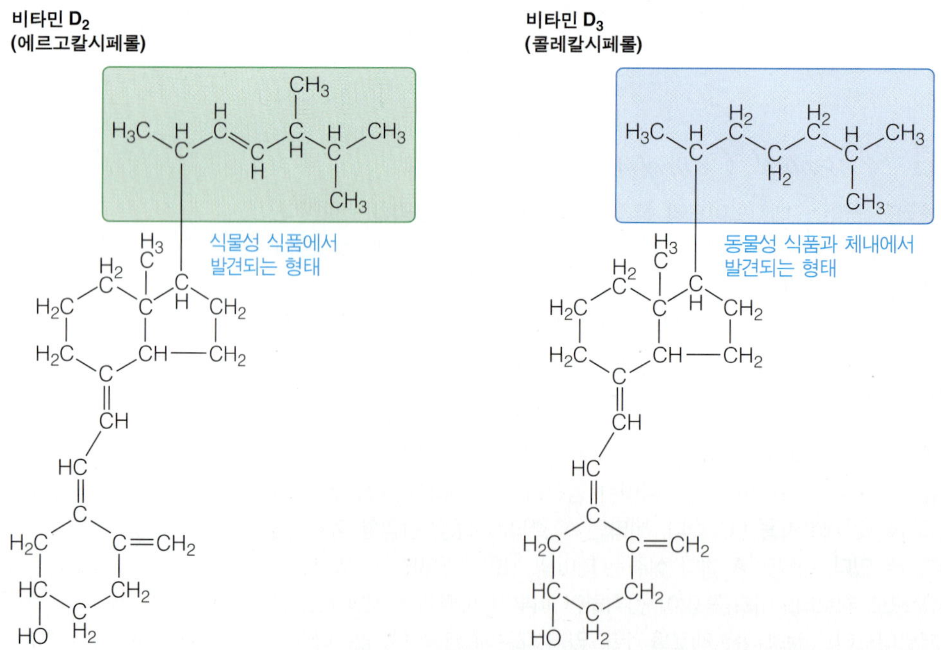

그리고 장세포에서 킬로미크론에 들어간 후에 림프와 혈액을 통해 순환된다. 세포로 들어가지 않고 남은 비타민 D는 킬로미크론 잔여물의 형태로 간에 운반되고 저장된다.

비타민 D는 식품으로 섭취하기도 하지만 체내에서 합성되기도 한다. 비타민 D는 피부가 자외선에 노출되면 콜레스테롤 대사체로부터 콜레칼시페롤의 형태로 합성된다. 이런 이유로 비타민 D를 "햇빛 비타민"이라고 부른다.

비타민 D의 합성 Synthesis of Vitamin D

피부에서의 비타민 D 합성은 두 단계로 이루어진다(**그림 11.8**). 먼저 **7-디하이드로콜레스테롤**이 자외선에 의해 **프리비타민 D_3**로 바뀌고, 다시 vitamin D_3(cholcalciferol)로 전환되어 혈액을 통해 간으로 들어간다. 일반적으로 일주일에 3번씩 10~15분 정도 햇빛을 쐬면 신체가 필요한 양의 콜레칼시페롤을 만들 수 있다.

많은 환경 인자와 유전, 생활양식은 비타민 D의 합성에 영향을 준다. 스모그가 많거나 채광이 약하면 비타민 D 합성에 더 많은 시간이 필요하다. 또한 채광에 덧붙여서 피부색이 진하면, 비타민 D 생성에 약 3배나 더 많은 태양 광선이 필요하다.

검은 피부는 멜라닌 색소를 함유하는데, 이것이 precalciferol의 합성을 막기 때문이다. 햇빛차단제는 비타민 D 합성에 필요한 자외선을 막고, 노화와 관련된 변화는 노인의 비타민 D 생성을 감소시킨다.

7-디하이드로콜레스테롤
7-dehydrocholesterol
피부에서 콜레칼시페롤로 바뀌는 콜레스테롤 대사체

프리비타민 D_3
previtamin D_3(precalciferol)
7-디하이드로콜레스테롤이 콜레칼시페롤로 전환되는 동안 만들어지는 중간 산물

그림 11.7 비타민 D의 식품 급원

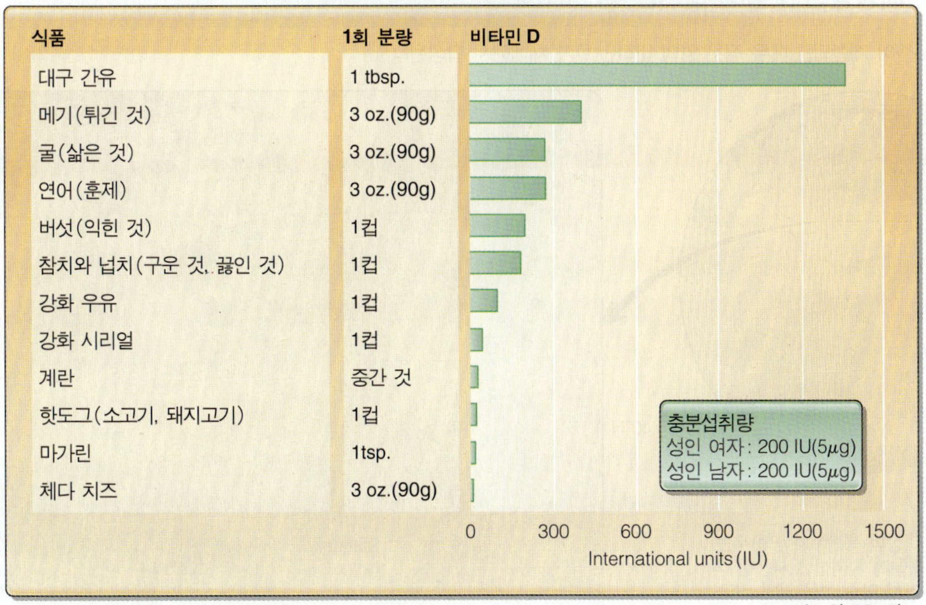

1 oz.는 약 30g임.

자료: Data from Hands E. *Food Finder Vitamin and Mineral Source,* 3rd ed., Salem, OR: ESHA Research; 1995.

그림 11.8 피부의 비타민 D 합성

피부에서 7-dehydrocholesterol이 자외선을 받으면 콜레칼시페롤로 바뀐다.

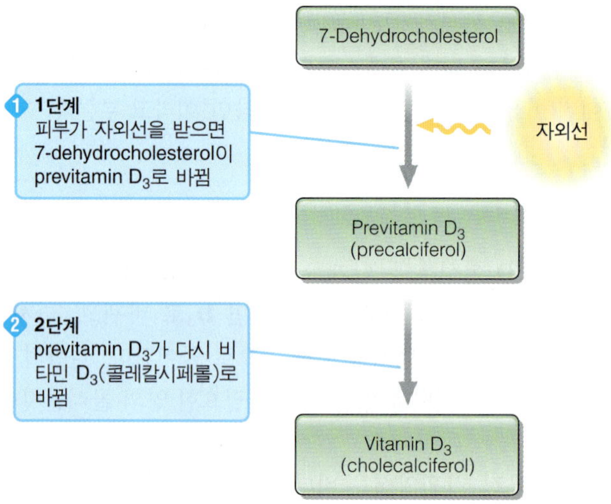

25-하이드록시비타민 D
25-hydroxyvitamin D[25-$(OH)D_3$]
간의 콜레칼시페롤에서 합성되는 비타민 D의 불활성 형태

1,25-하이드록시비타민 D
1,25-dihydroxyvitamin D[1,25-$(OH)_2D_3$] (calcitriol)
신장에서 25-$(OH)D_3$에 의해 합성되는 비타민 D의 활성 형태

비타민 D의 활성화
Activation of Vitamin D

식사로 섭취하거나 피부에서 합성된 콜레칼시페롤이 신체에서 사용되려면 더 대사되어야 한다(**그림 11.10**). 먼저 콜레칼시페롤은 간에서 **25-하이드록시비타민 D**로 전환된다. 이것은 다시 신장으로 가서 **1,25-하이드록시비타민 D**로 전환된다.

그림 11.9 태양광선 노출에 미치는 위도의 효과

태양광선에의 노출이 제한되면 매우 적은 양의 비타민 D가 체내에서 합성된다.

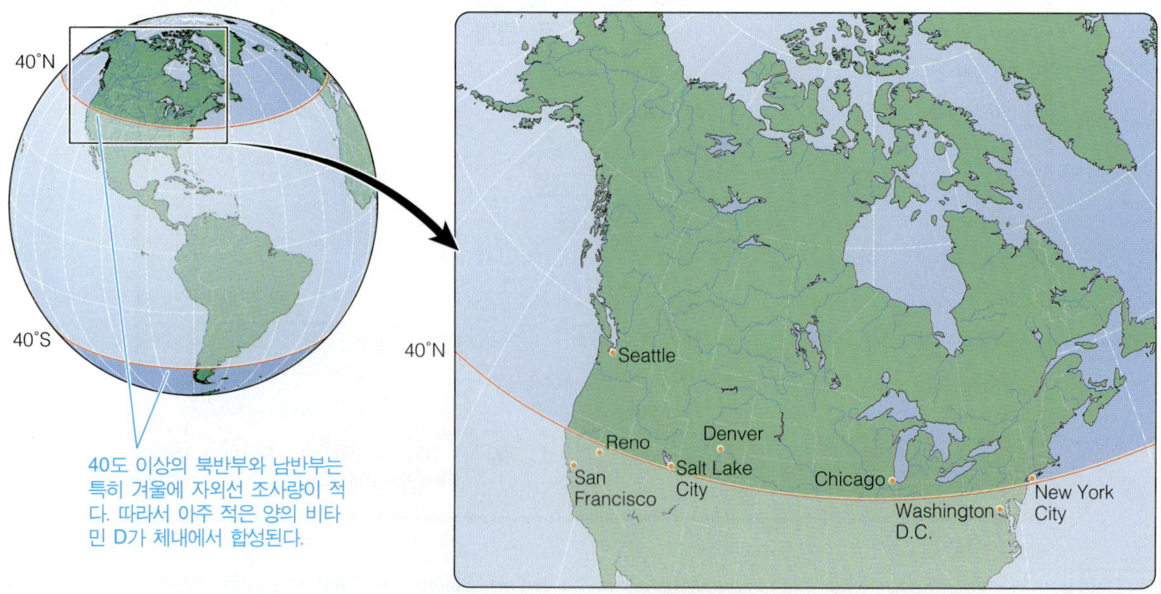

$1,25\text{-}(OH)_2D_3$는 칼시트리올(calcitriol)이라고도 하며, 비타민 D의 활성 형태로 칼슘 흡수에 필요하다. 혈액 내 칼슘 농도가 낮으면 **부갑상선 호르몬**의 작용에 의해 $25\text{-}(OH)D_3$에서 $1,25\text{-}(OH)_2D_3$로의 전환이 활발해진다.

비타민 D의 기능
Functions of Vitamin D

비타민 D는 혈액 내 칼슘농도 조절에서 중요한 역할을 한다. 또한 유전자 발현의 조절과 세포 분화에 관여한다.

그림 11.10 비타민 D의 활성

콜레칼시페롤에서 칼시트리올로의 전환은 간과 신장에서 일어난다. 혈액 내 칼슘 농도가 낮으면, 부갑상선 호르몬이 이 반응을 촉진한다.

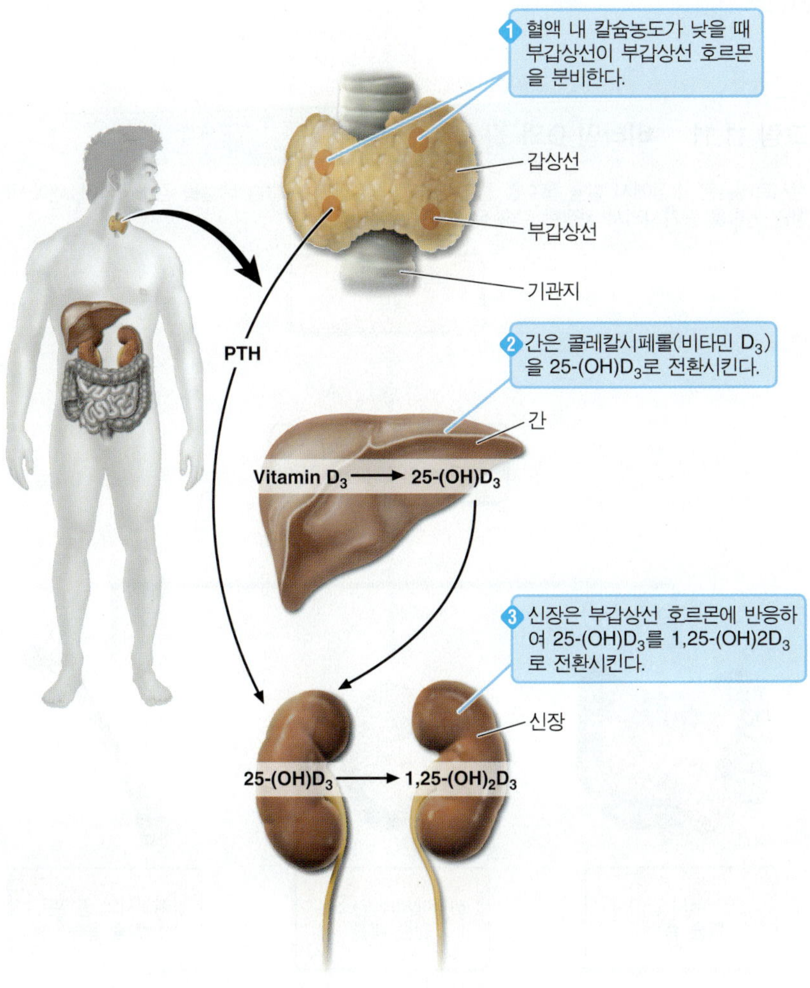

부갑상선 호르몬
parathyroid hormone (PTH)
부갑상선에서 생산되어 $25\text{-}(OH)D_3$가 $1,25\text{-}(OH)_2D_3$로 전환되는 것을 자극하는 호르몬

칼슘 항상성
Calcium Homeostasis

$1,25\text{-}(OH)_2D_3$는 소장에서 칼슘 흡수를 증가시키고, 소변으로의 칼슘 배설을 감소시키며, 골격에서의 칼슘 방출을 촉진한다(**그림 11.11**).

- *소장* : 칼시트리올($1,25\text{-}(OH)_2D_3$)은 소장에서 칼슘을 흡수하는 데 필요한데, 식이 칼슘이 소장세포로 들어가는 데 필요한 단백질을 만드는 여러 가지 유전인자를 활성화한다. 다시 말해서 비타민 D는 세포의 신호전달(cell signaling)에 관여한다. 비타민 D가 없으면, 이러한 단백질들이 만들어지지 않아서 칼슘 흡수가 상당히 제한된다.
- *신장* : 칼시트리올과 부갑상선호르몬은 신장에서 칼슘이 소변으로 배설되는 것을 억제한다. 그 결과로 더 많은 칼슘이 혈액에 남게 된다.
- *골격* : 칼시트리올과 부갑상선은 둘 다 파골세포에 의한 골격 분해를 자극해서 칼슘이 혈액으로 방출되도록 한다.

골격 칼슘은 골격 구조를 유지하는 데 필요하지만, 혈액 칼슘은 다른 생리 기능을 가지고 있다. 예로 이들은 근육수축, 혈압조절, 신경자극 전달에 필요하다.

그림 11.11 비타민 D와 칼슘 항상성

칼시트리올은 소장에서 칼슘 흡수를 증가시키고, 신장에서는 칼슘 배설을 감소시키며, 뼈에서는 칼슘 용출을 증가시켜서 적절한 칼슘 유용성을 유지한다.

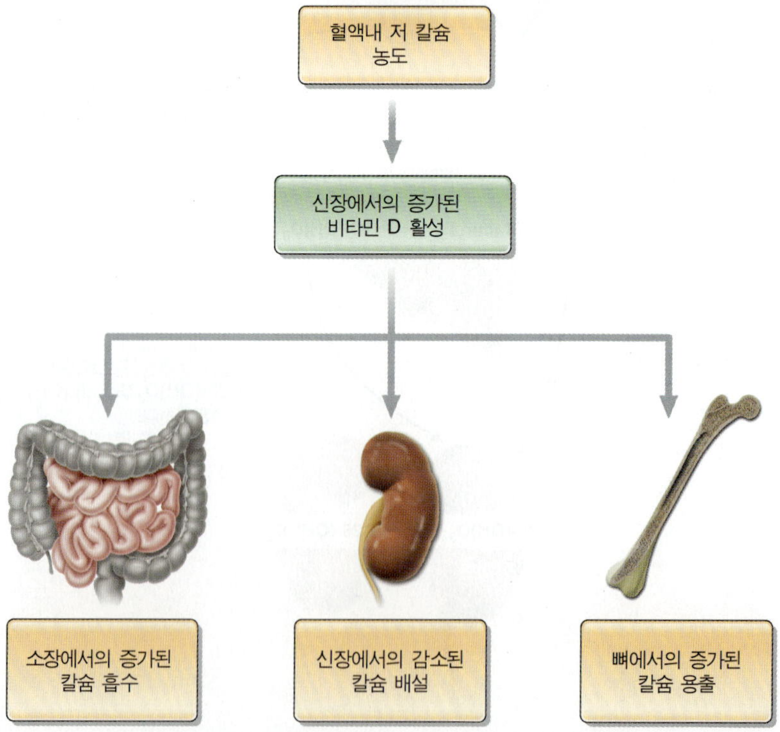

따라서 비타민 D가 혈액의 칼슘 농도 유지를 돕지 않는다면 이러한 필수 기능에 손상이 올 수 있다.

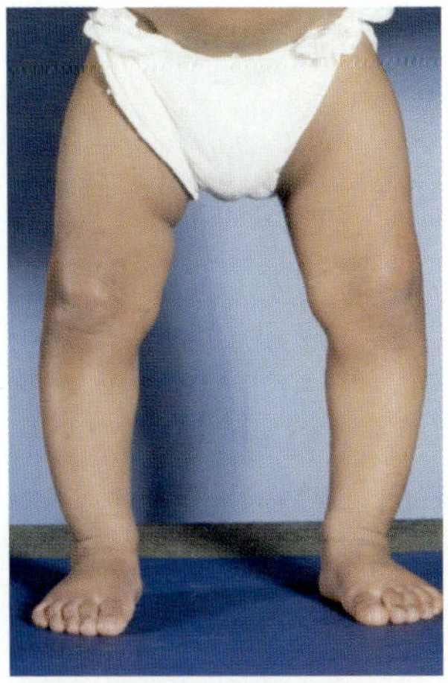

비타민 D 결핍은 영유아에게 구루병을 야기할 수 있다.

세포분화와 암
Cell Differentiation and Cancer

비타민 D는 미성숙 세포가 성숙세포로 분화하는 데 결정적인 역할을 한다. 이는 비타민 A에서처럼 비타민 D가 세포 핵 속으로 들어가서 특정 단백질을 만드는 유전자를 자극함으로써 이루어진다. 예로 비타민 D는 미성숙한 골격세포가 성숙한 골격세포로 되고, 특정 장의 상피세포가 성숙한 장세포로 분화되도록 해서 골격 건강과 위장 기능에 관여한다. 비타민 D가 대장암 · 유방암 · 피부암 · 전립선암 같은 암을 예방하는 것을 도울 수도 있다는 보고가 있는데, 이는 세포 분화에서의 비타민 D의 역할과 관련이 있다.

비타민 D 결핍–구루병과 골연화증
Vitamin D Deficiency–Rickets and Osteomalacia

비타민 D 결핍은 골격의 불충분한 무기질화와 증가된 탈무기질화를 야기할 수 있다. 특히 영유아기의 비타민 D 결핍은 골격 무기질화의 부족으로 **구루병**을 야기할 수 있다. 구루병을 가진 어린이는 성장 속도가 느리며, 약한 장골 때문에 휘어진 다리로는 보행 같은 체중 부하 활동에 어려움을 가진다.

성인에게 비타민 D가 부족하면 골격의 무기질화가 잘 안 되고, 골격의 탈무기질화가 증가한다. 비타민 D 결핍으로 인해 골격의 무기질화가 잘 안 되면 뼈가 부드럽고 약해지는데, 이를 **골연화증**이라고 한다. 골연화증 증상은 골 통증의 확산과 근육 약화를 포함한다.

골연화증 환자는 골절 위험이 높다. 또한 비타민 D 결핍은 골격의 탈무기질화로 인해 궁극적으로 **골다공증**을 유발한다. 골연화증과 골다공증을 예방하기 위해 50세 이상의 사람들은 매일 최소한 15분 이상 햇볕을 쬐고, 비타민 D 섭취의 증가도 바람직하며, 보충제가 필요한 경우도 있다.

구루병 rickets
특히 다리가 휘는 어린이의 비타민 D 결핍 증세

골연화증 osteomalacia
비타민 D 결핍으로 인해 성인의 뼈가 연화되는 것

골다공증 osteoporosis
약하고 기공이 많은 뼈를 만드는 심각한 골질환

Focus On 생애주기영양 LIFE CYCLE NUTRITION

영아기의 비타민 D 보충

모체가 햇빛을 적게 받아서 모유의 비타민 D 함량이 적어진 모유를 먹는 영아는 비타민 D의 섭취가 부족될 수 있다. 또한 일광욕을 별로 하지 않으면서 특히 피부가 검은 영아의 경우에는 구루병 발생률이 증가할 수 있다.

미국 소아과학회는 모든 모유수유 영아와 하루에 500ml 이하의 조제유를 섭취하는 아기들에게 5μg의 비타민 D를 보충하도록 권장하고 있다. 생후 2개월 이내에 보충을 시작해서 식사로부터 충분한 양의 비타민 D를 공급받을 때까지 보충을 지속한다.

비타민 D 결핍이 노인의 인성 변화와 인지 기능의 감소를 야기하는 중증장애인 알츠하이머 질병의 발생 증가와 관련이 있다는 주장도 있지만 아직 더 많은 연구가 필요하다.

비타민 D 독성
Vitamin D Toxicity

식품 섭취로 인한 비타민 D 독성은 드물지만, 과다 비타민 D 보충은 혈액의 칼슘 수준이 증가하는 고칼슘혈증(hypercalcemia)을 야기할 수 있다. 고칼슘혈증은 심장과 폐 같은 연조직에 칼슘을 축적시켜서 중추신경계 기능에 영향을 줄 수 있다. 또한 비타민 D 독성은 골격 손실도 촉진할 수 있으며, 지나치게 비타민 D를 많이 보충하면 사망할 수도 있다.

비타민 D 영양섭취기준
Recommended Intakes for Vitamin D

비타민 D 권장섭취량을 결정하기에는 자료가 부족하기 때문에 충분섭취량(AI)을 정하였다. 성인의 충분 섭취량은 5μg이고, 50세 이상에서는 골격 손실의 완화를 돕기 위해 10μg으로 정했으며, 상한섭취량은 60μg이다.

필수개념 *Essential Concepts*

비타민 D는 기름진 생선과 몇몇 식물성 식품에 함유되어 있다. 신체는 햇볕이 있으면 콜레스테롤 대사체로부터 비타민 D를 합성할 수 있는데, 이 때문에 비타민 D는 조건부 필수영양소로 간주된다. 비타민 D의 활성 형태는 1,25-$(OH)_2D_3$로 칼시트리올이라고 불린다.

칼시트리올은 소장에서 칼슘 흡수를 자극하고, 소변으로의 칼슘 손실을 막으며, 칼슘을 혈액으로 방출하기 위해 골격세포의 분해를 증가시킨다. 비타민 D는 세포 분화와 성숙에서 중요한 유전자 조절에 영향을 준다. 비타민 D 결핍은 어린이의 구루병과 성인의 골연화증 및 골다공증을 야기하며, 식품을 통한 비타민 D 독성은 드물지만, 보충제의 과잉 섭취는 위험할 수 있다.

비타민 E
Vitamin E

비타민 E라는 용어는 비슷한 화학 구조를 가진 8가지 다른 화합물을 지칭하는 말이다. 이 중 **알파토코페롤**이 가장 생물학적 활성이 높다.

1922년, 비타민 E가 부족한 동물은 생식을 할 수 없다는 사실이 발견되면서 비타민 E는 필수영양소로 인식되었다. 토코페롤(tocopherol)이라는 뜻은 그리스어의 tokos(출산)과 phero(낳다)에서 유래되었다. 비타민 E는 그 밖에 다른 기능도 가진 것으로 보고 있는데, 심장질환 같은 만성 질병을 감소시키는 가능성에 많은 관심이 쏠리고 있다.

알파토코페롤 α-tocopherol
비타민 E 활성이 가장 높은 형태

비타민 E의 식품 급원
Dietary Sources of Vitamin E

비타민 E는 동 · 식물성 식품 모두에 함유되어 있지만, 특히 식물성 기름과 견과류 및 씨에 풍부하다. 브로콜리와 시금치같이 진한 녹색 잎채소에도 많이 들어 있다(**그림 11.12**). 비타민 E는 식품 준비 · 가공 · 저장 중에 쉽게 파괴될 수 있다. 따라서 조리할 때에는 가능한 열에 적게 노출시키고 저장 시에는 공기가 들어가지 않도록 보관하는 것이 중요하다.

견과류는 비타민 E의 좋은 급원이다.

비타민 E의 조절 Regulation of Vitamin E in the Body

비타민 E는 소장에서 흡수되는데, 이때 담즙 존재 하에 미셀의 형성이 필요하다. 비타민 E는 킬로미크론을 통해 림프와 혈액으로 운반되어 결국은 간에 도착한다. 간에서 비타민 E는 신체의 다른 부위로 운반되기 위해 VLDL로 들어가고, 여분의 비타민 E는 지방조직에 저장된다.

비타민 E의 기능 Functions of Vitamin E

비타민 E는 캐로티노이드처럼 산화를 예방하고 유리기 손상을 막는 항산화제로 작용하는데, 주로 세포막에서 작용한다. 또한 비타민 E는 세포의 유전물질(DNA)을 보호할 수도 있다.

그림 11.12 비타민 E의 식품 급원

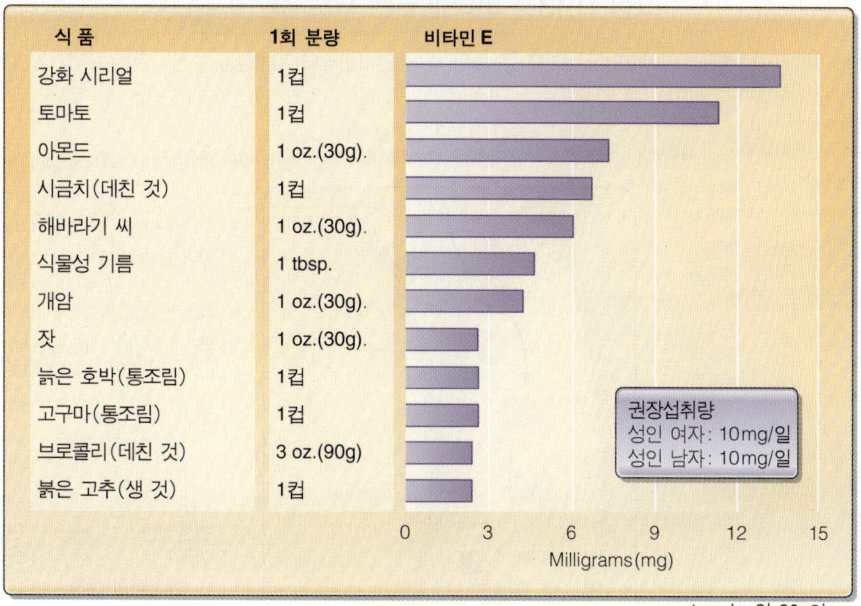

1 oz.는 약 30g임.

자료 : Data from USDA Nutrient Database, Release 16-1.

세포막 보호 기능
Protecting Cell Membranes

그림 11.13에 설명한 것처럼, 체내 비타민 E의 많은 부분은 여러 가지 막(membrane)과 관련이 있다. 세포막, 미토콘드리아, 소포체 같은 세포 내의 많은 소기관들은 인지질의 이중막으로 되어 있다. 비타민 E는 세포의 안정성과 원활한 기능을 위해 이 막을 잘 유지하는 역할을 한다.

특히 비타민 E는 막의 인지질 이중막에 있는 지방산이 유리기에 의해 손상됨을 막는다. 이것은 비타민 E가 유리기에 전자를 공급해서 안정화하는 작용을 하기 때문이며, 특히 폐와 적혈구처럼 산소에 많이 노출되는 세포에서 중요하다. 비타민 E의 항산화능은 비타민 C와 셀레늄 같은 다른 항산화 영양소들이 있을 때에 더 강화된다.

암과의 관계
Relationship with Cancer

항산화 영양소들은 암을 야기시키는 유리기 손상으로부터 DNA를 보호하기 때문에 비타민 E의 암 예방이나 치료 가능성에 대해 관심이 모이고 있다. 그러나 비타민 E가 풍부한 식사가 암 위험률을 감소시키는 것과 관련이 있기는 하지만, 비타민 E 자체가 암 위험을 낮춘다는 근거는 별로 없다.

비타민 E는 아마도 신체를 암으로부터 지키기 위해 다른 식이 성분과 함께 작용을 하는 것 같다.

그림 11.13 비타민 E는 세포막을 보호한다.

비타민 E는 전자를 내어 주어 인지질막의 지방산을 손상시키는 유리기를 감소시킴으로써 세포막을 보호한다.

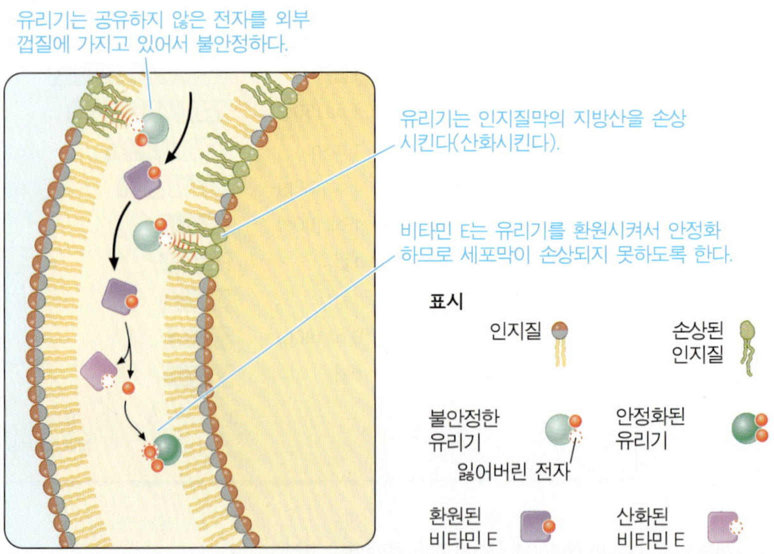

안구 건강
Eye Health

백내장은 눈의 렌즈에 생기는 뿌연 물질로 시력을 흐리게 한다. 나이가 들면 백내장이 생겨서 시력이 손상되고 치료를 받지 않으면 실명할 수도 있다. 흡연을 하거나 태양광선에 많이 노출되는 사람의 경우에는 유리기에 의한 손상이 늘어나기 때문에 백내장이 유발되기 쉽다. 역학 연구에서 비타민 E 보충제를 섭취하는 노인은 백내장 발생 위험이 낮아진다는 보고가 있다.

심장건강
Heart Health

동맥 경화는 동맥에 플라크(plaque)라고 불리는 지방 물질을 축적해서 심장병이나 고혈압을 유발할 수 있다. 비타민 E는 많은 동물실험에서 플라크 형성 지연에 효과가 있었고, 식사성 비타민 E는 심장을 건강하게 만든다고 여겨진다. 그러나 최근 연구에서는 비타민 E 보충제(400 mg/일)의 섭취가 만성 질환을 가진 사람의 전체적인 사망률을 증가시킬 수 있다고 보고되었다.

따라서 식사성 비타민 E는 건강한 심장 유지에 도움이 될지도 모르지만, 심장 질환의 위험을 낮추기 위해 비타민 E 보충제를 섭취하는 것은 바람직하지 않다.

비타민 E 결핍
Vitamin E Dificiency

비타민 E 결핍은 드문 편이지만, 비타민 E가 불충분하게 들어간 조제분유를 섭취한 영아, 유전적 결함이 있는 사람, 그리고 지방 흡수불량 질환이 있는 사람에게서 보고된 바 있다. 비타민 E 결핍 시에는 신경 근육 문제, 근육운동의 조화 상실, 근육 통증 등이 유발된다. 또한, 적혈구 막의 약화로 **용혈성 빈혈**이 생기게 된다. 용혈성 빈혈은 혈액이 산소를 전달하는 능력을 감소시켜서 허약과 피로를 느끼게 한다.

좀 더 알려진 비타민 E 결핍 사례는 1960~1970년대, 고도불포화지방산(PUFA)은 많이 함유하고 비타민 E는 상대적으로 적게 함유한 영아용 조제분유에서 나타났다. 고도불포화지방산은 유리기에 의해 쉽게 산화되기 때문에 비타민 E와 같은 항산화 영양소의 요구량이 늘어난다.

그 결과, 특히 비타민 E 저장량이 적은 미숙아에서 용혈성 빈혈이 발생했고 그 이후 조제분유에는 비타민 E가 강화되게 되었다.

비타민 E 독성
Vitamin E Toxicity

비타민 E는 보충제의 형태로 많이 섭취해도 독성 증상이 잘 나타나지 않는데, 이는 비타민 E 보충제가 천연 비타민 E보다 생물학적 활성이 낮기 때문으로 보고 있다.

백내장 cataract
눈 렌즈에 뿌옇게 덮혀서 시력이 손상되는 것

용혈성 빈혈 hemolytic anemia
적혈구 파괴로 혈액의 산소와 이산화탄소 운반 능력이 떨어지는 것

그렇지만 비타민 E 보충제를 너무 많이 섭취하면 위험스러운 출혈이나 용혈이 야기될 수 있다. 어떤 사람에서는 이런 증상이 나타나고, 어떤 사람에서는 나타나지 않는데, 이는 유전적인 차이 때문으로 보고 있다.

비타민 E 영양섭취기준
Recommended Intakes for Vitamin E

우리나라 성인 남녀의 비타민 E 권장량은 10 mg이고, 비타민 E의 상한섭취량은 540 mg이다.

필수개념 Essential Concepts

비타민 E는 8가지의 다른 화합물을 말하는데 α-토코페롤의 활성이 가장 높다. 비타민 E는 항산화제로 세포막을 보호하는 작용을 한다. 또한 비타민 E는 눈을 백내장으로부터 보호하고 DNA 손상을 감소시켜서 암에 영향을 준다. 비타민 E 결핍은 드물지만 신경근육 증세와 용혈성 빈혈이 발생한다. 비타민 E 독성도 드물지만 출혈 같은 심각한 증상을 유발한다.

비타민 K
Vitamin K

아스파라거스와 브로콜리 같은 여러 농녹색채소들은 비타민 K를 식사에 공급한다.

닭을 통해 비타민 K 결핍시 출혈이 멈추지 않는다는 사실을 발견한 덴마크의 생리학자 Henrik Dam에 의해 발견되었으며, 그는 이로 인해 1943년 노벨상을 수상했다. 비타민 K라는 이름도 그 역할인 koagulation(응집이라는 덴마크어)에서 따 왔다.

비타민 K라는 용어는 비슷한 구조와 기능을 가진 세 가지의 화합물을 말한다. 식물에서 발견되는 비타민 K는 **필로퀴논**이라고 한다. 우리가 음식에서 섭취하는 대부분의 비타민 K와 몇몇 비타민 K 보충제가 이 비타민 K_1이다.

메나퀴논은 대장 박테리아에서 만들어지는데, 대장에서 충분한 양의 비타민 K를 공급받지 못하기 때문에 비타민 K는 사람에게 필수영양소이다.

메나디온은 상업적으로 합성된 비타민 K이다.

필로퀴논 phylloquinone
식품에서 발견되는 비타민 K 형태

메나퀴논 menaquinone
박테리아가 생산하는 비타민 K 형태

메나디온 menadione
상업적으로 합성되는 비타민 K 형태

비타민 K의 식품 급원
Dietary Sources of Vitamin K

케일, 시금치, 브로콜리 같은 녹색채소는 비타민 K의 좋은 급원이다. 생선과 콩에도 비타민 K가 많이 들어 있다(**그림 11.14**). 하지만 빛과 열에 지나치게 노출되면 비타민 K가 파괴된다.

비타민 K의 조절
Regulation of Vitamin K in the Body

비타민 K는 다른 지용성 비타민과 함께 소장에서 미셀을 통해 흡수되고, 킬로미크론에 합류해 림프를 거친 후에 혈액으로 들어간다. 대장 박테리아에 의해 합성된 비타민 K는, 단순확산으로 상피세포에 전달되고 혈액을 통해 간으로 순환된다. 식사와 박테리아로부터 합성된 비타민 K는 간에서 지단백의 구성성분이 되어 신체의 다른 기관으로 운반된다.

비타민 K의 기능 Functions of Vitamin K

비타민 K는 칼슘을 필요로 하는 다양한 카르복실화 반응의 조효소로 작용한다. 비타민 K 의존 반응은 혈액 응고에 꼭 필요하다(**그림 11.15**). 혈관에 상처가 생기면 출혈을 멈추기 위해 혈병을 형성하는데, **응고**라고 불리는 이 과정이 없으면 우리는 작은 상처로도 출혈로 인해 죽을 수 있다.

혈액이 응고되어 혈병이 형성되려면 많은 화학 반응이 일어나야 한다. 비타민 K는 각 반응에서 불활성 응고인자들을 카르복실화하여 칼슘이 붙도록 한다. 칼슘이 붙으면 응고인자가 활성화되어서 그 다음 단계의 반응이 진행된다. 이들 반응은 결국 **프로트롬빈**을 또 다른 칼슘함유 단백질인 **트롬빈**으로 전환시키고, 트롬빈은 **피브리노겐**을 **피브린**으로 전환시키는 것을 촉매한다. 피브린은 물에 녹지 않는 단백질로 거미줄 같은 혈병을 만들어서 출혈을 막는다.

응고 coagulation
혈병이 형성되는 과정

프로트롬빈 prothrombin
효소 트롬빈으로 바뀌는 응고 인자

트롬빈 thrombin
피브리노겐을 피브린으로 전환시키는 효소

피브리노겐 fibrinogen
수용성 단백질로 불용성인 피브린으로 전환됨.

피브린 fibrin
혈액 응고물을 형성하는 불용성 단백질

그림 11.14 비타민 K의 식품 급원

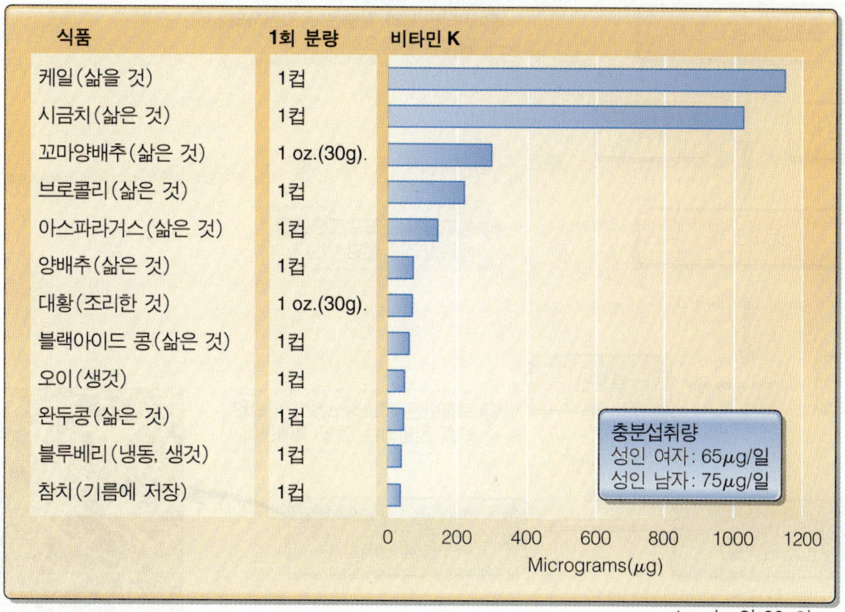

1 oz.는 약 30g임.

자료 : Data from USDA Nutrient Database, Release 16-1.

비타민 K가 충분하지 않으면 이 연속되는 단계들이 진행되지 않아서 혈액이 응고되지 않는다.

비타민 K는 골격과 치아 형성에 필요한 다른 단백질들의 카르복실화도 촉매한다. 이들 단백질들도 먼저 카르복실화 된 후에 칼슘과 결합할 수 있다. 몇몇 연구에서 비타민 K를 많이 함유한 식품의 섭취가 엉덩이 골절 감소와 관련이 있다는 보고가 있었는데, 비타민 K가 뼈를 더 튼튼하게 하는가는 더 많은 연구가 필요하다.

비타민 K 결핍과 독성
Vitamin K Deficiency and Toxicity

비타민 K 결핍은 몇몇 영아와 지질흡수불량을 유발하는 질환을 가진 사람에게 나타날 수 있다. 지속적인 항생제 사용도 대장에 정상적으로 사는 박테리아를 죽임으로써 비타민 K 결핍을 유발시킬 수 있다. 주된 비타민 K 결핍 증상은 과다 출혈이다. 비타민 K는 섭취량이 매우 많아도 알려진 독성 효과가 없다.

영아기의 비타민 K 주사
Vitamin K Injections During Infancy

건강한 영아는 비타민 K 저장량이 매우 적다. 게다가 출생 시 신생아의 대장

그림 11.15 비타민 K와 혈액응고

비타민 K는 혈병을 형성하는 데 관여하는 카르복실화반응의 조효소로 작용한다.

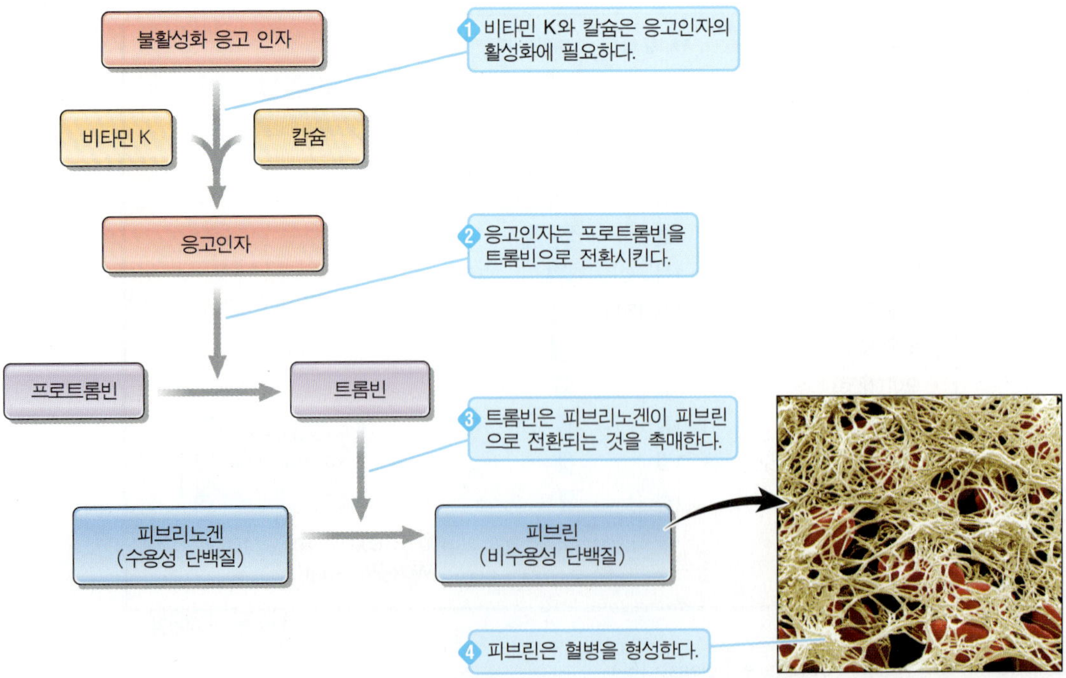

Focus On 임상 적용 CLINICAL APPLICATIONS

영양소-약의 상호작용과 비타민 K

약물 사용은 영양소의 대사나 기능에 영향을 줄 수 있는데, 비타민 K의 경우에 특히 그러하다. 항생제를 장기간 사용하면 대장 박테리아가 죽어서 비타민 K 결핍이 증가할 수 있다.

다른 예로, 쿠마딘(coumadin, warfarin)은 심장질환이 있는 사람들에게 혈액응고를 막기 위해 처방되는 약인데, 비타민 K의 혈액응고 기능을 약화시킨다. 이 약을 복용하면 심각한 출혈과 혈액 손실이 발생할 수 있기 때문에 이 약을 복용하는 사람은 상처가 나지 않도록 조심해야 한다.

에는 비타민 K를 생산할 수 있는 박테리아가 전혀 없으며 모유의 비타민 K 함량도 매우 적다. 따라서 모유를 섭취하는 영아는 출생 후에 몇 주 동안 비타민 K 수준이 낮다.

대부분의 아기들에게는 이것이 별 문제가 되지 않지만 몇몇 영아는 **비타민 K 결핍 출혈**이라는 심각한 비타민 K 결핍 증상을 유발한다. 혈액응고에서 비타민 K의 중요한 역할 때문에 VKDB 영아는 내출혈로 생명을 위협받을 수 있다.

VKDB는 아프거나 음식을 먹기가 곤란하거나 간 질환이 있거나 지질 흡수에 애로가 있는 모유 수유영아에게 주로 일어난다. 10만 명 중 5~10명의 영아에게서 VKDB가 발생하며 VKDB로 인한 사망률은 30% 정도로 매우 높다. 미국 소아과학회는 모든 영아에게 출생 후에 비타민 K 주사를 놓도록 권장하고 있는데, 이 정책이 시행된 후에 VKDB 발생률이 75% 정도 감소했다.

비타민 K 영양섭취기준
Recommended Intakes of Vitamin K

비타민 K는 권장섭취량은 정하지 못하고 충분섭취량이 정해졌는데, 성인 남자는 75μg, 성인 여자는 65μg이다. 비타민 K는 상대적으로 독성이 낮으며 상한섭취량은 정해지지 않았다.

필수개념 *Essential Concepts*

비타민 K는 세 가지 화합물(필로키논, 메나퀴논, 메나디온)을 지칭하는 말이다. 녹색 채소는 비타민 K의 좋은 급원이며, 빛과 열에 의해 비타민 K가 파괴된다. 장 내 박테리아도 약간의 비타민 K를 합성할 수 있다.

비타민 K는 혈액 응고와 적절한 골 무기질 축적에 필요한 칼슘 요구반응에 관여한다. 비타민 K 결핍은 출혈과 약한 뼈를 야기한다. 영아에게 심각한 비타민 K 결핍은 비타민 K 결핍 출혈을 유발하는데, 비타민 K 주사로 거의 예방될 수 있다.

비타민 K 결핍 출혈
vitamin K deficiency bleeding (VKDB)
신생아에서 발생하는 질병. 불충분한 비타민 K 섭취로 인해 통제할 수 없는 내출혈로 특징지어짐.

요약과 전체적인 권장
Summary and Overall Recommendations

지용성 비타민은 체내의 다양한 생리 과정에 관여하며 캐로티노이드는 별도의 건강 효과를 가지고 있다. 비타민 A, D, E와 캐로티노이드는 유전자의 전사를 조절하는 데 관여한다. 비타민 E와 캐로티노이드는 항산화제로 작용하고, 비타민 A와 D 및 K는 뼈 건강에 기여한다.

지용성 비타민도 수용성 비타민처럼 다양한 식품에서 발견된다(**표 11.4**). 이 영양소들이 여러 식품군에 겹쳐서 분포하기 때문에 모든 식품군에서 식품을 선택하고, 같은 식품군에서도 다양한 식품을 섭취하는 것이 필요하다. 영양밀도가 높은 식품이 많이 함유된 식사를 하고, 적정량 · 다양성 · 균형을 강조하면 지용성 비타민의 건강을 유지할 수 있다.

표 11.3 지용성 비타민과 캐로티노이드의 일반 기능

	비타민 또는 피토케미컬				
	비타민 A	캐로티노이드[a]	비타민 D	비타민 E	비타민 K
기능					
유전 전사 조절	X	X	X		
면역 기능	X	X			
항산화 기능		X		X	
뼈/치아 건강	X		X		X
혈액 건강	X		X	X	X
눈 건강	X	X		X	
심장 건강		X		X	

[a] 캐로티노이드의 잠정적 기능임.

표 11.4 지용성 비타민과 캐로티노이드의 주된 식품 급원

	식품 종류					
	채소	과일	우유	내장육	생선, 계란	견과류, 씨
화합물						
비타민 A			X[a]	X	X	
캐로티노이드	X	X			X	
비타민 D			X[a]		X	
비타민 E	X					X
비타민 K	X				X	

[a] 전유와 강화유는 저지방/비강화유보다 더 좋은 급원임.

Food Matters 목표를 향한 실천

식사지침은 다양한 과일과 채소를 선택하도록 권장하고 있다. 아래의 방법들이 목표를 달성하는 데 도움이 될 것이다.

- 시장에서 식품을 구입할 때에 자주 먹지 않는 과일과 채소를 산다.
- 고지방 간식 대신으로 마른 과일, 바나나 칩, 채소 칩 등을 선택한다.
- 식사를 계획할 때에 색을 고려한다. 식사에 좀더 다양한 색이 첨가되면 더 다양한 영양소와 피토케미컬을 섭취하게 된다.

연습 문제 Review Questions

1. 다음 중 가장 활성이 높은 비타민은?
a. 레티놀
b. 레티노익산
c. 레티날
d. 리코펜

2. 다음 중 비타민 A(preformed vitamin A)가 주로 함유되어 있는 식품은?
a. 당근
b. 녹색 잎 채소
c. 동물성 식품
d. 마른 콩

3. 일반적으로 지용성 비타민은 ________에서 흡수되고, 위장기관에서 ________로 들어간다.
a. 대장 혈액
b. 대장 림프
c. 소장 혈액
d. 소장 림프

4. 다음 중 뼈 건강에 중요한 비타민은?
a. 비타민 A
b. 비타민 D
c. 비타민 K
d. 위의 것 모두

5. 부갑상선 호르몬은 25-(OH)D_3에서 1,25-$(OH)_2D_3$으로의 전환을 언제 자극하는가?
a. 혈액의 칼슘 수준이 낮을 때
b. 혈액의 칼슘 수준이 높을 때
c. 많은 양의 칼슘을 섭취할 때
d. 상처를 입어서 출혈이 날 때

6. 다음 중 비타민 E의 주된 기능은?
a. 금식기의 에너지 대사 조절
b. 카르복실화 반응
c. 혈액 응고
d. 세포와 소기관 막을 유리기 손상으로부터 보호

7. 다음 중 어떤 비타민이 결핍되면 구루병이 발병되는가?
a. 비타민 A
b. 비타민 D
c. 비타민 E
d. 비타민 K

8. 다음 중 비타민 K가 주로 의존하는 무기질은?
a. 셀레늄
b. 철
c. 칼슘
d. 마그네슘

9. 다음 중 상한섭취량이 정해지지 않은 지용성 비타민은?
a. 비타민 A
b. 비타민 D
c. 비타민 E
d. 비타민 K

10. 다음 중 비타민 E의 결핍으로 인해 야기될 수 있는 증세는?
a. 신경근육 문제
b. 근육운동의 조화 상실
c. 용혈성 빈혈
d. 위의 것 모두

11. 각각의 지용성 비타민의 좋은 식품 급원 두 개씩을 말하고, (가열 또는 공기 노출 같은) 식품 가공이 식품의 지용성 비타민 양에 영향을 줄 수 있는가를 기술하라.

12. 여러 비타민들은 신체의 항산화 기능에 관여한다. 이들 비타민은 무엇이며, 어떻게 항산화제로 작용하는가? 일반적으로 어떻게 이들 화합물이 암 예방에 중요하다고 추론하는지를 기술하라.

13. 왜 비타민 D는 종종 '햇빛 비타민'이라고 불리는가? 어떻게 비타민 D가 피부에서 합성되고 체내에서 칼시트리올로 바뀌는지를 기술하라.

실천 문제 Practice Calculations

1. 식품성분표를 이용해서 여러분의 점심 식사의 비타민 A섭취량을 계산하라.

   점심식사에서 여러분은 비타민 A 권장량의 몇 %를 섭취하였는가?

   비타민 A 섭취량을 증가시키려면 어떤 식품을 첨가하거나 대체해야 할까?

2. 영양섭취기준의 식품군별 1일 권장섭취 횟수를 이용해서 여러분에게 권장되는 고기, 생선, 계란, 콩류와 우유 및 유제품 횟수를 결정하라.

   이 권장량을 만족시킬 식단의 예를 작성하고, 이 식품을 섭취하면 얼마만큼의 비타민 D를 섭취할 수 있는지를 계산하라.

영양과 암
Nutrition and Cancer

암은 현재 우리나라 사망원인의 제 1 순위를 차지하고 있다. 과학자들은 모든 암 사망의 약 1/3이 영양, 육체적 비활동, 비만과 관련이 있다고 추정한다.

여기서는 암에 대한 기본적인 사실과 예방에 있어서 영양과 다른 생활양식의 중요성에 대해 다룬다.

암 발생의 이해
Understanding How Cancer Develops

생명체는 하나의 세포에서 시작하는데, 이 하나의 세포 속에 든 유전물질(DNA)이 복제되고 분화되어 궁극적으로 인체가 형성된다. DNA의 복제와 세포 분화는 **세포 주기**라고 하는데 일생을 통해 일어난다(**그림 1**). 또한 노화된 세포는 정상적인 세포 사망 과정인 **세포 사멸**을 진행하게 된다.

암(cancer)은 세포 성장과 세포 사멸의 균형이 깨어질 때에 발생한다.

다시 말해서 암은 세포 성장과 분화가 조절되지 않거나 세포 사멸을 시작할 수 없을 때에 발생한다. 암은 세포 주기를 조절하는 단백질을 만드는 DNA 특정 영역의 변화나 변이로 야기된다. 어떤 변이는 유전적으로 물려받기도 하지만, 대부분의 변이는 생활양식이나 환경에 의해 야기된다.

암은 모든 조직에서 발생할 수 있지만, 전립선 · 결장 · 직장 · 유선 · 폐에서 흔히 발생한다. 이 중 폐암의 치사율이 가장 높다.

발암물질 : 암의 원인
Carcinogens : The Causes of Cancer

어떤 암은 DNA의 정상 복제 과정의 변이로 발생하지만 대부분의 암은 환경조건이나 물질에 의해 유발되며, 이들을 **발암물질**이라고 한다. X-레이, 오염물질, 담배의 화학물질 등 많은 발암물질들이 있다.

암의 복합단계 특성
The Multistage Nature of Cancer

암은 제 2 형 당뇨와 심장병처럼 만성 퇴행성 질환이다. 정상세포가 암세포로 성장하는 데에는 여러 단계를 거친다(**그림 2**). 첫째 단계인 **개시**단계에서 정상세포는 DNA 변이를 거쳐서 개시 세포(initiated cells)가 된다. 정상세포를 암세포로 변형

세포 주기 cell cycle
세포가 성장하고, 성숙하고, DNA를 복제하고 분열하는 과정

세포 사멸 apoptosis
세포가 세포주기를 떠나서 죽는 정상적인 과정; 프로그램화된 세포 사망

암 cancer
조절되지 않은 세포 분열로 특징되는 상태

발암물질 carcinogen
암을 유발하는 화합물이나 상태

개시 initiation
암의 첫 번째 단계, 정상 유전인자가 암형성 유전인자(oncogene)로 바뀐다.

그림 11.16 세포주기

건강한 세포는 DNA 복제, 세포 분열, 세포 사멸 단계를 거친다. 암은 조절되지 않은 세포 성장이나 불충분한 세포사멸의 결과로 나올 수 있다.

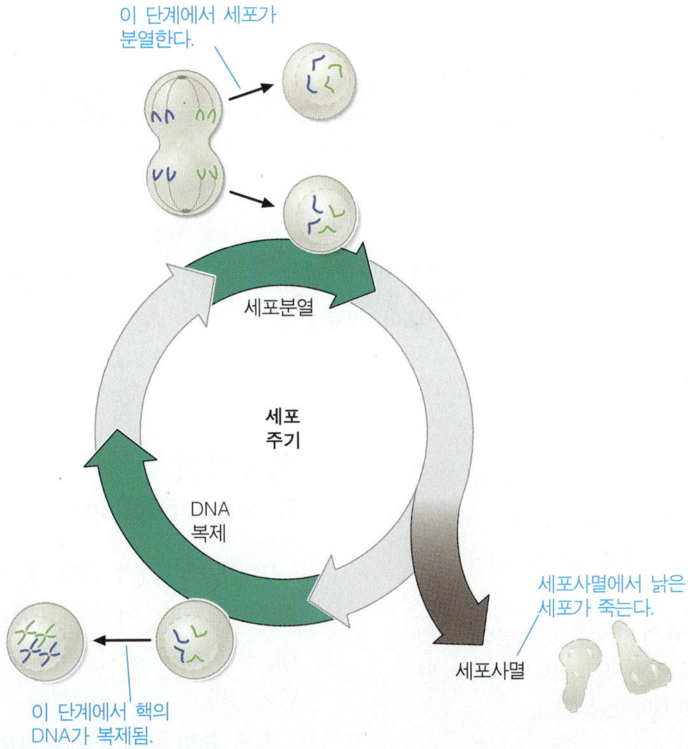

시키는 유전자는 **발암유전자**라고 부른다. 발암유전자는 부모로부터 유전적으로 물려받을 수도 있지만 주로 발암물질에 의해 야기된다고 보고 있다.

신체는 변이세포가 성장하지 못하도록 여러 방어 기전을 갖고 있다. 항산화 비타민과 무기질 및 면역체계 등은 초기 단계에서 암 성장을 멈추어서 변이세포가 손상된 유전자로 진행되지 않도록 한다.

손상된 DNA가 복구되지 않거나 손상된 세포가 파괴되지 않으면 암의 두 번째 단계인 **촉진** 단계가 진행된다. 촉진 단계에서 세포는 계속 변이 DNA를 복제 · 분열해서 결국은 **종양**을 만든다.

모든 종양이 위험하지는 않으며, 생명에 지장을 주지 않는 것은 **양성**이라고 말한다. 그 반면에 암으로 성장하는 것은 **악성**이라고 말한다. 예로, 유방조직은 양성인 결체조직의 성장을 가져올 수도 있고 악성 종양으로 발전할 수도 있다. 악성 종양은 암의 세 번째 단계인 **진행** 단계로 넘어갈 수 있다. 이 단계에서 종양은 재빨리 성장해서 주변 조직을 침입해 그 기능을 손상시키고, 급속히 증가하는 암세포에 영양 공급을 하기 위해 혈관 성장을 촉진하는 물질을 만들기도 한다. 또한 혈액이나 림프를 통해 다른 곳으로 암세포가 **전이**되기도 한다.

발암유전자 oncogene
정상세포를 암세포로 변형시키는 비정상적인 유전인자

촉진 promotion
암의 두 번째 단계로 개시 세포가 복제해서 종양을 형성하기 시작한다.

종양 tumor
때로 암에 의해 야기되는 종양

양성 종양 benign tumor
최소한의 생리적 결과를 가지며, 전이하지 않는 종양

악성 종양 malignant tumor
암이 되는 종양

진행 progression
암의 세 번째 단계로 종양 세포가 급속히 분열하고 주변 조직에 침투한다.

그림 11.17 암의 단계

암의 세 단계는 개시, 촉진, 진행이다.

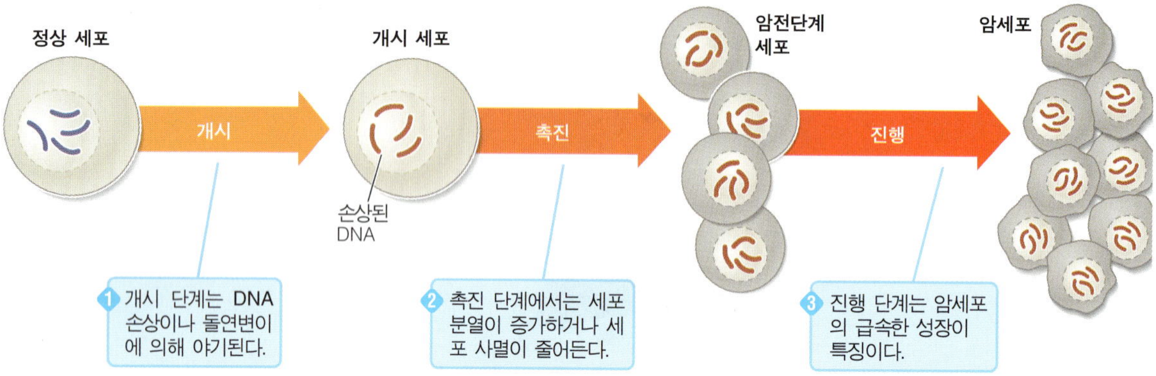

필수개념 Essential Concepts

암은 DNA의 돌연변이나 변화에 의해 야기되는 조절되지 않은 세포 성장을 말하며 여러 단계를 거친다.

개시 단계에서 DNA의 변형이 생기는데, 이것은 발암물질에 의거하거나 정상세포주기에서 단순한 DNA복제에서의 실수로 생긴다.

DNA의 돌연변이가 수정되지 않으면 이 세포는 촉진이라는 두번째 단계로 들어갈 수 있다. 이 단계에서 세포는 빠르게 분열해서 종양을 형성한다. 진행이라는 세번째 단계에서 암이 된 세포는 전이된다. 암을 예방하고 치료하는 방법은 이러한 암의 성장 단계를 방해하는 것이다.

암 검색과 치료
Cancer Screening and Treatments

정기적인 암 검사의 권장
Recommendations for Routine Cancer Screening

규칙적으로 암 검사를 받는 것은 매우 중요하다. 암 발생 위험이 높은 사람들의 경우에는 특히 암 검사가 중요하다. 암에 따라 어떤 암은 기초 검사를 20세부터 시작하라고 권장하고 있다(**표 11.5**).

치료방법
Treatment Options

암 치료의 가장 흔한 형태는 수술, 방사선 치료, 화학요법이다. 어떤 치료법을 택할 것인가는 암 형태, 암 단계와 위치, 환자의 건강과 나이 등에 따라 달라진다.

수술 요법은 암을 제거하며, 이때 암이 이미 신체 다른 부위로 전이되지 않았기를 기대한다.

암이 전이되었으면 방사선이나 **화학요법**이 종종 사용된다. 방사선 요법은 높은 수준의 *X*-레이에 암세포를 노출시켜서 세포를 손상시키거나 죽이는 과정이다. 화학요법은 세포 분열주기를 멈추기 위해 항암제를 이용하는 방법이다.

어떤 화학요법 약제는 세포분열에 관여하는 엽산 같은 영양소를 방해하면서 작용한다. 화학요법 제제는 암세포뿐만 아니라 일반 세포에도 작용하기때문에 치료 시에 식욕 감퇴, 영양 흡수 불량, 체중 감소, 머리카락 손실 등을 경험하게 된다.

전이 metastasis
혈액이나 림프를 통해 신체의 다른 부분으로 암세포가 확산하는 것

화학요법 chemotherapy
암의 성장을 막기 위한 약제의 사용

표 11.5 미국 암협회의 암 검진 권고

암 종류	성	나이	권장되는 검진 종류
유방	여성	20세	임상적 유방 검진
		40세	매년 유선촬영
결장과 직장	남성과 여성	50세	매년 변의 잠혈검사 10년마다 결장경검사
자궁경부	여성	21세	21세 이후 매년 팹(pap) 테스트
		30세	3년간 pap 테스트가 정상이면 매 2~3년마다 검사. 고위험 여성은 매년 검사
		70세	3번 연속 pap 테스트가 정상이면 검사를 중지함.
자궁	여성	35세	고위험 여성은 매년 검사 시작
전립선	남성	40세	고위험군은 매년 혈액검사와 신체검사 시작
		50세	매년 혈액검사와 신체검사

암 치료에서 영양의 의미
Nutritional Implications of Cancer and Cancer Treatments

암 치료 시에는 많은 영양적 복합증상이 나타날 수 있다. 이 증상은 암과 치료의 종류에 따라 달라진다. 암은 빈번히 식욕을 잃게 하고 특정 식품을 혐오하게 하는 식욕부진(anorexia)을 유발한다.

또 암은 **악액질**이라고 부르는 심각한 근육 손실을 가져온다. 식욕부진과 악액질의 원인은 밝혀지지 않았지만, 종양에 의해 산출되는 다양한 물질들이 이를 야기한다고 짐작된다. 이것은 심각한 영양실조를 초래할 수 있다.

암 치료 중에는 구역질 · 설사 · 구토 등을 일으킬 수 있는데, 이 모든 것이 영양상태에 부정적인 영향을 미친다.

가능하면 암 환자가 충분한 영양소와 물을 섭취하는 것이 중요하다. 개개인이 적절한 영양 공급을 위한 각자의 전략을 짜야 하지만 여러 가지 지침이 추천된다.

예로, 아침에 일어나기 전에 마른 토스트나 크랙커를 먹는 것, 치료 직전에 음식 섭취를 피하는 것, 빨대를 이용해 액체를 하루 종일 섭취하는 것, 금속 용기보다 플라스틱 용기를 쓰는 것 등이다.

많은 암 환자에게는 유당 소화가 어려운데, 이 경우에는 유제품을 피하는 것이 필요하다. 화학요법으로 설사가 유발되어 전해질이 현저히 감소할 수도 있으므로 나트륨과 칼륨을 함유하는 식품과 액체의 섭취가 중요하다. 이런 식품으로는 감자, 바나나, 살구 넥타 등이 있다.

필수개념 *Essential Concepts*

정기적인 암검사는 조기발견을 가능하게 한다. 암이 발견되면 외과적 수술, 방사선, 화학요법 등을 이용하여 치료할 수 있다.

방사선과 화학요법은 빠르게 성장하는 암세포를 죽이며, 수술은 암세포를 제거한다. 암과 암치료는 영양상태에 많은 영향을 준다.

예컨데, 암치료는 매스꺼움, 식욕부진, 근육손실을 가져올 수 있다. 따라서 이 시기에는 충분한 영양소와 액체를 섭취하는 것이 어렵다.

암 위험과 관련된 비식이 인자들
Nondietary Factors Related to Risk of Cancer

많은 인자들이 암 발생에 영향을 준다(**표 11.6**). 유전적 성향, 성별, 나이 같은 것은 바꿀 수가 없다. 그러나 영양, 흡연, 신체 활동은 조절할 수 있다. 태양광선에의 노출과 공해 같은 환경인자도 암 발생률에 영향을 준다.

악액질 cachexia
인체가 근육을 잃는 상태

암과 관련된 생물학적 위험인자들
Biological Risk Factors Related to Cancer

변형될 수 없는 생물학적 위험인자로는 성별, 인종, 그리고 다양한 유전인자를 들 수 있다. 어린 시절에도 암이 발생할 수는 있지만, 암은 대체로 생애 후기에 나타나는 질병이다. 암 발생의 약 25%는 생물학적 인자에 의해 야기된다.

성별 Sex (Gender)

전립선암은 남자에게서만 발견되며 유방암은 여자에게 훨씬 많이 발생한다. 이런 성적 차이는 남자와 여자의 기본 골격과 생리적인 차이와 관련이 있다.

폐암은 여성보다 남성에서 흔한데, 이 경우는 생물학적 차이보다 흡연 같은 생활양식의 차이 때문으로 보고 있다. 대장 · 직장암의 위험은 남녀 모두에서 비슷하다.

인종
Ethnicity (Race)

흑인 남성의 경우에는 전립선암 위험이 훨씬 크고, 아시아 남성에서는 드물다. 이것이 유전, 생활양식, 환경 중 어느 것의 차이인지는 모르지만, 아마도 이들 인자들의 상호작용 결과일 것으로 보고 있다.

다른 유전인자들
Other Genetic Factors

발암유전자 *BRCA1*과 *BRCA2*를 물려받으면 유방암 위험이 증가한다. 반대로 암 발생에 대항하는 보호인자를 물려받을 수도 있다. 유전자 테스트로 이런 유전자 변이에 대해 검사할 수는 있지만 아직은 초기 단계이다.

표 11.6 암의 주된 위험인자

위험인자	부가설명
생물학적 (변형될 수 없는) 위험인자들	
나이	대부분의 암은 50세 이후에 탐지
성	암에 따라 한쪽 성에서 더 많이 발생
인종	어떤 암은 특정 인종에서 더 많이 발생
유전적 성향	많은 유전적 인자가 각 사람에게 특정 암에 걸릴 위험을 높임.
초경의 이른 시작	유방암은 초경을 일찍 시작한 여성에게 더 흔하다.
생활양식과 환경적(변형될 수 있는) 위험 인자들	
체중	비만일 때에 유방암, 결장 직장암, 난소암 증가
신체활동	비활동적일 때에 유방암, 결장 직장암 증가
흡연	폐, 결장, 직장, 구강, 후두, 방광, 신장, 자궁경부, 식도, 췌장암이 관련; 간접흡연도 암 위험 증가
수유	모유수유를 거의 하지 않은 사람은 유방암 위험 증가
출산 경험	출산을 하지 않았거나 30세 이후 출산한 경우, 유방암과 자궁암 증가
알코올 소비	하루 1~2잔 이상의 알코올 섭취는 유방암, 결장직장암, 구강암 증가
식이 지방 섭취	고지방 섭취시에 몇몇 암(유방, 결장직장, 췌장암) 증가
과일과 채소 섭취	과일 채소 많은 식사시에 몇몇 암(결장직장, 방광암)으로부터 보호
붉은 육류와 가공육	매우 많은 붉은 고기나 가공육 섭취는 결장 직장암 위험 증가
강한 햇빛이나 선텐 침대 이용	피부암 유발 증가
박테리아나 바이러스 감염	일부 박테리아와 바이러스(간염 B와 C)는 암 유발
방사선 노출	방사선 조사는 폐암 위험 증가
환경발암물질에의 노출	벤젠, 라돈, 석면, 납 등은 암 위험 증가

암 위험과 관련된 비식이 생활양식과 환경인자들
Nondietary Lifestyle and Environmental Factors Related to Cancer Risk

건강한 생활 습관과 환경적 발암물질을 피하면 암 발생을 상당히 예방할 수 있다. 주된 생활환경과 위험인자들은 흡연, 화학적 발암물질, 방사선 조사, 감염성 질환, 생식 패턴, 신체 활동 등을 들 수 있다. 많은 식이 인자들도 암 위험과 관련이 있다.

흡연
Smoking and Tobacco Use

약 80%의 폐암은 흡연에 의한 것으로 본다. 흡연자의 비흡연 배우자는 비흡연자의 배우자보다 폐암 발생률이 30% 더 높다.

연기 없는 담배인 씹는 담배도 암 위험을 증가시키는데, 특히 구강암을 유발하며, 장기적으로 사용 시 턱과 잇몸의 암 위험이 50배로 증가한다.

다른 환경과 생활 양식
Other Environmental and Lifestyle Factors

담배 외에도 많은 다른 환경인자들이 있는데, *x*-레이 과다 노출, 강력한 자외선, 화학적 발암물질 등을 들 수 있다. 또한 많은 암이 바이러스나 박테리아 감염을 통해 발생한다.

예로, 간염 B와 C 바이러스는 간암의 주된 원인이 된다. 자궁경부암은 유두종 바이러스(papilloma virus)에 의해, 또 위암은 위궤양을 일으키기도 하는 헬리코박터 피롤리(Helicobacter pyolri)에 의해 발생할 수 있다.

많은 생활양식이 암 위험률에 영향을 미친다. 특히 피임약을 복용하거나 출산 경험이 없는 경우, 첫째 아기를 30세 이후에 낳은 경우, 모유 수유를 한 적이 없는 경우 등에는 유방암 위험률이 증가한다는 보고가 있다.

이는 부분적으로는 암을 촉진하는 에스트로젠 호르몬의 노출시간이 더 증가하기 때문으로 생각하고 있다.

필수개념 Essential Concepts

암은 생물학적 생활양식이나 환경인자 등에 의해 발생된다. 유전성향, 나이, 인종, 성별 같은 생물학적 인자와 흡연, 방사선, 감염원(박테리아, 바이러스)과 같은 환경적 인자도 작용한다.

암 발생에 영향을 주는 비식이 생활양식으로 여성의 경우에는 다양한 생식 패턴이 있는데 이것은 암을 촉진하는 호르몬인 애스트로겐에 대한 노출과 관련이 있다.

암 위험과 관련된 식이인자들
Dietary Factors Related to Cancer Risk

모든 암의 30~35%는 식사와 관련이 있다. 건강체중을 유지하는 식사는 암 진행을 예방하는 데 매우 효과적이다(**표 11.7**).

에너지 균형 : 에너지 섭취, 비만, 신체 활동
Energy Balance : Energy Intake, Obesity, and Physical Activity

비만은 유방암과 대장 직장암 같은 여러 암의 위험인자이다. 따라서 균형잡힌 에너지 섭취와 신체 활동으로 정상 체중을 유지하는 것이 권장된다.

미국암협회는 BMI를 25 이하로 유지하고 30분 이상의 적절한 강도의 운동을 일주일에 5~7회 하도록 권장한다.

운동은 암을 예방하는 강력한 방법이다.

유방암이나 대장암 위험이 있는 사람은 45분 이상씩 중등도에서 고강도 운동을 일주일에 5번 이상 하도록 격려된다. 어린 시절과 청소년기에 건강 체중을 유지하는 것은 특히 중요하다. 미국암협회는 어린이의 경우에 매일 60분 이상씩 중등도에서 격렬한 운동을 하도록 권장하고 있다.

다량영양소 : 지질, 단백질, 섬유소
The Macronutients : Lipids, Protein, and Fiber

건강한 지방산을 함유하는 저지방 식사와 충분한 섬유소가 암 예방에 가장 좋다는 보고가 있다. 몇몇 고단백 식품에는 암 유발 화합물이 들어 있을 수도 있다.

지질과 지방산
Lipids and Fatty Acids

역학 연구에서 지질의 다량 섭취는 유방암, 대장암, 전립선암 등의 위험률 증가와 관련이 있다고 밝혀졌다. 그러나 이런 관계는 체중과 다른 식이인자를 고려하면 불확실해진다.

왜냐하면, 고지방 식사를 하는 사람들은 대체로 비만하기 때문이다. 게다가 지방이 많은 식사는 필수 비타민, 무기질, 식이 섬유소 등이 적어서 어느 것이 진짜 영향을 주는지가 확실치 않다.

식사 중의 지질에 덧붙여서 개개 지방산의 섭취도 암 발생에 영향을 준다. 예로, 우유와 우지에서 발견되는 공액리놀레산(conjugated linoleic acid ; CLA)은 동물실험에서 강력한 항암인자로 작용한다. 오메가-3 지방산도 최소한 실험실 수준에서는 암 위험을 감소시키는 것으로 보인다. 그러나 이들 지방산이 실제로 사람의 암 위험을 낮출 수 있는지는 좀더 연구가 필요하다.

고단백식품들
High-Protein Foods

세포 배양과 동물 연구에서는 고단백 섭취가 암의 위험률을 증가시키는 것으로 나타나지만 인체 연구 결과는 확실치 않다.

붉은 육류(소고기, 양, 돼지)나 가공육(베이컨, 소시지, 핫도그, 햄)을 만성적으로 많이 섭취하는 것은 결장 직장암의 증가와 관련이 있다고 짐작한다.

붉은 살코기와 가공육의 어떤 성분이 암 위험에 영향을 주는지는 모르지만, 철 · 지질 · 염 · 훈제 잔류물 · 보존제 등이 관련이 있다고 본다.

예로, 가공육의 색을 보존하거나 향을 내기 위해 **아질산염**이 첨가되는데, 아질산염은 위장에서 다른 질소 함유 화합물과 함께 발암물질인 **니트로소아민**을 형성할 수 있다.

고기를 높은 온도에서 태우면 형성되는 **헤테로사이클릭아민**은 동물실험에서 암을 유발한다고 보고되었다. 고기를 구우면 **다원성방향성 탄화수소**로 불리는 다른 발암물질도 약간 형성된다.

아질산염 nitrite
색과 향을 강화하기 위해 가공육에 자주 첨가하는 질소 함유 화합물

니트로소아민 nitrosamine
아질산염에서 생성된 질소 함유 화학 발암물질

표 11.7 미국 암학회의 암예방을 위한 영양과 신체 활동

- 하루에 5회 이상 다양한 채소와 과일을 먹으시오.
- 전곡과 콩을 정제 곡류, 설탕, 전분 대신으로 선택하시오.
- 붉은 육류와 가공육, 특히 지질이 많은 고기의 소비를 제한하시오.
- 건강 체중을 유지할 수 있도록 돕는 식품을 선택하시오.
- 신체적으로 활동적인 생활 양식을 채택하시오.
- 알코올 음료 섭취를 제한하시오.

또한 붉은 살코기의 철이 암 위험률 증가와 관련이 있다는 보고도 있다. 그러나 붉은 살코기와 암 위험의 관계를 이해하기 위해서는 좀더 많은 연구가 필요하다.

식이 섬유
Dietary Fiber

고섬유 식품을 섭취하는 것은 암의 위험률 감소와 연관이 있다. 그러나 전곡 · 과일 · 채소와 같은 고섬유 식품은 비타민, 무기질, 식물성 화학물질처럼 건강에 영향을 주는 많은 물질을 함유하고 있어서 어느 부분이 암 억제에 관여하는가를 결정하기는 어렵다.

고섬유 식품이 왜 결장 직장암 위험을 낮추는가에 대해서는 많은 가설이 있다. 변에서의 잠정적 발암인자의 희석, 식품의 위장 통과시간 감소, 장에서 잠정적 발암인자의 부착, 변 pH의 감소, 장 미생물총의 변화, 포도당 대사 조절 등이 주장되는 이유들이다. 식이 섬유는 식사의 다른 영양소들과 함께 위장벽의 세포 주기에 영향을 준다고 짐작된다.

미량영양소와 피토케미컬
Micronutrients and Phytochemicals

여러 가지 수용성 비타민, 지용성 비타민, 무기질 등도 암 발생률에 영향을 준다. 많은 피토케미컬과 암과의 관계에 대해서도 연구가 진행되고 있다.

비타민
Vitamins

항산화 비타민(C와 E), 엽산, 비타민 A와 비타민 D 같은 여러 가지 비타민은 암 억제 과정에 관여한다. 예로, 비타민 C와 E의 항산화 기능은 암의 개시 단계를 막음으로써 DNA의 유리기에 의한 손상을 억제하거나 수선할 수 있다.

비타민 A와 엽산은 둘 다 세포의 정상적인 분화와 성장에 필요하고, 많은 비타민들이 건강한 면역체계를 유지하는 데 필요하다. 면역체계는 신체에서 손상된 세포뿐만 아니라 감염 물질(박테리아와 바이러스)의 제거를 돕는다.

따라서 어떤 비타민은 간접적으로 면역 기능을 높여서 암 억제에 도움이 될 수도 있다. 또 비타민 D가 칼슘 흡수에 영향을 줌으로써 결장 직장암을 예방할지도 모른다는 제안이 있는데, 최근 잘 계획된 연구에서 7년 동안 칼슘(1,000 mg/일)과 비타민 D(400 IU/일)를 주어도 결장 직장암 위험률에 별 차이가 없었다는 결과가 나와서 비타민 D의 효과가 뚜렷이 입증되지는 않았다.

세포 주기가 정상적으로 작용하기 위해서는 모든 필수 비타민이 필요하지만, 각각 어떤 역할을 하는지는 연구하기가 어렵다. 분명한 것은 식사로 다양한 비타민을 많이 섭취하면 암으로부터 신체를 보호하는 데 도움이 된다고 한다.

그러나 비타민 A 또는 E를 보충제로 투여한 경우에는 특정 암과 심장병 위험률이 증가하였기 때문에 많은 양의 보충제 복용은 권장되지 않는다.

피토케미컬—잠정적인 암 공격자
Phytochemicals–Potential Cancer Fighters

비타민과 더불어 많은 피토케미컬도 항암작용을 한다. 잠정적인 항암 피토케미컬로는 β-캐로틴, 리코펜, 이소플라본 등을 들 수 있다(**표 11.8**). 많은 식품이 피토케미컬을 함유해서 암 위험률의 감소를 돕는다.

이들 기능성 식품은 토마토, 녹차, 마늘, 콩, 향신료, 브로콜리, 배추 등을 들 수 있다. 예로, 토마토에서 발견되는 밝은 붉은 색 화합물인 리코펜은 전립선암 위험을 감소시키고, 브로콜리 · 배추 · 양배추에서 발견되는 이소티오네이트는 강력한 항산화제로 작용한다.

헤테로사이클릭아민 heterocyclic amine
육류를 고온에서 요리할 때 형성되는 암 유발 화합물

다원성방향성 탄화수소 polycyclic aromatic hydrocarbon
육류를 불에 구울 때 형성될 수 있는 암 유발 화합물

표 11.8 암을 예방할 수 있는 가능성이 있는 피토케미컬

피토케미컬	식품급원	가능한 기전
β-캐로틴	당근, 호박, 고구마	항산화제; 세포 주기; 항균
카페산페네틸에스터	꿀	면역 조절; 항산화제
캡사이신	칠리고추	면역 조절; 세포사멸
커큐민	심황(tumeric)	면역 조절
디알릴 설파이드	마늘, 양파	효소 조절, 항균
진저롤	생강	항산화; 면역 조절
이소플라본	대두	에스트로젠 길항물질
이소티오시아네이트	브로콜리, 꼬마양배추, 컬리플라워, 양배추	효소 조절, 항균
리모노이드	오렌지, 레몬, 라임, 포도	세포 사멸
리그닌	아마씨	에스트로젠 길항물질
루테인	토마토, 시금치	항산화제
리코펜	토마토, 붉은색 자몽	항산화제
페닐프로파노이드	계피, 클로버, 바닐라	한산화제; 항균
폴리페놀	녹차	면역 조절, 세포 사멸
레스베라트롤	포도	항산화제; 면역 조절

자료: Lampe JW. Spicing up a vegetarian diet: chemopreventive effects of phytochemicals. *American Journal of Nutrition*. 2003;78:579S–83S. Nishino H, Murakoshi M, Mou XY, Wada S, Masuda M, Ohsaka Y, Satomi Y, Jinno K. Cancer prevention by phytochemicals. *Oncology*. 2005;69(Suppl 1):38–40. Rafter JJ. Scientific basis of biomarkers and benefits of functional foods for reduction of disease risk: cancer. *British Journal of Nutrition*. 2002;88:S219–24. Surh Y-J. Cancer chemoprevention with dietary phytochemicals. *Nature Reviews*. 2003;3:768–80. Talalay P, Fahey JW. Phytochemicals from cruciferous plants protect against cancer by modulating carcinogen metabolism. *Journal of Nutrition*. 2001;131:3027S–33S.

과일과 채소는 암 예방에 중요한 많은 영양소와 피토케미컬을 함유한다.

무기질 Minerals

유리기에 의한 DNA 손상을 예방하거나 수선하는 무기질들도 암을 예방하는 역할을 한다. 셀레늄 · 아연 · 구리 · 철 · 망간을 들 수 있다. 이들 무기질이 암 예방에 미치는 영향은 아직 완전히 이해되지 않았는데, 여러 암 단계에 관여한다는 보고가 있다. 과일, 채소, 전곡, 저지방 유제품 같은 영양밀도가 높은 식품을 충분히 섭취하는 것이 이들 무기질을 충분히 섭취하는 확실한 방법이다.

알코올
Alcohol

지나친 알코올 소비는 구강 · 간 · 유방암 위험률을 증가시킨다. 알코올 소비는 남자의 경우에 2잔, 여자의 경우에 1잔을 넘지 않도록 권장하고 있다. 한 잔이란, 12온스의 맥주, 5온스의 포도주, 1.5온스의 증류주(진, 보드카)를 말한다.

증가된 칼슘 섭취가 결장 직장암 위험률 감소와 관련이 있다.

식사와 암 : 앞으로의 방향
Diet and Cancer : Future Directions

식사 선택이 어떻게 암 위험에 영향을 주는가에 대해서는 아직 밝혀져야 할 점이 많다. 유전적 요인은 식사와 상호작용을 해서 암 유발률에 영향을 준다.

유전, 생활양식, 암에 영향을 주는 여러 인자들이 밝혀짐에 따라 특정 암을 유발할 가능성이 아주 높은 사람들에게 맞춤 식사 처방이 제공될 수 있기를 기대해 본다.

필수개념 *Essential Concepts*

비만과 비활동적인 육체활동은 여러 암의 주요 원인이다. 또한 많은 다량영양소와 미량영양소도 암을 예방하는 데 중요하다. 많은 식이섬유의 섭취는 암의 위험을 감소시키지만 알코올, 붉은 살코기, 가공육 등은 암의 위험을 증가시킨다.

암을 예방하기 위해서 적당한 양의 통곡과 고식이섬유 식품을 섭취하는 것이 좋다. 술을 마실 때는 적당히 마셔야 한다. 또한 적당량의 붉은 살코기와 가공육을 섭취해야 한다.

비타민과 무기질 피토케미컬도 세포 주기와 면역체계를 촉진하기 위해 중요한데, 항산화 비타민과 무기질, 엽산, 비타민 D와 피토케미컬 등이 해당된다.

다양한 종류의 과일과 채소를 섭취하는 것이 이러한 물질들을 섭취하기 위해 가장 좋은 방법이다.

Chapter 12

The Trace Minerals

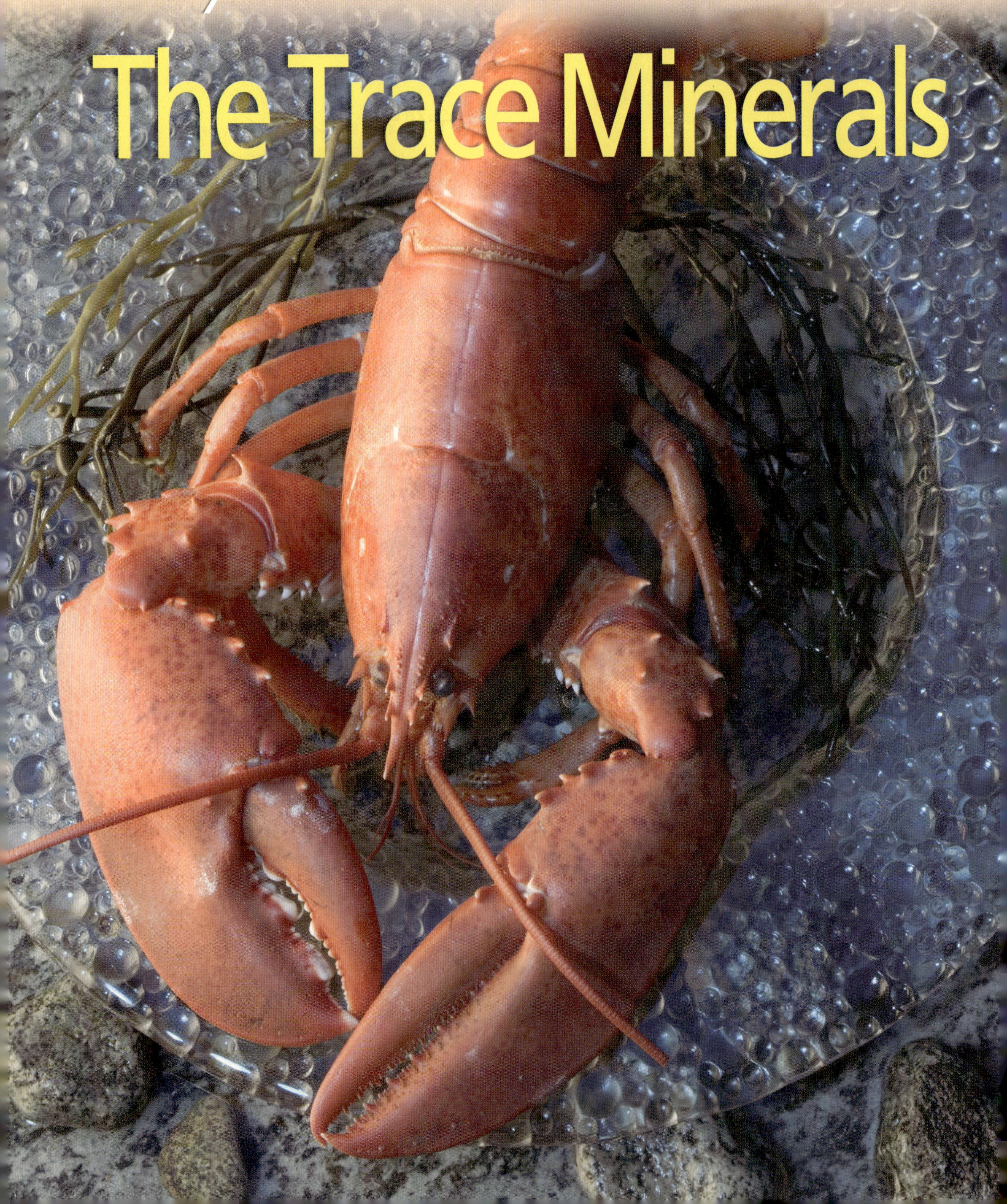

미량 무기질

우리 신체는 단백질, 탄수화물, 지질, 비타민 같은 유기물질과 함께 무기물질도 가지고 있다. 이 무기물질은 무기질과 물을 말하며, 신체의 60%를 차지한다.

무기질은 뼈와 치아를 만들고 수백여 가지의 화학 반응에 참여한다. 물은 많은 화학 반응에 이상적인 환경을 제공하고 혈액의 주성분으로 물질을 전달하는 고속도로의 역할을 한다.

이 장에서는 체내에서 매우 적은 양이 필요한 무기질에 대해 공부할 것이다. 이 무기질들은 셀레늄, 아연, 철, 요오드 등으로 미량 무기질이라고 한다. 이들은 비록 매우 적은 양이지만 건강에 꼭 필요하다.

Chapter 12

미량 무기질
The Trace Minerals : An Overview

영양학에서 **무기질**은 무기원소나 분자를 뜻한다. 이들은 체내에 적은 양만 필요하기 때문에 미량 영양소라고 한다. 모든 무기질은 필수영양소이기 때문에 식사로 섭취해야만 한다. 이는 많은 다량 영양소들과 달리 신체가 다른 화합물로부터 무기질을 만들 수 없기 때문이다.

무기질은 새로 만들어지거나 파괴되지 않아서 음식을 완전히 연소시켜도 재로 남는다.

많은 원자들이 주기율표에 있지만, 일부만이 무기질이며, 또한 이들 중에서 몇 개만이 생명에 꼭 필요하다(**그림 12.1**). 필수 무기질은 얼마나 신체에 필요한가에 따라 다량 무기질과 **미량 무기질**로 구분한다. 다량 무기질은 하루에 100 mg 이상이 필요하고 미량 무기질은 100 mg보다 적은 양이 필요하다.

신체는 최소한 8가지의 미량 무기질을 필요로 한다. 불소 같은 미량 무기질은 실제로 필수영양소는 아니지만 건강에 영향을 준다. 미량 무기질의 일반 특성은 **표 12.1**에 실려 있다.

무기질 mineral
신체에 소량으로 필요한 물이 아닌 무기물질

미량 무기질 trace mineral
하루에 100 mg 이하로 필요한 필수 무기질

미량 무기질의 생체이용률과 조절
Bioavailability and Regulation of Trace Minerals

미량 무기질은 다양한 식물성 · 동물성 식품에서 발견되며, 이들의 생물학적 활성은 유전 · 영양상태 · 식품의 다른 성분과의 상호 작용의 영향을 받는다. 정상적인 노화 과정도 무기질 활성에 영향을 줄 수 있다.

미량 무기질은 주로 소장에서 흡수되어 혈액을 통해 간으로 들어간다. 대부분의 무기질은 생체 내의 양이 조절되며, 철의 경우 소장에서 그 흡수 정도가 조절된다.

표 12.1 미량 무기질의 일반 특성

	일반 특성
식품급원	• 식품 속의 양은 토양의 무기질 양에 많이 의존 • 모든 식품군에서 발견 • 전곡류가 도정 곡류보다 많이 함유 • 조리의 영향을 받지 않음.
소화	• 거의 필요하지 않음.
흡수	• 소장에서 주로 일어나지만, 위에서도 흡수됨. • 생체이용률이 형태, 영양상태, 다른 식사인자의 영향 받음.
순환	• 혈액을 통해 순환
기능	• 대부분 효소의 보조인자이고, 일부는 환원반응에 관여 • 일부는 비효소 단백질의 성분임. • 일부는 무기질 침착과 같은 기반 역할을 함.
독성	• 드물다 : 보충제 과다 사용 또는 환경 오염과 관련

그림 12.1 **주기율표**

6개의 다량 무기질과 최소한 8개의 미량 무기질이 건강에 꼭 필요하다.

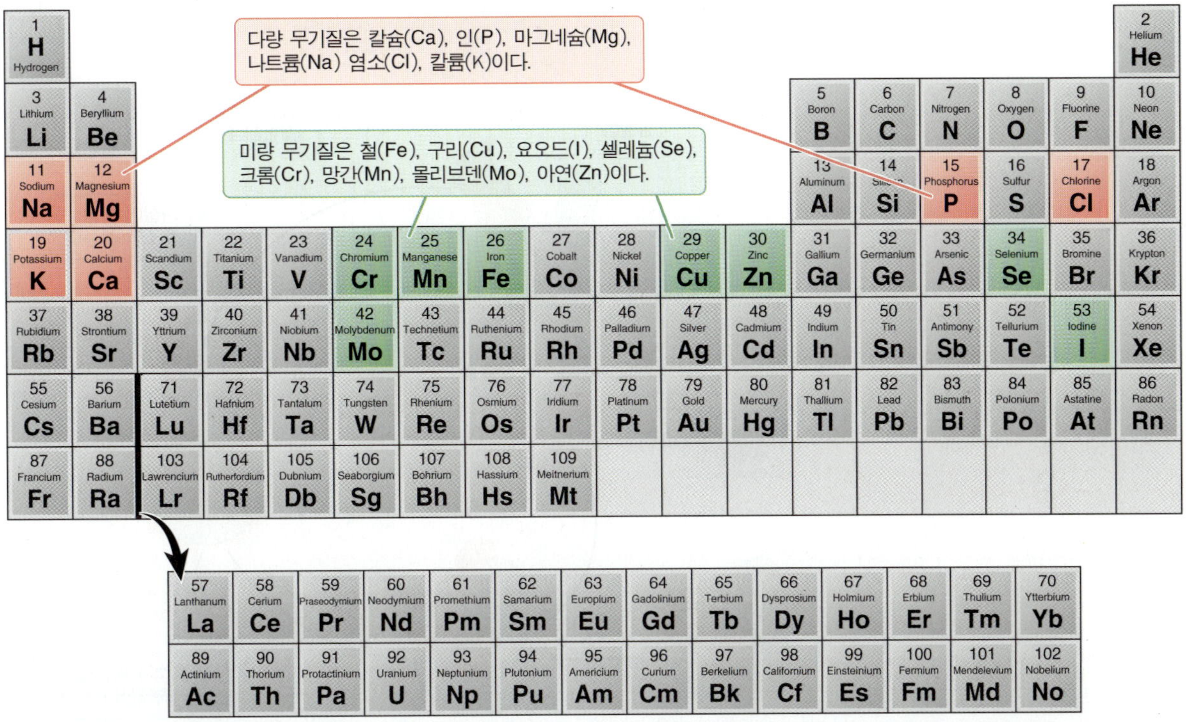

요오드와 셀레늄 같은 무기질들은 과량섭취 시에 소변으로 배설된다. 구리와 망간은 과량섭취 시에 간에서 담즙의 구성 성분이 되어 변으로 배설된다.

미량 무기질의 기능
Functions of Trace Minerals in the Body

미량 무기질은 보조인자(cofactors)로 많은 화학 반응에 참여한다. 예로, 셀레늄은 유리기 손상으로부터 신체를 보호하는 효소의 4차 구조의 한 부분을 차지한다. 무기질이 효소의 구성성분으로 참여할 때를 보조인자라고 부르며, 그 효소는 **금속효소**라고 한다. 보조인자의 기능은 비타민의 조효소(coenzyme) 기능과 비슷하다. 무기질 보조인자가 효소에 붙으면, 효소가 기질과 반응하여 기능을 수행한다(**그림 12.2**).

때로는 미량 무기질은 헤모글로빈처럼 좀더 큰 비효소분자의 구성성분이 되기도 한다. 어떤 미량 무기질은 무기질화된 조직을 단단하게 하는데, 예컨대 불소는 뼈와 이를 튼튼하게 한다.

금속효소 metalloenzyme
무기질 보조인자를 함유하는 효소

그림 12.2 효소를 보조하는 보조인자들

많은 무기질들이 보조인자로 작용해 효소의 기능을 돕는다. 무기질 보조인자를 가진 효소는 금속효소라고 부른다.

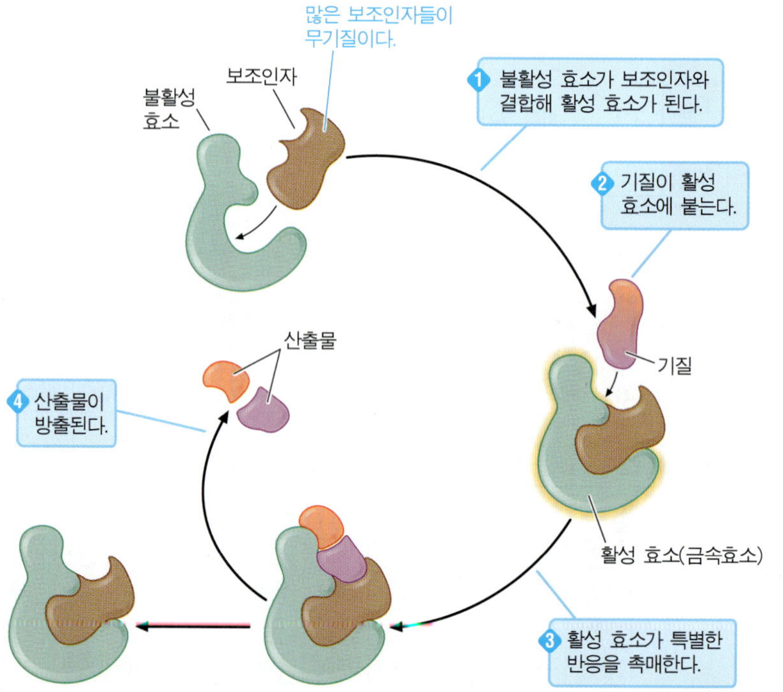

필수개념 *Essential Concepts*

미량 무기질은 신체에 아주 적은 양이 필요한 무기 원자나 화합물이다. 미량 무기질의 생체이용률은 영양상태와 식품의 다른 성분에 의해 영향을 받는다.

일반적으로 미량 무기질은 효소의 보조인자 또는 헤모글로빈 같은 비효소분자의 구성성분으로 작용한다. 또한 몇몇 미량 무기질은 신체의 무기질화된 조직을 단단하게 한다.

철
Iron

철 iron (Fe)
산소와 이산화탄소 전달, 에너지 대사, 유리기 제거, DNA 합성에 필요한 미량 무기질

헴철 heme iron
헴 그룹의 한 구성성분인 철; 헴철은 혈액의 헤모글로빈, 근육의 미오글로빈, 미토콘드리아의 사이토크롬에 들어 있다.

비헴철 nonheme iron
헴 그룹에 붙어 있지 않은 철

철(iron)은 세상에서 가장 흔하게 영양 결핍이 나타나는 영양소이다. 철은 혈액의 산소 전달기능 외에 영아와 어린이의 인지기능 발달, 지능, 임신 결과 등에 영향을 준다. 철은 적절한 면역 기능과 체온 조절에도 중요하다.

철의 식품 급원 Dietary Sources of Iron

철은 다양한 식품에 들어 있다(**그림 12.3**). 식사의 철은 **헴철**과 **비헴철**의 두 가지 형태로 존재한다.

그림 12.3 철의 좋은 급원

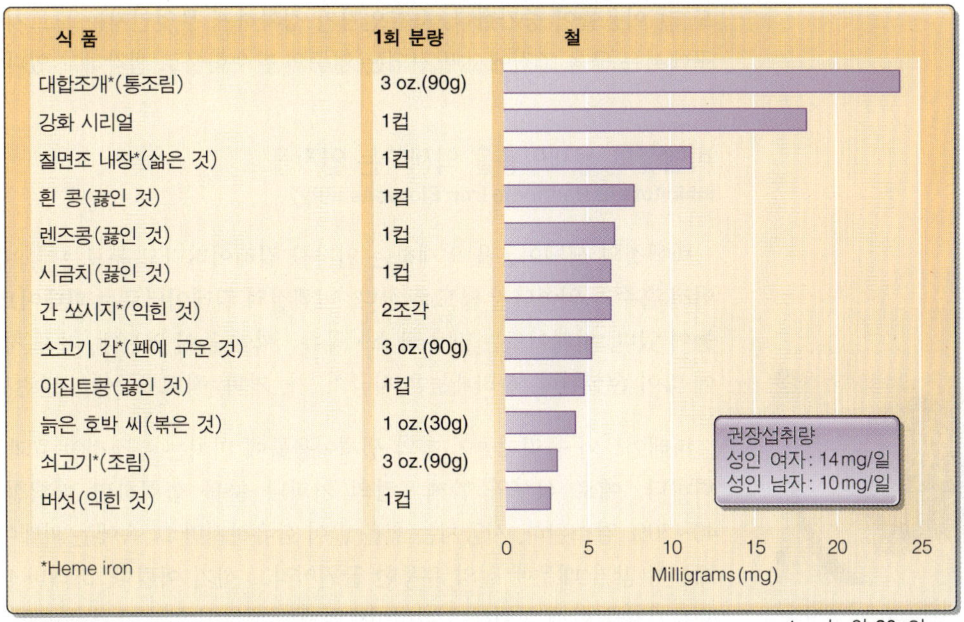

1 oz.는 약 30g임.

자료 : Data from USDA Nutrient Database, Release 17

헴철은 철이 헴(heme) 그룹에 붙어 있는 상태이다. 헴은 철을 함유하며, 헤모글로빈 · 미오글로빈 · 시토크롬의 구성성분이다. 헴철의 좋은 공급원으로는 갑각류, 소고기, 가금류, 간 등을 들 수 있다. 비헴철은 녹색 잎 채소 · 버섯 · 콩 등에서 발견되는데, 섭취하는 철의 약 85%를 차지한다.

철의 생체이용률
Bioavailability of Iron

철의 생체이용률은 많은 인자의 영향을 받아서 매우 복잡하게 나타나며, 철의 형태 · 개인의 철 상태 · 다른 식사 성분의 존재 여부 등의 영향을 받는다. 가장 중요한 것은 철의 형태로 헴철의 활성이 비헴철보다 2~3배 높다. 많은 요인들이 비헴철의 흡수에 영향을 미치는데, 가장 중요한 인자는 이온 형태이다. **산화철(Fe^{3+})**보다 **환원철(Fe^{2+})** 형태가 더 쉽게 흡수된다.

갑각류와 쇠고기는 철의 뛰어난 급원이다.

산화철 ferric iron (Fe^{3+})
철의 산화 형태

환원철 ferrous iron (Fe^{2+})
철의 환원형태

비헴철 활성의 촉진제들
Enhancers of Nonheme Iron Bioavailability

철 흡수의 가장 잘 알려진 촉진제는 비타민 C로, 소장내강에서 산화철을 환원철로 전환한다. 위산도 헴철의 환원을 돕는다. 따라서 위산을 중화하기 위해 제산제를 장기적으로 복용하면 비헴철의 흡수가 감소된다.

비헴철의 흡수를 증가시키는 다른 인자는 육류, 가금류, 해산물에 들어 있는 **육류인자**이다. 비헴철 함유 곡류 또는 채소와 육류인자를 조금만 같이 섭취해도 철 이용률이 증가한다. 육류인자가 정확하게 무엇인지는 모르지만 최근 연구에서는 근육 조직에서 발견되는 일종의 탄수화물로 생각하고 있다.

비헴철의 생체이용을 억제하는 인자들
Inhibitors of Nonheme Iron Bioavailability

비헴철의 생체이용을 억제하는 인자를 **킬레이터**라고 부르는데, 비헴철에 붙어서 흡수가 일어나지 않도록 한다. 비헴철의 킬레이터로는 **피테이트**와 **폴리페놀**이 있다. 피테이트는 많은 채소 · 곡류 · 씨에 들어 있는데, 가공 처리 과정 중에 많이 손실된다. 폴리페놀은 시금치, 차, 커피, 적포도주에서 발견된다.

비타민 C를 비헴철과 섭취하면 철 흡수가 증가된다.

피테이트와 폴리페놀이 철의 생체이용률에 미치는 부정적인 효과는 매우 강력하다. 예로 식사와 함께 1컵의 커피나 차를 섭취하면 비헴철의 흡수가 40~70% 감소된다. 시금치는 철을 많이 함유하지만 그 속에는 피테이트나 폴리페놀이 많기 때문에 철의 유용한 급원이라고 하기 어렵다. 그러나 비타민 C나 육류인자를 함께 섭취하면 피테이트와 폴리페놀의 억제 효과가 완화될 수 있다.

철의 흡수, 순환, 저장
Iron Absorption, Circulation, and Storage

철 결핍도 문제지만 철 독성은 더 위험하다. 생리 · 상처 · 출산으로 인한 출혈을 제외하면, 신체는 흡수된 철을 거의 잃지 않기 때문에 신체가 철의 양을 조절하는 기전은 주로 흡수율의 변화를 통해 이루어진다.

철의 흡수
Iron Absorption

철은 다른 영양소처럼 장세포에서 미세융모막과 기저막의 두 가지 막을 통과해야 한다. 헴철과 비헴철이 장 세포막을 통과하는 기전은 다르다. 헴철은 화학적인 변화없이 두 가지 막을 통과하지만, 비헴철은 먼저 환원철(Fe^{2+})의 형태로 환원되어야 한다. 이 때문에 비타민 C 같은 환원제가 비헴철의 생체이용률을 높이게 된다. 막에 연결된 여러 가지 철 전달 단백질이 철을 장내강에서 장세포로 운반한다.

장세포에서 환원철은 **페리틴** 단백질에 붙는다. 페리틴은 철이 장세포에서 떠날 때까지 일시적으로 장세포에 저장하는 역할을 한다. 신체가 더 많은 철을 요구하면 환원철과 헴철은 기저막을 가로질러서 혈액으로 들어가기 위해 점막하 조직으로 운반된다.

육류인자 meat factor
육류에서 발견되는 입증되지 않은 화합물, 비헴철의 흡수를 증가시킨다.

킬레이터 chelator
위장에서 화합물과 결합해서 흡수가 안 되게 한다.

피테이트 phytates
곡류 낟알, 채소, 콩류의 바깥부분에서 발견되는 인 함유 화합물

폴리페놀 polyphenol
몇몇 식품에서 발견되는 유기화합물

페리틴 ferritin
신체의 철 흡수와 저장에 중요한 단백질

철 상태가 철 흡수에 미치는 영향 철 상태가 철 흡수 정도에 큰 영향을 주어서 철 결핍 때에는 흡수율이 증가하고 철 과다일 때에는 감소한다. 이것은 미세융

그림 12.4 철 상태가 철 흡수에 미치는 영향

신체는 필요에 따라 철 흡수를 증가시키거나 감소시킨다.

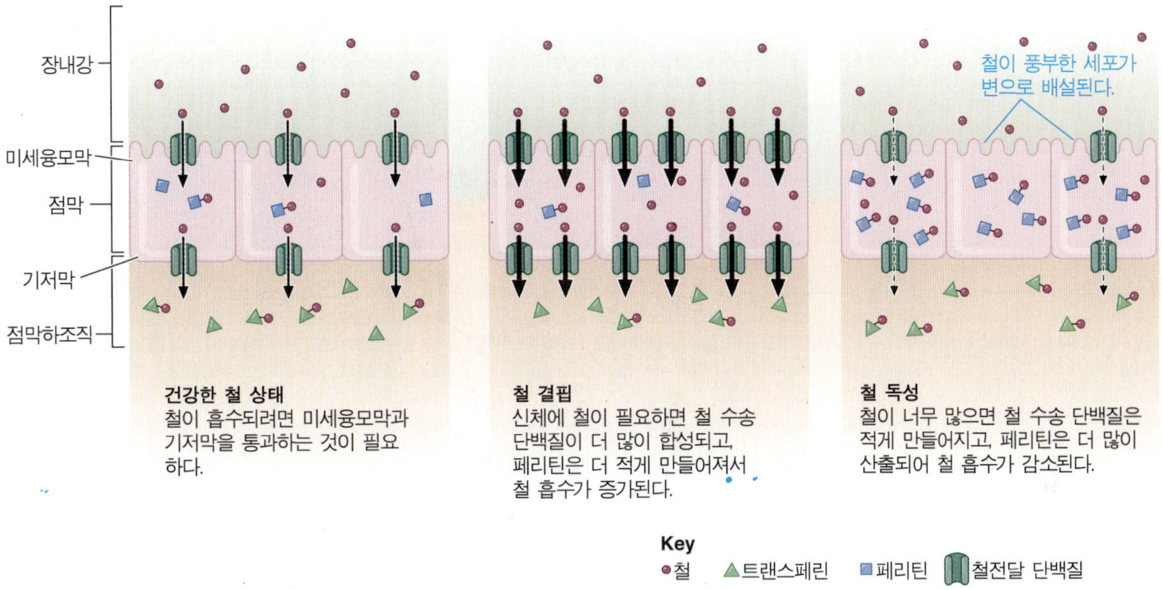

모막의 철 수송단백질과 장세포의 페리틴 합성 정도를 조절해서 일어난다(**그림 12.4**).

철 결핍 시에 신체의 철 수송단백질의 양은 증가하고 페리틴 합성은 감소한다. 따라서 철이 장 내강에서 장세포로, 그리고 혈액으로 빨리 움직이게 된다. 그 반면 신체가 철을 충분히 함유하고 있다면 철 수송단백질이 덜 만들어지고 페리틴 합성은 더 증가한다.

따라서 철이 장세포로 덜 운반되고 장 세포 속의 철은 그대로 그 안에 머물게 된다. 철이 풍부한 장세포는 결국 장내강으로 떨어져 나가서 변으로 배설된다. 변에 철이 많으면 검은 색을 띠게 된다. 따라서 소장 세포는 철 결핍이나 과잉을 막도록 돕는 철 상태의 중요한 조절자로 작용한다.

철의 순환, 세포 유입과 저장
Iron Circulation, Uptake into Cells, and Storage

철이 혈액에 유입되면 **트랜스페린**이라는 간에서 합성된 운반 단백질에 붙어서 체내 세포로 운반된다. 세포막에는 **트랜스페린 수용체**가 있는데, 각 세포의 필요정도에 따라 수용체의 수가 변한다. 철이 필요한 세포는 수용체를 많이 만들어서 많은 철이 세포 속으로 운반되도록 한다.

여분의 철은 간 · 골수 · 비장에 저장된다. 철을 저장하는 화합물로는 페리틴과 **헤모시더린**이 있다.

트랜스페린 transferrin
혈액에서 철 전달에 중요한 단백질

트랜스페린 수용체 tranferrin receptor
세포막에서 발견되는 단백질로 트랜스페린과 결합해서 세포가 철을 받아들이게 함

헤모시더린 hemosiderin
철 저장 단백질

그림 12.5 세포로의 철 흡수 조절

세포로의 철 흡수는 세포막에 트랜스페린 수용체가 얼마나 풍부한가에 달려 있다. 조직 A는 철을 받을 수 있지만, 조직 B는 받을 수 없다.

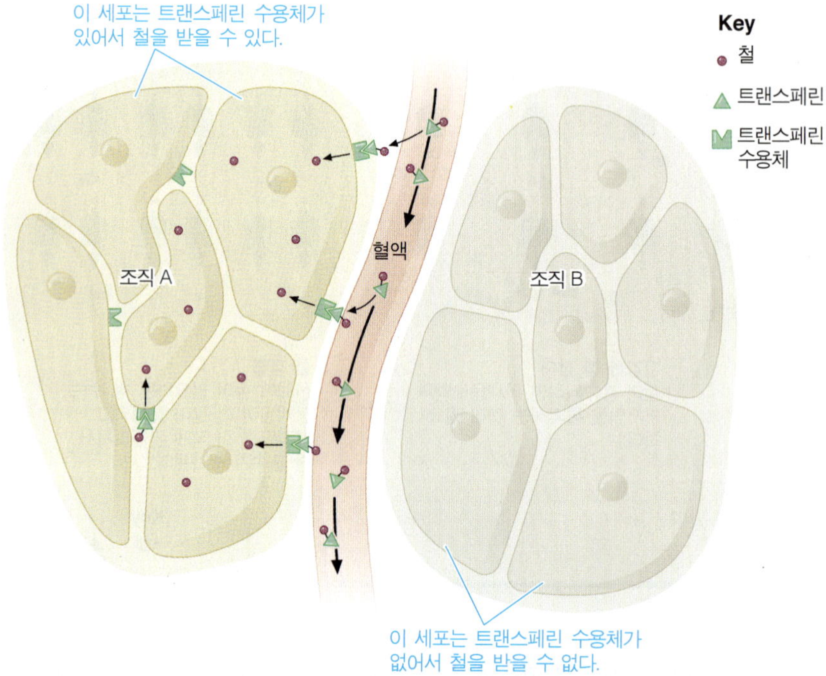

이들 단백질은 건강한 인체 내에 존재하는 철의 $^1/_3$과 결합하고 있다. 간 · 뼈 · 비장에 있는 페리틴의 일부는 계속 혈액으로 방출되므로, 혈액의 페리틴 농도는 체내에 저장된 철의 양에 비례한다. 이 때문에 철 상태 측정에 페린틴이 종종 쓰인다.

페리틴이 철의 주된 저장형태인 반면, 헤모시더린은 장기간의 저장에 필요하다. 헤모시더린은 철 섭취량이 높을 때에 신체를 철 독성으로부터 보호한다.

철의 기능
Functions of Iron

체내의 철은 저장성 철과 기능성 철로 나뉜다. 기능성 철은 다양한 헴단백질과 비헴단백질에 들어 있다. 헴단백질에는 헤모글로빈 · 미오글로빈 · 시토크롬이 있고, 비헴철에는 철을 보조인자로 사용하는 효소들이 포함된다.

산소와 이산화탄소 운반 : 헤모글로빈
Oxygen and Carbon Dioxide Transport : Hemoglobin

헤모글로빈 hemoglobin
체내 산소와 이산화탄소의 운반을 위해 필요한 4개의 철 함유 헴 그룹과 4개의 단백질로 구성된 복합단백질

헤모글로빈은 적혈구에 가장 풍부한 단백질로 네 개의 단백질과 네 개의 철을 함유하는 헴 그룹으로 구성된다(**그림 12.6**). 헤모글로빈이 폐 혈관을 따라

흐르다가 산소를 만나면 헤모글로빈의 철 부분에 산소를 붙인다. 헤모글로빈은 필요한 세포에 산소를 전달하고, 대신 에너지 대사의 부산물인 이산화탄소를 폐로 가져가서 공기 중으로 방출한다.

헤모글로빈이 충분하지 않으면 조직의 산소 생체이용률이 떨어져서 에너지가 부족하거나 피로하게 된다. 적혈구는 신체 내 철의 $^2/_3$를 함유하는데, 정상 수명은 약 120일이다. 적혈구가 파괴되면 대부분의 철은 재활용되거나 저장된다.

산소 저장고 : 미오글로빈
Oxygen Reservoir: Myoglobin

미오글로빈은 헴을 함유하는 또 다른 철 함유 단백질로 근육세포에서 발견된다. 이것은 하나의 헴 그룹과 하나의 단백질로 구성되어 있다.

미오글로빈은 산소 저장고로 작용하는데, 근육이 수축하기 위해 ATP가 필요할 때에 산소를 공급한다.

세포의 에너지 대사
Cellular Energy Metabolism

철은 산소 전달뿐만 아니라 에너지 대사의 다른 면에도 필요하다. 철은 **시토크롬**의 구성성분인데, 시토크롬은 헴을 함유하는 단백질로 전자전달계에서 작용한다.

또한 철은 전자전달 · 시트르산 주기 · 당신생에 관여하는 비헴 함유효소의 보조인자로도 쓰인다.

그림 12.6 헤모글로빈은 철을 함유한다

헤모글로빈은 4차원 구조에 네 개의 철을 함유하는 복합단백질이다.

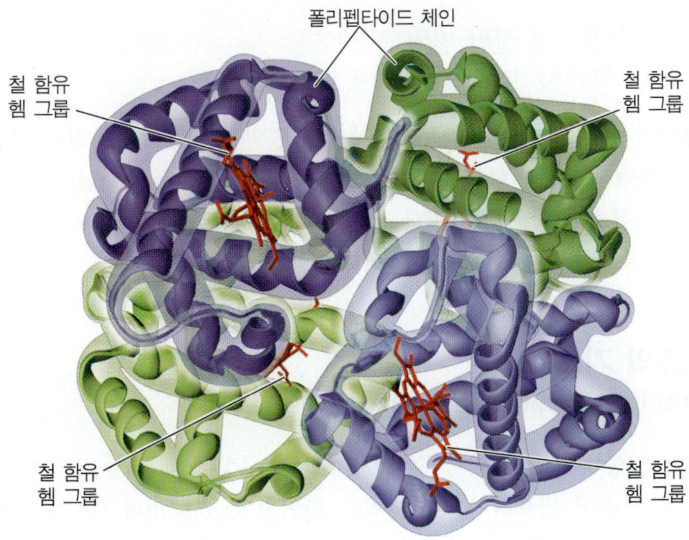

미오글로빈 myoglobin
근육에서 발견되는 헴단백질

시토크롬 cytochrome
미토콘드리아의 전자전달계의 일부인 헴단백질 복합체

철의 다른 역할들
Other Roles of Iron

철은 약의 대사와 독소 제거를 돕는 다른 많은 효소의 보조인자로 쓰인다. 이들 효소를 **시토크롬 P450** 효소라고 부르는데, 암과 심장질환 같은 만성 질환 발병률에 영향을 준다.

또한 철은 유리기를 안정화하는 항산화 효소의 보조인자로 쓰여서 DNA · 세포막 · 단백질을 산화 손상으로부터 막는 역할을 한다. 철은 DNA 합성효소의 보조인자로도 작용해서 정상적인 성장과 발달에 중요한 역할을 한다.

철 결핍 Iron Deficiency

성장기와 임신기 및 가임여성에게서는 철 요구량이 증가하기 때문에 특히 철 결핍이 발생하기 쉽다. 먼지나 진흙을 먹는 **이식증**도 철 결핍과 관련이 있다는 보고가 있다. 이식증은 임신 여성에게 종종 나타나는데, 철결핍이 이식증의 원인이라는 의견도 있고 이식증 때문에 철 결핍이라는 결과가 나타난다는 의견도 있다. 이전에는 철 결핍이 빈혈만 가져온다고 생각했지만, 이제는 여러 건강 문제에 영향을 준다고 보고 있다.

경미한 철 결핍 Mild Iron Deficiency

경미한 철 결핍 시에는 피로가 수반되고 신체 활동이 손상된다. 또한 비정상적인 행동을 유발하거나 지능이 떨어질 수도 있다. 이들 중 어떤 경우에는 철 보충을 해도 회복되지 않기 때문에 유아기에 충분한 철 섭취가 매우 중요하다고 하겠다. 경미한 철 결핍은 특히 추울 때 체온 조절이 안 되게 하고, 면역력을 떨어뜨린다. 임신기의 경미한 철 결핍은 미숙아와 저체중아 출산과 모체사망의 위험을 증가시킨다.

심각한 철 결핍 : 철 결핍 빈혈
Severe Iron Deficiency : Iron Deficiency Anemia

철 결핍이 심해지면 소적혈구 저혈색소성 빈혈이 생긴다. 철 결핍으로 인한 소적혈구 저혈색소성 빈혈은 헴을 충분히 합성하지 못해서 일어난다.

빈혈이란 혈액이 산소를 운반할 능력이 감소된 것이다. 빈혈의 증상으로는 피로, 정신 집중의 어려움, 면역기능의 감퇴 등이 포함된다.

철 보충의 기초
Basics of Iron Supplementation

식사로 철 상태를 잘 유지할 수 없거나 철 요구량이 너무 높은 임신기 같은 때에는 철 보충이 필요하다. 보충 철은 환원철(ferrous iron, Fe^{2+})과 산화철(ferric iron, Fe^{3+})의 형태가 있는데, 이 중 환원철이 더 잘 흡수된다.

시토크롬 P450 cytochrome P450
유리기의 안정화를 돕는 철 함유 효소

이식증 pica
먼지나 진흙 같은 비식품을 섭취하는 비정상적인 식행동

Focus On 생애주기영양 LIFE CYCLE NUTRITION

철 영양 상태 판정

철 저장고가 고갈되면 가벼운 철 결핍 또는 손상된 철 상태라고 생각하지만, 이것은 궁극적으로 좀 더 심각한 철 결핍상태로 진행될 수 있다.

- *혈청 페리틴*
  혈청 페리틴 농도는 저장 철과 상관관계가 높다. 혈청 철은 빈혈 발생 훨씬 전에 감소하기 때문에 페리틴은 철 결핍 초기 상태를 감지하는데 사용할 수 있다. 12 μg/L보다 낮으면 철 저장고가 고갈되었다고 한다.
- *총철결합력(total iron-binding capacity ; TIBC)*
  혈액의 트랜스페린은 2개의 철 원자를 가질 수 있다. 총철결합력은 트랜스페린에 더 붙을 수 있는 자유로운 철 결합부위의 숫자이다. 철 저장고가 줄어들면 총철결합력이 증가하며 400 μg/dL보다 크면 철이 고갈되었음을 나타낸다.
- *혈청 트랜스페린 포화도*
  혈청 트랜스페린 포화도는 철을 함유하는 트랜스페린의 비율을 반영한다. 트랜스페린 포화도가 16%보다 적으면 가벼운 철 결핍 상태이다. 트랜스페린 포화도는 혈청 철/TIBC x 100으로 계산한다.
- *헤모글로빈 농도*
  철 결핍이 더 진행되면 충분한 양의 헤모글로빈이 합성되지 않아서 혈액 내의 농도가 감소한다. 그러나 다른 영양소 결핍(단백질이나 비타민 B_6)도 헤모글로빈 합성을 막을 수 있기 때문에 헤모글로빈만으로 철 결핍을 진단할 수는 없다. 가벼운 철 결핍 때에는 헤모글로빈 농도가 정상을 유지하기 때문에 보다 심각한 형태의 철 결핍을 테스트하는데 이용한다. 남자는 13 g/dL, 여자는 12 g/dL보다 적으면 철이 결핍된 경우이다.
- *헤마토크릿(hematocrit)*
  헤마토크릿은 총 혈액에서 적혈구가 차지하는 비율이다(**그림 12.7**). 소적혈구성 빈혈은 적혈구 크기를 작게 만들기 때문에 철 결핍 시에 헤마토크릿 수치가 감소한다. 헤마토크릿도 헤모글로빈처럼 많은 다른 영양결핍 때문에 감소할 수 있다. 철 상태의 초기 검색 시에 많이 사용하며, 남자의 경우는 39%, 여자의 경우는 36% 이하이면 빈혈이다.

그림 12.7 헤마토크릿(적혈구 용적비)

헤마토크릿은 혈액의 적혈구 비율을 측정한다. 철결핍 빈혈은 헤마토크릿을 낮춘다.

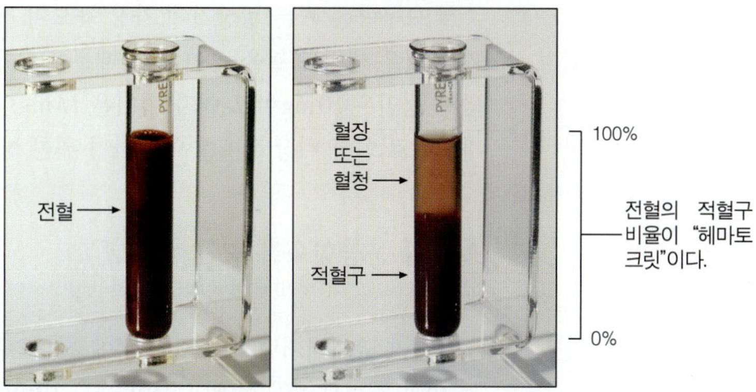

철 독성 Iron Toxicity

식사만으로는 철 독성이 잘 나타나지 않지만, 처방용 철이나 보충 섭취하는 철의 양이 과다할 때에는 나타날 수 있다. 철 독성 증상은 구토, 설사, 변비, 검은 변 등이며, 심하면 사망할 수도 있다.

Focus On 생애주기영양 LIFE CYCLE NUTRITION

유전적 철 축적증

철 독성은 과량의 철을 보충했을 때 발생할 수도 있지만, 유전적 철 축적증이라는 유전적 변형 때문에 발생할 수도 있다. 이 질병의 원인은 장의 철 흡수를 조절하는 데 필요한 수송 단백질의 유전인자의 결함 때문인 것으로 1996년에서야 밝혀졌다. 그 결과, 정상보다 많은 철이 혈액으로 흡수된다.

이 유전자는 북유럽 후손들에게서 자주 발견되며, 관절염 · 만성 피로 · 여성의 경우는 생리의 비정상성 · 간 기능의 비정상화 등이 나타난다. 1,000명의 백인 중 4명이 유전적 철 축적증을 가지고 있는데, 이들이 모두 질병 증상을 보이는 것은 아니다. 심각한 경우에는 간 부전, 간암, 당뇨와 심장병 발발률의 증가가 나타날 수 있다. 최근까지는 이 질병 유무를 테스트하기 위해서 간 조직 일부를 떼어서 검사해야 했으나, 이제는 혈액의 DNA 검사만으로도 확인할 수 있다.

유전적 철 축적증은 예방과 완치가 불가능하지만, 자주 혈액을 제거함으로써 치료할 수 있다. 이 질병을 지닌 사람들은 철 보충제와 비타민 C 보충제를 피하는 것이 좋다.

이는 지나친 철이 간, 심장, 근육 같은 연조직에 쌓여서 그 기능을 손상시키기 때문에 초래된다. 지나친 철 보충은 심장병과 암을 유발할 수도 있다고 제안되었으나 결과가 확실하지는 않다. **유전적 철 축적증** 같은 유전적 비정상성 때문에 철 독성이 발생할 수도 있다.

철 영양섭취기준
Recommended Intakes for Iron

철 요구량은 빠른 성장기에 가장 높으며 체내 근육량의 영향을 받는다. 가임기 여성은 생리로 철을 많이 잃기 때문에 특히 요구량이 높다. 철 권장섭취량은 남자 성인은 10 mg이고 여자 성인은 14 mg이며, 임신기에는 24 mg이다. 철 과다섭취로 인한 위장 장애를 예방하기 위한 상한섭취량은 45 mg이다.

지구성 운동선수를 위한 권장량
Special Recommendations for Vegetarians and Endurance Athletes

장거리 달리기처럼 지구력 종목에 참여하는 선수들은 철 요구량이 높다. 이는 변과 소변으로의 혈액 손실이 늘고 발바닥에서 적혈구 세포가 계속 파괴되기 때문으로 보고 있다. 미국의학연구소(Institute of Medicine)는 이들 지구력 운동 선수들의 철 요구량을 70% 증가시켜야 한다고 제안하였다.

필수개념 Essential Concepts

식품에서 발견되는 두 가지 형태의 철은 헴철과 비헴철이다. 헴철은 소장에서 좀 더 쉽게 흡수되고, 비헴철의 생체이용률은 많은 인자의 영향을 받는다. 헴철은 육류와 해산물에 함유되어 있고 비헴철은 몇몇 채소, 강화 시리얼, 강화 식품에 함유되어 있다.

유전적 철 축적증
hereditary hemochromatosis
소장에서 철 흡수가 증가되는 유전적 비정상성

철 항상성은 주로 소장에서 이루어지는데, 철 상태가 안 좋으면 철 흡수가 증가한다. 철은 헤모글로빈과 미오글로빈의 구성성분이고 산소 전달, 즉 호기성 대사에 필요하다. 또한 철은 전자전달계에 관여하고 신체를 독소와 유리기로부터 보호하는 데 관여한다.

철 결핍은 피로, 일 수행능력 감소, 지능 손상을 야기하며, 심각한 철 결핍은 소적혈구성 저색소성 빈혈을 야기한다. 유전적 결함이나 과다 섭취로 인한 철 독성은 치명적이다.

구리
Copper

구리(Cu)는 **산화**(Cu^{2+})와 **환원**(Cu^{+}) 형태의 두 가지로 존재한다. 구리는 ATP 산출과 유리기로부터의 보호 과정에 관여하는 여러 효소들의 보조인자로 쓰인다. 구리와 철은 식품 급원, 흡수, 기능 등을 많이 공유한다.

구리의 식품 급원과 생체이용률
Dietary Sources and bioavailability of Copper

구리는 간, 갑각류, 전곡, 버섯, 견과류 등에 많이 들어 있다(**그림 12.8**). 제산제는 구리를 불용성으로 만들어서 이용률을 감소시킨다. 철과 구리는 장세포막에서 같은 수송 단백질에 의해 운반되기 때문에 흡수되기 위해 서로 경쟁한다.

구리 copper(Cu)
산화환원반응에 포함된 9가지 효소의 보조인자로 작용하는 필수 미량 무기질

산화 cupric ion(Cu^{2+})
구리의 산화된 형태

환원 cuprous ion(Cu^{+})
구리의 환원된 형태

그림 12.8 구리의 좋은 급원

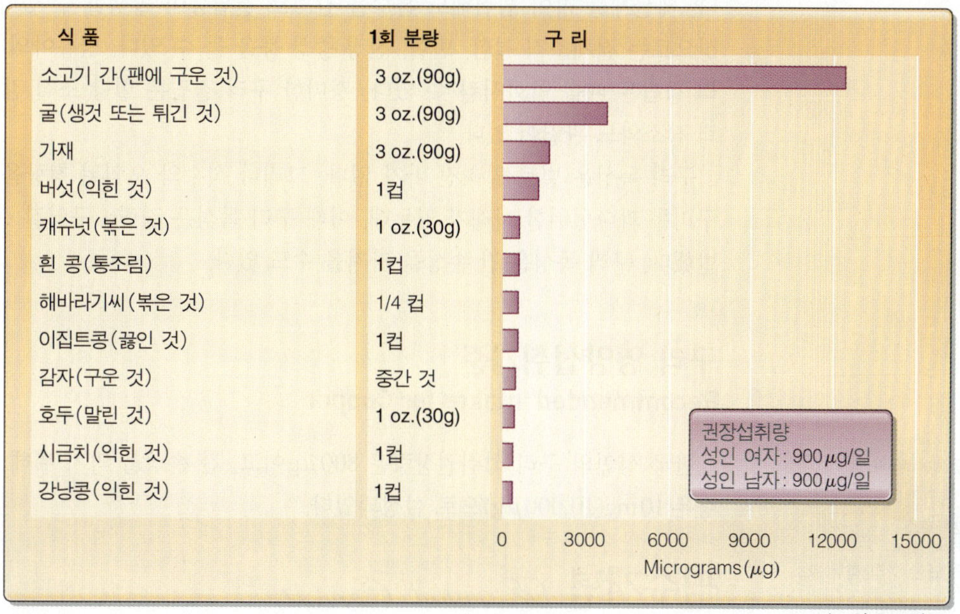

1 oz.는 약 30g임.

자료 : Data from USDA Nutrient Database, Release 17

구리의 흡수, 대사, 조절
Absorption, Metabolism, and Regulation of Copper

구리는 소장에서 흡수되는데, 체내 구리 상태의 영향을 받아서 구리가 부족하면 많이 흡수되고 충분하면 적게 흡수된다. 흡수된 후에는 혈액에서 수송 단백질인 **셀룰로플라즈민**과 결합하여 간으로 들어간다. 여분의 구리는 많이 저장되지 않고 담즙을 통해 변으로 배설된다.

구리의 기능
Functions of Copper

구리는 ATP 산출에 필요한 산화환원반응, 철 대사, 신경기능, 항산화 기능, 결체조직 합성에 관여하는 최소 9개 금속효소의 보조인자로 쓰인다. 예로, 구리는 전자전달계의 **시토크롬 C 산화효소**의 보조인자로 작용한다. 구리는 ATP 산출에 꼭 필요해서 대사가 활발한 조직에 더 많이 함유되어 있다.

또한 구리는 슈퍼옥사이드 유리기(O_2^-)를 좀 덜 해로운 과산화 수소(H_2O_2)로 바꾸는 **슈퍼옥사이드 디스뮤테이즈** 효소의 보조인자로 쓰인다. 노르에피네프린(신경전달물질)과 콜라겐(결체조직에 필요한 단백질) 합성에도 구리가 필요하다.

구리 결핍과 독성
Cooper Deficiency and Toxicity

구리 결핍은 드물지만 영양지원을 받는 병원 입원환자나 조산아에서 발생한다. 제산제를 많이 섭취해도 흡수율 감소로 결핍증이 발생할 수 있다. 결핍 증상으로는 결체조직 결함, 빈혈, 신경 증상 등을 들 수 있다. 영유아의 경우에 구리 결핍은 뼈를 약화시킬 수 있다. 경미한 구리 결핍은 혈당 조절 감퇴와 면역력 감소와도 관련이 있다.

구리 독성은 별로 알려진 바가 없다. 그러나 식수와 오염된 청량음료를 통해 구리를 과다섭취한 사례가 있는데, 이때 구리 독성은 경련 · 구역질 · 설사를 유발했다. 구리 독성은 간 손상을 가져올 수도 있다.

구리 영양섭취기준
Recommended Intakes for Copper

한국 성인의 구리 섭취권장량은 800μg이고, 간 손상을 막기 위해 상한 섭취량은 10mg(10,000μg)으로 설정되었다.

셀룰로플라즈민 ceruloplasmin
혈액에서 구리를 운반하는 단백질

시토크롬 C 산화효소
cytochrome c oxidase
전자전달계에 필요한 구리 함유 효소

슈퍼옥사이드 디스뮤테이즈
superoxide dismutase
슈퍼옥사이드 유리기를 과산화 수소로 환원하는 구리 함유효소

필수개념 Essential Concepts

구리는 철과 유사하게 체내에서 조절 · 사용된다. 구리가 부족하면 흡수율이 증가해서 항상성을 유지하는데, 과량의 구리는 담즙으로 배설된다. 구리는 산화

환원반응 효소의 보조인자이고, 에너지 대사 · 신경 기능 · 항산화 반응에 관여한다. 구리의 급원으로는 간, 갑각류, 버섯, 견과류가 있다.

구리 부족은 결체조직과 뼈의 약화, 빈혈, 신경 증상 등을 유발한다. 또한 구리 독성은 위장 통증과 간 손상을 가져온다 .

요오드
Iodine, Iodide

요오드(I)는 갑상선 호르몬의 구성성분으로 쓰인다. 갑상선 호르몬은 성장 · 생식 · 에너지 대사를 조절하는 호르몬이고, 면역계와 신경 발달에도 영향을 미친다. 실제로 체내 **요오드**(iodine, I)의 대부분은 **요오드 이온**(iodide, I^-)의 형태이다.

요오드의 식품 급원
Dietary Sources of Iodine

식품의 요오드 양은 자라난 토양과 물의 요오드 양에 많이 의존한다(**그림 12.9**). 해양생선과 갑각류는 바닷물의 요오드를 몸에 축적하기 때문에 요오드 농도가 높다.

해조류나 유제품도 좋은 요오드 급원이다. 미국인의 경우, 섭취하는 요오드의 반을 요오드 강화 소금에서 공급받는다.

요오드 iodine(I)
갑상선 호르몬의 성분인 필수 미량 무기질

요오드 이온 iodide(I^-)
체내에 가장 흔한 요오드의 형태

그림 12.9 요오드의 좋은 급원

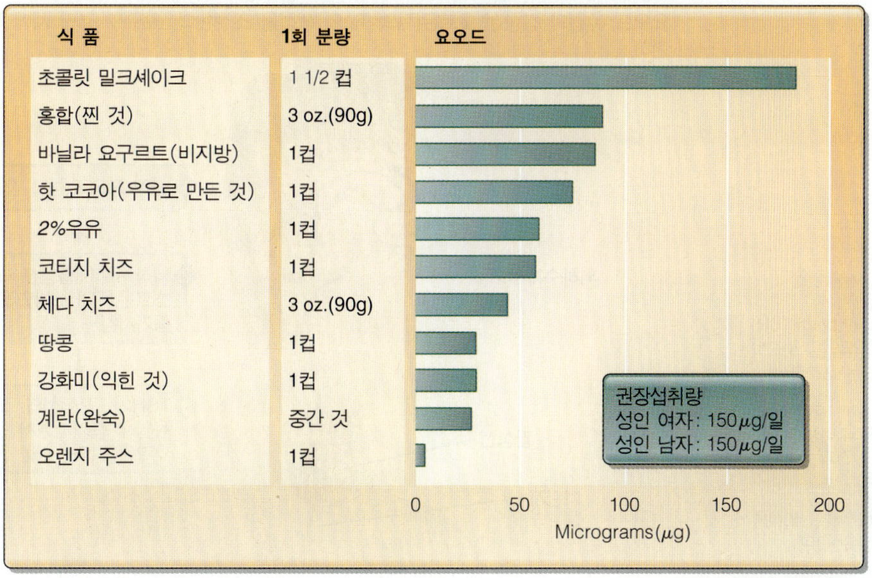

1 oz.는 약 30g임.

자료 : Data from Hands E. Food *Finder–Vitamin and Mineral Source Guide,* 3rd ed. Salem, OR: ESHA Research, 1995.

해산물과 해조류의 빈번한 사용 때문에 아시아 음식은 요오드가 풍부하다.

요오드의 흡수, 대사, 조절
Absorption, Metabolism, and Regulation of Iodine

요오드는 생체이용률이 높으므로 장에서 거의 흡수된다. 혈액에서 요오드는 재빨리 갑상선으로 들어가서 갑상선 호르몬의 구성성분이 된다. 뇌하수체에서 산출되는 **갑상선 자극 호르몬(TSH)**은 갑상선이 요오드를 받아들이는 정도를 조절한다(**그림 12.10**). 요오드 결핍 시에는 갑상선 자극 호르몬 방출이 증가해서 갑상선으로 요오드가 더 많이 들어가게 된다. 요오드가 충분할 경우에는 반대 현상이 나타나고 여분의 요오드는 소변으로 배설된다.

갑상선종 유발물질은 카사바 · 배추 · 컬리플라워 · 양배추에 함유되어 있는데, 이것은 갑상선으로 요오드가 들어가는 것을 막을 수 있다. 요오드 섭취량이 매우 낮거나 갑상선 기능장애가 있는 경우가 아니면 갑상선종 유발물질의 섭취는 별 문제를 유발하지 않는다.

배추, 컬리플라워, 양배추는 갑상선종 유발물질을 함유해서 요오드 흡수를 감소시킨다.

요오드의 기능
Functions of Iodine

요오드는 갑상선 호르몬인 **티록신**과 **트리요오드티로닌**의 필수 구성성분이다. 티록신은 요오드 원자를 4개 가지고 있는데, 갑상선에서 생성되어 더 활성된 형태인 트리요오드티로닌(요오드 원자를 3개 함유)으로 전환된다. T_3와 T_4는 에너지 대사 및 성장 · 발달을 조절한다.

그림 12.10 갑상선에 의한 요오드 유입 조절

뇌하수체에서 생성되는 갑상선 자극 호르몬(thyroid-stimulating hormone ; TSH)은 갑상선의 요오드 유입과 갑상선 호르몬(T_3와 T_4)의 생성을 조절한다. 요오드 결핍 시에 TSH 방출이 증가한다.

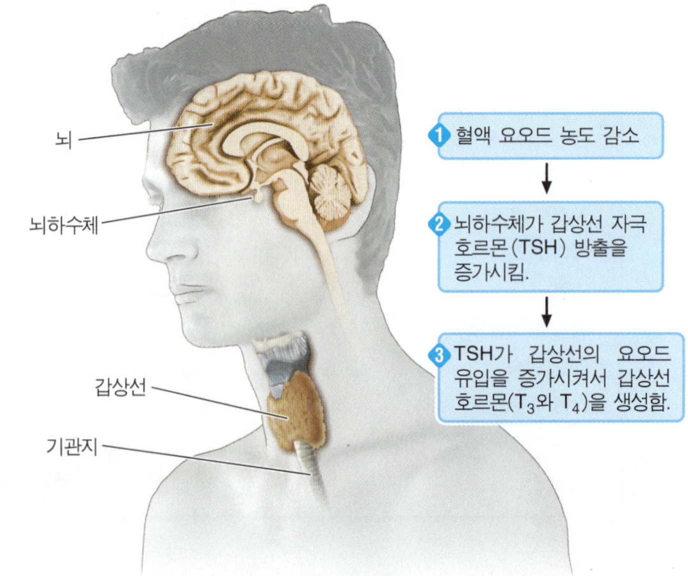

갑상선 자극 호르몬 thyroid-stimulating hormone(TSH)
갑상선으로의 요오드 유입을 자극하는 뇌하수체에서 생성되는 호르몬

갑상선종 유발물질 goitrogen
갑상선에 의한 요오드의 이용을 감소시키는 몇몇 채소에서 발견되는 화합물

티록신 thyroxine(T_4)
갑상선 호르몬의 약한 활성 형태로 4개의 요오드 원자를 함유한다.

트리요오드티로닌 triiodothyronine(T_3)
갑상선 호르몬의 강한 활성 형태로 3개의 요오드 원자를 함유한다.

이들은 특히 태아기 때에 뇌 · 척수 · 골격의 적절한 발달에 꼭 필요하다. 갑상선 호르몬이 에너지 대사 조절에 관여하기 때문에 결핍 시에 심각한 피로와 무기력을 느끼게 된다.

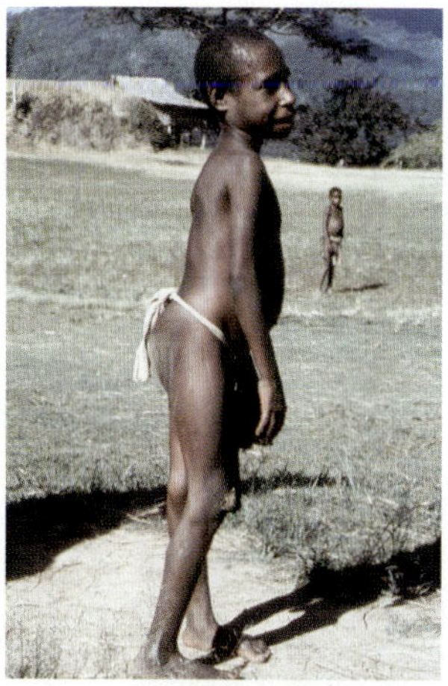

크레틴병은 모체의 요오드 결핍으로 인해 태아기에 요오드 결핍을 경험해서 나타난다.

요오드 결핍
Iodine Deficiency

요오드 결핍은 세계 여러 나라의 공중 건강 문제가 되고 있는데, 특히 바다로 둘러싸이지 않은 지역에서 흔하다. **요오드 결핍 장애(IDDs)**는 여러 가지인데, 가장 많이 연구된 것이 크레틴병과 갑상선종이다.

태아기 요오드 결핍 : 크레틴병
Fetal Iodine Deficiency : Cretinism

가장 심각한 형태의 요오드 결핍은 요오드 결핍 모체에서 태어난 아기에게서 발생하는 **크레틴병**이다. 태아기, 특히 초기 몇 달 동안 태아는 성장을 위해 모체의 갑상선 호르몬에 의존한다. 이때 모체의 요오드가 부족하면 갑상선 호르몬을 충분히 만들지 못해 태아의 성장이 영향을 받는다.

크레틴병은 심각한 정신 지체, 빈약한 성장, 불임, 사망률 증가 등을 야기한다. 임신부에게 임신 초기에 요오드를 공급하면 이 병이 예방될 수 있다.

어린이와 성인기 요오드 결핍 : 갑상선종
Childhood and Adult Iodine Deficiency : Goiter

요오드 결핍이 어린이와 성인에서 발생하면 TSH분비가 현저히 증가한다. 이로 인해 갑상선이 커지면서 요오드 결핍의 전형적 표시인 **갑상선종**이 유발된다.

갑상선종이 너무 커지면 기관지를 막아서 숨쉬기와 삼키기가 곤란해질 수 있다. 때로 이런 합병증을 예방하기 위해 갑상선의 일부를 제거하기도 한다.

요오드 결핍 장애 iodine deficiency disorders (IDDs)
요오드의 불충분한 섭취로 야기되는 넓은 범위의 증상

크레틴병 cretinism
요오드 결핍 모체에게서 출생한 아기에게 영향을 미치는 요오드 결핍 증상의 한 형태

갑상선종 goiter
어린이와 어른에게 영향을 미치는 요오드 결핍 증상의 한 형태, 갑상선이 커진다.

Focus On 식품 FOOD

요오드 결핍과 소금의 요오드 강화

1920년대, 요오드 강화 소금이 나오기 전까지는 갑상선종이 미국에 만연했다. 요오드 결핍이 갑상선종의 원인이라는 것이 알려진 후에는 요오드 강화 소금을 쓰도록 적극적으로 홍보해서 4년 안에 어린이 갑상선종이 75%나 줄었다.

1950년대 이후에는 1% 미만 어린이에게서 갑상선종이 발생했다. 이 질병 퇴출의 성공담은 과학자들이 보건위생 공무원과 식품업자들과 협력해서 세계 수백만 인구의 건강을 개선한 좋은 예이다.

갑상선종은 요오드 결핍의 보상작용에 의해 갑상선이 커진 결과로 나타난다.

요오드 독성과 영양섭취기준
Iodine Toxicity and Recommended Intakes

요오드 독성 시에는 갑상선의 활동이 줄어드는 갑상선 기능저하증(hypothyroidism), 또는 지나치게 활동이 증가하는 갑상선 기능항진증(hyperthyroidism)이 둘 다 발생할 수 있다. 실제로 몇몇 사람에서는 갑상선종이 유발되었다. 요오드 권장량은 150 μg이고 상한섭취량은 3 mg(3,000 μg)이다.

필수개념 Essential Concepts

요오드는 강화 소금, 갑각류, 유제품에서 발견되는데, 생체이용률은 대체로 높고, 과다 요오드는 소변으로 배설된다. 요오드는 갑상선 호르몬인 티록신(T_4)과 트리요오드티로닌(T_3)의 구성성분으로 성장 · 발달 · 뇌 기능 · 에너지 대사에 관여한다. 그러나 몇몇 채소에 존재하는 갑상선종유발물질은 요오드가 T_4와 T_3로 유입되는 것을 막는다. 여러 요오드 결핍 증상을 요오드 결핍 장애라고 부른다.

크레틴병은 요오드 결핍 장애의 하나로 요오드 결핍 모체에서 태어난 아기에게 정신 지체, 빈약한 성장, 지연된 발달을 야기한다. 어린이와 성인의 요오드 결핍증상은 갑상선종으로 나타나는데, 이때 갑상선이 확대된다. 갑상선종이 기관지를 막으면 생명이 위험하다. 요오드 독성은 갑상선 기능저하증과 갑상선 기능항진증이 둘 다 유발될 수 있다.

셀레늄
Selenium

셀레늄의 필수성은 1950년대에 알려졌다. 셀레늄은 암 발생 위험을 낮추고, 독소와 유리기로부터 신체를 보호하며, 노화를 지연시키고 면역을 증가시킨다.

셀레늄의 식품 급원
Dietary Sources of Selenium

식품은 여러 형태의 셀레늄을 함유하는데, 일반적으로 메티오닌에 연결되어 있다. 메티오닌이 황 대신에 셀레늄을 함유하면 **셀레노메티오닌**이라고 부른다. 셀레늄의 좋은 급원은 견과류, 해산물, 육류이다(**그림 12.11**). 또한 마늘과 물도 셀레늄의 좋은 급원이다. 곡류도 셀레늄을 함유하지만 그 양은 토양에 따라 차이가 크게 난다.

셀레늄 selenium(Se)
산화환원반응, 갑상선 기능, 비타민 C의 활성화에 중요한 필수 미량 무기질

셀레노메티오닌 selenomethionine
황 대신에 셀레늄이 들어간 메티오닌

셀레늄의 흡수, 대사, 조절
Absorption, Metabolism, and Regulation of Selenium

식품의 셀레늄 활성은 매우 높아서 장에서 거의 모두 흡수되어 혈액으로 들어온다. 셀레늄은 체내에서 세포 속으로 들어가서 셀레노메티오닌으로 단백질

그림 12.11 셀레늄의 좋은 급원

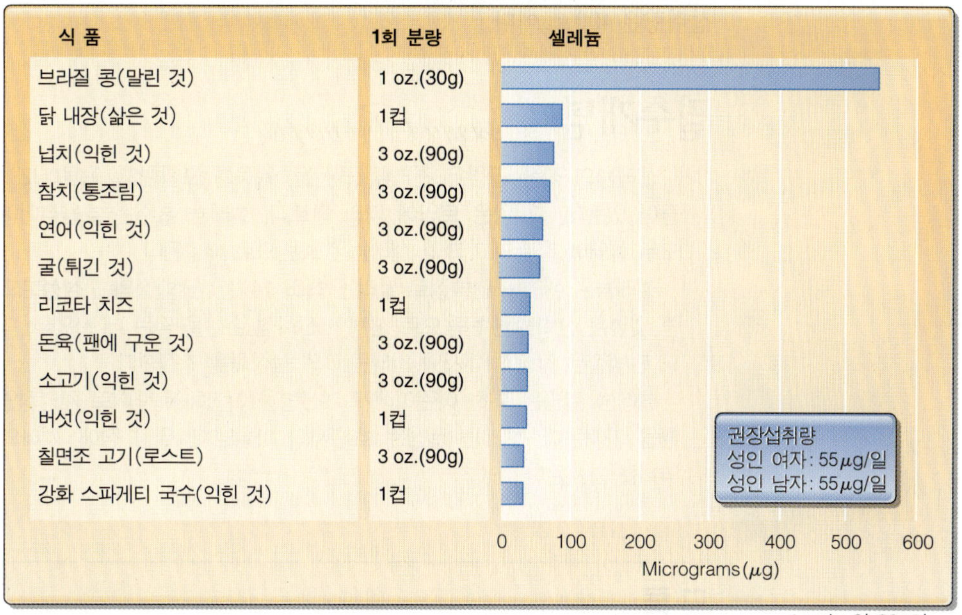

1 oz.는 약 30g임.

자료 : Data from USDA Nutrient Database, Release 17

을 만드는 데 쓰인다. 그리고 셀레노메티오닌을 함유하는 단백질은 **셀레늄 함유 단백질**이라고 부른다.

이러한 방법으로 신체는 상대적으로 많은 양의 셀레늄을 근육에 저장한다. 혈액의 셀레늄 농도는 소변으로의 배설량 가감을 통해 유지 · 조절된다.

셀레늄의 기능
Functions of Selenium

체내에는 14가지의 셀레늄 함유 단백질이 있다. 효소활성을 갖는 **글루타티온 과산화효소**는 산화환원기능을 가져서 산화적 손상으로부터 신체를 보호한다. 다른 셀레늄 함유 단백질들은 갑상선 기능과 비타민 C 대사에 필요하다. 셀레늄이 많은 보호효과를 갖고 있기 때문에 많은 과학자들이 면역과 암 예방에서의 역할에 대해 기대를 걸고 있으나 보다 다양한 연구가 필요하다.

셀레늄 결핍, 독성, 영양섭취기준
Selenium Deficiency, Toxicity, and Recommended Intakes

심각한 셀레늄 결핍은 중국의 케샨 지역에서 처음 발견된 **케샨병**을 야기한다. 케샨 지역은 토양의 셀레늄 함유량이 매우 낮은데, 케샨병은 주로 어린이에게 발생하는 심각한 심장질환으로 치명적일 수 있다.

셀레늄 함유 단백질 selenoprotein
황함유 메티오닌 대신 셀레노메티오닌을 함유하는 단백질

글루타티온 과산화효소 glutathione peroxidase
체내에서 산화환원 기능을 가진 셀레노단백질 그룹

케샨병 Keshan disease
셀레늄 결핍으로 나타나는 질병

셀레늄을 너무 많이 섭취하면 호흡 시 마늘냄새가 나고, 구역질 · 구토 · 설사가 나며, 치아와 손톱이 부서지기 쉽다. 셀레늄 권장섭취량은 50μg이고, 상한섭취량은 400μg이다.

필수개념 Essential Concepts

셀레늄의 식품 급원은 견과류, 해산물, 육류를 포함한다. 곡류에도 셀레늄이 들어 있는데, 그 양은 토양에 따라 다르다. 셀레늄 흡수는 효율적이어서 거의 모두 혈액에 흡수되고 과다 셀레늄은 소변으로 배설된다.

셀레늄은 셀레노 단백질로 불리는 최소 14가지 단백질의 구성성분으로, 이들 중 몇몇은 산화환원 반응으로 신체의 산화적 손상을 막는 데 쓰인다. 다른 셀레노 단백질은 갑상선 대사와 비타민 C의 활성화를 조절한다.

셀레늄 결핍은 특히 어린이에게 케샨병을 야기해서 때때로 치명적인 심장질환을 가져온다. 셀레늄 독성은 호흡시의 마늘냄새, 위장 장애, 치아와 손톱의 약화를 가져온다.

크롬
Chromium

크롬(Cr)은 결핍 시 동물에서 당뇨 상태가 유발되기 때문에 필수영양소로 지목되었다. 그 후 크롬이 사람의 포도당 항상성과 인슐린 기능에 필요하다는 것이 발견되었다.

전곡은 식사에 크롬을 공급할 수 있다.

크롬의 식품 급원, 생체이용률, 조절
Dietary Sources, Bioavailability, and Regulation of Chromium

크롬은 다양한 식품에서 발견되지만 토양의 크롬 농도에 따라 함유량이 매우 다르다. 전곡 · 과일 · 채소에 크롬이 많이 함유되어 있는 반면에 정제된 곡류 · 육류 · 유제품에는 크롬 함량이 적다. 몇몇 가공육과 맥주 및 포도주에도 크롬 함량이 높은 편이다.

비타민 C나 아스피린 같은 산성 약제는 크롬의 생체이용률을 높이지만, 제산제는 생체이용률을 낮춘다. 크롬 섭취량에 관계없이 약 2%만 흡수되고 거의 모두 변으로 배설된다. 흡수된 크롬은 혈액에서 간으로 전달되고 여분의 크롬은 소변으로 배설된다. 이유는 밝혀지지 않았지만, 단순당을 많이 섭취하면 소변으로의 크롬 배설량이 증가한다. 여분의 크롬은 주로 간에 저장된다.

크롬의 기능
Functions of Chromium

크롬 chromium(Cr)
적절한 인슐린 기능에 필요한 필수 미량 무기질

크롬은 인슐린이 정상 기능을 하는 데에 꼭 필요하며, 특히 제2형 당뇨환자의 인슐린 기능을 조절하는 데 필요하다. 또한 어린이의 정상 성장 · 발달에도 필요하다. 크롬은 최소한 동물실험에서 근육을 증가시키고 지방을 감소시키는 역할을 하였다. 이 때문에 **크롬 피콜린산**이 운동선수의 기능향상제로 상품화되었다. 다른 종류의 크롬보충제들은 혈당조절을 돕는 물질로 선전되고 있다. 그러나 이들 보충제가 운동 기능향상이나 혈당 조절에 미치는 영향을 연구한 대부분의 정확한 연구에서는 유효한 효과를 보이지 못하였다.

크롬 결핍과 독성
Chromium Deficiency and Toxicity

크롬 결핍은 부적절한 영양지원을 받는 환자에서만 나타났는데, 혈당이 증가하고 인슐린 감수성이 떨어지며, 체중이 감소하는 증세를 나타냈다. 한편, 보충제로 크롬을 공급해도 흡수율이 낮아서 독성이 잘 나타나지 않는다.

그러나 때때로 산업적으로 고농도의 크롬에 방출될 때 독성이 발생할 수도 있다. 예로, 강철을 용접하기 위해 온도를 높이면 크롬이 공기 중으로 방출될 수 있다. 이와 같은 환경적인 노출은 피부 자극과 폐암 유발의 가능성을 높인다.

크롬 영양섭취기준
Recommended Intakes for Chromium

크롬 권장량과 상한 섭취량은 정해지지 않았으며, 적정 섭취범위는 50~200 μg으로 잡고 있다.

필수개념 *Essential Concepts*

크롬은 인슐린의 정상적인 기능과 어린이의 적절한 성장 발달에 필요하다. 크롬 결핍은 드물지만, 고혈당 · 감소된 인슐린 민감성 · 체중 감소 등을 유발한다. 환경오염으로 인한 크롬 독성은 심각한 피부 자극과 폐암 유발의 가능성을 높인다.

망간
Manganese

망간(Mn)은 체내 많은 효소의 보조인자이다. 크롬과 마찬가지로 결핍은 드물고 환경 오염 시에 독성이 발견된다.

망간의 식품 급원, 조절, 기능
Dietary Sources, Regulation, and Functions of Manganese

망간의 가장 좋은 급원은 전곡, 파인애플, 견과류, 콩류 등이다. 시금치 같은 짙푸른 잎의 채소도 많은 양의 망간을 함유하고 있으며, 식수에도 포함되어 있다. 망간은 섭취량에 관계없이 15% 이하만이 흡수된다. 여분의 망간은 소변으로 배설되지 않고 간으로 가서 담즙으로 들어간 후에 변으로 배설된다.

크롬 피콜린산 chromium picolinate
몇몇 운동선수에 의해 운동기능향상제로 복용하는 크롬 형태

망간 manganese(Mn)
골격 형성과 탄수화물, 단백질, 콜레스테롤 대사에 필요한 효소의 보조인자로 쓰이는 필수 미량 무기질

파인애플에는 미량 무기질 망간이 많이 들어 있다.

망간은 수많은 금속효소의 보조인자이다. 예로, 망간은 당신생합성과 골격 형성에 관여하는 효소에 필요하다. 또한 망간은 에너지 대사의 여러 반응에서 ADP와 ATP에 결합한다. 망간도 구리처럼 유리기로부터 세포를 보호하는 슈퍼옥사이드 디스뮤테이즈(superoxide dismutase)의 보조인자로 작용한다.

망간 결핍과 독성
Manganese Deficiency and Toxicity

망간 결핍은 매우 드물지만, 심각한 망간 결핍 시에는 비늘 모양의 피부 · 빈약한 뼈 형성 · 성장 지연 등이 발생한다. 식품이나 보충제로 독성 증상이 나타나는 것은 드물지만, 광산에서의 채광 시 공기 중으로 노출된 망간을 많이 섭취하면 심각한 신경증상이 발생할 수 있다.

간 질환이 있거나 망간이 많이 함유된 식수를 섭취하는 사람에서도 망간 독성이 발생할 수 있다.

망간 영양섭취기준
Recommended Intakes for Manganese

망간의 충분 섭취량은 성인남자는 3.5 mg이고 성인 여자는 3.0 mg이며, 상한 섭취량은 11 mg이다.

필수개념 *Essential Concepts*

망간은 매우 적은 양이 흡수되며, 여분은 담즙으로 배설된다. 망간은 여러 효소와 함께 에너지 대사, 뼈 형성, 당신생합성, 항산화 기능 등에 관여한다. 망간 결핍은 건조한 피부, 약한 뼈, 빈약한 성장을 유발하며, 환경으로부터의 독성은 심각한 문제를 야기할 수 있다.

Food Matters 목표를 향한 실천

식사지침은 다양한 견과류를 적당량 선택하도록 권장하고 있다. 이것은 부분적으로 이들이 미량 무기질의 좋은 급원이기 때문이다. 아래의 방법들이 목표를 달성하는 데 도움이 될 것이다.

- 견과류를 주식에 첨가한다. 그러나, 견과류에는 지방이 많이 함유되어 있기 때문에 육류를 대체하는 방향으로 첨가할 뿐 더 첨가하는 방향이어서는 안 된다.
- 채소를 볶을 때에 땅콩이나 잣 등을 더한다.
- 저지방 아이스크림이나 요구르트 아이스크림에 약간의 견과류를 얹는다.
- 스낵을 먹는 대신에 해바라기씨나 호박씨를 먹도록 시도한다.
- 초콜릿 크림 대신 피칸 파이 한 조각을 선택한다.

몰리브덴
Molybdenum

몰리브덴(Mo)은 여러 중요한 금속효소의 보조인자로 쓰이기 때문에 사람에게는 필수영양소이다. 신체의 몰리브덴 요구량은 매우 적고, 이것은 다양한 식품에 존재하기 때문에 몰리브덴 결핍은 거의 알려진 바가 없다.

몰리브덴의 식품 급원과 기능
Dietary Sources and Functions of Molybdenum

식품의 몰리브덴 양은 토양에 따라 다르다. 콩과 곡류 및 견과류가 이 무기질의 좋은 급원이다. 몰리브덴은 소장에서 거의 완전히 흡수되어 혈액을 통해 간으로 간다.

몰리브덴은 환원반응에 참여하고 신체의 여러 효소의 보조인자로 쓰인다. 이 효소들은 황함유 아미노산(메티오닌과 시스틴) 대사와 DNA와 RNA를 만드는 퓨린 대사에 참여한다. 간의 약제 해독에 관여하는 효소에도 들어 있다.

몰리브덴 결핍, 독성, 영양섭취기준
Molybdenum Deficiency, Toxicity, and Recommended Intake

몰리브덴 결핍의 유일한 사례에서 비정상적인 심장박동 · 두통 · 시력 문제가 보고되었으며, 과다섭취 시의 부작용에 대해서도 알려진 바가 없다. 그러나 동물실험에서 과다섭취 시에 불임이 유발되었다는 보고가 있다. 몰리브덴의 권장량은 정해지지 않았고, 상한섭취량은 600 μg이다.

필수개념 *Essential Concepts*

몰리브덴은 황함유 아미노산과 퓨린 대사에 필요한 효소의 보조인자로 작용한다. 따라서 단백질 합성과 세포 성장에 필요하다. 결핍은 매우 드물지만 두통 · 비정상적 심장 기능 · 시력에 문제가 생긴다. 독성은 사람에서는 보고된 바가 없고 동물실험에서는 불임을 야기하였다.

아연 Zinc

아연(Zn)은 300여 개가 넘는 효소의 보조인자이지만 필수영양소라는 것은 1960년대에 정립되었다. 아연은 성장 · 생식 · 면역 · 단백질 합성에 필요하다.

아연의 식품 급원과 생체이용률
Dietary Sources and Bioavailability of Zinc

아연은 갑각류, 육류, 내장육, 유제품, 콩류, 초콜릿에 높은 농도로 함유되어 있다(**그림 12.12**).

몰리브덴 molybdenum (Mo)
아미노산과 퓨린 대사에 필요한 효소의 보조인자로 쓰이는 필수 미량 무기질

아연 zinc (Zn)
유전자 발현, 면역 기능, 세포 성장에 필요한 필수 미량 무기질

초콜릿은 아연의 좋은 급원이다. 모든 식품이 건강한 식사의 한 부분이 될 수 있다.

또한 강화 시리얼과 전곡에도 들어 있다. 아연의 생체이용률은 많은 식이인자의 영향을 받는데, 철 흡수에 영향을 주는 인자와 유사한 것이 많다. 한 예로 피테이트는 아연도 불용성으로 만들어 흡수가 되지 않게 한다.

동물성 급원이 식물성 급원보다 생체이용률이 높으며, 산성 물질은 아연의 흡수율을 높인다. 아연, 철, 칼슘은 장세포에서 수송 단백질을 공유하기 때문에 철과 칼슘을 많이 섭취하면 아연 흡수가 감소된다.

아연의 흡수, 대사, 조절
Absorption, Metabolism, and Regulation of Zinc

혈액의 아연 함량은 철처럼 소장에서 잘 조절된다. 아연 흡수에 두 가지 단백질이 필요한데, 하나는 아연을 장세포로 운반하는 단백질이고 다른 하나는 장세포에서 아연을 붙잡는 단백질이다. 장세포에서 페리틴이 철을 붙잡는 것처럼, **메탈로티오닌** 단백질은 아연을 붙잡아서 기저막을 통해 운반되는 것을 막는다.

메탈로티오닌 metallothionine
아연 흡수와 제거를 조절하는 장세포의 단백질

아연 결핍 시에는 아연 흡수를 촉진시키기 위해 메탈로티오닌 합성이 감소하고, 아연 과다 시에는 이 단백질의 합성이 증가한다. 장세포는 계속 떨어져 나가기 때문에 메탈로티오닌에 붙은 여분의 아연은 변으로 배설된다. 아연 흡수는 유전자의 영향도 받는다.

그림 12.12 아연의 좋은 급원

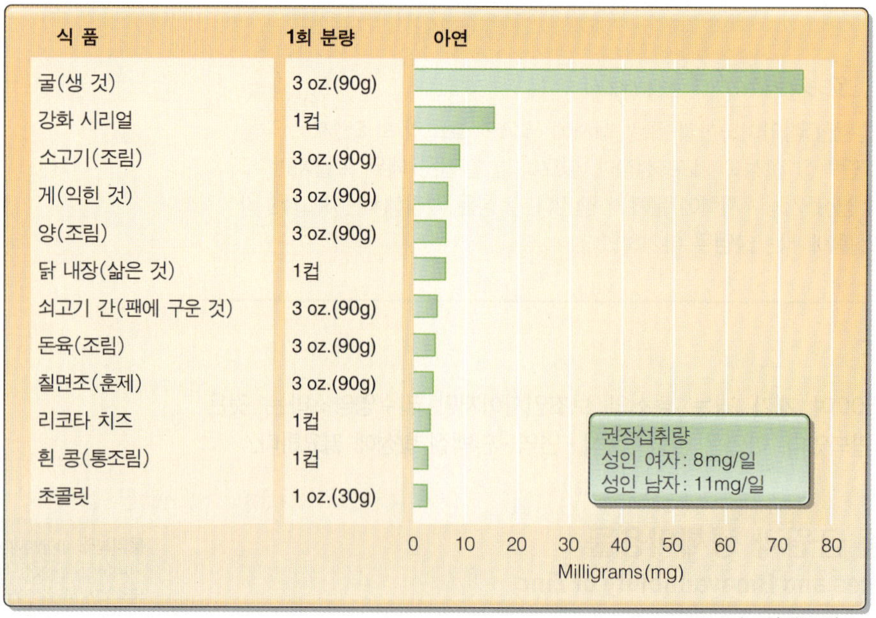

1 oz.는 약 30g임.

자료 : Data from USDA Nutrient Database, Release 17

장성말단 피부염
Acrodermatitis Enteropathica

아연 흡수가 감소되는 한 유전적 요인은 **장성말단피부염**이다. 이 병은 식사에 아연이 풍부해도 심각한 아연 결핍을 보이는데, 주로 생애 초기 몇 달 안에 발견된다. 장성말단피부염 아기는 정상적으로 성장하지 못하고 머리, 눈, 발 주변의 피부가 매우 붉은 비늘 모양을 보인다. 설사도 많이 하게 되는데, 치료하지 않으면 치명적이다. 약 50만 명 중 1명꼴의 영아에게서 발생한다.

장성말단피부염이 아연 흡수 불능 때문인지는 알았지만 구체적인 이유는 인체 게놈 프로젝트가 끝나고서야 알게 되었다. 이 질병을 가진 사람들은 아연을 장세포로 전달하는 데 필요한 단백질을 만드는 유전자가 변형되어 있다.

따라서 생성된 단백질이 아연을 전달하지 못하고 변으로 배설된다. 장성말단피부염을 가진 환자는 평생 동안 아연 보충제를 처방한다. 과다한 양의 아연을 공급하면 비록 수송 단백질이 불완전해도 충분한 양의 아연이 흡수될 수 있다.

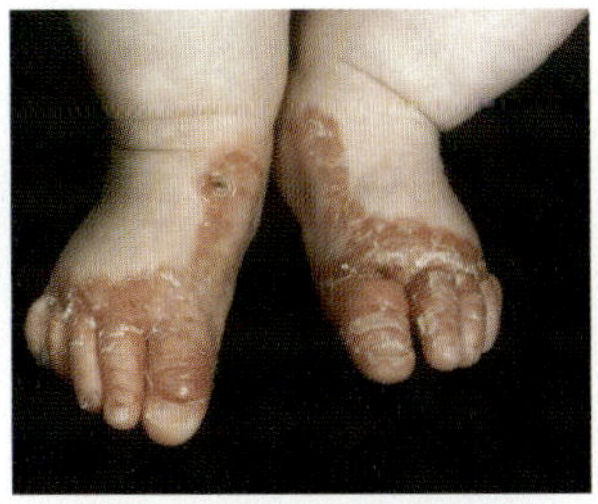

장성말단피부염은 아연 흡수가 감소되는 유전 질환이다.

아연의 기능
Functions of Zinc

아연은 주로 보조인자로 작용한다. RNA 합성 효소에 필요하며, 유전자 발현을 조절하는 많은 단백질을 안정화한다. 이 단백질들은 유전자를 켜고 끄는 **아연 손**이라는 삼차원 구조를 함유해서 전사를 조절한다(**그림 12.13**).

아연 손은 세포 성숙과 성장 및 면역 기능에 필요하다. 아연은 강력한 항산화제로 세포막을 안정화한다. 아연 보충제들이 감기치료를 돕는다고 주장하지만 대부분의 연구 결과는 이를 지지하지 않는다.

아연 결핍과 독성
Zinc Deficiency and Toxicity

사람에서의 아연 결핍은 1960년대의 이집트와 이란에서 피테이트가 많은 식물성 식품을 주식으로 하는 사람들의 경우에 나타났다. 가벼운 아연 결핍은 식욕을 감소시켜서 어린이의 질병 발생률을 증가시키고 성장 속도를 늦춘다. 심각한 아연 결핍은 피부 자극 · 설사 · 성적 성숙의 지연을 야기한다.

아연 독성은 드물기는 하지만 보충제의 과다 섭취 시에는 높은 수준에 도달할 수 있다. 증상으로는 면역기능 감퇴, HDL 농도 감소, 구리 상태 손상 등을 들 수 있으며, 구역질 · 구토 · 식욕감퇴도 보고되었다.

아연 영양섭취기준
Recommended Intake for Zinc

성인 남자(20~29세)의 권장량은 10 mg이고 성인 여자의 권장량은 8 mg이며, 상한 섭취량은 35 mg이다.

장성말단 피부염
acrodermatitis enteropathica
유전적 결함으로 식이 아연 흡수가 감소됨.

아연 손 zinc finger
아연을 함유하는 삼차원 구조의 단백질로 유전자 발현을 조절한다.

그림 12.13 아연 손

아연 손으로 불리는 특별한 아연 함유 단백질이 유전자 발현과 이로 이한 단백질 합성을 조절한다.

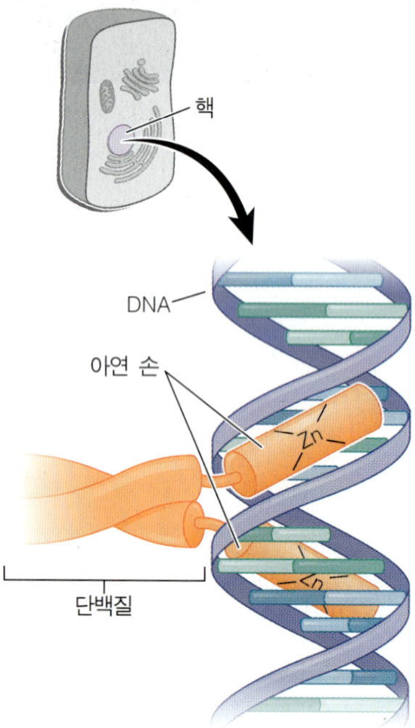

필수개념 Essential Concepts

아연은 갑각류 · 육류 · 콩류 · 초콜릿에 함유되어 있으며, 많은 인자들이 흡수에 영향을 준다. 피테이트는 흡수를 감소시키는데, 동물성 급원이 식물성보다 더 유용하다. 장성말단피부염은 아연 흡수가 감소되는 유전적 결함으로 장세포로 아연을 전달하는 단백질이 불량하게 만들어져서 발생한다.

아연은 RNA 합성 효소의 보조인자이고, 유전자 발현을 조절하는 아연 손(zinc finger)의 필수 성분이다. 세포 성숙과 면역에도 중요하다. 아연 결핍은 식욕 감소, 성장 지연, 피부 자극, 설사, 성적 성숙의 지연, 불임 등을 야기한다. 아연 독성은 면역 기능, 지질 대사, 식욕에 영향을 준다.

불소
fluoride

불소(F^-)는 필수영양소가 아니므로, 성장이나 생식 또는 신체 기능의 유지를 위해서 필요하지는 않다. 그러나 오랫동안 식이 불소가 뼈와 치아를 튼튼하게 한다고 인식되어 왔다. 불소(fluoride)의 비이온 형태는 fluorine인데, 이는 유독 가스이다.

불소 fluoride(F^-)
뼈와 이를 튼튼하게 하는 비필수 미량 무기질

불소의 식품 급원, 생체이용률, 조절
Dietary Sources, Bioavailability, and Regulation of Fluoride

불소가 많이 함유된 식품은 거의 없고, 감자 · 차 · 콩류, 뼈째 먹는 생선에 약간 들어 있다. 또한 불소함유 치약을 먹으면 체내에 흡수되며, 식품에 거의 들어 있지 않기 때문에 식수에 많이 첨가하고 있다.

미국치과의사협회는 물에 1~2ppm 정도 첨가할 것을 권장하고 있다. 생수는 보통 불소를 함유하지 않았으므로 좋은 공급원이 아니다.

섭취한 불소는 거의 다 소장에서 흡수되어 혈액을 타고 간으로 간 후에 뼈와 치아에 능동적으로 운반되며, 혈액에 남아 있는 불소는 소변으로 배설된다.

불소의 기능
Functions of Fluoride

불소는 뼈와 치아 건강에 여러모로 영향을 준다.

첫째, 불소는 골격의 기본 무기질 기질(matrix)에 들어가서 골격을 강화시킨다. 불소를 함유한 뼈와 치아는 더 튼튼해서 특히 박테리아의 공격이나 충치에 강하다. 불소를 섭취하면 조골세포의 성숙을 자극하는 것으로 보인다.

둘째, 불소 함유 치약을 사용하면, 불소가 직접 충치유발 박테리아에 작용해 산의 생성을 감소시킨다. 박테리아에 의해 생성된 산이 주로 충치의 원인이 되므로 산 발생을 막으면 충치가 감소한다.

불소 결핍, 독성, 영양섭취기준
Fluoride Deficiency, Toxicity, and Recommended Intake

불소는 치아와 뼈 건강에 주는 영향을 제외하면 따로 알려진 기능이 없다. 따라서 특별한 결핍 증상도 알려져 있지 않다. 그러나 불소 독성은 잘 알려져 있는데, 위장 장애, 타액의 과다분비, 눈물 고인 눈, 심장 문제와 심한 경우에는 혼수상태 등을 보인다.

과량의 불소 섭취는 **치아불소침착증**이라고 불리는 치아 함몰과 얼룩반점(탈색화), 그리고 **골격불소침착증**이라 불리는 골격의 약화를 가져올 수 있다.

불소 독성은 매일 많은 양의 치약을 삼킬 수 있는 유아에게서 문제가 될 수 있다. 따라서 부모는 이 닦는 습관을 조심스럽게 관찰해야 한다. 불소의 충분섭취량(20~29세)은 성인 남자의 경우 3.5 mg이고, 성인 여자는 3.0 mg이며, 상한섭취량은 10 mg이다.

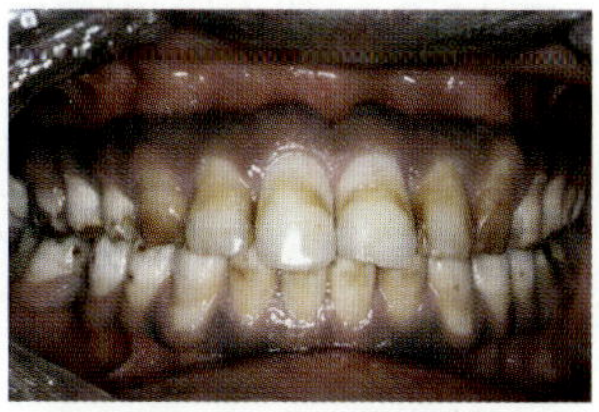

불소 독성은 치아를 탈색시킨다–치아불소침착증이라고 부른다.

필수개념 *Essential Concepts*

불소는 필수영양소가 아니다. 그러나 불소를 섭취하면 충치가 감소되고 뼈가 강해진다. 불소는 식품에서 많이 발견되지 않고 주로 식수로 섭취한다. 불소는 뼈를 강하게 하고 조골세포를 자극한다.

불소치약은 입속 박테리아가 산을 산출하는 것을 감소시켜서 충치를 감소시킨다. 불소 독성은 치아가 탈색되는 치아불소침착증(dental fluorosis)과 뼈가 약해지는 골격불소침착증(skeletal fluorosis)을 유발한다.

다른 미량 무기질
Other Trace Minerals

다른 무기질들도 건강에 영향을 줄 수 있는데, 니켈 · 알루미늄 · 규소(silicon) · 바나디움, 비소 · 붕소(boron) 등을 들 수 있다. 이들 무기질이 필수영양소인지는 더 연구가 필요하며, 현재까지 대부분의 연구는 사람이 아닌 동물실험에 근거를 두고 있다.

- 니켈(Ni)은 단백질과 지질 대사, 환원 반응, 유전자 조절에 관여하는 것으로 짐작된다. 골격 성숙 시에 칼슘 대사에 영향을 주는 것으로도 알려져 있는데 주로 콩류, 견과류, 초콜릿에 들어 있다.

- 알루미늄(Al)은 생식, 골격 형성, DNA 합성, 행동에 중요한 작용을 하는 것으로 알려져 있다. 주로 제과, 곡류, 채소, 차, 제산제에서 발견된다.

- 규소(Si)는 동물실험의 골격성장에 중요하다. 전곡에 함유되어 있고 때로 식품첨가제로 사용된다.

치아불소침착증 dental fluorosis
지나친 불소 섭취로 인한 치아 탈색과 함몰

골격불소침착증 skeletal fluorosis
지나친 불소 섭취로 인한 뼈의 약화

표 12.2 필수 미량무기질의 일반 특성

	무기질							
	철	구리	요오드	셀레늄	크롬	망간	몰리브덴	아연
기능								
보조인자(금속효소)	X	X		X		X	X	X
유전자 전사의 조절								X
면역기능				X				X
항산화(환원) 기능	X	X		X		X	X	X
뼈/치아 건강						X		
혈액 건강	X							
에너지 대사[a]	X	X	X	X	X	X		

[a] 이 무기질들은 자체로는 에너지를 내지 않지만 다른 기전을 통해 에너지 대사에 참여한다.

- 바나듐(V)은 몇몇 동물실험과 세포 배양에서 인슐린처럼 작용한다. 또한 세포 성장과 분화와 갑상선 호르몬 대사에 영향을 준다고 알려져 있다. 주로 버섯, 갑각류, 후추에 들어 있다.
- 비소(As)는 여러 효소의 보조인자로서 DNA 합성에 필요한 무기질로 알려져 있다. 해산물과 전곡에 들어 있다.
- 붕소(B)는 동물실험의 생식에 필요하며, 결핍 시에 심각한 태아 기형이 야기된다. 붕소는 과일, 잎채소, 콩류, 견과류에 들어 있다.

표 12.3 필수 미량무기질의 주된 식품급원

	식품급원									
	곡류[a]	채소	과일	유제품	육류	내장육	해산물	견과류, 씨	콩류	버섯
미량 무기질										
철	X[b]	X			X	X	X	X	X	X
구리	X					X	X	X	X	X
요오드				X			X[c]			
셀레늄	X[c]				X	X	X	X		
크롬	X[c]	X	X							
망간	X	X	X					X	X	
몰리브덴	X[c]							X	X	
아연	X			X	X	X	X		X	

[a] 전곡류가 도정된 제품보다 미량 무기질을 많이 포함
[b] 특히 강화된 시리얼 제품
[c] 토양과 물의 무기질 농도에 크게 좌우

필수개념 Essential Concepts

필수 미량 무기질 외에 다른 많은 무기질들이 건강에 영향을 주는데, 니켈 · 알루미늄 · 규소 · 바나듐 · 비소 · 붕소를 들 수 있다. 이들이 인체 건강에 중요한 역할을 하는지는 아직 잘 모르지만, 다른 동물들의 건강에는 영향을 준다는 증거들이 있다.

이들 무기질들이 인체에 꼭 필요한지 또는 불소처럼 필수영양소는 아니지만 중요한 역할을 하는지는 더 많은 연구가 필요하다.

기능요약과 급원 식품

Integration of Functions and Food Sources

미량 무기질의 기능은 다양하다. 수백 가지 금속효소의 보조인자로 참여하는 것 외에도 유전자 발현과 에너지 대사 조절, 산화환원 시스템, 혈액 건강, 면역 기능, 뼈 건강 등에 중요하다(**표 12.2**). 따라서 비록 적은 양이지만 규칙적으로 이들 무기질의 충분한 섭취가 필요하다.

비타민처럼 어떤 하나의 식품군이 모든 미량 무기질을 공급할 수는 없다. 따라서 다양한 식품으로 구성된 균형 잡힌 식사를 하는 것이 필요하다(**표 12.3**).

연습 문제 Review Questions

1. 다음 중에서 철 결핍 때에 예상되는 것은?
   a. 증가된 철 수송 단백질 산출과 감소된 페리틴 합성
   b. 감소된 철 수송 단백질 산출과 감소된 페리틴 합성
   c. 증가된 헤마토크릿
   d. 증가된 트랜스페린 포화도

2. 비타민 C는 비헴철의 생체이용률을 다음 중 무엇에 의해서 증가시키는가?
   a. 페리틴을 장세포에 붙여서
   b. 소장 소화 효소의 활성을 증가시켜서
   c. 산화철(Fe^{3+})을 환원철(Fe^{2+})으로 환원시켜서
   d. 소장에서 철이 킬레이트에 붙는 것을 도와서

3. 셀룰로플라즈민은 __________을(를) 혈액으로 전달한다.
   a. 코발트　　b. 구리
   c. 셀레늄　　d. 몰리브덴

4. 갑상선 자극 호르몬은 다음 중 어떤 일을 하는가?
   a. 갑상선에 의한 요오드 유입
   b. 소변으로의 요오드 배설
   c. 소장에서의 요오드의 증가된 흡수
   d. 갑상선에서 혈액으로 요오드 방출

5. 다음 중 글루타티온 과산화 효소(glutathione peroxidase)가 요구하는 미량 무기질은?
   a. 망간　　b. 철
   c. 불소　　d. 셀레늄

6. 불소는 필수영양소로 고려되지 않는다, 그 이유는?
   a. 신체가 아무 과정에도 불소를 사용하지 않기 때문이다.
   b. ATP 산출에 중요하지 않기 때문이다.
   c. 성장, 생식, 기본 신체기능을 위해 필요하지 않기 때문이다.
   d. 식품이나 물로 불소를 섭취하지 않기 때문이다.

7. 호르몬 __________은 적절한 기능을 위해 크롬이 필요하다.
   a. 가스트린(gastrin)
   b. 인슐린
   c. 갑상선 호르몬
   d. 글루카곤

8. 체내 망간의 조절은 __________(으)로의 손실을 통해 이루어진다.
   a. 소변　　b. 혈액
   c. 땀　　d. 변

9. 다음 중 장성말단피부염을 바르게 설명한 것은?
   a. 식사의 아연 섭취부족에 의한 1차 아연 결핍
   b. 아연 배설을 억제하는 유전질환
   c. 아연 독성의 결과를 가져오는 유전질환
   d. 부적절한 아연 흡수를 야기하는 유전질환

10. 다음 중 미량 무기질이 주로 발견되는 식품군은?
    a. 곡류와 시리얼　　b. 육류
    c. 견과류와 씨　　d. 위의 것 모두

11. 식품의 무기질 양은 크게 변한다. 예로, 미국의 어떤 지역에서 산출된 밀은 셀레늄 농도가 높지만, 다른 지역에서 산출된 밀은 농도가 낮다. 그 이유는 무엇인가?

12. 채식주의자들이 충분히 섭취하지 못할 가능성이 있는 미량 무기질들이 있는가? 만약에 있다면, 어떤 식품을 더 섭취해야 하는가?

13. 크레틴병과 갑상선종을 가진 사람을 구분하는 방법은 무엇인가? 왜 영아들은 갑상선종을 가지고 태어나지 않는가?

실천 문제 Practice Calculations

1. 식품성분표를 이용해서 점심식사의 철 함유량을 계산하라. 점심식사에서 여러분의 철권장량의 몇 %를 섭취하였는가?

   철 섭취량을 증가시키려면 어떤 식품을 첨가·대체해야 하는가?

2. 영양섭취기준의 식품군별 1일 권장섭취 횟수를 이용해서 여러분에게 권장되는 고기, 생선, 계란, 콩류와 우유 및 유제품 횟수를 결정하라.

   이 권장량을 만족시킬 식단의 예를 작성하고, 이 식품을 섭취하면 얼마만큼의 마그네슘 섭취에 해당될지, 그 양을 계산하라.

Chapter 13

The Major Minerals and Water

다량 무기질과 물

Chapter 13

- 다량 무기질
- 칼슘
- 인
- 마그네슘
- 나트륨과 염소
- 소금은 정말 해로운가?
- 칼륨
- 물 : 생명체의 본질적 구성요소
- 스포츠 음료 : 물보다 좋은가?
- 여러 기능들의 통합과 급원 식품

다량 무기질은 미량 무기질처럼 신체에서 구조적 역할과 기능적 역할을 한다. 무기질은 보조인자로써 작용하고 유전자 발현을 조절하며, 뼈와 치아의 형성에 관계되어 있다. 또한 신체 모든 생리적 시스템에 영향을 주며, 몇몇 무기질은 체액의 균형을 조절한다.

모든 무기질은 이러한 다양한 역할을 하고 있기 때문에, 각각의 무기질이 건강에 얼마만큼 필수적인지를 간단히 요약하여 규정하기는 어렵다.

이 장에서는 다량 무기질의 급원 식품 · 조절 · 기능 · 결핍 · 독성 · 필요량 등을 알아본다. 또한, 물의 중요성에 대해서도 알아본다.

다량 무기질

하루 100mg 이상의 양을 필요로 하는 무기질을 다량 무기질이라고 하는데, 우리 신체는 칼슘(calcium) · 인(phosphorus) · 마그네슘(magnesium) · 나트륨(sodium) · 염소(chloride) · 칼륨(potassium)의 6가지 다량 무기질을 필요로 한다. 다량 무기질의 급원 식품, 조절, 기능, 독성에 대한 일반적 특성은 **표 13-1**에 요약되어 있다.

다량 무기질의 급원 식품, 생체이용률 및 조절
Sources, Bioavailability, and Regulation of Major Minerals

다량 무기질은 대부분 해산물 · 고기 · 유제품에 포함되어 있으며, 비록 적은 양이지만 채소 · 과일 · 콩류도 좋은 급원 식품이다. 몇몇 다량 무기질은 흡수가 조절되지 않는 반면에, 다른 다량 무기질의 생체이용률(bioavailability)은 유전적 특징 · 영양상태 · 음식물 내의 다른 화합물들과의 상호작용에 영향을 받는다. 어떤 다량 무기질의 흡수는 나이에 따라 감소한다.

다량 무기질 흡수의 주요 기관은 소장이다. 각각의 다량 무기질이 체내에 존재하는 양은 소장 혹은 신장에 의해 조절된다. 칼슘이 부족할 때 칼슘 흡수를 증가시키기 위하여 소장에서 칼슘 흡수를 조절한다.

나트륨의 양이 많을 때에는 신장에 의해 순환 수준이 조절되어 소변으로 배설된다. 대부분의 다량 무기질은 유전병과 보충제나 의약품 형태로 많은 양을 섭취한 경우 등을 제외하고는 독성이 드물다.

표 13.1 다량 무기질의 일반적인 특성

급원 식품	• 해산물 · 육류 · 유제품은 가장 좋은 급원이다. • 채소와 콩류도 좋은 급원 식품이다. • 도정된 곡류보다 도정하지 않은 곡류가 더 좋은 급원이다.
소 화	• 거의 필요하지 않음.
흡 수	• 대개 소장에서 일어나지만, 때때로 대장에서 일어나기도 한다. • 생체이용률은 때때로 영양 상태와 다른 식이 요소와의 상호 작용에 영향받는다.
순 환	• 혈액을 통해 순환
기 능	• 주로 효소의 보조인자로 기능하며, 일부는 에너지 대사에 포함된다. • 일부는 뼈와 치아를 유지하는 것과 같은 구조적 역할을 한다. • 신경 기능과 근육 기능에 관련되어 있다. • 전해질은 체액 균형에 관련되어 있다.
독 성	• 독성 거의 없음. • 과도한 보충제 섭취나 약물 복용으로 독성 발생

다량 무기질의 일반적인 기능
General Functions of Major Minerals

다량 무기질은 신체에서 많은 구조적 역할과 기능적 역할을 한다. 칼슘과 인은 뼈와 치아의 구조에 매우 중요한 반면, 다른 무기질들은 보조인자(cofactor)로써 화학반응에 관여한다. 또한 다량 무기질은 에너지 대사, 신경기능, 근육 수축 등에 필요하다.

필수개념 *Essential Concepts*

다량 무기질은 골격계의 구조를 유지하고 신체에서의 많은 기능적 역할을 하는 중요한 필수영양소이다. 예를 들면, 효소를 위한 보조인자로써의 활동, 에너지 대사뿐만 아니라 신경과 근육 기능도 포함한다.

신체는 장에 의한 흡수와 신장에 의한 배설의 조절에 의해 다량 무기질의 농도를 유지한다. 동물성 식품은 다량 무기질의 좋은 공급원이며, 비록 적은 양이지만 특정 과일 · 채소 · 콩류의 섭취를 통해 다량 무기질을 공급받을 수 있다.

칼슘 Calcium

칼슘은 신체에서 가장 풍부한 무기질로, 체중의 약 1 kg을 구성한다. 신체 칼슘의 99% 이상이 골격을 구성하지만, 혈액과 다른 기관에도 존재하며 생명 유지에 매우 중요한 일을 한다.

급원 식품과 생체이용률
Dietary Sources and Bioavailability

칼슘은 식물과 동물성 식품 모두에서 공급받을 수 있으며, 가장 좋은 급원 식품은 유제품이다(**그림 13.1**). 칼슘의 다른 급원 식품은 콜라드(케일의 일종)나 시금치와 같은 짙은 녹색 잎 채소, 연어와 정어리(뼈째 있는), 일부 콩류이다.

또한 시리얼, 오렌지 주스, 콩제품과 같은 칼슘 강화식품은 상당량의 칼슘을 제공한다. 모든 칼슘 보충제는 일반적으로 인체에서 잘 이용되는데, 특히 한 번에 500 mg 정도를 섭취할 때에 가장 잘 흡수된다.

많은 요인들이 칼슘의 생체이용률에 영향을 미칠 수 있다. 예를 들어, 칼슘 흡수는 장에서 옥살산염과 피테이트 등에 의하여 방해받을 수 있다. 옥살산염은 코코아, 차, 채소, 깍지강낭콩, 작은 양배추, 콜라드, 시금치 등에 함유되어 있다. 피테이트는 도정하지 않은 곡물, 날콩, 땅콩 등에서 발견된다.

시금치 같은 식품에 칼슘이 많이 함유되어 있긴 하지만, 옥살산염과 피테이트 때문에 많은 양의 칼슘이 흡수될 수 없다. 우유 한 컵의 칼슘과 같은 양의 칼슘을 시금치에서 흡수하기 위해서는 8컵 분량의 시금치를 섭취하여야 한다.

나이와 같은 비식이 요인 또한 칼슘의 생체이용률에 영향을 줄 수 있는데, 50세 이상이 되면 칼슘 흡수가 감소하는 경향이 있다.

칼슘 calcium
골격에 함유되어 있으며 혈액응고 · 근육과 신경 기능 · 에너지 대사에 필요한 다량 무기질이다.

그림 13.1 칼슘 급원 식품

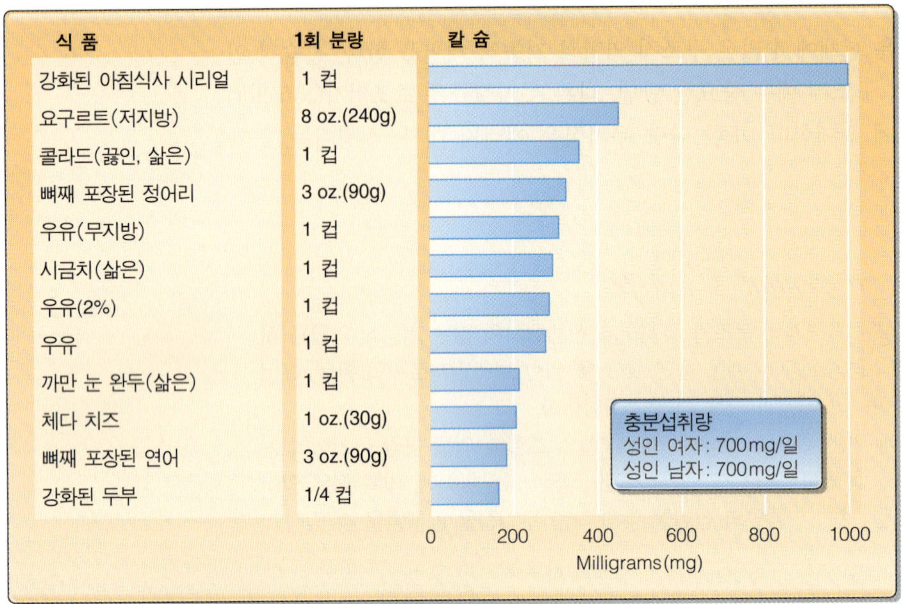

1 oz.는 약 30g임.

자료: Data from USDA Nutrient Database, Release 17

한 잔의 우유에 함유된 칼슘과 같은 양의 칼슘을 얻으려면 약 8컵의 시금치를 섭취해야 한다.

칼슘의 항상성 조절
Regulation of Calcium Homeostasis

혈중 칼슘농도는 엄격히 조절되며, 이것을 조절하는 항상성 기전(mechanisms)은 다소 복잡하다. 칼슘의 항상성은 칼시트리올(비타민 D), 부갑상선 호르몬(parathyroid hormone ; PTH), **칼시토닌**의 세 가지 호르몬을 포함하는 잘 조직화된 시스템이 필요하다.

이 호르몬들은 함께 작용하여 혈중 칼슘농도를 적정 범위 내로 유지시킨다. 이러한 호르몬의 관계는 **그림 13.2**에 설명되어 있다.

혈중 칼슘농도 저하에 대한 반응
Responses to Low Blood Calcium

혈중 칼슘의 농도가 낮을 때에 부갑상선은 부갑상선 호르몬을 방출한다. 부갑상선 호르몬은 신장에서 비활성 형태의 비타민 D를 활성 형태 비타민 D인 칼시트리올[25(OH) $D_3 \rightarrow$ 1,25 $(OH)_2D_3$]로 전환시킨다.

칼슘 흡수는 여러 가지 비타민 D 의존적인 칼슘 수송 단백질의 도움을 필요로 하는데, 이 중 하나는 장세포로 칼슘을 운반하는 **칼빈딘**이다. 부갑상선 호르몬과 비타민 D는 소변에 있는 칼슘의 손실을 줄이기 위해 신장에서 칼슘의 재흡수를 증가시킨다.

또한 부갑상선 호르몬은 혈중 칼슘농도가 저하되었을 때에 뼈를 분해하여 혈액으로의 칼슘 재흡수를 촉진시킨다.

칼시토닌 calcitonin
혈중 칼슘농도가 높을 때에 반응하여 갑상선에서 생산되는 호르몬

칼빈딘 calbindin
칼슘 수송 단백질로 장세포에서 만들어지며, 합성은 비타민 D에 의해 조절된다.

그림 13.2 혈액에서의 칼슘농도 조절

혈중 칼슘농도는 부갑상선 호르몬(PTH), 칼시트리올(비타민 D), 칼시토닌 3가지 호르몬에 의해 조절된다.

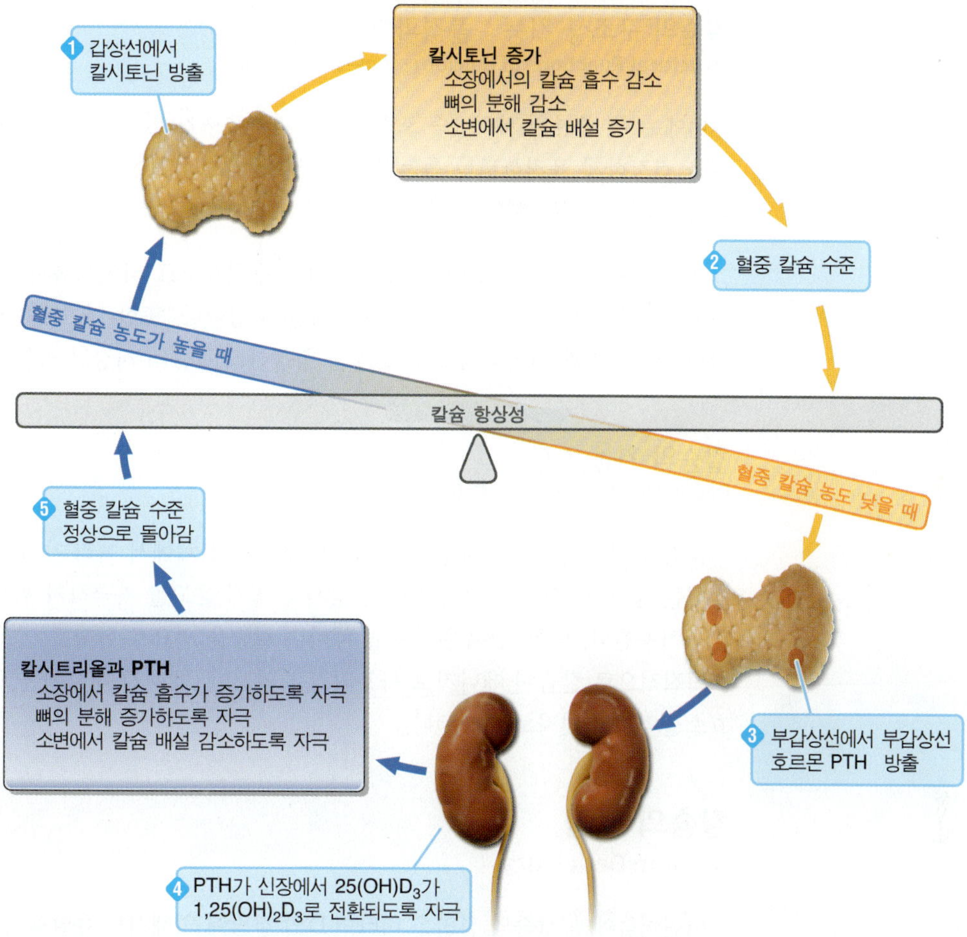

종합적으로 소장에서 칼슘흡수가 증가되고 신장과 뼈에서 칼슘이 재흡수되어 혈액 내 칼슘농도가 높아진다.

혈중 칼슘농도 상승에 대한 반응
Responses to High Blood Calcium

혈중 칼슘농도가 높을 때, 부갑상선에서의 부갑상선 호르몬 생성이 줄어서 신장에서는 비타민 D의 활성화가 감소된다. 비타민 D 활성화의 감소로 소장에서는 칼슘의 흡수가 줄어들고, 혈중 칼슘이 동일 증가에 따른 반응으로 분비한다.

갑상선에서 칼시토닌이라는 호르몬을 분비하면 칼시토닌은 뼈로부터 혈액으로의 칼슘 재흡수를 감소시키고 소장에서 칼슘의 흡수를 감소시키는 반면, 소변에서의 칼슘 손실을 증가시킨다. 이러한 과정을 통해 혈액 내 칼슘의 농도가 낮아져서 정상 상태로 돌아간다.

칼슘의 기능
Functions of Calcium

칼슘의 구조상 기능 : 골격과 치아
Structural Functions of Calcium : Bones and Teeth

뼈에는 두 종류의 세포, 즉 **조골세포**와 **파골세포**가 있다. 이 두 세포들은 골격을 건강하게 유지하도록 돕는다. 조골세포는 뼈의 형성에 관련되어 있으며, 파골세포는 오래된 뼈의 분해를 촉진한다.

체내 칼슘의 99% 이상이 골격과 치아의 구성요소로 **하이드록시아파타이트**라고 불리는 커다란 크리스탈 같은 분자를 구성한다. 또한 마그네슘과 불소와 결합하여 골격과 치아의 구조적 모형을 형성하고 칼슘의 저장고 역할을 한다.

칼슘의 기능 조절
Regulatory Functions of Calcium

골격과 치아에 관련되지 않은 1%의 칼슘 역시 신체에서 여러 가지 활동을 조절하는 중요한 역할을 한다. 칼슘은 상처의 혈액 응고를 자극하기 위해 비타민 K와 작용한다. 또한, 근육은 수축할 때마다 칼슘을 필요로 한다.

직접적으로 칼슘이 에너지로 사용되지는 않지만, 에너지 대사에 필요한 여러 효소들의 보조인자로 사용된다.

칼슘의 결핍
Calcium Deficiency

어린이들에게 칼슘의 결핍은 비타민 D의 결핍에 의해서도 유발될 수 있는 질병인 구루병을 발생시킨다. 성인의 칼슘 결핍은 골질량을 감소시켜서 **골감소증**을 야기시킬 수 있다.

노인의 칼슘 결핍은 뼈에서 혈액으로 칼슘이 빠져나옴으로써, 그 결과로 골다공증 상태가 될 수 있다. 골다공증은 노인에게 골절의 위험을 증가시킨다. 정상적인 뼈와 골다공증이 있는 뼈는 **그림 13.3**에서 볼 수 있다.

칼슘의 결핍은 다른 조직에 영향을 준다. 근육의 수축과 신경 기능에서 중요한 칼슘의 역할 때문에 혈중 칼슘농도가 낮으면 근육통, 근육 경련, 손과 발의 욱신거림 등을 발생시킬 수 있다.

더욱 심각한 칼슘의 결핍은 근육이 단단해지고 이완될 수 없게 되는 것으로, 이러한 상태를 '근강직성 경련'이라고 한다.

하지만 일반적으로 근강직성경련은 불충분한 칼슘 식이에 의해서만 발생되는 것이 아니라, 질병과 약물 같은 요소가 결합되어 발생된다.

조골세포 osteoblast
뼈의 형성을 증진시키는 뼈세포(골세포)

파골세포 osteoclast
뼈의 분해를 증진시키는 뼈세포(골세포)

하이드록시아파타이트
hydroxyapatite [$Ca_{10}(PO_4)_6(OH)_2$]
뼈와 치아의 무기질 주형(또는 기질, 모체)

골감소증 osteopenia
뼈의 탈무기질화가 일어난 골감소증

근강직성 경련 tetany
근육이 경직되어 이완될 수 없는 상태

그림 13.3 정상 뼈와 골다공증의 뼈

성인의 칼슘 결핍은 뼈를 약화시켜서 결국에는 골다공증이 될 수 있다.

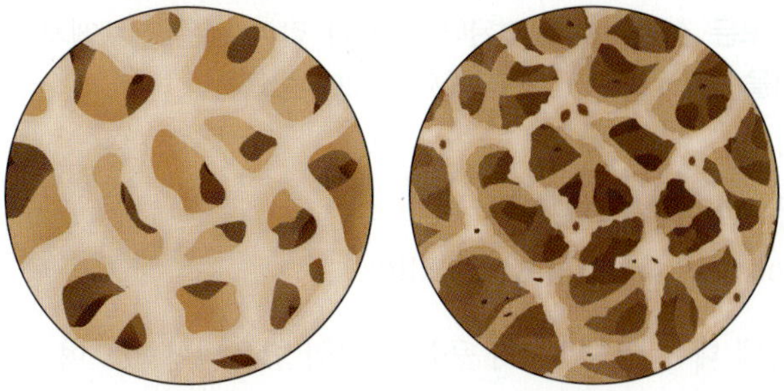

칼슘의 독성
Calcium Toxicity

지나친 칼슘의 섭취는 근육, 심장과 같은 연조직에 칼슘이 뼈에 침착되는 것을 야기할 수 있다. 과다한 칼슘의 섭취는 신장 기능을 손상시킬 수 있으며, 철과 아연 같은 다른 영양소의 생체이용률을 방해할 수 있다.

과다한 칼슘 섭취는 식품의 섭취로 발생될 수 있지만, 칼슘 보충제를 많이 섭취하거나 특정 질병이 걸렸을 경우에도 발생될 수 있다.

칼슘 영양섭취기준
Recommended Intakes for Calcium

현재 칼슘의 권장섭취량을 설정하기 위한 데이터가 부족하다. 한국인 성인의 충분섭취량(Adequate Intake ; AI)은 700 mg/일로 설정되었다.

나이가 많아짐에 따라 칼슘의 흡수가 감소하는 경향이 있으므로, 51세 이상의 충분섭취량은 1,200 mg/일로 증가시켜서 설정되었다. 칼슘의 독성 위험을 감소시키기 위한 상한섭취량은 2,500 mg/일로 설정되었다.

필수개념 *Essential Concepts*

칼슘은 신체에서 중요한 구조적 · 기능적 역할을 한다. 칼슘은 하이드록시아파타이트의 구성요소로써 뼈와 치아의 구조에 중요하다. 또한, 칼슘은 혈액 응고, 신경과 근육의 기능, 물질대사에 필요하다.

혈중 칼슘농도는 대개 소장과 뼈의 정도에 따라 세밀하게 조절되는데, 부갑상선 호르몬, 비타민 D, 칼시토닌 등이 관여된다. 어린이들의 칼슘 결핍은 뼈를 약화시켜서 구루병을 일으킬 수 있다. 성인의 칼슘 결핍은 골감소증과 골다공증을 일으킬 수 있다.

칼슘의 과량 섭취는 근육과 신장과 같은 연조직의 무기질 침착을 일으킬 수 있다. 식품과 동물성 식품 모두 칼슘을 제공하지만, 유제품이 가장 많은 칼슘을 공급한다.

인 Phosphorus

인은 세포막(동물)과 세포벽(식물)을 구성하는 인지질 이중층의 구성성분이므로 일반적으로 모든 식품에서 발견된다. 칼슘과 같이 인은 신체에서 구조적 역할과 기능적 역할을 한다. 또한 인은 에너지 대사에 중요하다.

급원 식품과 생체이용률
Dietary Sources and Bioavailability

인은 식품에 다른 영양소보다 풍부한 양이 함유되어 있으며, 특히 단백질이 풍부한 음식에 많이 함유되어 있다. 가장 좋은 급원은 유제품, 고기(가금류 포함), 해산물, 견과류, 씨 등이다. 씨와 곡물에는 피테이트가 있기 때문에 동물성 식품보다 인의 흡수가 더 어렵지만, 인의 생체이용률은 높다.

또한 인은 가공 식품과 청량음료에 함유되어 있는데, 주로 수분 보유, 부드러움, 맛의 향상을 위해 식품에 첨가한다. 일반적으로 콜라 음료(330 ml)에 약 50 mg의 인이 포함되어 있다.

신체에서 인의 물질대사와 조절
Metabolism and Regulation of Phosphorus in the Body

인은 비타민 D의 의존적인 능동수송과 단순 확산에 의해 소장에서 흡수된다. 칼슘과 같이 인의 혈중 농도는 주로 칼시트리올(비타민 D), 부갑상선 호르몬, 칼시토닌 등에 의해 조절된다. 혈액에서 인의 농도가 낮을 때에는 칼시트리올과 부갑상선 호르몬이 함께 소장에서 인의 흡수를 증가시키고, 뼈로부터 인의 재흡수를 증가시킨다. 이러한 작용은 혈중 인의 농도를 정상적으로 회복시킨다.

혈액에 인의 농도가 높을 때에 칼시토닌은 조골세포를 활성화하여서 뼈 형성을 자극함으로써 혈중 인 농도를 낮추어서 정상 수준으로 바로잡는다.

인의 기능
Functions of Phosphorus

세포막은 두 겹의 인지질로부터 형성된다. 그러므로 신체에서 인의 주된 역할은 세포막의 구성요소로써 작용하는 것이다. 또한 인지질은 지단백질(lipoproteins)을 둘러싸고, 신체에서 지질 수송에 중요한 역할을 한다.

인은 유전물질(DNA)과 ATP의 구성요소이고, 단백질 합성과 에너지 대사에 필요하다. 게다가 인을 함유한 화합물은 수소이온(H^+)을 받아들이고 제공하는 완충제로 활동함으로써 혈액의 산-염기 균형 유지를 돕는다.

또한, 인은 신체에서 수백 가지 대사반응에 관련되어 있다. 인은 칼슘과 함께 뼈와 치아의 구성성분인 하이드록시아파타이트(hydroxyapatite)를 생성하는 데 사용된다. 이렇게 인은 신체에서 구조상 중요한 기능을 한다.

인 phosphorus (P)
세포막, 뼈와 치아의 구조, DNA, RNA, ATP, 지방 수송, 인산화 반응(phosphorylation)을 요구하는 신체의 다양한 반응에 필요한 다량 무기질

인의 결핍, 독성, 영양섭취기준
Phosphorus Deficiency, Toxicity, and Recommended Intakes

인의 결핍은 식욕부진, 빈혈증, 근육 약화, 뼈 발달의 지연을 일으키며 극단적인 경우에는 죽음을 초래한다. 인은 많은 음식에 함유되어 있고 일반적인 식품 첨가물이기 때문에 인의 결핍은 드물다.

그러나 인은 독성이 나타나기도 하는데 연조직, 특히 신장의 무기질 침착(mineralization)을 일으킨다. 한국 성인의 인 권장섭취량(RI)은 700 mg/일이다. 잠재적인 독성의 영향 때문에 인의 상한섭취량은 3,500 mg/일로 설정하였다.

필수개념 *Essential Concepts*

인은 세포막과 지단백질을 구성하는 인지질의 구성요소이다. 또한 뼈 · DNA · RNA · ATP에 함유되어 있고, 다양한 효소를 활성화 혹은 비활성화를 시킬 수 있다. 따라서 인은 신체에서 구조적 역할과 기능적 역할을 한다. 인의 혈중 농도 조절은 소장과 뼈의 부갑상선 호르몬과 비타민 D에 의해 일어난다. 인의 결핍은 거의 드물지만, 결핍 시에는 치명적일 수 있다. 인의 좋은 급원 식품은 유제품, 고기, 해산물, 견과류, 씨 등이다.

마그네슘 Magnesium

마그네슘(Mg)은 에너지 대사와 효소 기능을 포함하여 많은 생리적 작용에 중요하다. 최근 마그네슘은 심장질환과 제2 형 당뇨병 같은 여러 가지 만성 질환과의 연관 가능성 때문에 큰 주목을 받고 있다.

급원 식품과 생체이용률
Dietary Sources and Bioavailability

마그네슘의 좋은 급원 식품은 푸른잎 채소, 해산물, 콩류, 견과류, 유제품, 초콜릿, 도정되지 않은 쌀 등이다. 일반적으로 정제되지 않은 곡류로 만든 식품은 정제된 곡류로 만든 식품보다 더 많은 마그네슘을 포함하고 있다.

마그네슘의 생체이용률은 식품에 따라 변하고, 마그네슘의 흡수는 여러 가지 식이 요인들에 의하여 영향받는다.

신체에서 마그네슘의 대사와 조절
Metabolism and Regulation of Magnesium in the Body

혈액에서 마그네슘의 농도는 장과 신장에 의해 조절된다. 대부분의 무기질처럼 마그네슘의 혈중 농도가 낮을 때는 소장에서의 흡수가 증가되고 신장에서의 재흡수가 증가된다. 혈중 마그네슘의 농도가 높을 때에는 정반대의 작용이 일어난다.

마그네슘 magnesium (Mg)
효소와 ATP를 안정(고정)시키며, 많은 효소의 보조인자로 작용

마그네슘의 기능
Functions of Magnesium

신체에서 대부분의 마그네슘은 뼈의 구조를 제공하는 것과 관련되어 있다. 신체에서 양이온 형태 Mg^{2+}의 다른 역할은 효소를 안정시키고 음이온을 중화시키는 것이다. 마그네슘은 300개 이상의 반응에 참여한다.

특히 에너지 대사 및 DNA와 RNA 대사에 관여한다. 또한 신경과 근육 기능에 영향을 주는데, 특히 심장 조직에 큰 영향을 미친다.

마그네슘의 결핍과 독성
Magnesium Deficiency and Toxicity

마그네슘의 결핍은 거의 드물지만, 때때로 알코올 중독자들의 경우는 불충분한 식사와 영양소 흡수 불량 때문에 나타난다.

심각한 마그네슘 결핍은 비정상적인 신경 기능과 비정상적인 근육 기능을 유발하며, 특히 심장조직에서 두드러진다. 이러한 이유로 가벼운 마그네슘 결핍이 심혈관 질환의 위험을 증가시킬 수 있다는 가능성에 많은 관심을 갖고 있다.

마그네슘의 독성은 '마그네시아(magnesia) 우유' 같은 마그네슘 보충제나 마그네슘을 함유한 약물을 다량 복용하는 사람에게 나타난다. 가슴앓이 · 소화불량 · 설사 · 복통 · 메스꺼움을 초래하며, 심각한 경우 심장의 움직임을 멈추게 할 수 있다. 따라서 마그네슘 보충제의 섭취는 주의 깊게 고려해 보아야 한다.

마그네슘의 영양섭취기준
Recommended Intakes for Magnesium

마그네슘의 영양권장량은 남성 340 mg/day, 여성 280 mg/day이다. 마그네슘의 상한섭취량은 350 mg/day이다. 상한섭취량이 권장섭취량 수준과 비슷하기 때문에 의외일 수 있다. 이것은 상한섭취량이 식품이 아닌 보충제와 약물 형태로부터 마그네슘 섭취량에 적용되기 때문이다.

필수개념 Essential Concepts

마그네슘은 신체에서 여러 가지 조절 작용을 한다. 에너지 대사에 필요하며, 수많은 효소들의 보조인자로 작용하고, 신경기능과 근육기능에 필요하다. 마그네슘 결핍은 거의 드물지만 결핍 시에 비정상적인 신경과 근육기능을 유발하며, 특히 심장 조직에서 두드러진다.

마그네슘 보충물이나 약물로부터 비롯되는 마그네슘의 독성은 장의 질환을 유발하며, 심각한 경우에는 심장마비를 일으킨다. 마그네슘은 해산물, 콩류, 견과류, 초콜릿, 정제되지 않은 곡류에 함유되어 있다.

나트륨과 염소
Sodium and Chloride

나트륨과 **염소**는 식품에 항상 존재하고, 신체에서 비슷한 기능을 한다. 이것은 나트륨과 염소가 '식탁용 소금'으로 더 잘 알려진 나트륨-염소 형태로 이온 결합되어 함께 존재하기 때문이다. 나트륨과 염소는 식품에 함께 존재하며, 주요 역할은 체액균형 조절이다.

급원 식품과 생체이용률
Dietary Sources and Bioavailability

나트륨 급원 식품은 역시 염소의 좋은 급원 식품이다. 식품의 낮은 나트륨 함량은 종종 라벨로 표시된다. 나트륨 섭취가 증가하면 혈압이 높아질 수 있기 때문에 공인되지는 않았지만, "나트륨이 낮은 음식물은 많은 질병과 관련이 있는 고혈압의 위험을 감소시킬 수 있을 것이다."라 하여 기능성이라고 표시하기도 한다.

다음과 같은 용어는 식품 포장에 소금 함량을 표시하기 위해 사용한다.

- 무염(salt free) - 1인분 음식당 5 mg 이하의 나트륨
- 극 저염(very low salt) - 1인분 음식당 35 mg 이하의 나트륨
- 저염(low salt) - 1인분 음식당 140 mg 이하의 나트륨

실제로 많은 음식에 소금이 첨가되고, 이는 미국인이 섭취하는 대부분의 나트륨과 염소를 차지한다. 소금 1작은술에는 나트륨과 염소가 각각 2,000 mg 이상 함유되어 있다. 아시아의 요리에 공통적으로 사용되는 모노소디움 글루탐산(MSG)과 같은 식품 첨가물에도 나트륨이 포함되어 있다.

일반적으로 과일이나 채소와 같은 가공되지 않은 식품은 적은 양의 나트륨과 염소가 포함되어 있지만, 패스트푸드 · 냉동 앙트레(entrees) · 세이보리(savory) 스낵 같이 가공처리를 통해 만들어진 식품은 많은 양의 나트륨과 염소를 포함하고 있다. 다음은 일반적으로 섭취하는 식품의 나트륨 함량이다(나트륨 충분섭취량은 2,300 mg/day).

- 신선한 채소나 냉동 채소 $^{1}/_{2}$컵을 소금 없이 요리함 - 1~70 mg
- 우유 1컵 - 120 mg
- 1개의 패스트푸드 타코 - 802 mg
- 간장 1큰술 - 902 mg
- 햄 85 g - 1,128 mg

나트륨과 염소의 생체이용률은 위장의 감염을 일으킬 수 있는 장의 흡수불량 상태를 제외하고는 일반적으로 매우 높다.

나트륨 sodium (Na)
체액의 균형, 신경 기능, 근육 수축을 조절하는 중요한 다량 무기질

염소 chloride (Cl)
체액 균형, 위에서 HCl로써 단백질 소화, 폐에서 이산화탄소 제거를 조절하는 중요한 다량 무기질

나트륨을 많이 함유한 조미료들

신체에서 나트륨과 염소의 조절
Regulation of Sodium and Chloride in the Body

나트륨과 염소는 대부분 소장에서 효율적으로 흡수된다. 여러 가지 수송기전이 있지만 일반적으로 나트륨이 먼저 흡수되고 나서 염소가 흡수된다. 나트륨이 장세포로 이동되도록 하는 한 가지 메커니즘은 포도당이 나트륨과 함께 수송되도록 하는 것이다. 포도당 없이 나트륨은 흡수될 수 없다.

스포츠 음료는 운동을 하는 동안 체외로 나간 소금을 보충하는 것이 목적이므로 포도당과 소금을 모두 함유하고 있어야 하며, 포도당 없이 나트륨은 흡수되지 않을 것이다. 그러나 현재 시판되고 있는 많은 '스포츠 음료'는 포도당이 아닌 과당 옥수수 시럽으로 만들어진다.

그림 13.4 혈액에서의 나트륨 조절

혈중 나트륨 농도는 신장에서 알도스테론, 앤지오텐신 II, 레닌에 의해 조절한다.

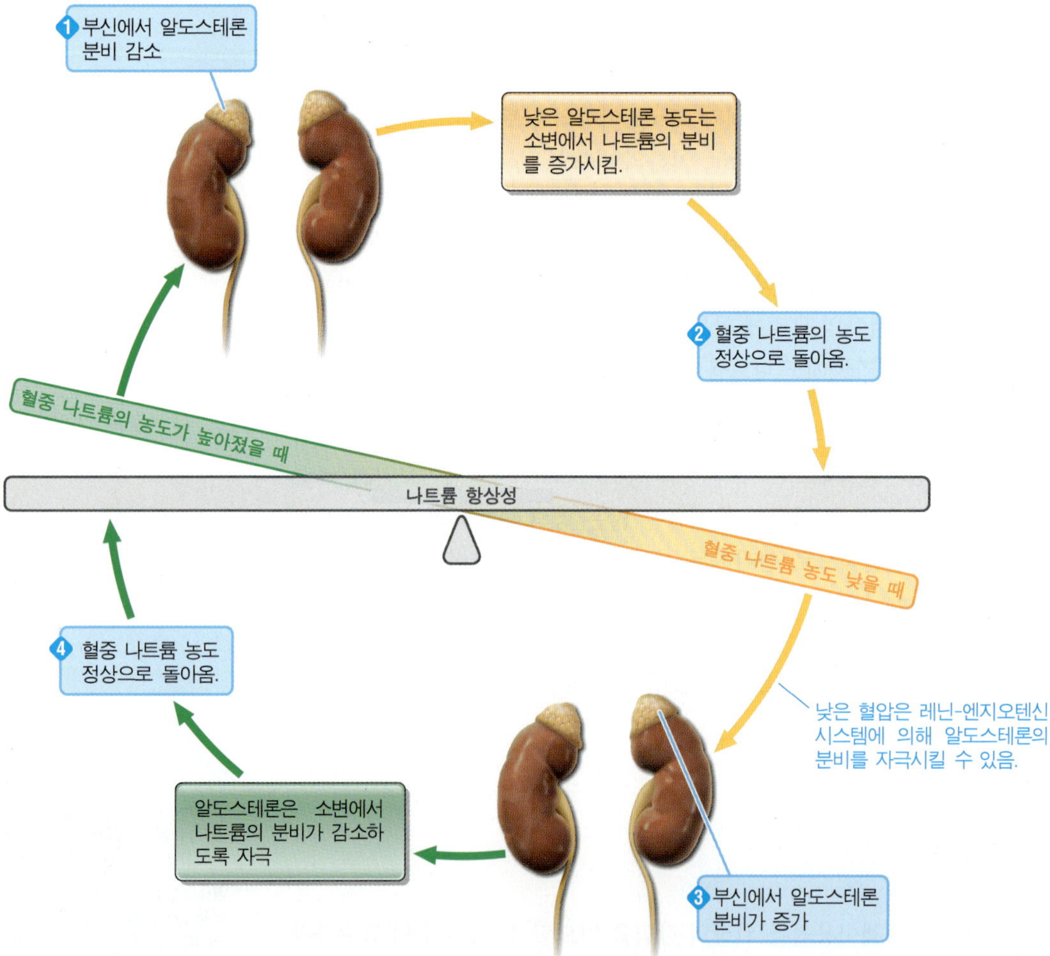

혈액에서의 나트륨 조절
Regulation of Sodium in the Blood

그림 13.4에 나와 있는 것처럼, 나트륨과 염소의 혈중 농도는 조심스럽게 조절된다. 혈중 나트륨 농도가 감소되면, **저나트륨혈증**이라고 부르는 상태로 발전된다. 저나트륨혈증은 소금 섭취가 적거나 땀을 많이 흘려서 몸에서 염화 나트륨을 잃었을 때에 발생될 수 있다.

저나트륨혈증은 부신(adrenal glands)에서 **알도스테론** 호르몬이 분비되도록 한다. 알도스테론은 신장에서 나트륨 재흡수를 증가시켜서 혈중 나트륨 농도를 정상 상태로 회복시킨다. 저혈압도 **레닌**이라는 효소를 생산하기 위해 신장을 자극함으로써 부신으로부터 알도스테론 분비를 증가시킨다.

혈액에서 레닌은 간에서 생성된 **앤지오텐시노젠**을 **앤지오텐신 I**으로 전환시킨다. 그 다음 앤지오텐신 I은 폐에서 **앤지오텐신 II**로 전환된다. 앤지오텐신 II는 알도스테론을 더 분비하도록 부신을 자극한다.

혈액 내 나트륨의 농도가 증가해서 **고나트륨혈증**일 때, 알도스테론과 레닌의 분비는 감소되고 신장에서 소금의 재흡수가 줄어든다. 이와 같은 기전으로 레닌, 앤지오텐신 II, 알도스테론이 함께 혈중 나트륨의 농도를 건강한 수준으로 유지한다. 이것을 레닌-앤지오텐신-알도스테론 시스템(reninangiotensin-aldosterone system)이라고 한다.

나트륨과 염소의 기능
Functions of Sodium and Chloride

혈액에서 가장 풍부한 이온인 나트륨과 염소는 신체의 주요 전해질이다. 물에서 NaCl 분자의 이온 결합이 끊어질 때, 나트륨은 양이온(Na^+)으로 방출되고 염소는 음이온(Cl^-)으로 방출된다. 두 이온 모두 체액 균형에 중요한 역할을 한다.

원래 물은 Na^+나 Cl^-의 농도가 높은 쪽으로 이동하기 때문에, 몸은 물이 더 필요한 곳에 이러한 전해질을 선택적 이동시킴으로써 체액 균형을 유지할 수 있다. 또한 나트륨은 신경 기능과 근육 수축에 중요하다. 염소는 위에서 염산을 생산하는 데 필요하고, 폐에서 이산화탄소를 제거하는 데 필요하다.

나트륨과 염소의 결핍
Sodium and Chloride Deficiencies

나트륨과 염소의 결핍은 거의 드물다. 하지만 영아와 어린 아이들의 설사나 구토 시에 나트륨과 염소의 결핍이 일어날 수 있다. 설사와 구토는 전해질과 동반된 물이 빠르게 손실되도록 하기 때문에 생명에 위협적일 수 있다.

나트륨과 염소의 가벼운 결핍은 특히 마라톤과 같은 지구력을 요하는 스포츠의 운동선수에게서 일어날 수 있다. 전해질 결핍의 증상은, 메스꺼움 · 현기증 · 근육경련이며 심한 경우에는 혼수상태에 이른다.

저나트륨혈증 hyponatremia
혈중 나트륨 농도가 낮음.

알도스테론 aldosterone
혈중 나트륨 농도가 낮고(저나트륨혈증) 앤지오텐신 II와 반응하였을 때에 부신에서 생산되는 호르몬

레닌 renin
혈압이 낮아졌을 때 신장에서 생산되는 효소로 앤지오텐시노겐을 앤지오텐신 I으로 전환한다.

앤지오텐시노겐 angiotensinogen
간에서 만들어지는 비활성화된 단백질로 레닌에 의해 앤지오텐신 I로 전환된다.

앤지오텐신 I angiotensin I
앤지오텐신 II의 전구체.

앤지오텐신 II angiotensin II
폐에서 앤지오텐신 I으로부터 유도된 단백질로 알도스테론이 방출되도록 자극한다.

고나트륨혈증 hypernatremia
혈중 나트륨 농도가 높음.

Focus On 식품 FOOD

소금은 정말 해로운가?

나트륨과 염소는 생명의 기본 기능을 위해 요구되는 필수영양소이다. 그러므로 소금섭취 제한을 권장하는 것에 대해 혼란스러울 수도 있다. 심지어 미국 농무성의 미국인을 위한 식사 지침에서도 소금섭취 제한을 권장한다. 소금의 어떤 점이 건강에 그렇게 나쁜 영향을 미치는 것일까?

나트륨은 직접적으로 혈압과 관련되어 혈액량 유지를 돕는다. 혈액량이 증가했을 때에 혈압도 증가한다. 혈압이 높은 것을 '고혈압'이라고 한다. 장기간 행해진 역학연구는 많은 양의 소금을 섭취한 사람이 소금을 덜 섭취한 사람보다 혈압이 높은 경향이 있다는 것을 보여준다. 또한 고혈압인 사람은 과체중이고 흡연자이기 쉽다. 대략 5,000만 명의 미국인(성인인구의 25%)이 고혈압이다.

고혈압은 심혈관 질환 위험과 관련 있기 때문에, 그 원인을 이해하는 것이 중요하다. 따라서 공중보건협회에서는 우리가 체중 감소, 금연, 소금 섭취 제한 등을 통해 혈압 감소를 위해 노력하도록 권장한다.

그러나, 고혈압인 모든 사람들이 저-소금 식이를 통해 효과를 볼 수 있는 것은 아니다. 사실상, 소금 제한이 소금에 민감한 사람들의 혈압을 낮추기도 하지만, 일부 사람들에게 저-소금 식이는 혈압을 증가시키기도 한다. 소금 섭취에 대한 사람들의 다양한 반응은 유전, 운동, 레닌-앤지오텐신-알도스테론 시스템의 반응 같은 요인들 때문일 것이다.

비록 어떤 사람이 소금에 민감한지를 쉽게 결정할 수 있는 방법이 없을지라도, 확실히 인구 집단 중 어떤 집단은 소금 민감성에 높은 유병력을 갖고 있다. 이런 집단에는 노인, 아프리카계 미국인, 고혈압, 당뇨병, 만성 신장질환을 가진 사람들이 포함된다.

소금의 과잉섭취
Over consumption of Sodium Chloride (Salt)

소금의 과잉섭취가 '독성' 영향이 있는 건 아니지만, 어떤 사람들에게는 소금의 과잉 섭취가 혈압 상승과 관련되어 심장 질환과 발작의 주요 위험 요소가 된다. 이것은 혈중 나트륨 농도가 혈액량 조절의 중요한 요소 중 하나이기 때문이다. 나트륨 섭취가 높아지면 혈액량이 더 많아지게 되어 혈압이 상승한다. 대부분 노인, 아프리카계 미국인, 고혈압, 당뇨, 만성 신장질환을 갖는 사람들이 소금 섭취에 의하여 혈압이 영향 받기 쉽다.

나트륨과 염소의 섭취권장량
Recommended Intakes for Sodium and Chloride

소금이 건강에 미치는 영향에 대한 오래 계속된 관심에도 불구하고, 나트륨과 염소에 대한 영양권장량을 설정할 수 있는 자료가 불충분하다. 충분섭취량은 나트륨 1,500 mg/day에 염소 2,300 mg/day로 설정되어 있다.

일반적인 소금 섭취가 충분섭취량보다 상당히 더 높은 실정이어서 식사 정책에서는 '소금이 덜 들어 있는 음식을 선택하고 준비하라.'라고 권장한다. 높은 소금 섭취는 일부 사람들의 혈압 상승의 위험을 높이기 때문에 나트륨의 목표량을 2,000 mg/day로 설정하였다. 영아를 위해 설정된 상한섭취량은 없지만, 생애 첫 1년 간은 식품에 소금을 넣지 않을 것을 권장한다.

필수개념 Essential Concepts

나트륨과 염소는 식품에서 함께 존재하며 신체에서도 함께 작용한다. 두 무기질은 물에 용해될 때에 체액의 균형을 유지하는 중요한 이온이다. 나트륨은 신경과 근육 기능을 위해 필요하며, 염소는 위에서의 소화 · 이산화탄소 제거 · 면역기능에 요구된다. 병을 앓고 있는 영아 · 어린이와 지구력을 요하는 운동선수를 제외하고, 나트륨과 염소의 결핍은 드물다.

소금을 많이 섭취하는 것이 심장질환의 위험성 증가와 관련 있을지라도, 이는 작은 인구 집단에 해당되는 사실이다. 소금에 민감한 사람들은 그들의 소금 섭취를 제한하도록 주의를 기울여야 한다. 우리는 나트륨과 염소를 식용 소금(NaCl)의 형태로 음식에서 가장 많이 섭취한다.

칼륨
Potassium

감자는 칼륨의 좋은 급원 식품이다.

나트륨은 세포외액에서 가장 풍부한 양이온인 반면, 칼륨(K)은 세포내액에서 가장 풍부한 양이온이다. 그리고 일부 사람들의 혈압을 증가시킬 수 있는 나트륨과 달리, 칼륨은 혈압을 낮춘다.

급원 식품과 생체이용률
Dietary Sources and Bioavailability

칼륨의 급원 식품은 콩류, 감자, 해산물, 유제품, 고기 그리고 고구마와 바나나 같은 다양한 과일과 채소이다. 이러한 식품의 칼륨 생체이용률은 높고, 다른 요인에 의해 영향 받지 않는다.

신체에서 칼륨의 조절과 기능
Regulation and Functions of Potassium in the Body

나트륨과 염소처럼 칼륨의 흡수는 주로 소장에서 매우 효율적으로 일어나고 결장도 흡수를 약간 조절한다. 그리고 나트륨과 염소처럼, 혈중 칼륨 농도의 조절은 대부분 신장에 의해 이루어진다. 혈중 칼륨 농도가 높아질 때, 신장은 더 많은 칼륨을 배설한다. 혈중 칼륨 농도가 낮을 때는 반대로 작용한다.

그러나 나트륨과 염소에서 일어나는 것과는 대조적으로 알도스테론은 신장에서 소변을 통해 칼륨의 배설을 증가시키도록 한다. 그러므로 알도스테론은 혈중 나트륨과 염소의 농도 증가를 야기시키는 동시에 혈중 칼륨 농도는 감소시킨다.

칼륨 양이온(K^+)은 나트륨과 염소가 신체의 체액 균형을 적당히 유지 · 작용하도록 하는 데 중요한 전해질이다. 칼륨은 근육 기능(특히 심장 조직에서), 신경기능, 에너지 대사에 중요하다.

나트륨 섭취 증가는 소금에 민감한 사람들의 혈압을 증가시키는 반면, 많은 양의 칼륨 섭취는 일부 사람들의 혈압을 낮출 수 있다.

칼륨의 결핍, 독성, 영양섭취기준
Potassium Deficiency, Toxicity, and Recommended Intake

칼륨의 결핍은 설사와 구토를 일으킬 수 있지만, 식품에 칼륨이 풍부하기 때문에 결핍은 거의 드물다. 그러나 이뇨제를 다량 복용하면 소변에서 칼륨의 과도한 손실이 일어난다. **이뇨제**는 몸에서 수분을 배출하도록 도움으로써 혈압을 낮추는 데 사용하는 약이다. 이것은 혈액량을 줄이고 혈압 낮추는 것을 돕는다.

그러나 몸에서 과도한 양의 물이 배설될 때에는 전해질도 잃게 된다. 이것은 혈중 칼륨 농도를 낮출 수 있으며, 이러한 상태를 **저칼륨혈증**이라고 한다. 신경성 대식증(bulimia nervosa) 같은 구토를 동반한 섭식장애(eating disorders)를 가진 사람들은 저칼륨혈증의 위험이 증가된다.

칼륨 결핍은 근육 약화, 변비, 흥분성, 혼란 등을 일으킨다. 심각한 경우, 불규칙한 심장 기능, 근육 마비, 혈압 저하, 호흡곤란을 일으킬 수도 있다. 식품으로부터 발생되는 칼륨의 독성은 거의 드물지만, 칼륨 보충제에 의해 독성이 나타날 수 있다. 높은 수준의 칼륨 섭취는 심장마비를 일으킬 수 있기 때문에, 칼륨 독성은 생명에 위험이 될 수도 있다.

다른 전해질과 마찬가지로, 칼륨의 영양권장량은 설정되어 있지 않지만, 성인의 충분섭취량은 4,700 mg/day로 설정되어 있다. 칼륨의 상한섭취량은 설정되어 있지 않다.

필수개념 *Essential Concepts*

칼륨은 신체에 중요한 양이온이며, 체액의 균형을 유지하기 위해 나트륨 · 염소와 함께 작용한다. 또한 칼륨은 근육 기능(특히 심장)과 신경 자극 에너지 대사를 위해 필요하다. 다른 전해질과 같이, 칼륨 결핍은 질병에 걸린 경우와 섭식장애를 제외하고는 거의 드물며, 심장장애 · 허약 · 불안을 야기할 수 있다. 또한 보충제를 통한 칼륨의 과다한 섭취는 심장마비를 일으킬 수 있다. 칼륨 급원식품은 콩류, 감자, 해산물, 다양한 과일과 채소, 유제품, 고기 등이다.

물 : 생명체의 본질적 구성요소
Water : The Essence of Life

인간의 신체에 가장 풍부한 분자인 물은 생명체의 본질적 구성요소이다. 물은 세포의 안과 밖에 모두 존재하고 일부는 물질대사가 일어나는 동안에 몸에서 만들어진다. 다량영양소로 분류되는 물은 생물학적 용매로써 작용하고, 생화학 반응에 화학적 반응물로 사용되며, 체온 조절을 돕는다.

이뇨제 diuretic
몸에서 수분의 배출을 촉진하는 물질 혹은 약

저칼륨혈증 hypokalemia
혈중 칼륨의 농도가 낮음.

신체에서 물의 분포 Distribution of Water in the Body

물은 성인 총 체중의 50~65%를 차지한다. 근육이 지방보다 물을 더 많이 함유하고 있기 때문에, 체지방이 많은 사람보다 지방이 적은 사람에게서 체액의

그림 13.5 체액 구성성분

체내 물은 세포내, 세포외, 세포간질과 혈관 내에 존재한다.

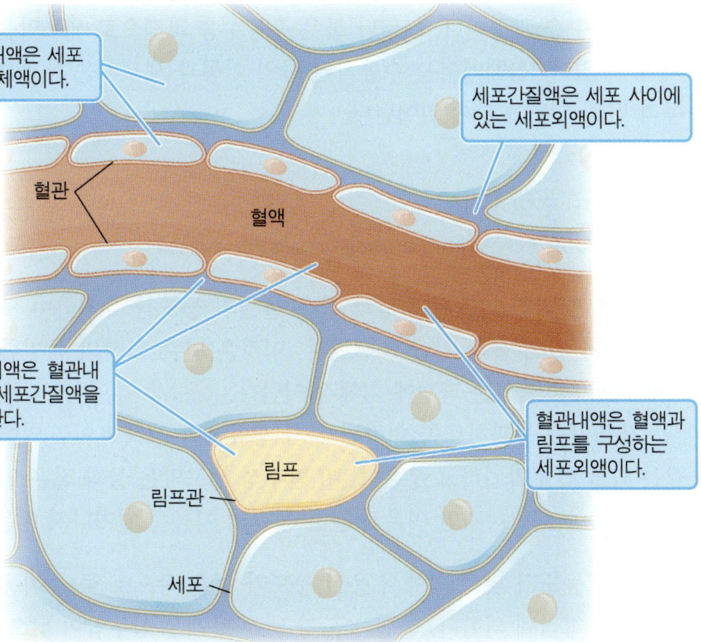

총량이 더 많게 나타난다. 이러한 이유 때문에 일반적으로 남자들은 여자들보다 물을 더 많이 갖고 있다.

물은 생물학적 체액의 중요한 구성성분이며, 그 분포는 **그림 13.5**에 나타나 있다. 체액은 세포내액과 세포외액으로 분류될 수 있다.

세포외액은 세포 사이의 세포간질액(interstitial fluid)과 혈액과 림프의 혈관내액(intravascular fluid)을 포함한다. 혈액의 체액 구성성분인 혈장(plasma)은 혈관내액(intravascular fluid)의 예이다.

예를 들어, 전형적인 70 kg의 남자는 약 42 L의 물을 갖고 있는데, 세포내액은 28 L를 갖고 세포외액은 14 L를 차지한다. 대부분의 세포외액은 세포 사이 공간에 11 L가 있고 혈관내액에 약 3 L가 존재한다.

체액균형과 전해질
Fluid Balance and the Electrolytes

신체 조직에서 물의 양은 여러 필수 무기질-나트륨, 염소, 칼륨 등에 의존하여 매우 잘 조절된다. 또한 알부민과 같은 혈장 단백질은 혈관과 세포 사이의 건강한 체액균형 유지를 돕는다.

나트륨이온(Na^+)과 염소이온(Cl^-)은 세포외액에 많이 존재하고, 칼륨이온(K+)과 인산이온(PO_4^-)은 세포내액에 많이 존재한다. 세포막은 세포 안과 밖의 물질 이동을 조절한다.

예를 들어, 나트륨이온(Na^+)과 염소이온(Cl^-)은 수동적으로 세포막을 통과할 수 없고, 결합수송 단백질(bound transport proteins)이나 '펌프(pumps)'의 도움을 필요로 하며 에너지(ATP)가 요구된다. 따라서 세포 안과 밖의 전해질의 움직임은 능동수송 과정이다. 그러나 물은 수동수송 과정으로 세포막을 자유롭게 통과할 수 있다. 신체에서는 수동적인 물의 이동과 세포막을 통과하는 이온의 능동적 펌프 작용이 함께 일어난다.

삼투막을 통한 물의 이동

Movement of Water Across Membranes Occurs via Osmosis

신체는 특별한 범위 안에서 혈당과 같은 물질의 농도를 유지하며 또한 여러 가지 체액 구획 안의 물의 양을 조절한다. 이것은 단순 확산의 특별한 형태인 삼투(osmosis)라고 불리는 과정에 의해 일어난다.

삼투는 세포막을 통과하도록 허락된 분자 종류에만 선택적으로 일어나는데, 이와 같은 막을 **반투막**이라고 부른다. 이 반투성 세포막은 물과 같은 일부 물질의 수동적 이동을 허락하지만 이온과 같은 물질의 이동은 일어나지 않는다.

삼투는 용질 농도가 낮은 쪽에서 용질 농도가 높은 쪽으로 물이 이동하는 자연의 기본적인 법칙에 의한다. 용질 농도가 낮은 용액은 **삼투압이 낮으며**, 용질 농도가 높은 용액은 **삼투압이 높다**. 예를 들어, 오이 한 조각을 소금에 절였을 때는 삼투현상에 의해 오이 안의 물이 오이 밖으로 이동한다.

일반적으로 양쪽의 용질의 농도가 같아질 때까지 물은 한 쪽에서 다른 쪽으로 계속 이동한다. 삼투의 다른 예는 **그림 13.6**에 설명되어 있다.

이온은 신체의 삼투과정과 체액균형 과정에 어떻게 관련되는가? A에서 B로 세포막을 통과하는 이온의 능동수송은 이온(즉, 용질)의 농도가 한쪽(B)이 높아

반투막 semipermeable membrane
어떤 분자는 통과시키지만 모든 분자가 다 통과할 수는 없는 막

낮은 삼투압 low osmotic pressure
용액에 적은 양의 용질이 용해되었을 때

높은 삼투압 high osmotic pressure
용액에 많은 양의 용질이 용해되었을 때

그림 13.6 삼투현상

삼투는 용매가 삼투압이 낮은 쪽(낮은 농도의 용질)에서 높은 쪽(높은 농도의 용질)으로 이동할 때에 일어난다.

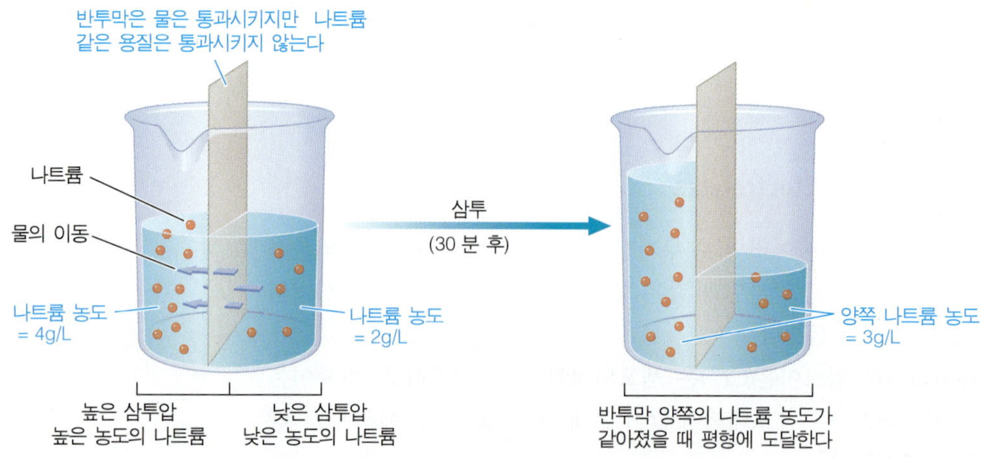

지도록 한다. 이때 물은 삼투압이 낮은 쪽(A)에서 삼투압이 높은 쪽(B)으로 삼투현상에 의해 수동적으로 이동한다.

나트륨, 염소, 칼륨과 같은 이온의 능동적인 이동은 체액 구획 사이에서 건강하게 체액 균형을 유지하도록 한다**(그림 13.7)**.

물의 기능
The Functions of Water

물은 수백 가지의 화학 반응을 비롯한 많은 과정에서 중요한 역할을 한다. 또한 매우 춥거나 더운 환경에서도 신체가 일정한 온도를 유지하도록 도우며, 중요한 용매와 윤활제로서의 역할도 수행한다.

용매, 수송 매개체, 윤활제로서의 물
Water as a Solvent, Transport Medium, and Lubricant

물은 혈액 · 침 · 위장 분비물에 들어 있는 주요한 용매이다. 예를 들어, 혈액은 물, 영양소, 이산화탄소나 요소 같은 대사 노폐물이 포함된 다양한 용질이 용해된 용액이다. 혈액에서 용해된 물질은 혈관으로부터 조직과 세포 주변에 중요한 영양소를 운반하고 노폐물을 제거하며 이동될 수 있다.

물은 또한 윤활제이기도 하다. 이는 특히 위장관, 호흡관, 피부, 생식계에서 각각 소화액 · 점액 · 땀 · 생식액과 같은 중요한 분비물을 생산할 때에 그렇다. 이런 분비물에 물을 혼합할 수 있는 신체의 능력은 건강에 매우 중요하다. 예컨대 물은 폐에서 기능적인 점액을 생산하는 데 필요하다.

그림 13.7 체액 균형유지

막을 통과하는 전해질의 능동 수송은 물도 막을 통해 이동하도록 한다. 물은 (삼투 과정에 의해) 삼투압이 높은 쪽으로 이동한다.

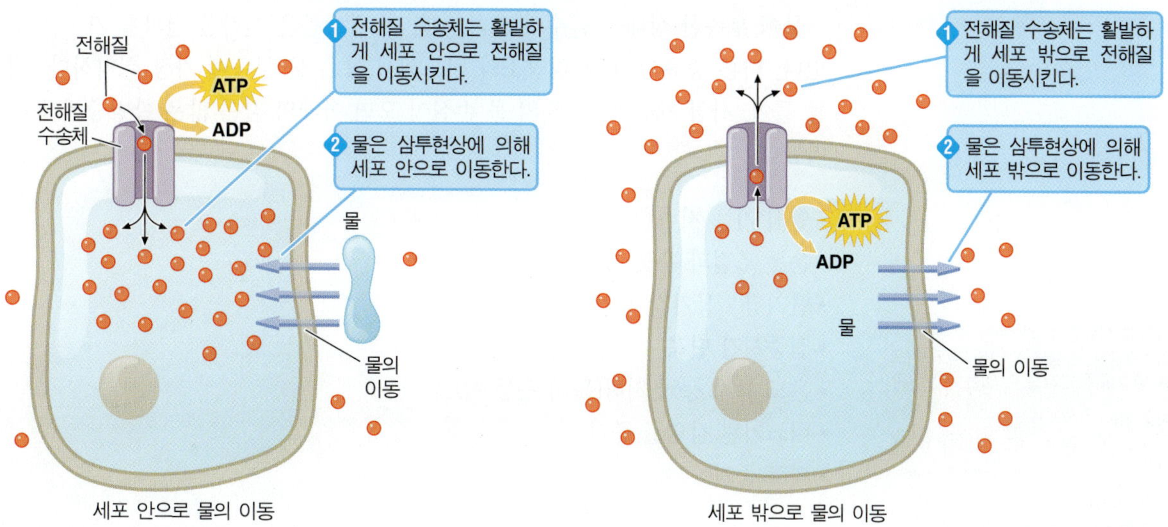

점액은 환경적인 독소와 병원체로부터 폐를 보호하고, 폐를 촉촉하고 유연하게 유지하도록 하기 위해 민감한 폐조직을 매끄럽게 하는 윤활제 역할을 한다.

이용 가능한 물이 부족하거나 세포막을 통과하는 물의 균형 조절 능력이 감소되면, 점액과 같은 분비물을 생산하는 능력이 제한된다. 결과적으로 분비물은 무용지물이 되거나 오히려 해가 될 수도 있다.

체온을 조절해 주는 물
Water Requlates Body Temperature

에너지를 생산하는 아미노산, 포도당, 지방산 같은 영양소들이 대사 작용에 활용되면 에너지가 방출된다. 이런 에너지 중 일부는 열이 되어 몸의 내부 체온이 안정적인 37°C로 유지하도록 도움을 준다. 물은 몸의 냉방 시스템(cooling system)에 핵심적인 역할을 한다. 일정한 물의 양은 놀랄 만큼의 열의 양을 유지하거나 잡아둘 수 있기 때문이다.

비열이라는 용어는 1g의 물질의 온도를 1°C 올리는 데 필요한 에너지의 양을 뜻한다. 물은 높은 비열을 가지고 있고, 이는 그 온도를 변화시키는 데에 많은 에너지가 필요하다는 것을 의미한다. 더운 낮과 서늘한 저녁에 수영장에 가본 사람이라면 아마도 이미 이 고유한 물의 특성을 경험해 보았을 것이다. 비록 끊임없이 기온이 변화하지만, 물의 온도는 거의 일정하다.

물이 많은 에너지를 열 상승 없이 받아들일 수 있기 때문에 우리 몸의 대사율이 높거나 주위가 더울 때에도 비교적 체온이 안정된 상태로 유지할 수 있다. 우리가 땀을 흘릴 때, 추가적으로 땀에 포함된 열 에너지는 증발의 냉각 과정을 통해 제거된다. 땀을 통한 열 손실을 쉽게 하기 위해 피부 아래의 작은 혈관들이 팽창되고 수분이 몸에서 더 쉽게 빠지도록 한다.

물의 부족 : 탈수
Water Insufficiency : Dehydration

물이 부족한 상태를 탈수라고 하는데, 이 탈수증은 심각한 결과를 가져올 수 있다. 다른 종류의 미량 영양소와 비교해서 몸은 물 부족에 가장 취약하다. 예를 들어, 사람 체중에서 2%의 물 손실이 오면 아래와 같은 많은 합병증세가 나타난다.

- 인식 기능 저하
- 운동 조절과 운동 참여 능력 저하
- 단기간 · 장기간 기억력 저하
- 집중시간 단축
- 온도 유지 능력 저하(특히 운동 시)
- 비뇨기관 감염률 증가
- 피로 증가

낭포성 섬유증 cystic fibrosis
염소수송체 손상으로 인해 세포 밖으로 염소를 운반시킬 수 없는 유전질환

비열 specific heat
물질의 온도를 올리는 데 필요한 에너지

탈수 dehydration
몸에 부족한 양의 물을 가진 상태

이런 합병증은 아이들이나 노인들 같이 탈수증에 잘 견디지 못하는 사람들에

게서 더 심하게 나타난다. 노인의 탈수 증상은 치매로 착각할 수가 있다. 게다가 땀으로 많은 양의 수분을 잃는 운동선수들은 탈수 위험이 더 높다. 영아, 어린이, 노인, 운동선수에게 적절한 물을 섭취하게 하는 것은 매우 중요하다.

탈수에 대한 몸의 반응
The Body's Response to Dehydration

물 손실을 보충할 만큼의 물 섭취가 이루어지지 않을 때, 신체는 가진 모든 액체를 보존하고자 노력한다. 이것은 **그림 13.8**에 나타나 있다. 뇌의 하단에 있는 뇌하수체는 바소프레신이라고도 불리는 **항이뇨 호르몬(ADH)**을 방출해 탈수증에 반응한다.

그림 13.8 혈액량과 혈압의 조절

혈액량과 혈압은 부신에서 생성된 알도스테론과 뇌하수체에서 생성된 항이뇨 호르몬(ADH)에 의해 뇌와 신장에서 조절된다.

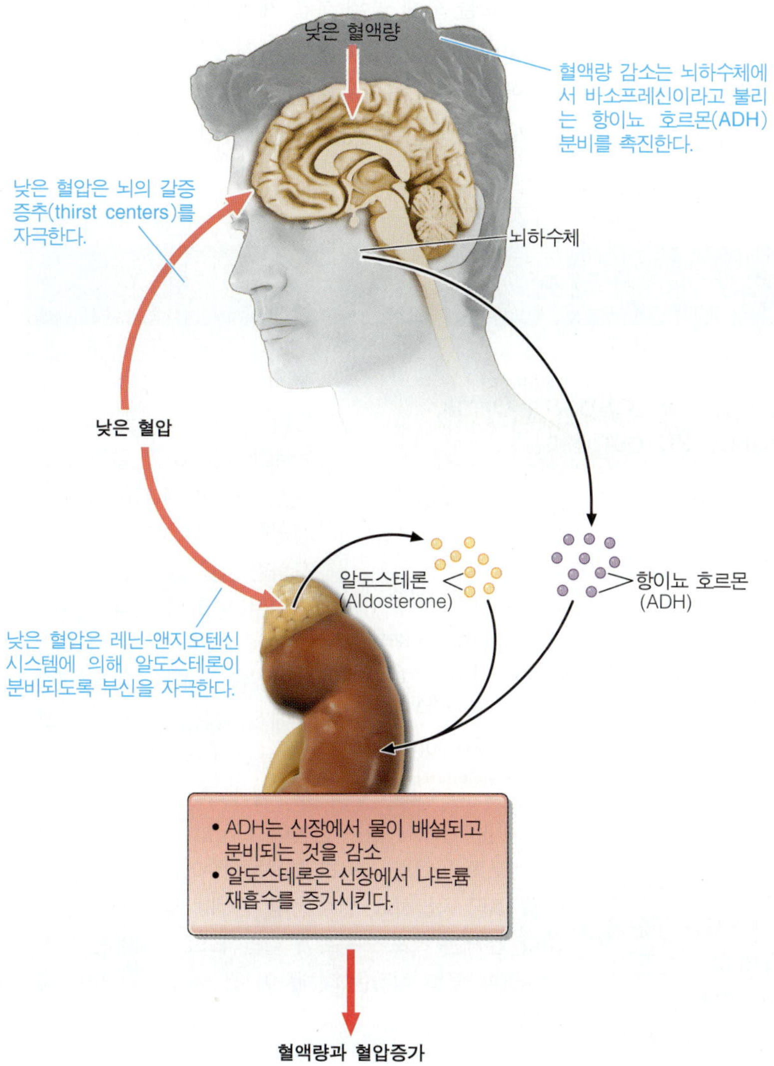

항이뇨 호르몬
antidiuretic hormone. ADH
바소프레신이라고도 불린다. 혈액량이 적을 때에 뇌하수체에서 생산되는 호르몬. 신장이 소변을 생성하는 작용을 줄이도록 하여 물을 보존한다.

물의 필요량은 우리가 먹는 식품과 우리가 마시는 음료로부터 충족될 수 있다.

ADH는 신장의 피를 순환하면서 물 보존을 촉진시키고 소변 생산과 배출을 감소하도록 한다. 또한, ADH는 혈관을 수축시켜서 혈압을 높인다.

동시에 탈수증으로 인해 저혈압이 일어나면 신장이 레닌 효소를 생산하도록 자극을 받는다. 레닌은 궁극적으로 부신이 알도스테론을 방출하도록 하고, 이 알도스테론은 나트륨과 염소를 보유하도록 신장을 자극한다.

신장에 의해 나트륨과 염소의 재흡수가 증가되면 삼투를 통해 물을 더 잘 보존할 수 있게 된다. 레닌을 통해 생산된 앤지오텐신II는 뇌에서 ADH가 더 방출되도록 할 뿐만 아니라 갈증을 느끼게 하여 혈액량을 증가시키도록 한다.

수분 영양섭취기준
Recommendation for Water Intake

우리는 매일 땀(500 mL), 호흡(300 mL), 소변(1,500 mL), 배설물(150 mL)로 수분을 잃는다. 힘든 운동을 하면 수분 손실이 더 커질 수 있다. 탈수증을 막기 위해 먹는 음식이나 마시는 음료를 통해 몸의 물을 계속 보충하는 것이 중요하다. 2004년 미국 의학연구소(Institute of Medicine)는 처음으로 수분 섭취를 권장하도록 공고했다. 이 지침에 따르면 여성은 2.7 L(11컵)의 물을 음식과 음료에서 섭취해야 한다. 남성에게 권장되는 수분은 매일 3.7 L(16컵)이다.

Focus On 스포츠 영양학 SPORTS NUTRITION

스포츠 음료 : 물보다 좋은가?

스포츠 용품점에서만 팔던 스포츠 음료가 이제는 식료품점, 주유소, 편의점에서도 팔리고 있다. 결과적으로 운동선수의 수분보충(rehydrate)을 돕기 위해 개발된 스포츠 음료를 이제 스포츠 활동과 상관없이 어린이, 십대, 성인들이 섭취하고 있다. 그러나 스포츠 음료를 순수한 물보다 더 많이 섭취하는 것이 이득이 있을까?

Recipe for a Sports Drink (makes 20 ounces)

Ingredient	Amount
설탕	3큰술
소금	1/8작은술
달지 않은 음료	1/3packet
mix(Kool-Aid와 같은 혼합물)	1/3작은술
향료	any flavor
물	20 ounces

이 질문에 답하기 위해 먼저 스포츠 음료의 성분과 목적을 고려해 보자. 기본적으로 스포츠 음료는 물, 설탕, 소금, 그리고 향료로 이루어진다. 이 음료는 운동선수의 수분보충과 특히 더운 환경에서 땀으로 손실된 중요한 전해질(Na^+와 Cl^-) 공급의 목적을 위해 만들어졌다. 예를 들어, 몸무게 68 Kg의 달리기 선수는 1.6 km당 1컵의 땀을 잃어버릴 수 있다. 따라서 마라톤 코스 전반(42 km)을 보면 달리기 선수는 3.6에서 4.1 Kg 정도의 상당한 양의 물과 전해질을 포함한 땀을 잃게 된다.

이런 일이 일어나는 동안 스포츠 음료를 섭취하면 이런 영양소들이 고농도로 운동선수에게 공급된다. 또한 스포츠 음료의 포도당은 전해질 흡수를 돕고 에너지를 공급한다. 지구력을 사용하는 운동이나 시합 중에 물 대신으로 스포츠 음료를 사용하면 운동선수에게 필요한 에너지를 조금 공급하고, 탈수 합병 증세를 막는 데 도움을 준다. 문제는 스포츠 음료가 일반적으로도 대부분의 사람들에게 물의 적절한 대체품이 될 수 있는가 하는 데 있다.

이는 꽤 많아 보이는 양이나, 모든 음료와 음식에서 섭취되는 물을 모두 합한 것이다. 일반적으로 총 수분량의 80%가 음료에서 섭취되고 나머지 20%는 음식에서 섭취된다.

필수개념 Essential Concepts

물은 몸에서 가장 많은 물질이고, 모든 에너지 대사에서 온도 조절을 위해 필요한 것이다. 물이 세포막을 통과하는 이동은 삼투에 의해 조절되고, 다양한 전해질의 능동 수송을 통해 이루어진다. 약한 탈수증상(체중의 2%)이라도 인식 기능과 유산소 활동 능력, 온도 조절 능력, 비뇨기관 감염 위험에 영향을 미칠 수 있다.

탈수증은 영아, 어린이, 노인, 지구력을 사용하는 운동선수에게 더 위험하다. 신체에서는 탈수증에 대응하기 위해 항이뇨 호르몬(ADH)과 알도스테론을 방출해 신장에서 수분을 보존하도록 한다. 우리는 매일 11~16컵의 물을 음료와 음식으로부터 섭취하는 것이 좋다.

여러 기능들의 통합과 급원 식품
Integration of Functions and Food Sources

지금까지 보아온 대로 신체는 다량 무기질을 기능적이고 구조적 역할을 하는 여러 활동에서 사용한다. 미량 무기질과 같이 다량 무기질은 효소의 보조인자로 참여하고, 에너지 대사를 조정하며, 건강한 면역 체계에 중요할 뿐만 아니라, 포도당 항상성에도 참여한다.

게다가 몇몇 다량 무기질은 신경계와 근육 기능에서는 물론이고 체내의 수분 균형을 유지하는 데 중요한 역할을 하기도 한다. 또한, 다량 무기질은 우리의 뼈와 치아의 대부분을 구성하는데, 따라서 그 무기질의 장점과 기능도 중요하다. 이러한 여러 활동에서 중복되는 다량 무기질의 역할은 **표 13.2**에 정리되어 있다.

표 13.2 필수 다량 무기질의 일반적인 기능

	무기질				
	칼 슘	인	마그네슘	나트륨/염소	칼 륨
기능					
보조인자	X				
면역기능				X	
뼈와 치아 건강	X	X	X		
혈액 건강	X	X			
에너지 대사[a]	X	X	X		X
체액 균형				X	X
신경과 근육 기능	X	X	X	X	X

[a] 무기질은 그들 자신이 에너지를 생산하지는 못하지만, 효소의 활성화로써 혹은 보조인자로써의 다른 역할에 의해 에너지 대사에 관여한다.

이런 필수적인 무기질은 식이로부터 충분한 양을 섭취하는 것이 중요하다. 또 다른 미량 영양소와 함께 이 모든 것들은 한 가지 음식군으로 보충하지는 못한다. 다양한 음식이 들어간 균형 잡힌 식단 섭취가 필요하다는 것은 **표 13.3**에서 살펴볼 수 있다.

표 13.3 필수 다량무기질의 주요 급원 식품

	식품 그룹							
	곡 류[a]	채 소	과 일	유제품	육 류	해산물	견과류,씨	콩 류
다량 무기질								
칼슘		X		X		X		X
인				X	X	X	X	
마그네슘	X	X		X		X	X	X
나트륨과 염소				X	X	X		
칼륨		X	X	X	X	X		X

[a] 도정되지 않은 곡류생산물은 가공된 생산물이나 강화되지 않은 생산물보다 다량 무기질을 더 많이 함유하고 있는 경향이 있다.

연습 문제 Review Questions

1. 칼시토닌(calcitonin)은 혈중 칼슘농도가 ______ 때 ________에 의해 방출된다.
   a. 높을 / 부갑상선
   b. 높을 / 갑상선
   c. 낮을 / 부갑상선
   d. 낮을 / 갑상선

2. 다음 중에서 칼슘의 생체이용률(bioavailability)에 영향을 주는 것은?
   a. 옥살산염(Oxalates)
   b. 피테이트(Phytates)
   c. 나이(Aging)
   d. 모두 다

3. 다음의 다량 무기질 중 세포막의 구성요소(성분)은?
   a. 칼륨
   b. 나트륨
   c. 칼슘
   d. 인

4. 저나트륨 혈증(hyponatremia)은 ________의 방출을 자극한다.
   a. 부갑상선 호르몬(parathyroid hormone)
   b. 알도스테론(aldosterone)
   c. 성장 호르몬(growth hormone)
   d. 인슐린(insulin)

5. Na^+ 같은 양전하 이온을 ________라고 한다.
   a. 전해질(electrolytes)
   b. 양이온(cations)
   c. 음이온(anions)
   d. a와 c 모두

6. ________ 순환 수준(농도)의 증가는 일부 사람들의 혈압 감소와 연관되어 있다.
   a. 나트륨 b. 염소
   c. 망간 d. 칼륨

7. 다음 중 신체에서 체액(액체)을 가장 많이 함유한 곳은?
   a. 세포 사이 공간 (interstitial space)
   b. 혈관내 공간 (intravascular space)
   c. 순환 공간(circulatory space)
   d. 세포내 공간 (intracellular space)

8. 삼투 동안, 전해질의 능동수송은 ________의 수동수송을 일으킨다.
   a. 물 b. 나트륨과 칼륨
   c. 혈장 단백질 d. 요소

9. 낭포성 섬유증(cystic fibrosis)은 세포막을 통과하는 ________가 세포를 이동할 수 없게 된 것에 의해 일어나는 유전적 질병이다.
   a. 나트륨 b. 칼륨
   c. 염소 d. 황산염

10. 탈수증은 ________으로부터 ________의 분비(방출)를 일으킨다.
    a. 뇌 / 알도스테론(aldosterone)
    b. 신장 / 앤지오텐시노겐(angiotensinogen)
    c. 뇌하수체(pituitary gland) / 항이뇨 호르몬 (antidiuretic hormone)
    d. 간 / 항이뇨 호르몬(antidiuretic hormone)

11. 미국 농무성(USDA)의 미국인을 위한 식사지침(Dietary Guidelines for Americans)에서는 소금이 덜 들어간 식품을 선택하고 준비하도록 권장한다. 매일의 식사에서 이러한 목표에 도달할 수 있도록 하는 5가지 제안을 열거해 보라.

12. 나트륨과 염소는 체액 균형 유지에 중요한 전해질이다. 나트륨과 염소가 삼투 과정에 어떻게 기능하는지를 설명해 보라.

13. 인의 결핍은 허약함(weakness)과 피로를 야기하는데, 이 메커니즘의 특성을 설명해 보라.

실천 문제 Practice Calculations

1. 식품 성분표(food composition table)를 참고하여, 점심식사로 섭취한 햄버거와 스몰 사이즈 감자튀김, 라지 사이즈 콜라에 포함된 나트륨 함유량을 계산하라.

   나트륨 함유량은 나트륨 충분섭취량(AI, Adequate Intake)의 몇 퍼센트인가?

   나트륨의 함량을 줄이기 위해 위와 같은 점심식사를 대체할 수 있는 음식은 무엇인가?

2. 마이피라미드 푸드 가이드 시스템(MyPyramid food guidance system (http://www.mypyramid.gov)을 사용하여 당신에게 권장되는 과일과 채소군의 음식량을 결정하라.

   그리고 이 권장량을 만족시키는 샘플 메뉴를 만들고, 만약 당신이 이 음식량을 섭취하였을 때에 얻게 될 칼륨의 양을 계산하라.

영양과 뼈 건강
Nutrition and Bone Health

뼈의 구조와 생애주기 동안 뼈의 성장
Bone Structure and Growth Through the Life Cycle

뼈의 기본 구조
The Basic Structure of Bones

뼈는 몇 가지 구성 요소로 이루어져 있다. 뼈의 외부는 결합 조직과 수백 개의 소혈관, 신경으로 이루어진 골막이라고 불리는 얇은 막으로 싸여있다. 골막의 아래에는 단단하고 밀도가 높은 **피질골**(또는 치밀골 ; cortical bone,compact bone)층이 있으며, 이는 **수질골**(trabecular bone)이라는 또 다른 층에 싸여있다. 수질골은 피질골만큼 밀도가 높지 않은 대신 격자형 구조를 하고 있다.

피질골은 주요 기능으로 강도를 제공하며, 반면에 수질골은 적혈구와 백혈구, 그리고 혈소판을 생산하는 **골수**(bone marrow)를 포함하고 있다. 예를 들어, 팔의 긴뼈는 대부분이 피질골로 이루어져 척추(등뼈)나 골반에 비해 수질골이 적다. 또한 수질골은 긴뼈의 끝부분에 풍부하다. 각각의 뼈의 가장 중앙에는 대혈관과 림프관, 그리고 호르몬, 영양소, 신경자극을 뼈조직 간에 전달하는 신경이 있다.

뼈는 조골세포와 파골세포로 이루어져 있다
Bones Are Made of Osteoblasts and Osteoclasts

뼈세포의 일반적인 유형에는 조골세포와 파골세포 두 가지가 있다. 조골세포는 뼈의 유지와 성장, 재생에 필요한 많은 무기질과 단백질을 축적함으로써 뼈를 형성하는 세포이다. 파골세포는 이와 반대 기능을 하는데, 새로운 뼈를 위해 노화된 뼈를 분해한다. 칼슘이 부족할 때, 인체는 파골세포를 자극해 뼈를 분해함으로써 적절한 혈중 칼슘농도를 유지한다. 즉, 칼슘의 재흡수는 이러한 때에 촉진된다.

연골 cartilage
부드럽고, 무기질 침착이 되지 않는 뼈의 전조(precursor)

골화 ossification
뼈의 형성과정에서 연골에 무기질이 더해지는 과정

골막 periosteum
뼈를 감싸고 있는 얇은 막으로, 혈관, 신경, 결체조직으로 구성되어 있음.

피질골 cortical bone,compact bone
골막 아래에 단단하고 밀도 높은 뼈의 층

수질골 trabecular bone
골수를 함유한 뼈로써, 밀도가 높지 않은 안 쪽 뼈

골수 bone marrow
적혈구, 백혈구, 혈소판을 생산하는 부드럽고, 스폰지 같은 뼈의 안 쪽 부분

그림 13.9 생애 주기에 골량의 변화

여성은 생애 후반기에 골다공증 발생으로 골량이 낮아지기 쉽기 때문에, 남성보다 골다공증의 위험이 더 크다.

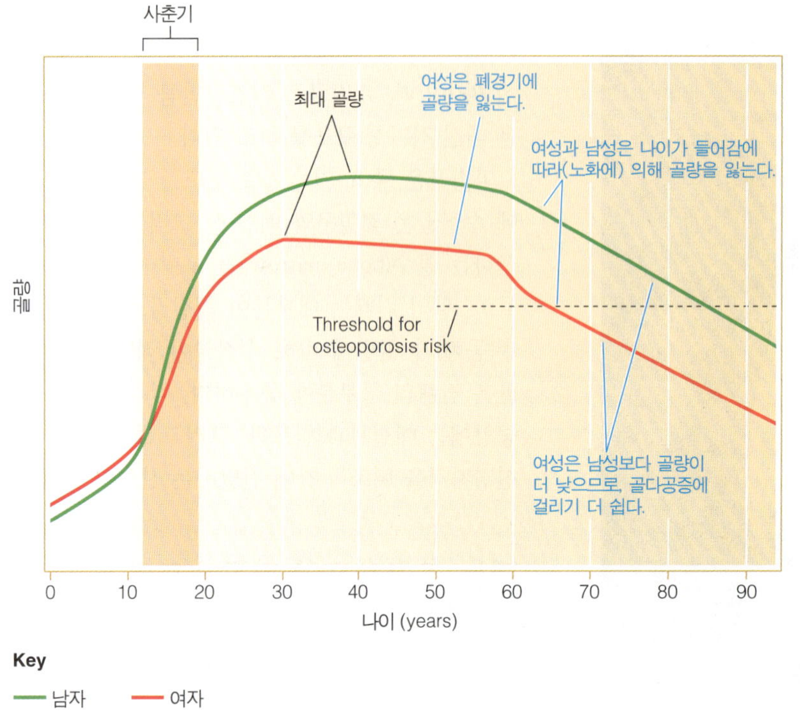

파골세포와 조골세포는 뼈를 개조하는 데 함께 작용한다.

유아기, 유년기, 그리고 사춘기와 같은 성장기에는 뼈를 늘리고 재형성하면서 조골세포가 파골세포보다 많은 작용을 한다. 즉, 뼈의 성장량이 분해되는 양보다 많다. 비록 적은 양(10%)의 뼈는 20세와 30세 사이에 형성되지만, 대부분의 뼈는 20세 이전에 성장을 멈춘다.

이러한 뼈의 성장기에 **골량**이라 불리는 뼈에 함유된 전체 무기질량이 증가한다. 골량은 약 30세 때 최고치에 달하는데(**그림 13.9**), 이러한 뼈의 최대 질량을 **최대 골량**이라 한다.

최대골량은 한 사람이 살면서 얻게 되는 가장 큰 총 뼈의 질량을 말한다. 작은 체구보다 큰 체구의 사람이 주로 최대골량이 높으며, 여성의 경우 일반적으로 남성보다 최대골량이 다소 낮다.

몸의 뼈의 건강상태를 측정하는 방법으로는 뼈 속에 미네랄 양 수치인 **골밀도**(bone mineral density)가 있다. 골밀도가 높을수록, 단단한 뼈이다. 부분적으로, 노년기에 뼈 관련 질병의 발생 위험도는 유년기에 발달되는 최대 골질량과 골밀도에 의해 정해진다. 골질량과 골밀도는 30살 무렵에 최대 수치에 다다른다. 그 후에는 그 수치는 점점 떨어진다. 이것에 대해서는 많은 이유가 있다.

이는 혈중 칼슘을 적절한 농도로 유지할 수 있게 한다.

생애 주기에 따른 뼈의 리모델링과 성장

Bone Remodeling and Growth During the Life Cycle

뼈의 성장과 유지는 조골세포에 의한 새로운 세포 형성과 파골세포에 의한 노화된 뼈의 분해 모두를 포함하는 역학적인 과정이다. 이러한 뼈의 분해와 재생성 주기는 집을 개조하는 것에 비유되어 **뼈 리모델링**(bone remodeling 혹은 bone turnover)이라 불린다. 예를 들어, 오래된 벽, 전선, 단열재, 그리고 다른 자재들을 제거하지 않고서 집을 개조하기란 불가능하다. 이는 뼈의 일생에도 비슷하게 적용되는데, 파골세포가 노화된 뼈를 분해 · 제거하면 조골세포는 새로운 뼈를 만들어낸다. 이런 식으로

골개조 bone remodeling
오래된 뼈와 손상된 뼈가 제거되고 재생성 되는 과정

골량 bone mass
신체의 뼈에 함유된 무기질의 총량

최대 골량 peak bone bass
사람의 생애주기 동안의 뼈에 함유된 무기질의 최대 질량

뼈의 무기질 밀도 bone mineral density
단위 부분의 뼈의 무기질량

예를 들면, 나이에 따른 칼슘 흡수의 감소가 바로 그것이다. 이것은 다소 나이와 관련된 비타민 D의 형성 · 흡수 · 물질대사와 관련이 있다. 소장에서의 칼슘 흡수가 감소할 때, 뼈로부터 칼슘 흡수는 혈액 속의 칼슘농도를 유지하기 위해서 증가한다.

에스트로겐 호르몬 또한 노년기의 골질량과 골밀도 감소에 있어서 중요한 역할을 한다. 에스트로겐이 뼈의 힘을 유지하는데 중요하기 때문인데, 특히 여성의 경우가 그렇다. 에스트로겐은 난소에서 만들어지고 형성되는 호르몬이다.

여성이 폐경기에 이르고, 난소가 에스트로겐 형성을 멈추면, 뼈는 그 힘을 잃어버린다. 일반적으로, 폐경기 이후 여성들은 매년 골밀도가 1~3%씩 감소하는 경향이 있다. 남성 역시 나이가 지나면서 골밀도가 감소하나 그 감소는 덜하다.

필수개념 *Essential Concepts*

뼈는 복잡하고, 많은 구성요소를 가진다. 피질골은 딱딱하고, 구성지는 반면에 지주골은 덜 촘촘하다. 뼈의 중앙에는 골수를 가지고 있으며 이것은 혈구와 혈소판을 만든다.

뼈는 또한 혈관과 신경을 가진다. 조골세포는 미네랄과 단백질로 뼈를 만드는 세포이고, 용골세포는 뼈를 파괴하는 세포이다. 뼈가 만들어 지고 부서지는 이런 과정은 골개조 혹은 골전환이라 말한다. 30살 경에 거의 모든 뼈가 골질량은 최고의 상태가 된다. 골밀도는 뼈에 주어지는 미네랄의 양을 의미한다. 골질량과 골밀도의 적은 수치는 노년기 골다공증의 발병율과 관련 있다.

골다공증과 건강
Osteoporosis and Health

뼈를 파괴하는 파골세포의 활동량이 조골세포의 활동량을 능가하면 골질량은 감소한다. 이것은 노화현상의 일부분이며 항상 건강하지 못한 뼈를 만들어 내는 것은 아니다. 그러나 이 과정이 진행되는 동안 만약 골질량이 낮아 뼈의 탈광화 작용(demineralization)이 일어나면 골다공증을 일으킨다.

뼈가 손실됨에 따라 뼈조직의 전체 구성은 분해되기 시작한다. 이런 현상이 발생하면, 골다공증이 일어나게 되는 것이다.

골다공증에 걸린 사람들의 뼈는 다공성이라는 이름에서 유추할 수 있다(그림 13.10). 골다공증에 걸린 사람들의 뼈는 정상인의 뼈보다 약하고 쉽게 부서진다. 골반의 피질이 풍부한 뼈인 척추는 골다공증 걸린 사람들에게 골절의 위험성이 상당히 높다.

골다공증의 위험요소
Risk Factors for Osteoporosis

골다공증과 관계된 많은 요소가 있다. 성과 유전과 같은 생물학적 요소도 있지만, 운동과 영양, 흡연과 같은 생활 방식 요소들은 뼈와 관련된 질병의 위험성을 줄이는데 조절을 할 수 있다.

골다공증과 관계된 생물학적 요소
Biological Factors Related to Osteoporosis

- *성* : 여성이 남성보다 골다공증의 발병률이 높다.
- *연령* : 대략 40세 이상부터 뼈의 손실 비율이 높아진다.
- *신장* : 작은 사람들이 골질률의 최대치가 낮은 경향이 있으며, 뼈와 관련된 질병에 걸릴 위험성이 더 크다. 일반적으로, BMI 지수가 19 kg/m^{2}보다 낮은 사람이 더 골다공증에 잘 걸린다.
- *민족성* : 북유럽과 아시아인들은 이 질병에 대해 높은 위험을 가지고 있다. 아프리카와 히스패닉사람들은 낮은 위험도를 가진다.
- *유전자* : 골다공증을 가진 부모들의 자식들이 그렇지 않은 부모들의 자식들보다 발병률이 높다. 비록 유전자가 골다공증을 발병 유무와 절대적인 관계가 있는 것은 아니지만, 이런 유전자를 가진 가족들은 그 위험도가 특별히 높다.

골다공증과 관련된 생활요인
Lifestyle Factors Related to Osteoporosis

우리는 골다공증에 대한 생물학적 위험도는 변경할 수 없지만, 뼈질환 위험도에 영향을 주는 많은 다른 요인은 제어할 수 있다.

그림 13.10 정상적이 뼈와 골다공증의 뼈

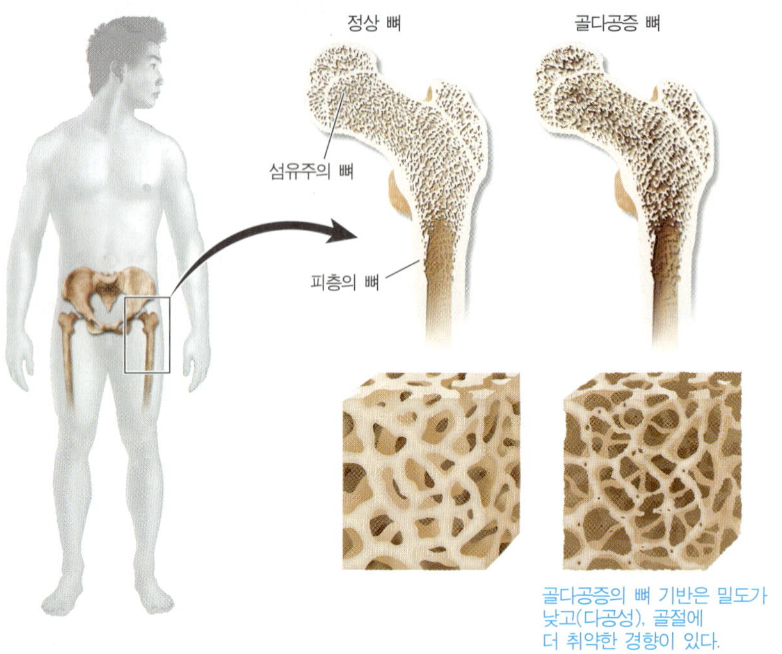

흡연 흡연은 골다공증의 위험을 증가시키는 것과 관련이 있다. 완전히 이해되지 않은 이유임에도 불구하고, 흡연은 에스트로겐 생성을 줄임으로써 뼈를 약하게 할지도 모른다.

약물 어떤 약물(티로신 호르몬과 같은)의 지속적인 사용은 뼈를 손상시키고 뼈의 상실을 증가시킬 수 있다. 유사하게 어떤 이뇨제(레식스와 같은)는 뼈를 약하게 만드는 작용으로, 소변으로 칼슘 배출을 증가시킨다. 또한 다른 약물(코르티코스테로이드 요법)은 뼈의 단단함을 감소시켜 골다공증의 위험을 증가시킨다.

혈중 에스트로겐 농도 : 에스트로겐 호르몬은 골아세포(osteoblasts)의 뼈 형성을 촉진하기 때문에 혈중 에스트로겐 농도가 낮은 경우 골다공증 위험은 증가될 수 있다. 여성의 경우 에스트로겐은 난소에서 대부분 생산된다.

에스트로겐 보충요법(hormone replacement therapy ; HRT)이 없이 45세 이전에 난소를 제거하는 수술은 뼈의 손실 위험을 증가시킨다.

에스트로겐 보충요법(HRT) 때때로 여성은 에스트로겐과 프로게스테론을 포함하는 약물을 난소 제거 또는 폐경기 후 섭취한다.

식이 장애력 신경성 거식증 또는 폭식증의 병력을 가지는 남, 여는 특히 등이나 엉덩이 부분의 낮은 골밀도의 위험이 증가된다. 게다가 영양불량은 식이장애를 가지는 여성과 남성 모두에게 흔히 나타나며, 뼈의 손실을 가져올 수 있다.

알코올 섭취 만성알코올중독환자는 골다공증의 위험이 증가되는 것과 관련된다. 알코올은 뼈 개조에 직접적으로 영향을 주지만, 연구자들은 만성 식이불량(특히 칼슘, 비타민 D, 단백질) 때문에 뼈 건강에 많은 악영향이 미친다고 생각한다.

신체활동 적당한 신체활동(특히, 체중을 싣는 운동)은 골밀도를 증가시키고, 골다공증의 위험을 감

호르몬 대체 치료 hormone replacement therapy, HRT
에스트로겐과 프로게스텐을 함유한 약물로, 난소가 제거된 여성이나 폐경기 여성에게 투약한다.

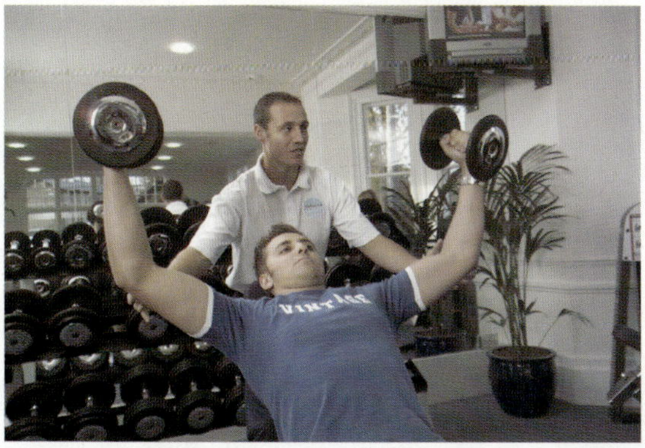

소시킨다. 체중을 싣는 운동은 골밀도를 증가시켜 전체적인 뼈 개축율도 증가시킨다.

영양적 요인 많은 영양소는 건강한 뼈를 위해 필요하기 때문에, 균형잡힌 식사는 가장 중요한 골다공증 예방법일 것이다. 칼슘은 뼈의 가장 많은 구성물이다.

따라서 칼슘이 없으면 뼈는 비정상적인 발육으로 약해지기 때문에 유년시절의 만성적으로 낮은 칼슘의 섭취는 최대골질량을 감소시킬 수 있고, 나이가 들면 뼈의 손실을 증가시킬 수 있다.

또한 단백질과 비타민 C, D, K는 뼈 형성과 개조 과정에 요구된다. 단백질은 뼈의 구조상의 목적을 위해 필요할 뿐만 아니라, 칼슘 항상성 조절과 뼈 개조와 관련된 과정에도 필요하다. 비타민 D는 소장에서 칼슘 흡수에 필요하고, 비타민 C와 K는 건강한 뼈 형성 작용에 참여한다.

골다공증의 유형 1, 2
Type 1 and Type 2 Osteoporosis

골다공증은 두 가지 유형을 가지고 있다. 유형 1은 **폐경기골다공증**(Type 1 osteoporosis)이라고 하는데, 전형적으로 50~60세 사이의 여성들에게 일어난다. 이 골다공증의 유형은 폐경기에 에스트로겐의 감소에 의한 부정적인 영향과 직접적인 관련이 있다. **골다공증 유형 2**(Type 2 osteoporosis)는 남성과 여성 둘 다 발생하는데, 노년기(70세부터 75세까지)에 주로 진단되는 경향이 있다.

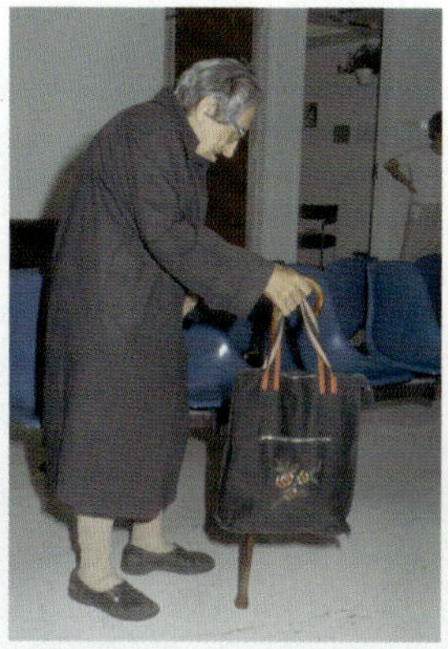

골다공증 유형 2는 피질골과 수질골의 파괴에 대한 결과로 발생하는 것이다. 골다공증의 두 유형 모두 노년기 동안 심각한 체중감소와 척추에서 심한 고통을 경험한다. 몇몇 사람들은 척추 후만 혹은 곱사등이 같이 뼈 상층부의 골절이 심해진다.

척주후만증(kyphosis)은 뼈 상층부의 골절이 흉강의 부피를 감소시켜서 호흡을 어렵게 하고, 복부통증과 식욕감소, 이른 포만감을 주며 이 질병을 치료하기는 어렵다.

제 1 형 골다공증 Type1 osteoporosis
호르몬 관련 뼈의 손실에 의해 여성에게 나타나는 골다공증의 형태

제 2 형 골다공증 Type2 osteoporosis
노화와 생활습관 요소를 원인으로 남성과 여성에게 나타나는 골다공증의 형태

척추 후만증 kyphosis
골다공증 때문에 척추 위부분에 뒤틀림(만곡)이 발생

Chapter 14

Life Cycle Nutrition

생애주기 영양

태어나면서부터 죽을 때까지, 일생은 계속적인 변화의 과정이다. 출생, 성장, 성숙, 노화와 죽음은 인생의 자연스러운 과정이다.

각 단계마다 인체의 크기와 비율과 구성이 변화하고 단계별로 영양 필요량은 매우 다르다. 예를 들어, 성장기 동안의 영양 필요량은 인체가 신체적으로 쇠퇴하기 시작하는 인생 후반기와는 매우 다르다.

건강한 식사는 인생의 전 단계에서 중요하다. 실제로 초기의 빈약한 영양상태는 후기의 건강상태에 영향을 미친다. 따라서 현재의 식품 선택은 우리가 생각하는 이상으로 건강에 영향을 미치게 된다.

이 장에서는 전 생애주기의 영양권장량에 대한 성장과 발달과 노화의 영향을 공부할 것이다. 삶의 각 단계는 영아기, 아동기, 청소년기, 성인기 그리고 임신기와 수유기라는 특수한 단계를 다루게 된다.

Chapter 14

- 인간의 생애주기
- 태아 발달
- 기형발생원과 선천적 결함
- 태아기원가설
- 임신기의 건강관리
- 수유기 영양
- 영아기 영양
- 아동기 영양
- 과체중 어린이들
- 청소년기
- 성인기와 노화에 따른 변화
- 식품 불안전, 기아, 그리고 영양불량

인간의 생애주기
An Overview of the Human Life Span

세포는 형성되고 성숙하며, 특정한 기능을 수행하다가 죽고, 새로운 세포로 대체된다. 많은 면에서 세포는 인간의 생활사를 표방하고 있다. 이는 인간이 태어나고, 성장 · 발달하며, 또 후에는 육체가 쇠퇴하고 끝내는 죽음을 맞는 것이 약 70~80년의 기간에 의해 특화되는 것이다. 다음 세대에게 DNA를 넘겨 줌으로써 다시 새로운 생명이 태어날 수 있게 된다.

성장과 발달 Growth and Developmont

성장과 발달은 매우 중요한 생리학적 사건이며, 이는 인간의 생활사에 처음부터 끝까지 영향을 미친다. **성장**은 인간의 신체, 즉 몸의 크기가 증가하며 이것은 세포의 수, 혹은 크기가 커짐에 따라 나타난다.

그림 14.1에서도 설명하듯이 세포수가 증가하는 것을 세포 증식(hyperplasia)이라고 하며, 세포크기가 증가하는 것을 세포비대(hypertrophy)라고 한다. 가장 높은 성장률은 영아기, 아동기, 청소년기 동안에 나타난다. 성장률은 또한 임신기나 수유기 동안에도 높다.

키와 몸무게는 성장을 평가하는 데 가장 흔하게 사용되고 있다. 미국 질병통제 예방센타(CDC) 내의 국가건강통계센터(NCHS)에서 평균 성장 기록을 수십해 놓은 것을 참조해 본다면, 이 기록들은 잘 양육된 영아들과, 아동들과 청소년들의 성장 기대치를 나타내고 있다.

그림 14.1 성장의 형태

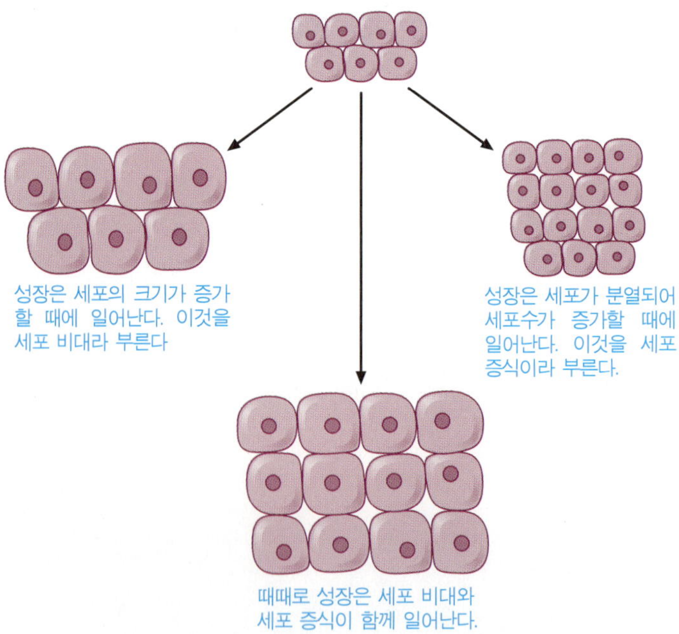

성장 growth
세포의 크기와 수가 증가하는 것

성장 차트에는 출생시부터 20년 간의 성장 패턴이 백분위수를 나타내는 곡선으로 그려져 있다. 성장의 타당성을 평가하기 위해서 치수 (사람의 무게 같은)는 나이와 성별을 통해 구분된다고 말할 수 있다. 예를 들자면, 그 아이의 체중이 백분위수의 60에 떨어진다면 그 또래와 성별의 아이들 중 40%가 그 아이보다 몸무게가 더 나간다는 뜻이다.

발달은 기능의 증가한 복잡성이 습득될 때에 이루어지는 것인데, 예를 들면, 영아기 후반에 걸음마를 하는 능력이다. 발달률은 각각 다르지만 그에 따른 패턴은 예지할 수 있다.

예를 들어, 영아는 걸음마를 배우기 전에 기어 다닌다. 그렇지만 소수의 영아의 경우, 10개월부터 걷는 경우도 있는 데에 반하여 대부분의 영아들은 몇 개월이 지나도 첫 걸음을 떼지 못한다. 성장과 마찬가지로 발달의 단계를 지켜보는 것이 중요하다. 왜냐하면, 발달이 더뎌지는 가장 큰 이유가 질환이나 충분하지 못한 영양섭취일 수 있기 때문이다.

성장과 발달은 영아기와 아동기를 통해 끊임없이 계속되는데, 특히 사춘기 때에 가장 두드러지게 증가한다. 사춘기는 호르몬의 변화가 계기가 되어 아이에서 어른으로 육체적 변화가 일어난다. 대부분의 기관, 조직들이 성숙하게 변화하고, 재생하는 능력을 갖게 된다. 육체적 성숙기에 한 번 도달하면, 성장과 발달률은 느려지기 시작한다. 세포를 형성하고 파괴하는 **세포교체** 과정에 도달하면 평형상태를 유지하게 된다.

발달 development
기능의 복합성과 달성에서의 변화

세포교체 cell turnover
세포형성과 파괴의 주기

그림 14.2 인간 수명의 각 단계

생명의 각 단계에서의 성장과 발달은 인체 크기와 구성에 영향을 미치고 영양소와 에너지 권장량에 영향을 미친다.

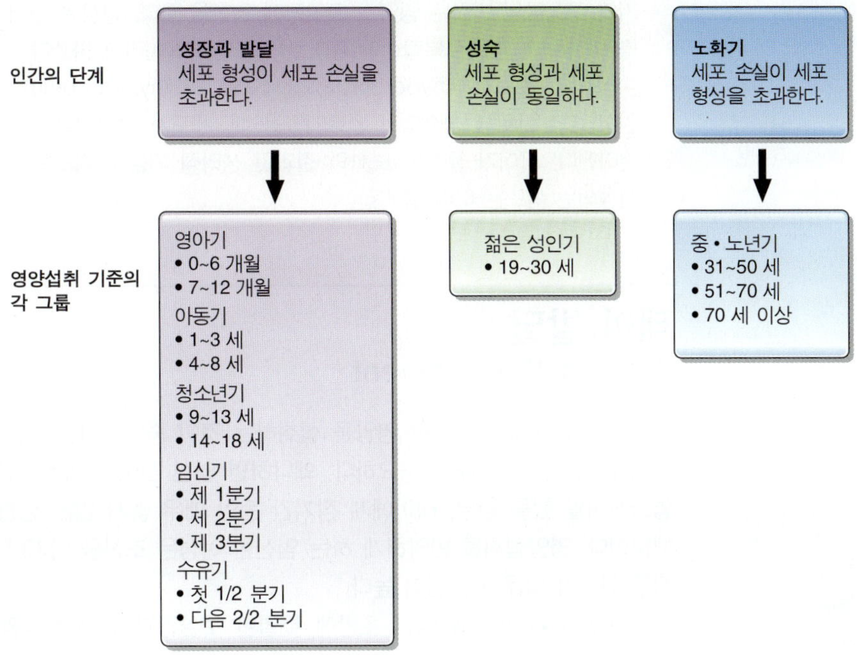

하지만 나이가 들어가면서 새로운 세포를 형성할 수 있는 비율은 줄어들고 인간의 몸 안에 있는 조직물들이 감소되는 결과를 초래하게 된다.

세포가 죽으면 남아 있는 세포들은 기능을 수행하는 데에 덜 효과적이다. 육체적 변화에 따른 특성들은 **노화**와 관계되어 있는데, 이것은 명백하게 노년기라고 할 수 있다.

생애주기의 단계
Stages of the Life Span

삶의 단계를 성장과 발달로 분류하는 것은 영양의 필요량을 논의하는데 의미 있는 방법이다. 성장과 발달에 수반되는 생리학적 변화는 신체의 크기와 구성에 많은 영향을 미치는데, 이것들은 그에 따라 필요한 영양과 에너지에도 영향을 미친다.

이러한 이유 때문에 영아기를 포함(0~6개월, 7~12개월)하여 초기 아동기(1~3세, 4~8세까지)와 청소년기(9~13세, 14~18세까지) 및 젊은 청년층 · 중년 · 노년층(19~30세, 31~50세, 51~70세까지) 각각의 단계에 따른 권장 영양 섭취와 에너지 섭취가 필요하다. 여러 단계들에 따라 영양섭취기준(DRI)은 다르지만, 임신 중의 여성이나 수유 중의 여성에게는 또 다른 영양섭취기준을 권장한다.

필수개념 Essential Concepts

삶은 출생으로 시작되어 성장과 발달 주기를 거치는 연속 과정이다. 이러한 변화 과정들은 영아기 · 아동기 · 청소년기 · 성인기 · 임신과 수유와 같은 특정한 삶의 단계들을 포함하며, 이는 곧 생애주기의 각 단계와 일치한다. 신체 크기와 구성물의 변화는 영양소 요구량에 영향을 준다. 성장은 신체 크기의 증가를 의미하고 발달은 복잡성이 증대된 기능의 획득이라고 하겠다.

성장은 세포의 수(hyperplasia)와 세포의 크기(hypertrophy)가 증가할 때에 일어난다. 신체적 성숙도가 완료되었을 때, 세포가 형성되고 사멸하는 비율은 같아진다. 나이가 들수록 노화의 결과인 생리적 기능의 감소로 새로운 세포가 형성되는 속도는 더디어진다.

태아 발달
Prenatal Development

모든 여성들에게 필요한 영양을 섭취하는 것이 중요하지만, 특히 임신 중의 여성에게 영양섭취는 매우 중요하다. 왜냐하면 임신 전이나 혹은 임신 중에 빈약한 영양섭취를 했을 경우, 태아에게 장기간 동안 매우 좋지 않은 영향을 줄 수 있기 때문이다. 영양섭취를 빈약하게 하는 임신한 여성은 조산을 하거나 평균보다 매우 작은 아기가 나올 가능성이 높다.

이러한 이유 때문에 임신 초반에 특별한 보살핌과 충분한 영양섭취는 아기가 건강하고 안전하게 자랄 수 있게 도와준다.

노화 senescence
기능이 떨어지는 늙어감의 과정

태아의 성장과 발달
Embryonic and Fetal Growth and Development

태아기의 발달은 세 기간으로 나눈다— 임신주변기 (0~2주), 배아기(3~8주) 그리고 태아기(9~38주)이다. **임신주변기**는 수정부터 임신 2주까지이다. 두 개의 생식체, 즉 정자와 난자가 결합되어 **수정란**이 형성될 때 임신이 시작된다. 수정이 된 후, 세포들은 계속 나뉘고 결국은 미분화 **배아세포**를 결성하게 된다. 임신 한 지 2주 정도된 배아세포는 자궁 가장 깊은 곳에 착상을 하게 된다.

3주 초부터 8주 말까지 배아기 동안 세포들은 빠르게 분열하게 된다. 이러한 세포들은 몸의 장기와 조직들을 구별 짓기 시작하고 각각의 조직은 특정한 발달의 계획대로 이루어지기 시작한다. 만약 이 시기에 중요한 영양소가 결핍되면, 장기 · 기관 · 조직들은 제대로 형성될 수 없다. **임계기**는 "결정적 시기"인데, 한 장기가 빠른 성장과 발달을 거치는 시기에 이를 방해하는 환경자극을 받으면 큰 피해를 입을 수 있는 때를 칭할 때 쓰인다. 이 임계기는 대부분 임신 초기에 나타나는 현상이지만, 이것은 임신 후반부에도 나타날 수 있다.

제대로 된 세포 성장과 발달을 방해하는 물질을 **기형발생원**이라고 말한다. 기형발생원의 안 좋은 결과는 대부분 출생에서 명백해지지만, 태어나고 한참 후에도 발견되지 않는 경우도 있다. 예를 들어, 1950년대와 1960년대에 임신한 여성들에게 유산과 조산을 예방하기 위에 처방되었던 DES는 당시 생각으론 안전하다고 여겼다. 그러나 10~12년 후에 DES를 복용했던 산모들이 낳은 여자 아이들에게서 특이한 성질의 자궁암 발병이 발견되었다. DES에 태아의 기형을 유발할 수 있는 물질이 있다는 것은 곧 명백해졌고, 1970년대 초기에 이르러서는 더 이상 처방되지 않았다.

기형유발원에는 여러 가지가 있는데, 그 중 가장 잘 알려진 것이 알코올이다. 임신기간 중 알코올을 섭취한 여성은 태아기 알코올 증후군을 가진 아기를 출산할 위험이 더 높다.

태아기에 이르러서는 기본적인 대부분의 신체 장기가 형성되고 이 때까지 "배아(embryo, 임신 후 8주까지의 태아)라고 불리던 유체는 "태아(fetus)"라고 불리게 된다. 어찌되었든, 태아가 자궁 밖에서도 생존할 수 있기 위해서는 더 많은 추가적인 성장과 발달이 필요하다. 이 시기에 태아의 몸무게는 초기에 비해 거의 500배로 불어나게 되는데, 3.2~3.6kg 정도의 몸무게에 51cm 가량의 신장이 되는 것이다.

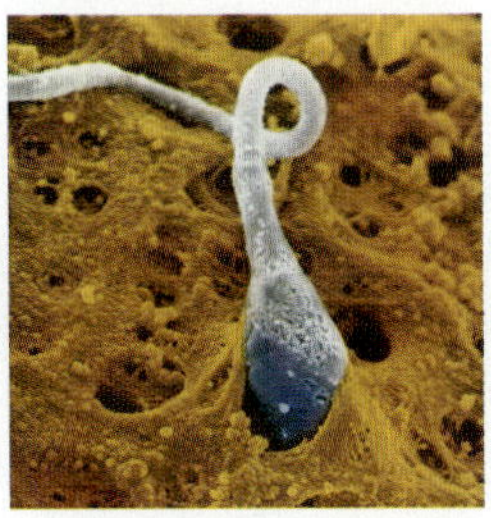
수정

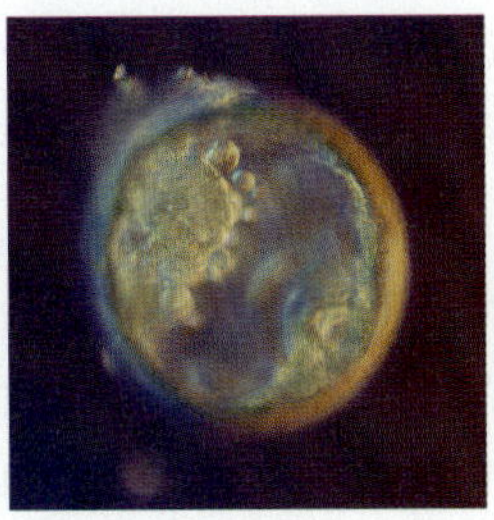
배아세포

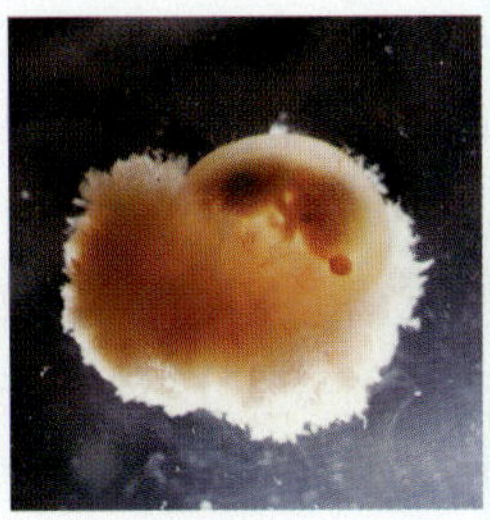
배아/태아

임신주변기 periconceptional period
미분화 배아세포의 형성을 통한 임신 시작의 발달의 임신 전 단계

수정란 zygote (ZY-gote)
난자가 정자에 의해 수정되는 것

배아세포 blastocyst (BLAS-to-cyst)
배아 발달의 초기 단계

임계기 critical peried
세포와 조직이 인체구조를 형성하기 위해 빠르게 성장하고 분화하는 발달의 단계

기형발생원 teratogen (te-RAT-o-gen)
정상적인 세포성장과 발달을 변화시키는 환경적인 요인, 출생기형을 유발

이렇게 태아기의 진행단계와 장기형성의 결정적 시기와 단계들에 대해서는 **그림 14.3**을 참조하면 된다. "배아기"와 "**태아기**"는 태아발달의 단계를 칭할 때에 쓰이는 용어들이다. 임신 기는 개당 3개월 정도로 이루어진 3단계로 나누어져 있다. 처음 $^1/_3$ 분기는 수정부터 13주까지를 말하며, 배아기의 전체와 부분적인 태아기가 포함되어 있다.

두 번째의 $^2/_3$분기로는 14주부터 26주까지를, 그리고 세 번째의 $^3/_3$ 분기로는 27주부터 임신 기의 끝, 즉 아기가 태어나는 때까지를 이르는 것이다.

임신기간 Duration of Pregnancy

임신기간에 대해 말할 때에는 여러 용어가 쓰이는데, 그 중 하나가 임신기간(gestation)이다. 이 **임신기간**은 그 여성의 가장 최근의 생리주기의 첫날과 출산일 사이의 주간을 말한다. 대부분의 여성들이 수태한 때를 확실히 알지 못하기 때문에, 이 방법으로 거의 정확한 임신기간을 계산해 낼 수 있는데, 이에 따르면 평균적인 임신기간은 약 40±2주이다.

태반의 형성 The Formation of the Placenta

착상 이후에 태아의 세포들이 자궁내막의 안으로 들어가 임산부의 조직과 합해짐에 따라 태반이 형성된다. **태반**은 임신 초기에 만들어지지만 몇 주의 기간이 지나야만 충분한 기능을 다할 수 있는 상태가 된다. 이렇게 태반으로 형성된 막은 태아와 임산부의 피가 섞이지 않도록 막아주는 역할을 하기도 하지만, 산소와 이산화탄소 등의 기체, 음식으로부터 취하는 영양소, 그리고 분비물들이 들어오거나 나가는 데에 있어서는 아주 효과적이기도 하다. 그렇지만 안타깝게도 임산부로부터 태아에게 해로울 수도 있을 물질들 또한 이 태반을 통해 이동할 수 있다. 이렇게 태아에게 해가 될 수 있기 때문에 임신한 여성은 약물섭취나 다른 음식을 섭취함에 있어서 각별한 주의를 기울여야 한다.

임신기간과 출생시 체중 Gestational Age and Birth Weight

임신기간과 아기의 출생 시 체중은 신생아의 건강을 예측할 수 있는 두 개의 중요한 요인이다. 앞에서도 언급했듯이 한 아기의 임신기간은 모체의 마지막 생리주기의 첫날과 출산 사이의 주간으로서 알 수 있다. 37주에서 42주의 임신기간을 가졌던 태아는 산월(産月), 즉 정상적인 임신기간을 다 채우고 분만된 **만기출산아**라고 부르며, 37주 미만의 임신기간에 태어난 경우에는 **조산아** 혹은 **미숙아**라고 부른다.

예정일보다 더 빠르게 태어날수록 몸 안의 장기형성이 충분히 이루어지지 않았을 가능성이 크고 자궁 밖에서의 생명을 유지하는 데 있어서 어려움이 많기 때문에 그 아기의 생존뿐만 아니라 장기적으로 볼 때의 건강에 문제가 생길 위험이 더 크다.

배아기 embryonic period
임신 18주까지 확장되는 발달의 단계

태아기 fetal peried
임신기부터 출생 8주까지의 시기

임신기간 gestational age
임신의 기간, 부인의 마지막 정상적인 첫 생리일부터 출생일 사이의 주수를 말함

태반 placenta
태아에게 영양소를 공급하기 위해 태아와 모체조직 사이에 형성되는 기관

만기출산아 full-term infant
임신기간 37~42주 사이에 정상적으로 출생한 아기

미숙아
preterm (premature) infant
임신기간 37주 미만인 아기

저체중아
low birth weight (LBW)
출생시 체중이 2500 g 미만인 아기

그림 14.3 태아 성장 단계와 조직 형성의 중요한 단계

기형발생원의 노출에 의해 형성된 기형은 발생원과 노출 시의 나이 두 가지 모두에 매우 큰 영향을 받는다.

태아기 발달과정은 3기로 나뉜다. - 임신 주변기 (0~2주), 배아기(3~8주) 그리고 태아기(9~38주)

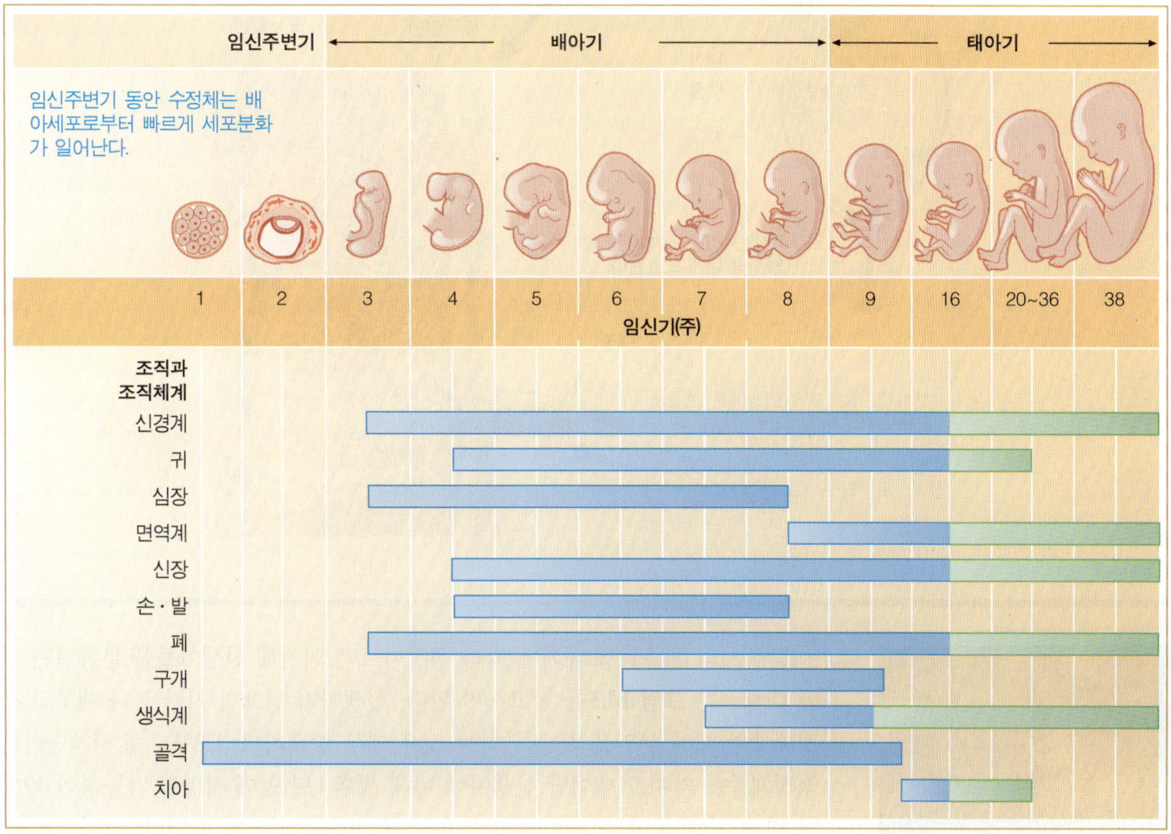

발달의 중요 단계

- (파란색) 조직의 기본구조가 형성된다. 이 시기 동안의 분열 장애는 중요한 신체적 장애를 초래한다.
- (초록색) 조직의 기본구조는 초기에 형성된다. 이 시기 동안의 방해는 손상된 성장, 신체 결함 혹은 기능 결함을 초래한다.

자료 : Office of Children's Health Protection (OCHP) and U.S. Environmental Protection Agency (EPA). Critical periods in development. (Paper.) Series on children's health and the environment. Washington, DC: February 2003. Dietert RR, Etzel RA, Chen D, Halonen M, Holladay SD, Jarabek AM, Landreth K, Peden DB, Pinkerton K, Smialowicz RJ, Soetis T. Workshop to identify critical windows of exposure for children's health: immune and respiratory systems work group summary. Environmental Health Perspectives. June 2000; 108(Suppl 3):483–90

태어났을 때의 체중이 2500 g 미만인 신생아는 **저체중아(LBW)**라고 불린다. 저체중아는 보통 조산했을 경우이거나 임산부의 자궁 내에 있을 때에 **자궁내 발육부진(IUGR)**인 경우이다. 이 경우의 신생아는 종종 임신기간대비 **SGA**라고도 하는데, 이는 출생 시의 체중이 해당 임신기에 태아난 아기의 체중에 비추어서 10백분위수 정도에 그친다는 뜻도 가지고 있다.

10백분위에서 90백분위에 해당하는 몸무게를 가지고 태어난 아기들은 임신기간별 적절한 체중의 아기란 뜻으로 **AGA**, 90백분위수를 넘어서는 체중의 신생아는 우량아라는 뜻으로 **LGA**라고 명명한다.

자궁내 발육부진
intrauterine growth retardation (IUGR)
자궁내의 성장이 느리거나 지연된 아기

임신기간 대비 저체중아 SGA
small for festational age
임신기간에 따른 체중이 10% 미만인 아기

임신기간별 적절한 체중의 아기 AGA
appropriate for gestational age
임신기간의 적절성 : 임신기간에 따른 체중이 10%~90%에 있는 아기

그림 14.4 태반의 구조와 기능

태반은 임신 초기에 형성되어 태아와 부조직을 형성한다.

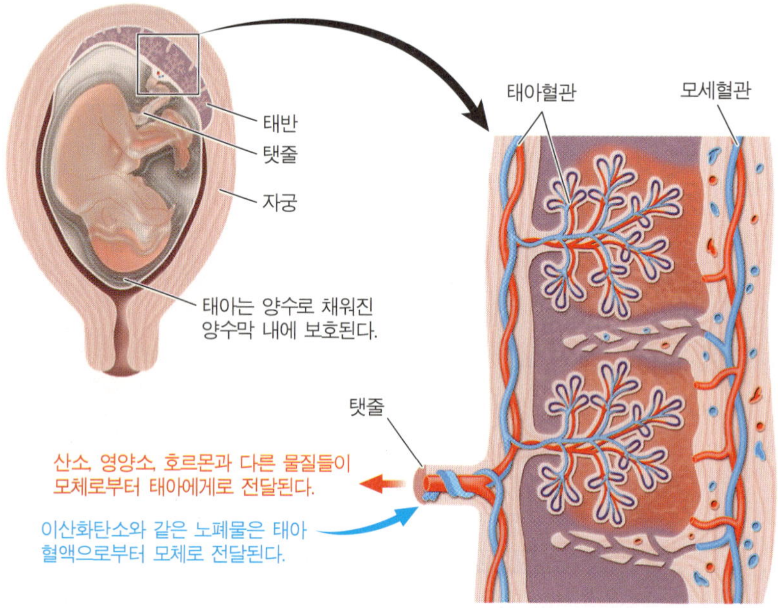

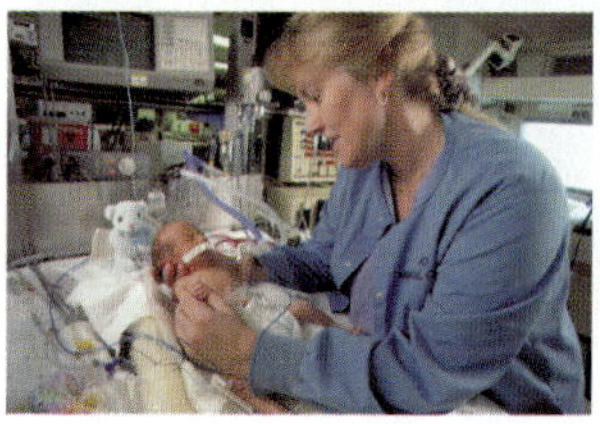
저체중아는 특별한 관리를 필요로 한다.

출생 시의 체중과 회태기에 따라 성장차트에 의거해 신생아들을 분류하는 것에 대해서는 **그림 14.5**를 참고하면 된다. 신생아가 필요한 기간을 다 채우고 적정체중일 때에 분만을 하도록 하는 것은 매우 중요하다. LBW, 즉 저체중아는 적정체중을 가지고 태어난 신생아에 비해 생후 1년 안에 사망할 가능성이 40배나 더 높기 때문이고, 사실 유아사망의 큰 비중을 차지하고 있다. 그뿐만 아니라 태아기 중의 부족한 성장은 장기적으로도 심각한 영향을 미칠 수 있다.

태아기원가설(Fetal Origins Hypothesis)은 자궁 내에서의 영양소 결핍이 장기와 체내 조직의 구조와 기능에 있어 영구적인 변화를 줌으로 후년에 특정한 만성 질병으로까지 이어지도록 한다는 이론이다.

필수개념 *Essential Concepts*

착상 이후에 접합체는 세포 분화 과정을 겪고 배아세포가 된다. 배아세포의 특정 세포는 태아를 형성하고 나머지 세포는 모체의 조직들과 융화되어 태반을 이룬다. 태반은 영양소, 기체, 호르몬, 모체와 태아 사이의 다른 여러 가지 생성물을 운반하는 역할을 수행한다. 배아의 마지막 단계에서 신체의 중요한 기관들의 기본적인 체계가 형성된다. 정상적인 성장과 발달을 방해하는 물질과 환경 요인들을 기형발생원이라고 부른다.

태아기 단계는 배아기 단계 후에 나타난다. 37주 이상의 기간은 임신기간이 정상적으로 다 찼다고 본다. 반면에 37주보다 적은 임신기간은 조산이라고 할 수 있다. 대부분의 조산아들은 저체중아(LBW)이다. 이것은 또한 IUGR에 의해 발생한다. IUGR을 경험한 아기들은 임신기간이 짧다.

우량아 LGA
large for gestational age
증가된 임신기간 : 임신기간에 따른 체중이 90%이상인 아기

임신기간은 여성이 마지막으로 한 생리를 시작한 첫 번째 날부터 태아를 출생한 날까지 기간 사이의 주를 센 것이다.

출생한 아기들은 임신기간 동안에 10~90번째 백분위 사이의 체중을 가진 경우 적합한 임신기간을 지녔으며, 반면에 90번째 백분위를 넘는 아기는 임신기간 대비 과체중아로 분류된다.

Focus On 임상 적용 CLINICAL APPLICATIONS

기형발생원과 선천적 결함

미국의 경우, 대부분의 임산부들은 건강한 아이를 잉태하지만 약 3~4%의 아기들(매년 150,000명)은 선천적인 결함을 지니고 태어난다. 선천적 결함이란 구조 또는 기능과 연관된 기형 증상이다. 그리고 때때로 정신과 육체의 기능 장애에서도 발생한다.

어느 정도의 선천적 결함은 문제가 되지 않기도 하나, 어떤 경우는 심각할 수 있으며 삶을 위협할 수 있다. 선천적 장애는 다양한 이유로 발생한다. 유전적일 수도 있으며 환경이나 생활양식 또는 이러한 요인들이 혼합되어 나타나게 될 수도 있다. 약 60% 가량의 선천적 결함은 확실한 원인이 밝혀지지 않았다.

기형발생원은 태아에게 부정적인 영향을 미치는 환경적 요인들의 큰 범주로서 설명되어 왔다. 기형발생원은 화학성분 · 약물 · 감염 · 방사능을 포함하며, 이러한 요인들은 기형발생원의 원인의 4~5%가량을 차지한다. 비록 대부분의 기형발생원은 임신기의 특정한 시기에만 손상을 미치지만 술과 같은 기형발생원은 임신기의 전 단계에 걸쳐서 손상을 줄 수 있다.

1950년대에는 유럽에서 의사들은 수천 명의 아기들의 팔과 다리의 발육이 멈춘 상태에서 출생되어 깜짝 놀랐다. 이것은 곧 탈리도미드라는 수면제 때문이라는 사실이 밝혀졌다. 수면제는 입덧을 완화시켜 주기 위하여 임신기의 여성에게 투여되었으며 이것이 선천적 장애의 큰 원인이 된 것이다.

그러나 임신기 후반에 탈리도미드 수면제를 복용한 여성들의 아기의 사지는 정상이었다. 왜냐하면, 팔과 다리를 형성하는 중요한 시기는 임신기 초반이기 때문이다. 이후 탈리도미드 수면제는 사용이 금지되었다. 그러나 12,000명이 넘는 아이들은 탈리도미드 수면제로 인하여 선천적 결함을 지니고 태어났다.

오늘날 대부분의 약물은 기형발생원의 영향이 되는지를 시험하게 된다. 예를 들어, isotreinoin은 종종 심각한 여드름 치료에 처방된다. 그러나 이것은 매우 높은 위험성을 지닌 기형발생원이고, 임신한 여성이나 임신하게 될 여성은 복용해서는 안 된다. isotreinoin의 적은 양을 짧은 기간 동안 복용한다고 할지라도 태아가 기형이 될 위험성이 높아진다.

1950년대, 탈리도미드약을 먹은 임신부들에게서 팔과 다리 기형의 아이들이 출생했다.

기형발생원으로 잘 알려진 또 다른 원인은 술이다. 약 1,000명당 1~2명의 아기들은 알코올과 관련된 건강상의 문제들을 안고 태어난다. 이는 태아 알코올 증후군(FAS)으로 잘 알려져 있다. FAS와 관련된 특징들에는 머리의 둘레가 보통보다 작고 보기 드문 얼굴 특징이 있으며 또 다른 신체적 기형이 있다.

게다가 많은 영아들이 발달이 더디었다. 덜 심각한 형태의 태아 알코올 중후군(FAE : fetal alcohol effect)은 대부분 학습과 행동문제 장애에 관련이 되어 있다.

다행히도 FAS와 FAE는 예방가능하다. 즉, 임신기간 동안 여성이 알코올을 섭취하지 않았다면 FAS나 FAE를 지닌 아기를 가질 위험이 없다. 알코올의 무섭취는 임신기간 동안 안전하다고 할 수 있기 때문에 가장 추천하는 방법은 임신기간 동안에는 알코올 섭취를 철저하게 금지하는 것이라고 하겠다.

그림 14.5 임신기간과 출생 시의 체중에 기초한 영아 특성

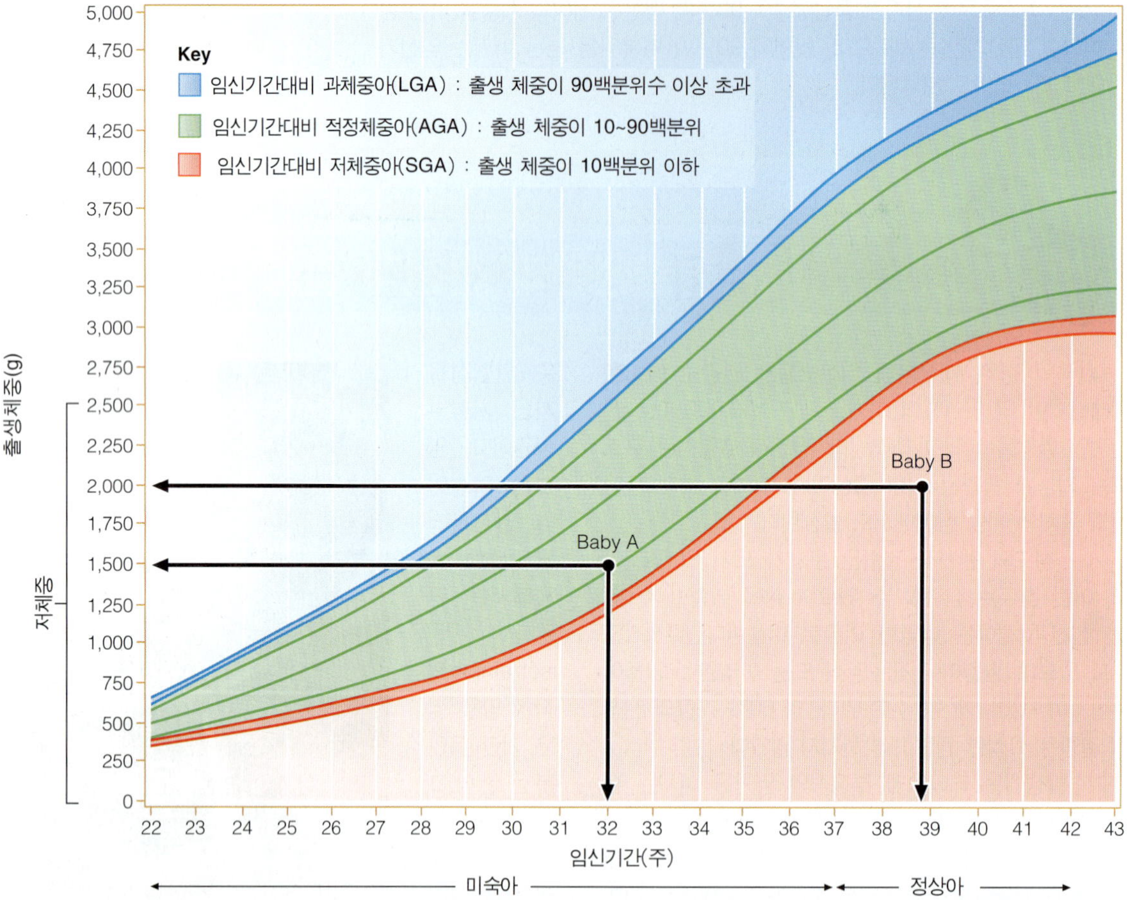

영아 A는 임신 32주에 출생, 무게 1,500g
- 미숙아 (<37주)
- 저체중 (2,500g)
- 적정 체중아 (출생체중은 10~90백분위수 사이)

영아 B는 임신 39주에 출생, 무게 2,000g
- 정상아(>37주)
- 저체중(<2,500g)
- 저체중 출산아(출생체중은 10백분위수 이하)

표 14.1 임신기 동안 체중증가량의 구성

구성	38주의 체중 증가량 추정치 Lb(kg)
태아	7 ~ 8(3.2~3.6)
태반	$1^1/_2$ ~ 2(0.68~0.9)
자궁과 부속기관	$2^1/_2$ ~ 3(1.1~1.4)
모체 체지방	7 ~ 8(3.2~3.6)
유선조직	1 ~ 2(0.5~0.9)
세포외액(혈액과 양수)	6 ~ 7(2.5~3.2)
총 체중 증가량	25 ~ 30(11~13.5)

자료 : King JC. Physiology of pregnancy and nutrient metabolism. *American Journal of Clinical Nutrition.* 2000;71(5 Suppl):1218S–25S.

Focus On 과학적인 혁신 THE PROCESS OF SCIENCE

태아기원가설

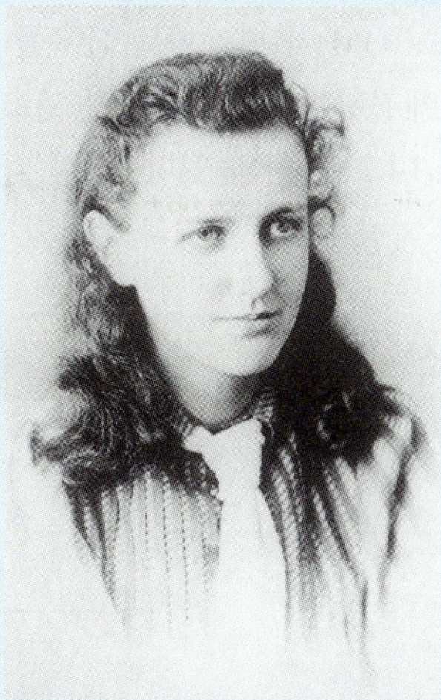

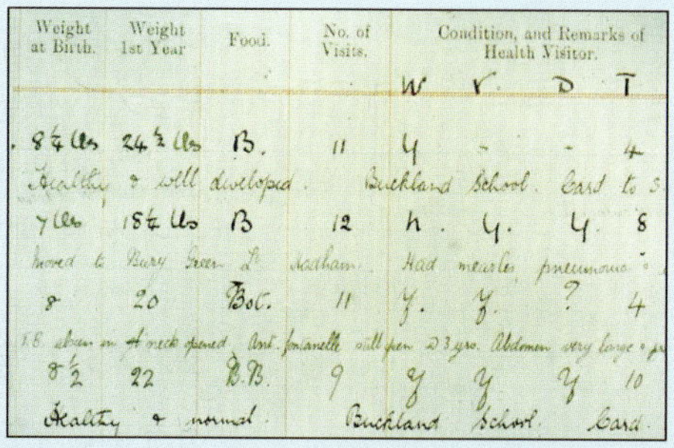

Ethel Margaret Burnside는 영국의 빈민지역의 임신부에게 관리를 제공했다. 태아기원가설은 1900년대 초에 수집된 자료를 토대로 발전되었다. 아래에 Ethel Margaret Burnside가 만든 원부로부터의 인용이 보인다.

1900년대 초반의 영국 보건 당국은 빈민층의 유아 사망률을 낮추는 것이 목표였다.

이를 시행하기 위하여 Ethel Margaret Burnside라고 불리는 조산원은 빈민 공동체의 임신한 여성들을 도울 수 있도록 임명되었다. 간호사들은 규칙적인 가정 방문을 통하여 출산 직후와 1년 뒤의 아기 개개인의 몸무게와 키를 측정했다. 오랫동안 수천 명의 유아들의 정보가 주의 깊게 기록되었다.

몇 년 후, Burnside에 의해 기록된 자료는 영국 Southampton 대학교의 역학자 David Barker와 Clive Osmond에게 큰 흥미를 제공하였다. 1900년대 초반 높은 신생아의 사망률을 나타낸 지역은 이후에 심장 질환의 높은 발병률을 나타내는 동일한 지역이었다. 만약 이 둘이 연관되어 동일한 지역에 나타났다고 가정하는 가설 속에서 Barker와 Osmond는 1911년과 1945년 사이에 태어난 13,249명의 영아의 출생기록을 분석했다.

곧 이어 그들은 저체중아들이 나중에 심장 질환의 높은 발병률의 위험도를 지닌 연관성을 발견하였다. Barker와 Osmond는 태아기의 환경이 훗날 성인 건강에 어떤 영향을 준다는 사실을 제안하였다.

이러한 개념은 태아기 계획과정이라고 생각된다. 이것은 최적상태에 미치지 못하는 자궁의 환경 상태가 태아의 성장을 바꿀 수 있다는 것을 말한다. 이는 삶의 후기 단계에서 특정한 만성 질환의 위험도를 높이는 결과를 초래할 수 있다. Barker와 Osmond의 태아기원가설 혹은 Barker의 가설은 많은 인구와 동물 실험에서 입증되어 왔다. 상당한 결과들이 태아 영양 결핍 상태는 심장질환, 뇌졸중, 고혈압, 당뇨병과 비만과 같은 성인병들을 초래한다는 사실을 입증한다.

비록 메커니즘은 정확하게 밝혀지지 않았지만, 학자들은 영양소가 한정되어 있을 때에 영양소는 태아의 혈액을 타고 뇌를 보호하기 위하여 영양소가 뇌로 전달되기 때문에 다른 기관들로 영양소가 상대적으로 덜 전해진다고 생각한다.

비록 이러한 적응의 반응은 짧은 기간 동안은 태아에게 이익을 줄 수 있으나, 이는 훗날 삶 속 단계들의 결과들에 부정적인 해를 끼친다고 간주된다.

태아기원가설은 분명 논란이 있다. 왜냐하면, 만성 질환의 원인은 매우 복잡하고 분류하기 힘든 다양한 요인들에 의해 영향을 받기 때문이다.

그러나 학자들의 태아 계획 단계에 관한 연구, 즉 초기 발생 단계의 다양한 환경들이 훗날 삶 속의 건강에 어떠한 형식으로 영향을 주며 나타나는지에 대한 더 나은 이해에 관한 연구 또한 지속될 것이다.

임신기의 건강관리
Health Recommendations for Pregnancy

미숙아 혹은 저체중아를 낳을 가능성을 낮추는 요소에는 여러 가지가 있다. 그 중 제일 중요한 세 가지는 여성의 자기관리 범위 안에 위치한 것들로 적당한 체중 조절, 적절한 식사요법, 그리고 금연이다.

임산부의 체중 증가
Maternal Weight Gain

임산부의 적절한 체중 조절은 태아의 성장과 발달의 정도를 결정함에 있어서 매우 중요하다. **표 14.1**은 임신과 관련한 체중 조절의 구성요소를 다루고 있다. 미국 의학연구소(IOM)가 발표한 임산부를 위한 체중 조절 지침은 임산부의 카우프지수 또는 체질량지수에 그 기반을 두고 있다.

이 지침은 **표 14.2** 에 나와 있다. 적정 범위 내의 체중인 여성은 예정일에 맞추어 산월 때에 적정체중의 아기를 분만할 가능성이 더 높다.

표 14.2 임산부를 위한 권장 체중 증가량

임신 시의 체중/키 (BMI : kg/m²)	임신기간 동안 권장 체중 증가량	
	kg	lb
저 (BMI<19.8)	12.5 ~ 18	28 ~ 45
중 (BMI 19.8 ~ 26)	11.5 ~ 16	25 ~ 30
고 (BMI>26 ~ 29)	7.0 ~ 11.5	15 ~ 25
비만 (BMI>29)	최소 6.8 kg	최소 15

자료: Institute of Medicine/National Academies of Science (NAS/IOM). Nutrition During Pregnancy. Washington, DC: National Academies Press; 1990.

예를 들어, 평균체중의 여성(임신 중 BMI 19.8~26.0 kg/m^2)은 11~16 kg 정도를 더 늘릴 필요가 있고 과체중인 여성(임신 중 BMI > 26.0~29.0 kg/m^2)은 평균체중인 여성에 비해 적은 6.8~11.3 kg 정도의 몸무게를 더 늘릴 필요가 있다.

비만인 여성(임신 중 BMI > 29.0 kg/m^2)의 경우는 최소인 6.8 kg 정도를 늘려야 하는 데 비해 평균 미만의 체중인 여성(임신 중 BMI > 19.8 kg/m^2)은 12.7~18 kg 가량을 늘려야 좋다고 한다.

10대의 경우에는 임신 중 체중 증가가 이익이 되는 편이기 때문에 임신 중 BMI에 비추어서 늘려야 할 체중 범위의 상위권에 해당하는 만큼을 늘리는 것이 좋다. 이는 10대의 경우에 아직 성장기여서 태아에게 가야 할 영양소 등이 자신의 성장을 위해 쓰이는 경우가 많으므로 오히려 조산하거나 저체중아를 출산할 비율이 더 높기 때문이다. BMI 지수에 관계없이, 임신 중의 체중 감량은 절대로 권하지 않는다.

임산부의 영양소 및 열량 필요량
Maternal Nutrient and Energy Requirements

임신한 여성은 여러 생리적 변화를 겪게 되는데, 이는 영양소 요구량에 영향을 미친다. 이 변화들에 대해서는 **표 14.3**에 표기되어 있다. 임신한 여성을 위한 식사요법 및 식단은 임산부뿐 아니라 태아가 최선의 건강상태를 유지할 수 있도록 광범위한 연구 결과를 밑바탕으로 짜여지고 권해지는 것들이나 마이피라미드 식품 가이드 시스템은 임신기간이나 수유기간 중의 식단을 짜기 위한 도구로서 만들어진 것이 아니다.

오히려 산부인과 의사들은 임신했거나 수유 중인 여성에게 이 시스템에 의존하기보다 산부인과 혹은 병원과의 직접적인 상담을 통한 식단 짜기를 권한다.

에너지 섭취기준
Recommended Energy Intake

임신 중의 적절한 체중 조절을 위해서는 적절한 식품섭취를 통한 에너지, 즉 열량 조절이 필수이다. 임신 중에는 태아의 성장과 태반 형성뿐만 아니라 그 외 임산부의 조직들이 제 기능을 할 수 있도록 하기 위해 추가적인 열량이 필요하다. 휴식하는 중에도 임산부의 생리적 변화에 따라 열량 소비가 증가하게 된다.

예를 들자면, 임산부의 심장과 폐가 태아에게 필요한 영양소와 산소공급을 위해 더 일을 열심히 해야 하는 것과 같은 맥락이다. 총 임신기간 동안 필요한 에너지의 양은 약 60000 kcal 정도로 꽤 많은 편이다.

표 14.3 임신기간 동안 생리적 변화

심혈관계	• 심장이 약간 커짐 • 심박동수 증가 • 심박출량 증가 • 혈압이 임신 첫 2분기에는 감소하고, 임신 둘째 2분기 때는 비 임신기 때의 혈압으로 돌아옴 • 혈장량 증가 • 적혈구 세포 용적 증가 • 호흡률 증가 • 산소 소비량 증가
위장관 및 식품 섭취	• 식욕증가 • 미각과 후각의 변화 • 갈증 증가 • 위장 운동 감소 • 영양소 흡수 효율 증가 • 위식도역류가 일반적이 됨
배설계	• 여과율 증가 • 나트륨 보유력 증가
에너지 대사 및 에너지 균형	• 기초 대사량(BMR) 증가 • 체온증가 • 체중 증가 • 체지방 증가 • 제지방 증가 • 총 체수분량 증가

Food Matters 목표를 향한 실천

미국 농무성 식사 지침(USDA Dietary Guidelines) 에서는 임신기간 동안 여성은 음식 선택에 대한 주의를 기울여야 한다고 강조한다. 다음은 이러한 목표를 충족시키기 위한 음식 선택법과 준비법에 관한 내용이다.

- 엽산이 풍부한 오렌지 주스, 렌즈콩, 녹황색 채소를 많이 섭취한다.
- 시리얼, 정백하지 않은 빵, 렌즈콩, 밀기울을 빼지 않은 밀가루로 만든 파스타와 같이 엽산이 첨가된 영양가를 한층 강화시킨 형태의 음식을 섭취한다.
- 철을 공급하는 지방이 적은 고기나 아침 시리얼 같은 강화식품, 전곡으로 된 빵, 렌즈콩과 같은 철이 풍부한 식물성 음식을 섭취한다.
- 음식의 철 구성을 강화하기 위하여 주철로 된 조리 기구를 사용한다.
- 철 흡수율을 높이기 위하여 비타민 C가 풍부한 음식과 철이 풍부한 식물성 음식을 함께 섭취한다.
- 우유, 치즈, 요구르트, 영양분이 강화된 콩류 음식, 칼슘이 강화된 오렌지 주스와 같은 음식들을 섭취하여 칼슘의 섭취를 높인다.
- 만약에 조제된 고기와 소시지를 먹는다면 충분히 뜨거운 상태로 재가열된 것을 먹도록 한다.
- 적절한 체중 증가가 이루어질 수 있도록 건강관리를 해주는 전문가에게 영양소가 강화된 적절한 음식을 섭취할 수 있도록 자문을 구한다.
- 알코올 섭취를 금한다.

임신 후 처음 3개월 동안은 여분의 에너지가 많이 필요하지 않지만, 대부분의 여성의 경우에는 비임신기의 추정 에너지 필요량에 비해 임신 후 14~26주 동안은 하루당 348 kcal 정도를, 임신 후 27주~출산할 때까지는 하루당 452 kcal 정도의 추가 열량 분의 음식을 섭취하도록 권장하고 있다. 나이가 어리거나 체중이 평균체중 이하인 여성의 경우에는 더 많은 열량을 필요로 할 수도 있다.

다량 영양소 섭취기준
Recommended Macronutrient Intakes

임신 중인 경우에 필요한 에너지를 만들어 내기 위해서는 충분한 탄수화물, 단백질, 그리고 지방이 필요하다. 임신 상태가 정상적으로 진행되고 있다면, 주 에너지원(총 칼로리의 45~65%)으로 탄수화물을 섭취하는 것이 좋다. 탄수화물의 하루섭취 기준은 175 g이며, 임산부와 태아에게 충분한 양의 포도당을 제공한다.

임신을 했을 때에는 태아의 몸, 그리고 임산부의 추가적인 세포조직 형성을 위해 평소보다 많은 양의 단백질이 필요하다. 단백질 섭취를 하루 25 g 정도 더 늘리거나, 하루 총 70 g 정도의 단백질 섭취가 권장된다. 이 정도의 단백질은 육류와 유제품, 그리고 계란과 같은 양질의 단백질 공급원 등으로부터 쉽게 얻을 수 있다. 예를 들어, 85g 정도의 육류나 2컵의 요구르트는 약 25g 정도의 단백질을 함유하고 있다. 에너지적정비율(AMDR)에 따라 단백질의 섭취량은 총 칼로리의 10~35%를 차지해야 한다.

채식을 하는 임산부의 경우, 식단을 짤 때에 충분한 양의 아미노산 섭취를 고려해야 한다. 고단백질 식물성 음식으로는 두부와 그 외 콩 제품, 말린 콩과 편두 등이 있다. 충분한 양의 아미노산을 섭취하기 위해서는 이런 음식 등을 골고루 먹어야 한다.

지방 또한 임산부에게는 매우 중요한 에너지원이며, 권장량은 하루 총 칼로리의 20~35% 정도이다. 총 지방섭취량에 있어서는 영양섭취기준 수치가 없지만, 필요한 지방산에 있어서는 충분섭취량이 존재한다. 리놀레산과 리놀렌산은 각각 하루 13g이나 1.4g 정도가 제시되어 있다.

리놀레산과 리놀렌산은 인체가 다른 지방산을 만드는 데 있어서 중요한 모체 역할을 한다. 예를 들자면, 리놀레산은 아라키돈산으로 변화하게 되고, 리놀렌산의 경우에는 도코사헥사에노산(DHA)과 에이코사펜타에노산(EPA)으로 변화한다. 이러한 지방산의 경우 태아의 신체의 성장과 발달에 결정적인 역할을 하는 반면, DHA 같은 경우는 두뇌발달과 망막형성에 중요한 역할을 한다.

임신기의 충분한 지방산 섭취를 위해서는 주당 두세 번 정도 생선을 먹고 오메가-3 지방산이 풍부한 캐놀라(canola)유나 아마(flaxseed)유를 사용하는 것이 좋다. 특정류의 생선은 수은 함유량이 높을 수 있기 때문에 미국 식품의약품안전청(FDA)과 미국 환경청(EPA)은 임산부들이 상어, 황새치, 고등어, 그리고 도미의 섭취를 피할 것을 제안했다. 수유를 하는 산모와 어린 아이들도 이 생선들은 먹지 않는 것이 바람직하다.

미량 영양소 섭취기준
Recommended Micronutrient Intakes

임신을 했을 때에는 필요한 열량이 증가하는데, 그에 못지않게 중요한 것은 임산부가 충분한 비타민과 무기질을 섭취하는 것이다. 비타민과 무기질은 임산부와 태아의 세포조직뿐 아니라 신진대사의 반응을 위해 필요하다.

소수의 경우를 제외하고는 임신 중에는 대부분의 미량 영양소의 필요성이 증가하게 된다.

임신기간 동안 대부분 비타민의 필요성이 어느 정도 증가하게 되지만 비타민 A의 경우에는 약간만 증가하고 비타민 D와 E, 그리고 비타민 K의 경우에는 전혀 증가하지 않는다. 비타민 A 전구체를 과다 섭취할 경우에는 태아가 기형으로 태어날 가능성이 있다.

다시 말해서 미리 제조된 비타민 A 알약이나 파우더 등을 과하게 섭취하면 그 비타민이 기형발생원으로 변할 수 있다. 그렇기 때문에 임산부는 보조제나 음식을 먹을 때에 비타민 A 섭취가 상한섭취량(하루 3000μg)을 넘지 않도록 주의해야 한다.

미리 형성된 비타민 A를 비교적 많이 함유하고 있는 식품으로는 소와 닭의 간 등이 있다. 그렇지만 베타카로틴을 비롯하여 식물성 음식에 포함되어 있는 프로비타민 A인 카로티노이드의 경우, 섭취에 제한을 둘 필요가 없다.

의외로 칼슘 섭취 기준은 임신을 해도 증가하지 않는다. 물론, 태아가 정상적으로 성장하고 발달하는 데에 여분의 칼슘을 필요로 하지만, 임산부의 생리적 변화에 의해 칼슘 섭취량을 늘리지 않아도 그 필요를 임산부가 스스로 채울 수 있다. 임신을 할 경우, 그 여성의 칼슘 흡수량이 증가하는 반면에 소변을 통해 배출되는 칼슘의 양이 줄어드는 것을 예로 들 수 있다. 그러므로 임산부의 칼슘 적정섭취량(하루 1000μg)은 임신하지 않은 여성과 동일하다.

철은 헤모글로빈과 태반의 형성, 그리고 태아의 성장과 발달에 있어서 꼭 필요하기 때문에 임산부의 하루치 철섭취권장량은 27mg으로 크게 증가한다. 대부분 잘 짜인 식단의 경우, 그 여성은 약 15~18mg 정도의 철을 공급받게 된다. 예를 들어, 170g의 쇠고기(살코기)에서는 4~5mg 정도의 헴 철을 얻을 수 있는 데 비해 1컵 분량의 철강화 시리얼의 경우에는 10~15mg 정도의 비(非)헴 철을 함유하고 있다. 그러나 철의 체내이용률은 식물보다 육류가 더 높다.

많은 여성들이 임신기에 필요한 철 섭취기준을 식사만으로 채우기 어려워할 뿐만 아니라 약 12%의 여성들은 체내 철함량이 부족한 상태에서 임신을 한다. 그렇기 때문에 철이 가장 많이 필요한 2, 3번째 삼분기 동안에는 종종 철 보충제가 권해지기도 한다.

채식주의자의 경우에 동물성 음식은 모두 기피하므로 충분한 양의 비타민 B_{12}, 비타민 B_6, 철, 칼슘, 그리고 아연을 섭취할 수 있도록 신경을 써야 한다. 채식을 하는 임산부라면 식단에 곡물, 콩, 견과류, 두부와 두유 등의 칼슘 강화 식품을 충분히 더해야 한다. 비타민 B_{12}를 제공받을 수 있도록 영양가가 풍부한 효모나 비타민 B_{12}강화 시리얼 등의 식품 또한 절대로 필요하다.

산모의 식습관과 신경관 손상 임신 중인 여성에게 건강한 식습관은 특히나 중요하지만, 임신할 즈음의 식습관 또한 태아의 건강에 큰 영향을 미치기도 한다. 예를 들자면, 엽산은 신경계의 발달에 결정적이라고 할 수 있는 세포분열 달성에 큰 역할을 한다. 그렇기 때문에 엽산 함유량이 적은 여성의 태아는 임신 초기에 척수와 뇌, 혹은 양쪽에 영향을 미치는 신경관 손상(NTD)의 위험에 더 많이 노출된다.

신경관 형성에 있어 결정적인 시기는 임신 초기인 임신 후 21일 이내다. 여성이 임신을 자각하기도 전에 신경관 형성은 이미 되었을 가능성도 높다는 것이다. 이렇듯 신경관 형성에 엽산이 중요하기 때문에 임신을 위한 엽산의 하루 섭취 기준은 600μg이다. 그뿐만 아니라 임신이 가능한 여성도 자연적으로 음식에 의한 섭취 외에 보충제나 강화식품 등으로 하루 400μg 정도의 엽산 섭취가 바람직하다.

1996년에는 NTD를 예방하는 데 있어서 엽산의 중요성을 인정한 FDA가 옥수수 가루, 파스타와 빵 등의 곡물을 이용한 식품에의 엽산 첨가를 승인했다.

식품강화 기준치는 한 파운드(435.6 g)당 약 0.43 mg에서 1.4 mg이며, 식품제조업체는 제조된 식품의 라벨에 엽산을 충분히 섭취하면 NTD 발병의 위험성을 낮출 수 있다는 문구를 넣을 수 있게 되었다. 이런 전국적인 노력 끝에 미국인들의 엽산 함유량은 증가했고 NTD 발병률은 19% 가량 감소했다.

물론 엽산 강화식품 등으로 노력한 결과 NTD 발병률을 낮추기는 했지만 엽산섭취를 늘림으로써 NTD가 무조건 예방되는 것은 아니다. 어떤 경우에는 유전자 변형이 엽산의 정상적인 물질 대사를 방해하고 태반으로 엽산이 이동하는 것을 막기도 하기 때문이다.

임산부 흡연의 영향 Impact of Maternal Smoking

임신 중 흡연을 하면 조산아 혹은 저체중아를 출산할 위험이 높음을 뒷받침하는 증거는 매우 많다. 임산부는 금연이 중요하다. 임산부가 직접 흡연을 하지 않더라도 간접흡연 또한 태아에게 나쁜 영향을 끼칠 수 있다는 연구결과 또한 있다.

담배에는 태아와 태반에 손상을 입힐 수 있는 몇 천 가지가 넘는 화학물질이 함유되어 있다. 흡연은 임산부의 혈관을 수축시킴으로써 자궁에서 태반으로 가는 혈액을 감소시킨다. 필요한 영양분과 산소가 태아에게 제대로 전달이 되지 못하는 것이다. 그뿐만 아니라 흡연으로 인해 너무 이르게 태반이 제자리에서 이탈함으로써 **유산**, 즉 임신 이후 20주 이내의 태아의 사망이란 결과를 불러올 수도 있다. 만약 흡연을 하는 여성이라면 되도록 빨리 임신 초기에 금연을 하는 것이 바람직한 일이다.

필수개념 *Essential Concepts*

적절한 체중 증가, 건강한 식사요법, 그리고 금연은 아기의 체중과 임신기간의 길이에 영향을 준다. 임신기간 동안 대량 영양소에 대한 에너지 요구량이 증가하는 것처럼 미량 영양소에 대한 에너지 요구량 역시 증가한다. 임신기간 동안 태아, 태반, 모체의 기관의 성장을 위하여 에너지를 필요로 한다. 여성은 임신하지 않은 상태의 에너지 요구량보다 임신 초반의 3개월 동안 348 kcal의 에너지 추가량을, 그리고 다음 3개월 동안 452 kcal의 에너지 추가량을 각각 필요로 한다. 탄수화물은 임신기 전반에 걸쳐서 가장 중요한 에너지 자원으로 여겨져야 한다. 추가 단백질량(25 g/1일)은 태아와 모체의 기관을 형성하는 데 필요하다. 전체 열량의 20~35%는 지방으로 공급되어야 한다.

태아의 성장과 발달을 위한 추가 칼슘을 더 필요로 하지만, 모체의 생리기능 변화는 식이요법을 하지 않고도 이러한 필요량에 적응할 수 있다. 헤모글로빈을 형성하고 태아와 모체의 성장과 발달을 위한 철이 필요하다. 임신기간 동안 철의 섭취기준은 1일당 27 mg 증가한다. 엽산은 세포분화와 신경계 발달에 매우 중요한 역할을 수행한다.

결핍된 엽산 영양 상태에서 여성은 신경관 결함의 아기를 가질 위험도가 커진다. 임신기간 동안 엽산의 섭취기준은 1일당 600 μg이다. 임신기간 동안 흡연은 조산이나 저체중아를 출산할 위험도가 높아진다.

유산 miscarriage
임신 첫 20주에 일어나는 사산

수유기 영양
Nutrition During Lactation

여성의 몸은 임신 중에 여러 생리적 변화를 거치며 유방에서 젖이 만들어지도록 한다. 모유는 아기의 성장과 발달에 최적인 영양성분들을 가지고 있으며 병원균과 세균에 저항할 수 있는 면역성도 가지고 있다. 이런 것을 생각하면 조제분유를 먹는 아기들에 비해서 모유를 먹는 아기들은 잘 앓지 않는 것도 그리 놀랄 일은 아니다. 모유를 먹이는 것은 산모에게도 이로운 일이다. 수유기에는 아기에게 모유수유를 해야 하는 것뿐만 아니라 출산한 산모 자신도 몸을 추슬러야 하기 때문에 임신기 때와 마찬가지로 영양가 있는 식품 섭취가 중요하다.

수유의 구조와 생리
Anatomy and Physiology of Lactation

임신기 동안 에스트로겐과 프로게스테론을 포함한 여러 호르몬들은 젖을 만들 수 있도록 유선(mammary glands)을 '준비' 시키는 역할을 하게 되는데, 이것을 **수유**라고 한다. 이 호르몬들은 모유를 만들어 내는 선세포(secretory cells, 분비세포)가 커지고 그 수가 증가하도록 자극하며, 만들어진 모유를 유방으로 보낼 **유관**을 팽창시킨다. **그림 14.6**에 있듯이, 모유의 생성은 유방 안에 위치한 **샘꽈리**에서 이루어지는데, 각 샘꽈리는 모유를 만들어 내는 많은 선세포로 이루어져 있다. 호르몬의 자극을 받은 선세포들이 흘려보내는 모유는 유관을 통해 유두로 이어지는 것이다.

수유 lactation
모유의 생산과 분비

유관 mammary duct
분비세포로부터 유두로 모유를 운반하는 구조

샘꽈리 alveolus
유선을 형성하는 모유를 생산하는 세포의 군집

그림 14.6 모체 유방의 구조와 생리

모체의 유방과 유선은 모유를 생성하고 분비하는 많은 조직으로 구성되어 있는 복합 기관이다.

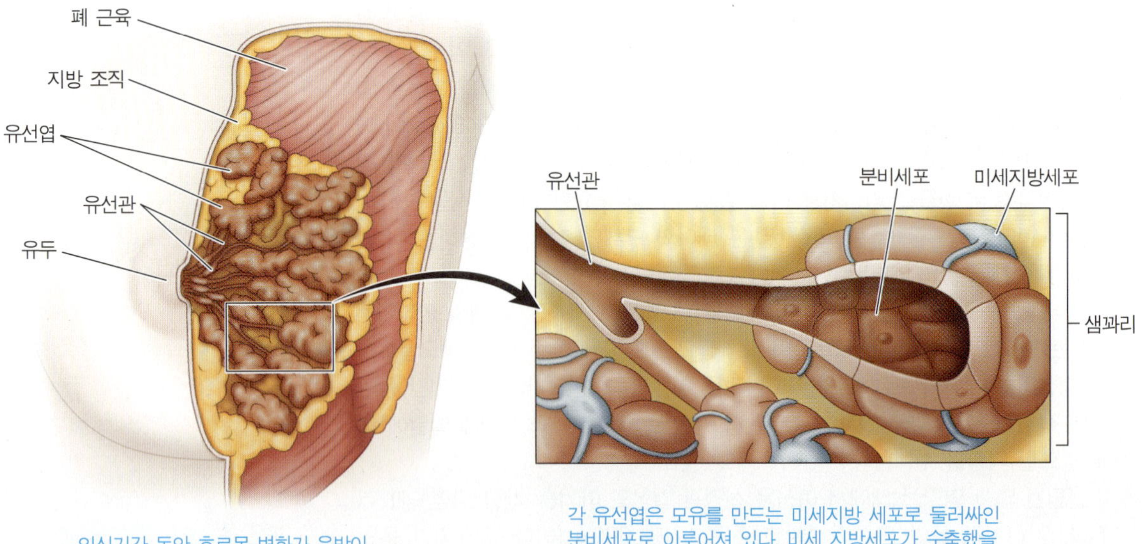

임신기간 동안 호르몬 변화가 유방이 모유를 생성하도록 한다.

각 유선엽은 모유를 만드는 미세지방 세포로 둘러싸인 분비세포로 이루어져 있다. 미세 지방세포가 수축했을 때 모유가 유선엽으로 밀려나고 유선관으로 들어간다.

출산한 산모는 출산 후에 곧 아기에게 젖을 물리는 것이 좋은데, 그 이유는 아기가 어미의 젖을 빨게 되면 그 자극으로 **락토제네시스**, 즉 젖의 생성이 시작되기 때문이다. 뇌하수체 전엽으로부터 분비된 **프로락틴**과 **옥시토신**은 모유의 생성과 샘꽈리에서 유관으로 모유를 흘려보내는 일을 통제한다. 아기가 산모의 젖을 빨면 유두의 신경이 뇌하수체 전엽으로 신호를 보내 이 호르몬들을 분비하도록 한다(**그림 14.7**).

프로락틴은 유선의 선세포들을 자극해 모유를 만들게 하고 옥시토신은 선방을 감싸고 있는 **막상피세포**를 수축하게 한다. 이 근육들의 수축으로 샘꽈리 안에 있던 모유가 유관으로 흘러 들어가도록 하는 것이다. 이렇게 모유가 선방에서 분비되어 유관을 통해 유두로 흘러가게 되는 것을 모유의 **렛 다운**이라고 부른다. 아기가 산모의 젖을 빨면, 모유가 유관을 통해 흘러가서 유두로 나오고, 그것이 아기의 입속으로 들어가게 된다.

락토제네시스 lactogenesis
모유생성의 시작

프로락틴 prolactin
샘꽈리에서 모유생산을 자극하기 위해 뇌하수체에서 만들어지는 호르몬

옥시토신 oxytocin
유선관으로의 모유의 이동을 자극하기 위해 뇌하수체에서 만들어지는 호르몬

막상피세포 myoepithelial cells
유선관으로 모유를 밀어넣기 위해 수축하는 근육세포

렛 다운 let-down
유선관을 통한 유두로의 모유 이동

그림 14.7 수유의 신경과 호르몬 조절

모유 생산은 "수유와 공급"에 의해 조절된다.

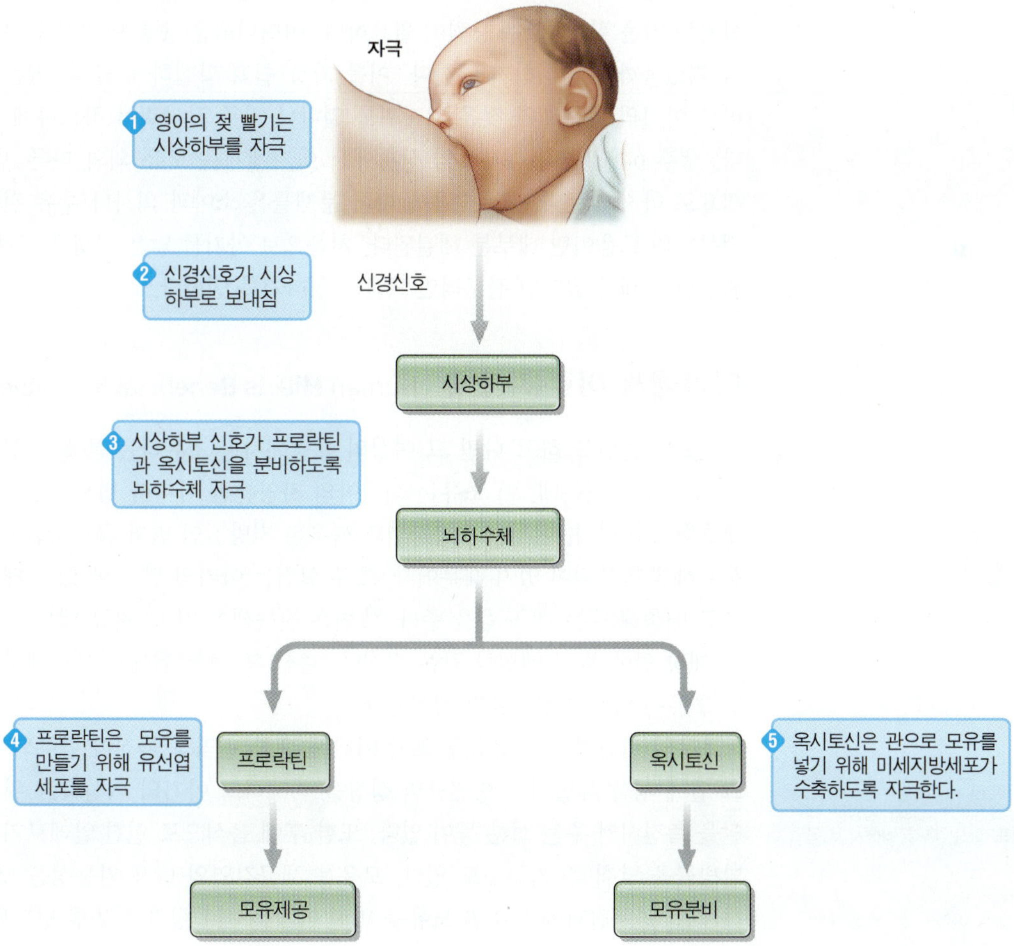

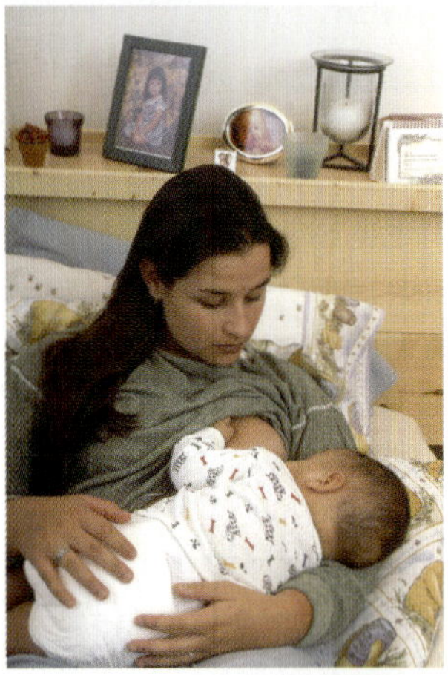
대부분의 수유부는 아기에게 모유수유가 좋은 것을 안다. 필요에 따라 모유수유가 권장된다.

걱정이나 스트레스 및 피곤함은 이런 "let-down" 작용의 활성화를 방해하기 때문에 이럴 때에는 수유가 힘들 수 있다. 그렇기 때문에 산모는 더욱 몸뿐만 아니라 심적인 편안함을 가질 수 있게 주위의 도움과 지지가 필요하다.

모유의 생성 : 수요와 공급
Milk Production: A Matter of Supply and Demand

모유 생성은 여러 생리적 요인에 의해 조절되는데 유방의 크기와는 무관하다. 만들어지는 모유의 양을 결정하는 큰 요소는 바로 그 아기가 모유를 얼마나 먹느냐에 달려 있다. 아기에게 모유만을 먹이는 여성은 이유식과 모유를 병행하는 여성에 비해 생성되는 모유의 양이 더 많다.

여성의 모유 생성에 있어서 출산 후 6개월 간은 하루 약 770 cc($3^1/_3$컵), 그 다음 6개월 간은 하루 약 590 cc ($2^1/_2$컵)가 평균적이다. 신생아는 위가 아직 작기 때문에 한 번에 섭취할 수 있는 양이 많지 않고, 많은 산모들이 두세 시간마다 수유를 한다. 미국 소아과 학술원은 수유하는 여성들에게 시간표대로 예정된 시간에 수유하기보다는 하루 8~12번 정도의 수유가 좋다고 권한다.

모유수유를 하는 데에는 아기를 가슴께에 적절히 기울인 올바른 자세와 그 아기가 산모의 가슴에 붙어서 유두를 물 수 있는지의 능력과 더불어 빠는 일과 삼키는 일을 할 수 있는 능력이 필요하다. 어머니들은 종종 아기가 충분히 모유를 먹었을까를 염려하기도 한다. 이를 가장 쉽고 확실하게 알 수 있는 방법은 바로 아기의 몸무게와 젖은 기저귀를 얼마나 자주 갈아줘야 하느냐에 달려 있다. 생후 6개월까지 대부분의 상황에서 아기에게는 모유 외의 다른 자양물은 필요로 하지 않는다. 모유수유에 따른 문제들은 소아과 의사나 수유 전문가 등 전문의의 도움이면 대부분 해결된다. 처음으로 아기를 낳은 여성은 모유수유에 관련한 문제가 있으면 전문적인 도움을 청하기를 권한다.

아기에게 이로운 모유 Human Milk Is Beneficial for Babies

산모가 출산을 하고 나면 그 여성의 유방에서는 **초유**라는 특별한 성분을 가진 젖이 분비되는데, 이 초유는 신생아의 자양뿐만 아니라 병으로부터 아기를 보호하기도 한다. 이것은 세균감염과 싸우는 지방질인 면역 글로불린이 초유에 풍부하게 함유되어 있기 때문이다. 초유 섭취는 아기의 장 속에 있는 **태변**을 밖으로 배출해 내는 데 도움을 준다. 태변은 진녹색을 띠며, 자궁 내에 있는 태아의 대장 안에 쌓인 배설물 같은 것이다. 출산 후 며칠 뒤에는 유선에서 생성되던 초유는 멈추고 성숙유가 생성된다.

초유와 마찬가지로 성숙유 또한 여러 중요한 면역성 물질이 함유되어 있다. 그 안에 병을 유발하는 병원균의 성장을 억제하고 아기의 미성숙한 위장의 발달을 촉진시켜 주는 성분 등이 있다. 또한 후에 음식으로 인한 알레르기성 질환 발병률을 낮춰 줄 가능성도 있다. 모유는 세균감염의 발생 가능성을 낮추기도 하지만, 연구결과에 의하면 모유를 먹인 아기는 제 1 형과 제 2 형 당뇨병 및 특정 암과 천식의 발병률이 낮고 비만의 가능성 또한 낮다고 한다.

초유 colostrum
출생아에 대한 면역보호와 영양을 제공하기 위해 출생 후 유방에서 처음 분비되는 것

태변 meconium
태어나지 않은 아기의 장 속에 있는 진 녹색의 대변같은 물질

모유의 성분 Composition of Human Milk

모유는 아기에게 필요한 영양소들을 완벽하게 갖추고 있다. 영양소뿐만 아니라 모유에는 효소를 포함한 여러 혼합성분이 함유돼 있으므로 아기가 모유의 영양분들을 소화하고 흡수하기가 쉽다.

예를 들어, 모유에 함유된 리파아제(lipase)는 아기의 중성지방(triglicerides) 소화를 돕는다. 게다가 모유에는 락토페린이라는 물질이 들어 있는데, 이것은 여러 기능을 가진 당단백질의 일종으로 철의 흡수를 도울 뿐만 아니라 항균작용을 함으로써 특정한 감염성 질환으로부터 아기를 보호하기도 한다.

모유는 우유에 비해 단백질 성분이 적어서 아기의 성장과 발달에 좀 더 알맞다. 단백질 성분이 모유 보다 많이 함유된 우유는 아기에게 적합하지 않다. 단백질 성분의 양 외에도 모유는 소화가 쉽다.

조제분유를 만들기 위해 쓰이는 우유는 조제분유로 만들어지기 이전에 단백질 성분 조정을 거쳐야 한다.

모유의 경우 칼로리의 반이 넘는 양을 지질(lipid)이 차지한다. 유선에서 혼합되어 나온 지질이 있는가 하면, 산모가 섭취한 음식에서 나온 지질이 있을 수도 있다. 모유에는 몇 십 가지도 넘는 지방산들이 함유되어 있는데, 과학자들은 그 중에서도 특히, 유아기의 두뇌와 시력 발달에 큰 도움을 주는 DHA에 관심을 가진다. 연구결과에 따르면 조제분유를 먹고 자란 아기들에 비해 모유를 먹으며 자란 아기들의 인식능력이 더 뛰어났다고 한다.

그러나 DHA가 함유된 조제분유를 먹인 경우에는 이 차이가 사라졌다. 제조업체 등에서 조제분유에 DHA를 함유시키기 시작한 것은 몇 년도 채 되지 않은 일이다. 모유에는 세포막의 중요 구성성분이기도 한 콜레스테롤이 다량 함유되어 있다. 아직 콜레스테롤을 함유한 조제분유는 없지만 함유시켜야 할지는 미지수이다.

모유에 함유되어 있는 주요 탄수화물은 유당과 올리고당이다. 유당은 중요한 에너지원일 뿐만 아니라 칼슘, 인, 마그네슘과 같은 다른 영양소의 흡수를 돕는다. 올리고당은 에너지원을 공급함과 함께 아기의 위장에 해로운 세균이 자라지 못하도록 억제하기도 한다.

수유 중의 에너지와 영양소 필요량 Energy and Nutrient Requirements During Lactation

수유기 동안 얼마만큼의 에너지가 더 필요한지는 어머니가 모유만으로 아기를 수유하는지, 아니면 조제분유와 병행하는지 등에 따라 다르다. 보편적으로 출산 후 처음 6개월까지가 그 다음의 6개월에 비해 모유가 더 많이 생성되기 때문에 추가적으로 필요한 에너지는 각각 약 500 kcal/일과 400 kcal/일 정도이다. 그렇지만 처음 6개월 동안 모유 생성에 필요한 에너지 중 어느 정도는 산모의 체지방을 동원해 만들기도 한다.

다음 공식에서 보이듯이 모유를 수유하는 여성에게 필요한 에너지는 비임신이나 비수유 상태의 평균 여성 에너지 필요추정량, 모유 생성에 따른 에너지 소모, 그리고 저장되어 있던 체지방으로부터의 에너지로 구했다.

에너지 필요추정량 계산 (EER Calculations)
Estimated Energy Requirement (EER) Calculations

- 0~6개월째 수유기 = 성인 EER + 수유하는 데 소모되는 에너지 − 체중 감량
  성인 EER + 500 kcal − 170 kcal (동원된 체지방 감소)
  성인 EER + 330 kcal/일
- 6~12개월째 수유기 = 성인 EER + 수유하는 데 소모되는 에너지
  성인 EER + 400 kcal
  성인 EER + 400 kcal/일

미국 의학연구소(Institute of Medicine, IOM)는 비임신 수유여성에게 처음 6개월 동안은 하루 330 kcal의 추가 열량을, 6~12개월 동안은 하루 400 kcal의 추가 열량을 권장한다고 제안했다.

수유기의 미량 영양소 섭취권장량은 임신기의 권장량과 크게 다르지 않지만, 비타민 A 같은 영양소는 더 섭취해야 하고 엽산 같은 경우에는 덜 섭취해야 한다. 비타민 C의 경우는 수유기에는 섭취기준이 대폭 늘어난다. 이것은 꽤 많은 양의 비타민 C가 모유에 함유되어 빠져나가기 때문인데, 그 때문에 임신기에는 하루 85 mg이던 권장섭취량은 수유기에 한해 120 mg으로 증가한다.

그뿐만 아니라, 모유를 수유하는 여성은 물 등의 액체를 충분히 마셔야 한다. 마시는 액체의 양이 늘어도 생성되는 모유의 양에는 영향이 없지만, 몸에 수분이 적을 경우에는 모유의 양이 감소할 수 있기 때문이다. 수유 여성의 경우, 하루치의 액체 권장섭취량은 3.8리터(13컵 정도)이다. 이 액체란 음식과 음료 양쪽을 다 포함한다. 비임신 여성, 임신 여성, 수유 여성들의 섭취기준은 **그림 14.8**을 참조하면 된다.

어머니에게도 이로운 모유수유
Breastfeeding Is Beneficial for Mothers

대부분의 사람들이 모유수유가 영아에게 좋은 것은 알지만, 모유수유가 산모에게도 좋다는 것을 알지 못한다. 출산 후에 곧 모유수유를 하면 자궁을 자극해 수축하게 함으로써 실혈을 최소화할 뿐만 아니라 자궁의 크기를 임신하기 전만큼으로 되돌려 놓을 수 있다. 어떤 여성들은 모유수유를 하는 것이 임신 전의 체중으로 돌아가는 데에 도움을 주었다고도 말한다.

그 밖에도 모유수유를 하는 여성들에게는 장기적으로 봤을 때에도 건강상 이점들이 있다. 모유수유를 하는 것은 월경이 다시 시작되는 것을 어느 정도 늦출 수 있다. 출산과 출산 이후의 첫 월경 사이를 두고 **산후 무월경**이라고 하는데, 이 때에는 임신과 출산을 겪으며 몸에서 빠져나간 철을 다시 채워 넣으며 회복하는 때이다.

산후 무월경
postpartum amenorrhea
출생후부터 생리를 시작하기 전까지의 기간

그림 14.8 비 임신기, 임산부, 수유부를 위한 에너지, 영양소 섭취기준 비교

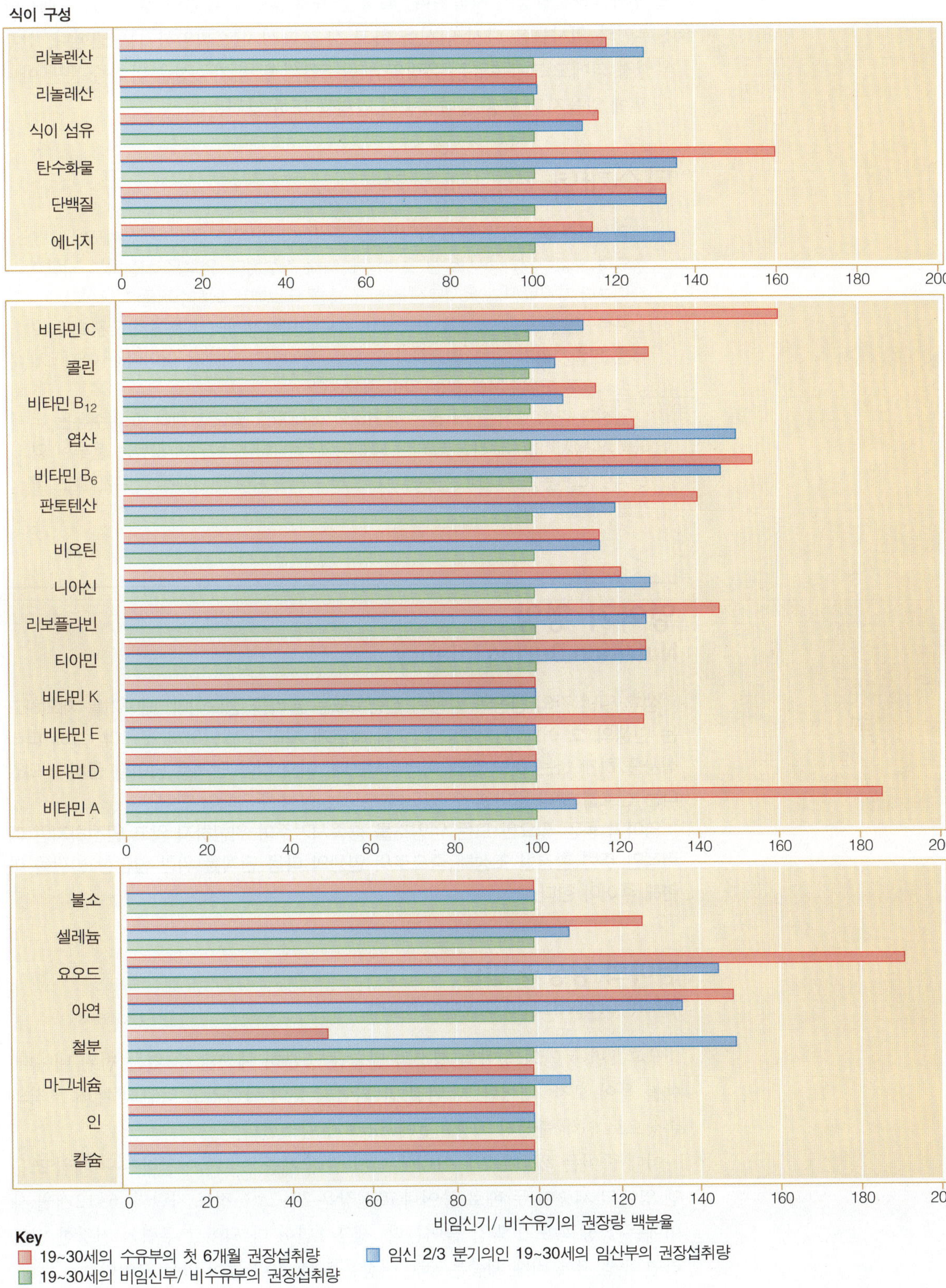

이 산후 무월경의 기간은 사람에 따라 천차만별이지만, 평균적으로 수유여성의 경우에는 출산 후 6개월 정도 후에, 비수유 여성의 경우에는 출산 후 6주 정도 후에 다시 월경이 시작된다. 월경을 하지 않아도 배란이 될 수 있기 때문에 산부인과 의사들은 다시 임신을 하고 싶을 때까지는 피임하기를 권한다. 산후 무월경 외에도 모유수유는 유방암과 난소암의 발병 가능성을 낮춰줄 뿐만 아니라 후에 있을지도 모를 골다공증의 발병률 또한 낮춰준다.

필수개념 *Essential Concepts*

임신기간 동안 유방은 모유 생성을 준비한다. 모유는 유방 샘의 세포에서 생성되며 프로락틴과 옥시토신 호르몬에 의해 조절된다. 양육은 시상하부 뇌하수체로부터 프로락틴과 옥시토신 분비 신호를 내보내는 뇌하수체를 자극한다.

프로락틴은 모유 생성을 자극하고 옥시토신은 샘꽈리 세포에서 유관으로 모유를 분출시키기 위해 필요하다. 수유를 유지하기 위해서 어머니는 아기에게 규칙적으로 모유수유를 하는 것이 중요하다.

임신과 같이 수유는 더 많은 영양소와 에너지를 필요로 한다. 모유수유는 유아를 양육시키는 데 가장 유익한 방법이다. 왜냐하면, 인간의 모유는 풍부한 영양소와 면역적인 이점을 가지고 있다. 모유수유 역시 여성에게 건강에 좋은 이점을 지니고 있다.

영아기 영양
Nutrition During Infancy

생후 일년 간의 성장과 발달의 진행속도는 놀라울 정도이다. 태아기를 제외하고는 인생의 그 어느 시기에도 이렇게 빠르게 자라고 발달하지 못한다. 그에 따라 식사를 하게 하는 것도 점점 어려워지는데, 이때 다음 단계로 넘어갈 준비가 되었다는 신호를 빨리 알아챌 수 있도록 부모는 항상 주의해야 한다.

영아기 동안 필요한 모든 영양소를 충족시켜주며 위험하지 않고 안전하지만 매력적인 주변 환경을 조성해 줌으로써 인생의 다음 단계를 위한 단단한 발판을 마련해 주어야 한다.

영아의 성장과 발달
Infant Growth and Development

생후 1년 동안의 영아의 성장과 발달은 충분히 예측할 수 있는 범위 내이다. 예를 들어 보자. 태어난 지 며칠 안 되어 수분이 날아가고 약간의 체내 조직의 손상으로 인해 출생시 체중의 5에서 6%가 감소한다.

이때 줄어든 체중은 2주 이내에 다시 원래 체중으로 돌아간다. 4~6개월 즈음엔 영아의 체중이 두 배로 불어나고 신장은 20~25% 정도 자란다. 6~12개월 사이에는 성장 속도가 약간 줄어든다. 생후 1년이 다 되어갈 무렵의 건강한 영아라면 출생 시에 비해 체중은 3배, 신장은 50% 가량 늘어 있을 것이다.

출생 후 1년 동안은 성장과 발달에 세심한 주의를 기울일 필요가 있다. 영아의 체중 · 신장 · 머리둘레 치수는 건강검진 때마다 재보고, 성장 차트에 기록한다. 성장 차트(Growth Chart)에는 각각 대표적인 체중과 신장, 그리고 머리둘레 치수가 나와 있다. 예를 들어, 한 아이가 그 나이대의 체중에 있어서 백분위수의 60이라면 차트를 만들 때에 참고했던 아이들 중 60% 정도의 아이들보다 무겁다는 것이다(**그림 14.9**).

그림 14.9 생후 3년 동안의 성장

체중과 키는 성장 곡선을 사용해 유아기와 아동기에 조절되어야 한다.

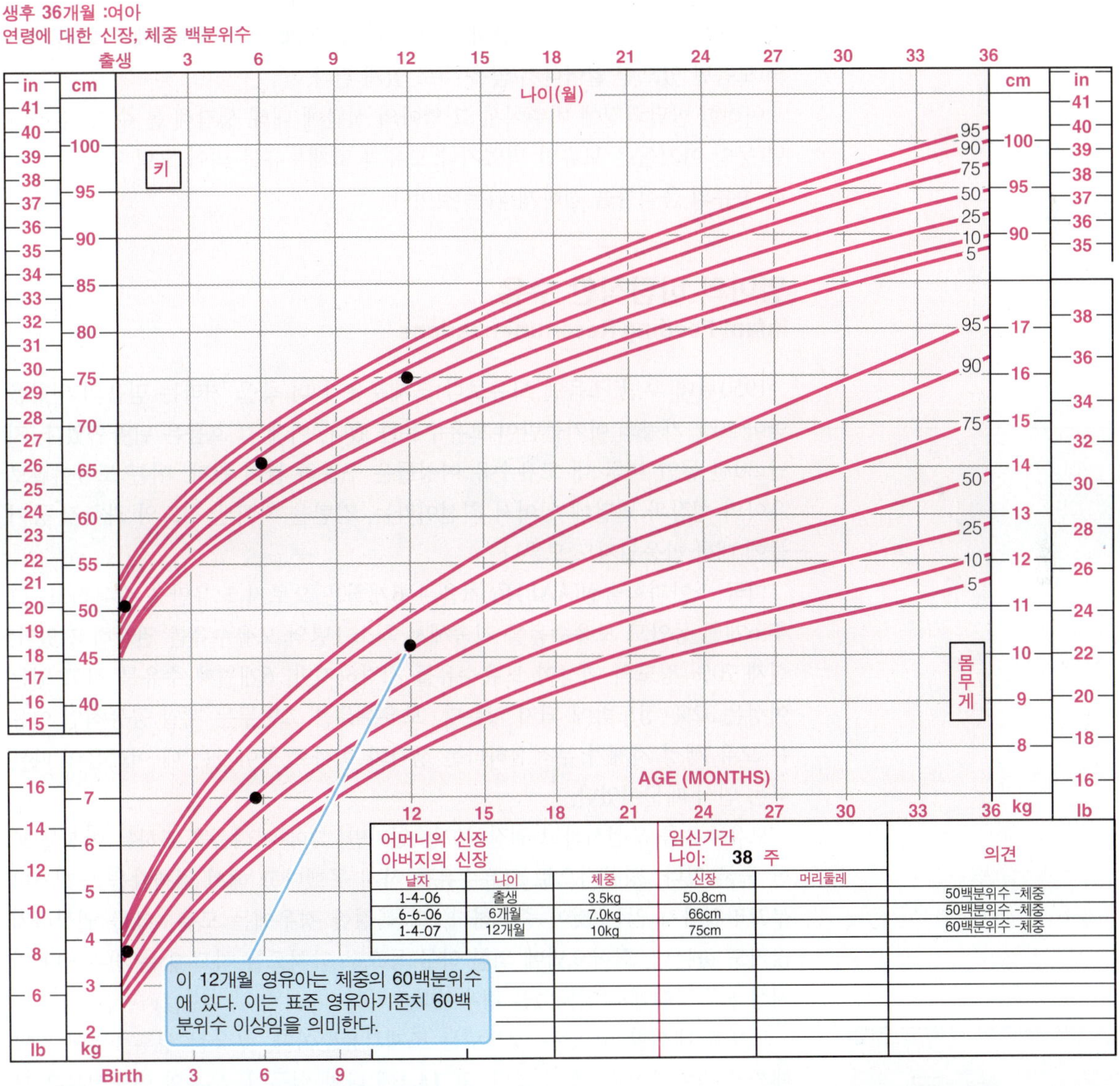

4~6개월에 체중은 2배가 되고, 신장은 약 25% 증가한다.

12개월에 체중은 3배가 되고, 신장은 약 50% 증가한다.

자료: Developed by the National Center for Health Services in collaboration with the National Center for Chronic Disease Prevention and Health Promotion (2000). http://www.cdc.gov/growthcharts

성장 차트는 의사들이 시간을 두고 영아를 모니터하는 데 도움을 준다. 그 또래의 아이들은 대부분 일관성 있고 안정된 성장 패턴을 따르게 마련이다. 예를 들어, 출생 시의 체중이 백분위수의 50이었던 아기가 6개월 만에 10으로 떨어지고 생각보다 성장이 더디다면, 의사들은 뭔가 잘못 됐을지도 모른다는 신호로 받아들이고 검사를 해볼 것이다. 서투른 수유방법이나 조악한 주변환경 등으로 충분한 영양분과 에너지를 공급받지 못해 성장이 더뎌진 경우일 수도 있다.

생후 1년 동안은 성장뿐만 아니라 상당한 발달이 이루어진다. 갓 태어났을 때의 신생아는 자기 몸을 마음대로 제어하지 못한다. 그렇지만 몇 개월 안에 목소리를 내어 말을 하거나 친근한 웃음을 돌려주기도 한다. 근육을 제어하는 능력이 발달하면서 머리를 가만히 들고 있을 수 있게 되고, 6개월째가 되면 약간의 도움만 있으면 일어나서 앉을 수도 있게 된다.

이러한 발달과정에 비추어서 그 영아의 식단에 대해 생각해 볼 수 있다. 이 1년 동안 아기들은 모유만 먹었거나 모유와 조제분유를 먹어 오던 것에서 다양한 종류의 음식들을 접하게 되는 것이다.

영아의 바람직한 수유
Infant Feeding Recommendations

1950년대 후반 즈음엔 모유보다 조제분유가 더 좋을 거라는 믿음의 영향을 받아 20% 가량의 아기들만이 모유수유를 했다. 이제 그 흐름은 뒤바뀌었다. 지난 30년 동안 미국 내 모유수유 여성들은 꾸준히 늘어 왔다. 이는 모유야말로 유아의 성장과 발달에 있어서 최선이라는, 감탄을 자아낼 정도의 과학적 증거들에 대한 반응일지도 모른다.

미국 소아과학술원(AAP)은 처음 4~6개월은 오로지 모유만을 수유하고, 그 후 6개월 동안도 모유수유를 지속해서 최소 1년의 모유수유를 권장하고 있다. 현재 70% 정도의 여성이 모유수유를 시작하지만, 6개월째 수유를 하고 있는 여성은 32% 정도밖에 되지 않는다. 모유수유를 그만두는 제일 공통적인 이유는 모유 생성 자체가 부적절하다는 생각과 회사로 돌아가는 데 어려움이 따른다는 인식 때문이었다.

모유수유를 우선시하고 권장하고는 있지만, 그에 어려움을 표하는 여성들 또한 물론 있다. 성공적으로 모유수유를 하지 못했다고 해서 죄책감을 느끼거나 부끄러워하지 않는 것이 중요하다. 또 특정한 경우에는 모유수유를 권장하지 않기도 하는데, 화학요법에 의한 약물 등으로 암치료를 하고 있는 경우거나 방치상태의 결핵에 감염되었을 경우이다.

다양한 종류의 조제분유들

모유를 대신할 수 있는 것으로는 조제분유뿐이다. 우유는 생후 1년이 지날 때까지 먹이지 않는 것이 좋다. **표 14.4**에 나와 있듯이, 우유의 영양성분은 모유나 조제분유와는 매우 틀리다. 대부분의 조제분유는 우유나 콩에서 얻어낸 성분들로 이루어져 있다. 약간의 차이는 있지만 우유와 콩 양쪽 다 영아에게 꼭 필요한 영양소와 성장과 발달에 필요한 에너지를 충족시켜 준다.

소아과의사들은 철이 강화된 조제분유를 권한다. 이는 철강화 조제분유를 먹

표 14.4 모유, 조제분유, 우유(소)의 영양소와 에너지 구성비(5 oz당)

	모유	영아용 조제분유	콩 조제유	우유
에너지(kcal)	105	100	100	92
단백질(g)	2	2	3	5
지방(g)	6	6	5	5
탄수화물(g)	9	11	9	7
콜레스테롤(mg)	21	4	0	15
철(mg)	0.1	1.8	1.8	0
칼슘(mg)	45	78	83	173
비타민 A(IU)	331	300	300	156
비타민 D(IU)	3	60	60	62
비타민 C(mg)	6	9	12	0
엽산 (μg)	7	15	16	8

지 않은 영아에 비해 이를 먹고 자란 영아는 철 부족으로 인한 빈혈을 일으킬 확률이 더 낮기 때문이다. 조제분유는 가루 형태나 농축된 액체의 형태로 판매되고 있다. 조제분유를 준비할 때에는 위생관리를 철저히 하고 젖병과 젖꼭지를 깨끗하게 유지해야 한다.

영아는 영양 보충제나 다른 수분을 필요로 하나?
Do Infants Require Nutrient Supplements or Other Fluids?

비타민 D · 불소(fluoride) · 철, 그리고 수분 같은 것의 추가적인 섭취는 가끔 권해지기도 하지만, 이러한 결정을 내리기 전에는 전문의와의 상담이 필수이다. 영양보조에 대한 것은 종종 영아의 나이와 모유를 먹는지 또는 조제분유를 먹는지를 기반으로 결정하게 되는데, 자세한 것은 **표 14.5**를 참조하면 된다.

비타민 D 최근 모유를 먹고 자란 유아들 중 몇몇이 구루병을 앓게 된 일이 전국적으로 알려지면서 과연 모유에 충분한 비타민 D가 함유되어 있을까 하는 논란이 일고 있다. 과학자들은 오랫동안 아기들은 먹는 것과 햇빛에의 노출로 충분한 비타민 D를 공급받고 있다고 생각해 왔지만 꼭 그런 것만은 아니다. 피부색, 구름량, 스모그, 햇빛차단제의 사용 등이 비타민 D의 형성을 방해할 수 있기 때문이다. SPF(Sun Protection Factor) 8 혹은 그 이상인 햇빛차단제의 사용은 피부의 비타민 D 형성을 위한 자외선을 차단한다.

결과적으로 모유를 먹는 아기라도 충분한 햇빛에의 노출이 없어서 비타민 D 결핍이나 구루병에 걸릴 가능성이 높아지는 것이다. 피부암 예방을 위해 햇빛차단제를 쓰는 것도 중요하기 때문에 미국 국립과학원(National Academy of Sciences)과 AAP는 모유를 먹는 영아들이 생후 2개월 안에 시작해 평균 450 g (500 ml) 가량을 이유식에서 얻을 수 있을 때까지 하루 200 IU 정도의 비타민 D 보조제 섭취를 권한다.

미국에서 제조되는 모든 조제분유들은 비타민 D 기준치를 충족시키기 때문에 조제분유를 먹는 영아가 비타민 D 결핍이나 구루병에 걸릴 가능성은 매우 낮다.

불소 치아를 형성하고 훗날 충치를 예방하는 데에 중요한 역할을 한다. 미국 국립과학원과 AAP는 6개월 된 모유수유 아기의 경우에 불소 보충제를 공급해야 할지의 여부는 그 지역의 물 공급원의 불소 농도를 보고 결정해야 한다고 말한다. 만약에 그 물 공급원의 불소 농도가 0.3 ppm(parts per million)의 수치를 충족시킨다면 보충제는 필요하지 않다.

부모들은 지역 수도청에서 그 지역 식수의 불화물(fluoride)의 농도를 알아보는 것이 좋다. 만약 조제분유를 물에 탈 때 병에 담겨 판매되는 정제수를 이용한다면, 불소 보충제의 섭취를 권한다. 생후 6개월에서 3년까지의 영아에게 있어서 불소의 하루섭취 기준은 0.25 mg이다.

철 영아에게 종종 권해지는 또 다른 보충제는 철이다. 기한을 다 채우고 출산된 아기의 경우에는 생후 6개월까지 필요한 철이 이미 충분히 몸속에 저장되어 있다. 6개월이 지나면 철강화 조제분유를 먹는 영아의 경우에 100 kcal의 이유식당 1 mg의 철을 섭취하는 것으로 충분한 철섭취량이 유지될 수 있다.

모유는 조제분유에 비해 철함유량이 다소 떨어지지만 아기가 철을 흡수하는 데에는 더 용이하다. 그에 따라 AAP와 CDC는 생후 6개월 이후에도 모유만으로 양육되는 아기는 철보충제를 섭취하도록 권한다. 이 아기들의 경우에 철을 다량 함유한 음식들을 먹을 수 있게 될 때까지는 자신의 체중 1 kg당 1 mg의 철을 섭취하는 것이 좋다. 철보충제는 보통 조산아나 저체중아의 경우에 권해진다. 모유를 먹는 조산아와 저체중아의 경우, 생후 1개월부터 1년이 될 때까지 자기 체중의 1 kg당 2~4 mg의 철을 공급해 주는 것이 좋다.

표 14.5 영유아기 동안의 권장 영양소 보충량

	유아 수유 방법	
영양소	모유만 먹는 경우	철 강화된 조제분유
비타민 D	비타민 D(200 IU/day)는 생후 2개월부터 섭취를 시작하고 영아가 하루에 조제분유를 적어도 16 oz(약 450 g) 소비할 때까지 계속 보충한다.	미국의 모든 조제분유는 비타민 D 표준식으로 제조하였기 때문에 더 이상 필요하지 않다.
불소	식수에 불소 농도가 0.3 ppm 이하라면 불소 (0.25 mg/day)를 6개월 때부터 보충한다.	최소한 불소의 농도 0.3 ppm이 들어 있는 식수로 조제분유를 만들었다면 더 이상이 필요하지 않다. 식수에 불소가 없다면 6개월부터 0.25 mg/일로 보충해야 한다.
철	영아가 두 번째 6개월 동안 모유로만 길러지면 철을 보충한다(1 mg/일/체중 kg).	철 강화된 조제분유에 철이 최소 1 mg/100 kcal이면 더 이상 필요하지 않다. 철 강화 조제분유를 먹이지 않는 유아는 철을 보충한다(1 mg/체중 kg).
유동성 액체	영아가 구토나 설사로 과량이 체액 상실이 아니면 추가적인 액체는 공급할 필요가 없다.	영아가 구토나 설사로 과량이 체액 상실이 아니면 추가적인 액체는 공급할 필요가 없다.

물 생후 6개월 동안은 모유나 조제분유에 의해 섭취하게 되는 물의 양이 있기 때문에 추가적으로 물 등을 마실 필요는 없다. 그러나 구토나 설사 등으로 아기 몸의 수분이 과하게 손실될 경우에는 탈수를 막기 위해 물을 충분히 먹어야 한다. 이런 상황이 도래했을 경우, 전문의를 찾아 상담하는 것이 바람직하다.

AAP는 이런 때에 과일즙 등의 주스보다는 맹물을 권한다. 이런 음료를 대체할 수 있는 제품들도 시중에 나와 있기는 하지만 대부분의 경우에 필요하지 않다.

영아의 급식방법: 이유식 시작하기
Infant Feeding Practices: Introducing Complementary Foods

AAP의 권장에 따르면 생후 4~6개월 정도일 때에 모유나 조제분유가 아닌, 이른바 이유식을 식단에 넣기 시작하는 것이 좋다. 이보다 더 어린 아기들은 생리적으로나 육체적으로 모유나 조제분유 외의 음식을 받아들일 준비가 되어 있지 않다. 그뿐만 아니라 너무 이르게 그 외의 음식들을 먹이기 시작하면 음식 알레르기 등을 불러일으킬 위험성이 높아지기 때문에 권하지 않는다.

약간의 도움으로 일어나 앉아 있을 수 있고 머리와 목을 잘 조절할 수 있게 되면 새롭게 이유식을 시작해도 좋다.

생후 4~6개월 즈음엔 아기의 몸에 축적되어 있던 철이 조금씩 바닥을 드러내게 되기 때문에 소아과 의사들은 첫 이유식으로 철이 다량 함유된, 예를 들자면 철강화 시리얼 등을 먹이는 것을 권한다.

표 14.6 유아기 동안의 먹는 연습과 기술의 발달

나이	기술의 발달	적합한 식품과 먹이는 방법
0 ~ 1 개월	반사에 놀라고, 빨고 삼킬 수 있음	• 모유 또는 철강화 조제분유
2 ~ 3 개월	머리를 세울 수 있음, 상호반응, 물건에 다가가기	• 모유 또는 철강화 조제분유
4 ~ 6 개월	구를 수 있음, 받침대에 기대 앉기, 팔뚝으로 버텨 서기, 물건 쥐기, 혀를 이쪽 저쪽으로 움직이기, 젖니 나기	• 모유 또는 철강화 조제분유 • 4~7개월 사이에 가끔씩 철강화 시리얼을 서서히 시작
7 ~ 9 개월	받침대 없이 앉기 시작, 물건 붙들기, 양손으로 물건을 옮기기, 잡아당기기, 입을 움직이는 것 발달, 빨대 없이 컵으로 마시기 시작, 음식의 작은 조각을 잡아서 입으로 가져감	• 모유 또는 철강화 조제분유 • 철 강화 유아용 시리얼 • 100% 과일 주스 • 생이나 으깬 채소 또는 과일 퓨레 • 잘게 자르거나 으깬 육류들 • 건조 시리얼
10 ~ 12 개월	보조기를 이용하여 걷기 시작, 기기, 능숙하게 쥐기, 성숙한 씹기, 컵의 음료를 마시는 능력이 향상, 스스로 먹는 기술이 발달	• 모유 또는 철강화 유아식 • 철 강화 시리얼 • 부드럽게 조각낸 과일이나 채소 • 빵, 크래커, 건조 시리얼 • 부드럽게 조각낸 고기 • 100% 과일 주스

자료 : American Academy of Pediatrics. Available from: http://www.brightfutures.org/nutrition/pdf/infancy.pdf.

철 강화시킨 시리얼이 아기의 첫 음식으로 가장 많이 권장된다.

쌀로 만든 시리얼이나 하나의 곡물만으로 만든 시리얼 등은 모유나 이유식 등과 함께 섞어서 부드러운 상태로 만들 수 있다. 어떤 영아는 숟가락에서 음식을 받아먹는 것을 어려워할 수도 있지만, 대부분 영아는 곧 익숙해지기 마련이다. 숟가락으로 먹이는 것(spoon-feeding)이 자리를 잡고 나면 음식의 농도를 좀더 걸쭉한 상태로 만들어 먹인다. 시리얼에 익숙해지고 나면 간 야채나 과일 및 육류 등을 조금씩 맛들인다.

아직 영아에게는 모유나 이유식을 정기적으로 먹어야 하기 때문에 이런 이유식들은 어찌 보면 "별식" 같은 의미이다.

부모는 아기의 식단에 새로운 음식을 넣을 때 천천히 시간을 두고 하는 것이 좋다. 새로운 음식을 먹인 후에는 3~4일 정도 경과를 지켜보며 그것을 아기가 잘 소화해 내는지 또는 별다른 좋지 않은 반응은 없는지 등을 주의해서 보아야 한다. 알레르기성 반응의 증상으로는 두드러기 · 설사 · 콧물 등이 있고, 심각한 상태에 이르렀을 때에는 호흡곤란 등이 있다. 음식 알레르기의 위험을 최소한으로 낮추기 위해 알레르기를 일으킬 위험부담이 큰 우유, 계란 흰자, 땅콩버터, 밀 등은 아기가 한 살이 될 때까지 먹이지 않는 것이 좋다.

처음 1년 동안은 모유나 철강화 이유식을 계속 먹이는 것이 바람직하다. 우유 · 산양의 젖 · 두유 등은 아기가 한 살이 될 때까지는 먹지 않는 것이 좋은데, 그 이유는 철 함유량이 낮기 때문이다. 많은 양의 우유를 섭취했을 경우에 철을 함유한 음식이 차지하는 자리를 밀어내버릴 수 있고 그렇게 될 경우에는 철결핍성 빈혈이 생길 위험이 높아지기 때문에 주의하는 것이 좋다.

그뿐만 아니라 소아과의사들은 부모들에게 영아에게 과다한 과일즙을 먹이지 않도록 주의를 시킨다. 한때 비타민 C와 물의 공급원으로 과일즙을 먹이는 것이 권해졌던 때가 있었지만, AAP는 6개월 이전에 과일즙 등을 먹이는 일은 기피하도록 권하고 있다. 생후 6개월이 지난 아기라도 하루에 115~170 cc 이상의 과일즙을 먹이는 것은 좋지 않다. 과일즙은 맛이 좋으므로 과다섭취로 이어질 수 있고, 이것은 과다한 에너지의 축적 · 충치 · 설사 · 복통 등을 유발할 수 있다.

9~10개월 정도 된 영아는 씹고 삼키고 손으로 음식을 다루는 것에 좀더 숙련되어 있으므로, 그 다음 단계로 넘어갈 준비가 된 상태이다. **표 14.6**에는 이 때의 유아에게 알맞은 음식들이 나열되어 있다.

처음 1년 동안은 기피해야 할 음식들이 있는데, 그 이유는 이 음식들이 목에 걸릴 수 있는 위험이 있기 때문이다. 이것들은 팝콘, 땅콩, 포도알, 핫도그 조각, 단단한 사탕 등이다. AAP는 또한 2살 미만의 아이들에게 꿀을 먹이지 않도록 주의를 주고 있는데, 꿀에는 보툴리누스 중독을 일으킬 수 있는 성분이 들어있기 때문이다. 아기들은 작기 때문에 이런 성분에의 아주 작은 노출이라도 위험할 수 있다.

미국 내에서는 매년 250건 가량의 영아 보툴리누스 중독 케이스가 발견되었다. 꿀 외에도 보툴리누스 중독을 일으킬 수 있는 성분이 함유된 것으로는 흙과 옥수수 시럽, 그리고 부적절하게 처리된 통조림 등이다.

필수개념 Essential Concepts

영아는 첫 1년 동안 매우 빠른 속도로 성장하고 발달한다. 첫 6개월에는 체중은 2배가 되며 12개월째에는 3배가 된다. 미국 소아과학술원(The American Academy of Pediatrics)에서는 첫 4개월에서 6개월 동안 오로지 모유수유만을 권장한다. 비록 모유가 권장되지만, 우유나 대두로 만들어지는 조제분유가 모유를 대신하는 또 다른 방안으로 선택되고 있다. 불소 처리를 하지 않은 물을 마시는 공동체에서는 생후 6개월 이후의 아이에게는 반드시 불소 보충제가 필요하다.

또는 철 보충제 역시 생후 12개월째까지 모유수유에 전적으로 의존하는 영아들에게 필요하다. 그리고 모유수유를 한 생후 2개월의 유아들에게는 미량의 비타민 D가 필요하다. 모유나 조제분유는 영아의 생후 1년 동안 영양소와 에너지의 가장 기본적인 자원이다.

그러나 우유가 들어가지 않은 보충 음식은 영아마다의 준비도에 따라 4개월에서 6개월 사이에 시작할 수 있다. 영아에게 주어지는 가장 첫 번째 고체 음식은 종종 철 강화 시리얼이 선택된다. 점점 나이를 먹어 가며 영아들에게는 다양한 종류의 음식이 제공된다. 하지만 이런 음식들은 반드시 영아의 숨을 막히게 할 수 있는 작은 위험이 있는지를 살핀 후에 선택되어야 한다.

아동기 영양
Nutrition During Childhood

아동기(Childhood)의 단계는 1살부터 8살까지를 말한다. 이 기간 동안 여러 육체적인 것, 인지력, 심리적인 것, 그리고 발달 등에 있어서 많은 변화가 이루어진다. 이 때는 무언가를 스스로 할 수 있는 능력과 자신감을 얻음으로써 독립심이 자라게 되는 시기이다. 이 나이 또래의 어린이는 자기 주장이 강하며, 좋아하고 싫어하는 것들을 자주 표현하기도 한다. 이 때야말로 부모에게 있어서는 아이에게 음식을 먹이는 것에 있어서 어려울 때이다.

아동기는 음식을 대하는 태도나 마음가짐이 형성되는 때이므로, 부모는 아이가 음식에 대해 건전한 생각을 품을 수 있도록 잘 지도하는 것이 중요하다. 아이를 양육하면서 마주치는 문제들을 어떻게 해결해 나가느냐는 매우 중요하다.

아동기의 성장과 발달
Childhood Growth and Development

아동기는 "toddlerhood (1~3살)"과 "early childhood (4~8살)" 의 단계로 나누어져 있다. 이 기간에는 영아기에 비하면 다소 늦지만 안정적인 속도로 지속적인 성장이 이루어진다. 식습관이 달라지고 식욕이 감소하는 것은 많은 부모들의 걱정거리이다. 부모는 아이들에게 영양가 있는 음식을 충분하게 공급해 줌으로써 성장과 발달에 필요한 영양과 에너지가 충족될 수 있도록 해야 한다.

영아기와 마찬가지로 아동기의 체중과 신장을 모니터하기 위해 성별(sex-specific) 성장 차트가 쓰여진다. 그뿐만 아니라 2살 이상의 어린이들은 BMI 지수로 체중을 평가하게 된다.

Focus On 식사와 건강 DIET AND HEALTH

과체중 어린이들

미국의 어린이들과 청년들에게 나타나게 되는 과체중 비율은 점점 증가하고 있다. 건강 전문가들은 15%가 넘는 어린이들(6~11세)과 15%의 청소년들(12~19세)은 과체중의 위험을 가지고 있다. (백분위 85~95) 그리고 또 다른 15%(백분위 95)역시 과체중이다.

성인에게 나타나는 건강 문제가 오늘날에는 어린이들과 10대들에게 더 흔해졌다. 예를 들어, 성인형 당뇨병은 미국 청소년에게서 높게 나타나는 질병이다.

미국 당뇨협회에서는 8에서 45%의 아이들이 새롭게 성인형 당뇨병으로 진단되어 있다고 보고한다. 어린이가 과체중이면 나중에 심장 질환의 발병 위험도를 높인다는 의미를 지닌다.

과체중의 어린이들과 십대들에 의해 발생된 건강과 사회적 측면에서 발생한 결과들은 부모와 건강 전문가들에게 큰 걱정거리가 되었다. 더욱이 어린 시절과 청년기 시절 과도한 체중이 지속된 경우는 거의 성인 때에도 지속됨이 나타났다.

게다가 많은 행동 양식들이 과체중 어린이들 수의 증가에 원인이 되었다. 그러나 어린이들에게 나타나는 체중 증가는 건강하지 않은 섭식 행동 양식이며 신체를 무기력하게 만든다.

예를 들어, 텔레비전 시청은 미국의 국가적인 오락거리가 되었으며, 이는 어린이들의 많은 신체적 활동들을 대신했다. 비만과 텔레비전 시청에 보내는 초 시간 사이의 관계를 밝히는 것은 그렇게 놀랄 일이 아니다. 미국의 3분의 1이 넘는 어린이들은 매일 3시간 이상 텔레비전 시청을 한다. 그리고 이는 컴퓨터와 비디오 게임의 시간을 포함하지 않는다.

더 큰 문제는 어린이들이 텔레비전 시청과 함께 고열량의 음식을 먹는다는 데 있다. 많은 설득조의 광고들은 어린이들로 하여금 과자를 먹도록 부추긴다.

토요일 아침 어린이 텔레비전 쇼에 방영되는 식품 광고들의 약 90%는 제한된 영양적 가치를 지니고 있다. 매년 미국의 평균 어린이들은 10,000개 이상의 식품 광고에 홀로 노출되어 있다.

이러한 이유로 AAP와 같은 몇몇의 건강 단체들은 부모들로 하여금 어린이들이 텔레비전 시청 시간에 제한을 두도록 권하고 있다. 2살 이하의 어린이는 텔레비전을 아예 보지 않으며, 나이가 조금 먹은 어린이들은 하루에 2시간 시청하도록 권장되고 있다.

어린이들의 텔레비전 시청 시간을 제한한다는 것 자체가 체중 증가나 체중 감량을 반드시 의미하는 것은 아니다. 어린이들 또한 신체적으로 활발하게 행동해야 한다. 부모와 학교는 어린이들이 운동할 수 있도록 장려할 수 있는 환경을 조성해 주는 것이 중요하다.

안타깝게도 몇몇 주의 공립학교에서는 느슨한 체육 교육을 실시하고 있다. 비록 CDC는 매일 어린이들로 하여금 30분 동안 체육 활동에 참여하도록 권고하고 있지만, 6~8%의 공공 학교들만 이 지침을 따를 뿐이다. National Governors' Association으로부터 제출된 보고서에 의하면 미국의 25% 청소년들은 학교에서 전혀 체육 교육을 받지 않는 것으로 조사되었다.

운동에 덧붙여서 집과 학교에서 건강식을 제공하는 것은 어린이들과 청소년들에게 중요하다. 과거에는 학교 급식들은 단지 영양적 기준에 적합한 정책적 지침에 부합되는 식사만 제공했다.

오늘날에는 많은 학교는 학교의 식사 방침과 부합되지 않는 음식과 음료를 판다. 부모들은, 많은 수의 학교 급식이 패스트푸드 체인으로부터 영향을 받는지를 발견하게 되면 놀랄 것이다. 음식과 음료를 팔면서 얻은 수입은 종종 학교의 체육 활동 프로그램 지원을 돕기 위해 사용된다.

국가 통계에 따르면, 고등학교의 70% 넘는 학교는 영양적으로 낮은 질을 지닌 음료수, 사탕, 칩과 쿠키들과 같은 과자류를 판매하는 자판기를 보유하고 있다. 단지 몇몇의 자판기만 영양적 식품인 우유나 과자류를 보유하고 있다.

몇몇의 연구들은 어린이들이 평균적으로 매년 자판기가 있는 학교에서 50캔 이상의 음료수를 섭취하고 있다는 사실을 보여준다. 이는 자판기가 없는 학교와 비교될 수 있다.

어린이들의 과체중을 방지하기 위해서는 집과 학교에서 상당한 노력이 뒷받침되어야 한다. 많은 압력과 유혹들을 상관하지 않고 어린이들에게 신체 활동의 중요성이나, 좋은 영양의 식품들을 섭취함이 그들을 계속 건강하게 해 줄 수 있는 중요한 단계임을 알려주어야 한다. 결국 오늘날에는 몸에 해로운 음식이 많은 만큼 건강에 유익한 음식들도 도처에 많이 있다.

백분위수의 85~95 사이의 어린이는 과체중이 될 가능성이 높은 것이며 95 이상의 어린이는 과체중으로 평가된다. 백분위수의 5이거나 그보다 미만인 어린이는 체중미달로 평가되고 백분위수의 3 미만인 어린이는 영양부족, 또는 저영양 상태가 될 가능성이 높다고 판단된다.

어린이의 경우에는 과체중이라고 결정하기가 어려울 수 있는데, 그것은 정말 과체중인지 아니면 성장 주기의 일시적인 모습인지 판단하기가 어렵기 때문이다. 어찌됐든 신장에 비해 무거운 체중은 걱정거리가 되기 마련이다.

최근 CDC의 추정수치에 의하면 약 15%의 아동(6~11살)과 15%의 청소년(12~19살)이 백분위수의 95이거나 그 이상의 BMI 지수일 것이라고 한다. 이 수치는 20년 전에 비해 2~3배는 높아진 수치이다.

아동의 식사 태도 Feeding Behaviors in Children

"제발 한 입만 먹도록 해라." 걱정스러운 말투로 부모가 하는 말이다. 왠지 너무나도 익숙한 이 상황에, 어린이에게 무언가를 먹인다는 것이 쉽지만은 않다는 것을 깨닫게 된다. 어떤 부모들은 조용하고 온순한 성품이었던 아이가 순식간에 고집이 세고 자기주장이 강한 아이가 되는 것을 보며 놀라움을 감추지 못한다.

이때 부모가 어떻게 대응하느냐에 따라 아이의 이런 행동들이 지속될 것인지 사라질 것인지 등이 결정된다. 억지로 음식을 먹게 하는 것은 추천하지 않지만, 아이가 먹기를 거절하고 버틸 때면 부모로서는 온화한 모습을 계속 보이기 어려울 때가 있다. 여러 전문가들의 입장은 부모가 아닌 아이 스스로가 먹을 것인지 먹지 않을 것인지, 그리고 또 먹는다면 얼마나 먹을 것인지 등을 결정하도록 하는 것이 바람직하다고 말하고 있다.

부모의 책임은 식사시간이 즐거울 수 있도록 유도하고, 영양가 있고 그 아이의 나이에 알맞은 여러 음식 등을 놓음으로써 아이가 그중 고를 수 있는 선택권을 주는 것이다. 아이들이 식사할 때에 초래하는 공통된 문제들을 해결하는 데에 있어서 대체적으로 식사지침을 따르면 건강한 식습관을 가지도록 할 수 있다.

그 대략적인 가이드라인 몇 개를 나열하자면 다음과 같다.

① *음식을 이용해 행동을 컨트롤하려고 하지 않는다.* 대부분의 전문가들이 상을 주거나 벌을 줄 때에 음식을 사용하는 것은 그다지 좋은 생각이 아니라고 한다. 단기적으로는 아이가 자신의 행동을 고칠지도 모르지만 장기적으로 보았을 때에는 문제가 야기될 가능성이 있다. 예를 들어, "잘했다."라는 칭찬과 함께 달콤한 디저트를 제공한다면 달콤한 음식과 승인이란 두 가지를 연결지어서 생각하게 될 수 있는 것이다. 그보다는 음식이란 것은 즐기는 것이고 자양을 위한 것이며 승인이나 감정적인 위로 혹은 벌 등을 위한 것이 아니라는 걸 가르치고 각인시키는 것이 옳은 선택이다.

② *좋은 식습관을 보여라.* 부모는 아이에게 좋은 역할 모델(role model)이 되어 주어야 한다. 연구 결과에 따르면, 부모나 형제자매가 특정음식을 좋아한

다면 아이 또한 그 음식을 좋아하게 될 가능성이 크다고 한다.

③ *식사시간을 가족들의 시간으로 만들어라.* 식사시간은 온 가족이 모여서 시간을 함께 보낼 수 있는 좋은 기회다.
연구 결과에 따르면, 규칙적으로 함께 식사하는 가족에 소속된 아이는 그렇지 않은 가족에 비해 더 건강한 식습관을 가진다고 한다.

④ *인내를 가져라.* 어른의 입장에서 아이의 편식이란 이성적으로 다가오지 않을 때가 많다. 아이들은 그 음식을 맛보다는 색, 감촉이나 느낌, 생김새 등으로 마음에 드는지 안 드는지 또는 먹을지 말지 등을 판별하기 때문이다. 그리고 아이들은 어른에 비해 양파, 특정 향신료 등의 강한 맛에 더 민감한 반응을 나타낼 수 있다. 좋아하는 음식과 싫어하는 음식은 시간이 지남에 따라 바뀌며 인내와 칭찬을 무기로 삼고 아이들의 편식을 고쳐 나가도록 하자.

⑤ *새로운 음식을 권해라.* 음식을 수용하는 데 있어 중요한 첫걸음은 아이가 새로운 음식에 익숙해지도록 하는 것이다. 아이가 직접 메뉴를 선택하고 만들어 보도록 해라. 새로운 음식에 익숙해질 뿐만 아니라 관심을 자극하는 데에도 좋다. 부모는 새로운 음식을 아이가 받아들이는 데에 시간이 어느 정도 필요할 것이라는 사실을 인지하고, 새로운 음식을 먹어 보라거나 먹으라는 등 강압적인 태도는 절대 추천하지 않는다.

⑥ *식사관습의 중요성을 이해해 주어라.* 식사시간에 아이가 특이한 행동을 하거나 별난 반응을 보이는 것은 절대 이상한 것이 아니다. 개체에 따라 다르지만 어떤 어린이는 음식이 맞닿아 있다거나 샌드위치가 잘린 방향이나 모양 따위에 당황해하거나 혼란스러움을 표하기도 한다.
이런 것은 식사관습(Food ritual) 이라고 하는데, 지속성과 익숙함을 필요로 하는 어린이의 반응일 뿐이다. 이중 특정 기간 동안 매일 하나의 음식만을 먹는 현상은 푸드 재그(Food Jag)라고 하는데, 이런 경우에 부모들은 걱정하기 마련인데, 이런 행동은 대부분 일시적이므로 대부분의 전문가들의 의견은 어느 선까지는 인정해 주고 이해해 주라는 것이다.

⑦ *영양가 있는 간식을 먹는 것을 권장해라.* 어린이는 위가 작기 때문에 어른들에 비해 적은 양을 먹는다. 그 때문에 자주 뭔가를 먹어야만 한다. 하루 세 끼로 제한을 해두는 것은 어린이에게 있어 매우 어려운 일이다.
그 때문에 식사시간 사이에 영양가가 높은 간식 제공을 권장한다. 자주 간식을 먹게 되면 식사시간에 배고파하지 않을 수도 있지만, 영양가 있는 건강식을 간식으로 아이에게 먹였다면 큰 문제가 되지 않는다.

⑧ *자기제어를 가르쳐라.* 아이에게 있어서 배고픔이나 포만감의 신호에 따라 음식 먹는 것을 스스로 조절할 수 있는 능력을 배운다는 것은 중요하다. 이 때문에 그 나이에 맞는 양을 덜어주고, 원한다면 자신에게 제공된 음식을 다 먹고 나서 더 달라고 할 수 있도록 하는 것이 좋다.

푸드 재그 food jag
특별한 음식을 먹고 싶어하는 현상

특정 음식을 먹어야 할 때 "배부르다"라는 말로 먹지 않으려고 하는 경우도 있지만, 이런 때에도 억지로 먹이는 것은 바람직하지 않다.

그렇지만 "배가 부르다며 제공된 식사를 먹지 않았는데, 디저트를 요구하는 경우에는 디저트를 주지 않는다." 같은, 어느 정도의 선을 그어 두는 것은 괜찮다.

어린이의 에너지 섭취기준
Recommended Energy Intakes for Children

아동기에는 총 에너지 소비량과 새로운 세포조직의 형성을 돕기 위해 충분한 양의 에너지를 필요로 한다. 에너지 필요추정량(EERs)을 구하기 위해서는 TEE에 성장과 관련된 세포조직의 에너지 구성요소를 더하면 된다. 아동기에는 성장의 속도가 다소 느려지기 때문에 성장을 위한 필요 에너지량(하루치 kcal) 또한 감소한다. 예를 들자면, 영아(0~3개월)의 성장을 위해 필요한 에너지량은 하루에 약 175kcal인 데 비해 유아(1~3살)의 경우에는 하루 약 20kcal 뿐이다. 성장을 위해 필요한 에너지량은 비록 감소하지만 EER은 꾸준히 증가한다. 그 이유는 TEE에 영향을 미치는 것들(나이, 신장, 체중, 활동 레벨 등)의 수치가 점차 증가하기 때문이다. 예를 들자면, 약 4.4kg 몸무게의 생후 1개월의 남자 아기의 EER은 하루에 약 467kcal 이다. 35개월이 되었을 때(체중 = 약 14.2 kg)의 EER은 하루에 약 1,184kcal 이다.

어린이의 영양소 섭취기준
Recommended Nutrient Intakes for Children

4살이 된 어린이의 AMDRs는 성인의 그것과 엇비슷할 정도이다. 유년기에는 체중 1 kg당 필요한 단백질의 양은 감소하지만 전체적으로 필요한 단백질 섭취량은 증가한다. 유아를 포함한 어린이의 단백질 권장섭취량은 몸무게 1kg당 0.95g이다. 이 시기에는 육류, 요구르트, 치즈, 계란과 같은 양질의 단백질의 공급이 특히 중요하다.

유아와 어린아이의 지방섭취 기준은 없지만, 아이의 성장과 발달을 위해서는 충분한 지방섭취(1~3살은 에너지의 30~40%, 4~8살의 경우에는 에너지의 25~35%의 에너지)를 해주는 것이 좋은데 특히 리놀레산과 리놀렌산 같은 필수지방산들을 충분히 섭취하는 것이 중요하다. 두뇌에 포도당을 공급해 주기 위해서는 탄수화물을 필요로 한다. 생후 1년이 지나면 두뇌에서 쓰이는 포도당의 양이 성인과 같아지게 된다. 성인의 경우와 마찬가지로, 어린이의 건강을 위해서는 식이섬유가 필수적이다. 1~3살인 유아의 경우에 식이섬유의 충분 섭취량(AI)는 19g/일인데, 4~8살 때에는 25g/일 정도가 필요하다. 성인의 경우는 하루 25~38g 정도의 식이섬유를 섭취하는 것이 좋다.

특별히 신경 써야 할 미량 영양소 Micronutrients of special Interest

이 시기에는 아이의 키가 꾸준히 자라기 때문에 뼈를 튼튼하게 해줄 영양분을 공급해 줄 음식을 먹는 것이 중요하다. 유아였을 때에는 하루 500mg이던 칼슘 AI는, 유년기의 어린이로 자라남에 따라 하루 800mg으로 늘어난다.

우유를 비롯한 유제품들은 좋은 칼슘 공급원이다. 1컵의 우유에서 얻을 수 있는 칼슘의 양은 4컵의 브로콜리와 같을 정도이다.

그 때문에 미국인을 위한 식사지침은 1~8살 연령의 아이들이 매일 2컵의 저지방 우유나 그에 비슷한 양의 유제품을 매일 섭취하도록 권장하고 있다. 1컵의 요구르트, 42.5 g 정도의 자연산 치즈, 56.7 g 가량의 가공한 치즈 등은 1컵의 우유와 같다. 많은 어린이들이 칼슘 섭취기준에 미달하기 때문에 칼슘은 특별히 주의를 기울여야 할 영양소이다.

또 다른 하나로는 철인데, 철은 성장기의 어린이에게 꼭 필요한 중요 영양소이다. 유아와 어린이는 각각 7, 10 mg의 철을 매일 필요로 한다. 아동기에 있어서 철결핍은 제일 공통적인 영양관련 이슈 중의 하나이다. 다량의 우유는 섭취하지만 다른 음식에 한해서는 제한적인 종류의 음식만을 먹는 어린이는 꽤 위험하다. 철이 풍부한 음식을 섭취하지 못하면 철결핍성 빈혈이 올 수 있고, 성미가 급해지거나 주의가 산만해지는 것 외에 식욕감퇴 또한 있을 수 있다.

철 결핍을 예방하기 위해서는 부모가 아이에게 철이 풍부한 육류, 생선, 가금류, 계란, 콩(완두콩, 강낭콩 등), 철강화 시리얼, 통밀빵 외에도 철강화 식품들을 많이 공급해 주는 것이 필요하다.

아이들은 각자 고유한 식습관과 필요 영양소가 있으므로 여러 식품군의 음식을 골고루 접하게 해주는 것이 중요하다. 마이피라미드 식품지침 시스템을 참조한 필요영양소들을 모두 충족시키기 위해 각 식품군에서 필요한 식품의 양을 조사해 놓은 결과는 **표 14.7**에 있다.

표 14.7 마이 피라미드 식품지침에 의거한 어린이 권장량

식품군	나이 : 3세 성별 : 남 운동량 : 30~60 분/일 에너지 필요추정량 : 1,400 kcal/day	나이 : 3세 성별 : 여 운동량 : 30~60 분/일 에너지 필요추정량 : 1,200 kcal/day	권장 식품 선택
곡류	5 oz (150g)	4 oz (120 g)	밀, 쌀, 귀리로 만들어진 식품, 즉, 빵, 파스타, 오트밀, 아침용 시리얼, 또틸라
채소류	1 1/2 컵	2 컵	생 것, 냉동, 캔 제품을 포함한 것들, 건조 채소, 채소 주스
과일류	1 1/2 컵	1 컵	생 것, 냉동, 캔 과일, 건조 과일을 포함한 것들과 과일 주스
우유	2 컵	2 컵	액체 우유, 우유로 만들어진 식품(요구르트, 치즈)
육류 및 두류	4 oz (120 g)	3 oz (90 g)	1 oz(28 g)의 지방을 제거한 살코기, 가금류, 생선, 계란 1개. 고기, 땅콩 버터 1 ts, 1/4 조리된 콩, 1/2 oz (14 g) 땅콩이나 씨앗류

자료 : United States Department of Agriculture. Available from: http://www.MyPyramid.gov.

건강한 식생활을 강조하는 것과 더불어 건강한 몸과 마음을 위해 규칙적인 운동의 중요성 또한 강조하고 있다. 부모는 아이가 매일 적어도 한 시간 이상의 신체적 활동을 할 수 있도록 지도해야 한다.

필수개념 Essential Concepts

아동기는 성장과 발달이 특정화되는 시기이다. 성장은 성별 성장 차트에 의해 조사된다. 연령대비 BMI를 기초로 한 백분위수 85에서 95의 어린이들은 과체중이 될 위험을 지니고 있고, 백분위수 95를 넘는 수는 과체중으로 밝혀졌다. 백분위수 5 이하의 어린이들은 저체중으로 조사되었다. 어린 시절 동안 지속된 과도한 체중은 문제이며, 체중과 관련된 건강 질병들을 발생하는 위험도를 높인다.

아이들의 성장 변화는 부모로 하여금 아이들에게 음식 제공을 어렵게 할 수 있다. 부모들은 반드시 식사 시간을 즐겁게 만들어 주어야 하며, 연령에 합당한 건강식을 제공해야 한다. 적절한 영양소와 열량을 제공하는 식사는 어린 시절 전반을 걸쳐서 중요하다.

뼈의 튼튼함을 위해 필요한 칼슘과 같은 영양소와 성장을 돕는 철과 같은 영양소는 각별히 중요하다. '미국인 2005를 위한 식사 지침서'는 영양소가 강화된 식품과 규칙적인 신체 활동 제공의 중요성을 강조하고 있다.

청소년기
Adolescence

아동기의 끝을 바라보는 시기가 되면 호르몬의 변화에 의해 아동기의 아이는 청소년으로 자라나며 신체적 성장과 심리적인 발달을 이루기 시작한다. 키, 몸무게, 골격과 그 외 신체적인 구조 등은 호르몬의 영향을 받아서 변화하게 된다. 여성의 경우, **초경**으로 시작되는 월경이 이 시기에 시작된다.

청소년기는 인생의 다른 어떤 주기와도 다른 단계이지만, 타 성장 시기와 같이 영양은 매우 중요한 역할을 맡고 명실상부하게 아동기의 어린이에서 청소년으로, 또 청소년에서 청년으로 접어들게 되는 발판이 되기 때문이다.

불행하게도 이 시기에는 잘못된 식습관을 가지게 되기가 쉽다. 많은 십대 청소년들이 자신의 몸무게에 만족하지 못하고 다이어트와 과도한 체중감량 프로그램을 병행하기 때문이다.

청소년기의 성장과 발달
Growth and Development During Adolescence

청소년기는 유년기에서 성인이 되기 위한 중요한 다리 역할을 하는 시기이며 이 변화는 **사춘기**의 시작과 함께 한다. 생식기의 성숙화와 생식을 할 수 있게 되는 사춘기는 특정 호르몬의 분비가 많아지면서 생기는 큰 변화라고 할 수 있다. 이 시기에 청소년은 많은 신체적 · 심리적 · 사회적 변화를 겪게 된다. 이런 변화는 9년의 주기를 가지고 있으며, 이 시기의 영양 섭취기준(DRI)은 9~13살까지와 14~18살까지의 두 단계로 나누어져 있다.

초경 menarch
여성 생리의 첫 시작

사춘기 purberty
생식기능의 성숙

같은 나이라도 신체적인 성숙도는 개개인이 다르기 때문에, 사춘기의 시작은 각각 차이가 있을 수 있다. 다른 이에 비해 성장과 발달이 비교적 빠른 청소년이 있는가 하면 다소 느린 편에 속하는 청소년들도 또한 있다. 청소년에게 필요한 영양소 등은 물리적인 나이보다는 신체적인 성장에 더 중점을 두어야 한다.

남성에 비해 여성이 사춘기의 시작이 보편적으로 더 빠른 편에 속하는데, 여성의 경우에는 약 9살 정도에 사춘기가 시작하는 반면, 남성의 경우에는 11살 정도가 보편적이다.

청소년기에는 무시할 수 없을 만큼 성장을 하게 된다. 사춘기가 시작하기 전에 남성과 여성은 자신의 성인키의 84% 정도로 자라 있기 마련인데, 이 성장기에 여성과 남성은 각각 15 cm와 20 cm 정도로 키가 자라게 된다.

뼈의 질량 또한 증가하는데, 이때 최고조의 경우에는 20살 정도까지의 뼈의 성장이 있을 수도 있다. 청소년기를 지나고 나면 뼈의 성장은 거의 멈춘 것이나 다름없기 때문에 십대 청소년들은 건강한 뼈를 위해서 비타민 D · 칼슘 · 인 등의 영양소를 충분히 섭취해 두는 것이 좋다.

신장과 같은 직선적 성장 외에도 청소년기에는 체중과 전체적 몸 구조의 변화가 이루어진다. 평균적으로 여성과 남성은 각각 15 kg과 20 kg 정도의 몸무게가 늘어나게 된다. 몸구조의 변화 같은 경우, 여성과 남성은 큰 차이가 있다.

여성은 근육이 감소하고 지방의 부피가 늘어나는 반면, 남성은 근육이 늘어나고 지방의 부피는 감소한다. 여성에게 있어서 지방 부피의 증가는 자연스러운 일이고 건강한 것이지만, 이에 자신의 체중에 불만을 가지게 되어 적절하지 않은 다이어트와 칼로리 제한 식습관을 불러오기도 한다. 청소년기의 칼로리 제한은 성장, 발달, 생식기의 발육 등의 부진을 불러오기도 한다.

청소년기의 영양적 관심과 영양섭취기준
Nutritional Concerns and Recommendations During Adolescence

청소년의 빠른 성장과 발달은 몸이 필요로 하는 특정 영양소와 에너지의 양을 증가시킨다. 마이피라미드 식품지침 시스템에 의존해 필요영양소들과 에너지를 모두 충족시키기 위해, 각 식품군에서 필요한 식품의 양을 조사해 놓은 결과는 **표 14.8**에 있다. 이 시기의 불충분한 식사는 후에 건강을 위태롭게 하거나 영구적인 영향을 미칠 수도 있다. 예를 들어, 한창 뼈가 자라고 있을 무렵에 칼슘 섭취가 부족하다면 건강한 뼈를 만들 수 없는 것과 같다. 9~18살인 청소년의 칼슘 AI는 하루에 1300 mg으로 정해져 있다. 충분한 칼슘섭취는 우유, 요구르트, 치즈를 비롯한 유제품에서 쉽게 공급받을 수 있다.

청소년기에는 성장을 위해 추가적인 철이 필요하다. 여성의 경우에는 월경을 통해 철을 많이 잃게 되는데, 청소년기 후반 여성은 15 mg 정도에 이른다(남자는 11 mg 정도).

성장은 여러 요소들의 영향을 받는데, 그중 충분한 단백질과 에너지 섭취는 특히나 중요하다. 청년기의 초기라고도 할 수 있는 청소년의 경우, 성인에 비해 0.95 g/1 kg 체중 정도의 단백질을 필요로 한다.

표 14.8 마이피라미드 식품지침에 의거한 청소년 권장량

식품군	나이 : 12세 성별 : 여 운동량 : 30~60 분/일 에너지 필요추정량 : 2,000 kcal/day	나이 : 12세 성별 : 남 운동량 : 30~60 분/일 에너지 필요추정량 : 2,200 kcal/day	나이 : 16세 성별 : 여 운동량 : 30~60 분/일 에너지 필요추정량 : 2,000 kcal/day	나이 : 16세 성별 : 남 운동량 : 30~60 분/일 에너지 필요추정량 : 2,800 kcal/day
곡류	6 oz (180 g)	7 oz (210 g)	6 oz(180 g)	10 oz (300 g)
채소류	1 1/2 컵	3 컵	2 1/2 컵	3 1/2 컵
과일류	2 컵	2 컵	2 컵	2 1/2 컵
우유	3 컵	3 컵	3 컵	3 컵
육류 및 두류	5 1/2 oz (165 g)	6 oz (180 g)	5 1/2 oz (165 g)	7 oz (210 g)

자료 : United States Department of Agriculture. Available from: http://www.MyPyramid.gov.

14~18살이 되면 단백질 권장섭취량은 체중 1kg당 0.85g 정도이며, 이 연령대에는 각각 하루에 46g과 52g의 단백질 섭취를 권장한다.

청소년기의 EERs에는 건강유지를 위한 에너지뿐만 아니라, 최선의 성장과 더불어 원하는 신체적 활동을 할 수 있는 충분한 에너지를 필요로 함을 염두에 두고 구해야만 한다. 청소년기의 EERs 수치를 구하는 것은 성장에 필요한 에너지를 제외한 다른 면에서는 유년기의 그것과 같다.

9~18살 사이의 남자아이와 여자아이의 EER은 총 에너지 소비량과 성장에 필요한 25kcal/일이 더해진다.

필수개념 Essential Concepts

호르몬의 변화는 아동기에서 청소년기로 바뀌는 시점에서 시작한다. 이는 키를 비롯해서 체중과 신체 구성에 변화를 준다. 청소년기 역시 생식적 측면에서 성숙이 시작되는 시점이다. 이러한 변화와 일어나는 시기는 다양하다.

따라서 동일한 나이의 청소년이라고 할지라도 신체적 성숙과 영양적 요구는 다르게 나타날 수 있다. 비록 골 질량은 성인기 초반까지 증가하지만, 성장은 청소년기의 성장 급등의 끝 시점에서 완료된다. 이와 같이 청소년들은 뼈의 건강과 관련된 적절한 영양소를 섭취하는 것이 매우 중요하다.

청소년기에 일어나는 인체 구성의 변화는 남성과 여성에게서 다르게 나타난다. 결국 남성은 제지방량은 증가하는 동시에 체지방량이 감소하는 경향을 보이는 반면, 여성은 제지방량은 감소하는 동시에 체지방량이 증가함을 나타난다.

비록 여성의 체지방 증가는 정상적이며 건강한 것이지만, 자신의 체중에 만족하지 못할 수 있다. 청소년기의 급속한 성장과 발달은 특정한 몸이 요구하는 영양소와 에너지의 양을 증가시킨다. 에너지 필요추정량(EERs)은 에너지 소비량과 성장에 필요한 에너지, 두 가지를 포함한다 .

수명 life span
특별한 종의 개체가 살 수 있는 최대 년 수

그림 14.10 미국 인구의 노령화

1946년에서 1964년 사이의 출생수가 증가하여 미국 인구의 연령 구조에 변화를 초래하였다.

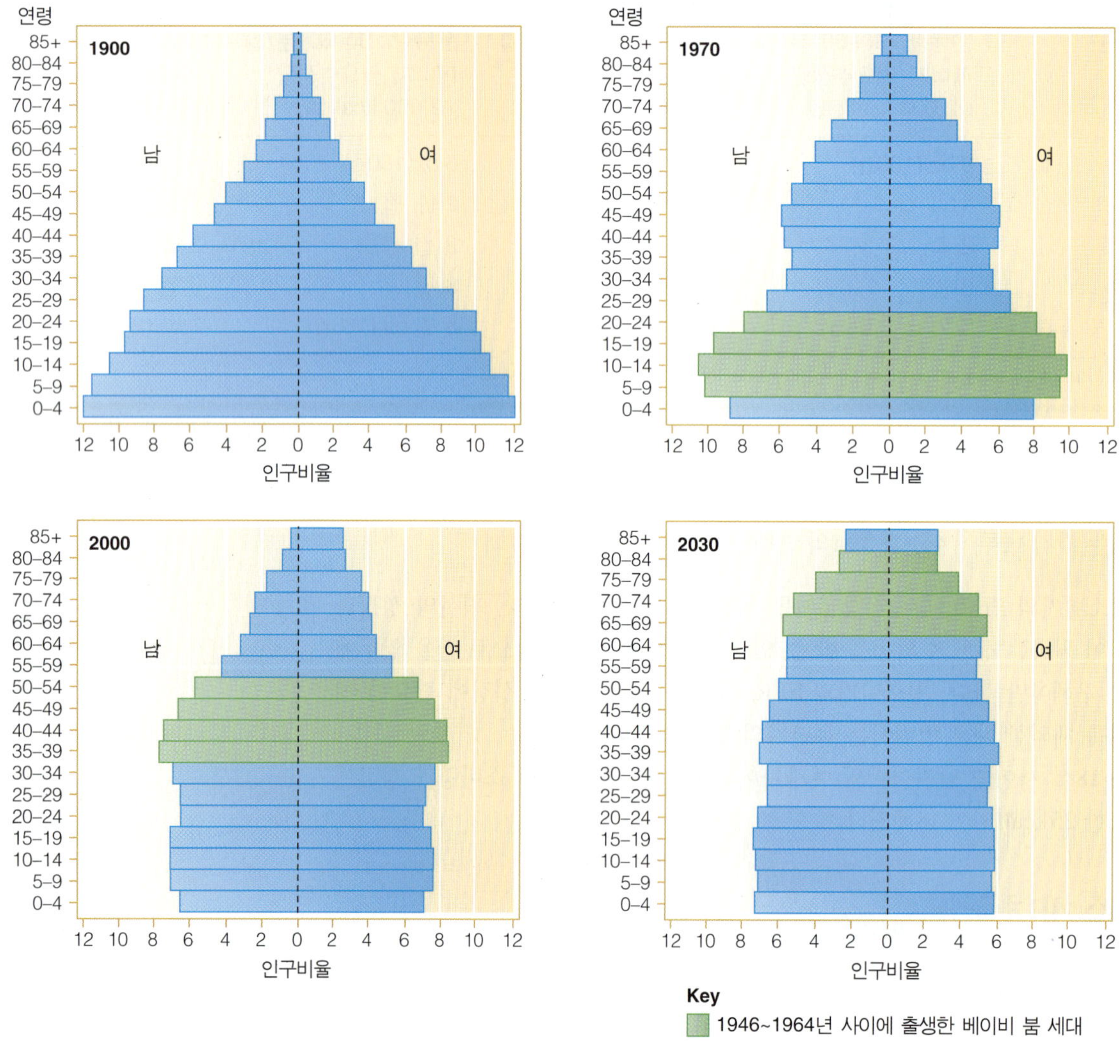

자료 : Adapted from U.S. Census Bureau, Population Division.

122세의 Jeanne Louise Calment (1875~1997). 세계의 가장 나이 많은 노인 중 한 사람. 올리브유, 포도주, 초콜릿을 즐겨 먹었다. 유전적 요인도 중요하다. 그녀의 아버지는 94세, 어머니는 86세까지 살았다.

성인기와 노화에 따른 변화
Adulthood and Age-Related Changes

신체적인 성숙은 성인기 초기에 대부분 다 이루어지지만, 아직 생산적인 시간이 많이 남아 있다.

미국의 경우에 평균 여명은 꾸준히 증가하고 있으며 85세 이상의 그룹이 제일 빠르게 증가하고 있는 연령대 그룹이다(그림 **14.10**). 평균 여명은 한 종에 속한 개체가 살았던 최대 기간을 칭하는 **수명**과는 다르다. 인간의 경우, 평균 여명과 수명은 꾸준히 증가하고 있다. 사람의 수명에 어느 정도 제한이 있는 것은 거의 확실하지만, 가장 장수했던 사람은 122세까지 살았다고 한다. 장수를 하기 위해서는 유전자적인 요인이 큰 작용을 하겠지만 생활습관 또한 중요하다.

"미국의 회색화(graying of America)"라고 칭해진 미국인들의 동향은 현재 미국에서 이루어지고 있는 연령 구조의 큰 변화를 반영하고 있다. 평균 여명이 이리도 높아졌던 적이 없었고 노인들이 이렇게 많았던 적도 없었다.

이와 같은 변화들은 부분적으로 의료기술의 발전과 날로 개선되어 가는 건강관리 덕일 것이다. '미국의 회색화'는 1940년과 1950년, 그리고 1960년대의 출생률과도 어느 정도 관련이 있다. 이 시기에 태어난 사람들은 "베이비붐(baby boom)" 세대라고도 한다. 베이비붐 때에는 많은 병원들이 급증한 출산율 때문에 산부인과 병동 등을 증축해야만 했었다.

그후 얼마 되지 않아서 취학 연령이 된 아이들을 위하여 미국 전역에는 몇 백 개의 학교들이 새로 세워졌다. 그리고 지금은 자꾸만 늘어가는 그 시대의 "boomers"를 위해 양로원과 건강 관리사들에 대한 필요성이 급증하고 있다.

많은 노인들은 신체적으로 건강하고 활동적이다.

성인기의 영양 Nutrition During Adulthood

성인기는 신체적 성숙도로 특성을 이루는 시기이다. 어느 남성들의 경우는 20대 초반까지도 계속 성장을 하며, 남성과 여성 모두 30세까지 뼈의 재량이 소량 늘어나기도 한다. 이 시기에는 나이를 먹어감에 따라 기본적인 물질 대사가 감소하게 되고 에너지와 영양소 필요 또한 감소한다.

그렇게 때문에 성인기는 세 그룹으로 나누어지는데, 그 첫째가 청년기(19~30세)이고 둘째가 중년기(31~50세)이며 그리고 세 번째가 노년기(>50세)이다.

노년기의 경우에는 건강과 독립성에 있어 폭이 넓다. 어떤 이는 나이가 들었어도 활기찬 생활습관을 가지고 있는 반면, 다른 이는 약하고 많은 도움을 필요로 하기도 한다. 그렇기 때문에 물리적인 나이보다는 활동성 등을 고려해서 필요한 영양소 등을 측정하는 것이 바람직하다. 이런 이유들로 인해 노년기를 위한 영양섭취기준(DRIs)은 51~70세와 70세 이상의 두 그룹으로 다시 한 번 나누어진다.

표 14.9 노년층을 위한 2010년 건강한 사람을 위한 영양 목표

건강한 체중을 유지한 노인 인구수 증가

비만 인구수 감소(BMI >30 kg/m^2)

다음과 같은 노인 비율 증가

- 최소 하루에 과일 1회 분량을 2번 섭취
- 최소 하루에 채소 1회 분량을 3번 섭취하되, $^1/_3$은 짙은 녹색 채소나 진한 황색 채소로 섭취
- 최소 하루에 곡류 1회 분량을 6번 섭취, 그 중 최소한 3회는 전곡으로 섭취
- 포화지방으로부터 섭취하는 열량을 10% 이하로
- 지방으로부터 섭취하는 열량을 30% 넘지 않도록

자료 : *Healthy People 2010: National Health Promotion and Disease Prevention Objectives.* Washington, DC: U.S. Department of Health and Human Services; 2000.

노화 이론들 Theories of Aging

과학과 의학에서 파생되어 노화에 관련된 사회적 · 행동적 · 심리적 건강 이슈를 다루는 학문을 **노인학**이라고 한다.

나이를 먹는 것을 피할 수는 없지만, 가능한 한 신체적으로 튼튼하고 건강한 상태를 유지하기 위해서 사람이 할 수 있는 것은 많이 있다. 건강한 노화를 목표로 삼고 조장하는 Healthy People 2010에서는 건강한 식습관을 위한 기사를 실었는데, 그를 부분적으로 발췌한 기사는 **표 14.9**에 있다. 우리가 왜 노화하는가에 대해서 노년학자들은 여러 이론을 내세운다.

어떤 이는 하루하루의 일상에 소모(wear and tear)된 우리 몸의 상태가 저하되고 건강이 나빠지면서 일어나는 현상이라고도 하고 어떤 이는 생활습관과 주위환경, 그리고 유전적 요인들이 복합적으로 우리가 얼마나 빨리 노화하는가를 결정한다고도 한다.

1960년대에 생물학적 실험을 통해 노화의 이해에 크게 기여한 사람은 생리학자 레오나르도 헤이플릭(Leonardo Hayflick)이었다. 헤이플릭은 세포배양을 통해 세포가 나뉘는 횟수가 제한적이라는 것을 밝혀냈다. 노년기의 노화는 세포에 인식이 되어 있고 어떤 특정 요인들을 더하면 세포의 자기복제를 하는 속도가 빨라질 수 있다는 것이었다. 예를 들어, 불안정한 화합물인 유리기(free radicals, 자유 라디칼)가 입힌 손상은 세포의 복제 및 노화를 증가시킨다.

그에 그치지 않고 유리기는 계속 몸속의 단백질 성분과 세포조직 그리고 DNA에 손상을 입힌다. 시간이 지나면서 손상을 입은 세포들은 제 기능을 하지 못하게 됨으로써 다른 노화 증상들이 계속 나타나게 한다. 유리기 손상은 암, 동맥경화증, 백내장 등의 퇴행성 질환에도 관여되어 있다. 유리기는 물질 대사의 부산물이며 잘못된 생활습관, 흡연, 오염에의 노출, 태양에의 노출 같은 환경 요인 등으로도 그 수가 늘어나기도 한다.

노화증상과 그에 따른 만성 질환들이 유리기가 주는 손상에 의한 것일지도 모른다는 연구결과는 항산화제의 역할을 하는 영양소들이 산화에 의한 손상으로부터 몸을 보호해 줌으로써 어느 정도 노화를 늦추는, 노화방지제의 역할을 할 수 있지 않을까 하는 희망을 불러오게 되었다.

동물실험을 통해 얻은 결과는 희망적이지만, 사람을 대상으로 한 실험은 논란의 대상이여서 사람들이 더 오랫동안 더 건강한 삶을 살기 위해서는, 항산화 영양소가 풍부한 음식이나 항산화제의 섭취가 노화증상의 진척을 지체시킬 수 있는지를 확실히 밝혀 줄 임상실험이 필요함에도 미뤄지고 있는 실정이다.

성인의 영양적인 이슈 Nutritional Issues of Adults

노인학
gerontology (ger-on-TOL-o-gy)
노화를 공부하는 학문

비록 시간을 되돌릴 수는 없지만, 한 사람의 성인이 자신의 몸을 튼튼하고 건강하게 유지하기 위해서 할 수 있는 일은 얼마든지 있다. 연구결과에 따르면, 영양가 있는 음식을 먹고 건강한 체중을 유지하며 규칙적인 운동을 하고 흡연을 하지 않는 등의 건강한 생활습관을 가진 사람의 경우에 심장혈관질환, 제 2형 당뇨병, 고혈압, 특정 암 등의 만성 질환에 걸릴 위험성이 낮다고 한다.

이 시기에 해당되는 영양소의 섭취기준은 필수영양소의 필요를 충분히 채워주며, 만성 질환에 걸릴 가능성을 낮춰 줄 수 있도록 의도된 것이다. 마이피라미드 식품 지침 시스템을 참고하여 영양소와 에너지 필요량을 모두 충족시키기 위해 각 식품군에서 필요한 식품의 양을 조사해 놓은 결과는 **표 14.10**에 있다.

노년기에 접어든 사람의 경우, 영양과 관련된 여러 질환들에 더 많이 노출되어 있다. 예를 들어, 불안정한 식단, 사회적인 고립, 우울증, 병, 여러 약물들의 사용은 영양의 균형을 망가뜨릴 수 있다.

영양 관련 질환들에 노인들이 노출되어 있는 또 다른 이유는, 노화에 따른 신체적 변화가 체내의 영양소의 기능에도 영향을 미치기 때문이다. 이 변화들에 대해서는 **표 14.11**을 참고하면 된다.

신체구조의 변화가 열량과 영양소 필요량에 미치는 영향
Changes in Body Composition Affect Energy and Nutrient Requirements

성인들이 나이를 먹어감에 따라 대부분의 사람들이 근육이 감소되고 지방량이 증가함을 느낄 것이다. 유전적 요인과 운동 및 영양 상태 등이 이런 변화에 영향력을 가지고 있다, 보편적으로 보았을 때 70세의 남성은 20세 남성에 비해 약 10kg의 지방을 더 가지고 있지만, 그에 비해 근육의 부피는 10.8kg 정도 적게 가지고 있다.

근육 감소는 필요한 에너지의 양 또한 감소시키는데, 나이를 먹으면서 체중이 늘어나는 경우는 어느 정도 이 이유 때문이라고도 할 수 있다. 미국인을 위한 식사 지침이 권장하는 바로는 조금씩 늘어나는 체중관리를 위해서 에너지 섭취를 줄이고 운동량을 늘이는 것이다.

표 14.10 마이피라미드 식품지침 기준에 의거한 고령자의 권장량

식품군	나이 : 60세 성별 : 여 운동량 : 30~60 분/일 에너지 필요추정량 : 1,800 kcal/day	나이 : 60세 성별 : 남 운동량 : 30~60 분/일 에너지 필요추정량 : 2,400 kcal/day
곡류	6 oz (180 g)	8 oz (240 g)
채소류	2 1/2 컵	3 컵
과일류	1 1/2 컵	2 컵
우유	3 컵	3 컵
육류 및 두류	5 oz (150 g)	6.5 oz (195 g)

자료 : United States Department of Agriculture. Available from: http://www.MyPyramid.gov.

사람은 늙어가면서 필요한 에너지의 양이 줄게 되어 있다. 성년기에 들어선 성인의 경우에 EERs을 구하기 위한 공식은 다 같지만, 여성의 경우에 30세를 넘으면서 TEE가 매년 7kcal씩 줄고 남성의 경우는 매년 10kcal씩 감소한다.

예를 들어, 모든 다른 요소가 같다고 할 때에 70세의 여성은 30세의 여성에 비해 하루 280kcal의 필요 에너지량을 줄일 수 있는 것이다. 또한 30세 남성에 비해 70세 남성은 하루 400kcal를 덜 필요로 하는 것이다. 물론, 에너지 필요량이란 운동량, 체중, 그리고 근육과 체지방의 양과 비율에 따라 달라질 수도 있다.

체중이 늘어나는 것 외에도 근육 감소로, 노인들은 전보다 불안정한 자세를 가지게 되고 부상을 입을 위험성도 높아지게 된다. CDC에 따르면, 매 년마다 65세 이상의 노인들 중 3분의 1도 넘는 수가 넘어지는 바람에 부상을 당했다고 한다. 노인들 대부분의 머리 외상과 골반의 골절은 넘어져서 다치는 통에 일어나는 일이라고 한다.

운동은 지방량을 감소시켜 줄 뿐만 아니라 뼈의 노화도 지체시켜 주고 근육 강화와 더불어서 근육들을 이용한 행동제어에도 도움이 된다.

뼈 관련 질환 예방
Preventing Bone Disease

노화에 따른 뼈의 감소는 골다공증으로 이어져서 뼈를 약하게 만들기 십상이다. 남성과 여성 모두 골다공증에 걸릴 수 있지만, 여성에게서 더 많이 발견되는 것은 사실이다.

표 14.11 노화의 생리적 변화

계통	변화
심혈관계	• 혈관탄력이 상실 • 심박출량 감소 • 혈압 증가
내분비계	• 에스토로겐, 테스토스테론 치 저하 • 성장호르몬 분비 감소 • 내당력 감퇴 • 프로 비타민 D가 활성 비타민 D로의 전환율 감소
위장계	• 침과 점액 분비 감소 • 치열의 쇠퇴, 치아 상실 • 연동운동 감소 • 비타민 B_{12} 흡수율 감소
골격근계	• 뼈 질량 감소 • 제지방량(lean mass) 감소 • 지방 질량 증가 • 휴식대사 감소 • 힘, 유연성, 민첩성 등의 감퇴
신경계	• 식욕 변화 • 갈증감각이 무뎌짐 • 후각, 미각이 감퇴 • 수면 패턴의 변화 • 시각의 예민성 변화
신장계	• 콩팥으로 혈류 흐름이 감퇴 • 콩팥 여과율 감소 • 혈액내 대사 부산물의 정화율 감소
호흡계	• 호흡률 감소

뼈의 밀도를 결정짓는 요인들은 여러 가지가 있지만, 노인의 경우는 건강한 뼈를 유지하기 위한 영양소의 섭취에 신경을 쓰는 것이 중요하다. 그 영양소로는 칼슘, 비타민 D, 인, 그리고 마그네슘이 있다. 50세를 넘긴 사람의 경우, 칼슘 충분 섭취량(AI)은 하루에 1000 mg에서 1200 mg으로 증가한다.

연구자료 등에 의하면 노인들은 비타민 D 결핍일 가능성이 높다고 한다. 부분적인 요인으로는 햇빛의 노출이 적어서일 가능성도 있지만, 사람은 늙어가면서 햇빛으로부터 비타민 D를 형성하는 능력이 감퇴한다. 그 때문에 50세를 넘기면 하루 5 μg에서 10 μg로 증가하며, 70세 이상의 경우에는 하루 15 μg의 비타민 D 섭취를 권장한다. 마그네슘과 인의 경우에도 건강한 뼈를 위해 필요한 영양소이지만, 노화와는 크게 상관이 없으므로 평균치를 따르면 된다.

호르몬 변화에 따른 여성의 영양소 필요량
Hormonal Changes in Women Affect Nutritional Requirements

여자는 나이를 먹으면서 자연스럽게 에스트로겐이란 호르몬의 분비가 줄어든다. 이는 불규칙한 월경주기와 그 외 다른 신체적인 변화들을 가져올 수 있는데, 갱년기가 다가오는 이 **폐경주변기**에 에스트로겐 분비가 원활하게 이루어지지 않게 되면, 뼈의 감소가 증가하게 된다.

여성이 50~60세가 되어 **폐경기**에 이르게 되면 여성의 난소에서는 아주 소량의 에스트로겐만이 분비되고 월경이 멈추게 된다. 에스트로겐 분비의 비활성화에 따라 뼈를 이루고 있는 성분의 감소가 촉진되며, 여성의 뼈를 약하게 만든다. 폐경기 전부터 밀도가 높은 뼈를 가지고 있던 여성들은 이 문제가 어느 정도는 덜하다.

폐경기는 노화에 있어서 자연스러운 일이며, 사람에 따라 다른 영향을 미치게 된다. 어느 여성은 격한 감정 상태나 생리적인 변화를 겪게 되고, 또 다른 여성의 경우에는 아무 불편함을 느끼지 못할 수도 있다. 어떤 여성들의 경우는 폐경기의 증상들로부터 벗어나서 마음의 안정을 찾고자 호르몬 대체 치료를 받기도 한다.

이 치료법은 뼈의 감소로부터 어느 정도 보호를 해주기도 하지만, 유방암과 자궁암의 발병 가능성이 높아질 수도 있다. 호르몬 대체 치료를 희망하는 여성은 전문의와 함께 그에 따른 득과 실을 따져보고 상담을 먼저 해보기 바란다.

어떤 여성들의 경우, 호르몬 대체 치료법 대신 콩으로 만든 식품을 섭취하는 것이 도움이 됐다고 말한다. 이는 콩에 **이소플라본**이라고 하는 피토케미컬이 함유되어 있기 때문인데, 이 성분은 에스트로겐과 비슷한 구조를 가지고 있다.

그렇지만 폐경기의 여성 모두에게 안정을 취하게 해주는 것은 아니다. 그 이유는 아직 불확실하다. 북미 폐경기협회의 주장으로는 이소플라본이 폐경기 여성에게 안정감을 준다는 데이터가 있는 반면, 여러 연구는 이를 입증해 내는 데 실패했다고 한다.

폐경주변기 perimenopausal
폐경을 시작할 때의 호르몬 변화

폐경기 menopause
생리가 끝나는 시기

이소플라본 isoflavone
에스트로겐 호르몬과 구조적으로 비슷한 물질로 주로 콩에서 발견되는 물질

매달 월경으로 인해 감소하던 혈액이 더 이상 감소하지 않으므, 폐경으로 인해 체내 철의 양을 더 쉽게 회복시킬 수 있게 된다. 이 때가 되면 하루 18 mg이었던 철 섭취기준이 하루 8 mg으로 감소한다— 이것은 성인남자의 그것과 같은 수치이다. 그렇지만 충분한 철섭취는 여전히 잘 이루어지지 않는데, 이는 특히 육류나 가금류, 생선의 섭취를 스스로 제한하는 노인들에게 있어서 더 그렇다.

위장의 변화
Changes in the Gastrointestinal Tract

노화에 의한 위장의 변화는 영양학적인 면에서 성인, 특히 노인들에게 영향을 미친다. 예를 들자면, 노화되어 가는 근육이 신경계로부터 오는 신호에 제대로 응하지 못함으로써 위장을 지나는 음식물의 이동이 늦어질 수 있기 때문이다. 감퇴한 위장의 운동성은 성인에 비해 노인들에게서 변비 증상이 더 많이 나타나는 이유 중의 하나이다.

배출되어야 할 음식물 찌꺼기와 같은 배설물이 장에 필요 이상으로 오래 쌓여 있게 되면 과다한 수분 재흡수로 인해 단단하게 굳어진 대변이 된다. 충분한 양의 음료와 섬유질이 풍부한 식품을 섭취함으로써 위장의 기능을 나아지게 할 수 있고, 위장의 기능이 좋아지면 이런 문제는 생기지 않을 것이다.

위장의 신경근이 변화를 겪게 되면 음식물을 삼키는 데에 어려움이 있게 된다. 삼키는 데에 어려움을 겪는 것을 삼킴 장애 혹은 **연하곤란**라고도 하는데, 숨막힘의 주된 요인이다. 이런 경험을 하고 난 노인들은 특정 음식들은 기피하게 되기도 한다.

음식물을 삼키는 것이 힘들거나 그에 장애가 있다고 생각이 된다면 의료적인 도움을 구하는 것이 좋다. 물기가 많고 촉촉한 음식이나 부드러운 질감으로 조리하는 것도 때로는 도움이 된다.

나이를 먹으면서 위장에서 염산이나 내재성 인자를 분비하는 세포의 수가 줄어들기도 한다. 이런 상태를 **위축성 위염**라고 하는데, 이것은 칼슘 · 철 · 비오틴 · 엽산 · 비타민 B_{12}와 아연 등 영양소들의 생물학적 이용 가능성을 감소시킨다. 내재성 인자가 없으면 비타민 B_{12}는 체내에 흡수되지 못하고, 이것은 악성빈혈을 초래할 수도 있다.

악성빈혈의 증상으로는 치매 · 기억력 감퇴 · 과민해짐 · 망상 · 인격의 변화 등이 있는데, 이런 증상들은 노인의 경우 그냥 보아 넘기기 일쑤인 것들이다. 노인들은 비타민 B_{12} 보조제나 비타민 B_{12} 강화식품을 충분히 섭취해야 한다.

연하곤란 dysphagia
삼키기가 어려운 상태

위축성 위염 atrophic gastritis
위에 있는 점막의 감염으로 위액분비를 생산하는 세포수의 감소현상

그 밖에 노인들의 영양적인 이슈
Other Nutritional Issues in Older Adults

그 밖에도 노화에 관련된 생리학적 변화들은 노인에게 영양결핍을 불러일으킬 수 있다.

예를 들어, 빠진 이라든지 잘 맞지 않는 틀니같이 씹는 데에 문제가 있을 경우에 음식물 섭취를 즐기지 못하게 하거나 먹을 수 있는 음식을 한정되게 하는 일이 종종 있다.

여러 번 씹어야 하는 육류 · 과일 · 야채 등은 노인들에게 고통이나 창피함 및 불편함 등을 줄 수 있기 때문에 노인들은 이런 음식을 기피하기 마련이다. 씹는 데 문제가 있는 노인들은 제대로 된 치과치료를 권장하는 바이다.

감각기관의 자극에 있어서의 변화
Changes in Sensory Stimuli

노인들에게 있어서는 맛이나 냄새와 같은 감각의 변화가 음식물 섭취에 영향을 주기도 한다. 나이를 먹어감에 따라 냄새를 맡을 수 있는 능력이 조금씩 사라지며 음식의 맛을 잘 느끼지 못하고 싱겁게 느끼게 된다. 냄새를 맡는 기능이나 식욕을 떨어뜨리는 약물도 있다. 이런 노인들의 경우, 음식에 향신료를 첨가함으로써 더 맛있게 음식을 즐길 수 있다.

좀 더 나이가 있는 노인의 경우에 식욕감퇴로 인한 체중감량이 있을 수 있는데, 이런 경우를 **노인성 식욕 감퇴**라고 한다. 어느 전문의들은 이런 현상이 음식섭취를 조정하는 호르몬과 신경 펩티드의 변화에 의해서라고도 한다. 노화에 의한 식욕감퇴는 단백질-에너지 영양실조를 일으킬 위험성을 더 높인다.

불충분한 수분 섭취 Inadequate Fluid Intake

나이를 먹으면 갈증에 대한 감각도 무디어진다. 이 때문에 많은 노인들이 충분한 수분 섭취를 하지 못해 탈수증상에 이르기도 한다. 탈수증상은 세포와 조직의 전해질의 균형을 무너뜨릴 수 있다. 수분이 부족하면 결장의 기능 또한 중단될 수 있고, 이럴 경우에 변비가 더 악화될 수도 있다.

불충분한 수분 섭취뿐만 아니라 특정 약물은 몸에서 빠져 나가는 수분의 양을 증가시키기도 한다. 어떤 노인들의 경우는 방광의 제어가 잘 되지 않기 때문에 창피를 당하고 싶지 않아서 일부러 음료를 마시지 않기도 한다.

노인들의 경우에 쉽게 보아 넘겨지는 탈수증상들 중에는 두통, 어지럼증, 피곤함, 덜렁거림, 시력 저하, 혼란스러워함 등이 있다. 노인들은 특히 충분한 수분 섭취를 하고 탈수증상을 보일 경우에 조기에 알아차리는 것이 아주 중요하다.

약물과 영양소의 상호 작용 Drug-Nutrient Interactions

약물과 영양소의 상호 작용에 노인들은 특히 더 주의를 기울여야 한다. 이것은 노인은 만성 질환을 가지고 있는 경우가 많기 때문에 병행하는 여러 약물 또한 많기 때문이다. 50세 이상의 노인들에게 주로 처방되는 약물은 관절염, 고혈압, 제 2형 당뇨, 암, 심장질환 등을 위한 것들이다.

노인성 식욕 감퇴 anorexia of aging
체중감소와 전체적인 생리기능감소를 가져 오는 노인들의 식욕감퇴현상

더 많은 약물을 복용할수록 약물-영양소의 상호 작용이 있을 위험성 또한 높아진다. 예컨대, 특정한 약물은 식욕감퇴를 일으켜서 충분한 음식물 섭취를 방해할 수 있다. 더 나아가서 어떤 약물의 경우에는 음식물의 맛 또한 다르게 느끼게 만들어 음식 자체의 섭식에 대한 거부감을 일으키게 될 수도 있다. 그뿐만 아니라 음식물에 함유되어 있던 영양소를 흡수하는 데 있어서 문제가 있을 수도 있다.

약물치료를 하거나 특정한 약물을 복용하는 경우, 이런 문제점에 대해 항상 인식하며 처방을 받을 때에 이와 관련한 설명을 충분히 듣고 상담할 필요가 있다.

노인들의 영양적 위험의 평가
Assessing Nutritional Risk in Older Adults

노인들을 영양적 위험에 놓이게 하는 요소들은 너무나 많다. 그렇기 때문에

그림 14.11 영양검진 초기 점검표

영양검진 초기표는 노인들에게 영양불균형과 관련된 위험요소를 평가하기 위해 개발된 검진 도구를 개발한 몇몇 조직의 노력에 의해 만들어졌다.

당신의 영양 상태를 평가하라

당신 혹은 당신이 알고 있는 사람이 노력하고 있는 항목에 대해 "예" 칸에 O표 치세요. 당신의 영양 총점을 계산하라.

	예
나는 질병을 가지고 있거나 내가 먹은 식품의 종류나 양으로 내 몸 상태가 변하였다.	2
나는 하루에 2끼 이하로 먹는다.	3
나는 과일, 채소 유제품을 매우 적게 먹는다.	2
나는 맥주, 술, 와인을 거의 매일 3회 이상 마신다.	2
나는 음식을 먹기에 힘들 정도로 치아나 구강에 문제가 있다.	2
나는 필요한 음식을 살 만큼 충분한 돈이 없다.	4
나는 언제나 매번 혼자서 먹는다.	1
나는 매일 3회 이상 다른 약을 먹도록 처방받았다.	1
나는 아무런 이유 없이 지난 6개월 사이에 15kg의 체중이 감소되거나 증가했다.	2
나는 내 스스로 쇼핑을 하거나 요리하거나 음식을 먹을 수 있는 상태가 거의 아니다.	2
총점	

당신의 영양 점수가 다음과 같다면

- 0–2 아주 좋음! 당신의 영양점수를 6개월에 다시 점검하세요.
- 3–5 당신은 보통의 영양위험요소에 노출되어 있습니다. 당신의 식습관과 생활 스타일(life style)을 향상시킬 수 있도록 무엇을 할 수 있을까 살펴보세요.
- 6이상 당신은 고위험 영양요소에 노출되어 있습니다. 당신이 다음 번에 의사, 영양사, 건강상담가나 사회봉사 전문가를 만날 때에 이 검진표를 가지고 가세요.

판정 : 영양 위험 상태에 대한 징후에 대한 경고

질병
어떠한 아픔이나 질병 또는 만성 질환은 먹는 방법을 변화시키는 원인이 되거나 먹기 힘들게 만들고, 영양위험에 빠지게 한다.

불충분한 섭취
너무 적게 먹거나 너무 많이 먹는 것은 건강을 나쁘게 한다. 매일 같은 음식을 먹거나 과일 · 채소 · 유제품을 먹지 않는 것은 영양 불량의 원인이 된다.

치아 상실/ 구강 질환
건강한 구강, 치아, 점성물질은 음식 섭취에 필요하다. 치아의 상실이나 충치나 치아의 변성은 좋지 않고, 입에 염증이 생기거나 음식을 섭취하기 어렵다.

경제적 어려움
미국의 40% 정도의 노인의 연간 수입은 $6,000 미만이다. 주당 $25~30로 음식을 만들어 먹거나, 구입하여 건강을 유지하기가 매우 어렵다.

사회접촉 상실
노인의 1/3 이상은 혼자 살고 있다. 사람이 살아가는 데는 의욕, 행복, 먹는 것에 대한 확실한 것이 있어야 한다.

복합적인 의약품
많은 미국 노인들은 건강상의 이유로 약품을 복용해야 한다. 미국 노인의 절반이 복합적인 약을 매일 복용하고 있다.

본의 아닌 체중의 감소나 증가
노력하지 않았는 데 체중이 증가하거나 감소한 것은 매우 중요한 징후이고, 무시해서는 안 될 일이다. 과체중이나 저체중은 건강상태를 나쁘게 변화시킨다.

도움의 필요
대부분의 노인들이 혼자 먹을 수 있다고 하더라도, 5명 중 1명은 도보, 쇼핑, 식품을 사거나 요리하는 것, 그리고 특히 늙어 간다는것에 대한 어려움을 가지고 있다.

80세 이상
대부분의 노인들은 충만하고 생산적인 삶으로 이끌어 나가고 있다. 그러나 나이가 들어감에 따라 약해짐과 건강상의 문제가 증가된다. 건강한 영양상태가 일정하게 분별력을 만드는지를 점검해야 한다.

자료 : From the American Academy of Family Physicians, available at: http://www.aafp.org/x17367.xml.

몇몇 건강기구는 합동해서 NSI(Nutritional Screening Initiative)라는 단체를 결성해 노인들 건강의 영양학적인 부분들에 있어서 개선해나갈 수 있도록 협력하며 노력해나가는 시스템을 만들었다.

NSI는 이 노인들의 부족한 영양 상태를 꼼꼼하게 체크하여 여러 위험요소들을 인지해 정리하였다. 이 위험요소 리스트는 편찬 후, **그림 14.11**에 나와 있는 NSI Determine이라는 체크 리스트를 만드는 데 쓰여졌다. NSI Determine 체크 리스트로 비추어 보아서 채점결과가 6이거나 그 이상인 사람의 경우에 영양적인 면에서 위험성이 높다고 판단한다.

자원봉사자가 집안에만 있는 노인에게 식사를 운반해 준다.

이렇게 노인들의 건강을 돌봐주는 기관들은 많다. 대부분 사회공동체의 경우에는 저렴한 가격에 영양가 있는 음식을 먹을 수 있는 프로그램 등을 실행 중에 있다. 이런 Congregate meal program은 미국 정부의 보조금으로 운영되고 있으며, 음식의 가격은 그 사람의 능력에 맞게 받는 형식을 취하고 있다.

노령자에게 식사를 제공하는 또 다른 프로그램은 Meals on Wheels Association of America이다. 이 프로그램의 경우는 자원봉사자가 주를 이루며, 집에서 대부분의 생활을 해 나가는 노령자나 여러 장애 인들에게 직접 식사를 배달해 주는 프로그램이다.

이 프로그램은 집에서만 생활하는 이들의 삶을 윤택하게 해주고, 자양하며 기품있는 독립생활이 가능하도록 도움을 주는 것이다. 미국 정부의 보조를 받는 Food Stamp Program 또한 저소득층인 사람들에게 식료품에 관련한 비용을 보조해 주고 있다.

필수개념 *Essential Concepts*

식사 관련 만성 질환 위험률은 연령과 함께 증가한다. 신체적인 활동이 왕성하며 영양적인 식사를 꾸준히 지속해 온 성인은 더 오래 살고 건강 질환 문제가 적게 나타나는 경향이 있다.

노화와 관련된 생리적 변화는 또한 영양 상태에 영향을 준다. 인간은 늙어갈수록 제지방량은 상대적으로 감소하는 반면, 체지방량은 증가한다. 이러한 이유로 에너지 필요량은 감소한다. 근육량 감소는 노인들을 불안정하게 하고 손상에 대한 위험도를 증가시킨다.

운동은 건강한 체중, 지방량의 감소, 골 질량의 감소 늦춤, 근육 강화를 유지하는 데 도움을 줄 것이며 작용 조절을 개선할 것이다. 골 함량이 감소하면 뼈가 부러지기 쉽기 때문에 노인에게는 칼슘, 비타민 D, 인산, 마그네슘의 적절한 섭취가 매우 중요하다.

구강 건강과 입맛 변화 및 후각의 둔화를 포함한 많은 요인들은 노인의 비적절한 음식 섭취를 초래한다. 노인은 탈수 상태를 미리 감지하기 어렵고, 탈수 증상이 발생할 위험률이 증가한다. 나이가 들수록 위장에서 발생하는 변화는 영양 상태에 영향을 미칠 수 있다. 위 분비작용은 철, 칼슘, 비오틴, 엽산, 비타민 B_{12}, 그리고 아연의 흡수를 방해할 수 있다.

주목해야 할 문제점은 악성 빈혈로, 이는 노인들에게서 주로 나타나는 질환이다. 노인에게 공급되는 식사 서비스에는 식사 프로그램, 식사 배달 프로그램, 식품상품권 제공 등을 포함한다.

연습 문제 Review Questions

1. 생애의 어떤 시기가 세포증식이 가장 낮은 시기인가?
a. 영아기　　b. 청소년기
c. 임신기　　d. 노년기

2. 다음 중 태아 발달의 단계를 바르게 표시한 것은?
a. 배아－태아－수정란
b. 태아－수정란－배아
c. 수정란－미분화 배아세포－태아
d. 미분화 배아세포－태아－수정란

3. 임신기의 첫 3분기에 해당하는 것은?
a. 배아기
b. 배아기와 태아기
c. 태아기
d. 수정란기

4. 임신기 동안의 체중증가량 기준은 무엇에 근거하는가?
a. 임신기 BMI
b. 제지방량 대 체지방량의 비율
c. 허리 둘레
d. 엉덩이 둘레

5. 임신기 동안 가장 낮은 권장 체중증가량은 누구에게 해당되는가?
a. 저체중 여성
b. 과체중 및 비만 여성
c. 30세 이상 여성
d. 25세에서 30세 사이의 여성

6. 임신기 동안의 낮은 ________ 섭취가 신경관 결핍을 갖고 태어날 위험성을 증가시킨다.
a. 칼슘　　b. 리놀렌산
c. 철　　d. 엽산

7. 모유생산은 ________라 부르는 세분화된 구조에서 이루어진다.
a. 샘꽈리　　b. 유선 관
c. 자궁 내막　　d. 모유 동(혈로)

8. 초유란?
a. 영아 조제유의 이름
b. 어린이가 태어난 이후 유방으로부터 분비된 처음 모유
c. 태아의 큰 창자에 모인 점액 같은 대변
d. 영아에게 제공되는 영양보충물의 이름

9. 인생의 어떤 시기에 초경이 대부분 일어나는가?
a. 임신기
b. 영아기
c. 청소년기
d. 성인기

10. 임신기의 칼슘 권장량은 비임신기의 여성에 비해 ________. (둘 다 25세의 여성이라고 가정할 때)
a. 높다
b. 낮다
c. 같다

11. 노년기에 일어 날 수 있는 체구성의 변화에는 어떠한 것이 있는가?
a. 골격량의 증가
b. 제지방량의 증가
c. 체지방량의 증가
d. 앞의 a. b. c 다 해당

12. 영아기와 아동기, 그리고 청소년기의 성장 패턴을 기술하라.

13. 모유 생산의 호르몬 조절을 기술하라.

14. 노화와 관련된 세 개의 생리적 변화들을 나열하고 기술하며 이러한 변화가 영양소권장량에 어떻게 영향을 미치는지를 설명하라.

15. 노인들이 왜 손상된 영양상태로 발전할 '위험'으로 고려되어야 하는지를 설명하라.

식품 불안전, 기아, 그리고 영양불량
Food Insecurity, Hunger, and Malnutrition

식품 불안전은 가구가 충분한 음식을 갖지 못할 때 일어난다.

우리 모두는 삶에서 한 번쯤은 충분히 먹지 않았다는 신체적 감각인 공복감을 경험해봤을 것이다. 대개 많은 사람들은 음식을 섭취함으로써 공복감을 쉽게 해결할 수 있다.

그러나 몇몇 사람들에게는 이런 법칙이 적용되지 않는다. 충분한 음식이 가능하지 않거나 얻기 쉬운 상태가 아니라면 공복감은 심각한 신체적 · 사회적 · 심리적 결과를 초래할 수 있다. 세계에서 식품 불안전의 발생 빈도는 놀라운 수치이다. 국제연합 식량농업기구(FAO)는 약 8억의 사람들은 전 세계적으로 지속적인 공복감을 경험한다고 예측했다.

식품 불안전과 배고픔은 대중 매체에서 굶주림으로 인해 복부가 부어오른 아이가 우는 모습으로 묘사되곤 한다. 사실상 오늘날의 세계에는 굶주리고 있는 아이들이 많다. 식품 불안전과 기아는 유아와 아동들에게만 해당된 것이 아니다. 오히려 이러한 문제는 모든 연령대의 사람들과 미국과 같은 잘 사는 나라도 포함되며, 이는 전 세계의 모든 나라에 해당된다.

이번 내용에서는 세계적 영양 상태와 전 세계적으로 퍼져 있는 식품 불안전, 기아, 영양불량으로부터 기인된 문제를 다룰 것이다.

또한 이러한 파괴적인 공중 보건 문제를 줄여 줄 수 있도록 마련된 국내와 국외의 원조 프로그램에 대해서도 다룰 것이다. 식품 불안전과 기아에 기인하는 요인들을 이해할 수 있는 틀과 함께 가능한 해결 방침 또한 소개할 것이다.

식품 불안전의 개요
Overview of Food Insecurity

식품 불안전은 가계와 개인이 식품 유효성이 제한되었거나 식품 접근성이 불확실할 때를 말한다. 현재에 세계적으로 생산되는 충분한 식품은 사람마다 하루에 적어도 2,700 kcal의 열량을 공급할 수 있다.

다시 말하면 식품 불안전은 불충분한 식품 생산에서 초래되는 것이 아니라는 것이다. 오히려 사람들이 자기들의 충분한 식품을 생산하지 못하거나 다른 사람들로부터 충분한 양의 식품을 구매하지 못했을 때에 식품 불안전이 나타난다. 제한된 신체적 또는 정신적 기능은 식품 불안전을 초래한다.

현실에서는 이러한 기초적 요인들은 세계의 식품 불안전과 연관되어 빈곤을 비롯하여 전쟁과 다른 자연적 재앙을 불러온다.

식품 불안전에는 다양한 등급이 존재한다. 한 가지 질병 이상의 심각한 결과를 초래하는 만성 기아가 있다. 표현된 것처럼 굶주림이라는 단어는 개인이 불충분한 양의 음식을 섭취했을 때에 경험되는 신체적 불편감에 대해 설명한다.

그러나 국제적 관점에서 굶주림은 음식의 결핍을 말한다. 왜냐하면, 많은 사람들은 그들이 충분한 양의 식품을 섭취할 수 있을지 없을지에 대한 불확실성을 안고 살아가기 때문이다. 식품 불안전과 이로 인해 초래되는 굶주림은 오늘날 세계에 있어서 중요한 사회적 문제라고 할 수 있다.

식품 불안전의 영향
Effects of Food Insecurity

식품이 불충분한 집에 살고 있는 사람들은 다양한 방법으로 굶주림의 위협에 반응한다. 반면에 어떤 사람들은 필요한 사람들을 지원해 주는 자선기관으로부터 도움을 받기도 하고, 다른 사람들은 식품을 얻기 위해 훔치거나 구걸하거나 한다.

많은 사람들에게 식품 불안전은 고립감을 비롯하여 상실감과 좌절감을 느끼게 한다. 또한, 가족관계나 지역사회 내의 사회적 상호관계성에 나쁜 영향을 미친다. 물론 굶주림을 가져 오는 식품 불안전은 영양불량을 가져 오고 건강문제를 일으킨다. 명백히 가정내 개인의 장기간 혹은 단기간 식품 불안전은 파괴적인 결과를 가져 온다.

필수개념 *Essential Concepts*

식품 불안전은 개인이나 가계가 제한되거나 충분한 양의 식품에 접근하지 못할 때에 발생한다. 모든 생애주기에 있는 사람들과 세계의 많은 지역의 사람들은 식품 불안전을 경험한다. 이보다 더 심각한 상태에서 식품 불안전은 굶주림과 영양실조를 초래한다. 덜 심한 심각한 식품 불안전은 개인의 일생의 다른 많은 부분에 영향을 준다.

미국의 식품 불안전
Food Insecurity in the United States

식품 불안전을 측정한다는 것은 과학적인 도전이다. 문제의 범위와 특징이 결정되었을 때, 효과적인 치료법이 개발되며, 이는 적합한 인구에게 처방된다. 즉, 식품 불안전의 원인이 없다면 문제에 대한 해결책 또한 없다.

부유한 나라에서는 식품 불안전의 발생 빈도는 종종 측정하기 어렵다. 왜냐하면, 이것은 영양실조의 관측 가능한 특징과 대개 연관되지 않기 때문이다.

이러한 이유로 영양적 상태를 측정하는 인체 계측(예를 들어, 체중과 키)은 언제나 유용한 식품 불안전을 측정하는 척도가 아니다.

미국과 다른 부유한 나라에서는 어린이들에게는 식품 결핍으로 인한 영양실조의 발생빈도가 작다. 어린이들에게 발생하는 영양실조의 대부분의 경우, 식품 불안전에서 곧 바로 초래되지 않지만 무관심과 남용과 같은 부모의 결핍된 관심과 양육에서도 초래된다.

미국의 식품 불안전의 범위
Extent of Food Insecurity in the United States

미국 농무성(USDA)에 의해 시행된 조사는 미국의 식품 불안전 발생빈도를 조사하였다. 가계 구성원은 식품 유효성과 접근성에 관한 태도에 관한 질문에 응답했다.

응답된 것에 따라 개인은 식품 안정 상태, 굶주림 없는 식품 불안전 상태, 보통의 굶주림과 식품 불안전 상태, 극도의 굶주림과 식품 불안전 상태로 분류되었다.

이러한 통계를 사용하여 연구자들은 미국의 1,200만 명의 사람들(모든 가계의 11%)은 적어도 가끔씩이라고 할지라도 충분한 양의 식품을 살 수 없다고 예측하였다.

약 4백만의 가계(3.5%)는 배고픔과 함께 식품 불안전을 경험한다. 위험하게도 현재 미국에서의 식품 불안전 발생빈도는 증가 하고 있는 추세이다.

미국의 식품 불안전과 굶주림의 위험 요인

Risk Factors for Food Insecurity and Hunger in the United States

미국에서 식품 불안전을 가져 오는 위험 요인은 수입, 인종, 가족 구조와 집의 위치 등과 관련되어 있다. 정말로 많은 이러한 위험 요인들은 식품 불안전에 각각 영향을 주는지를 측정하기 어려울 정도로 얽혀 있다. 그러나 수입-빈곤과 식품 불안전 사이의 연관성은 명백하다. 그리고 이는 종종 이러한 요인들 사이에서 '공통의 위협요인'이라고 할 수 있다. 빈곤한 많은 사람들은 안정한 고용상태를 유지하는 것이 중요하다.

미국 노동성은 3천 1백만 명의 사람들이 빈곤의 단계보다도 낮은 단계에서 산다고 한다. 약 6백만 명의의 사람들은 '노동 빈곤층'으로 분류된다. 이들은 수입액이 공식적인 빈곤 단계보다 아래에 있는 위치에서 적어도 27주 안에 일했던 경험이 있는 사람이다. 많은 노동빈곤층은 매달 생활비를 충족하는 데 어려움이 있다.

돈이 제한되어 있을 때 사람들은 약물 처방 · 임대료 · 건강 의료비용을 충당하기 위해 식품과 관련된 지출을 줄이기 위해 강요받는다. 3가정당 1가정 꼴로 빈곤단계보다 낮은 단계에서 사는 사람들이 식품 불안전이라는 사실은 놀라운 것이 아니다.

그러나 빈곤 단계 아래에서 생활하는 모든 가계들이 식품 불안전이 아니라는 것과 빈곤선 이상의 가구가 식품 불안전일 수 있다는 점을 지적하는 것이 중요하다.

이는 예측하지 못했던 의료비용이나 수리비용과 같은 비용이 적어도 일시적으로 빈곤 단계를 넘어서게 했기 때문이다. 이와 같이 수입과 함께 많은 요인들은 개인이나 가족들을 식품 불안전의 질병에 걸리게 할 수 있다.

수입과 함께 미국의 식품 불안전은 특정한 인종들에게 더 잘 일어난다. 예를 들어, 흑인과 라틴계의 가정들은 다른 인종들보다 식품 불안전의 더 높은 위험성을 지니고 있다.

미혼모가 가장인 경우도 위험 요인이 높다. 게다가 도시나 시골에서 사는 사람들은 도시 외곽 지역에 사람들보다 식품 불안전을 겪을 가능성이 높다. 그러나 이러한 모든 요인들(인종, 가계의 가장, 위치)이 수입과 연관되어 있고 또한 빈곤과 연관되어 있다는 것이 중요하다.

표 14.12 식품 불안전에 직면한 가구의 도전

미국 농무성(USDA) 경제조사국은 식품 불안전 여부와 심각성을 결정하기 위해 가구조사를 하였다. 이 조사는 다음과 같은 가구가 직면한 식품 불안전의 문제를 제시했다.

- 식품공급이 식품을 사기에 유용한 돈이 모이기 전에 고갈되어 버리거나 돈이 모이기 전에 식품을 다 써 버리는 것
- 균형 잡힌 식사를 위한 식품을 구입할 돈이 충분하지 않은 것
- 식품 살 돈이 부족해서 식사양이 적거나 식사를 거르는 것
- 식품 살 돈이 부족해서 굶주림을 경험한 어른이나 어린이
- 식품 살 돈이 부족해서 체중감소를 경험한 어른이나 어린이
- 식품 살 돈이 부족해서 하루 종일 음식 없이 지낸 어른이나 어린이
- 식품 살 돈이 부족해서 낮은 가격의 다양하지 못한 음식을 먹는 어린이

자료: U.S. Department of Agriculture Available from: http://www.ers.usda.gov/publications/fanr29/.

미국의 식품 불안전의 결과

Consequences of Food Insecurity in the United States

미국에서 식품 불안전은 반드시 굶주림이나 영양결핍으로 이어지지 않는다. 그러나 식품 불안전은 아직도 주요 공중 보건 문제로 제시되고 있다. 식품 불안전의 결과는 많이 있다. 그리고 여자와 어린이들에게 광범위하게 연구가 집중되어 있다. 이러한 연구들은 여성들은 그들의 아이가 겪기 전에 먼저 식품 불안전의 부정적인 결과들을 경험한다는 것을 보여 준다. 이는 어머니들은 자신의 아이들을 그들이 적은 양의 음식을 섭취함으로써 충분한 음식을 먹지 못하는 것을 보호하기 때문이다.

예를 들어, 몇몇 연구들은 식품 불안전 가계의 여성들은 자신의 아이들에게 더 많은 양의 과일과 채소를 제공하기 위해 자신은 더 적은 양의 과일과 채소를 섭취한다고 한다.

그러나 식품 불안전 가계에서 자란 아이들은 가장 심각하고 오래 지속되는 영향을 받는다. 예를 들어, 연구들은 어린이들은 학교에서 어려움을 겪는다. 표준화된 시험에서 낮은 점수를 받고 결석이 잦으며 많은 행동 장애를 가져 오며 우울과 자살의 위험도를 증가시킨다.

노인들은 식품 불안전을 경험할 위험이 높다는 것을 이해하는 것이 중요하다. 그러나 어린아이들, 성인들과는 다르게 경험한다. 이동이 제한되고, 예컨대 이용 가능한 식품이 있어도 식사를 준비하는 데 어려움이나 걱정이 있는 상태에 있는 노인들을 말한다.

게다가 많은 노인들은 고정된 수입을 가지고 있다. 이러한 제한된 양의 돈을 종종 매일 삶과 관련된 지출로 사용하고 있다. 식품에는 적은 돈을 사용하면 노인들은 매달 생활비를 줄일 수 있으며 다른 중요한 필요한 물품에 대한 돈을 이용할 수 있다.

놀라운 것도 아닌 게 최근의 미국 농무성 조사 결과(2002)는 노인에게 발생하는 식품 불안전이 증가하고 있는 추세를 보여 주고 있다.

미국 내 식품 보조정책 제공
Providing Food-Based Assistance in the United States

미국에서는 많은 정책과 서비스들이 식품 불안전을 줄이기 위해 실행되고 있다. 이러한 것들의 몇몇은 정부로부터 자금을 지원받고 있으며 다른 것들은 자원봉사자들에 의해 지역적 도움을 받고 있다. 이러한 식품 보조 프로그램들의 요약은 **표 2**에 소개되었으며 이 장에서 요약적으로 살펴보기로 한다.

식품 보조 프로그램의 한 예는 **식품배급표 프로그램**이다. 이는 미국의 저소득 가계의 굶주림을 막아주는 프로그램이다. 이는 미국 농무성에 의해 관리되고 매년 2,000만 명의 사람들을 관리한다. 식품배급표 프로그램에 참가하는 사람들은 매달 식품 구매가 가능한 쿠폰이나 직불 카드를 발급받는다.

표 13 미국의 식품 보조 프로그램의 예

Child and Adult Food Program	• 가족들에게 아이와 고령자들을 위한 감당할 수 있고 양질의 돌보아 주는 일과 영양 제공 • http://www.fns.usda.gov/cnd/CARE/
Expanded Food and Nutrition	• 저소득자들로 하여금 영양적으로 균형 잡힌 식사를 섭취하고 가족 건강과 영양적 well-being 추구를 위한 필수적인 교육, 기술, 태도와 행동을 얻도록 도와준다. • http://www.csrees.usda.gov/nea/food/efnep/efnep.html
Food Stamp Program	• 저 소득층 가족들에게 음식을 살 수 있는 쿠폰을 제공하거나 승인받은 식료품가게나 농산물 판매장에서 쓸 수 있는 직불 카드 제공
Head Start	• 저소득 가정의 아이들을 위한 영양과 자원 공급. 5세까지의 신생아와 어린이들의 영양과 성장 발달에 필요한 요구에 대한 지원
Meals on Wheels Association of America	• 고령자, 집에 틀어박힌 사람, 장애인, 연약하거나 영양결핍의 위험이 있는 사람들에게 식사 배달
National School Lunch and School Breakfast Programs	• 저소득층의 아동들에게 영양적으로 균형이 맞추어진 식사 무료 또는 삭감된 가격에서 제공
Special Supplement Nutritioon Program for Women, infants and Children(WIC)	• 영양적 위험에 놓인 저소득의 여성, 유아, 아동들에게 영양적으로 균형이 맞추어진 쿠폰 제공. WIC는 또한 모유수유, 건강에 좋은 식품 구매, 식단 계획에 필요한 영양 교육의 제공

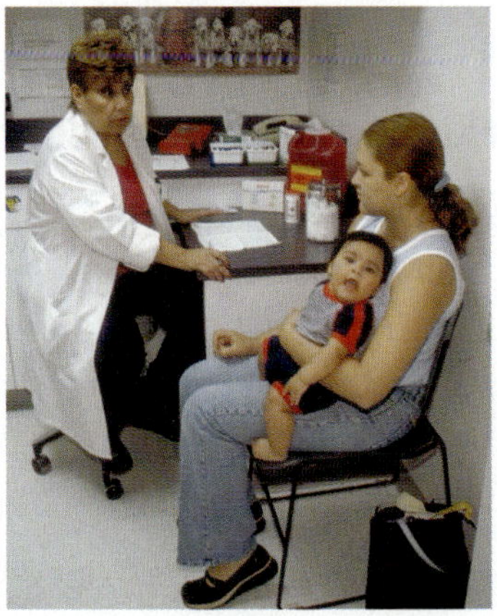

WIC는 어머니와 영아와 아동에게 중요한 서비스를 제공한다.

매달 할당 분은 가계의 구성원 수와 그들의 수입에 의해 결정된다. 평균적으로 식품배급표 프로그램 지원을 받는 사람들은 매달 한 개인당 $80 정도의 돈을 받는다. 식품배급표는 오직 식품을 구매하는 데 사용될 수 있으며 담배, 술, 종이 관련 물품이나 음식이 아닌 다른 물건을 구매하는 데 쓰일 수 없다. 불행히도 식품배급표에 적합한 가족의 절반만이 실제적으로 이 쿠폰들을 받는다.

식품배급표 프로그램과 함께 미국의 몇 백만 명의 임신부(또한 수유부)의 여성들을 비롯하여 유아들과 어린이들은 **WIC** 프로그램 지원을 받는다.

이는 정부의 자금 보조를 받는 프로그램이며 미국 농무성에 의해 관리된다. 이는 영양적인 음식을 구매할 수 있도록 도와준다. 식료품 가게의 WIC 프로그램의 인정을 받은 많은 종류의 식품을 사는 데 사용되는 쿠폰을 제공한다. 이러한 음식들은 땅콩버터, 우유, 밥, 콩, 시리얼이나 통조림의 참치와 같은 고열량이며 고단백 식품을 포함한다.

많은 농산물 직판장 또한 WIC 프로그램의 쿠폰을 받으며 사람들로 하여금 지역의 신선한 과일과 채소를 구매할 수 있도록 돕는다. WIC 프로그램은 건강 보조와 함께 가임기의 여성과 어린 유아와 아이의 어머니들을 위한 영양교육을 실시한다.

미국에서 시행되는 다른 종류의 식품보조 프로그램들은 공립학교 **점심급식 프로그램**과 사립학교 **아침급식 프로그램**이다. 이는 학교에 다니는 어린이들이 매일 학교에서 영양적 균형이 갖추어진 식사를 무료나 저렴한 가격으로 제공한다.

미국 농무성에 의해 관리되는 이러한 프로그램들은 공립학교와 비영리의 사립학교, 지역의 아동보호 단체, 학교 방과 후 강화 프로그램들이다. 점심급식 프로그램과 학교 아침급식 프로그램은 식품 불안전에 노출된 가정의 많은 어린이들이 영양적인 식사를 학교에서 매일 받을 수 있도록 돕는다. 왜냐하면, 이러한 서비스에 대한 요구가 있기 때문이다. 많은 학교들은 또한 여름방학 동안 아침을 비롯하여 점심과 간식을 아이들에게 제공한다.

이러한 정부 보조 프로그램들에 덧붙이자면 개인적인 부분 또한 이런 부분을 필요로 하는 사람들에게 식품을 이용가능 하도록 이러한 서비스를 제공한다. 이러한 비영리 기구들은 **식품재생 프로그램**, 극빈자용 **푸드 뱅크**, 식료품 저장실, 식품 주방을 포함한다. 많은 것들은 지역사회 구성원들의 도움을 받는다. 식품재생 프로그램은 버려지거나 폐기처분될 음식을 분배한다.

미국 농무성에 의하면 960억 파운드의 사용가능한 식품은 식품 소매자와 공급자에 의해 해마다 버려지고 있다고 한다. America's Second Harvest organization 와 같은 단체에 의해 운영되고 있는 식품재생 프로그램은 이러한 손실을 아래와 같은 방법으로 최소화할 수 있도록 일한다.

- *이삭줍기* – 밭에서 수확 후 남은 농작물을 모은다.
- *부패되기 쉬운 식품 재생* – 식료품상과 같은 소매점과 도매상으로부터 나온 부패하기 쉬운 식품의 수집.
- *식품 재생* – 식당, 호텔, 급식소들부터 미리 준비된 식품의 수집
- *부패되기 어려운 식품 수집* – 소매 물품이나 수명이 긴 가공 식품의 수집

WIC 프로그램
Special Supplemental Nutrition Program for Women, Infants, and Children

점심급식 프로그램과 학교 아침급식 프로그램
National School Lunch Progrm and School Breakfast Program

식품재생 프로그램들 Food recovery programs

식품재생 프로그램은 버려지는 식품을 수집해 재분배하는 것이다. 자원봉사자들은 국가 식품재생국으로부터 47,000파운드 이상의 감자를 백에 담는 것을 돕는다. 감자는 120,000 식사를 제공하기 위해 푸드뱅크, 교회 등 필요한 곳으로 운반된다.

쓰레기로 처리되었을 식품이 재생되어 식품 저장실과 긴급 주방이나 집 없는 사람들의 주거지역 내의 많은 사람들에게 제공된다.

또한 지역의 식량 저장 배급소, 식료품 저장실, 식료품 주방 또한 이를 필요로 하는 사람들에게 식품을 제공한다. 식량 저장 배급소와 식료품 저장실은 지역사회의 기부에 의해 운영되며 저장된 부패되지 않는 식품들은 다시 사람들에게 분배된다. 식료품 주방은 만들어진 식사를 지역사회 구성원들에게 제공하며 이들 대부분은 집이 없거나 은신처에 산다.

필수개념 *Essential Concepts*

미국의 식품 불안전은 전형적으로 굶주림이나 영양소 결핍으로 이어지지 않는다. 그러나 11%의 미국인들은 1년에 가끔 식품 불안전을 경험한다. 인종과 가족구조, 그리고 거주지역은 식품 불안전의 위험도에 영향을 준다.

특히 흑인이나 라틴계, 미혼모가 가장인 가족, 저소득자는 이러한 위험 요소를 증가시킨다. 식품 불안전을 경험하는 어린이들은 행동 장애를 겪으며 학교에서 잘 생활하지 못한다. 노인 또한 식품 불안전에 노출되어 있다. 많은 식품 보조 프로그램들은 이러한 위험성에 노출된 개인들을 충분한 양의 음식을 섭취할 수 있도록 도와준다. 식품배급표 프로그램, WIC 프로그램, 학교 아침 · 점심급식 프로그램, 식품재생 프로그램, 지역사회 푸드뱅크와 부엌과 같은 프로그램을 포함한다.

세계적 굶주림과 영양불량
World Hunger and Malnutrition

개발도상국에서 빈곤이 자주 발생하기 때문에 식품 불안전은 이러한 지역에 더 널리 퍼져 있고 심각하다. 연구자들은 이러한 빈곤 국가의 18%의 사람들은 충분히 먹지 못한다고 추정한다. 이러한 수치는 전 세계의 약 8억 명의 굶주린 사람들이 있으며 이들의 대부분은 아시아 지역에 살고 있다.

비록 아시아에 가장 많은 굶주린 사람이 있지만 아프리카 사하라 이남 지역(sub-Saharan Africa)에서는 불충분한 식품섭취에 있어서 가장 높은 비율을 보인다. 3명당 1명꼴로 충분한 음식을 섭취하지 못한다. 국제적 식품 불안전의 원인은 복잡하다. 하지만 이것의 결과는 종종 굶주림이나 영양결핍과 다른 적대적인 사회적 결과를 초래한다.

국제적 식품 불안전과 관련된 원인과 조건
Causes of and Conditions Related to International Food Insecurity

빈곤 지역에서 식품 불안전의 원인은 종종 미국에서 발생하는 것과 다르다. 대부분의 전문가들은 국제의 식품 불안전은 국제적 수준에 바라보았을 때 먹을 수 있는 식품의 부족 때문이 아니다.

기근, 정치적 불안정, 토지 황폐화, 도시화, 인구 증가, 자연적 재앙을 포함하는 다양한 환경에서 초래된 지역의 식품 공급 감소가 원인이 되었다. 또한 많은 빈곤한 나라는 깨끗한 식수가 부족해서 빈약한 건강상태를 초래한다.

정치적 불안
Political Unrest

식품의 이용가능성과 접근성은 시민 투쟁이나 전쟁과 정치적 불안에 의해 종종 제한된다. 이러한 불만들 때문에 몇 백만 명의 사람들은 그들의 집에서 피난민들을 위한 미숙한 시설로 옮긴다.

많은 피난민 인구를 가지고 있는 나라들, 예를 들어 수단, 리베리아, 르완다, 콜롬비아에서는 영양결핍이 많이 퍼져 있다. UN에 따르면 피난민 캠프에 살고 있는 사람들은 세계의 다른 단체보다 높은 질병률과 영양결핍을 보이고 있다고 한다. 정치적인 불안 때문에 구조 기관들은 언제나 필요한 도움을 제공하지 못한다.

도시화와 토지의 사용
Urbanization and Use of Land

오히려 지역 사람들에게 공급하고 지역 경제 지탱을 위한 식품 생산보다는 수출을 위한 식품 생산을 위한 토지사용은 식품 결핍에 큰 도움을 줄 수 있다. 토지의 곡물을 수확할 수 없다면 사람들은 그들 자신과 가족을 위한 충분한 양의 식품을 만들 수 없다.

왜냐하면, 그들은 새로운 일자리를 찾길 원하고 이러한 상황은 그들을 시골에서 도시로 이주하도록 한다. 이러한 경향이 도시화이다. 세계의 많은 지역의 식품 결핍의 결과와 원인은 '도시화' 이다.

인구 증가
Population Growth

몇몇의 가장 빈곤한 지역의 인구 증가는 충분한 양의 식품과 물을 세계의 거주자들에게 제공하는데 있어서 어려움을 증가시키고 있다. 가장 빠른 속도로 증가하는 인구수를 가지고 있는 나라들은 이미 굶주림과 영양결핍으로 이미 큰 어려움을 겪는 나라이다.

따라서 가장 기초적으로 필요한 음식과 집을 제공하는 역량은 더욱 절충되어야 한다. 왜냐하면, 굶주림과 질병은 많은 아이들 즉, 많은 자녀를 두고 빈곤한 가정들의 목숨을 빼앗아가기 때문이다. 이 때문에 구성원이 많은 대가족일수록 생존이 본질적인 것으로 비춰지는 것이다.

국제적 식품 불안전과 영양불량
Global Food Insecurity and Malnutrition

비록 빈곤한 나라에 식품 불안전의 결과들이 많이 있지만 가장 중요한 것은 영양불량의 문제이다. 배운 것처럼 영양불량은 에너지나 영양소의 섭취가 결핍되거나 과도한 섭취로 기인한 영양 상태이다.

식품 결핍의 경우, 영양불량은 개인이나 가족과 사회의 건강에 단기간과 장기간의 부정적인 결과를 가져오는 영양부족의 형태로 나타난다.

국제적 영양불량의 형태
Forms of Global Malnutrition

영양불량은 많은 형태로 나타난다. 몇몇 사람들은 충분한 에너지를 소비할 수 있지만 어떤 사람들은 특정 영양소가 부족하거나 에너지와 영양소 둘 다 부족할 수 있다. 전 세계적으로 아이들에게 나타나는 중요한 세 가지의 미량 영양소 결핍은 철을 비롯하여 요오드와 비타민 A이다.

약 35억 명의 유아와 어린이들은 전 세계적으로 철과 요오드 결핍으로 고통 받고 있으며 이 두 가지 영양소의 결핍은 성장과 인식 발달 과정에 손상을 가져다 줄 수 있다. 또한 비타민 A의 결핍은 2억 5천만 명의 취학전 아동들에게 시각장애와 다른 여러 가지 질환을 일으킨다. 이러한 영양소와 관련된 자료와 결핍 현상은 제 10장에서부터 13장에서 자세히 알아볼 수 있다.

단백질 열량 결핍(PEM)은 영양불량의 심각한 결과가 될 수 있다. 단백질과 에너지를 제공하는 음식의 불충분한 섭취는 유아와 어린이들의 성장과 발달에 심각한 영향을 준다. PEM은 유아와 어린이들이 질병과 감염에 대항하고 격퇴하는 능력을 저하시킨다.

개인의 영양불량의 결과들
Consequences of Malnutrition for Individuals

유아, 어린이, 여성들은 특별히 영양결핍으로 손상받기 쉽다. 예를 들어, 임신기 동안 영양불량은

모체의 영양 저장분을 고갈시키고 저체중아(LBW)를 출산할 위험률을 높인다. 모체의 빈약한 영양 상태 역시 신생아 죽음의 위험률을 높인다. 설상가상으로 60%의 가까운 유아와 어린 아이들의 죽음의 원인은 영양불량이다. 이는 유아나 어린 아이들이 설사, 말라리아, 호흡기 감염이나 빈곤한 나라에서 발생하는 다른 질병으로 병에 걸린 상태에서 영양불량은 더 강하게 죽음의 가능성을 증가시킨다.

대부분의 유아의 죽음은 심각한 영양불량에서 비롯된 것이 아니라 보통 형태의 영양불량에서 비롯된다. 그러나 죽음의 위험율은 심각한 상태의 영양불량의 어린이들에게서 크게 증가한다. 예를 들어, 어린이가 보통의 저체중이라면 죽음의 위험률은 2.5배가 증가한다. 그러나 어린이가 심각한 저체중일 경우에 죽음의 위험률은 8.4배나 높아진다. 왜냐하면, 부실한 영양은 면역 체계를 파괴시켜 질병을 악화시키고 조기 사망으로 이끈다.

영양결핍은 어린이의 성장과 발달에 있어서 심각한 결과를 초래한다. 5세 이하의 24%의 1억 4천9백만 명의 어린이들은 발육이 정지된 것으로 추정된다. 발육이 정지된 어린이들은 키와 체중이 정상 수치에 비하여 작다.

아프리카에서는 35%의 유아와 어린이들에게 성장이 저지되었으며 아시아를 비롯하여 라틴 아메리칸과 캐리비안에게도 나타난다. 만약 유아가 생존할지라도 발육이 정지되면 한 개인의 행복과 일생에서 능력을 수행하는 데 위험을 가져다 줄 것이다.

사회의 식품 불안전의 결과
Consequences of Food Insecurity for Societiees

개인의 건강과 행복에 영향을 주는 것을 제외하고는 영양불량은 모든 사회에 해를 끼친다. 예를 들면, 광범위한 식품 불안전과 영양불량은 온 국가의 성인들의 감소된 신체 활동과 생산량을 일으킨다. 이러한 결과들은 국가의 경제 발전과 생활수준에 심각한 장기간의 부정적인 결과를 가져 온다. 이러한 방법으로 빈곤만이 배고픔의 원인이 되는 것이 아니라 굶주림 역시 빈곤의 원인이 된다. 그러므로 식품 불안전과 영양불량의 문제를 다루는 것은 빈곤한 나라의 경제 성장을 장려하는 중요한 방법이다.

국제 지역사회 식품보조 제공
Providing Food-Based Assistance to the Global Community

부유한 국가들과는 달리 개발도상국은 종종 정부가 불안정하고 도움을 요청하는 이들을 위한 프로그램들이 거의 없다. 이러한 나라들은 국제기구인 UN의 WHO, UNICEF, FAO, U.S. Peace Corps.에서 제공되는 도움에 의존하여 살아간다. 이러한 기구들은 지속가능한 변화들을 만들도록 도와줌으로써 궁극적으로 건강과 식품 안전성을 개선한다.

한 개인이 어떻게 세계에 변화를 가져다 줄 수 있을지를 의아해할 수도 있을 것이다. 특히 세계의 굶주림을 없애는 데 있어서 말이다. 사람들이 변화를 만들 수 있도록 영감을 받은 좋은 사례는 John F. Kennedy로부터 찾아볼 수 있다. 그는 1961년에 University of Michigan을 방문했는데, 학생들로 하여금 개발도상국에 사는 사람들의 삶의 질을 개선할 수 있도록 일하며 그들의 나라를 위해 헌신해달라고 호소하였다.

이러한 감명 깊은 연설은 정부 보조 프로그램인 평화봉사단(Peace Corps)의 시초가 되었다.

Peace Corps의 임무는 아래와 같은 의미로 세계의 평화와 친선을 위해 돕는 것이다.

- 남성과 여성을 교육시키며 나라를 돕는다.
- 도움 받고 있는 나라 사람들에 대한 미국인들의 보다 나은 이해를 돕는다.
- 도움 받는 사람들에 대한 보다 나은 이해를 돕는다.

오늘날 Peace Corps.에서 138개가 넘는 국가에서 182,000명 이상의 사람들이 도움을 주고 있다. 이런 자원봉사자들은 농부들이 농작물을 재배하도록 돕고 어머니들에게는 아기를 더 잘 볼 수 있도록 가르치며 지역 사회에 건강과 질병 예방에 대한 교육을 하면서 더 나은 삶을 살 수 있도록 돕는다.

이와 같이 Peace Corps는 세계의 도처에 퍼진 식품 불안전과 영양결핍의 문제를 해결할 수 있도록 도우면서 다른 사람의 삶에 변화를 줄 수 있는 기회를 제공한다. 또 다른 많은 프로그램들은 다른 경험을 하고 다른 나라에 헌신할 수 있는 기회를 제공한다.

필수개념 *Essential Concepts*

식품 불안전은 부유한 국가보다 비산업화된 국가에서 매우 심각하다. 식품 불안전은 굶주림과 영양불량을 초래한다. 세계에는 거주자들에게 영양을 공급할 수 있는 충분한 음식이 있다. 세계의 식품 불안전 때문에 빈곤, 불충분한 식품의 분배, 기근, 정치적 불안, 토지 사용, 도시화, 자연적 재앙의 복합체 때문에 발생한다.

세계 빈곤한 지역의 식품 불안전의 결과는 저체중아 출산, 신생아 죽음, 성장 저지, 비타민 A 결핍, 철 결핍과 요오드 결핍의 발생률을 높인다. 신체 활동 능력을 감소시키는 것도 나타나며 이는 감소된 효율과 생산 업무 능력을 가져 온다. 비록 지역 정부는 종종 식품과 서비스 형태의 도움을 제공할 수 없지만 많은 정부 보조의 국제적 기구들과 비영리 단체들이 세계의 굶주림을 줄일 수 있다는 목표로 일하고 있다.

국제적 식품 불안전과 영양불량의 해결방안
Potential Solutions for Global Food Insecurity and Malnutrition

전문가들은 세계에는 충분한 음식이 있으며 이는 세계의 모든 사람이 충분히 섭취할 수 있다는 데 동의한다. 그렇다면 왜 식품 불안전과 영양결핍은 세계 곳곳, 특히 빈곤 국가에 만연된 것일까?

앞에서 배운 것처럼 식품 불안전과 영양결핍의 원인은 정치적 불안, 국가와 지역 경제 정책, 인구증가에 따라서 매우 다양하다. 이러한 이유 때문에 영양학자와 정책담당자는 식품 불안전의 원인들이 매우 다양하게 얽혀 있다는 사실을 올바르게 인식하는 것이 중요하다.

이러한 이슈의 복잡성을 바라보는 것만으로도 각각의 요인들에 대한 상대적 중요성은 다루어질 수 있으며 이는 곧 효과적인 해경방법을 찾을 수 있는 데 도움을 준다.

식품 불안전과 영양불량 문제 감소에 대하여
Toward Alleviationg Food Insecurity and Malnutrition

영양불량은 세계의 몇 백만 명이 고통 받고 있는 원인이 된다. 또한 절반이 넘는 세계 아동의 죽음에도 원인이 된다. 이와 같이 전문가 위원회는 식품 유용성과 접근성의 개선이 국제적으로 최우선 처리되어야 한다는 데 동의한다. 이러한 노력은 매년 약 6백만 명의 어린이들의 죽음을 막을 수 있는 잠재능력을 가지고 있다.

비록 영양불량은 불충분한 1일 섭취량의 직접적인 결과이지만 궁극적인 원인은 종종 빈곤한 경제와 사회적 환경에 더 많이 기인한다. HIV와 다른 질병의 높은 발병도 역시 중요한 원인이며 폭력과 부패와 같은 사회적 문제 역시 심각한 원인이다. 이와 같이 식품 불안전과 이와 관련된 굶주림을 치료하기 위해서 이러한 문제에 기초하여 치료해야 한다.

많은 국제 기구들은 세계의 굶주림을 감소시키기 위해 전념하고 있다. 그 중 하나인 UN의 1945년에 설립된 다국적 기구는 국제 협력과 국제 집단 안정 보장을 통하여 평화를 증진하도록 노력하는 단체이다. 오늘날 UN의 191개 국가의 구성원들의 세계기아퇴치운동은 현재 중요한 노력 중 하나이다.

예를 들어, UNICEF는 세계의 빈곤 국가 사람들의 삶의 질 개선(굶주림 감소 포함)을 가장 중요한 목표로 두었다.

이에 대한 보상을 제공하도록 개념적인 틀 구조를 발표했다. 이러한 보상들에는 아이들이 학교에 다닐 수 있도록 노력하는 가족들에게 재정적 지원을 제공하거나 그들이 소규모 사업을 시작할 수 있도록 도와준다.

재정적 보상은 또한 유아, 아동, 임신여성, 모유수유 장려와 가족 구성 계획을 갖고 있는 이들에게 영양적 보충을 지원하는 국가에게도 해당된다. 이러한 보상을 지원하고 있는 나라들은 그들 나라 사람들의 건강을 증진시키는 데 있어서 놀라운 변화를 만들 것을 확신한다.

Millenium Development Goal이라는 계획은 UN에 의해 실행되었으며 세계에서 굶주림으로 고통받고 있는 사람들의 비율을 2015년까지 절반으로 줄이겠다고 굳게 결의하였다. 세계의 대부분의 국가들이 이를 보증했으며, 이런 전례가 없는 노력은 세계 빈곤 국가의 개선 필요성을 설명해 주고 있다.

목표를 달성하기 위해 교육 개선, 양성 평등화, 유아 죽음 감소, 모체 건강 개선, HIV와 다른 전염성의 질병들 퇴치, 지속가능한 농업 장려, 국제 경제 연합의 개발과 같은 노력들이 현재 진행 중에 있다.

비록 이러한 노력들이 세계 사회로부터 확신과 헌신을 얻는 데에는 어려움을 겪고 있지만 세계의 식품 불안전, 굶주림, 영양결핍의 문제를 줄여나가는 가능성은 매우 크다.

필수개념 *Essential Concepts*

세계의 식품 불안전과 영양결핍 문제를 풀어 나가는 것은 지역과 국가 사회 모두에 있어서 중요한 도전과제이며, 식품 불안전을 퇴치하는 방법을 찾는 데 많은 노력을 하고 있다.

예를 들어, UN에서는 식품 유용성을 개선하기 위한 보상을 제공하는 프로그램들을 구성했다. 이러한 보상에는 학교에 진학하는 아이를 가진 가족들을 위한 재정 지원, 소규모의 사업을 시작할 수 있도록 재정 지원, 모유수유와 가족 구성 장려, 유아, 아동과 임신 여성을 위한 영양 보충 제공이 포함된다.

UN에 의해 시행되는 다른 노력에는 Millenium Development Goal이 있으며, 이는 2015년까지 세계에서 굶주림으로부터 고통받고 있는 사람들의 비율을 절반으로 줄이자고 결의하고 있다.

이러한 목표를 성취하기 위해서는 교육 개선, 양성 평등화, 유아 사망 감소, 모체 건강 개선, HIV와 다른 전염성 질병 퇴치, 지속가능한 농업 장려, 국제적 경제의 연합 기구 설립과 같은 노력들이 진행 중에 있다.

색인

색인

색인

색인

색인

색인

색인

● 대표역자 이상선 한양대학교 식품영양학과
정진은 안산 1대학 식품영양과
강명희 한남대학교 식품영양학과
신동순 경남대학교 식품영양학과
정혜경 호서대학교 식품영양학과
장문정 국민대학교 식품영양학과
김양하 이화여자대학교 식품영양학과
김혜영(A) 용인대학교 식품영양학과
김우경 단국대학교 식품영양학과

new 영양과학

Nutritional Sciences

From Fundamentals to food

2008년 2월 27일 초판 인쇄
2008년 3월 2일 초판 발행

저 자 MICHELLE McGUIRE
KATHY A.BEERMAN

역 자 이상선 / 정진은 / 강명희
신동순 / 정혜경 / 장문정
김양하 / 김혜영 / 김우경

발행인 주병오

발행처 지구문화사 JIGU PUBLISHING Co.

경기도 파주시 교하읍 문발리
파주출판문화정보산업단지 518-2
영업부 (031) 955-7566 · 7577
편집부 (031) 955-7731~3
FAX (031) 955-7730

등록번호 1979년 7월 13일 제 59 호

ISBN 978-89-7006-438-3 정가 28,000 원

CENGAGE Learning

BMI를 이용한 체중분류

체중은 X축에서 신장은 Y축에서 찾아서 만나는 점이 BMI를 뜻함.

신장(feet inches) \ 체중(pound)	120	130	140	150	160	170	180	190	200	210	220	230	240	250
4'6"	29	31	34	36	39	41	43	46	48	51	53	56	58	60
4'8"	27	29	31	34	36	38	40	43	45	47	49	52	54	56
4'10"	25	27	29	31	34	36	38	40	42	44	46	48	50	52
5'0"	23	25	27	29	31	33	35	37	39	41	43	45	47	49
5'2"	22	24	26	27	29	31	33	35	37	38	40	42	44	46
5'4"	21	22	24	26	28	29	31	33	34	36	38	40	41	43
5'6"	19	21	23	24	26	27	29	31	32	34	36	37	39	40
5'8"	18	20	21	23	24	26	27	29	30	32	34	35	37	38
5'10"	17	19	20	22	23	24	26	27	29	30	32	33	35	36
6'0"	16	18	19	20	22	23	24	26	27	28	30	31	33	34
6'2"	15	17	18	19	21	22	23	24	26	27	28	30	31	32
6'4"	15	16	17	18	20	21	22	23	24	26	27	28	29	30
6'6"	14	15	16	17	19	20	21	22	23	24	25	27	28	29
6'8"	13	14	15	17	18	19	20	21	22	23	24	25	26	28

표시

저체중 / 과체중 / 건강체중 / 비만

BMI (kg/m²)	분류
<18.5	저체중
18.5–24.9	건강체중
25.0–29.9	과체중
≥30	비만

자료: Centers for Disease Control and Prevention. Overweight and obesity: Defining overweight and obesity. Available from: http://www.cdc.gov/nccdphp/dnpa/obesity/defining.htm.

Commonly Used Weights, Measures, and Metric Conversion Factors

Length

1 meter (m) = 39 in, 3.28 ft, or 100 cm.
1 centimeter (cm) = 0.39 in, 0.032 ft, or 0.01 m.
1 inch (in) = 2.54 cm, 0.083 ft, or 0.025 m.
1 foot (ft) = 30 cm, 0.30 m, or 12 in.

Temperature

Celsius[a]		Fahrenheit	
Boiling point	100°C	212°F	Boiling point
Body temperature	37°C	98.6°F	Body temperature
Melting point	0°C	32°F	Melting point

- To find degrees Fahrenheit (°F) when you know degrees Celsius (°C), multiply by 1.8 and then add 32.
- To find degrees Celsius (°C) when you know degrees Fahrenheit (°F), subtract 32 and then multiply by 0.56.

Volume

1 liter (L) = 1000 mL, 0.26 gal, 1.06 qt, 2.11 pt, or 34 oz.
1 milliliter (mL)= 1/1000 L or 0.03 fluid oz.
1 gallon (gal) = 128 oz., 16 c, 3.78 L, 4 qt, or 8 pt.
1 quart (qt) = 32 oz., 4 c, 0.95 L, or 2 pt.
1 pint (pt) = 16 oz., 2 c, 0.47 L, or 0.5 qt.
1 cup (c) = 8 oz., 16 tbsp., 237 mL, or 0.24 L.
1 ounce (oz.) = 30 mL, 2 tbsp., or 6 tsp.
1 tablespoon (tbsp.) = 3 tsp., 15 mL, or 0.5 oz.
1 teaspoon (tsp.) = 5 mL or 0.17 oz.

Weight

1 kilogram (kg) = 1000 g, 2.2 lb., or 35 oz.
1 gram (g) = 1/1000 kg, 1000 mg, or 0.035 oz.
1 milligram (mg) = 1/1000 g or 1000 µg.
1 microgram (µg) = 1/1000 mg.
1 pound (lb.) = 16 oz., 454 g, or 0.45 kg.
1 ounce (oz.) = 28 g or 0.062 lb.

Energy

1 kilojoule (kJ) = 0.24 kcal, 240 calories, or 0.24 Calories.
1 kcalorie (kcal) = 4.18 kJ, 1000 calories, or 1 Calorie.

[a] Also known as *centigrade*.